쉬운해설과 알기쉽게 설명한 최고의 전자회로설계 강의

전자회로설계

Electronic Circuit Design

연규호 저

21세기사

머리말

오늘날 급변하고 있는 전자회로의 이론 및 기술이 정보화 시대를 맞이하여 전자 및 정보통신의 중요한 기초 기술로써 학문과 각 산업분야에 광범위하게 응용되고 있다.

나날이 발전하고 광범위한 분야를 가지고 있는 전자공학을 배우고자 하는 이에게 전자회로의 기초지식이 매우 중요시되고 있다.

이 책은 저자가 대학에서 오랫동안 국내외의 여러 교재들을 사용하여 강의해 온 경험을 바탕으로 우리 실정에 알맞은 기초지식을 다룰 수 있는 교재의 필요성을 느껴 오던 중 책을 엮게 되었다.

내용으로서는 다이오드회로, 트랜지스터 증폭회로의 기초, 증폭회로의 해석, 발진회로, 변조회로, 복조과정의 기초이론과 개념을 상세히 다루었다.

너무나 많은 분량을 골고루 다루다 보니 내용이 불충실한 부분이나 저자의 천학으로 인하여 잘못된 부분도 많을 것으로 생각되므로 여러분의 아낌없는 교시와 충고가 있기를 바라는 마음 간절하다.

끝으로 이 책을 내는데 수고해 주신 21세기사 사장님과 편집부 여러분께 진심으로 감사드립니다.

저자

차례

제 1 장 다이오드 회로

제 2 장 트랜지스터의 기초

제 3 장 트랜지스터 기초회로

제 4 장 트랜지스터 증폭회로의 기초특성

제 5 장 트랜지스터 회로의 바이어싱

제 6 장 전자회로 해석

제 7 장 특수증폭회로

제 8 장 대신호 증폭기

제 9 장 다단증폭기와 주파수 특성

제 10 장 전계 효과 트랜지스터의 기초

제 11 장 전계 효과 트랜지스터의 바이어스 회로

제 12 장 전계 효과 트랜지스터

제 13 장 발진회로

제 14 장 변조회로

제 15 장 복조회로

제 16 장 연산증폭기(Operational amplifier)

제1장
다이오드 회로

이 장에서는 다이오드의 각 응용분야에 알맞는 모델을 사용하여 다양한 회로 배열을 구성함으로써 다이오드를 응용한 회로를 이해할 수 있도록 하는 것이다.

1. 직렬 다이오드 회로

다이오드에 대한 개략적 모델을 그림 1-1과 같이 나타낼 수 있다.

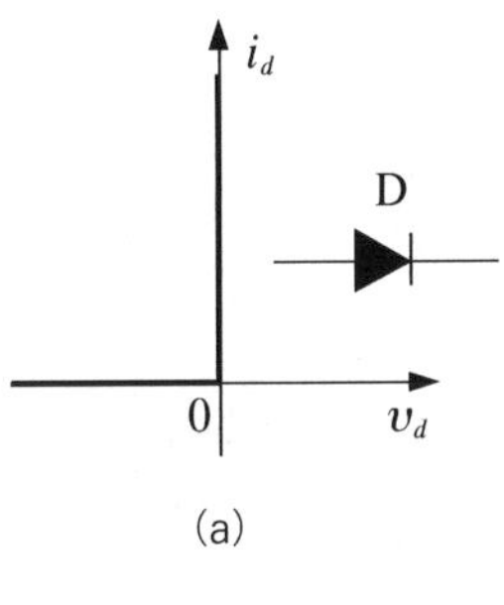

(a)

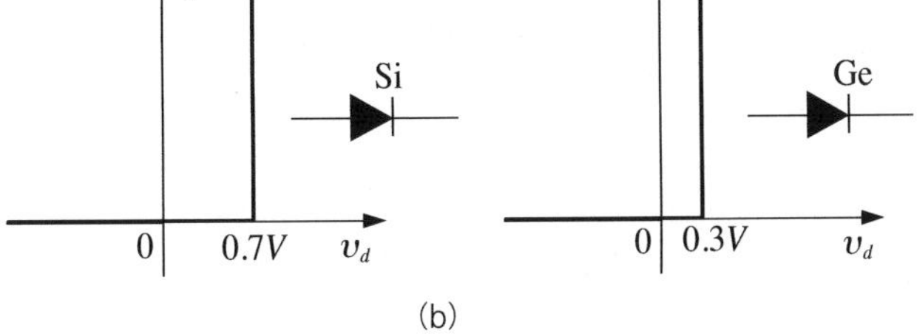

(b)

그림 1-1 다이오드의 모델 (a) 이상적 특성 (b) Si다이오드와 Ge 다이오드의 특성

그림 1-1에 나타낸 다이오드의 각 모델에 있어서 그림 1-2에 표시한 것과 같은 어떤 크기의 극성을 갖는 전압이 그림 1-2와 같이 인가되었을 때 다이오드를 등가개방회로, 즉 '오프' 상태가 되게 한다.

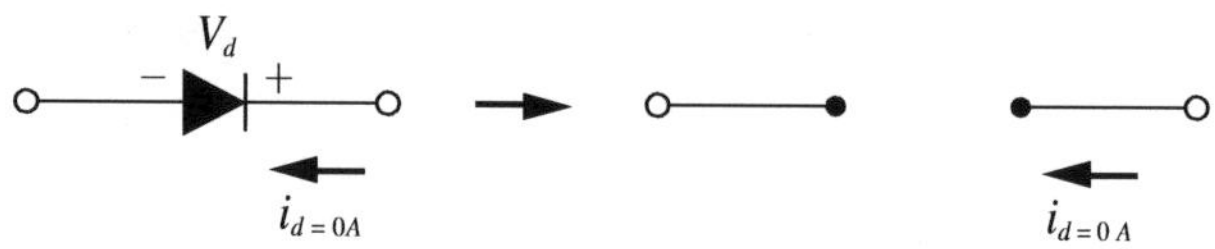

그림 1-2 다이오드의 전압인가와 '오프' 상태

그림 1-3에 Si 및 Ge 다이오드의 '오프' 상태를 나타내었다.

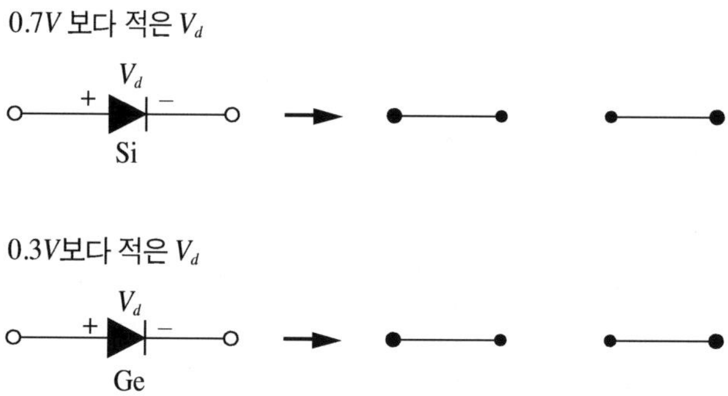

그림 1-3 Si 및 Ge 다이오드의 '오프' 상태

개략적인 다이오드 모델에서 그림 1-3과 같은 극성을 갖는 Si 다이오드의 경우 0.7[V], Ge다이오드의 경우 0.3[V]보다 작은 전압이 걸리는 경우는 개방회로와 등가가 된다.

그림 1-4에 다이오드의 '온' 상태를 나타내었다.

이상적인 다이오드에서 그림 1-3에 나타낸 것과 같은 극성을 갖는 양(+) 전압은 그림 1-4와 같은 '온' 상태 즉 단락회로와 등가가 된다.

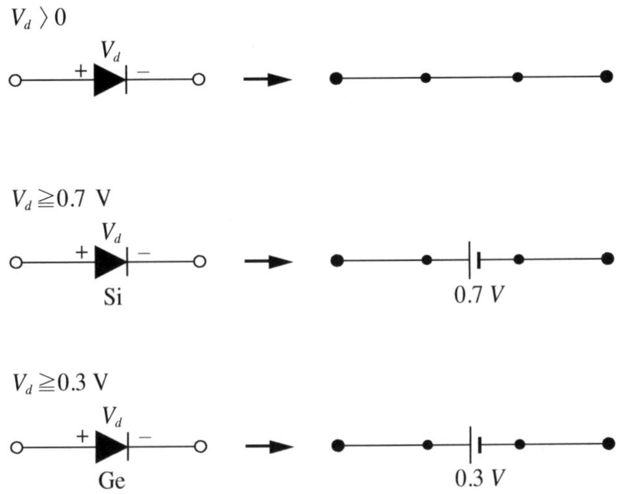

그림 1-4 이상적 및 개략적 등가 다이오드의 '온' 상태

등가회로에 나타낸 0.7[V]와 0.3[V]는 독립적인 전원이 아님을 주의해야 한다. 그림 1－5에 직렬 다이오드 회로를 나타내었다.

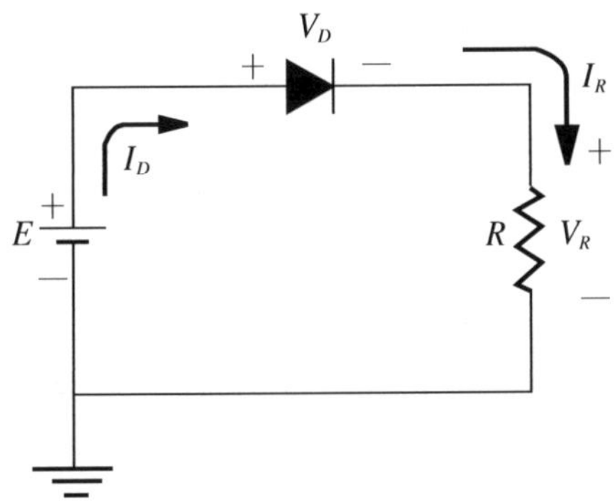

그림 1-5 직렬 다이오드 회로

그림 1－5에 나타낸 직렬 DC 회로에 대한 전압 및 전류 레벨을 결정해 보자. 그림 1－6에서와 같이 회로에 흐르는 전류의 방향이 다이오드 심볼의 화살표와 같은 방향을 갖는다면 다이오드는 회로망이 다이오드의 역바이어스 전압 V_T를 보상할 수 있는 충분한 전압을 갖는 한 항상 '온' 상태가 된다.

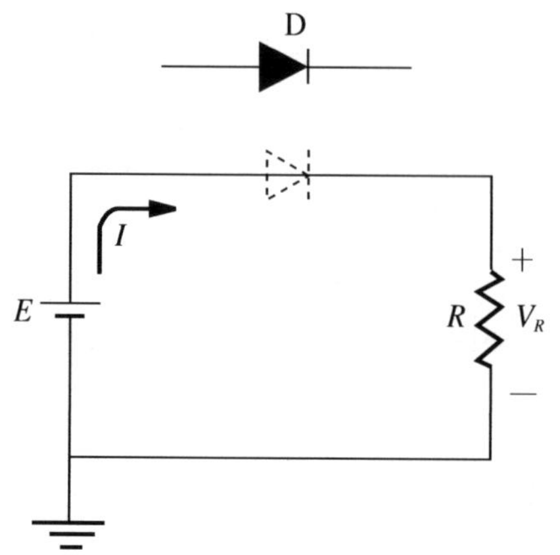

그림 1-6 다이오드 상태의 결정

인가전압 E와 역바이어스 전압 V_T가 $E>V_T$를 가정하면 다이오드는 '온' 상태가 되며 그림 1-7과 같은 등가회로망을 얻을 수 있다.

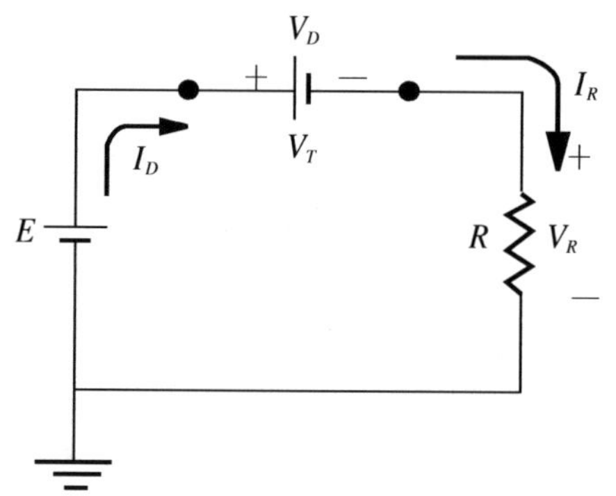

그림 1-7 다이오드의 '온' 상태 등가회로

그러므로

$$V_D = V_T \tag{1-1}$$

$$V_R = E - V_T \tag{1-2}$$

$$I_D = I_R = \frac{V_R}{R} \tag{1-3}$$

와 같이 된다.

예제 1-1 그림 1-8의 직렬 다이오드 회로에서 V_D , V_R 및 I_D 값을 구하라.

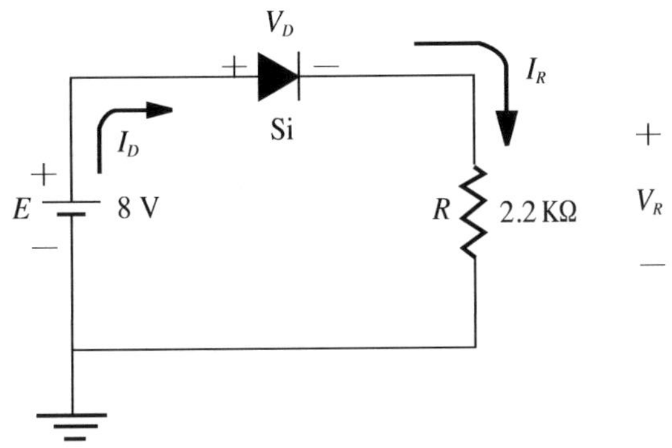

그림 1-8 직렬 다이오드 회로

풀이 ▶ 인가전압은 다이오드의 화살표 방향과 일치되도록 시계 방향으로 전류를 흐르게 하므로 다이오드는 '온' 상태가 된다.

$$V_D = 0.7\text{V}$$

$$V_R = E - V_T = 8 - 0.7 = 7.3\text{V}$$

$$I_D = I_R = \frac{V_R}{R} = \frac{7.3}{2.2\text{K}\Omega} \cong 3.32\text{mA}$$

예제 1-2 예제 1에서 다이오드 방향을 바꾸어 위의 계산을 반복하여라.

풀이 ▶ 다이오드의 방향을 바꾸면 그림 1-9에 나타낸 것처럼 전류 I의 방향은 다이오드의 화살표 방향과 반대가 되므로 다이오드의 등가회로는 항상 개방회로가 된다.

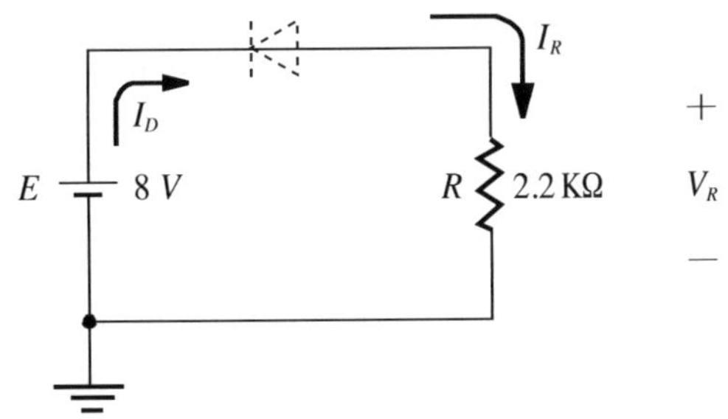

그림 1-9

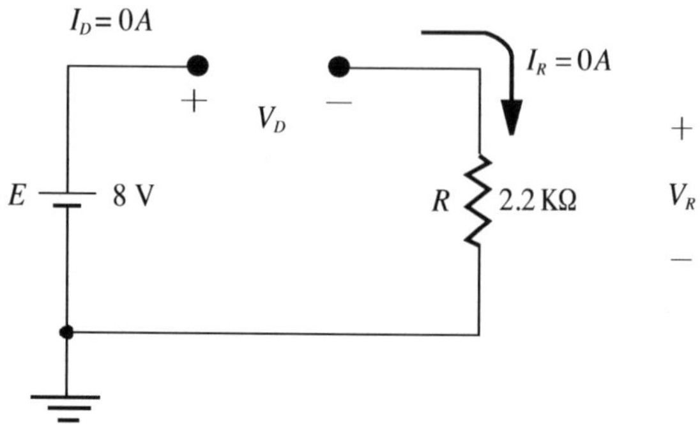

그림 1-10

이 결과는 그림 1－10에 나타낸 바와 같이 개방회로가 되므로 $I_D = 0$ [A]가 된다. 따라서

$$V_R = I_R R,$$
$$V_R = (0)R = 0[V]$$

가 된다. 폐회로에 키르호프의 전압법칙을 적용시키면

$$E - V_D - V_R = 0$$
$$V_D = E - V_R = E - 0 = E = 8[V]$$

다이오드에 높은 전압이 걸려도 다이오드는 '오프' 상태가 된다. 즉 전류는 0이 되나 전압은 의미를 갖는다.

예제 1-3 그림 1－11의 직렬회로에서 V_O와 I_D를 구하라.

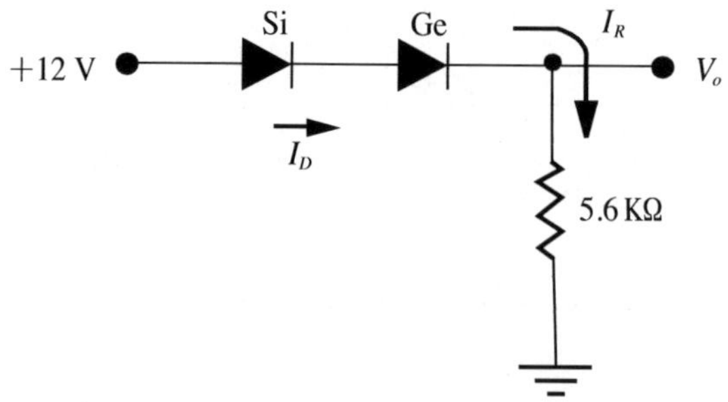

그림 1-11

풀이 그림 1－11에 대한 등가회로는 그림 1－12와 같다. 그림 1－12에 나타낸 회로에서 E＝12V(12V－0.7V－0.3V＝11V)이기 때문에 회로에는 전류가 흐른다.

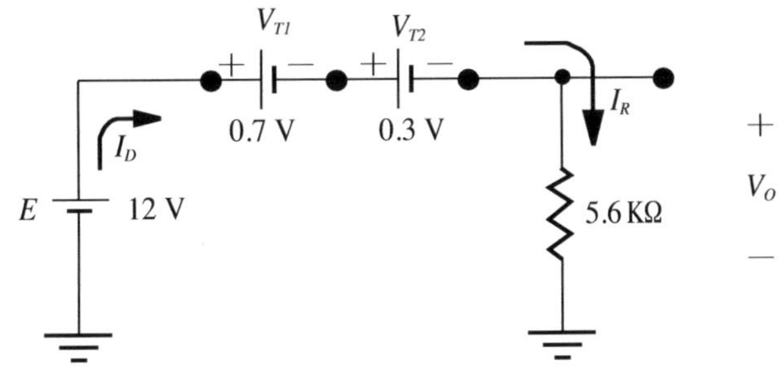

그림 1-12

다시 그린 12V의 공급전원과 5.6KΩ의 저항에 걸린 전압 V_O의 극성에 주의해야 한다. 전압 V_O는

$$V_O = E - V_{T1} - V_{T2} = 12 - 0.7 - 0.3 = 11V$$

$$I_D = I_R = \frac{V_R}{R} = \frac{V_O}{R} = \frac{11}{5.6\,K\Omega} \cong 1.96\,mA$$

예제 1-4 그림 1－13의 회로에서 I_D, V_{D2} 및 V_O를 구하라.

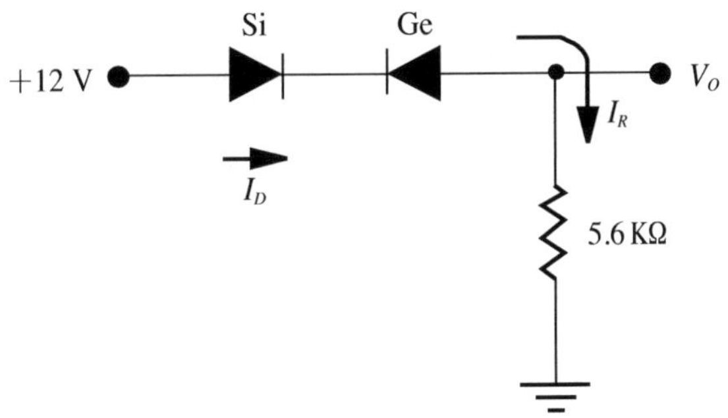

그림 1-13

풀이 흐르는 전류 I의 방향 결정은 그림 1－14에 나타낸 회로에서 얻을 수 있다. Si 다이오드에 대한 전류 방향에서는 정합이 이루어지고 있으나 Ge 다이오드에 대해서는 정합이 이루어지지 않는다.

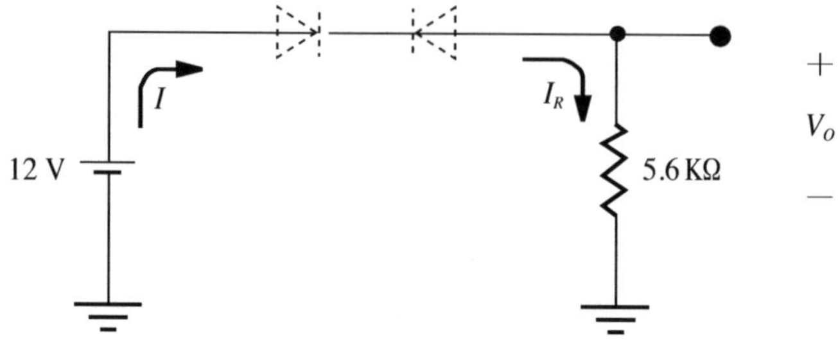

그림 1-14

개방회로와 직렬로 되어 있는 단락회로의 결합은 그림 1－15에 나타낸 것처럼 개방회로를 만들고 $I_D = 0A$가 되게 한다.

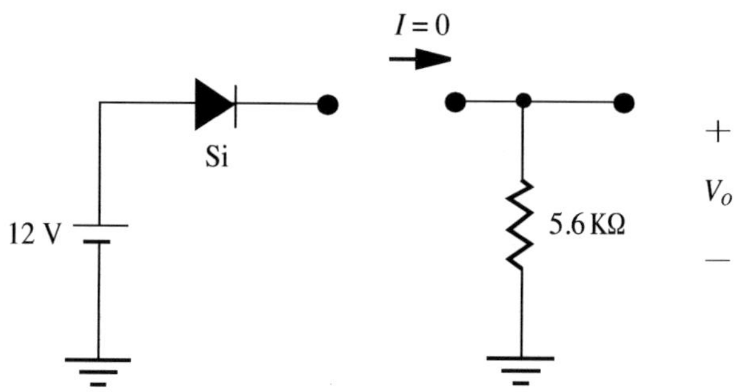

그림 1-15

그림 1－16에 $V_{D1} = 0V$와 $I_D = 0A$에 대한 그림을 나타내었다.

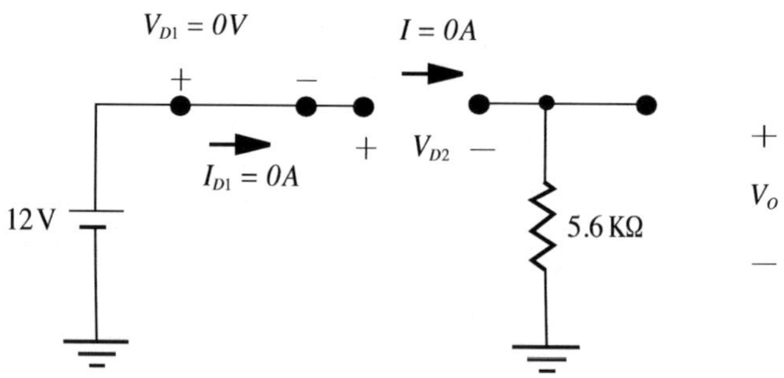

그림 1-16

그림 1 - 16의 회로에서

$$V_0 = I_R R = I_D R = (0)R = 0V$$
$$V_{D2} = V_{개방회로} = E = 12V$$

시계 방향으로 키르호프의 전압법칙을 적용시키면

$$E - V_{D1} - V_{D2} - V_0 = 0$$
$$V_{D2} = E - V_{D1} - V_0 = 12V - 0 - 0$$
$$= 12V$$
$$V_0 = 0V$$

예제 1-5 그림 1 - 17의 직렬회로에서 I, V_1, V_2 및 V_0를 구하라.

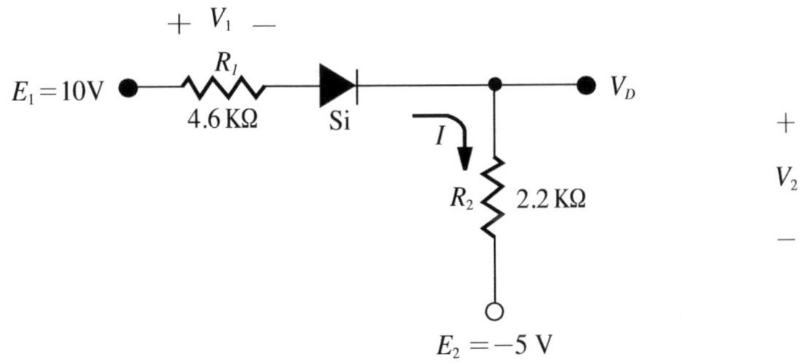

그림 1-17

풀이 그림 1 - 18에 나타낸 회로와 같이 전원이 그려지고 전류의 방향이 결정된다.

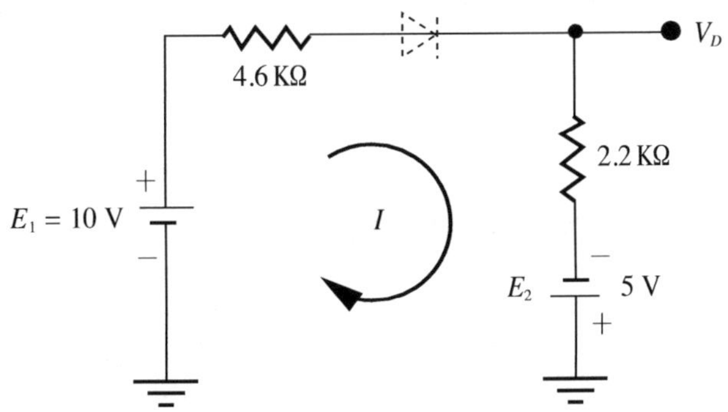

그림 1-18

다이오드는 '온' 상태에 있고 개략적 등가 모델은 그림 1-19와 같이 된다.

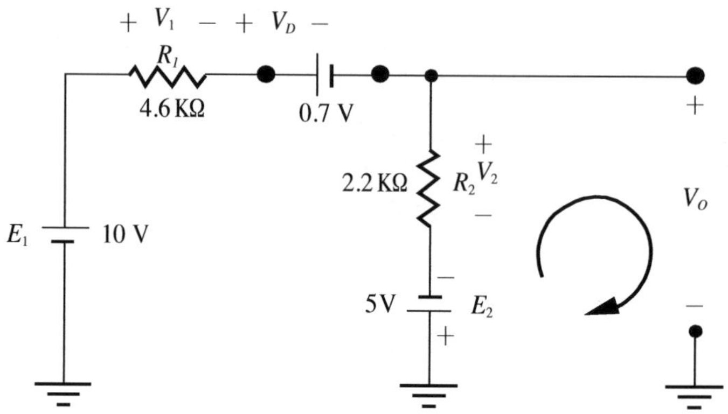

그림 1-19

$$I=\frac{E_1+E_2-V_D}{R_1+R_2}=\frac{10+5-0.7}{4.6K\Omega+2.2K\Omega}=\frac{14.3}{6.8K\Omega}\cong 2.1mA$$

$$V_1=IR_1=(2.1\,mA)\,(4.6K\Omega)=9.66V$$

$$V_2=IR_2=(2.1\,mA)\,(2.2K\Omega)=4.62V$$

시계 방향의 출력부에 대하여 키르호프의 전압법칙을 적용시키면

$$-E_2+V_2-V_0=0$$

$$V_0=V_2-E_2=4.62-5=-0.38V$$

여기서 마이너스 부호는 V_0가 그림 1-19에 나타난 부호와 반대 극성을 갖는다는 사실을 의미한다.

2. 병렬 및 직병렬 다이오드 회로

직렬회로에 적용된 방법들은 병렬 및 직병렬회로의 해석으로 확장시킬 수 있다. 각 응용 분야에서는 직렬 다이오드 회로에 적용된 과정을 정합시켜야 한다.

예제 1-6 그림 1-20의 병렬 다이오드 회로에서 V_0, I_1, I_{D1} 및 I_{D2}를 구하라.

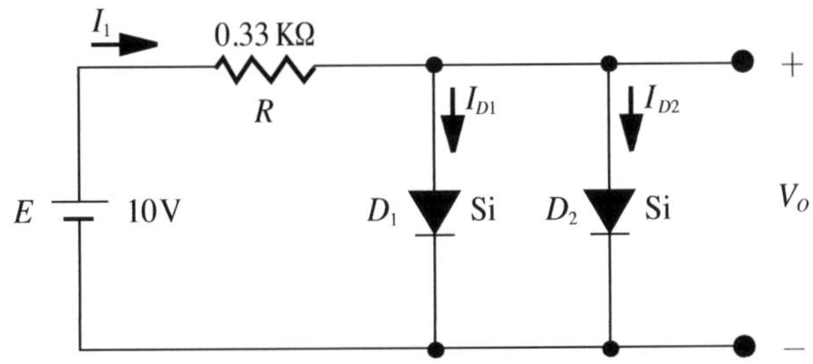

그림 1-20

풀이 인가전압에 의한 소스 전압은 그림 1-21에 나타낸 것처럼 동일한 방향에 있는 각 다이오드를 통하여 흐르는 전류를 결정한다.

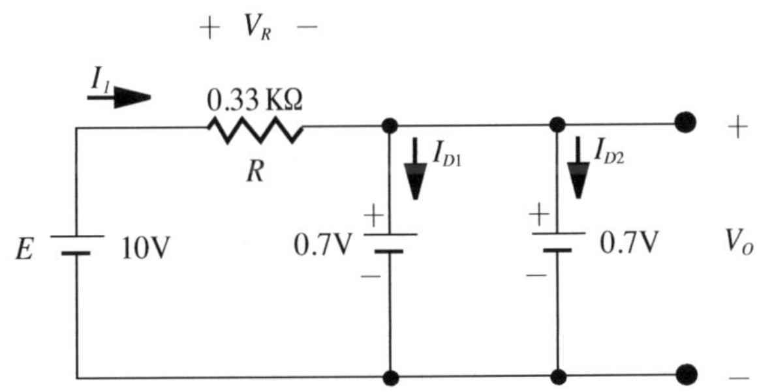

그림 1-21

흐르는 전류의 방향은 각 다이오드 표시 기호의 화살표의 방향과 일치되고 인가전압은 0.7V보다 크기 때문에 두 다이오드는 '온' 상태가 된다. 병렬소자 양단에 걸리는 전압은 항상 같으므로

$$V_0 = 0.7\text{V}$$

$$I_1 = \frac{V_R}{R} = \frac{E - V_D}{R} = \frac{10 - 0.7}{0.33\text{K}\Omega} = 28.18\text{ mA}$$

각 다이오드의 특성이 같다고 가정하면

$$I_{D1} = I_{D2} = \frac{I_1}{2} = \frac{28.18\,mA}{2} = 14.09\,mA$$

예제 1-6은 2개의 다이오드를 병렬로 연결하는 한 가지 이유를 설명해 준다. 만일 그림 1-20 회로의 다이오드의 전류 정격이 단지 20 mA라고 하면 위에서 계산한 전류의 크기가 28.18 mA일 경우 그림 1-20의 회로에 다이오드 한 개만을 연결하면 이 디바이스는 손상을 입게 된다. 따라서 2개의 다이오드를 병렬로 연결함으로써 전류는 동일한 단자 전압을 갖는 14.09 mA의 안전한 값으로 제한된다.

예제 1-7 그림 1-22 회로에서 전류 I를 구하라.

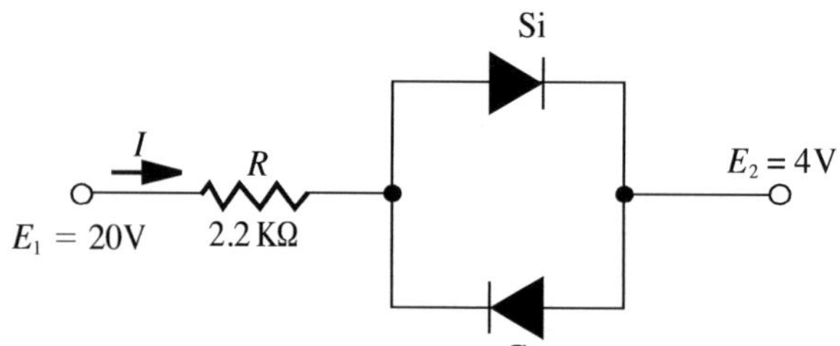

그림 1-22

풀이 그림 1-22를 다시 그리면 그림 1-23과 같이 된다. 그림 1-23에 나타낸 것처럼 흐르는 전류의 방향은 Si 다이오드를 '온' 시키고, Ge 다이오드는 '오프' 시킨다는 사실을 알 수 있다.

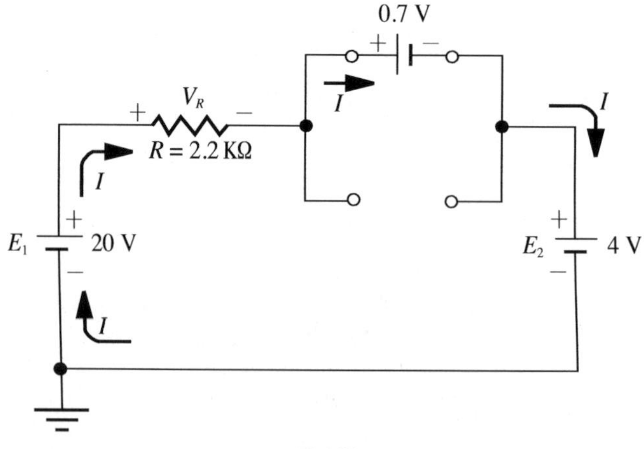

그림 1-23

그러므로 그림 1-23의 회로에서 전류 I는

$$I = \frac{E_1 - E_2 - V_D}{R} = \frac{20-4-0.7}{2.2K\Omega} \cong 6.95\,mA$$

예제 1-8 그림 1-24의 회로에서 전류 I_1, I_2 및 I_{D2}를 구하라.

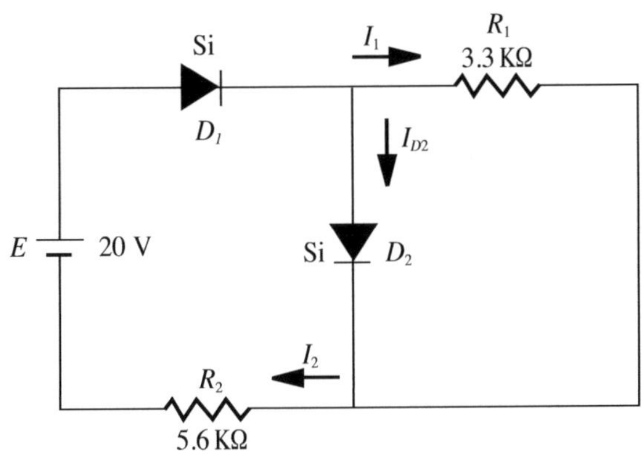

그림 1-24

풀이 그림 1-24를 다시 그리면 그림 1-25와 같이 된다. 인가전압은 그림 1-25의 회로에 흐르는 전류의 방향에 의하여 표시된 것처럼 2개의 다이오드를 '온' 시킨다.

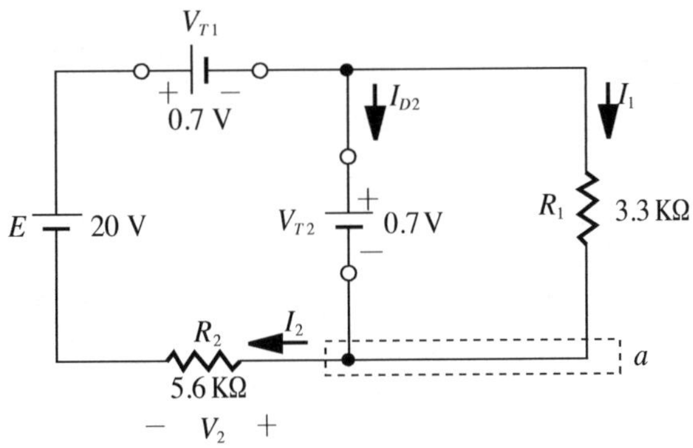

그림 1-25

$$I_1 = \frac{V_{T2}}{R_1} = \frac{0.7}{3.3K\Omega} = 0.212\,mA$$

시계 방향으로 표시된 루프 주위로 키르호프의 전압법칙을 적용시킴으로써

$$-V_2 + E - V_{T1} - V_{T2} = 0$$

이고,

$$V_2 = E - V_{T1} - V_{T2} = 20 - 0.7 - 0.7 = 18.6V$$

$$I_2 = \frac{V_2}{R_2} = \frac{18.6}{5.6K\Omega} = 3.32mA$$

마디 (a)에서

$$I_{D2} + I_1 = I_2$$
$$I_{D2} = I_2 - I_1 = 3.32mA - 0.212mA = 3.108mA$$

3. 반파정류 회로

다이오드 회로 해석은 이제 정현파나 구형파 같은 시변함수를 포함하는 데까지 확장될 것이다. 이렇게 될 경우 해석의 어려움은 더욱 가중되겠지만 일단 기본적인 의미를 이해하면 해석의 문제에서 훨씬 직접적이고도 공통적인 것이 풀리게 될 것이다.

그림 1-26에 시변 신호의 특성을 고찰할 수 있는 가장 간단한 회로를 나타내었다.

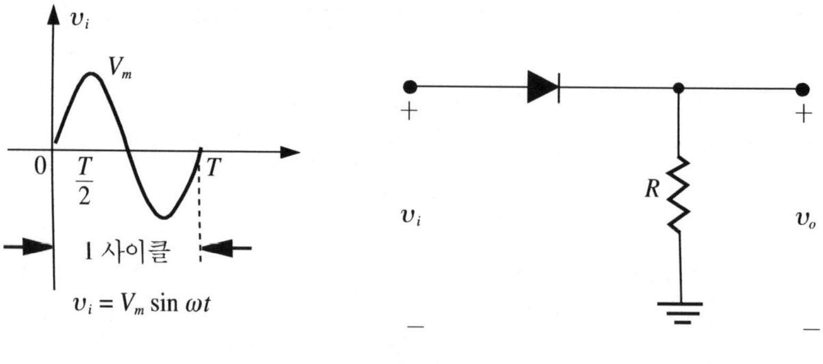

그림 1-26 반파정류 회로

그림 1－26에서 주기 T로 정의된 1사이클 상에서 평균치(축의 상하 면적의 대수적합)는 0이다.

반파정류기(half-wave rectifier)라고 부르는 그림 1－26의 회로는 파형 v_0를 발생하는데 이 파형을 "ac-to-dc" 변화 과정에서 특수한 농도의 평균치를 나타낸다.

그림 1－26에서 구간 t=0→T/2에서 입력전압 v_i의 극성은 그림 1－27에 나타낸 것과 같으며 그 결과는 다이오드의 양단에 표시한 극성과 같아져서 옆의 그림에 나타내는 바와 같은 단락 등가회로를 이루게 된다.

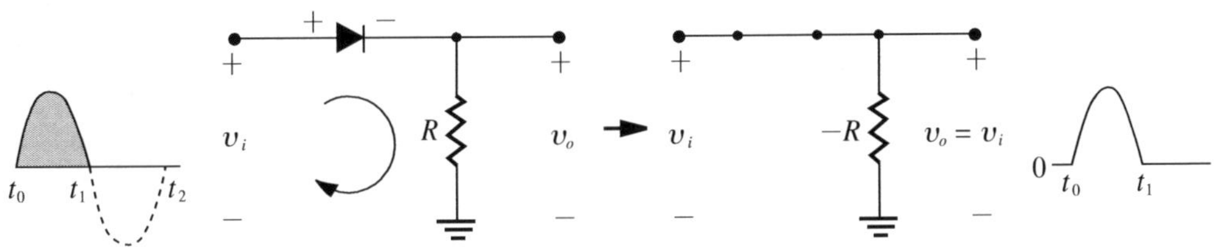

그림 1-27 도통영역(0→T/2)

이제 출력을 직접적으로 입력에 연결하면 0→T/2 구간에 대한 결과인 $V_0 = v_i$가 된다.

T/2→T 구간에서 입력 v_i의 극성은 그림 1－28에 나타낸 바와 같으며 이상적인 다이오드의 양단에 걸리는 극성은 개방 등가 회로인 '오프' 상태가 된다. 그 결과는 전류가 흐르게 할 수 있는 충전경로를 상실하게 되어 T/2→T 구간에서는 $v_0 = {}_iR = (0)R = 0V$가 된다.

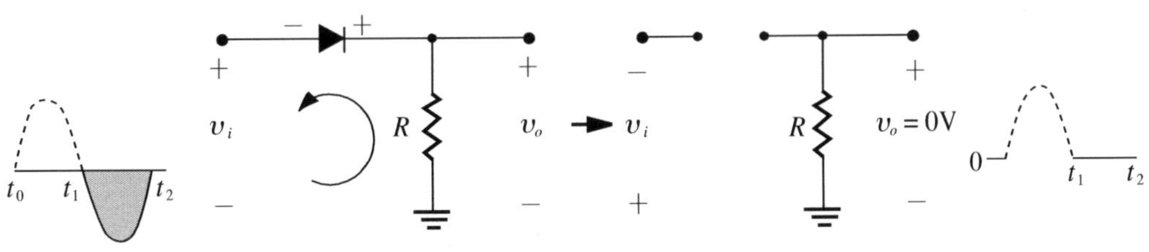

그림 1-28 비도통영역(T/2→T)

입력 v_i와 출력 V_0는 비교를 목적으로 그림 1－29와 같이 함께 나타내었다.

이제 출력 V_0는 전구간에 걸쳐 축의 상측에 나타나는 면적이 되며 이의 평균치는

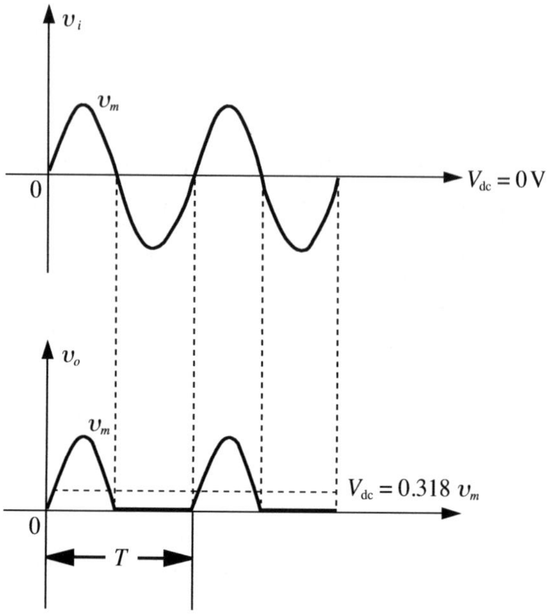

그림 1-29 반파정류된 신호

그림 1-29와 같이 반파정류인 사인파의 평균치는 곡선 내의 면적을 주기(2π)로 나눈 값으로 나타내는데 사인파의 경우는 다음과 같다.

$v = v_m \sin\theta$에서

$$V_{AVG} = \frac{\text{곡선내의 부분면적}}{2\pi}$$

$$= \frac{1}{2\pi}\int_0^{\pi} v_m \sin\theta\, d\theta$$

$$= \frac{v_m}{2\pi}(-\cos\theta)\Big|_0^{\pi}$$

$$= \frac{v_m}{2\pi}[-\cos\pi - (\cos\theta)]$$

$$= \frac{v_m}{2\pi}[-(-1)-(-1)] = \frac{v_m}{2\pi}(2)$$

$$= \frac{v_m}{\pi} = 0.318\, v_m$$

따라서

$$\text{평균치(직류치)} = 0.318\,v_m \qquad (1-4)$$

직류 레벨을 얻기 위하여 입력신호의 1/2을 제거하는 과정을 반파정류라고 부른다. 정류라는 말은 교류를 직류로 변환하는 과정에서 전원 공급장치에 사용된 다이오드 "정류기"의 용어로부터 나온 것이다. 정류기는 맥동전압(pulsating voltage)을 안정된 직류전압으로 만드는 데 이용된다.

그림 1-30에 반파정류된 신호에서 V의 효과에 대한 그림을 나타내었다.

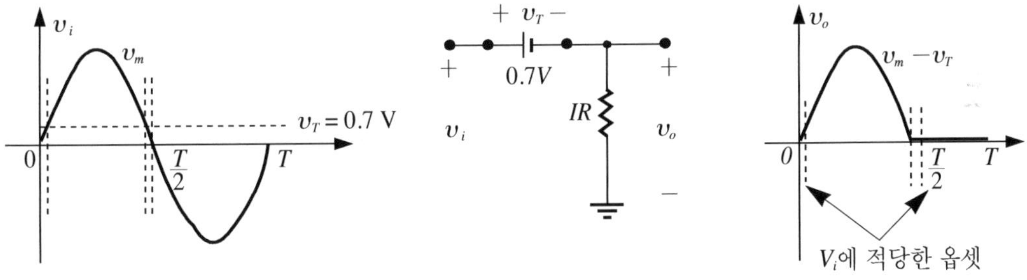

그림 1-30 반파정류된 신호에서 V의 효과

$v_T = 0.7$[V]인 Si 다이오드를 사용한 효과는 그림 1-30의 순방향 바이어스 영역에서 입증된다. 입력은 다이오드에 전이가 일어날 때까지 출력레벨이 0이 되게 하여 다이오드가 통전되기 전에 적어도 0.7[V]가 되어야만 한다. 통전시 v_0와 v_i 사이의 차이는 $v_T = 0.7$[V]의 고정레벨 및 같은 그림에서 나타낸 것처럼 $v_0 = v_i - v_T$가 된다. 실제의 효과는 축의 상층 면적의 감소를 초래한다. 즉 이것은 자연적으로 얻어지는 직류전압 레벨을 감소시킨다. 만일 v_m이 v_0보다 훨씬 크면 그 차이는 무시할 수 있으므로 식 1-4를 적용할 수 있다.

$$\text{즉, } V_{dc} \cong 0.318\,v_m (v_m \gg V_T) \qquad (1-5)$$

만일 v_m이 상대적으로 v_T에 가까워지면 좋은 근사는 옵셋 전압으로 감소된 피이크치를 갖는 것 이외에는 단순히 식 1-4를 이용하는 것이다. 좌우의 언저리 면적(fringe greas)을 무시함으로써 기인되는 직류레벨의 차이는 정상적으로 전혀 문제가 되지 않을 정도로 작다.

그러므로

$$V_{dc} \cong 0.318(v_m - v_T) \qquad (1-6)$$

예제 1-9 그림 1-31의 회로에서 (a) 출력 v_0를 스케치하고 출력의 직류레벨을 구하라. (b) 이상적인 다이오드를 Si 다이오드로 대체한 후 (a)를 반복하라.

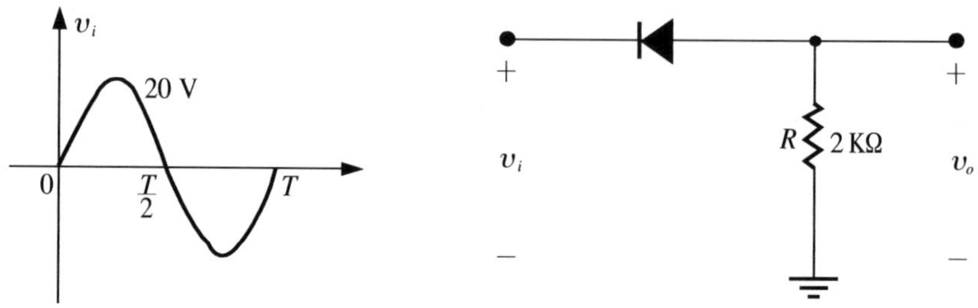

그림 1-31

풀이 (a) 여기서는 다이오드가 그림 1-32에 나타낸 것처럼 부(−)영역에서는 도통된다. 그리고 v_0는 출력측에 나타낸 것과 같다. 전체주기에서 직류레벨은

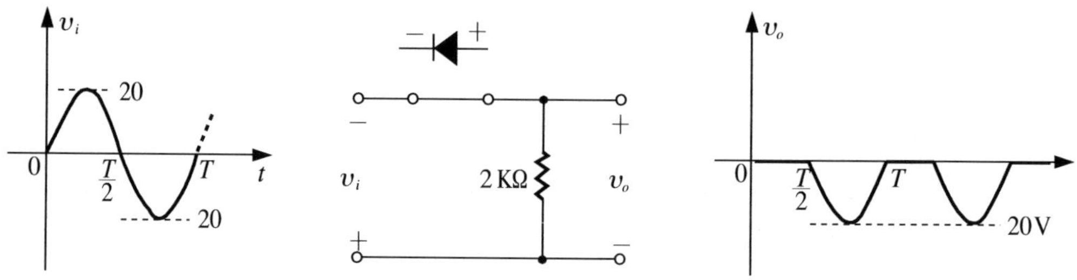

그림 1-32

$$V_{dc} = -0.318v_m = -0.318(20) = -6.36V$$

음(−)의 부호 즉, 출력의 극성은 그림 1-31의 정의된 극성과 반대임을 의미한다.

(b) Si 다이오드를 사용함으로써 출력은 그림 1-33과 같은 모양을 나타낸다.

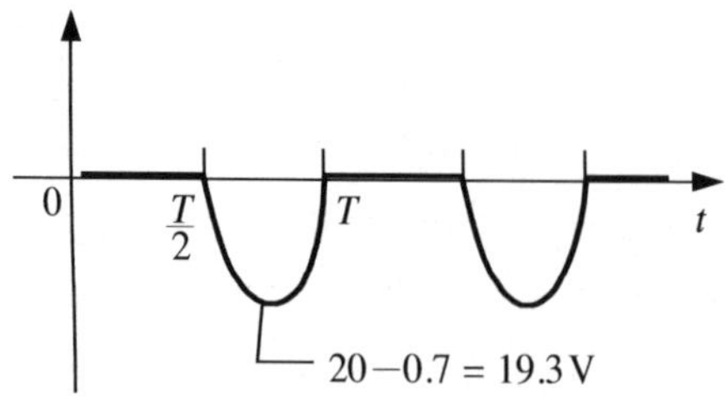

그림 1-33

그리고

$$V_{dc} \cong -0.318\,(v_m - 0.7) = -0.318\,(19.3)$$
$$\cong -6.14\,V$$

그러므로 직류레벨에서 나타나는 전압강하는 0.22 V 또는 약 3.5%이다.

(1) 반파정류기에서 장벽전위(Barrier Potential)의 영향

다이오드가 이상적이라고 가정하였다. 그러나 다이오드의 장벽전위를 고려한다면 문제가 야기된다. 즉, 정(+)의 반주기 동안 다이오드가 순방향으로 바이어스되기 위해서 전위장벽 이상으로 전압을 걸어주어야 한다.

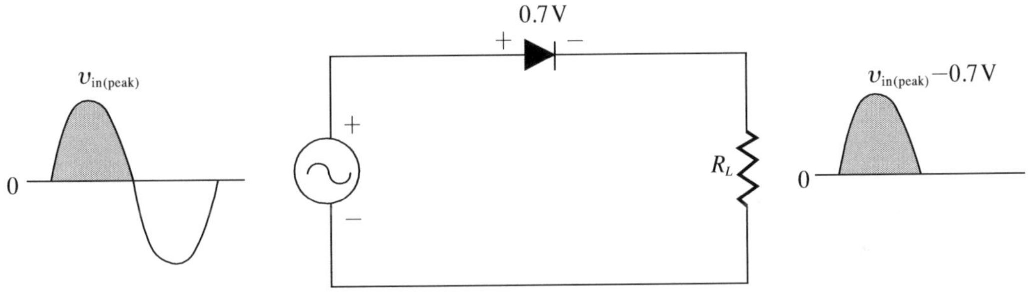

그림 1-34 반파정류기에서 장벽전위의 영향(Si 다이오드)

그림 1 − 34와 같이 Si 다이오드 입력의 첨두치보다 0.7V(Ge인 경우 0.3V) 낮게 나타난다. 출력 전압은 다음과 같다.

Si인 경우 $\quad V_{p(out)} = V_{p(in)} - 0.7V \qquad (1-7)$

Ge인 경우 $\quad V_{p(out)} = V_{p(in)} - 0.3V \qquad (1-8)$

다이오드 회로해석에서 인가전압의 첨두치가 장벽전위보다 훨씬 큰 경우(적어도 10배 이상)에는 장벽전위의 영향을 무시할 수 있다. 그러나 통상 Si 다이오드를 사용할 경우 다른 언급이 없으면 고려하여야 한다.

예제 1-10 그림 1 − 35의 회로에서 주어진 입력전압에 대한 Si 정류회로의 출력전압을 스케치하여라. 각 다이오드는 Si이고 장벽전위는 고려해야 한다.

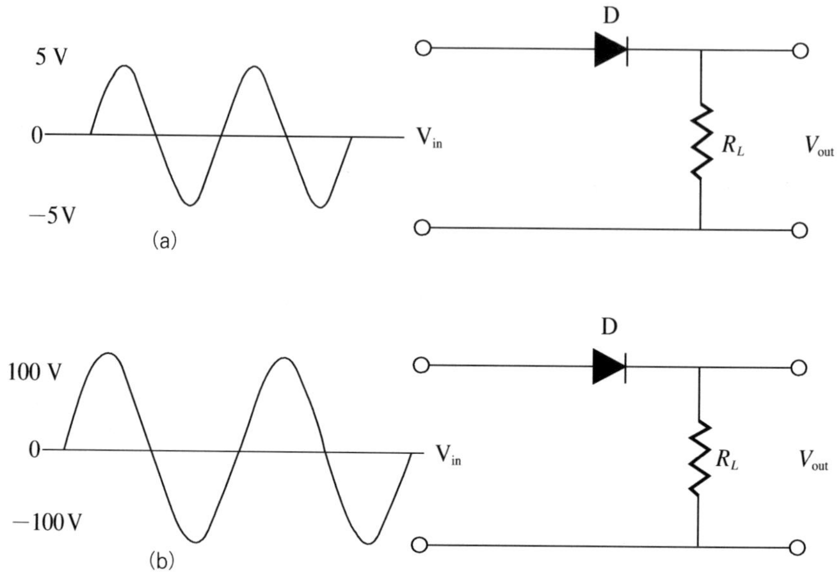

그림 1-35

풀이 (a) 회로에 대한 출력전압의 첨두치는 $V_p = 5\,V - 0.7\,V = 4.3\,V$

(b) 회로에 대한 출력전압의 첨두치는 $V_p = 100\,V - 0.7\,V = 99.3\,V$

이들의 출력은 그림 1-36에 나타내었다.

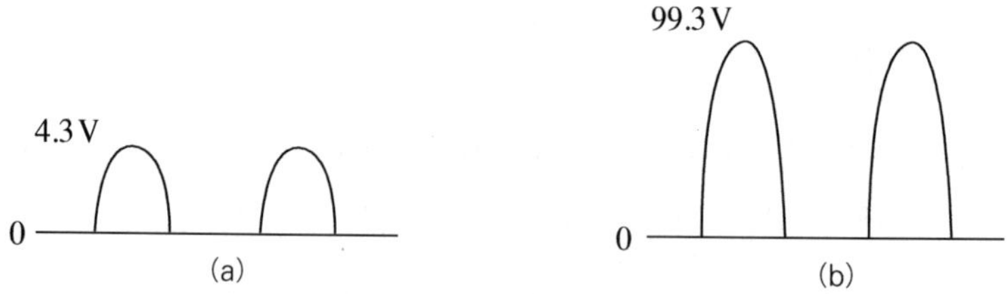

그림 1-36 그림 1-35 회로의 출력

장벽전위가 (b)회로에서는 매우 적은 영향(0.7%)을 미치므로 무시할 수 있다. 그러나 만약 (a)회로에서 무시한다면 상당히 큰 영향(14%)을 미치게 될 것이다.

(2) 최대 역방향 전압

최대 내역전압(Peak Inverse Voltage : PIV)이라고도 불리는 최대 역방향 전압은 역방향 바이어스일 때 다이오드 양단에 걸리는 최대전압이다. 그림 1－37에 이러한 상태를 설명하고 있다.

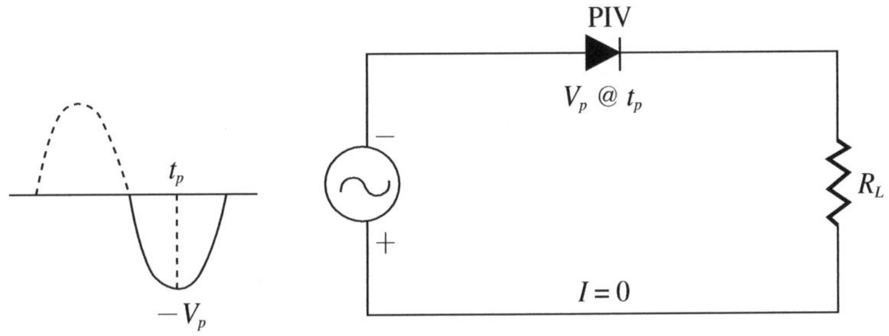

그림 1-37 최대 역방향 전압(입력 전압의 부의 첨두치와 같다)

다이오드의 피크 역전압(peak-inverse-voltage : PIV) 정격은 정류시스템의 설계에서 우선적으로 중요하다. 이것은 역방향 바이어스 영역을 초과하지 않아야 하는 전압 정격을 나타내거나 또는 다이오드가 제너 붕괴 영역으로 들어간다는 것을 나타낸다. 반파 정류기로서 필요한 PIV정격은 그림 1－38으로부터 구할 수 있다.

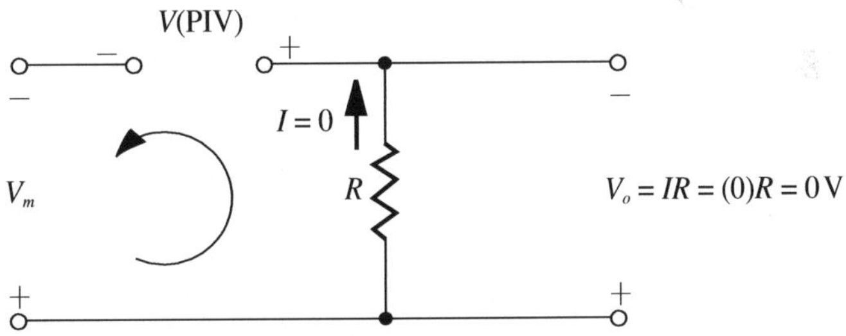

그림 1-38 반파정류기에 필요한 PIV정격의 결정

즉, 이것은 최대 인가전압을 갖는 그림 1－37의 역방향 바이어스된 다이오드를 표시한다. 키르호프의 전압법칙을 적용하면 이것은 다이오드의 PIV 정격은 같아야 되거나 또는 인가전압의 피크치를 초과해야 한다는 것이 아주 확실해졌다.

그러므로

$$\boxed{\text{PIV 정격} = V_m} \quad \text{반파정류기} \qquad (1-9)$$

4. 변압기를 사용한 반파정류기

그림 1-39와 같이 변압기는 전원으로부터 교류입력전압을 정류회로에 결합하기 위하여 가끔 사용된다. 변압기 결합은 두 가지 장점이 있다. 첫째, 전원전압을 필요할 때 올리거나 낮출 수 있다. 둘째, 교류전원을 정류회로로부터 전기적으로 분리시킬 수 있으므로 충격에 의한 손상을 줄일 수 있다. 기본적인 교류회로에서 변압기의 2차전압(Secondary Voltage)은 식 1-10에 나타난 바와 같이 1차전압(Primary Voltage)과 권수비 (Turn Ratio)의 곱으로 나타난다.

$$V_2 = \left(\frac{N_2}{N_1}\right) V_1 \qquad (1-10)$$

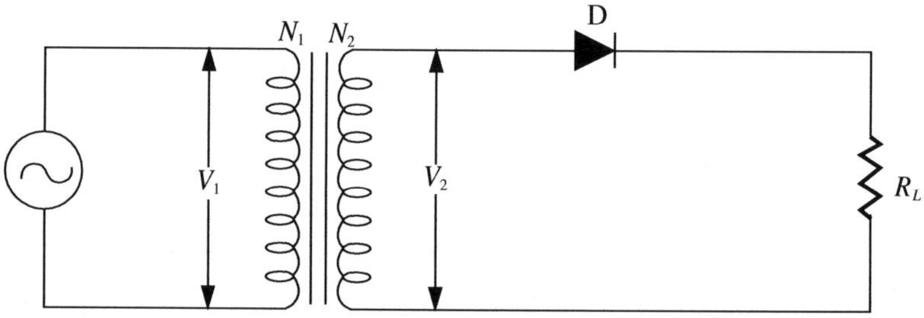

그림 1-39 변압기를 사용한 반파정류기

만약 $N_2 > N_1$이면 1차전압이 2차전압보다 더 낮고 $V_2 = V_1$이면 1차전압이 2차전압보다 더 높을 것이다. 만약 $N_1 = N_2$이면 $V_2 = V_1$이 된다.

예제 1-11 그림 1-40의 회로에서 출력전압의 첨두치를 구하라.

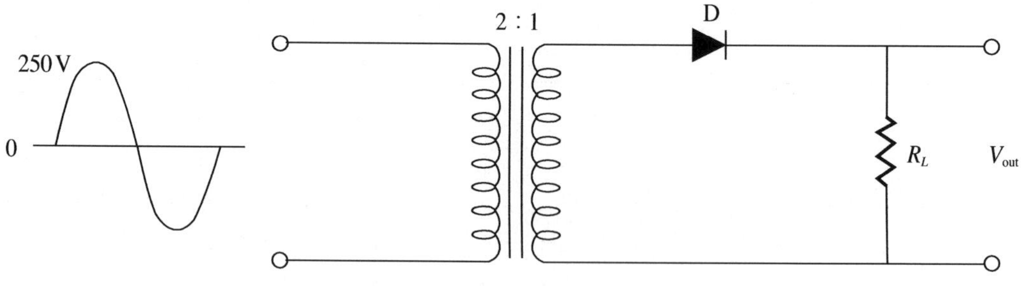

그림 1-40

풀이 권수비는

$$\frac{N_2}{N_1} = \frac{1}{2} = 0.5$$

2차 첨두전압(Secondary Peak Voltage)은

$$V_2 = \left(\frac{N_2}{N_1}\right)V_1$$

$$= 0.5(250V) = 125V$$

정류된 출력전압의 첨두값은

$$V_{P(out)} = 125V - 0.7V = 124.3V$$

5. 전파정류회로

정현파 입력으로부터 얻은 직류레벨은 전파정류(full wave rectification)라고 불리는 한 과정을 이용함으로써 100% 개선시킬 수 있다.

전파정류와 반파정류 사이의 차이점은 전파정류기는 입력의 전 주기 동안 부하에 단일 방향으로 전류가 흐르지만, 반파정류기는 단지 반 주기 동안만 전류가 흐른다. 전파정류의 결과는 그림 1-41과 같이 입력의 반 주기마다 맥동하는 직류출력 전압이 나타난다.

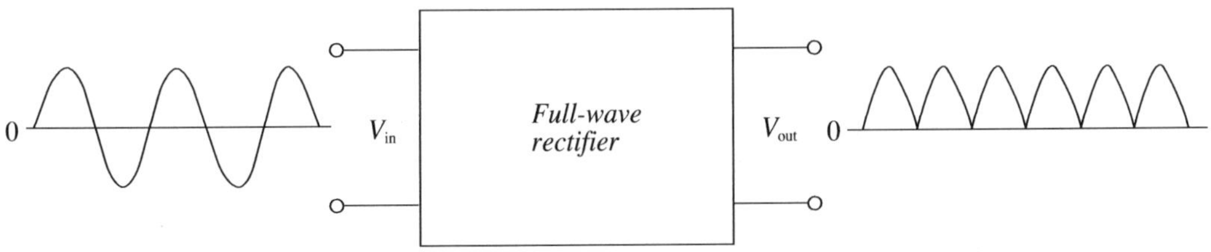

그림 1-41 전파정류작용 전파정류기

전파정류 전압의 평균치는 식 1-11에 나타낸 바와 같이 반파정류 전압의 2배가 된다.

$$V_{AVG} = \frac{2V_p}{\pi} \qquad (1-11)$$

예제 1-12 그림 1 − 42에 나타낸 전파정류 전압의 평균치를 구하라.

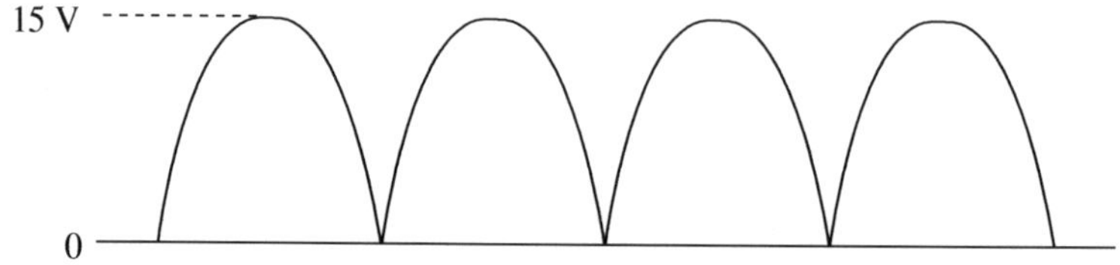

그림 1-42

풀이

$$V_{AVG} = \frac{2V_p}{\pi} = \frac{2(15V)}{\pi} = 9.55\,V$$

(1) 중간탭 변압기를 사용한 전파정류기

그림 1 − 43의 전파정류 회로는 중간탭을 가진 변압기와 변압기의 2차측에 연결된 다이오드 두 개로 구성된다. 입력신호는 변압기를 통하여 중간탭을 갖는 변압기의 2차측에 결합된다. 2차 전압의 반이 중간탭과 2차 권선의 양단에 각각 나타난다.

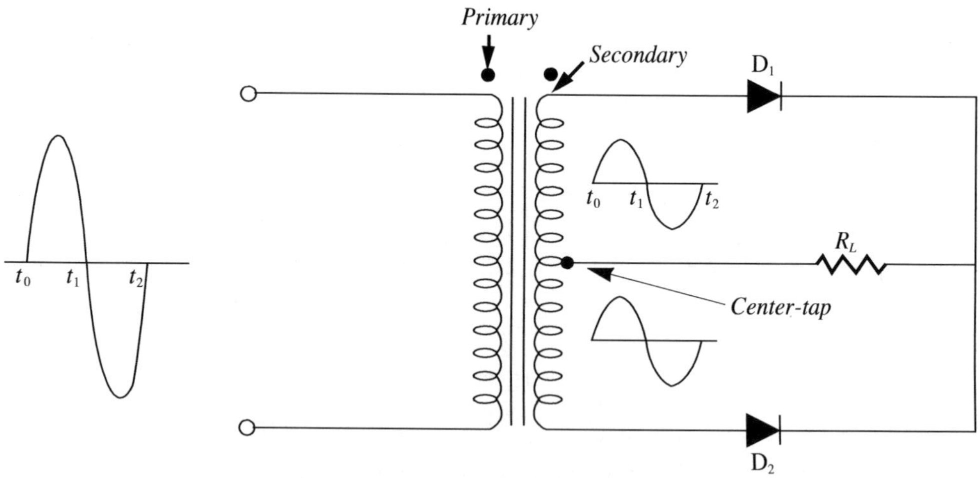

그림 1-43 중간탭 변압기를 사용한 전파정류기

그림 1 − 44(a)에 표시된 바와 같이 입력전압의 정의 반 주기(t_0에서 t_1) 동안 다이오드 D_1은 순방향으로 바이어스되고 다이오드 D_2는 역방향으로 바이어스된다. 그러므로 전류는 D_1

과 부하저항을 통하여 흐르게 된다.

그림 1 – 44(b)에서 입력전압의 부의 반 주기(t_1에서 t_2) 동안 D_1은 역방향으로 바이어스되고 D_2는 순방향으로 바이어스된다. 그러므로 전류는 D_2와 부하저항을 통하여 흐르게 된다. 이와 같이 출력전류는 입력저항이 정, 부의 어느 경우이든 부하를 통하여 항상 한쪽 방향으로만 흐르게 되므로 부하 양단에 나타나는 출력전압은 그림 1 – 44(c)와 같이 전파정류된 파형이 나타난다.

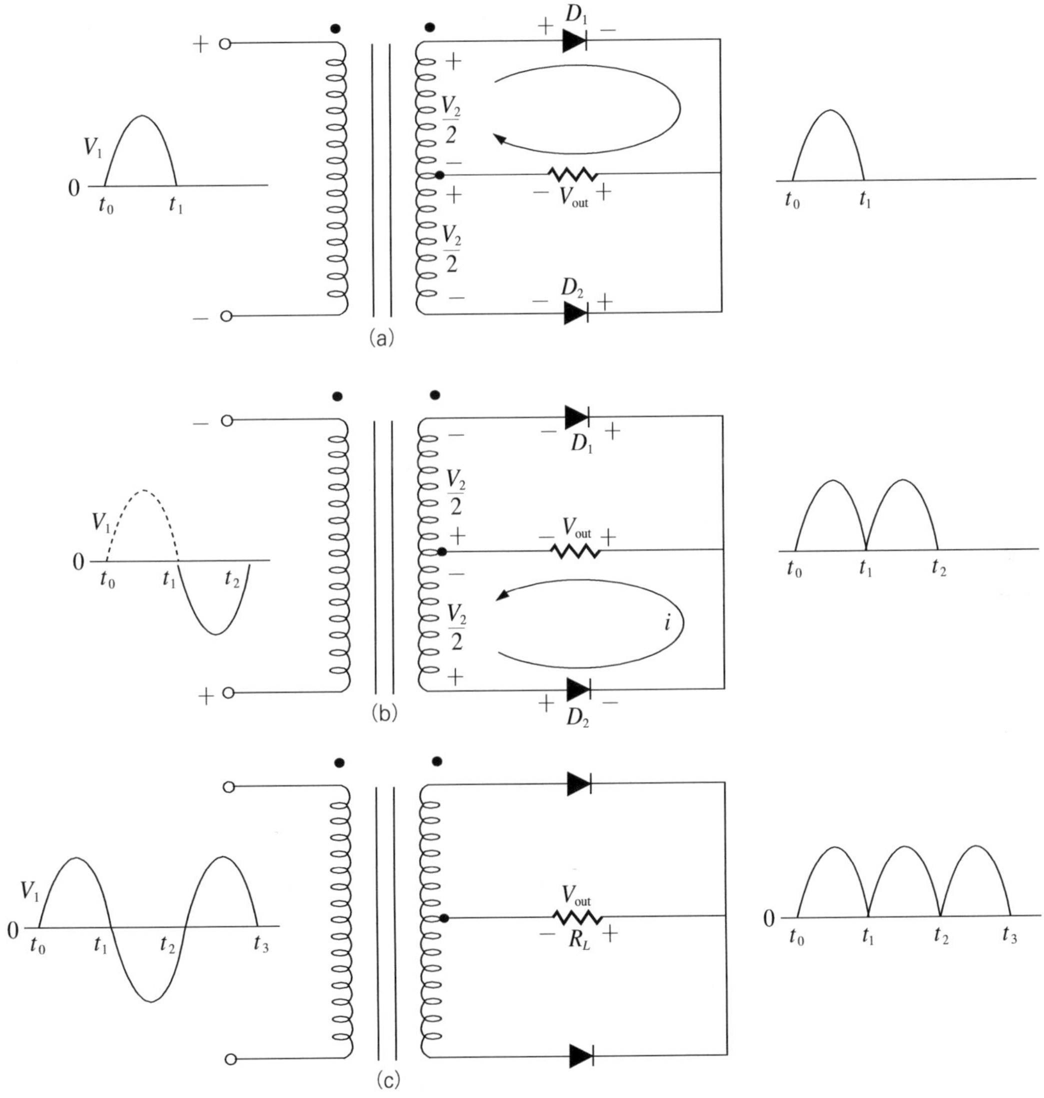

그림 1-44 중간탭 변압기를 사용한 전파정류기의 동작

(2) 변압기를 사용한 전파정류기에서 권수비(Turn Ratio)의 영향

만약 변압기의 권수비가 1이면, 정류된 출력전압의 최대치는 그림 1－45와 같이 1차 입력전압의 1/2에서 장벽전위(다이오드의 전압강하)만큼 뺀 것이 된다. 이것은 입력전압이 2차 권선의 중간탭에 의해 양분되기 때문이다. 출력전압을 입력전압과 같게(장벽전위만큼 더 적음) 하는 방법은 그림 1－46과 같이 권수비가 1 : 2인 승압기를 사용하는 것이다. 이 회로에서 총 2차 전압 V_2가 1차 전압의 2배($2V_1$)가 되므로 중간탭에 의해 양분된 각 2차 전압은 V_1과 같게 된다.

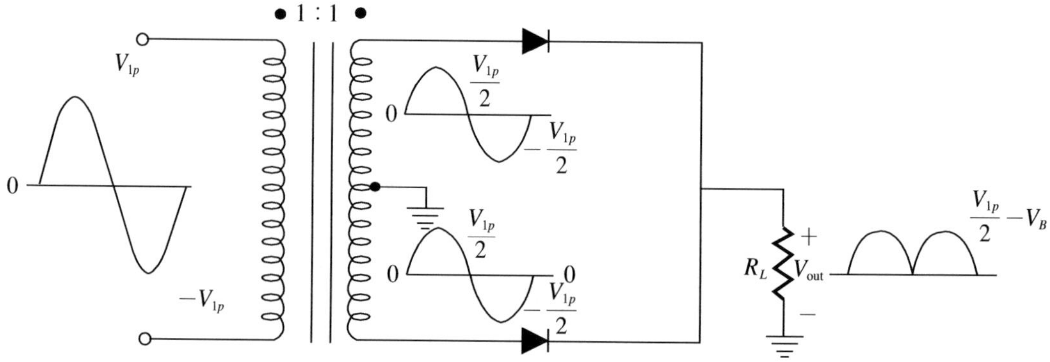

그림 1-45 권수비 1인 중간탭 변압기를 사용한 전파정류기

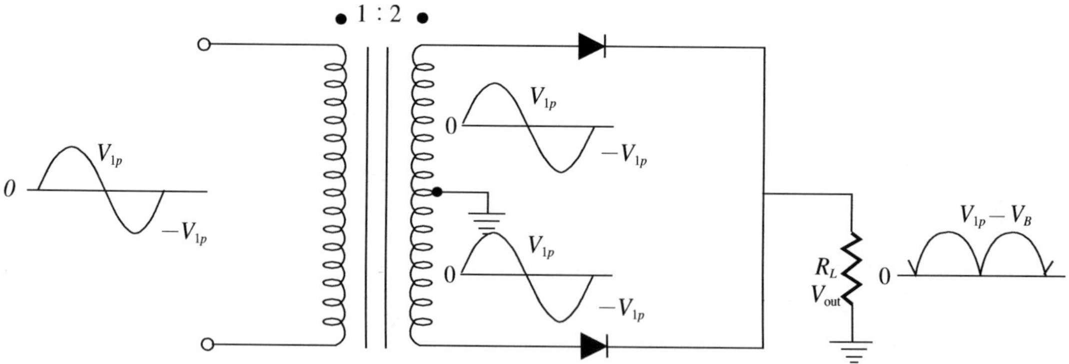

그림 1-46 권수비 2인 중간탭 변압기를 사용한 전파정류기

어떤 경우이든 중간탭 변압기를 사용한 전파정류기의 출력전압은 권수비에 상관없이 총 2차 전압의 1/2이 된다.

$$V_{out} = \frac{V_2}{2} \tag{1-12}$$

다이오드의 전압강화 V_B를 고려한 경우에는

$$V_{out} = \frac{V_2}{2} - V_B \tag{1-13}$$

(3) 최대내역전압

전파정류의 각 다이오드는 번갈아가며 순방향 바이어스와 역방향 바이어스가 된다. 각 다이오드가 견뎌내야 하는 최대내역전압은 2차 전압(V_2)의 첨두치가 된다. 이것은 그림 1-47에서 알 수 있다.

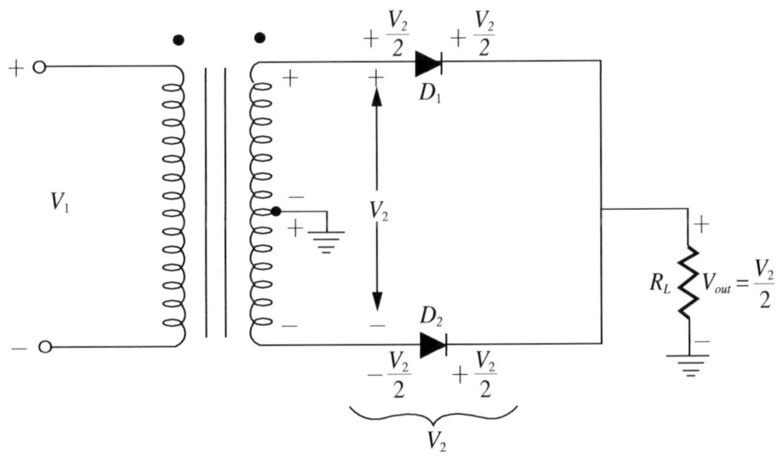

그림 1-47 다이오드 역 방향전압(D_2가 역방향으로 바이어스 됨)

총 2차전압 V_2가 그림에 나타난 극성을 가졌을 때 D_2의 애노드는 $+V_2/2$이고 D_2의 애노드는 $-V_2/2$가 된다.

D_1은 순방향으로 바이어스되어 있으므로 캐소드도 애노드와 같은 전압($+V_2/2$, 장벽전위는 무시함)이 된다. 이는 D_2의 캐소드에도 같은 전압이다. 그러므로 D_2의 양단의 총 역방향 전압은 $+V_2/2-(-V_2/2)=V_2/2+V_2/2=V_2$가 된다. $V_2=2V_{out}$이므로 최대내역전압은 다음과 같다.

$$PIV = 2V_{p(out)} \tag{1-14}$$

그림 1-48과 같이 첨두치 25[V]인 사인파가 1차 권선에 인가되었을 때, 2차 권선의 R_L 양단에 나타나는 전압파형을 그려라. 또한 다이오드의 최소 PIV 정격은 얼마인가?

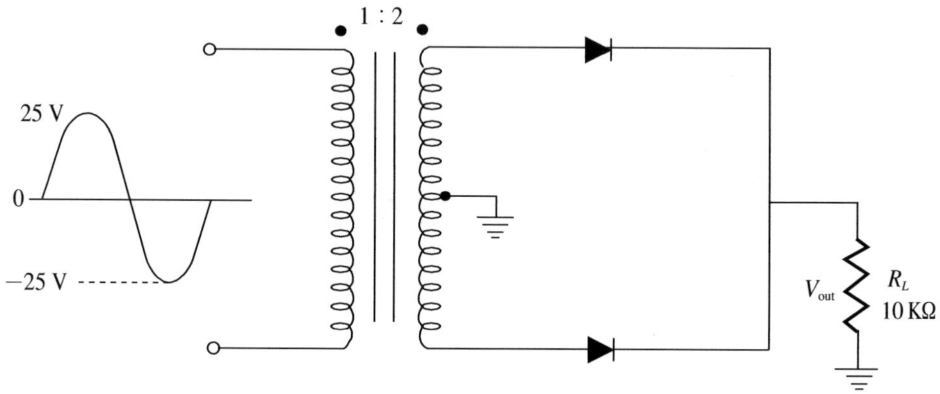

그림 1-48

2차 전압의 첨두치는

$$V_2 = \left(\frac{N_2}{N_1}\right)V_1$$
$$= (2)25\text{ V}$$
$$= 50\text{ V 이다.}$$

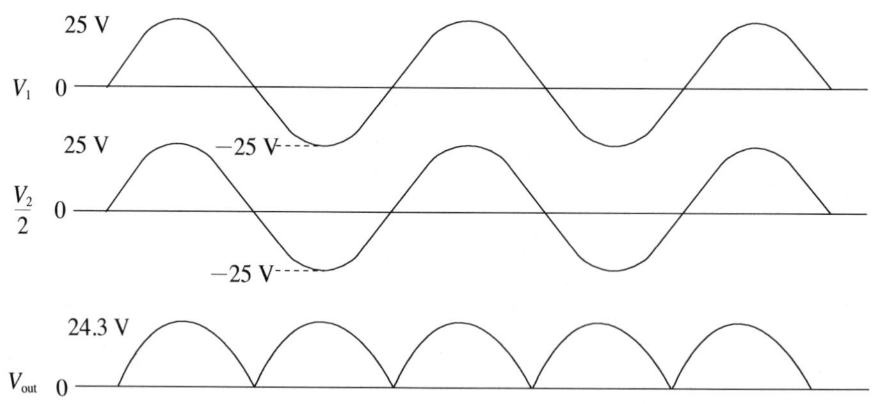

그림 1-49

2차측의 각 1/2 양단의 첨두전압은 25[V]이다. 출력 부하전압의 첨두치는 25[V]에서 다이오드 양단 전압강화 0.7을 뺀 값이 된다. 그러므로 각 다이오드는 최소 50[V]의 PIV 정격을 가져야만 한다. 전압파형은 그림 1－49에 나타나 있다.

(4) 브리지 정류회로

브리지 정류기를 그림 1－50에 나타내었다. 브리지 정류기는 그림 1－50과 같이 네 개의 다이오드로 구성된다.

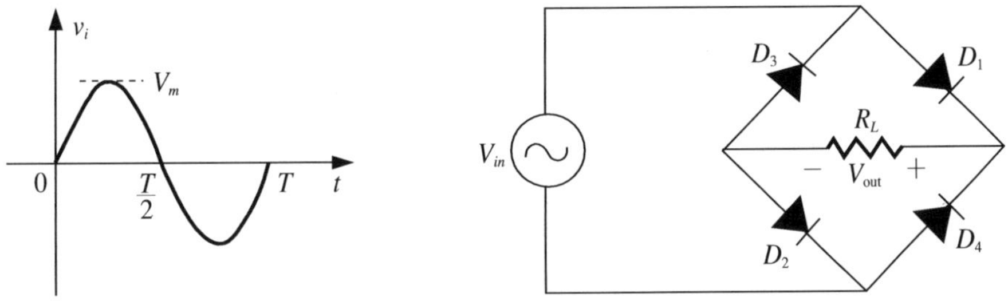

그림 1-50 브리지 정류기

입력의 정의 반주기 동안 다이오드 D_1과 D_2는 순방향으로 바이어스되므로 그림 1－51과 같은 방향으로 전류가 흐른다.

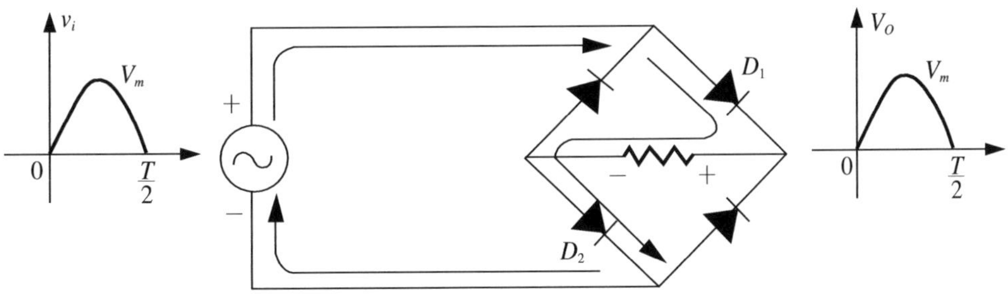

그림 1-51

그러므로 R_1 양단의 출력전압은 입력 신호의 정(+)의 반주기 같은 신호가 나타나며, 이 때 다이오드 D_3, D_4는 역방향으로 바이어스된다.

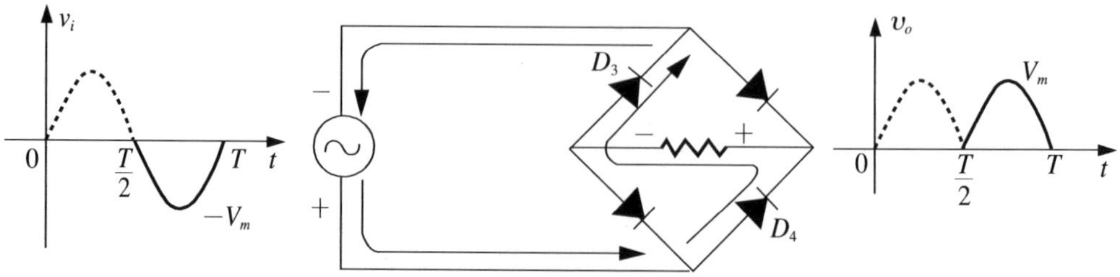

그림 1-52

부(−)의 반 주기 동안은 그림 1−52와 같이 다이오드 D_3와 D_4는 순방향으로 바이어스되므로 정(+)의 반 주기 동안과 마찬가지로 R_L 양단에는 항상 한 쪽 방향으로만 전류가 흐르게 된다.

부(−)의 반 주기 동안 D_1과 D_2는 역방향으로 바이어스된다. 결과적으로 R_L 양단에는 전파정류된 출력전압이 나타나게 된다.

그러므로 완전한 1사이클의 구간에서 입출력 전압은 그림 1−53에 보인 것처럼 나타난다. 완전한 1사이클에서 축상의 면적은 반사이클 정류 시스템에서 얻은 면적의 2배가 된다. 즉 직류레벨은 2배가 되어

$$\boxed{\text{직류 평균치} = 0.636V_m} \qquad (1-15)$$

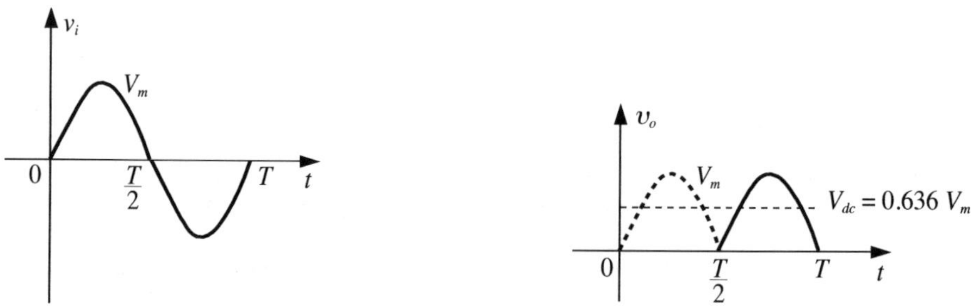

그림 1-53

출력 V_0의 효과는 양의 도통 상태 동안 실리콘 다이오드에 대하여 그림 1−54에 나타낸 것처럼 2배가 된다. 그러나 만일 $V_m \gg 2V_T$이면

$$\boxed{V_{dc} \cong 0.636V_m}_{\,V_m \gg 2V_T} \qquad (1-16)$$

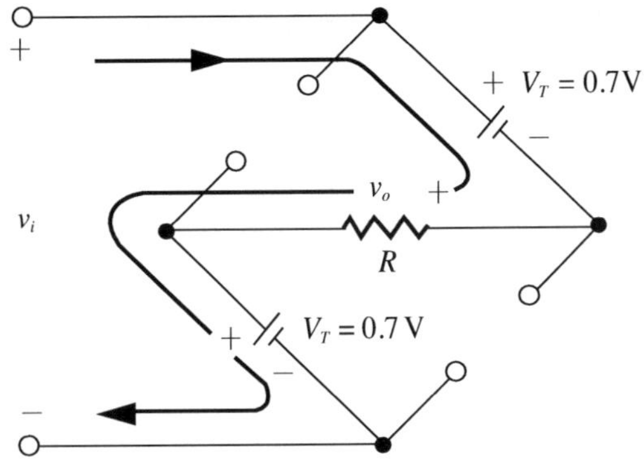

그림 1-54

그리고 만일 V_m이 $2V_T$에 가까워지면

$$\boxed{V_{dc} \cong 0.636(V_m - 2V_T)} \quad \text{2V}_T\text{에서 Vm으로 접근} \qquad (1-17)$$

그림 1－55에 나타낸 것처럼 이상적인 다이오드의 정격 PIV는 입력신호의 양영역의 피이크점에서 얻어진다. 표시된 루우프에서 R에 걸리는 최대 전압은 V_m이므로

$$\boxed{PIV = V_m} \quad \text{브리지 전파정류기} \qquad (1-18)$$

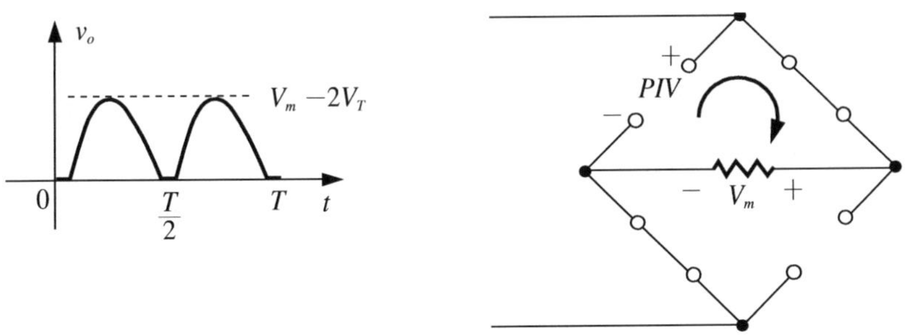

그림 1-55

예제 1-13 그림 1−56의 회로에서 출력파형, 출력 직류레벨 및 각 다이오드의 PIV 정격을 구하라.

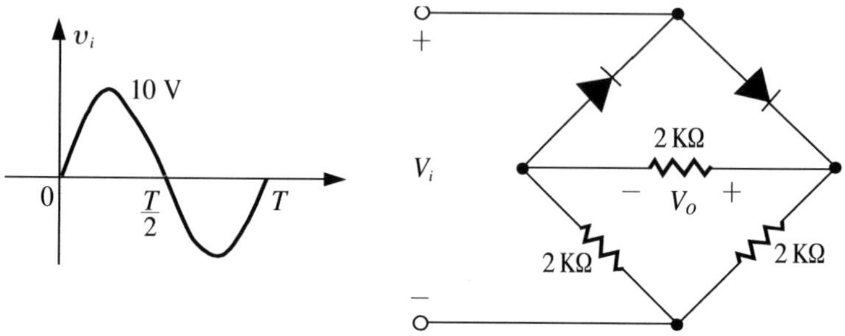

그림 1-56

풀이 입력 전압의 정(+)영역에서 회로는 그림 1−57에 나타낸 것처럼 나타난다.

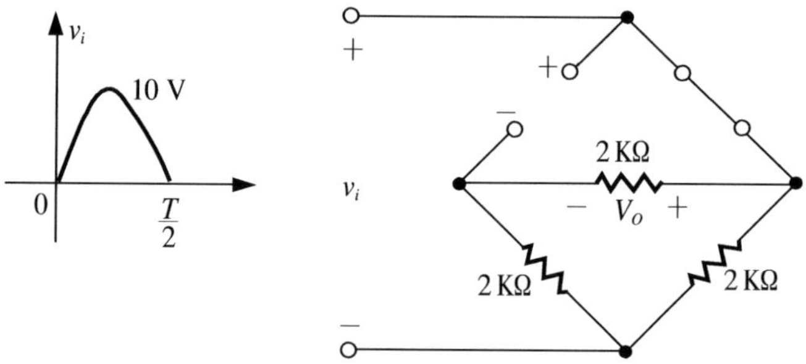

그림 1-57

그림 1−57을 다시 그리면 그림 1−58에서 보여주는 것처럼

$$V_0 = \frac{1}{2}v_i,\ 또는\ v_{0(max)} = \frac{1}{2}v_{i(max)} = \frac{1}{2}(10) = 5\,V$$

일 때 그림 1−58과 같은 배열을 갖는다.

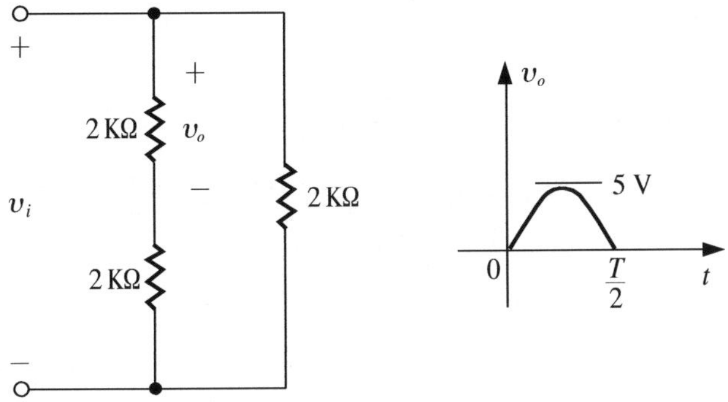

그림 1-58

한편 입력 전압의 부(−) 영역에서 다이오드의 역할은 서로 바뀌어지며 V_0는 그림 1 −59와 같이 나타난다.

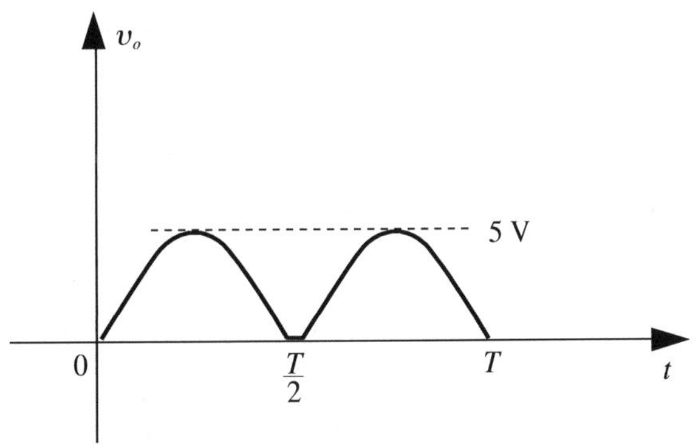

그림 1-59

그러므로 브리지 배열에서 2개의 다이오드를 제거하는 효과를 이용할 수 있는 직류레벨은 아래와 같이

$$V_{dc} = 0.636(5) = 3.18\,V$$

로 감소시키는 결과가 된다.

(5) 최대내역전압

그림 1-60에 브리지 정류 회로를 나타내었다.

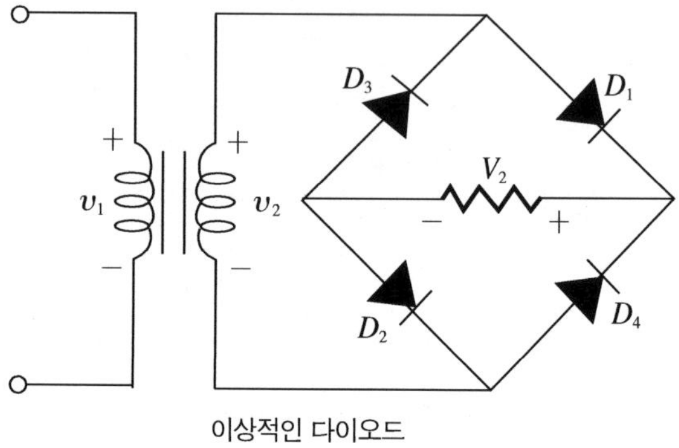

그림 1-60 브리지 정류회로

D_1과 D_2가 순방향으로 바이어스되었다고 가정하고 D_2와 D_4 양단의 역방향 전압을 검토해 보자.

그림 1-61과 같이 D_1과 D_2를 단락(이상적인 경우)상태로 보낸 D_3와 D_4는 최대 2차전압과 같은 최대내역전압이 걸리게 된다는 것을 알 수 있다.

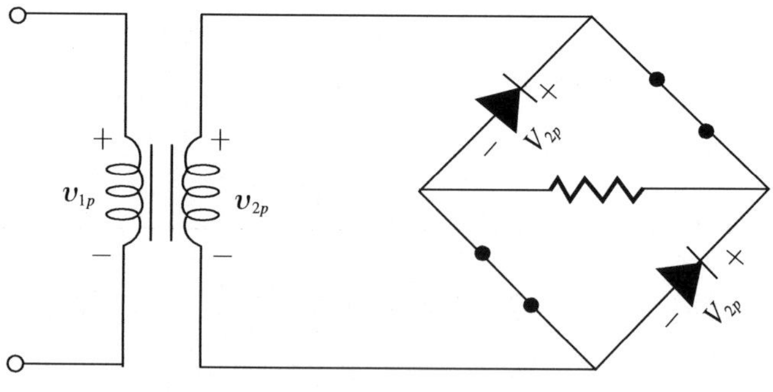

그림 1-61 브리지 정류기의 역전압

이상적인 경우 출력전압은 2차 전압과 같으므로

$$PIV = V_{P(out)} \tag{1-19}$$

이다. 그러므로 브리지 정류기의 PIV 정격은 중간탭 변압기를 사용한 경우의 1/2이다.

예제 1-14 그림 1－62의 브리지 정류 회로에 대한 출력전압을 구하라.

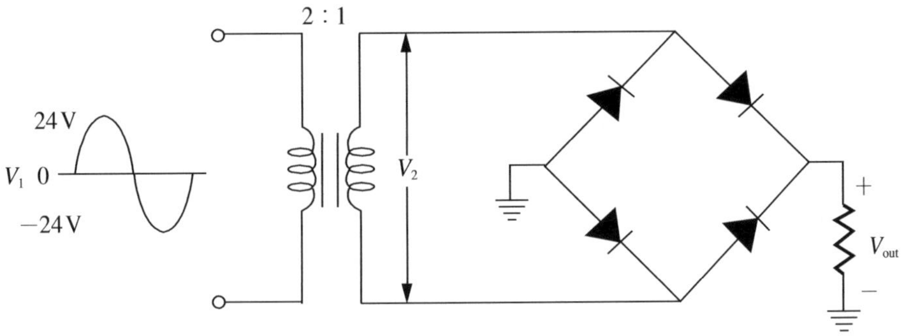

그림 1-62

풀이 최대 출력전압은

$$V_{P(out)}=V_2-2V_T=\frac{1}{2}V_{P(in)}-2V_T$$
$$=12V-1.4V$$
$$=10.6V$$

각 다이오드에 대한 PIV는 $PIV=V_{P(out)}=10.6V$

6. 클리퍼(Clipper)

교류파형의 어느 한 부분을 의곡시키지 않고 그 신호의 다른 한 부분을 '잘라낼 수' 있는 능력을 갖고 있는 다이오드 회로를 클리퍼 회로라고 한다.

클리퍼는 다이오드의 동작상태에 따라서 입력신호의 그림 1－63(a)는 교류신호의 정(+)의 반 주기를 제한하는 다이오드 회로이다. 입력신호 V_{in}의 정(+)의 반 주기 동안 다이오드는 순방향으로 바이어스된다. 캐소드가 접지되어 있으므로 애노드는 0.7[V](Si의 경우)를 초과할 수 없다. 그러므로 입력신호 0.7[V] 이상인 범위에서 점A의 전압은 0.7[V]로 제한된다.

입력신호가 0.7[V] 이하가 되면 다이오드는 역방향으로 바이어스되어 개방상태가 된다. 출력전압은 입력신호의 정(+)의 반 주기와 같게 되지만, 크기는 R_S와 R_L로 구성된 분압기에 의해 다음과 같이 구해진다.

$$V_{out} = \left(\frac{R_L}{R_S + R_L}\right) V_{in} \qquad (1-20)$$

만일 $R_S \ll R_L$이라면 $V_{out} = V_{in}$이 된다.

그림 1-63(b) 회로의 경우에는 교류신호의 부(-)의 반 주기를 제한하게 된다. 입력신호가 부(-)의 정(+) 또는 부(-)영역을 잘라내게 된다.

클리퍼 회로는 일반적으로 직렬 및 병렬의 두 가지가 있다. 직렬회로는 다이오드가 부하와 직렬로 연결되는 것인 반면에, 병렬회로는 부하에 병렬로 연결되는 가지에 다이오드가 연결되는 것을 말한다.

(1) 직렬 클리퍼

그림 1-63에 다이오드 클리퍼 회로를 나타내었다.

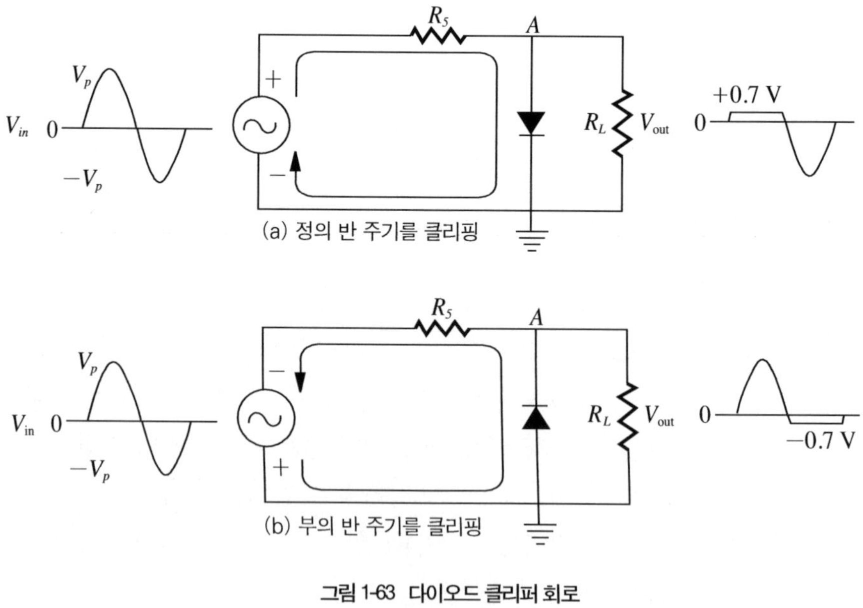

그림 1-63 다이오드 클리퍼 회로

반주기 동안 다이오드는 순방향으로 바이어스되고 점 A의 전압은 다이오드의 전압강하에 의하여 −0.7 [V]가 된다. 입력신호가 −0.7 [V] 이상이 되면 다이오드는 더 이상 순방향으로 바이어스되지 않고 출력은 입력에 비례하여 R_L양단에 나타나게 된다.

예제 1-15 그림 1 − 64에서 출력전압을 구하고 출력파형을 스케치하여라.

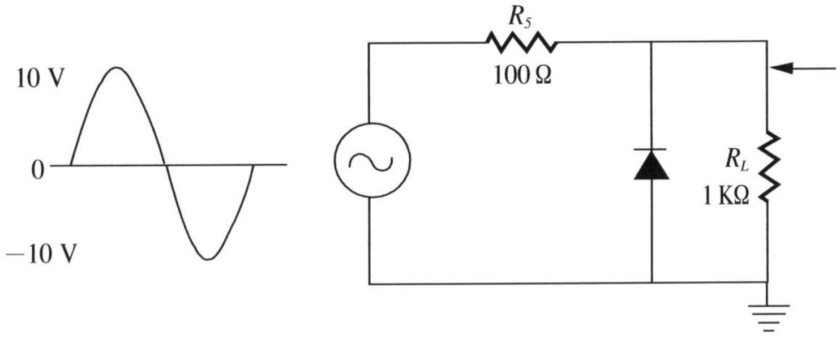

그림 1-64

풀이 다이오드 입력전압이 0.7[V] 이상이 되면 도통된다. 그러므로 그림 1 − 64는 부(−)의 부분을 제한하는 클리퍼이며 출력전압의 첨두치는 다음식에 의해 구해진다.

$$V_{P(out)} = \left(\frac{R_L}{R_S + R_L}\right) V_{P(in)}$$

$$= \left(\frac{1\,K\Omega}{1.1\,K\Omega}\right) 10\ V$$

$$= 9.09\ V$$

출력파형은 그림 1 − 65와 같다.

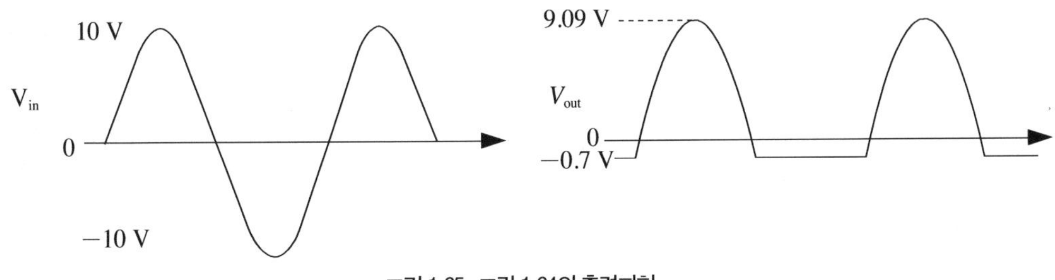

그림 1-65 그림 1-64의 출력파형

(2) 클리핑 레벨의 조정

그림 1-66에 클리핑 레벨 조정 회로를 나타내었다. 그림 1-66과 같이 다이오드와 직렬로 바이어스전압을 연결함으로써 클리핑 레벨을 조정할 수 있다.

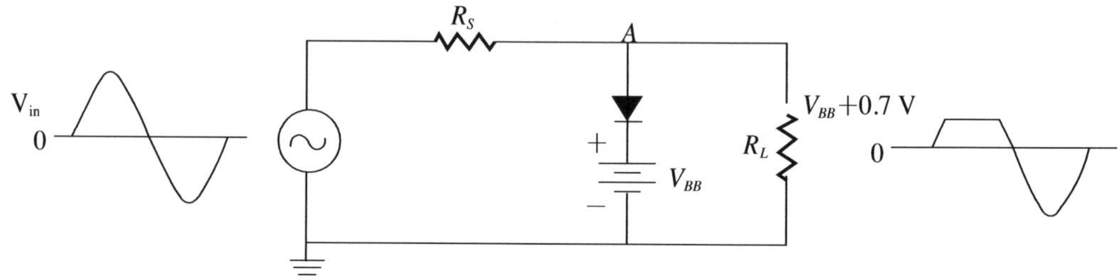

그림 1-66 클리핑 레벨 조정 회로

다이오드가 도통된 상태에서 점 A의 전압은 V_{BB}+0.7V로 제한되고 그림 1-66과 같이 이 레벨 전압은 잘려나간다. 만약 바이어스 전압을 변화시킨다면 그림 1-67과 같이 클리핑 레벨도 따라서 변하게 된다.

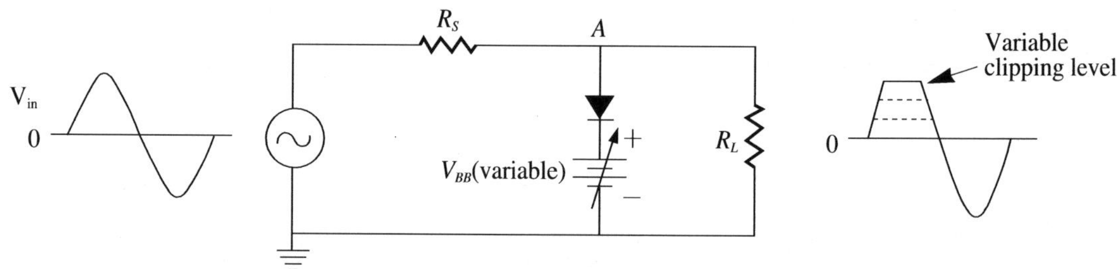

그림 1-67 가변 바이어스 전압을 가진 정 클리퍼 (Positive Clipper)

만약 그림 1-68과 같이 바이어스 전압의 극성이 반대로 된다면 그림에 표시된 출력파형과 같이 $-V_{BB}$+0.7V 이상의 전압은 제한되게 된다.

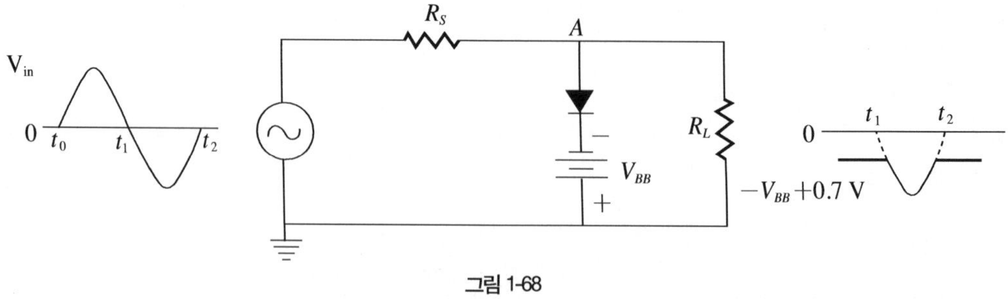

그림 1-68

다이오드는 점 A의 전압이 $-V_{BB}+0.7\,V$ 이하인 경우에만 역방향으로 바이어스된다. 만약 특정 레벨 이하의 전압을 제한할 필요성이 있다면 다이오드와 바이어스 전압을 그림 1－69와 같이 연결하여야 한다.

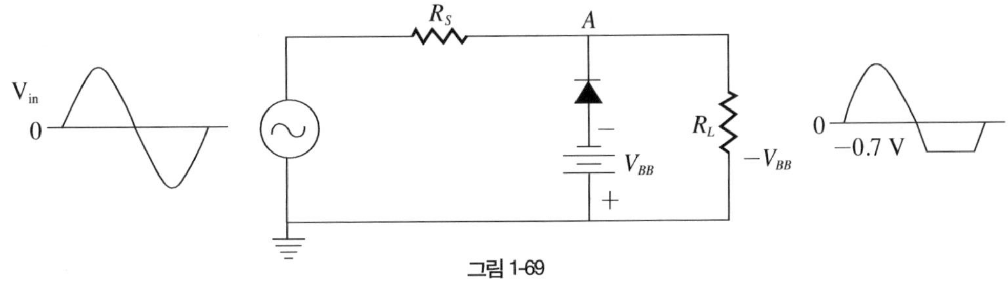

그림 1-69

이 경우 다이오드가 순방향으로 바이어스되기 위한 점 A의 전압은 $-V_{BB}-0.7\,V$ 이하가 되어야 하여 클리핑된 출력은 그림과 같다.

예제 1-16 그림 1－70에 정(＋)으로 바이어스된 클리퍼와 부(－)로 바이어스된 클리퍼를 결합한 회로를 나타내었다. 출력파형을 나타내어라.

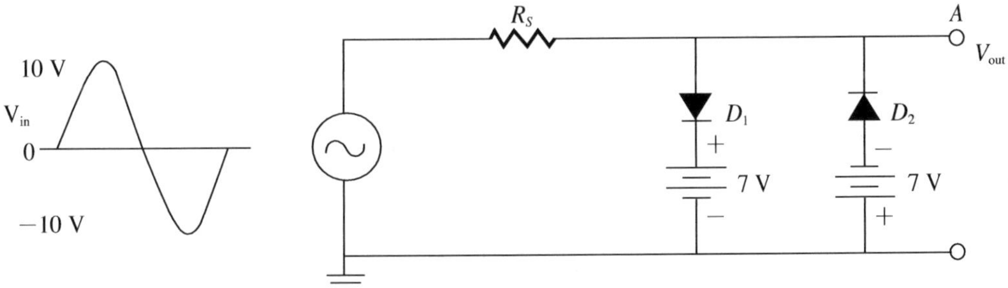

그림 1-70

풀이 점 A의 전압이 ＋7.7 V 이상이면 다이오드 D1은 도통이 되므로 그 이상의 파형은 제한된다. 다이오드 D2는 전압이 －7.7 V가 될 때까지는 도통되지 않는다. 그러므로 ＋7.7 V 이상의 전압과 －7.7 V 이하의 전압은 잘리게 된다. 그 결과 출력파형은 그림 1－71과 같이 된다.

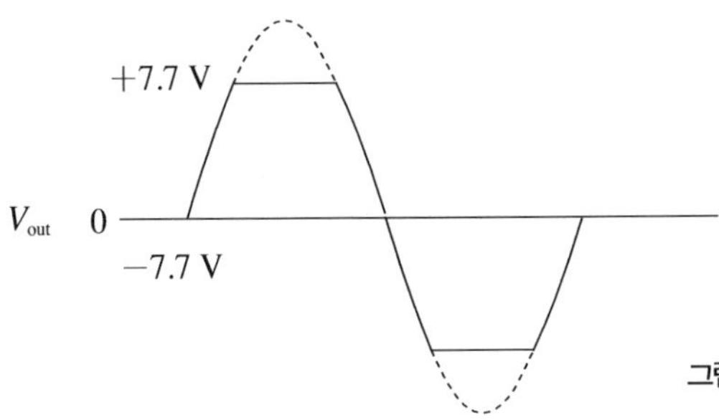

그림 1-71 그림 1-70에 대한 출력파형

(3) 클램퍼 회로

클램퍼의 목적은 교류신호에 직류분을 부가하는 데 있다. 클램퍼 회로를 가끔 직류분 재생 회로(DC Restorer)라고 한다. 그림 1－72(a)는 정의 직류분을 삽입한 다이오드 클램퍼를 나타낸 것이다.

이 회로의 동작은 입력전압의 처음 부의 반 주기에 대한 동작을 고찰함으로써 알 수 있

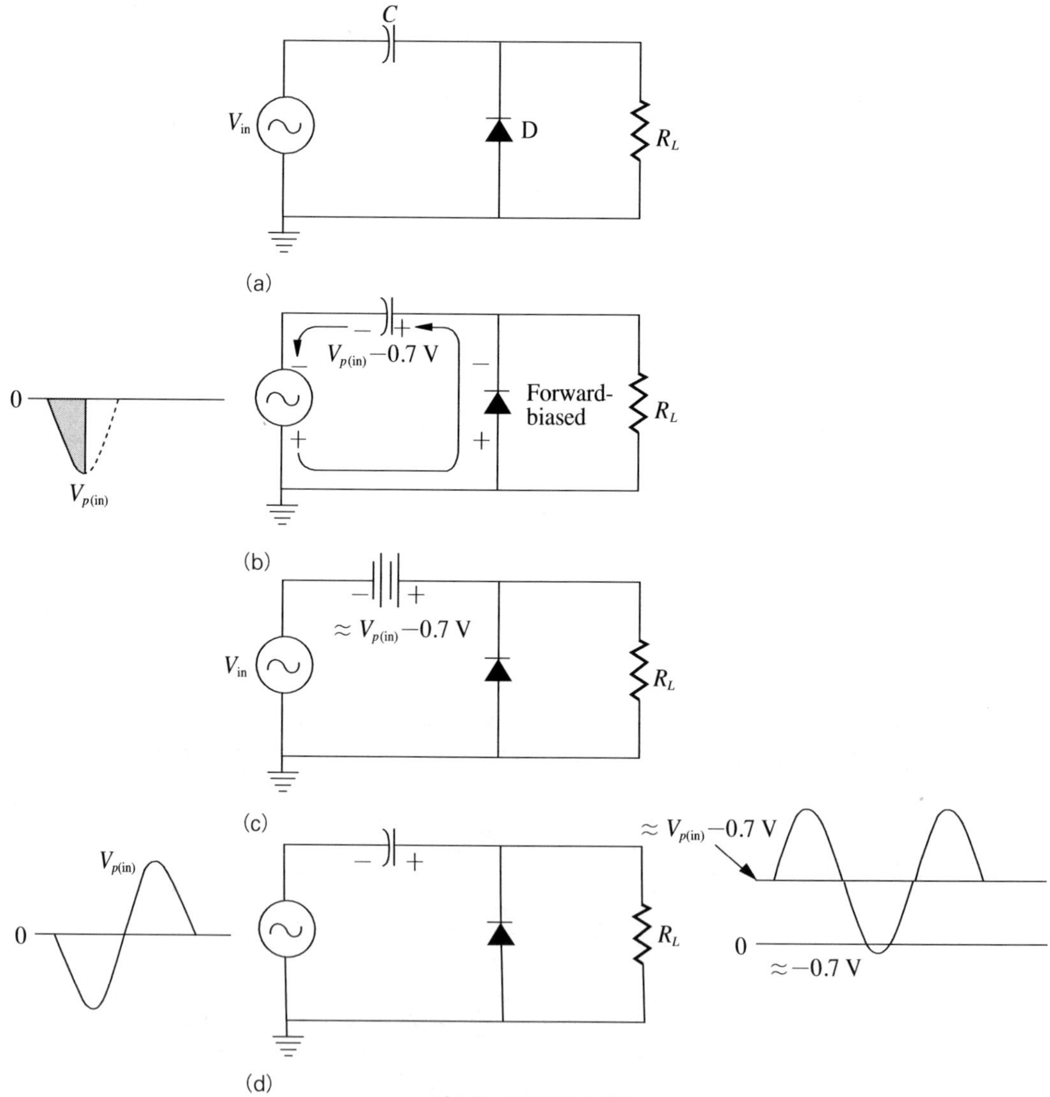

그림 1-72 클램퍼회로 동작

다. 그림 1－72(b)와 같이 입력이 처음 부의 반 주기 동안 다이오드 순방향으로 바이어스되고 캐패시터는 입력의 첨두치 $V_{P(in)}-0.7V$까지 충전되게 된다. 바로 다음의 정의 반 주기와 부의 반 주기 동안 다이오드는 역방향으로 바이어스된다. 이것은 콘덴서의 충전에 의하여 캐소드가 $V_{P(in)}$를 유지하고 있기 때문이다. 콘덴서는 단지 부하저항 R_L을 통해서만 방전할 수 있다. 그러므로 부의 반 주기의 첨두치에서 다음 주기의 첨두치까지 콘덴서는 아주 조금 방전된다. 물론 방전하는 양은 R_L값에 의해 좌우된다.

좋은 클램핑이 되기 위하여 RC시정수는 적어도 입력주기의 10배 이상 되어야 한다. 순전한 클램핑 동작의 영향은 콘덴서가 입력의 첨두치에서 다이오드 전압강하를 뺀 값과 같은 전하를 충전하는 것이다. 그림 1－72(c)와 같이 콘덴서와 충전된 전압은 입력신호에 직렬로 연결된 전지와 같은 작용을 한다. 그림 1－72(d)와 같이 콘덴서와 직류전압은 중첩의 원리에 의하여 입력전압에 부가된다.

만약 다이오드가 반전된다고 하면 그림 1－73과 같이 부의 직류전압이 입력신호에 부가된다.

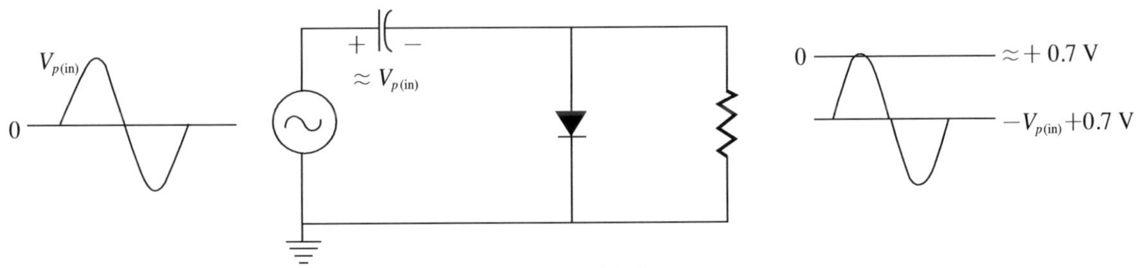

그림 1-73 부(-)의 클램퍼 회로

예제 1-17 그림 1－74의 클램퍼 회로에서 R_L 양단에 나타나게 될 출력전압을 구하라. 단, 시정수 RC는 콘덴서 방전을 막을 수 있을 만큼 충분히 크다고 가정한다.

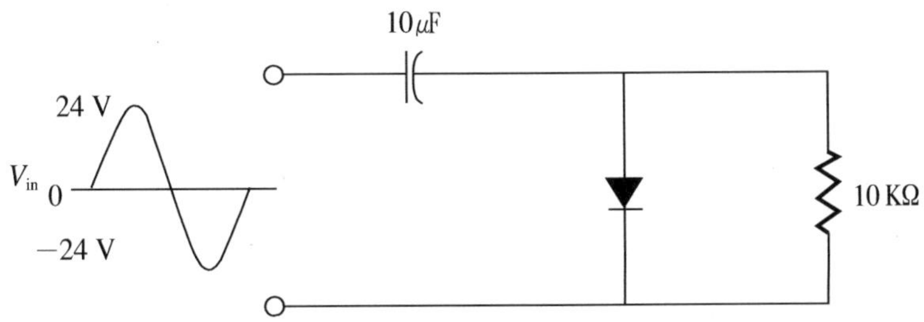

그림 1-74

풀이 이상적으로 클램퍼가 입력의 첨두치에서 다이오드의 전압강하를 뺀 크기와 같은 음의 직류전압을 삽입하였다.

$$V_{dc} \cong V_{P(in)} - 0.7V$$
$$= 24V - 0.7V$$
$$= 23.3V$$

실제로 콘덴서는 첨두치 사이에서 약간 방전되므로 결과적으로 출력전압은 위에서 계산된 값보다 약간 적은 평균치를 가지게 될 것이다. 그림 1-75와 같이 출력파형은 접지보다 약 0.7 [V]가 높게 나타난다.

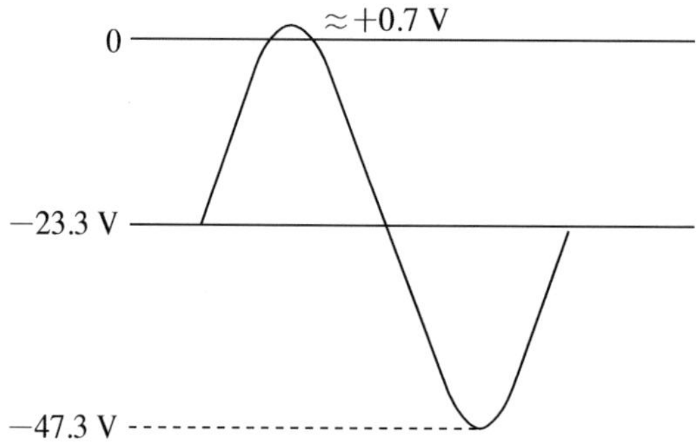

그림 1-75

7. 전압 배율기(Voltage Multiplier)

전압 배율기는 입력전압의 피크값을 클램핑 작용을 이용하여 변압기의 정격전압을 증대시키지 않고서도 정류전압 첨두치를 2배, 3배 그 이상으로 정류된 직류전압을($2V_p$, $3V_p$, $4V_p$ 등) 얻는 회로이다.

(1) 2배 전압회로(Voltage Doubler)

그림 1-76(a)에 일반적으로 사용되는 반파 배전압 회로를 나타내었다.

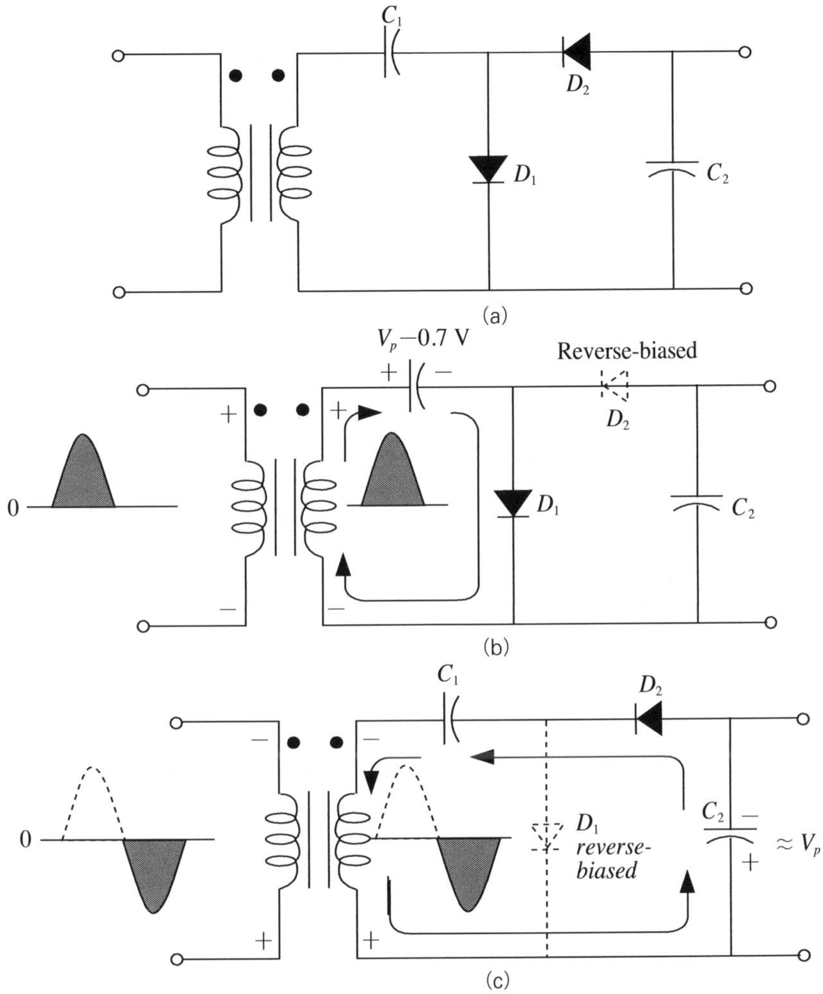

그림 1-76 반파 배전압 회로의 동작

2차 교류입력이 정(+)일 때 다이오드 D_1은 순방향, D_2는 역방향으로 바이어스된다. 콘덴서 C_1은 그림 1−76(b)와 같이 2차 전압의 최대치에서 다이오드에서의 전압강하만큼을 뺀 값까지 충전된다.

이어서 입력전압이 부(−)일 때, 그림 1−76(c)와 같이 다이오드 D_2는 순방향으로, D_1은 역방향으로 바이어스된다. C_1에 충전되었던 전하도 교류전압과 같은 극성으로 C_2를 충전하는 데 기여하게 되어 결과적으로 C_2에 충전되는 전압은 입력전압의 첨두치의 두 배인 $2V_p$가 된다.

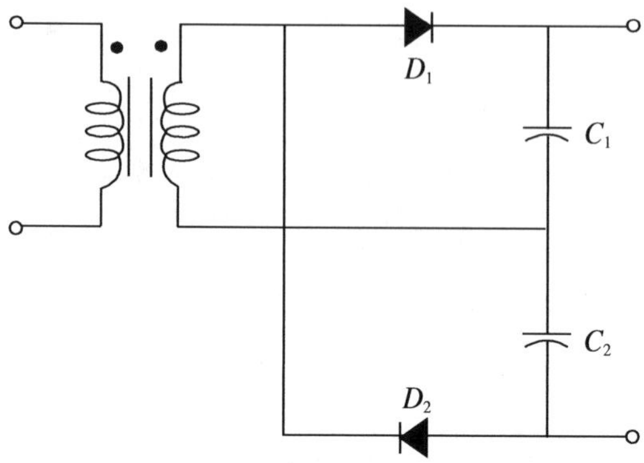

(a)

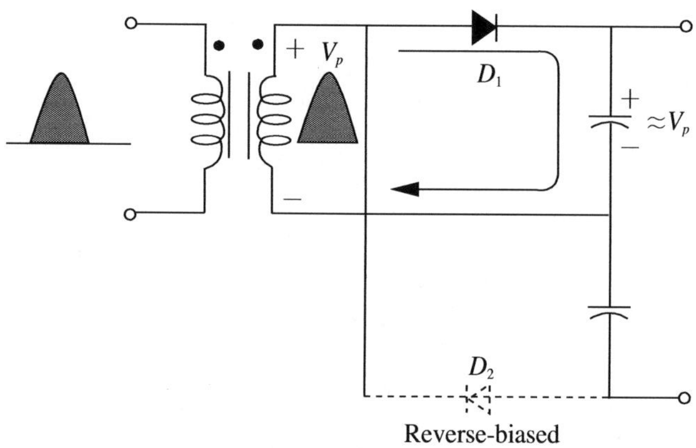

(b)

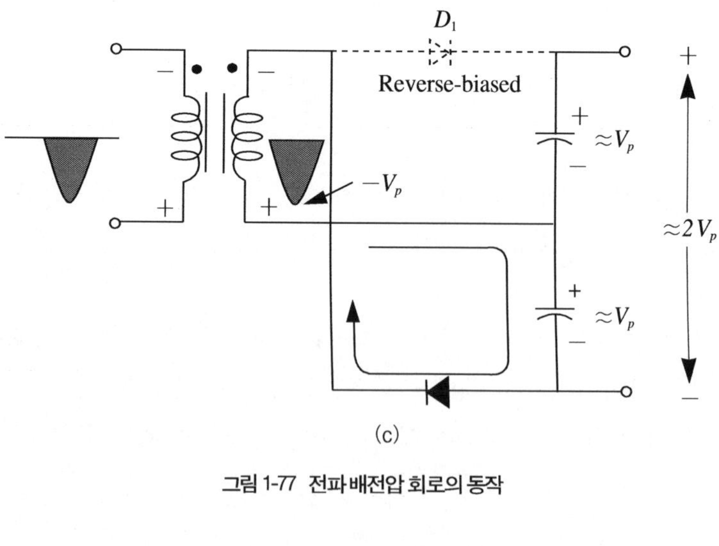

(c)

그림 1-77 전파 배전압 회로의 동작

루프를 일주하여 키르호프(Kirchhoft)의 법칙을 적용하면

$$V_{C1} - V_{C2} + V_P = 0$$

$$V_{C2} = V_P + V_{C1} \qquad V_{C1} \cong V_p \text{이므로}$$

$$V_{C2} = 2V_P$$

무부하 상태에서 C_2는 거의 $2V_P$까지 충전된다.

만약 부하저항을 출력 양단에 연결하면 C_2는 다음 정(+)의 반 주기 동안 부하를 통하여 방전하고 다음 부의 반 주기 동안 다시 $2V_P$까지 재충전된다.

결과적으로 출력은 콘덴서에 의해 평활된 반파전압이다. 각 다이오드 양단의 최대 내역 전압은 $2V_P$이다. 그림 1－77(a)에 전파 배전압 회로를 나타내었다. 그림 1－77(b)에서와 2차 교류전압이 정(+)일 때 다이오드 D_1은 순방향으로 바이어스되고 C_1은 거의 V_P까지 충전된다. 입력전압이 부(−)일 때 D_2는 순방향으로 바이어스되고 그림 1－77(c)와 같이 C_2는 거의 V_P까지 충전된다. 따라서 출력전압 $2V_P$는 직렬로 연결된 두 개의 콘덴서 양단에 나타난다.

(2) 3배 전압회로(Voltage Tripler)

3배 전압 회로를 그림 1－78에 나타내었다.

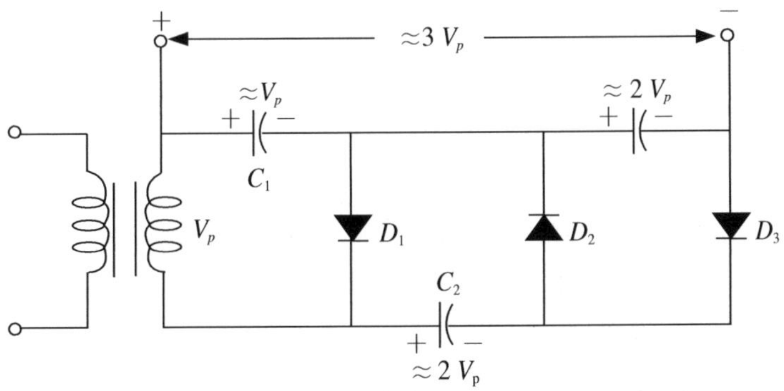

그림 1-78 3배 전압 회로

반파 배전압 회로에 또 다른 다이오드와 콘덴서를 첨가함으로써 그림 1－78과 같은 3배 전압 회로를 만들 수 있다. 그림 1－78에서 부(−)의 반 주기 동안 콘덴서 C_2는 2배 전압회로에서 설명한 것처럼 D_2를 통하여 $2V_p$까지 충전된다.

다음 정(+)의 반 주기 동안 C_3는 D_3를 통하여 $2V_P$까지 충전된다. 3배의 출력전압은 그림에 나타난 바와 같이 C_1과 C_3의 양단에 나타나게 된다.

(3) 4배 전압회로(Voltage Quadrupler)

그림 1－79에 4배 전압 회로를 나타내었다.

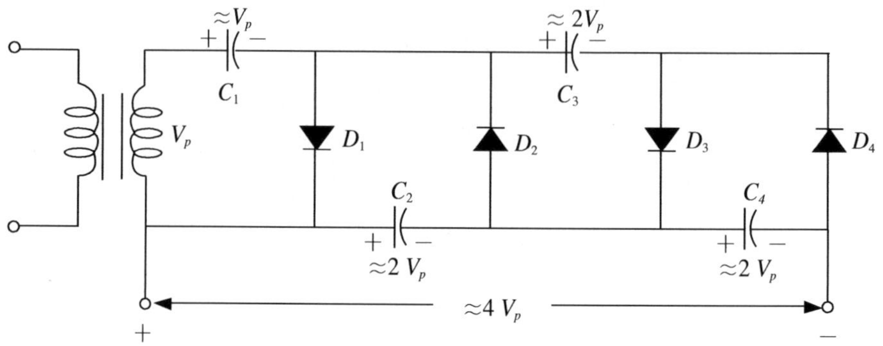

그림 1-79 4배 전압 회로

그림 1－79와 같이 3배 전압 회로에 또 하나의 다이오드와 콘덴서를 첨가하면 2차전압 첨두치를 4배의 출력을 얻을 수 있다. 그림 1－79에서 C_4는 부(−)의 반 주기 동안 D_4를 통하여 $2V_P$까지 충전된다.

4배의 출력전압은 그림에 나타낸 바와 같이 C_2와 C_4의 양단에 나타나게 된다.

8. 정류형 필터(Filter)

교류전압을 직류전압으로 정류하여 사용하고자 할 때 많은 응용분야에서 60[Hz] 표준 교류전압을 안정된 직류전압으로 변환하여 이용한다. 반파정류된 60[Hz] 막류 혹은 전파정류된 막류에서 큰 전압변동을 완전히 제거하기 위해서는 정류형 필터를 사용하여야 한다. 그림 1－80은 이상적인 직류출력 전압을 얻기 위한 정류형 필터의 개념을 나타낸 것이다.

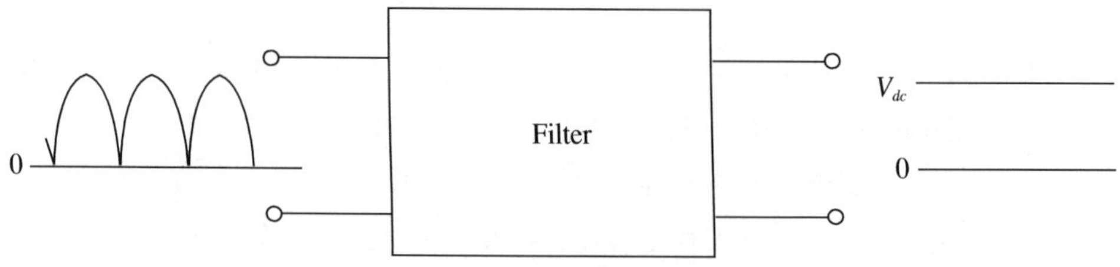

그림 1-80 이상적인 정류형 필터의 개념도

그림 1-80에서 알 수 있는 바와 같이 전파정류된 전압이 정류형 필터의 입력에 인가되고 이상적인 직류전압이 출력에 나타난다.

(1) 콘덴서 입력형 필터

그림 1-81(a)는 콘덴서 입력형 필터를 가진 반파정류 회로이다.

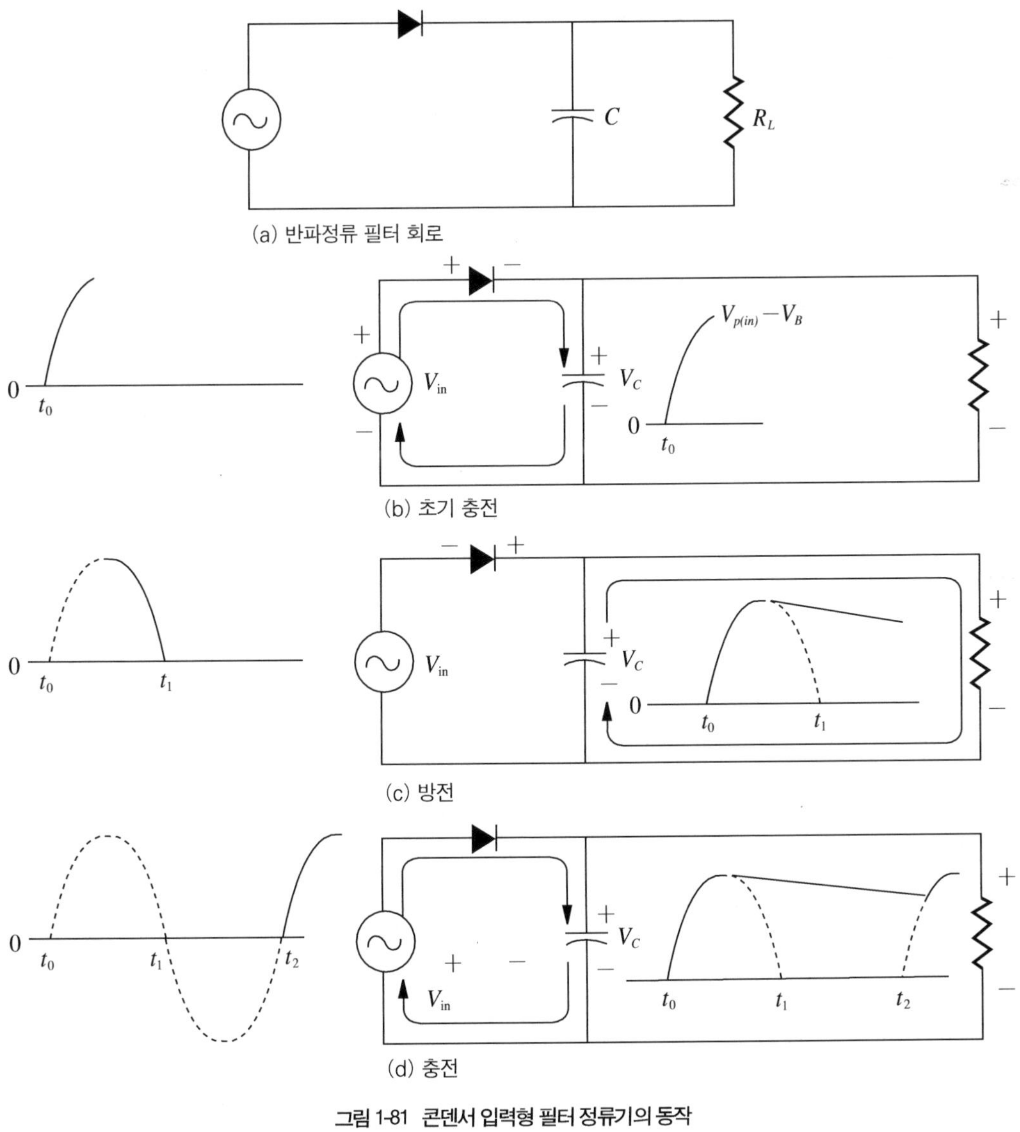

그림 1-81 콘덴서 입력형 필터 정류기의 동작

그림 1－81(a)에서 R_L은 부하저항이다.

입력에 대하여 정(＋)의 첫 1/4주기 동안 다이오드는 순방향으로 바이어스되고 그림 1－81(b)와 같이 콘덴서는 입력전압의 첨두치까지 충전된다.

입력이 그림 1－81(c)에 나타낸 바와 같이 첨두치보다 작아지기 시작하면 콘덴서는 충전된 입력전압의 첨두치를 거의 그대로 유지하게 되고 다이오드는 역방향으로 바이어스된다. 나머지 주기 동안 콘덴서는 부하저항을 통해 R_{LC}의 시정수에 따라 방전된다.

만일 시정수가 더 큰 값으로 대치되면 콘덴서로부터 방전되는 양은 더 적어질 것이다. 다음 1/4주기 동안 다이오드의 전압강하를 고려하여 입력전압이 콘덴서에 충전된 전압보다 더 크게 되면 다이오드는 다시 순방향으로 바이어스된다. 이러한 상태를 그림 1－81(d)에 나타내었다.

(2) 리플(Ripple)

교류전압을 직류전압으로 정류할 때 정류기의 콘덴서는 한 주기의 초기에 급격히 충전되고 정(＋)의 첨두치에 이른 후 서서히 방전된다. 충전과 방전으로 인한 출력전압의 변화를 리플이라고 한다.

리플이 적으면 적을수록 평활작동이 더 효율적이어서 이상적인 직류치에 가까워진다. 그림 1－82에 반파정류기의 전압에 대한 리플을 나타내었다.

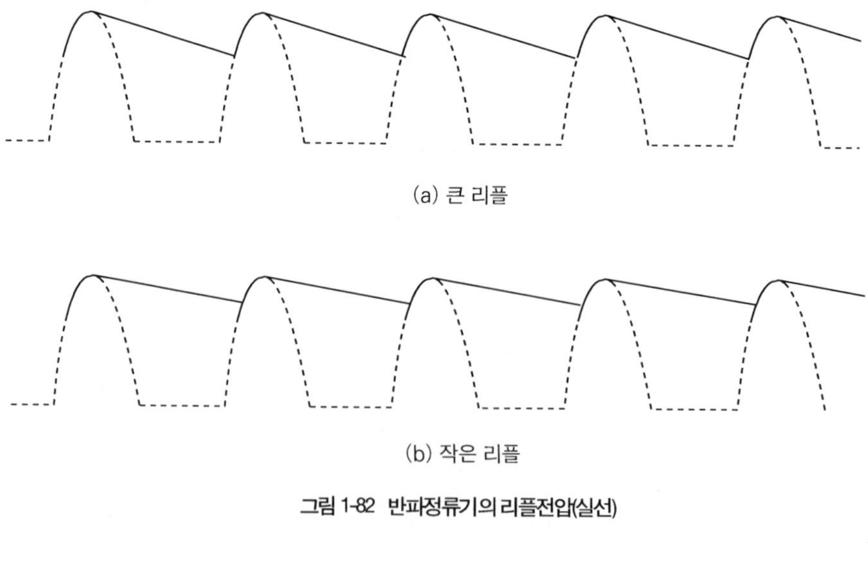

(a) 큰 리플

(b) 작은 리플

그림 1-82 반파정류기의 리플전압(실선)

동일한 부하저항과 콘덴서 값을 갖는 콘덴서 입력형 필터에서 전파정류형 파형이 반파 정류된 파형보다 리플이 더 적게 된다. 이것은 그림 1－83에 나타낸 바와 같이 펄스 사이의 구간이 더 짧으므로 콘덴서에서의 방전량이 적기 때문이다.

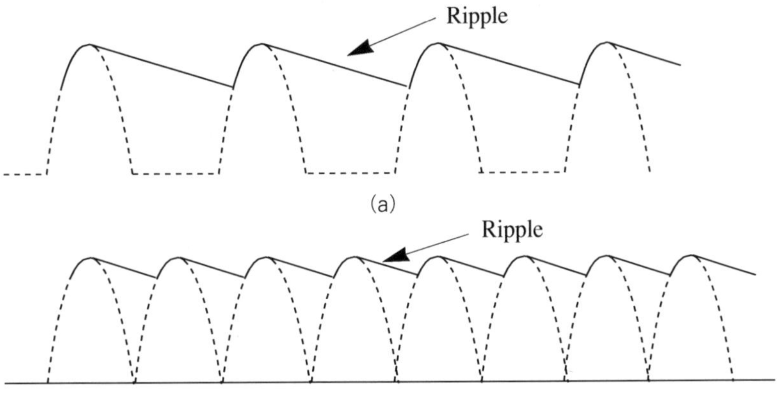

그림 1-83 반파와 전파정류에 대한 리플

리플률은 출력파형의 직선성의 정도를 나타내며 백분율로 다음과 같이 정의된다.

$$r = \frac{V_r}{V_{dc}} \times 100\% \qquad (1-21)$$

여기서 V_r은 교류성분의 실효치이며, V_{dc}는 그림 1－84와 같이 필터의 직류 출력전압의 직류(평균)값이다.

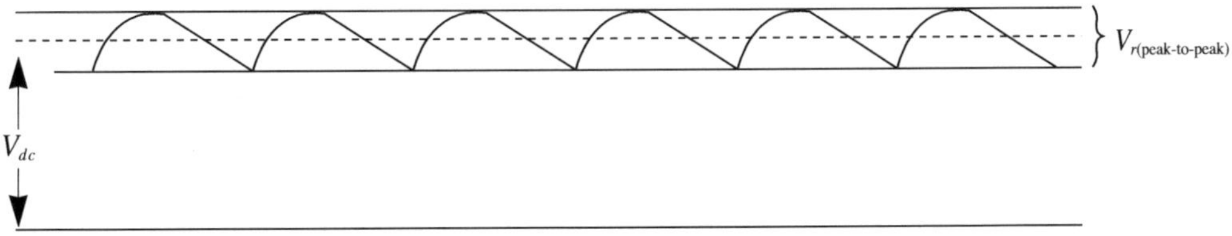

그림 1-84 V_{dc}와 V_r

맥동률이 낮을수록 더 좋은 필터이다.

예를 들면 직류전원 장치가 직류 10[V]에서 $0.5V_{rms}$의 리플을 포함하고 있다면 이때 리플율은 다음과 같다.

$$r = \frac{0.5}{10} \times 100\% = 5\%$$

예제 1-18 그림 1-85와 같은 브리지 정류형 필터의 맥동률을 구하라.

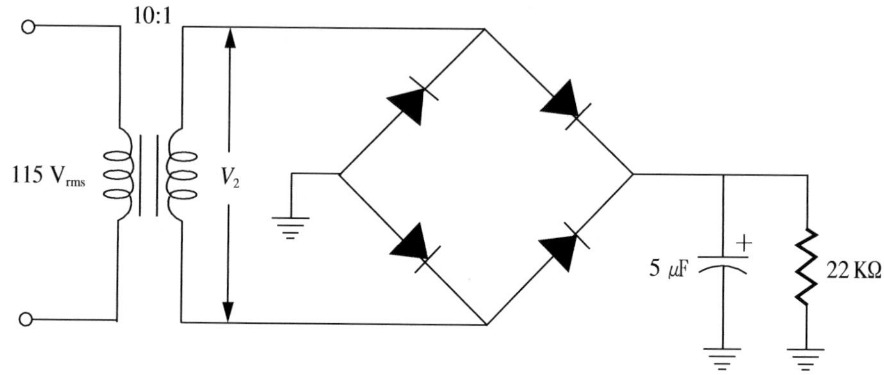

그림 1-85

풀이

1차 전압의 첨두치

$$V_{p1} = (1.414)115V$$
$$= 162.6V$$

2차 전압의 첨두치

$$V_{p2} = \left(\frac{1}{10}\right)162.6V$$
$$= 16.26V$$

필터 입력단에서의 전파정류전압의 첨두치

$$V_{p(in)} = V_{P2} - 2V_B$$
$$= 16.26V - 1.4V$$
$$= 14.86V$$

평활된 직류출력전압

$$V_{dc} = \left(1 - \frac{0.00417}{R_L C}\right) V_{P(in)}$$

$$= \left(1 - \frac{0.00417}{(22\,K\Omega)\,(5\mu F)}\right) 14.86V$$

$$= (1 - 0.0379)\,14.86V$$

$$= 14.3V$$

리플전압의 실효치

$$V_r = \frac{0.0024 V_{P(in)}}{R_L C}$$

$$= \frac{0.0024(14.86V)}{(22\,K\Omega)(5\mu F)}$$

$$= 0.324V$$

맥동률(ripple factor)은 다음과 같다.

$$r = \frac{V_r}{V_{dc}}$$

$$= \frac{0.324V}{14.3V}$$

$$= 0.0226$$

그러므로 %맥동률은 2.26이다.

(3) 필터의 캐패시턴스 선택

전파정류기에서 주어진 부하저항에 대한 규정된 맥동률(ripple factor)을 얻기 위하여 필요한 캐패시턴스를 계산하는 식은 다음과 같다.

$V_{dc} = V_{p(in)}$ 라 두면

$$r = \frac{V_r}{V_{dc}}$$

$$= \frac{0.0024V_{dc}}{R_L C V_{dc}}$$

$$= \frac{0.0024}{R_L C}$$

$$C = \frac{0.0024}{R_L r} \qquad (1-22)$$

예제 1-19 부하저항 10KΩ인 브리지 정류기에서 맥동률이 0.05 이하로 되기 위하여 필요한 캐패시턴스를 구하라.

풀이

$$C = \frac{0.0024}{(10K\Omega)(0.05)} = 4.8\mu F$$

이것은 C의 최소값이다. 더 큰 값를 사용하면 리플은 5% 이하가 될 것이다.

(4) 초크 입력형 필터

그림 1-86에 초크 입력형 필터회로를 나타내었다.

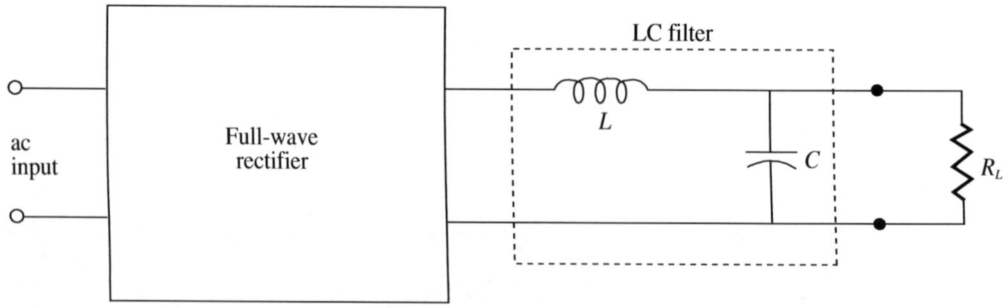

그림 1-86 초크 입력형 필터 회로

그림 1－86과 같이 초크 코일을 필터 입력에 삽입하면 리플전압이 감소된다. 초크 코일은 리플 주파수에서는 매우 큰 리액턴스를 갖게 되고 용량성 리액턴스는 X_L과 R_L에 비해 매우 적어진다. 두 개의 리액턴스가 그림 1－87에 나타낸 것과 같이 교류 분압기를 형성한다.

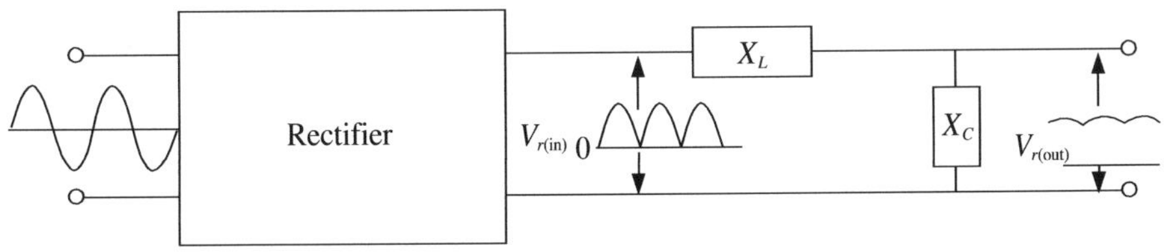

그림 1-87 교류 분압기

필터 출력에서 리플전압(ripple Voltage)의 크기는 다음 식에 의해 구할 수 있다.

$$V_{r(out)} = \frac{X_c}{\sqrt{X_c + X_L}} V_{r(in)} \qquad (1-23)$$

정류된 직류전압에 대하여 초크 코일은 그림 1－88과 같이 부하저항에 직렬로 연결된 전선저항(R_W)으로 나타난다. 이 저항은 직류값의 불필요한 감소를 초래하므로 R_W는 R_L에 비하여 가능한 한 적게 해야 한다. 직류 출력전압은 다음과 같다.

$$V_{r(out)} = \left(\frac{R_L}{R_W + R_L}\right) V_{dc(in)} \qquad (1-24)$$

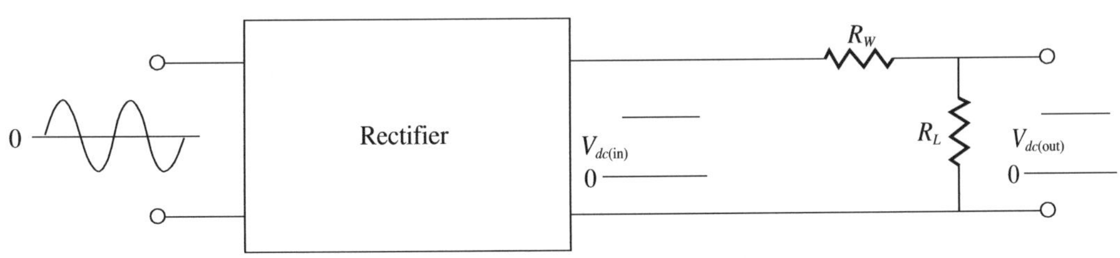

그림 1-88 LC필터 회로

예제 1-20 첨두값이 162.6[V]이고 주파수가 120[Hz]인 전파정류전압을 그림 1－89의 회로에 인가하였다. 직류값과 실효리플전압의 필터출력을 구하라.

또한 맥동률은 얼마인가?

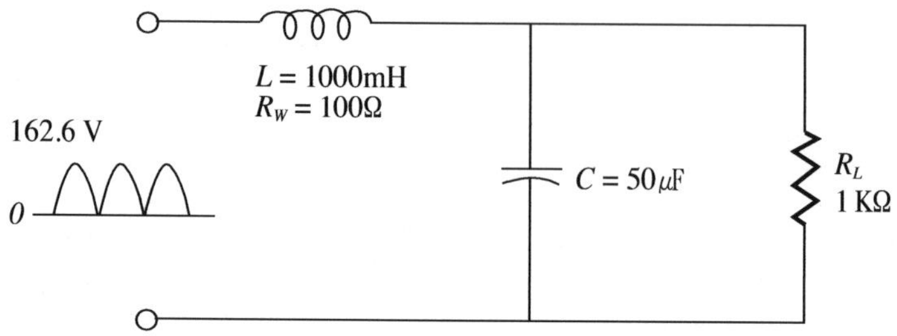

그림 1-89

풀이 ▶

$$V_{dc(in)} = V_{AVG} = \frac{2V_P}{\pi}$$

$$= \frac{2(162.6V)}{\pi} = 103.5V$$

평활되지 않는 실효리플에 대하여 입력의 실효리플 $V_{r(in)}$은

$V_{r(in)} = 0.308\ V_p$이므로

$$V_{r(in)} = 0.308\ V_P$$

$$= 0.308(162.6V)$$

$$= 50.1V$$

$$V_{dc(out)} = \left(\frac{R_L}{R_W + R_L}\right) V_{dc(in)}$$

$$= \left(\frac{1\,K\Omega}{1.1\,K\Omega}\right) 103.5V = 94.1V$$

리플을 계산하기 위하여 X_L과 X_C를 계산하면

$$X_L = 2\pi f_L$$

$$= 2\pi(120Hz)\ (1000mH)$$

$$= 754\,\Omega$$

$$X_C = \frac{1}{2\pi fc} = \frac{1}{2\pi(120\text{Hz})(50\mu\text{F})}$$

$$= 26.5\,\Omega$$

$$V_{r(out)} = \left(\frac{X_C}{\sqrt{Xc^2 + X_L^2}}\right) V_{r(in)}$$

$$= \left(\frac{26.5\Omega}{\sqrt{(26.5\Omega)^2 + (754\Omega)^2}}\right) 50.1\text{V}$$

$$= 1.76V_{rms}$$

맥동률은

$$r = \frac{V_{r(out)}}{V_{dc}}$$

$$= \frac{1.76\text{V}}{94.1\text{V}}$$

$$= 0.0187$$

연습문제

1. 정류란 무엇인가?

2. 최대치 200 [V]인 반파정류된 전압의 평균치를 구하라.

3. 60 [Hz]의 사인파가 반파정류기의 입력에 인가되었다. 출력 주파수는 얼마인가?

4. 그림 1-90에 대한 부하전류와 전압의 파형을 그려라. 최대치를 표시하라(다이오드는 실리콘이다).

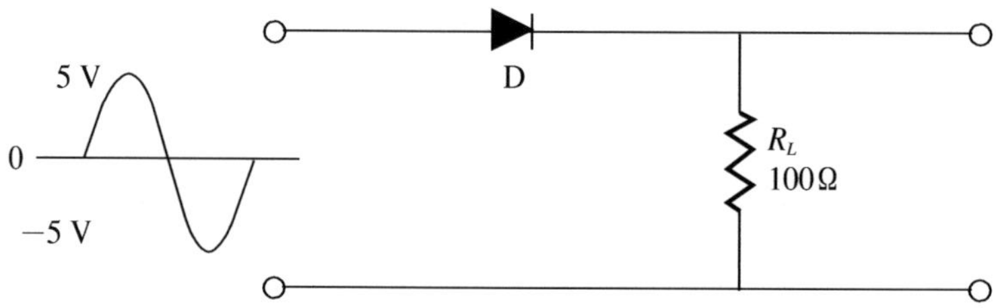

그림 1-90

5. 첨두치 75[V]인 전파정류전압의 평균치를 계산하라.

6. 60[Hz]의 사인파가 전파정류기의 입력에 인가되었다. 출력주파수는 얼마인가?

7. 중간탭 변압기를 사용한 전파정류기의 2차측의 총 전압은 $125V_{rms}$이다. 다이오드 전압강하를 무시하면 출력전압의 실효치는 얼마인가?

8. 출력전압의 실효치가 100[V]라고 하면 중간탭 변압기를 사용한 전파정류기의 각 다이오드에 대한 PIV는 얼마인가?

9. 브리지 정류의 출력전압의 실효치가 20[V]이다. 다이오드 양단의 PIV는 얼마인가?

10. 100[mV]의 리플과 20[V]의 직류전압을 갖는 평활회로의 맥동률을 구하라.

11. 첨두치 60[V]인 전파정류전압이 콘덴서 입력형 필터에 인가되었다. 직류출력이 거의 입력의 첨두치에 가깝다고 가정하면 $R_L=10[K\Omega]$, $C=10[\mu F]$인 경우에 리플전압과 실제 직류출력을 계산하라.

12. 브리지 정류기의 부하저항이 22[KΩ]인 경우 0.001의 맥동률을 갖기 위한 최소의 용량을 구하라.

13. 15[V]의 평균치를 갖는 전파 정류된 입력에 대한 LC 필터의 직류출력은 얼마인가? 단, 부하저항은 1.5[KΩ]이고 코일의 권선저항은 30[Ω]이다.

14. 브리지 정류기의 다이오드 중 하나가 개방되었다면 출력에는 어떤 현상이 일어나겠는가?

제 2 장
트랜지스터의 기초

트랜지스터는 Bell Telephone Laboratories에서 최초로 점 접촉트랜지스터(Point-contact transistor)를 만들어 트랜지스터의 증폭작용을 증명하였다. 이 3단자로 구성된 반도체 소자의 장점은 다음과 같이 명확하였다. 즉, (i) 작고 가벼우며 가열이 필요없고 (ii) 구조가 간단하고 열손실이 거의 없다 (iii) 소자 자체에서 전력소모가 적으므로 효율이 높다 (iv) 예열기간(warm-up period) 없이 즉시 동작하며 (v) 낮은 전압에서 동작한다. 이러한 장점을 가진 대부분의 증폭기는 3개의 단자를 가지고 있으며, 그 중 하나는 다른 두 단자 사이의 전류흐름을 제어하는 역할을 한다.

1. 트랜지스터의 구조

트랜지스터는 3층으로 이루어진 반도체 소자로 2층의 *N*형층과 1층의 *P*형층 또는 2층의 *P*형층과 1층의 *N*형층으로 되어 있으며 전자를 *NPN*형 트랜지스터, 후자를 *PNP*형 트랜지스터라고 부른다. 그림 2-1에 적당히 바이어스된 이 두 형의 그림을 나타내었다.

그림 2-1에서 보여주고 있는 트랜지스터의 바깥쪽 층들은 강하게 도핑된 반도체 재료로서 가운데 층에 있는 *N*형 또는 *P*형 재료보다 두껍다. 그림 2-1에 나타내고 있는 트랜지스터에서 전체 두께에 대한 중간층의 비는 0.150/0.001=150 : 1정도이다. 중간층의 재료에 있어서 도핑도 역시 바깥층에 비해 매우 적게 되어 있다(일반적으로 10 : 1 이하). 이러한 적은 도핑수준은 자유전자의 수를 제한하여 이 물질의 전도도를 감소시킨다.

그림 2-1에서 E로 표시된 단자는 이미터(emitter), *C*는 컬렉터(collector), 그리고 B는 베이스(base)를 나타낸다.

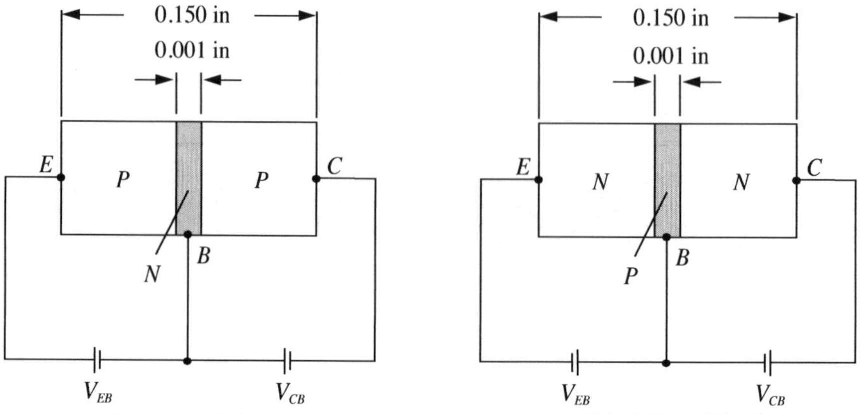

그림 2-1 트랜지스터의 종류

2. 트랜지스터의 동작

트랜지스터의 기본적인 동작은 그림 2-1 (a)에 나타낸 *PNP* 트랜지스터를 사용하여 설명할 수 있다. *NPN* 트랜지스터의 동작은 전자와 정공의 역할만 바꾸어 준다면 거의 똑같다. 그림 2-2는 베이스와 컬렉터 사이에 바이어스를 인가하지 않은 경우의 *PNP* 트랜지스터이다. 마치 순방향 바이어스 다이오드와 유사하다. 공핍영역은 바이어스에 의해 감소하고 그 결과 다수 캐리어가 *P*형에서 *N*형으로 많이 흐르게 된다.

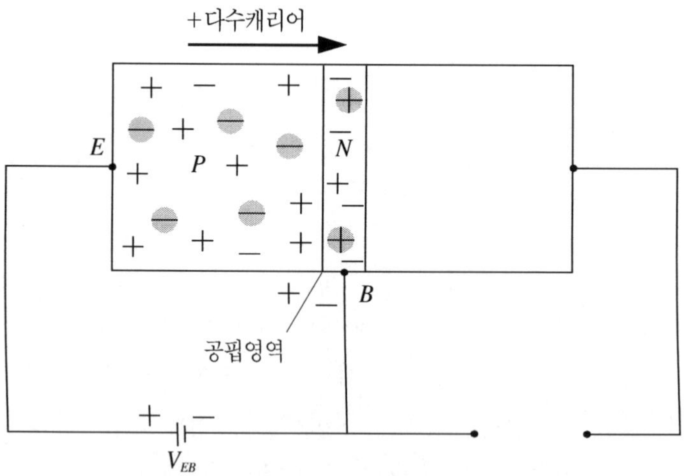

그림 2-2 PNP 트랜지스터에서 순방향 바이어스 접합

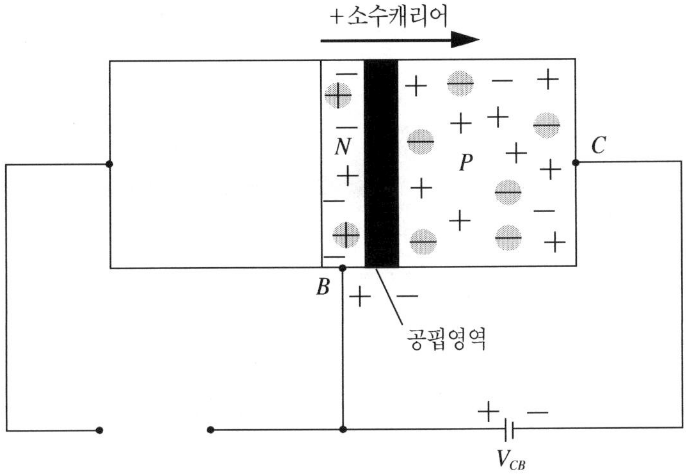

그림 2-3 PNP 트랜지스터에서 역방향 바이어스 접합

그림 2-3에 나타낸 바와 같이 그림 2-1 (a)에 있는 *PNP* 트랜지스터의 베이스와 이미터 사이의 바이어스를 제거해 보면 역방향 바이어스가 인가된 다이오드의 상태와 아주 유사하다. 그림 2-3에서 알 수 있는 바와 같이 다수캐리어의 흐름은 0이고 소수캐리어의 흐름만이 존재한다. 요약하면 트랜지스터의 한쪽 *PN* 접합은 역방향으로 바이어스되어 있고 다른 한쪽은 순방향으로 바이어스되어 있다. 그림 2-4는 *PNP* 트랜지스터에 인가된 이 두 바이어스전압에 의한 다수캐리어와 소수캐리어의 흐름을 나타내었다. 그림 2-4에서 주목할 것은 접합면이 순방향과 역방향으로 바이어스되어 있을 때의 공핍영역의 폭이다. 그림 2-4에 나타나 있는 바와 같이 아주 많은 다수캐리어가 순방향으로 바이어스된 *PN* 접합면을 넘어 *N*형 영역으로 확산한다. 문제는 이 캐리어가 베이스전류 I_B에 기여하느냐 또는 *P*형 영역에 직접 넘어가느냐 하는 것이다.

중간의 *N*형 영역은 매우 얇고 전도율이 낮기 때문에 이 캐리어 중 매우 적은 수만이 저항이 큰 경로를 통해 베이스단자로 간다. 베이스전류의 크기는 보통 [μA] 단위인 데 비해 컬렉터와 이미터전류는 [mA] 단위이다. 더 많은 수의 다수캐리어는 그림 2-4에서 알 수 있는 바와 같이 역방향 바이어스되어 있는 접합면을 넘어 컬렉터단자가 연결되어 있는 *P*형 영역으로 확산된다.

역방향 바이어스된 접합면을 넘어가는 것이 비교적 쉬운 이유는 역방향 바이어스되어 있는 다이오드에 주입된 다수캐리어는 *N*형 영역에서는 소수캐리어와 같아진다는 사실을 생각하면 쉽게 이해가 될 것이다. 다시 말하면 이것은 소수캐리어를 *N*형인 베이스 영역으

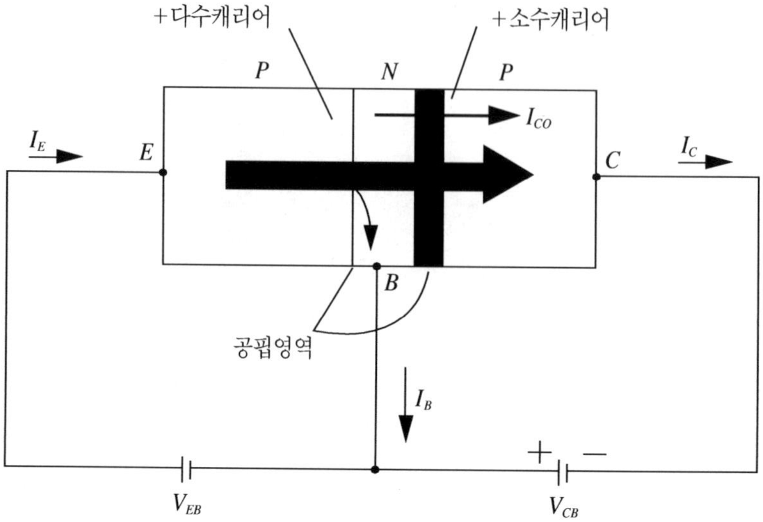

그림 2-4 PNP트랜지스터에서 다수캐리어와 소수캐리어의 흐름

로 주입한 것과 같다. 이러한 사실과 공핍영역에 있는 소수캐리어가 다이오드의 역방향 바이어스된 접합면을 넘어간다는 사실을 결부시켜 생각하면 그림 2-4의 흐름은 쉽게 이해할 수 있을 것이다.

그림 2-4의 트랜지스터를 하나의 마디(node)로 생각하여 키르호프의 전류법칙을 적용하면 이미터전류 I_E는

$$I_E = I_C + I_B \qquad (2-1)$$

가 되며 이미터전류는 베이스와 컬렉터전류의 합임을 알 수 있다. 그러나 컬렉터전류는 그림 2-4에 나타나 있는 바와 같이 다수 및 소수캐리어의 두 요소로 구성된다. 소수캐리어의 전류요소를 누설전류(leakage current)라 부르고 I_{CO}(이미터단자를 개방했을 때의 컬렉터전류)로 표기한다. 그러므로 컬렉터전류 I_C는 식 2-1과 같이 된다.

$$I_C = I_{C다수} - I_{CO소수} \qquad (2-2)$$

일반 트랜지스터에 있어서 I_C는 [mA] 단위인 반면 I_{CO}는 [μA] 혹은 [nA] 단위이다. 역방향 바이어스된 상태의 전류 I_S와 마찬가지로 I_{CO}는 열에 민감하므로 넓은 온도 범위를 적용해야 할 때 주의깊게 생각해야 한다. 이와 같은 현상을 고려하지 않으면 고온에서 회로의 안정도에 치명적인 영향을 미친다. 그러나 제작기술의 발달로 I_{CO}를 아주 적은 값으로 줄일

수 있게 되어 그 영향은 무시될 수 있다.

*PNP*와 *NPN* 트랜지스터에 대한 그림 2-1의 구성은 베이스가 이미터와 컬렉터단자에 공통이기 때문에 베이스 공통접속(common base configuration)이라 한다. 베이스 공통접속에서 고정된 V_{CB}값에 대하여 I_E의 미소변화에 대한 I_C의 미소변화의 비를 베이스 공통 또는 회로증폭계수(short-circuit amplification factor)라 부르며, α로 표기한다. 식으로 표시하면 α의 크기는 다음과 같다.

$$\alpha = \frac{\Delta I_C}{\Delta I_E}\bigg|_{V_{CB}\,\text{일정}} \tag{2-3}$$

단락 회로라는 것은 α를 결정할 때 부하가 단락됨을 의미한다. α는 일반적으로 0.90에서 0.98까지 변화한다. 실제 응용에 있어서 일반적으로 정확도가 몇 퍼센트 이내이지만 α의 크기에 대한 첫 번째 근사값은 다음 식으로 구할 수 있다.

$$\alpha \simeq \frac{I_C}{I_E} \tag{2-4}$$

여기서 I_C와 I_E는 트랜지스터 특성 중 특정점에서의 컬렉터와 이미터전류의 크기를 나타낸다. 식 2-3과 식 2-4는 회로의 조건이나 소자의 특성으로부터 α를 결정하는 데 사용된다. 그러나 직감으로 미루어 보아 α는 그림 2-4의 이미터 내의 *P*형 영역에서 발생한 정공(다수캐리어)이 컬렉터단자에 도달하는 비율에 불과하다. 그러므로 식 2-2에 의하여 정의된 것처럼

$$I_C = \alpha I_{E\,\text{다수}} - I_{CO\,\text{소수}} \tag{2-5}$$

인 관계가 성립된다.

3. 트랜지스터의 증폭작용

트랜지스터에 있어서 기본적인 베이스 공통회로의 증폭작용을 그림 2-5를 이용하여 설명하기로 한다. 우리의 관심은 교류응답으로 제한되어 있으므로 그림에서 직류 바이어스를 표시하지 않았다.

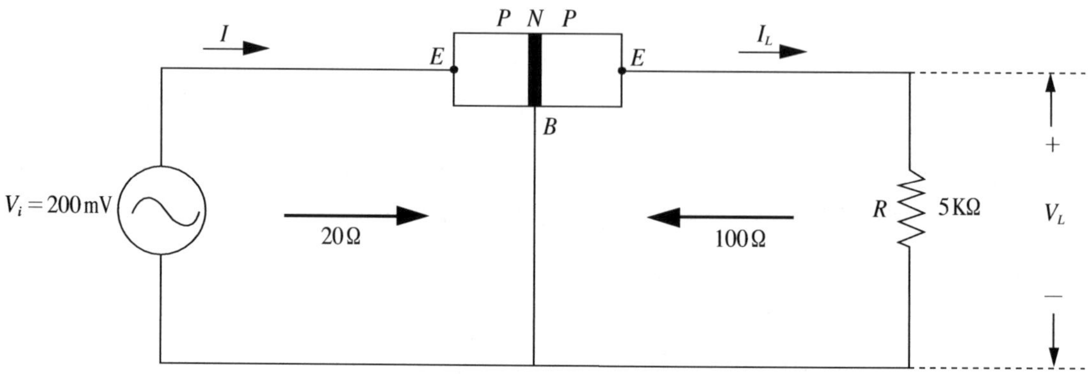

그림 2-5 베이스 공통접속의 기본적인 전압증폭작용

베이스 공통접속에서 이미터와 베이스 사이의 입력저항은 일반적으로 약 10[Ω]에서 100[Ω]까지 변화한다. 반면에 출력저항은 약 100[KΩ]에서 1[MΩ]까지 변화한다. 이와 같이 저항의 차이가 있는 것은 입력(베이스－이미터간)에서의 순방향 바이어스접합과 출력(베이스－컬렉터간)에서의 역방향 바이어스접합 특성 때문이다. 실효치와 입력저항의 평균치로 20 [Ω]를 사용하면

$$I = \frac{V_i}{R_i} = \frac{200 \times 10^{-3}}{20} = 10\ [\mathrm{mA}]$$

$\alpha = 1(I_C = I_E)$이라고 가정하면

$$I_L = I = 10\,[\mathrm{mA}]$$
$$V_L = I_L \mathrm{R} = (10 \times 10^{-3})\ (5 \times 10^{3}) = 50\,[\mathrm{V}]$$

전압증폭 A_υ는

$$\mathrm{A}_\upsilon = \frac{V_L}{V_i} = \frac{50}{200 \times 10^{-3}} = 250$$

이다. 베이스 공통접속의 전형적인 전압증폭률은 50에서 300까지이다. 베이스 공통접속에서의 전류증폭(I_C / I_E)은 항상 1보다 작다. 후자의 이와 같은 특성은 $I_C = \alpha \mathrm{I}_E$이고 α가 항상 1보다 작기 때문이다. 이러한 기본적인 증폭특성은 전류 I를 저항이 낮은 회로에서 높은 회로로 전달시킴으로써 일어난다. 트랜지스터(transistor)라고 하는 것은 보낸다(transfer)는

말과 저항(resistance)이라는 말을 합하여 된 것이다. 즉,

transfer + resistor ⟶ transistor

이다. 오늘날 발행되는 대부분의 안내서와 책 속에 트랜지스터와 관련된 표시와 기호는 *PNP* 또는 *NPN* 트랜지스터로 구성된 베이스 공통접속(common base configuration)에 대해서 그림 2-6과 같이 나타낸다.

베이스 공통이라는 용어는 베이스가 입력측과 출력측 모두에 공통접속이라는 것으로부터 파생되었다. 베이스 공통접속에서 인가전압은 베이스전압에 대한 것이며 V_{EB}와 V_{CB}라고 쓴다. 다시 말해서 두 번째 첨자는 공통 단자를 나타낸다. 그림 2-6에서와 같이 첫 번째 첨자는 항상 전압이 높은 쪽을 나타낸다. *PNP* 트랜지스터에서 그림 2-7의 특성곡선과 같이 V_{EB}는 양(+)이고 V_{CB}는 음(-)이다(왜냐하면 전지 V_{CB}는 낮은 전압으로 컬렉터를 유지하기 때문이다). *NPN* 트랜지스터의 경우에는 V_{EB}는 음(-)이고 V_{CB}는 양(+)이다. 또한 이 두 특성곡성은 그림 2-6의 *PNP* 베이스 공통 트랜지스터의 동작, 즉 구동점(driving point 혹은 입력) 및 출력특성을 나타내는 데 필요하다.

그림 2-7(a)의 출력 혹은 컬렉터 특성곡선은 컬렉터전류에 대한 컬렉터 베이스전압과

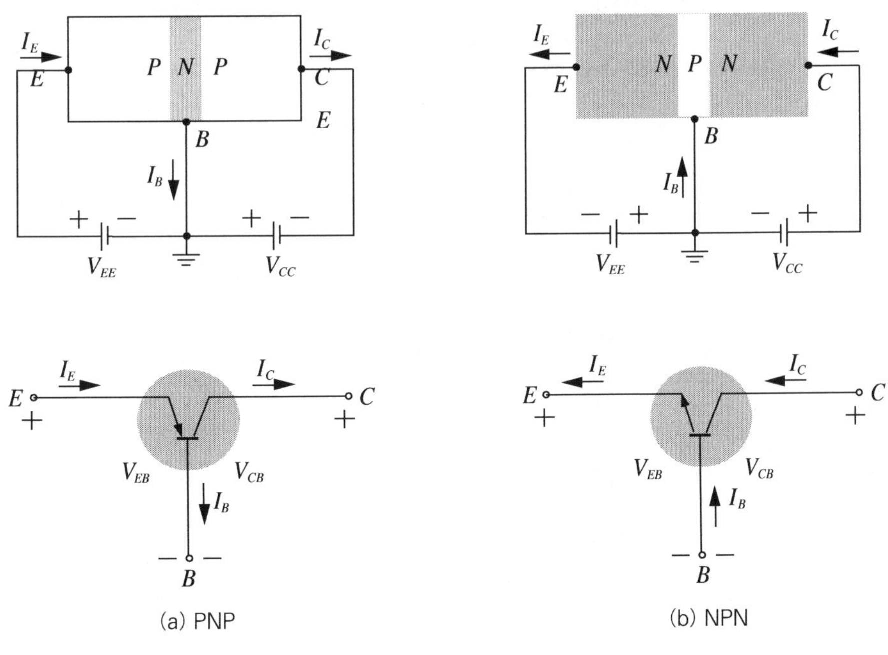

그림 2-6 베이스 공통접속의 기호와 표시법

이미터전류와의 관계이다. 컬렉터 특성곡선은 그림 2－7(a)에서 보여주는 바와 같이 다음의 3개의 기본영역을 갖는다.

즉, 동작(active), 차단(cut off) 및 포화(saturation)영역이다. 동작영역에서 이미터접합은 순방향 바이어스로 되는 반면에 컬렉터접합은 역방향 바이어스로 된다.

동작영역은 파형의 찌그러짐없이 신호가 증폭되는 단 하나의 영역이다. 이미터전류 I_E가 0일 때, 컬렉터전류는 그림 2－7(a)에서 알 수 있는 바와 같이 역 포화전류 I_{CO}뿐이다. I_{CO}는 I_C의 수직축 눈금 [mA]에 비해 크기가 아주 작으므로 [μA] 실제적으로 수평축 $I_C=0$과 거의 같아 보인다. 베이스 공통접속에서 $I_E=0$일 때 존재하는 회로상태는 그림 2－8과 같다. 데이터와 규격표에서 I_{CO}에 대해 가장 자주 사용되는 표기는 I_{CBO}이고 그림 2－8과 같다. 제작기술의 향상으로 인하여 일반 목적으로 사용되는 소전력 또는 중간전력 트랜지스터의 I_{CBO}의 크기는 아주 작아서 그 영향은 무시될 수 있다. 그러나 고전력장치에서는 I_{CBO}가 [mA] 단위에 이른다. 또는 다이오드의 I_S와 같이 I_{CBO}(둘다 누설전류)는 온도에 민감하다. 높은 온도에서 I_{CBO}는 온도의 변화에 따라 매우 급격히 증가하므로 어떤 전력소자에 대해서든 I_{CBO}의 영향은 매우 중요한 요소가 된다.

그림 2－7(a)에서 이미터전류가 0 이상으로 증가할 때 컬렉터전류는 기본적인 트랜지스터전류의 관계에 의해 결정되는 것과 같이 이미터전류와 거의 같은 크기로 증가한다. 동작영역에서 컬렉터전류에 대한 V_{CB}의 영향은 거의 무시할 수 있다. 이 곡선은 동작 영역(active

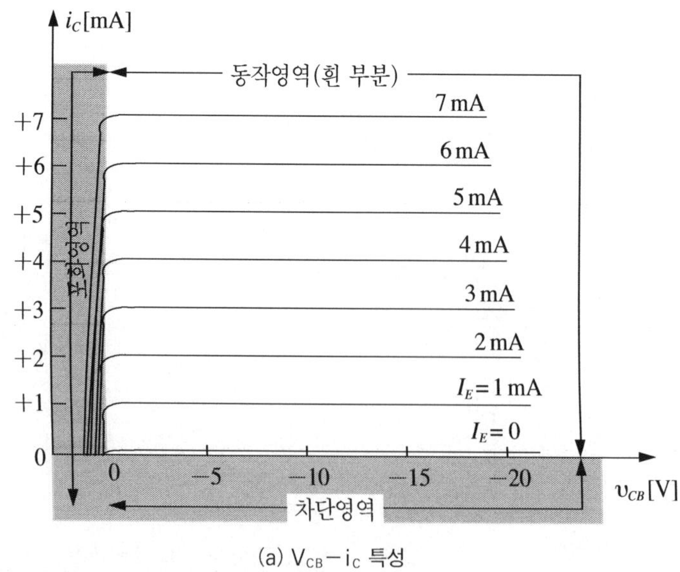

(a) $V_{CB}-i_C$ 특성

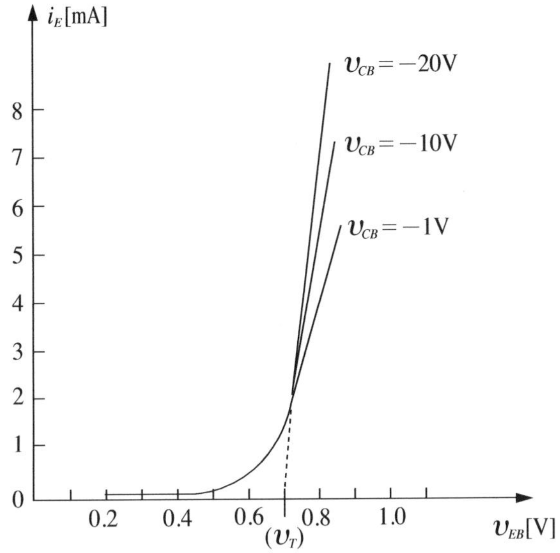

(b) $V_{EB}-i_E$ 특성

그림 2-7 베이스 공통접속에 PNP트랜지스터의 특성

region)에서 이미터전류 I_E와 컬렉터전류 I_C와의 관계에 대한 1차 근사치가 다음으로 주어짐을 나타낸다.

차단영역(cut off region)에서 컬렉터와 이미터접합은 둘 다 역방향 바이어스가 되어 있으며 결과적으로 그림 2－7(a)와 같이 컬렉터전류는 무시할 정도이다.

$$I_C \simeq I_E \tag{2-6}$$

V_{CB}에 대한 수평축 눈금은 이 영역에서 특성을 명확히 표시하기 위하여 0 [V]의 왼쪽으로 확장되었다. 포화영역에서는 컬렉터와 이미터의 접합면이 순방향 바이어스되어 있어서 컬렉터－베이스전압의 작은 변화에 대해 컬렉터전류는 지수적으로 변화한다. 입력 혹은 이미터 특성곡선은 그림 2－7(b)에서와 같이 하나의 관심을 가질 만한 영역이다. 그림에서 보는 바와 같이 컬렉터전압 V_{CB}의 고정된 값에 대해 이미터－베이스전압이 증가할 때 이미터전류가 증가한다. V_{CB}가 증가되면 더 낮은 V_{CB} 값으로 같은 전류를 흐르게 할 수 있다. V_{CB}의 넓은 영역에 대해 곡선이 촘촘히 모여 있다. 더욱이 곡선의 평균값이 얼마나 가까이 상승하는가 혹은 실리콘 트랜지스터에 대해서는 V_T값이 약 0.7 [V]가 되는 점에 유의해야 한다. 반도체 실리콘 다이오드의 직류모드에서 순방향 바이어스된 베이스－이미터 접합면에 대한

1차 근사는 V_{CB}의 모든 값에 대해

$$V_{EB} \simeq 0.7\ [\mathrm{V}] \qquad (2-7)$$

이다.

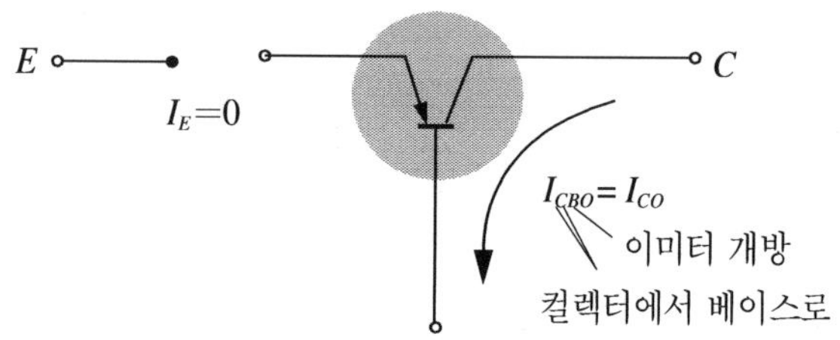

그림 2-8 역 포화전류

4. 이미터 공통접속

*PNP*와 *NPN* 트랜지스터에서 자주 사용되는 트랜지스터회로는 그림 2-9와 같다. 이것은 이미터가 베이스와 컬렉터단자에 대해 공통이므로 이미터 공통접속(common emitter configuration)이라고 부른다. 이미터 공통접속의 동작을 충분히 설명하기 위해서는 다음의 두 특성곡선이 필요하다. 그 하나는 입력, 즉 베이스회로에 대한 것이고 다른 하나는 출력, 즉 컬렉터회로에 대한 것으로 그림 2-10에 나타내었다. 이미터, 컬렉터, 베이스전류는 관례적인 전류방향을 나타내는 반면에 전압은 대문자 E를 두 번째 첨자로 가져 이미터 공통접속임을 나타낸다. 트랜지스터의 공통단자가 바뀌었다 하더라도 베이스 공통접속에 대해 앞에서 적용한 전류관계는 여전히 적용할 수 있다. 이미터 공통접속에 있어서 출력특성곡선은 입력전류 I_B의 범위에 대한 출력전압 V_{CE} 대 출력전류 I_C의 관계를 나타낸 것이다. 입력특성곡선은 출력전압 V_{CE}의 영역에 대한 입력전류 I_B 대 입력전압 V_{BE}의 관계를 나타낸 것이다. 그림 2-10의 이미터 공통접속의 *PNP* 트랜지스터의 특성곡선에서 컬렉터전류 I_C의 크기가 [mA] 단위인 데 비해 베이스전류 I_B의 단위는 [μA]이다. I_B의 곡선이 베이스 공통접속에서 I_E와 같이 수평이 아닌 것은 컬렉터-이미터전압이 컬렉터전류에 영향을 미친다는 것을 나타낸다. 이미터 공통접속에서의 동작영역은 거의 선형성을 갖는, 즉 I_B가 거의 직선이며 그 간격이 같은 오른쪽 위의 제1사분면이다.

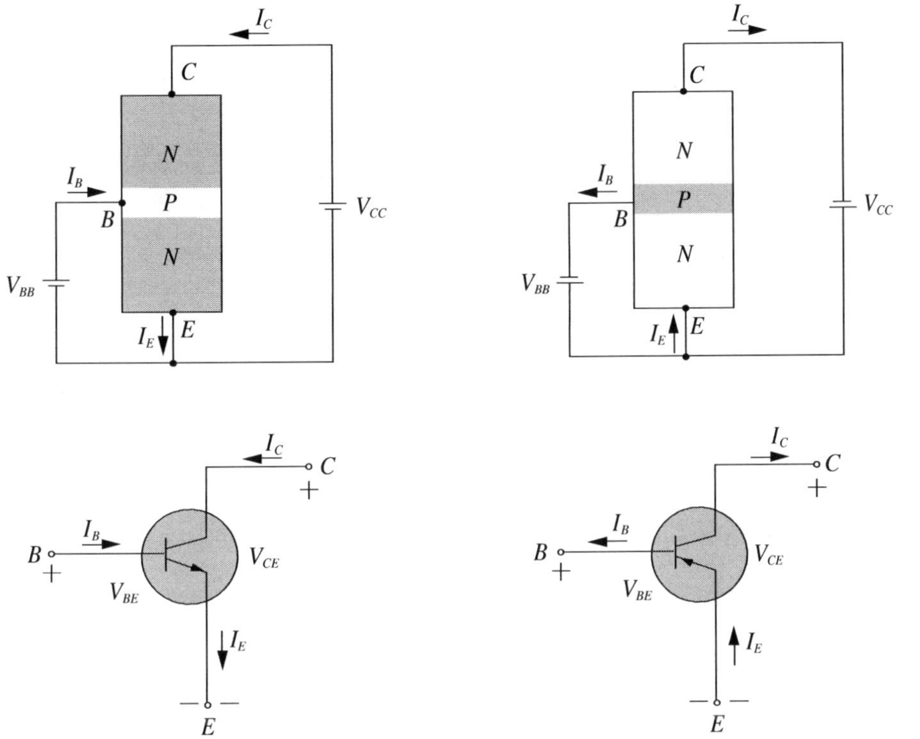

(a) NPN (b) PNP

그림 2-9 이미터 공통접속의 표시기호

그림 2 – 10 (a)에서 이 영역은 $V_{CE\,sat}$에서 수직으로 빗금친 부분의 오른쪽과 $I_B = 0$보다 위쪽 영역이다. $V_{CE\,sat}$의 왼쪽 영역은 포화영역이라 부른다. 동작영역에서 이미터접합은 순방향 바이러스로 되어 있는 반면 컬렉터접합은 역방향 바이어스되어 있다. 이것은 베이스 공통회로의 동작영역과 같은 상태임을 의미한다. 이미터 공통접속의 동작영역은 전류, 전압, 그리고 전력의 증폭을 위해 사용될 수 있다. 이미터 공통접속에서 차단영역은 베이스 공통접속에서와 같이 잘 정의되어 있지는 않다.

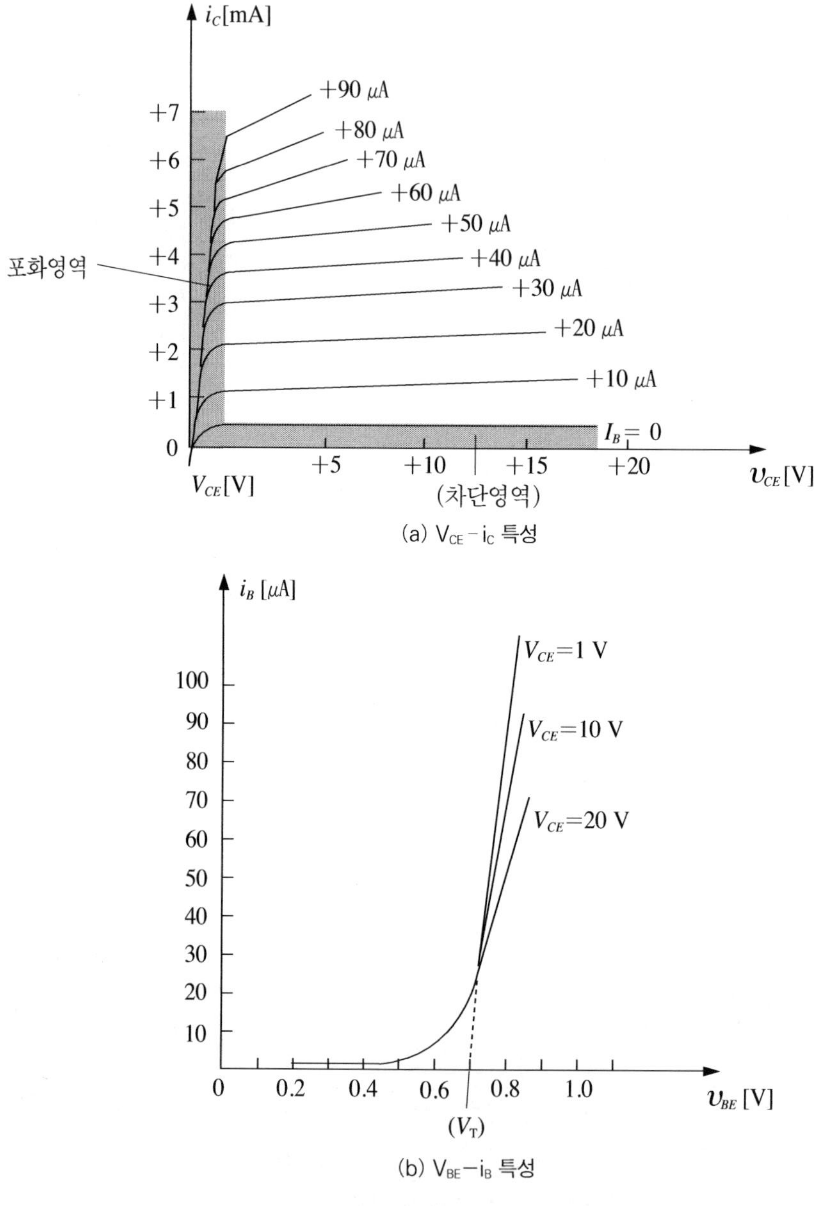

(a) $V_{CE}-i_C$ 특성

(b) $V_{BE}-i_B$ 특성

그림 2-10 이미터 공통 접속의 PNP 트랜지스터의 특성

그림 2-10의 컬렉터 특성곡선은 I_B가 0일 때 I_C는 0이 아니다. 베이스 공통접속에서 입력전류 I_E가 0일 때 컬렉터전류는 단지 역 포화전류 I_{CO}와만 같아지므로 $I_E=0$ 곡선과 전압축은 모든 실제의 목적에서 하나가 된다. 컬렉터 특성곡선에서 이러한 차이가 생기는 이유

는 식 2－1과 식 2－5의 적당한 조작에 의해 유도될 수 있다.

즉, 식 2－5에서

$$I_C = \alpha I_E + I_{CO}$$

이고 식 2－1에서

$$I_E = I_C + I_B$$

이므로

$$I_C = \alpha(I_C + I_B) + I_{CO} = \alpha I_C + \alpha I_B + I_{CO}$$

이다. 그리고

$$I_C(1-\alpha) = \alpha I_B + I_{CO}$$

이므로

$$I_C = \frac{\alpha I_B}{1-\alpha} + \frac{I_{CO}}{1-\alpha} \qquad (2-8)$$

이 된다. 앞에서 논의한 경우를 고려하면 $I_B=0$에서 이 값을 식 2－8에 대입하면

$$I_C = \frac{I_{CO}}{1-\alpha}\bigg|_{I_{B=0}} \qquad (2-9)$$

$\alpha = 0.996$일 때

$$I_C = \frac{I_{CO}}{1-0.996} = \frac{I_{CO}}{0.004}$$

이므로

$$I_C = 250\ I_{CO} | I_B = 0$$

이 된다. 이것은 $I_B=0$의 곡선이 수평 전압축으로부터 수직으로 옮겨진 것을 설명해 준다. 한편 식 2－9에 의해 정의된 컬렉터전류는 식 2－10에서 지시된 기호로 표시될 것이다.

$$I_{CEO} = \frac{I_{CO}}{1-\alpha}\bigg|_{I_{B=0}} \qquad (2-10)$$

이 새로 정의된 전류에 대한 조건들은 설정된 기준방향과 함께 그림 2 – 11로 설명된다.

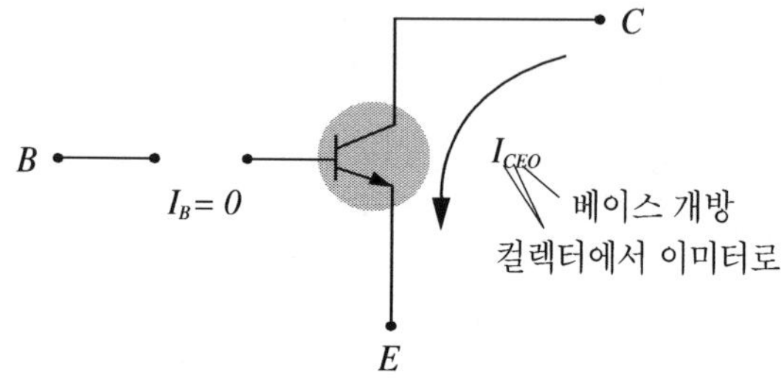

그림 2-11 I_{CEO}에 관계된 회로조건

α는 베이스 공통접속에서의 순방향 전류전달비(forward current transfer of common base configuration)를 나타낸다. 이미터 공통회로의 경우 고정된 컬렉터 이미터전압(V_{CE})에서 베이스전류의 미소변화에 대한 컬렉터전류의 미소변화의 비를 그리스문자 β로 표시하며 보통 이미터 공통 순방향 전류 증폭계수라 부른다. 식으로 표시하면 β의 크기는 다음과 같이 주어진다.

$$\beta = \frac{\Delta I_C}{\Delta I_B}\bigg|_{V_{CE=\text{일정}}} \qquad (2-11)$$

그러나 1차 근사로서 β의 크기는 다음의 방정식에 의해 주어진다.

$$\beta \simeq \frac{I_C}{I_B} \qquad (2-12)$$

이때 I_C와 I_B는 선형영역(즉, 이미터 공통 특성곡선의 수평 베이스전류선이 그 간격이 같고 거의 평행에 가까운 영역) 내의 특정한 동작점의 컬렉터와 베이스전류이다. 식 2 – 12의 I_C와 I_B가 고정된 또는 직류전류값이기 때문에 식 2 – 12에서 얻어진 β를 보통 직류 β라 부르며 반면에 식 2 – 11에서 얻어진 값을 교류 혹은 동적 β라 한다. β의 전형적인 값은 20에서 600까지 다양하다. 식 2 – 1, 식 2 – 4와 식 2 – 12를 이용하여 정리하면

$$\beta = \frac{I_C}{I_B} \qquad \text{따라서} \quad I_B = \frac{I_C}{\beta}$$

$$\alpha = \frac{I_C}{I_E} \qquad \text{따라서} \quad I_E = \frac{I_C}{\alpha}$$

$I_E = I_C + I_B$ 이므로 여기에 위의 식들을 대입하면

$$\frac{I_C}{\alpha} = I_C + \frac{I_C}{\beta}$$

가 되며 I_C로 나누면

$$\frac{1}{\alpha} = 1 + \frac{1}{\beta}$$

이고

$$\beta = \alpha\beta + \alpha$$

또는

$$\beta(1-\alpha) = \alpha$$

이므로

$$\beta = \frac{\alpha}{1-\alpha} \qquad (2-13)$$

$$\alpha = \frac{\beta}{\beta+1} \qquad (2-14)$$

를 얻는다. 또한

$$I_{CEO} = \frac{I_{CO}}{1-\alpha} = \frac{I_{CBO}}{1-\alpha}$$

이므로

$$I_{CEO} = (\beta+1)I_{CBO} \simeq \beta I_{CBO} \qquad (2-15)$$

가 된다.

이미터 공통접속의 입력특성곡선은 그림 2-10에 나타낸 바와 같이 베이스 공통회로의 경우와 유사하다. 이 두 경우 입력전류가 증가하는 것은 순방향 전압이 증가함에 따라서 베이스 이미터 사이의 다수캐리어가 증가하기 때문이다. 출력전압(*CE* 회로에서의 V_{CE}와 *CB* 회로에서의 V_{CB})의 변화는 특성곡선을 크게 변화시키지 않음에 유의할 필요가 있다. 일반적으로 대하는 직류전압 수준에 있어서 출력단자 전압의 변화에 대한 베이스-이미터전압의 변화는 1차 근사식에서는 무시할 수 있다.

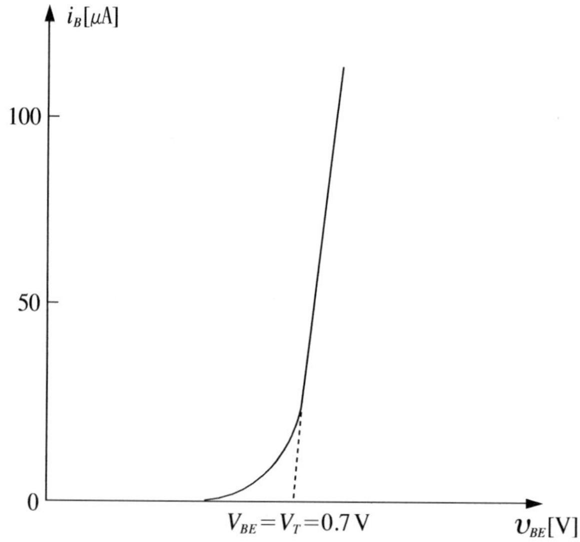

그림 2-12 그림 2-10 (b)에서의 V_{CE}의 영향을 무시하였을 때의 곡선

이러한 개념에서 평균치를 이용하면 *CE* 회로에 대해 그림 2-12의 곡선이 얻어진다. 이 특성곡선은 Si 다이오드 특성과 유사하다. 반도체 다이오드의 표현을 회상하여 직류 해석에 있어서 그림 2-12를 근사적으로 그림 2-13과 같이 나타낼 수 있다.

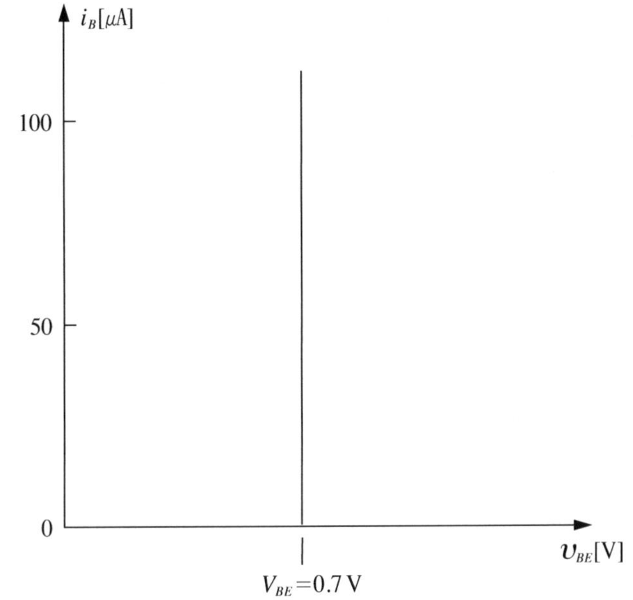

그림 2-13 그림 2-12의 직류 근사화 곡선

그러므로 기본적으로 직류해석에 있어서 트랜지스터회로의 베이스−이미터전압의 근사치는 1차적으로 Si의 경우 0.7[V], Ge의 경우 0.3[V]로 가정한다. 적당한 극성으로 0.7[V]의 전압이 충분히 바이어스되지 않으면(실리콘의 경우) 트랜지스터는 동작영역 내에 존재하지 않는다.

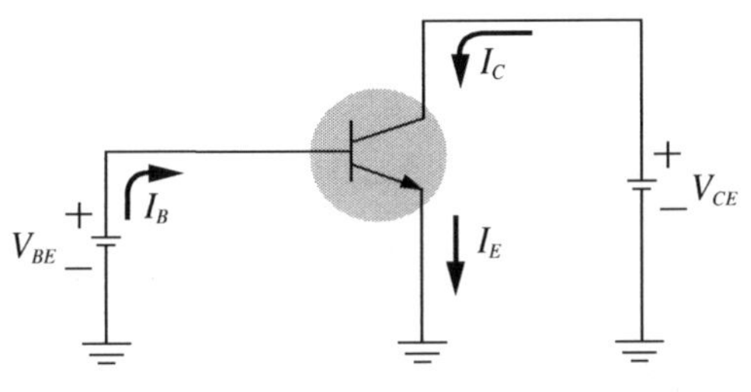

그림 2-14 이미터 공통 NPN 트랜지스터의 적합한 바이어스의 결정

CE 특성은 많은 유사한 입력특성을 갖기 때문에 특성곡선의 동작영역으로 바이어스되어 있을 때 직류해석의 1차 근사로서 BJT의 이미터−베이스전압이 V_T라고 결론내릴 수 있다. 또한 *CB* 접속의 출력특성에서 $I_C \simeq I_E$임을 알았다. *CE* 접속에서는 $I_C = \beta I_E$임을 알았다. *CE* 접속에서는 $I_C = \beta I_B$인데, 이때 β는 동작시의 상태에 의해 영향을 받는다. 인가된 직류전압의 적합한 극성을 결정하기 위해서는, 먼저 *NPN* 트랜지스터에 대해 그림 2−14에 나타낸

것처럼 심벌의 화살표와 같은 방향에서 I_E의 방향을 잡아줄 필요가 있다. $I_E=I_C+I_B$이기 때문에 I_C와 I_B는 같은 그림에 나타낸 것처럼 트랜지스터 쪽으로 흘러 들어가야 한다. 그러므로 전원 V_{BE}와 V_{CE}는 단지 I_B와 I_C에 의하여 지시되는 방향으로 전류가 흐를 수 있도록 추진시키면 된다. 따라서 *PNP* 트랜지스터에 대해서 모든 전류와 전원은 이와 역으로 된다.

5. 컬렉터 공통접속

세 번째 트랜지스터 회로 형태는 컬렉터 공통접속(common collector configuration)인데 그림 2-15에 나타낸 바와 같은 전류방향과 전압표시를 갖는다. 컬렉터 공통회로는 베이스 공통접속이나 이미터 공통접속과는 반대로 입력임피던스가 크고 출력임피던스가 작기 때문에 임피던스 정합에 이용된다.

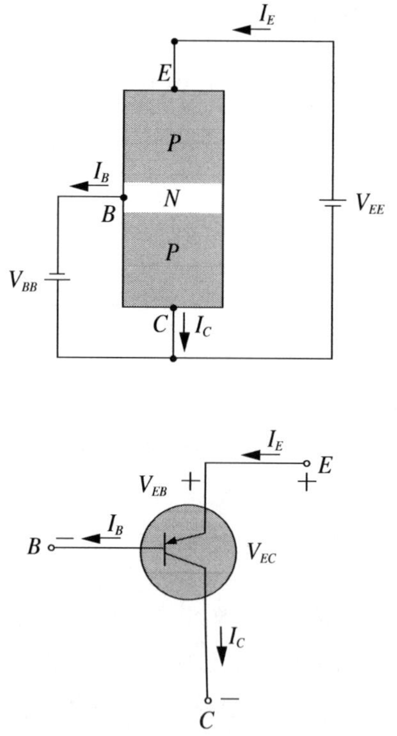

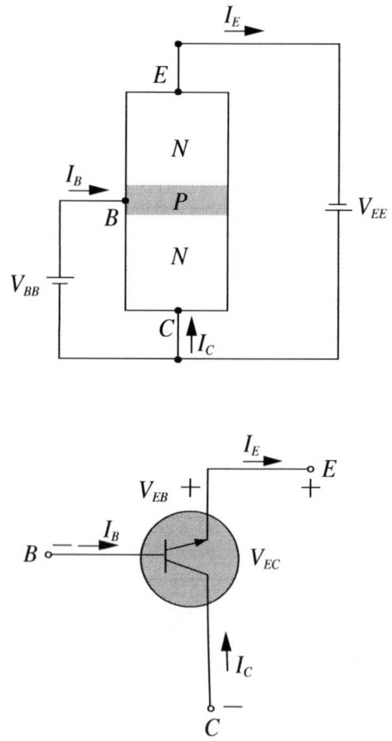

그림 2-15 컬렉터 공통접속의 기호와 표시

컬렉터 공통회로 접속은 일반적으로 그림 2-16과 같이 부하저항이 이미터와 접지 사이에 놓인다. 비록 모양은 이미터 공통접속과 비슷하지만 컬렉터가 접지에 연결되어 있다.

모든 실질적인 목적을 위해서 컬렉터 공통접속의 출력특성은 이미터 공통접속과 같다. 컬렉터 공통접속에 대해서 출력곡선은 I_B 값의 범위에 대한 I_E 대 V_{EC}에 대하여 그린 곡선이다. 그러므로 입력전류는 컬렉터 공통과 이미터 공통 특성 모두에 대해서 같다. $V_{EC}=-V_{CE}$이므로 이미터 공통 특성의 컬렉터, 결국 컬렉터 공통 특성에 대해서 I_C가 I_E로 대체되면 이미터 공통 특성의 I_C의 수직축에는 인식할 수 없을 정도의 변화가 있을 뿐이다($\alpha \simeq 1$이므로). 컬렉터 공통접속의 입력회로에 대해서는 이미터 공통접속의 베이스특성과 그림 2-16에 그려진 루프를 따라 키르호프의 전압법칙을 쓰고 적당한 수학적 조작을 실행하면, 우리가 필요로 하는 정보를 얻을 수 있다.

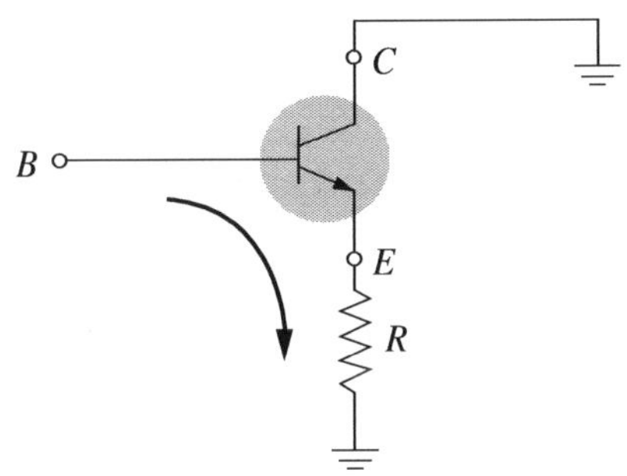

그림 2-16 임피던스 정합을 위한 컬렉터 공통접속

6. 트랜지스터 최대 정격

트랜지스터 표준 데이터 규격표에는 최소한 3개의 최대 정격, 즉 컬렉터 소비전력, 컬렉터 전압 및 컬렉터 전류가 포함된다. 그림 2-10에 나타내었던 특성을 갖는 트랜지스터는 다음과 같은 최대 정격이 포함되어 있다.

$$P_{C\max}=30[\mathrm{mW}]$$

$$I_{C\max}=6[\mathrm{mA}]$$

$$V_{CE\max}=20[\mathrm{V}]$$

정격전력 또는 정격소비전력은 컬렉터전압과 전류의 곱으로 나타낸다. 즉, 이미터 공통 접속에 대해서는

$$P_{C\max} = V_{CE} I_C \qquad (2-16)$$

가 된다.

이 방정식에 의해 결정되는 비선형 곡선은 그림 2-17과 같다. 이 곡선은 V_{CE} 나 I_C의 각 값을 선택하고 식 2-16을 사용해서 다른 값들을 구하여 얻을 수 있다.

예를 들어 $V_{CE}=10$ [V]에서

$$I_C = \frac{P_{C\max}}{V_{CE}} = \frac{30 \times 10^{-3}}{10} = 3\,[\text{mA}]$$

로서 그림 2-17과 같이 표시된다.

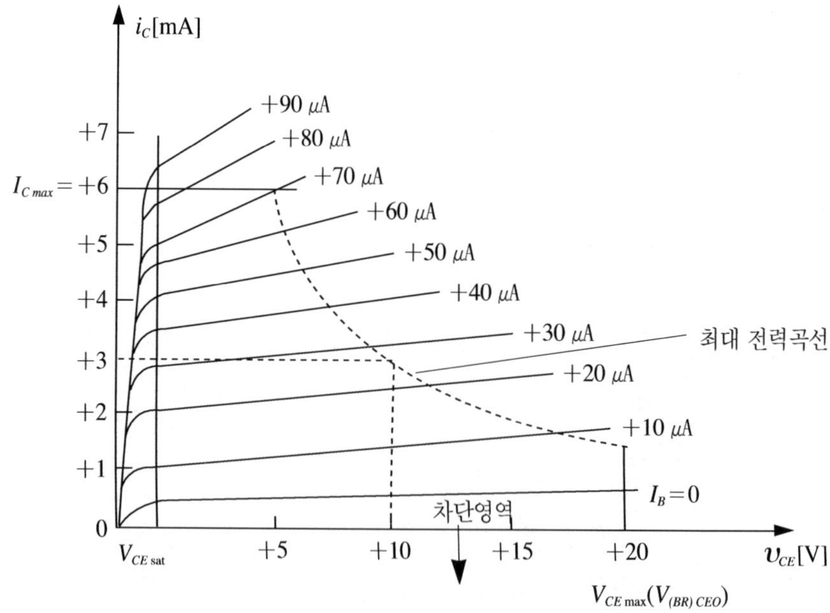

그림 2-17 증폭을 위한 동작영역

$V_{CE} = 5$ [V]에서

$$I_C = 6 \text{ [mA]}$$

그리고 $V_{CE} = 20$ [V]에서

$$I_C = 1.5 \text{ [mA]}$$

이다. 이 세 점을 연결시킨 것이 전력곡선이다. 즉, 최대 정격전력을 초과하지 않기 위해서는 특정 트랜지스터를 사용하는 시스템의 설계에서 이 곡선 위쪽 영역은 피해야 한다. 이 경우에 최대 컬렉터전압 V_{CE}는 그림 2－17에서 수직선으로 표시하고 최대 컬렉터전류는 수평선으로 표시한다.

베이스 공통접속에 대해서는 컬렉터 소비전력은 다음 식으로 표시한다. 최대 컬렉터전압은 V_{CB}를 말한다.

$$P_{C\max} = V_{CB} I_C \qquad (2-17)$$

증폭을 목적으로 사용될 때는 포화 및 차단영역의 비선형 특성은 피해야 한다. 그림 2－17의 포화영역은 V_{CEsat}에서의 수직선에 의해 표시되고 차단영역은 $I_B = 0$에 의해 표시된다.

나머지 검게 칠해지지 않은 부분이 증폭을 위해 사용되는 영역이다. 이것을 보면 동작영역이 극히 감소된 것처럼 보이지만 많은 신호들이 [μV]나 [mA] 범위를 갖는 반면, 특성곡선의 수평축은 [V] 단위이다. 최대 정격 이외에도 트랜지스터 규격표에는 트랜지스터 동작에 관한 정보들이 많이 수록되어 있다.

연습문제

1. 그림 2-7의 특성곡선을 이용하여
   (1) $I_E=3$ [mA], $V_{CB}=-10$ [V]일 때의 컬렉터전류를 구하라.
   (2) $V_{EB}=750$ [mV], $V_{CB}=-10$ [V] 일 때 컬렉터전류 I_C를 구하라.
   (3) $I_C=5$ [mA], $V_{CB}=-1$ [V]일 때 V_{EB}를 구하라.

2. 그림 2-10의 특성곡선을 이용하여
   (1) $V_{BE}=+800$ [mV], $V_{CE}=+10$[V]에 일치하는 I_C의 값을 구하라.
   (2) $I_c=+4$[mV], $I_B=+40$[μA]에 일치하는 V_{CE}와 V_{BE}의 값을 구하라.

3. 그림 2-10의 특성곡선에서 다음을 구하라.
   (1) 특성곡선에서 $V_{CE}=+10$ [V], $I_C=+3$ [mV]인 동작점에서 직류 β를 구하라.
   (2) 이 동작점에 일치하는 α값을 구하라.
   (3) $V_{CE}=+10$ [V]일 때 이에 일치하는 I_{CEO}를 구하라.

4. 트랜지스터에서 누설전류의 근원은 무엇인가?

5. 트랜지스터를 동작시키기 위해서는 트랜지스터의 접합면에 있어서 바이어스는 어떻게 걸어주어야 하는가?

6. 어떤 트랜지스터의 이미터전류가 8 [mA], α가 0.99일 때 컬렉터전류의 크기는 얼마인가?

제 3 장
트랜지스터 기초회로

트랜지스터는 단독 회로소자로 사용되며 이들을 합성시켜 하나의 전자회로를 구성시킬 수 있다. 그러나 IC가 이용됨에 따라 트랜지스터만을 고찰하는 것이 어렵게 되었다.

그러나 개개의 회로동작을 이해하려면 트랜지스터 각각에 대하여 음미하는 것도 중요한 것이라 생각된다.

1. 트랜지스터 접지

트랜지스터의 기초회로에는 트랜지스터를 접지하는 방법에 따라 베이스(base) 접지, 이미터(emitter) 접지, 컬렉터(collector) 접지의 세 가지 종류가 있다.

이 중에서 가장 널리 사용되는 것은 이미터 접지이나, 베이스 접지, 컬렉터 접지에 대해서도 설명하기로 한다.

(1) 베이스 접지

그림 3 - 1에 베이스 접지방식 회로를 나타내었다. 베이스 접지에서 입력신호는 이미터와 베이스 사이에 인가하며 V_E는 입력신호 전류의 동작점을 결정하기 위하여 필요한 베이스전압이다.

① 베이스 접지회로의 특징

베이스 접지의 입력임피던스는 이미터 접지나 컬렉터 접지보다도 적다. 베이스 접지의 입력임피던스는 대략 수백 [Ω]이 된다. 그러나 출력임피던스는 대단히 커서 수백 [KΩ]이 된다. 전류증폭률은 출력전류와 입력전류의 비로써 그 값은 0.95~0.99 정도의 것이 많다.

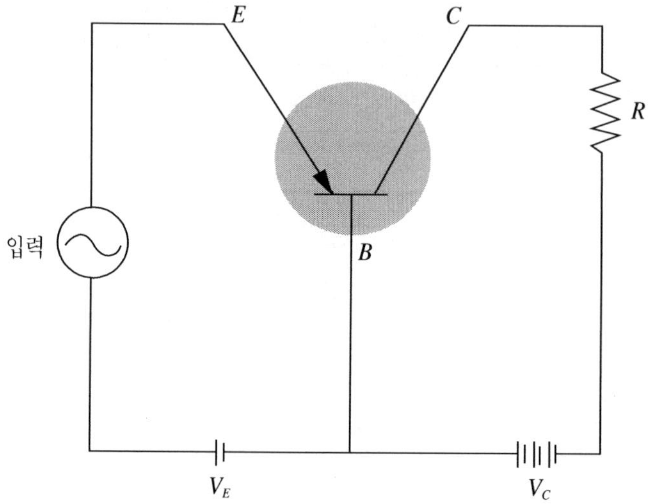

그림 3-1 베이스 접지회로

이와 같이 전류는 증폭되지 않으며 정특성곡선이 수평이 가까운 곳에서 의율이 적은 증폭을 하게 된다. 출력임피던스가 크기 때문에 전압은 증폭되며, 부하저항에 따라 전압 증폭을 크게 할 수 있다.

그러나 베이스 접지방식은 이미터 접지방식보다 전류증폭률이 적으므로 그다지 많이 사용하지 않는다.

(2) 이미터 접지

① 이미터 접지회로의 특성

그림 3-2는 이미터 접지회로이다. 이미터 접지의 가장 큰 장점은 전류증폭률(h_{fe})이 큰 것이다. 이미터 접지에서 입력신호는 베이스 이미터 사이에, 출력은 컬렉터에서 얻는다.

전류증폭률은 입력의 베이스전류와 출력의 컬렉터전류와의 비로써 베이스전류는 [μA] 정도인 데 비하여 컬렉터전류는 [mA]이므로 그 비는 대단히 크게 된다. 구체적인 h_{fe}의 예는 직류전류증폭률(h_{fe})로 표시할 수 있으며 표 3-1과 같다.

또 다음의 이미터 접지의 전류증폭률 h_{FE}와 베이스 접지의 전류증폭률 h_{FB}와의 관계는 다음 식으로 나타낸다.

$$h_{FE}=\frac{h_{FB}}{1-h_{FB}} \tag{3-1}$$

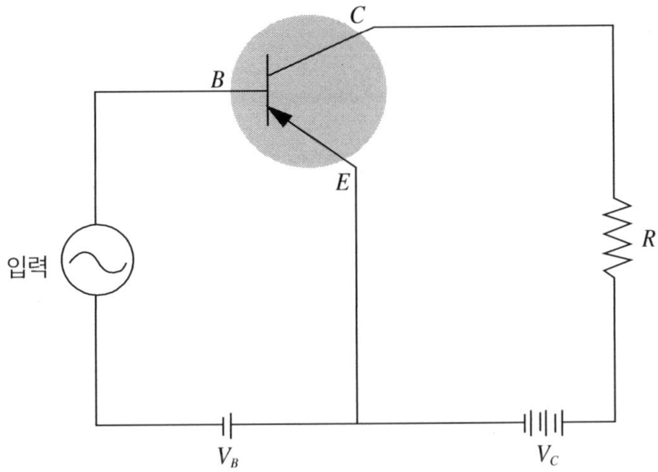

그림 3-2 이미터 접지회로

표 3-1 트랜지스터의 특성 예

트랜지스터 명칭	용 도	전류증폭률
2SA479	고속 SW	60
2SB425	저주파 전력증폭	80
2SC381	VHF 증폭	50

지금, $h_{FB}=0.98$이라면

$$h_{FE}=\frac{0.98}{1-0.98}=49$$

로 된다. 이와 같이 이미터 접지의 전류증폭률은 베이스 접지 때보다 크며, 입력임피던스가 크다는 것이 특징이 된다.

입력임피던스는 1000[Ω] 정도로서 컬렉터 접지 때보다는 적으나, 베이스 접지의 수십 배가 된다.

(3) 컬렉터 접지

① 컬렉터 접지의 특성

컬렉터 접지는 그림 3-3과 같은 회로이다. 컬렉터 접지에서는 입력을 베이스회로에 넣고 이미터회로의 부하저항에서 출력을 얻는다. 이 방식은 입력임피던스가 매우 크며, 출력임피던스는 매우 적다. 이 접지방식은 전압이득이 없으며 임피던스 정합의 역할을 한다.

그러므로 이 방식은 작은 임피던스의 부하에 출력을 공급하는 것에 적합하다.

② 컬렉터 손실

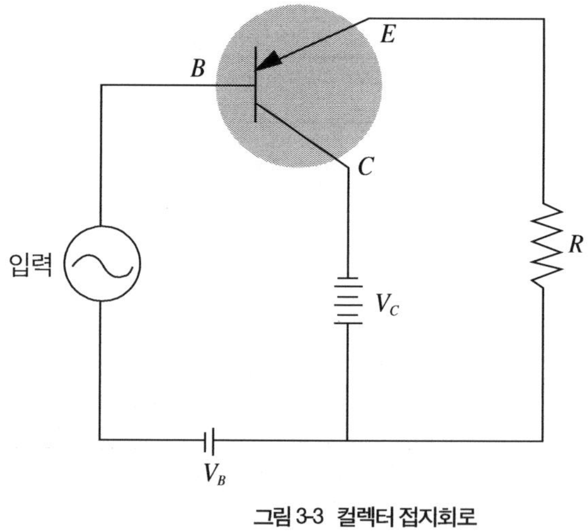

그림 3-3 컬렉터 접지회로

컬렉터 접합은 역베이스가 되므로 접합부 전압은 이미터와 베이스 사이의 접합부 전압에 비해 크다. 이 때문에 컬렉터 접합부에서 큰 전력 손실, 즉 컬렉터 손실이 생긴다. 이 손실은 열로 변하므로 접합부의 온도상승을 초래한다. 트랜지스터는 열에 약하므로 한계온도를 넘어서 사용하면 안 된다. 그러므로 컬렉터 접합에서 발생되는 열은 외부로 방열시킬 필요가 있다. 컬렉터 허용손실은 100[mV] 전후의 것이 많으며, 대전력 스위칭용 트랜지스터에서는 100[W] 정도의 것도 있다. 이와 같은 큰 전력손실이 있는 트랜지스터는 방열판을 필요로 한다.

③ 컬렉터 접합 허용온도

컬렉터 손실에 따라 접합부의 온도가 상승하는 것은 앞에서 설명한 것과 같다. 이 접합부의 온도에는 최고 허용온도가 있어 어떤 순간에도 이를 초월할 수 없다. 일반적으로 Ge는 70[℃], Si에서는 140[℃] 정도이다. 그러나 실제로 트랜지스터에서는 이보다 다소 높다. 예를 들면 2SB80은 Ge 합금형으로써 컬렉터 손실이 4[W], 허용온도 85[℃]이며, Si인 2SD124는 컬렉터 손실 60[W], 허용온도 175[℃]가 된다.

④ 컬렉터 용량

컬렉터 용량은 적을수록 주파수 특성이 좋기 때문에 가능한 적은 값이 되어야 한다. 컬렉터 용량은 측정주파수에 따라 다소 차이가 있으며 보통 1[MHz]에서 측정한 것을 이용한다. 수 [pF] 정도의 것이 많으며 1[pF] 정도의 것도 있다.

⑤ 컬렉터 차단전류

컬렉터 접합에는 역방향 바이어스가 걸리므로 입력전류가 0일 때, 즉 베이스전류 또는 이미터전류가 0일 때는 컬렉터전류도 0이 되어야 한다. 그러나 입력이 0일 때 실질적으로는 컬렉터에 대단히 작은 전류가 흐르게 되는데 이를 차단전류라 한다. 차단전류는 컬렉터전류에 영향을 미치므로 작을수록 좋으며 온도에 민감하여 온도가 상승되면 차단전류도 증가된다.

컬렉터전류 I_C가 차단전류 I_{CO}의 변화에 따라 변화되는 정도를 안정지수라고 한다. 안정지수는 작을수록 좋으나, 너무 작아 1에 가까우면 직류손실이 많아 이득이 감소된다.

2. 기본 등가회로

(1) T형 등가회로

그림 3-4(a)는 이미터 접지회로로써 직류전원 및 관계저항을 생략한 것이다. 여기에서

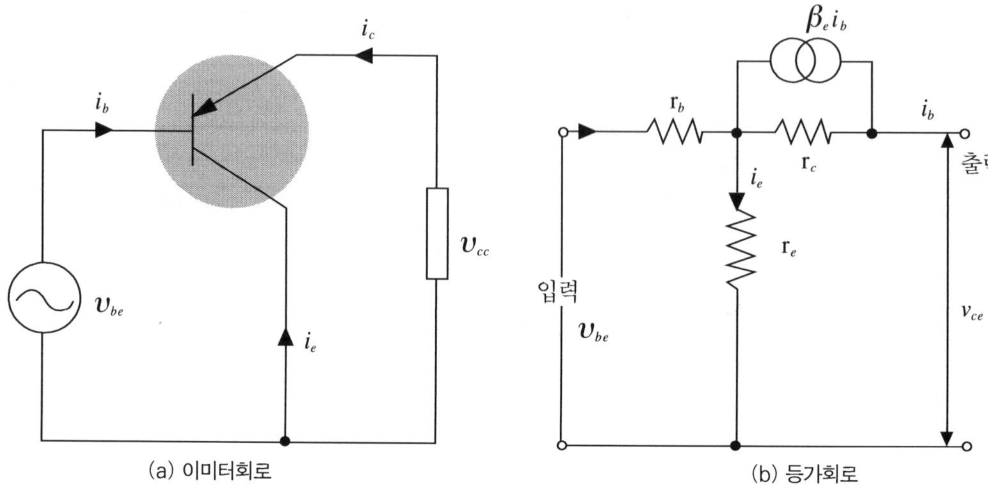

그림 3-4 이미터 접지회로

전류도 직류분은 생략하고 교류분만으로 하여 전류가 모두 트랜지스터로 들어가는 방향을 정하여 나타낸 것이다.

그림 3-4(b)는 (a)의 등가회로로써 이와 같은 모양의 것을 T형 등가회로라 한다. 그림 3-4(b)에서 r_b는 베이스 내부저항, r_e는 이미터의 내부저항, r_c는 컬렉터의 내부저항이다. 또한 β는 이미터 접지의 전류증폭률로써 $\beta \cdot i_b$는 i_c와 같은 컬렉터전류의 교류분이다.

이 회로에서 직류는 생각하지 않았으므로 $\beta \cdot i_b$의 부분에서만 전류가 발생되는 것으로 가정되고 있다. 이 회로에서 r_b, r_e, r_c의 각부 저항의 측정이 어려우므로 이 등가회로는 현재 별로 사용되지 않고 있다.

(2) h정수 등가회로

그림 3-5은 접지를 한 저주파의 소진폭신호에 대한 h형 등가회로로써 h정수 등가회로라 한다.

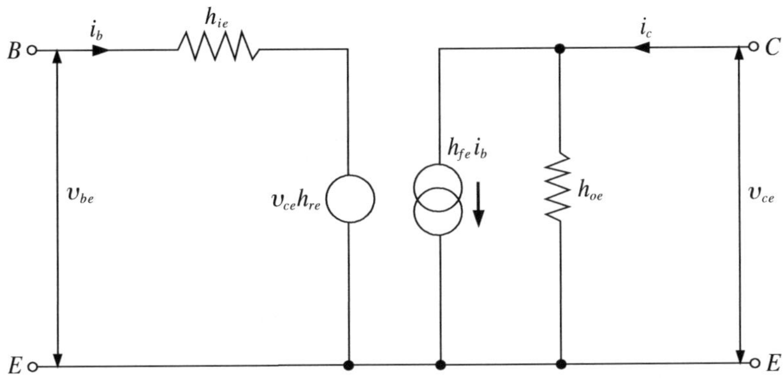

i_b : 베이스전류의 교류분 전류

v_{be} : 베이스 이미터간의 교류분 전압

h_{ie} : 이미터 접지의 출력어드미턴스

h_{oe} : 이미터 접지의 출력어드미턴스

h_{re} : 전압궤환율

h_{fe} : 교류전류증폭률

v_{ce} h_{re} : 이미터와 컬렉터간의 전압 v_{ce}가 입력측에 궤환되는 양

h_{fe} i_b : 베이스전류가 증폭되어 컬렉터회로에 나타나는 양

그림 3-5 h정수 등가회로

이상의 기호에서 h_{ie}, h_{oe}, h_{re}, h_{fe}를 h정수라 한다. 이들 정수는 주파수와 전류를 결정하여 측정에 의해 구해진다. h형 등가회로는 대단히 널리 사용되는 등가회로로써 h정수는 제조 회사의 목록에도 기재된다.

3. 트랜지스터 정수

트랜지스터의 특성은 앞에서 설명한 T형 등가회로나 h형 등가회로에서 구하면 된다. 지금 그림 3-6과 같은 회로에서 입력과 출력단자만을 생각하여 이들의 전압, 전류의 관계식을 만든다.

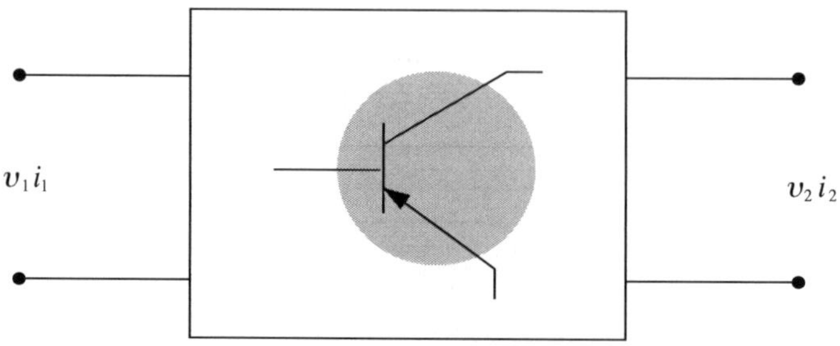

그림 3-6 입력과 출력만 고려한 트랜지스터 회로

이러한 관계식을 만드는 방법에는 다음의 세 가지 수식이 사용되고 있다.

$$\left.\begin{aligned} v_1 &= Z_{11}\, i_1 + Z_{12}\, i_2 \\ v_2 &= Z_{21}\, i_1 + Z_{22}\, i_2 \end{aligned}\right\} \qquad (3-2)$$

$$\left.\begin{aligned} i_1 &= y_{11}\, v_1 + y_{12}\, v_2 \\ i_2 &= y_{21}\, v_1 + y_{22}\, v_2 \end{aligned}\right\} \qquad (3-3)$$

$$\left.\begin{aligned} v_1 &= h_{11}\, i_1 + h_{12}\, v_2 \\ i_2 &= h_{21}\, i_1 + h_{22}\, v_2 \end{aligned}\right\} \qquad (3-4)$$

여기에는 v_1은 입력단자전압, v_2는 출력단자전압, i_1은 입력단자전류, i_2는 출력단자전류라 하며 Z, y, h에 소문자가 붙은 것은 정수를 의미한다.

식 3-2는 좌변이 전압, 우변이 전류의 관계식으로 나타나 있어, 4개의 Z정수는 저항의 성질을 갖는다. 이를 Z파라미터라 한다.

식 3-3은 좌변에 전류, 우변이 전압의 관계식으로 나타나 있어, 4개의 y정수는 어드미턴스의 성질을 갖는다. 이를 y파라미터라 한다. 식 3-4는 hybrid의 파라미터로써 4개의 h정수는 모두 각기 다른 성질, 예를 들면 저항, 어드미턴스, 무명수 등으로써 이들이 섞여 있어 hybrid 라 한다. 이 세 종류의 정수 중 h파라미터가 가장 많이 이용되며 y파라미터도 일부 이용된다. h파라미터가 널리 이용되는 것은 그 값의 측정이 쉽고 정확하게 구할 수 있기 때문이다. y파라미터는 고주파용 트랜지스터의 정수로 쓰인다. 실제의 y정수 및 h정수는 상기의 방법과 조금 다른 표현방법을 갖는다.

또한 이들의 3종류 정수간에는 서로 변환되는 식이 있으므로 하나의 정수를 알면 다른 정수는 변환식에 의하여 쉽게 구할 수 있다.

(1) h 파라미터

앞의 식 3 – 4는 다음과 같이 나타낼 수 있다.

$$\left.\begin{aligned} v_1 &= h_i\, i_1 + h_r\, v_2 \\ i_2 &= h_f\, i_1 + h_o\, v_2 \end{aligned}\right\} \qquad (3-5)$$

① 각 정수의 의미

식 3 – 5의 각 정수는 다음과 같은 의미를 갖는다.

(i) h_i : 이 기호의 i는 입력의 i를 의미한다. 지금 v_1의 식에서 $v_2=0$ 이면 $v_1=h_i\, i_1$이 된다. 여기서 $h_i=v_1 / i_1$이 되므로 h_i는 출력단락시 입력임피던스이다.

(ii) h_r : 전압궤환율을 나타내며 출력전압이 어느 정도 입력측에 궤환되는가를 나타내는 정수이다. 즉, v_1의 식에서 $i_1=0$이면 $v_1=h_r\, v_2$
$\therefore h_r=v_1 / v_2$이다.

(iii) h_f : 전류증폭률을 나타내며 입력전류가 몇 배로 되는가를 표시하는 비로써 이는 i_2의 식에서 $v_2=0$이면 $h_f=i_2 / i_1$가 된다.

(iv) h_o : 출력어드미턴스를 나타내며 소문자는 out의 o를 나타낸다. 이는 입력단의 개방시 출력단의 임피던스의 역수가 된다. i_2의 식에서 i_1이 o이면 $h_o=i_2/v_2$가 된다.

여기에서 단락인가 개방인가 하는 것은 실제 회로에서는 교류적인 단락 또는 개방을 뜻한다. 측정할 때 이와 같이 하지 않으면 측정을 할 수 있다.

예를 들면 개방의 경우 극히 높은 리액턴스의 코일을 넣으면 전지의 전류는 제한되지 않으나 교류분만이 제한된다.

또한 h정수의 표현방식은 베이스 접지, 이미터 접지, 컬렉터 접지에서 각기 다르므로 이를 정리하면 표 3 – 2와 같다.

표 3-2 접지방식의 h정수 표시

	베이스 접지	이미터 접지	컬렉터 접지
입력임피던스	h_{ib}	h_{ie}	h_{ic}
전압궤환율	h_{rb}	h_{re}	h_{rc}
전류증폭률	h_{fb}	h_{fe}	h_{fc}
출력임피던스	h_{ob}	h_{oe}	h_{oc}

(2) y 파라미터

① y 정수의 의미

y파라미터는 대역폭이 좁은 고주파 증폭회로에 널리 이용된다. y파라미터의 식은 다음과 같다.

$$\begin{aligned} i_1 &= y_i\, v_1 + y_r\, y_2 \\ i_2 &= y_f\, v_1 + y_o\, v_2 \end{aligned} \qquad (3-6)$$

이 식의 우변은 모두 전압의 관계식이므로 각 정수는 어드미턴스가 된다. 이러한 정수의 의미를 생각해 보기로 한다.

(i) y_i : 입력어드미턴스이다. i_1의 식에서 $v_2=0$이면 $y_i=i_1/v_1$이 되므로 입력임피던스의 역수가 된다.

(ii) y_r : 역전달어드미턴스이다. i_1의 식에서 $v_1=0$ 이면 $y_r=i_1/v_2$이 된다. 입력단을 교류적으로 단락시켰을 때 입력전류를 출력전압으로 나눈 값이다.

(iii) y_f : 순전달어드미턴스이다. i_2의 식에서 $v_2=0$이면 $y_f=i_2/v_1$이 된다.

(iv) y_o : 출력어드미턴스이다. i_2의 식에서 $v_1=0$이면 $y_o=i_2/v_2$가 되어 출력임피던스의 역수가 된다.

y정수는 보통 복소수로 되며 일례를 들면 다음과 같은 것이 있다. 트랜지스터 2SC 535에서

$$y_{ie}=0.22+j0.58\ [\text{m℧}] \qquad y_{re}=-j0.64\ [\text{m℧}]$$
$$y_{fe}=-32-j11.2\ [\text{m℧}] \qquad y_{oe}=0.05+j0.56\ [\text{m℧}]$$

(3) h파라미터로부터 y파라미터의 환산

먼저 h정수의 식을 보면

$$v_1 = h_i\, i_1 + h_r\, v_2 \qquad (3-7)$$

$$i_2 = h_f\, i_1 + h_o\, v_2 \qquad (3-8)$$

① y_i를 구하는 방법

$y_i = (i_1 / v_1)_{v2=0}$이 되므로 식 3－6에서 $v_2 = 0$이면 $i_1 = y_i\, v_1$

$\therefore\ y_i = i_1 / v_1$ 또는 $v_1 / i_1 = h_i$ 이므로 $y_i = 1 / h_i$

② y_r을 구하는 방법

$y_r = (i_1 / v_2)_{v1=0}$이 되므로 식 3－7에서 $v_1 = 0$ 이면 $h_i i_1 + h_r v_2 = 0$

$\therefore\ i_1 / v_2 = -h_r / h_i$ $\qquad\qquad$ $\therefore\ y_r = -h_r / h_i$

③ y_f를 구하는 방법

$y_f = (i_2 / v_1)_{v2=0}$이 되므로 식 3－7에서 $v_2 = 0$이면 $v_1 = h_i\, i_1$, 또는 식 3－8에서 $v_2 = 0$ 이면 $i_2 = h_f i_1$

$\therefore\ v_1 / i_2 = h_i / h_f$ $\qquad\qquad$ $\therefore\ y_f = -h_f / h_i$

④ y_o를 구하는 방법

$y_o = (i_2 / v_2)_{v1=0}$이 되므로 식 3－7에서 $v_1 = 0$ 이면 $h_i\, i_1 + h_r\, v_2 = 0$

$\therefore\ i_1 = -(h_r / h_i) v_2$

이를 식 3－8에 대입하면

$$i_2 = h_f\left(-\frac{h_r}{h_i} v_2\right) + h_o\, v_2$$

$$\therefore\ \frac{i_2}{v_2} = h_o - \frac{h_f\, h_r}{h_i} \qquad\qquad \therefore\ y_o = h_o - \frac{h_f\, h_r}{h_i}$$

이상을 정리하면 다음과 같다.

$$y_i = \frac{1}{h_i}, \quad y_r = -\frac{h_r}{h_i}, \quad y_f = \frac{h_f}{h_i}, \quad y_o = -\frac{h_f h_r}{h_i} \qquad (3-9)$$

식 3-9는 h정수로 y정수를 구하는 식들이다.

예제 3-1 이미터 접지의 h정수를 다음과 같은 실효치로 하였을 때 y정수를 구하라.

풀이 $h_i = 4\,[\mathrm{W}], h_r = 8 \times 10^{-4}, h_f = 130, h_o = 45\,[\mathrm{m}\mho]$

식 3-9에 의해서

$$y_i = \frac{1}{h_i} = \frac{1}{4 \times 10^3} = 250\ [\mu\mho]$$

$$y_r = -\frac{h_f}{h_i} = -\frac{8 \times 10^{-4}}{4 \times 10^3} = -0.2\ [\mu\mho]$$

$$y_f = \frac{h_f}{h_i} = \frac{130}{4 \times 10^3} = 32.5\ [\mu\mho]$$

$$y_o = h_o - \frac{h_f h_r}{h_i} = 45 \times 10^{-6} - \frac{130 \times 8 \times 10^{-4}}{4 \times 10^3} = 19\ [\mu\mho]$$

을 종합해 보면 $y_i = 250[\mu\mho]$, $y_r = -0.2[\mu\mho]$, $y_f = 32.5[\mathrm{m}\mho]$, $y_o = 19[\mu\mho]$이다.

4. 트랜지스터 정수와 등가회로

증폭의 원리나 입출력의 위상관계를 알기 위해서는 특성곡선을 사용하여 파형을 그리면 알기 쉬우나 트랜지스터를 전자회로에 있어서 1개의 소자로 생각하여 그 동작을 정량적(수량적)으로 알기 위해서는 트랜지스터의 특성을 적당한 정수로 표시하고 이것을 사용하여 전기적으로 등가인 회로를 만들어 그 동작을 생각하는 것이 더욱 정확하게 이해할 수 있다.

(1) 트랜지스터의 정수

정수의 표시방법이 여러 가지가 있어서 트랜지스터에서는, 증폭회로의 물성을 이해하는데 복잡하다. 또한 트랜지스터는 온도(트랜지스터 주위의 온도 및 트랜지스터에 흐르는 전류에 따라 내부의 온도가 상승한다)에 의해서 상당한 영향을 받으므로 동작중의 특성도 일정하지 않다.

트랜지스터 정수에는 h파라미터(hybrid parameter), y파라미터, r파라미터(T정수) 등이 있으나, 여기서는 저주파 증폭회로에서 가장 일반적으로 사용되고 있는 h파라미터(h정수라고도 한다)를 사용한다.

트랜지스터가 4단자를 갖는 소자로서 동작하는 경우의 h정수에 대해서 살펴본다.

그림 3-7에서 입력단자 (1-1′)에 소진폭의 신호전압 v_1을 가하여 T_r에 흘러들어간 전류를 i_1이라 한다. 접합형 트랜지스터에서는 출력저항이(컬렉터 C에 역방향 전압이 가해지고 있다) 크기 때문에 출력단 개방은 사실상 곤란하다. 따라서 입력측 (1-1′)에 v_1을 가하여 출력측 (2-2′)을 단락 (v_2=0) 하였을 때의

$$\left[\frac{v_1}{i_1}\right] v_2 = 0 = h_{11}$$

$$\left[\frac{i_2}{i_1}\right] v_2 = 0 = h_{21}$$

로 한다.

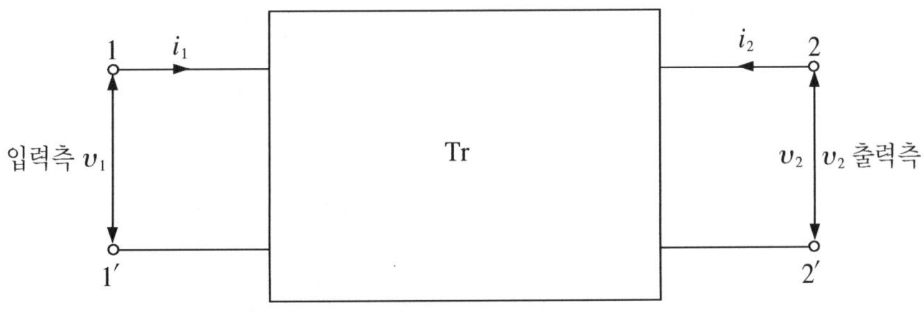

그림 3-7 트랜지스터를 4단자 소자로 생각한 h 정수 측정회로

다음에 출력단자 (2-2′)에 소진폭의 신호전압 v_2를 가하여 T_r에 흘러들어간 전류를 i_2로 한다. 접합형 트랜지스터에서는 입력저항이 적으므로(베이스 B에 순방향 전압이 가해지고 있다) 입력단 단락은 사실상 곤란하다.

따라서 출력측 (2 − 2′)에 v_2를 가하여 입력측 (1 − 1′)을 개방 ($i_1 = 0$)하였을 때의

$$\left[\frac{v_1}{v_2}\right] i_1 = 0 = h_{12}$$

$$\left[\frac{i_2}{v_2}\right] i_1 = 0 = h_{22}$$

로 하면, v_1, i_1, v_2, i_2 간의 관계는

$$\begin{aligned} v_1 &= h_{11}\, i_1 + h_{12}\, v_2\ [\mathrm{V}] \\ i_2 &= h_{21}\, i_1 + h_{22}\, v_2\ [\mathrm{A}] \end{aligned} \qquad (3-10)$$

로 된다. 식 3 − 10을 만족하는 등가회로를 표시하면 그림 3 − 8와 같다.

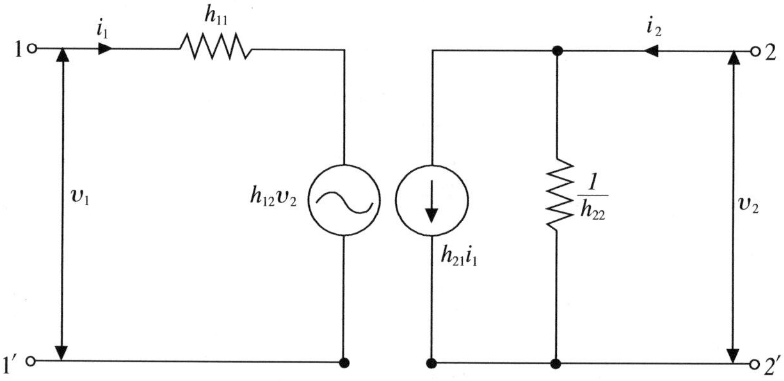

그림 3-8 h 파라미터로서 나타낸 등가회로

앞에서 말한 h_{11}, h_{21}, h_{12}, h_{22}의 의미는 다음과 같이 된다.

$$h_{11} = \left[\frac{v_1}{i_1}\right] v_2 = 0 = \text{입력임피던스(출력단락시)} = h_i\ [\Omega] \qquad (3-11)$$

$$h_{21} = \left[\frac{i_2}{i_1}\right] v_2 = 0 = \text{전류증폭률(출력단락시)} = h_f \qquad (3-12)$$

$$h_{12} = \left[\frac{v_1}{v_2}\right] i_1 = 0 = \text{전압궤환비(입력단 개방시)} = h_r \qquad (3-13)$$

$$h_{22} = \left[\frac{i_2}{v_2}\right] i_1 = 0 = \text{출력컨덕턴스(입력단 개방시)} = h_o\ [\Omega] \qquad (3-14)$$

이와 같이 h_i, h_f, h_r, h_o의 기호를 사용해서 트랜지스터의 등가회로를 그리면 그림 3-10의 점선으로 둘러싸인 부분과 같이 된다. 입력측 (1-1′) 단자에 내부저항 R_g의 전원 v를 접속하고 출력측 (2-2′) 단자에 부하저항 R_L을 접속하여 입력회로 및 출력회로에 대해서 키르호프의 법칙을 적용하면 다음 식이 성립한다.

$$\begin{aligned} v-h_r\,v_2&=i_1(h_i+R_g) \\ h_f\,i_1+h_o\,v_2+\frac{v_2}{R_L}&=0 \end{aligned} \qquad (3-15)$$

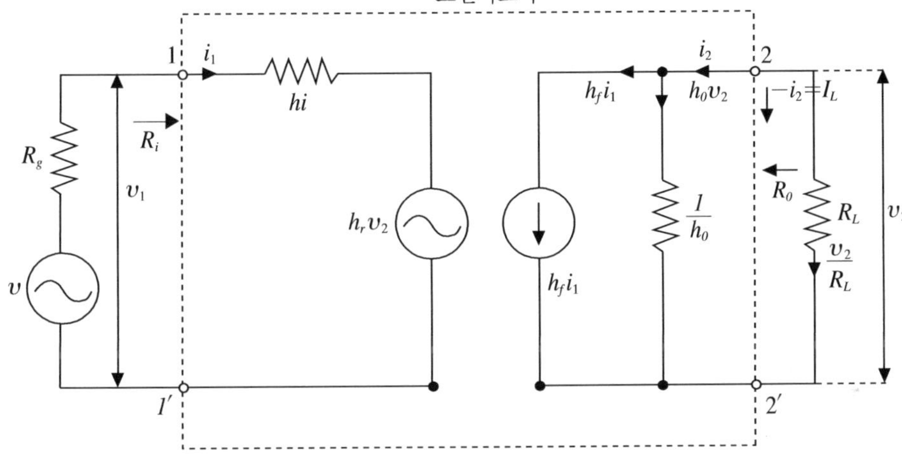

그림 3-9 h파라미터로서 표시한 등가회로

이 식을 풀이하여 증폭회로의 특성을 나타내는 식을 구하면 다음과 같이 된다.

입력임피던스(입력저항) Z_i는

$$Z_i=\frac{v}{i_1}-R_g=h_i-\frac{h_r\,h_f}{h_o+\dfrac{1}{R_L}} \qquad (3-16)$$

출력임피던스(출력저항) Z_o는

$$Z_o=\frac{v_2}{i_2}=\frac{1}{h_o-\dfrac{h_r\,h_f}{h_i+R_g}} \qquad (3-17)$$

전류증폭도 A_i는

$$A_i = \frac{i_2}{i_1} = \frac{h_f}{1 + h_o R_L} \tag{3-18}$$

전압증폭도 A_v는

$$A_v = \frac{v_2}{v_1} = -\frac{h_f}{h_i\left(h_o + \frac{1}{R_L}\right) - h_r h_f} \tag{3-19}$$

전력증폭도 A_p는

$$A_p = |A_i| \cdot |A_v| = \frac{h_f}{1 + h_o R_L} \cdot \frac{h_f}{h_i\left(h_o + \frac{1}{R_L}\right) - h_r h_f} \tag{3-20}$$

로 된다. 이들의 계산식은 접지방식의 종류에는 관계하지 않으므로, 이 식에서 각 접지 방식의 경우의 특성이 구해진다. 이상의 결과를 표로 나타내면 표 3-3과 같다.

표 3-3 h 파라미터에 의한 증폭특성의 공식

	일 반 식	간 략 식
전류증폭도 A_i	$A_i = \frac{h_f}{1 + h_o R_L}$	$A_i = h_f$
전압증폭도 A_v	$A_v = \frac{-h_f}{h_i\left(h_o + \frac{1}{R_L}\right) - h_r h_f}$	$A_v = \frac{-h_f \cdot R_L}{h_i}$
전력증폭도 A_p	$Ap = \frac{h_f}{1 + h_o R_L} \cdot \frac{h_f}{h_i\left(h_o + \frac{1}{R_L}\right) - h_r h_f}$	$A_p = \frac{h_f^2 \cdot R_L}{h_i}$
입력임피던스 Z_i	$Z_i = h_i - \frac{h_r \cdot h_f}{h_o + \frac{1}{R_L}}$	$Z_i = h_i$
출력임피던스 Z_o	$Z_o = \frac{1}{h_o - \frac{h_r \cdot h_f}{h_i + R_o}}$	$Z_o = \frac{1}{h_o}$

(2) 트랜지스터 hybrid 모델과 h정수

트랜지스터는 3단자 소자이지만 어느 한 단자를 입력 및 출력측에 공통으로 접속하기 때문에 4단자 소자로 취급할 수 있다.

① 소신호 파라미터

그림 3－10는 4단자 회로망을 나타낸 것으로서 한 쌍의 입력단자와 한 쌍의 출력단자를 가지고 있다. 이들 4개의 변수 (v_1, i_1, v_2, i_2) 중에서 임의의 두 변수를 택하여 독립변수로 하면, 나머지 항은 선택한 독립변수에 의하여 나타낼 수 있게 된다. 일반적으로 독립변수를 선택함에 있어서 나머지가 회로의 특성을 나타낼 수 있도록 적당한 변수를 택해야 한다. 예를 들어 4단자 소자가 이상적인 변압기라고 하면 권선비가 전압비와 같게 되므로, 독립변수로 두 전압 v_1과 v_2를 택할 수는 없다. 전류 i_1과 전압 v_2를 독립변수로 택하면 이 회로가 선형일 때

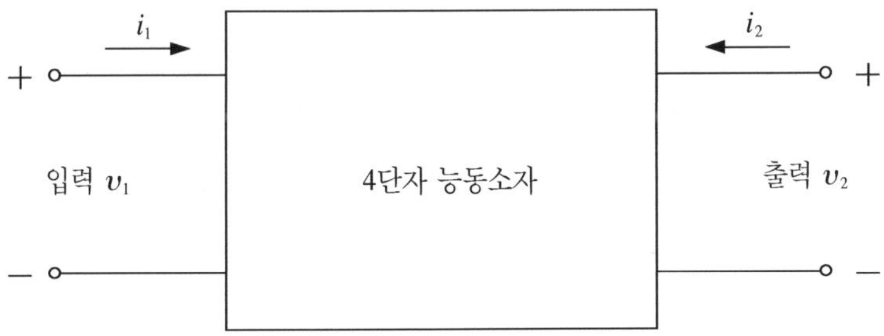

그림 3-10 4단 회로

$$\begin{aligned} v_1 &= f(i_1,\ v_2) \\ i_2 &= f(i_1,\ v_2) \end{aligned} \qquad (3-21)$$

이다. 입력전류 i_1과 출력전압 v_2의 값이 각 동작점에서 Δi_1, Δv_2만큼 변화하였을 때 v_1과 i_2의 변화량 Δv_1, Δi_2는

$$\begin{aligned} \Delta v_1 &= \frac{\partial v_1}{\partial i_1}\Big|_{v_2} \Delta i_1 = \frac{\partial v_1}{\partial v_2}\Big|_{I_1} \Delta v_2 \\ \Delta i_2 &= \frac{\partial i_2}{\partial i_1}\Big|_{v_2} \Delta i_1 = \frac{\partial i_2}{\partial v_2}\Big|_{I_1} \Delta v_2 \end{aligned} \qquad (3-22)$$

가 된다. 식 중의 Δv_1을 Taylor의 급수로 전개하면

$$\Delta v_1 = \frac{\partial v_1}{\partial i_1}\Delta i_1 + \frac{\partial v_1}{\partial v_2}\Delta v_2 + \frac{1}{2}\frac{\partial^2 v_1}{\partial i_1^{\,2}}\Delta i_1^{\,2} + \frac{\partial^2 v_1}{\partial i_1\,\partial v_2}\Delta i_1 \Delta v_2 + \frac{1}{2}\frac{\partial^2 v_1}{v_2^{\,2}}\Delta v_2^{\,2} + \cdots\cdots$$

이 되는데 Δi_1, Δv_2가 매우 작다고 보고 2차항 이상이 무시된 것이다. 식 3-22의 기호를 바꾸어 표시하면

$$v_1 = h_{11} i_1 + h_{12} v_2 \qquad (3-23)$$

$$i_2 = h_{21} i_1 + h_{22} v_2 \qquad (3-24)$$

가 된다. 식에서의 h_{11}, h_{12}, h_{21}, h_{22}는 다음과 같다.

$$h_{11} = \frac{\partial v_1}{\partial i_1} = \frac{dv_1}{di_1}\bigg|_{v_2} \quad h_{12} = \frac{\partial v_1}{\partial v_2} = \frac{dv_1}{dv_2}\bigg|_{I_1}$$

$$h_{21} = \frac{\partial i_2}{\partial i_1} = \frac{di_2}{di_1}\bigg|_{v_2} \quad h_{22} = \frac{\partial i_2}{\partial v_2} = \frac{di_2}{dv_2}\bigg|_{I_1} \qquad (3-25)$$

식 3-25로 정의되는 h_{11}, h_{12}, h_{21}, h_{22}를 h 또는 hybrid parameter라고 하는데, 이들은 차원이 모두 다르다. 식 3-25에서의 편미분은 v_2 또는 I_1이 일정하게 유지됨을 전제로 하여 구한 것이다. 만약 파라미터가 일정하다면 이들 변화량은 0이므로 v_2=일정이라는 것은 $v_2=0$과 같고, I_B=일정이라는 것은 $i_b=0$과 같다. 따라서 h정수는 다음과 같이 된다.

$$h_{11} = \frac{v_1}{i_1}\bigg|_{v_{2=0}}$$: 출력단락시의 입력임피던스 [Ω]

$$h_{12} = \frac{v_1}{v_2}\bigg|_{i_{1=0}}$$: 입력개방시의 전압궤환율

$$h_{21} = \frac{i_2}{i_1}\bigg|_{v_{2=0}}$$: 출력단락시의 전류증폭률(이득)

$$h_{22} = \frac{i_2}{v_2}\bigg|_{i_1=0} \quad : \text{입력개방시의 출력어드미턴스}[\mho] \qquad (3-26)$$

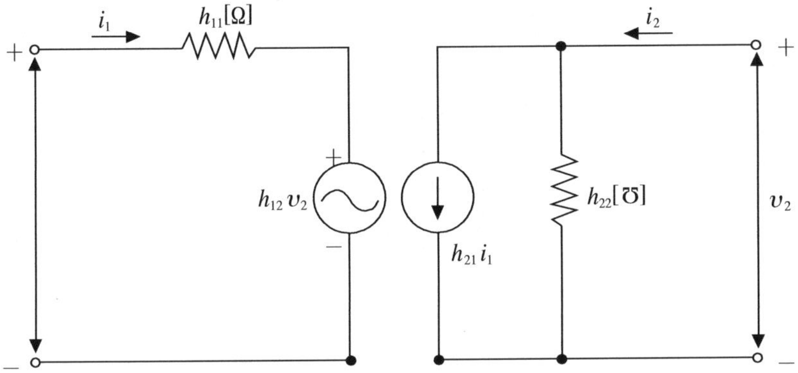

그림 3-11 4단자 회로에 대한 하이브리드모델

여기서 이 4개의 h파라미터를 사용하여 그림 3-11와 같이 h모델을 구성할 수 있다. 식 3-23, 식 3-24로 나타낼 수 있는 임의의 소자에 대한 hybrid 회로는 그림 3-11를 만족하게 된다. 즉, 그림의 입력단자와 출력단자에 각각 키르호프의 전압과 전류의 법칙을 적용하면 식 3-23, 식 3-24가 된다.

② 트랜지스터의 h모델

소신호에서 트랜지스터의 동작이 선형일 때 트랜지스터의 파라미터는 신호가 변하여도 일정하다고 볼 수 있으므로 트랜지스터의 소신호모델은 h정수로 나타낼 수 있다. 트랜지스터의 h모델을 구하기 위하여 CE 회로가 그림 3-12과 같이 연결되어 있다고 하면 변수 i_B, i_C, $v_{BE}=v_B$, $v_{CE}=v_C$는 순시의 전전류와 전전압을 나타낸다. 이 경우 독립변수로 전류 i_B와 전압 v_C를 택할 수 있다. v_B는 i_B와 v_C의 함수이고, i_C는 i_B와 v_C의 또 다른 함수이므로 다음과 같이 쓸 수 있다. 즉,

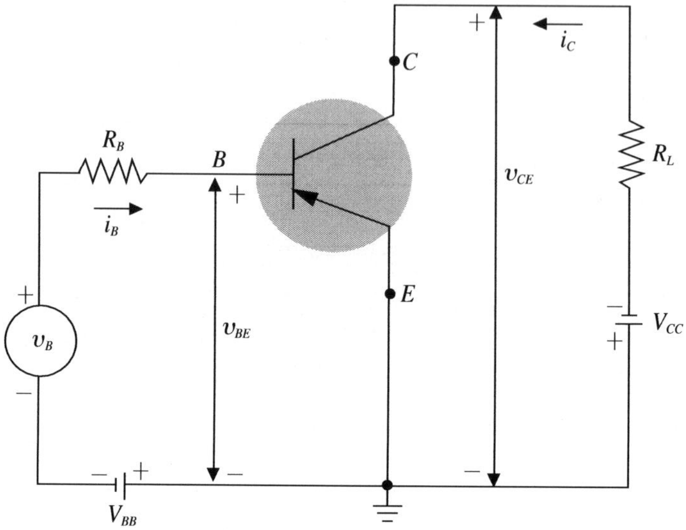

그림 3-12 공통이미터 PNP 트랜지스터회로

$$v_B = f_1(i_B,\ v_C)$$

$$i_C = f_2(i_B,\ v_C) \qquad (3-27)$$

여기서 앞에서와 같이 윗식을 표시하면

$$v_b = h_{ie}\, i_b + h_{re}\, v_c \qquad (3-28)$$

$$i_c = h_{fe}\, i_b + h_{oe}\, v_c \qquad (3-29)$$

여기서

$$h_{ie} = \left.\frac{dv_{BE}}{di_B}\right|_{v_{CE}} = \left.\frac{v_b}{i_b}\right|_{v_{ce}=0}$$: 출력단락 입력임피던스 [Ω]

$$h_{re} = \left.\frac{dv_{BE}}{dv_{CE}}\right|_{I_B} = \left.\frac{v_b}{v_c}\right|_{i_b=0}$$: 입력개방 전압궤환율 (입력개방 역방향 전압전송률)

$$h_{fe} = \left.\frac{di_C}{di_B}\right|_{v_{CE}} = \left.\frac{i_c}{i_b}\right|_{v_{ce}=0}$$: 출력단락 전류증폭률

$$h_{oe} = \left.\frac{di_C}{dv_{CE}}\right|_{I_B} = \left.\frac{i_c}{v_c}\right|_{i_b=0}$$: 입력개방 출력어드미턴스 [℧]

(3-30)

식 3 - 30을 이용한 *CE* h파라미터 모델을 나타내면 그림 3 - 13 (a)와 같다.

그림 3 - 13 (b)는 공통컬렉터 (*CC*) h모델이다. *CC* 회로에서는 *B*와 *C*가 입력단자로 되고 *E*와 *C*가 출력단자로 된다.

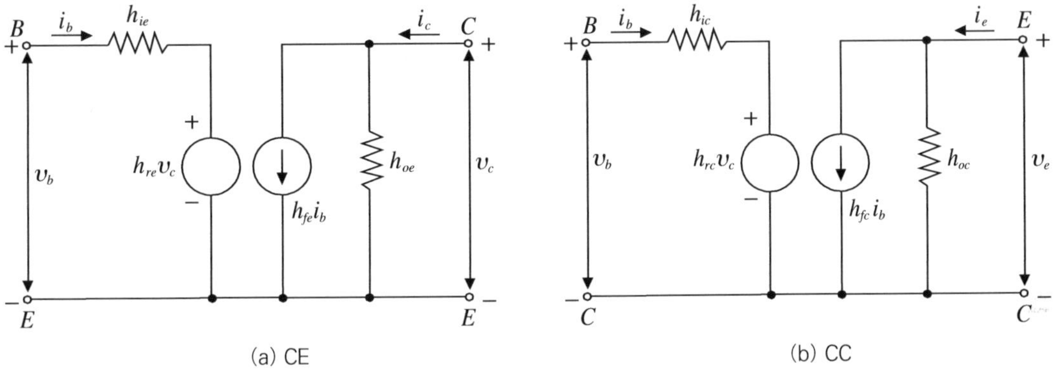

그림 3-13 하이브리드 소신호모델

또 *CB* 회로는 *E*와 *B*가 입력단자이고, *C*와 *B*가 출력단자인데, h모델은 그림 3 - 16과 같은 것이다. 각 회로에 대하여 키르호프의 전류법칙이 적용되므로

$$i_b + i_e + i_c = 0 \tag{3-31}$$

이다. 이 식과 회로모델은 *NPN*이나 *PNP* 트랜지스터 어느 것에 대해서 동일하다.

③ 특성곡선에 의하여 h 정수를 구하는 방법

h정수는 트랜지스터의 특성곡선과 직접적인 관계가 있다. 출력특성곡선은 입력전류를 파라미터로 한 출력전류와 전압과의 관계를 나타낸 것이고, 입력특성곡선은 출력전압을 파라미터로 하여 입력전압과 전류와의 관계를 나타낸 것이다. 따라서 입력특성으로부터 h_i를, 출력특성으로부터 h_o를 구할 수 있다. 또한 특별한 연결선을 그려서 다른 h파라미터를 그림의 해석으로 구할 수도 있다. 지금 그림 3 - 14의 *CE* 출력특성과 식 3 - 30의 파라미터 h_{fe}의 정의에 의하여 h_{fe}는

$$h_{fe} = \frac{\partial i_C}{\partial i_B} \simeq \frac{\Delta i_C}{\Delta i_B}\bigg|_{V_{CE}} = \frac{i_{C2} - i_{C1}}{i_{B2} - i_{B1}} \tag{3-32}$$

이 된다. 전류의 증대는 동작점 Q 부근에서 이루어지는데, 이 점의 베이스전류 i_B는 $i_B=I_B$이고 컬렉터전압 v_{CE}는 $v_{CE}-V_c$가 된다. 파라미터 h_{fe}는 트랜지스터의 가장 중요한 파라미터이다.

식 3-30으로부터 파라미터 h_{oe}는

$$h_{oe}=\frac{\partial i_C}{\partial v_C}\simeq\frac{\Delta i_C}{\Delta v_C}\bigg|_{I_B} \quad (3-33)$$

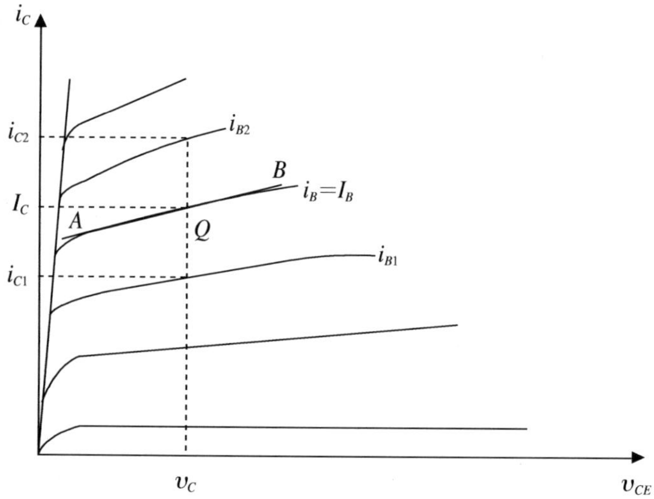

그림 3-14 공통이미터 출력특성곡선으로부터 h_{fe} 및 h_{oe}의 결정

이 된다. 동작점 Q에서의 h_{oe}는 그 점에서의 출력특성곡선의 기울기로 주어진다. 이 기울기는 그림 3-15에서 선 AB의 tangent 로 계산된다.

h_{oe}, h_{ie}, h_{re} 등의 h정수는 동작점 Q가 정해지면 이 점에서의 기울기와 곡선 사이의 간격으로 구할 수 있다. 특성곡선은 본질적으로 직선이 되지 못하고, 곡선 사이의 간격도 I_B나 V_{CE}의 변화가 있으면 일정할 수가 없는 것이므로 h정수의 값은 곡선상의 동작점 Q의 위치에 따라서 변화하는 것이 된다. 더욱이 특성곡선의 실제값과 모양은 트랜지스터의 접합부 온도에 따라서 변화하므로 h정수는 온도에 따라서도 변화하는 것이 된다. 파라미터 h_{ie}와 h_{re}는 그림 3-15의 CE 회로의 입력특성에서 도해적으로 구할 수 있다.

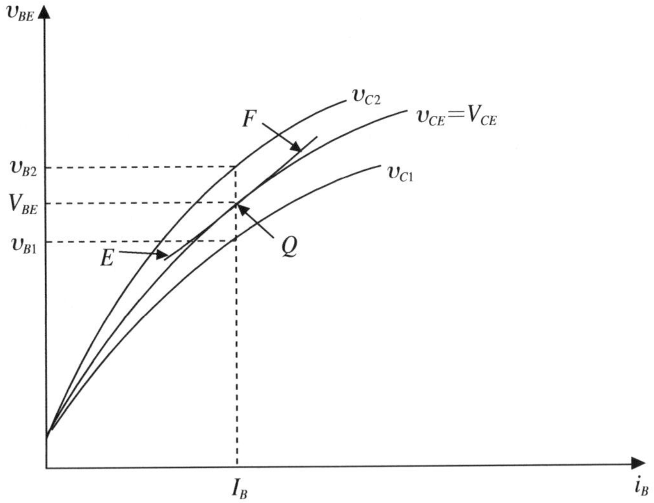

그림 3-15 CE 입력곡선으로부터 h_{ie}와 h_{re}의 결정

식 3－30의 정의에 의하여 h_{ie}는

$$h_{ie}=\frac{\partial v_{BE}}{\partial i_B}\simeq\frac{\Delta v_{BE}}{\Delta i_B}\bigg|_{V_{CE}} \qquad (3-34)$$

로 되어 동작점 Q에서의 입력특성곡선의 기울기로 주어진다. 다음에 h_{re}는 컬렉터전압의 균등한 간격(Δv_{CE}=일정)으로 그려진 입력특성곡선들이 수직간격으로 정해진다. 즉,

$$h_{re}=\frac{\partial v_{BE}}{\partial v_{CE}}\simeq\frac{\Delta v_{BE}}{\Delta v_{CE}}\bigg|_{I_B}=\frac{v_{B2}-v_{B1}}{v_{C2}-v_{C1}} \qquad (3-35)$$

입력특성은 V_{CE}에 거의 관계하지 않으므로 h_{re}는 매우 작아서 $h_{re}\simeq 10^{-4}$ 정도이다.

④ h정수의 변환

트랜지스터의 파라미터를 한 형식으로부터 다른 형식의 값으로 변환하는 것이 필요한 경우가 있다. 제조회사에 따라서 트랜지스터의 모든 h정수를 제시하기도 하고 h_{fb}, h_{ib}, h_{ob}, h_{rb}만을 제시하는 것도 있다.

CE, CC 및 CB의 h정수간에 변환공식은 각 파라미터의 정의와 키르호프의 법칙을 사용하여 구할 수 있다.

먼저 h_{re}를 CB의 h정수로 변환하여 보자.

그림 3－16은 CB회로와 h정수 회로를 나타낸 것이다. 여기서 정현파 전압이나 전류의 실효값은 대문자로 표시되어 있다.

표 3-4 트랜지스터의 대표적인 h 정수값(I_E＝1.3 nA에서)

파라미터	CE	CC	CB
$h_{11}=h_i$	1100	1100 [Ω]	21.6 [Ω]
$h_{12}=h_r$	2.5×10^{-4}	~1	2.9×10^{-4}
$h_{21}=h_f$	50	－51	－0.98
$h_{22}=h_o$	24 [μA/V]	25 [μA/V]	0.49 [μA/V]
$1/h_o$	40 [KΩ]	40 [KΩ]	2.04 [MΩ]

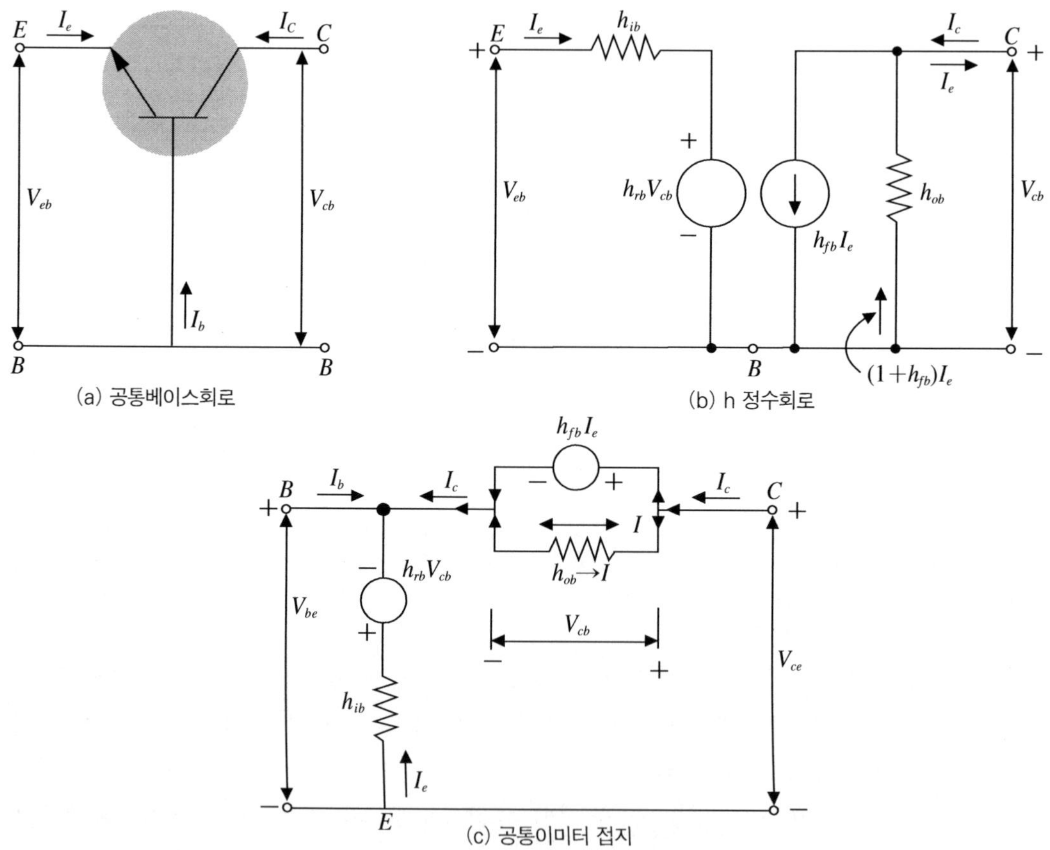

그림 3-16 공통베이스 증폭기의 하이브리드모델

그림 3-16(c)는 (b)의 *CB h* 회로를 그대로 *CE* 회로의 형태로 변환한 것이다. 정의에 의하여 h_{re}는

$$h_{re}=\frac{V_{be}}{V_{ce}}\bigg|_{Ib=0}=\frac{V_{bc}+V_{ce}}{V_{ce}}\bigg|_{Ib=0}=\left(1+\frac{V_{bc}}{V_{ce}}\right)\bigg|_{Ib=0} \quad (3-36)$$

이 된다. 그림 3-16 (c)에서 $I_b=0$이면 $I_c=-I_e$이고, h_{ob}에 흐르는 전류 I는 $I=(1+h_{fb})I_e$이다.
h_{ob}는 컨덕턴스이므로 I는

$$I=h_{ob}V_{bc}=(1+h_{fb})I_e \quad (3-37)$$

$$\therefore I_e=\frac{h_{ob}}{1+h_{fb}}V_{bc} \quad (3-38)$$

이 된다. *EBCE* 회로에 *KVL*을 적용하면

$$h_{ib}I_e+h_{rb}V_{cb}+V_{bc}+V_{ce}=0 \quad (3-39)$$

식 3-39에 식 3-38을 대입하면

$$\frac{h_{ib}\,h_{ob}}{1+h_{fb}}V_{bc}+h_{rb}V_{bc}+V_{bc}+V_{ce}=0 \quad (3-40)$$

또는

$$\frac{V_{bc}}{V_{ce}}=\frac{-(1+h_{fb})}{h_{ib}h_{ob}+(1-h_{rb})(1+h_{fb})} \quad (3-41)$$

가 된다. 따라서 식 3-36으로부터 h_{re}의 정확한 값은 다음과 같이 된다. 즉,

$$h_{re}=1+\frac{V_{bc}}{V_{ce}}=\frac{h_{ib}\,h_{ob}-(1+h_{fb})h_{rb}}{h_{ib}h_{ob}+(1-h_{rb})(1+h_{fb})} \quad (3-42)$$

즉, 표 3-4의 대표값에 대하여 $h_{rb}\ll 1$, $h_{ib}h_{ob}\ll 1+h_{fb}$ 이므로, h_{re}는

$$h_{re}\simeq\frac{h_{ib}h_{ob}}{1+h_{fb}}-h_{rb} \quad (3-43)$$

로 된다. 이 식은 h_{re}의 근사변환식을 나타낸 것이다. 다음에 h_{ie}는 정의에 대하여

$$h_{ie} = \frac{V_{be}}{I_b}\bigg|_{V_{ce}=0} \tag{3-44}$$

그림 3-17(c)에서 CE 단자가 단락된 경우, 다음 관계가 성립한다. 즉,

$$V_{cb} = -V_{be} \tag{3-45}$$

KVL에 의하여

$$h_{ib} I_e + h_{rb} V_{cb} - V_{cb} = 0 \tag{3-46}$$

또 베이스단자에 KCL을 적용하면 다음과 같이 된다.

$$I_b + I_e + (h_{fb} I_e + h_{ob} V_{cb}) = 0 \tag{3-47}$$

식 3-45에서 식 3-47까지 V_{cb}, I_e을 소거하면 V_{be}/I_b를 구할 수 있다. 즉,

$$h_{ie} = \frac{V_{be}}{I_b} = \frac{h_{ib}}{h_{ib} h_{ob} + (1 - h_{rb})(1 + h_{fb})} \tag{3-48}$$

이다. 이 식이 구하는 h_{ie}의 정확한 변환식이다. 여기서 식 $h_{rb} \ll 1$, $h_{ib} h_{ob} \ll 1 + h_{fb}$의 일반적인 관계식을 적용하면 h_{ie}의 근사식은 다음과 같다. 즉,

$$h_{ie} \simeq \frac{h_{ib}}{1 + h_{fb}} \tag{3-49}$$

같은 방법으로 h_{fb}, h_{ob} 등도 구할 수 있다. 표 3-5는 CE, CC 및 CB의 h정수 상호간의 변환에 대한 근사식을 표시한 것이다.

표 3-5 h 파라미터 및 h 파라미터에 대한 근사변환식

$h_{ib} \simeq \dfrac{h_{ic}}{1+h_{fc}}$	$h_{ic}=h_{ie}$
$h_{rb} \simeq \dfrac{h_{ic}h_{oc}}{1+h_{fc}}-h_{rc}$	$h_{rc} \simeq 1$
$h_{fb}=\dfrac{-h_{fc}}{1+h_{fc}}$	$h_{fc}=-(1+h_{fc})$
$h_{ob}=\dfrac{h_{oc}}{1+h_{fc}}$	$h_{oc}=h_{oc}$

표 3-6 대략적인 전환공식

정 수	이미터 접지 (CE)	베이스 접지(CB)	컬렉터 접지 (CC)
h_{ic}		$\dfrac{h_{ib}}{1+h_{fb}}$	h_{ic}
h_{re}		$\dfrac{h_{ob}h_{ib}}{1+h_{fb}}-h_{rb}$	$1-h_{rc}$
h_{fc}		$\dfrac{-h_{fb}}{1+h_{fb}}$	$-1(1+h_{fc})$
h_{e}		$\dfrac{h_{ob}}{1+h_{fb}}$	h_{oc}
h_{ib}	$\dfrac{h_{ie}}{1+h_{fc}}$		$\dfrac{-h_{ic}}{h_{fc}}$
h_{rb}	$\dfrac{h_{ie}h_{oe}}{1+h_{fc}-h_{re}}$		$h_{re}-1-\dfrac{h_{ic}h_{oc}}{h_{fc}}$
h_{fb}	$\dfrac{-h_{fe}}{1+h_{fe}}$		$\dfrac{1+h_{fe}}{h_{fe}}$
h_{ob}	$\dfrac{h_{oc}}{1+h_{fc}}$		$\dfrac{-h_{oc}}{h_{fc}}$
h_{ic}	h_{ic}	$\dfrac{h_{ib}}{1+h_{fb}}$	
h_{rc}	$1-h_{re}$	$\simeq 1$	
h_{fc}	$-(1+h_{fe})$	$\dfrac{-1}{1+h_{fb}}$	
h_{oc}	h_{oc}	$\dfrac{h_{ob}}{1+h_{fb}}$	

표 3-7 트랜지스터의 접속방법 및 hybrid 모델

접속방법	hybrid 모델	특성식
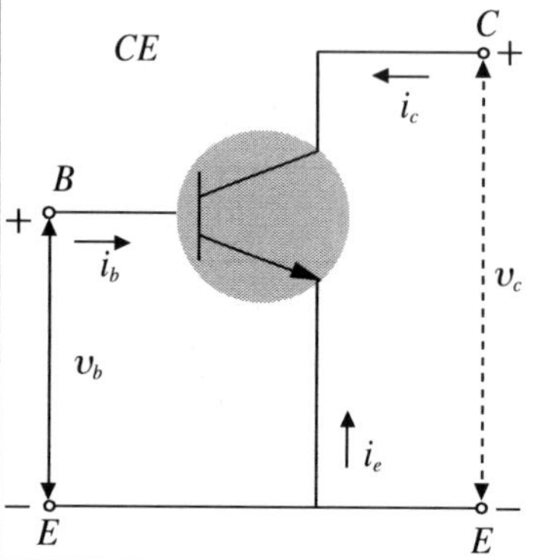	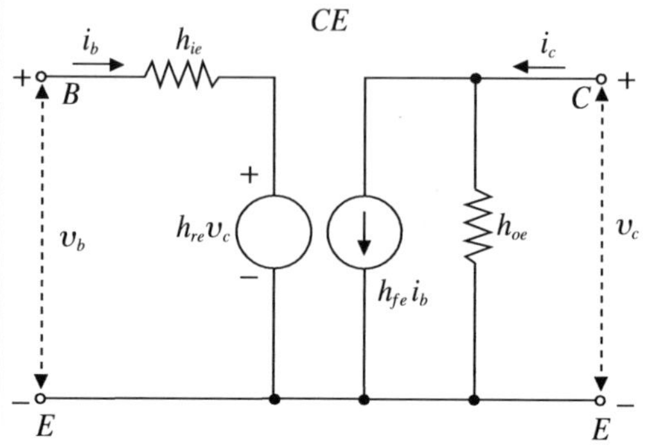	CE $v_b = h_{ic}\, i_b +$ $h_{re}\, v_c$ $i_c = h_{fe}\, i_b +$ $h_{oe}\, v_c$
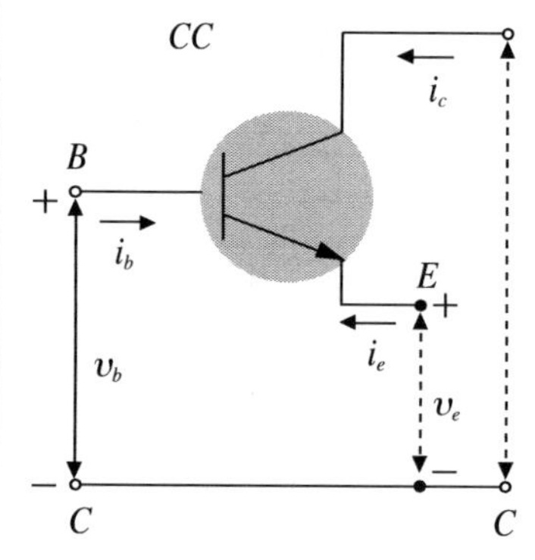	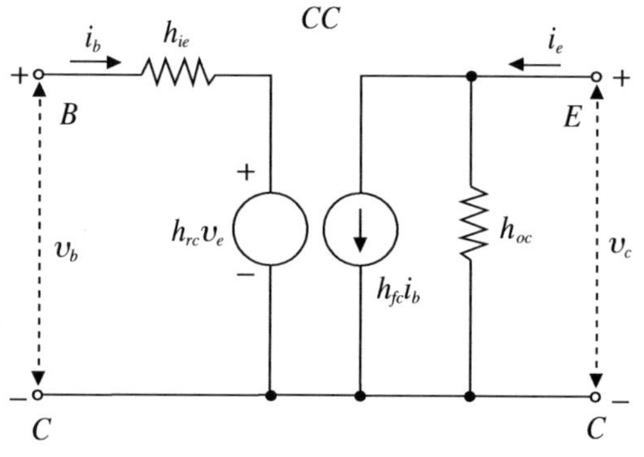	CC $v_b = h_{ic}\, i_b +$ $h_{rc}\, v_e$ $i_e = h_{fc}\, i_b +$ $h_{oc}\, v_e$
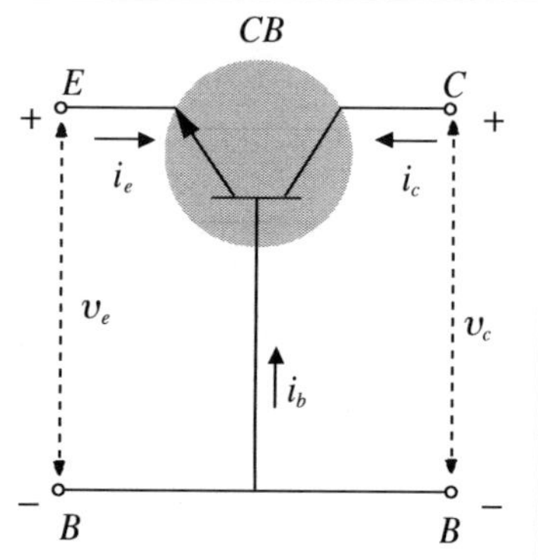	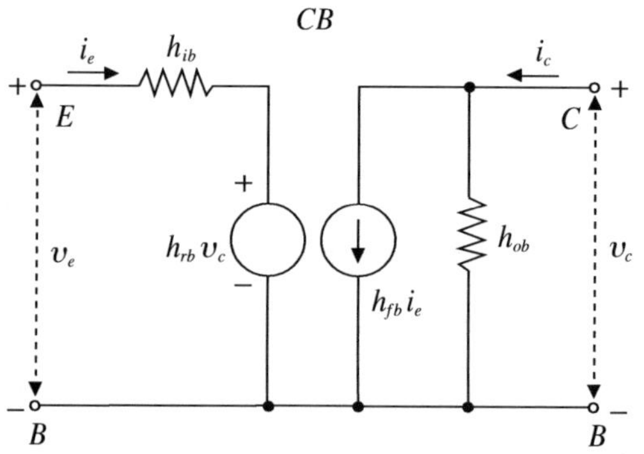	CB $v_e = h_{ib}\, i_e +$ $h_{rb}\, v_c$ $i_c = h_{fb}\, i_e +$ $h_{ob}\, v_c$

(3) T형 등가회로

트랜지스터를 증폭기로 사용할 때 증폭기의 모델은 직류전류는 무시하고, 시간에 따라 변화하는 신호전류만을 대상으로 하기 때문에 교류등가회로라고 한다. 그러므로 다이오드의 포화전류와 Q점의 바이어스전류는 모델에 포함시키지 않는다.

① 전류원 T형 등가회로

그림 3-17은 CB접속의 T형 등가회로를 나타낸 것인데 이는 접합용량이나 확산용량의

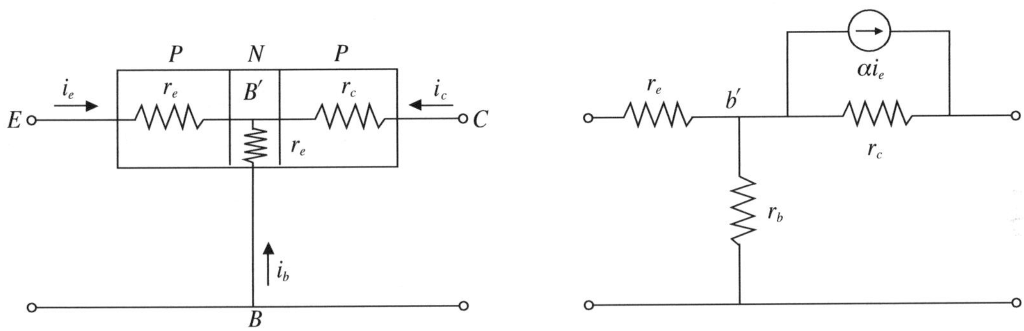

(a) 공통베이스 트랜지스터회로 (b) T형 등가모델

그림 3-17 공통베이스 트랜지스터의 T형 등가모델

효과를 무시한 저주파 모델이다. 그림 (a)의 B' 점은 베이스 영역의 중심에 존재하는 가상점이다. 교류저항 r_e는 순바이어스된 이미터 접합에서의 전압-전류의 관계로부터 계산되는 것인데 이 저항은 순바이어스로 된 다이오드의 r_f와 같다. 따라서 실온에서 주어진 Q점이 이미터전류 I_E에 대한 저항 r_e는 다음과 같다.

$$r_e \simeq \frac{25}{I_E\,[\text{mA}]}\ [\Omega] \qquad (3-50)$$

② 전압원 T형 등가회로

트랜지스터회로에서 전류나 전압의 문제를 풀기 위해서는 루프나 마디방정식 또는 이와 유사한 기법을 사용해야 한다. 루프방정식을 사용한다면 그림 3-17(b)의 전류원 αi_e와 이에 결합된 내부임피던스 r_c의 조합으로 하여 Thevenin의 전압원 등가회로로 쉽게 변형할 수 있다. 그림 3-18는 전류원과 이것의 등가전압원을 나타낸 것이다.

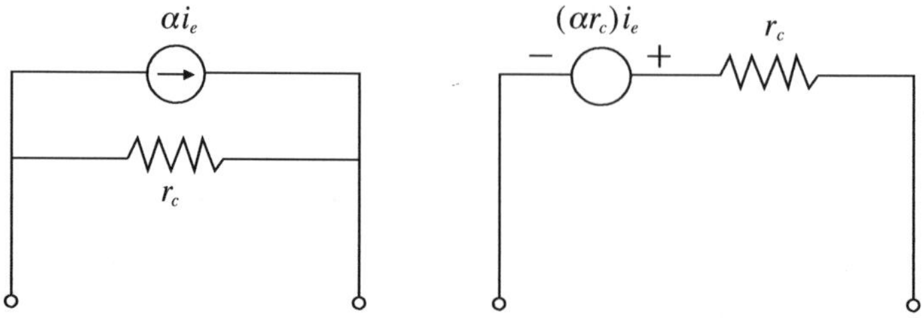

(a) 전류원　　　　(b) 전압원

그림 3-18 T형 등가회로에 대한 등가전원

두 전원(source)의 회로개방전압은 $\alpha r_c i_e$이고, 두 전원의 단락전류는 αi_e가 되어 이들 두 전원은 같게 된다. 일반적으로 $\alpha r_c = r_m$으로 나타내는데 r_m은 상호임피던스이다. 그림 3-17의 전류원을 이 등가전압원으로 바꾸면 대표적인 T형 등가회로는 그림 3-19과 같이 된다.

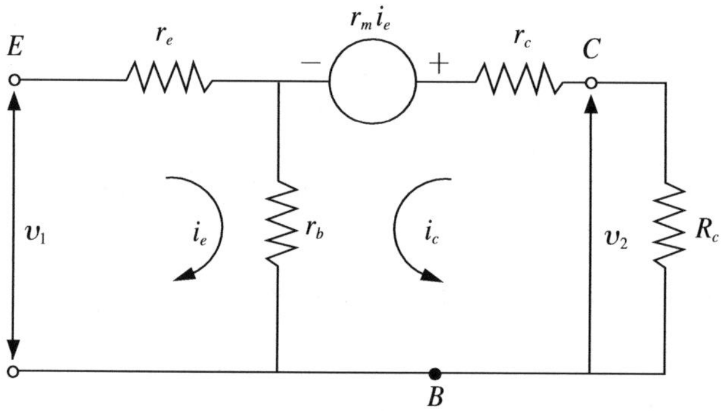

그림 3-19 컬렉터회로에 전압원을 가진 T형 등가회로

그림 3-19에서 표준적 루프방정식을 사용하면

$$v_1 = Z_{11}\, i_e + Z_{12}\, i_c \tag{3-51}$$

$$v_2 = Z_{21}\, i_e + Z_{22}\, i_c \tag{3-52}$$

여기서

$$Z_{11} = Z_i = \frac{\partial v_1}{\partial i_e} = \frac{V_1}{I_e}\bigg|_{I_2=0} \quad : \text{출력개방 입력임피던스 } [\Omega]$$

$$Z_{12} = Z_r = \frac{\partial v_1}{\partial i_c} = \frac{V_1}{I_c}\bigg|_{I_1=0} \quad : \text{입력개방 역방향 전달임피던스 } [\Omega] \tag{3-53}$$

$$Z_{21} = Z_f = \frac{\partial v_2}{\partial i_e} = \frac{V_2}{I_e}\bigg|_{I_2=0} \quad : \text{출력개방 순방향 전달임피던스 } [\Omega]$$

$$Z_{22}=Z_0=\frac{\partial v_2}{\partial i_c}=\frac{V_2}{I_c}\bigg|_{I_1=0}$$: 입력개방 출력임피던스 [Ω]

따라서 Z_{11}은 입력단자에서의 자체 임피던스, 즉 출력개방($i_e=0$)의 입력임피던스이다. 그림 3 – 19에서 Z_{11}은 다음과 같다.

$$Z_{11}=r_e+r_b \tag{3-54}$$

Z_{12}는 역방향 전달임피던스, 또는 역방향 임피던스(reverse mutural impedance)라고 하는데, 이것은 개방된 입력단자($i_b=0$)에 나타나는 전압과 출력회로에 흐르는 전류의 비가 된다. Z_{12}는 그림 3 – 19에서 다음과 같이 된다.

$$Z_{12}=r_b \tag{3-55}$$

Z_{22}는 입력개방($i_e=0$) 시의 출력임피던스인데, 이는 출력회로 자체의 임피던스이다. Z_{22}는 그림 3 – 19으로부터 다음과 같이 된다.

$$Z_{22}=r_c+r_b \tag{3-56}$$

Z_{21}은 출력단자를 개방하였을 때의 출력단자전압과 입력전류와의 비로서 표시되는 순방향 전달 또는 상호임피던스인데 그림 3 – 19에서 출력회로 개방시의 출력전압은 $i_e\,r_b+r_m\,i_e$이다. 따라서 Z_{21}은 다음과 같이 되어

$$Z_{21}=r_b+r_m \tag{3-57}$$

이다. 여기서 주의할 점은 Z_{21}은 Z_{12}에 r_m항이 더해진 것이므로 Z_{12}보다 훨씬 커지는데, 이것은 전력증폭을 할 수 있는 능동회로에서만 이루어지는 것이고, 수동회로에서는 $Z_{21}=Z_{12}$가 된다. 회로방정식 식 3 – 51과 식 3 – 52를 풀기 위해서는 $V_2=-i_c\,R_L$로 되는 조건이 필요한데 방정식의 오른쪽에 이 식을 넣어서 구하는 것이다. 동시에 만족하는 두 식을 풀기 위해서는 Cramer의 정리나 다른 방식이 이용된다.

③ T 정수와 h 정수와의 관계

h정수는 그림 3 – 17(b)의 T형 등가회로를 조사하면 등가 T파라미터의 항에서 쉽게 구할 수 있다. r_c에 비하여 작은 저항 R_c를 연결하였을 때 입력저항 R_i는

$$R_i = \frac{v_{eb}}{i_e} = \frac{i_e r_e + i_b r_b}{i_e} = \frac{i_e r_e + (1-\alpha) i_e r_b}{i_e} \quad (3-58)$$

$$= r_e + (1-\alpha) r_b$$

이다. 이 식은 $R_c = 0$일 때 정확한 값이 된다. 따라서 h_{ib}의 정의에 의하여 $R_i = h_{ib}$이므로

$$h_{ib} = r_e + (1-\alpha) r_b \quad (3-59)$$

가 된다. 또 그림 3-20에서 단자에 공급된 신호전압 v_c는 r_c와 r_b를 통하여 전류 i를 흐르게 한다. 입력을 개방하면 $i_e = 0$, 전류는 i만이 흐르게 된다. 그리고 입력회로에 나타나는 전압은 i에 의한 r_b에서의 강하전압이므로 h_{rb}는 다음과 같이 된다. 즉,

$$h_{rb} = \frac{v_e}{v_c} = \frac{i r_b}{i(r_c + r_b)} = \frac{r_b}{r_c + r_b} \quad (3-60)$$

다음에 h_{fb}에 대하여 고찰하면 이는 그림 3-17을 관찰하거나 α의 정의에 의하여 다음과 같이 됨을 알 수 있다.

$$h_{fb} = -\alpha \quad (3-61)$$

전류원 αi_e와 $h_{fb}\, i_e$는 반대극성을 가지므로 부(-)부호로 나타난다. 또 그림 3-20에서 입력개방시 출력어드미턴스 h_{ob}는 다음 식으로 된다.

$$h_{ob} = \frac{1}{r_c + r_b} \simeq \frac{1}{r_c} \quad (3-62)$$

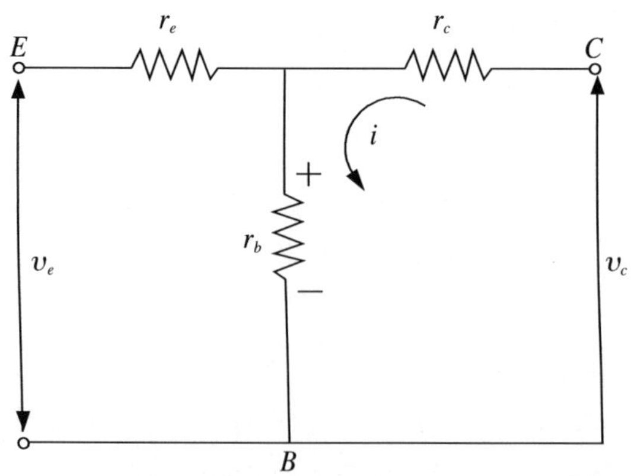

그림 3-20 $h_{rb} = \frac{v_e}{v_c}$를 결정하기 위하여 사용된 등가회로

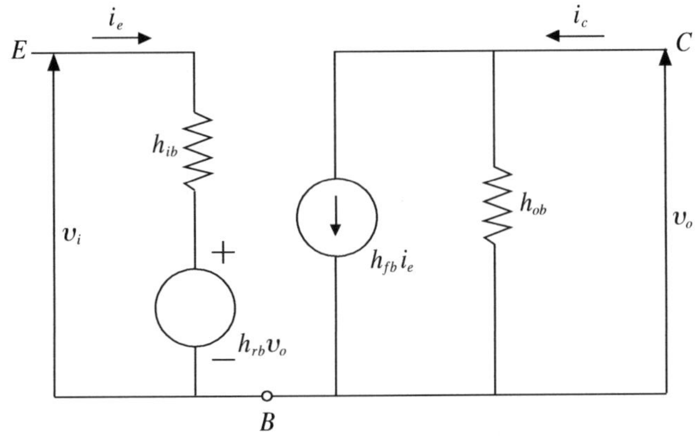

그림 3-21 h정수 등가회로

④ CE 회로의 T형 등가회로

CB 접속 T형 등가회로는 그림 3－22(a)와 같이 입력단자를 바꾸어서 CE 회로에 사용될 수 있게 된다. 그러나 이 등가회로는 컬렉터회로의 전류원에 입력전류가 아닌 i_e가 포함되기 때문에 CE 회로에 사용하기는 불편하여 그림 3－22(b)의 회로가 사용된다. $i_b=0$에서 베이스폭 변조로 α에서의 변화에 의한 출력전류가 이미터접합을 통하여 흘러 $(\beta+1)$배로 증폭되어 r_b는 $r_d=(1-\alpha)r_c=r_c/(\beta+1)$로 된다. 이 출력저항의 감소는 그림 3－22(a)의 회로 출력단자에 전압 v_{ce}를 가하는 것에 의하여 수학적으로 쉽게 알 수 있다.

이와 같이 할 때 컬렉터단자에 나타나는 임피던스는 이 전압을 트랜지스터에 흐르는 전류로 제한하는 것이 된다. $r_e \ll r_c$라고 하면 이 전류는

$$i_c \simeq \frac{v_{ce}}{r_c} + \alpha_{ie} \qquad (3-63)$$

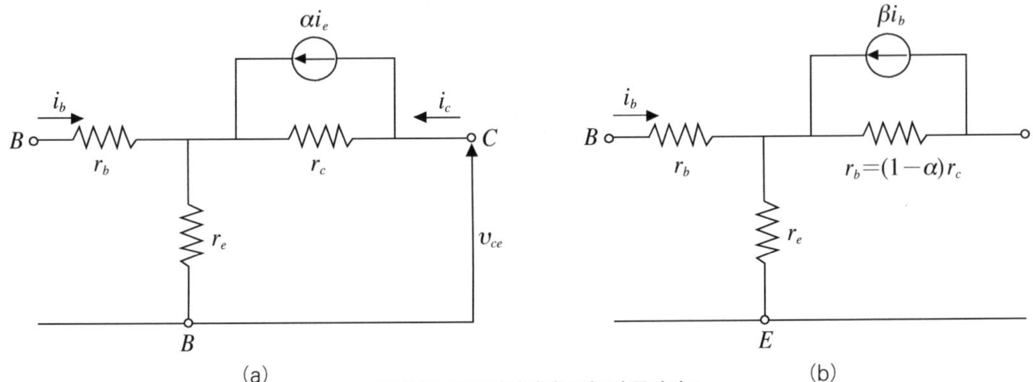

그림 3-22 공통이미터회로의 T형 등가회로

이다. i_B가 일정($i_b=0$)하면 $i_e=i_c$이므로 i_c는

$$i_c=\frac{v_{ce}}{r_c(1-\alpha)} \tag{3-64}$$

이다. 그러므로 r_d는

$$r_d=\frac{v_{ce}}{i_c}=r_c(1-\alpha) \tag{3-65}$$

가 된다. 또 h 정수와의 관계는 다음과 같이 된다.

$$h_{ie}=r_b+r_e(1+|\beta|)$$

$$h_{re}=\frac{r_e}{(1-|\alpha|)r_c}$$

$$h_{fe}=\frac{|\alpha|}{1-|\alpha|}$$

$$h_{oe}=\frac{1}{(1-|\alpha|)r_c} \tag{3-66}$$

⑤ Z파라미터와 y 파라미터

회로방정식 식 3-51, 식 3-52로부터 또 다른 트랜지스터 등가회로인 Z정수회로를 직접 구할 수 있다. 그림 3-23에 Z정수 등가회로를 나타내었다. 이 회로의 소자는 트랜지스

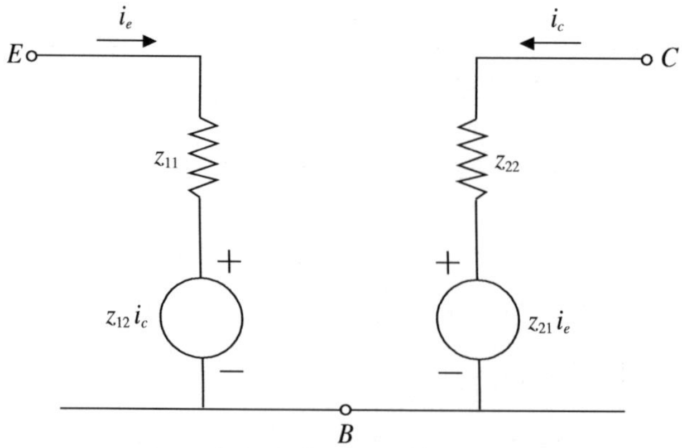

그림 3-23 Z정수 등가회로

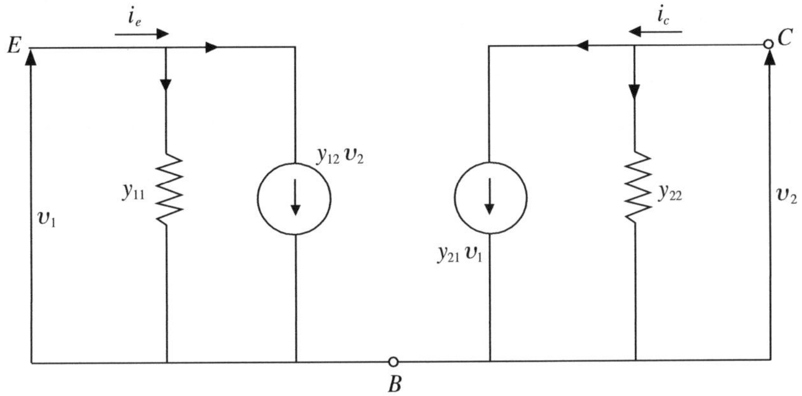

그림 3-24` y`파라미터 등가회로

터의 물리적 영역과 일치시킬 수 있는 것이 아니고 단자전압과 전류를 측정하여 얻어야 한다. 그러나 측정이 적합한 Q인 동작점에서 이루어져야 하므로 입력과 출력측에 적합한 바이어스전류를 공급해야 한다. 이를 위해서는 입출력 임피던스를 측정해야 하는데, 입력임피던스는 출력을 개방하고 측정해야 하며 출력임피던스는 입력을 개방하고 측정해야 하는 어려움이 있다.

y파라미터 회로에 대한 기본적인 마디방정식은 그림 3－24로부터

$$i_e = y_{11}v_1 + y_{12}v_2 \quad (3-67)$$

$$i_c = y_{21}v_1 + y_{22}v_2 \quad (3-68)$$

이다. 여기서 y_{11}, y_{12}, y_{21}, y_{22}는 다음과 같다.

$$y_{11} = \frac{\partial i_e}{\partial v_1} = \frac{I_e}{V_1}\bigg|_{V2=0}$$: 출력단락 입력어드미턴스 [℧]

$$y_{12} = \frac{\partial i_e}{\partial v_2} = \frac{I_e}{V_2}\bigg|_{V1=0}$$: 입력단락 역방향 전달어드미턴스 [℧]

$$y_{21} = \frac{\partial i_c}{\partial v_1} = \frac{I_c}{V_1}\bigg|_{V2=0}$$: 출력단락 순방향 전달어드미턴스 [℧]

$$y_{22} = \frac{\partial i_c}{\partial v_2} = \frac{I_c}{V_2}\bigg|_{V1=0}$$: 입력단락 출력어드미턴스 [℧]

따라서 입력어드미턴스는 출력단락($v_2=0$)일 때의 y_{11}이고, 전류원 $y_{12}v_2$는 $v_2=0$일 때 0으로 된다. y정수회로의 이점은 회로를 단락하고 측정하는 것이므로 $R_c=0$일 때 교류신호에 대하여 출력이 단락되어 회로가 개방일 때보다 측정이 훨씬 쉽게 된다.

5. 트랜지스터 증폭회로의 동작

트랜지스터에는 *PNP*형과 *NPN*형이 있으나, 여기에서는 *PNP*형을 사용하여 설명하기로 한다.

*PNP*형과 *NPN*형의 각 전극간 전압 및 각 전극에 흐르는 전류의 부호는 그림 3-25에 나타낸 것처럼 서로 반대로 된다. 즉, 전압은 이미터에 대해서 (+)인가 (−)인가를 나타낸다. 일반적으로는 전극간에 가하는 전압이 역방향의 경우는 (−), 순방향 전압의 경우는 (+)이다. 전류는 전극에 흘러들어가는 방향을 (+), 전극에서 외부회로에 흘러나가는 방향을 (−)로 되었다.

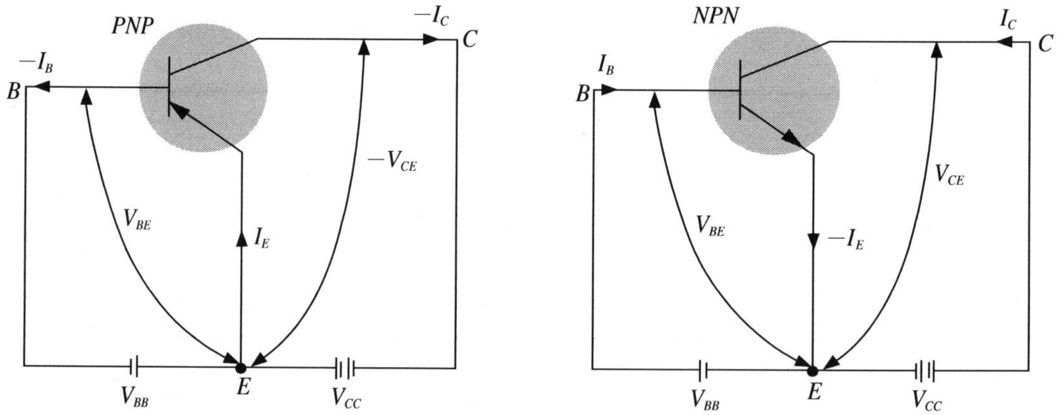

그림 3-25

트랜지스터의 형명으로 2SB292라고 하는 것은 다음을 나타낸다. 최초의 숫자 2는 접합부의 수를 표시하며, 트랜지스터의 경우 접합부의 수는 2이다. 다음의 S는 반도체(Semiconductor)의 이니셜을 표시하고 세 번째의 기호는 표 3-8에 표시한 의미를 가지고 있다. 네 번째 이하의 숫자는 각 제작회사에 의한 제품을 표시한 것이다.

표 3-8

A	PNP 고주파용	G	SCR (N 게이트)
B	PNP 저주파용	H	단결합 트랜지스터
C	NPN 고주파용	J	FET (P 채널)
D	NPN 저주파용	K	FET (N 채널)
F	SCR (P 게이트)		

그림 3 - 26은 많이 사용되는 기본적인 트랜지스터 증폭회로(이미터 접지형)를 나타내었다. 그림 3 - 26에서 베이스에 소진폭의 입력신호전압 v_{be}를 가하면 베이스전류 i_b가 흐른다. 트랜지스터의 동작특성을 구하여 입출력의 파형을 그리면 그림 3 - 27(a), (b)와 같이 된다. *P*점은 동작점이며 트랜지스터 증폭의 경우 베이스에는 전압뿐만 아니고 항상 베이스전류도 흐르고 있으므로 입력임피던스가 낮다.

그림 3 - 27(a)의 입력이 베이스전류 i_b로 되어 있는 점에 유의하라. i_b(입력전류)가 $-I_{B2}$를 중심으로 하여 그림과 같이 변화하면 i_c(출력전류)도 변화한다. i_b는 μA, i_c는 mA의 단위로서 i_b, i_c의 파형의 크기를 보면 전류가 증폭된 것을 알 수 있다.

이 출력전류, 즉 컬렉터전류 i_c가 부하저항 R_L에 흐르면 R_L의 양단에는 출력전압 $v_{ce} = i_c \cdot R_L$이 나타난다. 입력측(베이스)에 아주 작은 신호 v_{be}를 가하면 출력측(컬렉터)에 큰 전압 v_{ce}가 나타나므로 전압증폭이 행해진 것이 된다. 따라서 전력증폭도 행해진 것이 된다(점은 트랜지스터 증폭회로는 항상 전력증폭이다.)

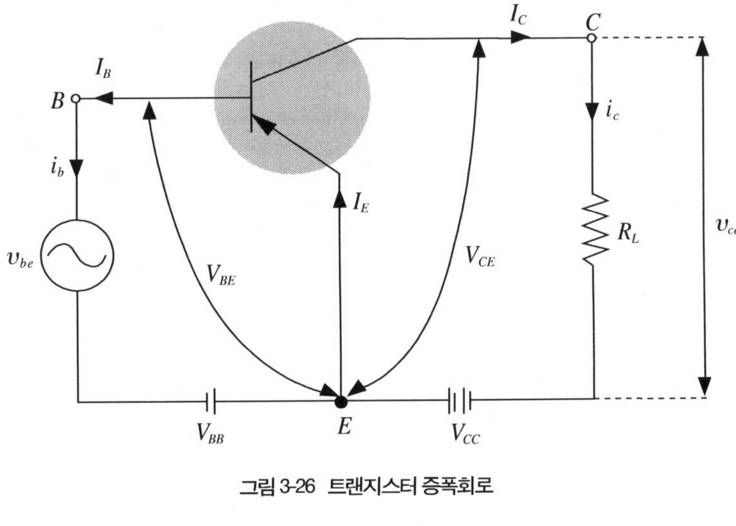

그림 3-26 트랜지스터 증폭회로

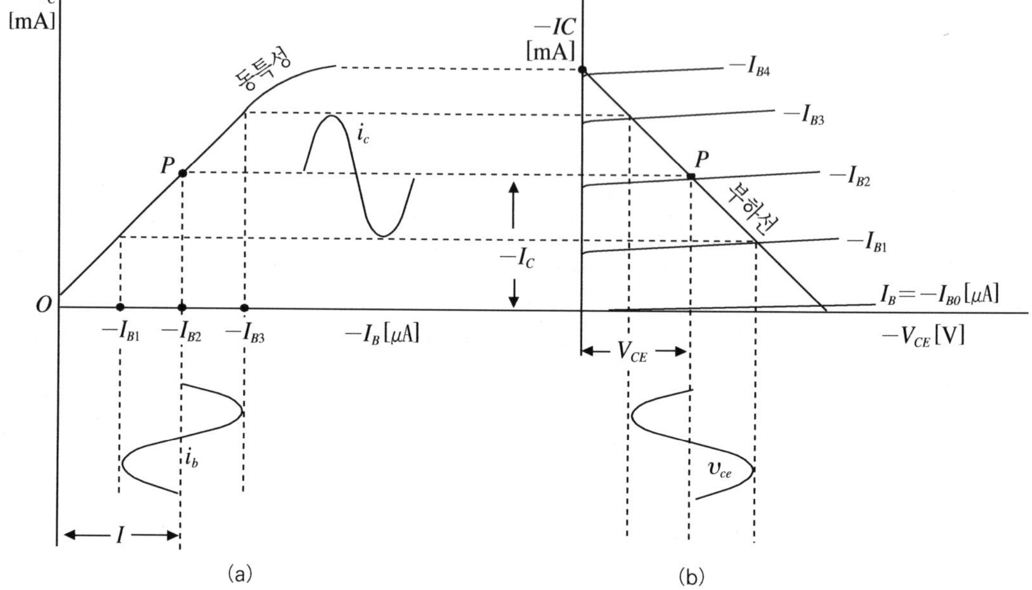

그림 3-27 트랜지스터 증폭기의 동작 특성

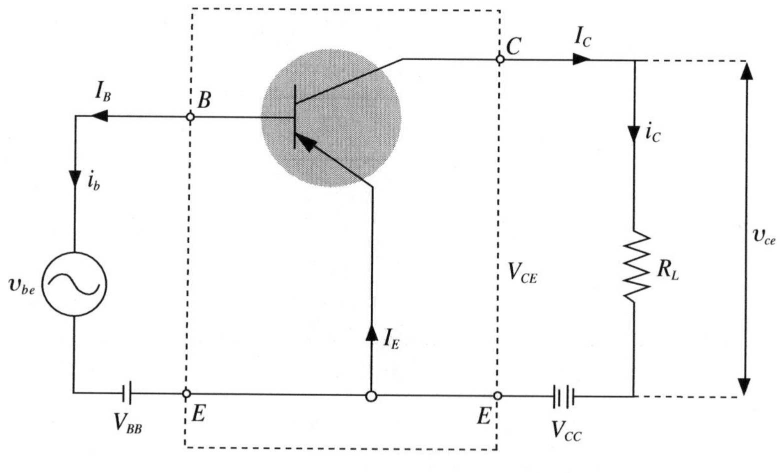

그림 3-28 트랜지스터 증폭회로(이미터 접지형의 기본회로)

그림 3-28에 표시한 이미터 접지형 증폭회로의 등가회로를 그리면 그림 3-29과 같이 된다. 파선으로 둘러싸인 부분이 트랜지스터의 등가회로이다.

그림 3-29에서 4개의 h정수에 첨자가 2자리로 되어 e가 붙어 있는 것은 이미터 접지라

는 것을 나타내고 있다. 이 첨자가 b로 되어 있는 것은 베이스 접지, c는 컬렉터 접지인 것을 h정수를 나타내고 있다.

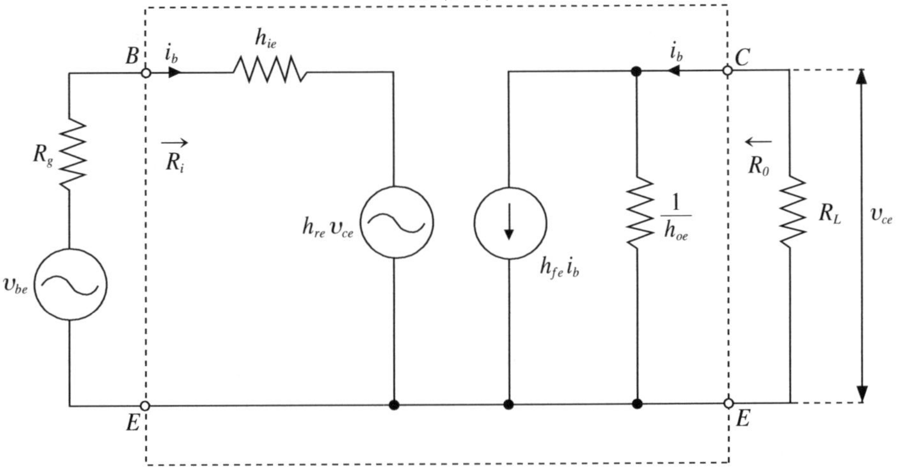

그림 3-29 트랜지스터 증폭회로(이미터 접지형)의 등가회로

예제 3-2 2SB54(저주파 소신호용 트랜지스터)의 h정수는 $h_{fe}= 140, h_{ie}= 4.2$ [KW], $h_{re}= 6\times10^{-4}, h_{oe}= 30$ [m℧]이다. h정수를 참고하여 그림 3-29의 등가회로가 이 이상 간략화할 수 없는가 어떤가를 생각해 보라.

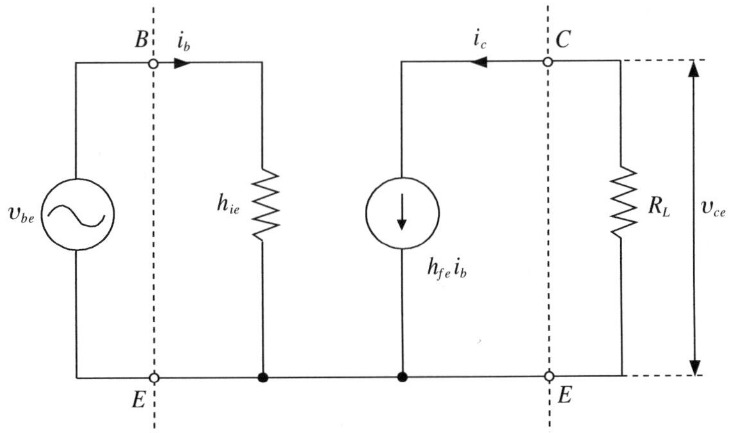

그림 3-30 간략화한 등가회로

h_{ie}는 입력임피던스(입력저항)로 4.2 [KΩ]이다. h_{oe}는 출력컨덕턴스이지만 이것의 역수 $1/h_{oe}$는 출력임피던스(출력저항)이다. $h_{oe}=30[\mu℧]$이므로 $1/h_{oe}=33[\mu℧]$, 트랜지스터회로의 부하 R_L은 보통 수 [KΩ] 정도이므로, 출력임피던스는 어느 정도 높다는 것을 알 수 있다. h_{re}는 전압궤환율로서 6×10^{-4} 이므로 대단히 작다. 그러므로 그림 3－30의 $h_{re}\ v_{ce}$는 작다. 따라서 $(1/h_{oe})\gg R_L$, $v_{be}\gg h_{re}\ v_{ce}$가 성립하는 경우에는 그림 3－29의 등가회로는 그림 3－30과 같이 된다.

6. 증폭회로의 종류

전압을 증폭하는 것이 주목적인 전압증폭회로 전력을 증폭하는 전력증폭회로, 또 증폭하는 주파수의 범위에 따라 저주파 증폭회로, 고주파 증폭회로, 중간주파 증폭회로, 직류증폭회로, 광대역 증폭회로 등이 있다.

표 3-9

	이미터 접지형	베이스 접지형	컬렉터 접지형 (이미터 플로워)
입력임피던스	중(500Ω～3KΩ)	저(50～300Ω)	고(50KΩ 이상)
출력임피던스	중(10～150KΩ)	고(300KΩ)	저(200Ω 이하)
직류증폭도	고	≒1 (1 이하)	고
전압증폭도	고	고	≒1 (1 이하)
전력증폭도	고	중	저
해당하는 진공관회로	음극 접지형	그리드 접지형	양극 접지형 (캐소드 플로워)

또 다음 단과의 결합방법에 따라 *CR*결합 증폭회로, 초크(choke)결합 증폭회로, 동조 증폭회로, 트랜스결합 증폭회로, 직접결합 증폭회로 등이 있다.

또한 접지방식과 동작점의 선택방법(바이어스를 거는 방법)에 따라 다음과 같은 종류가 있다.

(1) 접지방식에 의한 증폭회로의 종류

접지방식에 의한 트랜지스터 증폭회로의 종류와 특성을 그림 3－31와 표 3－10에 표시한다. 표 3－9의 트랜지스터 증폭회로에서 이미터 접지형이 잘 사용되는 것은 표 3－10에 표시한 특성에서 약간 불만스러운 면이 있으나 입력임피던스가 중간 정도이고, 전력이득이 크기 때문이다. 더욱이 표 3－9의 ( ) 속의 수치는 개략치이며, 트랜지스터에 따라 다르다.

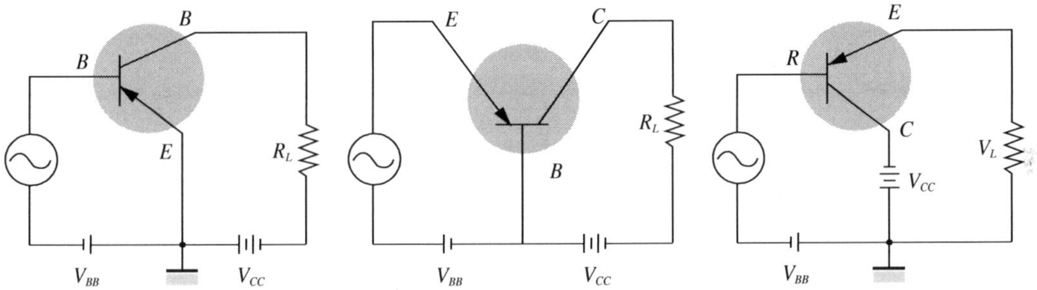

그림 3-31 트랜지스터 증폭회로의 종류

표 3-10

	이미터 접지형	베이스 접지형	컬렉터 접지형
주파수 특성	약간 불량	양	최량
의 곡	약간 불량	양	최량
위상(입력전압에 대한 출력전압)	반전	동상	동상
용 도	저주파 ~고주파 증폭	저주파 이상의 증폭	임피던스 정합 주파수 특성개선

(2) 동작점(바이어스점)의 선택방법에 의한 증폭회로의 종류

① A급 증폭

트랜지스터 A급 증폭은 그림 3－32과 같이 $I_B - I_C$ 동특성의 직선부분에서 동작하도록 베이스 바이어스전류를 선택한다.

이와 같이 A급 증폭에서는 특성곡선의 직선부분에서 동작시키므로, 출력의 파형이 입력의 파형과 닮게 된다. 따라서 의곡이 거의 없는 것을 알 수 있다. 그러나 출력은 크게 얻지 못하며(직선부분만이 동작범위이므로), 효율도 나쁘다(신호가 없을 때도 항상 출력측에 직류전류가 흐르고 있다).

표 3-11

	직렬부하	병렬부하
트랜지스터	25 [%]	50[%]

용도로서는 저주파 증폭 및 수신단의 고주파 싱글(single)로 사용할 경우에 쓰인다. 최대효율은 다음에 구체적으로 설명하고 결론을 표시하면 표 3 – 11과 같다.

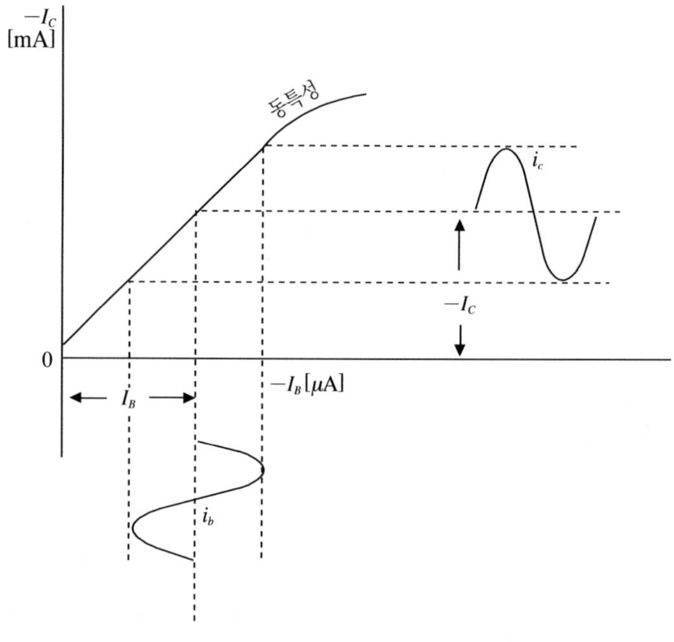

그림 3-32 A급 증폭

② B급 및 AB급 증폭

트랜지스터 B급 증폭은 그림 3 – 33에서 보인 바와 같이 $I_B - I_C$ 동특성의 베이스전류 I_B가 작게 흐르는 점에 동작점을 택한다. 트랜지스터의 온도특성이 좋지 않으므로 온도의 변화

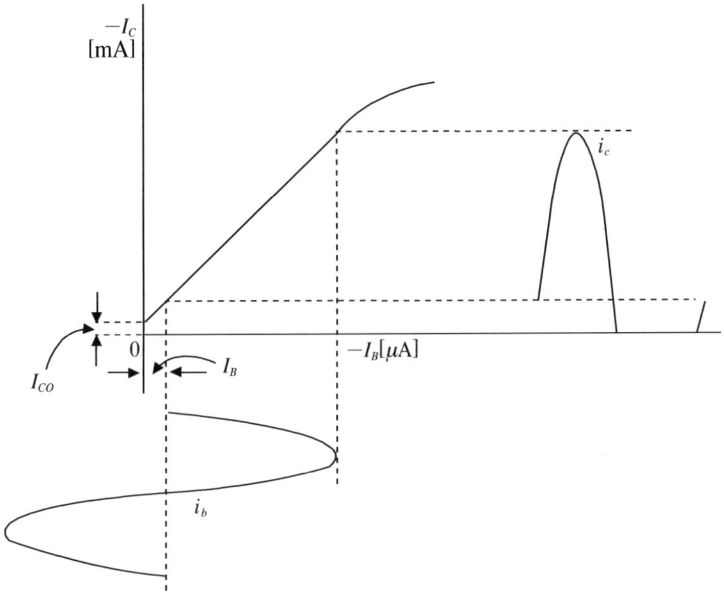

그림 3-33 B급 증폭

에 따라 동작점이 변동하여 불안정하게 되는 것을 방지하기 위해서이다.

이것은 *A*급과 *B*급의 거의 중간 위치에 동작점을 두어 출력의 전류파형은 입력의 반파와 다음의 반파 일부가 나타난다. 이와 같이 *B*급 및 *AB*급 증폭에서는 출력의 파형은 거의 반파로 되며 입력파형과 다르므로 싱글로는 사용할 수 없다. 다음에 설명하겠으나 푸시풀(push-pull) 증폭으로 하여 대출력을 요구하는 전력증폭회로에 사용된다. 또는 송신기의 고주파 증폭회로로 하여 사용할 수 있다.

더구나 *B*급의 경우, 효율은 최대 78.5[%](보통은 60~70% 정도)로 되며, *A*급보다 월등하게 우수하다.

③ C급 증폭

*C*급 증폭은 그림 3－34에 보인 바와 같이 *B*급보다 동작점이 왼쪽에 있게 바이어스를 선택한다. 따라서 입력의 반파 중 어느 기간은 출력전류가 흐르는 것이다.

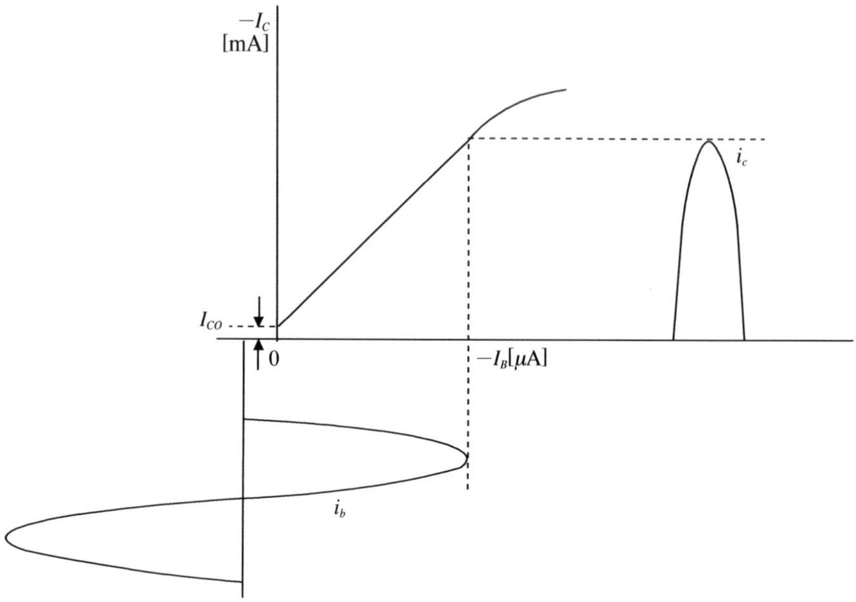

그림 3-34 C급 증폭

효율은 이론상 100[%]이나 보통 70~90[%] 정도이다. 송신기의 종단의 전력증폭회로로 사용된다. 이상과 같이 싱글로 사용할 경우에는 *A*급이고, 대출력을 요구하는 경우에는 *B*급 또는 *AB*급 푸시풀 증폭으로 하며, 송신기종단과 같이 효율을 중시하는 곳에서는 *C*급으로 증폭기를 동작시키는 것이다.

증폭기의 효율 η는

$$\eta = \frac{\text{교류출력 } P_o}{\text{직류입력 } P_i} \times 100\ [\%] \qquad (3-70)$$

로 표시된다. 여기서

P_i = 컬렉터 직류공급전압(V_{CC}) × 컬렉터 직류전류(I_c)

$P_o = i_c$의 실효치 × v_{ce}의 실효치

7. 트랜지스터회로의 증폭작용

그림 3-35은 *NPN* 트랜지스터를 사용한 교류 *CE* 증폭기회로이며, 그림 3-35은 *NPN*

트랜지스터의 입력과 출력특성을 나타내었다.

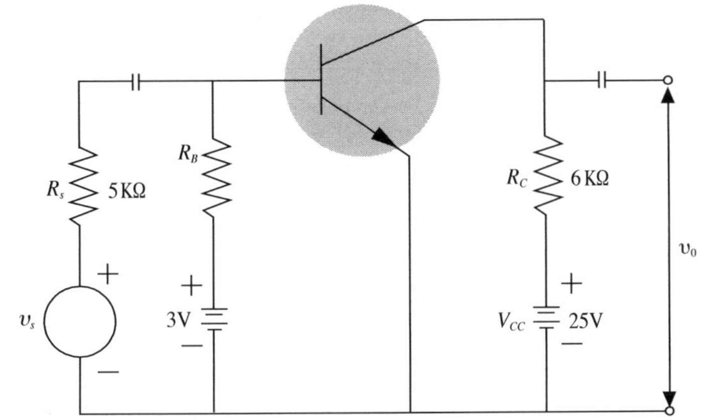

그림 3-35 NPN 트랜지스터 증폭회로

컬렉터 특성상에 6 [KΩ] 부하선이 그려지고 동작점 Q는 $i_B=10$ [μA]의 점을 선택하고 있다.

Q점의 컬렉터 특성으로부터 2.2 [mA] 임을 알 수 있다. 이 Q점을 얻기 위한 베이스회로의 저항 R_B는 $R_B=(V_{BB}-v_{BE}/i_B=280)$ [KΩ]이 되는데 이 부하선을 따라 변화하는 데이터는 입력특성으로 옮겨져 다이나믹한 입력특성을 얻을 수 있게 된다.

신호전압 v_s가 $i_b=5\cos\omega t$ [μA]의 파형으로 베이스전류를 제어하게 한다면 전체 베이스전류 i_B는 $i_B=(10+5\cos\omega t)$ [μA]가 된다. 입력베이스전류의 한 사이클이 부하선의 오른쪽 각에 위치하면 베이스의 피크전류는 15 [μA]로 되어, 베이스와 컬렉터 특성곡선이 A점이 되고 최소 베이스전류가 5 [μA]일 때는 양특성곡선의 B점이 된다. 이 때 v_{BE}, i_c 및 v_{CE}도 변화한다. 특성곡선에서 이들의 변화를 관찰하면 다음과 같다.

$$\Delta i_B=(15-5)\ [\mu A]=10\ [\mu A]$$
$$\Delta v_{BE}=0.22\ [V]-0.175\ [V]=0.045\ [V]$$
$$\Delta i_C=3.3\ [mA]-1.1\ [mA]=2.2\ [mA]$$
$$\Delta v_{CE}=18\ [V]-5.5\ [V]=12.5\ [V]$$

이 때 입력임피던스 Z_{it}, 전류이득 A_I, 출력임피던스 Z_o, 전압이득 A_V는 다음과 같이 된다.

$$Z_{it}=\frac{\Delta v_{BC}}{\Delta i_B}=\frac{0.045}{10^{-5}}=4.5\ [K\Omega]$$

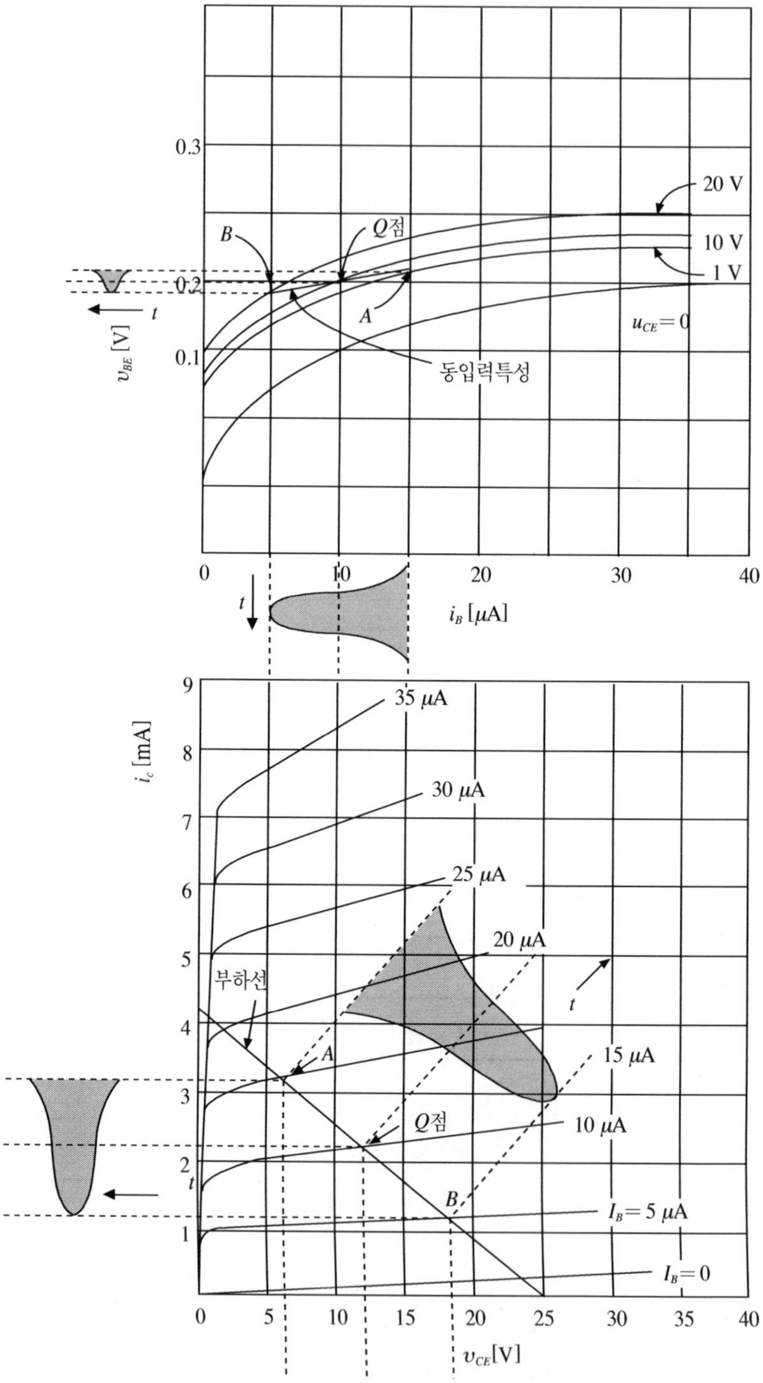

그림 3-36 트랜지스터의 입력 및 컬렉터특성

$$A_I = \frac{\Delta i_c}{\Delta i_B} = \frac{2.2 \times 10^{-3}}{10^{-5}} = 220$$

$$Z_o = \frac{\Delta v_{CE}}{\Delta i_C} = \frac{12.5}{2.2 \times 10^{-3}} = 5.7[\text{K}\Omega]$$

$$A_V = \frac{\Delta v_{CE}}{\Delta v_{BE}} = \frac{12.5}{0.045} = 278$$

여기서 전압이득에 대하여 생각하며, $t=0$일 때 전압 v_{BE}는 특성곡선의 A점이 되어 입력전압의 최대값으로 된다. 반대로 $t=0$일 때 v_{CB}는 최소값으로 되어 출력전압 파형은 CE회로에서는 입력전압 파형과 역위상이 된다. 역위상의 전압이득을 표시할 때는 보통 음(−) 부호를 붙인다. 증폭기는 전류, 전압 및 전력의 이득을 얻는 것이다. 그러므로 전력이득은 신호출력전력을 신호인력전력으로 나눈 값이 되는데 이 전력이득 A_P는 또 전압이득과 전류이득을 곱한 것으로 정의되기도 한다. 따라서 이 경우의 전력이득 A_P는 다음과 같이 된다.

$$A_P = A_I A_V = 220 \times 278 = 61,200$$

연습문제

1. 이미터 접지의 h정수를 다음과 같이 정할 때 베이스 접지의 각 정수값을 구하라.

$$h_{ie}=12[\text{K}\Omega],\ \ h_{re}=3\times10^{-4},\ \ h_{fe}=180,\ \ h_{oe}=5\times10^{-6}\,[\Omega]$$

2. 표 3-4의 환산공식을 유도하라.

3. 트랜지스터의 접속방법에 따른 h 모델을 그려라.

4. 트랜지스터 정수에 대하여 설명하라.

5. h파라미터로부터 y파라미터의 변환식을 유도하라.

6. 특성곡선에서 h정수를 구하는 방법을 설명하라.

7. y파라미터 등가회로를 나타내어라.

8. 트랜지스터의 동작 특성을 설명하여라.

제 4 장
트랜지스터 증폭 회로의 기초특성

1. h정수를 사용한 트랜지스터 증폭회로의 해석

트랜지스터로 증폭회로를 구성하면 그림 4-1과 같이 외부에 부하와 신호원(signal source)을 연결하고 트랜지스터에 적당한 바이어스를 인가하여야 한다.

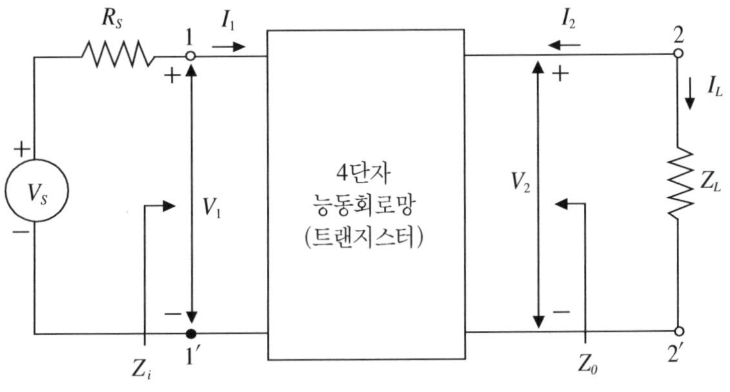

그림 4-1 기본 증폭기회로

4단자 능동회로망은 트랜지스터의 세 가지 접지방식 중의 하나를 나타내는 것이 된다. 그림 4-2는 트랜지스터를 소신호 *h*모델로 바꾸어 놓은 일반적인 경우이며 부하로는 순수한 저항은 물론 임피던스 또는 다른 트랜지스터의 연결 등 어느 것에 대해서도 유효하다. 전압과 전류가 정현파적으로 변화한다고 하고 페이져(Phasor)의 기호법을 사용하여 그림 4-2의 회로를 해석하기로 하자.

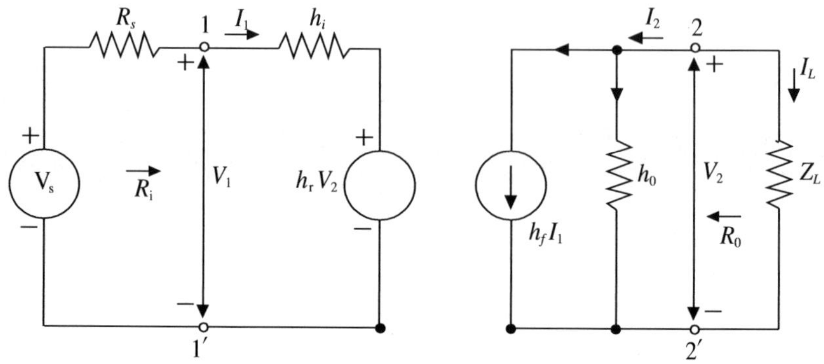

그림 4-2 트랜지스터의 h 정수모델

(1) 전류이득 또는 전류증폭도 A_I

트랜지스터 증폭단에서 전류증폭도 A_I는 출력전류와 입력전류의 비로 정의한다. 즉,

$$A_I = -\frac{I_L}{I_1} = -\frac{I_2}{I_1} \quad (4-1)$$

그림 4-2에서 전류 I_2는

$$I_2 = h_f I_1 + h_o V_2 \quad (4-2)$$

이다. 이 식에 $V_2 = -I_2 Z_L$을 대입하면

$$A_I = -\frac{I_2}{I_1} = -\frac{h_f}{1+h_o Z_L} \quad (4-3)$$

이다.

(2) 입력임피던스

그림 4-1과 4-2에서 저항 R_S는 신호원의 내부저항이다. 증폭기의 입력단자 (1, 1′)에서 들여다본 임피던스가 증폭기의 입력임피던스 Z_i이다. 즉,

$$Z_i \equiv \frac{V_1}{I_1} \tag{4-4}$$

이 된다. 그림 4-2의 입력회로에서 입력전압 V_1은

$$V_1 = h_i I_1 + h_r V_2 \tag{4-5}$$

이다. 따라서 Z_i는

$$Z_i = \frac{h_i I_1 + h_r V_2}{I_1} = h_i + h_r \frac{V_2}{I_1} \tag{4-6}$$

이다. 그런데 V_2는

$$V_2 = -I_2 Z_L = A_I I_I Z_L \tag{4-7}$$

이므로 이 식을 식 4-6에 넣으면 Z_i는

$$Z_i = h_i + h_r A_I Z_L = h_i - \frac{h_f h_r}{Y_L + h_o} \tag{4-8}$$

이다. 여기서 Y_L은 부하어드미턴스로서 $Y_L = 1/Z_L$이다. 그러므로 입력임피던스는 부하임피던스의 함수임을 알 수 있다.

(3) 전압이득 또는 전압증폭도 A_V

트랜지스터의 전압이득은 출력전압 V_2와 입력전압 V_1과의 비가 된다. 즉,

$$A_V = \frac{V_2}{V_1} \tag{4-9}$$

식 4-7로부터

$$A_V = \frac{A_I I_1 Z_L}{V_1} = \frac{A_I Z_L}{Z_i} \tag{4-10}$$

이다.

(4) 종합전압증폭도 A_{vs}

신호원저항 R_S를 고려한 종합전압이득(overall voltage gain) A_{VS}는 출력전압 V_2와 신호전압 V_S의 비로 정의된다. 즉,

$$A_{VS} = \frac{V_2}{V_S} = \frac{V_2}{V_1}\frac{V_1}{V_S} = A_V\frac{V_1}{V_S} \qquad (4-11)$$

그림 4-3(a)와 같은 증폭기의 등가입력회로의 입력전압 V_1은

$$V_1 = \frac{V_s Z_i}{Z_i + R_s}$$

이므로 이 식을 식 4-11에 넣으면

$$A_{VS} = \frac{A_V Z_i}{Z_i + R_s} = \frac{A_I Z_L}{Z_i + R_s} \qquad (4-12)$$

이 된다.

만약 $R_s = 0$이면 $A_{Vs} = A_V$로 되어 A_V는 이상적인 전압원(내부저항=0)에 대한 전압이득이 된다. 신호원 저항은 종합전압 증폭도에 상당한 영향을 주는 것이다. 예를 들어 Z_i가 저항이고, 크기가 신호원저항 R_s와 같으면 $A_{VS} = 0.5A_V$가 된다.

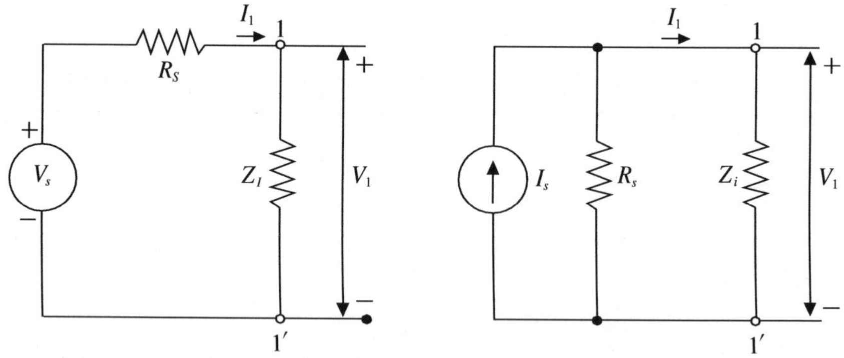

(a) Thevenin의 등가회로 (b) Norton의 등가회로

그림 4-3 신호원에 대한 트랜지스터 증폭기의 입력회로

(5) 종합전류증폭도 A_{Is}

입력신호원을 그림 4-3(b)와 같이 전류원 I_s와 저항 R_s를 병렬회로로 나타내면 신호저항 R_s를 고려한 종합전류이득 A_{Is}는 다음과 같이 정의된다. 즉,

$$A_{Is}=\frac{-I_2}{I_s}=\frac{-I_2}{I_1}\frac{I_1}{I_s}=A_I\frac{I_1}{I_s} \qquad (4-13)$$

그림 4-3(b)에서

$$I_1=\frac{I_s R_s}{Z_i+R_s}$$

이므로 이 식을 식 4-13에 넣으면

$$A_{Is}=\frac{A_I R_s}{Z_i+R_s} \qquad (4-14)$$

가 된다. 이 식에서 $R_s=\infty$이면, $A_{Is}=A_I$이다. 그러므로 A_I는 이상적 전류원(신호원의 내부저항 무한대)에 대한 전류이득이 된다. 트랜지스터 특성에 관계없이 신호원 임피던스를 고려한 전압과 전류이득 사이에는 다음과 같은 관계가 있다. 즉,

$$A_{Vs}=A_{Is}\frac{Z_L}{R_s} \qquad (4-15)$$

이 관계식은 식 4-12를 식 4-14로 나누면 구해지는데, 전류원과 전압원이 동일한 신호원저항 R_s를 갖는다면 식 4-15의 관계를 더욱 쉽게 이해할 수 있다.

(6) 출력어드미턴스 Y_0

정의에 의하여 출력임피던스 $Z_0=1/Y_0$은 신호원전압 V_s를 0(신호전원단락)으로 하고 부하임피던스 Z_L을 무한대로 한 후, 출력단자에 신호전원 V_2를 인가함으로써 얻어진다. 출력전압 V_2를 가하여 출력전류 I_2가 흐르면 출력어드미턴스 Y_0는

$$Y_0 \equiv \frac{I_2}{V_2} : V_S = 0 \text{ 및 } R_L = \infty \qquad (4-16)$$

식 4 - 16에 식 4 - 2를 넣으면 Y_0는

$$Y_0 = h_f \frac{I_1}{V_2} + h_o \qquad (4-17)$$

가 된다. 그림 4 - 2에서 $V_s = 0$일 때는

$$R_s I_1 + h_i I_1 + h_r V_2 = 0 \qquad (4-18)$$

또는

$$\frac{V_1}{V_2} = -\frac{h_r}{h_i + R_s} \qquad (4-19)$$

의 관계가 있다. 식 4 - 17의 I_1/V_2에 식 4 - 19를 넣으면 어드미턴스 Y_o는 다음과 같이 된다. 즉,

$$Y_0 = h_0 - \frac{h_f h_r}{h_i + R_s} \qquad (4-20)$$

그러므로 출력어드미턴스는 신호원저항의 함수임을 알 수 있는데, 신호원의 임피던스가 저항성이면 어드미턴스 Y_0는 실수값(컨덕턴스)이 된다.

$Y_0 = 1/Z_0$의 정의에 의하여 부하 Z_L은 증폭기의 외부에 삽입되는데, 이때의 부하임피던스는 Z_L과 Z_0가 병렬로 접속된 것으로 하여 계산한다. 지금까지 열거한 중요한 공식을 정리하면 표 4 - 1과 같다.

표 4-1 트랜지스터 증폭기의 소신호 해석

$A_i = -\frac{h_f}{1 + h_0 Z_L}$	$Y_0 = h_0 - \frac{h_f h_r}{h_i + R_s} = 1 - Z_0$
$Z_i = h_i + h_r A_i Z_L$	$A_{vs} = \frac{A_v Z_i}{Z_i + R_s} = \frac{A_i Z_L}{Z_i + R_s}$
$A_v = \frac{A_i Z_L}{Z_i}$	$A_{is} = \frac{A_i R_s}{Z_i + R_s} = A_{vs} \frac{R_s}{Z_L}$

2. 공통이미터 증폭기의 h 모델

공통이미터 증폭방식만이 1보다 큰 전압이득과 전류이득을 낼 수 있으므로 세 가지 접속 방식 중에서 이 접속방식이 가장 널리 이용되고 있다. *CE*접속 트랜지스터의 입력임피던스 (출력단락)는 *CB*접속회로에 비하여 $(\beta+1)$배로 커진다. 즉,

$$h_{ie}=(\beta+1)\,h_{ib}=(h_{fe}+1)h_{ib} \qquad (4-21)$$

*CE*접속회로의 출력임피던스(입력개방)는 *CB*접속회로에 비하여 $1/(\beta+1)$배로 감소된다. 따라서 출력어드미턴스 h_{oe}는

$$h_{oe}=(\beta+1)\,h_{ob} \qquad (4-22)$$

가 된다. 그리고 $h_{fb}=-\alpha$, $h_{fe}=\alpha/(1-\alpha)$이고, $(\beta+1)=1/(1-\alpha)$이므로 h_{fe}는

$$h_{fe}=-(\beta+1)\,h_{fb} \qquad (4-23)$$

이다. 이와 같이 h_{re}와 h_{rb}를 제외하고는 *CE*접속과 *CB*접속의 h정수는 $(\beta+1)$, 또는 $(h_{fe}+1)$배가 되는 관계가 있다. 현재의 트랜지스터들은 h_{re}와 h_{rb}가 매우 작아서 저주파수에서는 큰 오차가 생기지 않으므로 보통 무시할 수 있다.

h정수 등가회로를 사용한 *CE*접속 트랜지스터 증폭기에 대한 전류이득, 전압이득, 입력 임피던스 및 출력어드미턴스(또는 임피던스)의 식은 표 4-1에 정리하여 놓은 식을 그대로 적용할 수 있고, 각 h정수에 *CE*접속 표시인 첨자 e를 붙이면 된다. 만약 h정수의 값이 *CB* 접속인 경우의 값은 식 4-21, 식 4-22, 식 4-23을 이용하면 된다. h정수를 그림 4-4에 나타내었다.

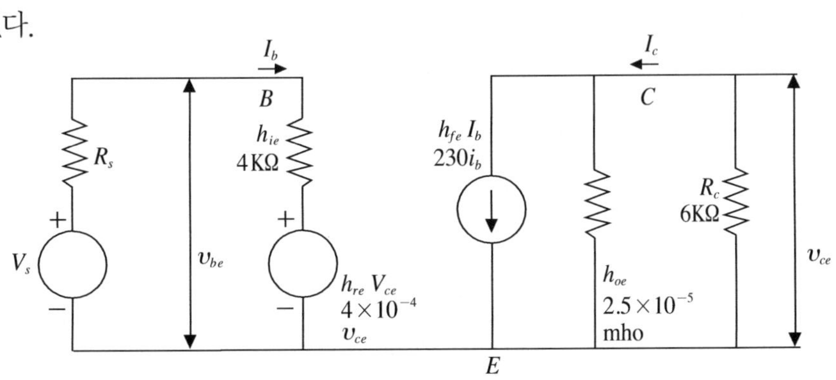

그림 4-4 증폭기에 대한 공통이미터 h정수회로

CE접속회로의 전류이득 A_{Ie}는 식 4-3으로부터

$$A_{Ie} = \frac{-I_c}{I_b} = -\frac{h_{fe}}{1+h_{oe}R_c} = -\frac{h_{fe}Y_L}{h_{oe}+Y_L} \qquad (4-24)$$

이 된다. 여기서 Y_L은 트랜지스터 부하 어드미턴스($=1/R_c$)이다. 식 4-8로부터 트랜지스터의 입력임피던스 Z_{ie}는

$$Z_{ie} = h_{ie} + h_{re}A_{Ie}\ \ R_c = h_{ie} - \frac{h_{re}h_{fe}}{h_{oe}+Y_L} \qquad (4-25)$$

이다. 또 식 4-10으로부터 CE접속회로의 전압이득 A_{Ve}는

$$A_{Ve} = \frac{V_{ce}}{V_{be}} = \frac{A_{Ie}R_c}{Z_{ie}} = \frac{-h_{fe}}{h_{ie}(h_{oe}+Y_L)-h_{fe}h_{re}} \qquad (4-26)$$

가 된다. CE접속회로의 출력어드미턴스 Y_{oe}를 구하기 위하여 그림 4-5와 같이 신호원저항을 끊어(turn off)도 신호원의 내부저항 R_s는 남아 있게 된다. 그러므로 그림과 같이 출력단자에 전압 V_2를 인가하면 출력단자에 I_2가 흐른다. 이때 흐르는 전류 I_2는

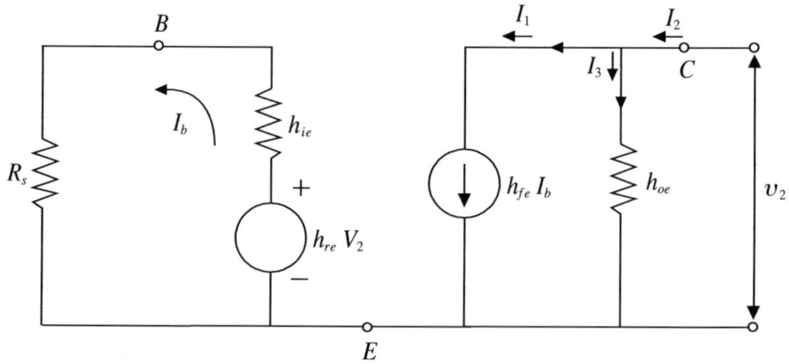

그림 4-5 공통이미터 트랜지스터회로의 출력어드미턴스를 정하기 위하여 사용된 회로

$$I_2 = I_3 + h_{fe}I_b \text{ 또는 } I_2 = v_2h_{oe} + h_{fe}I_b \qquad (4-27)$$

로 표시된다. 베이스전류 I_b는 그림과 같이 궤환전압 $h_{re}V_2$에 의하여 흐르므로 전류 I_b는

$$I_b = -\frac{h_{re} V_2}{h_{ie} + R_s} \qquad (4-28)$$

가 된다. 음(−)부호는 I_b가 트랜지스터의 밖을 향하여 흐름을 의미한다. 식 4−28을 식 4−27에 넣으면 출력단자에 흐르는 전류 I_2는

$$I_2 = V_2\, h_{oe} - \frac{h_{re}\, h_{fe}\, V_2}{h_{ie} + R_s} \qquad (4-29)$$

가 된다. 따라서 컬렉터단자에서 보는 출력어드미턴스 Y_{oe}는

$$Y_{oe} = \frac{I_2}{V_2} = h_{oe} - \frac{h_{re}\, h_{fe}}{h_{ie} + R_s} \qquad (4-30)$$

가 된다. 또, 전력이득 PG_e는 다음과 같다.

$$PG_e = A_{Ie}\, A_{Ve} \qquad (4-31)$$

예제 4-1 CE접속 증폭기에 그림 4−4의 등가회로에 표시된 각 h정수의 값이 $h_{ie} = 4$ [KW], $h_{re} = 4 \times 10^{-4}$, $h_{fe} = 230$, $h_{oe} = 2.5 \times 10^{6}$ [℧]인 트랜지스터를 사용하고, 이에 내부저항 $R_s = 5$ [KW]의 전원과 $R_c = 6$ [KW]의 부하를 연결하였다. CE접속회로의 $A_{Ie}, Z_{ie}, A_{Ve}, Y_{oe}$를 구하라.

풀이 식 4−24, 식 4−25, 식 4−26에 각 h정수의 값을 넣어서 구할 수 있다. 여기서는 그림 4−4의 h정수회로를 관찰하여 구해보면

출력전압

$$V_{ce} = \frac{-h_{fe} I_b}{h_{oe} + (1/R_c)} = \frac{-230\, I_b}{2.5 \times 10^{-5} + 1.67 \times 10^{-4}}$$
$$= -1.2 \times 10^{6}\, I_b \text{ [V]}$$

입력전압

$$V_{be} = h_{ie}\, I_b - h_{re}\, V_{ce} = 4 \times 10^{3}\, I_b - 4 \times 1.2 \times 10^{2} I_b$$
$$= 3.52 \times 10^{3}\, I_b \text{ [V]}$$

입력임피던스

$$Z_{ie}=\frac{V_{be}}{I_b}=3.52\ [\mathrm{K\Omega}]$$

전압이득

$$A_{Ve}=\frac{V_{ce}}{V_{be}}=-\frac{1.2\times10^6 I_b}{3.52\times10^3 I_b}=-340$$

부하전류

$$I_c=V_{ce}\,Y_L=1.2\times10^6\times1.67\times10^{-4}=200I_b$$

이다. 따라서

전류이득

$$A_{Ie}=\frac{I_c}{I_b}=200$$

이 된다. 또 신호원 V_s를 V_s=0으로 하고, 컬렉터와 이미터간에 전압 V_{ce}를 가할 때는

$$I_c=V_{ce}\,h_{oe}+h_{fe}\,I_b=V_{ce}(2.5\times10^{-5})+230\,I_b$$

$$I_b=\frac{-h_{re}\,V_{ce}}{R_s+h_{ie}}=\frac{-4\times10^{-4}\,V_{ce}}{9\times10^3}$$

이다. 따라서 I_c를 계산하면 다음과 같이 된다.

$$I_c=2.5\times10^{-5}\,V_{ce}-230\times4.44\times10^{-8}\,V_{ce}=1.5\times10^{-5}\,V_{ce}$$

$$\therefore\ \text{출력어드미턴스}\quad Y_{oe}=\frac{I_c}{V_{ce}}=1.5\times10^{-5}\ [\mho]$$

증폭기의 출력어드미턴스는 트랜지스터의 Y_{oe}에 부하가 가해진 것이므로 전증폭기의 출력어드미턴스 Y_o는

$$Y_o=Y_{oe}+Y_L=1.5\times10^{-5}+1.67\times10^{-4}=1.82\times10^{-4}\ [\mho]$$

이 된다. 따라서 전출력임피던스 Z_o는

$$Z_o=\frac{1}{Y_{oe}}=5.5\ [\mathrm{K\Omega}]$$

3. 공통이미터 증폭기의 *h* 모델 근사식

앞절에서 *CE*접속 트랜지스터 증폭기회로의 전압 및 전류이득과 입출력임피던스의 정확한 식을 유도하였다. 실제에 있어서는 정확한 결과를 얻기 위한 복잡한 계산식을 사용하는 것보다는 A_I, A_V, R_i, R_o의 간단한 근사적 계산으로 충분한 경우가 많다.

h정수에 있어서 h_{ie}와 h_{fe}는 부하저항이 작아서 $h_{oe}\ R_L<0.1$의 조건을 충분히 만족할 수 있으면 저주파 트랜지스터회로에서 근사적인 해석을 하는 것으로 충분하다. 현재 사용되고 있는 트랜지스터의 h_{re}는 4×10^{-4}보다 훨씬 작으므로 *CE*접속의 차단주파수 f_β 이하의 저주파 범위에서는 거의 0으로 된다. 또 부하가 작아서 $Y_L\gg h_{oe}$이면 h_{oe}도 무시될 수 있다. 그림 4-6은 간략화된 h모델인데 이 등가회로는 해당하는 절(마디)을 접지시키는 것에 의하여 임의의 접지방식에 적용시킬 수 있다. 신호는 입력단자와 접지 사이에 인가하고, 부하는 출력점과 접지 사이에 넣는다. 간략화된 모델을 사용하여 계산하는 경우 $R_L<0.1/h_{oe}$이면 A_I, R_i, A_V, R_o의 값은 정확한 계산식으로 계산한 결과에 비하여 그 오차는 10% 이내이다.

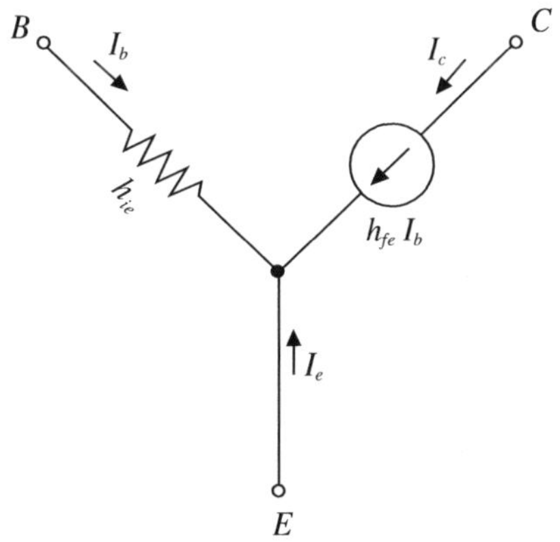

그림 4-6 CE, CC 및 CB 모두에 적용될 수 있는 근사 h모델

그림 4-7은 트랜지스터를 근사적인 모델로 바꾸어 놓은 *CE*접속증폭단의 원리도이다.

그림 4-7의 등가회로로부터 전류 및 전압이득, 입출력임피던스 등의 근사식을 구하기로 한다.

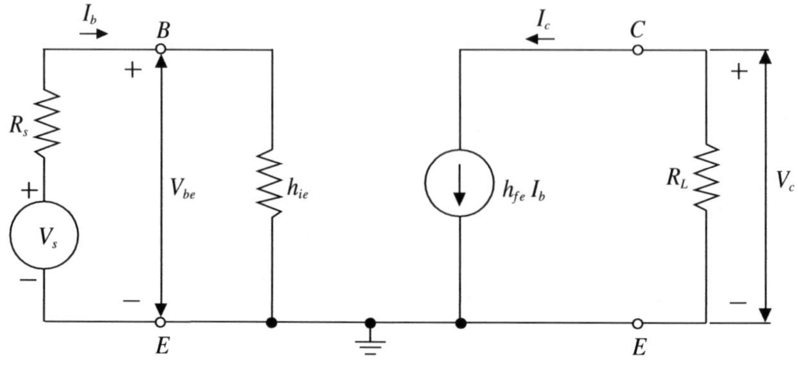

그림 4-7 근사 CE모델

(1) 전류이득

식 4 − 24로부터 전류이득 A_{Ie}는

$$A_{Ie} = -\frac{h_{fe}}{1 + h_{oe}\,R_L} \qquad (4-32)$$

이다. 따라서 $h_{oe}\,R_L < 0.1$이면

$$A_{Ie} = \frac{-I_c}{I_b} \simeq -h_{fe} \qquad (4-33)$$

로 되어 전류이득 크기의 오차는 10% 이내가 된다. 또 위상은 I_c를 기준으로 하면 동위상이지만 I_L을 기준으로 하면 역위상이 된다.

(2) 입력임피던스

식 4 − 25로부터 입력임피던스 R_{ie}는

$$R_{ie} = h_{ie} + h_{re}\,A_{Ie}\,R_L = h_{ie}\Big(1 - \frac{h_{re}\,h_{fe}|A_{Ie}|}{h_{ie}\,h_{oe}\,h_{fe}}h_{oe}\,R_L\Big) \quad (4-34)$$

이 된다. 대표적인 h정수 값에서 $h_{re}\,h_{fe}/h_{ie}\,h_{oe} \simeq 0.5$이고 식 4 − 32에서 $|A_{Ie}| < h_{fe}$이므로 h_{oe}

$R_L < 0.1$이면 식 4-34는 다음과 같은 근사식이 된다. 즉,

$$R_{ie} = \frac{V_b}{I_b} \simeq h_{ie} \qquad (4-35)$$

입력저항을 평가하면 오차는 5% 이내이다.

(3) 전압이득

식 4-26으로부터 전압이득 A_{Ve}는

$$A_{Ve} = A_{Ie}\frac{R_L}{R_{ie}} \simeq \frac{h_{fe}\,R_L}{h_{ie}} \qquad (4-36)$$

이다. 이 식 양변에 대수의 미분을 취하면 다음 식이 얻어진다. 즉,

$$\frac{dA_{Ve}}{A_{ve}} = \frac{dA_{Ve}}{\mathrm{A}_{ve}} - \frac{dR_{ie}}{R_{ie}} \qquad (4-37)$$

$h_{oe}\,R_L < 0.1$일 때, 오차는 $dA_{Ie}/A_{Ie} = +0.1$이고, $dR_{ie}/R_{ie} = +0.05$이었으므로 전압이득에서의 최대 오차는 5%이다.

(4) 출력임피던스

출력저항을 구하는 경우 $V_s = 0$으로 하고 출력에 외부전원을 인가하면 $I_b = 0$에서 $I_c = 0$이므로 부하가 연결되지 않은 상태에서의 출력저항 R_{oe}는

$$R_{oe} = \frac{1}{h_{oe}} \qquad (4-38)$$

로 되어 매우 큰값이 된다. 그림 4-7의 근사적 h모델에서 h_{oe}를 무시하면 R_{oe}는 무한대가 된다. 그러나 출력저항은 식 4-30에서와 같이 신호원저항 R_S에 관계되고 부하 R_L이 항상 연결되는 것이므로 보통 출력저항은 40~80 [KΩ]이 된다. 이 경우도 근사모델로 하면 R_{oe}의 오차는 10% 이내가 된다.

(5) 전력이득

근사 h모델에서 전력이득 PG_e는 식 4－33, 식 4－36으로부터 다음과 같이 된다.

$$PG_e = |A_{Ve}| \cdot |A_{Ie}| \simeq h_{fe}{}^2 \frac{R_L}{h_{ie}} \qquad (4-39)$$

이상의 결과로부터 CE접속 증폭회로는 전류이득과 전압이득이 모두 커서 전력이득이 매우 크게 된다. 그리고 입력임피던스와 출력임피던스가 다른 방식과는 달리 현저한 차이가 없어서 사용하기에 편리하다. 또 전압위상은 역위상이고 전류위상은 동위상이다(I_L사용 시는 역위상).

예제 4-2 $h_{ie} = 900\,[\text{W}], h_{fe} = 50, h_{re} = 2.1 \times 10^{-4} \simeq 0, h_{oe} = 25 \times 10^{-6}\,[\text{W}], R_L = 2000\,[\text{W}]$인 CE접속회로의 $A_{Ie}, R_{ie}, A_{Ve}, R_{oe}$ 및 PG_e의 근사값을 구하라.

풀이

$$A_{Ie} = \frac{I_c}{I_b} \simeq h_{fe} = 50$$

$$R_{ie} \simeq h_{ie} = 900$$

$$A_{Ve} \simeq -\frac{h_{fe}\,R_L}{h_{ie}} = -\frac{500 \times 2000}{900} = -112$$

$$R_{oe} \simeq \frac{1}{h_{oe}} = \frac{1}{25 \times 10^{-6}} = 40\,[\text{K}\Omega]$$

$$P\,G_2 = |A_{ve}| \cdot |A_{Ie}| = 112 \times 50 = 5600$$

$$[P\,G_e]_{\text{dB}} = 10\log 5600 = 10 \times 3.748 \simeq 37.5[\text{dB}]$$

4. 공통베이스 증폭기의 h 모델

그림 4－8 (a)는 CB접속회로이고, 그림 (b)는 h모델 등가회로를 나타내었다.
표 4－1로부터 CB접속회로의 전압, 전류증폭도와 입력임피던스는 다음과 같이 표시

된다.

$$A_{Ib} = \frac{-I_c}{I_e} = \frac{-h_{fb}}{1+h_{ob}R_L}$$

$$R_{ib} = \frac{V_{eb}}{I_e} = h_{ib} + h_{rb}A_{Ib}R_L$$

$$A_{vb} = \frac{V_{ce}}{V_{eb}} = A_{Ib}\frac{R_L}{R_{ib}}$$

$$Y_{ob} = \frac{I_c}{V_{cb}} = h_{ob} - \frac{h_{fb}h_{rb}}{R_s + h_{ib}} \qquad (4-40)$$

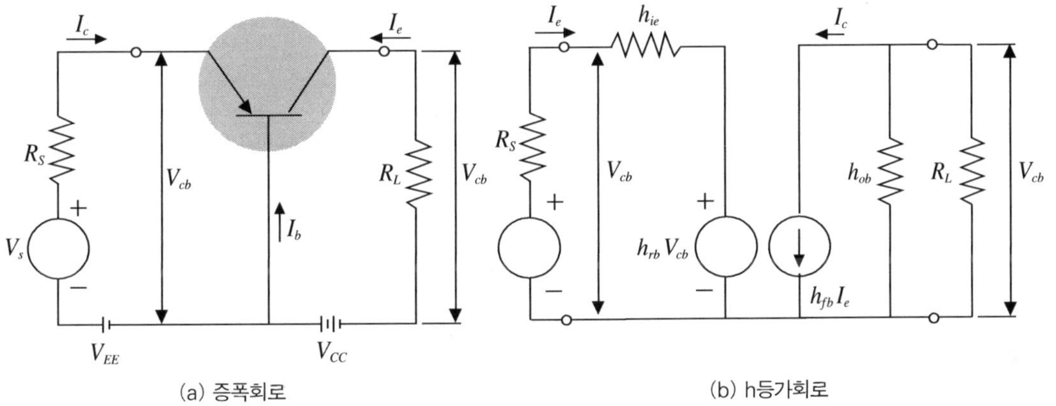

그림 4-8 공통베이스 증폭회로와 h모델 등가회로

h정수를 CE접속 h정수로 변환하면

$$h_{ib} \simeq \frac{h_{ie}}{1+h_{fe}}$$

$$h_{rb} \simeq \frac{h_{ie}h_{oe}}{1+h_{fe}} - h_{re}$$

$$h_{fb} = \frac{-h_{fe}}{1+h_{fe}} = -\alpha$$

$$h_{ob} \simeq \frac{h_{oe}}{1+h_{fe}} \qquad (4-41)$$

이므로 이것을 CB접속회로에 대한 h파라미터로 표시하면 그림 4-9와 같이 표시된다.

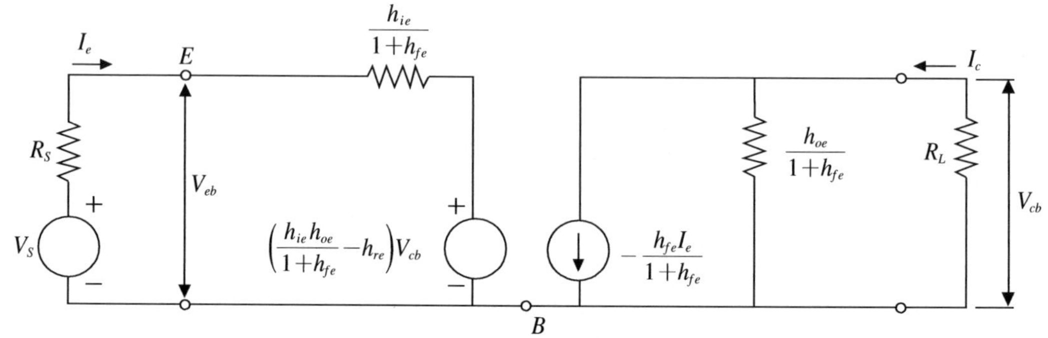

그림 4-9 공통베이스회로의 공통이미터 h정수회로의 변환

(1) CB접속회로의 근사식

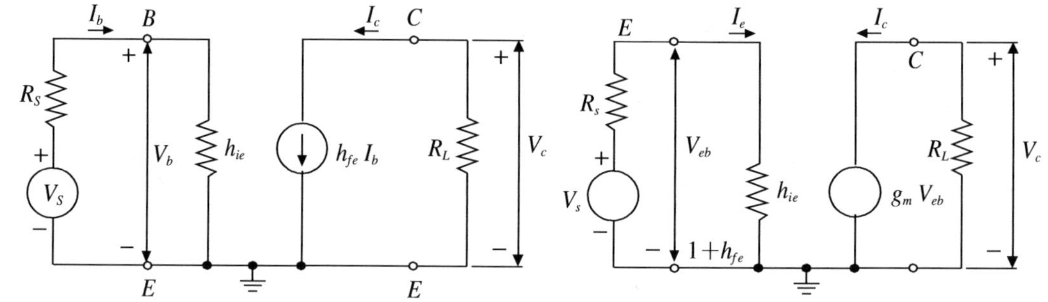

(a) CB근사 h정수회로

(b) 등가 g_m모델

그림 4-10 CB접속 h정수 근사회로

그림 4-10 (a)는 근사적인 모델로 근사화된 CE접속 트랜지스터회로이고, (b)는 이것을 CE접속의 h정수로 변환한 등가 g_m 모델이다.

그림 4-10 (a)는 그림 4-6으로부터 얻은 것인데 h_{ob}, h_{rb}는 무시되어 있다. 따라서 식 4-40과 식 4-41로부터 전류이득 A_{Ib}는

$$A_{Ib}=\frac{-I_c}{I_e}\simeq -h_{fb}=\frac{h_{fe}}{1+h_{fe}} \qquad (4-42)$$

이다. $h_{fe}\gg 1$이므로 $A_{Ib}\simeq 1$이고, 입력전류와 출력전류 사이에는 I_c를 기준으로 하면 $180°$의 위상차가 있다. 그리고 입력임피던스 R_{ib}는

$$R_{ib} = \frac{V_{eb}}{I_e} \simeq h_{ib} \simeq \frac{h_{ie}}{1+h_{fe}} \qquad (4-43)$$

이다. 상호컨덕턴스(mutual conductance) g_m은 $g_m = I_c/V_{eb}$로 정의되므로

$$g_m = \frac{I_c}{V_{eb}} = \frac{-\alpha I_e}{h_{ib}\, I_e} = \frac{-[h_{fe}/(1+h_{fe})]I_e}{[h_{ie}/(1+h_{fe})]I_e} = -\frac{h_{fe}}{h_{ie}} \quad (4-44)$$

가 된다. CE접속에서는 $g_m = h_{fe}/h_{ie}$로 된다. 따라서 식 4-43에서 $h_{fe} \gg 1$이면 R_{ib}는

$$R_{ib} \simeq \frac{h_{ib}}{h_{fe}} = \frac{1}{g_m} \qquad (4-45)$$

로 되어 매우 적은 값이 된다. 그리고 전압이득 A_{Vb}는 다음과 같이 된다.

$$A_{Vb} = A_{Ib}\frac{R_L}{R_{Ib}} \simeq \frac{h_{fe}}{1+h_{fe}} \cdot \frac{1+h_{fe}}{h_{ie}} \cdot R_L = \frac{h_{fe}}{h_{ie}} R_L$$

$$\therefore A_{Vb} \simeq \frac{h_{fe}\, R_L}{h_{ie}} = g_m\, R_L \qquad (4-46)$$

이 식에서 A_{Vb}는 CE접속의 경우와 거의 같은 크기이고, 위상은 동위상임을 알 수 있다. 그리고 출력어드미턴스 Y_{ob}는

$$Y_{ob} \simeq h_{ob} = \frac{h_{oe}}{1+h_{fe}} \qquad (4-47)$$

이므로, CE접속의 경우보다 $1/(1+h_{fe})$배로 작아진다. 따라서 출력저항 R_{ob}는

$$R_{ob} \simeq \frac{1}{h_{ob}} = \frac{1+h_{fe}}{h_{oe}}$$

가 되므로, 보통 1 [MΩ] 이상의 크기가 된다. 그러므로 회로해석에서는 R_L로는 2~10[KΩ]을 사용하는데, R_{ob}는 이보다 훨씬 크기 때문에 무시한다.

CB접속의 전력이득 $P\,G_b$는 다음과 같은 식으로 구해진다. 즉,

$$P\,G_b = |A_{Vb}| \cdot |A_{Ib}| \simeq g_m\, R_L \qquad (4-48)$$

이상 설명한 바와 같이 CB접속회로는 A_I가 1보다 작고, A_V는 거의 CE접속의 경우와 같은 높은 값을 갖는다. 위상관계는 전류는 I_c에 대하여 역위상, 전압은 동위상이다. 또 R_i는 세 가지 접지방식 중 이 경우가 가장 낮고, R_o는 가장 크다. 따라서 낮은 임피던스의 신호원을 고임피던스 부하에 정합시키는 데 사용하거나, 1보다 큰 전압이득의 비반전용 증폭기에 사용하고, 또 콘덴서를 직선적으로 충전하기 위한 소인(sweep)회로와 같은 정전류원으로 사용되는 등 특수한 경우 외에는 별로 사용되지 않는다.

근사식 4-42, 4-43, 4-46, 4-47을 그림 4-10에서 직접 구하려면 $h_{ib}\ I_e = h_{ie}\ I_b$이고 CE접속회로에서 $I_b = I_e/(1+h_{fe})$이므로, $h_{ib} = h_{ie}/(1+h_{fe})$가 된다. 따라서 컬렉터전류 I_c는

$$I_c = -\alpha I_e = -\frac{h_{fe}}{1+h_{fe}} I_e \tag{4-49}$$

이다. 그리고 이미터-베이스간의 입력전압 V_{eb}는

$$V_{eb} = \frac{h_{ie}}{1+h_{fe}} I_e \tag{4-50}$$

이다. 그런데 $I_c = -g_m\ V_{eb}$이므로 출력전압 V_{cb}는

$$V_{cb} = -I_c\ R_L = g_m\ R_L\ V_{eb} \tag{4-51}$$

가 된다. 식 4-49, 4-50 및 식 4-51에서

$$A_{Vb} = \frac{V_{cb}}{V_{eb}}, \quad A_{Ib} = \frac{I_c}{I_b}, \quad R_{ib} = \frac{V_{eb}}{I_e}, \quad R_{ob} = \frac{I_c}{V_{cb}}$$

가 구해진다.

(2) CB접속회로의 정확한 해석

그림 4-10 (b)에서 회로의 식은 다음과 같다.

$$V_s = (h_{ib} + R_s) I_e + h_{rb}\ V_{cb} \tag{4-52}$$

$$O = h_{fb}\ I_e + \left(h_{ob} + \frac{1}{R_L}\right) V_{cb} \tag{4-53}$$

① 전류이득 A_{Ib}

식 4－53에서 $V_{cb}=-I_c R_L$을 넣으면 다음과 같이 된다.

$$O=h_{fb} I_e+\left(h_{ob}+\frac{1}{R_L}\right)(-I_c R_L) \qquad (4-54)$$

이 식에서 전류이득 A_{Ib}는

$$A_{Ib}=\frac{I_c}{I_e}=\frac{h_{fe}}{1+h_{ob} R_L} \qquad (4-55)$$

가 된다.

② 트랜지스터의 입력저항 R_{ib}

식 4－52로부터 V_{eb}는

$$V_{eb}=V_s-I_e R_s=h_{ib} I_e+h_{rb} V_{cb}$$

이다. 따라서

$$R_{ib}=\frac{V_{eb}}{I_e}=\frac{V_s-I_e R_s}{I_e}=h_{ib}+h_{rb}\frac{V_{cb}}{I_e}=h_{ib}+h_{rb}\left(\frac{-1I_c R_L}{I_e}\right)$$

이 되든데, 이 식에 $I_c/I_e=A_{Ib}$를 넣으면

$$R_{ib}=h_{ib}-h_{rb} A_{rb} R_L \qquad (4-56)$$

또는,

$$R_{ib}=h_{ib}-\frac{h_{rb} h_{fb} R_L}{1+h_{ob} R_L}=\frac{(\Delta h) R_L+h_{ib}}{1+h_{ob} R_L}$$

가 된다. 여기서 (Δh)는 $(\Delta h)=h_{ib} h_{ob}-h_{rb} h_{fb}$이다.

③ 종합전압증폭도 A_{Vbs}

식 4－52, 4－53으로부터 V_{cb}는

$$V_{cb}=\frac{-h_{fb}\,V_s}{(h_{ib}+R_s)\,(h_{ob}+1/R_L)-h_{rb}\,h_{fb}}$$

$$\therefore\ A_{Vbs}=\frac{V_{cb}}{V_s}=\frac{-h_{fb}\,R_L}{(\Delta h)R_L+R_s(1+h_{ob}\,R_L)+h_{ib}}$$

또는

$$A_{Vbs}=\frac{-A_{Ib}\,R_L}{R_s+R_{ib}} \tag{4-57}$$

이다.

④ 출력저항 R_{ob}

회로의 출력저항은 $V_s=0$일 때 출력단자에 V_{cb}를 인가하는 것이므로 다음의 기본식이 성립된다.

$$O=(R_s+h_{ib})\,I_e+h_{rb}\,V_{cb}$$

$$I_c=h_{fb}\,I_e+h_{ob}\,V_{cb}$$

위의 두 식을 V_{cb}에 대하여 풀면

$$V_{cb}=\frac{I_c(R_s+h_{ib})}{(R_s+h_{ib})h_{ob}-h_{rb}\,h_{fb}}$$

가 되므로, 출력저항 R_{ob}는 다음과 같이 된다.

$$R_{ob}=\frac{I_c}{V_{cb}}=\frac{R_s+h_{ib}}{(R_s+h_{ib})h_{ob}-h_{rb}\,h_{fb}}$$

또는

$$\frac{1}{R_{ob}}=h_{ob}-\frac{h_{rb}\,h_{fb}}{R_s\,h_{ib}} \tag{4-58}$$

이다.

⑤ 전력이득 PG_b

전력이득 PG_b는 다음 식으로 구해진다.

$$PG_b = A_{Ib}\,A_{Vb} = \frac{A_{Ib}^{\,2}\,R_L}{R_s + R_{ib}} \qquad (4-59)$$

5. 공통컬렉터 증폭기의 h모델(이미터 폴로어)

그림 4 – 11은 공통컬렉터(CC) 접속 트랜지스터 증폭기 회로를 나타낸 것이다. 베이스에 인가한 신호원전압이 이미터에 있는 부하에 거의 같은 크기로 나타나고, 이미터에서 출력을 꺼내므로 이미터 폴로어(emitter follow)라고도 한다. CC접속의 입력저항 R_i는 매우 커서 수 100 [KΩ]이나 되고 출력저항 R_o는 매우 작아 수 10 [Ω] 정도이다. 그러므로 CC접속 회로는 주로 넓은 주파수 범위에 걸쳐서 저항변환을 목적으로 하는 완충증폭기로 사용된다. 이 증폭기의 전압이득은 1이지만 신호전력은 크게 된다.

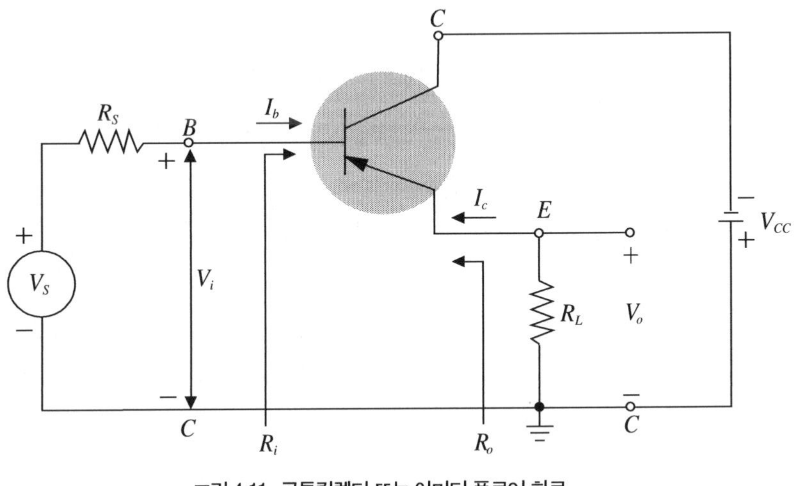

그림 4-11 공통컬렉터 또는 이미터 폴로어 회로

그림 4 – 11에서 입력전압 V_i는 출력전압 V_o와 이미터접합 순바이어스를 통하여 걸리는 교류전압 V_{be}의 합이 된다. 즉, $V_i = V_{be} + V_o$가 되는 것이다. 그러므로 입력전압이 출력전압보다 커서 전압이득은 1 이하로 된다. 그림 4 – 12 (a)는 CC접속의 h정수 등가회로이고, (b)는 그림 4 – 12 (a)의 회로를 CE접속으로 변환한 등가회로이다.

(1) CC접속의 h정수

그림 4 - 12 (a)에서 부하단락($R_L=0$)일 때의 전류증폭정수 h_{fe}는 $-I_e=I_b+I_c=I_b+h_{fe}\,I_b$에서 다음과 같이 된다. 즉,

$$h_{fe}=\frac{I_e}{I_b}=-(1+h_{fe}) \qquad (4-60)$$

또 그림 4 - 13에서 $R_L=0$ 일 때 저주파에서는 CE접속의 경우와 같다. 따라서

$$h_{ic}=h_{ie} \qquad (4-61)$$

가 된다. 입력개방($R_i=0$)일 때, 즉 $I_b=0$일 때 $r_m\,I_b=0$이므로 출력저항은 r_e+r_d가 되어 h_{oc}는

$$h_{oc}=h_{oe} \qquad (4-62)$$

가 된다. 또 그림 4 - 13에서 h_{rc}는 다음과 같다.

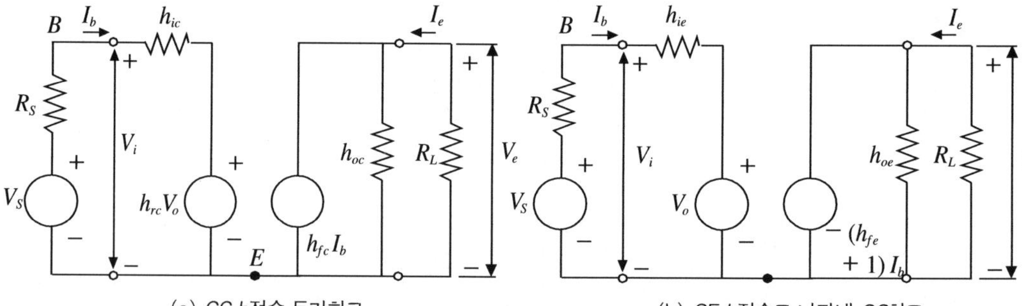

(a) CC h정수 등가회로 (b) CE h정수로 나타낸 CC회로

그림 4-12 CC회로의 h정수 등가회로

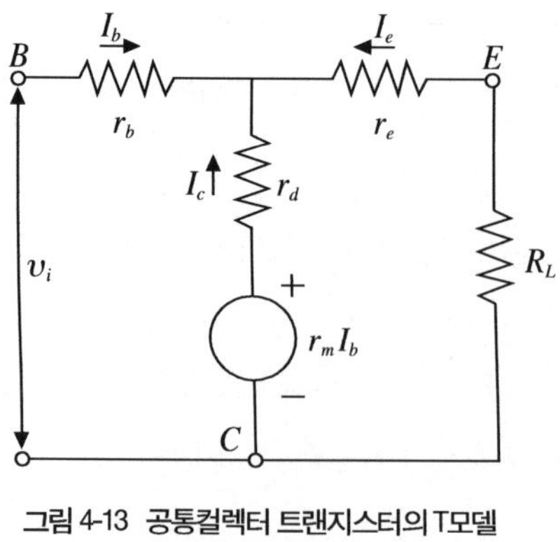

그림 4-13 공통컬렉터 트랜지스터의 T모델

$$h_{rc}=\frac{r_d}{r_d+r_e}\simeq 1 \qquad (4-63)$$

식 4-60에서 식 4-63은 표 3-6에서 주어진 결과와 같고, 이것은 그림 4-12 (b)에 표시되어 있다.

(2) *CC* 접속회로의 해석

표 4-1로부터 *CC*접속회로의 전류이득, 입력저항, 전압이득 및 출력저항은 다음과 같이 된다.

$$A_{Ic}=\frac{-I_e}{I_b}=\frac{-h_{fc}}{1+h_{oc}R_L}=\frac{1+h_{fe}}{1+h_{oe}R_L} \qquad (4-64)$$

$$R_{ic}=\frac{V_i}{I_b}=h_{ic}+h_{rc}A_{Ic}R_L=h_{ie}+A_{Ic}R_L \qquad (4-65)$$

$$A_{Vc}=\frac{V_o}{V_i}=\frac{A_{Ic}R_L}{R_{ic}}=\frac{R_{ic}-h_{ie}}{R_{ie}}=1-\frac{h_{ie}}{R_{ie}} \qquad (4-66)$$

식 4-66에서 $A_{Ic}R_L$은 식 4-65의 것과 같은 성질의 것이다. 그리고 Y_{oc}는

$$Y_{oc}=h_{oc}-\frac{h_{fc}h_{rc}}{h_{ic}+R_s}=h_{oe}+\frac{1+h_{fe}}{h_{ie}+R_s} \qquad (4-67)$$

가 된다.

예제 4-3 그림 4-11의 *CC*접속회로에 $R_s=5$ [KW]이고, 부하 $R_L=6$ [KW]이며, 동작점 $Q(I_c)=2.2$ [mA], $V_{CE}=12$ [V]에서의 *CE*접속의 h정수는 다음과 같다. 즉,

$$h_{ie}=4\ [\text{K}\Omega],\ h_{oe}=2.5\times 10^{-5},\ h_{fe}=230,\ h_{re}=4\times 10^{-4}\ [\mho]$$

이 회로의 R_{ic}, Y_{oc}, A_{Ic} 및 A_{Vc}를 구하라.

풀이 부하어드미턴스 Y_L은 $Y_L = 1/R_L = 1.67 \times 10^{-4}$ [℧]이다. 먼저 R_{ic}, Y_{oc}를 구하면

$$R_{ic} = h_{ie} + \frac{h_{fe}+1}{h_{oe}+Y_L} = 4\times10^3 + \frac{230+1}{2.5\times10^{-5}+1.67\times10^{-4}} = 1.6\ [\text{M}\Omega]$$

$$Y_{oc} = h_{oe} + \frac{h_{fe}+1}{h_{ie}+R_s} = 2.5\times10^{-5} + \frac{230+1}{4\times10^3+5\times10^3} \simeq 2.65\times10^{-2}[℧]$$

이다. 따라서 출력임피던스 $Z_{oc} = 1/Y_{oc} = 39[\Omega]$이다. 그리고 전류이득 A_{Ic} 및 전압이득 A_{Vc}는 다음과 같다.

$$A_{Ic} = \frac{-I_e}{I_b} = \frac{-h_{fe}\,Y_L}{h_{oc}+Y_L} = \frac{(h_{fe}+1)Y_L}{h_{oe}+Y_L} = \frac{(230+1)(1.67\times10^{-4})}{2.5\times10^{-5}+1.67\times10^{-4}} = 201$$

$$A_{Vc} = \frac{-h_{fc}}{h_{ic}(h_{oc}+Y_L)-h_{fc}h_{rc}} = \frac{h_{fe}+1}{h_{ie}(h_{oe}+Y_L)+(h_{fe}+1)}$$

$$= \frac{231}{(4\times10^3)(2.5\times10^{-5}+1.67\times10^{-4})+231} = 0.997$$

(3) CC 접속회로의 근사식

그림 4-14는 CC접속회로의 h모델을 근사화한 것인데 부하 R_L이 이미터와 접지 사이에 연결되어 있다.

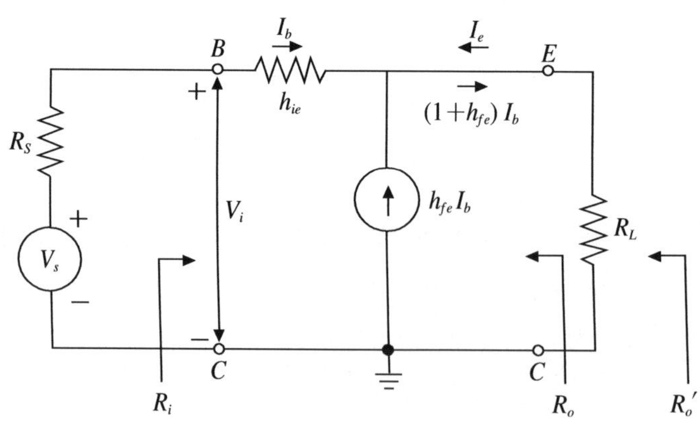

그림 4-14 공통컬렉터회로의 근사 h모델

① 전류이득 A_{Ic}

그림 4-14로부터 전류이득 A_{Ic}는

$$A_{Ic} = -\frac{I_e}{I_b} \simeq 1 + h_{fe} \qquad (4-68)$$

이다. 이것을 정확한 식 4-64와 비교하여 $h_{oe}R_L < 0.1$이면 전류이득의 오차는 10% 이내가 된다.

② 입력저항 R_{ic}

그림 4-14로부터 입력저항 R_{ic}는

$$R_{ic} = \frac{V_b}{I_b} \simeq h_{ie} + (1 + h_{fe})R_L \qquad (4-69)$$

이 된다. 여기서 $h_{fe} \gg 1$이므로 $R_L \simeq 0.5$ [KΩ] 정도로 작아도 $R_i \gg h_{ie} \simeq 1$ [KΩ]이 된다. 정확한 식 4-65에 식 4-68을 넣으면 식 4-69가 얻어지는데 식 4-68은 오차가 10% 이내의 A_{Ic} 값을 얻는 것이므로 식 4-69로 계산된 입력저항 R_i 값도 역시 10% 이하의 오차가 있는 것으로 된다.

③ 전압이득

CC접속의 전압이득은 거의 1이 되는데 식 4-66이나 $1 - A_{Vc} = h_{ie}/R_{ie}$에 의하여 계산된다. 예를 들어 $R_{ic} = 10h_{ie}$이면 $A_{Vc} = 0.9$이다. 그러나 최고 10% 오차인 R_{ic}의 근사치를 사용하면 $h_{ie}/R_{ic} = 1/11 = 0.09$가 되어 $A_{Vc} = 0.91$이 된다. 따라서 A_{Vc}에 대한 근사치는 1%만이 오차를 갖는 값이 주어진다.

④ 출력임피던스

그림 4-14에서 개방회로 출력전압이 V_s이고 단락회로의 출력전류 I는

$$I = (1 + h_{fe})I_b = \frac{(1 + h_{fe})V_s}{h_{ie} + R_s}$$

이므로 트랜지스터 자체만의 출력어드미턴스 Y_{oc}는

$$Y_{oc}=\frac{I}{V_s}\simeq\frac{1+h_{fe}}{h_{ie}+R_s} \qquad (4-70)$$

가 된다. 식 4-76으로부터 Y_o에 대한 정확한 값을 구하는 식의 Y_{oc}는

$$Y_{oc}=h_{oe}+\frac{1+h_{fe}}{h_{ie}+R_s} \qquad (4-71)$$

이다. 신호원저항 R_s를 100 [KΩ]의 큰 값의 것으로 선택하여도, 계산결과 식 4-71의 둘째 항(500 [μA/V])이 첫째 항(25 [μA/V])에 비하여 크게 됨을 알 수 있다. 따라서 식 4-70에 의하여 주어지는 근사출력어드미턴스는 식 4-71의 정확한 값을 구하는 식에 의하여 주어지는 값보다 5% 미만이 작게 된다.

근사화된 모델로부터 계산된 트랜지스터의 출력저항 R_{oc}는

$$R_{oc}\simeq\frac{h_{ie}+R_s}{1+h_{fe}}$$

가 되고 오차는 5% 미만이다. 부하를 고려한 증폭단의 출력저항 R_O'는 R_O와 R_L이 병렬로 합성되는 값이 된다.

6. 증폭도와 데시벨

이 절에서는 증폭회로에서 가장 중요한 증폭도(이득)를 구하는 방법에 대해서 설명한다. 또 바이어스의 의미와 실제의 바이어스회로에 대하여 이해하도록 한다. 바이어스는 증폭회로의 동작점을 결정하는 것이고, 동작점을 어디에 선택하느냐에 따라 증폭회로의 성질은 크게 달라진다. 특히 트랜지스터의 경우 온도나 전압ㆍ전류의 변화에 따라 동작점이 크게 달라지기 때문에 충분히 주의해야 한다. 바이어스회로의 설계를 잘 하는 것은 의곡이 적은 증폭회로를 설계하는 것이 된다.

증폭회로에는 각종 의곡이나 잡음이 있으므로 질이 좋은 증폭회로를 설계하려면 이것들의 기초적인 사항을 이해해두지 않으면 안 된다.

(1) 증폭도와 데시벨

그림 4 – 15에 보인 바와 같이 회로의 입력단자 1 – 1′ 에 전압 V_1을 인가하였더니 출력단자 2 – 2′ 에 V_2의 전압이 나타났다고 하면, 이 회로의 전압증폭도 A_v는

$$A_v = \frac{\text{출력전압}}{\text{입력전압}} = \frac{V_2}{V_1} \qquad (4-72)$$

로 된다. 같은 방법으로 전류증폭도 A_i는

$$A_i = \frac{\text{출력전류}}{\text{입력전류}} = \frac{I_2}{I_1} \qquad (4-73)$$

전력증폭도는 A_P는

$$A_P = \frac{\text{출력전력}}{\text{입력전력}} = \frac{P_2}{P_1} = \frac{V_2 I_2}{V_1 I_1} \qquad (4-74)$$

로 표시된다.

입력과 출력의 위상관계가 역위상이 되는 경우에는 증폭도 A는 부(−)가 되므로, 일반적으로는 절대치를 붙여 $|A|$로 하여 생각한다. 이 $|A|$ 가 1보다 클 때, 즉

$$|A| > 1$$

인 때, 이것을 이득(gain)이라 한다.

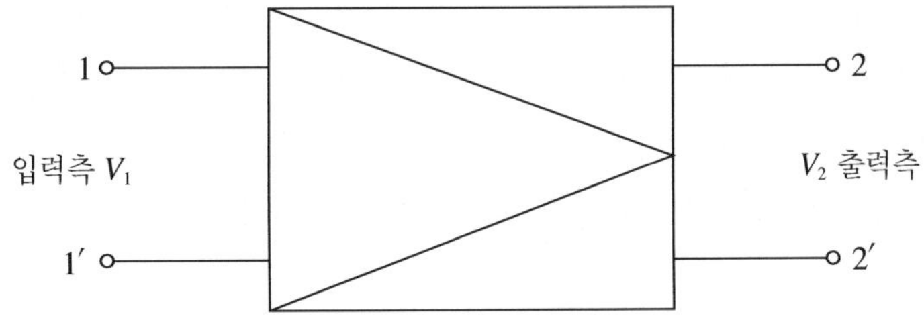

그림 4-15 증폭기의 계략도

$$|A| < 1$$

인 때는 손실(감쇠)을 의미한다.

앞서 말한 A_v, A_i, A_P를 이득(gain)의 이니셜 대문자 G로써 표시하고, G_v, G_i, G_P로 사용하는 경우도 있다. 데시벨[dB]은 이득(또는 감쇠)을 나타낼 때 쓰이는 단위로서, 식 4-74에 표시한 전력비의 상용대수를 취하면

$$\log_{10} \frac{P_2}{P_1} \text{[dB]} \qquad (4-75)$$

로 된다. 이것은 이득(또는 감쇠)을 나타내는 기본이 되는 것으로 단위는 벨[B]이다. 1[B]=10[dB]이므로, 데시벨은 식 4-75를 10배로 한 것, 즉

$$G_P = 10 \log_{10} \frac{P_2}{P_1} \text{[dB]} \qquad (4-76)$$

로 된다.

전력 $P=VI=I^2R=V^2/R$의 관계로부터 전력 P는 I^2, V^2에 비례하므로 전압증폭도, 전류증폭도를 [dB]로서 나타내면

$$G_v = 20 \log_{10} \frac{V_2}{V_1} \text{[dB]} \qquad (4-77)$$

$$G_i = 20 \log_{10} \frac{I_2}{I_1} \text{[dB]} \qquad (4-78)$$

로 되는 것을 알 수 있다(엄밀히 말해서 이때 입력임피던스와 출력임피던스는 동등하게 하지 않으면 안 된다).

이와 같이 [dB]를 사용하면 큰 수치가 안 되므로(대수표시이므로) 대단히 넓은 범위의 수치를 취급할 경우에 편리하다. 또한 증폭회로가 2단 이상인 경우, 전체적인 증폭도는 각 단의 적으로 되나, 데시벨로 표시하면 각 단의 합으로 되어 계산이 간단히 된다.

더구나 전계강도, S/N, 의곡률, 음성 등의 크기도 [dB]로 표시를 하는 경우가 많다.

예를 들면

$$1\left[\frac{\mu V}{m}\right] = 0 \text{ [dB]}$$

$$1[\mu V] = 0\ [dB]$$
$$1[mW] = 0\ [dB]$$

이므로, 이러한 값을 기준(0dB)으로 하여 몇 [dB]이라고 표시한다.

그림 4－16에 보인 도표를 사용하면 간단히 증폭도를 [dB]로 환산할 수 있다.

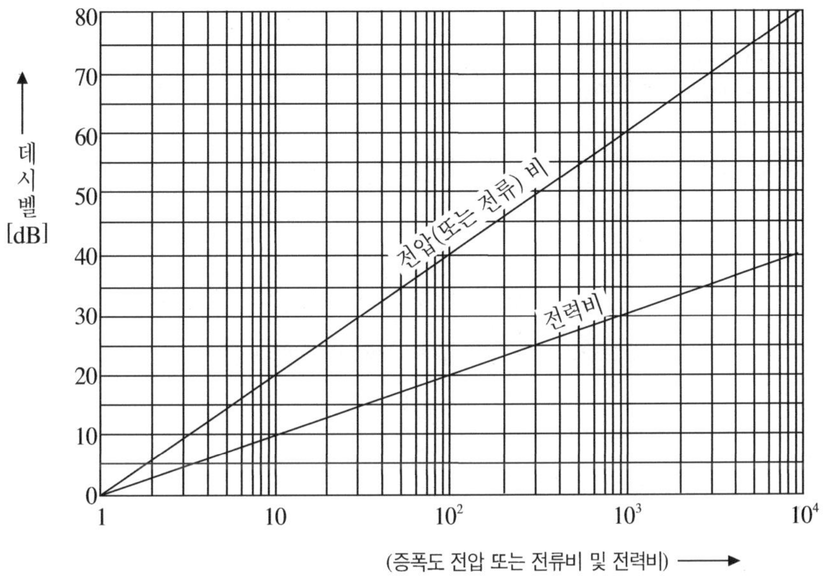

그림 4-16` dB환산도표

예제 4-4 그림 4－15에 있어서 입력전압 $V_1 = 2[V]$, 출력전압 $V_2 = 68[V]$이면 전압증폭도 및 전압이득 [dB]은 얼마인가?

식 4－72식에서 전압증폭도는

$$A_v = \frac{V_2}{V_1} = \frac{68}{2} = 34 \qquad (4-77)$$

식 4－77에서 전압이득 [dB]는

$$G_v = 20\log_{10} A_v = 20\log_{10} 34 = 20\log_{10}[3.4 \times 10]$$

$$= 20\log_{10} 3.4 + 20\log_{10} 10$$
$$= (20 \times 0.5315) + (20 \times 1)$$
$$= 30.6 \text{ [dB]}$$

그림 4-16 데시벨 환산도표에서 구하면 횡축 34와 전압비의 직선과의 교점에서 약 30.5 [dB]가 읽어진다.

예제 4-5 그림 4-17에 표시한 3단 증폭회로의 총합전압이득[dB]을 구하여라.

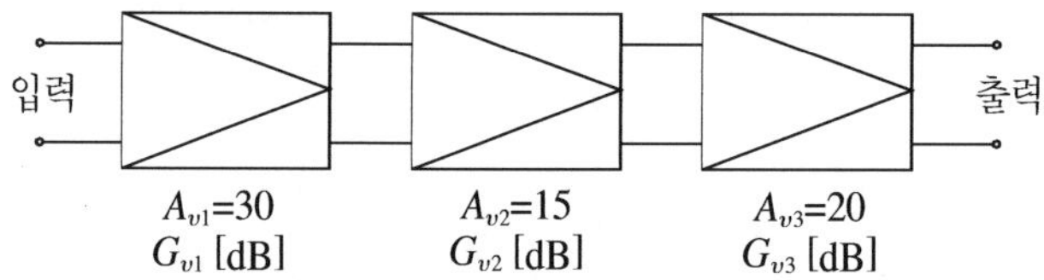

그림 4-17 3단 증폭기

풀이

총합전압증폭도는

$$A_v = A_{v1} \cdot A_{v2} \cdot A_{v3} = 30 \times 15 \times 20 = 9000$$

총합전압이득 G_v [dB]는

$$G_v = 20\log_{10} 9000 = 20(\log_{10} 9 + \log_{10} 10^3)$$
$$= 20(0.95 + 3)$$
$$= 79 \text{ [dB]}$$

※ 별해

$$G_{v1} = 20\log_{10} 30 = 20(\log_{10} 3 + \log_{10} 10)$$
$$= 20(0.477 + 1)$$
$$= 29.5 \text{ [dB]}$$

$$G_{v2} = 20\log_{10} 15 = 20\log_{10} \frac{30}{2}$$
$$= 20(\log_{10} 3 + \log_{10} 10 - \log_{10} 2) = 20(0.477 + 1 - 0.3)$$

$$= 23.5 \text{ [dB]}$$

$$G_{v3} = 20 \log_{10} 20$$
$$= 20(\log_{10}2 + \log_{10}10) = 20(0.3 + 1)$$
$$= 26 \text{ [dB]}$$

따라서, 총합전압이득 G_v[dB]는

$$G_v = G_{v1} + G_{v2} + G_{v3}$$
$$= 29.5 + 23.5 + 26 = 79 \text{ [dB]}$$

※ 별해 그림 4－16의 dB 환산표에서 살펴보면 약 79 [dB]가 된다.

7. 증폭도(이득)를 구하는 방법

(1) 트랜지스터 증폭회로에 있어서의 증폭도(이득)

전술한 바와 같이 트랜지스터를 사용한 증폭회로는 이미터접지형이 많다. 그림 4－18에 표시한 증폭회로의 증폭도를 구해보자. 등가회로는 그림 4－19와 같다.

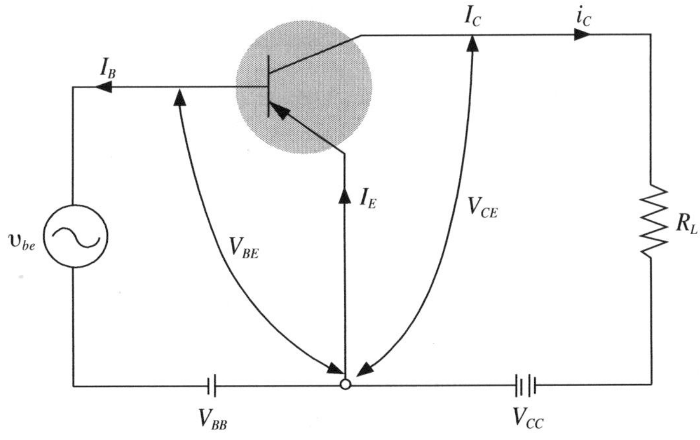

그림 4-18 이미터 접지형 트랜지스터의 증폭회로

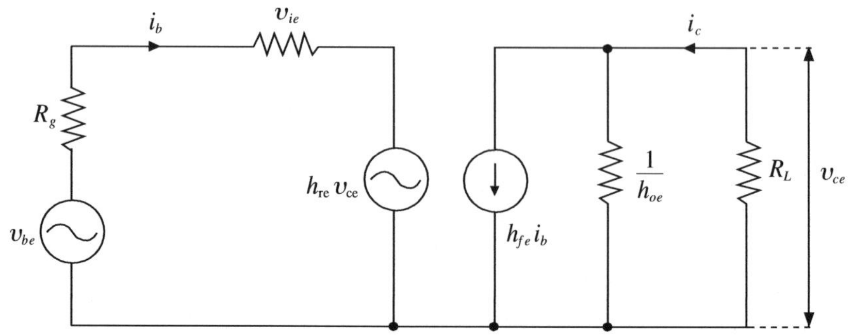

그림 4-19 이미터 접지형 증폭회로의 파라미터 등가회로

그림 4－19에 나타내고 있는 저항 R_g는 입력신호원의 내부저항이다. 더욱이 h파라미터는 항상 일정하지 않고 트랜지스터에 흐르는 전류、전압、온도 등에 따라 그 값이 변한다. I_E, V_{CE}의 값에 따라 h파라미터가 변화하는 모양을 그림 4－20에 나타내었다.

이제, 이 회로의 전류증폭도 A_i는 식 3－18에서

$$A_i = \frac{h_{fe}}{1 + h_{oe} R_L} \tag{4-79}$$

h_{oe}는 작고, $1 \gg h_{oe} R_L$이면, 윗 식은

$$A_i \doteqdot h_{fe} \tag{4-80}$$

로 구해진다. 전류이득 G_i [dB]는

$$G_i = 20 \log_{10} A_i \text{ [dB]} \tag{4-81}$$

전압증폭도 A_v는 식 3－19에서

$$A_v = \frac{-h_{fe}}{h_{ie}\left(h_{oe} + \frac{1}{R_L}\right) - h_{re}\, h_{fe}} \tag{4-82}$$

이제 h_{re}、h_{fe}가 충분히 작아서 $h_{oe} \ll 1/R_L$인 경우에는, 윗 식에서

$$A_v = \frac{-h_{fe}}{h_{ie}\left(h_{oe}+\frac{1}{R_L}\right)-h_{re}\,h_{fe}} \fallingdotseq \frac{-h_{fe}\,R_L}{h_{ie}} \qquad (4-83)$$

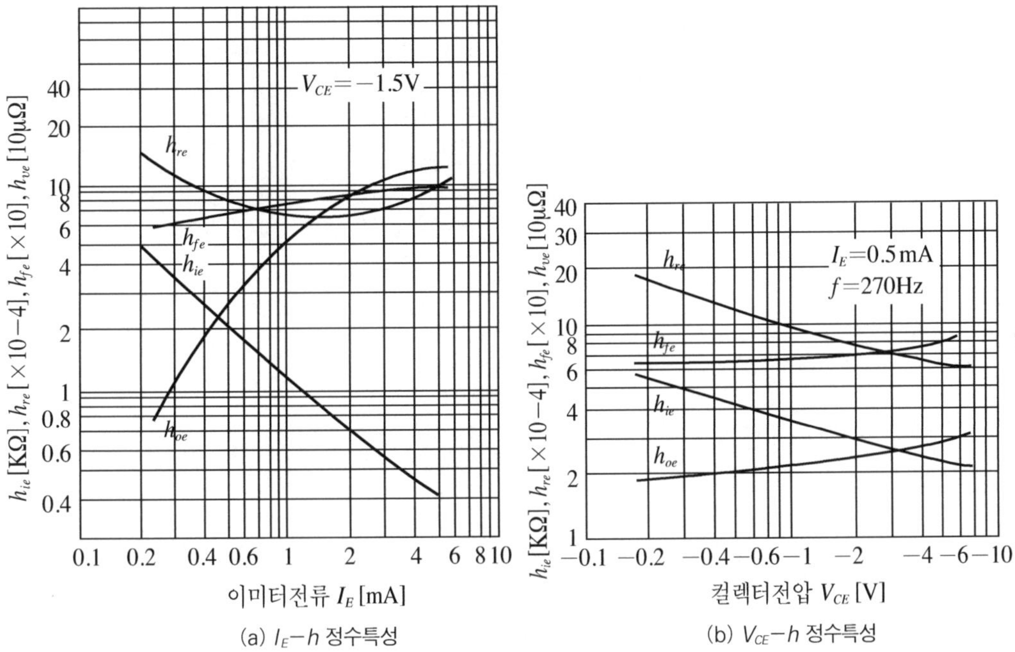

그림 4-20 h파라미터의 변화 특성

$$\therefore A_v \fallingdotseq -\frac{h_{fe}\,R_L}{h_{ie}}$$

로 된다. 전압이득 G_v[dB]는

$$G_v = 20\log_{10} A_v \text{ [dB]} \qquad (4-84)$$

전력증폭도 A_P는 식 4-81에서

$$A_P = \frac{h_{fe}}{1+h_{oe}R_L} \cdot \frac{h_{fe}}{h_{ie}\left(h_{oe}+\frac{1}{R_L}\right)-h_{re}\,h_{fe}} \qquad (4-85)$$

A_i, A_v가 각각 식 4-80, 식 4-82와 같이 간략화되는 경우는

$$A_P = \frac{h_{fe}^{\ 2} R_L}{h_{ie}} \tag{4-86}$$

로 된다. 전력이득 G_P[dB]는

$$G_P = 10 \log_{10} A_P \text{ [dB]} \tag{4-87}$$

로서 구해진다.

입력 임피던스 Z_i는 식 3－16에서

$$Z_i = h_{ie} - \frac{h_{re} h_{fe}}{h_{oe} + \frac{1}{R_L}} \tag{4-88}$$

$h_{ie} \gg h_{re} h_{fe} / \left[h_{oe} + \frac{1}{R_L}\right]$ 인 때에는 근사적으로

$$Z_i = h_{fe} \tag{4-89}$$

로 된다.

출력 임피던스 Z_0는 식 3－17에서

$$Z_0 = \frac{1}{h_{oe} - \frac{h_{re} h_{fe}}{h_{ie} + R_g}} \tag{4-90}$$

$h_{oe} \gg h_{re} h_{fe} / h_{ie} + R_g$인 때에는 근사적으로

$$Z_0 \fallingdotseq \frac{1}{h_{oe}} \tag{4-91}$$

로 된다.

그림 4－21에 간략화한 등가회로를 나타내었다. 표 4－2에 일반식과 간략식의 일람표를 나타내었다.

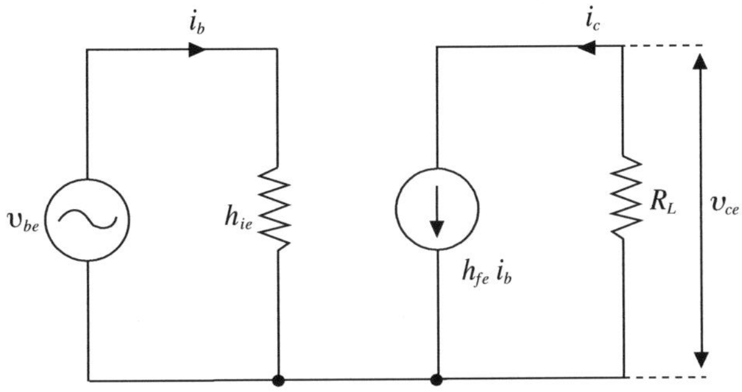

그림 4-21 간략화된 등가회로

표 4-2 h파라미터에 의한 증폭특성의 계산식(이미터접지)

	일 반 식	간 략 식
전류증폭도 A_i	$A_i = \dfrac{h_{fe}}{1+h_{oe}R_L}$	$A_i = h_{fe}$
전압증폭도 A_v	$A_v = \dfrac{-h_{fe}}{h_{ie}\left(h_{oe}+\dfrac{1}{R_L}\right)-h_{re}h_{fe}}$	$A_v = \dfrac{-h_{fe}R_L}{h_{ie}}$
전력증폭도 A_P	$A_P = \lvert A_i\rvert \cdot \lvert A_v\rvert$ $= \dfrac{h_{fe}}{1+h_{oe}R_L} \cdot \dfrac{h_{fe}}{h_{ie}\left(h_{oe}+\dfrac{1}{R_L}\right)-h_{re}h_{fe}}$	$A_p = \dfrac{h^2_{fe}R_L}{h_{ie}}$
입력임피던스 Z_i	$Z_i = h_{ie}\dfrac{-h_{re}h_{fe}}{h_{oe}+\dfrac{1}{R_L}}$	$Z_i = h_{ie}$
출력임피던스 Z_0	$Z_o = \dfrac{1}{h_{oe}-\dfrac{h_{re}f_{fe}}{h_{ie}+R_g}}$	$Z_o = \dfrac{1}{h_{oe}}$

예제 4-6 그림 4-22에 표시한 이미터접지형 증폭도회로의 등가회로를 그리고, 전류, 전압, 전력이득 [dB]을 구하여라. 단, 2SB 175의 $h_{fe}=100, h_{ie}=1.3[\text{KW}], h_{re}=8\times10^{-4}$, $h_{oe}=125\,[\text{m℧}]$.

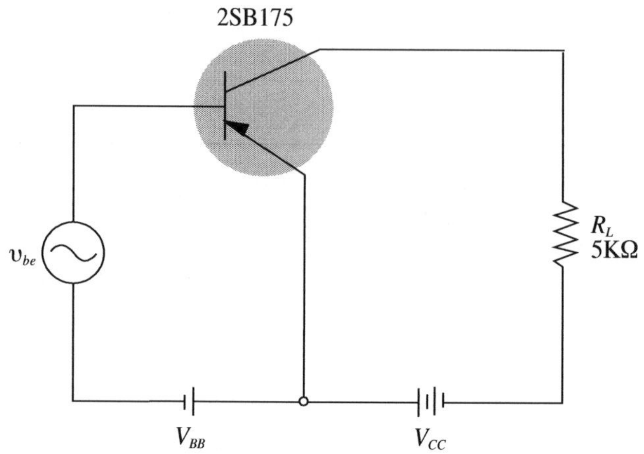

그림 4-22 이미터 접지형 증폭기

등가회로는 그림 4－19에 표시된 것과 같다.

$h_{oe}\,R_L=125\times10^{-6}\times5\times10^3=0.625$로 되므로 $1\gg h_{oe}R_L$은 아니다. 따라서 이 경우에는 간략식은 사용할 수 없다. 전류증폭도 A_i는 식 4－79에서

$$A_i=\frac{h_{fe}}{1+h_{oe}\,R_L}=\frac{100}{1+(125\times10^{-6}\times5\times10^3)}=61.5$$

전류이득 G_i는

$$\begin{aligned}G_i&=20\log_{10}A_i\\&=20\log_{10}61.5=35.8\text{ [dB]}\end{aligned}$$

전압증폭도 A_v는 식 3－19에서

$$\begin{aligned}A_v&=\frac{-h_{fe}}{h_{ie}\left(h_{oe}+\dfrac{1}{R_L}\right)-h_{re}\,h_{fe}}\\&=\frac{-100}{1.3\times10^3\left(125\times10^{-6}+\dfrac{1}{5\times10^3}\right)-(8\times10^{-4}\times100)}=292\end{aligned}$$

$$\begin{aligned}G_v&=20\log_{10}|A_v|\text{ [dB]}\\&=20\log_{10}292=49.3\text{[dB]}\end{aligned}$$

전력증폭도 A_P는

$$A_P = |A_i| \cdot |A_v|$$
$$= 61.5 \times 292 = 17958$$

따라서, 전력이득 G_P[dB]는

$$G_P = 10 \log_{10} A_P[\text{dB}]$$
$$= 10 \log_{10} 17958 = 42.55[\text{dB}]$$

로 된다.

간략식을 사용하여 G_i, G_v, G_p를 각각 구하면 $G_i = 40$ [dB], $G_v = 51.7$ [dB], $G_P = 85.86$ [dB]로 되어 각각 수 [dB]정도의 오차가 나오는 것을 알 수 있다. 일반적으로 h_{oe}가 2자리× [$\mu\mho$], 부하저항 R_L이 1~2 [KΩ]정도일 때에는 간략식을 사용해도 우선 문제가 없는 것을 알 수 있다.

8. 증폭회로의 바이어스

증폭회로에 있어서 바이어스는 트랜지스터를 동작시키는 중요한 의미를 갖는 것이다. 바이어스점(동작점)이 어떤 원인으로 변화하면 동작중의 특성이 변화하여 트랜지스터정수나 입력임피던스, 증폭도가 변동하여 출력에 의곡이 증가하여 실제로 동작중의 특성이 증폭회로를 설계했을 때의 특성과 달라질 우려가 있다. 특히 트랜지스터의 온도에 따라 특성에 상당한 영향을 미치므로 바이어스의 안정화에 충분한 고려가 요구되고 있다.

여기서는 실제로 어떻게 바이어스를 얻고 있는가. 어떻게 바이어스를 안정화시키는가에 대해서 검토한다.

(1) 트랜지스터 증폭회로에서의 바이어스

트랜지스터에서는 입력회로(이미터 접지에서는 *BE*간, 베이스 접지에서는 *EB*간, 콜렉터 접지에서는 *BC*간)에는 순방향전압, 출력회로(이미터 접지에서는 *CE*간, 베이스 접지에서는 *CB*간, 콜렉터 접지에서는 *EC*간)에는 역방향전압이 항상 가해져 있다. 그림 4－23에 표시하는 바와 같이 이미터 접지형 증폭회로에서는 입력회로인 *BE*간에 순방향전압이 가해져 있으므로(*NPN*형이면 전지의 극성을 반전시킨다) 베이스회로에는 항상 베이스전류가 흐르고 있다.

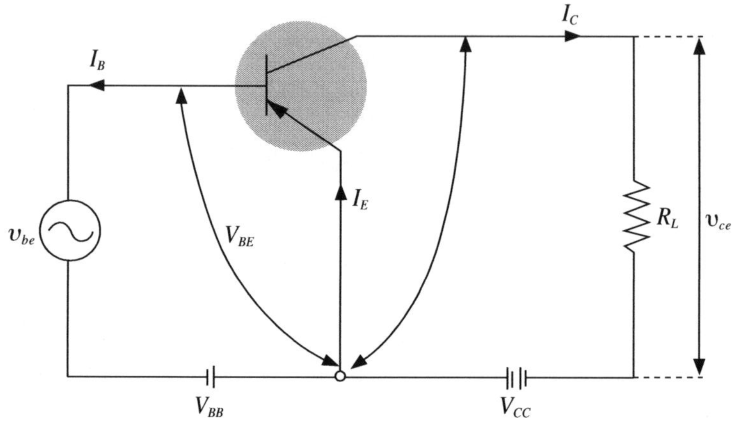

그림 4-23 PNP형 이미터 접지 증폭회로의 기본형

이와 같이 바이어어스 전류라고 생각하는 것이 좋다

이제까지의 증폭회로에서는 그림 4－23에 표시하는 바와 같이 편의상 V_{CC}(콜렉터공급전원)와 V_{BB}(베이스공급전원)의 2전원으로 하여 왔으나, 실제로는 특별한 경우를 제외하고는 콜렉터 전원 V_{CC}만의 전원회로로 하고 베이스 바이어스는 다음의 방법으로 얻는다.

① 고정 바이어스

② 전압궤환 바이어스

③ 전류궤환 바이어스

④ 조합한 바이어스

⑤ 비선형소자(thermistor, varistor)에 의한 바이어스 안정화

앞에 말한 베이스 바이어스 전류는, 부하저항이나 전원전압의 값이 정해지면 계산으로 구해지지만, 전원전압의 변동이나 온도의 변화에 따라 영향을 받으므로 동작점이 변동되기 쉽다. 동작점의 안정의 정도를 나타내는 것으로 안정계수 *S*(stability factor)가 있다.

이 *S*가 작을수록 동작은 안정되고, 용도에 따라서도 값이 다르지만 *Ge* 트랜지스터에서 2~10 정도, *Si* 트랜지스터에서 5~20 정도로 되는 바이어스회로로 한다.

*S*가 너무 작아지면 회로의 직류손실이 증가하며 이득이 저하한다. 너무 크면 왜곡이 증대될 뿐만 아니라, 나중에는 열폭주(thermal runaway)를 일으켜서 트랜지스터가 파괴된다.

트랜지스터 정수 중에서 온도의 변화에 따라 크게 그 값이 변하는 것은 $B-E$간 전압 V_{BE}, 전류증폭률 h_{FE}, 콜렉터 차단전류 I_{CBO}이다. 이 특성을 그림 4-24, 4-25, 4-26에 표시하였다. 콜렉터 차단전류 I_{CBO}는 그림 4-27에 표시한 바와 같이 CB간에 역방향전압을 가하고 E를 개방했을 때($I_E=0$)의 콜렉터에 흐르는 전류이다. 이 값은 작을수록 좋으나 온도상승에 따라 거의 지수함수적으로 증가한다. 또 일반적으로 트랜지스터가 열화하면 증가한다.

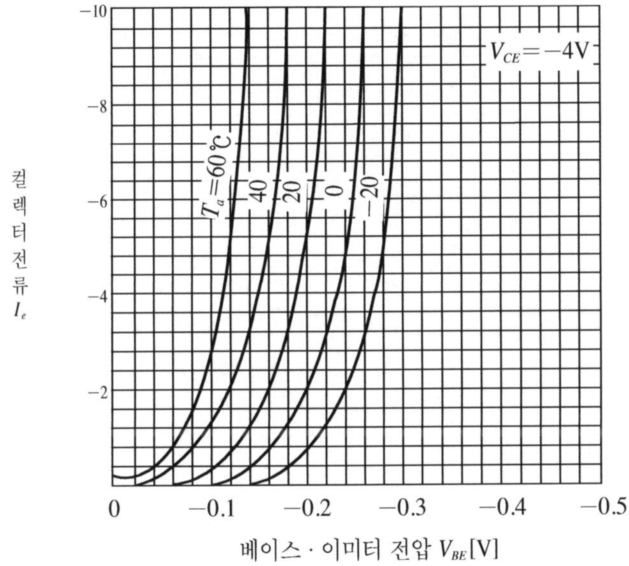

그림 4-24 주위온도에 의한 V_{BE}-I_C 특성

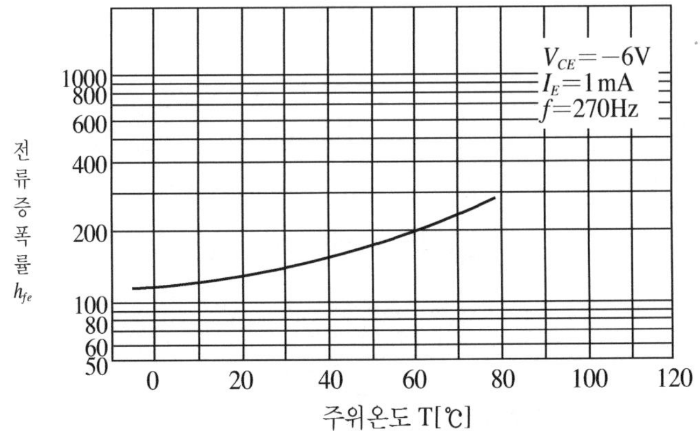

그림 4-25 주위온도-전류증폭률특성

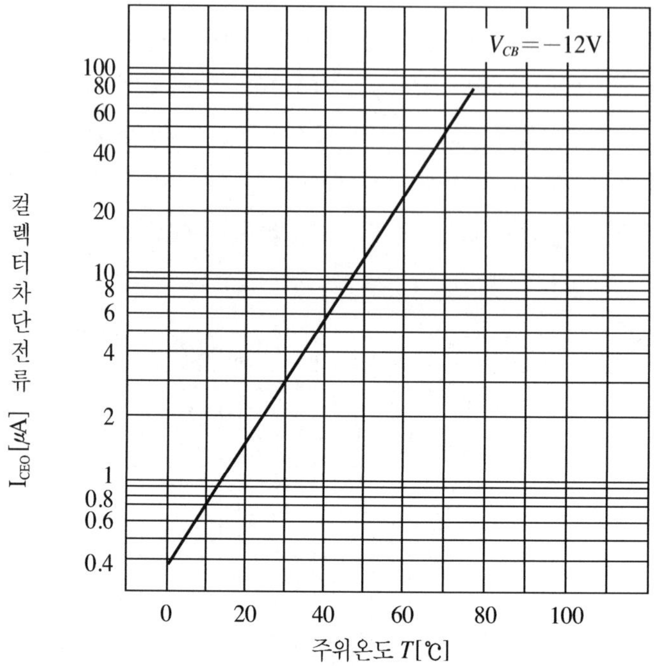

그림 4-26 주위온도-콜렉터 차단전류 특성

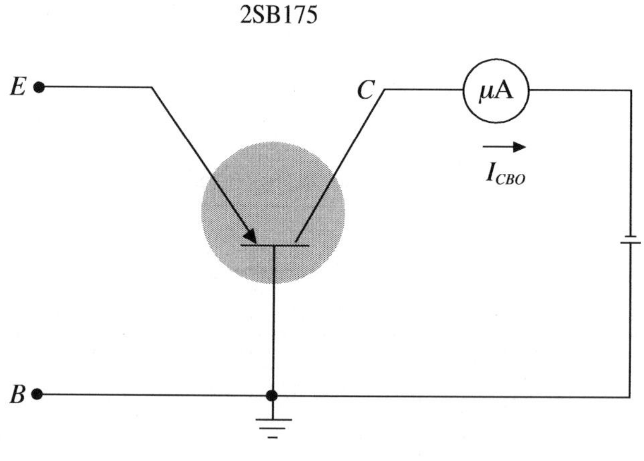

그림 4-27 컬렉터 차단전류 I_{CBO}의 측정회로

Ge트랜지스터의 I_{CEO}는 소신호용에서 0.1[μA]~10[μA]정도, 전력용에서 100[μA]~1[mA]정도이다.

베이스 접지의 경우, 콜렉터 전류 I_C는

$$I_C = \alpha I_E + I_{CBO} \tag{4-92}$$

단, (h_{fb}) : 베이스 접지전류증폭률
로 표시된다. 즉 이미터 개방인 때에도 I_{CBO}가 흐르고 있기 때문이다.

$$I_E = I_C + I_B \tag{4-93}$$

이므로 식 4-92에 대입하여 정리하면 이미터 접지의 경우 콜렉터전류가 구해진다.

$$\begin{aligned} I_c &= \frac{\alpha}{1-\alpha} I_B + \frac{1}{1-\alpha} I_{CBO} \\ &= \beta I_B + (1+\beta) I_{CBO} \end{aligned} \tag{4-94}$$

단, (h_{fe}) : 이미터 접지전류증폭률

이미터접지로서 베이스를 개방$(I_{B=0})$하면 식 4-94는 $(1+\beta)I_{CBO}$로 되며, 이것이 이미터 접지의 콜렉터 차단전류 I_{CEO}이다. 즉

$$I_{CEO} = (1+\beta) I_{CBO} \tag{4-95}$$

I_{CBO}와 I_{CEO}의 사이에는 이러한 관계가 있다.

그런데 지금 온도가 Δt만큼 변화했을 때의 I_{CBO}, V_{BE}, h_{fe}의 변화분을 ΔI_{CBO}, ΔV_{BE}, $\Delta\beta$라고 하면, 콜렉터 전류 I_C의 변화분 ΔI_C는

$$\Delta I_C = S_1\, \Delta I_{CBO} + S_2\, \Delta V_{BE} + S_3\, \Delta\beta \tag{4-96}$$

로 표시된다.

여기서, S_1은 I_{CBO}에 대한 안정계수로서

$$S_1 = \frac{\Delta I_C}{\Delta I_{CBO}} = \frac{\beta+1}{1-\beta(dI_B/dI_C)} \tag{4-97}$$

※ $I_C = \beta I_B + (\beta+1) I_{CBO}$를 β를 일정하다고 보아서 I_C에 관해서 미분하면

$$I = \frac{dI_B}{\beta dI_C} + (\beta+1)\frac{dI_{CBO}}{dI_C} = \beta\frac{dI_B}{dI_C} + \frac{\beta+1}{S_1}$$

따라서,

$$S = \frac{\beta+1}{1-\beta(dI_B/dI_C)}$$

S_2는 V_{BE}에 대한 안정계수로서

$$S_2 = \frac{\Delta I_C}{\Delta V_{BE}} \qquad (4-98)$$

S_3 은 β에 대한 안정계수로서

$$S_3 = \frac{\Delta I_C}{\Delta h_{FE}} \qquad (4-99)$$

이다. S_1은 온도상승에 따르는 I_{CBO}의 변화분이 I_C의 변화에 어느 정도의 영향을 미치느냐의 비로서, 특히 Ge 트랜지스터에서는 온도변화에 의한 I_{CBO}의 변화분의 영향이 가장 크므로 S_1을 문제로 한다. Si 트랜지스터에서 V_{BE}의 온도 의존성에 의한 영향이 커서 S_2를 문제로 삼는 경우도 많다.

※ i) 소신호전류증폭률 h_{fe}와 직류전류증폭률 h_{FE}는 엄밀히는 다르나 $h_{FE} \fallingdotseq h_{fe}$로 생각하여도 큰 차이는 없다.

※ ii) 접합부온도는 *Si* 트랜지스터에서 150 [℃]~190[℃], Ge 트랜지스터에서 75[℃]~90[℃]이다. 따라서, 이 온도를 넘어서는 안 된다.

① 고정 바이어스회로

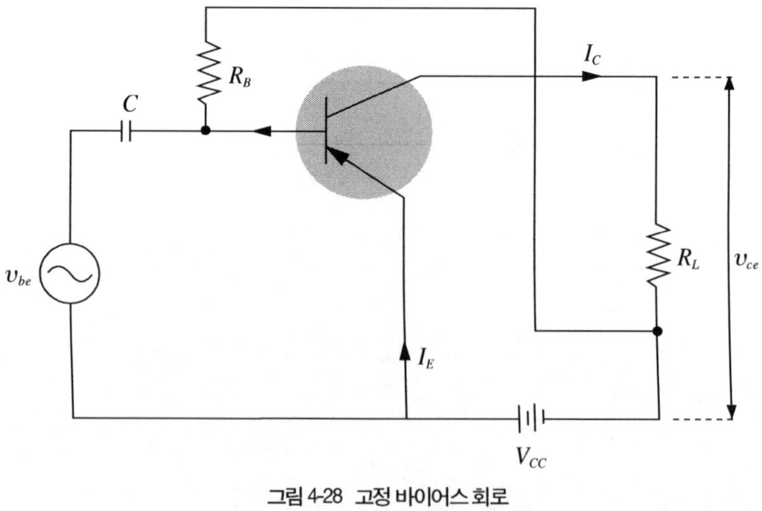

그림 4-28 고정 바이어스 회로

그림 4 - 28에 보인 것은 베이스 회로에 베이스 저항 R_B를 접속한 가장 간단한 바이어스 회로이다. 원하는 베이스 바이어스 전류 I_B와 콜렉터 공급전원 V_{CC}가 결정되면, 베이스 저항 R_B는

$$R_B = \frac{V_{CC} - V_{BE}}{I_B} = \frac{\beta(V_{CC} - V_{BE})}{I_C} \qquad (4-100)$$

로 구해진다. 일반적으로 $V_{BE} \ll V_{CC}$이므로

$$R_B \fallingdotseq \frac{V_{CC}}{I_B} = \frac{\beta V_{CC}}{I_C} \qquad (4-101)$$

로 구한다. 이 회로는 간단하여 소비전력이 작으나, 식 4 - 101에서도 아는 바와 같이

$$I_C = \beta I_B = \frac{\beta V_{CC}}{R_B}$$

이므로, V_{CC}가 변동하면 콜렉터 I_C가 β 배 되므로 동작점이 이동하게 되는 것이다. 안정계수는

$$S = 1 + \beta = 1 + h_{FE} \qquad (4-102)$$

로 표시된다. $h_{fe}(A_i)$가 큰 트랜지스터에서는 S가 커져서 안정도가 나빠진다. 약간의 온도변화에 대해서도 베이스 바이어스전류가 변동하므로 실제로는 거의 사용되지 않는다. 베이스 회로에 직렬로 삽입되어 있는 C는 결합콘덴서이다.

② 전압궤환 바이어스 회로

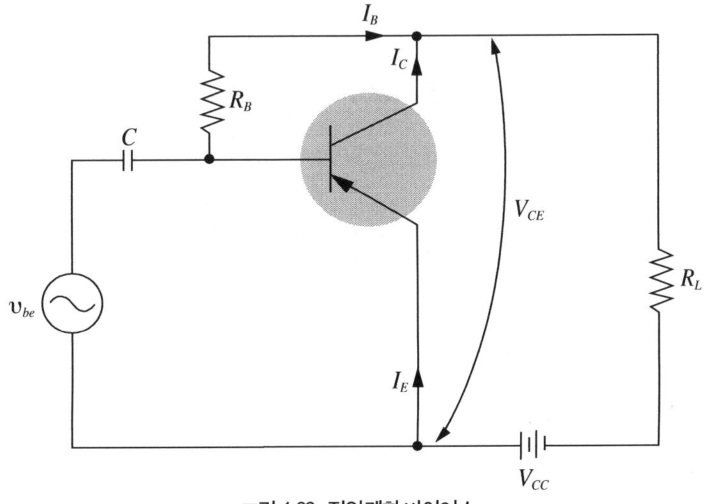

그림 4-29 전압궤환 바이어스

그림 4-29에 표시한 바와 같이 콜렉터와 베이스 사이에 저항 R_F를 접속한 것인데, 온도 상승에 의해서 콜렉터 전류 I_C가 증가하여도 부하저항 R_L에 의한 전압강하가 그만큼 증가하므로 콜렉터 전압 V_{CE}가 감소한다. 따라서 베이스 전류 I_B가 감소하고 콜렉터 전류 I_B의 증가를 방지하는 작용을 한다. 이것은 일종의 전압부궤환작용이다. 일반적으로 $V_{BE} \ll V_{CE}$이므로

$$R_F = \frac{V_{CE}}{I_B} \quad (4-103)$$

로 구해진다. 이 회로는 NFB(부궤환)를 건 것으로 되므로, 이득이 감소하고, 의곡이 작게 되고, 또한, 입출력임피던스도 감소하는 것이 특징이다. 안정계수는

$$S = \frac{\beta + 1}{1 + \beta R_L / (R_F + R_L)} \quad (4-104)$$

로 표시된다. 이 때문에 고정 바이어스보다 안정도는 개선된다.

③ 전류궤환 바이어스 회로

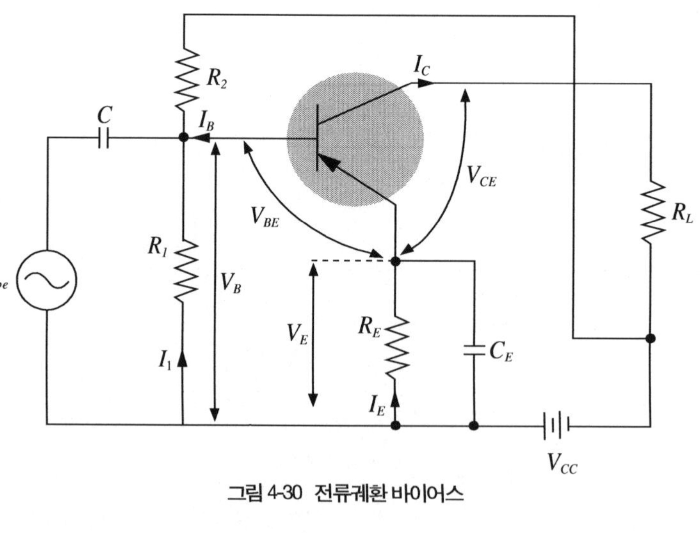

그림 4-30 전류궤환 바이어스

그림 4-30에 보이는 것은 가장 일반적으로 사용되고 있는 전류궤환 바이어스 회로이다. 이제 온도상승이나 전원전압의 변동 때문에 콜렉터 전류 I_C가 증가하면 이미터 전류 I_E

역시 증가한다. 이미터에는 저항 R_E가 접속되어 있으므로 R_E의 양단전압강하 V_E가 증가하고 베이스와 이미터 사이의 바이어스 전압 $V_{BE}=V_B-V_E$가 감소한다. 이 때문에 베이스 전류 I_B가 감소하는 것이다. 이와 같이 온도변화에 대응하여 베이스 바이어스를 안정화하는 작용을 갖는다. 이미터 저항 R_E가 클수록 안정계수 S는 좋아진다. 그러나 너무 크게 선택하면 저항 R_E에서의 전압강하가 커지고 콜렉터 전압 V_{CE}가 감소한다. V_E가 1~2[V] 정도로 되게 R_E를 선택하면 좋다. C_E는 교류분을 바이패스시키는 콘덴서로서 동작을 하고 있다. C_E의 값은 다음 식으로 구해진다.

$$C_E=\frac{1+h_{fe}}{2\pi f(R'+h_{ie})}\,[\mathrm{F}] \qquad (4-105)$$

단, f : 입력신호의 최저주파수

$$R'=\frac{R_1R_2}{R_1+R_2}$$

이 용량이 부족하면 저역에서의 이득은 감소한다. 이 바이패스 콘덴서 C_E를 제거하면 NFB(이 경우는 전류부궤환)가 걸리므로 이득은 감소하지만, 입, 출력 임피던스는 증가한다. 콜렉터전원 V_{CC}를 저항 R_1'과 R_2로서 분할하여 베이스 전위를 고정시키고 있다. R_1은 작은 값일수록 안정계수 S가 좋게 된다. 그러나 너무 작게 선택하면 C_R 결합증폭기에서 입력 임피던스가 감소하고, 이 저항에서 입력신호가 소비되어 유효하게 입력이 가해지지 않는다. 또 직류소비전력도 증가한다.

이 회로의 콜렉터 전원 V_{CC}와 베이스 전류 I_B, 콜렉터 전류 I_C가 주어지면

$$R_2=\frac{V_{CC}}{I_1-I_{\mathrm{B}}} \qquad (4-106)$$

$$\text{단, } I_1=\frac{V_B}{R_1},\quad V_B\fallingdotseq V_{\mathrm{E}}$$

한편, 그림 4-30의 회로에서 베이스 단자에서 왼쪽을 본 회로를 테브닌(Thevenin)의 정리에 의해서 변환하면(직류성분만 생각한다) 그림 4-31과 같이 된다.

여기서

$$V=\frac{R_1}{R_1+R_2}V_{CC}$$

안정계수 S는 다음과 같이 된다

$$R_b = (R_1 // R_2) = \frac{R_1 R_2}{R_1 + R_2} \quad ①$$

그림에서 다음 두 관계식을 얻을 수 있다.

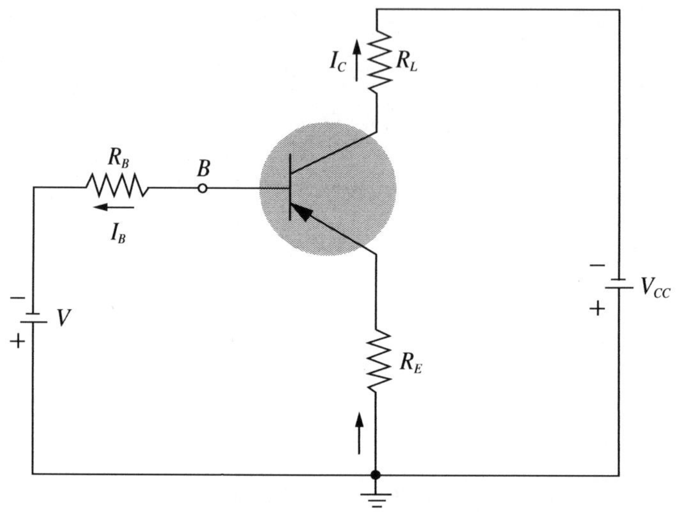

그림 4-31 그림 4-30을 변환한 회로

$$I_C = \beta I_B + (\beta + 1) I_{CBO} \quad ②$$

$$V = R_b I_B + V_{BE} + R_E (I_B + I_C) \quad ③$$

위 두식에서 I_B를 소거하면 다음식을 얻는다.

$$I_C = \frac{\beta V}{R_b + (1+\beta) R_E} - \frac{\beta}{R_b + (1+\beta) R_E} V_{BE} + \frac{(1+\beta)(R_b + R_E)}{R_b + (1+\beta) R_E} I_{CBO} \quad ④$$

따라서

$$S = \frac{\Delta I_C}{\Delta I_{CBO}} = \frac{(1+\beta)(R_b + R_E)}{R_b + (1+\beta) R_E} = (1+\beta) \frac{1 + R_b / R_E}{1 + \beta + R_b / R_E} \quad ⑤$$

식 ⑤에서 $R_E \to \infty$, 즉 $\frac{R_b}{R_E} \to 0$일 때, $S \to 1$(최소값)임을 알 수 있다.

$$S = (1+\beta) \frac{1 + R_b / R_E}{1 + \beta + R_b / R_E} \quad (4-107)$$

단, $R_b = \dfrac{R_1 R_2}{R_1 + R_2}$

로 표시되어 전압궤한 바이어스의 경우보다 좋아진다. 안정계수 S를 원하는 값으로 정하고 R_2을 구할 때에는

$$R_2 = \frac{SV_{CC}}{I_E} \tag{4-108}$$

$$R_1 = \frac{SR_E R_2}{R_2 - SR_2} \tag{4-109}$$

로 계산하면 좋다. R_E, R_1은 각각 다음과 같이 선택된다.

R_E는 소진폭증폭에서 500 [Ω]~4 [KΩ]정도, 대진폭증폭(전력증폭)에서 수 [Ω] 이상, R_1은 소진폭증폭에서 3 [KΩ]~30 [KΩ]정도, 대진폭증폭(전력증폭)에서 40 [Ω]~100 [Ω]정도이다.

④ 조합한 바이어스(전압궤환형) 회로

전압궤환 바이어스와 전류궤환 회로 바이어스를 조합한 회로를 그림 4-32에 나타내었다. 이 회로는 전압궤환과 전류궤환의 특징을 갖는다.

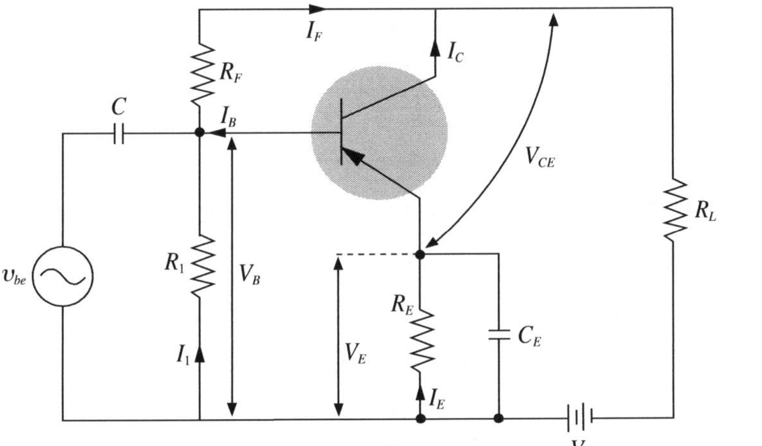

그림 4-32 조합한 바이어스 회로

이제 콜렉터 전압 V_{CE}, 베이스 바이어스 전류 I_B, 콜렉터 전류 I_C를 정해 주면 R_F는

$$R_F = \frac{V_{CE}}{I_1 + I_B} \tag{4-110}$$

$$단,\ I_1 = \frac{V_B}{R_1},\quad V_B \fallingdotseq V_E$$

로 구해진다. 안정계수 S는

$$S = \frac{(\beta+1)[R_1(R_L+R_F)+R_E(R_F+R_1+R_L)]}{R_FR_1+(\beta+1)[R_1R_L+R_E(R_F+R_1+R_L)]} \quad (4-111)$$

로 계산된다. 안정계수 S를 원하는 값에 해놓고, R_F, R_1를 구하는 경우에는

$$R_F = \frac{SV_{CE}}{I_E} \quad (4-112)$$

$$R_1 = \frac{SR_E V_{CC}}{V_{CC}(R_L+R_E)I_C}\left(1+\frac{R_L}{R_E}\right) \quad (4-113)$$

로 계산하면 좋다.

이 회로는 전압궤환과 전류궤환의 양자의 특징을 갖는다. 즉 안정계수가 가장 좋고 의곡이 적은 것이다. 그러나 입 · 출력 임피던스가 낮고(회로정수의 선택방법에 따라 입력 임피던스는 높게 할 수 있다) 전류궤환의 경우와 같이 직류소비전력이 약간 많다.

실제로 잘 쓰이고 있는 것은 전류궤환 바이어스와 조합한 바이어스이다.

⑤ 비선형소자에 의한 바이어스 안정화

대진폭증폭(전력진폭)에서 콜렉터 전류가 크고 온도상승이나 회로의 손실도 커서 저항소자(선형저항)를 사용한 바이어스 회로에서는 바이어스의 안정화가 충분하지 못하다. 그래서 더미스터, 바리스터 등의 비선형소자를 사용하여 바이어스를 보다 안정화해야 한다. 더미스터를 사용하여 온도보상을 행하고 있는 회로를 그림 4-33에 나타내었다.

이제 이 회로에서 온도가 상승하면 콜렉터 차단전류 I_{CBO} 이미터 전류 I_E가 증가하므로 콜렉터 전류 I_C도 증가한다. 이 I_C의 증가를 억제하지 않으면 결국에 가서는 열폭주를 일으켜 트랜지스터가 파괴된다(특히 콜렉터 손실이 최대 정격에 가까운 곳에서 사용하는 경우에는 충분한 주의가 필요하다). I_C를 일정하게 하기 위해서는 온도가 상승하여도 늘 V_{BE}가 일정하면 되기 때문데 온도계수가 부(ー)인 더미스터나 바리스터를 R_1 대신에 사용하면 좋다. 즉 온도가 상승하면 더미스터의 저항이 감소하므로 그 양단의 전압도 감소한다. 따라서 I_C의 증가를 억제하는 것이다. 더미스터만을 사용하면 그 효과가 과대하게 되므로 고정저항 R_1을 병렬로 넣어 주면 좋다.

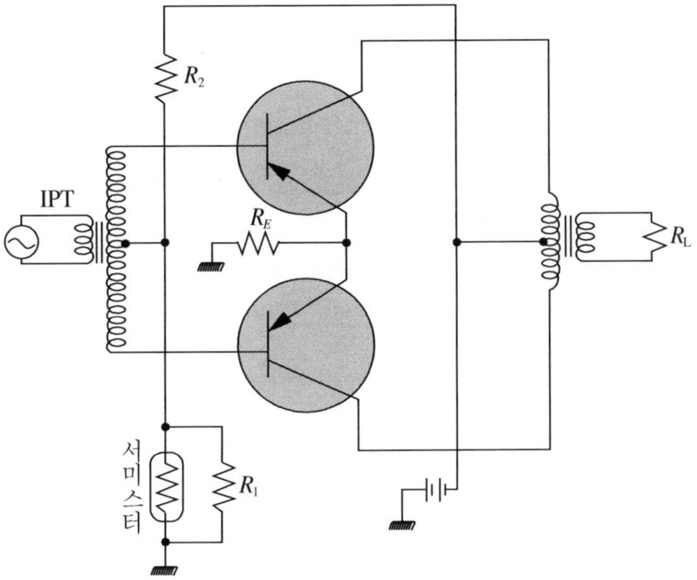

그림 4-33 서미스터를 사용한 온도보상 회로

예제 4-7 그림 4-30의 전류궤환 바이어스 회로에 있어서 $R_1 = 15$[KW], $R_E = 1.5$[KW] 콜렉터 전원전압 $V_{CC} = 9$[V], 콜렉터 전류 $I_{CC} = 1.3$[mA]라고 한다. 이때의 R_2, S 및 C_E를 구하여라. 단, 트랜지스터의 $h_{fe} = 49$, $h_{ie} = 1.5$[KW]로 한다.

$$I_B \fallingdotseq \frac{I_C}{h_{fe}} = \frac{1.3\times10^{-3}}{49} = 26.5[\mu\text{A}]$$

$$I_E = I_C + I_B = 1.3 + 0.0265 \fallingdotseq 1.33[\text{mA}]$$

$$V_E = I_E \cdot R_E = 1.33\times10^{-3}\times1.5\times10^{3} = 2[\text{V}]$$

식 4-106에서

$$V_B \fallingdotseq V_E = 2[\text{V}]$$

$$I_1 = \frac{V_B}{R_1} = \frac{2}{15\times10^{3}} = 133[\mu\text{A}]$$

$$\therefore\ R_2 = \frac{V_{CC}}{I_1 + I_B} = \frac{9}{(133+26.5)\times10^{6}} = 56[\text{K}\Omega]$$

식 4-107에서

$$R_b=\frac{R_1R_2}{R_1+R_2}=\frac{15\times56}{15+56}=11.8[\text{K}\Omega]$$

$$\therefore\ S=\frac{(1+\beta)\ (R_b+R_E)}{R_b+(1+\beta)R_E}=\frac{(1+49)\ (11.8+1.5)}{11.8+(1+49)1.5}=7.65$$

식 4－105에서 C_E는

$$C_E=\frac{1+h_{fe}}{2\pi f(R'+h_{ie})}=\frac{1-49}{2\pi\times50\,(11.8+1.5)\times10^3}=12[\mu\text{F}]$$

저주파증폭이므로 f는 음성주파수의 최저 $f_1=50[\text{Hz}]$로 하여 구했다. R'는 R_1과 R_2의 병렬합성저항이다.

예제 4-8 그림 4－32의 조합한 바이어스 회로에서 $V_{CC}=9[\text{V}]$, $I_C=1.3[\text{mA}]$, $R_1=15[\text{KW}]$, $R_E=1.5[\text{KW}]$, 부하저항 $R_L=3[\text{KW}]$, 트랜지스터의 $h_{fe}=49$로 하였을 때, R_F, S의 값을 구하여라.

풀이 위의 문제 풀이와 같은 방법으로

$$I_B=26.5[\mu\text{A}],\ I_E=1.33[\text{mA}],\ V_E=2[\text{V}]$$

가 되므로, V_{CE}는

$$V_{CE}=V_{CC}-I_C\cdot R_L=9-(1.3\times10^{-3}\times3\times10^3)=9-3.9=5.1\ [\text{V}]$$

식 4－110에서

$$V_B\fallingdotseq V_E=2[\text{V}],\ I_1=\frac{V_B}{R_1}=\frac{2}{15\times10^3}=0.133[\text{mA}]$$

$$\therefore\ R_F=\frac{V_{CE}}{I_1+I_B}=\frac{5.1}{(0.133+0.265)\times10^{-3}}\fallingdotseq32[\text{K}\Omega]$$

식 4－111에서

$$S=\frac{(\beta+1)\ [R_1(R_L+R_F)+R_E(R_F+R_1+R_L)]}{R_FR_1+(\beta+1)\ [R_1\ R_L+R_E(R_F+R_1+R_L)]}$$

$$=\frac{(49+1)[15(3+32)+1.5(32+15+3)]}{32\times15+(49+1)[15\times3+1.5(32+15+3)]}=5$$

9. 증폭회로의 의곡과 잡음

증폭회로의 출력파형이 입력신호의 파형과 다른 경우 이것을 의곡(distortion)이라 한다. 이 의곡이 작을수록 고충실도 증폭기(high fidelity amplifier)라고 하며, 이 의곡을 될 수 있는 대로 작게 해야 한다. 고충실도 증폭기로서 신호를 증폭하여도 신호 외에 잡음이 포함된다. 잡음(noise)에는 입력신호와 함께 외부에서 들어오는 잡음이 있고, 이것이 신호와 함께 증폭된다. 이와 같이 외부에서의 잡음을 외부잡음(external noise)이라 한다. 또 증폭기 내부에서 발생하는 잡음을 내부잡음(internal noise)이라 한다. 여기서는 증폭기 내부에서의 잡음에 대해 해설한다. 잡음을 작게 하는 것은 중요하므로 특히 증폭기의 초단에서의 잡음(top noise)은 후단에서 증폭되어 그 영향이 크므로 될 수 있는 대로 작게 하지 않으면 안 된다.

(1) 증폭회로의 의곡

증폭회로의 의곡을 대별하면 다음과 같다.

- 의곡
  - 비직선의곡 … 진폭의곡(파형의곡)
  - 직선의곡 …
    - 주파수의곡(감쇠의곡)
    - 위상의곡(지연의곡)

① 진폭의곡(파형의곡)

진폭의곡(amplitude distortion)은 트랜지스터의 특성이 비직선성에 기인하므로 비직선의곡(nonlinear distortion)이라고 부르기도 한다.

일반적으로 특성곡선은 직선이 아니므로 증폭기를 통과한 출력의 파형은 입력의 파형과 다른 것이 된다. 이것은 입력파형(기본파) 이외에 기본파의 2배, 3배…의 고조파성분이 포함되어 있기 때문이다. 이것을 고조파의곡(harmonics distortion, H.D)이라 한다. 기본파에

제2고조파가 포함되었을 경우의 의곡파를 그림 4-34에 나타내었다. 특성곡선의 직선부를 사용하고 소진폭을 가하는 A급증폭 동작에서도 엄밀히 의곡을 포함하고 있다.

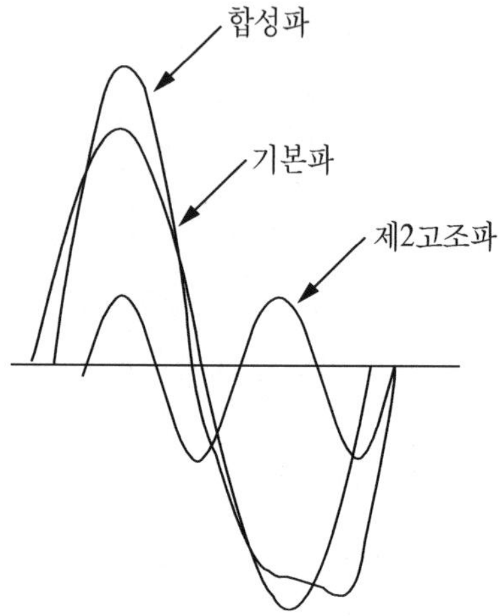

그림 4-34 제2고조파를 포함하는 의곡파형

비직선의곡의 정도를 나타내기 위해 의곡률(kilirr factor)을 사용한다. 의곡률을 K라고 하면

$$K = \frac{\sqrt{I_2^2 + I_3^2 + \cdots}}{I_1} \times 100[\%]$$

$$K = 20\log_{10}\frac{\sqrt{I_2^2 + I_3^2 + \cdots}}{I_1} = [\text{dB}] \qquad (4-114)$$

단, I_1 : 기본파전류의 실효치,

I_2, I_3 : 제2, 제3고조파전류의 실효치

로 표시된다.

이 고조파의곡 이외에 혼변조의곡(intermodulation distortion I.M)이 있다. 이것은 고조파의곡(H.D)이 있기 때문에 간접적으로 결합음을 생기게 하는 것으로, 예를 들면 간단하게 제2고조파만을 발생하는 증폭기에 $f_1 = 50$[Hz], $f_2 = 7$[KHz]가 가해졌을 경우, 출력측에는 $f_1, f_2, 2f_1, 2f_2, ((f_1+f_2)\ (f_2-f_1))$의 성분이 나타난다. 이들 중에서 $(f_1+f_2)\ (f_2-f_1)$을 결합음이라 하며, 7050[Hz]와 6950[Hz]는 $f_2 = 7$[KHz]가 $f_1 = 50$[Hz]로 진폭변조된 것이 되어 7[KHz]를 중심으로 한 측파대가 생긴다. 이 때문에 음질이 변하여 이른바 선명치 않는 음이

생긴다. Hi Fi앰프에서는 I.M을 문제로 삼는다.

② 주파수의곡(감쇠의곡)

일반적으로 증폭회로의 부하는 순저항은 아니고 임피던스이므로 리액턴스성분을 포함하게 된다. 이것은 입력신호의 주파수가 단일주파수일 때 입력신호의 주파수가 변하면 부하의 임피던스가 변화하므로 증폭도도 일정하지 않다. 실제에는 리액턴스성분 때문에 저역이나 고역에서는 중역주파수에 비해 증폭도가 저하한다. 주파수특성(f 특성이라 한다.)을 그림 4－35에 나타내었다.

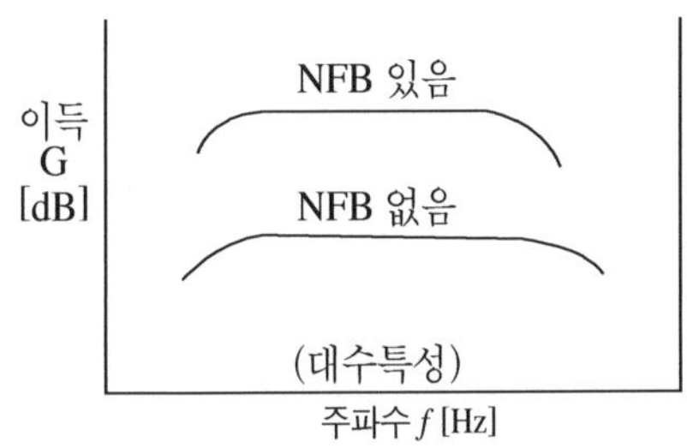

그림 4-35 주파수 특성

이와 같이 주파수 f 특성이 평탄하지 못하기 때문에 의곡이 생긴다. 이것을 주파수의곡(frequency distortion)이라 한다. 트랜지스터가 비록 직선이었다 해도 생기는 의곡이므로 직선의곡(Iinear distortion)이라고 한다.

③ 위상의곡(지연의곡)

증폭회로에 가해지는 입력신호는 단일주파수는 아니고 일반적으로 많은 주파수성분을 포함고 있다. 이러한 각 주파수성분이 똑같은 위상으로 출력측에 나타나면 의곡은 일어나지 않으나 실제에는 주파수의 차이에 따라 각각 지연시간에 차가 생겨(즉, 위상차) 출력측에 나타난다. 이 때문에 생기는 의곡을 위상의곡(phase distortion)이라 한다. 사람의 시청각특성상에서 음성주파증폭의 경우는 TV의 영상증폭기보다 위상의곡은 중요시 하지 않는다.

이 의곡도 소자의 비 직선장에는 관계 없이 일어나므로 직선의곡이라 부른다. 이들의 의곡은 후에 말하는 푸시풀 증폭이나, NFB(부궤환)를 거는 데 따라 없앨 수 있고, 작게 할 수도 있다.

(2) 증폭회로의 잡음

증폭기 내부에서 발생하는 잡음에는 다음과 같은 것이 있다.

잡음 - ① 저항체에 의한 열산란잡음
② 트랜지스터 소자에 의한 잡음
③ 함(hum)에 의한 잡음
④ 부품의 노화나 접속불량 등에 의한 잡음

잡음의 정도를 나타내는 데에 S/N(신호와 잡음의 전압비)이 있다.

$$S/N = 20\log_{10}\frac{S}{N}\,[\text{dB}] \qquad (4-115)$$

또 증폭기 내부의 잡음성 양부를 표시하는 것으로 잡음지수 NF(noise figure)가 사용되며 dB로 표시하면

$$NF = 10\log\frac{S_i/N_i}{S_o/N_o} \qquad (4-116)$$

단, S_i/N_i는 입력측의 잡음 전력에 대한 신호 전력비
S_o/N_o는 출력측의 잡음 전력에 대한 신호 전력비

$NF = 10$[dB]이면 이상적인 증폭기이다.

① 저항체에 의한 열교란잡음

열교란잡음(thermal agitation noise) 저항체(동조회로는 LCR의 순저항체로 생각한다) 내부의 자유전자가 온도상승에 따라 힘차게 열운동을 일으키기 때문에 발생하는 잡음으로 이것을 잡음전압 V_n(실효치)로 표시하면 다음 식과 같이 된다.

$$V_n = \sqrt{4KTBR}\,[\text{V}]$$

K : 볼츠만(Boltzmann)정수(1.38×10^{-23} J/°K)
B : 주파수대역폭[Hz], T : 절대 온도 [°K]($273+t$[℃])
R : 저항체의 저항[Ω]

위 식에서 아는 바와 같이 사용하는 증폭기의 주파수대역폭 B가 넓을수록 잡음전압은 증가하는 것이다. 더욱이 이 잡음은 낮은 주파수에서 높은 주파수까지 거의 균일하게 분포

하고 있다고 생각되고 있다.

② 트랜지스터에 의한 잡음

트랜지스터 잡음의 주파수특성을 표시하면 그림 4-36과 같이 된다. 그림에 있어서 산탄잡음(shot noise)은 1[KHz]~1[MHz] 정도의 광역에 걸쳐서 분포되어 있고, 이미터에서의 캐리어(carrier) 흐름의 불규칙성에 의한 것이다. 이에는 베이스 확산저항 r_{bb}' 에 의한 열잡음이나, E-B, B-C 접합면에서 발생되는 잡음 등을 모두 화이트잡음(white noise)이라고 부른다. 프리커잡음(flicker noise)은 B-E접합면에 있어서 전자 운동의 완만한 변동에 의한 것으로 생각되고 있으며, 저역에서 주파수가 반으로 되면 NF가 3[dB] 증가한다(3dB/oct). 주파수에 반비례하여 감소하므로 1/*f* 잡음이라 부른다. 이 잡음은 대단히 낮은 주파수에서는 문제가 된다.

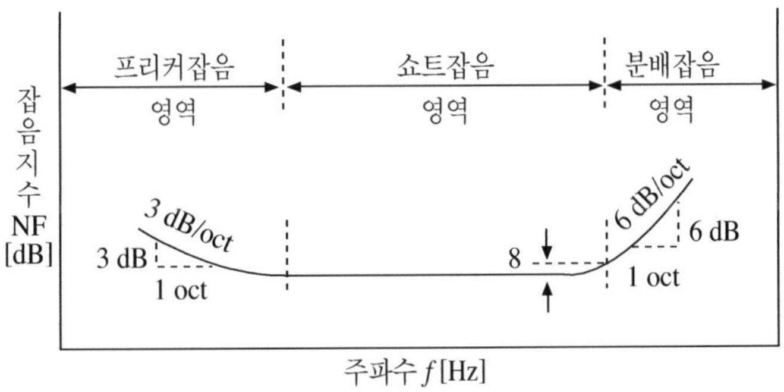

그림 4-36 트랜지스터잡음의 주파수특성

분배잡음(partition noise)은 이미터에서의 캐리어가 베이스와 콜렉터에 분배되는 비율의 불규칙성에 의한 것으로 산탄잡음영역을 넘으면 주파수의 2승에 비례하여 증가하고 1옥타브[주]에 대해서 NF가 6[dB] 증가한다(6dB/oct). 콜렉터 전압이나 이미터 전류의 값에 따라서도 NF는 달라진다. 이 모양을 그림 4-37과 그림 4-38에 나타내었다. 일반적으로 베이스 확산저항 r_{bb}' 콜렉터차단전류 I_{CBO}의 작은 트랜지스터로서 h_{fe}의 큰 것은 저잡음이라고 한다. 여하간에 증폭기의 초단에는 잡음이 작은 것을 사용하지 않으면 증폭기의 특성이 나빠진다.

(주) 옥타브(octave)란, 2개의 주파수 비가 2배로 될 때, 그 주파수의 간격을 1옥타브(octave)라 한다.

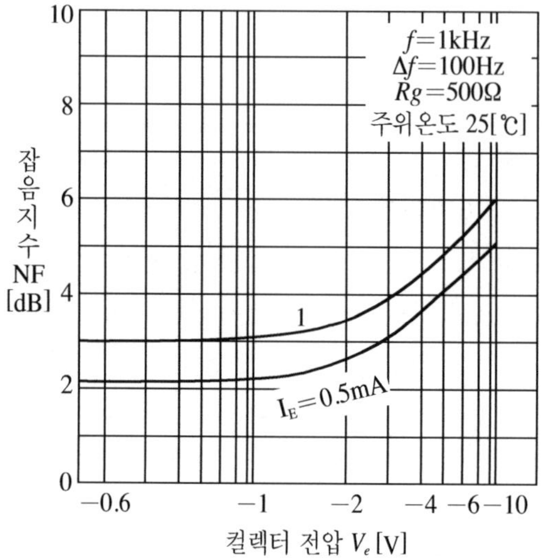

그림 4-37 콜렉터전압-잡음지수특성

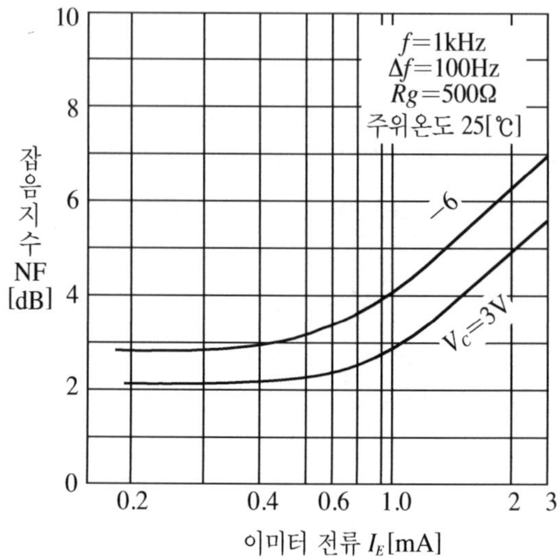

그림 4-38 이미터전류-잡음지수특성

③ 기타 잡음

①, ②에서 말한 잡음은 소자 그것에 의한 잡음으로, 이것들을 사용하는 이상 피할 수 없다. 함(교류음)에 의한 잡음은 교류 전자가 변동하는 것으로 함 배런서(hum balancer)로서 거의 방지할 수가 있다. 또 AC전원 코드로부터 유도되는 함도 부품의 배치를 생각하고, 배선을 짧게 하고, 실드선을 사용하든가 하여 방지할 수가 있다. 또 부품의 노화, 절연불량, 배선의 접속불량 등에 의한 잡음은 신품으로 대치하든가 하여 거의 없앨 수 있다.

연습문제

1. 데시벨[dB]이란 무엇이가 간단히 설명하여라. 또 dB을 사용하면 어떠한 이점이 있는가?

2. 전계강도가 0.5 [mV/m]는 몇 [dB]에 해당하는가?

3. 어떤 회로의 전력손실이 −20[dB]이라 한다. 이 회로의 출력은 입력의 몇분의 1로 되는가?

4. 그림 4−29에 있어서 $A_{v1}=45$, $A_{v2}=0.01$, $A_{v3}=65$일 때 총합전압 이득은 얼마인가?

5. 그림에 표시한 이미터 접지형 트랜지스터 증폭회로에 대해서 다음 각 물음에 답하여라. 단, 부하저항 $R_L=2$[KΩ],콜렉터 전원전압 $V_{CC}=6$[V], 트랜지스터는 2SB44를 사용하는 것으로 하여 h정수($V_{CE}=-6$[V], $I_E=1$[mA])는 $h_{ie}=2.5$[KΩ], $h_{re}=5\times10^{-4}$, $h_{fe}=85$, $h_{oe}=30$[μ℧]이다.

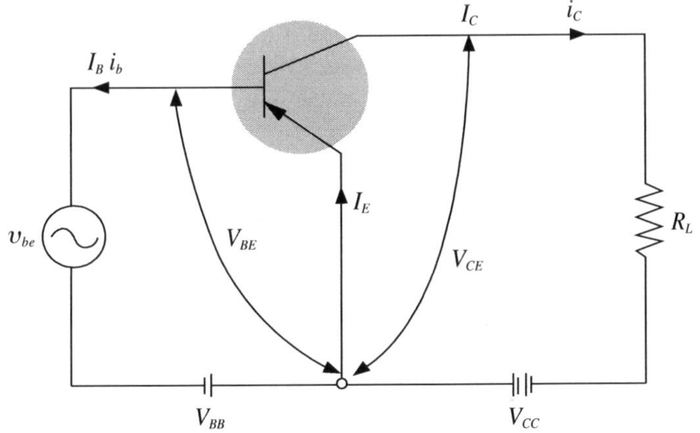

① 등가회로

② 이 증폭회로의 입력 임피던스(입력저항) Z_i, 출력 임피던스(출력저항) Z_o를 구하여라.

③ 이 증폭회로의 전류, 전압, 전력 이득을 구하여라.

④ 출력전압을 최대치에서 3 [V]를 얻고자 한다. 입력신호전압은 몇 [V]를 하면 좋은가?

6. 그림에 표시한 전압궤환 바이어스 회로에 있어서 베이스 전류 $I_B = 50$ [μA]로 선택하고 자 한다. 다음 물음에 답하여라. 단, 부하저항 $R_L = 5$ [KΩ], $V_{CE} = -66$[V]트랜지스터의 $h_{fe} = 70$으로 한다.

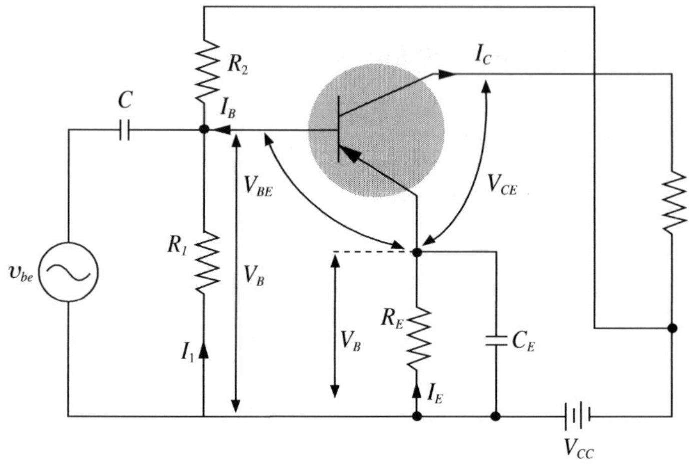

① 바이어스 저항 R_F를 구하여라.

② 이 회로의 안정계수 S를 구하여라.

7. 그림에 표시하는 조합한 바이어스 회로에 있어서 부하저항 $R_L = 3$[KΩ], $R_1 = 10$[KΩ], $R_F = 40$[KΩ], $R_E = 1$[KΩ]로 선택했다. 이때 회로의 안정계수 S는 얼마로 되는가? 단, $h_{fe} = 80$으로 한다.

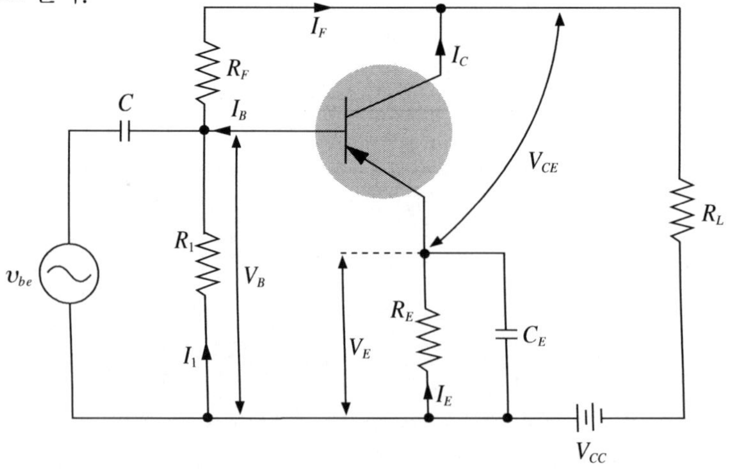

8. 어떤 증폭회로의 출력전압 속에 기본파성분이 40[V], 제 2 및 3 제 고조파성분의 전압이 각각 3[V], 0.8[V]였다. 이 증폭회로의 의곡율 K를 구하라.

9. 혼변조의곡이란 어떠한 것인가를 간단히 설명하여라.

10. 100[KΩ]의 저항 열잡음은 몇 [V]인가? 단, 온도는 27[℃], 주파수대역폭은 20[KHz]로 한다.

11. 어떤 증폭회로의 출력전압속에 신호전압이 30[V], 잡음전압이 3[mV]라 한다. S/V비는 얼마인가?

제 5 장
트랜지스터 회로의 바이어싱

1. 트랜지스터 바이어스 회로의 개념

트랜지스터는 전자회로의 많은 응용분야에 사용되어 왔다. 트랜지스터의 모든 응용영역을 배우는 것이 불가능하지는 않지만, 광범위하고 상당히 어렵다. 트랜지스터의 기본적인 회로 동작을 충분히 공부하여 기초지식을 익혀 응용에 적용함으로써 많은 것을 연구할 수 있도록 해야 한다. 이 장에서는 쌍극 접합 트랜지스터의 기본적인 개념을 다루고자 한다.

전압이나 전류의 증폭 또는 제어소자로서 이를 사용하기 위해서는 우선 소자를 바이어스시켜야 한다. 이와 같이 소자에 바이어스를 걸어 주는 일반적인 이유는 소자를 on시키고 특히 소자가 선형적으로 동작하는 특정영역에서 동작할 수 있도록 하기 위한 것이다.

트랜지스터 바이어스 회로의 목적이 소자가 이러한 선형 동작영역에서 동작할 수 있도록 하는 것이지만 각 소자는 전체적인 응용회로, 즉 증폭기, 파형 발생기, 논리회로 등의 일부분이다. 바로 이 전체 회로를 다루어 모든 동작을 고려할 수도 있지만, 더 복합하고 혼동만 될 것이다. 그러므로 이 장에서는 소자가 특정영역에서 동작할 수 있도록 하는 쌍극 접합 트랜지스터의 직류 바이어스에 대한 기본개념을 다룰 것이다. 이러한 개념을 잘 이해한다면 회로의 기본적인 것을 알고 있는 것과 같으므로 다른 회로는 물론 새로운 응용회로까지도 쉽게 이해하고 해석할 수 있을 것이다.

2. 트랜지스터의 동작점

트랜지스터의 바이어스 목적은 동작점(정지점 또는 Q점)이라 불리는 어떤 전압 및 전류 상태를 얻는 것이기 때문에 소자의 특성에서 이러한 점을 선택하는 데는 몇 가지 고려되어야 할 사항이 있다. 그림 5-1에 네 개의 동작점이 표시된 일반적인 소자의 특성을 나타내었다.

바이어스회로는 소자가 이 점들 중의 어떤 점 또는 동작영역(operating region) 내에서 동작되도록 설계한다. 전압, 전류의 최대정격은 최대전류 I_{max}에 대해서는 수평선으로, 최대전압 V_{max}에 대해서는 수직선으로 나타내는데, 그림 5-1의 특성곡선에 표시하였다. 특정소자의 동작영역을 정의하는 데 있어서 추가로 최대전력이 고려되어야 한다. 그림 5-1에서 P_{max}로 표시된 선이 최대전력곡선이다.

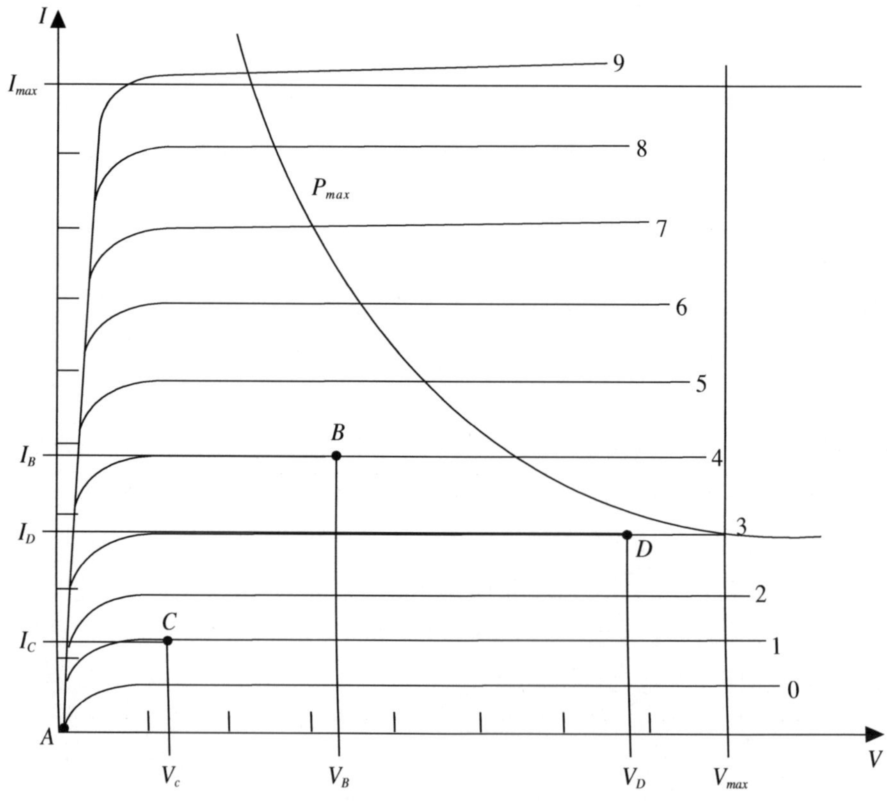

그림 5-1 트랜지스터 소자의 정적 특성곡선과 각 동작점

쌍극 접합 트랜지스터 소자가 전력의 최대 한계점 밖에서 동작하도록 바이어스될 수도 있으나 그러한 영역에서 동작하게 되면 소자의 수명이 상당히 단축되거나 파괴되어 버린다.

동작점이나 동작영역은 회로를 사용하는 목적에 따라 다르다. 동작점에 관한 어느 정도의 기본 개념을 검토하기 위해 그림 5-1의 각 점에서 동작에 관한 차이점을 생각해 보자.

만일 소자에 바이어스가 걸리지 않으면 소자는 완전히 off되어 A점의 전류, 즉 디바이스에 흐르는 전류와 전압강하는 0이 될 것이다. 입력신호의 전체 범위에 대하여 전류와 전압이 변화 또는 응답되도록 소자에 바이어스를 걸어 줄 필요가 있다. 바이어스점으로 점 A는 적합하지 않지만 점 B는 만족할 만한 동작을 한다. 만일 바이어스 레벨에 어떤 신호가 추가된다면 소자의 전류와 전압은 동작점 B에서 변화하여 소자가 입력신호의 양(+) 및 음(−)의 두 영역에 응답이 가능하도록 하는 것이다. 입력신호가 작은 경우 소자의 전압과 전류는 변화하지만, 소자가 차단 (cut off)이나 포화(saturation)상태로 되지 않는다. 차단상태란 소자가 더 이상 전도되지 않는 상태를 말하며, 포화상태란 소자에 걸리는 최소의 전압상태를 말한다. 보통 바람직한 증폭기 동작은 소자의 동작영역, 즉 포화영역과 차단영역 사이에서 동작하도록 하는 것이다.

점 C도 또한 소자의 동작에 따라 어느 정도는 양과 음의 변화를 발생시킨다. 그러나 바이어스점 C는 점 B에 비해 전압이 낮기 때문에 출력전압을 많이 감소시킬 수 없다. 점 C도 동작영역이나, 이 점에서 소자의 전류치가 작으며, 소자의 이득은 선형적이 아니다. 즉, 한 곡선과 다음 곡선 사이의 간격이 같지 않다. 이러한 비선형성으로 인해 소자의 특성에서 바이어스가 낮게 걸리면 이득이 낮아지고 높게 걸리면 이득이 커지게 된다. 입력신호의 변화에 대해 증폭량이 같기 위해서는 소자의 이득이 선형영역에서 동작하는 것이 바람직하다. 그림 5-1과 같이 점 B는 선형적인 간격을 유지하므로 더욱 선형적인 동작을 한다.

점 D는 소자의 동작점을 최대전압치 부근에 위치하게 한다. 그래서 최대전압이 초과되지 않는 경우에도 양방향에서의 출력전압진동은 제한을 받게 된다. 그러므로 점 B가 선형이득이나 전압 및 전류의 최대 진동면에서 가장 좋은 동작점이 된다. 이것은 전력증폭이나 논리회로에 대해서는 반드시 그렇지는 않지만, 소신호 증폭기에서는 일반적으로 바람직한 상태이다.

또 한 가지 중요한 바이어스 요소를 고려해야 할 사항으로는 온도의 영향이다. 온도는 트랜지스터의 전류이득과 누설전류와 같은 디바이스 특성을 변화시킨다.

온도가 높아지면 상온에서 더 많은 전류가 흐르게 되므로 바이어스 회로에 의해 설정된 동작상태가 나빠지게 된다. 이러한 이유로 소자의 온도변화가 동작점에서는 최소변화되도록 바이어스 회로는 회로에 대한 온도 안정도(temperature stability)를 제공해야 한다. 이러한 동작점의 유지는 온도에 따른 동작점 전류의 변화량을 나타내는 안정도 계수(stability factor) S에 의해 명시된다.

트랜지스터가 선형 또는 활성 동작영역 내로 바이어스되기 위해서는 다음과 같이 되어야 한다.

(1) 트랜지스터의 베이스-이미터 접합은 순방향 바이어스(p영역 전압이 훨씬 positive)가 되어야 한다. 이때 베이스-이미터 사이에 걸리는 순방향 바이어스 전압은 약 0.6[V]에서 0.7[V]가 된다.
(2) 트랜지스터의 베이스-컬렉터 접합은 역방향 바이어스(n영역 전압이 훨씬 positive)가 되어야 한다. 이때 베이스-컬렉터 사이에 걸리는 역방향 바이어스 전압은 소자의 최대한계 전압 내에서는 어떠한 값이라도 좋다.

트랜지스터 특성의 차단영역, 포화영역 및 선형영역에서의 동작은 다음과 같다.

i) 선형영역 동작 :

베이스-이미터 순방향 바이어스
베이스-컬렉터 역방향 바이어스

ii) 차단영역 동작 :

베이스-이미터 역방향 바이어스

iii) 포화영역 동작 :

베이스-이미터 순방향 바이어스
베이스-컬렉터 순방향 바이어스

3. 트랜지스터 바이어스 안정도

트랜지스터의 임의의 증폭기 회로에서 컬렉터 전류 I_C는 온도변화에 따라 다음의 세 가지 요인에 의해 변화한다.

(1) 온도가 10[℃]씩 증가할 때마다 역포화전류(누설전류) I_{CO}는 두 배로 증가한다.

(2) 트랜지스터의 베이스-이미터전압 V_{BE}는 1[℃]당 2.5[mV]씩 감소한다.

(3) 트랜지스터의 전류이득 β는 온도에 따라 증가한다.

이들 요인은 온도변화에 의하여 바이어스점이 원래의 회로에 의해 설정된 값에서 이동되도록 한다. 표 5-1은 실리콘 트랜지스터에 대한 전형적인 파라미터값을 기록한 것이다.

먼저 회로에 의해 설정된 직류 바이어스점에 미치는 누설전류와 전류이득의 변화에 따른 영향을 알아본다. 그림 5-2(a)와 5-2(b)의 그래프를 살펴보면, 25[℃]의 상온과 100[℃]의 온도에서 트랜지스터의 컬렉터 특성을 나타내었다.

표 5-1 실리콘 트랜지스터의 파라미터

T [℃]	I_{CO} [nA]	β	V_{BE} [V]
−65	0.2×10^{-3}	20	0.85
25	0.1	50	0.65
100	20	80	0.48
715	3.3×10^{3}	120	0.3

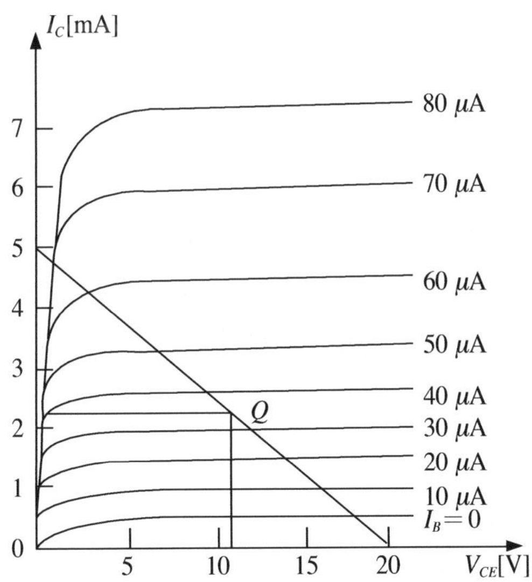

(a) 바이어스점

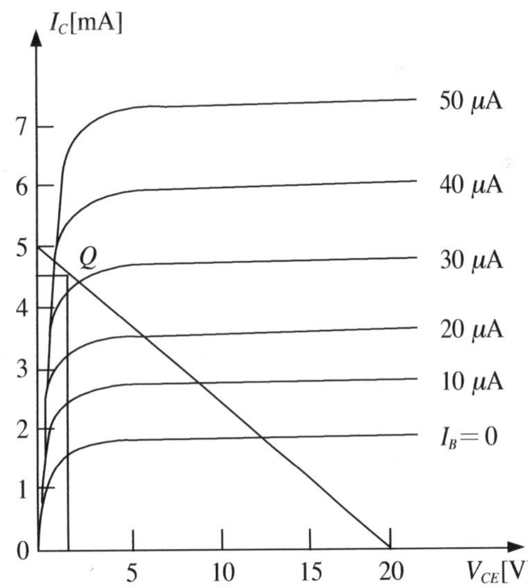

(b) 온도변화로 이동된 바이어스점

그림 5-2 온도변화에 따른 직류 바이어스점의 이동

누설전류의 큰 증가는 곡선을 상승시킬 뿐만 아니라 고온에서 곡선과 곡선 사이의 간격이 커져 β를 증가시킨다. 동작점은 컬렉터 특성을 곡선 그래프에서 직류부하선(dc load line)을 그리고 부하선과 입력회로에 의해 설정된 직류 베이스 전류의 교점으로 규정한다. 그림 5－2(a)는 이에 대한 예로 임의의 점이 표시되어 있다. 그림 5－2(b)와 같이 온도가 증가하면 직류 바이어스점이 더 높은 컬렉터 전류 및 더 낮은 컬렉터-이미터전압을 갖는 동작점으로 이동한 것과 같은 결과를 초래한다. 극단적인 경우에는 트랜지스터가 포화영역으로 이동한다. 어떤 경우든지 새로운 동작점이 생기는 것은 바람직하지 않으며, 바이어스점의 이동으로 인하여 상당한 의곡을 초래한다. 온도가 변화하더라도 증폭기가 안정하게 동작할 수 있도록 직류 바이어스를 안정화시키고 동작점(I_C, V_{CE})의 위치가 일정하게 유지할 수 있는 바이어스회로가 필요하다.

(1) 안정계수 S

안정계수 S는 바이어스 안정도에 영향을 미치는 각 파라미터에 의해 정의되는데, 컬렉터 전류 I_C는 I_{CO}, V_{BE}, 그리고 β에 의하여 변화되는 함수로 표현할 수 있다. 그러므로

$$I_C=f(I_{CO}, V_{BE}, \beta) \qquad (5-1)$$

식 5－1에서 온도가 변화하든지 트랜지스터를 교환함으로써 I_{CO}, V_{BE}, β가 ΔI_{CO}, ΔV_{BE}, $\Delta\beta$만큼 변화할 때 I_C의 변화는

$$\Delta I_C=\frac{\partial I_C}{\partial I_{CO}}\Delta I_{CO}+\frac{\partial I_C}{\partial V_{BE}}\Delta V_{BE}+\frac{\partial I_C}{\partial \beta}\Delta\beta \qquad (5-2)$$

로 되며, 식 5－2에서 바이어스 안정계수를 다음과 같이 정의한다.

$$S(I_{CO})\equiv\frac{\partial I_C}{\partial I_{CO}}=\frac{dI_C}{dI_{CO}}\bigg|_{V_{BE},\ \beta=\text{cont}} \qquad (5-3)$$

$$S(V_{BE})\equiv-\frac{\partial I_C}{\partial V_{BE}}=-\frac{dI_C}{dV_{BE}}\bigg|_{I_{CO},\ \beta=\text{cont}} \qquad (5-4)$$

$$S(\beta)\equiv\frac{\partial I_C}{\partial \beta}=\frac{dI_C}{d\beta}\bigg|_{I_{CO},\ \beta=\text{cont}} \qquad (5-5)$$

식 5－4에서 음(－)부호는 온도가 1 [℃] 상승할 때 V_{BE}는 2.5 [mV]씩 감소하는 것을 나타내었다. 식 5－3~5－5에서 바이어스 회로 설계를 하는 데 주로 관심의 대상이 되는 것은 I_{CO}에 대한 안정계수 $S(I_{CO})$이며, 일반적으로 안정계수라 하면 $S(I_{CO})$를 의미한다. 왜냐하면 $S(I_{CO})$가 만족할 만한 값이면 $S(V_{BE})$, $S(\beta)$도 역시 충분히 만족할 만한 값이 되기 때문이다.

4. 고정 바이어스 회로

그림 5－3에 나타낸 고정 바이어스 회로는 직류 바이어스 회로를 고찰하는 데 있어서 비교적 직접적이고도 간단한 출발점이 된다. 이 회로해석은 *NPN* 트랜지스터를 사용하여 계산한 결과를 나타내지만, 모든 전류의 방향과 전압극성을 바꿔주면 *PNP* 트랜지스터에도 동일하게 적용된다.

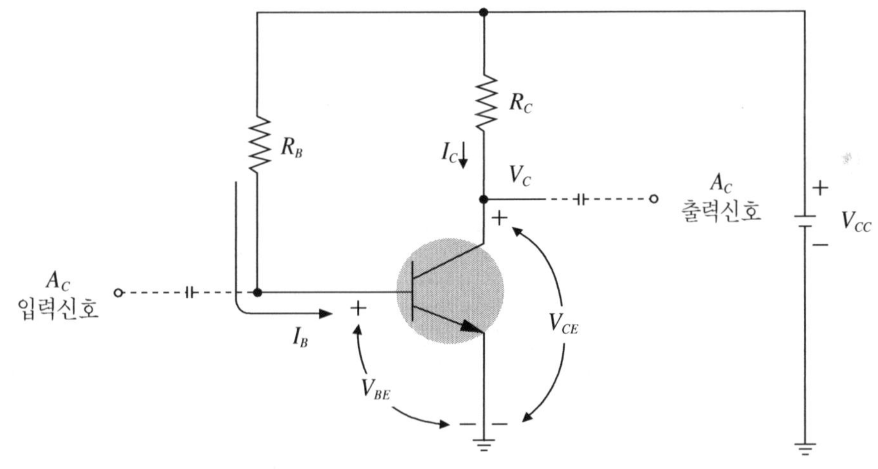

그림 5-3 고정 바이어스 전압

베이스－이미터와 베이스－컬렉터의 직류 바이어스 루프를 분리하여 해석함으로써 BJT의 바이어싱을 고찰하는 것도 가능하다. BJT가 선형영역에서 동작하는 경우 베이스－이미터는 반드시 순방향 바이어스(그렇지 않으면 트랜지스터의 바이어스 오프)이어야 하고 베이스－컬렉터는 역방향 바이어스가 되어야 한다는 점을 기억하라.

(1) 베이스-이미터의 순방향 바이어스

먼저 그림 5-4의 부분회로도에 나타낸 베이스-이미터 루프에 키르호프의 전압방정식을 적용하면

$$+V_{CC}-I_B R_B-V_{BE}=0$$
$$I_B R_B=V_{CC}-V_{BE}$$

이고, 위 식을 베이스전류 I_B에 대해 풀면

$$I_B=\frac{V_{CC}-V_{BE}}{R_B} \tag{5-6}$$

이 된다.

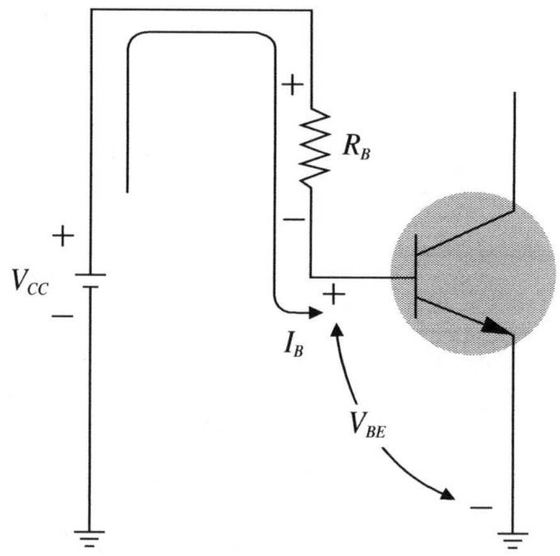

그림 5-4 베이스-이미터 루프

공급전압 V_{CC}와 베이스-이미터간의 전압 V_{BE}는 고정된 전압값이므로 베이스 바이어스 저항을 선택하면 베이스 전류값도 고정된다. 순방향 바이어스된 베이스-이미터간의 전압강하를 무시($V_{CC}\gg V_{BE}$)하고 베이스 전류를 계산한 근사식은 아래와 같다.

$$I_B\simeq\frac{V_{CC}}{R_B} \tag{5-7}$$

(2) 베이스-컬렉터의 역방향 바이어스

그림 5－5 회로의 컬렉터－이미터 부분은 공급전압, 컬렉터 저항 및 트랜지스터의 컬렉터－이미터 접합으로 구성된다. 컬렉터 전류와 이미터 전류는 베이스 전류 I_B가 이들 전류값에 비해 훨씬 작으므로 컬렉터 전류와 이미터 전류는 거의 같다고 볼 수 있다.

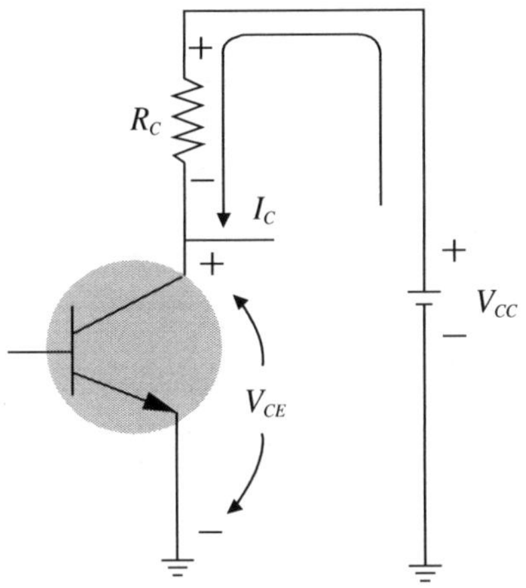

그림 5-5 컬렉터-이미터 루프

선형 증폭기의 동작기에서 컬렉터 전류는 트랜지스터의 전류이득 β 혹은 h_{FE}에 비례한다. 즉,

$$I_C = \beta I_B \tag{5-8}$$

베이스 전류는 식 5－6이나 5－7에 나타낸 것처럼 회로의 베이스－이미터 부분의 동작으로부터 결정된다. 식 5－8에 표시된 것처럼 컬렉터 전류는 베이스 전류보다 β배 정도 더 크고 컬렉터 회로의 저항에는 조금도 영향을 받지 않는다.

그림 5－5의 출력루프에서 전압강하를 계산하면 다음과 같다.

$$V_{CC} - I_C R_C - V_{CE} = 0$$

$$V_{CE} = V_{CC} - I_C R_C \tag{5-9}$$

$$I_C = \frac{V_{CC} - V_{CE}}{R_C}$$

(3) 트랜지스터 포화

위의 풀이과정에 한 가지 더 고려해야 될 것이 있다. 컬렉터와 베이스 전류의 관계식, 즉 $I_C = \beta I_B$는 트랜지스터가 선형동작영역 내에서 적절히 바이어스될 때만 성립한다. 예를 들어 트랜지스터가 포화영역에서 바이어스된다면 식 5-8과 5-9는 틀린 결과를 초래한다.

차단영역이나 포화영역에 반대되는 증폭기의 선형동작영역에서 바이어스된 트랜지스터에서 베이스-이미터 접합은 순방향으로 바이어스되어야 하고 베이스-컬렉터 접합은 역방향으로 바이어스되어야 한다. 여기서 우리의 관심은 컬렉터-베이스가 적당히 역방향 바이어스되도록 하는 두 번째 바이어스 조건이다. 이것은 컬렉터-이미터전압 V_{CE}가 베이스-이미터간의 순방향 바이어스 전압 V_{BEv}보다 더 커야 한다. 식 5-9에 의해 주어진 컬렉터-이미터 전압 V_{CE}는 공급전압 V_{CC}와 컬렉터 저항에서의 전압강하($I_C R_C$)의 차이이므로 후자는 V_{CC}보다 작아야 한다. 즉, I_C는 V_{CC}/R_C보다 작아야 한다. 그러므로 트랜지스터가 동작영역 (선형)으로 바이어스되기 위해서는

$$I_C < \frac{V_{CC}}{R_C} \qquad (5-10)$$

인 관계를 만족해야 한다. 그러므로 주어진 회로에서 위의 조건이 성립되는지 식 5-10을 검토해야 한다. 그렇게 하면 위에서 설명된 세 가지 풀이단계가 실행되어 회로의 동작을 표현할 수 있다. 그러나 트랜지스터의 선형영역에서 동작할 수 있도록 허용하는 위 관계식 I_C의 최대치를 초과하면 트랜지스터는 포화영역에서 동작한다. 이 경우에 컬렉터 전류는 회로에 의해 설정된 최대값이 된다. 즉,

$$I_{C_{\mathrm{sat}}} \simeq \frac{V_{CC}}{R_C} \qquad (5-11)$$

그리고

$$V_{CE_{\mathrm{sat}}} \simeq 0\,\mathrm{V}(\text{실제로 몇 십 분의 1볼트 정도}) \qquad (5-12)$$

식 5-6으로 계산된 베이스 전류는 어떤 경우에서나 정확하다. 만일 해석될 회로가 증폭기로 사용된다면 소자가 포화영역에서 바이어스되어서는 안 된다. 그러나 어떤 값들이 잘못 선택되었거나 결선이 잘못되었다면 트랜지스터는 포화영역으로 바이어스될 경우가 있

으므로 이러한 상태를 인식할 수 있어야 한다(포화상태는 증폭기로 동작하는 경우에만 바람직하지 않다. 스위치 회로 동작에서는 포화영역이 중요하다).

(4) 고정 바이어스 회로의 안정도

트랜지스터에서의 기본식

$$I_C=\beta I_B+(\beta+1)I_{CO} \qquad (5-13)$$

식 5-13에서 β를 일정하다고 보고 I_C에 대하여 미분하면

$$1=\frac{\beta dI_B}{dI_C}+(\beta+1)\frac{dI_{CO}}{dI_C}$$

$$=\frac{\beta dI_B}{dI_C}+(\beta+1)\frac{1}{S}$$

이고, 위의 식을 정리하면

$$S(I_{CO})=\frac{\beta+1}{1-\beta\dfrac{dI_B}{dI_C}} \qquad (5-14)$$

식 5-14는 임의의 바이어스 회로에서 $S(I_{CO})$를 계산하는 수식인데, 그림 5-3의 고정 바이어스 회로에서 I_B가 I_C에 관계없이 일정 $\left(I_B=\dfrac{V_{CC}}{R_B}\right)$하므로 안정도 $S(I_{CO})$는 다음과 같다.

$$S(I_{CO})=\beta+1 \qquad (5-15)$$

식 5-15에서 만약 $\beta=100$인 트랜지스터를 사용하면 $S(I_{CO})=101$이 되며 I_C가 I_{CO}의 101배만큼 빨리 변화한다. 고정 바이어스 회로와 같이 안정도가 크면 열폭주가 발생할 가능성이 크다. 이 회로는 간단하다는 장점은 있으나 안정도가 크므로 바이어스 회로로는 부적당하다는 것을 알 수 있다.

예제 5-1 그림 5－6에서 직류 바이어스 전류, 전압 및 안정도 $S(I_{CO})$를 계산해 보자.

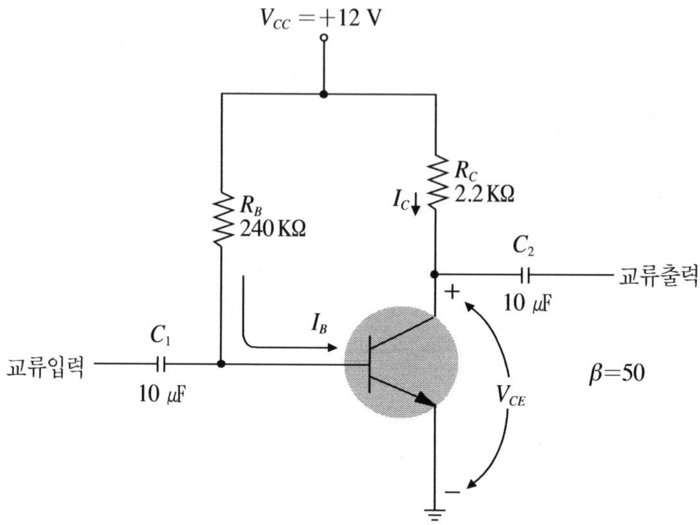

그림 5-6 고정 바이어스 회로

풀이

$$I_B = \frac{V_{CC} - V_{BE}}{R_B} = \frac{(12-0.7)\text{V}}{240\ \text{K}\Omega} = 47.08\ [\mu\text{A}]$$

$$I_C = \beta I_B = 50(47.08\ \mu\text{A}) = 2.35\ [\text{mA}]$$

$$V_{CE} = V_{CC} - I_C R_C = 12\text{V} - (2.35\text{mA})(2.2\text{K}\Omega) = 6.83[\text{V}]$$

$$S(I_{CO}) = \beta + 1 = 51$$

예제 5-2 그림 5 - 7의 회로에서 컬렉터 전압 및 안정도 $S(I_{CO})$를 계산하라.

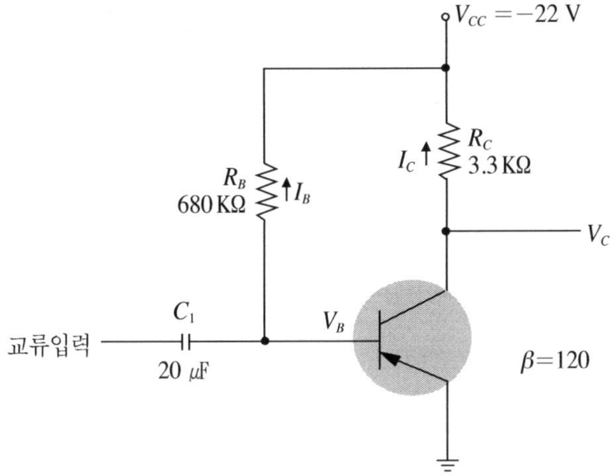

그림 5-7 회로

풀이

$$I_B = \frac{V_{CC} - V_{BE}}{R_B} = \frac{(22-0.7)\text{V}}{680\text{K}\Omega} = 31.32\ [\mu\text{A}]$$

$$I_C = \beta I_B = 120(31.32\ \mu\text{A}) = 3.76\ [\text{mA}]$$

$$V_{CE} = -(V_{CC} - I_C R_C) = -[22\text{V} - (3.76\ [\text{mA}])(3.3\text{K}\Omega)] = -9.6[\text{V}]$$

$$S(I_{CO}) = \beta + 1 = 121$$

5. 이미터 저항을 갖는 고정 바이어스 회로

그림 5 - 8의 직류 바이어스 회로는 좋은 바이어스 안정도를 얻기 위해서 이미터 저항을 추가시켰다. 이 회로를 해석하기 위해 베이스-이미터 루프와 컬렉터-이미터 루프를 분리하여 계산한다.

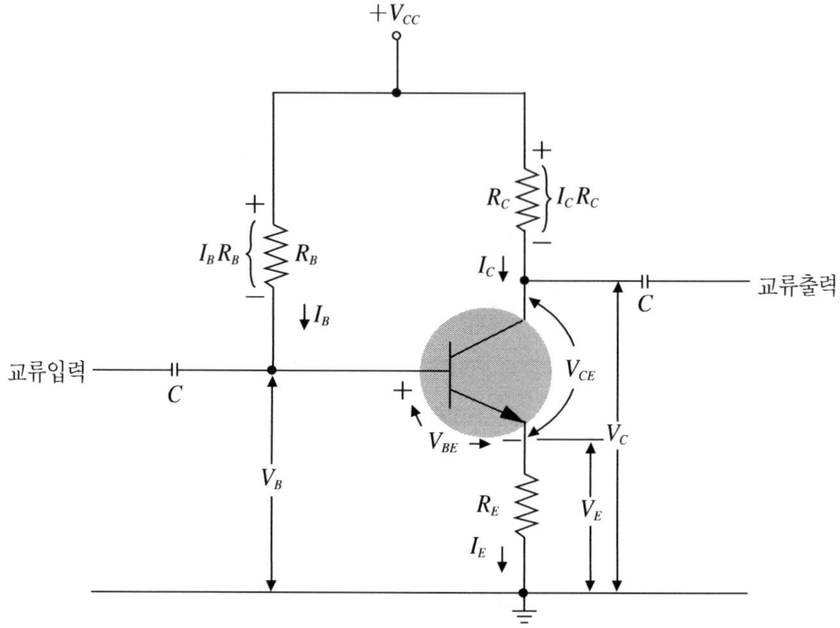

그림 5-8 이미터 안정화 저항을 갖는 직류 바이어스 회로

(1) 베이스-이미터 루프

그림 5-9는 그림 5-8의 베이스-이미터 루프의 부분회로도를 나타내었다. 이 루프에 키르호프의 전압방정식을 적용하면 다음 식을 얻을 수 있다.

$$V_{CC} - I_B R_B - V_{BE} - I_E R_E = 0$$

여기서 $I_E = I_B + I_C = (\beta+1)I_B$이므로

$$V_{CC} - I_B R_B - V_{BE} - (\beta+1) I_B R_E = 0$$

위 식을 베이스 전류에 대해 풀면 다음 식을 얻는다.

$$I_B = \frac{V_{CC} - V_{BE}}{R_B + (\beta+1) R_E} \qquad (5-16)$$

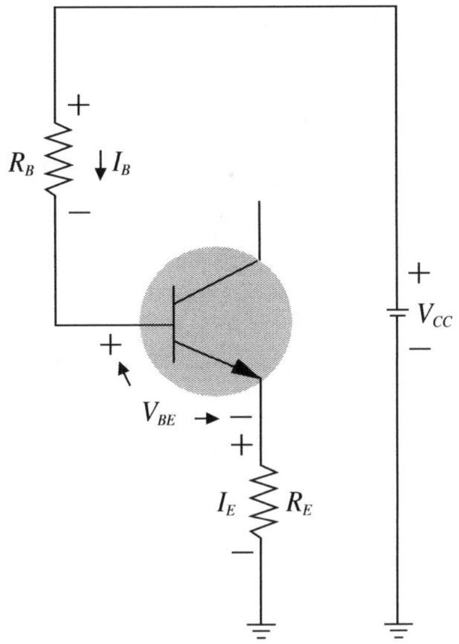

그림 5-9 이미터 저항을 갖는 베이스-이미터 루프

(2) 컬렉터-이미터 루프

그림 5－10은 그림 5－8의 컬렉터－이미터 루프를 나타내었다. 이 루프에 대해 키르호

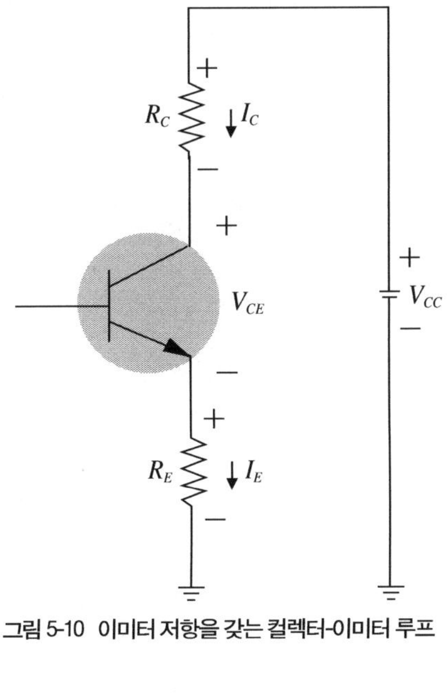

그림 5-10 이미터 저항을 갖는 컬렉터-이미터 루프

프의 전압방정식을 적용하면 다음 식을 얻을 수 있다.

$$V_{CC} - I_C R_C - V_{CE} - I_E R_E = 0$$

컬렉터 전류 I_C는 식 5-8을 이용하여 계산한다. 이 관계를 이용하면

$$I_E \simeq I_C$$

위의 두 식을 컬렉터-이미터에 걸리는 전압에 대해 풀면

$$V_{CE} \simeq V_{CC} - I_C(R_C + R_E) \qquad (5-17)$$

로 된다. 이미터 전압은

$$V_E = I_E R_E \simeq I_C R_E \qquad (5-18)$$

이고, 컬렉터 전압은

$$V_C = V_{CC} - I_C R_C \qquad (5-19)$$

이다.

트랜지스터의 바이어스 전압을 식 5-17에 주어진 것처럼 나타낼 수 있고 컬렉터와 이미터 사이의 전압 V_{CE}는 다음과 같이 계산된다.

$$V_{CE} = V_C - V_E$$

예제 5-3 그림 5-11의 회로에서 직류 바이어스전압 V_{CE}와 전류 I_C를 계산해 보자.

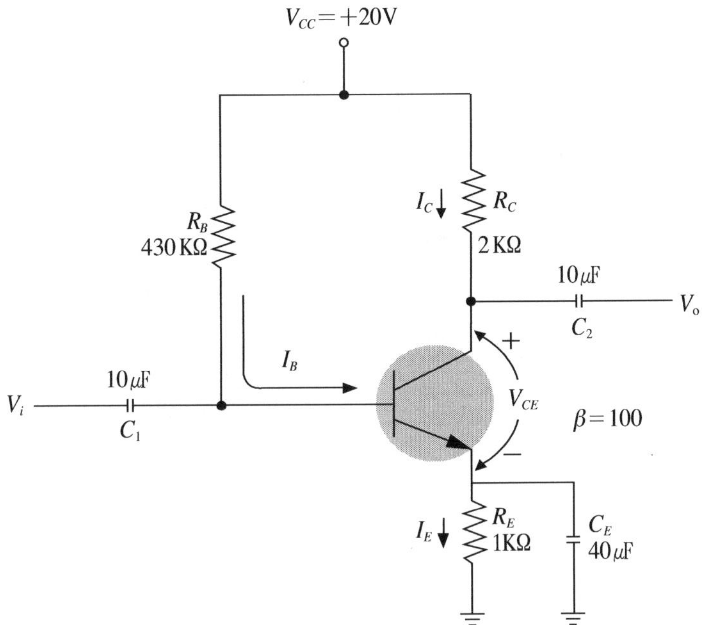

그림 5-11 이미터 안정화 바이어스 회로

풀이

$$I_B=\frac{V_{CC}-V_{BE}}{R_B+(\beta+1)R_E}=\frac{(20-0.7)V}{430K\Omega+101(1K\Omega)}=\frac{19.3V}{531K\Omega}=36.35[\mu A]$$

$$I_C=\beta I_B=100(36.35\mu A)=3.635\ [mA]\simeq I_E$$

$$V_{CE}=V_{CC}-I_CR_C-I_ER_E$$

$$=20\ V-3.635\ mA(2K\Omega)-3.635(1K\Omega)=9.1\ [V]$$

예제 5-4 그림 5-11의 회로를 이용하여 $V_C=10V$를 얻기 위해 필요한 컬렉터저항 R_C의 값을 계산해 보자.

풀이

$$I_B=\frac{V_{CC}-V_{BE}}{R_B+(\beta+1)R_E}=\frac{(20-0.7)V}{430K\Omega+101(1K\Omega)}=\frac{19.3V}{531K\Omega}=36.35\ [\mu A]$$

$$I_C = \beta I_B = 100(36.35\mu A) = 3.635\ [mA]$$

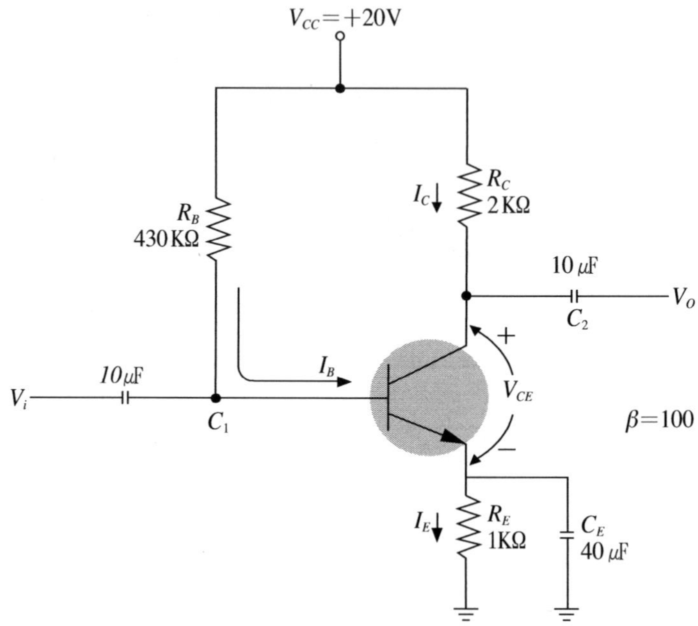

그림 5-12 이미터 안정화 바이어스회로

식 5－19를 이용하면

$$V_C = V_{CC} - I_C R_C$$
$$10 = 20 - (3.635 \times 10^{-3}) R_C$$

이것을 R_C에 관하여 풀면

$$R_C = \frac{20-10}{3.635 \times 10^{-3}} = 2.75\ [K\Omega]\ (2.7K\Omega \text{ 으로 사용하라})$$

이다.

(3) 개선된 바이어스 안정도

고정 바이어스 회로에 이미터 저항을 연결하면 개선된 안정도를 얻을 수 있다. 바이어스 전압과 전류는 공급저압, 온도, 트랜지스터의 β값 등과 같은 외부조건들이 변화될지라도 회로에 의해 설정된 값에 가깝게 유지된다.

예제 5-5 그림 5-6의 회로에서 $\beta = 50, 100$일 때 바이어스 전압 및 전류를 비교하는 표와, 또한 그림 5-11의 회로에서 $\beta = 50, 100$일 때의 바이어스 전압 및 전류를 비교하는 표를 각각 작성하라.

풀이 그림 5-6의 예제에서 계산된 결과를 이용하여 $\beta = 100$에 대하여 반복하면 다음과 같은 결과를 얻을 수 있다

β	I_B [μA]	I_C [mA]	V_{CE} [V]
50	47.08	2.35	6.83
100	47.08	4.71	1.64

BJT의 컬렉터 전류는 β값(I_B는 변화가 없음)이 100% 변화하므로 100%까지 변화한다. 그림 5-11의 예제에서 계산된 결과를 이용하고 $\beta = 50$에 대하여 반복하면 다음과 같은 표를 얻을 수 있다.

β	I_B [μA]	I_C [mA]	V_{CE} [V]
50	40.12	2.01	13.97
100	36.35	3.635	9.095

BJT의 컬렉터 전류는 β값(I_B는 변화가 없음)이 100% 변화하므로 100%까지 변화한다. I_B가 증가되면 I_C값의 유지를 돕거나 혹은 적어도 β의 변화로 인한 I_C의 전반적인 변화를 억제한다.

6. 전압궤환을 갖는 직류 바이어스 회로

개선된 직류 바이어스 안정도를 얻기 위해 이미터저항을 사용하는 것 이외에 전압궤환(vol-tage feedback)에 의해서도 개선된 직류 바이어스 안정도를 얻을 수 있다. 그림 5-12에 전압궤환을 갖는 직류 바이어스 회로를 나타내었다. 이 절에서는 이 회로의 직류전류와

전압을 어떻게 계산하는가를 다룬다.

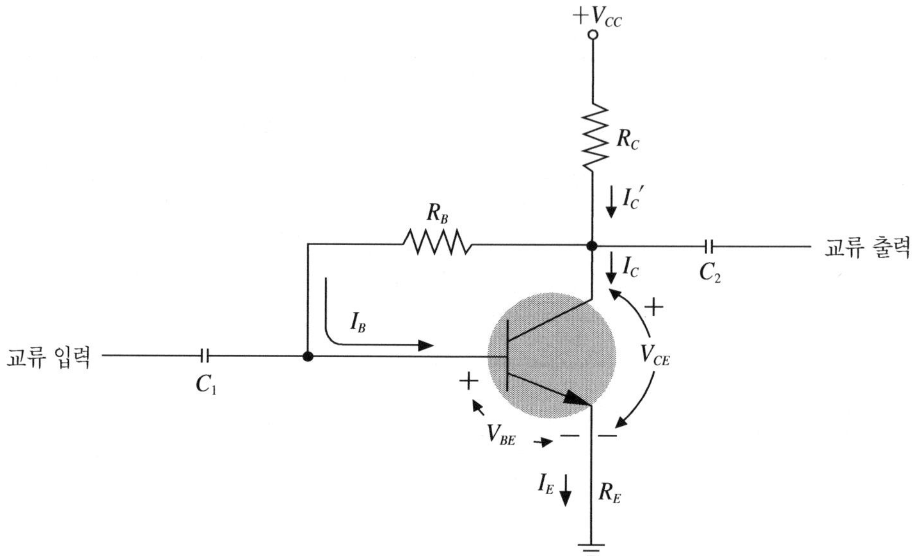

그림 5-13 전압궤환을 갖는 직류 바이어스 회로

(1) 베이스-이미터 루프

그림 5-14에 전압궤환 회로의 베이스-이미터 루프 회로를 나타내었다. 루프를 따라 키르호프의 전압방정식을 세우면 다음과 같다.

$$+V_{CC}-I_C'R_C-I_BR_B-V_{BE}=0$$

전류 I_C는 I_C와 I_B의 합이다. 그러므로

$$I_C'=I_C+I_B=I_E=(\beta+1)I_B$$

를 키르호프의 전압방정식에 대입하면 다음 식을 얻을 수 있다.

$$V_{CC}-(\beta+1)I_BR_C-I_BR_B-V_{BE}=0$$

베이스 전류 I_B에 대해 풀면 다음과 같다.

$$I_B = \frac{V_{CC} - V_{BE}}{R_B + (\beta + 1) R_C} \qquad (5-20)$$

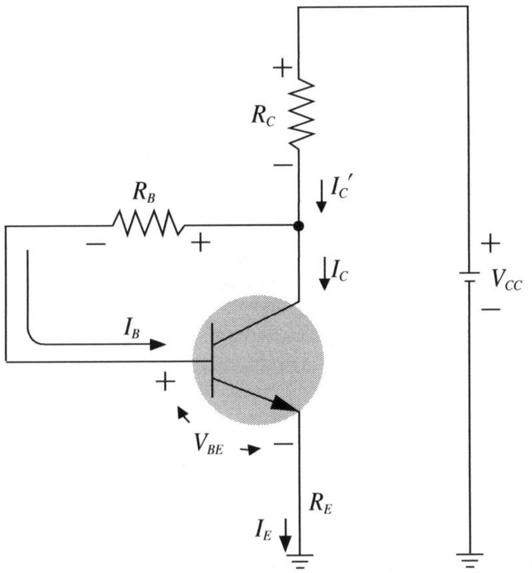

그림 5-14 베이스-이미터 루프 회로

(2) 컬렉터-이미터 루프

그림 5 – 15에 컬렉터 – 이미터 루프 회로를 나타내었다.

그림 5 – 15의 컬렉터 – 이미터 루프 회로로부터 키르호프의 전압방정식은 다음과 같이 구해진다.

$$+V_{CC} - I_C' R_C - V_{CE} = 0$$

이 식에 $I_C' = I_E$를 대입하고 V_{CE}에 대하여 풀면

$$V_{CE} = V_{CC} - I_E R_C \qquad (5-21)$$

이다.

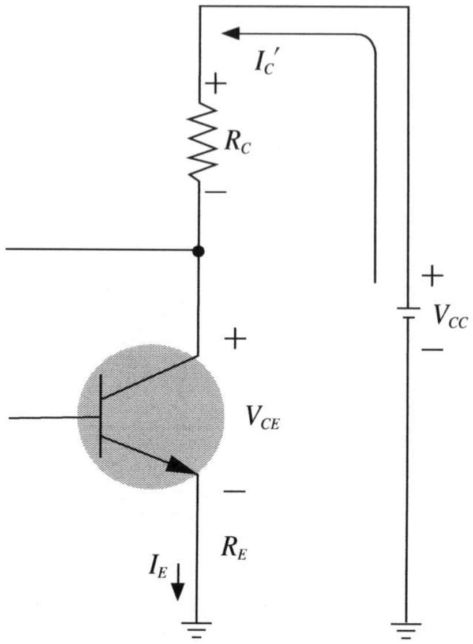

그림 5-15 컬렉터-이미터 루프

(3) 전압궤환을 갖는 바이어스 회로의 안정도

그림 5-13에 나타낸 회로가 고정 바이어스 회로보다 개선된 안정도를 갖는 이유는 온도가 증가하든지 또는 트랜지스터를 교환하여 β가 변화되어 I_C가 증가한다면 V_{CE}는 감소될 것이며, 따라서 I_B가 감소한다. I_B가 감소되면 I_B가 고정되어 있는 고정 바이어스 회로보다 I_C가 작게 증가할 것이다. 따라서 개선된 바이어스 회로라 할 수 있으며 수식적으로 증명하면 아래와 같다.

그림 5-13에서 다음과 같은 식을 얻을 수 있다.

$$I_C = \beta I_B + (\beta + 1) I_{CO} \qquad (5-22)$$

$$V_{CC} - I'_C R_C - R_B I_B - V_{BE} = 0$$

$$V_{CC} = (I_B + I_C) R_C + R_B I_B + V_{BE} \qquad (5-23)$$

식 5-23을 I_B에 관하여 정리하면

$$I_B = \frac{V_{CC} - I_C R_C - V_{BE}}{R_B + R_C} \qquad (5-24)$$

식 5-24를 식 5-22에 대입하여 I_C에 관해 정리하면

$$I_C = \frac{(\beta+1)(R_B+R_C)}{R_B+(\beta+1)R_C} I_{CO} - \frac{\beta}{R_B+(\beta+1)R_C} V_{BE} + \frac{V_{CC}}{R_B+(\beta+1)R_C}\beta \quad (5-25)$$

식 5-25에서 안정계수 $S(I_{CO})$에 관한 정의식 $\left(\frac{dI_C}{dI_{CO}}\Big|_{V_{BE},\ \beta=\text{cont}}\right)$에서 안정도 계수 $S(I_{CO})$를 구하면 다음과 같다.

$$S(I_{CO}) = \frac{(\beta+1)(R_B+R_C)}{R_B+(\beta+1)R_C} = \frac{\beta+1}{1+\frac{\beta R_C}{(R_B+R_C)}} \quad (5-26)$$

식 5-26에서 $S(I_{CO})$는 고정 바이어스회로의 경우 $S(I_{CO})=\beta+1$보다 작으므로 전압궤환을 갖는 바이어스 회로가 더 안정하다는 것을 알 수 있다.

예제 5-6 전압궤환을 사용한 그림 5-16의 회로에서 직류 바이어스 전류 I_E와 전압 V_{CE}를 계산하라.

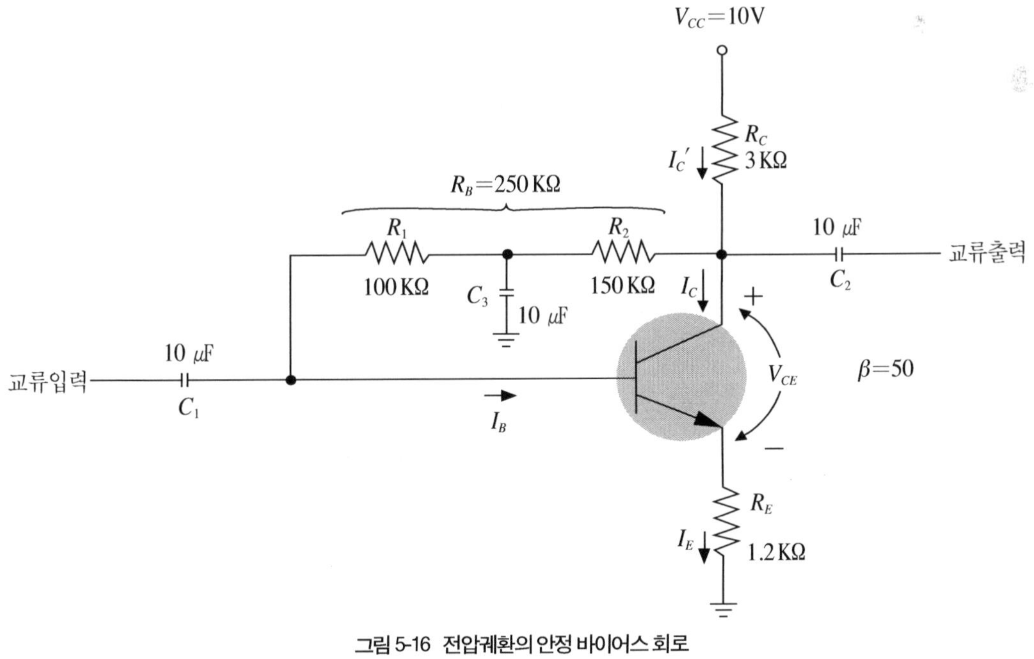

그림 5-16 전압궤환의 안정 바이어스 회로

풀이 궤환저항 R_B는 컬렉터와 베이스 사이의 저항의 합이다(궤환경로의 커패시터는 교류궤환신호를 방지하거나 감소시키기 위한 것으로 직류 바이어스 계산에 전혀 영향을 주지 않는다).

$$I_B = \frac{V_{CC} - V_{BE}}{R_B + (\beta+1)(R_C + R_E)} = \frac{(10-0.7)\text{V}}{250\text{K}\Omega + (51)(3\text{K}\Omega + 1.2\text{K}\Omega)} = 20.03[\mu\text{A}]$$

$$I_E = (\beta+1)I_B = (51)(20.03\ \mu\text{A}) = 1.02\ [\text{mA}]$$

$$V_{CE} = V_{CC} - I_E(R_C + R_E) = 10\text{V} - (1.02\text{mA})(3\text{K}\Omega + 1.2\text{K}\Omega)$$

$$= 10 - 4.28 = 5.72[\text{V}]$$

예제 5-7 그림 5-17의 바이어스 회로에서 직류 컬렉터 전류 I_C 및 전압 V_C를 계산하라.

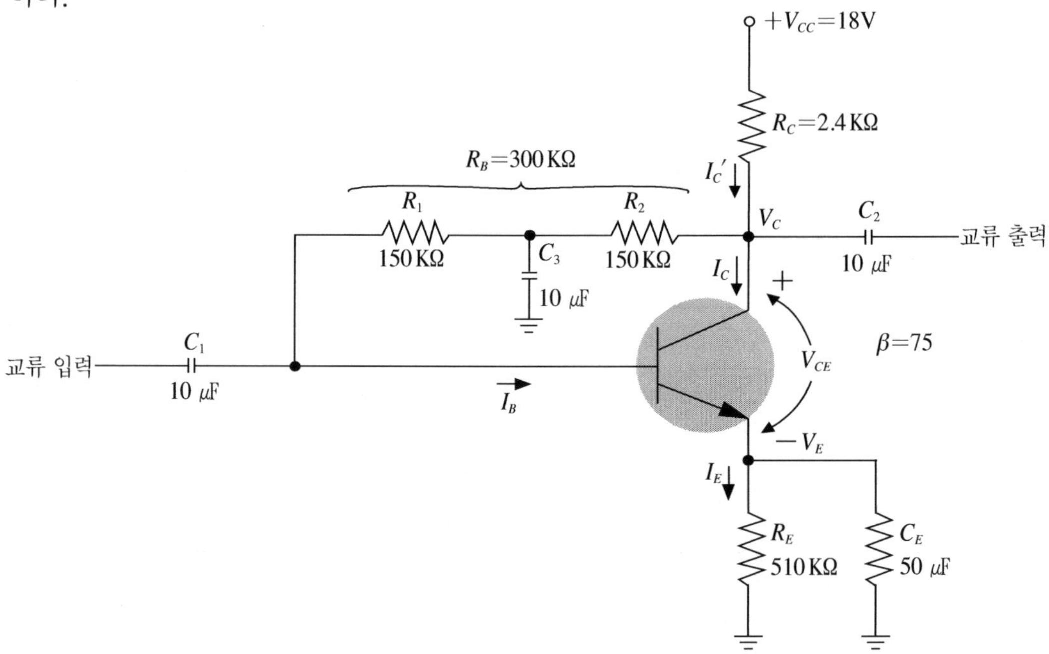

그림 5-17 이미터 저항과 전압궤환 안정화를 갖는 직류 바이어스 회로

풀이 $$I_B = \frac{V_{CC} - V_{BE}}{R_B + (\beta+1)(R_C + R_E)} = \frac{(18-0.7)\text{V}}{300\text{K}\Omega + (76)(2.4\text{K}\Omega + 510\text{K}\Omega)} = 32.2[\mu\text{A}]$$

$$I_C = \beta I_B = 75(33.2\mu\text{A}) = 2.49[\text{mA}]$$

$$V_C = V_{CC} - I_C R_C = 18\text{V} - (2.49\text{mA})(2.4\text{K}\Omega) = 12.02[\text{V}]$$

7. β에 무관한 직류 바이어스 회로

고정 바이어스 회로에서 컬렉터의 바이어스 전류와 전압값은 트랜지스터의 전류이득(β)에 의해 결정된다. 그러나 β값은 특히 실리콘 트랜지스터인 경우 온도에 민감하고 또한 β의 공칭값은 잘 정의되지 않는데 이러한 이유 때문에 트랜지스터의 β에 무관한 직류 바이어스 회로를 설계하는 것이 바람직하다. 그림 5－18의 회로는 이 조건을 만족하는 바이어스 회로로 널리 사용되고 있다.

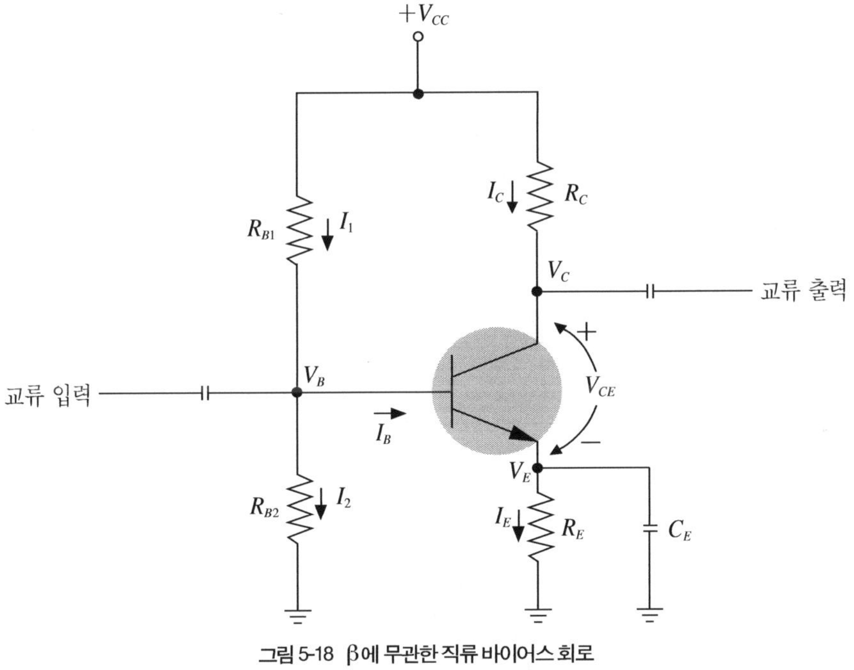

그림 5-18 β에 무관한 직류 바이어스 회로

(1) 회로 해석

그림 5－18의 회로에서 테브난(Thévenin)의 정리를 이용하여 R_{B1}과 R_{B2}를 테브난 등가저항 R_{BB}로 나타내면 다음과 같다.

$$R_{BB} = \frac{R_{B1} R_{B2}}{R_{B1} + R_{B2}} \tag{5-27}$$

그러므로 테브난의 등가전압은 다음과 같다.

$$V_{BB}=\frac{R_{B2}}{R_{B1}+R_{B2}}V_{CC} \qquad (5-28)$$

따라서, 해석할 직류회로는 그림 5 - 19과 같이 구성된다.

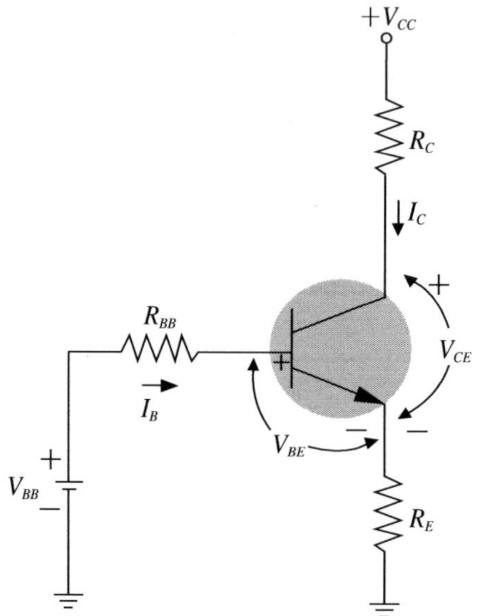

그림 5-19 테브난 등가회로를 이용한 직류회로

그림 5 - 19로부터 I_B를 계산하면 다음과 같다.

$$I_B=\frac{V_{BB}-V_{BE}}{R_{BB}+(\beta+1)R_E} \qquad (5-29)$$

그러면 컬렉터 전류는

$$I_C=\beta I_B$$

이며 출력측 회로에 대하여 키르호프의 전압방정식을 사용하면

$$V_{CC}-I_CR_C-V_{CE}-I_ER_E=0$$

이고, 여기서 $I_E \simeq I_C$이므로 V_{CE}는 다음 식으로 계산된다.

$$V_{CE}=V_{CC}-I_C(R_C+R_E) \qquad (5-30)$$

예제 5-8 그림 5-20의 회로에서 직류 바이어스 전압 V_{CE}와 전류 I_C를 계산하라.

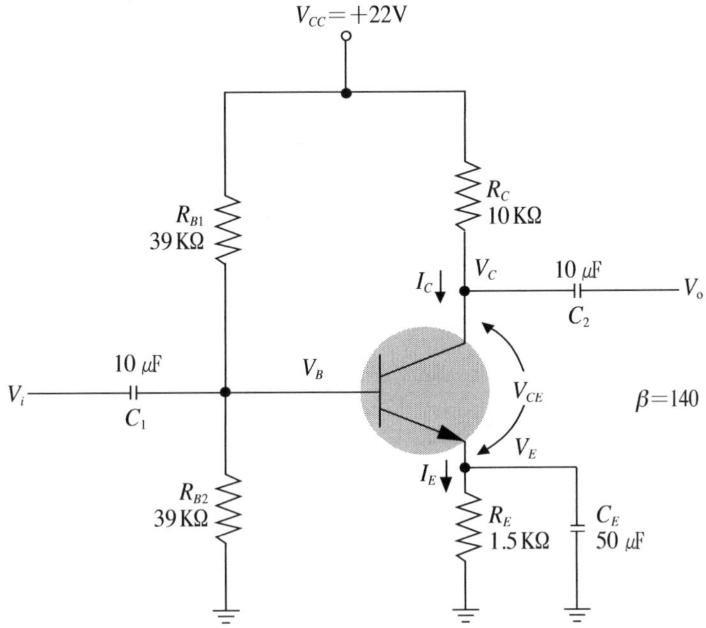

그림 5-20

풀이

$$V_{BB}=\frac{R_{B2}}{R_{B1}+R_{B2}}V_{CC}=\frac{3.9K\Omega}{39K\Omega+3.9K\Omega}(22V)=2[V]$$

$$R_{BB}=\frac{R_{B1}R_{B2}}{R_{B1}+R_{B2}}=\frac{39K\Omega\ 3.9K\Omega}{39K\Omega+3.9K\Omega}=3.55[K\Omega]$$

$$I_B=\frac{V_{BB}-V_{VE}}{R_{B1}+(\beta+1)R_E}=\frac{2V-0.7V}{3.55K\Omega\ +141(1.5K\Omega)}=6.05[\mu A]$$

$$I_C=\beta I_B=140(6.05\ \mu A)=0.85[mA]\simeq I_E$$

$$V_{CE}=V_{CC}-I_C(R_C+R_E)=22V-0.85mA(10K\Omega+1.5K\Omega)$$

$$=22V-9.8V=12.2[V]$$

(2) 트랜지스터 포화

그림 5-8의 회로에서 트랜지스터가 포화영역으로 바이어스되면 컬렉터-이미터에 걸리는 포화전압 V_{CEsat}는 근사적으로 0이 되며 이때의 포화전류는

$$I_{C\,sat}=\frac{V_{CC}}{R_C+R_E} \tag{5-31}$$

이다. $I_C=\beta I_B$를 이용하여 계산된 I_C가 $I_{CE\,sat}$보다 작아지는 한 식 5-29에서 5-32까지를 이용한 직류 바이어스의 계산은 옳다고 볼 수 있다.

그러나 이와 반대일 경우에는 식 5-33을 이용하여 계산된 컬렉터 전류 $I_{CE\,sat}$에서 트랜지스터는 $V_{CE}=V_{CEsat}$인 관계가 된다.

(3) 회로의 안정도

그림 5-19에서 다음 두 관계식을 얻을 수 있다.

$$I_C=\beta I_B+(\beta+1)I_{CO} \tag{5-32}$$

$$V_{BB}=R_{BB}I_B+V_{BE}+R_E(I_B+I_C) \tag{5-33}$$

위의 두 식에서 I_B를 소거하고 I_C에 대한 관계식을 유도해야 하는데 먼저 식 5-32에서

$$I_B=\frac{I_C}{\beta}-\frac{\beta+1}{\beta}I_{CO} \tag{5-34}$$

이므로 식 5-34를 식 5-33에 대입하면

$$V_{BB}=I_C\left(\frac{R_{BB}+R_E+\beta R_E}{\beta}\right)+V_{BE}-I_{CO}\left\{\frac{(\beta+1)R_{BB}+(\beta+1)R_E}{\beta}\right\} \tag{5-35}$$

이 되므로 식 5-35를 I_C에 대한 식으로 표현하면 다음과 같다.

$$I_C=\frac{(\beta+1)(R_{BB}+R_E)}{R_{BB}+(\beta+1)R_E}I_{CO}-\frac{\beta}{R_{BB}+(\beta+1)R_E}V_{BE}+\frac{V}{R_{BB}+(\beta+1)R_E}\beta \tag{5-36}$$

식 5-36의 안정도의 정의에서 안정계수 $S(I_{CO})$는 다음과 같다.

$$S(I_{CO})=\frac{\partial I_C}{\partial I_{CO}}$$

$$= \frac{(\beta+1)(R_{BB}+R_E)}{R_{BB}+(\beta+1)R_E}$$

$$= (\beta+1)\frac{1+\dfrac{R_{BB}}{R_E}}{1+\beta+\dfrac{R_{BB}}{R_E}} \qquad (5-37)$$

식 5-37에서 $\frac{R_{BB}}{R_E}$ 값이 0으로 근접할 때 안정도 $S(I_{CO})=1$이 되어 최소값이 되고, $\frac{R_{BB}}{R_E}$ 값이 무한대로 될 때 안정도 $S(I_{CO})=\beta+1$로 되어 최대값이 된다. 이 회로는 안정도 $S(I_{CO})$를 1에서 $\beta+1$까지 저항 R_{BB}와 R_E로 조정할 수 있다는 장점이 있다.

예제 5-9 그림 5-20에서 안정계수 $S(I_{CO})$를 계산하고 바이어스 해석을 이용하여 $\beta=140$과 $\beta=70$인 경우에 대하여 컬렉터전류 I_C와 컬렉터-이미터 전압 V_{CE}를 비교하라.

풀이 안정계수 $S(I_{CO})$는 식 5-37을 이용하면 된다.

$$S=(\beta+1)\frac{1+\dfrac{R_{BB}}{R_E}}{1+\beta+\dfrac{R_{BB}}{R_E}}=(140+1)\frac{\dfrac{1+3.55\times10^3}{1.5\times10^3}}{\dfrac{1+140+3.55\times10^3}{1.5\times10^3}}=3.3$$

그림 5-20의 회로의 예제에서 계산된 결과를 이용하고 $\beta=70$일 때 반복 계산하면 다음과 같은 결과를 얻을 수 있다.

β	I_C [mA]	V_{CE} [V]
140	0.85	12.2
70	0.83	12.46

이 회로가 컬렉터 전류 I_C와 컬렉터-이미터 바이어스 전압 V_{CE}를 얼마나 잘 유지하는가를 유의해야 한다. 즉, β값이 100% 변화하는데도 바이어스값은 이 회로에서 단지 3% 정도 변화되므로 아주 좋은 바이어스 회로이다.

8. 기타 직류 바이어스 회로

앞 절에서는 표준 *NPN* 바이어스 회로를 해석하였지만 여러 가지의 실제적인 회로들이 있다. 이 절에서는 앞 절에서 다룬 표준형과 다르게 구성된 여러 가지 직류 바이어스 계산을 해본다.

예제 5-10 그림 5－21의 회로에서 컬렉터 전류 I_C와 전압 V_{CE}를 계산하라.

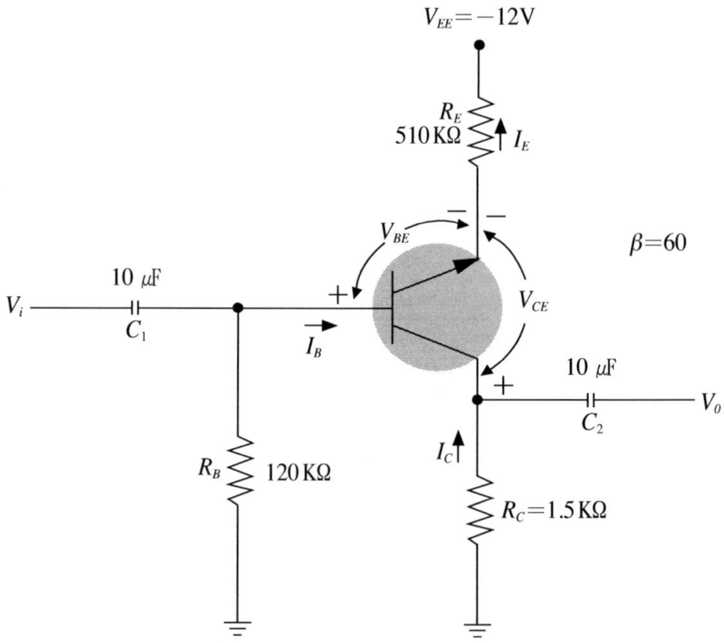

그림 5-21 예제에 대한 바이어스 회로

풀이 베이스－이미터 루프에서 전압방정식을 세우면

$$-I_B R_B - V_{BE} - I_E R_E + V_{EE} = 0$$

$$I_B = \frac{V_{EE} - V_{BE}}{R_B + (\beta+1)R_E} = \frac{12\text{V} - 0.7\text{V}}{120\text{K}\Omega + 61(0.51\text{K}\Omega)} = 74.78\,[\mu\text{A}]$$

$$I_C = \beta I_B = 60(74.78\ \mu\text{A}) = 4.49\,[\text{mA}]$$

컬렉터－이미터 루프에서 전압방정식을 세우면

$$-V_{EE}+I_ER_E+V_{CE}+I_CR_C=0$$

$$V_{CE}\simeq V_{EE}-I_C(R_C+R_E)=12\text{V}-(4.49\text{ mA})(1.5\text{K}\Omega+0.510\text{K}\Omega)$$

$$=2.975[\text{V}]$$

예제 5-11 그림 5－22의 회로에서 바이어스전압 V_E와 컬렉터전류 I_C를 계산하라.

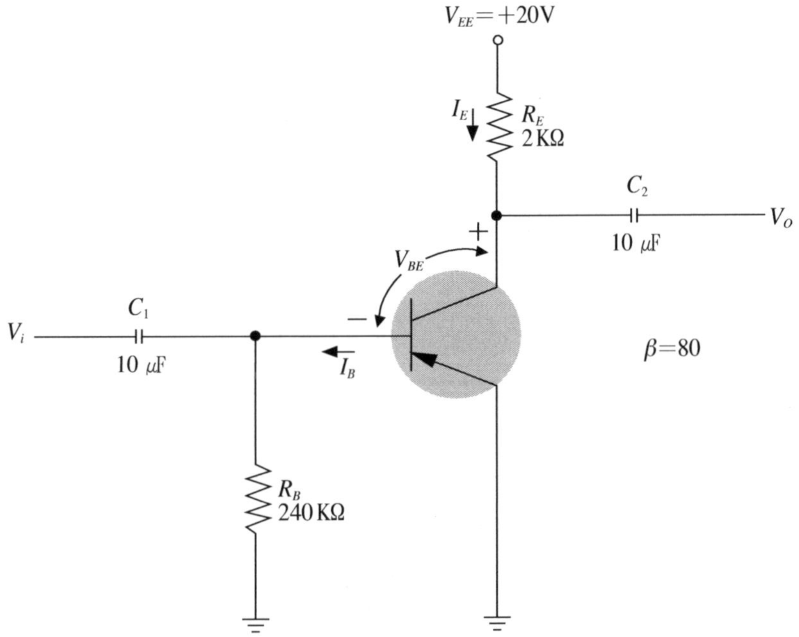

그림 5-22 바이어스 회로

풀이 ▶ 베이스－이미터 루프방정식을 세우면

$$V_{EE}-I_ER_E-V_{EE}-I_BR_B=0$$

$$I_B=\frac{V_{EE}-V_{BE}}{R_B+(\beta+1)R_E}=\frac{20\text{V}-0.7\text{V}}{240\text{K}\Omega+81(2\text{K}\Omega)}=48.01[\mu\text{A}]$$

$$I_C=\beta I_B=80(48.01\ \mu\text{A})=3.84[\text{mA}]\equiv I_E$$

$$V_E=V_{EE}-I_ER_E=20\text{ V}-(3.84\text{mA})(2\text{K}\Omega)=12.32[\text{V}]$$

예제 5-12 그림 5－23의 회로에서 컬렉터 전압 V_C와 컬렉터 전류 I_C를 계산하라.

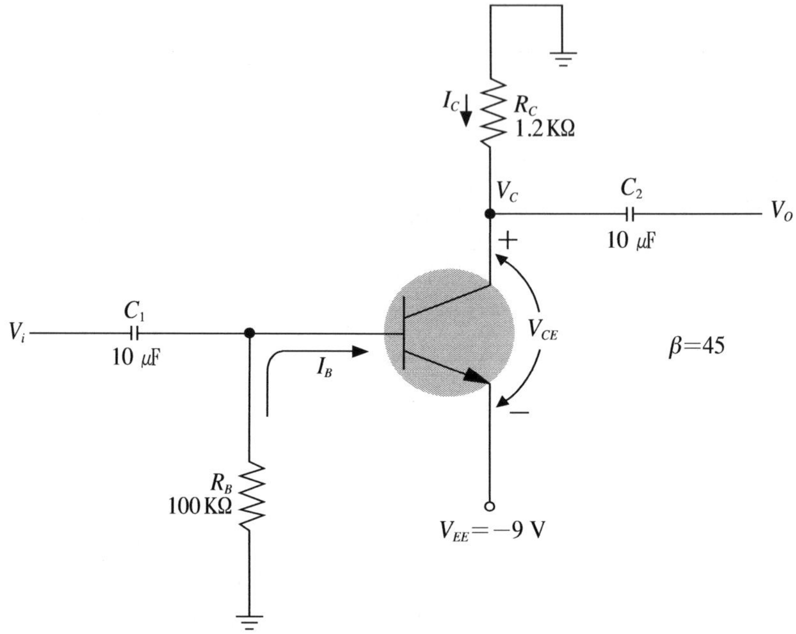

그림 5-23 바이어스 회로

풀이 베이스－이미터 루프 방정식을 세우면

$$-I_B R_B - V_{BE} + V_{EE} = 0$$

$$I_B = \frac{V_{EE} - V_{BE}}{R_B} = \frac{(9 - 0.7V)}{100\,K\Omega} = 83\,[\mu A]$$

$$I_C = \beta I_B = 45(83\,\mu A) = 3.735\,[mA]$$

$$V_C = -I_C R_C = -(3.735\,mA)(1.2\,K\Omega) = -4.8[V]$$

예제 5-13 그림 5－24의 회로에서 이미터 전류 I_E와 컬렉터 전압 V_C를 계산하라.

풀이 $$R_{BB} = \frac{(8.2\,K\Omega)(2.2\,K\Omega)}{8.2\,K\Omega + 2.2\,K\Omega} = 1.735\,[K\Omega]$$

$$V_{BB} = \frac{2.2\,K\Omega}{8.2\,K\Omega + 2.2\,K\Omega}(20\,V) + \frac{8.2\,K\Omega}{8.2\,K\Omega + 2.2\,K\Omega}(-20V)$$

$$=4.23\text{V}-15.77\text{V}=-11.54\ [\text{V}]$$

$$-V_{BB}-I_B R_{BB}-V_{BE}-I_E R_E+V_{EE}=0$$

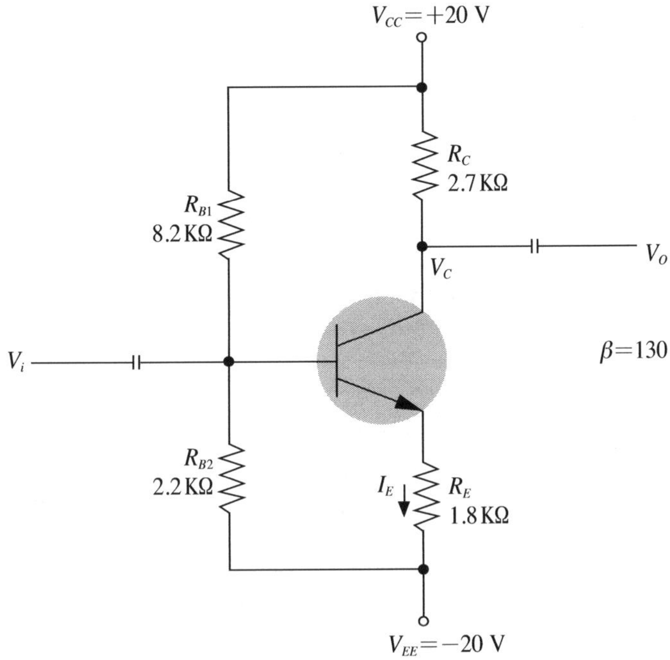

그림 5-24 회로

$$I_B=\frac{V_{EE}-V_{BB}-V_{BE}}{R_{BB}+(\beta+1)R_E}=\frac{20-11.54-0.7}{1.735\text{K}\Omega+131(1.8\text{K}\Omega)}=32.67\,[\mu\text{A}]$$

$$I_E=(\beta+1)I_B=131\,(32.67\,\mu\text{A})=4.28\,[\text{mA}]$$

$$V_C=V_{CC}-I_C R_C=20\text{V}-(4.28\,\text{mA})(2.7\,\text{K}\Omega)=8.4\,[\text{V}]$$

9. 그래프를 이용한 직류 바이어스 해석

앞 절에서 직류 바이어스 전류와 전압을 수학적으로 해석하였는데, 그 중에서 순방향 바이어스일 때의 전류이득(β)과 베이스−이미터 전압(V_{BE})이 중요하다는 것을 알았다. 이 절에서는 그래프 기법을 사용해서 트랜지스터 회로의 동작점을 구해 본다.

그림 5−25와 같은 전형적인 $C-E$ 컬렉터 특성은 트랜지스터 소자의 전반적인 동작을

나타낸다.

정적 동작점 (quiescent operating point) 혹은 Q점이라 불리는 실제적인 동작점을 얻으려면 회로에 대해 몇 가지 제한이 취해져야 한다. 회로의 컬렉터－이미터 루프에 대한 식은 컬렉터의 특성곡선상에 그래프식으로 나타낼 수 있다.

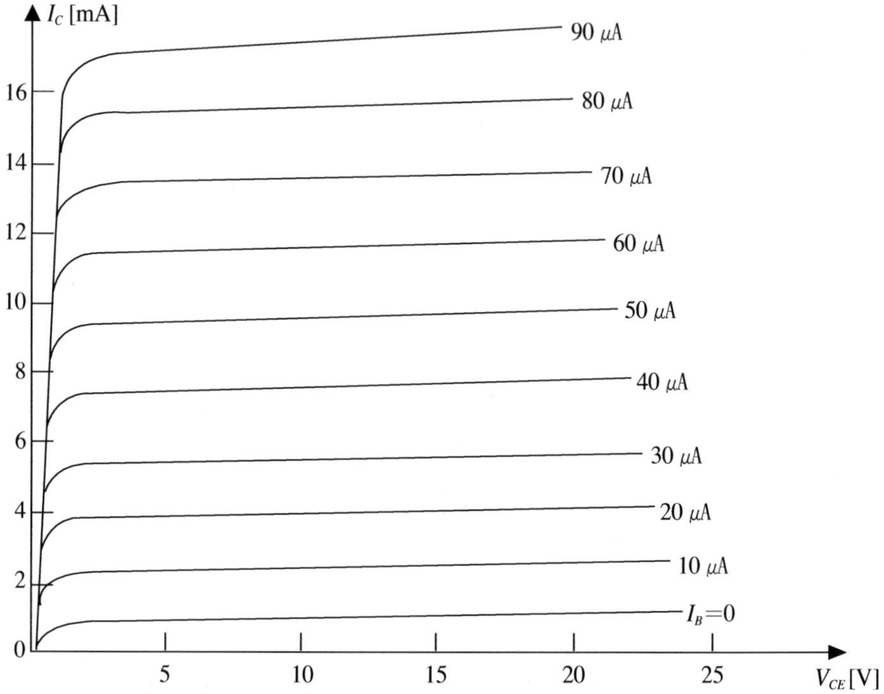

그림 5-25 트랜지스터의 컬렉터 특성

앞 절에서 다루어진 대부분의 회로에서처럼 식 5－17을 이용하면 컬렉터 전류를 얻기 위한 식은 아래와 같이 쓸 수 있다.

$$V_{CE}=V_{CC}-I_C(R_C+R_E)$$

$$I_C=\frac{V_{CC}}{R_C+R_E}-\frac{V_{CE}}{R_C+R_E}$$

$$I_C=\frac{-1}{R_C+R_E}\cdot V_{CE}+\frac{+V_{CC}}{R_C+R_E}$$

$$y=m\cdot x+b \qquad (5-38)$$

식 5－38은 다음과 같은 기울기를 갖는 직선의 회로방정식을 나타낸다.

$$m = \frac{-1}{R_C + R_E}$$

이 때 y절편은

$$b = \frac{V_{CC}}{R_C + R_E}$$

여기에서 I_C와 V_{CE}는 변수이다.

직선을 나타내는 식 5－38은 다음과 같이 직선의 양쪽 두 끝점을 얻음으로써 그림 5－26의 그래프에 나타내었다.

① 식 5－38에서 $I_C = 0$일 때 $V_{CE} = V_{CC}$

② 식 5－38에서 $V_{CE} = 0$일 때 $I_C = V_{CC}/(R_C + R_E)$

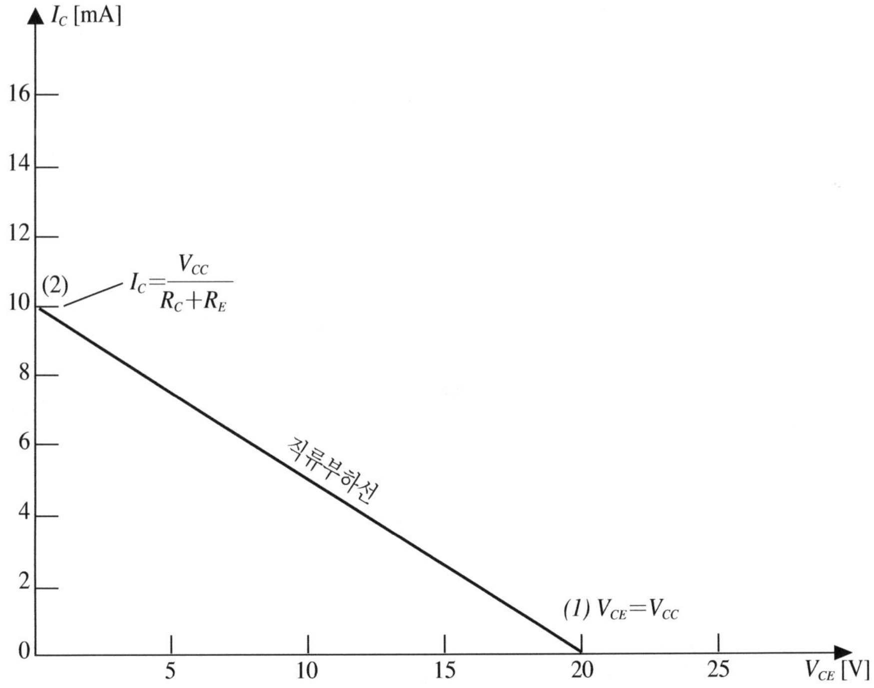

그림 5-26 직류부하선

이 두 점들은 그림 5－26에 (1)과 (2)로 각각 표시되고, 이 두 점을 연결한 직선을 직류부하선 (dc load line)이라 부른다. 부하선은 단지 공급전압 V_{CC}와 저항 R_C 및 R_E의 값에 의해서만 그려진다.

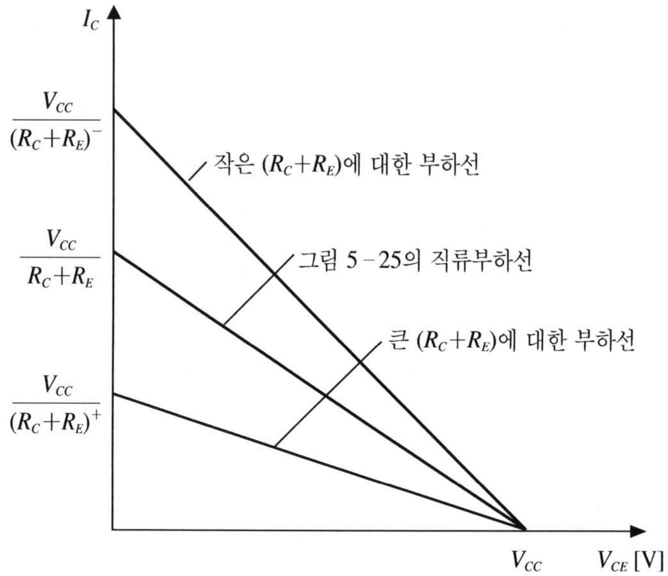

(a) (R_C+R_E) 변화에 따른 부하선

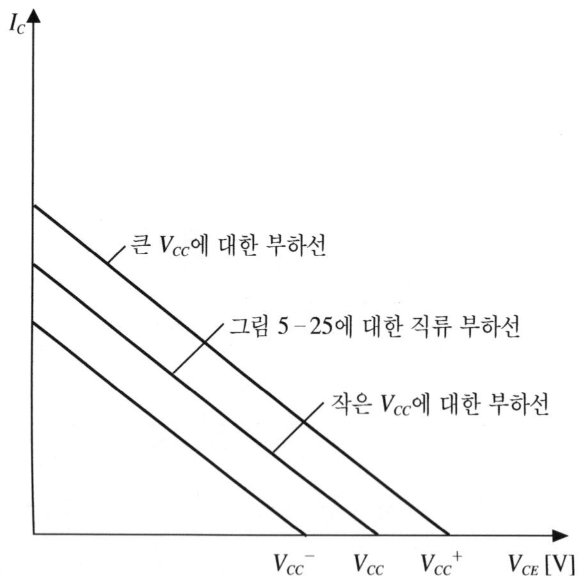

(b) V_{CC} 변화에 따른 부하선

그림 5-27 직류부하선에서 (R_C+R_E)나 V_{CC}를 변화시켰을 때의 영향

부하선의 기울기는 R_C와 R_E 값에 따라서만 변한다. 그림 5－26의 부하선보다 더 작거나 더 큰 (R_C+R_E)값을 갖는 부하선이 그림 5－27 (a)에 그려져 있다. 그림 5－27 (b)는 공급전압만을 변화시키면, 부하선이 그림 5－26의 부하선에 평행하게 이동되고 (R_C+R_E)가 변화되지 않으므로, 기울기는 여전히 같다는 사실을 나타낸다.

회로의 동작은 트랜지스터의 특성과 회로소자에 의해 결정되므로 특성곡선과 직류부하선을 한 그래프에 그리면 회로의 Q점을 결정할 수 있다. 그림 5－28의 전형적인 직류바이어스점은 대략 전압범위 $(0 \sim V_{CC})$와 전류범위 $[0 \sim V_{CC}/(R_C+R_E)]$의 중앙에 위치한다. 공급전압값으로 설정되는 전압한계만큼의 출력전압을 갖는 대신호 증폭기에서는 동작점이 중앙에 위치하는 것이 좋다.

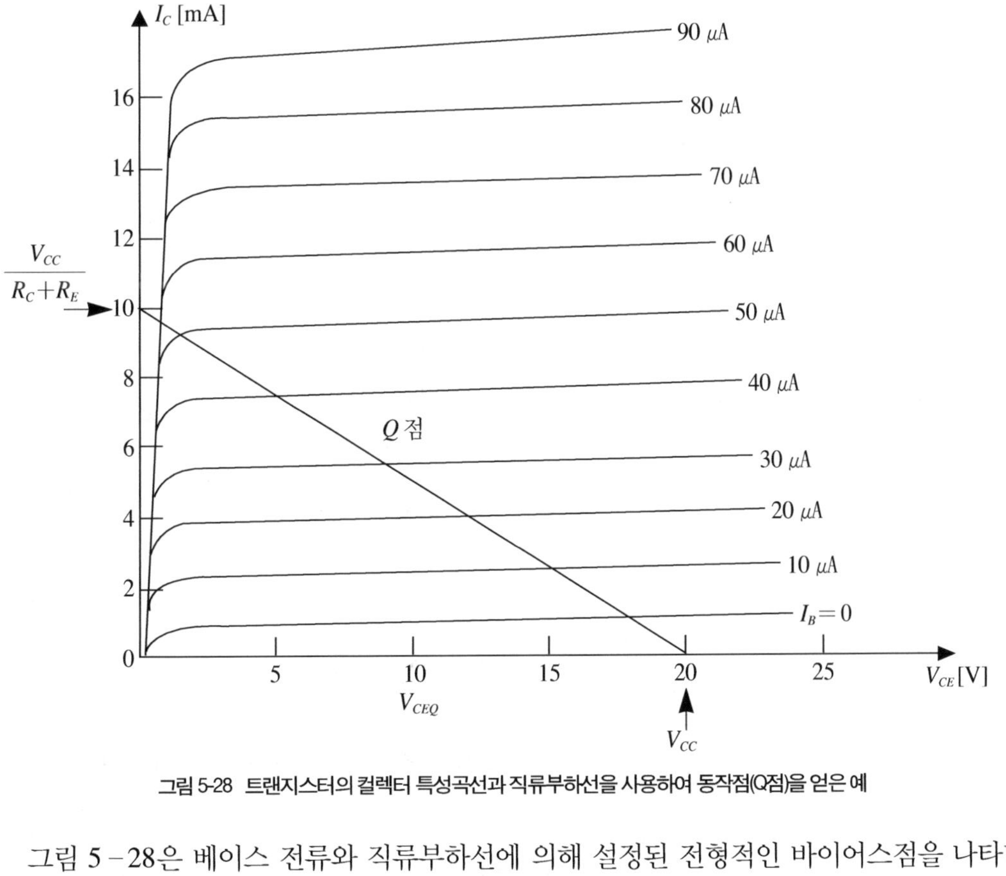

그림 5-28 트랜지스터의 컬렉터 특성곡선과 직류부하선을 사용하여 동작점(Q점)을 얻은 예

그림 5－28은 베이스 전류와 직류부하선에 의해 설정된 전형적인 바이어스점을 나타내었다. 베이스 전류를 더 높은 값으로 조정하면 동작점은 부하선을 따라 포화영역을 향해 이동하고, 베이스 전류를 감소시키면 바이어스점을 트랜지스터의 차단영역으로 이동한다.

그림 5－28의 특성과 부하선에서 베이스 전류가 60 [μA]를 넘을 경우에는 트랜지스터가 포화영역에서 동작된다. 부하선과 동작점에 있어서 직류 베이스 바이어스 전류에 가해지는 교류입력전류는 포화영역인 제한상태가 되기 전까지인 약 25 [μA] (30~55μA)의 양(+)의 진폭을 가질 수 있다. 반면에 교류베이스 전류의 변화는 차단영역상태가 되기 이전까지 약 30 [μA] (30~0μA)의 음(－)의 진폭을 가질 수 있다. 출력전압진폭이 1 [V]보다 작은 소신호 증폭기에 대해 Q점을 정확히 중앙에 둘 필요는 없고, 보통 트랜지스터의 이득이 가장 크거나 가장 선형적인 동작을 할 수 있는 영역에 두면 된다.

예제 5-14 그림 5－25의 트랜지스터의 컬렉터 특성을 이용하여 그림 5－29회로의 동작점을 구하라.

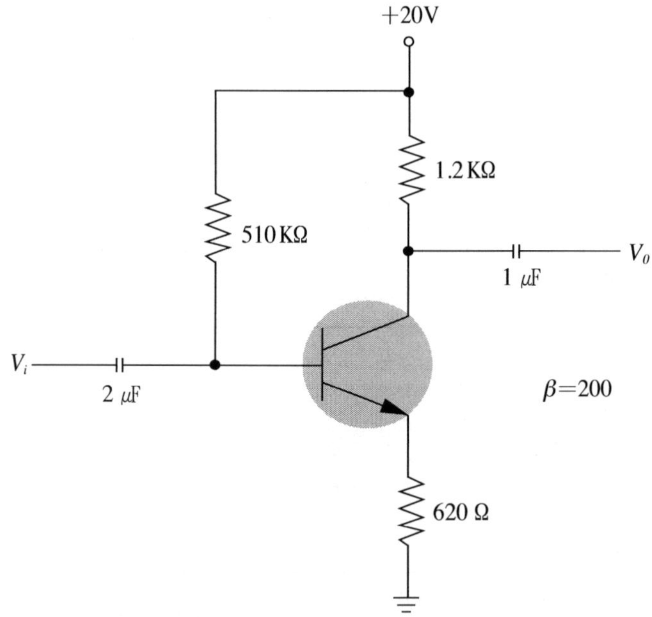

그림 5-29 바이어스 회로

풀이 직류부하선은 그림 5－25의 컬렉터 특성곡선상에 그려져야 한다. 이 직류부하선은 I_C축상의 점

$$\frac{V_{CC}}{R_C+R_E}=\frac{20\text{V}}{1.2\text{K}\Omega+0.62\text{K}\Omega}\simeq 11\,[\text{mA}]$$

에서 V_{CE} 축상의 점 $V_{CC}=20$ [V]까지의 직선으로 얻어진다. 베이스 전류는 식 5-16을 이용하여 계산할 수 있다.

$$I_B = \frac{V_{CC}-V_{BE}}{R_B+(\beta+1)R_E}$$
$$= \frac{(20-0.7)\text{V}}{510\text{K}\Omega+201(0.62\text{K}\Omega)} = 30.4[\mu\text{A}]$$

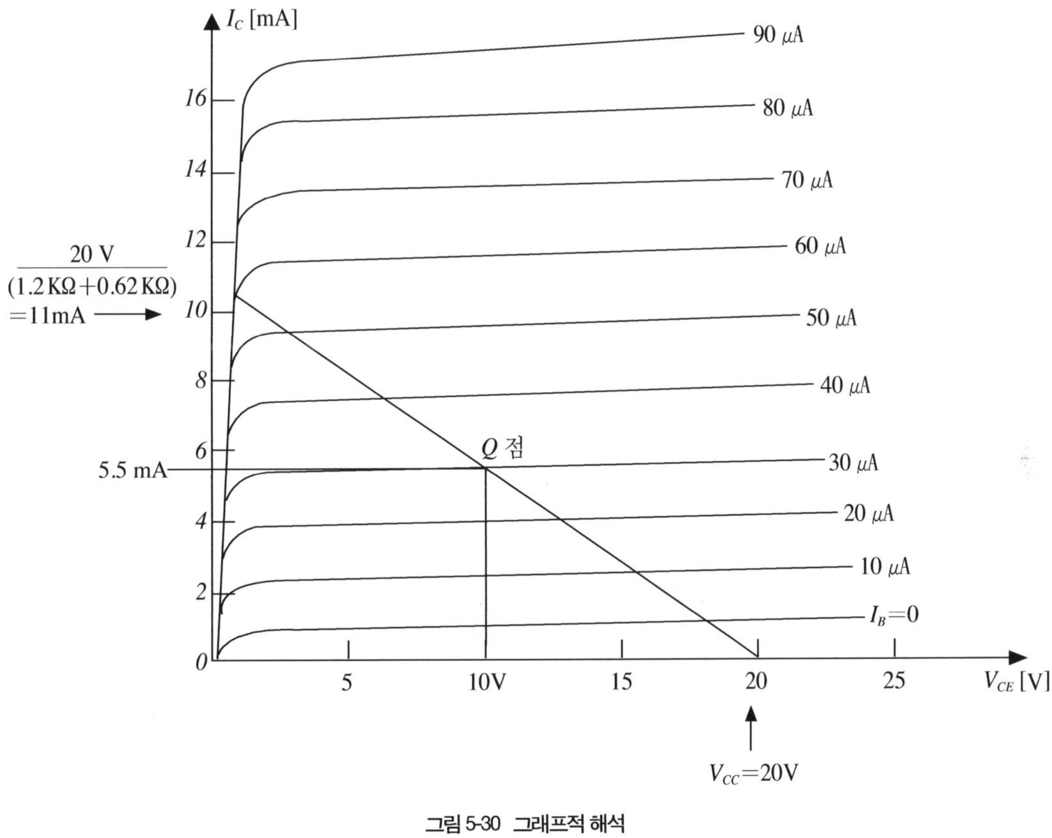

그림 5-30 그래프적 해석

그림 5-30는 $I_B=30.4[\mu\text{A}]$의 베이스 전류와 직류부하선의 교점에 Q점을 갖는 회로의 직류부하선과 트랜지스터의 컬렉터 특성곡선을 나타내었다.

트랜지스터는 $V_{CE}=10$ [V] 및 $I_C=5.5$[mA]에서 바이어스된다.

10. 직류 바이어스 회로의 설계

지금까지는 주로 주어진 트랜지스터 회로의 직류동작점을 해석하는 데 필요한 기법을 다루었다. 주어진 회로의 동작점(Q)을 결정하는 것도 필요하지만 원하는 점 혹은 특정한 바이어스점에서 회로가 동작하도록 설계하는 것도 중요하다. 대개의 트랜지스터 제작회사에서 주어지는 규격표는 동작점에 관한 적당한 정보를 주지만, 증폭단에 연결되어 있는 회로 요소들은 설계시 동작점(Q점)을 결정하는 데 사용되는 전류진폭, 전압진폭, 공급전압 등의 조건에 영향을 미치기도 한다.

회로의 설계 혹은 합성은 회로해석의 역과정으로 행해진다. 이 절에서는 주어진 트랜지스터의 동작영역이나 동작점에서 바이어스 회로를 설계하도록 한다.

실제에 있어서는 많은 요인을 검토한 후 원하는 동작점을 선택해야 할지도 모른다. 그러나 여기서는 특정 동작점을 얻기 위해 성분값을 결정하는 데만 한정하려고 한다. 그러나 많은 바이어스 회로의 기본 관계식 및 동작특성이 이미 고찰되었으므로 새로운 이론은 전개되지 않는다.

(1) 이미터 궤환저항을 갖는 바이어스 회로의 설계

먼저 이미터 저항에 의해 바이어스가 안정화된 증폭기 회로의 직류 바이어스 성분의 설계에 관하여 생각해 보자. 공급전압과 동작점은 증폭기에 사용된 트랜지스터에 관한 제조회사의 규격표를 참고하여 선정된다.

컬렉터와 이미터 저항은 규격표로부터 직접 선택할 수 없다. 컬렉터-이미터 루프 주위의 전압과 관련되는 식 5-17에는 두 개의 미지수, 즉 컬렉터 저항 R_C 및 이미터 저항 R_E가 있다. 문제의 해결을 쉽게 하기 위해서는 공학적인 판단이 필요하다. 즉, 이미터 전압을 합리적으로 근사화할 수 있다면 문제는 간편해질 것이다.

이미터와 접지 사이에 저항을 삽입해야 하는 이유는 트랜지스터의 누설전류와 트랜지스터 β값의 변화로 인하여 동작점이 크게 이동되는 것을 막기 위한 직류 바이어스 안정화의 방법이었다. 이미터 저항에 의한 전압강하는 이미터-컬렉터간의 전압진폭을 낮추게 되므로 이미터 저항값이 매우 큰 값이 될 수 없다.

이미터와 접지 사이의 전압 V_E는 공급전압 V_{CC}의 약 5분의 1에서 10분의 1이 보통이라는 것을 알 수 있다. 이러한 방법으로 이미터 전압을 선택하면 이미터 저항 R_E와 컬렉터 저항

R_C를 계산할 수 있다. 이 계산을 실행하면 다음과 같은 식을 얻을 수 있다.

$$V_{EQ} \simeq \frac{1}{10 V_{CC}} = \frac{20\,\text{V}}{10} = 2\,[\text{V}]$$

$$R_E = \frac{V_{EQ}}{I_{EQ}} \simeq \frac{V_{EQ}}{I_{CQ}} = \frac{2\text{V}}{2\,\text{mA}} = 1\,[\text{K}\Omega]$$

$$R_C = \frac{V_{CC} - V_{CEQ} - V_{EQ}}{I_{CQ}} = \frac{(20 - 10 - 2)\,\text{V}}{2\,\text{mA}} = 4\,[\text{K}\Omega]$$

$$I_{BQ} = \frac{I_{CQ}}{\beta} = \frac{2\,\text{mA}}{150} = 13.33\,[\mu\text{A}]$$

$$R_B = \frac{V_{CC} - V_{BE} - V_{EQ}}{I_{BQ}} = \frac{(20 - 0.7 - 2)\text{V}}{13.33\,\mu\text{A}} \simeq 1.3\,[\text{M}\Omega]$$

예제 5-15 이미터 안정화 저항을 갖는 트랜지스터 증폭기회로 그림 5-31에서 저항값 R_E, R_C 및 R_B를 계산하라. *NPN* 2N4401 트랜지스터의 전류이득은 5 [mA]의 컬렉터전류에서 보통 90이다. 공급전압은 20 [V]를 사용한다.

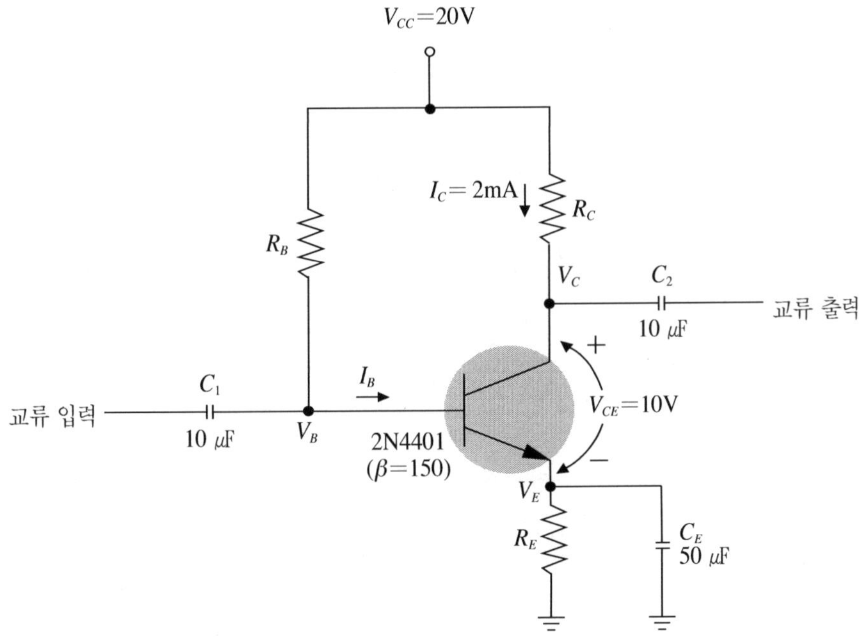

그림 5-31 설계고찰을 위한 이미터 안정화 바이어스 회로

풀이 공급전압과 트랜지스터로부터 선택된 동작점은 $I_{CQ}=5$ [mA]이고 $V_{CEQ}=10$ [V] 이다.

$$V_{EQ} \simeq \frac{1}{10}(V_{CC}) = \frac{1}{10}(20\text{V}) = 2[\text{V}]$$

그러므로 이미터 저항은

$$R_E \simeq \frac{V_E}{I_{CQ}} = \frac{2\text{V}}{5\text{mA}} = 400[\Omega]$$

컬렉터 저항은 다음과 같이 계산된다.

$$RC = \frac{V_{CC}-V_{CEQ}-V_{EQ}}{I_{CQ}} = \frac{(20-10-2)\text{V}}{5\text{mA}} = \frac{8\text{V}}{5\text{mA}} = 1.6[\text{K}\Omega]$$

베이스 전류를 계산하면

$$I_{BQ} = \frac{I_{CQ}}{\beta} = \frac{5\text{mA}}{90} \simeq 55.56[\mu\text{A}]$$

이 되어 결국 베이스 저항은 다음 식으로 계산된다.

$$R_B = \frac{V_{CC}-V_{BE}-V_{EQ}}{I_{BQ}} = \frac{(20-0.7-2)\text{V}}{55.56\,\mu\text{A}} = \frac{17.3\text{V}}{55.56\mu\text{A}}$$
$$= 311[\text{K}\Omega]\,(R_B = 300\,\text{K}\Omega\text{을 사용하라})$$

(2) 전류이득 안정화 회로(β 무관)의 설계

그림 5-32의 회로는 누설전류와 전류이득 변화에 대한 안정화를 준다. 그림에 나타낸 네 개의 저항값은 규정된 동작점에서 결정되어야 하고 이미터 전압 V_E의 결정은 앞의 설계 고찰과 공학적인 판단에 의하여 간단히 구할 수 있다. 설계과정은 다음과 같다.

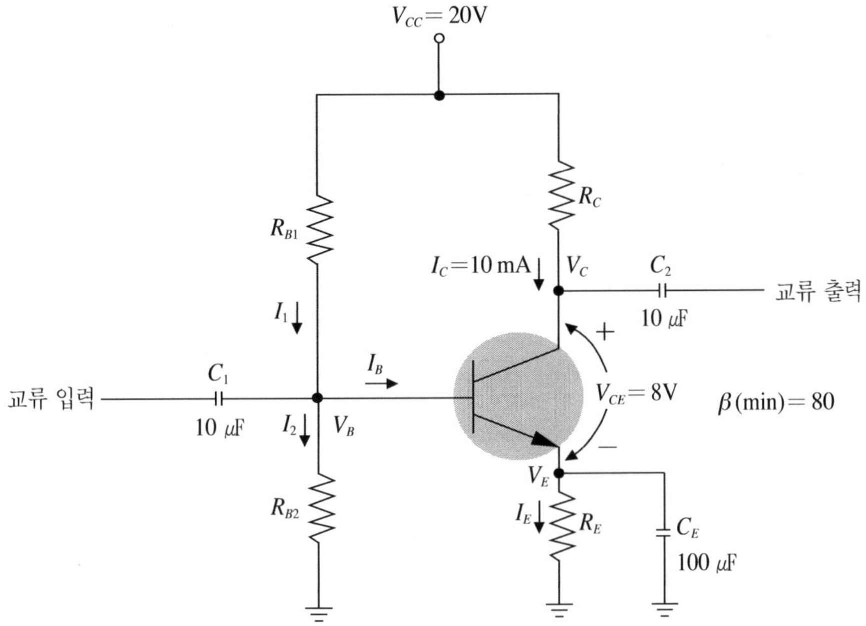

그림 5-32 설계고찰을 위한 전류이득 안정화 회로

이미터 전압은 공급전압 V_{CC}의 대략 10분의 1정도로 선택된다.

$$V_{EQ} \simeq \frac{1}{10} V_{CC} = \frac{1}{10}(20\ \text{V}) = 2\,[\text{V}]$$

이 V_E값을 사용하면 이미터 저항값은 아래와 같이 계산된다.

$$R_E \simeq \frac{V_{EQ}}{I_{CQ}} = \frac{2\text{V}}{10\,\text{mA}} = 200\,[\Omega]$$

컬렉터 저항은

$$R_C = \frac{V_{CC} - V_{CEQ} - V_{EQ}}{I_{CQ}} = \frac{(20-8-2)\ \text{V}}{10\,\text{mA}} = 1\,[\text{K}\Omega]$$

베이스 전압은 대략 이미터 전압과 같으나 더 정확히는 다음과 같다.

$$V_B = V_E + V_{BE} = 2\ \text{V} + 0.7\text{V} = 2.7\,[\text{V}]$$

베이스 저항 R_{B1}과 R_{B2}를 계산하기 위한 방정식은 약간 생각할 필요가 있다. 위에서 계산된 베이스 전압값과 공급전압값을 사용하면 두 미지수 R_{B1}과 R_{B2}를 갖는 한 개의 방정식을 얻을 수 있다. 회로가 적당히 동작하기 위해서는 두 저항에 흐르는 전류는 대략 같아야 하며 베이스 전류보다는 훨씬 더 커야 한다(최소한 10배 이상). 그러므로 다음 두 식을 사용해서 R_{B1}과 R_{B2}를 계산할 수 있다.

$$V_B = \frac{R_{B2}}{R_{B1}+R_{B2}}(V_{CC})$$

$$R_{B2} \leq \frac{1}{10}(\beta R_E)$$

이 두 식을 풀면

$$R_{B1} = 10.25\ [\text{K}\Omega]\ (10\,\text{K}\Omega\text{으로 사용하라}),\quad R_{B2} \simeq 1.6\,[\text{K}\Omega]$$

이 된다.

예제 5-16 그림 5－32과 같은 증폭회로에 대한 직류 바이어스 회로를 설계하라. 단, 제조회사의 규격표에는 컬렉터 전류 1[mA]에서 트랜지스터의 전류이득이 150이라고 적혀 있고, 이 회로의 공급전압은 16[V]이다. 또 $V_{CQ} = V_{CC}/2$가 되도록 설계하라.

풀이 $V_{EQ} = \frac{1}{10}(V_{CC}) = \frac{1}{10}(16\text{ V}) = 1.6[\text{V}]$로 선택하고 R_E를 계산하면

$$R_E \simeq \frac{V_{EQ}}{I_{CQ}} = \frac{1.6\text{V}}{1\text{mA}} = 1.6\,[\text{K}\Omega]$$

$$V_{CQ} = \frac{V_{CC}}{2} = \frac{16\text{V}}{2} = 8\,[\text{V}]$$

$$V_{CEQ} = V_{CQ} - V_{EQ} = 8\text{ V} - 1.6\text{V} = 6.4\,[\text{V}]$$

R_C를 계산하면

$$R_C = \frac{V_{CC} - V_{CEQ} - V_{EQ}}{I_{CQ}} = \frac{(16-6.4-1.6)\text{V}}{1\,\text{mA}} = 8[\text{K}\Omega]\,(8.2\text{K}\Omega\text{으로 사용하라})$$

V_{BQ}를 계산하면

$$V_{BQ}=V_{EQ}+V_{BE}=1.6\text{V}+0.7\text{V}=2.3[\text{V}]$$

마지막으로 R_{B1}과 R_{B2}를 계산하면

$$R_{B2}\leq\frac{1}{10}(\beta R_E)=\frac{150(1.6\text{K}\Omega)}{10}=24[\text{K}\Omega]$$

이므로

$$\frac{R_{B2}}{R_{B1}+R_{B2}}V_{CC}=V_{BQ}=2.3[\text{V}]$$

$$R_{B1}\simeq 143[\text{K}\Omega]\ (150\text{K}\Omega\text{으로 사용하라})$$

연습문제

1. 그림 5-6의 회로에서 베이스 저항 R_B=330[KΩ], 컬렉터 저항 R_C=2.7[KΩ], V_{CC}=12 [V] 및 β= 50일 때 컬렉터 전압과 안정계수 $S(I_{CO})$를 계산하라.

2. 그림 5-6의 회로에서 베이스 저항 R_B=150[KΩ], 컬렉터 저항 R_C=2.1[KΩ], V_{CC}=9 [V] 및 β=45 일 때 컬렉터-베이스 전압을 계산하라.

3. 그림 5-6의 회로에서 베이스 저항 R_B=240[KΩ], 컬렉터 저항 R_C=1.8[KΩ], V_{CC}=12 [V] 및 β= 70 일 때 컬렉터 전류와 컬렉터-베이스 전압을 계산하라.

4. 그림 5-6의 회로에서 컬렉터 저항 R_C=2.4[KΩ], V_{CC}=18[V] 및 β=90일 때 컬렉터 전압 V_C=8 [V]로 고정하는 데 필요한 컬렉터 저항 R_C의 값은 얼마인가?

5. 그림 5-6의 회로에서 베이스 저항 R_B=510[KΩ], V_{CC}=22[V] 및 β=120일 때 컬렉터-이미터 전압 V_{CE}=6[V]로 고정하는 데 필요한 컬렉터 저항 R_C의 값은 얼마인가?

6. 그림 5-7의 회로에서 β= 85일 때 컬렉터 전압이 -8.4 [V]가 되기 위해 필요한 컬렉터 저항 R_C의 값은 얼마인가?

7. 그림 5-8의 이미터-안정화 바이어스 회로에서 회로변수의 값이 베이스 저항 R_B= 220[KΩ], 컬렉터 저항 R_C=2.7[KΩ], 이미터 저항 R_E=1.5[KΩ], β=55 및 V_{CC}=18 [V] 일 때 직류 바이어스 전압 V_{CE}와 전류 I_C 및 안정계수 $S(I_{CO})$를 계산하라.

8. 그림 5-8의 회로에서 회로변수의 값이 베이스 저항 R_B= 510[KΩ], 컬렉터 저항 R_C= 2.4[KΩ], 이미터 저항 R_E= 1.2[KΩ], β= 100 및 V_{CC}= 20[V]일 때 이미터 전류 I_E를 계산하라.

9. 그림 5-8의 회로에서 회로변수의 값이 베이스 저항 $R_B=330$[KΩ], 컬렉터 저항 $R_C=1.8$[KΩ], 이미터 저항 $R_E=1$[KΩ] 및 $V_{CC}=16$[V]일 때 이미터 전압 $V_E=3$[V]로 주어지는 트랜지스터의 β값을 구하라.

10. 그림 5-8의 회로에서 회로변수의 값이 컬렉터 저항 $R_C=2.7$[KΩ], 이미터 저항 $R_E=2.2$[KΩ], $\beta=150$ 및 $V_{CC}=12$[V]일 때 바이어스 전압 $V_B=4.4$[V]가 되기 위해 필요한 베이스 저항 R_B값을 구하라.

11. 그림 5-8의 회로에서 회로변수의 값이 $R_B=1.5$[MΩ], 컬렉터 저항 $R_C=4.3$[KΩ], 이미터 저항 $R_E=1.1$[KΩ], $\beta=140$ 및 $V_{CC}=25$[V]일 때 바이어스 전압 V_{CE}를 구하라.

12. 그림 5-8의 바이어스 회로에서 회로변수의 값이 이미터 저항 $R_E=820$[Ω], 컬렉터 저항 $R_C=2.4$[KΩ], $V_{CC}=18$[V] 및 $\beta=85$일 때 포화상태가 되기 위해 필요한 R_B의 값을 구하라.

13. 그림 5-8의 회로에서 회로변수의 값이 이미터 저항 $R_E=620$[Ω], 컬렉터 저항 $R_C=1.8$[KΩ], $V_{CC}=20$[V] 및 $\beta=110$일 때 컬렉터 전류 $I_C=0.5I_{Csat}$이 되기 위하여 그림 5-8의 회로를 바이어스하는 데 필요한 베이스 저항 R_B의 값을 구하라.

14. 그림 5-8의 회로에서 $\beta=90$에서 180까지 회로변수의 값이 베이스 저항 $R_B=680$[KΩ], 이미터 저항 $R_E=910$[Ω], 컬렉터 저항 $R_C=2.2$[KΩ] 및 $V_{CC}=15$[V]일 때 V_C의 [%] 변화를 구하라.

15. 그림 5-8의 회로에서 회로변수의 값이 베이스 저항 $R_B=750$[KΩ], 이미터 저항 $R_E=0.82$[KΩ], 컬렉터 저항 $R_C=3.3$[KΩ], $V_{CC}=9$[V] 및 $\beta=75$일 때 모든 바이어스 전압 V_B, V_E 및 V_C를 계산하라.

16. 그림 5-18의 회로에서 회로변수의 값이 $R_{B1}=470$[KΩ], $R_{B2}=68$[KΩ], 이미터 저항 $R_E=3.3$[KΩ], 컬렉터 저항 $R_C=15$[KΩ], $V_{CC}=18$[V] 및 $\beta=120$일 때 직류 바이어스 전류 I_C, 전압 V_{CE} 및 안정계수 $S(I_{CO})$를 계산하라.

17. 그림 5－18의 회로에서 회로변수의 값이 $R_{B1}=91[K\Omega]$, $R_{B2}=11[K\Omega]$, 이미터 저항 $R_E=1.2[K\Omega]$, 컬렉터 저항 $R_C=4.7[K\Omega]$, $V_{CC}=18[V]$ 및 $\beta=70$일 때 베이스 및 컬렉터 전류를 계산하라.

18. 그림 5－18의 회로에서 회로변수의 값이 $R_{B1}=82[K\Omega]$, $R_{B2}=24[K\Omega]$, 컬렉터저항 $R_C=5.6[K\Omega]$, $V_{CC}=16[V]$ 및 $\beta=150$일 때 $V_C=6[V]$가 되게 하는 이미터 저항 R_E의 값은 얼마인가?

19. 그림 5－18의 회로에서 회로변수의 값이 $R_{B1}=100[K\Omega]$, $R_{B2}=22[K\Omega]$, 이미터 저항 $R_E=2.2[K\Omega]$, 컬렉터 저항 $R_C=8.2[K\Omega]$, $V_{CC}=9[V]$ 및 $\beta=100$일 때 I_C와 V_{CE}를 계산하라.

20. 회로변수의 값이 $R_{B1}=220[K\Omega]$, $R_{B2}=51[K\Omega]$, 컬렉터 저항 $R_C=3.3[K\Omega]$, $V_{CC}=18[V]$ 및 $\beta=130$일 때 0.5 I_{Csat}에서 그림 5－17의 회로를 바이어스시키는 데 필요한 이미터 저항 R_E의 값을 구하라.

21. 그림 5－18의 회로에서 회로변수의 값이 $R_{B1}=62[K\Omega]$, $R_{B2}=9.1[K\Omega]$, 이미터 저항 $R_E=0.68[K\Omega]$, 컬렉터 저항 $R_C=3.9[K\Omega]$, $V_{CC}=16[V]$ 및 $\beta=110$일 때 컬렉터－베이스 전압 V_{CE}를 계산하라.

22. 회로변수의 값이 $R_{B1}=220[K\Omega]$, $R_{B2}=33[K\Omega]$, 이미터 저항 $R_E=1.8[K\Omega]$, $V_{CC}=25[V]$ 및 $\beta=180$일 때 $0.5V_{CC}$에서 그림 5－18의 회로를 바이어스시키는 데 필요한 컬렉터 저항 R_C의 값은 얼마인가?

23. $\beta=80$에서 160 사이에서 회로변수의 값이 $R_{B1}=75[K\Omega]$, $R_{B2}=24[K\Omega]$, 이미터 저항 $R_E=1.2[K\Omega]$, 컬렉터 저항 $R_C=2.4[K\Omega]$ 및 $V_{CC}=6[V]$일 때 그림 5－18의 회로에서 V_{CE}의 [%] 변화를 구하라.

24. 회로변수의 값이 $R_{B1}=100[K\Omega]$, $R_{B2}=10[K\Omega]$, 컬렉터 저항 $R_C=3.3[K\Omega]$, $V_{CC}=30[V]$ 및 $\beta=200$일 때 컬렉터 전류 $I_C=0.5I_{Csat}$에서 그림 5－18의 회로를 바이어스시키는 데 필

요한 이미터 저항 R_E의 값을 구하라.

25. 회로변수의 값이 $R_{B1}=91$[KΩ], $R_{B2}=11$[KΩ], 이미터 저항 $R_E=1.1$v[KΩ], $V_{CC}=18$[V] 및 $\beta=90$일 때 컬렉터 전압 $V_C=12$[V]에서 그림 5-18의 회로의 컬렉터 전압을 바이어스시키기 위해 필요한 R_C의 값은 얼마인가?

26. 회로변수의 값이 $R_{B1}=12$[KΩ], $R_{B2}=2.2$[KΩ], 이미터 저항 $R_E=1.1$[KΩ], 컬렉터 저항 $R_C=2.7$[KΩ], $V_{CC}=9$[V] 및 $\beta=120$일 때 그림 5-18의 회로에서 포화전류를 구하라.

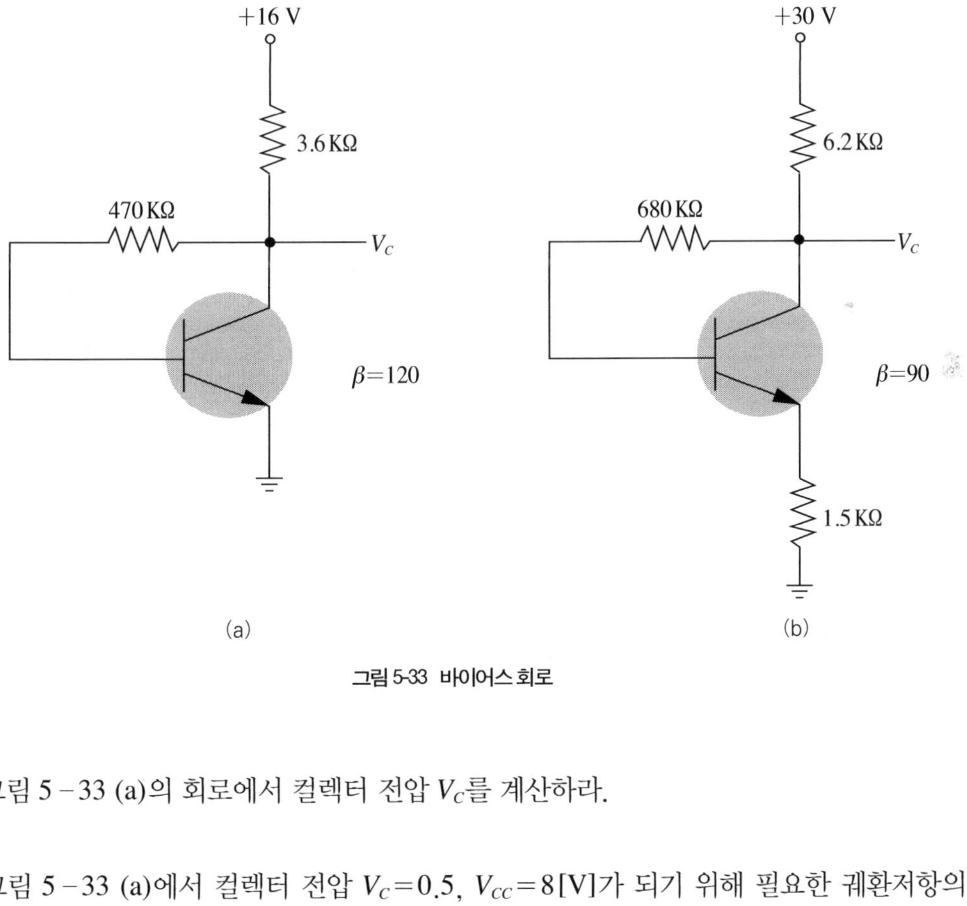

그림 5-33 바이어스 회로

27. 그림 5-33 (a)의 회로에서 컬렉터 전압 V_C를 계산하라.

28. 그림 5-33 (a)에서 컬렉터 전압 $V_C=0.5$, $V_{CC}=8$[V]가 되기 위해 필요한 궤환저항의 값을 구하라.

29. 그림 5 - 33 (b)의 회로에서 컬렉터 전압 V_C를 계산하라.

30. 컬렉터 전류 $I_C = 0.5I_{Csat}$에서 그림 5 - 33 (b)의 회로를 알맞게 바이어스시키는 데 필요한 궤환저항값을 구하라.

31. 그림 5 - 33 (b)의 회로에서 컬렉터 전압 $V_C = 15$[V]로 되기 위해 필요한 컬렉터 저항 값을 구하라.

32. 그림 5 - 34 (a)의 회로에서 컬렉터 - 이미터 전압 V_{CE}와 컬렉터 전류를 I_C를 계산하라.

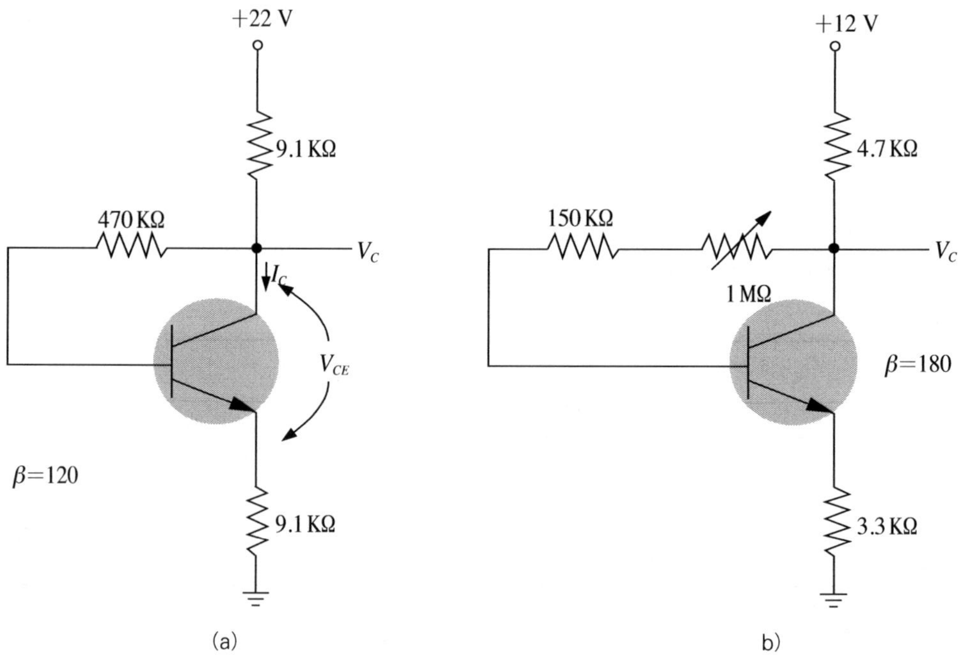

그림 5-34 바이어스 회로

33. 그림 5 - 34 (a)의 회로에서 $\beta = 60$인 트랜지스터로 바꾸었을 때 컬렉터 전압 V_C의 [%] 변화를 계산하라.

34. 그림 5 - 34 (b)의 회로에서 1 [MΩ]의 가변저항기를 1 [MΩ]과 0 [Ω]에 고정할 때의 컬렉

터 전류 I_C의 최대값과 최소값을 구하라.

35. 그림 5 - 34 (b)의 회로에서 1[MΩ]의 가변저항기를 중간값에 고정할 때의 컬렉터 전압 V_C를 구하라.

36. 그림 5 - 34 (b)의 회로에서 가변저항기가 0[Ω]에서 1[MΩ]으로 조정될 때 컬렉터 전류 I_C의 최대값을 구하라.

37. 그림 5 - 34 (b)의 가변저항기가 0 Ω에서 1[MΩ]으로 조정될 때 컬렉터 전류 I_C의 [%] 변화는 얼마나 되겠는가?

제 6장 전자회로 해석

1. 쌍극 접합 트랜지스터의 소신호 해석

트랜지스터 회로망의 소신호 교류해석에 사용되는 두 가지 모델이 있다. 즉 하이브리드 등가회로(hybrid equivalent)와 r_e모델(r_e model)이다. 이 장에서는 두 가지 모델을 소개할 뿐 아니라 각 동작의 역할과 두 모델의 상호관계를 정의하였다.

(1) 트랜지스터 하이브리드 등가회로

트랜지스터는 3단자 소자이나 실제 한 단자를 입력과 출력에 공통으로 사용하므로 4단자 소자로 취급할 수 있어 2-port(4단자 회로)이론을 적용할 수 있다. 그림 6-1은 트랜지스터를 2-port로 보았을 때의 그림을 나타내었으며, 여기서 왼쪽 단자는 입력단자이며 오른쪽 단자는 출력단자를 나타낸다. 이 회로에서는 네 개의 변수(입력전류 I_i, 입력 전압 V_i, 출력전류 I_o, 출력전압 V_o)가 있으며 이 네 가지 변수는 독립변수와 종속변수의 선택에 따라 몇 가지 방정식의 관계를 나타낼 수 있다.

h정수 (h-parameter)로 트랜지스터 회로망을 나타내려면 네 가지 변수 중 입력전류 I_i와 출력전압 V_o를 독립변수로 선택하고 입력전압 V_i와 출력전류 I_o를 종속변수로 선택하면 다음과 같은 방정식으로 나타낼 수 있다.

$$V_i = h_{11}I_i + h_{12}V_o \qquad (6-1a)$$

$$I_o = h_{21}I_i + h_{22}V_o \qquad (6-1b)$$

네 개의 변수에 관련된 파라미터는 하이브리드(hybrid)란 말의 첫글자를 따서 h정수(h-parameter)라 불리며 h정수의 뜻은 다음과 같이 해석할 수 있다.

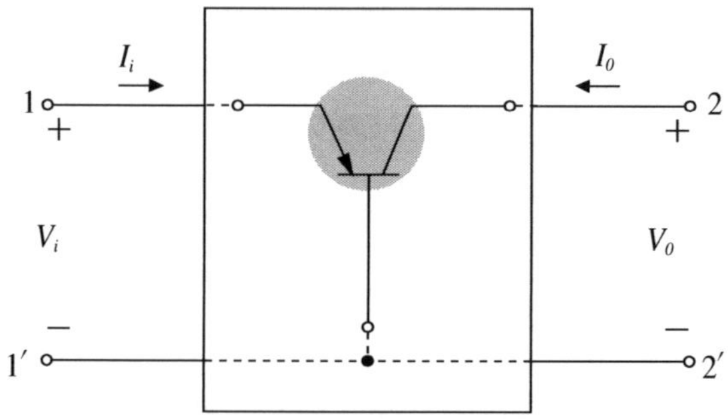

그림 6-1 2-port 회로망

만일 $V_o = 0$(출력단자가 단락회로)으로 놓고 식 6-1a를 h_{11}에 대해 풀면 다음 결과가 얻어진다.

$$h_{11} = \left.\frac{V_i}{I_i}\right|_{V_O=0} \text{ [ohm]} \qquad (6-2)$$

이 식으로부터 파라미터 h_{11}이 옴(Ω)으로 측정되는 임피던스 변수임을 알 수 있다. 이것은 출력단자가 단락되었을 때 입력전압 대 입력전류의 비이므로 단락회로 입력임피던스(short - circuit input-impedanec) 정수라 부른다.

만일 입력단자를 개방하여 I_i를 0으로 놓는다면 다음과 같이 h_{12}가 얻어진다.

$$h_{12} = \left.\frac{V_i}{V_o}\right|_{I_i=0} \text{ [unitless]} \qquad (6-3)$$

따라서 정수 h_{12}는 입력전류를 0으로 하였을 때 입력전압 대 출력전압의 비이다. 이는 전압 대 전압의 비이므로 단위가 없다. 이를 개방회로 역전달전압비 파라미터(open-circuit reverse transfer voltage ratio parameter)라 부른다.

만일 식 6-1b에서 출력단자를 다시 단락시켜 V_O를 0으로 놓으면 다음과 같이 h_{21}이 구해진다.

$$h_{21} = \frac{I_o}{I_i}\bigg|_{V_0=0} \text{ [untiless]} \qquad (6-4)$$

정수 h_{21}은 출력단자가 단락되었을 때의 입력전류에 대한 출력전류의 비로서 대부분의 응용에서 가장 관심을 끄는 파라미터이다. h_{12}와 같이 이 파라미터는 전류의 비이기 때문에 단위가 없으며 단락회로 순방향 전류전달비 파라미터(short-circuit forward transfer current ratio parameter)라 부른다.

마지막 정수 h_{22}는 다시 입력단자를 개방하여 $I_i=0$으로 놓고 식 6-1b를 h_{22}에 대해 풀면 구해진다.

$$h_{22} = \frac{I_o}{V_o}\bigg|_{I_i=0} \text{ [siemens]} \qquad (6-5)$$

이것은 출력전류 대 출력전압의 비로서 출력컨덕턴스 파라미터이고 단위는 siemens(S)(이전에는 mho [℧])이다. 이를 개방회로 출력컨덕턴스 파라미터(open-circuit output conductance parameter)라 부른다.

식 6-1a의 각 항의 단위는 [V]이므로 이 식에 알맞는 회로를 찾기 위하여 역으로 키르호프의 전압법칙을 적용하면 그림 6-2와 같이 나타낼 수 있다.

또 식 6-1b의 각 항은 전류의 단위이므로 키르호프의 전류법칙을 적용하면 그림 6-3의 회로를 얻는다.

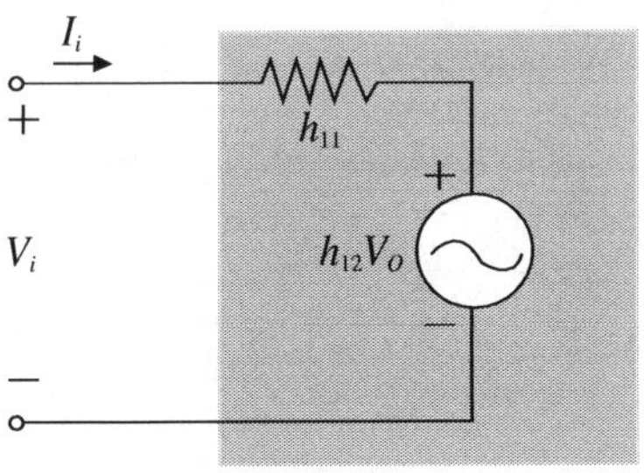

그림 6-2 하이브리드 입력등가회로

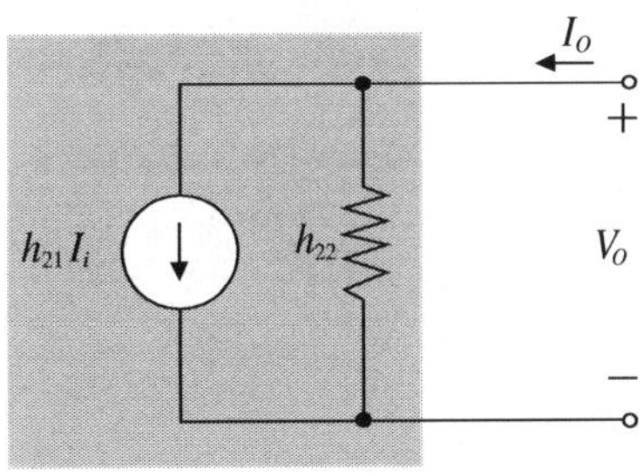

그림 6-3 하이브리드 출력등가회로

기본적인 3단자 선형소자에 대한 완전한 교류등가회로는 그림 6-4와 같이 표시되고 새로운 h정수의 첨자로 표시되며 다음과 같은 의미를 갖는다.

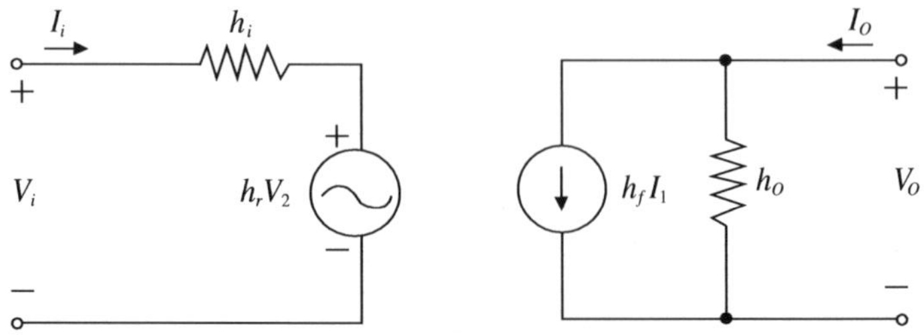

그림 6-4 완전한 하이브리드 등가회로

h_{11} → 입력저항 → h_i

h_{12} → 역전달 전압비 → h_r

h_{21} → 순방향 전류전달 → h_f

h_{22} → 출력컨덕턴스 → h_o

어떤 파라미터가 사용되고 어떤 접속 모드인가를 구별하기 위해 *h*파라미터 기호에 두 번째 첨자가 덧붙여진다. 베이스 공통접속모드에는 소문자 *b*를 첨가하고 이미터 공통 및 컬렉터 공통접속모드에서는 각각 소문자 *e*와 *c*를 첨가한다. 베이스 공통과 이미터 공통 및 컬렉터 접속모드에 대한 하이브리드 등가회로는 그림 6-5~7과 같으며 이 회로는 *PNP* 트랜지스터나 *NPN* 트랜지스터에 모두 적용될 수 있다.

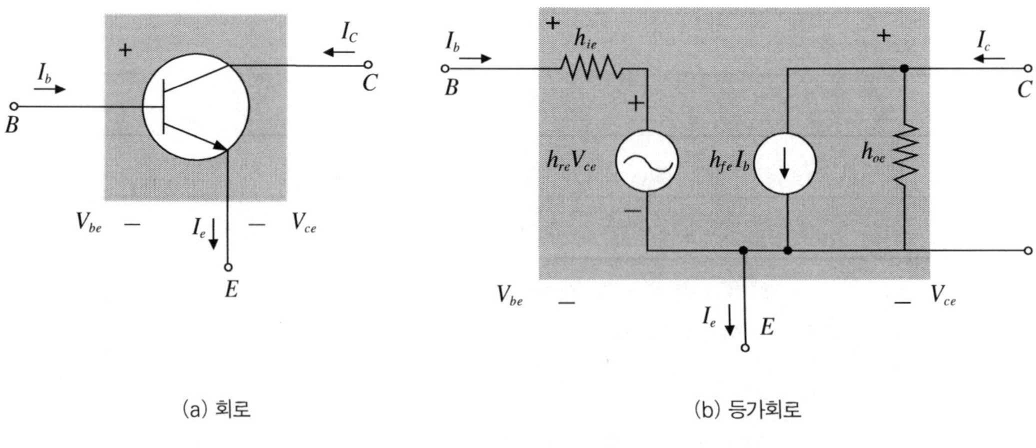

(a) 회로　　(b) 등가회로

그림 6-5 이미터 공통접속

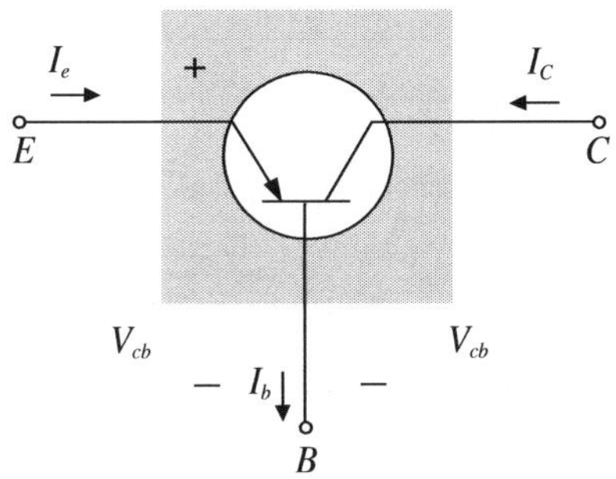

(a) 회로

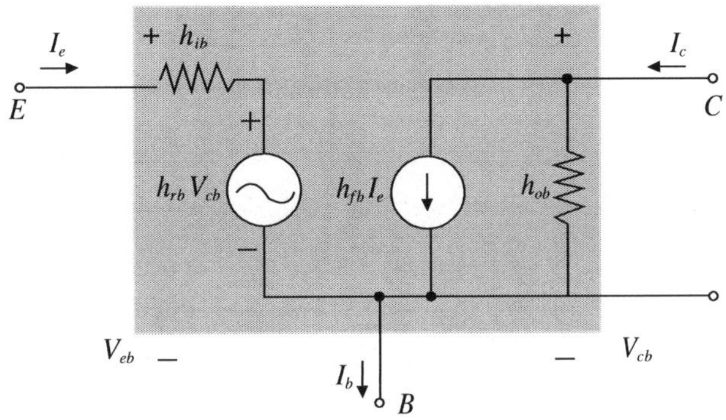

(b) 등가회로

그림 6-6 베이스 공통접속

h정수로 회로를 해석할 때 완전한 하이브리드 모델로 해석하면 정확하지만 근사적으로 대략 계산할 때 사용하는 모델은 근사 하이브리드 모델이다. 이 모델은 위의 그림 6－4에서 보면 실제로 h_r이 상대적으로 작은 양 $(h_i I_i \gg h_r V_2)$이므로 $h_r V_o \approx 0$으로 할 수 있다. 또 출력측에서 $1/h_o$에 의해 결정된 저항은 병렬부하와 비교하면 무시할 만큼 큰 값이다. 그러므로 그림 6－4에 대한 근사 하이브리드 등가모델은 그림 6－8과 같이 된다.

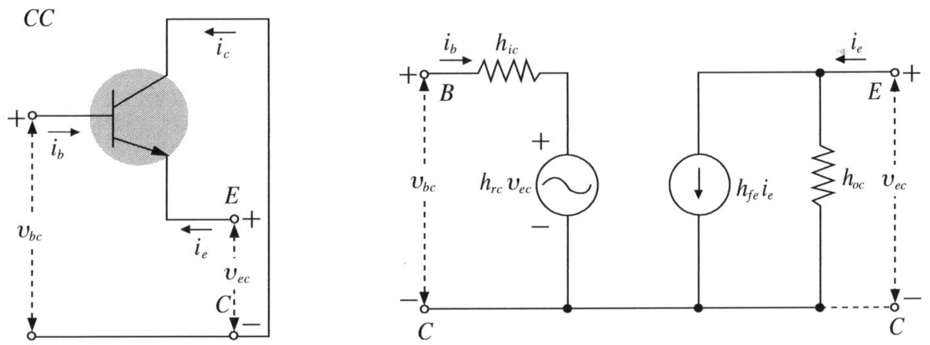

그림 6-7 콜렉터 공통접속

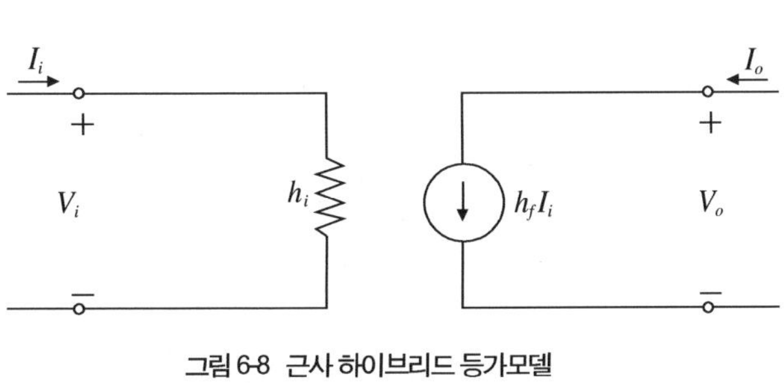

그림 6-8 근사 하이브리드 등가모델

(2) 트랜지스터 r_e 모델

최근 파라미터 중의 하나가 직류동작 조건에 의해 결정되는 트랜지스터 근사 등가회로에 관심이 증대되고 있다. 다음에 유도되는 등가회로는 제작회사가 제공한 소자의 데이터에 제한받지 않고 회로망의 직류동작 조건을 사용하여 등가 h_i를 결정하게 된다.

새로운 등가회로의 유도는 그림 6-9에서 근사적으로 그려진 CB 트랜지스터 회로의 입출력 특성을 면밀히 조사하는 것으로 시작된다.

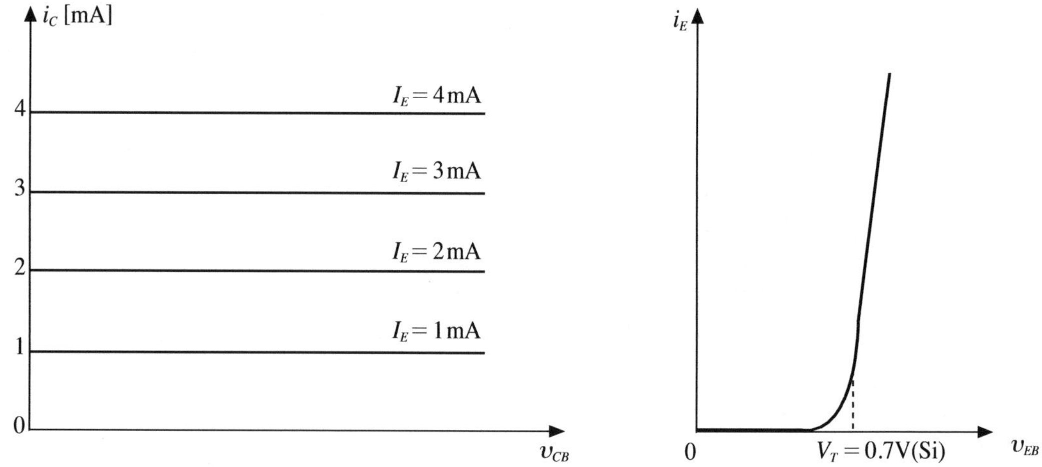

(a) 출력 (b) 입력

그림 6-9 근사 CB 특성

직선의 일부분은 이미터 회로에 대한 단일 다이오드 특성과 컬렉터 특성을 나타내며 (V_{CB}의 변화에 의한 입력특성의 변화를 무시) 결과적으로 그림 6-10 (b)에 나타낸 것과 같은 등가회로로 된다.

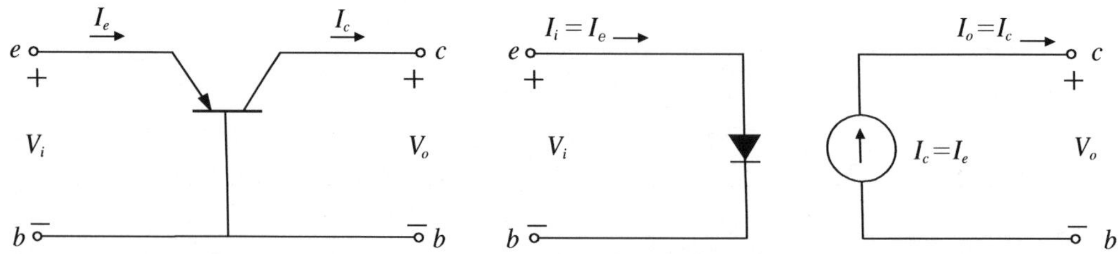

(a) CB 접속 (b) 그림 6-9에 의해 정의된 근사 등가회로

그림 6-10 (a) CB 접속 (b) 그림 6-9에 의해 정의된 근사 CB 등가회로

그러므로 교류조건일 때 *CB* 트랜지스터의 이미터에 입력임피던스 다이오드의 교류저항에서 소개된 바와 같이 식 6－7을 이용하여 결정할 수 있다. 다이오드 전류는 이미터 전류이므로 다이오드 저항의 기호는 r_e이고 그 값은

$$r_e = \frac{26\ \text{mV}}{I_E}\ [\text{Ohm}] \tag{6-6}$$

에 의해 결정된다.

다음의 해석에서 벌크 혹은 접촉저항은 식 6－6으로 계산되는 값과 비교하여 무시할 수 있는 동작조건으로 가정한다. 그림 6－11에 나타낸 *CB* 회로에서 다이오드를 저항 r_e로 대치하면 r_e 모델이 된다. 그림 6－9에서 증명하였듯이 $I_c = I_e$라는 점에 주목하라. 그림 6－11의 r_e 모델과 *CB* 하이브리드 등가회로인 그림 6－12와의 유사성을 알아야 한다. 두 회로의 비교에서 아래와 같은 식이 성립한다.

$$h_{ib} = r_e \tag{6-7}$$

$$h_{fb} = -1 \tag{6-8}$$

앞의 정의에서 알 수 있듯이 r_e 모델에서는 항상 $h_{rb} = h_{ob} = 0$으로 가정한다.

그림 6－11의 *CB* r_e 모델에서 다음의 파라미터가 정의된다.

$$I_i = I_e$$

$$Z_i = r_e$$

$$Z_O = \infty\ [\Omega]\ \ (I_i = I_e = 0 \text{ 이므로 } I_c = I_e = 0)$$

$$I_o = I_c = I_e$$

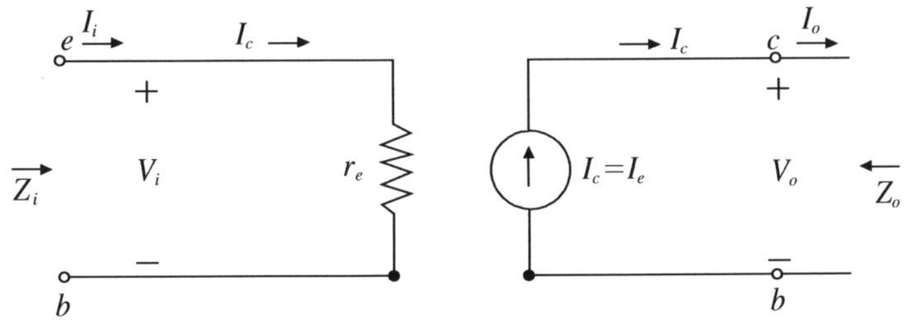

그림 6-11 *CB* r_e 등가회로

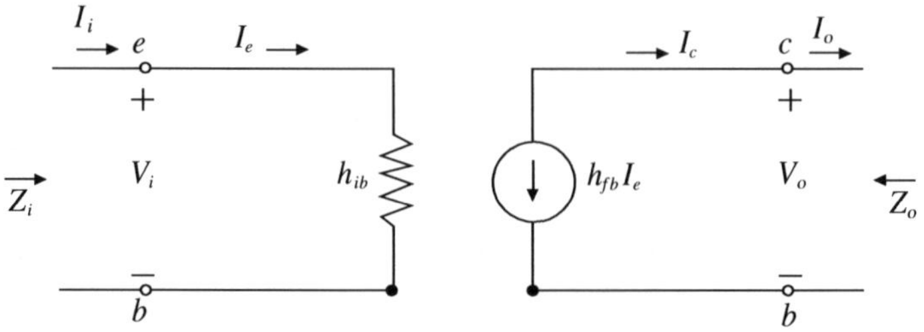

그림 6-12 근사 CB 하이브리드 등가회로

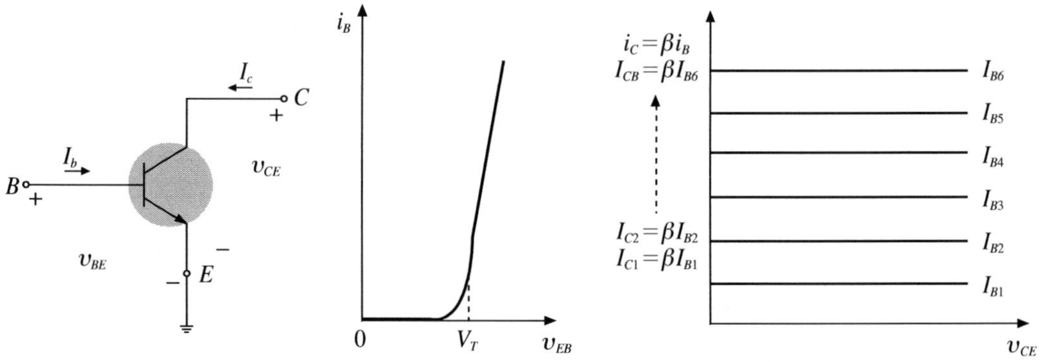

(a) (b) (c)

그림 6-13 (a) CE 접속 (b)입력특성 (c) 출력특성

그림 6 − 13 (a)에 나타낸 CB 회로에서 입력특성과 출력특성은 각각 그림 6 − 13 (b)와 그림 6 − 13 (c)에 나타낸 것과 같이 근사화된다. 베이스 특성은 다이오드 특성(특성에 있어서 V_{CE}의 결과는 무시한다)과

$$r_{ac}=\frac{26\ \text{mV}}{I_B} \tag{6-9}$$

로 근사화된다.

그러나

$$I_E \simeq I_C = \beta I_B \qquad I_B \simeq \frac{I_E}{\beta}$$

그러므로

$$r_{ac} = \frac{26\text{ mV}}{I_B} = \frac{26\text{ mV}}{I_E/\beta} = \beta\left(\frac{26\text{ mV}}{I_E}\right)$$

그리고 그림 6 – 14에 나타낸 것처럼

$$r_{ac} = \beta r_e \qquad (6-10)$$

이다. 이 결과는 이미터 접지된 이미터 공통회로에서 트랜지스터의 입력저항은 식 6 – 6에 의해 결정된 저항의 β배와 동등하다는 것을 말해 준다. 좀더 확실히 하려는 이유 때문에 저항 r_e는 그림 6 – 14에 나타낸 것처럼 이미터 다리에 첨부된다.

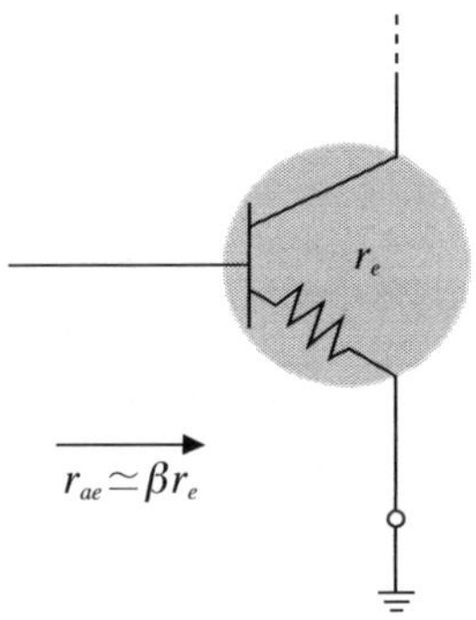

그림 6-14 저항 r_e의 표시

CE 회로에 대한 입력회로는 위에서 논의된 이유 때문에 그림 6 – 15에서 나타낸 다이오드 회로로 근사화되지만 입력임피던스는 그림 6 – 16에서 βr_e로 타나냈다. 왜냐하면 r_e가 I_B가 아니라 I_E에 의해서 결정되기 때문이다. 그림 6 – 13 (c)에서 근사화는 β가 모든 디바이스 특성에서 동일하다는 것을 나타낸다. 회로해석을 위해 그림 6 – 15와 그림 6 – 16 출력 등가회로에 나타낸 β를 주어진 값에서 상수로 생각한다.

그림 6 – 17에 비교 목적으로 *CB* 경우의 근사 하이브리드 등가회로를 나타내었다. 두 회로를 비교하면

$$\beta = h_{fe} \qquad (6-11)$$

$$\beta R_E = h_{ie} \qquad (6-12)$$

인 관계가 명백해진다.

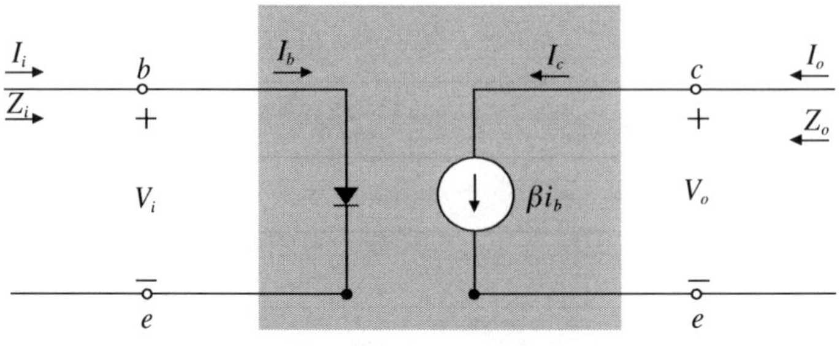

그림 6-15 다이오드로 근사화한 회로

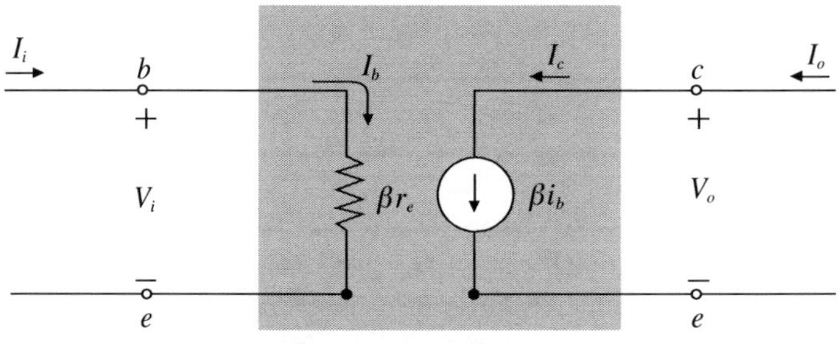

그림 6-16 CE r_e모델

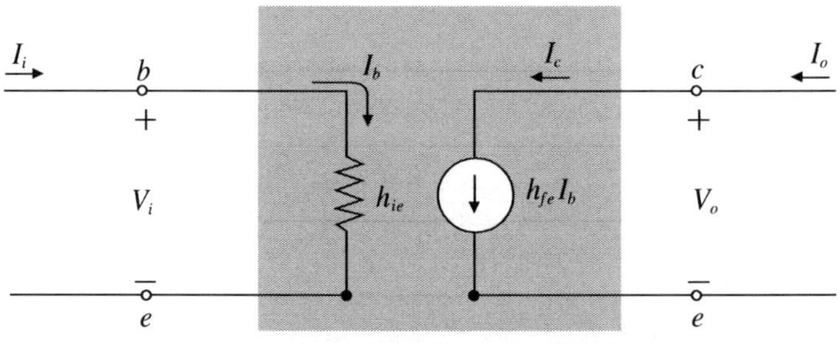

그림 6-17 근사 CE 하이브리드 등가회로

그림 6-16으로부터 우리는 다음을 알 수 있다. 즉

$$I_i = I_b \qquad I_O = I_c = \beta I_b$$

$$Z_i = \beta r_e$$

$$Z_O = \infty\ [\Omega] \qquad (V_i = 0\ [\mathrm{V}] \Rightarrow I_i = I_b = 0\ [\mathrm{A}] \qquad h_{fe}\, I_b = 0\ [\mathrm{A}])$$

이제 r_e 모델에서 정의되고 다음 장에서 r_e는 직류 바이어스 회로의 직류 이미터 전류에 의해서 결정된다는 것을 명심해야 한다.

(3) 그래프를 이용한 h 파라미터 결정

편미분을 이용하여 동작영역 안에서의 이미터 공통회로에 대한 소신호 트랜지스터 등가회로의 h파라미터의 크기는 다음 식에 의해 구해진다.

$$h_{ie} = \frac{\partial v_i}{\partial i_i} = \frac{\partial v_{be}}{\partial i_b} \simeq \frac{\Delta v_{be}}{\Delta i_b}\bigg|_{V_{CE}=\text{일정}} \quad (6-13)$$

$$h_{re} = \frac{\partial v_i}{\partial v_o} = \frac{\partial v_{be}}{\partial v_{ce}} \simeq \frac{\Delta v_{be}}{\Delta v_{ce}}\bigg|_{I_B=\text{일정}} \quad (6-14)$$

$$h_{fe} = \frac{\partial i_o}{\partial i_i} = \frac{\partial i_c}{\partial i_b} \simeq \frac{\Delta i_c}{\Delta i_b}\bigg|_{V_{CE}=\text{일정}} \quad (6-15)$$

$$h_{oe} = \frac{\partial i_i}{\partial v_o} = \frac{\partial i_c}{\partial v_{ce}} \simeq \frac{\Delta i_c}{\Delta v_{ce}}\bigg|_{I_B=\text{일정}} \quad (6-16)$$

각각의 경우 Δ 기호는 동작점 위에서의 미소변화를 나타낸다. 다시 말해서 h파라미터는 인가신호의 동작범위 내에서 결정되므로 매우 정확한 등가회로를 이용할 수 있게 된다. 각 경우에는 V_{CE}와 I_B가 상수이어야 하는 것은 파라미터가 트랜지스터의 특성에서 구해질 때 갖춰야 할 조건이다. 공통 베이스 회로와 공통 컬렉터 회로에 대해서는 적당한 v_i, v_o, i_i 및 i_o값을 대입하여 알맞는 식을 얻을 수 있다.

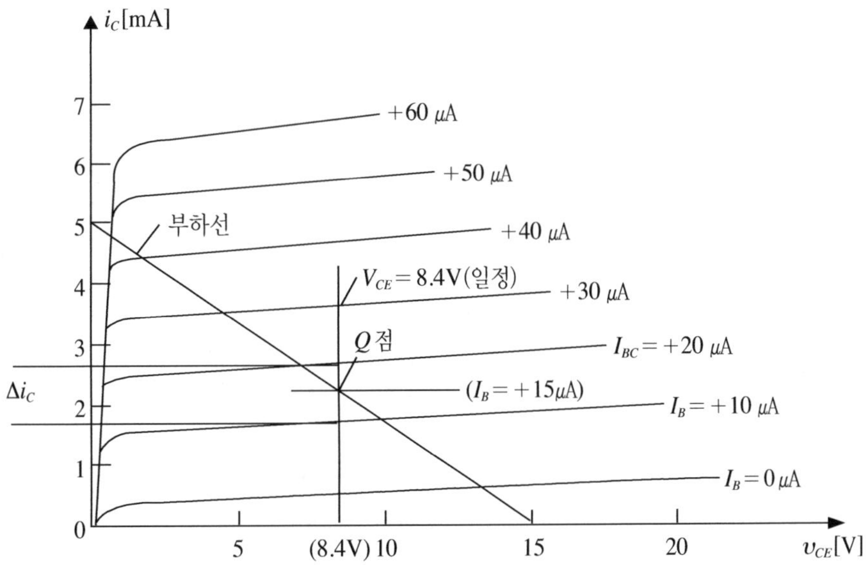

그림 6-18 h_{fe}의 결정

파라미터 h_{ie}와 h_{re}는 입력이나 베이스 특성에서 구해지고 파라미터 h_{fe}와 h_{oe}는 출력이나 컬렉터 특성으로부터 구해진다. 보통 h_{fe}가 가장 관심 있는 파라미터이므로 식 6-13~16에 관계되는 동작을 먼저 이 파라미터에 대해 논의한다. 네 가지 하이브리드 파라미터를 구하기 위한 첫 번째 단계는 그림 6-18에 표시한 것처럼 동작점을 찾는 것이다. 식 6-15에서 V_{CE}=상수라는 조건으로부터 베이스 전류와 컬렉터 전류의 변화량은 Q점을 지나는 수직선을 따라서 취해야 한다. 그리고 식 6-15는 컬렉터 전류의 작은 변화량을 베이스 전류의 변화량으로 나눈 것이며 이 값이 정확하게 되기 위해서는 이들 변화가 가능하면 작아야 한다.

그림 6-18에서 i_B값이 V_{CE}에서 수직선을 따라 I_{B1}과 I_{B2}까지 변화한다면 선택 대응되는 i_C의 변화는 V_{CE}= 상수인 수직축과 I_{B1}과 I_{B2}와의 교점에서 수평선을 그음으로써 구할 수 있다. 이제 i_B와 i_C의 변화량을 식 6-15에 대입하면 다음과 같다.

$$|h_{fe}| = \frac{\Delta i_c}{\Delta i_b}\bigg|_{V_{CE}=\text{일정}} = \frac{(2.7-1.7)\times 10^{-3}}{(20-10)\times 10^{-6}}\bigg|_{V_{CE}=8.4V} = \frac{10^{-3}}{10\times 10^{-6}} = 100$$

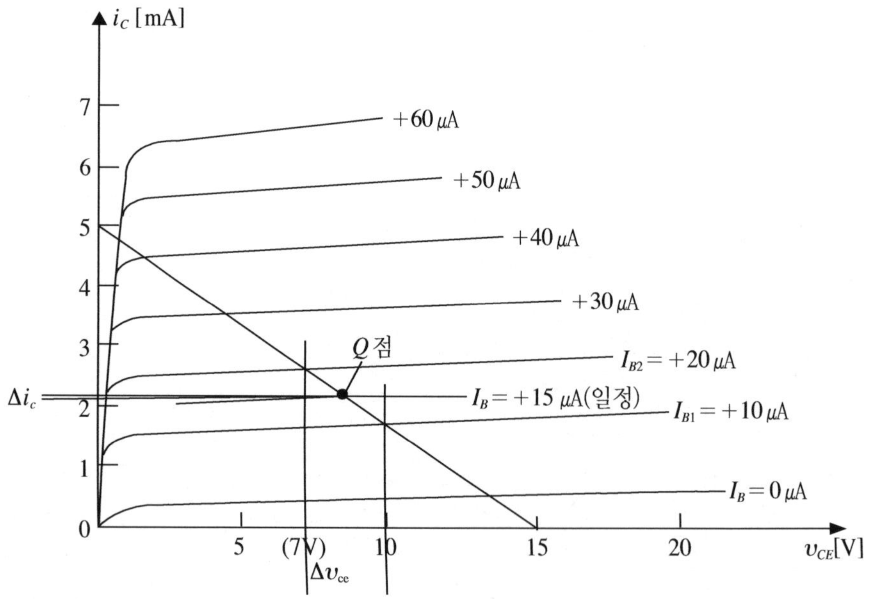

그림 6-19 h_{oe}의 결정

그림 6－19에서 h_{oe}에 관한 식 6－16에서 요구하는 대로 I_B＝상수인 선을 결정하기 위해 Q점을 지나 I_B 곡선에 접하는 직선을 긋는다. 그런 후 v_{CE}의 변화가 선택되고 대응되는 i_c의 변화량은 I_B＝상수인 선과의 교점에서 수직축에 수평선을 그음으로써 구해진다. 식 6－16에 대입하면

$$|h_{oe}| = \frac{\Delta i_c}{\Delta v_{ce}}\bigg|_{I_B=\text{일정}} = \frac{(2.2-2.1)\times 10^{-3}}{10-7}\bigg|_{I_B=+15\mu A}$$
$$= \frac{0.1\times 10^{-3}}{3} = 33[\mu A/V] = 33\times 10^{-6}S = 33[\mu s]$$

을 얻을 수 있다.

파라미터 h_{ie}와 h_{re}를 결정하기 위해서 먼저 그림 6－20과 같이 입력 혹은 베이스 특성 곡선에서 Q점을 찾아야 한다. h_{ie}에 대해서 식 6－13에서 요구되는 것과 같이 V_{CE}＝상수인 선을 정하기 위해 Q점을 지나 V_{CE}＝8.4[V] 곡선에 접하는 직선을 그린다. 그리고 v_{be}의 미소 변화량이 선택되면 대응하는 i_B의 변화량을 구할 수 있다.

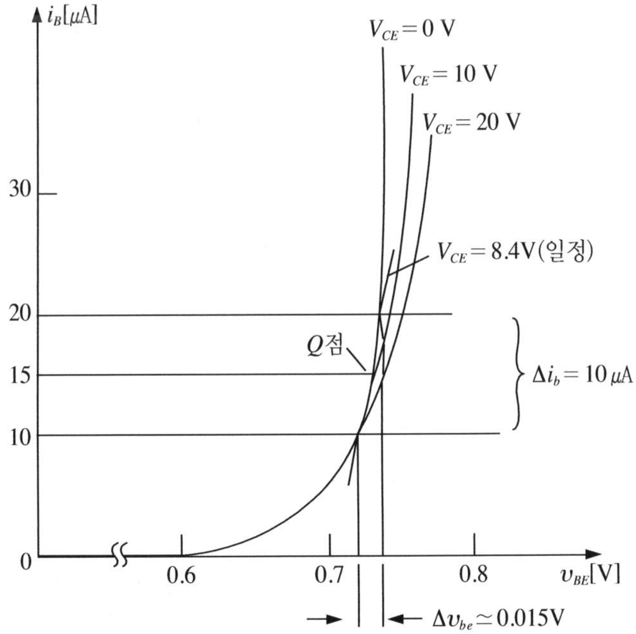

그림 6-20 h_{ie}의 결정

식 6－13에 대입하면 다음을 얻는다.

$$|h_{ie}| = \frac{\Delta v_{be}}{\Delta i_{b}}\bigg|_{V_{CE}=\text{일정}} = \frac{(733-718)\times 10^{-3}}{(20-10)\times 10^{-6}}\bigg|_{V_{CE}=8.4\text{V}} = \frac{15\times 10^{-3}}{10\times 10^{-6}} = 1.5[\text{K}\Omega]$$

마지막 파라미터 h_{re}를 결정하기 위해서는 먼저 $I_B = 15$ [μA]에서 Q점을 지나는 수평선을 그린다. 그 다음 v_{CE}에서의 변화량을 선택하면 그림 6－21과 같이 v_{BE}의 변화량도 구할 수 있다.

식 6－14에 대입하면 다음을 얻는다.

$$|h_{re}| = \frac{\Delta v_{be}}{\Delta v_{ce}}\bigg|_{I_B=\text{일정}} = \frac{(733-725)\times 10^{-3}}{20-0} = \frac{8\times 10^{-3}}{20} = 4\times 10^{-4}$$

그림 6－18~20과 같은 특성을 갖는 트랜지스터에 대한 하이브리드 소신호 등가회로는 그림 6－22와 같다.

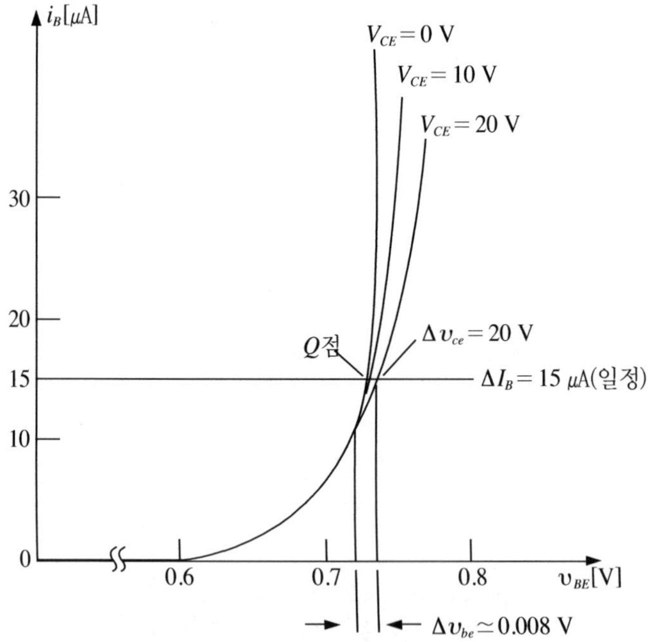

그림 6-21 h_{re}의 결정

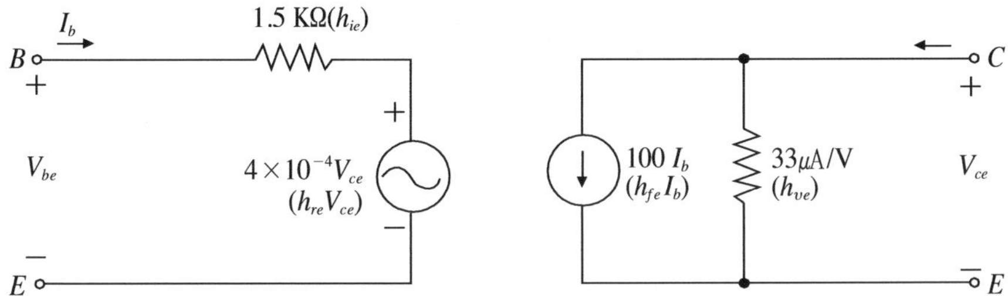

그림 6-22 그림 6-18~6-20의 특성을 갖는 트랜지스터의 하이브리드 등가회로

오늘날 트랜지스터의 세 가지 접속형태에서 이용할 수 있는 넓은 범위의 트랜지스터에 대한 각 파라미터의 전형적인 값은 표 6-1과 같다. 마이너스(−) 기호는 선택된 범위 내에서 식 6-15의 한 양의 값이 증가하면 다른 한 값의 크기가 감소한다는 것을 나타낸다.

표 6-1 CE, CC, CB 트랜지스터 회로의 대표적인 파라미터 값

파라미터	*CE*	*CC*	*CB*
h_i	1 KΩ	1 KΩ	20 KΩ
h_r	2.5×10^{-4}	1	3.0×10^{-4}
h_f	50	−50	−0.98
h_o	25μA/V	25μA/V	0.5μA/V
$1/h_o$	40 KΩ	40 KΩ	2 MΩ

(4) 트랜지스터 파라미터의 변화

온도, 주파수, 전압 및 전류에 따른 h파라미터의 변화를 나타내는 곡선들이 많이 있다. 이 중에서 가장 흥미있고 유용한 것은 접합온도와 컬렉터 전압 및 전류에 따른 h파라미터의 변화이다.

컬렉터전류가 h파라미터에 미치는 영향은 그림 6-23과 같다. 수직 및 수평축의 눈금은 대수눈금이다. 파라미터는 모두 1로 정규화되어 컬렉터 전류에 따른 상대적인 크기의 변화를 쉽게 구할 수 있다.

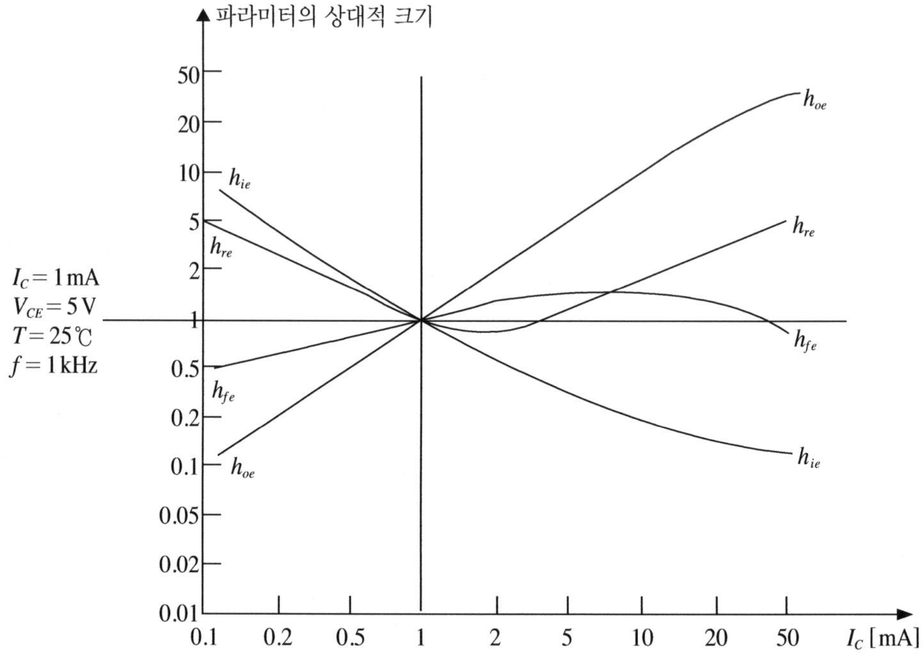

그림 6-23 컬렉터 전류에 따른 하이브리드 파라미터의 변화

그림 6－24와 같이 모든 곡선에는 파라미터를 구할 동작점이 항상 표시되어 있다. 이 특성 상황에서의 동작점은 $V_{CE} = 5.0$ [V]와 $I_C = 1.0$ [mA]의 교점이다. 동작주파수와 온도가 또한 h파라미터에 영향을 미치므로 이 양 또한 곡선에 표시된다. 0.1 [mA]에서 h_{fe}는 1.0 [mA]일 때 값의 약 0.5 혹은 50 [%]인 반면 3 [mA]에서는 그 값이 1.5 혹은 150 [%]이다. 다시 말해서 $I_C = 1.0$ [mA]일 때 $h_{fe} = 50$이면 h_{fe}는 I_C가 0.1 [mA]에서 3 [mA]까지 변화함에 따라 $0.5(50) = 25$의 값에서 $1.5(50) = 75$까지 변화한다.

그러나 $I_C = 50$ [mA]에서의 동작점을 생각해 보자. 이 점에서 h_{re}의 크기는 정의된 Q점에서의 값보다 약 11배가 되어 등가회로에서 이 파라미터를 제거할 수 없게 된다. 파라미터 h_{oe}는 정규화된 값보다 35배가 된다. 이와 같이 h_{oe}가 증가됨으로써 트랜지스터의 출력저항은 부하저항의 크기와 비슷한 정도까지 감소하게 될 것이다. 따라서 근사적인 해석에서 등가회로로부터 h_{oe}를 제거하는 것은 정당하지 못하다.

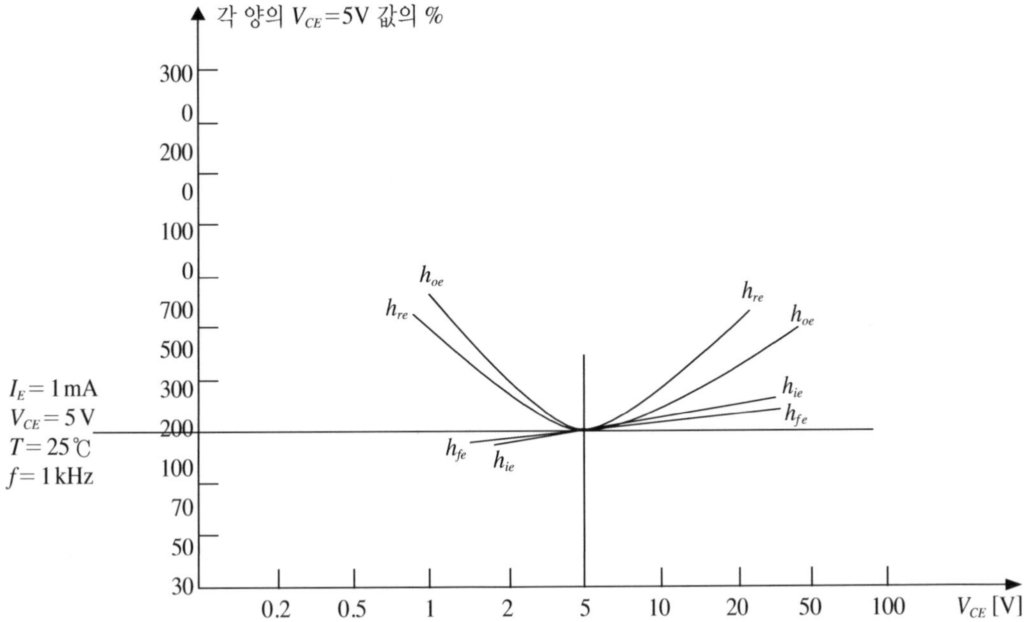

그림 6-24 컬렉터-이미터간의 전압에 따른 하이브리드 파라미터의 변화

그림 6－24에 정규화된 값으로 h파라미터 크기의 변화가 컬렉터 전압의 변화에 따라 그려져 있다. 이 곡선들은 그림 6－23에서 언급된 트랜지스터와 동일한 동작점에서 정규화되고 두 곡선을 비교하도록 하였다. h_{ie}와 h_{fe}의 크기는 비교적 일정한 반면 h_{oe}와 h_{re}는 선택된 동작점의 왼쪽과 오른쪽에서 훨씬 더 크다. 다시 말해서 h_{oe}와 h_{re}는 h_{ie}와 h_{fe}보다 컬렉터 전압의 변화에 훨씬 더 민감하다.

그림 6－23과 6－24에서 h_{fe}값은 최소로 변화하는 것을 나타내고 있다. 따라서 전류이득 특정치는 h_{fe}든 β든 간에 컬렉터 전류와 컬렉터 전압 범위에 대하여 거의 일정하다고 생각할 수 있다.

$h_{ie}=\beta_{re}$ 값은 이미터 전류($I_E \simeq I_C$)에 대한 r_e의 민감도로 인해 기대할 수 있는 것처럼 결정해야 한다. 특정한 v_{CE} 아래서는 h_{re}는 거의 일정하지만 그 이상의 값에서는 h_{re}는 측정할 수 있을 정도록 증가한다. 대부분의 응용에 있어서 h_{re}와 h_{oe}가 보통 무시될 수 있다는 것은 정말 다행이다. 이것들은 컬렉터 전류와 컬렉터－이미터 전압에 상당히 민감하다.

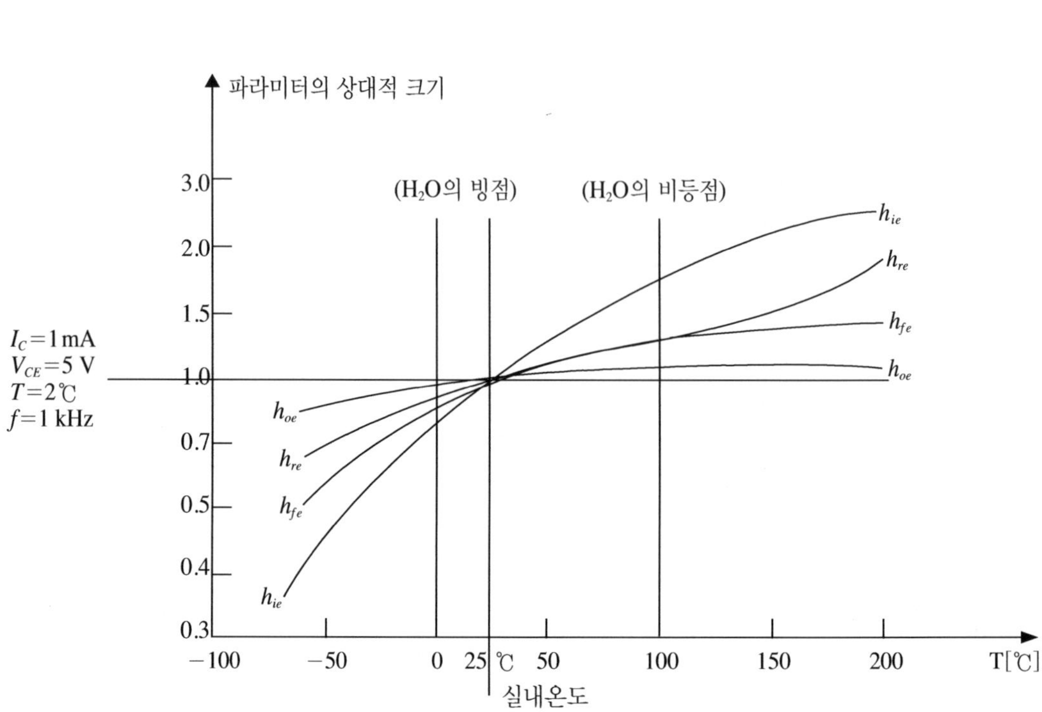

그림 6-25 온도변화에 따른 하이브리드 파라미터의 변화

그림 6-25는 접합온도의 변화에 대한 h파라미터의 변화곡선이다. 실온 즉 $T=25$℃에서의 값을 정규화시켰다. 수평축의 눈금은 그림 6-23과 6-24에서는 대수눈금인 데 비해서 선형눈금이다. 일반적으로 모든 파라미터는 온도에 따라서 크기가 증가하며 가장 적게 영향을 받는 것이 h_{oe}인 반면 가장 큰 영향을 받는 것은 입력임피던스 h_{ie}이다. h_{fe}가 −50℃에서 정규화된 값이 50%인데 +150℃에서는 정규화된 값의 15%까지 변화한다는 사실은 트랜지스터 회로를 설계하는 데 동작온도를 주의 깊게 고려해야 한다는 것이다.

2. 하이브리드 등가회로

이 절에서는 하이브리드 등가회로를 이용하여 전류이득, 전압이득, 입력임피던스, 출력임피던스 그리고 전력이득에 대한 일반식을 유도한다. 그림 6-26의 일반적인 회로를 고찰해 보자. 그림 6-27에 하이브리드 등가회로를 나타내었다. 하이브리드 파라미터에 대한 수식의 표시에 있어서 두 번째 첨자는 생략하였는데 이것은 트랜지스터회로의 구성방법 (CE, CC, CB)에 이 결과식을 사용하고자 할 때 적당한 파라미터(h_f 대신 h_{fe}, h_{fb}, h_{fc}로 대치)로 치환하면 된다.

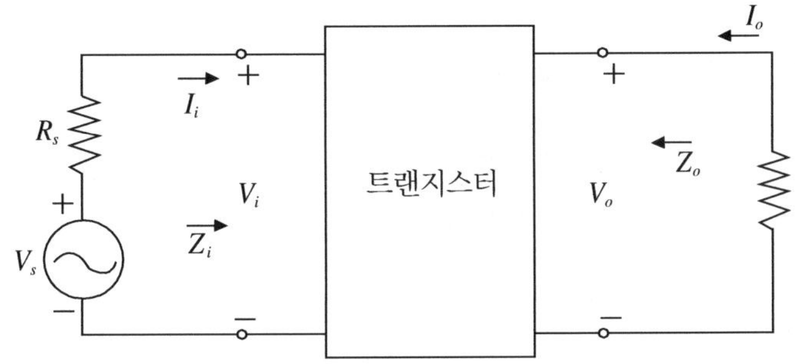

그림 6-26 일반회로

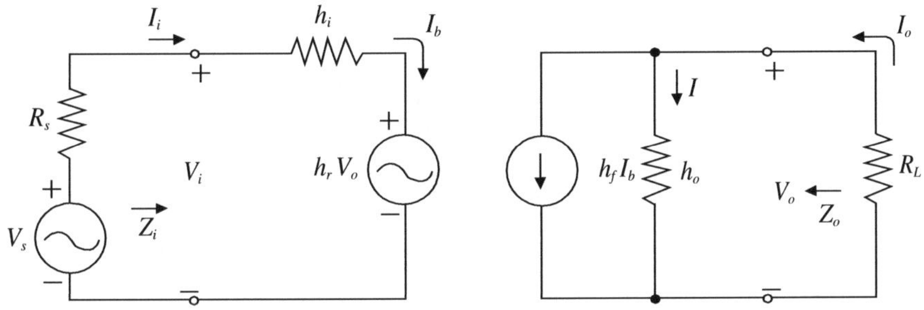

그림 6-27 하이브리드 등가회로

(1) 전류이득 $A_i = I_o / I_i$

출력회로에 키르호프의 전류법칙을 적용하면

$$I_O = h_f I_b + I = h_f I_i + h_o V_o$$

이 되고 여기서 출력전압 $V_o = -I_o R_L$이므로 출력전류 I_o는

$$I_o = h_f I_i - h_o R_L I_o$$

이 된다. 위의 식을 정리하면 전류증폭도 A_i는

$$A_i = \frac{I_o}{I_i} = \frac{h_f}{1 + h_o R_L} \qquad (6-17)$$

이다.

(2) 입력임피던스 $Z_i = V_i / I_i$

입력회로에서 입력전압 V_i는

$$V_i = h_i I_i + h_r V_o$$

이 되고 여기서 출력전압 V_o는

$$V_o = -I_o R_L$$

이므로 입력전압 V_i는

$$V_i = h_i I_i - h_r R_L I_o$$

이 된다. 여기서 $A_i = I_o/I_i$, $I_o = A_i I_i$를 위의 식에 대입하면 입력전압 V_i는

$$V_i = h_i I_i - h_r R_L I_i A_i$$

이 되므로 입력임피던스 $Z_i = V_i/I_i$는 다음과 같다.

$$Z_i = \frac{V_i}{I_i} = h_i - h_r R_L A_i$$

$$Z_i = \frac{V_i}{I_i} = h_i - \frac{h_f h_r R_L}{1 + h_o R_L} \qquad (6-18)$$

(3) 전압 이득 $A_v = V_o / V_i$

입력회로에 키르호프의 전압법칙을 적용하면 입력전압 V_i는

$$V_i = I_i h_i + h_r V_o$$

식 6－17에서 $I_i = (1 + h_o R_L) I_o / h_f$를 대입하고 위의 식에 출력전류 $I_o = -V_o/R_L$을 대입하여 전압이득 $A_v = V_o/V_i$를 계산하면 다음과 같다.

$$A_v = \frac{V_o}{V_i} = \frac{-h_f R_L}{h_i + (h_i h_o - h_f h_r) R_L} \qquad (6-19)$$

이 되고 다음 식으로도 표시된다.

$$A_v = \frac{V_o}{V_i} = \frac{-R_L I_o}{V_i} = -\frac{-R_L A_i I_i}{V_i} = -\frac{R_L}{Z_i} A_i \quad (6-20)$$

(4) 출력임피던스 $Z_o = V_o / I_o$

증폭기의 출력임피던스는 신호전압 V_S를 0으로 놓으며 다음과 같이 정의된다.

$$Z_o = \left. \frac{V_o}{I_o} \right|_{V_S=0}$$

입력회로에서 $V_S = 0$이면

$$I_i(R_S + h_i) + h_r V_o = 0 \quad (6-21)$$

이 되고 출력회로에서

$$I_o = h_f I_i + h_o V_o$$

이므로 입력전류 I_i는

$$I_i = \frac{I_o - h_o V_o}{h_f} \quad (6-22)$$

이 된다. 식 6-22를 식 6-21에 대입하여 출력임피던스 $Z_o = V_o / I_o$를 계산하면 다음과 같다.

$$Z_o = \frac{V_o}{I_o} = \frac{1}{h_o - [h_f h_r / (h_i + R_S)]} \quad (6-23)$$

(5) 전력이득 $A_P = P_L / P_i$

부하의 평균전력은 $V_L I_L \cos\theta$이며 여기서 $V_o I_o \cos\theta$가 된다. 만약 부하가 순저항 부하라고 한다면 $\cos\theta = 1$이고 부하전력 $P_L = P_o = V_o I_o$이다. 입력전력 $P_i = V_i \cdot I_i$이므로 전

력이득 A_P는

$$A_P = \frac{P_L}{P_i} = \frac{V_o I_o}{V_i I_i}$$

이다. 여기서 전압이득도 A_v와 전류이득 A_i는

$$A_v = \frac{V_o}{V_i},\ A_i = \frac{I_o}{I_i}$$

이므로 전력이득 A_P는 다음과 같이 표현된다.

$$A_P = A_v A_i \tag{6-24}$$

또 식 6-24를 h파라미터로 표현하면 다음과 같다.

$$A_P = \frac{h_f^2 R_L}{(1+h_o R_L)[h_i + (h_i h_o - h_f h_r) R_L]} \tag{6-25}$$

(6) 종합전압 이득 $A_{VS} = V_o / V_S$

$$A_{VS} = \frac{V_O}{V_S} = \frac{V_i}{V_S}\frac{V_O}{V_i} = \frac{V_i}{V_S} A_V$$

이고 회로에서 입력전압 V_i는

$$V_i = \frac{Z_i}{Z_i + R_S} V_S$$

이다. 그러므로 V_i/V_S는

$$\frac{V_i}{V_S} = \frac{Z_i}{Z_i + R_S}$$

이다. 그러므로 종합전압이득 $A_{VS} = V_o/V_S$는

$$A_{VS}=\frac{Z_i}{Z_i+R_S}A_V$$

$$=\frac{R_L}{Z_S+Z_i}A_i \qquad (6-26)$$

이다.

예제 6-1 그림 6-28의 회로를 하이브리드 등가모델로 그리고 전류이득 A_i, 전압이득 A_v, 입력임피던스 Z_i, 종합전압이득 A_{VS}, 출력임피던스 Z_o, 전력이득 A_P를 구하라.

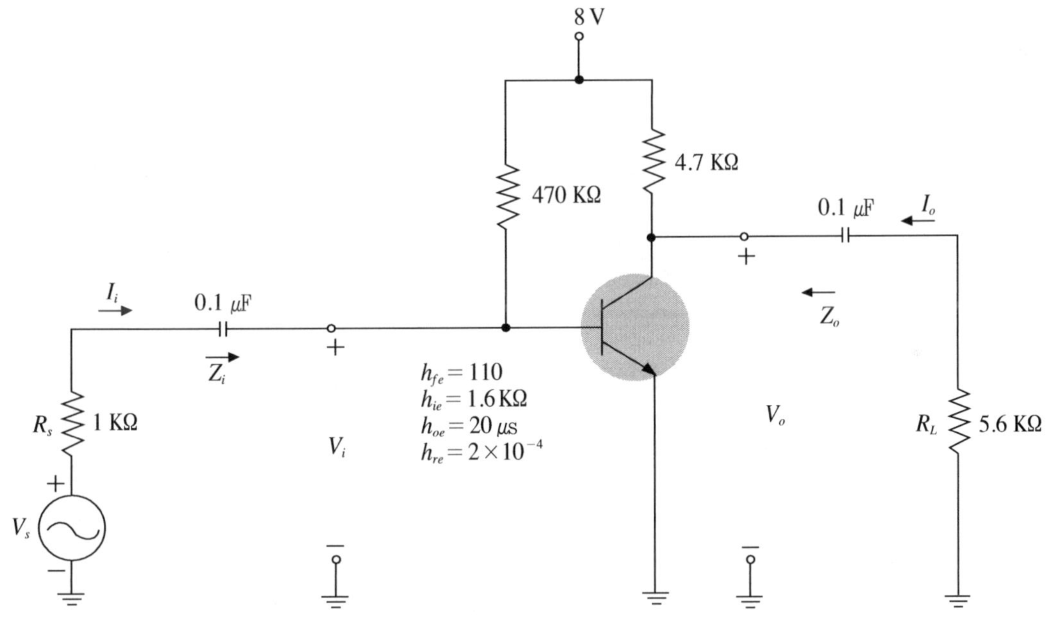

그림 6-28 회로

풀이 하이브리드 등가모델은 그림 6-29와 같다. 그림 6-29에 나타낸 것처럼 입력부분에 테브난 정리를 적용하면 $E_{TH}\simeq V_S$이고 $R_{TH}\simeq R_S=1$ [KΩ]이므로 R_B를 무시할 수 있어 회로해석이 간단해진다. I_o' 와 $R_L'=R_C//R_L$로 정의하면 그림 6-30과 같이 되며 이 회로는 그림 6-27과 똑같이 된다. 그러므로 앞에서 구한 하이브리드 등가회로에서 유도된 식들과 파라미터값을 그대로 대입하면 구할 수 있다.

$[A_i]$: 식 6-17로부터

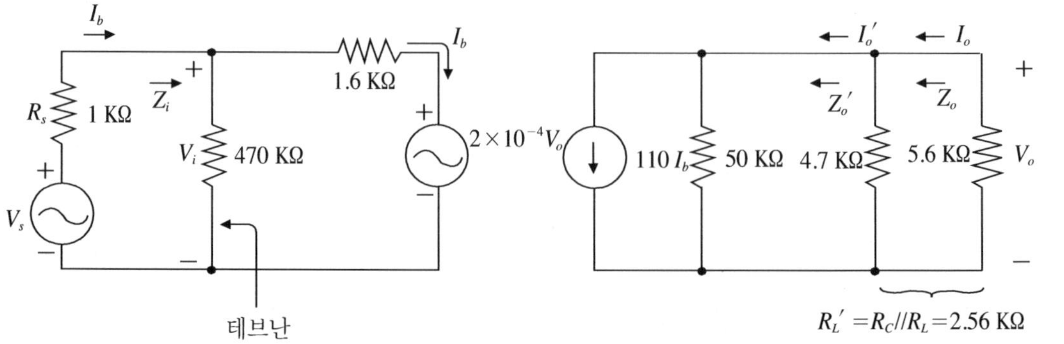

그림 6-29 등가 모델

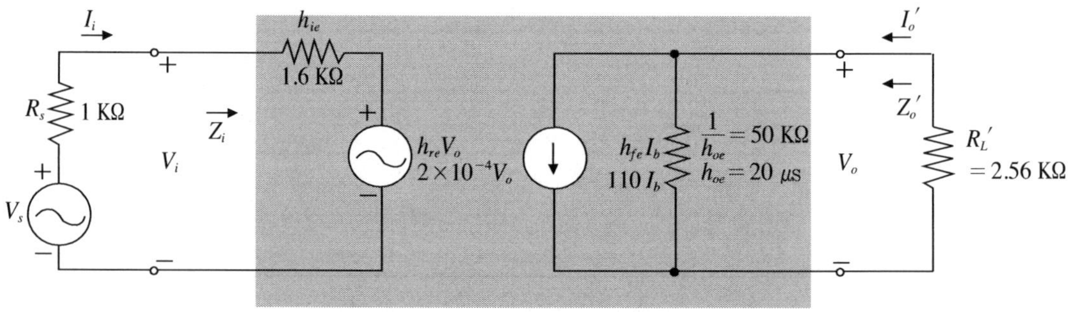

그림 6-30 테브난 정리를 고려한 등가모델

$$A_i' = \frac{I_o'}{I_i} = \frac{h_f}{1+h_{oe}R_L'} = \frac{110}{1+(20\times10^{-6})(2.56\times10^{3})}$$

$$= \frac{110}{1+51.2\times10^{-3}} = \frac{110}{1+0.0512} = \frac{110}{1.0512}$$

$$= 104.64$$

I_o와 I_o'는 전류분배법칙에 의해

$$I_o = \frac{(4.7\text{K}\Omega)\,I_o'}{4.7\text{K}\Omega + 5.6\text{K}\Omega}$$

$$\frac{I_o}{I_o'} = \frac{4.7\text{K}\Omega}{10.3\text{K}\Omega} = 0.456$$

$$A_i = \frac{I_o}{I_i} = \frac{I_o\,I_o'}{I_o'\,I_i} = (0.456)\,(104.64)$$

$$\simeq 47.72$$

[A_v] : 식 6-19로부터

$$A_v = \frac{V_o}{V_i} = \frac{-h_{fe} R_L'}{h_{ie} + (h_{ie} h_{oe} - h_{fe} h_{re}) R_L'}$$

$$\begin{aligned} h_{ie} h_{oe} - h_{fe} h_{re} &= (1.6 \times 10^3)(20 \times 10^{-6}) - (110)(2 \times 10^{-4}) \\ &= 32 \times 10^{-3} - 22 \times 10^{-3} \\ &= 10 \times 10^{-3} \end{aligned}$$

$$\begin{aligned} A_v &= \frac{-(110)(2.56 \times 10^3)}{1.6 \times 10^3 + (10 \times 10^{-3})(2.56 \times 10^3)} \\ &= \frac{-281.6 \times 10^3}{1600 + 25.6} = \frac{-281.6 \times 10^3}{1625.6} \\ &= -173.23 \end{aligned}$$

[Z_i] : 식 6-18로부터

$$\begin{aligned} Z_i &= \frac{h_{fe} h_{re} R_L'}{h_{ie} - 1 + h_{oe} R_L'} \\ &= 1.6 \times 10^3 - \frac{(110)(2 \times 10^{-4})(2.56 \times 10^3)}{1.0512} \\ &= \frac{1600 - 56.32}{1.0512} = 1600 - 53.58 \simeq 1546.4\ [\Omega] \end{aligned}$$

[A_{VS}] : 그림 6-30에서

$$V_i = \frac{Z_i V_S}{Z_i + R_S}$$

그리고

$$\frac{V_i}{V_S} = \frac{Z_i}{Z_i + R_S} = \frac{1546.4}{1546.4 + 1000} = 0.607$$

이유도 된다.

그리고

$$\begin{aligned} A_{VS} &= \frac{V_o}{V_S} = \frac{V_o}{V_i} \frac{V_i}{V_S} = (-173.23)(0.607) \\ &= -105.15 \end{aligned}$$

[Z_o] : 식 6－23으로부터

$$Z_o' = \frac{1}{h_{oe} - [h_{fe} h_{re} / (h_{ie} + R_S)]}$$

$$= \frac{1}{20 \times 10^{-6} - [(110)(2 \times 10^{-4}) / (1.6 \times 10^3 + 1 \times 10^3)]}$$

$$= \frac{1}{20 \times 10^{-6} - 8.46 \times 10^{-6}}$$

$$Z_o' = \frac{1}{11.54 \times 10^{-6}} = 86.66 \text{ [K}\Omega\text{]}$$

$$Z_o = Z_o' \, 4.7 \text{ K}\Omega = 86.66 \text{ [K}\Omega\text{]} / 4.7 \text{ [K}\Omega\text{]}$$

$$= 4.46 \text{ [K}\Omega\text{]}$$

[A_P] : 식 6－24로부터

$$|A_P| = |A_v| \cdot |A_i|$$

$$= (173.23)(47.72)$$

$$= 8266.5$$

예제 6-2 그림 6－31의 회로를 하이브리드 등가회로로 그리고 A_i, Z_i, A_v, A_{VS}, Z_o를 계산하라.

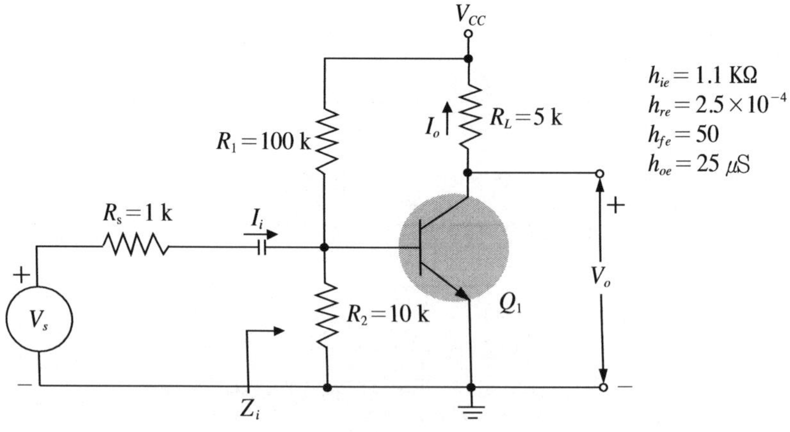

그림 6-31 회로

풀이 ▶

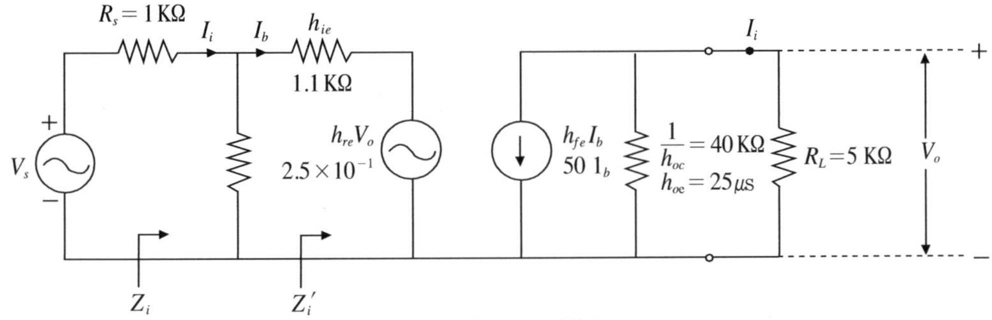

그림 6-32 등가회로

그림 6－31의 하이브리드 등가회로는 그림 6－32와 같이 된다. 그림 6－32에서

$$R_{12} = \frac{R_1 \cdot R_2}{R_1 + R_2} = \frac{100\text{K}\Omega \cdot 10\text{K}\Omega}{100\text{K}\Omega + 10\text{K}\Omega} = 9.1\ [\text{K}\Omega]$$

수식을 이용하여 계산을 하는데, 먼저

$$A_i' = \frac{I_o}{I_b} = \frac{h_{fe}}{1 + h_{oe}R_L} = \frac{50}{1 + 5/40} = 44.5$$

$$\begin{aligned} Z_i' &= h_{ie} + h_{re} \cdot A_i' R_L \\ &= 1.1\times10^3 + 2.5\times10^{-4}\times44.5\times5\times10^3 \\ &\simeq 1.05\times10^3 \\ &= 1.05\ [\text{K}\Omega] \end{aligned}$$

을 구하면 A_i는 다음과 같이 된다.

$$A_i = \frac{I_o}{I_i} = \frac{I_b}{I_i}\frac{I_o}{I_b} = \frac{R_{12}}{R_{12} + Z_i}A_i' = \frac{9.1}{9.1 + 1.05}\times44.5 \simeq 39.8$$

$$Z_i = R_{12} // Z_i = \frac{R_{12} \cdot Z_i'}{R_{12} + Z_i'} = \frac{9.1\times10^3\times1.05\times10^3}{9.1\times10^3 + 1.05\times10^3} = 943\ [\Omega]$$

$$A_v = -\frac{R_L A_i}{Z_i} = -\frac{5\times10^3\times39.8}{943} = -211$$

$$A_{VS} = \frac{Z_i}{Z_i + R_S}A_v = \frac{943}{943 + 1\times10^3}(-211) = -102.4$$

$$Z_o' = \frac{1}{h_{oe} - [h_{fe} h_{re} / (h_{ie} + R_S)]}$$

$$= \frac{1}{25 \times 10^{-6} - [50 \times 2.5 \times 10^{-4} / (1.1 \times 10^3 + 1 \times 10^3)]}$$

$$= 4.67 \times 10^3$$

$$= 4.67 \text{ [K}\Omega]$$

$$Z_o = Z_o' // R_L = \frac{4.67 \times 10^3 \times 5 \times 10^3}{4.67 \times 10^3 + 5 \times 10^3}$$

$$= 2.41 \times 10^3$$

$$= 2.41 \text{ [K}\Omega]$$

3. 고정 바이어스 회로

지금까지는 하이브리드 등가모델을 사용하여 회로를 해석하였는데, 앞으로는 근사 하이브리드 등가모델과 r_e 모델로 해석할 것이다. 먼저 그림 6-33의 고정 바이어스 회로를 해석한다. 입력신호 v_i가 트랜지스터의 베이스에 인가되고 출력신호 v_o는 컬렉터에서 얻도록 되어 있다. 또한 입력전류 I_i는 베이스 전류가 아니고 소스 전류이지만 출력전류 I_o는 컬렉터 전류임을 알 수 있다.

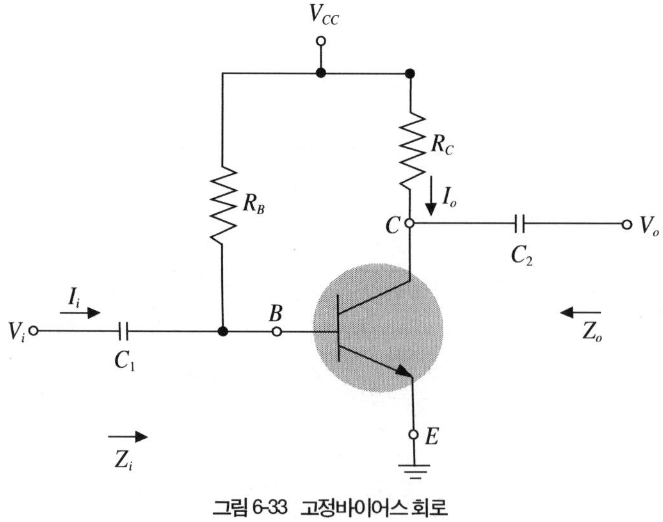

그림 6-33 고정바이어스 회로

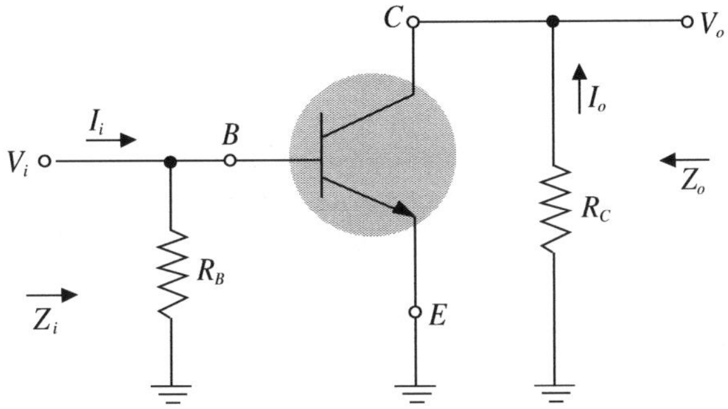

그림 6-34 등가 회로

소신호 교류해석은 V_{CC}의 직류효과를 제거하고 직류 차단커패시터 C_1, C_2를 단락 등가회로로 대치하면 그림 6－34의 회로가 된다.

DC 공급전압을 공통 접지시킴으로써 트랜지스터의 입력, 출력부분에 병렬이 되도록 베이스 저항 R_B와 컬렉터 저항 R_C를 각기 위치시킬 수 있다는 것과 또한 다시 그려진 회로에서 중요한 회로파라미터 Z_i, Z_o, I_i와 I_o의 위치에 관하여 주목할 필요가 있다.

그림 6－34의 회로를 근사 하이브리드 등가회로로 대체하면 그림 6－35와 같이 되며 r_e 모델로 그리면 그림 6－36과 같이 된다.

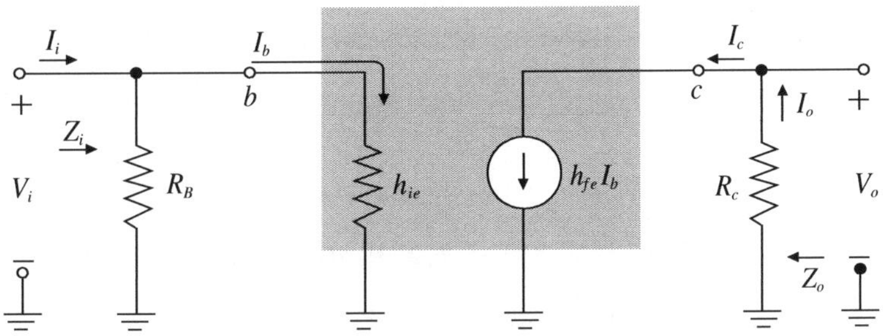

그림 6-35 근사 하이브리드 등가회로

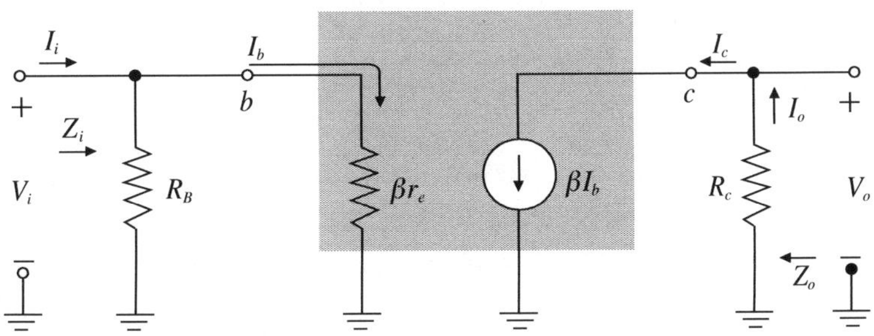

그림 6-36 r_e 모델

등가회로에 대한 해석은 아래와 같다.

[Z_i] : 그림 6-35에서

$$Z_i = R_B // h_{ie} [\text{ohm}] \quad (6-27)$$

R_B가 h_{ie}보다 10배 이상 큰 경우(전형적인 경우)에는 다음과 같은 근사식이 보통 사용된다.

$$Z_i \simeq h_{ie} \, [\text{ohm}] \quad (6-28)$$

r_e 모델에서 Z_i는 다음과 같이 나타낸다.

$$Z_i \simeq \beta r_e \, [\text{ohm}] \quad (6-29)$$

[Z_o] : 회로망의 출력임피던스는 입력전압 $V_i = 0$일 때의 임피던스 Z_o로 정의된다. 그림 6-35에서 입력전압 $V_i = 0$일 때 I_i와 I_b는 0이므로 $h_{fe} I_b = 0$이다. 그러므로 전류소스는 개방회로와 같다. 하이브리드나 r_e 등가회로에 대한 결과는 아래와 같다.

$$Z_o = R_C \, [\text{ohm}] \quad (6-30)$$

[A_v] : 전압이득 $A_v = V_o / V_i$는 먼저 근사식 $I_b \simeq I_i$가 성립하도록 $R_B \gg h_{ie}$를 가정함으로써 구해지고 V_o에 대하여 풀면

$$V_o = -I_o R_C$$

음(-)부호는 V_o의 극성이 지시된 I_o의 방향에 의해 정의된 극성과 반대라는 것을 의미한다. $I_o = h_{fe} I_b$와 $I_b = I_i$를 대입하면

$$V_o = -h_{fe} I_b R_C = -h_{fe} I_i R_C$$

$$I_i = \frac{V_i}{h_{ie}}$$

$$V_o = -h_{fe}\left(\frac{V_i}{h_{ie}}\right) R_C$$

$$A_v = \frac{V_o}{V_i} = -\frac{h_{fe} R_C}{h_{ie}} \quad (6-31)$$

이 된다.

여기서 음(−)부호는 입력신호와 출력신호 사이에 그림 6−37에 나타낸 것과 같이 180° 의 위상차를 의미한다.

r_e 모델에 대해 $h_{fe}=\beta$, $h_{ie}=\beta r_e$로 넣고 풀면

$$A_v = -\frac{h_{fe}R_C}{h_{ie}} = -\frac{\beta R_C}{\beta r_e}$$

$$A_v = -\frac{R_C}{r_e} \qquad (6-32)$$

매우 간단한 이득형식이 된다. 비록 r_e를 결정하는 데 β가 이용되지만 식 6−32에는 β가 없다는 것을 주목하라.

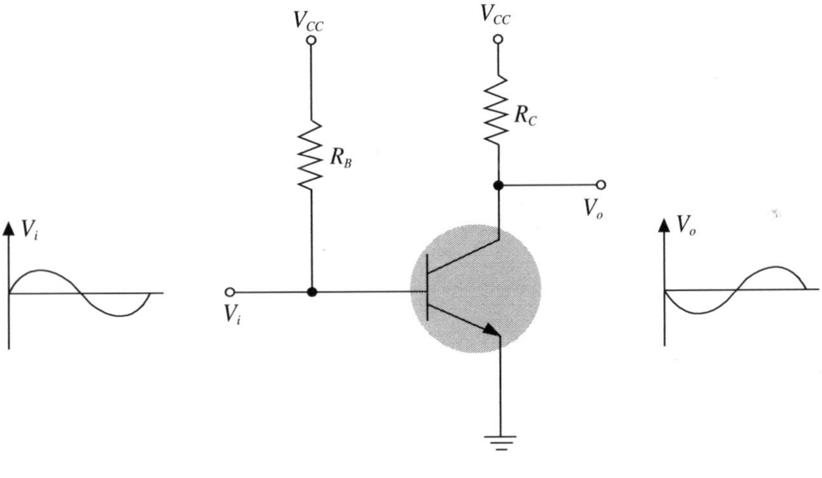

그림 6-37 입력과 출력의 위상

$[A_i]$: 전류이득 $A_i = I_o / I_i$는 다음과 같은 방법으로 결정된다.

$$I_o = h_{fe}I_b \simeq h_{fe}I_i$$

$$A_i = \frac{I_o}{I_i} \simeq h_{fe} \qquad (6-33)$$

r_e 모델에 대해서는

$$A_i \simeq \beta \qquad (6-34)$$

CE의 고정 바이어스 회로에서 중요한 파라미터는 모두 해석하였다. 한 모델에서 다른 모델로 변환할 필요가 있을 때 $h_{fe}=\beta$와 $h_{ie}=\beta r_e$라 놓으면 상호변환이 가능하다. 다음 예제는 두 모델의 상호변환을 자세히 해석한다.

예제 6-3 그림 6-38의 회로에 대해 Z_i, Z_o, A_v, A_i를 계산하라.

풀이 하이브리드 근사 등가회로에서

$$R_B = 560\ [\text{K}\Omega] \gg h_{ie} = 1300\ [\Omega]$$

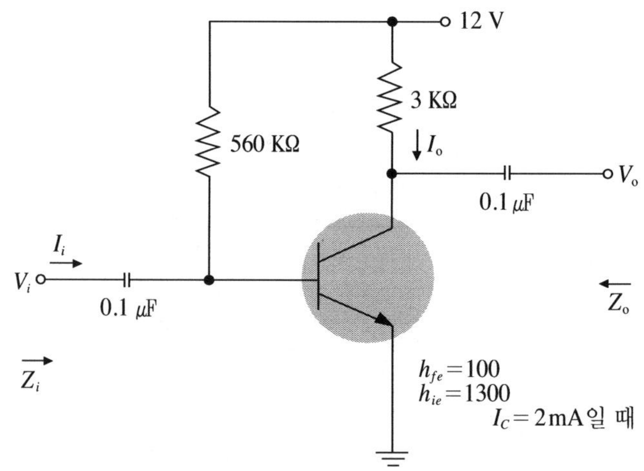

그림 6-38 회로

식 6-28로부터

$$Z_i \simeq h_{ie} = 1300\ [\Omega]$$

$[Z_o]$: 식 6-30에서

$$Z_O = R_C = 3\ [\text{K}\Omega]$$

$[A_v]$: 식 6－31에서

$$A_v = \frac{-h_{fe}R_C}{h_{ie}} = \frac{-(100)\ (3\ \text{K}\Omega)}{1.3\ \text{K}\Omega} = -230.77$$

$[A_i]$: 식 6－33에서

$$A_i \simeq h_{fe} = 100$$

r_e 모델에서

[DC] :

$$I_B = \frac{V_{CC} - V_{BE}}{R_B} = \frac{12 - 0.7}{560\ \text{K}\Omega} \simeq 20\,[\mu\text{A}]$$

$$I_C = \beta I_B = (100)\ (20\ \mu\text{A}) = 2\ \text{mA} = I_E$$

$$r_e = \frac{26\ \text{mA}}{I_E} = \frac{26}{2} = 13\,[\Omega]$$

$[Z_i]$: 식 6－29에서

$$Z_i \simeq \beta r_e = (100)\ (13) = 1300\,[\Omega]$$

$[Z_o]$: 식 6－30에서

$$Z_o = R_C = 3\ [\Omega]$$

$[A_v]$: 식 6－32에서

$$A_v = -\frac{R_C}{r_e} = -\frac{3\,\text{K}\Omega}{13} = -230.77$$

$[A_i]$: 식 6－34에서

$$A_i \simeq \beta = 100$$

h_{oe}의 영향 : 그림 6－35의 회로에 h_{oe}가 포함된다면 출력회로는 그림 6－39와 같이 된다. Z_i는 영향을 받지 않으나 Z_o는 다음과 같이 될 것이다.

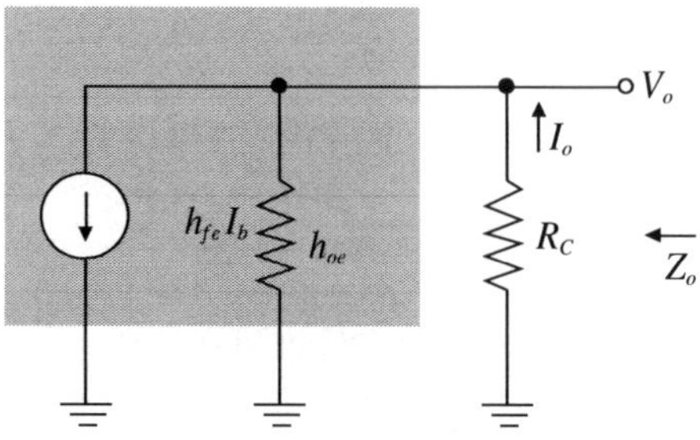

그림 6-39 회로

$$Z_o = R_C // \frac{1}{h_{oe}} \tag{6-35}$$

$$V_o = -h_{fe} I_b \left(R_C // \frac{1}{h_{oe}}\right)$$

$$A_v = \frac{-h_{fe}}{h_{ie}} \left(R_C // \frac{1}{h_{oe}}\right) \tag{6-36}$$

이고 R_C 대신 $R_C // 1/h_{oe}$를 대입하면 된다.

A_i는 그림 6-13의 회로에서 전류분배법칙을 적용하면

$$I_o = \frac{(1/h_{oe})h_{fe} I_b}{1/h_{oe} + R_C} = \frac{h_{fe} I_i}{1 + h_{oe} R_c}$$

이므로

$$A_i = \frac{I_o}{I_i} = \frac{h_{fe}}{1 + h_{oe} R_C} \tag{6-37}$$

이 된다. 각 경우에 h_{oe}가 들어감으로써 크기가 감소됨을 알 수 있다. 그러나 $1/h_{oe}$는 일반적으로 R_C보다 매우 크므로 그 영향을 무시할 수 있어 근사화한 식이 보통 사용된다. r_e 모델에 대하여 수정된 식은 모델 관계식으로부터 쉽게 구해진다.

예제 6-4 그림 6－38의 회로에서 $h_{oe}=20$ [μs], $1/h_{oe}=50$ [KΩ]일 때 h_{oe}의 영향을 결정하라.

풀이 [Z_i] : 하이브리드 등가회로에서

$$R_B=560\ [\text{K}\Omega] \gg h_{ie}=1300\ [\Omega]$$

식 6－28로부터

$$Z_i \simeq h_{ie}=1300\ [\Omega]$$

[Z_o] : 식 6－35에서

$$Z_o=R_C // \frac{1}{h_{oe}}=3\ \text{K}\Omega // 50\ [\text{K}\Omega]=2.83\ [\text{K}\Omega]\ \text{vs}\ 3[\text{K}\Omega]$$

[A_v] : 식 6－36에서

$$A_v=-\frac{h_{fe}}{h_{ie}}\left(R_C // \frac{1}{h_{oe}}\right)=\frac{-100\ (2.83\text{K}\Omega)}{1.3\text{K}\Omega}$$
$$=-217.69\text{vs.}-230.77$$

[A_i] : 식 6－37에서

$$A_i=\frac{h_{fe}}{1+h_{oe}R_C}=\frac{100}{1+(20\times10^{-6})\ (3\times10^{3})}=\frac{100}{1.06}$$
$$=94.34\text{vs. }100$$

4. 전압분배 바이어스 회로

다음 해석할 회로는 그림 6－40의 전압분배 바이어스 회로이다. 이 회로의 명칭은 V_B의 직류레벨이 입력측의 전압분배기에 의해서 결정되기 때문에 붙여진 이름이다.

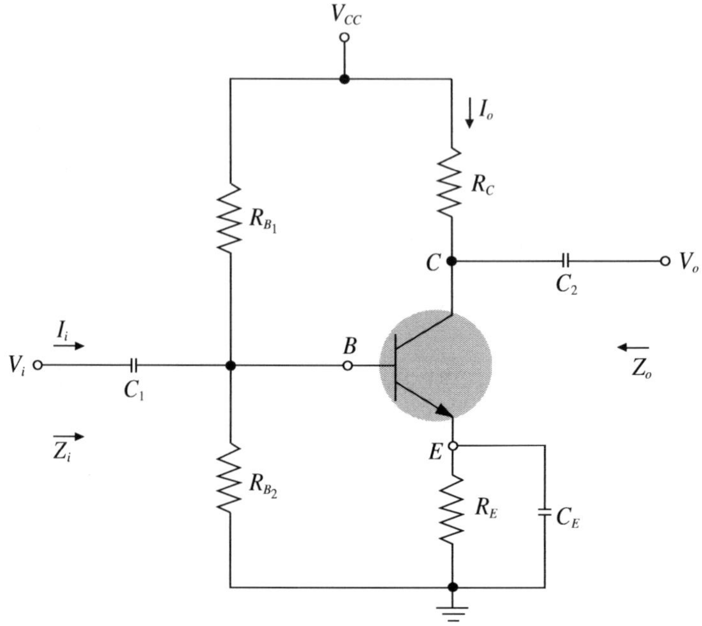

그림 6-40 전압 분배 바이어스 회로

근사 하이브리드 등가회로를 사용하면 그림 6-41과 같이 되며 r_e 모델은 그림 6-42와 같이 된다. R_E가 무시된 것은 C_E의 저임피던스 단락효과에 기인한다. 즉 동작주파수에서 커패시터의 리액턴스는 회로의 R_E와 다른 회로정수에 비하여 매주 작으므로 단락회로로 취급된다.

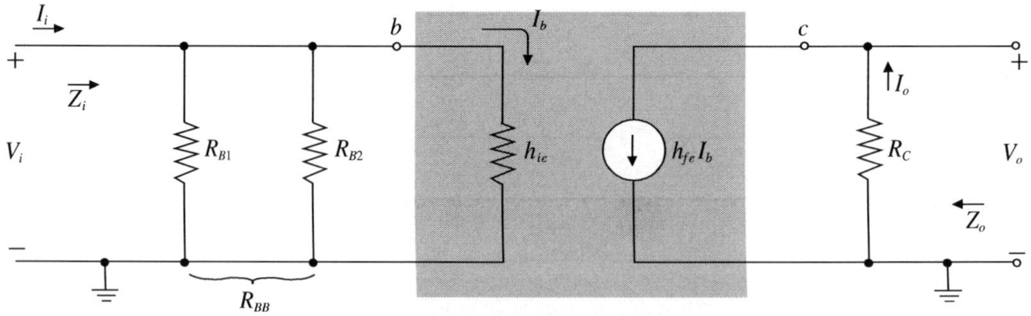

그림 6-41 근사 하이브리드 등가회로

R_{B1}과 R_{B2}의 병렬저항은 다음과 같이 된다.

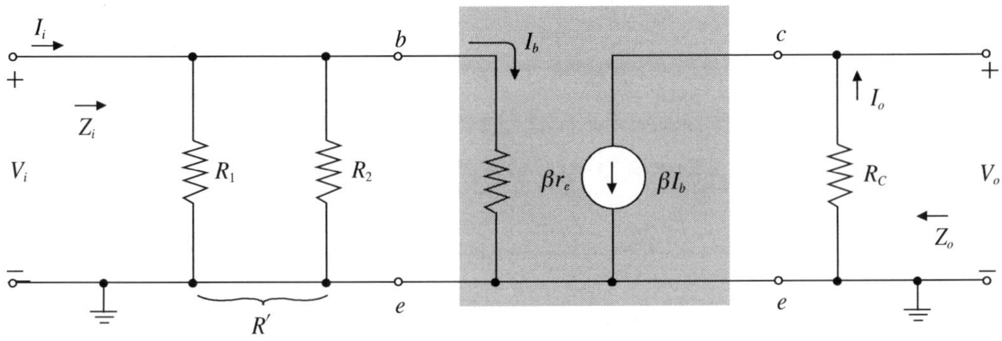

그림 6-42 re모델

$$R_{BB}=R_{B1}//R_{B2}=\frac{R_{B1}R_{B2}}{R_{B1}+R_{B2}} \tag{6-38}$$

$[Z_i]$: 그림 6-41로부터

$$Z_i=R_{BB}//h_{ie} \tag{6-39}$$

r_e 모델에 대하여

$$Z_i=R_{BB}//\beta r_e \tag{6-40}$$

$[Z_o]$: 그림의 두 모델에 대해

$$Z_o=R_C \tag{6-41}$$

$[A_v]$:

$$\begin{aligned}V_o&=-I_oR_C=-h_{fe}I_bR_C\\&=-h_{fe}\left(\frac{V_i}{h_{ie}}\right)R_C\\&=-\frac{h_{fe}}{h_{ie}}R_CV_i\end{aligned}$$

$$A_v=\frac{V_o}{V_i}=\frac{h_{fe}R_C}{h_{ie}} \tag{6-42}$$

r_e 모델에 대해서는 고정 바이어스회로에서 얻어진 것과 같이

$$A_v = -\frac{R_C}{r_e} \tag{6-43}$$

$[A_i]$: 저항 R_{BB}의 크기는 h_{ie}와 비교해서 무시할 수 없을 정도로 근접하므로 R_{BB}의 영향은 전류이득식에 포함된다. 그림 6-41을 참조하면 다음 식을 얻을 수 있다.

$$I_b = \frac{R_{BB} I_i}{R_{BB} + h_{ie}} \quad \text{(전류분배법칙)}$$

$$\frac{I_b}{I_i} = \frac{R_B}{R_B + Z_b}$$

출력부분에서

$$I_o = h_{fe} I_b$$

$$\frac{I_o}{I_b} = h_{fe}$$

전류이득은

$$A_i = \frac{I_O}{I_i} = \frac{I_o}{I_b}\frac{I_b}{I_i}$$

$$= h_{fe}\frac{R_{BB}}{R_{BB} + h_{ie}}$$

$$A_i = \frac{R_{BB} h_{fe}}{R_{BB} + h_{ie}} \tag{6-44}$$

$R_{BB} \gg h_{ie}$이면 앞에서 계산된 것과 같이

$$A_i \simeq \frac{R_{BB} h_{fe}}{R_{BB}} = h_{fe}$$

r_e 모델에 대해서는

$$A_i = \frac{R_{BB}\beta}{R_{BB} + \beta r_e} \tag{6-45}$$

예제 6-5 그림 6-43에서 r_e 모델을 사용하여 입력임피던스 Z_i, 출력임피던스 Z_o, 전압이득 A_v, 전류이득 A_i를 결정하라.

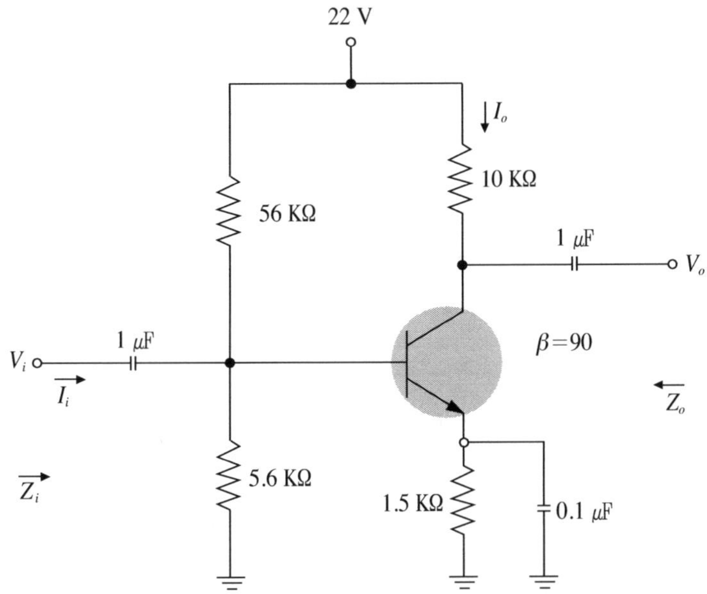

그림 6-43 회로

풀이 [DC] :

$$V_{BB}=\frac{R_{B2}}{R_{B1}+R_{B2}}V_{CC}=\frac{5.6\text{ K}\Omega\,(22)}{56\text{ K}\Omega+5.6\text{ K}\Omega}=2\text{ [V]}$$

$$R_{BB}=R_{B1}//R_{B2}=56\text{ [K}\Omega]//5.6\text{ [K}\Omega]=5.09\text{ [K}\Omega]$$

$$I_B=\frac{V_{BB}-V_{BE}}{R_{BB}+(1+\beta)R_E}=\frac{2-0.7}{5.09\text{ K}\Omega+(1+90)1.5\text{ K}\Omega}=9.18\text{ [}\mu\text{A]}$$

$$I_C=\beta I_B=(90)\,(9.18\mu\text{A})=0.826\text{ [mA]}=I_E$$

$$r_e=\frac{26\text{ mV}}{I_E}=\frac{26}{0.826}\simeq 31.5\text{ [}\Omega]$$

[Z_i] : 식 6-38에서

$$R_{BB}=R_{B1}//R_{B2}=56\text{ [K}\Omega]//5.6\text{ [K}\Omega]=5.09\text{ [K}\Omega]$$

식 6-40으로부터

$$Z_i = R_{BB} // \beta r_e = 5.09\text{K}\Omega // (90)(31.5) = 5.09[\text{K}\Omega] // 2835[\text{K}\Omega] = 1.821[\text{K}\Omega]$$

[Z_o] : 식 6-41에서

$$Z_o = R_C = 10\ [\text{K}\Omega]$$

[A_v] : 식 6-43에서

$$A_v = -\frac{R_C}{r_e} = -\frac{10\ \text{K}\Omega}{31.5} = -317.5$$

[A_i] : 식 6-45에서

$$A_i = \frac{R_{BB}\beta}{R_{BB} + \beta r_e} = \frac{5.09\ \text{K}\Omega\ (90)}{5.09\ \text{K}\Omega + (90)(31.5)} = 57.8$$

각 해당되는 식을 사용하여 동일한 결과를 얻는다.

$$h_{fe} = \beta = 90$$
$$h_{ie} = \beta r_e = 2.835\ [\text{K}\Omega]$$

h_{oe}의 영향 :

그림 6-39와 같은 방법으로 h_{oe}는 R_C와 병렬이므로 Z_o와 A_v 식은 같은 방법으로 수정된다.

$$Z_o = R_C // \frac{1}{h_{oe}} \tag{6-46}$$

$$A_v = -\frac{h_{fe}}{h_{ie}}\left(R_C // \frac{1}{h_{oe}}\right) \tag{6-47}$$

A_i에 대해서는 앞에서 얻어진 식

$$I_o = \frac{(1/h_{oe})\ h_{fe} I_b}{1/h_{oe} + R_C}\ (\text{전류분배법칙})$$

이나 R_{BB}의 영향으로 다음과 같이 된다.

$$A_i = \frac{I_o}{I_i} = \frac{I_o}{I_i}\frac{I_b}{I_i} = \frac{(1/h_{oe})\,h_{fe}}{1/h_{oe}+R_C}\,\frac{R_{BB}}{R_{BB}+h_{ie}}$$

$$A_i = \frac{R_{BB}\,h_{fe}}{(1+h_{oe}R_C)\,(R_{BB}+h_{ie})} \qquad (6-48)$$

r_e 모델에 있어서는 출력저항 $1/h_{oe}$의 영향을 포함하는 일반적인 메커니즘은 없다. 단지 너무 큰 양이므로 해석에 있어서 중요하지 않다고 가정될 뿐이다. 그러나 앞의 예제에서 $h_{oe}=20\,\mu s$ 또는 $1/h_{oe}=50\,K\Omega$을 대입하면 $1/h_{oe}$와 R_C의 비가 5 : 1 정도이므로 상당한 영향을 끼친다.

5. 바이패스되지 않은 *CE* 바이어스 회로

이 절에서는 교류영역에서 바이패스되지 않은 이미터 저항이 있는 회로를 해석한다. 그림 6-44에 회로를 나타내었으며 근사 하이브리드 등가회로로 그리면 그림 6-45와 같이 되며 r_e 모델로 그리면 그림 6-46과 같이 된다.

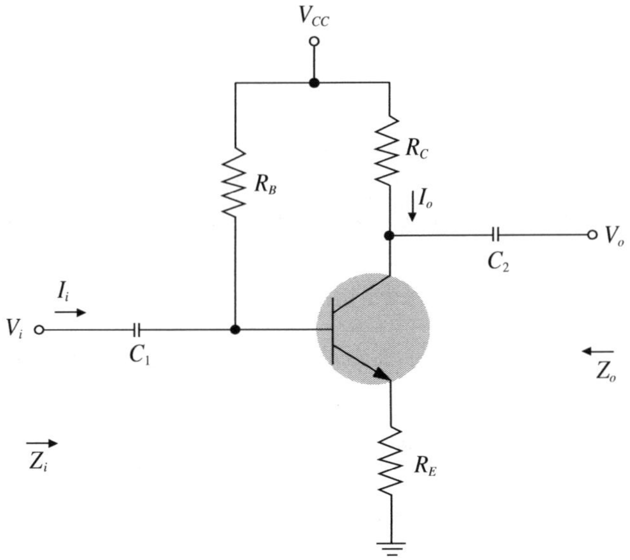

그림 6-44 *CE* 바이어스 회로

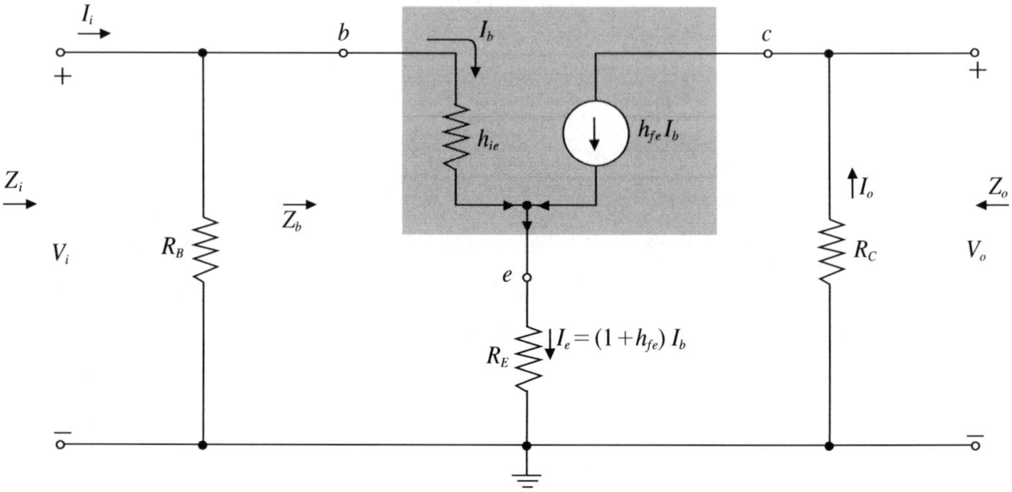

그림 6-45 근사 하이브리드 등가회로

그림 6-45의 입력측에 키르호프의 전압법칙을 적용하면

$$V_i = I_b h_{fe} + (1 + h_{fe})\,I_b R_E$$

$$Z_b = \frac{V_i}{I_b} = h_{ie} + (1 + h_{fe})\,R_E$$

그림 6-47에 나타낸 것처럼 결과는 바이패스되지 않은 저항 R_E를 가지는 트랜지스터의 입력임피던스는 다음과 같이 계산된다.

$$Z_b = h_{ie} + (1 + h_{fe})\,R_E \tag{6-49}$$

보통 h_{fe}는 1보다 훨씬 크므로 다음과 같이 된다.

$$Z_b = h_{ie} + h_{fe} R_E \tag{6-50}$$

대부분의 경우 $h_{fe} R_E$는 h_{ie}보다 훨씬 크므로 다음과 같이 근사식이 된다.

$$Z_b \simeq h_{fe} R_E \tag{6-51}$$

그림 6-48의 r_e 모델에서는 일반적으로 다음 식이 사용된다.

$$Z_b = \beta(r_e + R_E) \tag{6-52}$$

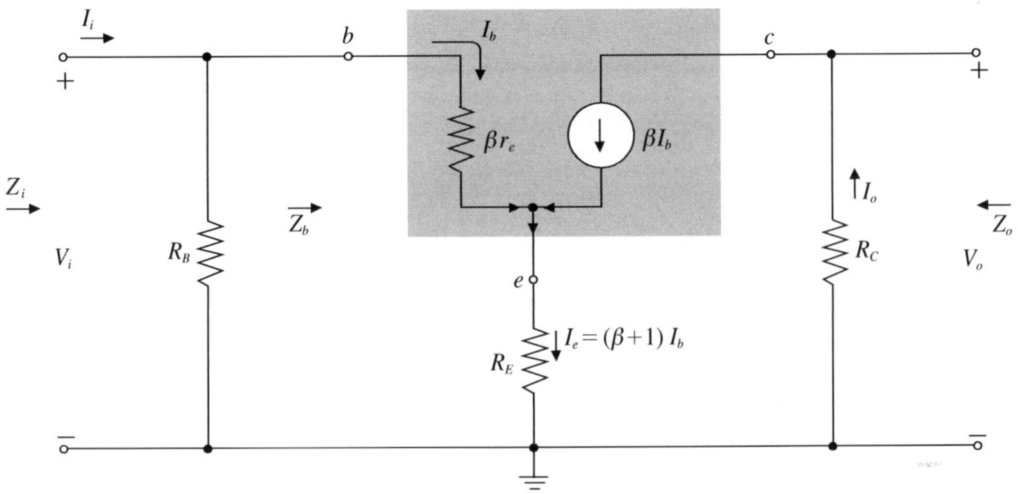

그림 6-46 r_e 모델

$\beta \gg 1$ 을 가정하면 식 6－52는 다음과 같이 된다.

$$Z_b \simeq \beta R_E \qquad (6-53)$$

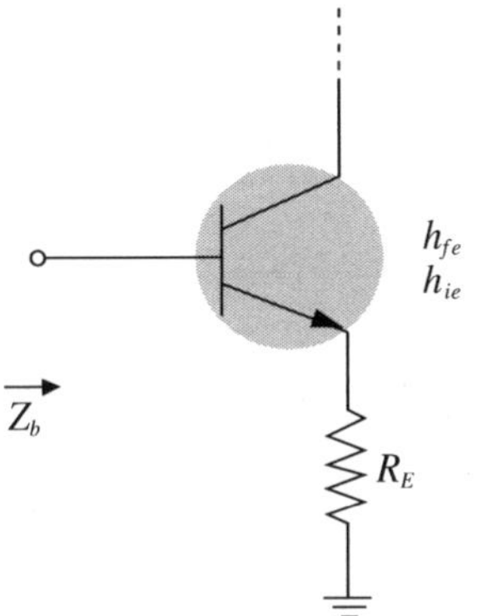

그림 6-47 회로

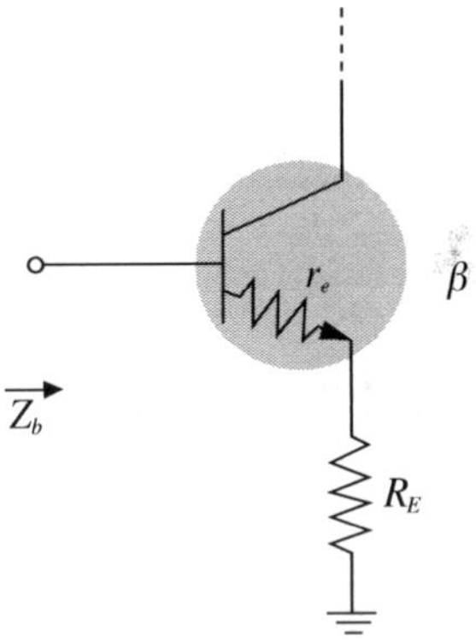

그림 6-48 회로

[Z_i] : 그림 6－45에서 다음 식을 구할 수 있다.

$$Z_i = R_B \,//\, Z_b \qquad (6-54)$$

여기서 Z_b는 앞서 정의된 것이다.

[Z_o] : V_i를 0으로 놓으면 $I_b = 0$이고 $h_{fe} I_b$는 개방회로가 된다. 따라서 두 모델에 대한 결과는

$$Z_o = R_C \tag{6-55}$$

이다.

$[A_v]$:

$$I_b = \frac{V_i}{Z_b}$$

$$V_o = -I_o R_C = -h_{fe} I_b R_C$$

$$= -h_{fe}\left(\frac{V_i}{Z_b}\right) R_C$$

$$A_v = \frac{V_o}{V_i} = -\frac{h_{fe} R_C}{Z_b} \tag{6-56}$$

$$A_v = \frac{V_o}{V_i} = \frac{-R_C}{r_e + R_E} \tag{6-57}$$

근사식 $Z_b \simeq h_{fe} R_E$에 대해서는

$$A_v = \frac{-h_{fe} R_C}{h_{fe} R_E}$$

$$A_v = \frac{V_o}{V_i} = -\frac{R_C}{R_E} \tag{6-58}$$

이다. 위 식에서 소자의 파라미터가 포함되어 있지 않으므로 두 모델에 적용될 수 있다. $[A_i]$: R_B의 크기는 Z_b와 비슷하여 무시될 수 없다. 입력회로에서 전류분배법칙을 적용하면 A_i는 다음과 같이 계산된다.

$$I_b = \frac{R_B I_i}{R_B + Z_b}$$

$$\frac{I_b}{I_i} = \frac{R_B}{R_B + Z_b}$$

$$I_o = h_{fe} I_b$$

$$\frac{I_o}{I_b} = h_{fe}$$

$$A_i = \frac{I_o}{I_i} = \frac{I_o}{I_b}\frac{I_b}{I_i}$$

$$= \frac{R_B}{h_{fe} R_B + Z_b}$$

$$A_i = \frac{I_o}{I_i} = \frac{R_B h_{fe}}{R_B + Z_b} \qquad (6-59)$$

r_e 모델에 대해서는 단지 $\beta = h_{fe}$와 식 6－52의 Z_b에 적당한 값을 대입하면 된다.

예제 6-6 그림 6－49의 회로에서 Z_i, Z_o, A_v와 A_i를 구하라.

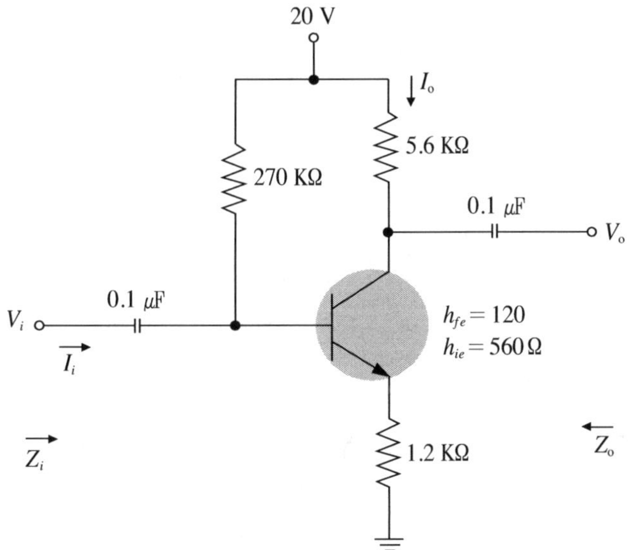

그림 6-49 회로

풀이 [Z_i] : 식 6－49로부터

$$Z_b = h_{ie} + (1 + h_{fe})\, R_E$$
$$= 0.56\ [\text{K}\Omega] + (1 + 120) 1.2\ [\text{K}\Omega]$$
$$= 145.76\ [\text{K}\Omega]$$

식 6－54에서

$$Z_i = R_B \,//\, Z_b$$
$$= 270\ [\text{K}\Omega] \,//\, 145.76\ [\text{K}\Omega]$$
$$= 94.66\ [\text{K}\Omega]$$

$[Z_o]$: 식 6－55로부터

$$Z_o \simeq 5.6\ [\text{K}\Omega]$$

$[A_v]$: 식 6－56으로부터

$$\begin{aligned} A_v &= -\frac{h_{fe}R_C}{Z_b} \\ &= -\frac{(120)\ (5.6\ \text{K}\Omega)}{145.76\ \text{K}\Omega} \\ &= -4.61 \end{aligned}$$

$[A_i]$: 식 6－59로부터

$$\begin{aligned} A_i &= \frac{R_B h_{fe}}{R_B + Z_b} \\ &= \frac{(270\ \text{K}\Omega)\ (120)}{270\ \text{K}\Omega + 145.76\ \text{K}\Omega} \\ &= 77.93 \end{aligned}$$

Z_b에 대해 근사식을 적용하면 다음을 얻을 수 있다.

$$\begin{aligned} Z_b &\simeq h_{fe}R_E = (120)\ (1.2\ \text{K}\Omega) = 144\ [\text{K}\Omega] \\ Z_i &= R_E\ //\ Z_b = 270\ [\text{K}\Omega]\ //\ 144\ [\text{K}\Omega] \\ &= 93.9\ [\text{K}\Omega] \end{aligned}$$

위 값은 앞에서 얻어진 결과(94.66 KΩ)와 매우 비슷하다. 그리고 A_v에 대해서는

$$A_v \simeq -\frac{R_C}{R_E} = -\frac{5.6\ \text{K}\Omega}{1.2\ \text{K}\Omega} = -4.67$$

이것도 또한 앞에서 얻을 결과 −4.61과 매우 비슷하다. 그림 6－49를 직류해석하면 다음 결과를 얻는다.

$$I_B = 46.5\ [\mu\text{A}] \qquad I_E = 5.578\ [\text{mA}]$$

$$r_e = 4.66\ [\Omega] \quad \text{이때} \quad \beta r_e = 559\ [\Omega]$$

이 값을 사용해도 위에서 계산된 결과와 동일한 값을 얻을 수 있다.

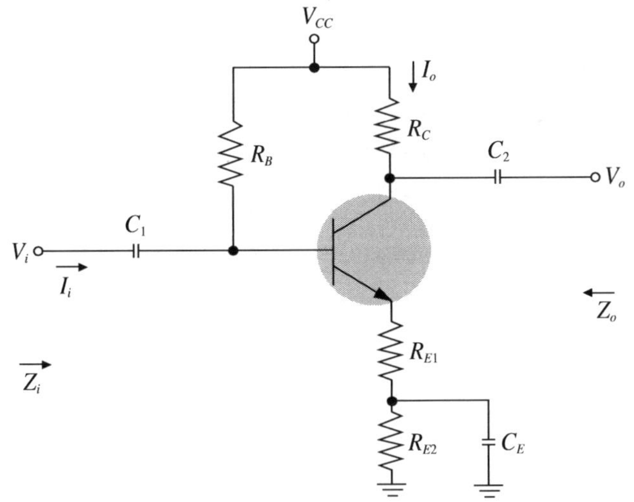

그림 6-50 회로

바이패스되지 않은 CE 바이어스 회로의 두 번째 변형은 그림 6－50에 나타내었다. 직류에 대해서 이미터 저항은 $R_{E1}+R_{E2}$이지만 교류해석에서는 CE로 바이패스되어 이미터 저항은 R_{E1}이다.

세 번째 변형은 그림 6－51에 나타내었다. 이 경우에 식 6－49~60까지의 R_B는 R_{B1}과 R_{B2}의 병렬합성저항이 된다.

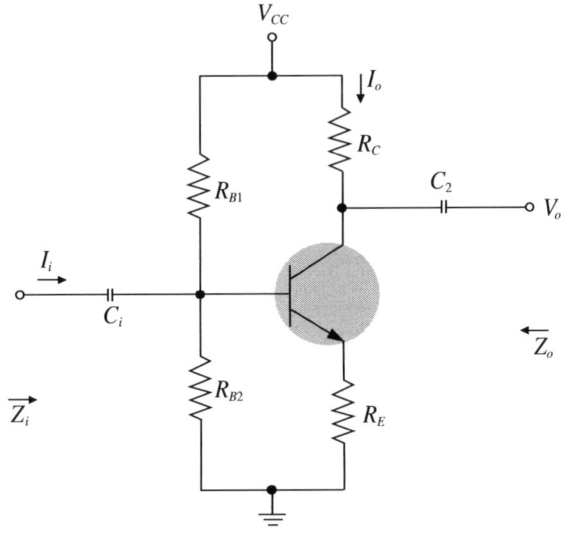

그림 6-51 회로

6. 이미터 폴로어 회로

그림 6 – 52와 같이 트랜지스터의 이미터 단자에서 출력을 뽑아낼 때 이 회로를 이미터 폴로어(emitter follower)라 부른다. 출력전압은 항상 입력전압보다 약간 작은데 이것은 베이스 이미터간의 전압강하에 기인한 것이다. 근사적으로 $A_v \approx 1$로 취급한다. 컬렉터 전압과는 달리 이미터 전압은 신호전압 v_i와 동상이다. 출력전압 V_o가 입력신호 v_i와 동상이고 입력신호 v_i의 크기를 따른다(follow)는 뜻으로 이미터 폴로어라고도 한다.

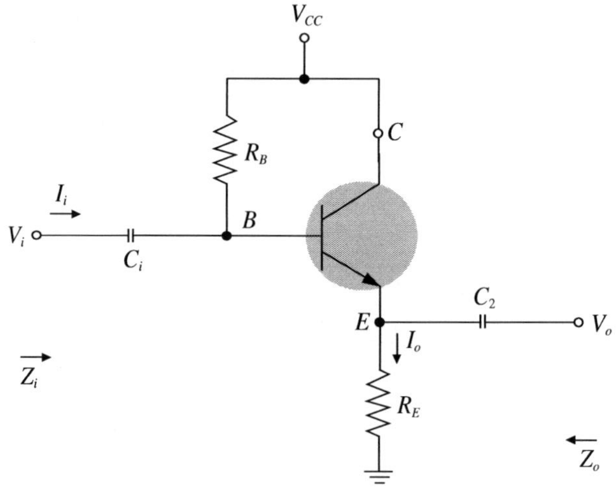

그림 6-52 회로

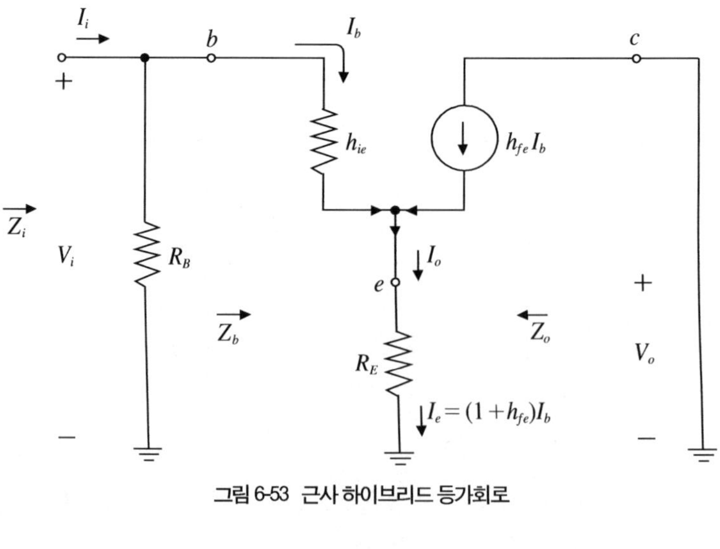

그림 6-53 근사 하이브리드 등가회로

이미터 폴로어 회로를 그림 6－52에 나타내었다. 교류해석에서 컬렉터가 접지되므로 CC(common collector) 회로이다. 이미터 폴로어 회로는 임피던스 정합에 사용되며 높은 입력임피던스와 낮은 출력임피던스를 갖는다. 그림 6－52의 회로를 근사 하이브리드 등가회로로 바꾸면 그림 6－53과 같이 되며 r_e 모델은 그림 6－54와 같이 된다.

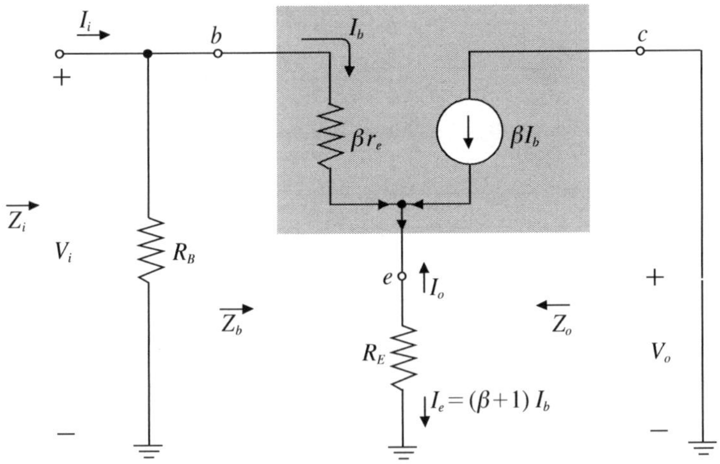

그림 6-54 r_e모델

그림 6－53에서 Z_i, Z_o, A_v, A_i를 구하면 다음과 같다.

[Z_i] : 입력임피던스는 앞 절에서 설명한 것과 마찬가지로 구해진다.

$$Z_i = R_B // Z_b \qquad (6-60)$$

여기에서 Z_b는 식 6－49에서 식 6－53을 통해 정의된다.

[Z_o] : 출력임피던스는 먼저 전류 I_b에 대한 식을 씀으로써 잘 표현된다.

$$I_b = \frac{V_i}{Z_b}$$

I_b에 $(1 + h_{fe})$를 곱해 I_e를 계산하면 아래와 같다.

$$I_e = (1 + h_{fe})I_b = (1 + h_{fe})\frac{V_i}{Z_b}$$

$$=\frac{(1+h_{fe})V_i}{h_{ie}+(1+h_{fe})R_E}$$

$$I_e=\frac{V_i}{[h_{ie}/(1+h_{fe})]+R_E} \qquad (6-61)$$

식 6-61로 구성되는 회로를 그림 6-55에 나타내었다.

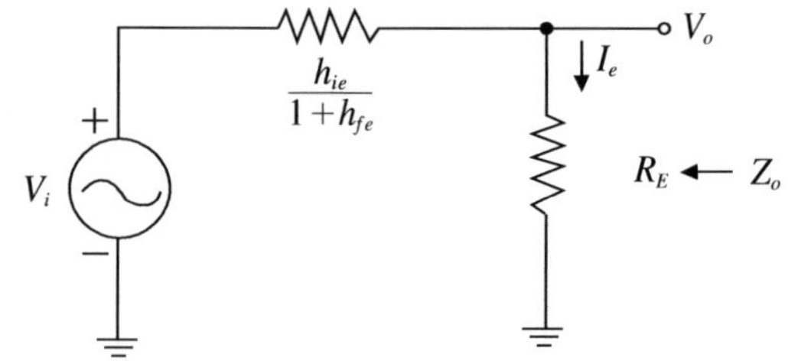

그림 6-55 식 6-61로 구성되는 회로

Z_o를 구하기 위해서 V_i를 0으로 놓으면

$$Z_o=R_E//\frac{h_{ie}}{1+h_{fe}} \qquad (6-62)$$

[A_v] : 전압이득을 구하기 위하여 그림 6-55에서 전압분배법칙을 적용하면 된다.

$$V_o=\frac{R_E V_i}{R_E+[h_{ie}/(1+h_{fe})]}$$

$$A_v=\frac{V_O}{V_i}=\frac{R_E}{R_E+[h_{ie}/(1+h_{fe})]} \qquad (6-63)$$

음(−)부호가 없는 것은 v_o와 v_i는 동상임을 의미하며 v_o와 v_i가 다른 요소는 $h_{ie}/(1+h_{fe})$ 뿐이다.

$$I_b=\frac{R_B I_i}{R_B+Z_b}$$

$$\frac{I_b}{I_i}=\frac{R_B}{R_B+Z_b}$$

$$I_o = I_e = (1 + h_{fe})\, I_b$$

$$\frac{I_o}{I_b} = 1 + h_{fe}$$

$$A_i = \frac{I_o}{I_i} = \frac{I_o}{I_b}\,\frac{I_b}{I_i}$$

$$= (1 + \mathrm{h}_{fe})\frac{R_E}{R_B + Z_b}$$

$$A_i = \frac{(1 + h_{fe})\, R_B}{R_B + Z_b} \qquad (6-64)$$

r_e 모델에 대한 식들은 단지 $h_{ie} = \beta r_e$와 $h_{fe} = \beta$를 대입하여 위 식으로부터 직접 구할 수 있다.

$\beta \gg 1$ 에 대하여

$$Z_o = \frac{R_E}{r_e} \qquad (6-65)$$

$$A_v = \frac{R_E}{R_E + Z_b} \qquad (6-66)$$

$$A_i = \frac{\beta R_B}{R_B + Z_b} \qquad (6-67)$$

$$Z_b = \beta (r_e + R_E)$$

다음 이미터 폴로어 회로인 그림 6－52의 변형된 회로를 관찰해 보자. 첫째 그림 6－56은 바이어스 조건을 만족시키기 위해 입력부에 전압분배회로를 사용한 것이며, 식 6－60에서 식 6－64까지의 R_B 대신 $R_{BB} = R_{B1}//R_{B2}$를 대입하면 모든 관계식이 성립한다. 둘째, 그림 6－57의 회로도 이미터 폴로어의 특성을 나타내지만 컬렉터저항 R_C를 포함하고 있다. 이 경우도 R_B는 $R_{BB} = R_{B1}//R_{B2}$로 대치되며 R_C는 베이스나 이미터 등가회로에 나타나지 않기 때문에 입력임피던스 Z_i와 출력임피던스 Z_o는 R_C에 의해 영향을 받지 않는다. R_C의 유일한 효과는 동작점(Q점)을 결정하는 데 영향을 미친다.

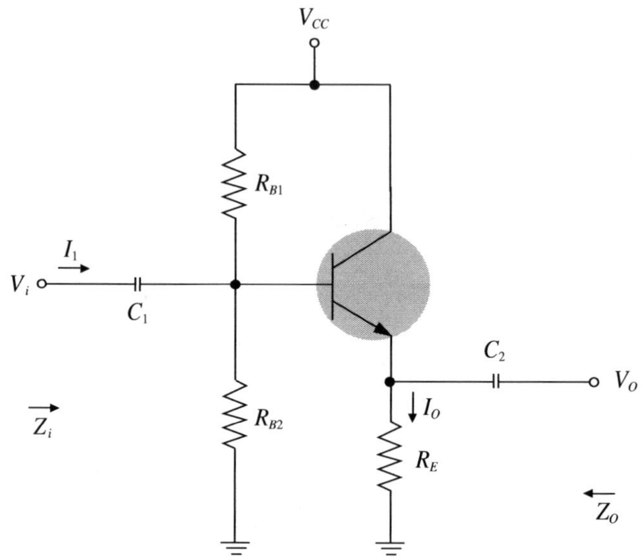

그림 6-56 회로

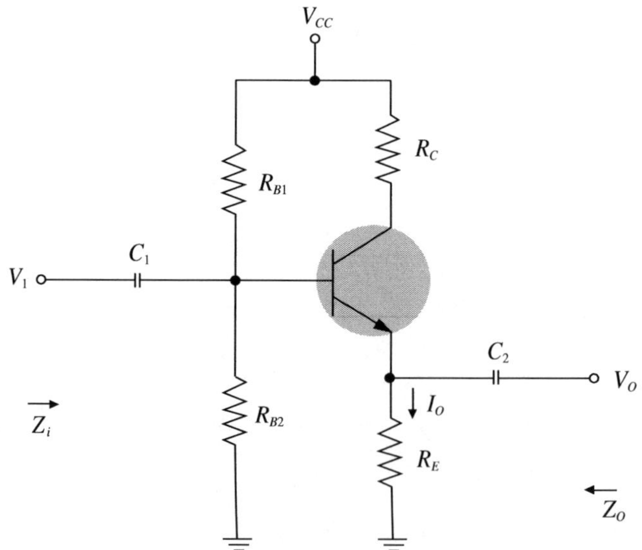

그림 6-57 회로

예제 6-7 6－58의 이미터 폴로어 회로에 대하여 Z_i, Z_o, A_v, A_i를 계산하라.

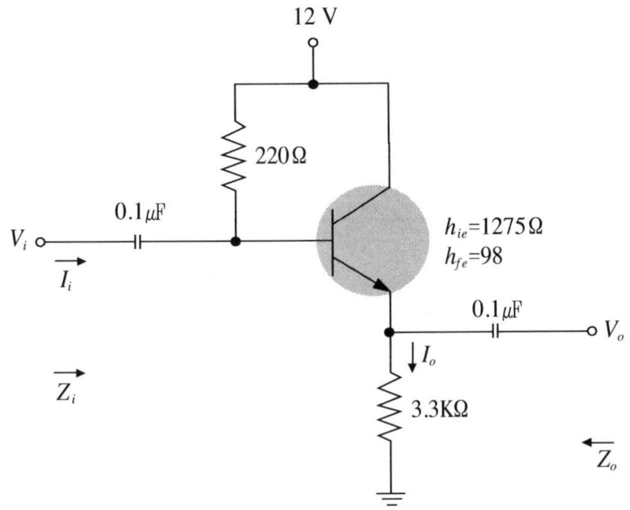

그림 6-58 회로

풀이

$[Z_i]$:

$$Z_b = h_{ie} + (1 + h_{fe})\, R_E$$
$$= 1.275\ [\mathrm{K\Omega}] + (1 + 98)\,3.3\ [\mathrm{K\Omega}]$$
$$\simeq 327.98\ [\mathrm{K\Omega}]$$
$$Z_i = R_B // Z_b$$
$$= 220\ [\mathrm{K\Omega}]\ //\ 327.98\ [\mathrm{K\Omega}]$$
$$= 131.68\ [\mathrm{K\Omega}]$$

$[Z_o]$:

$$Z_o = R_E // \frac{h_{ie}}{1 + h_{fe}}$$
$$= 3.3\mathrm{K\Omega}\ //\ \frac{1.275\mathrm{K\Omega}}{1 + 98}$$
$$= 3.3\ [\mathrm{K\Omega}] // 12.9\ [\Omega]$$
$$\simeq 12.9\ [\Omega]$$

$$[A_v]: \quad A_v = \frac{R_E}{R_E + [h_{ie}/(1+h_{fe})]}$$

$$= \frac{3300}{3300 + 12.9}$$

$$= 0.996 \simeq 1$$

$$[A_i]: \quad A_i = \frac{(1+h_{fe})\, R_B}{R_B + Z_b}$$

$$= \frac{(1+98)\ 220\ \text{K}\Omega}{220\ \text{K}\Omega + 327.98\ \text{K}\Omega}$$

$$= 39.75$$

시스템의 직류 해석은 다음과 같다.

$$I_B = 20.7\ [\mu\text{A}]$$

$$I_C = \beta I_B \simeq 2\ [\text{mA}] \simeq I_E$$

$$r_e = \frac{26\ \text{mV}}{I_E} = \frac{26}{2} = 13\ [\Omega]$$

$$\beta r_e = 1274\ [\Omega]$$

위 식에서 $h_{ie} = \beta r_e = 1274\,\Omega(\simeq 1275\,\Omega)$과 $h_{fe} = \beta = 98$을 대입하면 같은 결과를 얻게 된다.

7. 베이스 공통회로

베이스 공통회로(CB)의 특징은 입력임피던스가 작고 출력임피던스는 높으며 전류이득은 1보다 작다. 그러나 전압이득은 상당히 크다. 그림 6-59는 베이스 공통회로를 나타낸다. 그림 6-60은 근사 하이브리드 등가회로이며 그림 6-61은 r_e모델이다. 베이스 공통회로의 근사 하이브리드 등가회로는 이미터 공통 근사 하이브리드 등가회로와 동일한 형태이며 단지 파라미터가 베이스 공통 파라미터이고 I_b가 I_e로 대치된 것밖에 다른 것은 없다.

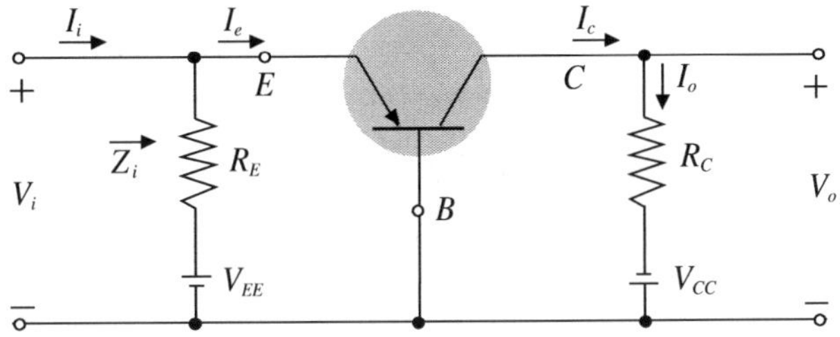

그림 6-59 회로

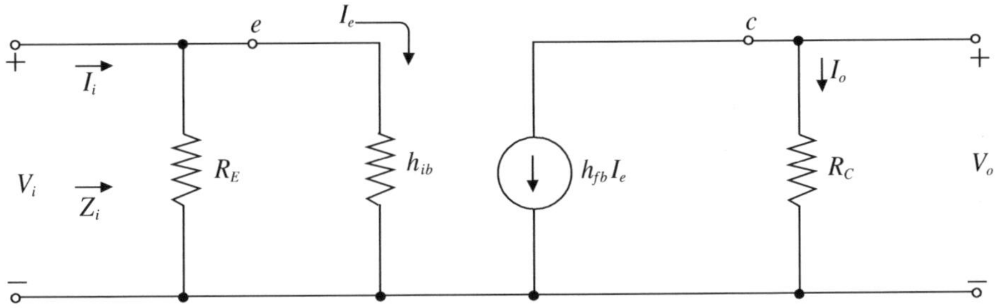

그림 6-60 근사 하이브리드 등가회로

그림 6−60에서 해석은 다음과 같이 된다.

[Zi] : $Z_i = R_E \,//\, h_{ib}$ (6−68)

[Zo] : $Z_o = R_C$ (6−69)

[Av] : $V_o = I_o R_C = I_C R_C = -h_{fb} I_e R_C$

여기서

$$I_e = \frac{V_i}{h_{ib}}$$

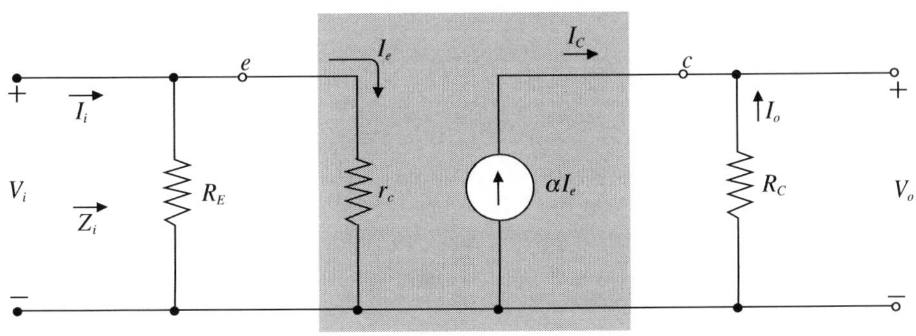

그림 6-61 r_e 모델

그리고

$$V_o = -h_{fb}\left(\frac{V_i}{h_{ib}}\right) - R_C$$

그러므로

$$A_v = \frac{V_o}{V_i} = \frac{h_{fb}}{h_{ib}} = -R_C \qquad (6-70)$$

h_{fb}는 음(−)의 값이므로 베이스 공통회로에서 v_o와 v_i는 역위상이다.

$[A_i]$: $R_E \gg h_{ib}$를 가정하자.

그러면

$$I_e = I_i$$

그리고

$$I_o = -h_{fb} I_e$$
$$= -h_{fb} I_i$$
$$A_i = \frac{I_o}{I_i} = -h_{fb} \qquad (6-71)$$

r_e 모델에 대하여는 그림 6−61에서 보면 $h_{ib} = r_e$, $h_{fb} = -1$이 되므로 해석은 아래와 같이 된다.

$[Z_i]$: $\quad Z_i = R_E // r_e \qquad (6-72)$

$[Z_o]$: $\quad Z_o = R_C \qquad (6-73)$

$[A_v]$: $\quad V_o = I_o R_c = I_e R_C$

$$I_e = \frac{V_i}{r_e}$$

$$V_o = \frac{V_i R_C}{r_e}$$

$$A_v = \frac{V_o}{V_i} = \frac{R_C}{r_e} \qquad (6-74)$$

$[A_i]$: $I_e = I_i$

$$I_o = I_e = I_i$$

$$A_i = \frac{I_o}{I_i} = 1 \qquad (6-75)$$

예제 6-8 그림 6-62의 회로에서 r_e, Z_i, Z_o, A_v와 A_i를 구하라.

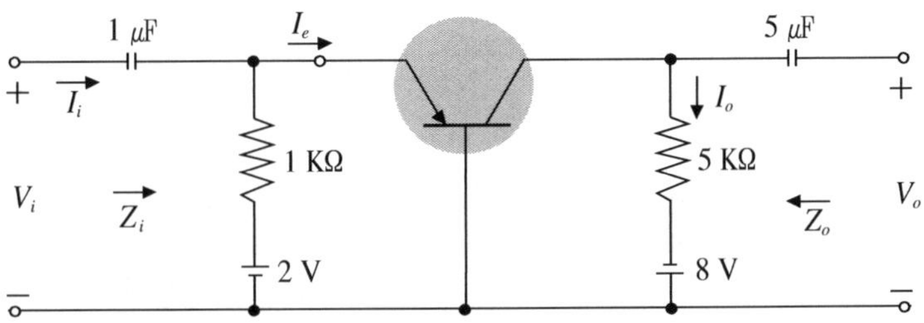

그림 6-62 회로

풀이 $[r_e]$:

$$I_E = \frac{V_{EE} - V_{BE}}{R_E} = \frac{2-0.4}{1\text{K}\Omega} = \frac{1.3}{1\text{K}\Omega} = 1.3\ [\text{mA}]$$

$$r_e = \frac{26\ \text{mV}}{I_E} = \frac{26}{1.3} = 20\ [\Omega]$$

$[Z_i]$: $Z_i = R_E\ //\ r_e = 1\text{K}\Omega\ //20 = 19.6\ [\Omega]$

$[Z_o]$: $Z_o = R_C = 5\ [\text{K}\Omega]$

$[A_v]$: $A_v = \frac{R_C}{r_e} = \frac{5\,\text{K}\Omega}{20} = 250$

$[A_i]$: $A_i = 1$

8. 컬렉터 직류궤환과 차동증폭기

그림 6-63의 회로는 안정도를 좋게 하기 위하여 직류궤환저항을 사용한 것이다. 그러나 커패시터 C_3는 교류영역에서 궤환저항의 일부분이 회로의 입력측과 출력측에 나타나게 된다. 입력측과 출력측에 있는 R_F 부분은 원하는 교류입력저항과 출력저항 레벨에 의해 결정된다.

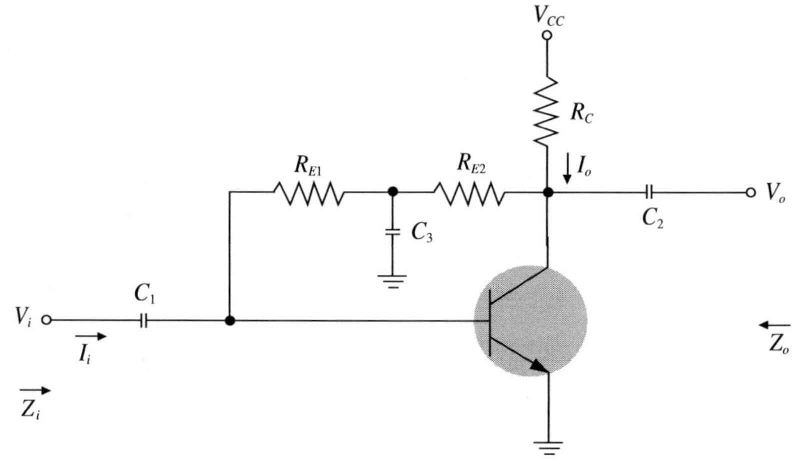

그림 6-63 회로

동작주파수에서 커패시터는 회로의 다른 요소에 비하여 낮은 임피던스를 갖기 때문에 접지와 등가인 단락회로로 가정할 수 있다. 이 경우 근사 하이브리드 등가회로는 그림 6-64와 같이 되며 해석은 아래와 같이 된다.

$[Z_i]$: $Z_i = R_{F1} \,//\, h_{ie}$ (6-76)

$[Z_o]$: $Z_o = R_C \,//\, R_{F2}$ (6-77)

$[A_v]$: $R' = R_{F2} \,//\, R_C$

$V_o = -h_{fe} I_b R'$

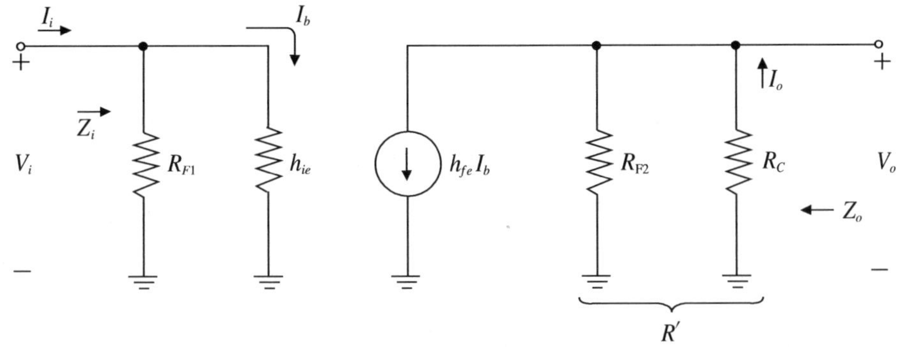

그림 6-64 등가회로

$$I_b = \frac{V_i}{h_{ie}}$$

$$V_o = -h_{fe}\left(\frac{V_i}{h_{ie}}\right)R'$$

$$A_v = \frac{V_o}{V_i} = -\frac{h_{fe}R'}{h_{ie}} \qquad (6-78)$$

$[A_i]$: 입력부분에 대하여

$$I_b = \frac{R_{F1}I_i}{R_{F1}+h_{ie}} \quad \text{또는} \quad \frac{I_b}{I_i} = \frac{R_{F1}}{R_{F1}+h_{ie}}$$

출력부분에 대하여

$$I_o = \frac{R_{F2}h_{fe}I_b}{R_{F2}+R_C} \quad \text{또는} \quad \frac{I_o}{I_b} = \frac{R_{F2}h_{fe}}{R_{F2}+R_C}$$

전류이득은

$$A_i = \frac{I_o}{I_i} = \frac{I_o}{I_b}\frac{I_b}{I_i} = \frac{R_{F2}h_{fe}}{R_{F2}+R_C}\frac{R_{F1}}{R_{F1}+h_{ie}}$$

$$A_i = \frac{h_{fe}R_{F1}R_{F2}}{(R_{F1}+h_{ie})(R_{F2}+R_C)} \qquad (6-79)$$

다음 그림 6－63의 r_e 모델은 그림 6－65와 같이 되며 해석은 다음과 같이 된다.

$[Z_i]$:　　$Z_i = R_{F1} \,//\, \beta r_e$　　(6－80)

$[Z_o]$:　　$Z_o = R_C \,//\, R_{F2}$　　(6－81)

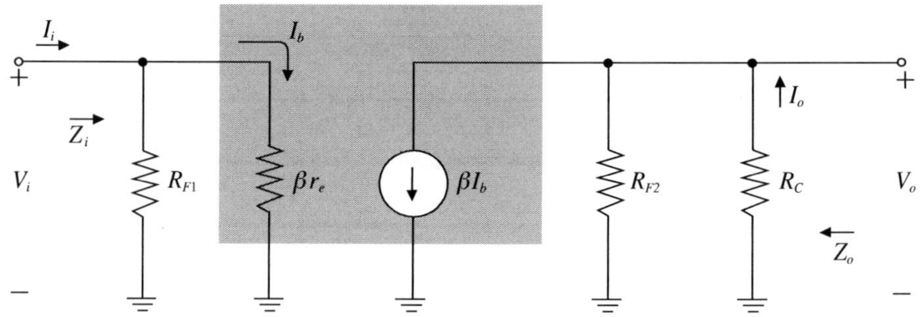

그림 6-65 등가회로

$[A_v]$:

$$R' = R_{F2} \,//\, R_C$$

$$V_o = -\beta I_b R'$$

$$I_b = \frac{V_i}{\beta r_e}$$

$$V_o = -\beta \frac{V_1}{\beta r_e} R'$$

$$A_v = \frac{V_o}{V_i} = -\frac{R_{F2} \,//\, R_C}{r_e} \qquad (6-82)$$

$[A_i]$:

입력회로에서

$$I_b = \frac{R_{F1} I_i}{R_{F1} + \beta r_e} \quad \text{또는} \quad \frac{I_b}{I_i} = \frac{R_{F1}}{R_{F1} + \beta r_e}$$

출력회로에서

$$\mathrm{I_o} = \frac{R_{F2}\beta I_b}{R_{F2}+R_C} \qquad \text{또는} \qquad \frac{I_o}{I_b} = \frac{R_{F2}\beta}{R_{F1}+R_C}$$

전류이득은

$$A_i = \frac{I_o}{I_i} = \frac{I_o}{I_b}\frac{I_b}{I_i} = \frac{R_{F2}\beta}{R_{F2}+R_C} \times \frac{R_{F1}}{R_{F1}+\beta r_e}$$

$$A_i = \frac{\beta R_{F1} R_{F2}}{(R_{F1}+\beta r_e)\,(R_{F2}+R_C)} \qquad (6-83)$$

혹은

$$A_i = -A_v\frac{Z_i}{R_C} \qquad (6-84)$$

예제 6-9 그림 6-66의 회로에서 r_e 모델을 사용하여 Z_i, Z_o, A_v와 A_i를 구하라.

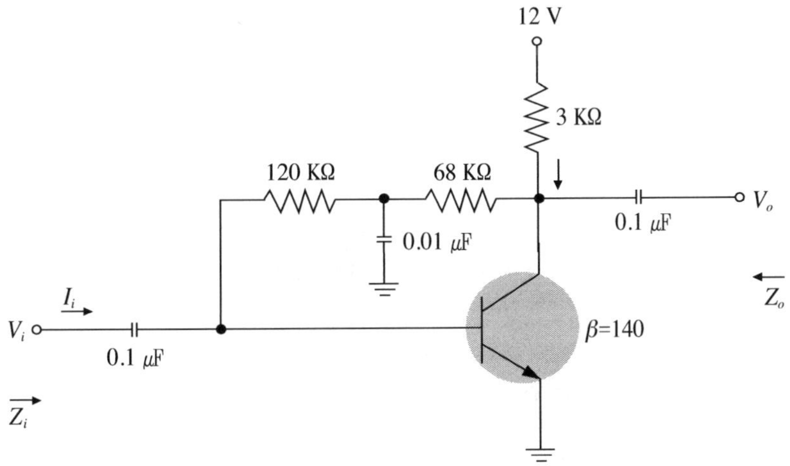

그림 6-66 회로

풀이 DC 해석 (커패시터 C_3는 개방회로)

$$I_B = \frac{V_{CC}-V_{BE}}{R_F+(\beta+1)\,R_C} = \frac{12-0.7}{(120\mathrm{K\Omega}+68\mathrm{K\Omega})+(140+1)3\mathrm{K\Omega}} = \frac{11.3}{611\mathrm{K\Omega}}$$

$$\simeq 18.5\ [\mu A]$$

$$I_C = \beta I_B = (140)\,(18.5\ \mu A) = 2.59\ [mA] = I_E$$

$$r_e = \frac{26mV}{I_E} = \frac{26}{2.59} = \simeq\ 10.04\ [\Omega]$$

$$\beta r_e = (140)\,(10.04)\ \simeq\ 1.4\ [K\Omega]$$

그림 6 - 66의 r_e 모델은 그림 6 - 67과 같으며 해석은 다음과 같이 된다.

$[Z_i]$: $\quad Z_i = R_{F1} // \beta r_e = 120\ [K\Omega]\ //\ 1.4\ [K\Omega]$

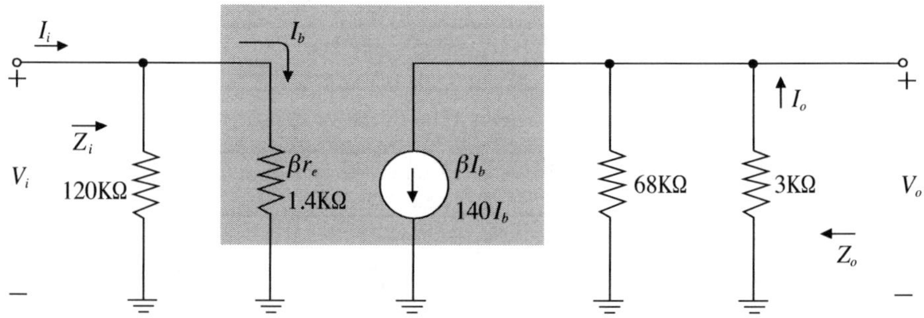

그림 6-67 r_e 모델

$[Z_o]$: $\quad Z_o = R_c\ //\ R_{F2} = 3\ [K\Omega]\ //\ 68\ [K\Omega]$

$$\simeq 2.87\ [K\Omega]$$

$[A_v]$: $\quad R' = R_C\ //\ R_{F2} = 2.87\ [K\Omega]$

$$A_v = \frac{-h_{fe} R'}{h_{ie}} = \frac{-\beta R'}{\beta r_e} = -\frac{R'}{r_e}$$

$$= \frac{-2.87\ K\Omega}{10.04}$$

$$= -285.86$$

$[A_i]$: $\quad A_i = \dfrac{\beta R_{F1} R_{F2}}{(R_{F1} + \beta r_e)\,(R_{F2} + R_C)}$

$$= \frac{(140)\,(120\text{K}\Omega)\,(68\text{K}\Omega)}{(120\text{K}\Omega + 1.4\text{K}\Omega)\,(68\text{K}\Omega + 3\text{K}\Omega)}$$

$$= 132.54$$

그림 6 − 68의 차동증폭기는 이미터에 두 번째 입력신호를 인가한 경우로 근사 하이브리드 등가회로를 그리면 그림 6 − 69와 같이 되며 전압이득은 아래와 같이 된다.

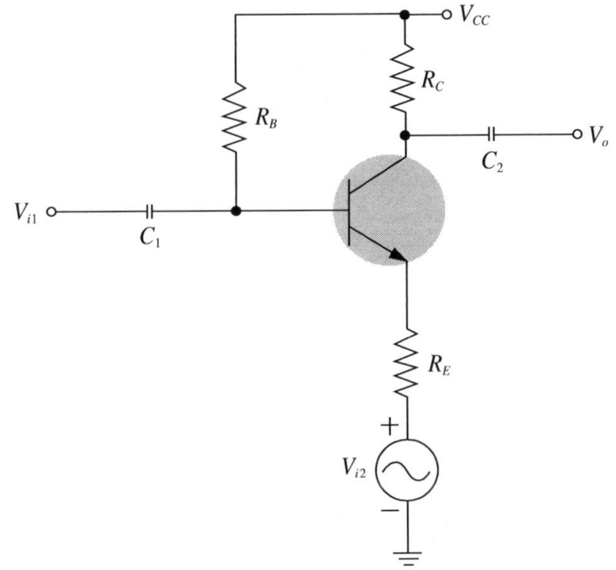

그림 6-68 회로

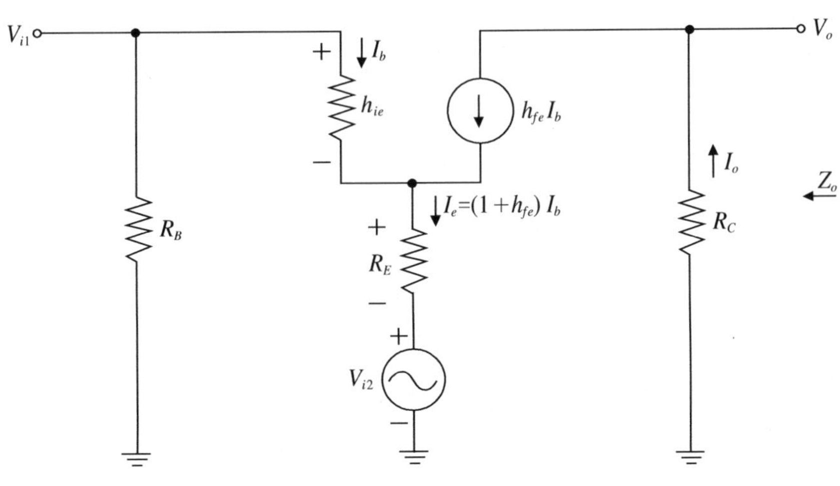

그림 6-69 등가회로

입력부분에 키르호프의 전압법칙을 적용하면

$$V_{i1} - I_b h_{ie} - (1 + h_{fe}) I_b R_E - V_{i2} = 0$$

I_b에 대하여 풀면

$$I_b (h_{ie} + (h_{fe} + 1) R_E) = V_{i1} - V_{i2}$$

$$I_b = \frac{V_{i1} - V_{i2}}{h_{ie} + (h_{fe} + 1) R_E}$$

출력전압은

$$V_o = -I_o R_C = -I_C R_C = -h_{fe} I_b R_C$$

$$V_o = -h_{fe} \left[\frac{V_{i1} - V_{i2}}{h_{ie} + (h_{fe} + 1) R_E} \right] R_C$$

$$V_o = \frac{-h_{fe} R_c}{h_{ie} + (h_{fe} + 1) R_E} (V_{i1} - V_{i2}) \qquad (6-85)$$

그러므로 출력전압은 두 신호의 차에 비례하며 비례계수는 회로의 파라미터와 트랜지스터 등가회로에 의해서 결정된다.

일반적으로 $h_{fe} \gg 1$이고 $h_{fe} R_E \gg h_{ie}$이므로

$$V_o \simeq -\frac{h_{fe} R_C}{h_{fe} R_E} (V_{i1} - V_{i2})$$

$$V_o \simeq -\frac{R_C}{R_E} (V_{i1} - V_{i2}) \qquad (6-86)$$

예제 6-10 그림 6-68에서 $R_C = 4.7$ [KΩ], $R_E = 0.56$ [KΩ], $h_{fe} = 200$, $h_{ie} = 1.5$ [KΩ]일 때 V_o를 구하라.

풀이 식 6－85로부터

$$V_o = \frac{-h_{fe} R_C}{h_{fe} + (h_{fe}+1) R_E}(V_{i1} - V_{i2})$$

$$= \frac{-(200)(4.7\,\mathrm{K\Omega})}{1.5\,\mathrm{K\Omega} + (200+1)\,0.56\,\mathrm{K\Omega}}(V_{i1} - V_{i2})$$

$$= -8.24\,(V_{i1} - V_{i2})$$

이 결과는 식 6－85를 사용하여 얻은 결과와 매우 근사하다.

9. 컬렉터 궤환회로

그림 6－70의 컬렉터 궤환회로는 안정도를 향상시키기 위하여 컬렉터에서 베이스로 궤환저항 R_F를 연결한 것이다. 단순히 궤환저항 R_F를 베이스와 컬렉터 사이에 연결한 것이지만 저항을 베이스와 직류전원 사이에 연결한 회로와 비교하면 회로해석은 아주 복잡해진다. 근사 하이브리드 등가회로는 그림 6－71과 같다.

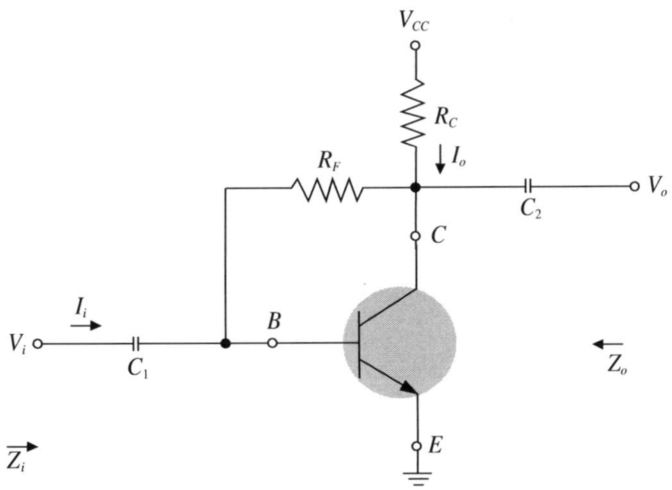

그림 6-70 회로

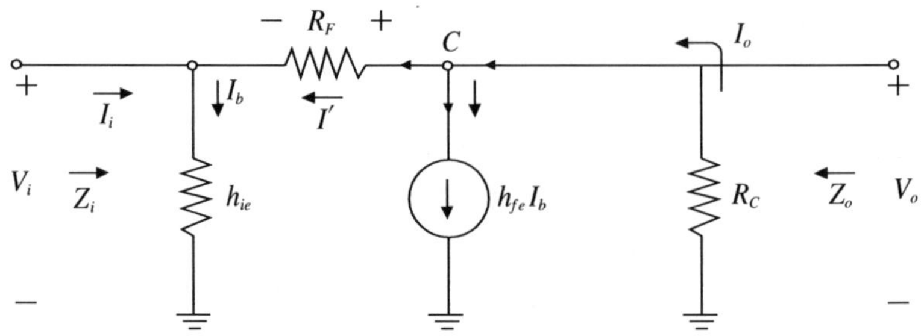

그림 6-71 등가회로

먼저 전압이득을 구한 다음 전류이득, 임피던스를 구한다.

$[A_v]$: 절점 C에서

$$I_o = h_{fe}I_b + I'$$

전형적인 경우에 $h_{fe}I_b \gg I'$ 이므로 $I_o \simeq h_{fe}I_b$

출력전압은

$$V_o = -\ I_o R_C = -(h_{fe}I_b)\ R_C$$

$I_b = V_i / h_{ie}$를 대입하면

$$V_o = -h_{fe}\left(\frac{V_i}{h_{ie}}\right)R_C$$

$$A_v = \frac{V_o}{V_i} \simeq -\frac{h_{fe}}{h_{ie}}R_C \qquad (6-87)$$

$[A_i]$: 회로 루프 바깥으로 키르호프 전압법칙을 적용하면

$$V_i + V_{RE} - V_o = 0$$

$$I_b h_{ie} + (I_b - I_i)\ R_F + I_o R_C = 0$$

$I_o \simeq h_{fe}I_b$를 사용하면

$$I_b h_{ie} + I_b R_F - I_i R_F + h_{fe}I_b R_C = 0$$

$$I_b(h_{ie} + R_F + h_{fe}R_C) = I_i R_F$$

$I_o \simeq h_{fe} I_b$에서 $I_b = I_o / h_{fe}$를 대입하면

$$\frac{I_o}{h_{fe}}(h_{ie} + R_F + h_{fe} R_C) = I_i R_F$$

$$I_o = \frac{h_{fe} R_F I_i}{h_{ie} + R_F + h_{fe} R_C}$$

R_F와 $h_{fe} R_C$를 비교하여 h_{ie}를 무시하면

$$A_i = \frac{I_o}{I_i} = \frac{h_{fe} R_F}{R_F + h_{fe} R_C} \tag{6-88}$$

$h_{fe} R_C \gg R_F$에 대하여

$$A_i = \frac{I_o}{I_i} = \frac{h_{fe} R_F}{h_{fe} R_C}$$

$$A_i = \frac{I_o}{I_i} \simeq \frac{R_F}{R_C} \tag{6-89}$$

[Z_i] : 그림 6－71에서

$$I_b = I_i + \frac{V_o - V_i}{R_F}$$

$V_o \gg V_i$이므로

$$I_b \simeq I_i + \frac{\mathrm{V_o}}{R_F}$$

$$V_i = I_b h_{ie}$$

$$= \left(I_i + \frac{V_o}{R_F}\right) h_{ie}$$

$$= I_i h_{ie} + \frac{h_{ie}}{R_F} V_o$$

$A_v = V_o / V_i$에서 $V_o = A_v V_i$를 대입하면

$$V_i = I_i h_{ie} + \frac{h_{ie} A_v V_i}{R_F}$$

$$V_i\left(1 - \frac{h_{ie} A_v}{R_F}\right) = I_i h_{ie}$$

$$\frac{V_i}{I_i} = \frac{h_{ie}}{1 - h_{ie}(A_v/R_F)}$$

병렬요소에 대해

$$x // y = \frac{xy}{x+y} = \frac{y}{1+\frac{y}{x}}$$

$y = h_{ie}$와 $x = R_F / A_v$라 하면

$$Z_i = \frac{V_i}{I_i} = h_{ie} // \frac{R_F}{|A_v|} \qquad (6-90)$$

입력임피던스를 계산하기 전에 전압이득을 구해야 된다는 사실에 주목하라.

$[Z_o]$: Z_o를 구하기 위해 V_i를 0으로 놓으면 회로는 그림 6-72와 같이 되어 h_{ie}의 영향은 없어지고 R_F는 R_C와 병렬이므로

$$Z_o \simeq R_C // R_F \qquad (6-91)$$

이 된다.

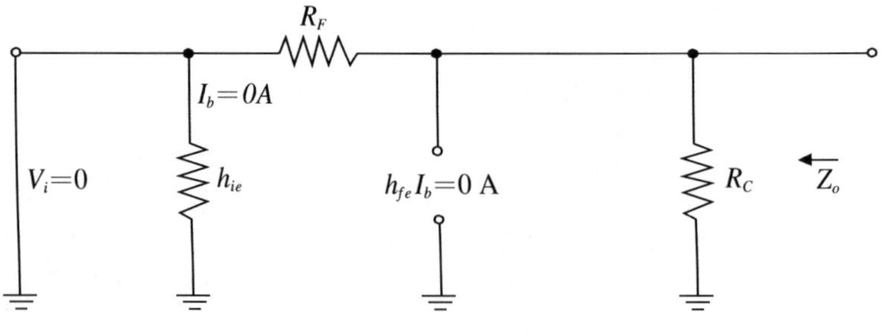

그림 6-72 회로

그림 6 – 70의 r_e 모델은 그림 6 – 73과 같이 되며 해석은 근사 하이브리드 등가회로에서 와 같이 먼저 전압이득을 구한 다음 전류이득, 임피던스를 구한다.

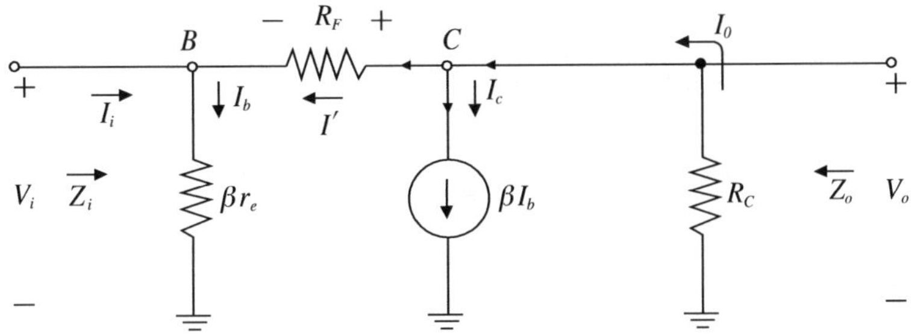

그림 6-73 r_e모델

$[A_v]$: 절점 C에서

$$I_o = \beta I_b + I'$$

전형적인 경우 $\beta I_b \gg I'$ 이므로 $I_o \approx \beta I_b$
출력전압

$$V_o = -I_o R_C = -(\beta I_b) R_C$$

$I_b = V_i / \beta r_e$를 대입하면

$$V_o = -\beta \frac{V_i}{\beta r_e} R_C$$

$$A_v = \frac{V_o}{V_i} = -\frac{R_C}{r_e} \qquad (6-92)$$

$[A_i]$: 회로 루프 바깥으로 키르호프 전압법칙을 적용하면

$$V_i + V_{RF} - V_o = 0$$

$$I_b \beta r_e + (I_b - I_i) R_f + I_o R_C = 0$$

$I_o \approx \beta I_b$를 사용하면

$$I_b\beta r_e + I_b R_F - I_i R_F + \beta I_b R_C = 0$$
$$I_b(\beta r_e + R_F + \beta R_C) = I_i R_F$$

$I_o \approx \beta I_b$에서 $I_b = I_o / \beta$를 대입하면

$$\frac{I_o}{\beta}(\beta r_e + R_F + \beta R_C) = I_i R_F$$
$$I_o = \frac{\beta R_F I_i}{\beta r_e + R_F + \beta R_C}$$

R_F와 βR_C를 비교하여 βr_e를 무시하면

$$A_i = \frac{I_o}{I_i} = \frac{\beta R_F}{R_F + \beta R_C} \qquad (6-93)$$

$\beta R_C \gg R_F$이므로

$$A_i = \frac{I_o}{I_i} = \frac{\beta R_F}{\beta R_C}$$
$$A_i = \frac{I_o}{I_i} \simeq \frac{R_F}{R_C} \qquad (6-94)$$

$[Z_i]$: 그림에서 6－73에서

$$I_b = I_i + \frac{V_o - V_i}{R_F}$$

$V_o \gg V_i$이므로

$$I_b \simeq I_i + \frac{V_o}{R_F}$$
$$V_i = I_b \beta r_e$$
$$= \left(I_i + \frac{V_o}{R_F}\right)\beta r_e$$

$$= I_i \beta r_e + \frac{\beta r_e}{R_F} V_o$$

$A_v = V_o / V_i$에서 $V_o = A_v V_i$를 대입하면

$$V_i = I_i \beta r_e + \frac{\beta r_e A_v V_i}{R_F}$$

$$V_i\left(1 - \frac{\beta r_e A_v}{R_F}\right) = I_i \beta r_e$$

$$\frac{V_i}{I_i} = \frac{\beta r_e}{1 - \beta r_e (A_v / R_F)} = \frac{\frac{\beta r_e}{1 + \beta r_e}}{\frac{R_F}{|A_v|}}$$

병렬요소에 대하여

$$x \,//\, y = \frac{xy}{x+y} = \frac{x}{1 + x/y}$$

$x = \beta r_e$와 $y = -R_F/A_u$이다. 여기서 A_v는 음(−)의 값이므로 Z_i는 다음과 같이 표현된다.

$$Z_i = \frac{V_i}{I_i} = \beta r_e \,//\, \frac{R_F}{|A_v|} \qquad (6-95)$$

입력임피던스를 계산하기 전에 전압이득을 구해야 된다는 사실에 주목하라.

Z_o : Z_o를 구하기 위해 V_i를 0으로 놓으면 회로는 그림 6−74와 같이 되어 βr_e의 영향은 없어지고 R_F는 R_C와 병렬이므로 다음과 같이 된다.

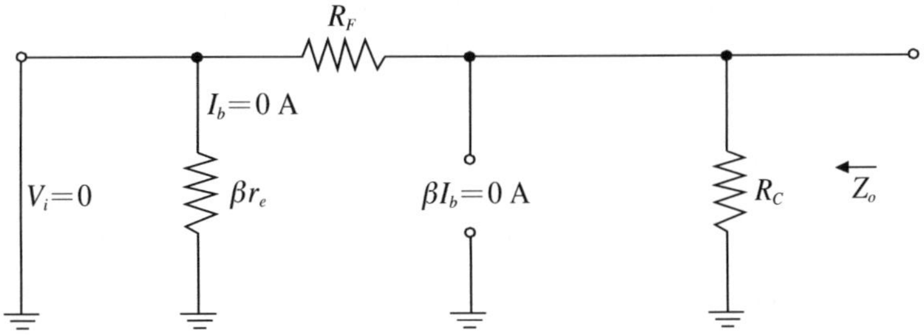

그림 6-74 회로

$$Z_o \simeq R_C \parallel R_F \qquad (6-96)$$

예제 6-11 r_e 모델과 하이브리드 근사 등가회로를 이용하여 그림 6-75의 회로에서 A_v, A_i, Z_i, 그리고 Z_o를 구하라.

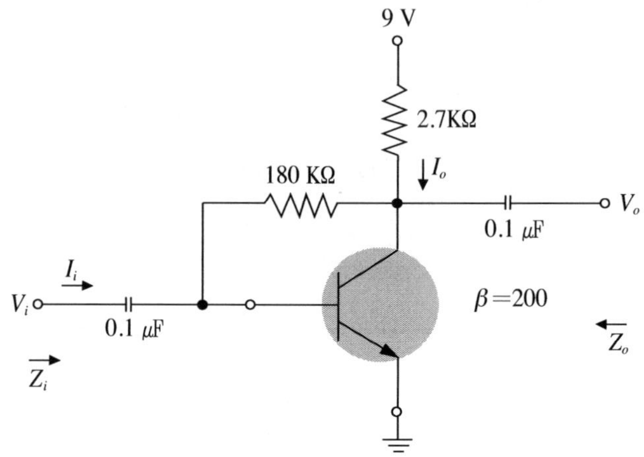

그림 6-75 회로

풀이

먼저 r_e 모델에서

$$I_B = \frac{V_{CC}-V_{BE}}{R_F+(\beta+1)R_C} = \frac{9-0.7}{180\text{K}\Omega+(200+1)2.7\text{K}\Omega}$$
$$= 11.5\ [\mu\text{A}]$$
$$I_C = \beta I_B = (200)\ (11.5\ \mu\text{A}) = 2.3[\text{mV}] = I_E$$
$$r_e = \frac{26\text{mV}}{I_E} = \frac{26}{2.3} = 11.3\ [\Omega]$$

그리고

$$\beta r_e = (200)\ (11.3) = 2260\ [\Omega]$$

$[A_v]$: 식 6-92로부터

$$A_v = -\frac{R_C}{r_e} = -\frac{2.7\text{K}\Omega}{11.21\Omega} = -240.86$$

$[A_i]$: 식 6－93에서

$$A_i=\frac{\beta R_F}{R_F+\beta R_C}=\frac{(200)\,(180\,\text{K}\Omega)}{180\,\text{K}\Omega+(200)\,(2.7\,\text{K}\Omega)}$$
$$=50$$

$[Z_i]$: 식 6－95에서

$$Z_i=\beta r_e\,//\,\frac{R_F}{|A_v|}=(200)\,(11.21\Omega)\,//\,\frac{180\,\text{K}\Omega}{240.86}$$
$$=2.24\,[\text{K}\Omega]\,//\,0.747\,[\text{K}\Omega]=0.56\,[\text{K}\Omega]$$

$[Z_o]$: 식 6－96에서

$$Z_o=R_C\,//\,R_F=2.7\,[\text{K}\Omega]\,//\,180\,[\text{K}\Omega]$$
$$=2.66\,[\text{K}\Omega]$$

다음 하이브리드 등가회로에서

$[\text{A}_v]$: 식 6－87로부터

$$A_v\simeq\frac{h_{fe}R_C}{h_{ie}}=-\frac{\beta R_C}{\beta r_e}=-\frac{R_C}{r_e}$$
$$=-\frac{2.7\,\text{K}\Omega}{11.3}=-238.94$$

$[A_i]$: 식 6－88에서

$$A_i=\frac{h_{fe}R_F}{R_F+h_{fe}R_C}=\frac{\beta R_F}{R_F+\beta R_C}=\frac{(200)\,(180\,\text{K}\Omega)}{180\,\text{K}\Omega+(200)\,(2.7\,\text{K}\Omega)}=50$$

$[Z_i]$: 식 6－90에서

$$Z_i=h_{ie}//\frac{R_F}{|A_v|}=\beta r_e\,//\,\frac{R_F}{|A_v|}=(200)\,(11.3)\,//\,\frac{180\,\text{K}\Omega}{238.94}$$
$$=2.26\,[\text{K}\Omega]\,//\,0.753\,[\text{K}\Omega]\;=\;0.565\,[\text{K}\Omega]$$

$[Z_o]$: 식 6－91에서

$$Z_o = R_C \,//\, R_F = 2.7\ [\text{K}\Omega] \,//\, 180\ [\text{K}\Omega] = 2.66\ [\text{K}\Omega]$$

10. 결과에 대한 표

소신호 트랜지스터 증폭기의 여러 가지 종류는 앞에서 서술하였는데 표 6－2에 지금까지 서술한 것 중 대표적인 것에 대하여 일반적인 특성을 나타내었다. 표 6－2를 참고하여 지금까지 설명한 각 증폭기의 특징을 이해하고 회로를 해석, 설계하는 데 도움이 되길 바란다.

표 6-2 대표적인 트랜지스터 증폭회로에 있어서 중요 정수관계

회로구성	Z_i	A_i	A_i	Z_o
고정 바이어스회로 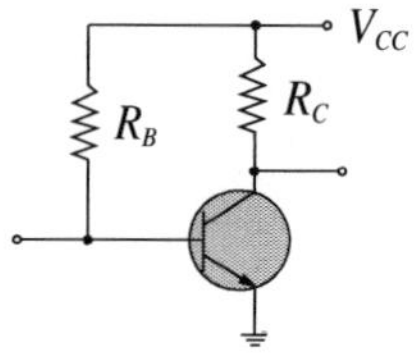	Medium (1KΩ) $\simeq \beta r_e$	High (−200) $\simeq -\frac{R_c}{r_C}$	High (100) $\simeq \beta$	Medium $\simeq R_c$ (r_o= 40KΩ)
전압분배 바이어스회로 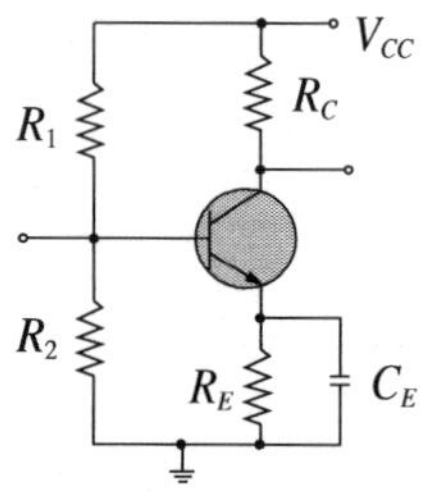	Medium (1KΩ) $\simeq R' // \beta r_e$ $(R' = R_1 // R_2)$	High (−200) $\simeq -\frac{R_c}{r_C}$	High (50) $= \frac{\beta R'}{R' + \beta r_e}$	Medium $\simeq R_c$ (r_o= 40KΩ)
바이패스되지 않는 *CE* 바이어스회로 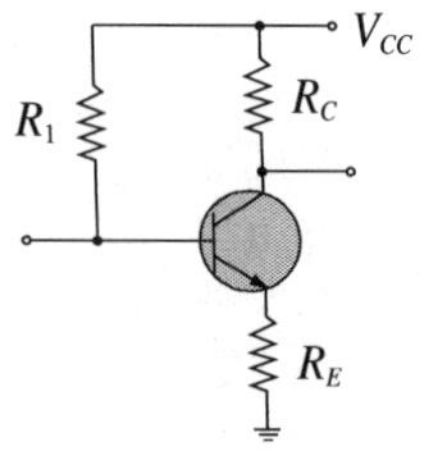	High (100KΩ) $\simeq \beta R_E$	Low (−5) $\simeq -\frac{R_C}{R_E}$	High (50) $\simeq \frac{\beta R_B}{R_B + \beta R_E}$	Medium $\simeq R_c$ (r_o= 40KΩ)

표 6-2 계속

회로구성	Z_i	A_i	A_i	Z_o
이미터 폴로어 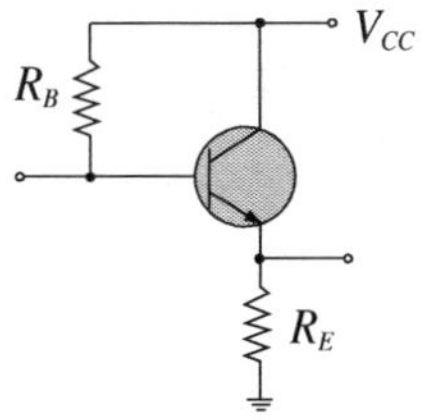	High (100KΩ) $\simeq R_B \,//\, \beta R_E$	Low $\simeq 1$	High (−50) $\simeq \dfrac{-\beta R_B}{R_B - \beta R_E}$	Low (20Ω) $\simeq r_c$ ($r_o = 40\,\text{K}\Omega$)
베어스 공통회로 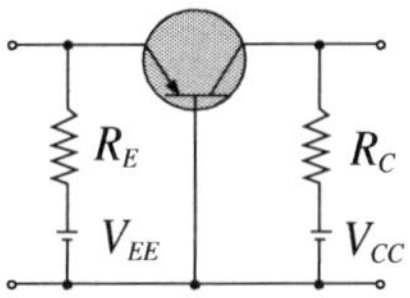	Low (20Ω) $\simeq r_c$	High (200) $\simeq -\dfrac{R_c}{r_c}$	Low $\simeq -1$	Medium $\simeq R_C$ ($r_o = 2\,\text{M}\Omega$)
컬렉터 궤환회로 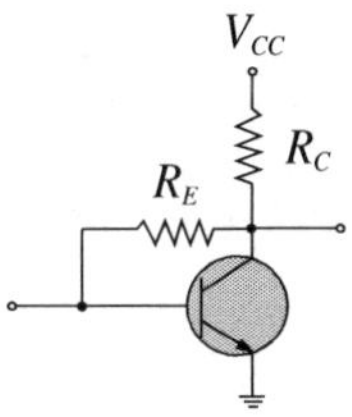	Meduim (1KΩ) $\simeq \beta \text{r}_\text{e} \,//\, \dfrac{R_F}{\lvert A_v \rvert}$	High (−200) $\simeq -\dfrac{R_c}{r_c}$	High (50) $= \dfrac{\beta R_F}{R_B + \beta R_c}$	Medium $\simeq R_C \,//\, R_F$ ($r_o = 40\,\text{K}\Omega$)

연 습 문 제

1. (1) 하이브리드모델과 r_e 모델의 차이를 설명하라.
   (2) 각 모델에 대하여 사용되는 조건을 나열하라.

2. 그림 6 - 51의 공통이미터회로에서
   (1) 완전한 h정수 등가회로를 그려라.
   (2) 근사 h정수 등가회로를 그려라.
   (3) r_e 모델로 등가회로를 그려라.

3. 그림 6 - 52의 베이스 공통회로에서
   (1) 완전한 h정수 등가회로를 그려라.
   (2) 근사 h정수 등가회로를 그려라.
   (3) r_e 모델로 등가회로를 그려라.

4. 전형적인 값 $h_{re} = 2\times10^{-4}$과 $A_i = 160$이 주어졌을 때 회로의 교류해석에서 h_{re}의 영향을 무시하는 것은 적절한 근사인가? h_{re}의 영향을 고려했을 때와 고려하지 않았을 때의 I_b의 값들 사이에 백분율차는 얼마인가?

   백분율차 $= \dfrac{I_b(w.o.h_{re}) - I_b(w.h_{re})}{I_b(w.o.h_{re})} \times 100[\%]$를 사용하라.

5. 전형적인 값 $R_L = 2.2\text{K}\Omega$과 $h_{oe} = 20\,\mu\text{S}$가 주어졌을 때 $1/h_{oe}$의 영향을 무시하는 것은 적절한 근사인가? 아래 식을 사용하여 부하저항에서의 백분율차는 얼마인가?

   백분율차 $= \dfrac{R_L(w.o.1/h_{oe}) - R_L(w.1/h_{oe})}{R_L(w.o.1/h_{oe})} \times 100[\%]$

6. (1) 그림 6 - 43의 특성을 사용하여 컬렉터 전류 $I_c = 6[\text{mA}]$, $V_{CE} = 5[\text{V}]$에서 h_{fe}를 구하라.
   (2) 컬렉터 전류 $I_c = 1\text{mA}$ $V_{CE} = 15$ [V]일 때 (1)을 반복하라.

7. (1) 그림 6 - 44의 특성을 사용하여 컬렉터 전류 $I_C = 6[\text{mA}]$, $V_{CE} = 5[\text{V}]$일 때 h_{oe}를 구하라.

(2) 베이스 전류 $I_B = 5$ [μA], $V_{CE} = 10$ [V]일 때 (1)를 반복하라.

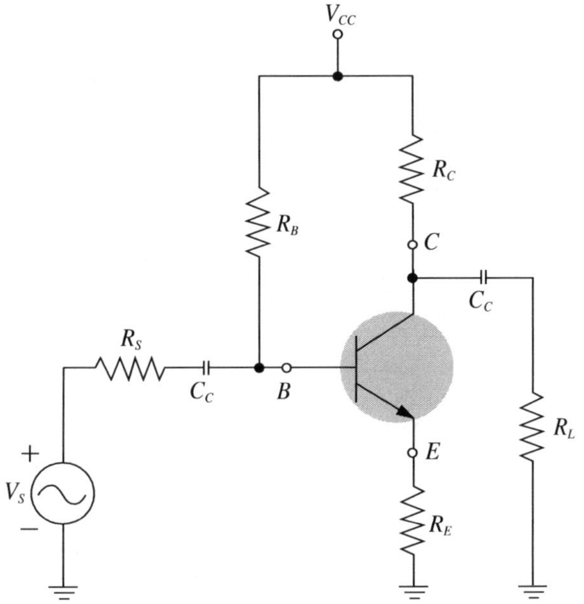

그림 6-76 회로

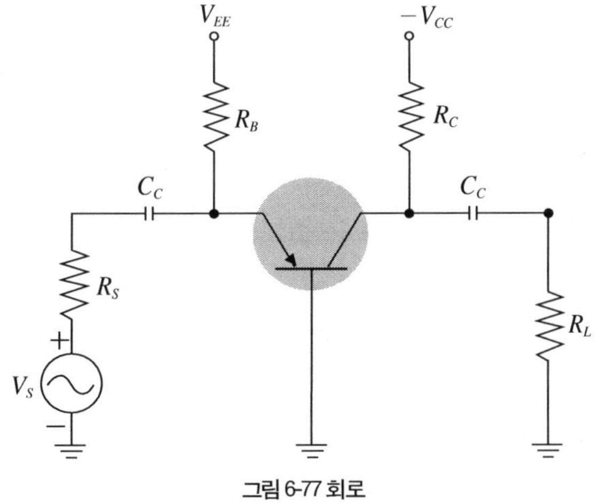

그림 6-77 회로

8. (1) 그림 6－45의 특성을 사용하여 베이스 전류 $I_B = 20$[μA] $V_{CE} = 20$ [V]일 때 h_{ie}를 구하라.

(2) 베이스 전류 $I_B = 5$ [μA] $V_{CE} = 10$ [V]일 때 (1)를 반복하라.

9. (1) 그림 6-46의 특성을 사용하여 베이스 전류 $I_B = 20$ [μA] $V_{CE} = 20$ [V]일 때 h_{re}를 구하라.
   (2) 베이스 전류 $I_B = 30$ [μA] $V_{CE} = 10$ [V]일 때 (1)를 반복하라.

10. 그림 6-43과 6-45의 특성을 사용하여 베이스 $I_B = 25$ [μA], $V_{CE} = 12.5$ [V]일 때 근사 하이브리드 등가모델을 구하라.

11. 그림 6-43과 6-45의 특성을 사용하여 베이스 전류 $I_B = 25$ [μA], $V_{CE} = 12.5$ [V]일 때 r_e 모델을 구하라.

12. (1) 그림 6-48을 사용하여 I_c가 0.2 [mA]에서 1 [mA]로 변할 때 아래 식을 사용하여 h_{fe}의 백분율 변화를 구하라.

$$\text{백분율 변화} = \left| \frac{h_{fe}(\text{low } I_C) - h_{fe}(\text{high } I_C)}{h_{fe}(\text{low } I_C)} \right| \times 100 \ [\%]$$

   (2) I_C가 1 [mA]에서 5 [mA]로 변할 때 (1)을 반복하라.
   (3) I_C가 0.2 [mA]에서 5 [mA]로 변할 때 (1)을 반복하라.

13. (1) 그림 6-48에서 $I_C = 1$ [mA]일 때 $h_{oe} = 20\mu$S라면 $I_C = 0.1$ [mA]일 때 h_{oe}의 근사값은 얼마인가?
   (2) 0.1 [mA]일 때 저항성의 값을 구하여 부하저항 0.8 [KΩ]과 비교하라. 이 경우에 $1/h_{oe}$의 영향을 무시하는 것은 적절한 근사인가?

14. (1) 그림 6-48에서 $I_C = 1$ [mA]일 때 $h_{oe} = 20$[μS] 하라면 $I_C = 10$[mA]일 때 h_{oe}의 근사값은 얼마인가?
   (2) 10 [mA]일 때 저항성의 값($1/h_{oe}$)을 구하여 부하저항 6.8 [KΩ]과 비교하라. 이 경우에 $1/h_{oe}$의 영향을 무시하는 것은 적절한 근사인가?

15. (1) 그림 6-48에서 $I_C = 1$ [mA]일 때 $h_{oe} = 20$ [μS]라 하면 $I_C = 10$ [mA]일 때 h_{oe}의 근사값은 얼마인가?
   (2) (1)에서 구한 h_{re}를 사용할 때 $A_v = 210$일 경우 h_{re}가 무시되면 적절한 근사가 되는가?

제7장 특수증폭회로

이 장에서는 부궤환증폭회로와 OTL(output transformer-less) 증폭회로에 대해서 설명한다. 이들 증폭회로는 증폭기의 성능에 중점을 둔 경우이거나 대출력의 증폭기에서 흔히 사용되는 것으로 결코 특수한 증폭회로는 아니다. 증폭회로에 부궤환을 걸면 증폭도는 저하하지만 주파수 특성을 개선하여, 의곡이나 내부잡음을 감소시킬 수 있다.

대출력을 얻을 경우에는 푸시풀 증폭으로 하는 것은 이미 말했지만, 출력트랜스를 사용하면 증폭기의 주파수 특성이 출력트랜스의 주파수 특성에 의해서 결정된다. 따라서 주파수 특성은 그리 좋지 않고, 중량이나 가격면에 문제가 있다. 이 때문에 출력트랜스를 쓰지 않고(OTL), SEPP(single ended push pull)로 한다. 특히 트랜지스터에서는 특성이 거의 동일한 *PNP*형과 *NPN*형을 함께 쓰면 위상반전도 동시에 겸하므로 상보 ITL－OTL(input transformer-less-output transformer-less) 회로가 실현된다.

1. 궤환증폭회로

증폭회로의 출력 일부를 입력측에 돌려주는 것을 궤환(feedback)이라고 한다. 이 궤환되는 전압이 증폭회로의 입력전압과 같은 동위상일 때, 즉 입력전압이 실질적으로 증가하도록 궤환을 행하였을 경우, 이것을 정궤환(positive feedback)이라고 한다. 이것에 대하여 역위상으로 궤환했을 때, 즉 입력전압이 실질적으로 감소하도록 하는 궤환을 부궤환(negative feedback)이라고 부른다. 증폭회로에 몇 가지의 이점을 갖는 부궤환증폭이 자주 사용되고 있다.

(1) 증폭의 원리와 그 특징

그림 7-1에 표시한 것은 궤환증폭회로의 블록선도 (block diagram)이다.

증폭회로의 입력전압, 출력전압을 각각 V_1, V_2라고 한다. 이제 궤환증폭회로를 통하여 출력전압의 일부 βV_2가 입력측에 궤환되면, 입력전압은 $(V_1 + \beta V_2)$로 된다. 따라서 출력 전압 V_2는

$$V_2 = (V_1 + \beta V_2) A_0 \qquad (7-1)$$

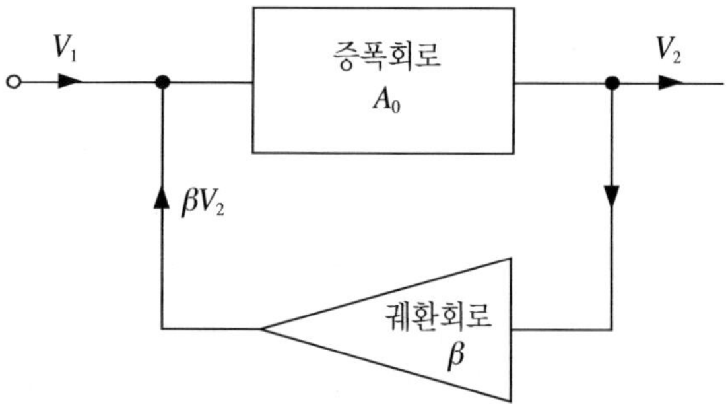

그림 7-1 궤환증폭회로의 계통도

로 된다. A_0는 궤환회로를 포함하지 않은 증폭회로의 증폭도로서 β는 궤환율(feedback ratio)이다. 이제 궤환을 걸었을 때의 증폭도를 A_F라 하면

$$A_F = \frac{V_2}{V_1} = \frac{(V_1 + \beta V_2) A_0}{V_1} = \frac{A_0}{1 - A_0 \beta} \qquad (7-2)$$

로 된다. 식 7-2에서

$A_0 \beta > 0$ 일 때 $|A_F| > |A_0| \rightarrow$ 정궤환

$A_0 \beta < 0$ 일 때 $|A_F| < |A_0| \rightarrow$ 부궤환

$A_0 \beta = 1$ 일 때 $A_F \rightarrow \infty \rightarrow$ 발진

이다. 이제 충분히 부궤환을 걸었을 때, 즉 $|A_0 \beta| >> 1$ 일 때 식 7-2는

$$A_{NF} = \frac{1}{\beta} \qquad (7-3)$$

이 된다. 즉, 증폭도는 궤환율 β 만으로 정해진다.

증폭도는 부(−)이지만 보통 부(−)로 나타내지 않으므로 여기서는 절대치 표시를 생략한다. 일반적으로 증폭회로에서는 궤환전압 βV_2를 입력전압 V_1에 대해서 역위상이 되게 궤환하고, 증폭회로의 출력특성을 개선하는 부궤환 증폭회로(negative feedback amplifer circuit)를 취급하기 때문에, 앞으로는 먼저 부궤환(NFB), 즉 $A_0\beta<0$의 경우에 한정해서 설명한다. 따라서 식 7−2를 바꾸어 쓴 식 7−4를 사용하기로 한다.

$$A_{NF}=\frac{A_0}{1-(-A_0\beta)}=\frac{A_0}{1+A_0\beta} \qquad (7-4)$$

다음에 부궤환을 행한 경우의 특징을 열거하면

(a) 증폭도는 저하된다.

식 7−4에서 보는 바와 같이 NFB를 거는 데 따라 증폭도는 A_0의 $1/(1+A_0\beta)$배로 감소한다. 증폭도의 저하는 증폭단수를 증가시켜 보충시킬 수 있다.

(b) 주파수 특성이 좋아진다.

충분히 부궤환을 걸면 증폭도는 식 7−3과 같이 $1/\beta$로 되고, β회로를 순저항으로 하면 주파수에 관계 없게 된다. 이 때문에 그림 7−2에 표시한 바와 같이 주파수 특성은 평탄하게 되고 대역폭은 넓어진다.

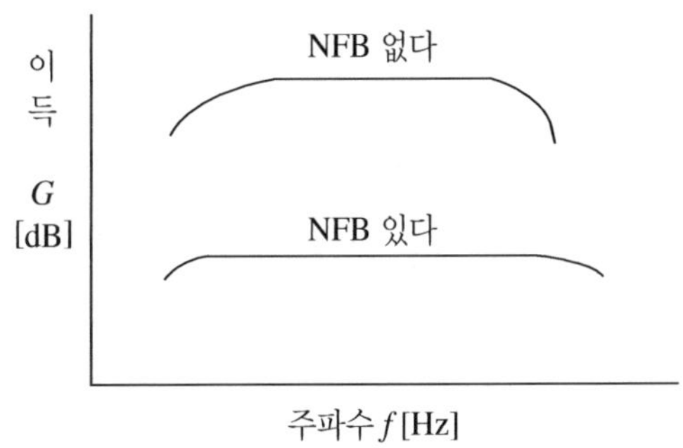

그림 7-2 주파수 특성

(c) 안정도가 좋아진다.

전원전압의 변동이나 부하의 변동, 온도변화, 트랜지스터 특성변화 등에 대해서도 이것을 억제하는 역할을 한다. 극단적인 경우는 식 7−3과 같이 $1/\beta$로 되므로 이들의 변동에 대해서는 관계 없게 된다.

(d) 의곡이 적어진다.

트랜지스터의 특성이 비직선에 의한 의곡(진폭의곡)은 역위상으로 궤환되므로 상쇄되어 감소한다. 또한 위상의곡도 적어진다.

(e) 내부잡음을 감소시킨다.

NFB를 거는 것에 의해서 궤환하지 않을 때의 $1/(1+A_0\beta)$배로 감소된다.

(f) 증폭회로의 실효내부저항을 변화시킨다.

여기에 대해서는 다음에 구체적으로 설명하겠다.

부궤환증폭에는 전압부궤환(병렬부궤환), 전류부궤환(직렬부궤환) 및 이것들을 동시에 행하는 브리지(bridge) 부궤환이 있다. 또 특수한 경우는 100[%] 부궤환의 이미터 폴로어 증폭회로가 있다.

앞으로 이들의 회로에 대해서 설명한다.

예제 7-1 부궤환(NFB)을 걸어주는 것에 의해서 증폭기 내부의 잡음이나 의곡이 감소하는 것을 설명하라.

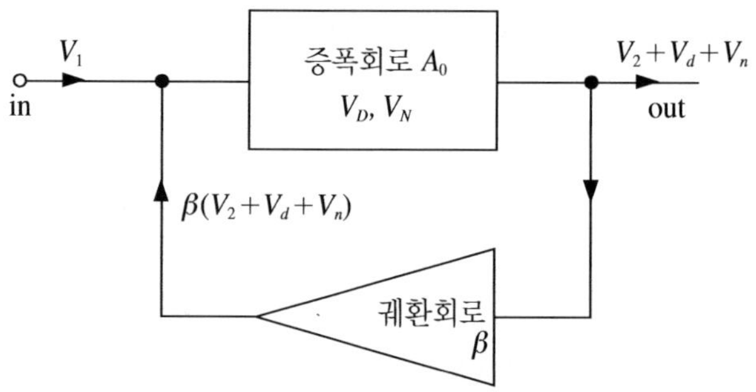

V_D : 증폭회로 내부에서 발생하는 의곡전압
V_N : 증폭회로 내부에서 발생하는 잡음전압
V_1 : 입력신호전압
A_0 : 증폭회로의 증폭도
β : 궤환회로의 궤환율

그림 7-3 궤환회로의 블록선도

풀이 그림 7-3에 보이는 궤환회로의 블록선도에 있어서 NFB를 걸었을 때 출력측에 나타나는 신호, 의곡, 잡음전압을 각각 V_2, V_d, V_n 이라 하면

$$V_2+V_d+V_n=\{V_1-\beta(V_2+V_d+V_n)\}A_0+V_D+V_N$$

로 된다. 위 식에서 출력단자의 신호전압 V_2, 의곡전압 V_d, 잡음전압 V_n은

$$V_2+V_d+V_n=\frac{V_1 A_0}{1+A_0\beta}+\frac{V_D}{1+A_0\beta}+\frac{V_N}{1+A_0\beta}$$

로 된다. 즉, 증폭기 내부의 잡음이나 의곡은 모두 $1/(1+A_0\beta)$로 되는 것을 알 수 있다.

① 트랜지스터에 의한 전압부궤환 증폭회로

그림 7-4 (a)에 CB간에 R_F를 삽입한 전압부궤환 증폭회로의 기본형을 나타내었다. 그림 (b)는 그 등가회로로서 R_g는 신호전원 v_i의 내부저항이다. 소정의 베이스 바이어스전류를 I_B라고 하면 R_F는

$$R_F=\frac{V_{CE}}{I_B}\ [\Omega] \qquad (7-5)$$

로 되어 상당히 높은 저항이 된다.

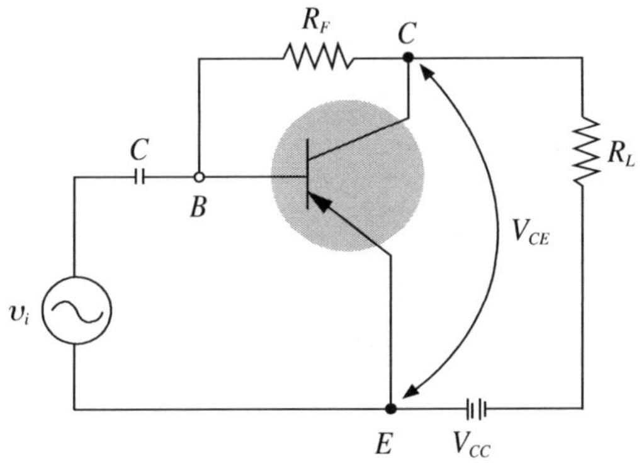

(a) 전압궤환 증폭 회로

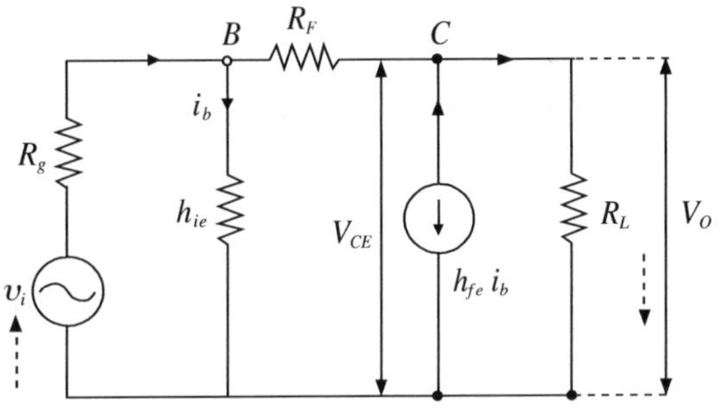

(b) 등가회로

그림 7-4 트랜지스터 전압궤환 증폭회로

입력신호전압 v_i와 R_L양단의 출력전압은 역위상이고 CB간에 R_F를 삽입하는 것에 의해서 등가회로에서 아는 바와 같이 궤환전압은 BE간의 입력신호전류전원 v_i에 대하여 병렬로 들어간다. R_F를 적게 하면 NFB가 깊게 걸리는 것은 당연하다. 이 회로의 입력 임피던스 Z_i는

$$Z_i = \frac{h_{ie}}{1 + h_{fe}\dfrac{R_L}{R_F}} \tag{7-6}$$

로 되어 저하하는 것을 알 수 있다.

출력임피던스 Z_o는

$$Z_o = \frac{1}{h_{oe} + h_{fe}\dfrac{R_g}{(h_{ie}+R_g)\,R_F}} \tag{7-7}$$

로 표시되며, 이것도 저하한다.

만일 부궤환이 없을 때, 즉 R_F를 접속하지 않을 때($R_F=\infty$), 식 7-6 및 식 7-7의 분모의 제2항은 0이 되므로 $Z_i=h_{ie}$, $Z_o=1/h_{oe}$,, A_{vNF}가 되며, 이미 말한 부궤환을 걸지 않은 일반적인 증폭회로의 입·출력임피던스로 되는 것을 알 수 있다.

전압증폭도 A_{vNF}는

$$A_{vNF} = \frac{h_{fe}\,R_L}{h_{ie}\left(1 + h_{oe}R_L + \dfrac{h_{ie}}{R_F}\right)} \fallingdotseq \frac{h_{fe}\,R_L}{h_{ie}\left(1 + \dfrac{h_{ie}}{R_F}\right)} \tag{7-8}$$

로 표시되어 저하한다. 전류증폭도 A_{iNF}는

$$A_{iNF} = \frac{h_{fe}}{1 + h_{fe}\dfrac{R_L}{R_F}} \tag{7-9}$$

로 된다.

만일 부궤환을 걸지 않을 때($R_F=\infty$)는, 식 7-8 및 식 7-9는 일반적인 증폭회로의 증폭도와 일치한다.

예제 7-2 그림 7-5의 전압부궤환회로에서 NFB를 걸었을 때의 전압증폭도, 입력임피던스 및 출력임피던스를 각각 구하라. 단, $R_g=10$[KΩ]로 하고 2SB97의 $h_{ie}=2.14$ [KΩ],

$h_{re}=8.57\times10^{-4}$, $h_{fe}=70$, $h_{oe}=28.5\,[\mu℧]$으로 한다.

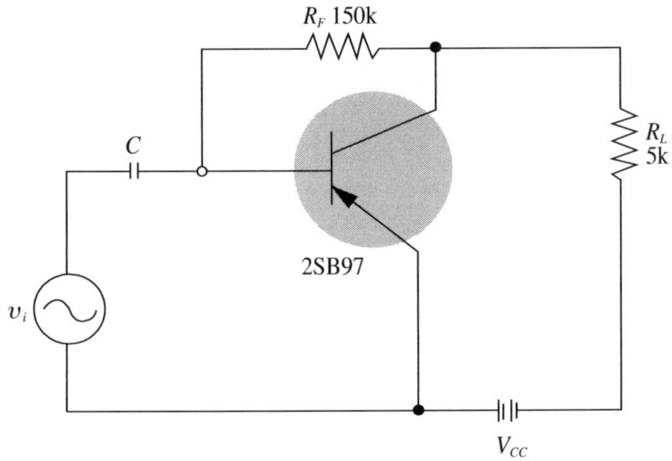

그림 7-5 전류부궤환 증폭회로

풀이 NFB를 걸었을 때의 전압증폭도는 $h_{oe}R_L$이 충분히 적으므로, 식 7-8에서

$$A_{vNF}=\frac{h_{fe}R_L}{h_{ie}\left(1+\frac{h_{ie}}{R_F}\right)}=\frac{70\times5}{2.14\left(1+\frac{2.14}{150}\right)}=161$$

이 되어, 부궤환하지 않을 경우와 거의 같은 값이 된다. 전류증폭도는 식 7-9에서

$$A_{iNF}=\frac{h_{fe}}{1+h_{fe}\frac{R_L}{R_F}}=\frac{70}{1+\left(70\times\frac{5}{150}\right)}=21$$

이 되므로, 이것은 상당히 저하하는 것을 알 수 있다. 입력임피던스는 식 7-6에서

$$Z_i=\frac{h_{ie}}{1+h_{fe}\frac{R_L}{R_F}}=\frac{2.14\times103}{1+\left(70\times\frac{5}{150}\right)}=643\,[\Omega]$$

가 되어 약 1/3로 떨어지는 것을 알 수 있다. 출력임피던스는 식 7-7에서

$$Z_o = \frac{1}{h_{oe} + h_{fe}\dfrac{R_g}{(h_{ie}+R_g)\,R_f}}$$

$$= \frac{1}{28.5\times10^{-6} + \left\{\dfrac{10\times10^3}{70\times(2.14\times10^3+10\times10^3)\times150\times10^3}\right\}}$$

$$= 2.42\ [\mathrm{K\Omega}]$$

가 된다. 부궤환하지 않을 때의 출력임피던스 $Z_o = 1/h_{oe} = 35\,[\mathrm{K\Omega}]$이므로 NFB를 걸면($R_g$의 값에 따라 틀리나) 대단히 낮은 값으로 되는 것을 알 수 있다.

(2) 전류부궤환 증폭회로

전류부궤환(current NFB)은 직렬부궤환(series NFB)이라고도 하는데 이것은 궤환전압이 부하에 흐르는 전류에 비례하기 때문이다.

① 트랜지스터에 의한 전류부궤환 증폭회로

일반적인 이미터 접지형 증폭회로에서 이미터 측로콘덴서 C_E를 제거한 경우는 전류부궤환 증폭회로로 된다. 이것을 그림 7-6 (a)에 표시하며, (b)는 그 등가회로이고, R_g는 v_i의 내부저항이다.

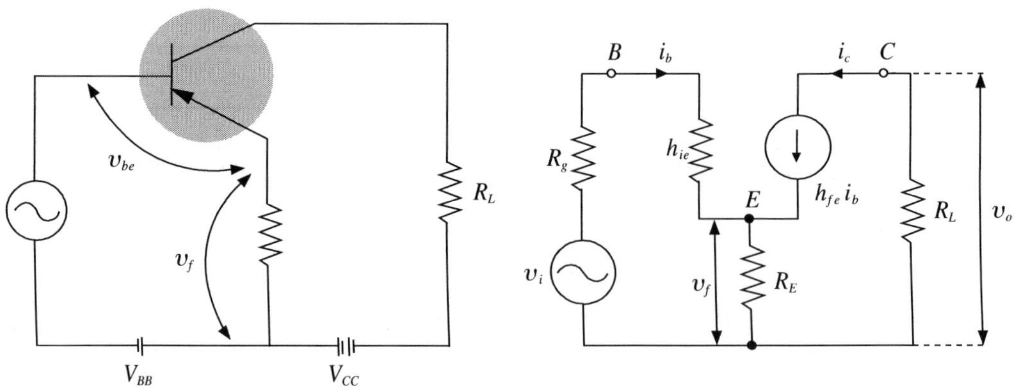

(a) 회로　　(b) 등가회로

그림 7-6 전류부궤환 증폭회로

측로콘덴서가 없으면 R_E양단의 전압 υ_f가 입력측에 역위상으로 궤환된다. 이 때문에 입력측 및 출력측에서 본 임피던스는 모두 증가하는 것을 알 수 있다. 입력임피던스 Z_i는

$$Z_i = h_{ie} + (1 + h_{fe})\, R_E \qquad (7-10)$$

로 되어, 부궤환이 없을 때보다 $(1 + h_{fe})\, R_E$ 만큼 증가하고 있다. 전류궤환 바이어스에서 설명한 바와 같이 바이어스용 저항으로서 R_1, R_2를 사용한 경우에는 이것들과 Z_i와의 3개의 병렬합성치가 이 증폭회로의 입력임피던스로 된다.

출력임피던스 Z_o는

$$Z_o = \frac{h_{ie} + (1 + h_{fe})\, R_E + R_g}{h_{oe}(h_{ie} + R_g + R_E) - h_{fe}\, h_{re}} \qquad (7-11)$$

로 표시된다. 전류증폭도 A_{iNF}는

$$A_{iNF} = h_{fe} \qquad (7-12)$$

로 되어, 변하지 않는다. 이것은 R_E에는 관계없이 베이스전류 i_b가 모두 이미터에 흐르기 때문이다. 전압증폭도 $A_{\upsilon NF}$는

$$A_{\upsilon NF} = \frac{\upsilon_o}{\upsilon_i} = \frac{i_c\, R_L}{i_b\, Z_i} = \frac{h_{fe}\, i_b\, R_L}{i_b\, Z_i}$$

$$= \frac{h_{fe}\, R_L}{h_{ie} + (1 + h_{fe})\, R_E} \fallingdotseq \frac{h_{fe}\, R_L}{(1 + h_{fe})\, R_E} \fallingdotseq \frac{R_L}{R_E} \qquad (7-13)$$

로 되어 증폭도는 저하된다.

예제 7-3 그림 7-7의 전류부궤환 증폭회로의 등가회로를 그리고 입 · 출력임피던스 및 전압 · 전류증폭도를 구하라. 단, 신호원 υ_i의 내부저항 $R_g = 10$[KΩ]으로 하고 2SB97의 h정수는 $h_{ie} = 2.14$ [KΩ], $h_{re} = 8.75 \times 10^{-4}$, $h_{fe} = 70$, $h_{oe} = 28.5[\mu℧]$이다.

풀이 등가회로는 그림 7-6 (b)와 같이 된다. 입력임피던스 Z_i는 식 7-10에서

$$Z_i = h_{ie} + (1 + h_{fe})\, R_E$$
$$= 2.14 + (1 + 70) \times 1$$
$$= 73.14 \text{ [KΩ]}$$

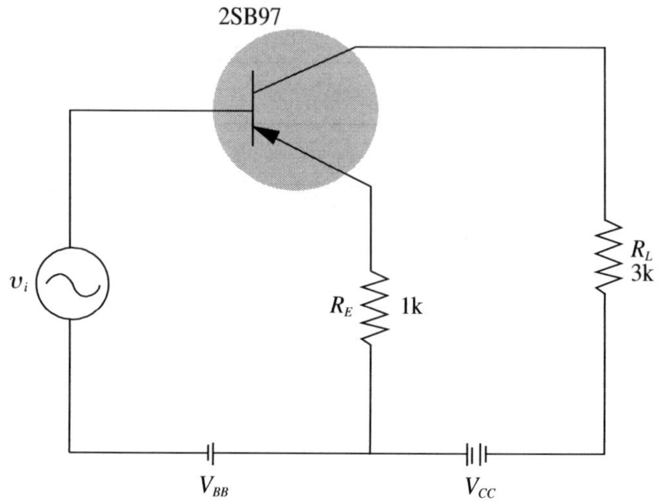

그림 7-7 전류부궤환 증폭회로

가 되어 부궤환이 없을 때보다도 상당히 크게 된다. 출력임피던스 Z_O는 식 7－11에서

$$Z_o = \frac{h_{ie} + (1 + h_{fe})\, R_E + R_g}{h_{oe}(h_{ie} + R_g + R_E) - h_{fe}\, h_{re}} \text{ [K}\Omega\text{]}$$

$$= \frac{(2.14 \times 10^3) + (1 + 70) \times 10^3 + (10 \times 10^3)}{28.5 \times 10^{-6}\{(2.14 + 10 + 1) \times 10^3\} - (70 \times 8.57 \times 10^{-4})}$$

$$= 264 \text{ [K}\Omega\text{]}$$

전류증폭도 A_{iNF}는 식 7－12에서

$$A_{iNF} = h_{fe} = 70$$

전압증폭도 A_{vNF}는 식 7－13에서

$$A_{vNF} = \frac{h_{fe}\, R_L}{Z_i} \fallingdotseq \frac{R_L}{R_E} = 3$$

이 된다.

(3) 이미터 폴로어 증폭회로

이미터 폴로어 증폭회로는 궤환율 100 [%]($\beta=1$)의 전류부궤환 증폭회로이다. 이 회로의 특징은 입력임피던스가 높고 출력임피던스는 낮아지므로 임피던스 변환에 이용된다. 또 전압증폭도는 1 이하로 된다.

① 이미터 폴로어 증폭회로

이미터 폴로어(emitter follower) 증폭회로는 그림 7－8에 표시한 바와 같이 컬렉터 접지형 증폭회로이다. 등가회로는 그림 7－9와 같다. R_g는 신호원 v_i의 내부저항이고, h파라미터 접지 h정수를 사용했다.

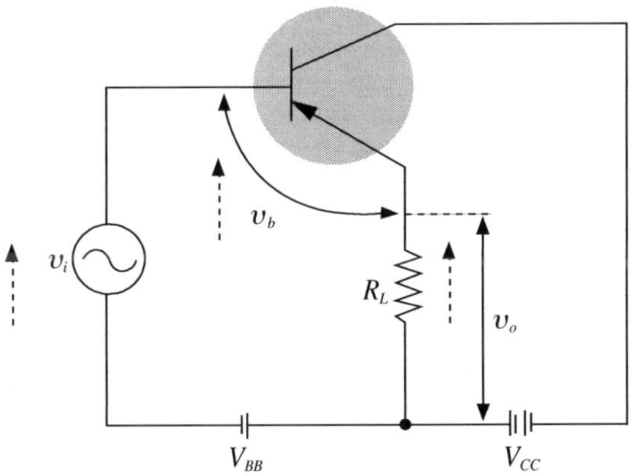

그림 7-8 이미터 폴로어 증폭회로

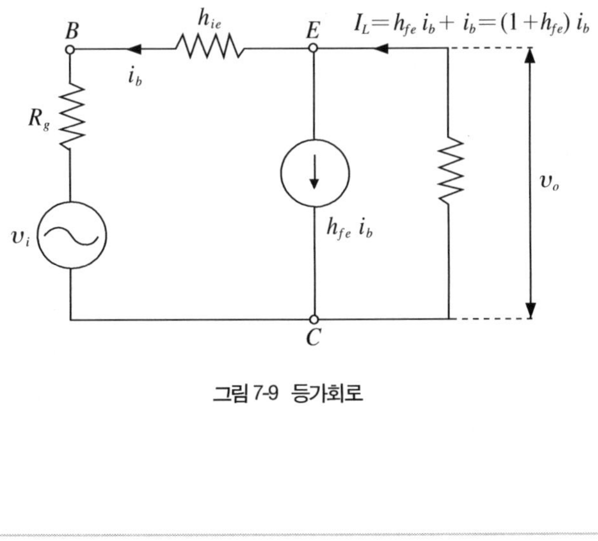

그림 7-9 등가회로

그림에서 부하 R_L에 흐르는 전류는 $(h_{fe}+1)\, i_b$이지만 일반적으로 $h_{fe} \gg 1$ 이므로 $h_{fe}\, i_b$로 된다. 따라서

$$\left.\begin{aligned} \upsilon_o &= h_{fe}\, i_b\, R_L \\ \upsilon_b &= \upsilon_i - \upsilon_o = i_b\, h_{ie} \end{aligned}\right\} \qquad (7-14)$$

위 식에서 입력전압 υ_i는 출력전압 υ_o와 동상이므로

$$\upsilon_i = \upsilon_b + \upsilon_o = i_b\, h_{ie} + h_{fe}\, i_b\, R_L$$

여기서 전압증폭도 A_υ는

$$A_\upsilon = \frac{\upsilon_o}{\upsilon_i} = \frac{h_{fe}\, R_L}{h_{ie} + h_{fe}\, R_L} \qquad (7-15)$$

로 되어 1보다 작게 된다. 그러나 $h_{ie} \ll h_{fe}\, R_L$이므로 $A_\upsilon \fallingdotseq 1$로 해도 좋다.

전류증폭도 A_i는

$$A_i = 1 + h_{fe} \fallingdotseq h_{fe} \qquad (7-16)$$

입력임피던스 Z_i는

$$Z_i = h_{ie} + h_{fe}\, R_L \qquad (7-17)$$

출력임피던스 Z_o는

$$Z_o = \frac{h_{ie} + R_g}{h_{fe}} \qquad (7-18)$$

로 각각 표시한다.

예제 7-4 7-10의 이미터 폴로어 증폭회로의 입·출력임피던스 및 전압 ·전류증폭도를 구하라. 단, 2SB97의 $h_{ie}=2.14$[KΩ], $h_{fe}=70$, $h_{oe}=28.5$[μ℧], $h_{re}=8.57\times10^{-4}$이고 신호원 υ_i의 내부저항 $R_g=10$[KΩ]으로 한다.

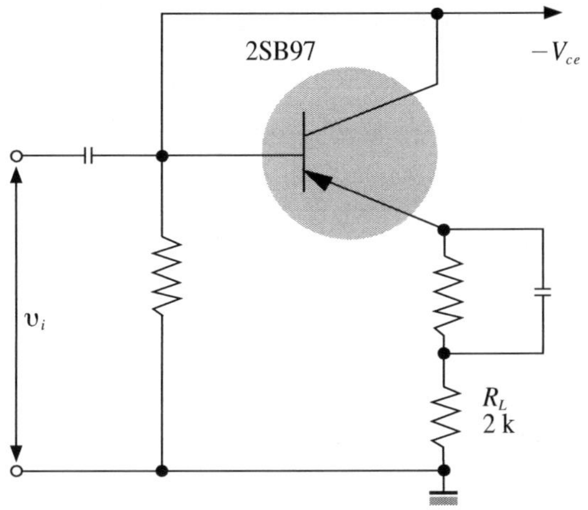

그림 7-10 이미터 폴로어 증폭회로

바이어스용 저항을 고려하지 않고 계산하면 입력임피던스는 식 7－17에서

$$Z_i = h_{ie} + h_{fe} R_L = 2.14 + (70 \times 2)$$
$$= 14.2 [\text{K}\Omega]$$

이다. 실제로는 바이어스용 저항이 병렬로 들어가므로 이 값보다 상당히 낮아진다. 출력 임피던스는 식 7－18에서

$$Z_o = \frac{h_{ie} + R_g}{h_{fe}} = \frac{2.14 + 10}{70} = 173.5 [\Omega]$$

로 되어 Z_i는 높고, Z_o는 낮아지는 것을 알 수 있다. 전압증폭도 A_v는 식 7－15에서 구해지지만 $h_{fe} R_L \gg h_{ie}$ 이므로

$$A_v = \frac{h_{fe} R_L}{h_{ie} + h_{fe} R_L} \fallingdotseq 1$$

전류증폭도 A_i는 식 7－16에서

$$A_i = 1 + h_{fe} = 71$$

이다.

2. 트랜스 OTL(output transformer-less) 회로

이미 설명한 바와 같이 출력트랜스(OPT)는 트랜지스터의 출력임피던스와 부하(주로 스피커)의 임피던스를 정합시키는 것이 중요한 역할이었다. 그러나 트랜스를 사용해서 부하에 출력을 공급하는 경우에는 트랜스 자체에 주파수 특성이 있고, 트랜스의 효율도 100 [%]가 아니며 전달손실이 있고, 또 의곡도 무시할 수 없다. 또한 양질의 트랜스를 사용하는 데는 가격이나 중량 등의 문제가 있다.

이와 같이 출력트랜스의 성질에 의하는 여러 가지 어려운 점을 없애기 위해서 출력트랜스를 쓰지 않는 OTL(output transformer – less) 증폭회로가 개발되었다. 고충실도 증폭기(Hi – Fi amp)에서는 위상반전회로에서 말한 바와 같이 입력트랜스를 쓰지 않고 ITL 트랜지스터를 사용하여 위상반전을 행한다. 출력회로는 OTL 회로를 사용함으로써 성능과 가격 등에서 유리하다는 것을 알았다. 트랜지스터 증폭기에는 입력신호의 위상반전도 동시에 겸하는 complementary OTL 회로가 있다.

(1) 트랜지스터 OTL 회로

출력트랜스(OPT)를 사용하면 특성열화나 가격 증가, 중량 증가 등의 문제가 있으므로 성능에 치중하는 Hi – Fi 증폭기에서는 일반적으로 OTL 회로로 한다. 트랜지스터의 경우는 트랜지스터의 본질적인 특성, 즉 저전압, 대전류 특성, 저내부 임피던스에 의해서 부하저항 R_L의 낮은 OTL회로가 실현될 수 있다. 또한 역극성, 즉 특성이 같은 *NPN*형과 *PNP*형을 조합하는 회로가 가능하다. 이와 같이 트랜지스터 OTL에서는 R_L을 낮게 할 수 있으므로 부하가 스피커로 되는 경우, 일반적으로 보급되고 있는 8 [Ω], 16 [Ω] 등의 낮은 임피던스 스피커에 직결해서 구동할 수 있는 것이다.

① SEPP OTL 회로

그림 7 - 11에 종래의 PP(DEPP) 회로와 SEPP 회로의 기본 회로를 나타내었다. 그림 7 - 11 (a)는 종래의 PP 회로(DEPP회로)인데 그림에서 알 수 있는 바와 같이 베이스 바이어스 전원은 Tr_1, Tr_2 공통으로 사용되므로 한 개로 족하다. 그러나 부하는 Tr 한 개에 대해서 R_L이라고 하면 두 개의 트랜지스터에 대해서 부하는 직렬로 되어 있으므로 합성하면 $2R_L$로 된다.

여기에 대해서 OTL 방식인 SEPP 회로에서는 한 개당 부하 R_L이 두 개의 트랜지스터에 대해서 병렬로 되므로 합성하면 $R_L / 2$ 로 된다. 그림 7-11 (b)의 SEPP 회로는 베이스 바이어스 전원이 두 개로 되는 것은 부득이하다(후에 말하는 complementary OTL에서는 한 개) 해도, 컬렉터측의 전원 V_{CC}가 두 개로 되는 것을 피하기 위해서 그림 7-12와 같이 변형한다. 부하는 R_L로 하고 콘덴서 C에 충전된 전압은 외견의 전원으로서 동작하고 있다.

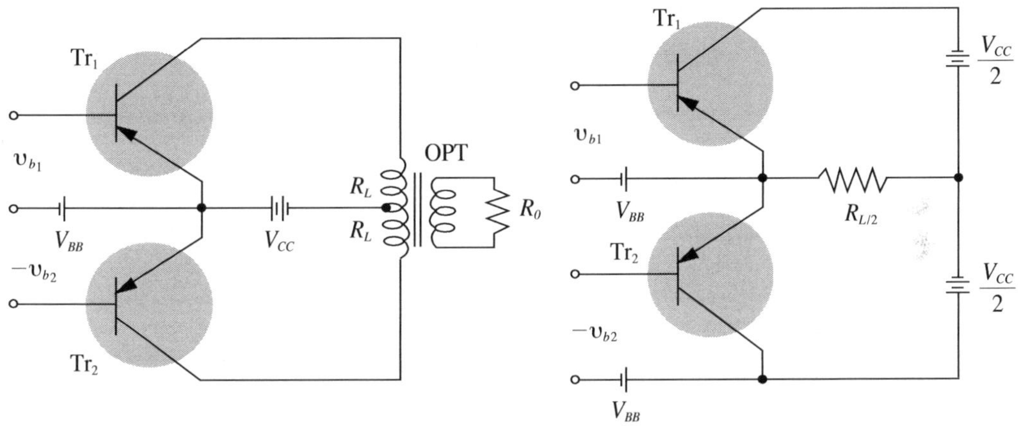

그림 7-11 DEPP(OPT 방식)와 SEPP(OTL 방식)

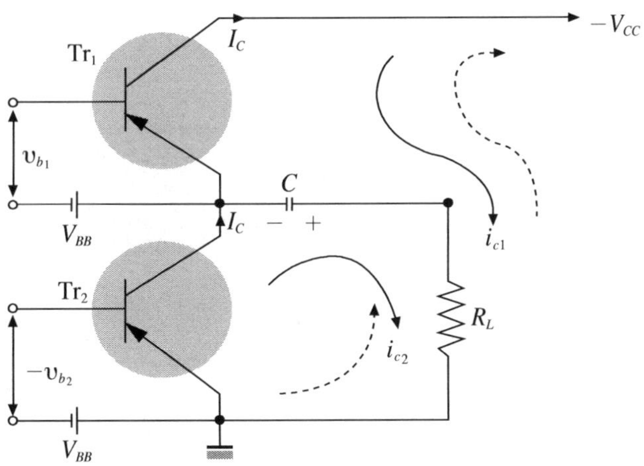

그림 7-12 SEPP 회로

이제 Tr_1의 베이스에 υ_{b1}을 가했을 때 Tr_1은 ON으로 되고 그림에 표시한 방향으로 컬렉터 신호전류 i_{c1}이 흐른다. 이때 Tr_2의 베이스에는 υ_{b2}가 해지고 있으므로 OFF로 된다. 그러나 이것은 차단점에 동작점을 둔 B급 동작의 경우이지만 실제에는 크로스오버 의곡을 피하기 위해 약간의 베이스 바이어스를 가하고 있으므로 AB급에 가까운 동작을 하고 있다. 따라서 Tr_2도 그림의 화살표로 표시한 방향으로 i_{c1}보다는 훨씬 적지만 i_{c2}가 흐르고 있는 것이다. 다음 순간 Tr_1의 베이스가 v_{b1}, Tr_2의 베이스가 $(-)v_{b2}$가 되므로 이 동작은 반대로 되어 전류의 방향도 그림과 반대방향으로 된다. 그림 7-13에 Tr_1의 동작을 표시하며 점선은 Tr_2의 동작이다.

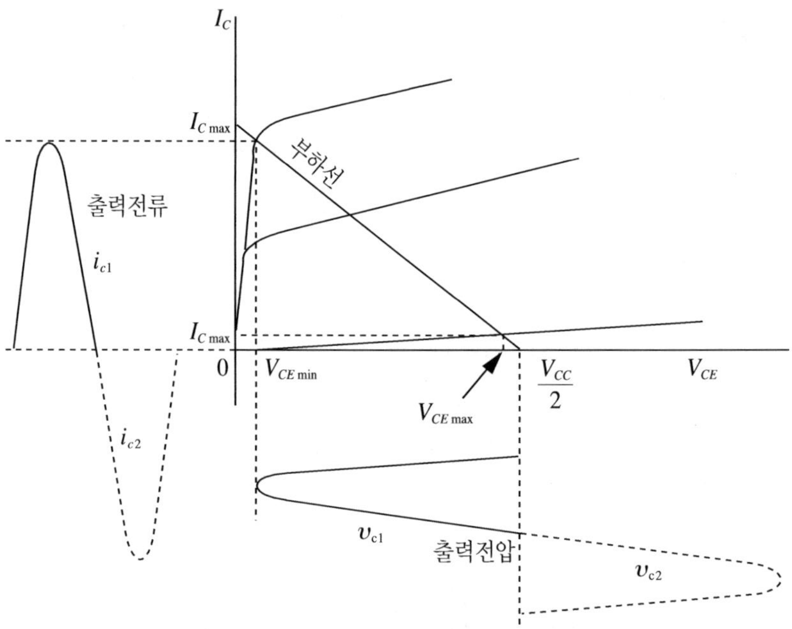

그림 7-13 SEPP 회로의 동작특성

그림에서 알 수 있는 바와 같이 이 회로의 출력 P_o (최대)는

$$P_o = \frac{(V_{CE\max} - V_{CE\min})}{\sqrt{2}} \cdot \frac{(I_{C\max} - I_{C\min})}{\sqrt{2}}$$

$$\fallingdotseq \frac{V_{CE\max} I_{C\max}}{2} \fallingdotseq \frac{V_{CC} I_{C\max}}{4} \fallingdotseq \frac{V_{CC}^2}{8R_L} \text{ [W]} \qquad (7-19)$$

로 된다. 단, $V_{CE\max}$, $I_{C\max}$는 근사적으로

$$V_{CE\max} \fallingdotseq \frac{V_{CC}}{2}$$

$$I_{C\,\max} \fallingdotseq \frac{\frac{V_{CC}}{2}}{R_L} \qquad (7-20)$$

로 된다.

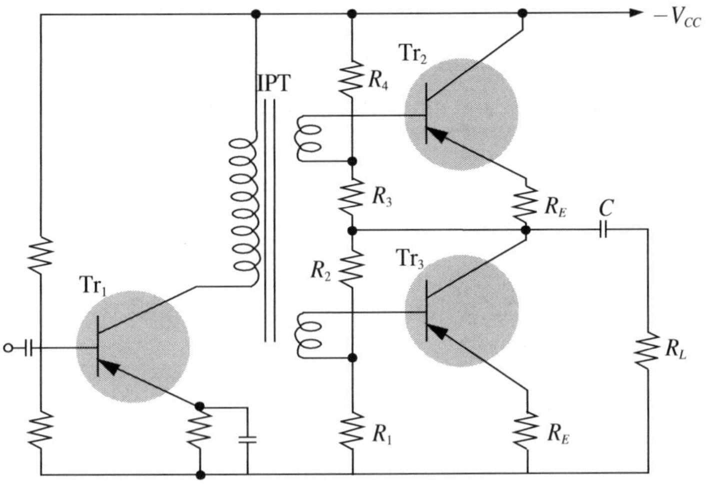

그림 7-14 IPT를 사용한 SEPP회로

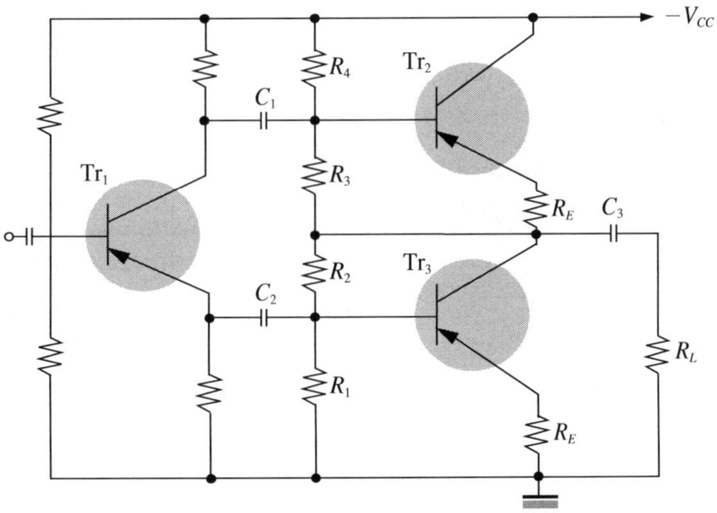

그림 7-15 C—E 분할형 위상반전회로를 사용한 SEPP회로

이와 같이 출력 P_o와 효율 η도 종래의 출력 트랜지스터를 사용한 PP 회로와 같이 되나, 이것은 모두 B급 PP 동작으로 하여 구한 것으로 실제에는 AB급 PP에 가까운 동작을 하고 있으므로 P_o 및 η는 이 계산식으로 구한 값보다 낮아지는 것은 당연하다. 더구나 우수차 고주파는 상쇄되고 진폭의곡이 적게 되는 것은 출력트랜스를 사용한 종래의 PP회로와 동일하다. Tr_1, Tr_2에 등진폭 · 역위상의 입력전압을 가하기 위해 입력트랜스를 사용한 SEPP 회로를 그림 7-15에 나타내었다. IPT 2차측은 2권선으로 되어 있다. 그림 7-15는 위상반전회로에서 설명한 바와 같이 $C-E$ 분할형 위상반전회로를 사용한 SEPP회로이다.

더구나 트랜지스터는 모두 *PNP*형을 사용해서 설명하였는데, 물론 *NPN*형을 사용해서 설명해도 좋다.

② 상보대칭형 OTL 회로

특성이 동등한 *PNP*형과 *NPN*형의 트랜지스터를 서로 상보대칭(complementary symmetry)이라고 한다. 이것은 트랜지스터에 가하는 전압과 전류의 방향이 서로 반대이기 때문이다. *PNP*와 *NPN*을 조합하여 회로를 구성하면 전력증폭과 위상반전이 동시에 행해진다. 따라서 앞에서 말한 바와 같이 입력트랜스(IPT)를 사용하여 위상반전을 하지 않아도 되므로 많은 스테레오 앰프 등에 상보대칭형 ITL-OTL 회로가 사용된다. 그림 7-16에 상보대칭형 OTL 회로의 기본형을 나타내었다.

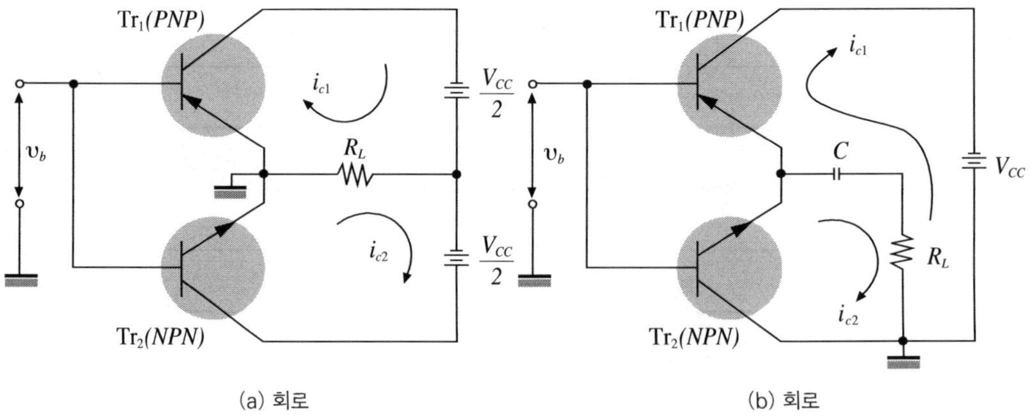

(a) 회로　　　(b) 회로

그림 7-16 상보대칭형 OTL회로

이제 이 회로가 B급 동작의 경우 베이스 부(−)의 입력신호가 가해지면 *PNP*(Tr_1)가 동작하고, 정(+)의 신호일 때는 *NPN*(Tr_2)이 동작한다. 이와 같이 입력신호의 반 주기마다 두 개의 트랜지스터가 *PP* 동작을 하고 자동적으로 위상반전을 행한다. 이 회로는 비교적 단순한 회로이고, 더구나 큰 NFB가 걸리므로 주파수 특성이 좋게 되며, 진폭의곡이 대단히 작은 증폭기로 된다. 그러나 과부하시의 보강회로가 필요하다. 구동회로는 A급으로서 상당히 큰 전력증폭을 하지 않으면 안 되므로 컬렉터 손실이 큰 트랜지스터를 선택해야 한다. 이미 말한 바와 같이 상보대칭형 OTL 회로에서는 특성이 동등한 *PNP*형과 *NPN*형의 전력 트랜지스터가 필요하다. 이제까지 설명해 온 *PNP*형은 주로 Ge Tr이고 *NPN*형은 SiTr이 많다. 이 사실은 특성이 같은 상보대칭의 전력 트랜지스터를 얻기 힘들다는 것이다. 그래서 그림 7－17에 표시한 바와 같이 각각 두 개의 트랜지스터를 직결하여 합계 4개의 트랜지스터 중에서 한 개만 극성이 다른 트랜지스터를 넣음으로써 동작상 상보대칭형 OTL 회로 (darlington complementary OTL circuit) 또는 준상보대칭형 OTL 회로 (quasi complementary OTL circuit)라고 한다. 앞에서 말한 두 개의 트랜지스터를 직결하는 것을 달링턴 접속(darlington connection)이라고 한다.

상보대칭형 OTL에서는 특성이 동등하고 극성이 다른 전력 트랜지스터를 얻기 힘든 것과 전단의 구동회로가 컬렉터 손실이 큰 A급 전력증폭으로 되는 것 등의 문제가 있었으나,

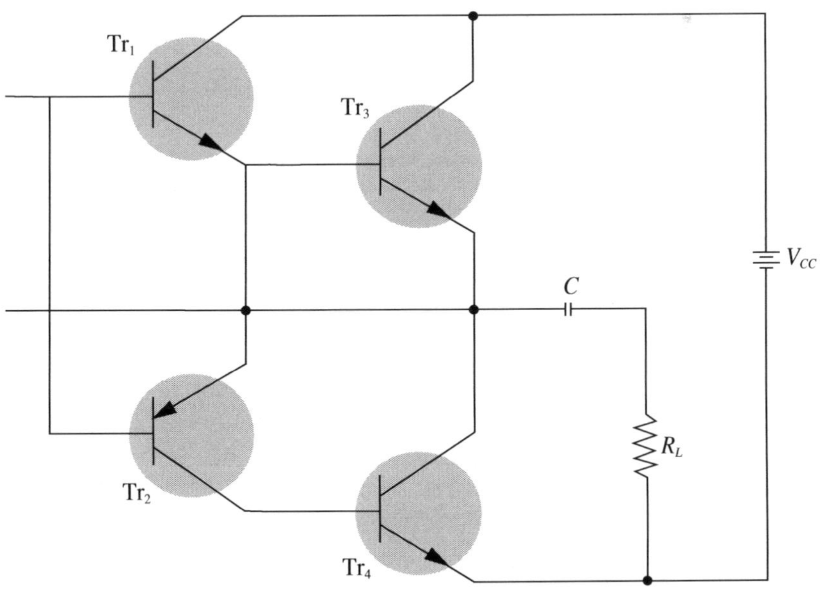

그림 7-17 darlington complementary OTL 회로(준상보대칭형 OTL 회로)

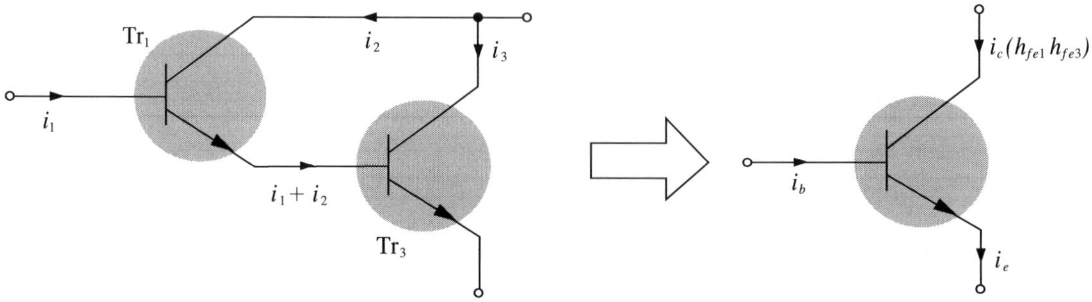

(a) 회로 (b) 등가회로

그림 7-18 NPN—NPN 달링턴 접속

그림 7-17에 표시한 회로에서는 출력단(Tr_3, Tr_4)에 같은 종류의 트랜지스터를 사용할 수 있는 것이다(Si전력 트랜지스터로서는 *NPN*형이 얻기 쉬으므로 Tr_3, Tr_4는 *NPN*형으로 했다). 이와 같이 하면 트랜지스터는 1단 더 필요하게 되지만 구동단에서 위상반전을 행하게 되어서 큰 전력용이 아니고, 컬렉터 손실도 비교적 적어도 되는 두 개의 트랜지스터(Tr_1, Tr_2)는 구하기 쉽기 때문이다.

이제 그림 7-17의 Tr_1, Tr_3 회로(상반분)에 대하여 각 전극에 흐르는 전류를 그림 7-18 (a)에 표시한 바와 같이 하면

$$\left.\begin{aligned} i_2 &= h_{fe1}\, i_1 \\ i_3 &= h_{fe3}\,(i_1 + i_2) \end{aligned}\right\} \qquad (7-21)$$

가 된다. h_{fe1}, h_{fe3}은 각각 Tr_1, Tr_3의 전류증폭률이다. 위 식에서 i_3는

$$i_3 = i_1\, h_{fe3}(1 + h_{fe1}) = i_1\, h_{fe3} + (h_{fe1}\, f_{fe3}) \qquad (7-22)$$

가 된다.

따라서 그림 (a)는 그림 (b)와 등가로 된다. 또 이 회로의 전류증폭도 A_i는

$$A_i = \frac{i_3}{i_1} = h_{fe3}(1 + h_{fe1}) \fallingdotseq h_{fe1}\, h_{fe3} \qquad (7-23)$$

가 된다. Tr_1, Tr_3 전류증폭류의 적이 되므로 대단히 크게 되는 것을 알 수 있다.

다음에 그림 7 – 17의 Tr_2, Tr_4 회로(하반분)의 각 전극에 흐르는 전류를 그림 7 – 19 (a)에 표시한 바와 같이 하면

$$\left.\begin{aligned} i_2 &= h_{fe}\, i_1 \\ i_3 &= h_{fe1}\, i_2 \end{aligned}\right\} \qquad (7-24)$$

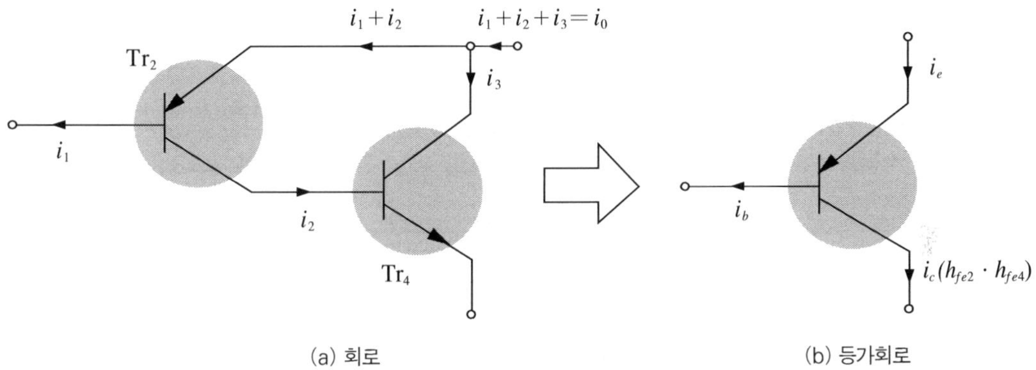

그림 7-19 PNP-NPN 달링턴 접속

로 된다.

따라서 i_0는

$$\begin{aligned} i_0 &= i_1 + i_2 + i_3 = i_1 + h_{fe2}\, i_1 + h_{fe2}\, h_{fe4}\, i_1 \\ &= i_1(1 + h_{fe2} + h_{fe2}\, h_{fe4}) \fallingdotseq i_1(h_{fe2}\, h_{fe4}) \end{aligned} \qquad (7-25)$$

가 되며, 그림 7 – 19 (a)는 그림 (b)와 등가로 된다. 그림 10 – 19 (a)의 전류증폭도 A_i는

$$A_i = \frac{i_0}{i_1} = 1 + h_{fe2} + h_{fe2}\, h_{fe4} \fallingdotseq h_{fe2}\, h_{fe4} \qquad (7-26)$$

가 되어 상반분의 회로와 동일하게 된다. 이것에서 그림 7 – 17의 달링턴 상보대칭형 OTL회로는 그림 7 – 18 및 그림 7 – 19에서 그림 7 – 20에 표시한 상보대칭형 OTL 회로와 등가된다.

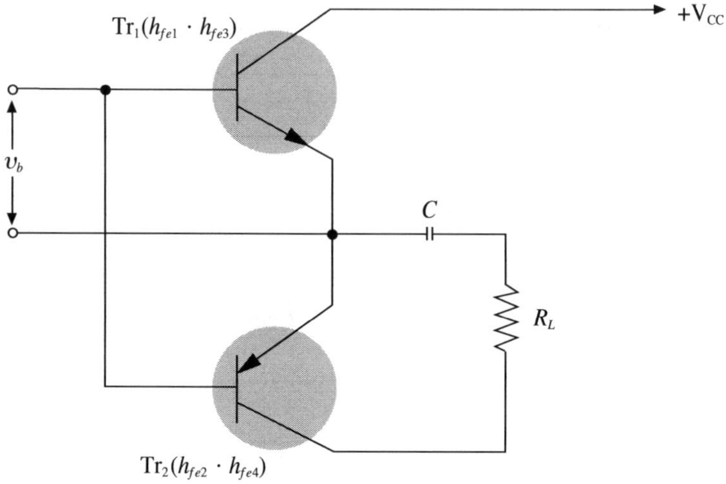

그림 7-20 darlington complementary OTL의 등가회로

이 회로의 특징은 입력임피던스가 대단히 높은 것과 전류증폭도가 두 개의 트랜지스터의 h_{fe}의 적이 되므로 대단히 적은 것이다. 그러나 컬렉터에 큰 전류가 흐르면(SP 단자단락 등) 전력트랜지스터가 파괴될 위험이 있으므로 보강회로가 필요한 것과 컬렉터 차단전류 I_{CEO}이 충분히 적은 트랜지스터(SiTr)가 필요한 것이다.

그림 7－17에 표시한 OTL 회로에서는 출력콘덴서 C를 가령 대용량으로 해도 음성신호의 최저주파수 부근에서의 리액턴스는 무시 못한다. 이 때문에 최근 제작회사에서 판매되고 있는 대출력의 고급 스테레오용 pre－main amp에서는 출력콘덴서를 제거하여 부하에 직결한 OCL 방식(output condenser－less system)이 채용되고 있다. 이 방식은 그림 10－16 (a)에 표시한 회로로서 컬렉터 전원이 소위 2전원방식으로 되지만 출력콘덴서를 사용하지 않으므로 저역특성이 개선된다.

예제 7-5 그림 7－12에 표시한 SEPP 회로에 있어서 컬렉터 전원전압 V_{CC}=48 [V], 부하로서 16[Ω]의 스피커를 사용하고자 한다. PTL 회로의 출력은 몇 W인가?

풀이 식 7－19에서 출력(최대) P_o는

$$P_o = \frac{(V_{CE\,\max} - V_{CE\,\min})}{\sqrt{2}} \cdot \frac{(I_{C\,\max} - I_{C\,\min})}{\sqrt{2}}$$

이다. $I_{C\,\min}=0$, $V_{CE\,\min}=0$로 하여 식 7－20에 표시한 바와 같이

$$V_{CL\,\max} \fallingdotseq \frac{V_{CC}}{2}$$

$$I_{C\,\max}=\frac{\frac{V_{CC}}{2}}{R_L}=\frac{V_{CC}}{2}$$

로 하면, P_o는

$$P_o=\frac{V^2{}_{CC}}{8R_L}=\frac{48^2}{5\times16}=18\ [\mathrm{W}]$$

로 된다. 이것은 트랜지스터의 특성이 이상적이라 하고 계산한 것이고 실제로는 최대 출력 15 [W] 정도로 생각하면 좋다. 이와 같이 컬렉터 전원전압과 부하가 결정되면 출력이 구해진다. 반대로 부하와 출력을 희망하는 값으로 정하면 컬렉터 전원전압은 일정한 값으로 되어 자유로이 변화시킬 수는 없다.

예제 7-6 그림 7－21에 표시한 달링턴 상보대칭형 OTL 회로의 출력을 구하라. 단, 무신호시의 컬렉터전류 $I_o=70\,[\mathrm{mA}]$, 컬렉터 전원의 내부저항을 5 [Ω]으로 한다. 컬렉터 전원전압을 V_{CC}' 라고 하면 $V_{CC}'=38\,[\mathrm{V}]$, 최대 컬렉터 전류를 $I'_{C\,\max}$라고 하면

$$I'_{C\,\max}=\frac{\frac{V_{CC}}{2}}{\frac{R_g}{2}+R_E+R_L}=\frac{19}{2.5}+0.5+8=1.73\ [\mathrm{A}]$$

ⓐ점과 접지간의 컬렉터 전압을 V_{CC}라고 하면

$$V_{CC}=V'_{CC}-I'_{C\,\max}\frac{R_g}{2}=38-\frac{5}{2}\times1.73=33.7\ [\mathrm{V}]$$

무신호시의 전류 I_0를 고려해 넣고 유효한 컬렉터 신호전압 · 전류의 최대치 $V_{CE\,\max}$, $I_{C\,\max}$를 구하면

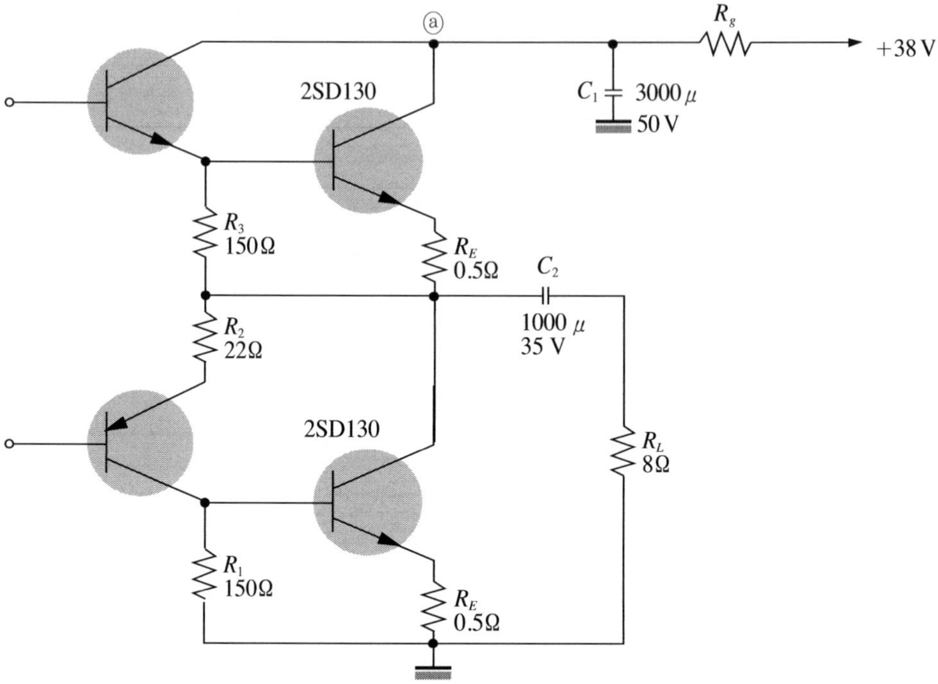

그림 7-21 달링턴 상보대칭형 SEPP OTL 회로

$$I'_{C\max} - I_o = 1.73 - 0.07 = 1.66\ [\mathrm{A}]$$

$$V_{CE\max} = \frac{V_{CC}}{2} - (I_{C\max} + I_o) R_E = \frac{33.7}{2} - (1.8 \times 0.5) = 16\ [\mathrm{V}]$$

따라서 최대출력 P_o는 식 7－19에서

$$P_o = \frac{V_{CE\max} \times I_{C\max}}{2} = \frac{16 \times 1.66}{2} = 13.3\ [\mathrm{W}]$$

$R_E = 0.5\ [\Omega]$로서 작지만, 이 부분에서 출력손실이 있으므로 이것을 고려해 넣고 실제의 유효출력 P_o를 구하면

$$P_o = 13.3 \times \frac{8}{(8 + 0.5)} \fallingdotseq 12.5\ [\mathrm{W}]$$

가 된다. 이 값은 거의 실제의 최대출력으로 생각해도 좋다.

연습문제

1. 트랜지스터 OTL 회로가 종래의 OPT를 사용한 DEPP 회로에 비해서 우월한 점을 열거하라.

2. SEPP OTL 회로와 상보대칭형 OTL 회로를 비교하여 각각의 특징을 말하라.

3. 그림 7－16에 표시한 상보대칭형 OTL 회로에서 20[W]의 출력을 얻고자 한다. 컬렉터 전원전압은 몇 [V]가 필요한가? 단, 부하저항 $R_L = 8$[Ω]으로 한다.

4. 달링턴 접속이란 어떠한 것인가?

5. 달링턴 상보대칭형 OTL 회로의 동작과 특징을 간단히 말하라.

6. OCL 방법이란 어떤 회로이고 어떤 특징을 가지고 있는가?

제8장
대신호 증폭기

1. 대신호 증폭기에 대한 개론

본 장에서는 먼저 A급 직렬공급증폭기(class-A series-fed amplifier)를 고찰하여 이들 회로 결선에 있어서 고려되어야 할 몇 가지 제한조건을 제시하고, 그 다음에 단일 출력 변압기 결합 증폭단(single-ended transformer-coupled stage)은 구동 부분(driver stage)과 부하(출력 변환기) 사이의 임피던스 정합의 한 방법으로서 다루어 보고자 한다. 그리고 스피커나 모터 디바이스에 보내는 신호의 효과적인 결합과 의곡(distortion)을 낮추는 데 있어 최근 가장 널리 이용되고 있는 푸시풀 접속(push-pull connection)에 대해서 설명하기로 한다. 마지막으로 변압기를 사용하지 않고 푸시풀 접속을 할 수 있는 상보형 트랜지스터(complementary transistor)를 소개한다.

2. A급 직렬공급증폭기

그림 8－1에 나타낸 간단한 고정 바이어스 회로는 대신호 증폭용 A급 증폭기로 사용할 수 있다. 이 회로와 앞서 고찰한 소신호 증폭회로 사이의 차이점은 대신호 증폭기 회로에서 다루어지는 신호는 수 볼트(volt)의 범위에서 동작할 수 있는 전력트랜지스터라는 점이다.

그림 8－1에서 dc 바이어스 공급전압 V_{CC}와 베이스 저항 R_B에 의해서 설정되며, dc 베이스 바이어스 전류는 다음과 같이 된다.

$$I_B = \frac{V_{CC} - V_{BE}}{R_B} = \frac{V_{CC} - 0.7\,\mathrm{V}}{R_B} \tag{8-1}$$

컬렉터 전류는

$$I_C = \beta I_B = h_{FE}\, I_B \tag{8-2}$$

컬렉터 이미터 전압은

$$V_{CE} = V_{CC} - I_C\, R_C \tag{8-3}$$

로 나타난다.

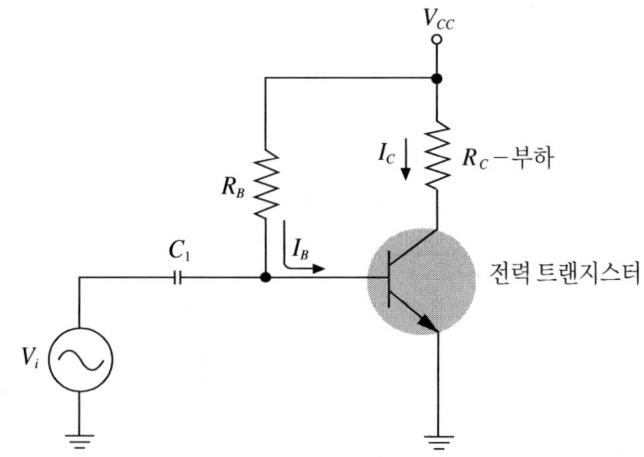

그림 8-1 A급 직렬공급 대신호 증폭기

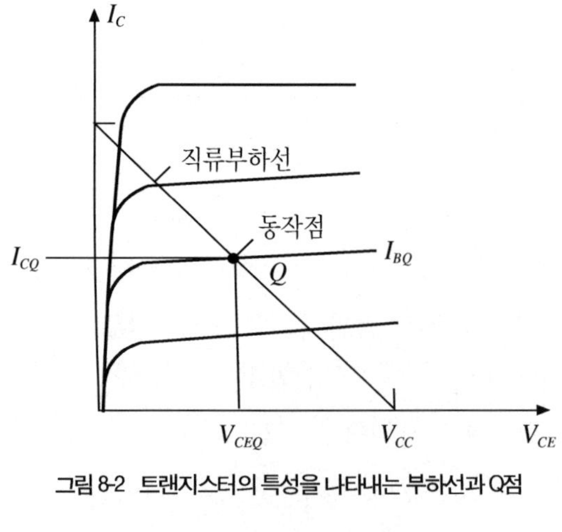

그림 8-2 트랜지스터의 특성을 나타내는 부하선과 Q점

증폭기의 동작에서 dc 바이어스의 중요성을 강조하기 위하여 컬렉터 특성은 그림 8－2에 나타내었다. 이 회로에서 공급전압 V_{CC}, 컬렉터 저항 R_C의 값과 dc 부하선을 그림 8－2에 표시하였다. 바이어스값 I_B와 dc 부하선의 교점은 그 회로의 동작점(Q점)을 결정한다. 동작점 I_C와 V_{CE}의 값은 식 8－1에서 식 8－3까지를 이용하여 계산된다.

만일 dc 바이어스 컬렉터 전류가 스윙 가능한 신호의 2분의 1 크기로 고정(0과 V_{CC}/R_C 사이)된다면 최대의 ac 컬렉터 전류가 흐를 수 있다. 더욱이 동작점의 컬렉터－이미터 전압이 공급전원의 2분의 1로 고정되면 최대의 컬렉터 전압의 스윙이 가능하다.

만일 Q점이 위와 같이 최적 바이어스점에 고정되면 그림 8－1에 대한 전력고찰은 아래에 설명한 바와 같이 결정된다. 공급원에 의한 입력전력은

$$P_i(\text{dc}) = V_{CC} I_{CQ} \qquad (8-4)$$

출력전력은 부하저항, 즉 여기서는 컬렉터 저항 R_C에 전달된 전력을 말한다. ac 신호 V_i를 인가하면 베이스 전류는 직류 바이어스 전류를 중심으로 변동하며, 컬렉터 전류는 정적 레벨인 I_C를 중심으로 하여 변화한다. 그림 8－3은 ac 베이스 입력 전류신호와 이때 얻어지는 ac 컬렉터 전류 및 컬렉터－이미터 전압신호를 나타낸다. 만일 입력신호가 작으면 출력신호는 단지 동작점 근처에서 조금 변할 뿐이다. 입력신호 V_i가 커지고 ac 베이스 전류신호가 커지게 되면 ac 출력신호 또한 더 커지고 신호의 최대 스윙 범위도 회로에서 고정되는 변수값에 의해 결정할 수 있다. ac 신호에 의해 부하(R_C)에 걸리는 전력을 여러 가지 방법으로 표현할 수 있다.

$$\begin{aligned} P_o(\text{ac}) &= I_C^2(\text{rms})\, R_C = \frac{V_{CE}^2(\text{rms})}{R_C} \\ &= \left(\frac{I_C(\text{peak})}{\sqrt{2}}\right)^2 R_C = \frac{V_{CE}^2(\text{peak})}{2R_C} \qquad (8-5) \\ &= \frac{I_C^2(\text{p}-\text{p})\, R_C}{8} = \frac{V_{CE}^2(\text{p}-\text{p})}{8\text{R}_\text{C}} \end{aligned}$$

이 식은 다시 아래와 같이 나타낼 수 있다.

$$\begin{aligned} P_o(\text{ac}) &= I_C(\text{rms})\, V_{CE}(\text{rms}) \\ &= \frac{I_C(\text{peak})}{\sqrt{2}} \frac{V_{CE}(\text{peak})}{\sqrt{2}} \end{aligned}$$

$$= \frac{I_C(\text{peak})\, V_{CE}(\text{peak})}{2}$$

$$= \frac{I_C(\text{p}-\text{p})}{2\sqrt{2}} \frac{V_{CE}(\text{p}-\text{p})}{2\sqrt{2}}$$

$$P_o(\text{ac}) = \frac{I_C(\text{p}-\text{p})\, V_{CE}(\text{p}-\text{p})}{8} \qquad (8-6)$$

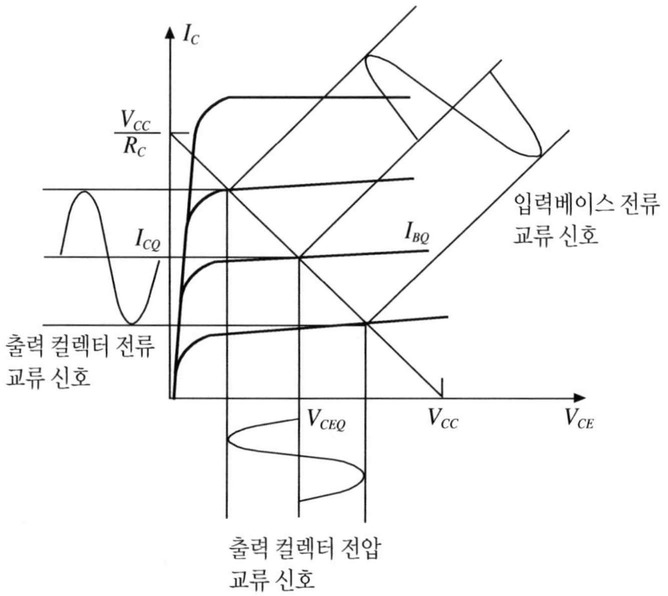

그림 8-3 dc 부하선과 ac 신호를 나타내는 트랜지스터의 컬렉터 특성

식 8 – 5와 식 8 – 6의 어떤 식을 이용하더라도 그 결과값은 똑같아야 한다. 그러므로 증폭기의 효율은

$$\%\eta = \frac{P_o(\text{ac})}{P_i(\text{dc})} \times 100\,[\%] \qquad (8-7)$$

로 계산된다.

효율은 전원전압으로부터 얼마만큼의 전력이 ac 신호에 따라 부하에 전달되는가를 표시하며, 부하에 전달되지 않고 얼마만큼 열로 소비되는가를 나타내므로 매우 중요한 요소이다. 부하에 전달되지 않는 전력은 전부 트랜지스터에서 소비된다고 가정하면 다음과 같다.

$$P_{\text{트랜지스터}} = P_Q = P_i(\text{dc}) - P_o(\text{ac}) \qquad (8-8)$$

(1) 최대 전력과 효율

만일 Q점이 최대 신호스윙의 중간 위치에 고정되면 얻어지는 전력은 최대 전력조건을 만족시키게 된다. 그림 8－1의 회로에서 이 관계는 다음에 같이 계산된다.

$$\text{최대 } V_{CE(\text{p-p})} = V_{CC}$$

$$\text{최대 } I_{C(\text{p-p})} = \frac{V_{CC}}{R_C}$$

식 8－6을 이용하면

$$\text{최대 } P_o(\text{ac}) = \frac{I_{C(\text{p-p})}V_{CE(\text{p-p})}}{8} = \frac{(V_{CC}/R_C)V_{CC}}{8} = \frac{V_{CC}^2}{8R_C}$$

로 계산된다. 그러므로 Q점에서

$$I_C = \frac{V_{CC}/R_C}{2}$$

로 된다. 공급전원으로부터 dc 전력은

$$\text{최대 } P_i(\text{dc}) = V_{CC}I_C = V_{CC}\left(\frac{V_{CC}}{2R_C}\right) = \frac{V_{CC}^2}{2R_C}$$

로 된다.

식 8－7로 주어진 증폭기의 효율이 최대 전력조건을 만족하기 위해서는

$$\text{최대 } \%\eta = \frac{\max P_o(\text{ac})}{\max P_i(\text{dc})} \times 100\,[\%]$$

$$= \frac{V_{CC}^2/8R_C}{V_{CC}^2/2R_C} \times 100\% = 25\,[\%]$$

가 되어야 한다.

이것이 A급 직렬공급증폭기에서의 최대 효율이다. 이 최대 효율은 이상적인 조건과 최대 ac 신호스윙에 대해서만 가능하기 때문에 대부분의 A급 직렬공급증폭기는 25[%]보다 작은 효율을 갖는다.

예제 8-1 그림 8－4에서 입력전압을 인가하여 베이스 전류의 첨두값이 10 [mA]가 되도록 하였다. 입력전력, 출력전력, 증폭기의 효율 및 트랜지스터가 소비하는 전력을 계산하라.

풀이 그림 8－4 (a)에서 회로의 Q점은 다음과 같이 결정된다.

$$I_B = \frac{V_{CC} - 0.7\text{V}}{R_B} = \frac{20\text{V} - 0.7\text{V}}{1\text{K}\Omega} = 19.3\ [\text{mA}]$$

$$I_C = \beta I_B = 25\,(19.3\text{mA}) = 482.5\ [\text{mA}]$$

$$V_{CE} = V_{CC} - I_C R_C = 20\,[\text{V}] - (482.5\text{mA})\,(20\,\Omega) = 10.35\,[\text{V}]$$

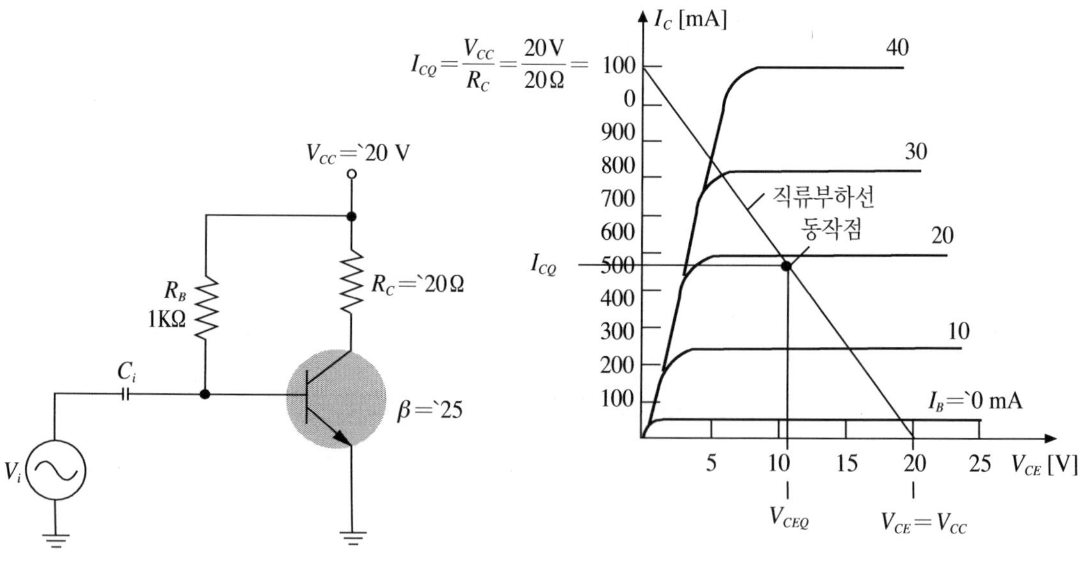

(a) 회로　　　　(b) 동작 특성

그림 8-4 직렬공급 증폭기회로의 동작 특성

이 Q점은 그림 8 –4 (b)의 트랜지스터의 특성 곡선상에 표시된다. 출력신호의 ac 변위는 주어진 $V_{CE}=V_{CC}=20$ [V]와 $I_C=V_{CC}/R_C=1000$ [mA]를 결합하여 그림 8 –4 (b) 상에 그려진 dc 부하선을 이용하여 그래프적으로 얻을 수 있다. 입력 ac 베이스 전류가 바이어스 레벨에서 베이스 전류를 증가시킬 때 컬렉터 전류는 증가되며 다음과 같다.

$$I_C\,(\text{peak})=\beta I_B\,(\text{peak})=25\,(10\text{mA peak})=250\text{ mA peak}$$

식 8 –5를 이용하면

$$P_o(\text{ac})=\left(\frac{I_C\,(\text{peak})}{2}\right)^2 R_C=\left(\frac{250\times10^{-3}}{2}\right)^2(20)=0.624\text{ [W]}$$

식 8 –4를 이용하면

$$P_i(\text{dc})=V_{CC}\,I_C=(20\text{V})\,(482.5\times10^{-3})=9.65\text{ [W]}$$

따라서 증폭기의 전력효율은 식 8 –7을 사용하여 계산하면

$$\%\eta=\frac{P_o(\text{ac})}{P_i(\text{dc})}\times100\%=\frac{0.625\text{W}}{9.65\text{W}}\times100\%=6.48\text{ [\%]}$$

또한 트랜지스터에서 소모되는 전력은

$$P_Q=P_i-P_o=9.65\text{ [W]}-0.625\text{ [W]}=9.025\text{ [W]}$$

이다. 예제 8 –1은 A급 직렬공급 증폭기회로의 간단한 동작 특성을 나타낸 것이다. 신호의 스윙이 최대가 되지 않을 경우에는 동작점을 중심으로 가능한 최대의 스윙 범위를 잡으면 된다. 그러므로 이 경우의 효율은 이상적인 최대 효율인 25 [%]보다 훨씬 작은 6.48 [%] 밖에 되지 않는다. 더욱 중요한 것은 이때의 트랜지스터는 단지 0.625 [W]의 신호 전력을 부하에 전달시키기 위하여 9.025 [W]를 소모해야 된다는 사실이다. 이러한 회로는 분명히 좋은 회로는 되지 못한다.

3. 변압기－결합전력증폭기

변압기－결합전력증폭기는 A급 증폭기로서 보다 합리적인 접속은 그림 8－5 (a)에서와 같이 부하와 증폭기를 변압기를 연결시키는 방법이다. 그림 8－5 (b)는 변압기를 출력측에 결합시켰을 때의 전압, 전류 및 임피던스를 나타낸 것이다.

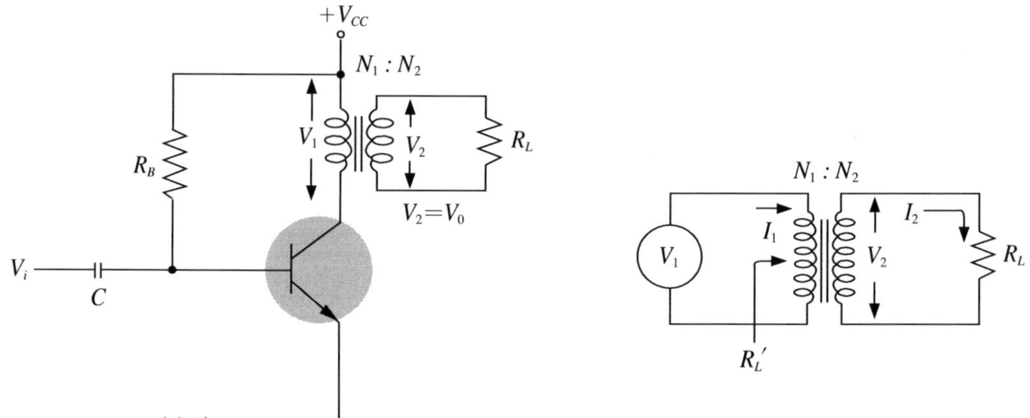

(a) 회로　　(b) 등가회로

그림 8-5 변압기－결합전력증폭기

(1) 변압기의 임피던스 정합

변압기의 1차측으로 들여다본 저항은 2차측에 연결되는 저항과 관계가 있다. 1차측 저항에 대한 2차측 저항의 비는 다음과 같다.

$$\frac{R_L'}{R_L} = \frac{V_1/I_1}{V_2/I_2} = \frac{V_1}{I_1}\frac{I_2}{V_2} = \frac{V_1}{V_2}\frac{I_2}{I_1} = \frac{N_1 N_1}{N_2 N_2} = \left(\frac{N_1}{N_2}\right)^2$$

여기서 $\frac{V_1}{V_2} = \frac{N_1}{N_2}, \frac{I_2}{I_1} = \frac{N_1}{N_2}$ 이다. 변압기에서 출력저항에 대한 입력저항의 비는 변압기 권선비의 제곱과 같아진다.

$$\frac{R_L'}{R_L} = \left(\frac{N_1}{N_2}\right)^2 = a^2 \qquad (8－9)$$

그리고

$$R_L' = a^2 R_L = \left(\frac{N_1}{N_2}\right)^2 R_L \qquad (8-10)$$

여기서

R_L : 변압기 2차측에 연결된 부하저항

R_L' : 변압기의 2차측으로 들여다 본 실효저항

$a = \frac{N_1}{N_2}$: 2차코일의 권수에 대한 1차코일 권수의 비

이다.

예제 8-2 권선비가 15 : 1인 변압기의 2차측에 8 [Ω]의 부하가 연결되어 있을 때 1차코일에서 변압기를 들여다본 실효저항 R_L' 을 계산하라.

풀이 식 8 – 10을 이용하면

$$R_L' = \left(\frac{N_1}{N_2}\right)^2 R_L = (15)^2 8 = 1800\ [\Omega] = 1.8\ [\mathrm{K}\Omega]$$

이다.

예제 8-3 부하저항이 16 [Ω]인 스피커를 실효부하저항이 10 [KΩ]이 되도록 증폭기에 정합시키고자 할 때 변압기의 권선비는 어떤 값이어야 하는가?

풀이 식 8 – 9를 이용하면 다음 값을 얻을 수 있다.

$$\left(\frac{N_1}{N_2}\right)^2 = \frac{R_L'}{R_L} = \frac{10{,}000}{16} = 625$$

$$\frac{N_1}{N_2} = \sqrt{625} = 25 : 1$$

(2) 직류부하선

변압기의 직류권선저항은 회로의 직류부하선을 결정한다. 대체로 이 직류저항은 매우 작다. 즉 그림 8－5 (a)에서와 같이 0 [Ω]이 되어 수직선의 부하곡선을 갖게 되는데 이것이 변압기의 이상적인 부하선이다. 실제의 변압기 권선은 부하선에 대하여 약간의 기울기를 갖지만 여기서는 이상적인 경우만 검토하기로 한다. 이상적인 경우의 직류 부하저항이라 함은 어떤 직류전압강하도 일어나지 않고 부하선은 전압 $V_{CE} = V_{CC}$에서 항상 수직선으로 나타남을 의미한다.

(3) 정적동작점

정적동작점(quiescent operating point)은 그래프에서 직류부하선과 트랜지스터 베이스 전류곡선의 교차점으로 찾을 수 있다. 동작점으로부터 정적컬렉터 전류 I_{CQ}를 읽을 수 있다. 베이스 전류값은 직류 바이어스 계산에서 결정하던 방법과 같다.

(4) 교류부하선

교류신호의 동작특성을 얻기 위해서 먼저 변압기의 1차측으로 들여다본 교류부하저항을 계산하여야 하고, 그 다음에 트랜지스터의 특성곡선상에 교류부하선을 그려야 한다. 실효부하저항은 2차측의 부하저항과 권선비로부터 식 8－10을 이용하여 계산된다.

R_L' 의 값을 구한 후 교류부하선은 동작점을 통과하고 기울기가 교류부하저항 R_L' 의 역수에 음의 부호를 붙인 $\frac{-1}{R_L'}$ 이 되도록 그려야 한다. 입력측에서 신호가 인가되지 않았을 때의 컬렉터 신호는 이 동작점을 통과하기 때문에, 부하선은 반드시 동작점을 통과해야만 한다. 동작점을 통과하고 $\frac{-1}{R_L'}$ 인 부하선을 간단히 그리기 위해 다음과 같은 방법이 사용된다.

교류신호가 정적동작 레벨에서 0 [V]까지 변화하면, 교류신호는 정적동작 전류레벨 I_{CQ}로부터 아래의 값만큼 증가하게 된다.

$$\Delta I_C = \frac{\Delta V_{CE}}{R_L'} \qquad (8-11)$$

컬렉터 전압이 0`[V]이면 컬렉터 전류는 $I_{CQ}+\Delta I_C$이다. 이와 같이 교류부하선을 결정하려면 두 점의 좌표, 즉 동작점(V_{CEQ}, I_{CQ})와 $(0, I_{CQ}+\Delta I_C)$가 주어지면 된다. 이들 두 점을 직선으로 연결한 것이 교류부하선이 된다. 그림 8-6 (a)처럼 교류신호의 출력전압은 전원전압 V_{CC}보다 클 수 있다는 것을 교류부하선에서 알 수 있다. 실제로 변압기의 1차코일에 나타나는 전압은 매우 클 수 있다. 트랜지스터에서 주의 깊게 관찰해야 할 것은 최대동작조건 중의 하나가 $V_{CE\,\max}$이다. 교류부하선에서 얻어지는 출력전압의 크기가 $V_{CE\,\max}$을 초과하지 않아야 한다. 만일 트랜지스터의 최대전력정격과 최대전압정격을 초과하지 않는다고 가정하면, 교류신호의 전압과 전류의 파형은 그림 8-6 (b)와 8-6 (c)같이 나타낼 수 있다.

(5) 출력신호의 진폭과 출력교류전력

그림 8-6 (b)와 그림 8-6 (c)에 나타난 신호변화로부터 출력신호의 최대-최소값은 다음과 같이 된다.

$$V_{스윙} = V_{CE}(\mathrm{p-p}) = (V_{CE\,\max} - V_{CE\,\min}) \qquad (8-12)$$

$$I_{스윙} = I_C(\mathrm{p-p}) = (I_{C\,\max} - I_{C\,\min}) \qquad (8-13)$$

변압기의 1차측 양단에 인가되는 교류전력은 아래와 같이 얻어진다.

$$P_o(\mathrm{ac}) = V_{CE}(\mathrm{rms})\, I_C(\mathrm{rms})$$

$$= \frac{V_{CE}(\mathrm{peak})}{\sqrt{2}} \frac{I_C(\mathrm{peak})}{\sqrt{2}}$$

$$= \frac{V_{CE}(\mathrm{p-p})/2}{\sqrt{2}} \frac{I_C(\mathrm{p-p})/2}{2}$$

$$P_o(\mathrm{ac}) = \frac{(V_{CE\,\max} - V_{CE\,\min})(I_{C\,\max} - I_{C\,\min})}{8} \qquad (8-14)$$

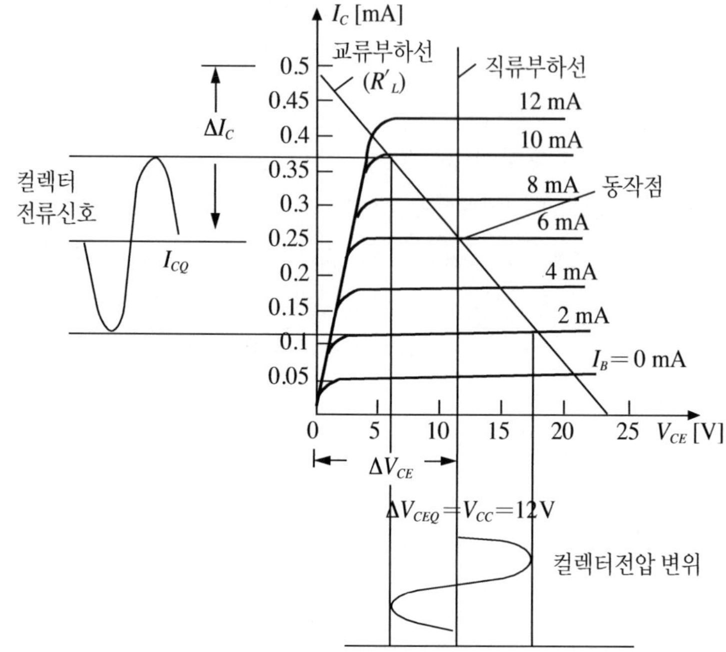

(a) 동작특성

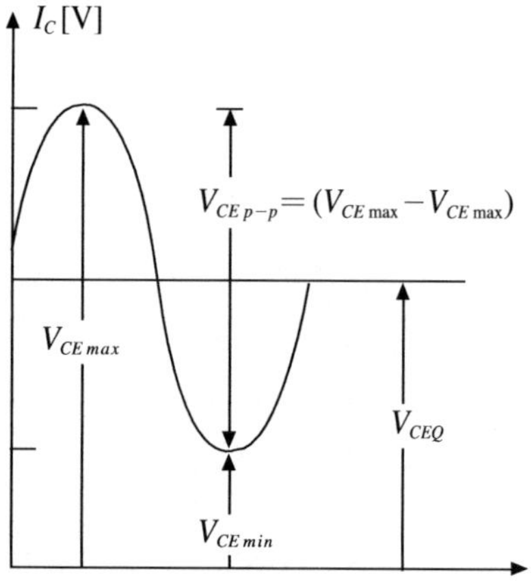

(b) 전압파형

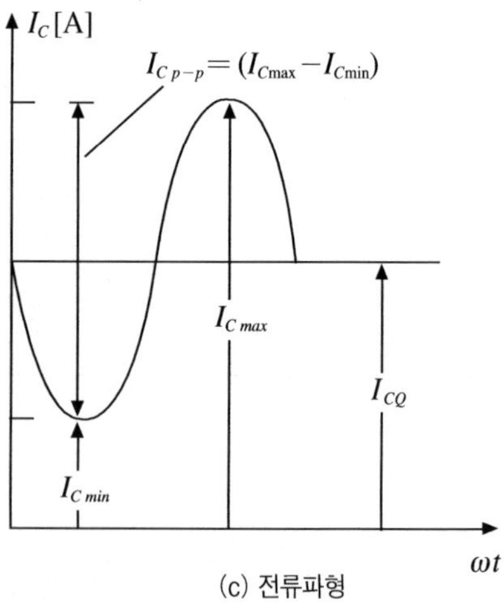

(c) 전류파형

그림 8-6 변압기 – 결합 A급 가청주파수 전력증폭기의 동작 특성

위에서 계산된 교류전력은 변압기의 1차측에서 발생하는 전력이다. 고효율의 변압기라고 가정하면, 스피커의 양단에 걸리는 전력은 식 8 – 14에서 구한 값과 거의 같다. 우리의 목적에 알맞는 이상적인 변압기(ideal transformer)라고 가정하면 식 8－14에서 계산되는 교류전력이 그대로 부하에 전달되는 교류전력이 된다.

이상적인 변압기에서 부하 스피커가 접속된 2차측의 양단 전압은 아래와 같이 구한다.

즉

$$V_2 = V_L = \left(\frac{N_2}{N_1}\right) V_1 \qquad (8-15)$$

여기서 2차측 전압(V_2)은 스피커 전압 또는 부하전압(V_L)과 같다. 부하전압은 변압기 1차측에 걸리는 전압 V_1에 권선비 N_1/N_2를 곱해서 얻어지는 것이다. 변압기의 1차측전압은 V_{CE}(rms)로 표시하였으며, 교류전력을 고려할 때의 전압은 항상 실효값을 사용한다(만일 별다른 언급이 없으면 식 8－14와 같다).

부하에 걸리는 전력은

$$P_L = \frac{V_L^2(\mathrm{rms})}{R_L} \qquad (8-16)$$

으로 표시되며 식 8－14에서 구한 값과 동일하다. 이와 같이 교류전력의 표현식은 다음 식을 포함하여 여러 가지로 나타낼 수 있다.

$$I_L(\mathrm{rms}) = \frac{N_1}{N_2} I_C(\mathrm{rms}) \qquad (8-17)$$

여기서 I_L은 부하저항(또는 스피커 저항)을 통하여 흐르는 전류의 실효값이다. 이 부하전류는 컬렉터 전류 중에서 교류성분의 실효값에 권선비를 곱한 값이다. 그러므로 교류전력은 다음과 같이 구할 수 있다.

$$P_L = I_L^2(\mathrm{rms})\, R_L \qquad (8-18)$$

예제 8-4 그림 8－7 (a)는 8 [Ω]의 스피커를 구동시키는 변압기－결합음성 전력증폭기이다. 결합변압기는 3 : 1의 권선비를 갖는다. 만일 회로의 성분 파라미터에 의하여 이 회로에서 베이스의 직류전류가 6 [mA] 흐르게 되면 입력신호(V_i)에 의한 베이스 전류의 피크 스윙(peak swing)이 4 [mA]가 된다고 할 때 그림 8－7 (b)의 트랜지스터의 특성곡선을 이용하여 다음 값을 구하라.

$V_{CE\,max}$, $V_{CE\,min}$, $I_{C\,max}$, I_{Cmin}, 부하전류, 전압의 실효값, 부하에 나타나는 교류전력 또는 식 8 – 14, 16, 18의 여러 표현식을 이용하여 교류전력을 구하고 비교 검토하라.

풀이

(1) 직류부하선은 전압 $V_{CEQ} = V_{CC} = 10\,[\mathrm{V}]$인 곳에서 수직으로 그릴 수 있다.

(2) $I_B = 6\,[\mathrm{mA}]$ 일 때 그림 8 – 7 (c) 상의 동작점은 $V_{CEQ} = 10\,[\mathrm{V}]$, $I_{CQ} = 140\,[\mathrm{mA}]$이다.

(3) 실효교류저항 R_L' 은 식 8 – 10을 사용하여

$$R_L' = \left(\frac{N_1}{N_2}\right)^2 R_L = (3)^2 8 = 72\,[\Omega]$$

(4) 교류부하선은 다음과 같이 그린다. 동작전류 이상에서 일어나는 전류의 진폭을 계산하기 위해 식 8 – 11을 이용하면

$$\Delta I_C = \frac{\Delta V_{CE}}{R_L'} = \frac{10\mathrm{V}}{72\,\Omega} = 139\,[\mathrm{mA}]$$

점 A [그림 8 – 7 (c)] $= I_{CEQ} + \Delta I_C = 140 + 139 = 279\,[\mathrm{mA}]$가 되도록 y축 위에 점 A를 찍고 A점과 Q점을 연결하면 교류부하선을 얻는다.

(5) 주어진 4 [mA]의 베이스 전류의 피크값에 대해서 그림 8 – 7 (c)에서 얻어지는 컬렉터 전류, 전압의 최대 · 최소값은

$$V_{CE\,min} = 1.7\,[\mathrm{V}],\ I_{C\,min} = 25\,[\mathrm{mA}]$$
$$V_{CE\,max} = 18.3\,[\mathrm{V}],\ I_{C\,max} = 255\,[\mathrm{mA}]$$

(6) 식 (8 – 14)를 사용하여 변압기의 1차측에 걸리는 교류전력을 계산하면

$$P_o(\mathrm{ac}) = \frac{(V_{CE\,max} - V_{CE\,min})(I_{C\,max} - I_{C\,min})}{8}$$
$$= \frac{(18.3 - 1.7)(255 - 25) \times 10^{-3}}{8} = 0.477\,[\mathrm{W}]$$

(7) 1차측에 걸리는 전압의 실효치는

$$V_1(\text{rms}) = \frac{V_1(\text{p}-\text{p})}{2\sqrt{2}} = \frac{V_{CE\,\max} - V_{CE\,\min}}{2\sqrt{2}} = \frac{16.6}{2.828} = 5.87\,[\text{V}]$$

(8) 부하전압의 실효치는 식 8 − 15를 사용하여 계산하면

$$V_L(\text{rms}) = \frac{N_2}{N_1} V_1(\text{rms}) = \left(\frac{1}{3}\right)(5.87) = 1.96\,[\text{V}]$$

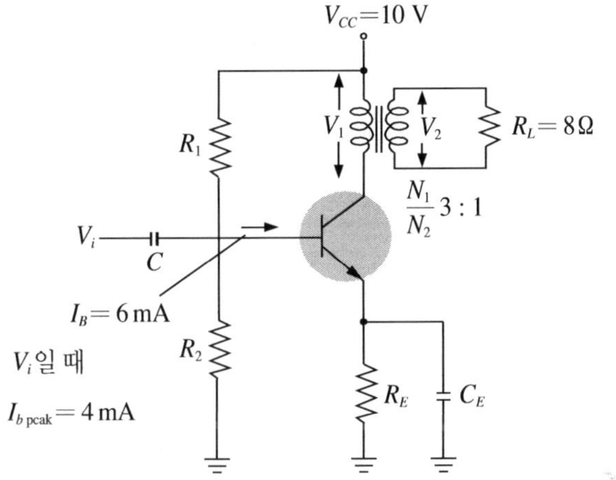

(a) 회로

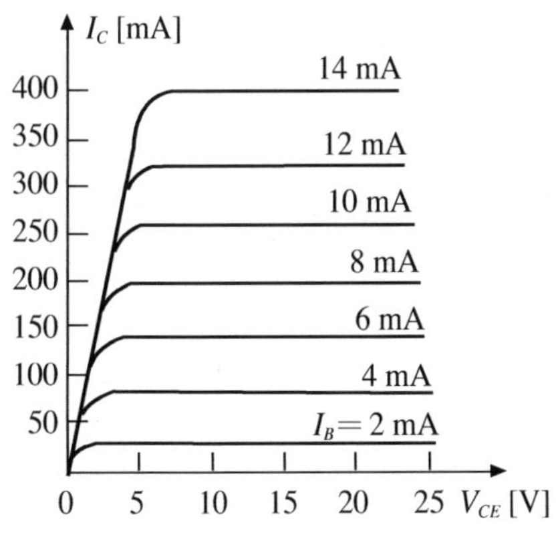

(b) 특성

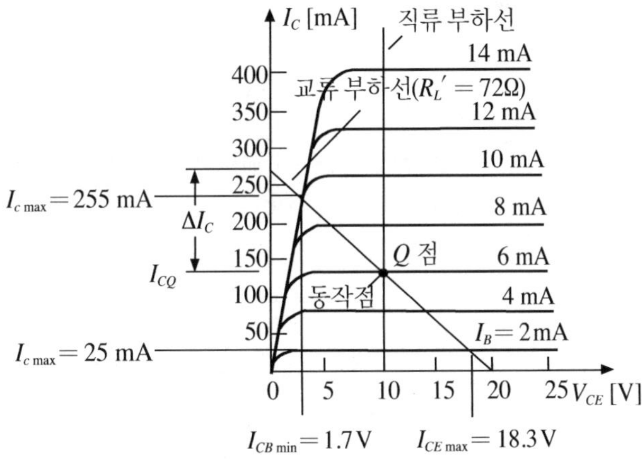

(c) 동작특성

그림 8-7 변압기 – 결합 가청주파수 전력증폭기와 트랜지스터의 특성곡선

(9) 교류부하전력을 식 8－16을 사용하여 계산하면

$$P_L(\text{ac}) = \frac{V_L^{\,2}}{R_L} = \frac{(1.96)^2}{8} = 0.480\ [\text{W}]$$

(10) 부하전류의 rms 성분을 계산하기 위해 식 8－17을 사용하면

$$I_L(\text{rms}) = \frac{N_1}{N_2} I_C(\text{rms}) = \frac{N_1}{N_2}\left[\frac{I_{C\max} - I_{C\min}}{2\sqrt{2}}\right] = (3)\frac{230\ \text{mA}}{2.828} = 244\ [\text{mA}]$$

(11) 교류부하전력을 식 8－18을 이용하여 계산하면

$$P_L(\text{ac}) = I_L^2 R_L = (244 \times 10^{-3})^2 8 = 0.476\ [\text{W}]$$

(6) 전력과 효율 계산

지금까지 부하(출력신호의 교류전력)에 전달되는 교류전력을 구하는 문제를 다루어 왔다. 다음에는 전원전압으로부터의 입력전력, 증폭기에서의 전력손실, 변압기－결합 A급 증폭기의 전력효율에 대해 검토하자. 전원전압으로부터 얻어진 입력직류전력은 식 8－4에서와 같이 전원전압과 거기에서 나오는 평균전류로부터 구한다.

$$P_i(\text{dc}) = V_{CC}\, I_{CQ}$$

그림 8－5에서와 같은 변압기－결합증폭기에서 변압기에 의한 전력손실은 적기 때문에 무시하기로 한다. 따라서 변압기－결합증폭기에서의 전력손실은 다음 식에서 계산되는 것과 같이 전력트랜지스터에 의한 손실뿐이다.

$$P_Q = P_i(\text{dc}) - P_o(\text{ac}) \qquad (8-19)$$

이때 P_Q는 열로써 소모되는 전력이다. 이 식은 매우 간단하게 보이지만 전력증폭기를 동작시키는 데 있어 매우 중요하다.

트랜지스터가 정격조건에서 동작하고 전원전압과 동작점이 일정하다면, 전원으로부터 공급되는 평균직류전력에서 부하로 공급되는 교류전력을 뺀 값이 트랜지스터에 의해서 소비되는 전력량이다. 출력전력이 0이면, 트랜지스터는 최대량의 전력을 구동해야 하는데, 이 값은

전원전압과 바이어스 전류에 의해 정해진다. 다른 말로 표현하면 부하가 접속되지 않으면 트랜지스터는 최대의 전력을 소비하게 되며, 부하가 증폭기로부터 받는 전력이 최대일 때 트랜지스터는 가장 적은 전력을 소비하게 된다. 그러므로 사용하는 트랜지스터가 손상되지 않고 동작하는 안정 범위의 정격은 부하가 접속되지 않았을 때의 최대값이라는 것이 명백하게 밝혀졌다. 부하가 접속되어 있는 정상적인 동작에서 트랜지스터는 그 정격값보다 적은 양의 전력을 소모하므로 증폭기가 동작하는 동안은 부하가 계속 연결되어 있도록 해야 한다.

예제 8-5 예제 4의 증폭기회로의 효율을 계산하라. 그리고 트랜지스터에서 소모되는 전력을 구하라.

풀이 식 8－4를 이용하여 입력전력을 구하면

$$P_i(\text{dc}) = V_{CC} I_{CQ} = (10)(140 \times 10^{-3}) = 1.4\ [\text{W}]$$

을 얻고 식 8－19를 사용하여 트랜지스터에서 소비되는 전력을 아래와 같이 구할 수 있다.

$$P_Q = P_i(\text{dc}) - P_o(\text{ac}) = 1.4\ [\text{W}] - 0.48\ [\text{W}] = 0.92\ [\text{W}]$$

$$\eta = \frac{P_o(\text{ac})}{P_i(\text{dc})} \times 100 = \frac{0.48\text{W}}{1.4\text{W}} \times 100 = 34.3\ [\%]$$

(7) 이론적인 최대 효율

A급 증폭기에서 직렬공급회로의 이론적인 최대 효율은 25[%]이고 변압기－결합증폭회로에서의 이론적 최대 효율은 50[%]이다. 직렬공급 증폭회로에 대한 동작 범위의 해석으로부터 효율은 다음과 같이 나타낼 수 있다.

$$\eta = 25 \left[\frac{(V_{CE\,\max} - V_{CE\,\min})^2}{V_{CC}(V_{CE\,\max} + V_{CE\,\text{nin}})} \right] [\%] \qquad (8-20)$$

실제 동작에서의 효율은 25 [%]보다도 작다. 예제 8－1의 회로에서 효율은 단지 6.25 [%]인데, 이 값은 직렬공급 전력증폭기의 성능이 좋지 않음을 의미하는 것이다. 변압기－결합 A급 증폭기의 효율은 아래와 같이 나타낼 수 있다.

$$\eta = 50\left(\frac{V_{CE\max} - V_{CE\min}}{V_{CE\max} + V_{CE\min}}\right)^2 [\%] \qquad (8-21)$$

$V_{CE\max}$의 값을 더욱 크게 하고 $V_{CE\min}$의 값은 더욱 작게 함으로써 효율은 이론적으로 가능한 최대인 50 [%]까지 이르게 할 수 있다. 예제 8-4의 회로에서 34.3 [%]까지 얻을 수 있었다. 이상적으로 설계된 증폭기 회로에서의 효율은 거의 50 [%]까지 이른다. 그림 8-7 (a)의 회로와 같은 경우는 평균 수준으로 동작한다고 볼 수 있다.

증폭기에서 취급되는 전력량이 크면 클수록, 효율은 최대 효율에 가까워진다. 몇 와트 정도의 작은 전력에서는 최대 효율보다 떨어지지만 값이 싸고 간단한 회로를 사용할 수 있다(때로는 이런 것이 바람직하다). 몇십에서 몇백 와트에 이르는 전력 수준에서의 효율은 가능한 한 이론적으로 최대 효율에 가깝게 되어야 한다. 변압기-결합증폭기에서 최대값으로 고려되는 50`[%]는 단지 A급 동작일 때이다. 보다 높은 효율을 얻기 위해서 증폭기를 동작시키는 데는 몇 가지 방법이 있는데 이것을 지금부터 검토해 보자.

예제 8-6 그림 8-1에 나타낸 것과 같은 A급 직렬공급증폭기에서 공급전압 $V_{CC} = 24$ [V]이고 출력이

(1) $V_{CEQ} = 12$ [V], $V_{peak} = 12$ [V]
(2) $V_{CEQ} = 12$ [V], $V_{peak} = 6$ [V]
(3) $V_{CEQ} = 18$ [V], $V_{peak} = 6$ [V]

일 때 증폭기의 효율을 계산하라.

풀이 식 8-20을 이용하여 다음과 같이 계산할 수 있다.

(1) $V_{CE\max} = V_{CEQ} + V_{\text{peak}} = 12\text{ [V]} + 12\text{ [V]} = 24\text{ [V]}$

$V_{CE\min} = V_{CEQ} - V_{\text{peak}} = 12\text{ [V]} - 12\text{ [V]} = 0\text{ [V]}$

$$\eta = 25\left[\frac{(V_{CE\max} - V_{CE\min})^2}{V_{CC}(V_{CE\max} + V_{CE\min})}\right]\% = 25\left[\frac{(24\text{ V} - 0\text{ V})^2}{24\text{ V}(24\text{ V} + 0\text{ V})}\right]\% = 25\ [\%]$$

(2) $V_{CE\,max} = V_{CEQ} + V_{peak} = 12\ [V] + 6\ [V] = 18\ [V]$

$V_{CE\,min} = V_{CEQ} - V_{peak} = 12\ [V] - 6\ [V] = 6\ [V]$

$$\eta = 25\left[\frac{(18\ V - 6\ V)^2}{24V(18\ V + 6\ V)}\right]\% = 6.25\ [\%]$$

(3) $V_{CE\,max} = V_{CEQ} + V_{peak} = 18\ [V] + 6\ [V] = 24\ [V]$

$V_{CE\,min} = V_{CEQ} - V_{peak} = 18\ [V] - 6\ [V] = 12\ [V]$

$$\eta = 25\left[\frac{(24\ V - 12V)^2}{24\ V(24\ V + 12V)}\right]\% = 4.17\ [\%]$$

(1)의 경우 바이어스가 전원전압의 1/2이고 신호진폭이 최대일 때의 효율은 25 [%]이다. 동일한 직류 바이어스점에서 신호진폭을 $6V_{peak}$로 감소시키면 (2)에서처럼 효율은 6.25 [%]가 된다. 그리고 (3)에서처럼 공급전압의 중간점(12 V)을 벗어난 바이어스점 근처에서 (2)에서와 같은 6 V_{peak}로 스윙할 때의 효율은 4.17[%]로 감소한다.

예제 8-7 그림 8 – 5와 같은 변압기 – 결합 A급 증폭기에서 공급전압 $V_{CC} = 12\ [V]$이고 출력 (1) $V_{peak} = 12\ [V]$, (2) $V_{peak} = 6\ [V]$, (3) $V_{peak} = 2\ [V]$일 때의 증폭기의 효율을 각각 계산하라.

풀이 변압기 – 결합A급 증폭기에서 $V_{CE} = V_{CC} = 12\ V$와 식 8 – 21을 이용하면

(1) $V_{CE\,max} = V_{CEQ} + V_{peak} = 12\ [V] + 12\ [V] = 24\ [V]$

$V_{CE\,min} = V_{CEQ} - V_{peak} = 12\ [V] - 12\ [V] = 0\ [V]$

$$\eta = 50\left(\frac{V_{CE\,max} - V_{CE\,min}}{V_{CEmax} + V_{CE\,min}}\right)^2\% = 50\left(\frac{24\ V - 0\ V}{24\ V + 0\ V}\right)^2\% = 50\ [\%]$$

(2) $V_{CE\,max} = 12\ [V] + 6\ [V] = 18\ [V]$

$V_{CE\,min} = 12\ [V] - 6\ [V] = 6\ [V]$

$$\eta = 50\left(\frac{18\ V - 6}{18\ V + 6\ V}\right)^2\% = 12.5\ [\%]$$

(3) $V_{CE\max} = 12 + 2 = 14$ [V]

$V_{CE\min} = 12 - 2 = 10$ [V]

$$\eta = 50\left(\frac{14\text{ V} - 10\text{ V}}{14\text{ V} + 10\text{ V}}\right)^2 \% = 1.39\ [\%]$$

여기서 우리는 증폭기의 효율이 $V_{peak} = V_{CC}$일 때 50 [%]로 최대가 되지만 $V_{peak} = 6$ $V_{CC} = 2$ [V]일 때에는 증폭기의 효율이 겨우 1 [%]를 조금 넘을 정도로 급격히 떨어진다는 사실에 주의해야 한다.

4. B급 증폭기의 동작

B급 증폭기의 동작은 ac 신호가 없을 때 트랜지스터가 차단되고 ac 신호가 들어오면 트랜지스터가 동작되는 경우이다. 이 상태는 본질적으로 no 바이어스가 되고 한 개의 트랜지스터는 입력신호의 반 주기 동안만 전류를 흐르도록 할 수 있다. 신호의 전체 사이클에서 원하는 출력을 얻기 위해서는 두 개의 트랜지스터를 사용해야 하며, 각 트랜지스터는 서로 반대 사이클에서 도전되며 이 두 상태의 동작을 결합하여 출력신호의 전체 사이클을 결정하게 된다. 이 회로의 한쪽 부분은 반 사이클 동안 신호를 위로 올리는(push) 역할을 하며 다른 한쪽 부분은 다른 반 사이클 동안 신호를 끌어내리는(pull) 역할을 한다. 이와 같이 B급으로 동작하는 회로를 푸시풀(push－pull) 회로라고 한다. 그림 8－8은 푸시풀 동작의 한 예를 다이어그램으로 나타낸 것이다. 교류입력신호를 푸시풀 증폭기에 인가하면 회로의 각 반쪽은 서로 다른 반 주기에 동작하며, 부하는 한 주기 신호를 받는다. 푸시풀 증폭기에 사용되는 전력트랜지스터는 부하에 원하는 전력을 전달할 능력이 있으며 B급 동작은 A급 동작에서 한 개의 트랜지스터를 사용하여 가능했던 것보다 효율이 좋다.

(1) B급 증폭기의 전력 및 효율 계산

다양한 종류의 B급 전력증폭기에서의 전력과 효율의 계산은 이들 회로가 어떻게 동작되며 중요한 회로 변수값 사이의 회로를 어떻게 할 수 있는가를 이해하는 데 있어 큰 도움이 된다.

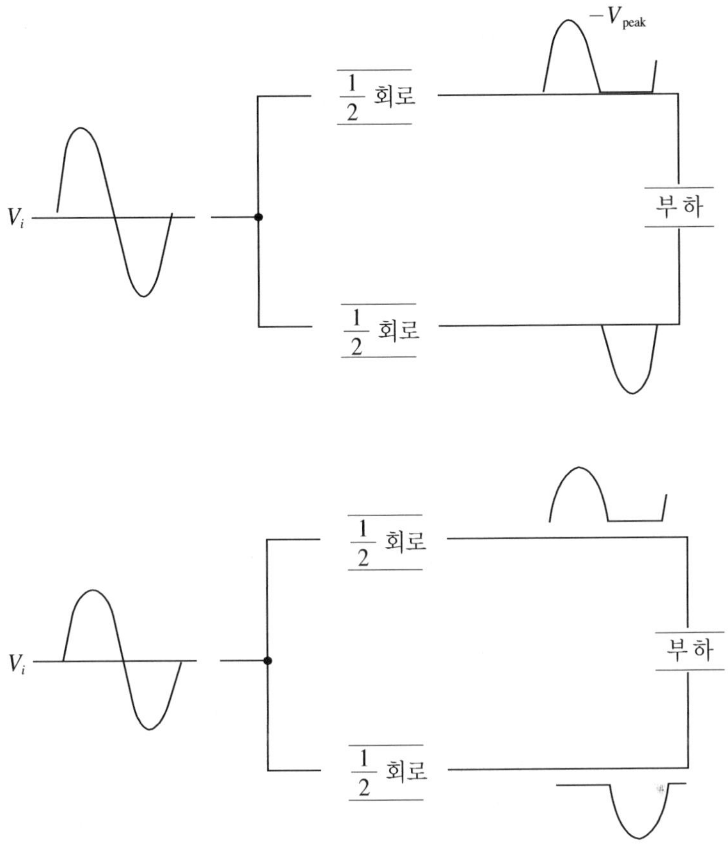

그림 8-8 푸시풀 동작에 대한 블록선도

① 입력 dc전력

전력증폭기회로의 스피커에 공급된 전력은 공급전원으로부터 얻어진 것이다. 그리고 이 전력은 입력이나 혹은 dc전력을 고려하게 된다. 이 입력전력의 양은

$$P_i(\mathrm{dc}) = V_{CC} I_{\mathrm{dc}} \qquad (8-22)$$

로 계산된다.

여기서 I_{dc}는 공급전원으로부터 얻어진 평균전류 혹은 dc 전류를 나타낸다.

B급 동작에서는 단일 공급전원에 의하여 흐르는 전류는 전파정류신호이다. 반면에 두 개의 공급전원으로 구성되어 있는 회로에 흐르는 전류는 각 공급전원으로부터 반파정류파형이 된다. 어느 경우에서나 평균 전력값은

$$I_{dc} = \frac{2}{\pi} I_{peak} \tag{8-23}$$

이 된다. 여기서 I_{peak}는 출력전류파형의 피크치이다.

② 출력 ac 전력

보통 저항 R_L로 취급되는 부하저항에 전달되는 전력은 동일한 여러 개의 관련식 중의 어느 한 식을 이용하여 계산할 수 있다.

$$P_o(\text{ac}) = \frac{V_L^2(\text{p}-\text{p})}{8R_L} = \frac{V_L^2(\text{p})}{2R_L} = \frac{V_L^2(\text{rms})}{R_L} \tag{8-24}$$

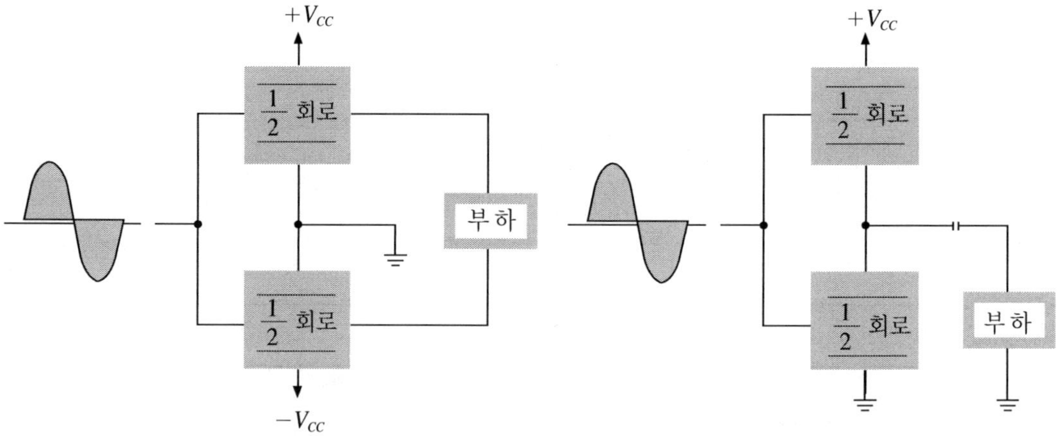

(a) 두 개의 공급전원을 사용하는 경우 (b) 한 개의 공급전원을 사용하는 경우

그림 8-9 푸시풀 증폭기의 부하 연결

③ 효율

회로의 전력효율은

$$\eta = \frac{P_o}{P_i} \times 100\ [\%] \tag{8-25}$$

로 계산된다.

④ 출력 트랜지스터의 소비전력

출력 전력트랜지스터에 의해 소비(열로서)된 전력은 공급전원으로부터 얻어지는 입력 전력과 부하에 전달된 출력전력 사이의 차로서

$$P_{2Q} = P_i - P_o \tag{8-26}$$

로 계산된다. 여기서는 P_{2Q}는 두 개의 출력 전력트랜지스터에 의해 소비된 전력을 나타낸다. 그러므로 각 트랜지스터에 의해 소비된 전력은

$$P_Q = \frac{P_{2Q}}{2} \tag{8-27}$$

이 된다.

예제 8-8 $V_{CC} = 30$ [V]의 단일 공급전원으로 사용하여 부하저항 16 [Ω]인 B급 증폭기에서 $20V_{peak}$의 신호를 공급할 때의 증폭기의 입력전력, 출력전력 및 효율을 계산하라.

풀이 16 [Ω]의 부하에 걸리는 $20V_{peak}$ 신호에서

$$I_{peak} = \frac{V_{peak}}{R_L} = \frac{20\ \text{V}}{16\Omega} = 1.25\ [\text{A}]$$

공급전원으로부터 얻어지는 dc 전류값은

$$I_{dc} = \frac{2}{\pi} I_{peak} = \frac{2}{\pi}(1.25\ \text{A}) = 0.796\ [\text{A}]$$

그리고 공급전원으로부터 얻어지는 입력전력은

$$P_i(\text{dc}) = V_{CC} I_{dc} = (30\ \text{V})(0.796\ \text{A}) = 23.9\ [\text{W}]$$

부하에 전달된 출력전력은

$$P_o(\text{ac}) = \frac{V_L^2(\text{p})}{2R_L} = \frac{(20\ \text{V})^2}{2(16\,\Omega)} = 12.5\ [\text{W}]$$

$$\%\eta = \frac{P_o(\text{ac})}{P_i(\text{dc})} \times 100\% = \frac{12.5\text{W}}{23.9\text{W}} \times 100\% = 52.3\ [\%]$$

이다.

(2) B급 증폭기의 최대 전력 특성

B급 증폭기의 동작에서 부하에 전달되는 전력이 최대가 되는 것은 $V_L(\text{p}) = V_{CC}$일 때이며, 그 값은

$$\text{최대}\ P_o(\text{ac}) = \frac{V_{CC}^2}{2R_L} \qquad (8-28)$$

이 된다. 이에 대응하는 부하의 ac 전류 신호는

$$I_{\text{peak}} = \frac{V_{CC}}{R_L}$$

로 변한다. 그러므로 공급전원으로부터 얻어지는 평균전류는

$$I_{\text{dc}} = \frac{2}{\pi} I_{\text{peak}} = \frac{2}{\pi}\frac{V_{CC}}{R_L} \qquad (8-29)$$

로 주어진다. 그러므로 이 회로에서 얻을 수 있는 최대 입력전력은

$$\text{최대}\ P_i(\text{dc}) = V_{CC} I_{\text{dc}} = V_{CC}\left(\frac{2}{\pi}\frac{V_{CC}}{R_L}\right) = \frac{2V_{CC}^2}{\pi R_L} \qquad (8-30)$$

따라서 B급 증폭기의 동작에서 회로의 최대 효율은

$$\text{최대}\ \eta = \frac{P_o}{P_i} \times 100 = \frac{V_{CC}^2/2R_L}{V_{CC}\left(\frac{2}{\pi}\frac{V_{CC}}{R_L}\right)} 100$$

$$= \frac{\pi}{4} \times 100 = 78.54\ [\%] \qquad (8-31)$$

입력신호가 최대 출력신호보다 작은 값으로 될 때 회로의 효율은 78.5 [%]보다 작아진다. B급 동작에서 출력 트랜지스터에 의해 소비된 최대 전력은 최대 효율 조건에서 발생하지는 않는다. 두 개의 출력 트랜지스터에 의해 소비된 최대 전력은 부하에 걸리는 출력전압이 0.636 V_{CC} $=[(2/\pi)V_{CC}]$ 일 때

$$\text{최대}\, P_{2Q}=\frac{2}{\pi^2}\frac{V_{CC}^2}{R_L} \qquad (8-32)$$

이 된다.

예제 8-9 16 [Ω]의 부하가 저항과 $V_{CC}=30$ [V]의 공급전원으로 구동되는 B급 증폭기에서 최대 전력값을 계산하라.

풀이

최대 출력전력은

$$\text{최대}\, P_o(\text{ac})=\frac{V_{CC}^2}{2R_L}=\frac{(30\text{ V})^2}{2(16\ \Omega)}=28.125\ [\text{W}]$$

공급전원으로부터 얻어진 최대 입력전력은

$$\begin{aligned}\text{최대}\, P_i(\text{dc}) &= V_{CC}\frac{2}{\pi}\frac{V_{CC}}{R_L}\\ &=(30\text{ V})\,\frac{2}{\pi}\left(\frac{30\text{ V}}{16\,\Omega}\right)=35.81\ [\text{W}]\end{aligned}$$

회로의 효율은

$$\text{최대}\, \eta=\frac{P_o}{P_i}\times 100\%=\frac{28.125\text{ W}}{35.81\text{ W}}\times 100\%=78.54\ [\%]$$

로 예상된다. 각 트랜지스터에 의해 소비된 최대 전력은

$$\text{최대}\, P_Q=\frac{\text{최대}\, P_{2Q}}{2}=0.5\left(\frac{2}{\pi^2}\right)\left(\frac{V_{CC}^2}{R_L}\right)$$

$$=0.5\left(\frac{2}{\pi^2}\right)\frac{(30\text{ V})^2}{16\Omega}=5.7\text{ [W]}$$

최대 출력조건에서 각 트랜지스터는 최대 5.7 [W]를 다룰 수 있으며 16 [Ω]의 부하에 28.125 [W]를 전달할 수 있다.

B급 증폭기의 최대 효율은 다음과 같이 나타낼 수 있다.

$$P_o=\frac{V_{\text{peak}}^{\ 2}}{2R_L}$$

$$P_i=V_{CC}I_{\text{dc}}=V_{CC}\frac{2}{\pi}\frac{V_{\text{peak}}}{R_L}$$

$$\eta=\frac{P_o}{P_i}\times100\%=\frac{\dfrac{V_{\text{peak}}^{\ 2}}{2R_L}}{V_{CC}\dfrac{2}{\pi}\dfrac{V_{\text{peak}}}{R_L}}\times100\text{ [\%]}$$

$$\eta=78.54\frac{V_{\text{peak}}}{R_L}\text{[\%]} \qquad (8-33)$$

예제 8-10 공급전압 $V_{CC}=24$ [V]이고 피크-피크 출력전압이 (1) $V_{\text{p-p}}=22$ [V],(2) $V_{\text{p-p}}=6$ [V]인 B급 증폭기의 효율을 계산하라.

풀이 식 8-33을 이용하면

$$(1)\ \eta=78.54\frac{V_{\text{peak}}}{R_L}[\%]=78.54\left(\frac{22\text{ V}}{24\text{ V}}\right)\%=72\text{ [\%]}$$

$$(2)\ \eta=78.54\left(\frac{6\text{ V}}{24\text{ V}}\right)\%=19.6\%$$

전압이 최대에 가까울 경우((1)에서 22 V) 효율도 최대값에 가까운 값을 얻을 수 있다. 또 작은 출력전압의 경우((2)에서 6 V)효율이 20 [%]에 가까움에 주목하라. 비슷한 수치를 A급 증폭기에 적용하면 효율은 아주 낮아지게 된다.

5. B급 증폭기회로

푸시풀 동작을 얻기 위한 회로의 접속은 무수히 많다. 우리는 이들 중 몇 가지와 이들의 이점과 단점을 생각하고자 한다. 푸시풀 증폭기를 잘 활용하기 위해서는 회로의 동작원리를 잘 이해해야 한다. B급 동작을 하는 푸시풀 증폭기는 신호의 반 주기 동안에 한 개의 트랜지스터만 동작하지만, 한 주기의 파형이 부하에 공급되는 회로이다.

구동증폭단(driver amplifier stage)으로부터 얻은 신호를 사용해서 B급 동작을 할 수 있도록 각기 다른 반 주기 동안에 각각 동작하는 두 개의 트랜지스터로 푸시풀 증폭기를 구성한다. 두 개의 트랜지스터에 인가할 각기 다른 반대위상을 갖는 두 개의 입력신호는 여러 가지 방법에 의해 만들 수 있다. 그림 8 – 10 (a)는 변압기를 사용하여 반전된 두 개의 푸시풀 입력신호를 얻는 회로이며, 그림 8 – 10 (b)와 (c)는 변압기를 사용하지 않고 위상이 서로 반대인 입력신호를 얻는 회로이다. 그림 8 – 10 (b)와 같이 이미터에서 얻는 출력은 입력신호와 위상은 같지만, 컬렉터에서 얻는 출력은 입력신호와 위상이 반대이다. 이미터에서 출력을 얻으면 전압이득은 거의 1이다. 그러므로 컬렉터에서 출력을 얻을 때도 전압이득이 1이 되도록 R_C, R_E, h_{fe}의 값을 적당히 선택해야 한다. 이와 같이 구성된 회로는 푸시풀 증폭단의 구동증폭기로 사용할 수 있다. 이런 구동회로의 장점은 가격이 비싸고, 부피가 크며, 제한된 주파수 범위를 지닌 중간탭 변압기를 사용하지 않는 점이다. 단점은 두 개의 푸시풀 입력신호의 내부임피던스가 같지 않다는 점이다. 이미터 단자의 출력임피던스는 아주 작기 때문에 좋은 전압원이 된다. 그러나 컬렉터 단자의 출력 임피던스는 크기 때문에 부하가 연결되지 않은 상태에서는 전압이득은 1이지만 부하가 접속되면 출력전압이 변화된다. 이러한 점의 개선책은 컬렉터 출력의 다음에 이미터 폴로어 회로를 추가시키는 것이다. 이와는 다르게 서로 반대위상을 갖는 두 개의 신호를 얻는 방법은 그림 8 – 10 (c)와 같이 입력신호를 한 번 증폭하고 분압회로를 사용하여 전체 이득이 1이 되도록 하면 된다. 이것을 다시 이미터 폴로어를 통과시키면 임피던스가 적은 푸시풀 입력신호로 적당하게 될 것이다.

(1) 변압기 결합 푸시풀 회로

그림 8 – 11의 회로에서 두 개의 트랜지스터에 서로 반대위상을 갖는 입력신호를 인가해 주기 위해서 입력변압기를 사용했다. 출력변압기는 푸시풀 동작에서 부하를 구동하기 위한 것이다.

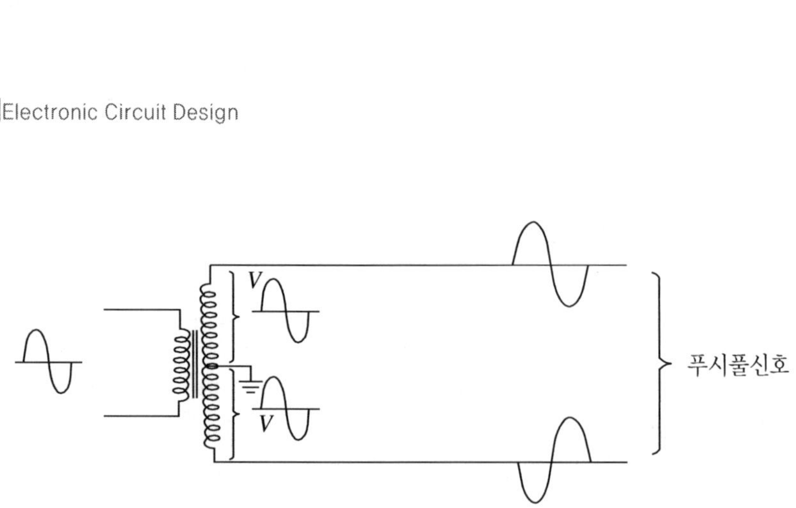

(a) 변압기 사용 위상 반전회로

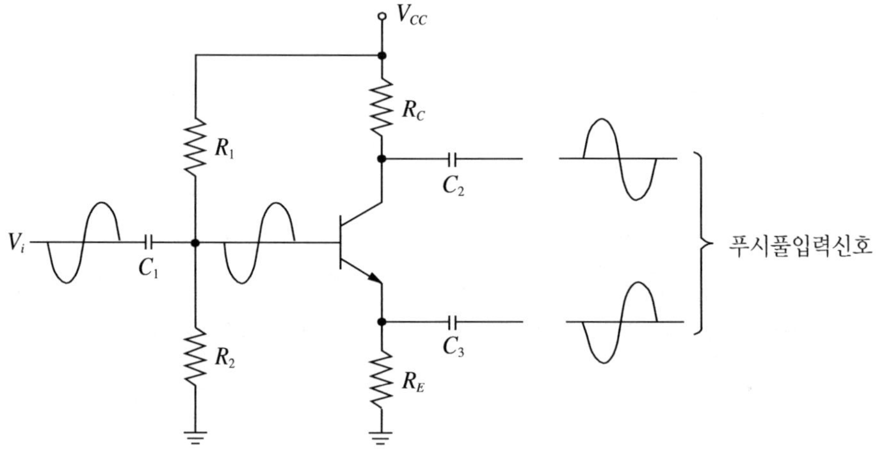

(b) 변압기 미사용 반전회로

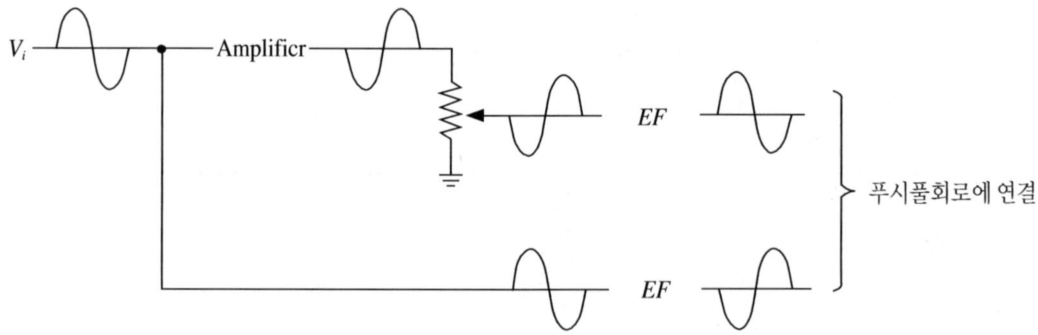

(C) 변압기 미사용 반전회로

그림 8-10 위상분할 회로

처음 반 주기 동안 트랜지스터의 Q_1은 도전상태로 되며, 반면에 트랜지스터의 Q_2는 오프로 된다. 변압기에 흐르는 전류 i_1은 부하에서 처음 반 주기의 신호가 걸릴 때 흐른다. 입력신호의 두 번째 반 주기 동안 Q_2는 도전상태가 되지만 Q_1은 오프상태가 되므로 변압기에 흐르는 전류 i_2는 두 번째 반 주기 동안만 부하에 흐르게 한다. 이렇게 하여 입력신호의 전주기에 걸쳐 출력을 얻을 수 있다.

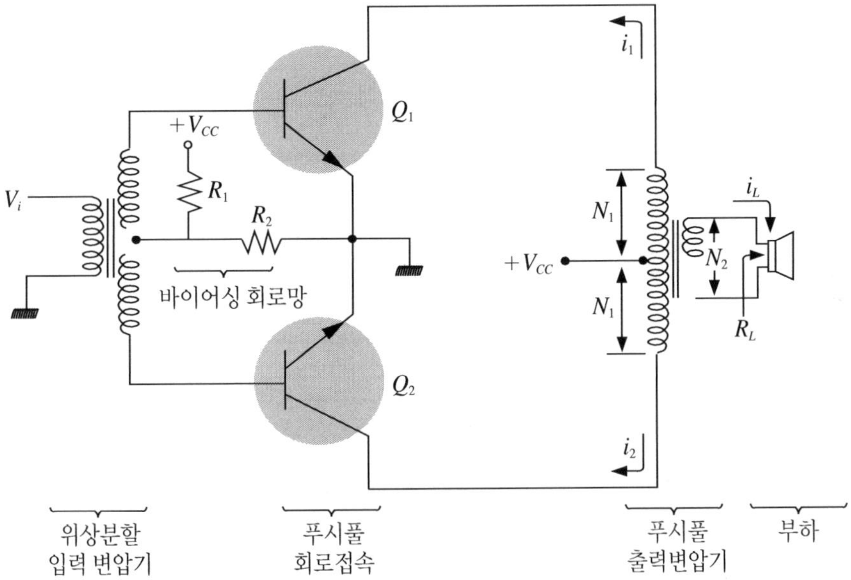

그림 8-11 푸시풀 회로

(2) 상보대칭회로

많은 회로에서 입력위상 반전변압기를 사용하지 않을 뿐만 아니라, 출력변압기를 제거함으로써 변압기의 사용 없이도 푸시풀 회로를 구성하고 있다. 그림 8 – 12는 변압기를 전혀 사용하지 않은 푸시풀 회로를 이용한 상보대칭회로(complementary syminetry circuts)의 간단한 예이다. 똑같은 형식의 트랜지스터를 두 개 사용하는 대신 상보대칭 트랜지스터, 즉 *NPN*과 *PNP* 트랜지스터를 사용했다.

입력으로 필요한 신호가 양쪽 트랜지스터의 베이스에 인가된다. 그러나 트랜지스터의 형이 서로 반대이기 때문에 양쪽 트랜지스터는 입력신호 중에서도 극성이 다른 각각의 반 주기에서 동작한다. 예로서 입력신호에서 양(+)의 반 주기 동안은 *PNP* 트랜지스터가 역방향 바이어스 되므로 동작하지 않는다. *NPN* 트랜지스터는 양의 반 주기 동안에는 순방향 바이어스로 동작

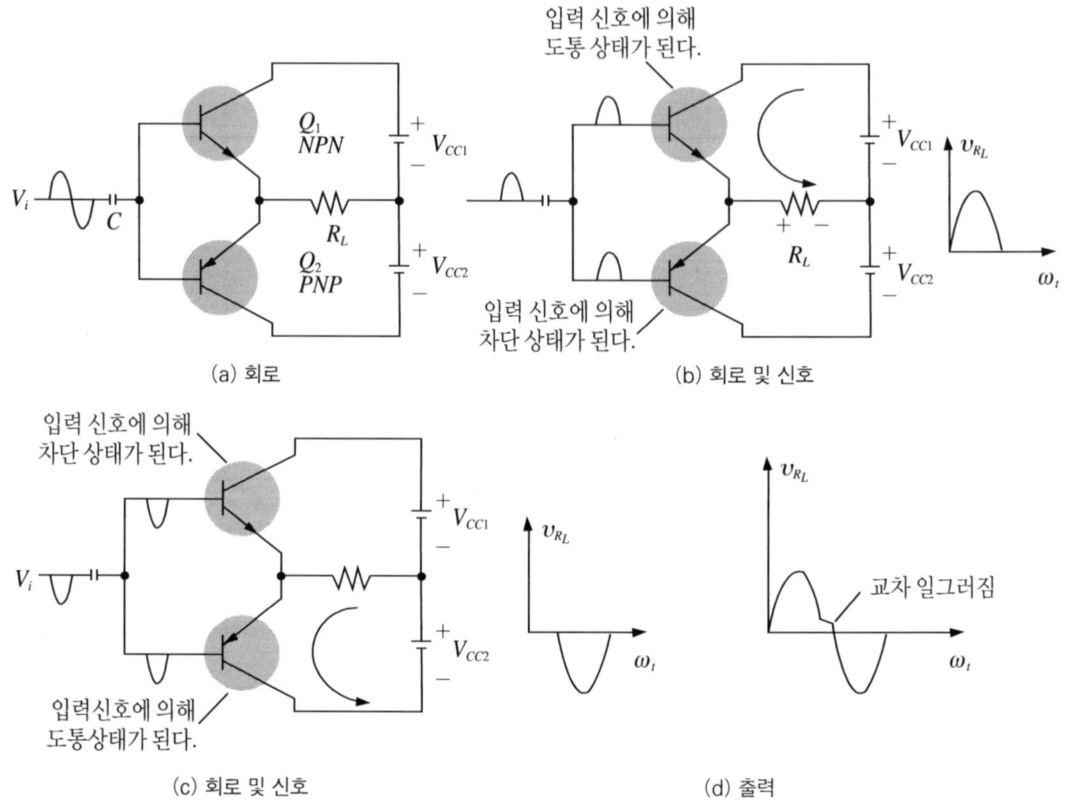

그림 8-12 상보대칭 푸시풀 회로

되고 그림 8 – 12 (b)에서와 같이 부하저항(R_L) 양단에 반주기의 출력신호가 걸리게 한다. 입력 신호가 음(−)의 반 주기일 때는 *NPN* 트랜지스터가 오프되고 부하저항의 양단에 걸리는 반 주기의 전압은 *PNP* 트랜지스터의 동작에 의한 결과이다.

한 주기 전체 입력신호에 대해서는 부하에도 한 주기 전체의 출력신호가 나타난다. 이 회로의 단점은 두 개의 전원전압이 꼭 필요하다는 것이다. 상보형 회로에서 또 하나의 단점은 출력 신호 중에 교차 일그러짐(crossover distortion)이 생긴다는 점이다. 교차 일그러짐은 신호가 (+)에서 (−)로 (또는 (−)에서 (+)로) 교차하는 동안 그림 8 – 12 (d)에서 보는 바와 같이 출력 신호에 약간의 비선형적 성분이 생기는 것을 말한다. 이것을 그림 8 – 12 (a)의 회로에서 회로의 동작이 한쪽 트랜지스터를 오프시켜 0 V인 순간에 다른 쪽의 트랜지스터를 도통되게 정확히 스위칭할 수 없기 때문에 생긴다.

트랜지스터 두 개가 모두 오프되는 부분이 있거나 두 트랜지스터가 동시에 부분적으로 도통하는 경우가 있어 출력전압이 정확히 입력전압에 따라 변화하지 못하고 일그러짐이 생기는 것이다. 교차점에서 생기는 이런 현상은 비록 같은 정도는 아니지만 그림 8 – 11의 푸시풀 회로에서도 발생한다. 트랜지스터를 AB급으로 바이어스하면 동작이 개선되는데, 각각이 반 주기 이상의 기간 동안 도통상태로 있게 된다. 그림 8 – 12 (a)의 회로에 대해서는 교차 일그러짐을 없애기 위해 상당한 보완을 해야 한다. 실제의 회로에서는 이러한 점을 개선하기 위해 베이스 회로 부분에 바이어스를 위한 회로를 추가하게 된다.

부하는 이미터 폴로어의 출력측으로 구동되므로 저저항의 부하가 낮은 전원임피던스와 정합된다는 사실에 주목해야 한다. 개선된 상보대칭회로에서는 트랜지스터를 달링턴 방식으로 접속하므로 트랜지스터 한 개를 사용할 때보다도 더 낮은 전원임피던스로 구동할 수 있다. 그림 8 – 13은 트랜지스터를 달링턴 방식으로 접속하여 사용하는 실제의 회로이며, 온도에 대한 바이어스 안정을 위해 이미터 저항을 넣었다.

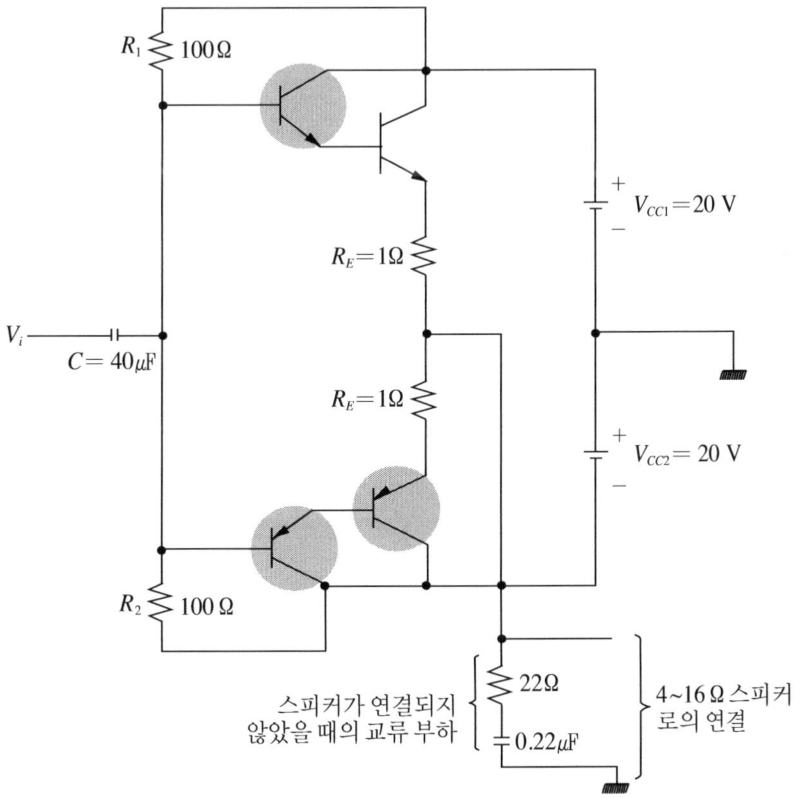

그림 8-13 달링턴 트랜지스터를 이용한 상보대칭 푸시풀 회로

(3) 유사 상보형 푸시풀 증폭기

그림 8－14의 회로와 같이 출력 전력트래지스터(Q_3와 Q_4)의 앞에 상보대칭형(서로 다른 형식) 트랜지스터(Q_1와 Q_2)를 접속하여 유사상보형 푸시풀 증폭기를 구성하였다. 출력전력 트랜지스터는 둘 다 NPN 트랜지스터를 사용하였는데, 왜냐하면 NPN 트랜지스터가 전력증폭 트랜지스터로는 가장 좋은 특성을 가지고 있기 때문이다. Q_1과 Q_3는 달링턴 접속으로 구성되어 있으므로 낮은 출력임피던스값을 갖는다. 그리고 Q_2와 Q_4는 궤환쌍을 구성하고 있으므로 부하에 대해 낮은 출력임피던스 값을 갖는다. 저항 R_2는 교차 일그러짐을 최소가 되도록 조정한다. 푸시풀 증폭단의 입력에 하나의 입력신호가 인가되어도 출력에는 입력파형과 같은 파형이 나타나며, 출력전력 트랜지스터는 효율이 좋은 B급 회로로 동작시킬 수 있다. 이런 유사상보형 푸시풀 증폭기가 현재 가장 널리 사용되는 회로이다.

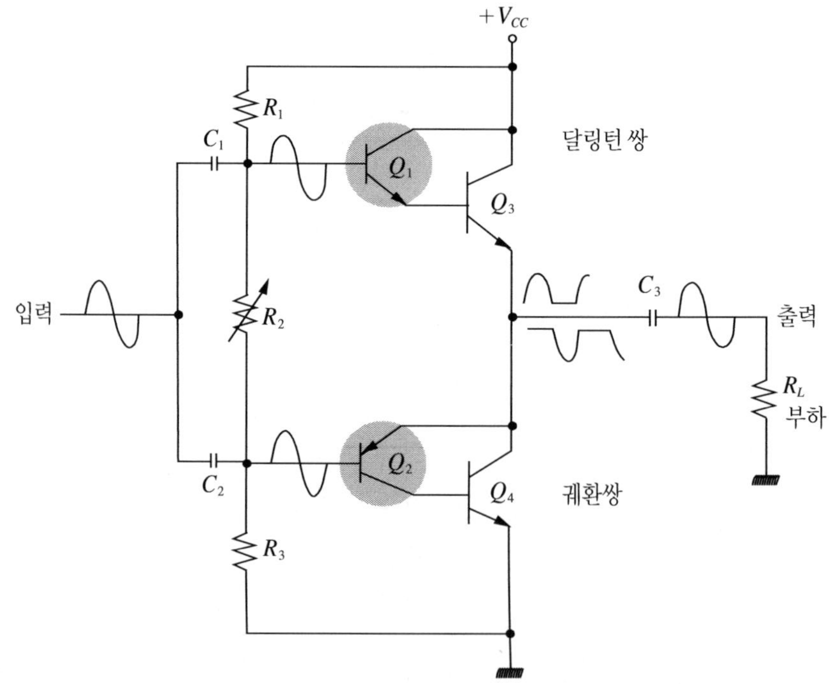

그림 8-14 변압기가 없는 유사상보형 푸시풀 증폭기

예제 8-11 그림 8 – 15의 회로에서 아래에 답하라.

(1) 입력신호가 12 V_{rms}일 때 이 회로에 공급되는 직류전력, 부하에 공급되는 출력전력, 각 트랜지터에서 소비되는 전력을 구하라.

(2) 출력신호가 일그러짐이 없이 최대값(25 V)을 갖도록 입력신호가 가해지고 있다고 가정할 때, 증폭기에 들어오는 최대직류전력, 최대출력전력 및 각 트랜지스터에서 소비되는 전력을 계산하라.

(3) 각 트랜지스터가 필요한 최대 소비전력을 계산하라.

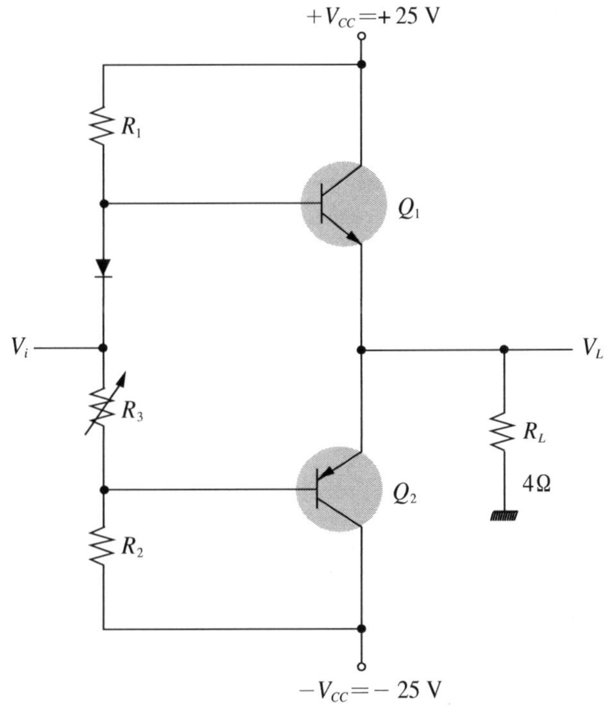

그림 8-15 B급 전력증폭기

풀이 (1) 피크 입력전압은

$$V_i(\mathrm{p}) = \sqrt{2}\, V_i\,\mathrm{rms} = \sqrt{2}\,(12\mathrm{V}) = 16.97\ \mathrm{V} \simeq 17\ [\mathrm{V}]$$

이때 부하의 양단에 걸리는 전압은 이상적으로 입력신호와 같다(증폭기는 이상적으로 전압 이득이 1이다). 그러므로

$$V_L(\mathrm{P}) = 17\ [\mathrm{V}]$$

$$P_o(\mathrm{ac}) = \frac{V_L^2(\mathrm{p})}{2R_L} = \frac{(17\ \mathrm{V})^2}{2(4\Omega)} = 36.125\ [\mathrm{W}]$$

$$I_L(\mathrm{p}) = \frac{V_L(\mathrm{p})}{R_L} = \frac{17\ \mathrm{V}}{4\Omega} = 4.25\ [\mathrm{A}]$$

이때 두 전원에서 나온 직류전류의 평균값은

$$I_{\mathrm{dc}} = \frac{2}{\pi} I_L(\mathrm{p}) = \frac{2\ (4.25\ \mathrm{A})}{\pi} = 2.71\ [\mathrm{A}]$$

이다. 따라서 증폭기에 공급된 전력은

$$P_i(\mathrm{dc}) = V_{CC} I_{\mathrm{dc}} = (25\ \mathrm{V})\ (2.71\ \mathrm{A}) = 67.75\,[\mathrm{W}]$$

가 된다. 증폭기 효율은(입력신호 $V_i = 12\ \mathrm{V_{rms}}$ 일 때)

$$\eta = \frac{P_o}{P_i} \times 100\% = \frac{36.125\ \mathrm{W}}{67.75\ \mathrm{W}} \times 100\% =`53.3\ [\%]$$

이다. 따라서 각 출력 트랜지스터에서 소비된 전력은

$$P_Q = \frac{P_{2Q}}{2} = \frac{P_i - P_o}{2} = \frac{67.75\ \mathrm{W} - 36.125\ \mathrm{W}}{2} = 15.8\ [\mathrm{W}]$$

(2) 입력신호가 $V_i = 25$ V, peak ($V_i = 17.68$ V, rms)로 증가하면, $V_L(\mathrm{p}) = V_{CC} = 25\ [\mathrm{V}]$이므로

$$\text{최대}\ P_o = \frac{V_{CC}^2}{2R_L} = \frac{(25\mathrm{V})^2}{2(4\Omega)} = 78.125\ [\mathrm{W}]$$

$$\text{최대}\ P_i = \frac{2}{\pi}\frac{V_{CC}^2}{R_L} = \frac{2}{\pi}\frac{(25\mathrm{V})^2}{4\Omega} = 99.47\ [\mathrm{W}]$$

$$\eta = \frac{P_o}{P_i} \times 100\% = \frac{78.125}{99.47} \times 100\% = 78.54\ [\%]$$

이다(회로의 최대효율이다). 이 최대전력의 조건에서 각 출력 트랜지스터에 의해 소비되는 전력은

$$P_Q = \frac{P_{2Q}}{2} = \frac{P_i - P_o}{2} = \frac{99.47\text{`W} - 78.125\ \text{W}}{2} = 10.67\ [\text{W}]$$

가 된다. 이 값은 작은 입력신호로 인해 소비되는 전력값보다도 작다.

(3) 출력 트랜지스터에서 필요한 최대 소비전력은

$$\text{최대}\,P_{2Q} = \frac{2}{\pi^2}\frac{V_{CC}^2}{R_L} = \frac{2}{\pi^2}\frac{(25\text{V})^2}{4\Omega} = 31.66\ [\text{W}]$$

이고

$$P_Q = \frac{P_{2Q}}{2} = \frac{31.66\ \text{W}}{2} = 15.83\ [\text{W}]$$

가 된다.

6. 증폭기 동작점의 종류와 파형의 일그러짐

(1) 동작점의 종류

정의에 의해 A급 동작은 신호의 전 주기(360° 구간) 동안 컬렉터 출력전류를 흐르게 한다. 그림 8 – 16 (a)는 A급 증폭기의 출력동작특성을 나타낸다.

전류의 바이어스 레벨은 I_{CQ}이고 부하선에 나타난 출력신호는 $I_{C\,\max}$와 $I_{C\,\min}$의 값을 초과하지 않아야 한다. 즉, 출력신호가 $I_{C\,\max}$나 $I_{C\,\min}$ 값을 초과하게 되면 증폭기의 선형동작 범위 밖에 동작점을 갖게 된다. 그림 8 – 16 (b)는 B급 증폭기의 동작을 나타낸다. 바이어스점이 차단영역에 있고, 출력전류는 단지 한 주기 중 180° 의 구간에서만 변화한다. 이러한 것을 B급 동작이라고

정의한다. 이 증폭기는 컬렉터 전류가 거의 0일 때 바이어스되므로 트랜지스터에서 소비되는 전력도 거의 0이라는 것을 주목해야 한다. 단지 입력신호가 이보다 큰 전류로 증가할 때만 트랜지스터는 그 평균전류를 취하게 된다. A급 증폭동작은 입력신호가 없을 때가 가장 나쁜 동작 조건이고 입력신호가 최대량일 때 전력을 가장 적게 소모하는 데 반해, B급 회로 동작에서 평균전류는 A급에서보다 작기 때문에 트랜지스터에서 소비되는 전력량은 A급보다 B급에서 더 작아진다.

그림 8 – 16 (c)는 A급과 B급의 중간 동작을 하는 AB급 증폭동작을 나타낸다. 이때 컬렉터 전류는 한 주기에서 위상이 180° 보다 크고 360° 보다는 작은 점위에서 동작한다. AB급 증폭기의 최대 동작효율은 A급과 B급의 효율, 즉 50 [%]와 78.5 [%]사이에 있다.

위상이 180° 보다 작은 구간에서 출력을 발생하는 증폭기 동작을 C급 동작이라고 하며 라디오나 텔레비전에서 볼 수 있는 공진 혹은 동조증폭기(tuned amplifier) 회로에서 볼 수 있다. 펄스형 신호의 동작은 D급이라 한다.

(2) 파형의 일그러짐

출력신호가 입력신호 사이클의 한 주기 위상인 360° 보다 작을 때 일그러짐이 있다고 말한다. 다시 말하면 출력신호는 입력신호파형을 그대로 증폭한 모양이 아니라 일부분의 입력신호가 일그러지거나 변형된 파형이라는 것이다.

라디오나 전축으로부터 나오는 음성이나 음악이 원래 녹음되었거나 전송되어 온 것과 다르게 들리는 것은 일그러짐이 있기 때문이다. 일그러짐은 오디오 시스템의 여러 부분에서 발생될 수 있다.

일그러짐은 회로 디바이스의 특성이 반드시 선형적이지는 않기 때문에, 즉 비선형적(nonlinear)이거나 진폭의 일그러짐(amplitude distortion)이 생기기 때문에 발생한다. 이러한 일그러짐은 모든 종류의 증폭기에서 발생할 수 있다. 더욱이 회로의 구성부품과 증폭 디바이스의 재질에 따라 다양한 동작주파수의 특성 범위에서 서로 다른 신호응답을 한다. 이에 따라 주파수의 일그러짐(frequency distortion)이 생길 수 있다.

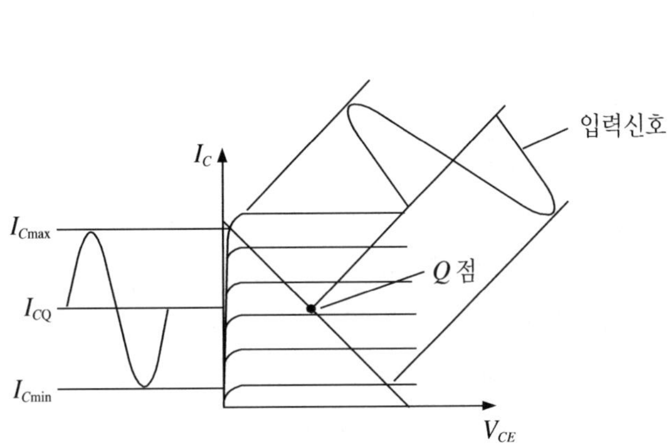

(a) A급

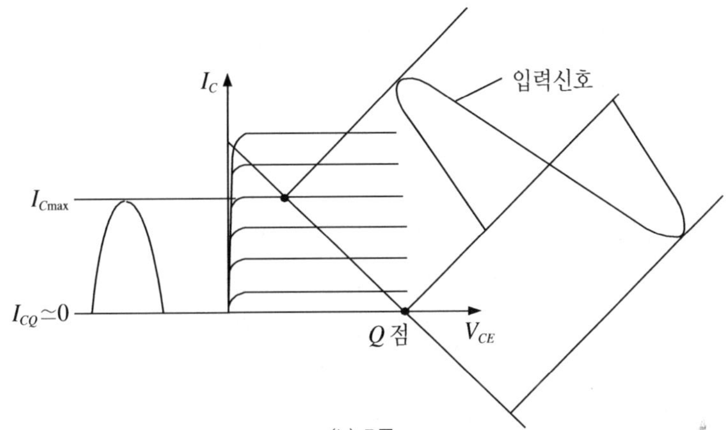

(b) B급

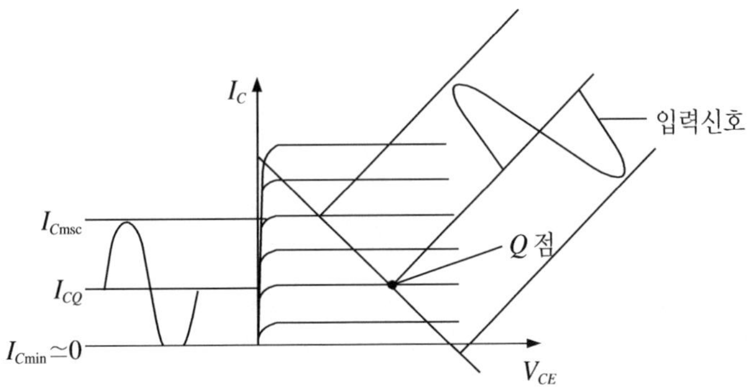

(c) C급

그림 8-16 증폭기 동작점의 종류

신호의 진폭에 일그러짐이 생기면 출력신호는 더 이상 출력신호를 나타내지 못한다. 출력신호에서의 이러한 변화(일그러짐)를 설명하는 방법에는 푸리에 해석법이 있는데, 이것은 주기신호(periodic signal)를 기본주파수 성분과, 이 기본주파수의 정수배인 주파수성분 또는 고조파(harmonic component or harmonics) 성분으로 신호를 해석하는 것이다. 예를들어, 원래 1000 [Hz]인 신호는 일그러짐이 일어난 후에는 그 성분에 1000 [Hz]의 주파수와 2 [KHz](2 × 1000 [Hz])의 고조파성분, 3 [KHz](3 × 1000 [Hz]), 4 [KHz](4 × 1000 [Hz]) 등의 고조파가 나타난다.

여기서 원래 주파수인 1000 [Hz]를 기본주파수라 하면 이의 정수배에 해당하는 주파수를 고조파, 즉 2[KHz]는 제2고조파, 3 [KHz]는 제3고조파 등으로 부른다(이 방법에서 기본주파수의 정수배가 아닌 분수형 고조파(fractional harmonics)는 존재하지 않는다).

스펙트럼 분석기와 같은 계측기를 이용하면 CRT 화면상에 주어진 신호의 기본성분 파형과 여러 가지 고조파성분을 디스플레이시킴으로서 신호에 나타난 고조파성분을 측정할 수 있다. 비슷한 방법으로 파형 분석기는 일그러진 신호의 고조파성분을 필터링하여 동시에 판독함으로써 보다 정확하게 측정할 수 있다. 이들 두 가지 모두는 기본 성분파형과 고조파성분의 합성으로 일그러진 신호를 고찰하는 방법으로 매우 실용적이고 유용하다.

B급이나 AB급의 증폭동작에서 나타나는 신호는 일그러짐이 주로 짝수고조파에 의하는데 그 중에서 제2고조파가 가장 크다. 따라서 일그러진 신호는 제2고조파와 그 이상의 모든 고조파가 합성된 신호이지만, 증폭기의 각 종류에서 고려해야 할 중요한 것은 일그러짐이 가장 큰 제2고조파이다.

그림 8-17은 컬렉터 전류파형을 나타낸 것이다. 즉, 정적동작점과 최대신호전류, 최소신호전류와 각각의 발생시기 등이 표시된다. 이 신호에는 일부 일그러짐 성분이 나타나고 있는데 근사적인 등식으로 일그러진 신호가 존재함을 나타낼 수 있다.

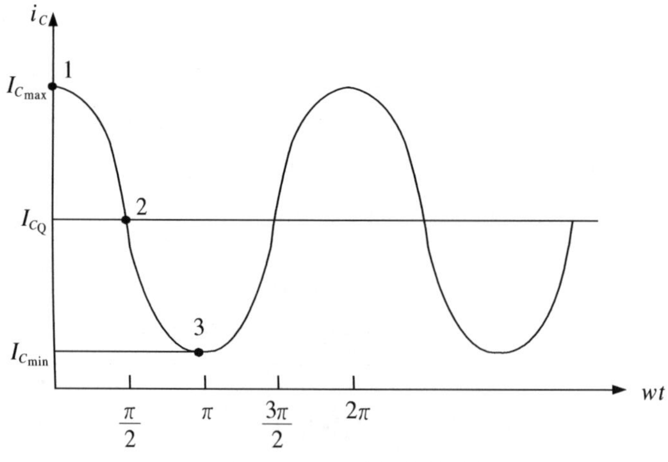

그림 8-17 제2고조파를 포함한 파형

$$i_c \simeq I_{CQ} + I_o + I_1 \cos(\omega t) + I_2 \cos(2\omega t) \qquad (8-34)$$

이 전류파형은 입력신호가 없을 때의 정적동작전류 I_{CQ}을 포함하고 있다. 즉, 이것은 zero 입력신호, 일그러진 신호전류의 평균치가 0이 아니기 때문에 생기는 부수적인 직류전류 I_o, 일그러진 신호의 기본성분 I_1, 그리고 기본주파수에 두 배가 되는 제2고조파 I_2를 포함하고 있다. 다른 고조파성분도 역시 존재하지만 여기서는 제2고조파 성분만 검토하기로 한다. 전류파형에 나타난 사이클의 몇몇 점에서 식 8－34에 의하여 전류를 계산하면 다음 세 가지 관계가 나온다.

점 1($\omega t =$ `0)에서 : $i_C = I_{C\max} = I_{CQ} + I_o + I_1 \cos(0) + I_2 \cos(0)$

$$I_{C\max} = I_{CQ} + I_o + I_1 + I_2 \qquad (8-35)$$

점 2$\left(\omega t = \frac{\pi}{2}\right)$에서 : $i_C = I_{CQ} = I_{CQ} + I_o + I_1 \cos\left(\frac{\pi}{2}\right) + I_2 \cos\left(\frac{2\pi}{2}\right)$

$$I_{CQ} = I_{CQ} + I_1 - I_2 \qquad (8-36)$$

점 3($\omega t = \pi$)에서 : $i_C = I_{C\max} = I_{CQ} + I_o + I_1 \cos(\pi) + I_2 \cos(2\pi)$

$$I_{C\max} = I_{CQ} = I_o - I_1 + I_2 \qquad (8-37)$$

식 11－35~37을 동시에 풀면 다음 결과가 나온다.

$$I_o = I_2 = \frac{I_{C\max} + I_{C\min} - 2I_{CQ}}{4}, I_1 = \frac{I_{C\max} - I_{C\min}}{2} \qquad (8-38)$$

제2고조파 일그러짐의 백분율의 정의는 다음과 같다.

$$D_2 = \left|\frac{I_2}{I_1}\right| \times 100\ [\%] \qquad (8-39)$$

제2고조파성분의 비율은 기본주파수 성분에 대한 출력전류파형에 나타난 제2고조파 성분의 백분율이다. 0 [%]의 일그러짐이란 어떠한 일그러짐도 없는 이상적인 경우라는 것이 분명하다.

식 8－39로 정의된 제2고조파에 의한 일그러짐을 식 8－38의 결과를 사용해 나타내면

$$D_2 = \left|\frac{\frac{1}{2}(I_{C\max} + I_{C\min}) - I_{CQ}}{I_{C\max} - I_{C\min}}\right| \times 100\ [\%] \qquad (8-40)$$

이다. 유사한 방법으로 제2고조파에 의한 일그러짐 양은 일그러진 출력전압파의 측정값을 이용해 관계식으로 나타낼 수 있다.

$$D_2=\left|\frac{\frac{1}{2}(V_{CE\max}+V_{CE\min})-V_{CEQ}}{V_{CE\max}-V_{CE\min}}\right|\times 100\ [\%] \quad (8-41)$$

예제 8-12 스코프에서 관측된 출력파형은 다음과 같다.

(1) $V_{CE\min}=1$ [V], $V_{CE\max}=22$ [V], $V_{CEQ}=12$ [V]

(2) $V_{CE\min}=4$ [V], $V_{CE\max}=20$ [V], $V_{CEQ}=12$ [V]

각각의 겨우에 대해서 제2고조파에 의한 일그러짐 양을 계산하라.

풀이 식 8-41을 사용하면

(1) $D_2=\left|\frac{\frac{1}{2}(22+1)-12}{22-1}\right|\times 100\ [\%]=2.38\ [\%]$

(2) $D_2=\left|\frac{\frac{1}{2}(20+4)-12}{20-4}\right|\times 100\ [\%]=0\ [\%]$ (일그러짐 없음)

제2고조파성분의 크기를 구하는 이 방법은 신호의 한 주기 내의 세 점에서 측정한 전압으로 대략적인 출력전압을 등식화했기 때문에 3점법(three-point method)이라 한다. 식 8-34에서 더 많은 고조파성분을 포함시키고 파형에서 더 많은 점을 사용하면 여러 개의 고조파성분에서 결과를 얻을 수 있다. 5점법을 사용하면 직류성분, 제1고조파(기본파 제2, 제3, 제4고조파) 성분을 얻을 수 있다. 이 각각의 성분에 대한 고조파 일그러짐은

$$D_2=\left|\frac{I_2}{I_1}\right| \quad D_3=\left|\frac{I_3}{I_1}\right| \quad D_4=\left|\frac{I_4}{I_1}\right| \quad (8-42)$$

일반적으로 각각의 고조파성분에 의한 총 일그러짐의 크기는

$$D=\sqrt{D_2^2+D_3^2+D_4^2+\cdots} \quad (8-43)$$

일그러짐이 일어난 경우에는 일그러짐이 일어나지 않을 경우로 하여 계산한 출력전력은 옳은 것이 못 된다. 예를 들어 식 8－14는 단지 일그러짐이 일어나지 않을 경우에만 적절하다. 일그러짐이 있으면 일그러진 신호 중의 기본파성분에 의한 출력전력은

$$P_1 = \frac{I_1^2 R_C}{2} \tag{8-44}$$

이고, 일그러진 신호의 모든 고조파성분으로 인한 전체 출력전력은

$$P = (I_1^2 + I_2^2 + I_3^2 + \cdots)\frac{R_C}{2} \tag{8-45}$$

이다. 전체 전력은 전체 일그러짐의 양으로 다음과 같이 나타낼 수 있다.

$$P = (1 + D_2^2 + D_3^2 + \cdots) I_1^2 \frac{R_C}{2} = (1 + D^2) P_1 \tag{8-46}$$

예제 8-13 고조파성분을 구하기 위해 5점법을 사용하면 $I_1 = 4$ [A], $R_C = 8$ [Ω]일 때 $D_2 = 0.1$, $D_3 = 0.02$, $D_4 = 0.01$의 결과를 얻는다. 전체 일그러짐 양과 기본파성분의 전력, 전체 전력을 구하라.

풀이 전체 일그러짐 양은 식 8－43을 사용하면

$$D = \sqrt{D_2^2 + D_3^2 + D_4^2} = \sqrt{(0.1)^2 + (0.02)^2 + (0.01)^2} \simeq 0.1$$

기본파성분의 전력은 식 11－44를 사용하면

$$P_1 = \frac{I_1^2 R_C}{2} = \frac{(4)^2 8}{2} = 64 \text{ [W]}$$

이고, 전체 전력은 식 8－46을 사용하면

$$P = (1 + D^2) P_1 = [1 + (0.1)^2] 64 = (1.01) 64 = 64.64 \text{ [W]}$$

이다(전체 전력은 주로 기본파성분에서 생기고, 제2고조파에 의한 것이 약 10 [%]이다).

(3) 그래프에 의한 일그러진 고조파성분의 해석

고조파성분을 이용하여 일그러진 신호를 표현하면 개념을 명확히 하는 데 큰 도움이 된다.

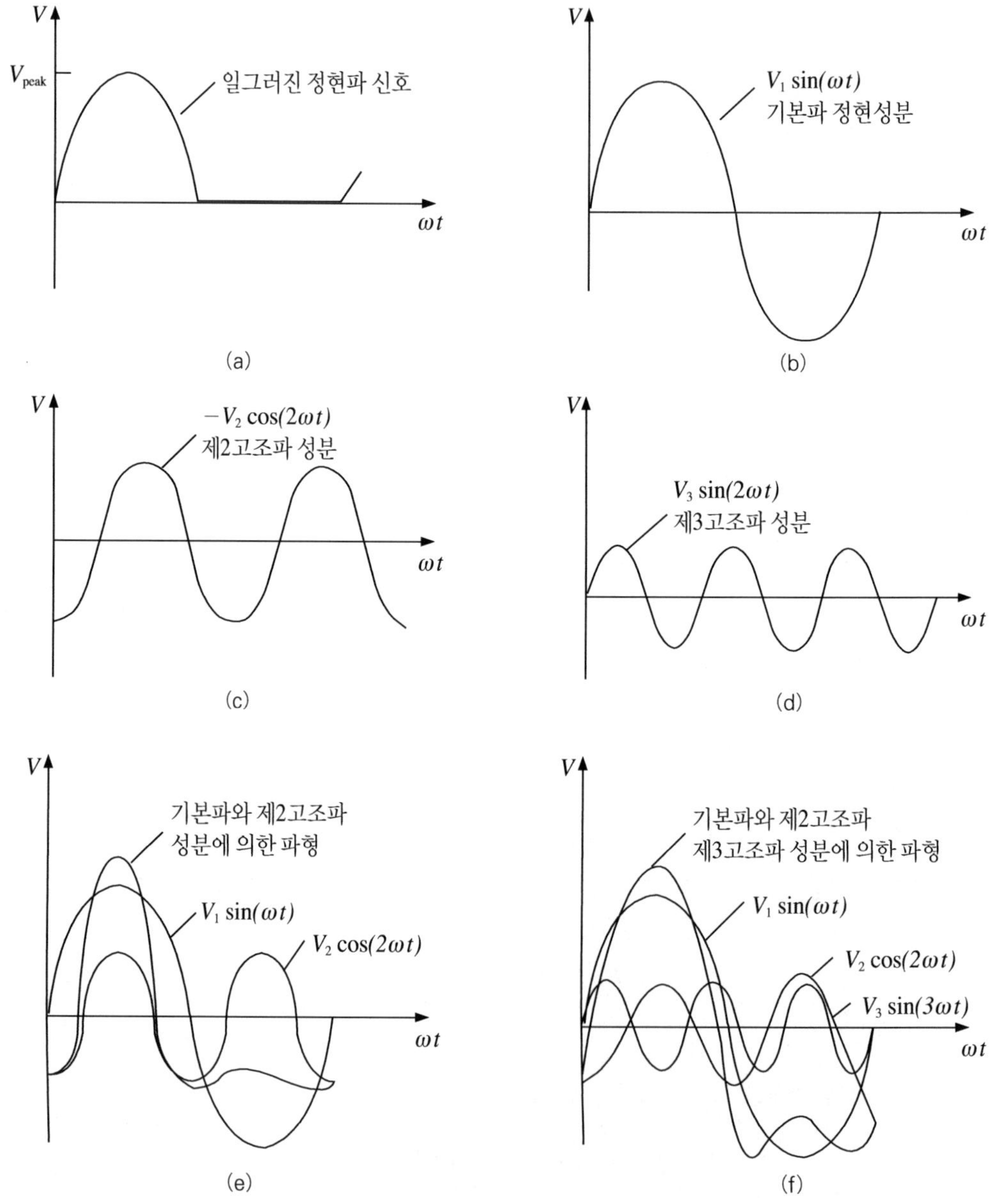

그림 8-18 고조파 합성법을 이용한 일그러진 신호의 그래프적 해석

예를 들어 B급 증폭동작의 결과로 나타나는 일그러진 파형을 그림 8 - 18 (a)에 나타내었다. 이 신호는 음의 반 주기 동안은 클리핑되고 양의 반 주기 동안은 출력신호가 나타난다. 푸리에 해석기법을 이용하면 일그러진 신호의 기본성분을 그림 8 - 18 (b)에서와 같이 계산할 수 있으며 그림 8 - 18 (b)는 일그러진 파형은 나타내지 않고 단지 일그러지지 않는 기본파성분, 즉 완전한 정현파 신호 그 자체만 나타낸다.

비슷한 방법으로 제2, 제3고조파성분을 구할 수 있는데, 그림 8 - 18 (c)와 (d)에서 각각 나타낸다. 이 각각의 성분을 합하였을 때 원래의 일그러진 파형과 비슷하게 되는지를 검토해 보자. 그림 8 - 18 (e)는 기본 주파수성분과 제2고조파를 합한 것을 나타낸다. 결과의 파형에서 음(-)의 반 주기 동안의 파형이 평탄해지고 있다. 이 파형에서 다시 제3고조파를 합한 것이 그림 8 - 18 (f)이다. 여기서 얻어진 결과 파형은 그림 8 - 18 (e)보다 더 원래의 파형인 그림 8 - 18 (a)와 더욱 유사하다. 크기와 위상이 정확한 높은 차수의 고조파를 합성하면 원래 신호에 더욱 근접하는 파형이 될 것이다. 비교적 간단한 방법으로 기본파성분과 고조파성분을 합성함으로써 일그러진 원래의 파형을 나타낼 수 있음을 알 수 있다. 일반적으로 주기함수는 다양한 크기와 위상을 갖는 기본파와 고조파로 나타낼 수 있다.

고조파의 개념은 일그러진 파형해석과 그 신호로 동작하는 회로를 해석하는 데 대단히 유용하다. 모든 고조파는 정현파 신호이기 때문에 회로에서 이들의 영향을 검토하고 중첩의 원리를 이용하여 구한 전압과 전류를 각각 합성해서 전체적인 영향을 파악할 수 있다.

파형 중에 고조파에 대해서는 푸시풀 증폭기에 대해서 특별히 다루게 되는데 어떤 특정한 방식으로 회로를 접속하면 짝수의 고조파를 없애고 단지 기본파와 홀수고조파성분만 남게 된다. 제2고조파성분이 가장 큰 일그러짐을 일으키기 때문에 제2고조파를 없애면 전체 일그러짐의 양은 상당히 줄어들게 된다.

7. C급과 D급 증폭기

A급, B급 그리고 AB급 증폭기는 전력증폭기로 주로 사용되지만, D급 증폭기는 고효율이라는 이유 때문에 많이 애용되고 있다. 그러나 C급 증폭기는 오디오 증폭기로는 사용되지 않지만, 통신시스템에 있어서 동조회로에 주로 사용된다.

(1) C급 증폭기

그림 8 – 19에 나타낸 C급 증폭기는 입력신호에 대하여 180° 보다 작은 범위에서 동작한다. 그러나 출력측의 동조회로는 출력측 동조회로($L-C$ 탱크회로)의 공진주파수에서 한 주기의 완전한 출력신호를 제공할 것이다. 이 회로의 동작은 통신회로와 같은 어떤 고정된 동조주파수에서 사용되도록 제한되어 있다. 또한 C급 증폭기의 동작은 대신호 혹은 전력증폭기에서 주로 사용되는 것은 아니다.

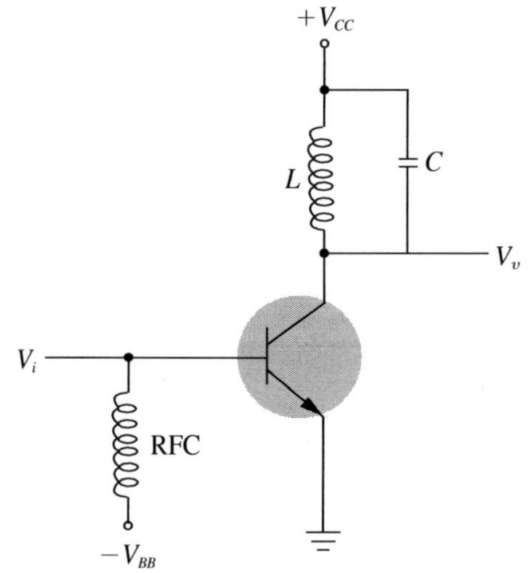

그림 8-19 C급 증폭기

(2) D급 증폭기

D급 증폭기는 디지털신호 혹은 펄스신호에 동작하도록 설계되어 있다. 이런 형태의 회로를 사용하면 90 [%] 이상의 효율을 얻을 수 있으므로 전력증폭기로서 바람직하다.

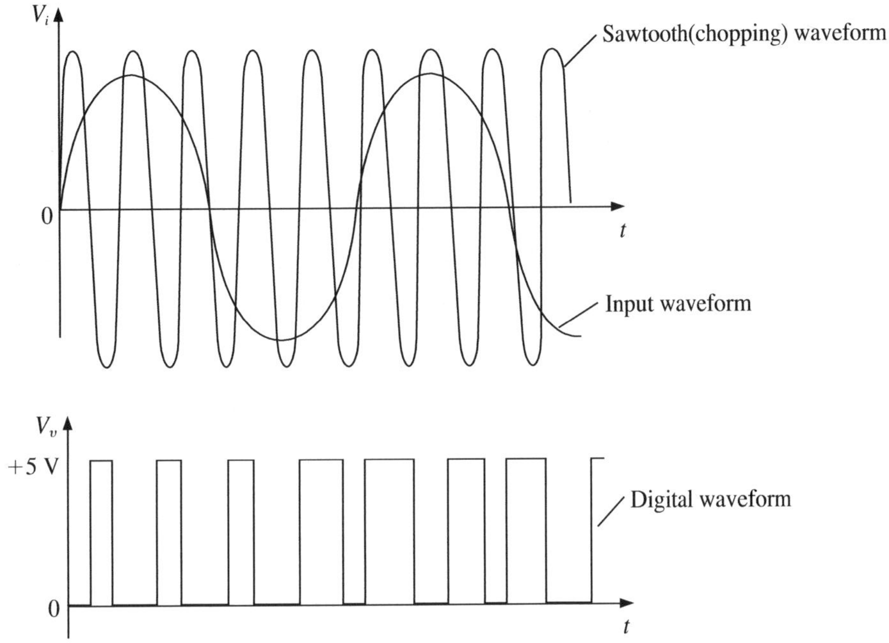

그림 8-20 디지털 파형을 만들기 위한 정현파 신호의 초핑

그러나 증폭기에 인가하기 전에 정현파 형태의 입력신호를 펄스신호의 형태로 변환해야 하며, 출력측에서 원래의 정현파 형태의 신호로 변환해야 한다. 그림 8－20에 정현파 입력신호를 펄스형태의 신호를 만들기 위해 Op－Amp 비교기의 입력측에 인가되는 초퍼 파형을 나타내었다.

그림 8－21은 D급 증폭기의 블록 다이어그램이며 저역통과필터를 사용하여 정현파 형태의 입력신호로 변환시키는 것을 나타낸다. 전력 MOSFET 소자는 D급 증폭기에서 구동 소자로 인기리에 사용되고 있다.

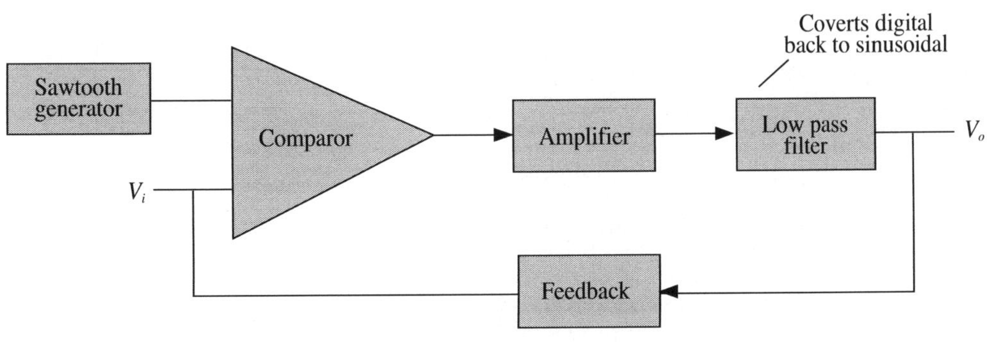

그림 8-21 D급 증폭기의 블록 다이어그램

연 습 문 제

1. 그림 8 - 4의 회로에서

(1) 공급전원 V_{CC}= 25 [V]일 때 입출력전력을 계산하라. 여기서 입력신호는 베이스전류가 5 [mA](rms)에서 얻어진다.

(2) R_B가 2 [KΩ]으로 바뀔 때 회로에 의해서 소비되는 입력전력을 계산하라.

(3) R_B가 2 [KΩ]으로 바뀔 때 회로에 의해서 전달되 수 있는 최대 출력전력은 얼마인가?

2. 그림 8 - 1의 회로의 바이어스가 공급전원과 컬렉터 전류의 각각 1/2이 되는 값으로 고정되면 1.5 [W]의 최대 출력에 대한 입력전력은 얼마인가?

3. A급 변압기 - 결합증폭기가 25 : 1의 변압기를 사용하여 4 [Ω]의 부하를 구동하다. 실효교류저항(변압기의 권선수가 더 큰 쪽에 연결된 트랜지스터에서 들여다본)을 구하라.

4. 8 [Ω]의 부하를 변압기의 1차측에서 보았을 때 실효저항이 10 [KΩ]이 되게 하려면 변압기의 권선비는 어떤 값을 가져야 하는가?

5. 16 [Ω]의 스피커 네 개를 병렬로 연결하여 실효저항이 8 [KΩ]이 되도록 하고자 할 때 필요한 변압기의 권선비를 구하라.

6. 변압기 결합 A급 증폭기가 $\sqrt{15}$: 1의 권선비를 가진 변압기를 통하여 16 [Ω]의 스피커를 구동한다. 36 [V]의 전원(V_{CC})을 사용하여 부하에 2 [W]를 전달하고자 한다.
이때 다음을 구하라.

(1) 변압기의 1차측에 걸리는 교류전력

(2) 부하전압의 rms 값

(3) 변압기의 1차측 전압의 rms 값

(4) 부하와 1차측에 흐르는 전류의 rms 값

7. *NPN* 트랜지스터를 사용한 A급 변압기 - 결합증폭기의 회로도를 작성하라.

8. 변압기 결합입력을 사용한 B급 *NPN* 푸시풀 증폭기의 회로도를 작성하라.

9. AB급으로 동작하는 *NPN* 푸시풀 전력증폭기의 회로도를 작성하라. 푸시풀 증폭단 앞부분의 위상분할(phase splitter) 구동회로를 나타내라.

10. 회로에 전압파형이 표시되는 유사상보형 증폭기의 회로도를 도시하라.

11. 변압기가 없는 증폭회로가 변압기－결합증폭회로보다 우수한 점을 열거하라.

12. 그림 11－14의 B급 전력증폭기에서 30 V의 전원을 사용하고 R_L= 8 [Ω]이라고 할 때 (1) 최대 교류전력 P_o(ac), (2) 최대 직류입력전력 P_i(dc), (3) %η, (4) 두 개의 출력 트랜지스터에서 각각 소비된 전력을 구하라.

13. 그림 11－15의 전력증폭기에서 40 [V]의 공급전원과 18 V_{rms}의 입력신호가 사용되었을 때 (1) P_o(ac), (2) P_i(dc), (3) % η, (4) 두 개의 출력 전력트랜지스터에서 각각 전력(부하는 R_L= 8 [Ω]이다)을 구하라.

14. 아래의 증폭기 종류와 각 전압을 이용하여 효율을 계산하라.
(1) A급 동작, $V_{CE\,max}$ = 24 [V], $V_{CE\,min}$ = 2 [V]
(2) B급 동작, $V_{CE\,max}$ = 4 [V], V_{CEmin} = 22 [V]

15. 아래에 주어진 전압은 스코프상에서 측정한 값이다. 제2고조파의 일그러짐 양을 구하라.
V_{CEmax} = 27 [V], V_{CEmin} = 14 [V], V_{CEQ} = 20 [V]

제9장 다단증폭기와 주파수 특성

1. 서론

이 장에서는 다단증폭기의 종속접속(casecaded configuration)과 복합접속(compound configuration)회로에 대하여 설명한다. 종속접속증폭기라는 것은 각 증폭단과 증폭단 사이를 연결하는 방법이 서로 유사하거나 동일한 것을 의미한다. 복합접속증폭기는 여러 개의 능동소자를 사용하여 회로를 구성하지만, 각 증폭단은 서로 다른 형태의 회로가 포함된다.

이 장의 앞 부분에서 데시벨에 대하여 해석하고 앞 장에서 사용한 해석방법을 이용하여 단일증폭기 및 다단증폭기의 응답에 대한 주파수 영향을 고찰하고자 한다.

2. 데시벨

데시벨(decibel : dB)의 개념과 이에 관련된 문제는 앞으로의 해석에서 중요하게 사용될 것이다. 데시벨이란 용어는 전력과 음성의 레벨이 서로 대수적 관계에 있다는 사실에서 시작된다. 즉, 전력의 크기가 4[W]에서 16[W]로 증가했다고 해서 음성의 크기도 16/4 = 4배로 증가할 것이라는 것을 의미하는 것은 아니다. 음성은 다음과 같이 4의 제곱(4^2)인 관계로부터 두 배 증가하게 된다. 한편 4[W]에서 64[W]로 변화할 경우 $(4)^3 = 64$이므로 소리의 크기는 세 배 증가할 것이다. 이와 같은 관계를 대수적인 형태로 표시하면 다음과 같다.

$$\log_4 64 = 3$$

이 식을 말로 표현하면 밑수(base)를 4로 하는 64의 대수(logarithm)는 3이 된다. 일반적으로 $\log_b a = x$인 대수식은 $b^x = a$와 같은 식을 표현한 것이다.

표준화를 해야 하기 때문에 벨(bel : B)은 두 전력 레벨 P_1, P_2의 관계로 다음과 같은 식으로 정의된다.

$$G = \log_{10} \frac{P_2}{P_1} \text{[bel]} \qquad (9-1)$$

정의식에서 밑수를 10으로 하는 상용대수를 사용함에 주의하라. 밑수가 원래의 전력 레벨이 아니더라도, 그 결과는 전력 레벨의 변화에 대한 음성 레벨의 변화를 의미한다. 벨(bel)이란 단어는 Alexander Graham Bell의 성을 따온 것이다. 그러나 벨은 실제문제에 사용될 때 단위가 너무 크기 때문에 벨의 1/10인 데시벨(decibel : dB)을 실용단위로 정의하게 되었다. 그러므로 식 9-1을 dB로 정의하면 다음과 같다.

$$G_{dB} = 10 \log_{10} \frac{P_2}{P_1} \text{[dB]} \qquad (9-2)$$

전자통신장비(증폭기, 마이크로폰 등)의 최종 정격(terminal rating)은 공통적으로 데시벨로 규격을 표시한다. 그러나 식 9-2는 데시벨 정격이 두 전력 레벨간의 크기의 차를 측정한 것임을 분명히 나타낸다.

특정출력전력(P_2)에서는 기준전력 레벨(P_1)이 반드시 있어야 한다. 기준전력으로 6 [mW]인 전원의 내부저항은 600 [Ω]이어야 하며, 이 저항값은 음성신호의 표준전송선로의 특성 임피던스와 같도록 정의했다. 기준 레벨로 1 [mW] 레벨이 채택되면 데시벨 기호는 종종 dBm으로 쓰기도 한다. 수식으로 표현하면

$$G_{dBm} = 10 \log_{10} \left. \frac{P_2}{1\text{mW}} \right|_{600\Omega} \qquad (9-3)$$

또 자주 사용되는 데시벨에 대한 두 번째 식이 있다. 이것은 그림 9-1 (a)의 회로를 통해 설명할 수 있다. 입력전압 V_i가 임의의 값 V_1일 때 전력 $P_1 = V_1^2/R_i$이고 여기서 R_i는 그림 9-1 (a) 시스템의 입력저항이다.

입력전압 V_i가 임의의 다른 레벨로 증가(혹은 감소)된다면, 전력 $P_2 = V_1^2/R_i$가 된다. 전력 레벨 사이에서 데시벨로 나타나는 차를 구하기 위해 식 9－2에 대입하면

$$G_{dB} = 10\ \log_{10}\frac{P_2}{P_1} = 10\ \log_{10}\frac{V_2^2/R_i}{V_1^2/R_i} = 10\ \log10\left(\frac{V_2}{V_1}\right)^2$$

그리고

$$G_{dB} = 20\ \log_{10}\frac{V_2}{V_1}\ [dB] \qquad (9-4)$$

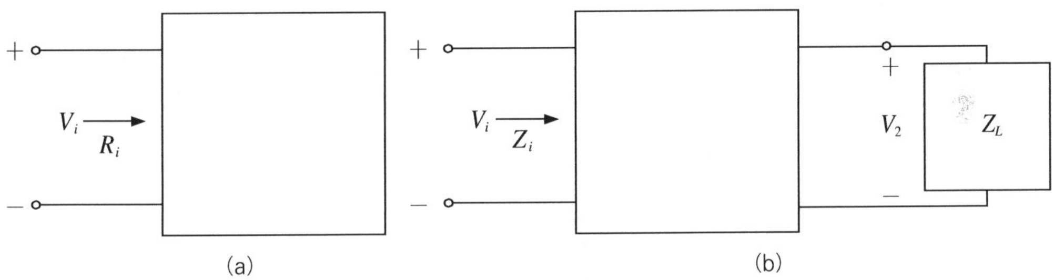

그림 9-1 식 9-2의 논의에 사용된 접속방법

위 식 9－4는 V_1과 V_2의 입력저항이 동일한 경우에만 정확한 것이 된다. 그림 9－1 (b)와 같이 $Z_i \neq Z_L$이면 식 9－4와 같은 결과를 얻을 수 없다. 이 경우 식 9－2를 이용해야 한다. 그림 9－1 (b)에서 $Z_i = Z_i \cos\ \theta_i$, $Z_L = Z_L \cos\ \theta_L$이면 $P_L = V_L^2/P_L \cos\ \theta_L$을 식 9－2에 대입하면 아래와 같은 식으로 된다.

$$G_{dB} = 20\ \log_{10}\frac{V_L}{V_i} + 10\ \log_{10}\frac{Z_i}{Z_L} + 10\ \log_{10}\frac{\cos\ \theta_i}{\cos\ \theta_L} \quad (9-5)$$

저항성분인 경우에 $\cos\ \theta_i = \cos\ \theta_L$이므로 식 9－5의 마지막 항에서 $\log_{10}\ (1) = 0$이다. 또한 임피던스 $Z_i = Z_L$이면 두 번째 항도 0이 되므로 이 경우 결과식은 식 9－4와 같이 표현된다. 흔히 임피던스가 다르다는 사실($Z_i \neq Z_L$)을 무시하고 전압이나 전류의 레벨을 비교할 때 식 9－4를 사용하기도 한다. 이 경우 전력을 기준으로 하는 데시벨이 아니고 전류이득 혹은 전압이득에 관한 데시벨로 정의한다고 명시해 두어야 한다.

대수식으로 표현할 때 이점 중의 하나는 종속접속 증폭단에 적용될 수 있다는 점이다. 예를 들어, 종속접속 시스템의 전압이득은 다음과 같이 주어진다.

$$A_{vT} = A_{v1}, A_{v2}, A_{v3} \cdots A_{vn}$$

적절한 대수식을 적용하면

$$G_v = 20 \log_{10} A_{vT}$$
$$= 20 \log_{10} A_{v1} + 20 \log_{10} A_{v2} + 20 \log_{10} A_{v3} + \cdots + 20 \log_{10} A_{vn} [\text{dB}] \quad (9-6)$$

다시 말하면 이 식은 종속접속 시스템의 데시벨 이득을 단지 각 증폭단의 데시벨 이득의 합을 나타낸다. 즉,

$$G_v = G_{v1} + G_{v2} + G_{v3} + \cdots + G_{vn} [\text{dB}] \quad (9-7)$$

위 식은 또한 전류이득에도 적용될 수 있다. 전력 $P_2 = I_2^2 R_o$와 전력 $P_1 = I_1^2 R_o$일 때

$$G_{dB} = 20 \log_{10} \frac{I_2}{I_1} [\text{dB}] \quad (9-8)$$

그리고

$$G_i = G_{i1} + G_{i2} + G_{i3} + \cdots + G_{in} \quad (9-9)$$

몇 가지 예를 들기 전에, 대수함수에 관한 기본적인 연산을 생각해 보자.

이 절에서 소개되는 각 식은 상용 혹은 밑수가 10인 대수를 이용한다. 대수를 처음 소개한 부분에서 설명한 것과 주어진 상수의 대수가 밑수의 지수이다.

예를 들면

$$\log_b a = x$$

그리고

$$b^x = \text{a}$$
$$(10)^x = 10{,}000$$

결과적으로

$$x = 4$$

마찬가지로

$$\log_{10} 1000 = \log_{10}(10)^3 = 3$$
$$\log_{10} 100 = \log_{10}(10)^2 = 2$$
$$\log_{10} 10 = \log_{10}(10)^1 = 1$$
$$\log_{10} 1 = \log_{10}(10)^0 = 0$$

24.8과 같은 대수는

$$\log_{10} 24.8 = x$$

혹은

$$10^x = 2.48$$

여기서 미지수 x는 분명히 1과 2 사이에 있다. 그러나 이것이 대수함수에 대한 것이 아니라면 앞서의 해는 단지 시행착오의 한 과정이 될 뿐이다. 어떤 수의 대수를 결정하기 위한 과정에서는 결과를 두 가지 요소로 구분할 필요가 있다. 즉, 이 두 가지 요소는 지표(characteristec)와 가수(mantissa)이다. 지표는 대수로 표시되는 숫자에 관계 있는 10의 지수부분을 뜻한다.

$$24.8 = 2.48 \times 10^1 \Rightarrow 1 = \text{지표}$$
$$4860.0 = 4.860 \times 10^3 \Rightarrow 3 = \text{지표}$$

가수, 혹은 대수의 소수부는 대수표나 계산기로 구해야 한다.

$$\log_{10} 24.8 = 1.3945$$
$$\log_{10} 4860.0 = 3.6866$$

물론 대부분의 계산기로도 지표와 가수를 바로 계산할 수 있다.

어떤 수의 역대수(andilogarithm)를 구하는 데는 여러 가지 방법이 있다. 즉, 위의 예제에서 이들 수의 대수로부터 24.8과 4860.0을 구해 보자. 이 과정은 단지 대수를 구하기 위해 적용했던 방법의 역이 된다. 예를 들어 2.140의 역대수를 구해보자.

$$2.140\} \begin{matrix} \text{지표} \Rightarrow 10^2 \\ \text{가수} \Rightarrow 138 \end{matrix} \Big\} \quad 1.38 \times 10^2 = 138$$

계산기를 이용하는 경우에는

$$\log_{10} x = 2.140$$

은

$$10^{2.140} = x$$

와 같다는 것과 10^y은 계산기로 구하는 기능표시라는 것을 잊지 말아야 한다.

1보다 작은 비(ratio)를 갖는 수의 대수를 구할 경우에는 단지 비의 역을 취하고 음의 기호를 붙임으로써 구할 수 있다. 대부분의 계산기는 음의 기호를 표시할 수 있다.

$$\log_{10}\frac{1.6}{24} = -\log_{10}\frac{24}{1.6} = -\log_{10} 15 = -1.1761$$

$$\log_{10} 0.788 = -\log_{10}\frac{1}{0.788} = -\log_{10} 1.269 = -0.1035$$

전력비(power ratio)에 있어서 데시벨비는 다지 초기전력 혹은 입력전력과 비교하여 전력의 감소를 표시한다.

예제 9-1 데시벨 이득이 100 [dB]일 때의 진폭이득을 구하라.

풀이 식 9-2에 의해

$$G_{dB} = 10\log_{10}\frac{P_2}{P_1} = 100\text{ dB} \Rightarrow \log_{10}\frac{P_2}{P_1} = 10$$

따라서

$$\frac{P_2}{P_1} = 10^{10} = 10{,}000{,}000{,}000$$

이 예제는 실제 증폭기에서 기대되는 데시벨값의 범위를 짐작할 수 있을 것이다. 만약 100 [dB] 정도의 이득을 얻었다면 의문을 가져야 한다. 왜냐하면 50 [dB] 정도 이득이 100,000배 전력이득을 갖는 증폭기가 되기 때문이다.

예제 9-2 어떤 소자의 입력전력은 1000 [V]에서 10,000 [W]이다. 출력전력은 500 [W]이고 출력임피던스는 20 [Ω]이다. 이때

(1) 전력이득을 데시벨로 구하라.
(2) 전압이득을 데시벨로 구하라.
(3) (1)과 (2)가 일치하는가 또는 일치하지 않는가? 그 이유를 설명하라.

풀이

(1) $G_{dB}=10\log_{10}\dfrac{P_2}{P_1}=10\log_{10}\dfrac{0.5\times10^3}{10\times10^3}=10\log_{10}\dfrac{1}{20}=-10\log_{10}20$

$=-10(1.301)=-13.01\text{dB}$

(2) $G_v=20\log_{10}\dfrac{V_o}{V_i}=20\log_{10}\dfrac{\sqrt{PR}}{1000}=20\log_{10}\dfrac{\sqrt{500\times20}}{1000}$

$=20\log_{10}\dfrac{100}{1000}=20\log_{10}\dfrac{1}{10}=-20\log_{10}10=-20\,[\text{dB}]$

(3) $R_i=\dfrac{V^2}{P}=\dfrac{10^6}{10^4}=10^2\neq R_o=20\,[\Omega]$

예제 9-3 40 [W]의 출력정격을 갖는 증폭기를 10 [Ω] 스피커에 연결하였다. (1) 전력이득이 25 [dB]일 때 정격전력출력을 얻기 위하여 필요한 입력전력을 계산하라. (2) 증폭기의 전압이득이 40 [dB]일 때 정격출력에 대한 입력전압을 결정하라.

풀이

(1) 식 9－2

$$25=10\log_{10}\frac{40}{P_i}\Rightarrow P_i=\frac{40}{\text{anti}\log(2.5)}=\frac{40}{3.16\times10^2}$$

$$=\frac{40}{316}\simeq126.5\,[\text{mV}]$$

(2) $G_v = 20\log_{10}\dfrac{V_o}{V_i} \Rightarrow 40 = 20\log_{10}\dfrac{V_o}{V_i}$

$$\frac{V_o}{V_i} = \text{anti}\log 2 = 100$$

$$V_o = \sqrt{PR} = \sqrt{40 \times 10} = 20\ [\text{V}]$$

$$V_i = \frac{V_o}{100} = \frac{20}{100} = 0.2\,\text{V} = 200\ [\text{mV}]$$

그래프에 대수눈금을 이용하면 특정 변수의 변화범위는 크게 확장된다. 이러한 대수눈금 그래프 용지에는 반 대수(semi-log) 혹은 이중대수(double-log : log-log)눈금이 표시된다. 반(semi)이란 말은 두 눈금 중 한 눈금만이 대수눈금임을 나타내고 이중대수(double-log)란 말은 양쪽 눈금 모두 대수눈금임을 나타낸다. 그림 9-2는 반 대수눈금을 나타낸다. 수직눈금은 같은 선형눈금임을 주목하라. 대수그래프의 선 사이의 간격

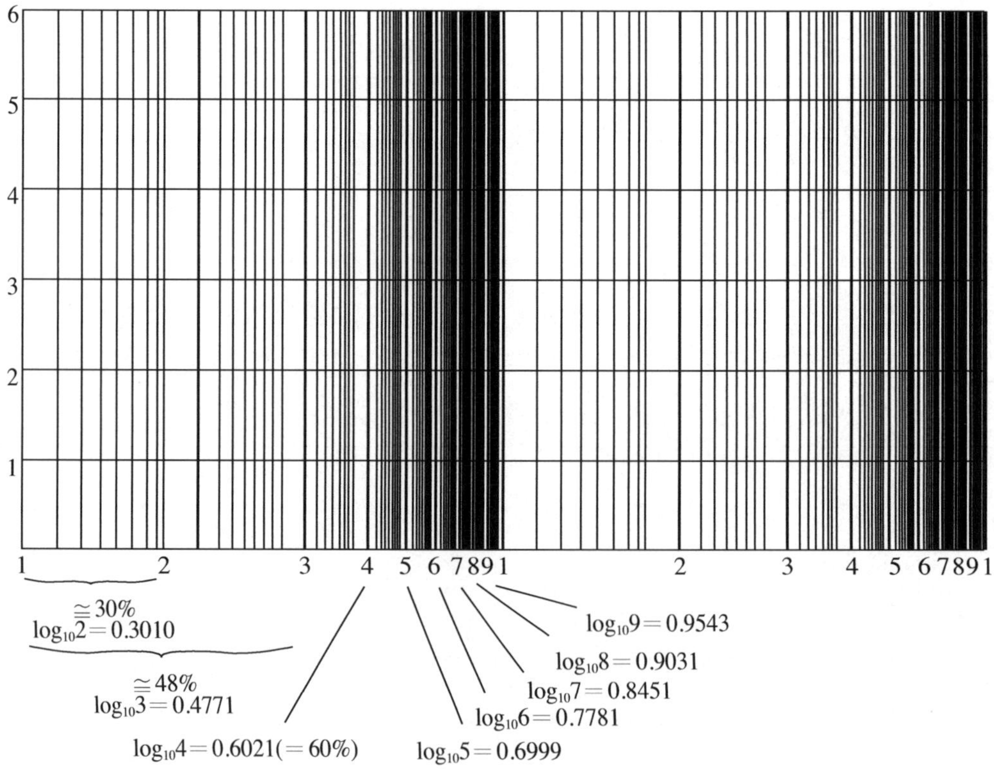

그림 9-2 반 대수(semi-log) 그래프 용지

을 만드는 방법이 그림에 표시되어 있다. 밑수가 10인 2의 대수는 약 0.3이다. 그러므로 1($\log_{10}1 = 10$)에서부터 2까지의 거리는 그 간격의 30 [%]이다. $\log_{10} 5 \simeq 0.7$이므로 거리의 70 [%]인 점에 표시된다.

매 두 자리마다 왼쪽에서 오른쪽으로 진행됨에 따라 선의 압축크기는 동일하다는 것에 주목하라. 간격의 부족으로 눈금을 상세히 표시할 수 없기 때문에 그래프 눈금의 간격과 눈금이 표시하는 값의 관계를 정확하게 표현하는 것이 더욱 중요하다. 과거의 경험으로 미루어 볼 때 이 그림의 긴 막대의 수치는 차례로 0.3, 3, 30이고 다음으로 짧은 막대는 0.5, 5, 50의 값을 가지며 이 가장 짧은 막대는 0.7, 7, 70임을 알아야 한다.

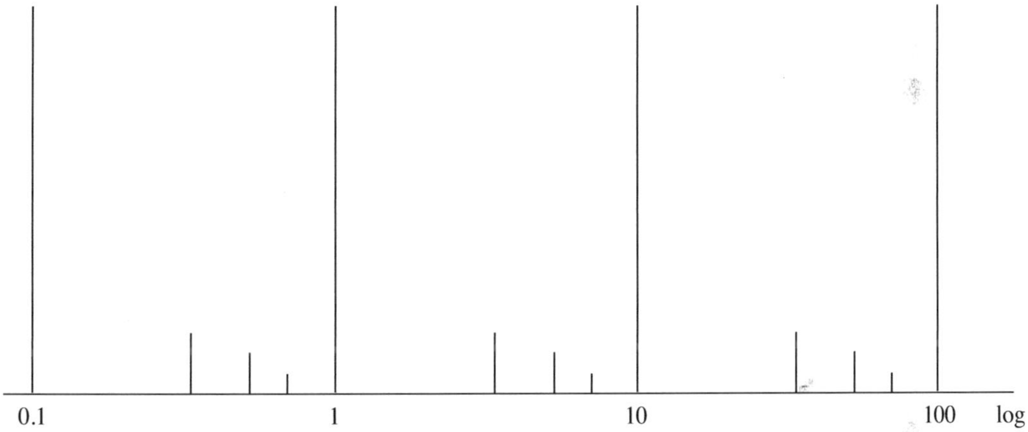

그림 9-3 대수눈금의 수치값

3. 증폭기의 종속접속

종속접속 시스템에 대한 설명은 그림 9－3에 나타낸 블록선도를 고찰하는 것으로부터 시작된다. 그림에는 관심의 대상이 되는 양이 표시되어 있다. 각 단에 표시된 A_v(전압증폭)와 A_i(전류증폭)는 그림 9－4에 표시된 것처럼 모든 단이 연결된 상태에서 결정된다. 다시 말하면 A_v와 A_i는 각 증폭단을 독립적으로 각 단의 이득을 표시하는 것은 아니다. 그림 9－4에서 A_v와 A_i를 계산할 때 다른 증폭단에 의한 부하효과를 고려해서 계산해야 한다. 여기서 이득, 전압, 전류 및 임피던스는 단지 크기만을 나타내며 복소수로 표현하지 않는다.

증폭시스템과 전체이득(전압 혹은 전류)에 대한 결과를 단순하게 설명하기보다는 오히려 간단한 수치적인 예를 들어 봄으로써 분명하게 해답에 이르게 할 것이다. 만일 2단 증폭기의 각 증폭단에서 전압이득이 $A_{v1}=-40$, $A_{v2}=-50$이고, 입력전압이 $V_{i1}=1$ [mV]인 경우라면 첫 번째 증폭단의 출력은 $V_{o1}=A_{v1}\times V_{i1}=-40\times 1$ [mV]$=-40$ [mV]가 된다. 또 $V_{o1}=V_{i2}$이므로

$$V_{o2}=A_{v2}V_{i2}=-50\,(-40\text{ mV})=2000\text{ [mV]}=2\text{ [V]}$$

전체 전압이득은 $A_{vT}=2000\text{ mV}/1\text{mV}=2000$ 이다.

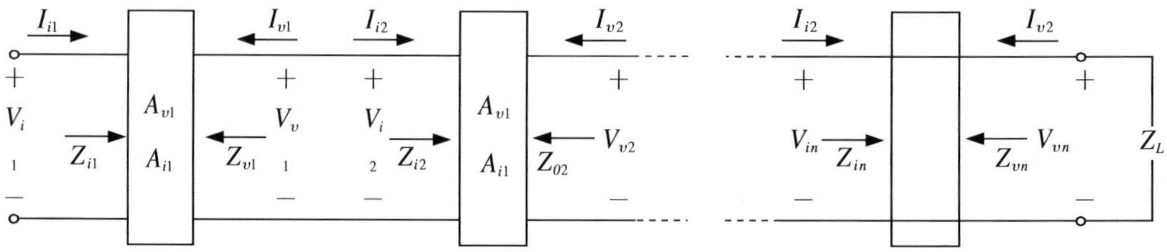

그림 9-4 증폭기의 종속접속 시스템

분명히 2단 증폭기의 전체 전압이득은 각 단의 전압이득 A_{v1}과 A_{v2}를 곱하여 얻는다. 일반적으로 n단 증폭기에 대한 전체 전압이득은

$$A_{vT}=\pm\, A_{v1}A_{v2}\,A_{v3}\,\cdots\,A_{vn} \qquad (9-10)$$

전체 전압이득에 대해서도 이와 같은 관계는 성립한다.

$$A_{iT}=\pm\, A_{i1}\,A_{i2}\,A_{i3}\,\cdots\,A_{in} \qquad (9-11)$$

그림 9-4에 나타낸 것처럼 각 증폭단의 입출력 임피던스는 전체 시스템의 각 증폭단과 모든 증폭단의 영향을 고려하여 얻어진 값이다. 각 증폭단의 입출력 임피던스값에 의하여 전체 시스템의 입출력 임피던스를 구할 수 있는 식 9-11과 같은 일반식은 있을 수 없다. 그러나 대개의 경우 트랜지스터, FET 혹은 진공관 회로에서 입력 혹은 출력 임피던스를 구하는 경우, 단지 한 개 또는 두 개의 증폭시스템만을 고려하여 납득할 만큼 정확한 값을 계산해 낼 수가 있다.

그림 9-4에 표시한 증폭시스템의 전체 전압이득의 크기는 다음과 같이 쓸 수 있다.

$$|A_{vT}| = \left|\frac{V_{on}}{V_{i1}}\right| = \left|\frac{-I_{on}\,Z_L}{I_{i1}\,Z_{i1}}\right|$$

$$|A_{vT}| = |A_i T| \cdot \left|\frac{Z_L}{Z_{i1}}\right| \qquad (9-12)$$

식 9-3은 다음 해석에서 유용하게 사용될 것이다. 한 걸음 더 나아가서, 저항성 부하에 대한 전압이득과 전류이득을 곱하면

$$|A_{vT}A_{iT}| = \left|\frac{I_{on}\,R_L}{I_{i1}\,R_{i1}}\right| \cdot \left|\frac{I_{on}}{I_{i1}}\right| = \left|\frac{I_{on}^{\,2}\,R_L}{I_{i1}^{\,2}R_{i1}}\right| = \frac{P_o}{P_i}$$

이고

$$|A_{pT}| = |A_{vT}| \cdot |A_{iT}|$$

가 되어 이는 시스템의 전체 전력이득이 된다.

그림 9-4에서와 같은 어떤 시스템의 증폭단 사이를 연결하는 데는 세 가지 형태가 있다. 먼저 설명할 것은 RC-결합증폭기시스템으로 세 가지 중에서 가장 많이 사용된다.

그 다음에는 변압기 결합증폭기시스템과 직접결합 증폭기시스템을 설명하기로 한다.

4. RC - 결합증폭기

그림 9-5는 대표적인 변수값과 바이어스를 걸어 주는 방법이 제시된 2단 종속 RC-결합 트랜지스터 증폭기이다. 'RC-결합' 이란 말은 증폭단 사이의 바이어스 저항과 결합 커패시터로 연결하는 데서 비롯된다.

근사법의 기본적인 기능은 최소한의 시간과 노력으로 적당한 해를 구하는 데 있다. 회로해석에 있어서 시간을 단축하기 위해서는 가능하면 회로의 요소를 줄여서 재배치할 필요가 있다. 그러나 그림 9-5의 회로에서는 단지 원래의 그림만을 이용하여도 그 해를 구할 수 있다.

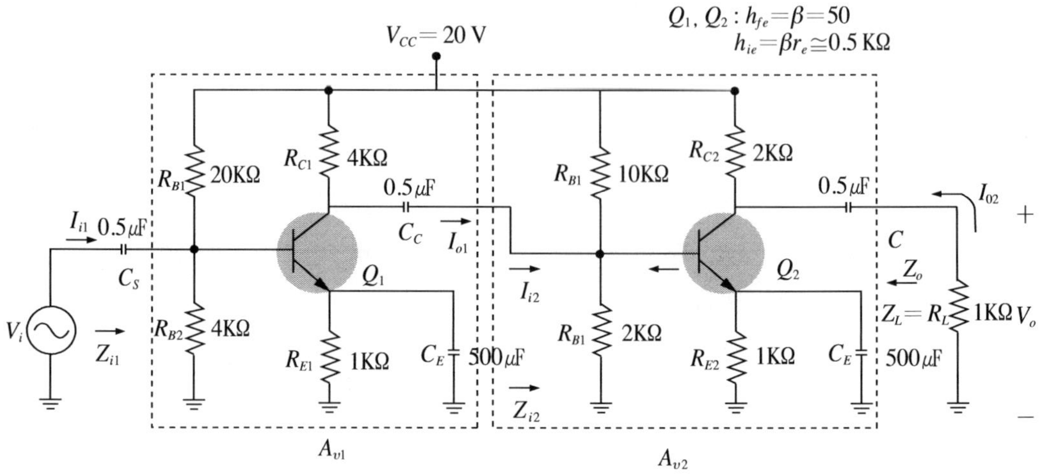

그림 9-5 RC-결합 2단 증폭기

(1) 입력임피던스 Z_i

1단 증폭기를 해석해 본 경험으로, AC 응답을 계산하기 위해서 그림 9-5의 회로를 다시 그리면 20 [KΩ]과 4 [KΩ]은 병렬 접속된다. 또한 이것들은 Q_1의 입력임피던스와 병렬이 될 것이며 이는 이미터저항이 C_E에 의해 바이패스되므로 대략 $h_{ie}=\beta r_e=0.5$ [KΩ]이 된다.

따라서 이때의 전체 병렬결합은

$$Z_{i1}=20\text{K}\Omega \;//\; 4\text{K}\Omega \;//\; 0.5\text{K}\Omega=0.435\text{K}\Omega$$

(2) 출력임피던스 Zo

트랜지스터의 컬렉터-이미터에 대한 근사등가회로는 간단히 전류원 $h_{fe}I_{b2}$로 나타낼 수 있다는 사실에 유의할 필요가 있다. 이러한 경우 $V_i=0$ 일 때 $I_{b1}=0$, $I_{b2}=0$이 되어 결과적으로 $h_{fe}I_{b2}=0$이 된다. 그러므로 Z_o는 단순히 제어전류원(controlled current source)의 개방회로와 병렬인 R_{C2}가 된다. 즉,

$$Z_o|_{Vi=0}=R_{C2}=2\ [\text{K}\Omega]$$

(3) 전류증폭도 Ai

그림 9-6과 같이 전류분배법칙을 적용하면

$$I_{b1} = \frac{R' I_{i1}}{R' + h_{ie}} = \frac{3.333\ [\mathrm{K\Omega}]\ I_{i1}}{3.333\ [\mathrm{K\Omega}] + 0.5\ [\mathrm{K\Omega}]}$$

그러므로

$$I_{b1} \simeq 0.87\ I_{i1}$$

첫 번째 증폭단의 컬렉터 전류는 $I_{C1} \simeq h_{fe} I_{b1}$이다. 그러나 I_{C1}은 4 [KΩ] 저항과 두 번째 증폭단의 부하로 분배되어 흐른다. 다음 증폭단의 부하로서 10 [KΩ], 2 [KΩ], 0.5 [KΩ] 저항의 병렬결합은 0.385 [KΩ]의 임피던스가 될 것이다.

전류분배법칙을 적용하면

$$I_{o1} = \frac{-R_C(I_{C1})}{R_{C1} + 0.385\,\mathrm{K\Omega}} = \frac{-4\,\mathrm{K\Omega}\,(I_{C1})}{4\,\mathrm{K\Omega} + 0.385\,\mathrm{K\Omega}}$$

$$= \frac{-4\,\mathrm{K\Omega}(h_{fe}\ I_{b1})}{4.385\,\mathrm{K\Omega}} = \frac{-4\,\mathrm{K\Omega}(50)\,(0.87 I_{i1})}{4.385\,\mathrm{K\Omega}} = -39.68\ I_{i1}$$

그리고

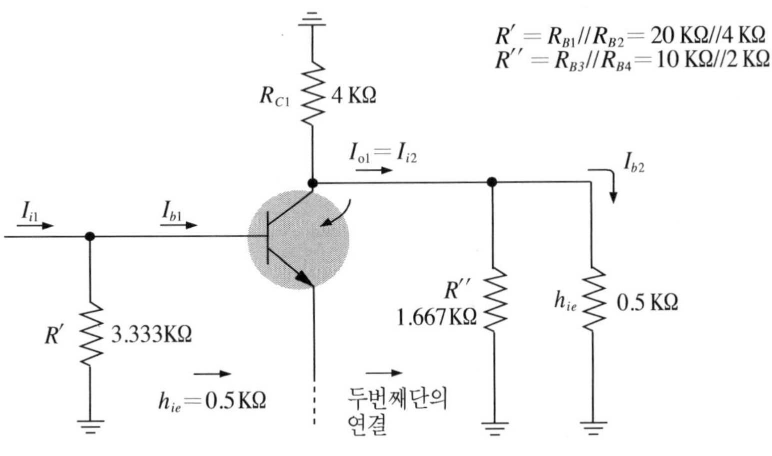

그림 9-6 I_{i1}과 I_{i2} 사이의 관계 결정 과정

$$A_{i1} = \frac{I_{o1}}{I_{i1}} \simeq -39.68$$

두 번째 증폭단에 대하여

$$I_{b2} = \frac{R'' I_{i2}}{R'' + h_{ie}} = \frac{1.667\ \mathrm{K\Omega}\,(I_{i2})}{1.667\ \mathrm{K\Omega} + 0.5\ \mathrm{K\Omega}} = 0.769 I_{i2}$$

이고

$$I_{C2} = h_{fe} I_{b2} = 50(0.769 I_{i2}) = 38.45 I_{i2}$$

출력회로

$$I_{o2} = \frac{R_{C2} I_{C2}}{R_{C2} + R_L} = \frac{2\mathrm{K\Omega}(h_{fe} I_{b2})}{2\mathrm{K\Omega} + 1\mathrm{K\Omega}} = \frac{2\mathrm{K\Omega}(38.45 I_{i2})}{3\mathrm{K\Omega}} = 25.63 I_{i2}$$

그리고

$$A_{i2} = \frac{I_{o2}}{I_{i2}} = 25.63$$

또한

$$A_{iT} = A_{i1} A_{i2} = (-39.68)(25.63) \simeq -1017.0$$

이다.

(4) 전압증폭도 A_v

교류신호에 대한 그림 9-5의 등가회로를 그리면 입력신호전압 V_i는 첫 번째 증폭단의 베이스에 직접 나타난다. 트랜지스터의 이미터 단자는 접지되어 있기 때문에 교류전압이득은 다음 식에 의해 구할 수 있다.

$$A_v \simeq \frac{-h_{fe} R_L}{h_{ie}} = \frac{-R_L}{r_e}$$

첫 번째 증폭단에 부하로 걸리는 R_L은 R_{C1}, R_{B3}, R_{B4} 그리고 $h_{ie}(=\beta r_e)$의 병렬결합으로 0.3509 [KΩ]이 된다. 따라서 전압증폭 A_{v1}은 $[-(50)(0.3509\,\text{K}\Omega)]/0.5\,\text{K}\Omega=-35.09$가 된다.

두 번째 증폭단에서

$$A_{v2}=\frac{-(50)(R_{C2}//R_L)}{0.5\,\text{K}\Omega}=\frac{-(50)(2\,\text{K}\Omega//1\,\text{K}\Omega)}{0.5\,\text{K}\Omega}=\frac{-(50)(0.667\,\text{K}\Omega)}{0.2\,\text{K}\Omega}=-66.70$$

따라서 전체 전압이득은

$$A_{vT}=A_{v1}\,A_{v2}=(-35.09)\,(-66.70)$$

$$A_{vT}\simeq 2340.50$$

식 9-12를 이용하면

$$|A_{vT}|=|A_{iT}|\cdot\left|\frac{Z_{i1}}{Z_L}\right|=\frac{(1017.0)\,(1\,\text{K}\Omega)}{0.435\,\text{K}\Omega}=2337.93$$

이다. 위에서 구한 A_{vT}값 사이의 차이는 단지 A_{iT}와 A_{vT}에 대한 각각의 해에서 발생하는 십진 올림수(decimal carry) 정도의 극히 작은 차이에 불과하다. 이 경우에 있어서 A_{vT}를 구하는 것이 A_{iT}를 구하는 것보다 훨씬 더 쉽다. 따라서 앞으로 A_{vT}를 먼저 구하고 다음 식으로 표현되는 식 9-12를 이용하여 A_{iT}를 계산하는 것이 시간을 절약할 수 있다.

$$|A_{iT}|=|A_{vT}|\cdot\left|\frac{Z_{i1}}{Z_L}\right|$$

예제 9-4 그림 9-7에 있는 2단 증폭기의 입출력임피던스, 전압이득 및 전류이득을 계산하라. 두 번째 증폭단이 이미터 폴로어 회로임에 주의하라.

풀이 (1) 입력임피던스 Z_i : 교류조건에서 첫 번째 증폭단의 R_E는 C_E에 의해 바이패스되고, Q_1의 입력임피던스 $\simeq\beta r_e=(100)\,(10.74)=1.074$ [KΩ]이 된다. 따라서

$$Z_i=R_{B1}//R_{B2}//\beta r_e=82\,[\text{K}\Omega]\;//\;20\,[\text{K}\Omega]\;//\;1.074\,[\text{K}\Omega]\;\simeq\beta\text{r}_\text{e}=1.074\,[\text{K}\Omega]$$

(2) 출력임피던스 Z_o ; 교류조건에 따라 회로를 그림 9-8과 같이 다시 그린다. $Z_e = (R_s // \beta) + r_e$ 여기서 저항 R_s는 트랜지스터의 베이스에 연결된 소스저항(source resistance)이다.

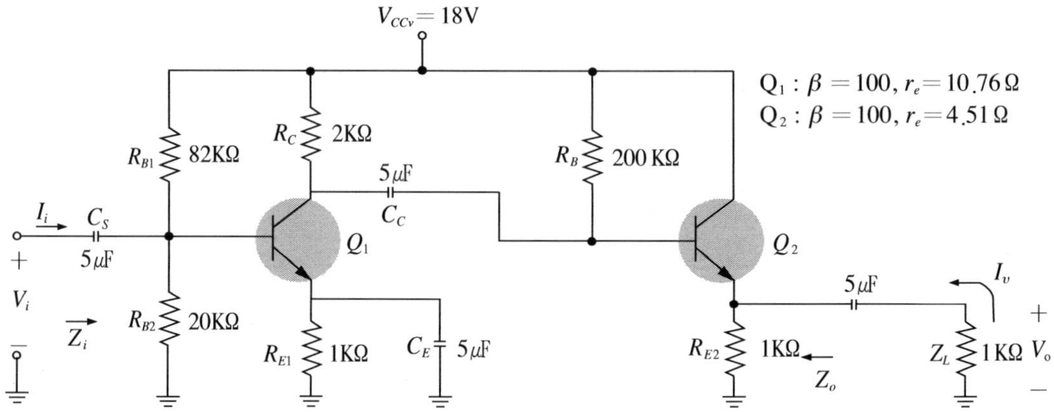

그림 9-7 2단 증폭기

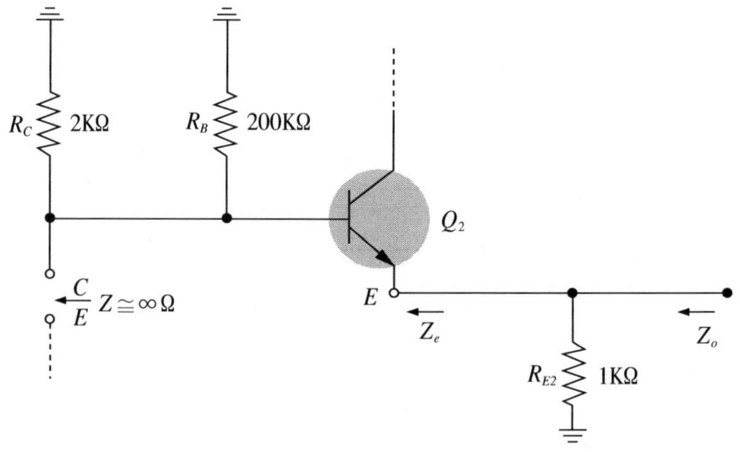

그림 9-8 그림 9-7의 회로에서 Zo의 결정 과정

이 경우 $R_s = 2\,[\text{K}\Omega] // 200\,[\text{K}\Omega] \simeq 2\,[\text{K}\Omega]$

$$Z_e = \frac{2\text{K}\Omega}{100} + 4.51 = 20 + 4.51 = 24.51\,[\Omega]$$

$$Z_o = Z_e // R_{E2} = 24.51 // 1\,[\text{K}\Omega] \simeq 24.51\,[\Omega]$$

전압증폭도 A_v :

$$V_i = V_{b1}$$

$$A_{v1} \simeq \frac{-R_L}{r_{e1}} = \frac{-[R_C // R_B // \beta(R_{E2} // Z_L)]}{r_{e1}} = \frac{-[2K\Omega // 200K\Omega // 100(1K\Omega // 1K\Omega)]}{r_{e1}}$$

$$= -\frac{2K\Omega // 200K\Omega // 50K\Omega}{10.74} \simeq -\frac{2K\Omega}{10.47} = -186.22$$

$$V_{be2} \simeq 0\text{ V},\ V_{b2} \simeq V_o,\ A_{v2} = (V_{o2}/V_{i2}) = 1$$

따라서

$$A_{vT} = A_{v1}\, A_{v2} = (-186.22)\,(1) = -186.22$$

전류증폭도 A_i :

$$|A_{iT}| = |A_{vT}| \cdot \left|\frac{Z_{i1}}{Z_L}\right|$$

$$= 186.22\left(\frac{1.074\text{ K}\Omega}{1\text{K}\Omega}\right) = 200$$

위에서 취급한 복잡한 회로의 해를 근사법을 이용함으로써 얼마나 빨리 풀 수 있는가를 검토하여라. 다음의 예제에서 r_e의 값은 결정되어야 한다.

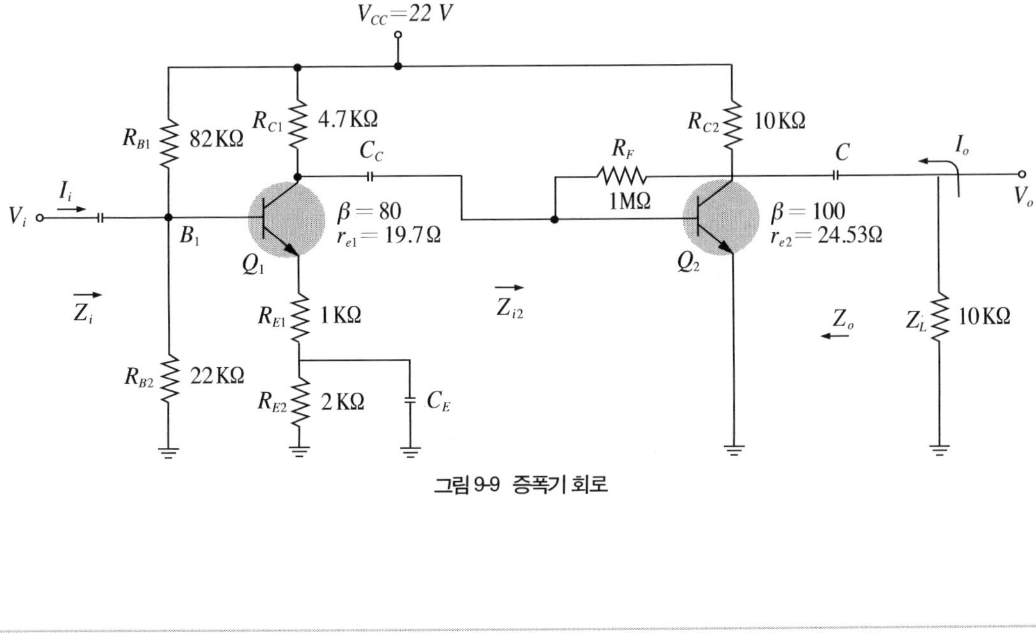

그림 9-9 증폭기 회로

예제 9-5 그림 9-9의 회로망에서 입력임피던스 Z_i, 출력임피던스 Z_o, 전압증폭도 A_v, 전류증폭도 A_i, 전력증폭도 A_p를 구하라.

풀이 r_e의 값은 다음과 같이 직류해석을 통해 구해진다. Q_1에 대해

$$R' = R_{B2} // \beta (R_{E1} + R_{E2})$$

$$= 22\text{K}\Omega // 80(3\text{K}\Omega) = 22\text{K}\Omega // 240\,\text{K}\Omega \simeq R_{b2}$$

그리고

$$V_{B1} = \frac{R' V_{CC}}{R' + R_{B1}} \simeq \frac{R_{B2} V_{CC}}{R_{B2} + R_{B1}} = \frac{22\text{K}\Omega(22)}{32\text{K}\Omega + 82\text{K}\Omega} = \frac{484}{104} = 4.65\ [\text{V}]$$

그리고

$$V_{E1} = V_{B1} - V_{BE} = 4.65 - 0.7 = 3.95\ [\text{V}]$$

또한

$$I_{E1} = \frac{V_{E1}}{R_{E1} + R_{E2}} = \frac{3.95}{3\text{K}\Omega} = 1.32\ [\text{mA}]$$

그리고

$$r_{e1} = \frac{26\text{ mV}}{I_{E1}} = \frac{26}{1.32} = 19.70\ [\Omega]$$

Q_2에 대해 :

$$V_{CC} - (\beta + 1) I_B R_{C2} - R_F I_B - V_{BE} = 0$$

$$22 - (101) I_B 10\text{K}\Omega - 10^6 I_B = 0.7 = 0$$

$$21.3 = 2.01 \times 10^6 I_B$$

그리고

$$I_B = 10.6\ [\mu A]$$

또한

$$I_E \simeq I_C = \beta I_B = (100)\ (10.6\mu A) = 1.06\ [mA]$$

그리고

$$r_{e2} = \frac{26\ mV}{I_E} = \frac{26}{1.06} = 24.53\ [\Omega]$$

(a) 입력임피던스 Z_i :

$$Z_{i1} = R_{B1} // R_{B2}\, \beta R_{E1} = 82\ [K\Omega]\ //22\ [K\Omega]\ //80\ [K\Omega] \simeq 14.26\ [K\Omega]$$

(b) 출력임피던스 Z_o :

$$Z_o|_{Vi=0} \simeq R_{C2} = 10\ [K\Omega]$$

(c) 전압증폭도 A_v :

$$V_{b1} = V_i \text{이고 } A_{v1} = \frac{-R_L}{R_{E1} + r_{e1}} = \frac{-(R_{C1} // Z_{i2})}{R_{e1} + r_{e1}}$$

[식] :

$$Z_{i2} = \frac{R_F}{|A_{v2}|} // \beta r_{e2}$$

그리고

$$A_{v2} = \frac{-R_L}{r_{e2}} = \frac{-R_{C2} // Z_L}{r_{e2}} = \frac{-5\ K\Omega}{24.53} = -203.83$$

$$Z_{i2} = \frac{10^6}{203.83} //100\ (24.53)$$

$$= 4.906\ [K\Omega]\ //2.453\ [K\Omega] = 1.6353\ [K\Omega]$$

따라서

$$A_{v1} = \frac{-(4.7\,\text{K}\Omega // 1.6353\,\text{K}\Omega)}{1\,\text{K}\Omega + 0.0197\,\text{K}\Omega} = -\frac{1.213}{1.0197} \simeq -1.19$$

그리고

$$A_{vT} = A_{v1} A_{v2} = (-1.19)(-203.83) \simeq 242.56$$

(d) 전류증폭도 A_i

$$|A_{iT}| = |A_{vT}| \cdot \left|\frac{Z_{i1}}{Z_L}\right| = \frac{(242.56)(14.26\,\text{K}\Omega)}{10\,\text{K}\Omega} \simeq 345.89$$

(e) 전력증폭도 A_p

$$|A_P| = |A_{iT}| \cdot |A_{vT}| = (345.89)(242.56) \simeq 83.9 \times 10^3$$

예제 9-6 (FET RC－결합증폭기)

RC－결합증폭기는 그림 9－10에 나타낸 것처럼 트랜지스터에만 한정된 것은 아니다. 그림 9－10에서 전체 전압이득을 구하라.

풀이 그림 9－10에서 소신호 등가회로를 그리면 그림 9－11과 같이 된다. 그림 9－11에서 병렬연결된 소자를 하나로 대치하고, 전체 전압이득에 영향을 미치지 못하는 소자를 제거하면 그림 9－12와 같이 된다.
분명히

$$V_{gs1} = V_i$$

그리고

$$V_{gs2} = -(2 \times 10^{-3} V_{gs1})(23\,\text{K}\Omega)$$

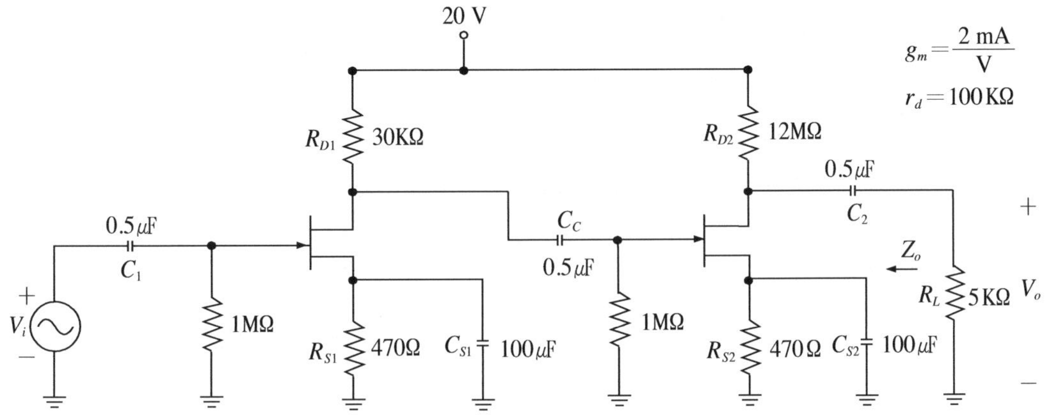

그림 9-10 2단 FET 증폭기

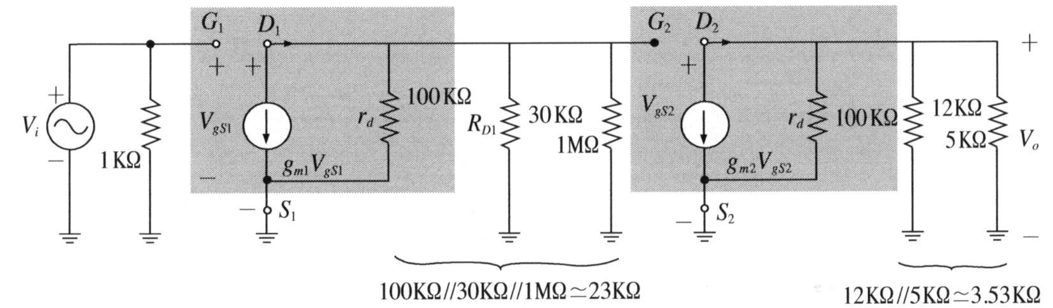

그림 9-11 소신호 교류등가회로로 대체시킨 그림 12-10 회로망

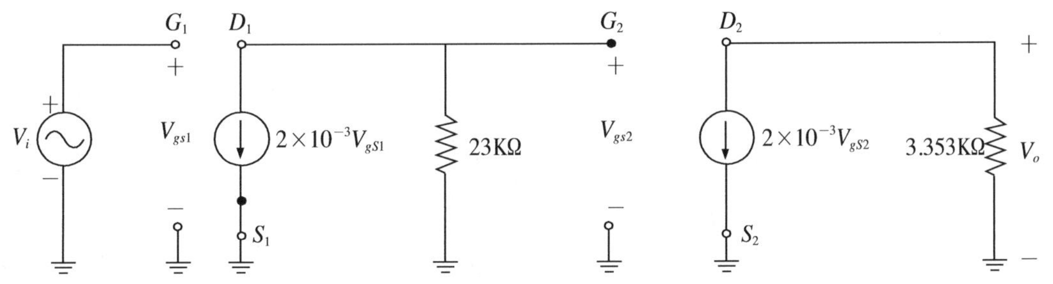

그림 9-12 병렬소자를 결합시킨 그림 12-11 회로망

따라서

$$V_{gs2} = -46V_{gs1}$$

음의 부호는 전류원에 의해 23 [KΩ]저항에 걸리는 전압의 극성이 V_{gS2}에 대해 정의된 극성과 반대가 된다는 것을 나타낸다.

결과적으로

$$V_o = -(2\times10^{-3}V_{gs2})\ (3.53\,\text{K}\Omega) = -7.06V_{gS2}$$

따라서

$$V_o = -7.06\ V_{gs2} = -7.06(-46V_{gs1}) = 324.8V_{gs1} = 324.8V_i$$

그리고

$$A_v = \frac{V_o}{V_i} = 324.8$$

이다.

5. 변압기결합 트랜지스터 증폭기

그림 9-13은 변압기결합 트랜지스터 2단 증폭기이다. 신호원 전압 V_i에는 승압(step-up) 변압기가 결합된 반면 증폭단 사이에는 강압(step-down)변압기가 사용되었음에 주목하라.

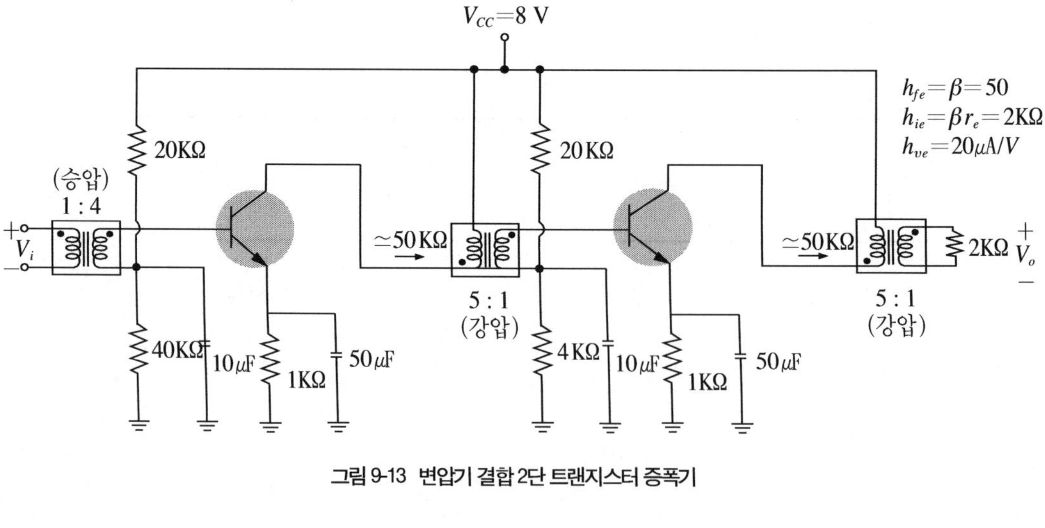

그림 9-13 변압기 결합 2단 트랜지스터 증폭기

승압변압기는 신호의 크기를 증가시키는 반면 강압변압기는 출력임피던스와 입력임피던스를 정합(matching)시켜 준다. 이는 가능한 한 최대 전력전달조건(maximum power transfer condition)에 가깝게 하기 위함이다. 변압기 결합을 이용한 이러한 임피던스 정합효과는 다음 해석에 명확히 설명된다.

결합커패시턴스는 한 증폭단의 어떤 직류전압도 다른 증폭단의 바이어스 조건에 영향을 미치지 못하도록 하기 위해 삽입됨을 기억해야 한다. 변압기는 이러한 직류 분리를 해결한다.

이런 회로의 기본 동작이 RC－결합트랜지스터보다 어느 정도 더 효율적이라는 것은 변압기 결합시스템의 컬렉터 회로의 낮은 직류저항에 기인한다. 변압기의 원래 저항은 RC－결합시스템의 큰 컬렉터 저항 R_C에 비하여 매우 적은 1～2 [Ω] 이하이다. 이런한 낮은 직류저항은 동작상태에서의 직류전력 손실을 낮추어 준다. 따라서 입력직류전력에 대한 출력교류전력의 비로 정의되는 효율은 어느 정도 향상된다.

그러나 변압기시스템에는 몇 가지 결점이 있다. 가장 큰 문제점은 변압기 때문에 RC-결합단에 비해 시스템의 크기가 커진다는 점이다. 두 번째는 새로이 소개되는 reactive소자(코일의 인덕턴스와 권선 사이의 커패시턴스)에 의해 주파수응답이 나빠진다는 점이다. 세 번째는 변압기의 가격이 비싸다는 점이다.

시스템의 교류응답을 생각하기 전에 변압기 동작에 관한 기본 식을 이해해야 한다. 그림 9－14의 회로에 대해

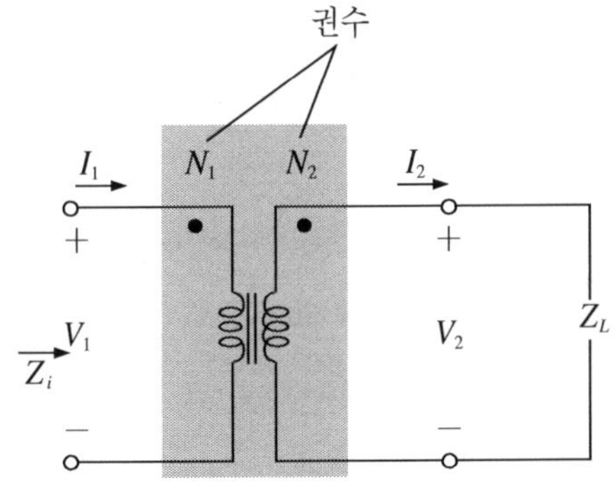

그림 9-14 기본적인 변압기회로

$$\frac{V_1}{V_2}=\frac{N_1}{N_2}=a\,(\text{변압비}) \qquad (9-13)$$

$$\frac{I_1}{I_2}=\frac{N_2}{N_1}=\frac{1}{\text{a}} \qquad (9-14)$$

그리고

$$Z_i = a^2 Z_L \qquad (9-15)$$

다시 말하면 변압기의 입력임피던스는 부하임피던스에 권선비의 제곱을 곱한 값과 같다.

그림 9 - 13의 회로를 교류응답을 구하기 위해 변형시키면 그림 9 - 15와 같이 된다. 최대 전력전달을 위해 임피던스 Z_2와 Z_4는 각 트랜지스터의 출력임피던스와 같아야 할 것이다. : $Z_o \simeq 1/h_{oe} = 1/20\ \mu s = 50\,[K\Omega]$. 이 증폭기는 $1/h_{oe}$의 영향을 고려해야 하는 증폭기이다. 그러므로 이 증폭기를 해석하기 위해서는 하이브리드 파라미터를 사용하게 될 것이다. $Z_i = a^2 Z_L$, $Z_4 = a^2 R_L (5^2)\ 2\,K\Omega = 50\,[K\Omega]$이라 하면, 각 증폭단에 대한 입력저항($Z_1$과 Z_3) $\simeq h_{ie} = 2\,K\Omega$이어야 하므로 Z_2 또한 $50\,[K\Omega]$이 된다. 주파수를 고려하면 항상 Z_2나 Z_4가 $1/h_{oe}$와 같도록 하지 않을 수 있다. 이러한 상황에서 Z_2와 Z_4는 가능한 한 그 크기가 $1/h_{oe}$와 가깝게 만들어진다.

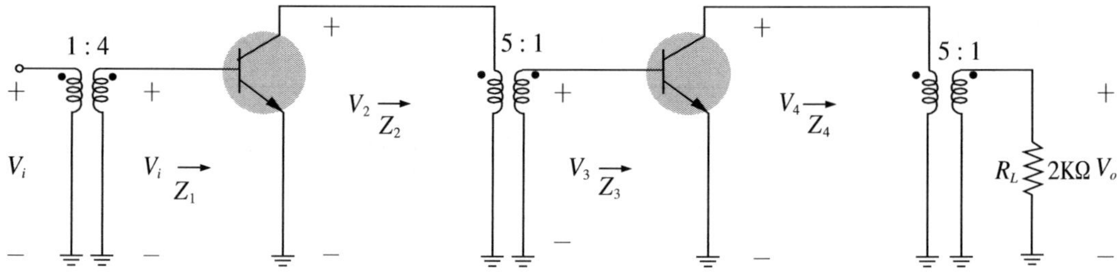

그림 9-15 소신호 교류응답을 구하기 위해 다시 그린 그림 9-13의 종속변압기 결합증폭기

그림 9 - 15의 회로를 해석하면 다음과 같다.

$$V_1 = \frac{N_2}{N_1} V_i = 4V_i$$

그리고

$$A_{v1} = \frac{V_2}{V_1} = \frac{-h_{fe} Z_L}{h_{ie}} = \frac{-h_{fe}(\simeq 1/h_{oe} // Z_2)}{h_{ie}} = \frac{-50(50\,K\Omega // 50\,K\Omega)}{2\,K\Omega} = -625$$

따라서

$$V_2 = -625 V_1 = -625(4V_i) = -2500 V_i$$

또한

$$V_3 = \frac{N_2}{N_1} V_2 = \frac{1}{5} V_2 = \frac{1}{5} (-2500 V_i) = -500 V_i$$

그리고

$$A_{v2} = \frac{V_4}{V_3} = \frac{-h_{fe} Z_L}{h_{ie}} = \frac{-(50)(25\,\text{K}\Omega)}{2\text{K}\Omega} = -625$$

따라서

$$V_4 = -625 \text{V}_3 = -625(-500 V_i) = 312.50 \times 10^3 V_i$$

또한

$$V_L = \frac{1}{5} V_4 = \frac{1}{5} (312.50 \times 10^3 V_i)$$

그리고

$$A_{vT} = \frac{V_L}{V_i} = 62.50 \times 10^3$$

이다.

6. 직접결합 트랜지스터 증폭기

이 장에서 소개하는 증폭단 사이의 세 번째 결합형태는 직접결합(direct-coupling)이다. 그림 9-16은 직접결합 트랜지스터 2단 증폭기의 한 예이다. 이런 형태의 결합은 주파수가 매우 낮은 경우에 필요하다. 이런 형태의 회로에서 한 증폭단의 직류 레벨은 시스템의 다른 증폭단의 직류 레벨과 분명히 관계가 있다. 이러한 이유로 인가회로는 각 증폭단에 대해 독립적이라기보다는 전체 회로에 대해 설계한다.

세 개의 분리된 12 [V] 전원이 표시되어 있을지라도 각 전원에 대한 높은 양전위의 3단자가 병렬로 된다면 단지 하나의 전원으로 충분하다.

직접결합 회로와 관련된 가장 큰 문제 중의 하나는 안정도(stability)이다. 한 증폭단에서의 어떤 직류 레벨의 변화는 다른 증폭단에 증폭되어 전달된다. 이미터에 저항을 넣으면 이것은 각 증폭단에서 안정화 소자로 작용한다.

(1) 직류 바이어스 조건

그림 9-16에서 표시한 것처럼 출력전압이 $V_{C2}=8$ [V]일 때

$$Q_2 : I_{0.8K\Omega}=\frac{12-8}{0.8K\Omega}=5 \text{ [mA]}$$

그러므로

$$I_{C2}\simeq I_{E2}\simeq 5 \text{ [mA]}$$

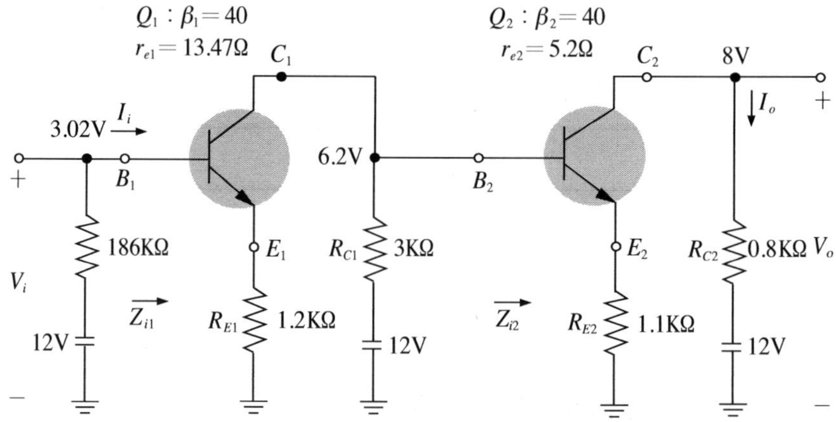

그림 9-16 직접결합 트랜지스터 증폭단

그리고

$$V_{E2}=(5\text{ mA})(1.1K\Omega)=5.5 \text{ [V]이므로}$$
$$V_{BE2}=0.7 \text{ [V]에서}$$
$$V_{B2}=V_{C1}=5.5+0.7=6.2 \text{ [V]}$$
$$I_{C2}\simeq \beta_2 I_{B2}$$
$$I_{B2}\simeq\frac{I_{C2}}{\beta_2}=\frac{5\text{ mA}}{100}=50$$

$$Q_1 : I_3\text{K}\Omega = \frac{12-6.2}{3\text{K}\Omega} = \frac{5.8}{3\text{K}\Omega} = 1.93\ [\text{mA}]$$를 적용한다.

그런데 $I_{3\text{K}\Omega} \gg I_{B2}$이므로 $I_{c1} \simeq I_3\text{K}\Omega = 1.93\ [\text{mA}]$라 가정하고

$$I_{E1} = 1.93\ [\text{mA}]$$
$$V_{E1} = (1.93\text{mA})\ (1.2\text{K}\Omega) = 2.32\ [\text{V}]$$

이므로

$$V_{B1} = B_{E1} + V_{BE1} = 2.32 + 0.7 = 3.02\ [\text{V}]$$

이다. 이와 같이 그림 9－16에 나타낸 베이스와 컬렉터 전압을 계산한 결과에서 보면, 직접결합 증폭기에서 각 증폭단의 직류 바이어스 사이에는 밀접한 관계가 있음을 알 수 있다.

이제는 교류응답을 알아보자. 해석방법은 이 장의 앞에서 소개된 근사법을 이용하기도 한다. 각 이미터 폴로어 회로의 입력임피던스는 대략 βR_E이다. 그러므로 2단 증폭기의 전체 이득은 아래와 같이 된다.

$$Z_{i1} = \beta R_{E1} = 40(1.2\text{K}\Omega) = 48\ [\text{K}\Omega]$$

그리고

$$Z_{i2} = \beta_2 R_{E2} = 100\,(1.1\text{K}\Omega) = 110\ [\text{K}\Omega]$$
$$A_{v1} = \frac{-R_{L1}}{R_{E1}} = \frac{-R_{C1} /\!/ \beta_2 R_{E2}}{R_{E1}} = -\frac{3\text{K}\Omega /\!/ 110\text{K}\Omega}{1.2\text{K}\Omega} \simeq \frac{-3\text{K}\Omega}{1.2\text{K}\Omega} = -2.5$$
$$A_{v2} = \frac{-R_{L2}}{R_{E2}} = \frac{-R_{C2}}{R_{E2}} = \frac{-0.8\text{K}\Omega}{1.1\text{K}\Omega} = -0.7273$$

그리고

$$A_{vT} = A_{v1}\,A_{v2} = (-2.5)\,(-0.7273) = 1.818$$
$$|A_i| = |A_v| \cdot \left|\frac{Z_{i1}}{Z_L}\right| = \frac{(1.818)\,(48\text{K}\Omega)}{0.8\text{K}\Omega} = 109.08$$

또한

$$|\text{A}_{\text{PT}}| = |A_v| \cdot |A_i| = (1.818)\,(109.08) = 198.3$$

7. 캐스코드 증폭기

고주파 응용에서 *CB* 회로는 세 가지 구성회로 중에서 가장 바람직한 특성을 갖는다. 그러나 이것은 입력임피던스가 매우 낮아($Z_i \simeq h_{ib} = r_e$) 곤란을 겪는다. 그림 9-17의 캐스코드 증폭기(cascode amplifier)는 대표적인 *CE* 회로를 이용하여 *CB* 회로의 입력임피던스의 크기를 향상시키도록 설계되었다. *CE* 회로의 이득은 확실히 고주파수 응용에서 밀러 입력 커패시턴스의 크기를 최소로 할 만큼 작다.

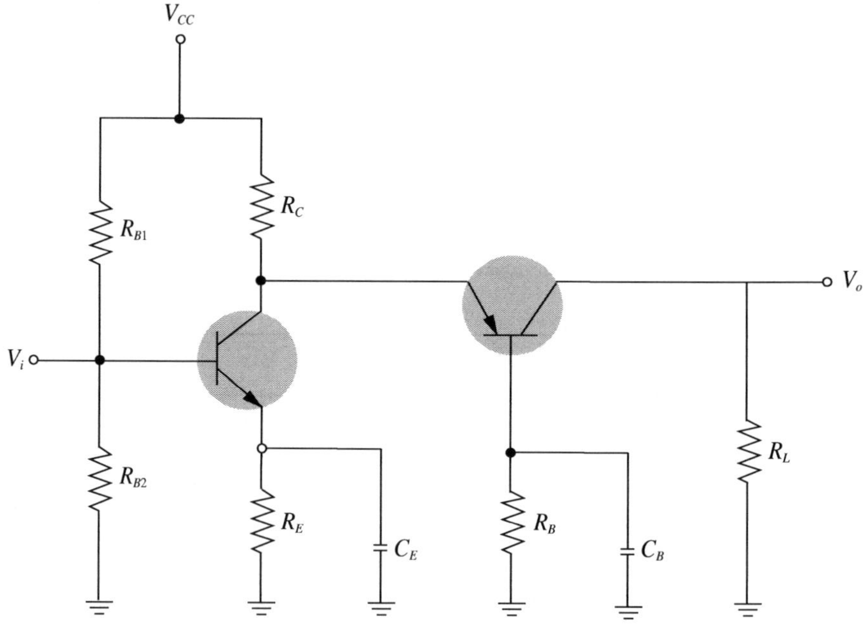

그림 9-17 캐스코드 증폭기회로

캐스코드 증폭기의 실제적인 부분이 그림 9-18에 있다. *CE* 회로의 컬렉터가 아직 *CB* 회로의 이미터에 직접 연결되어 있음에 주목하라.

직류 :

$$I_{E2} \simeq I_{E1} \text{ 혹은 } I_{C2} \simeq I_{C1}$$

$\beta_1 = \beta_2 = \beta$ 이므로 β로 양변을 나누면

$$\frac{I_{C2}}{\beta} \simeq \frac{I_{C1}}{\beta} \text{ 혹은 } I_{B2} \simeq I_{B1}$$

전류 I_{B1}은 R_{B3}와 βR_E의 병렬결합에서 βR_E를 통해 흐른다. $\beta R_E=(100)(1\text{K}\Omega)=100\,[\text{K}\Omega]$ 그리고 $R_{B3}=4.7\,[\text{K}\Omega]$이므로 I_{B1}은 그 영향을 무시할 수 있을 정도로 $I_{4.7\text{K}\Omega}$보다 현저히 작다고 가정할 수 있다.

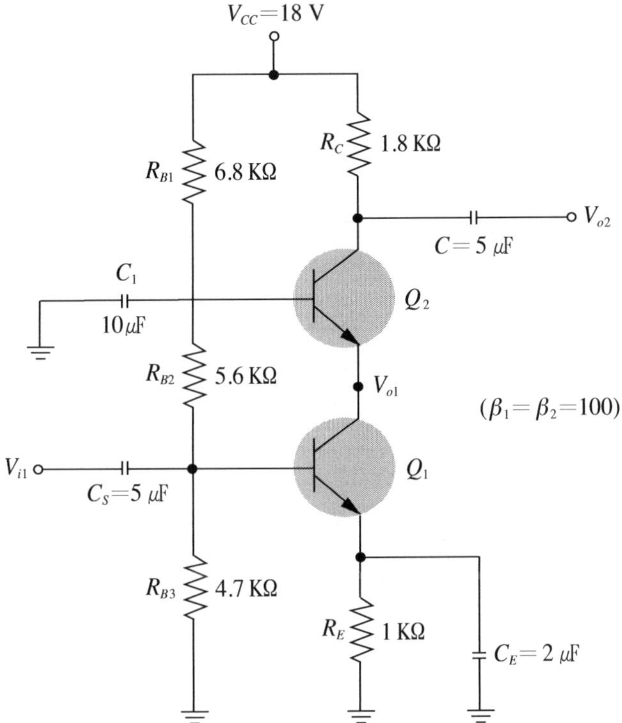

그림 9-18 실제의 캐스코드 증폭기회로의 구성방법

이러한 근사법이 I_{B1}에 적용되므로 I_{B2}에도 역시 적용될 수 있다(왜냐하면 $I_{B2}\simeq I_{B1}$). 그리고

$$V_{B1}=\frac{R_{B3}(V_{CC})}{R_{B3}+R_{B2}+R_{B1}}=\frac{4.7\text{K}\Omega\,(18)}{4.7\text{K}\Omega+5.6\text{K}\Omega+6.8\text{K}\Omega}=\frac{84.6}{17.1}=4.95\,[\text{V}]$$

그리고

$$I_{E1}=\frac{V_{E1}}{R_E}=\frac{V_{B1}-V_{BE}}{R_E}=\frac{4.95-0.7}{1\text{K}\Omega}=4.25\,[\text{mA}]$$

또한

$$r_{e1}=\frac{26\,\text{mV}}{I_{E1}}=\frac{26}{4.25}=6.12\ [\Omega]$$

그리고

$$I_{E1}\simeq I_{E2}$$

이므로

$$r_{e2}=6.12\ [\Omega]$$

교류 : 교류조건에서 모든 커패시터들이 단락회로로 등가된다고 가정하고

$$A_{v1}=\frac{V_{o1}}{V_{i1}}\simeq\frac{-R_L}{r_{e1}}$$

또한 Q_1의 $R_L=r_{e2}=h_{ib2}$는 그 결합단의 입력임피던스이고

$$A_{v1}=\frac{-r_{e2}}{r_{e1}}\simeq-1\text{(밀러효과 때문에 바라는 만큼 작음)}$$

또한

$$A_{v2}=\frac{R_L}{R_{e2}}=\frac{R_C}{R_{e2}}=\frac{1.8\text{K}\Omega}{6.12}\simeq 294.1$$

그리고

$$A_{vT}=\frac{V_{o2}}{V_{i1}}=A_{v1}\,A_{v2}=(-1)(294.1)=-294.1$$

8. 달링턴 증폭기회로

달링턴 회로(Darlington circuit)는 증폭기 특성을 개선한 회로이다. 달링턴 회로는 그림 9－19와 같으며, 전류증폭기로서 큰 입력임피던스, 작은 출력임피던스 및 큰 전류이득을

갖는 회로이다. 그러나 출력전압을 이미터에서 얻어지므로 달링턴 회로의 전압이득은 1보다 조금 작다는 것을 알 수 있다. 출력임피던스와 전압이득을 적당히 조절함으로써 여러 가지의 변형된 달링턴 회로를 얻을 수 있다.

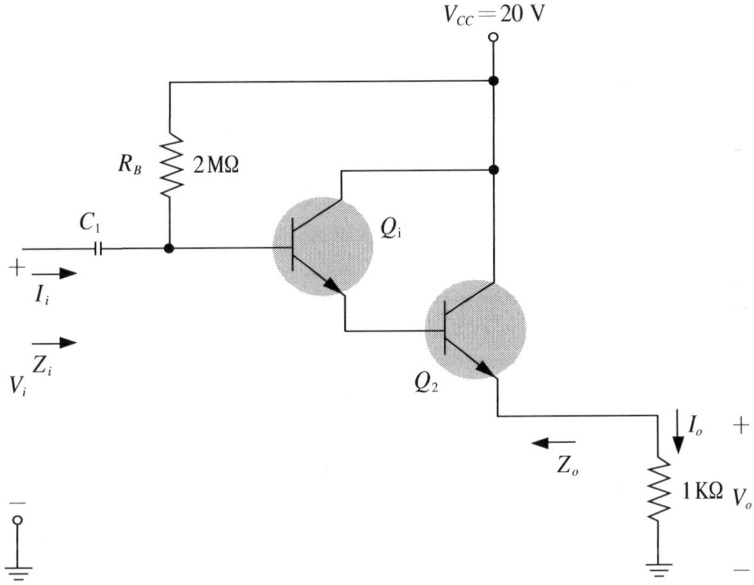

그림 9-19 달링턴 회로

바이어스를 결정하는 과정은 전류궤환을 갖는 단일 증폭기인 이미터 폴로어의 바이어스 결정방법과 유사하다. 달링턴 회로에서 첫 번째 트랜지스터의 이미터 전류가 두 번째 트래지스터의 베이스 전류가 되는 점을 주목하라.

소신호 교류응답을 구하기 위한 회로는 그림 9－20에 나타내었다.

두 번째 증폭단에서 :

$$Z_{i2} \simeq h_{fe} R_E$$

그리고

$$A_{i2} = \frac{I_o}{I_2} = \frac{I_{e2}}{I_{b2}} \simeq h_{fe2}$$

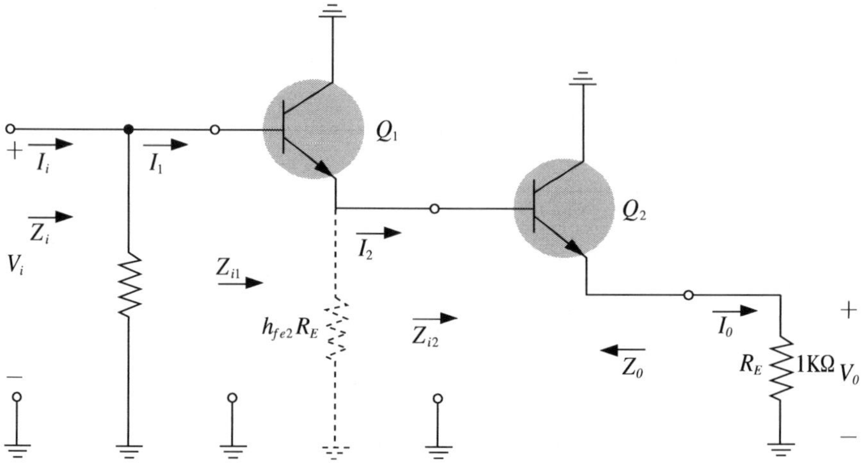

그림 9-20 소신호 교류응답을 구하기 위해 다시 그린 그림 12-19의 달링턴 회로

위의 두 조건이 아무리 좋은 근사식이라 할지라도 이 식을 위의 첫 번째 증폭단에 적용시킬 수는 없다. Z_{i2}를 $1/h_{oe1}$과 비교할 때 비슷하다는 것이 '옥에 티' 이다. 일반적으로 부하저항 Z_L과 $1/h_{oe1}$의 관계로서는 $Z_L \ll 1/h_{oe1}$이기 때문에 회로해석에서 $1/h_{oe1}$을 무시하였다. 달링턴 회로에서 입력임피던스 Z_{i2}는 그 크기가 h_{oe1}의 영향을 고려할 필요가 있을 만큼 $1/h_{oe1}$와 비슷하다. 단일 증폭단 이미터 트랜지스터 증폭기에 대해 $1/h_{oe1}$가 고려될 경우 다음과 같이 됨을 알았다.

$$A_i \simeq \frac{h_{fe}}{1+h_{oe}Z_L}$$

위의 식을 이 상황에 적용하면 $Z_L = Z_{i2} \simeq h_{fe}R_E$, 그리고

$$A_{i1} = \frac{I_2}{I_1} = \frac{I_{e1}}{I_{b1}} \simeq \frac{h_{fe1}}{1+h_{oe1}(h_{fe2}R_E)}$$

또한

$$A_i = \frac{I_o}{I_1} = A_{i1}A_{i2} = \frac{h_{fe1}h_{fe2}}{1+h_{oe1}(h_{fe2}R_E)} \qquad (9-16)$$

$h_{fe1} = h_{fe2} = h_{fe}$, 그리고 $h_{oe1} = h_{oe2} = h_{oe}$일 때

$$A_i \simeq \frac{h_{fe}^{\,2}}{1+h_{oe}\,h_{fe}\,R_E} \qquad (9-17)$$

$h_{oe}\,h_{fe}\,R_E \le 0.1$일 때 똑같이 좋은 근사치는(10% 내) 다음과 같다.

$$A_i \simeq h_{fe}^{\,2} = \beta^2 \qquad (9-18)$$

그림 9 - 20에 정의된 것처럼 전류이득 $A_{iT}=I_o/I_i$는 전류분배법칙을 사용하여 구할 수 있다.

$$I_1 = \frac{R_B\,I_1}{R_B+Z_{i1}}$$

$Z_{i2} \simeq h_{fe}\,R_E$는 첫 번째 증폭단의 '이미터 저항'에 해당되므로 첫 번째 증폭단의 입력임피던스는 $Z_{i1}=h_{fe}(Z_{i2}/\!/1/h_{oe1})$이 되고 $1/h_{oe1}$은 소신호 등가회로에서 병렬로 타나날 것이다. 그 결과는

$$Z_{i1} \simeq h_{fe1}\left(h_{fe2}\,R_E /\!/ \frac{1}{h_{oe1}}\right) = \frac{h_{fe1}\,h_{fe}^{\,2}\,R_E(1/h_{oe1})}{h_{fe2}\,R_E+1/h_{oe1}}$$

따라서

$$Z_{i1} = \frac{h_{fe1}\,h_{fe2}\,R_E}{h_{oe1}\,h_{fe2}\,R_E+1} \qquad (9-19)$$

$h_{fe1}=h_{fe2}=h_{fe}$, 그리고 $h_{oe1}=h_{oe2}=h_{oe}$일 때

$$Z_{i1} \simeq \frac{h^2_{fe}\,R_E}{1+h_{oe}\,h_{fe}\,R_E} \qquad (9-20)$$

$h_{oe}\,h_{fe}\,R \le 0.1$일 때

$$Z_{i1} \simeq h_{fe}^{\,2}\,R_E = \beta^2 R_E \qquad (9-21)$$

하나의 예제로서 다음 파라미터값을 가질 때

$$h_{fe1} = h_{fe2} = h_{fe} = 50$$

$$h_{ie1} = 1\,\mathrm{K\Omega},$$

$$h_{ie2} = 0.5\ [\text{K}\Omega]$$

$$h_{oe1} = h_{oe2} = h_{oe} = 20\ [\mu\text{A/V}]$$

$$A_i = \frac{I_o}{I_1} \simeq \frac{h_{fe}^{\ 2}}{h_{oe}\, h_{fe}\, R_E} = \frac{(50)^2}{1+(20\times10^{-6})(50)(1\text{K}\Omega)} = \frac{2500}{1+1} = 1250$$

그리고

$$Z_{i1} \simeq \frac{h_{fe}^{\ 2} R_E}{1+h_{oe}\, h_{fe}\, R_E} = \frac{(50)^2(1\text{K}\Omega)}{2} = 1250\ [\text{K}\Omega] = 1.25\ [\text{M}\Omega]$$

따라서 $R_B = 2\ [\text{M}\Omega]$일 때

$$\frac{I_1}{I_i} = \frac{R_B}{R_B + Z_{i1}} = \frac{2\text{M}\Omega}{2\text{M}\Omega + 1.25\text{M}\Omega} = \frac{2}{3.25} = 0.615$$

그리고

$$A_{iT} = \frac{I_o}{I_i} = \frac{I_o}{I_1}\frac{I_1}{I_i} = A_i \times \frac{I_1}{I_i} = (1250)(0.615) = 769$$

또한

$$Z_i = 2\text{M}\Omega // Z_{i1} = 2\text{M}\Omega // 1.25\text{M}\Omega = 769\ [\text{K}\Omega]$$

달링턴 회로의 전류이득은 출력임피던스 $1/h_{oe}$를 고려하지 않고 단순히 $A_i^{\,2} \simeq h_{fe}^{\ 2}$로 가정하는 경우가 상당히 많다. 이 경우에 $A_i \simeq (h_{fe})^2 = 2500$이 된다. 이 2500은 $1/h_{oe1}$의 영향을 고려해서 얻은 값인 1250의 근사값으로 사용할 수 없을 것이다. 따라서 h_{oe1}의 영향은 첫 번째 증폭단의 전류이득을 구할 때 고려되어야 한다.

출력임피던스 Z_o는 다음과 같이 이미터 등가회로에서 직접 구할 수 있다.

첫 번째 증폭단에서

$$Z_{o1} \simeq \frac{R_{S1} + h_{ie1}}{h_{fe1}} = \frac{0 + 1\text{K}\Omega}{50} \simeq 20.0\,[\Omega] \qquad (9-22)$$

그리고

$$Z_{o2} \simeq \frac{(Z_{o1} // 1/h_{oe1}) + h_{ie2}}{h_{fe2}}$$

$$= \frac{(20\,\Omega // 50\,\text{K}\Omega) + 0.5\,\text{K}\Omega}{50} = \frac{20\,\Omega + 0.5\,\text{K}\Omega}{50} = \frac{520\,\Omega}{50}$$

$$= 10.40\ [\Omega] \qquad (9-23)$$

달링턴 회로를 처음 소개하는 과정에서 지적한 바와 같이 달링턴 증폭기회로는 입력임피던스는 대단히 높고, 출력임피던스는 매우 낮으며 전류이득은 또한 매우 높다는 사실에 주목하라. 이제 달링턴 회로의 전압이득을 계산해야 한다. 그림 9－20의 회로에 키르호프의 전압법칙을 적용하면

$$V_o = V_i - V_{be1} - V_{be2}$$

각 트랜지스터에서 베이스 전위를 출력단자와 비교하면 출력단자의 전위가 낮기 때문에 $V_o < V_i$가 된다. 그러나 V_o는 V_i에 가까운 값을 가진다. 이것을 근사화시키면 다음과 같이 된다.

$$A_v \simeq \frac{1}{1 + h_{ie2}/(h_{fe2} R_E)} \qquad (9-24)$$

그런데 이것은 이미터 등가회로에서 유도된 것과 같다.

여기서 일반적인 예로 수치를 대입하면

$$A_v \simeq \frac{1}{1 + 0.5\,\text{K}\Omega / 50\,\text{K}\Omega} = \frac{1}{1 + 0.01} = 0.99 \qquad (9-24)$$

이다.

9. 증폭기의 주파수 특성

인가신호의 주파수는 단일 혹은 다단증폭회로의 응답에 뚜렷한 영향을 미칠 수 있다. 앞에서 주파수 해석은 중간주파수에 대한 것만 고찰하였으나, 저주파수에서의 결합 커패시터와 바

이패스 커패시터는 이 소자의 리액턴스의 변화 때문에 더 이상 단락회로로 근사화시켜 대체시킬 수 없음을 알아야 한다. 소신호 등가회로의 주파수에 의존하는 파라미터나 능동소자와 관련 있는 표유커패시터(stray capacitor) 요소와 회로망은 그 시스템의 고주파 응답특성이 제한을 받게 된다. 종속접속 시스템은 증폭단의 수를 증가시키면 고주파 응답과 저주파 응답 모두 제한을 받게 된다.

RC−결합, 직접−결합 및 변압기−결합증폭시스템의 진폭이득이 그림 9−21에 표시되어 있다. 횡축의 눈금은 저주파에서 고주파까지 이르는 그림을 그리기 위해서 대수눈금을 사용한 것에 주의하라. 각 그림에 대해서 저주파, 고주파, 중간주파수 영역이 정의되어 있다. 참고적으로 저주파와 고주파에서 이득이 떨어지는 중요한 이유가 괄호 내에 쓰여 있다. RC−결합증폭기의 경우 저주파에서 곡선이 떨어지는 것은 C_C, C_S 또는 C_E의 리액턴스가 증가하기 때문이며, 반면에 그것의 상승주파수의 한계는 회로망과 능동소자의 기생커패시터(parisitic capacitor) 요소 또는 능동소자 이득의 주파수 의존에 의해서 결정된다. 변압기-결합 증폭기 시스템의 경우 이득이 떨어지는 이유를 설명하려면 '변압기 작용'과 변압기 등가회로에 대한 기초적인 이해가 필요하다. 그 이유는 저주파에서 자화유도 리액턴스(X_L $=2\pi L$)의 단락효과(변압기의 입력단자 양단의) 때문이다. 이러한 점에서 이득은 명백히 f $=0$점에서 0이어야 하는데 그 이유는 2차전압이나 출력전압을 유도할 수 있는 철심을 통해서 만들어진 변화하는 자속이 이제는 없기 때문이다. 그림 9−21에 나타낸 것처럼, 고주파 응답은 2차권선과 2차권선의 권수 사이에서 표유커패시턴스에 의해서 주로 조절된다. 직접-결합증폭기의 경우 저주파에서 이득이 떨어지게 하는 결합커패시터 또는 바이패스 커패시터가 없다. 그림에 나타난 대로, 그것은 회로망과 능동소자의 기생커패시터 요소 또는 능동소자 이득의 주파수 의존에 의해 결정된 상승 제한 주파수까지 편평한 응답특성을 갖는다.

그림 9−22의 각 시스템의 경우 이득의 크기가 중간 대역값과 같거나 비교적 비슷한 주파수 대역이 있다. 비교적 높은 이득에 해당하는 주파수 경계를 결정짓기 위해서 $0.707A_{vmid}$를 이득차단값으로 선택했다. 따라서 이것에 대응하는 주파수 f_1과 f_2를 일반적으로 구석주파수(corner frequency), 컷오프주파수(cutoff frequency), 대역주파수(band frequency), 차단주파수(break frequency) 및 반전력주파수(half-power frequency)라고 한다. 곱해지는 수 0.707은 출력전력이 중간 대역 전력 출력의 반이 되도록 선택되었다.

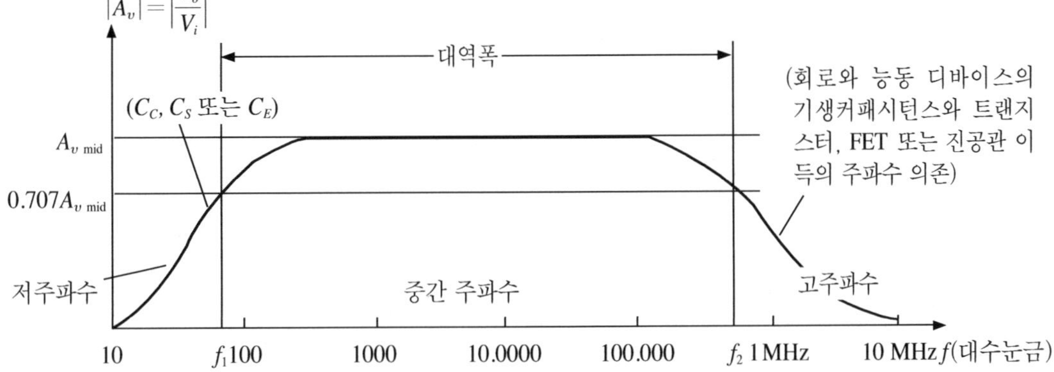

(a) RC-결합증폭기

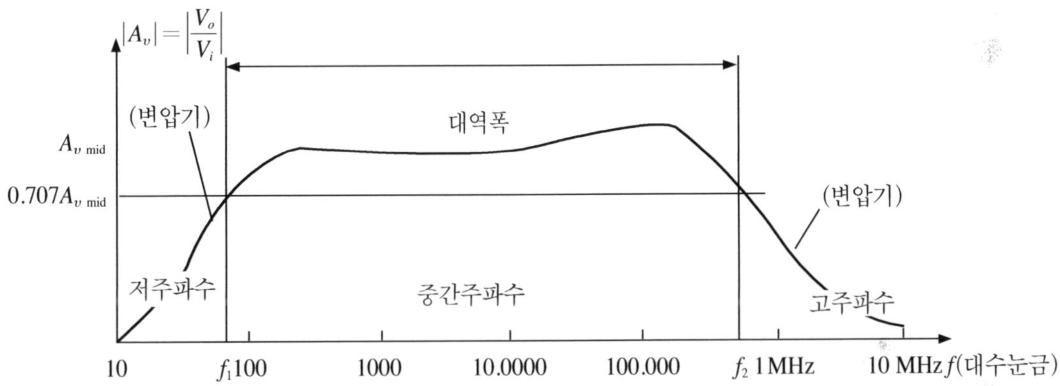

(b) 변압기-결합증폭기

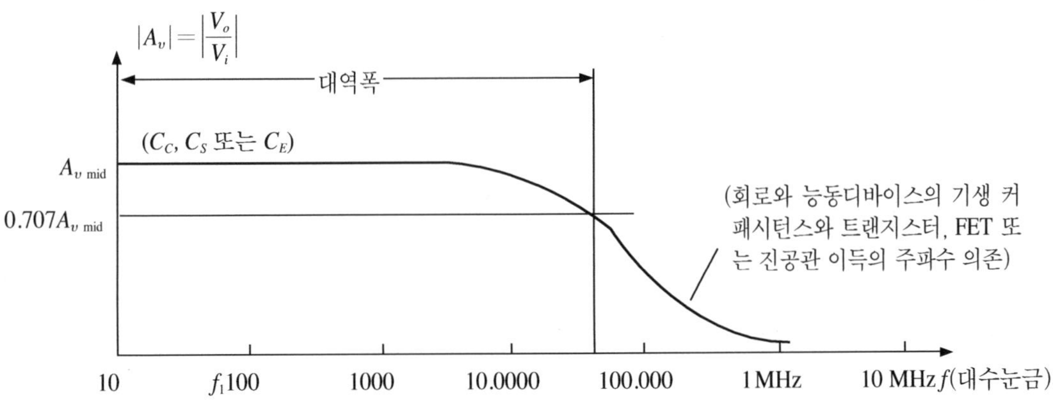

(c) 직접-결합증폭기

그림 9-21 주파수에 따른 이득특성곡선

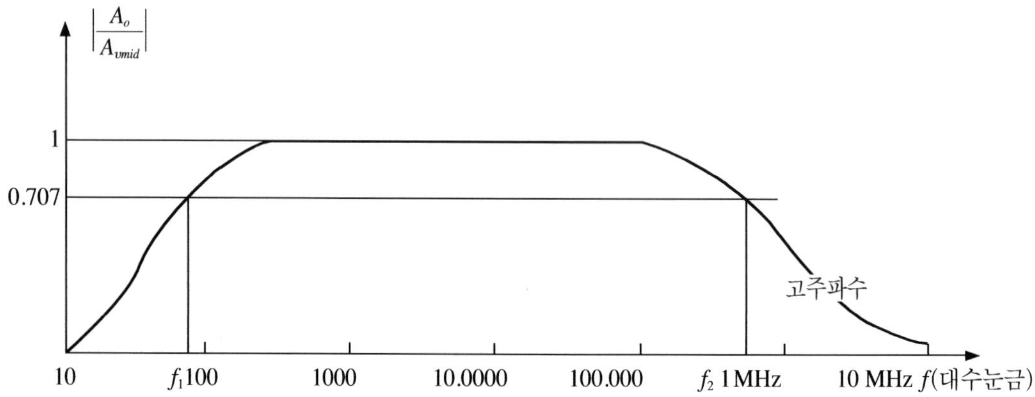

그림 9-22 표준화 이득에 대한 주파수선도

즉 중간주파수에서의 출력전력은

$$P_{O\ \text{mid}}=\frac{|V_0^{\ 2}|}{R_o}=\frac{|A_{\upsilon\ \text{mid}}V_{\text{i}}|^2}{R_o}$$

반전력주파수에서는

$$P_{O\ \text{HPF}}=\frac{|0.707A_{\upsilon\ \text{mid}}\ V_i|^2}{R_o}=0.54\frac{|A_{\upsilon\ \text{mid}}V_i|^2}{R_o}$$

그리고

$$P_{O\ \text{HPF}}=0.5P_{O\ \text{mid}} \qquad (9-25)$$

각 증폭시스템의 대역폭은 f_1과 f_2에 의해서 결정된다. 즉,

$$\text{대역폭(BW)}=f_2-f_1 \qquad (9-26)$$

음성신호(audio signal)나 영상신호(video signal)와 같은 통신시스템에 응용하는 경우에는 주파수에 대한 전압이득을 데시벨의 관계로 표현하는 것이 그림 9-21에 나타낸 것보다 더 유용하다. 그러나 대수선도(logarithmic plot)를 그리기 전에 곡선은 그림 9-22에 보인 것처럼 일반적으로 표준화되어야 한다. 이 그림에서 각 주파수에서의 이득은 중간대역값으로 나누어져 있다. 분명히 중간대역값은 1이다. 반전력주파수에서는 $0.707=1/\sqrt{2}=-3\text{dB}$

이다. 이 두 값은 그림 9 – 23의 데시벨 선도에 나타나 있다. 분수비가 작으면 작을수록 데시벨값은 더욱 음수값이 된다.

한편 데시벨 선도는 저주파수 영역 또는 고주파수 영역에서만 이용된다. 그러므로 시스템의 응답특성을 폭넓게 시각화하려면 그림 9 – 23을 기억해야 한다.

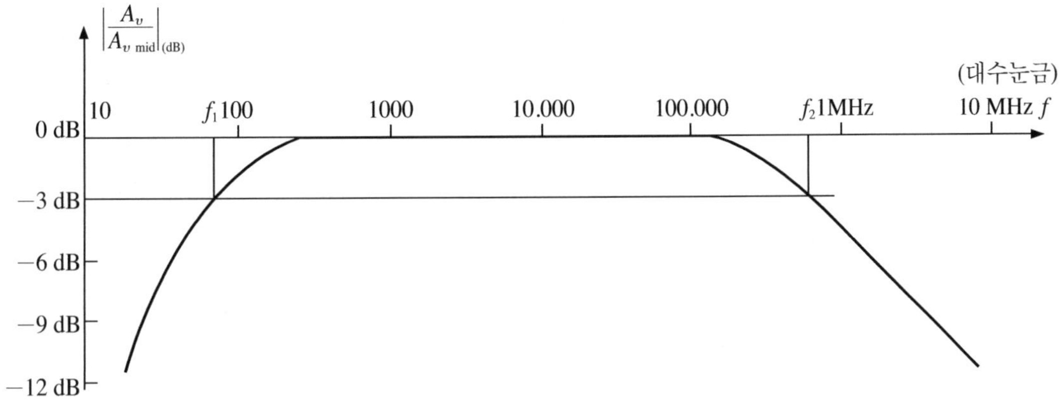

그림 9-23 그림 12-5의 주파수선도에 대한 표준화 이득의 데시벨 선도

증폭기는 입력신호와 출력신호 사이의 180℃ 역위상 과정을 수행한다는 것을 이해해 두어야 한다. 이것은 중간대역영역의 경우에만 해당되는 이야기이다. 저주파에서 위상이 동이 있는데 V_o는 증가된 각도만큼 V_i 보다 뒤진다. 고주파에서 위상이동은 180℃ 이하로 떨어진다. 그림 9 – 24는 RC – 결합증폭기의 표준위상선도(phase plot)이다.

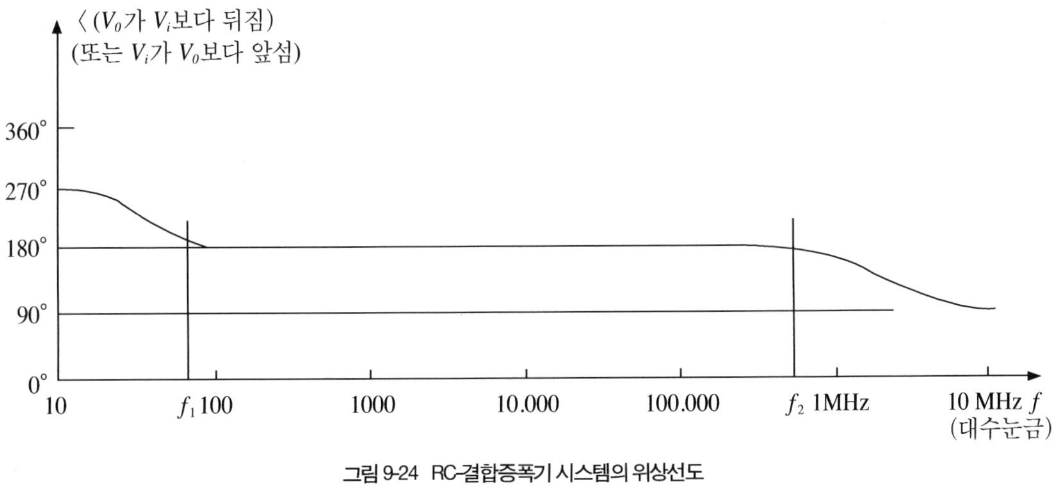

그림 9-24 RC-결합증폭기 시스템의 위상선도

10. 트랜지스터 1단 증폭기의 저주파 특성

저주파 영역에서 BJT 혹은 FET 증폭기를 고찰하기 전에 먼저 그림 9-25에 있는 직렬 RC회로를 조사해 보자. 그리고 인가신호의 주파수에 $A_v = V_o / V_i$가 어떻게 작용하는지 생각해 보자. 초고주파에서

$$X_C = \frac{1}{2\pi f_1 C} \simeq 0\ [\Omega]$$

단락회로의 등가는 그림 9-26에 나타낸 것처럼 커패시터를 단락회로로 대체시킬 수 있다. 그 결과는 고주파에 $V_o \simeq V_i$로 된다. $f = 0$ [㎐]에서

$$X_C = \frac{1}{2\pi f_1 C} = \frac{1}{2\pi(0)C} = \infty\ [\Omega]$$

이고, 그림 9-27처럼 커패시터를 개방회로로 놓을 수 있으므로 그 결과 $V_o = 0$ [V]이다. $A_v = V_o / V_i$는 그림 9-28에 나타낸 것처럼 두 극단 사이를 변화한다. 주파수가 증가함에 따라 용량성 리액턴스는 감소하여 입력전압의 상당한 부분이 출력단자에 나타난다.

출력 및 입력전압은 전압분배법칙에 의하여 다음과 같이 된다.

$$V_0 = \frac{RV_i}{R + X_C}$$

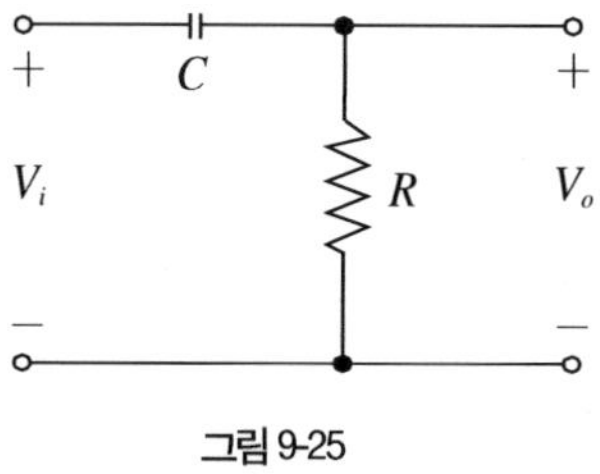

그림 9-25

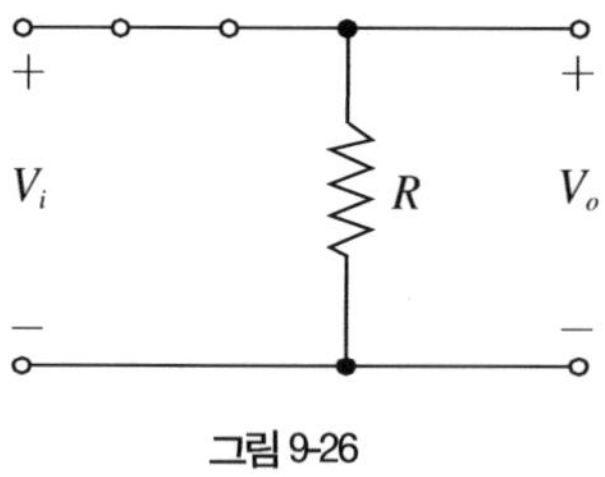

그림 9-26

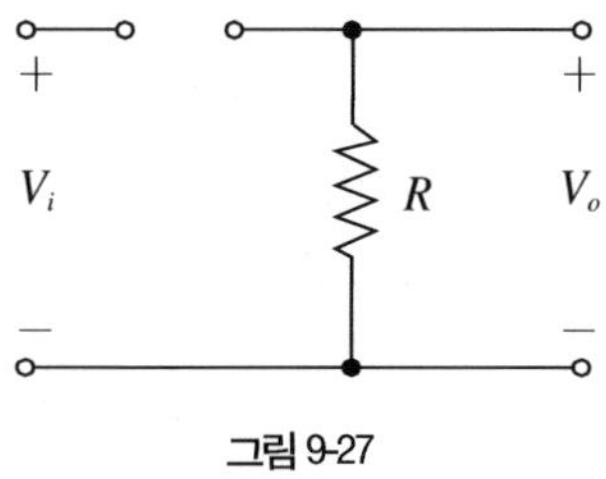

그림 9-27

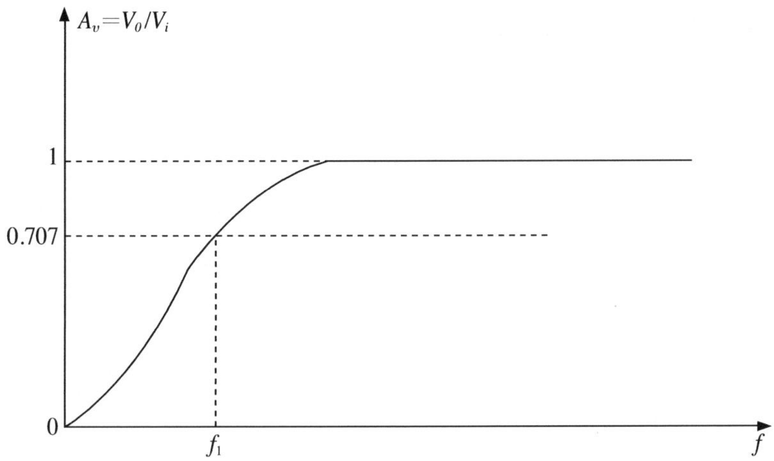

그림 9-28

여기서 V_o 의 크기는

$$V_o = \frac{R\,V_i}{\sqrt{R_2 + X_C{}^2}}$$

에 의하여 결정된다. 특수한 경우인 $X_C = R$에 의하여

$$V_o = \frac{RV_i}{\sqrt{R_2 + X_C{}^2}} = \frac{RV_i}{\sqrt{R^2 + R^2}} = \frac{RV_i}{\sqrt{2R^2}} = \frac{RV_i}{\sqrt{2}R} = \frac{1}{\sqrt{2}}V_i$$

그리고

$$A_v = \frac{V_o}{V_i} = \frac{1}{\sqrt{2}} = 0.707\,|X_{C=R} \qquad (9-27)$$

식 9-29의 레벨은 그림 9-28과 같이 나타난다. 다시 말해서 $X_C = R$인 주파수에서 출력은 그림 9-25의 회로망에 대한 입력의 70.7 [%]가 된다. 이 현상이 일어나는 경우의 주파수는

$$X_C = \frac{1}{2\pi f_1 C} = R$$

에 의하여 구해진다. 그러므로

$$f_1 = \frac{1}{2\pi RC} \qquad (9-28)$$

대수함수에 의하여

$$G_v = 20\log_{10} A_v = 20\log_{10}\frac{1}{\sqrt{2}} = -3\ [\text{dB}]$$

$A_v = V_o/V_i = 1$ 또는 $V_o = V_i$(최대치가 되는 경우)인 경우에는

$$2\,G_v = 20\log_{10} 1 = 20(0) = 0\ [\text{dB}]$$

그림 9-23에서 $f = f_1$일 때 이득은 중간대역레벨에서 3 [dB] 떨어진다는 사실을 확인할 수 있다. 이 순간에 우리는 RC 회로망은 BJT 트랜지스터에 대한 저주파 차단주파수를 결정하게 되며 f_1은 식 9-30에 의하여 결정된다. 만일 전압이득방정식이 다음과 같이 쓰인다면

$$A_v = \frac{V_o}{V_i} = \frac{R}{R - jX_C} = \frac{1}{1 - j(X_C/R)} = \frac{1}{1 - j(1/\omega CR)} = \frac{1}{1 - j(1/2\pi fCR)}$$

위에서 정의한 주파수를 사용하면

$$A_v = \frac{1}{1 - j\,(f_1/f)} \qquad (9-29)$$

진폭과 위상형태로 표시하면

$$A_v = \frac{V_o}{V_i} = \underbrace{\frac{1}{\sqrt{1 + (f_1/f)^2}}}_{A_v\text{의 크기}} \Big/ \underbrace{\tan^{-1}(f_1/f)}_{V_o\text{가 } V_i\text{보다 앞서는 위상}} \qquad (9-30)$$

$f_1 = f$ 일 때의 진폭은

$$A_v = \frac{1}{\sqrt{1 + (1)^2}} = \frac{1}{\sqrt{2}} = 0.707 \Rightarrow -3\ [\text{dB}]$$

이것을 대수형태의 dB로 표시하면

$$A_v|_{dB} = 20\log_{10}\frac{1}{\sqrt{1+(f_1/f)^2}} = -20\log_{10}\left[1+\left(\frac{f_1}{f}\right)^2\right]^{1/2}$$

$$= -\left(\frac{1}{2}\right)(20)\log_{10}\left[1+\left(\frac{f_1}{f}\right)^2\right]$$

$$= -10\log_{10}\left[1+\left(\frac{f_1}{f}\right)^2\right]$$

$f_1 \gg f$이고 $(f_1/f)^2 \gg 1$인 주파수에 대해서, 위의 방정식은 다음과 같이 근사화된다.

$$A_v = -10\log_{10}\left(\frac{f_1}{f}\right)^2$$

그리고 최종적으로

$$A_v|_{dB} = -20\log_{10}\frac{f_1}{f} \qquad f \ll f_1 \tag{9-31}$$

여기서 $f \ll f_l$인 조건을 무시하고 식 9－33을 그래프로 그려 보면 데시벨 곡선에 대한 중요한 사실을 얻게 될 것이다.

$$f = f_1 \text{ 혹은 } \frac{f_1}{f} = 1, \left(\frac{f}{f_1} = 1\right)\text{에서 } -20\log_{10}1 = 0\ [\text{dB}]$$

$$f = 0.5f_1 \text{ 혹은 } \frac{f_1}{f} = 2, \left(\frac{f}{f_1} = 0.5\right)\text{에서 } -20\log_{10}2 = -6[\text{dB}]$$

$$f = 0.25f_1 \text{ 혹은 } \frac{f_1}{f} = 4, \left(\frac{f}{f_1} = 0.25\right)\text{에서 } -20\log_{10}4 = -12\ [\text{dB}]$$

$$f = 0.1f_1 \text{ 혹은 } \frac{f_1}{f} = 10, \left(\frac{f}{f_1} = 0.1\right)\text{에서 } -20\log_{10}10 = 20\ [\text{dB}]$$

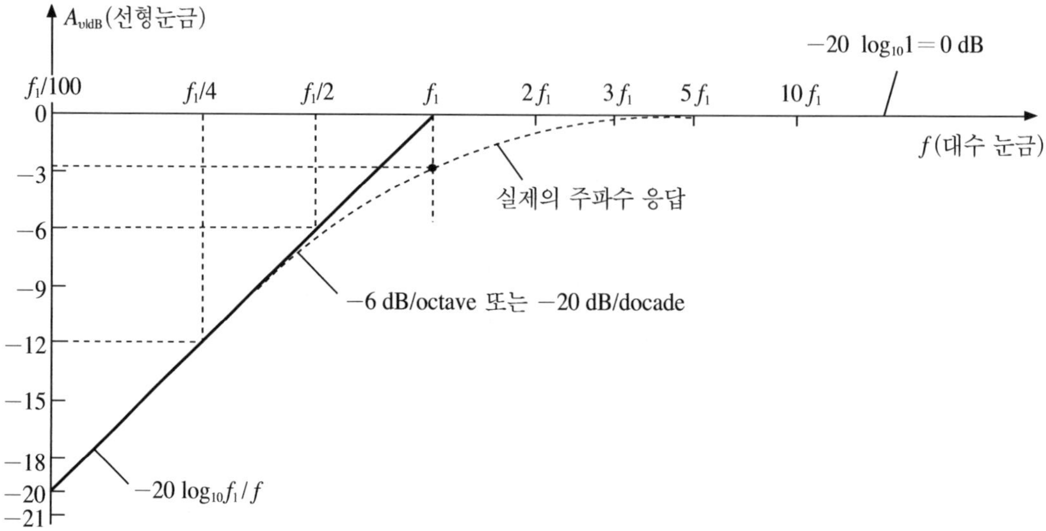

그림 9-29 저주파 영역에서의 보드선도

그림 9 - 29는 위와 같은 점들을 그래프로 표시한 것이다. 이 곡선에서 알 수 있듯이 $f \leq f_1$ 인 영역의 곡선은 대수좌표계에서 기울기가 일정한 직선이 된다. 앞에서 설명한 것과 같이, 선형근사법의 결과는 $f \gg f_1$인 영역에서 실제 특성인 0 [dB]와 정확히 일치하고, $f \ll f_1$ 영역에서 직선으로 실제 특성과 거의 일치한다. 앞의 계산에서처럼 $f = f_1$에서의 이득은 중간대역에서의 이득 0 [dB]로부터 3 [dB]만큼 감소되므로 두 곡선은 3 [dB] 이내의 오차를 가지지만 잘 일치함을 알 수 있다. 이와 같이 그림 9 - 30의 실선을 여러 개의 직선으로 표시하여 얻은 근사 곡선을 보드 선도라 한다.

식 9 - 33 혹은 그림 9 - 29에서 알 수 있듯이, 주파수가 두 배(혹은 1옥타브)로 증가하는 동안 이득은 6 [dB]만큼 변화한다. 즉, 이득의 기울기는 6 [dB/octave]이다. 주파수가 10배로 변화하는 동안 이득은 20 [dB]만큼 변화하게 된다. 앞으로 식 9 - 31과 같은 함수의 크기를 데시벨 곡선으로 그릴 경우, 식 9 - 33을 사용하여 쉽게 그릴 수 있을 것이다. 이 방법은 다음과 같이 된다. 첫째 회로의 소자값으로부터 f_1을 계산하라. f_1보다 큰 주파수 영역은 0 [dB]의 직선을 그리고 f_1보다 낮은 주파수 영역은 6 [dB/dctave] 혹은 20 [dB/dctave]의 기울기를 가지는 직선을 그린다. 이것이 보드 선도이다. 둘째 $f = f_1$에서 −3 [dB]인 점을 찾는다. 두 개의 직선부분과 점으로 이루어지는 완만한 곡선을 그리면 이 곡선이 바로 특성곡선이다.

예제 9-7 그림 9－30의 회로망에서

(1) 차단주파수 f_1을 구하라.

(2) 점근선을 그리고 -3 [dB] 점의 위치를 표시하라.

(3) 주파수 응답곡선을 구하라.

풀이

(1) $f_1 = \dfrac{1}{2\pi RC} = \dfrac{1}{(6.28)(5\times10^3)(0.1\times10^{-6})} = 318.5$ [Hz]

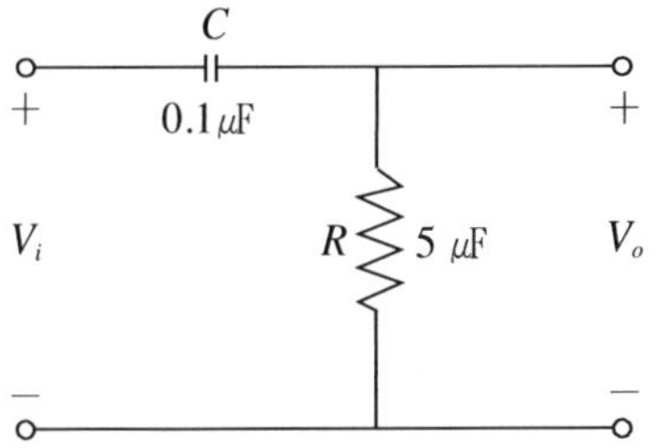

그림 9-30

(2) 및 (3) 그림 9－23을 참조하라.

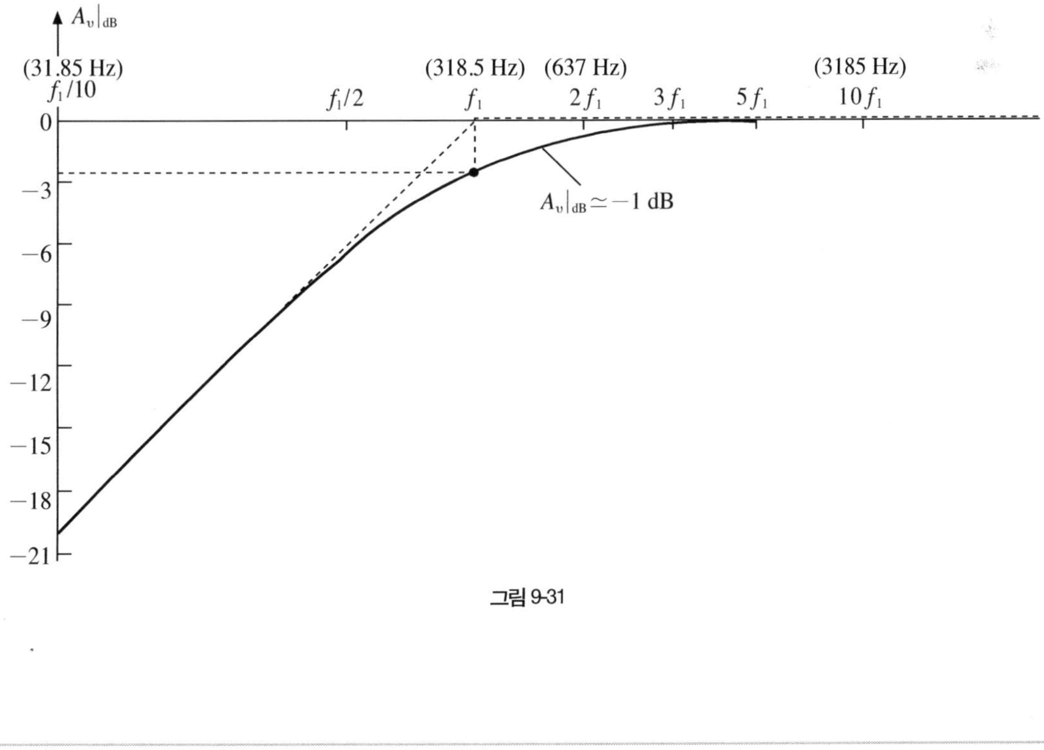

그림 9-31

임의의 주파수에서의 이득은 아래와 같은 방법으로 보드선도로부터 구할 수 있다.

$$A_{v|dB}=20\log_{10}\frac{V_o}{V_i}$$

그러나

$$\frac{A_{v|dB}}{20}=\log_{10}\frac{V_o}{V_i}$$

그리고

$$A_v=\frac{V_o}{V_i}=10^{\frac{A_{v|dB}}{20}} \qquad (9-32)$$

예를 들어 만일 $A_{v|dB}=-3$ [dB]이면

$$A_v=\frac{V_o}{V_i}=10^{-3}/20=110^{-0.15}=0.707$$

을 기대할 수 있다. 양 $10^{-0.15}$은 대부분의 과학용 계산기 기능에 있는 10^y 기능을 이용하여 구한다. 그림 9-31로부터, 주파수 $f=2f_1=637$ [㎐]에서 $A_{v|dB}\simeq-1$ [dB]가 된다. 이 점에서의 이득은

$$A_v=\frac{V_o}{V_i}=10^{\frac{A_{v|dB}}{20}}=10^{-1/20}=10^{-0.05}=0.891$$

그러므로

$$V_o=0.891V_i$$

또는 주파수 $f=637$ [㎐]에서 V_o는 V_i의 89.1 [%]이다. θ의 위상각은

$$\theta=\tan^{-1}\left(\frac{f_1}{f}\right) \qquad (9-33)$$

으로부터 구해진다. 식 9-32로부터 주파수가 $f\ll f_1$인 경우에는

$$\theta = \tan^{-1}\frac{f_1}{f} \Rightarrow 90℃$$

예를 들어 $f_1 = 100f$이면

$$\theta = \tan^{-1}\frac{f_1}{f} = \tan^{-1}(100) = 89.4°$$

$f = f_1$인 경우

$$\theta = \tan^{-1}\frac{f_1}{f}\ \tan^{-1} 1 = 45°$$

$f \gg f_1$인 경우

$$\theta = \tan^{-1}\frac{f_1}{f} \Rightarrow 0°$$

예를 들어 $f_1 = 100f$이면

$$\theta = \tan^{-1}\frac{f_1}{f}\ \tan^{-1} 0.01 = 0.573°$$

그림 9-32는 $\theta = \tan^{-1}(f_1/f)$를 그린 것이다. 만일 여기서 한 개의 증폭기를 사용하여 180°의 위상 이동을 추가한다면 그림 9-24의 위상선도를 얻을 수 있을 것이다.

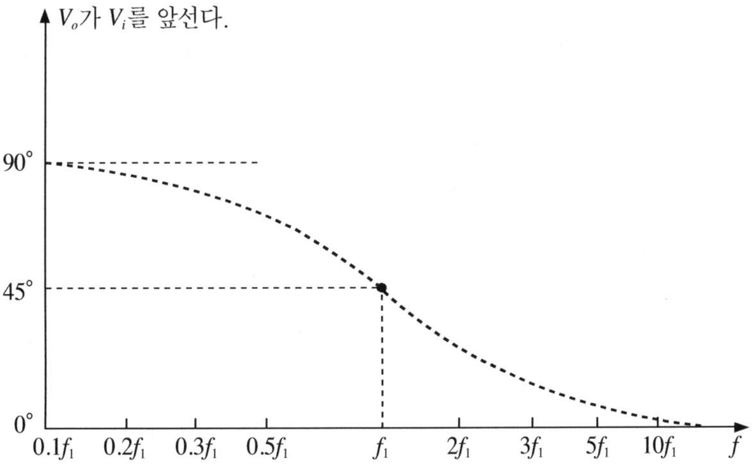

그림 9-32

11. 트랜지스터 1단 증폭기의 고주파 특성

고주파에서 −3 [dB] 점을 정의하는 데에는 두 가지 요인, 즉 회로망 커패시턴스와 전류이득 $h_{fe}(\beta)$의 주파수 의존성이다.

고주파 영역에서 RC 회로망은 그림 9−33과 같다. 주파수가 증가할 때 리액턴스 X_C의 크기는 감소하고 출력 양단에 단락효과와 이득의 감소를 초래한다. 이 RC 회로에 대한 구석주파수(corner frequency)의 계산은 저주파 영역에서와 비슷한 방법을 쓴다. 가장 중요한 차이는 아래에 있는 A_v의 일반적 형태에서 찾아볼 수 있다.

$$A_v = \frac{1}{1+j(f/f_2)} \tag{9-34}$$

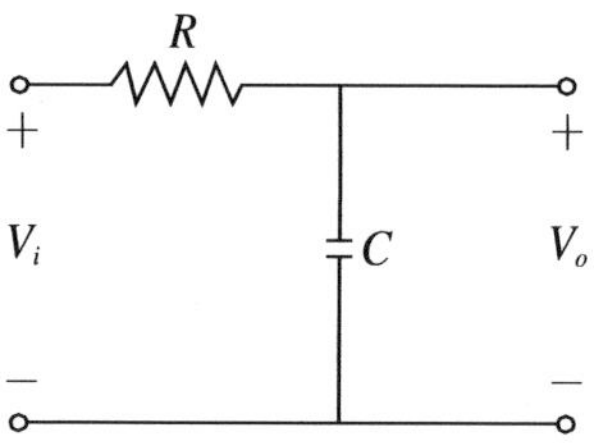

그림 9-33

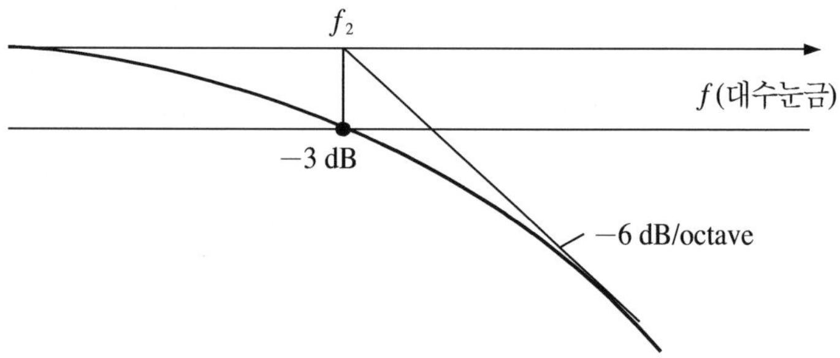

그림 9-34 식 9-41에 의해 정의된 점근선도

이것은 그림 9−34에 나타낸 것처럼 주파수가 증가할 때 6 [dB / octave]에서 떨어지는 점근선도를 얻게 한다. f_2는 식 9−31에서 f_1이 주파수 비율의 분자항에 위치했던 것과는 달리 오히려 주파수 비율의 분모항에 있음을 주의해야 한다.

그림 9−35에서 트랜지스터의 여러 가지 기생커패시턴스(parisitic capacitance)(C_{be}, C_{bc}, C_{ce})는 트랜지스터의 배선 사이에 발생하는 결선커패시턴스(C_{W1}, C_{W2}) 등을 함께 포함하고 있다.

그림 9−36은 그림 9−35 회로의 고주파 등가모델이다. 실제로 커패시터 C_S, C_C와 C_E는 이와 같은 고주파 영역에서는 모두 단락회로 상태로 가정되기 때문에 존재하지 않는다는 사실에 주의하라. 저주파 차단점을 결정하는 커패시터는 그림 9−36에 나타낸 출력 양단이 아니라 RC 회로의 입력단자와 출력단자 사이에 있다는 사실을 기억하라. 커패시

턴스 C_i는 FET을 배울 때 소개된 밀러커패시턴스 C_M, 커패시턴스 C_{b2}, 입력결선 커패시턴스 C_{W1}을 포함한다. 커패시턴스 C_o는 출력커패시턴스와 컬렉터 커패시턴스를 포함한다.

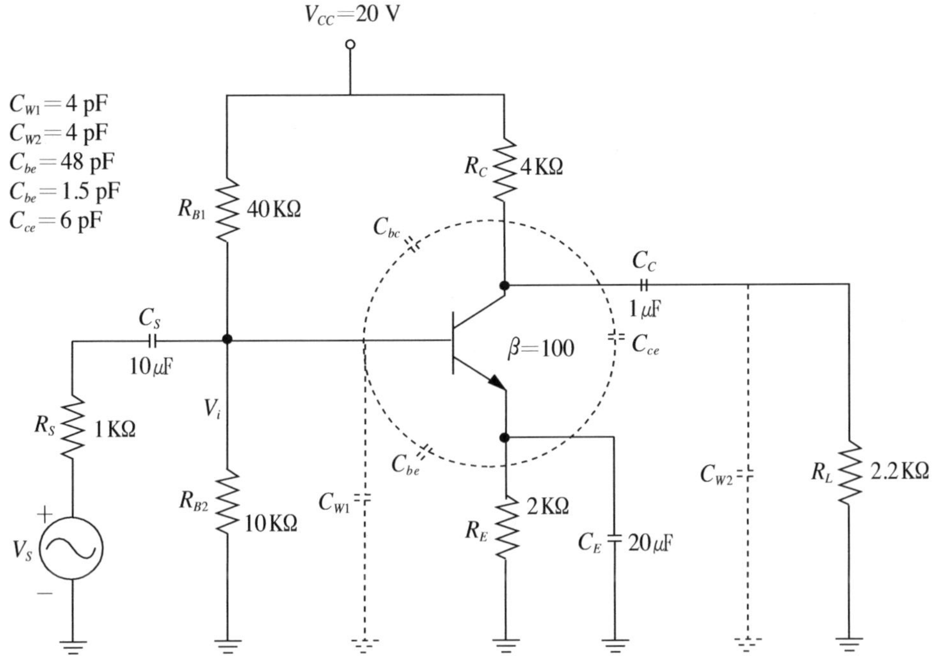

그림 9-35 고주파 응답에 영향을 미치는 커패시터를 포함시킨 회로망

그림 9-35의 입출력회로에 테브난의 등가회로를 구하면 그림 9-37과 같이 된다. 입력회로망에 대한 -3 [dB] 주파수는 다음과 같이 정의된다.

$$f_{Hi}=\frac{1}{2\pi R_{Th1} C_1} \qquad (9-35)$$

여기서

$$R_{Th1}=R_S//R_{B1}//R_{B2}//R_i$$

$$C_i=C_{W1}+C_{be}+C_M=C_{W1}+C_{be}+(1+|A_v|)C_{be}$$

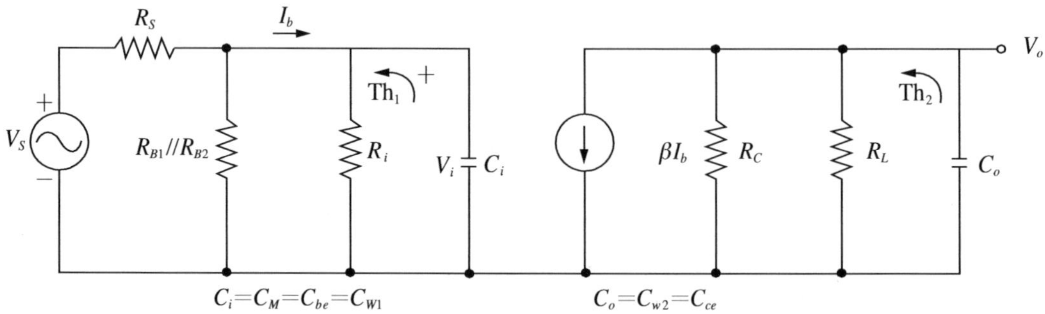

그림 9-36 회로망에 대한 고주파 등가모델

초고주파영역에서 C_i의 영향은 그림 9－36에서 R_{B1}, R_{B2}, R_i와 C_i의 병렬결합의 전체 임피던스를 감소시킨다. 그 결과 C_i 양단에 걸리는 전압 레벨을 감소시키고 I_b도 감소시킨다. 그러므로 전체 시스템의 이득이 감소하는 결과가 된다.

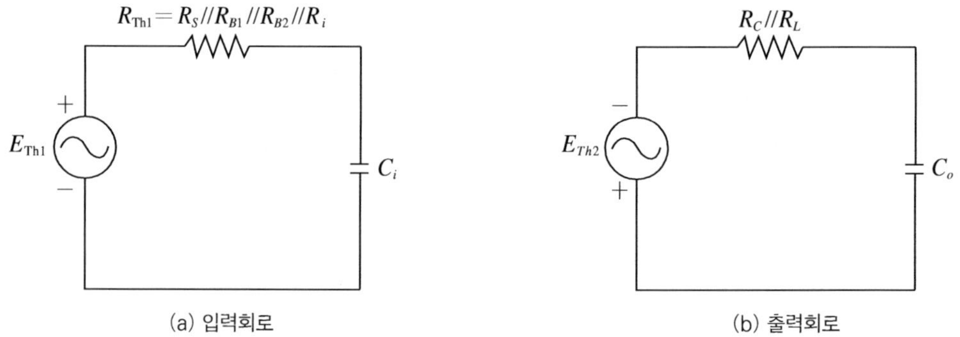

그림 9-37 회로망의 입력회로와 출력회로에 대한 테브난 등가회로

고주파영역에서 전압이득 A_v는 용량성 요소 때문에 주파수의 함수가 된다. 이것은 단순한 저항의 비로 결정할 수는 없다. 그러나 A_v값의 첫 번째 근사로서 중간대역값을 사용해 보면 주파수가 증가함에 따라 이득은 커패시터 영향 때문에 중간대역값에서 분명히 떨어짐을 알 수 있다. 그러므로 만일 중간대역값을 사용하면 A_v의 최대값과 최대 밀러커패시턴스를 얻을 수 있다. 이것은 C_i는 최대값, f_{Hi}는 최소값이 되게 한다. 중요한 것은 C_i로 인한 가장 낮은 차단주파수를 결정했고 최악의 경우에 대한 설계 상황을 규정했다는 사실이다. 즉, C_i로 인한 실제 차단값은 항상 중간대역이득을 사용하여 결정한 값보다 더 높다. 출력회로망에 대한 －3 [dB]주파수는 다음과 같이 정의된다.

$$f_{HO} = \frac{1}{2\pi R_{Th2} C_o} \qquad (9-36)$$

$$R_{Th2} = R_C // R_L$$

$$C_o = C_{W2} + C_{ce}$$

고주파영역에서 커패시터 C_o의 용량성 리액턴스는 감소할 것이고 결과적으로 그림 9-36의 출력단자에 연결된 임피던스를 감소시킨다. 따라서 결론적으로 리액턴스 X_C가 작아짐에 따라서 V_o 또한 0으로 접근하게 된다.

주파수에 따른 h_{fe} 또는 β의 변화는 증폭기의 상한차단주파수(upper cutoff frequency)에 영향을 미치지 않는다는 점을 고려해야 한다. 주파수에 따른 h_{fe}의 변화는 다음과 같이 표시되는데, 이것은 정확한 식이다.

$$h_{fe} = \frac{h_{fe\ \mathrm{mid}}}{1 + jf/f_\beta} \qquad (9-37)$$

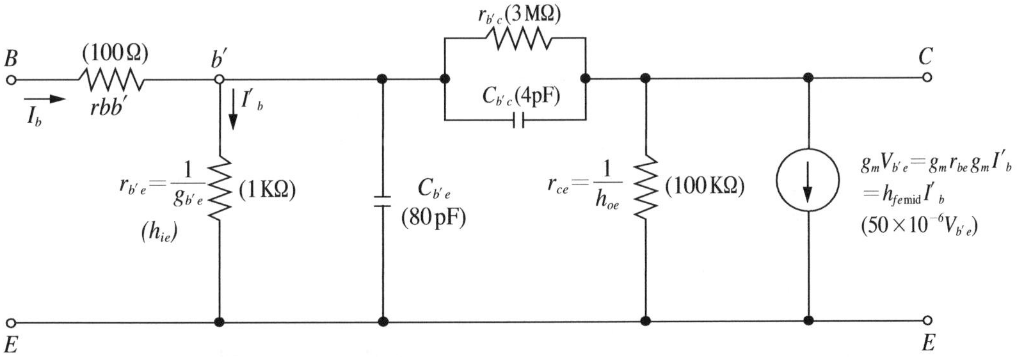

그림 9-38 giacoletto(또는 하이브리드 π) 고주파영역 트랜지스터의 교류소신호 등가회로

정의되지 않은 양 f_β는 고주파영역에서 트랜지스터를 가장 잘 표현한 하이브리드 π 또는 giacoletto 모드에서 사용되는 일종의 파라미터에 의해서 결정된다. 그림 9-38은 이를 나타낸다. 여기서 저항 r_{bb}'는 베이스 접촉(base contact), 베이스 체적(base bulk) 및 베이스 확산저항(base spreading resistance)을 포함한다. 첫 번째 항은 베이스에서 실제로 연결한 것 때문에 생기는 항이다. 두 번째 항은 외부단자에서 트랜지스터의 동작영역까지의 저항을 포함한다. 반면에 마지막 항은 베이스 동작영역 내의 실제 저항을 나타낸다.

저항 $r_{b'e}$와 r_{ce} 및 $r_{b'c}$는 디바이스가 동작영역에 있을 때 표시된 단자 사이의 저항이다. 커패시턴스 $C_{b'c}$와 $C_{b'e}$에 대해서도 같은 방법으로 해석되는 게 사실이다. 전자는 변이커패시턴스(transition capacitance)로, 후자는 확산커패시턴스(diffusion capacitance)로 작용된다. 각각의 주파수 의존에 관한 좀더 상세한 설명은 다른 책을 참조하기 바란다. 이들 파라미터에 의해서

$$f_\beta\ (\text{때로는 } f_{hfe}) = \frac{g_{b'e}}{2\pi(C_{b'e} + C_{b'c})} \qquad (9-38)$$

또는 하이브리드 파라미터 h_{fe}는 하이브리드 파라미터 $g_{b'e}$와 $g_m = h_{femid}\, g_{b'e}$의 관계가 있으므로

$$f_\beta = \frac{1}{h_{femid}} \frac{g_m}{2\pi(C_{b'e} + C'_c)} \qquad (9-39)$$

으로 표시된다.

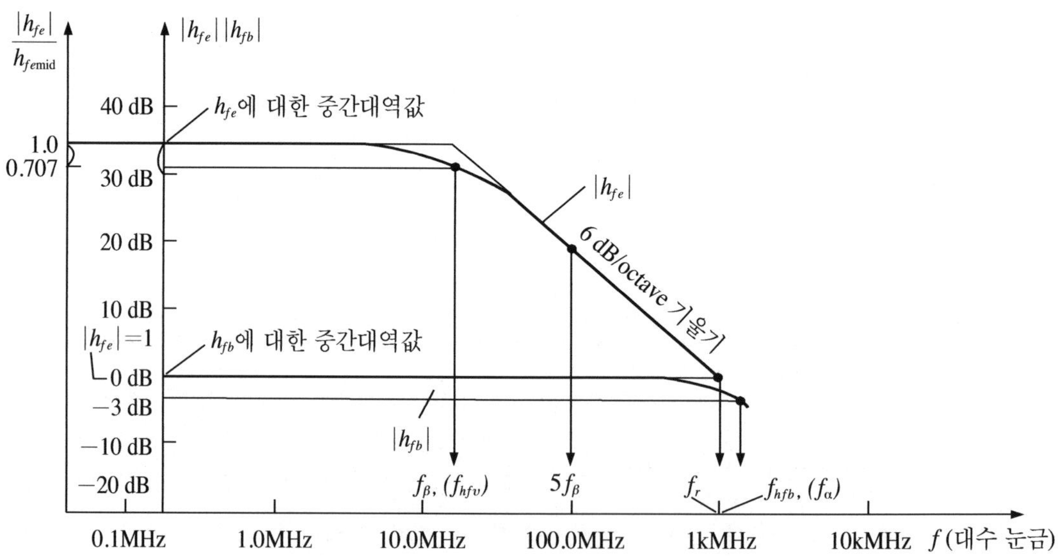

그림 9-39 고주파영역에서 주파수에 따른 h_{fe}와 h_{fe} 특성곡선

식 9-39의 기본형식은 저주파응답에서 얻어진 곡선과 주어진 식 사이에 어떤 유사성이 있다는 것을 암시한다. 가장 뚜렷한 차이는 f_β가 분모에 나타나는 반면에 f_1은 주파수 비의 분자에 나타난다는 사실이다. 이 특별한 차이는 그림 9-39에 묘사된 것과 같은 영향을 갖는다. 즉, 그래프 특성은 주파수가 증가함에 따라 중간대역값에 도달한다기보다는 오히려

떨어질 것이다. 같은 그림에 주파수에 대한 h_{fb}의 특성이 표시된다. 이것은 주파수 범위 내에서 거의 일정하다는 사실에 주목해야 한다. 일반적으로 베이스 공통회로는 이미터 공통회로보다 개선된 고주파 특성을 보인다. 이러한 이유로 인하여 이미터 공통 파라미터보다는

$$
\begin{aligned}
f_\beta &= 3.217\ [\text{MHz}] \\
f_T &\simeq h_{fe} f_\beta \\
&= 100(3.217 \times 10^6) \\
&= 321.7\ [\text{MHz}]
\end{aligned}
$$

오히려 베이스 공통 고주파 파라미터가 트랜지스터에서는 자주 사용된다. 다음 방정식은 f_α와 α가 정해질 때 f_β를 결정하는 식이다.

$$f_\beta = f_\alpha(1-\alpha) \qquad (9-40)$$

이득-대역폭적(gain-bandwidth product)으로 불리는 양이 트랜지스터에서 다음 조건에 따라 정의된다.

$$\left|\frac{h_{fe\ \text{mid}}}{1+jf/f_\beta}\right| = 1$$

그러므로

$$|h_{fe}|_{\text{dB}} = 20\log_{10}\left|\frac{h_{fe\ \text{mid}}}{1+jf/f_\beta}\right| = 20\log_{10} 1 = 0\ [\text{dB}]$$

$|h_{fe}|_{\text{dB}} = 0$ [dB]일 때의 주파수는 그림 9-39에서 f_T에 의해 표시된다. 정의된 조건점($f_T \gg f_\beta$)에서 h_{fe}의 크기는 다음 식으로 주어진다.

$$\frac{h_{fe\ \text{mid}}}{\sqrt{1+(f_T/f_\beta)^2}} \simeq \frac{h_{fe\ \text{mid}}}{f_T/f_\beta} = 1$$

그러므로

$$f_T \simeq h_{fe\ \text{mid}} f_\beta (\text{이득-대역폭적}) \qquad (9-41)$$

또는

$$f_T \simeq \beta f_\beta$$

그러므로

$$f_\beta = \frac{f_T}{\beta} \tag{9-42}$$

식 9-43의 f_β에 대입하면

$$f_T \simeq h_{fe\,\mathrm{mid}} f_\beta = h_{fe\ \mathrm{mid}} \left[\frac{1}{h_{fe\ \mathrm{mid}}} \ \frac{g_m}{2\pi(C_{b'e}+C_{b'c})} \right]$$

첫 번째 근사로서 $r_{bb'}$의 영향을 무시하면 그림 9-38에서 단자 B와 b'의 결합을 의미하게 되며 나아가서는 $C_{b'e}=C_{be}$, $C_{b'e}=C_{bc}$가 성립되어 결과적으로

$$f_T \simeq \frac{g_m}{2\pi(C_{be}+C_{bc})} \tag{9-43}$$

이 된다.

예제 9-8

(1) 그림 9-35의 회로망에서 $g_{b'e}=1\times10^{-3}\ S$일 때 f_{Hi}, f_{Ho}, f_β 그리고 f_T를 구하라.

(2) 저주파와 고주파 영역에 대한 보드 선도를 그려라.

(3) 이 시스템의 결과 대역폭을 결정하라.

풀이

(1) $R_{Th1}=R_S//R_{B1}//R_{B2}//R_i=1\ [\mathrm{K\Omega}]\ //\ 40\ [\mathrm{K\Omega}]//10\ [\mathrm{K\Omega}]//\ 1.576\ [\mathrm{K\Omega}] \simeq 0.568\ [\mathrm{K\Omega}]$

$$\begin{aligned} C_i &= C_{W1}+C_{be}+(1+|A_v|)C_{be} \\ &= 4\ [\mathrm{pF}]+48\ [\mathrm{pF}]+(1+90)\ (1.5\ \mathrm{pF}) \\ &= 188.5\ [\mathrm{pF}] \end{aligned}$$

$$f_{Hi} = \frac{1}{2\pi\ R_{Th1} C_i} = \frac{1}{(6.28)(0.568\times10^3)(188.5\times10^{-12})}$$

$$= \frac{1000 \times 10^6}{672.4} \simeq 1.49\,[\text{MHz}]$$

$$R_{Th2} = R_C // R_L = 4\,[\text{K}\Omega]\ //\ 2.2\,[\text{K}\Omega] = 1.419\,[\text{K}\Omega]$$

$$C_o = C_{W2} + C_{ce} = 8\,[\text{pF}] + 6\,[\text{pF}] = 14\,[\text{pF}]$$

$$f_{Ho} = \frac{1}{2\pi R_{Th2} C_o} = \frac{1}{(6.28)(1.419 \times 10^3)(14 \times 10^{-12})}$$

$$= \frac{1000 \times 10^6}{124.76} \simeq 8.02\,[\text{MHz}]$$

$C_{b'e} = \text{C}_{\text{be}}$를 가정하면 다음을 얻는다.

$$f_\beta = \frac{g_{b'e}}{2\pi(C_{be} + C_{bc})}$$

$$= \frac{1 \times 10^{-3}}{(6.28)(49.5 \times 10^{-12})} = \frac{1000 \times 10^6}{310.86}$$

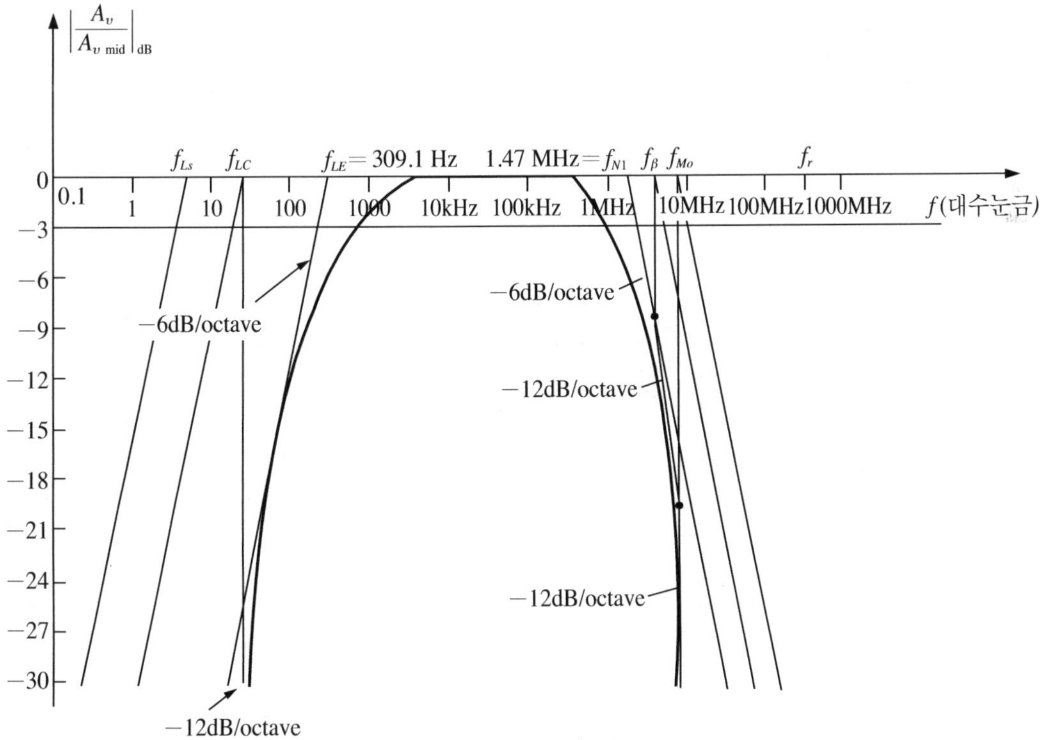

그림 9-40 주파수 대 A_v dB곡선

(2) 저주파, 중간주파수 그리고 고주파에 대한 그림 9－35 회로망의 보드 선도(bode plot)가 그림 9－40에 나타나 있다. 고주파와 저주파영역에서 각각의 차단주파수는 −6 [dB/octave] 점근선을 정의하고, 실제 응답을 정의할 점근선에 대해 차단주파수를 지나는 각 시간마다 −6 [dB/octave]씩 기울기가 증가한다. 실제 응답에 대한 근사곡선도 그림에 나타나 있다. 가장 높은 저주파 차단주파수에서와 가장 낮은 고주파 차단주파수에서 −3 [dB] 강하가 일어남을 유의하라.

(3) 대역폭 :

$$BW \simeq f_{Hi} - f_{LE} \simeq f_{Hi} \simeq 1.49 \text{ MHz}$$

12. 다단증폭기의 주파수 영향

첫 번째 증폭단의 출력에 두 번째 트랜지스터의 증폭단을 직접 연결하는 경우 전체 주파수 응답에는 현저한 변화가 일어난다. 고주파 영역에서 출력커패시턴스 C_o는 다음 단의 결선커패시턴스(C_{W1}), 기생커패시턴스(C_{be}) 및 밀러(Miller) 커패시턴스(C_M)를 포함한다. 더욱이 이 영역에서 시스템의 전체 이득을 더욱 감소시키는 두 번째 증폭단으로 인해서 부가적인 저주파 차단 레벨이 존재하게 된다. 각 추가 증폭단의 상한차단주파수(upper-cutoff

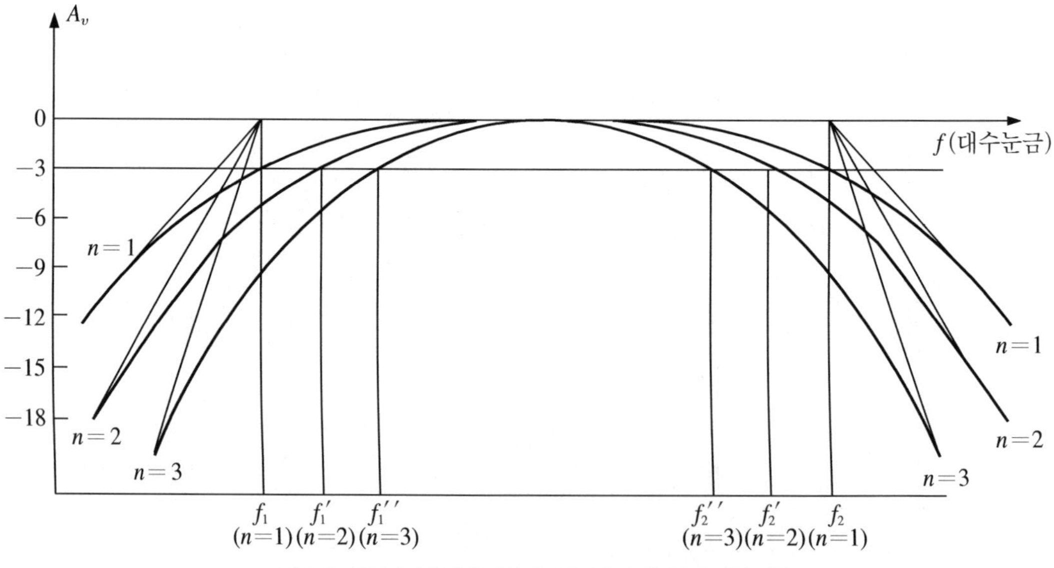

그림 9-41 증폭단의 증가에 따른 차단주파수와 대역폭에 대한 영향

frequency)는 가장 낮은 차단주파수를 갖는 증폭단에 의해서 결정된다. 하한차단주파수(low-cutoff frequency)는 가장 높은 저주파 차단주파수를 갖는 증폭단에 의해서 결정된다.

그러므로 잘못 설계된 증폭단을 설계가 잘된 다른 증폭단에 종속 접속시키더라도 좋은 특성은 나타나지 않는다. 특성이 동일한 증폭단의 수를 증가시키는 효과는 그림 9-41에 나타낸 상황을 고려함으로써 잘 설명된다. 각 경우에 각 종속접속 증폭단의 상한 및 하한차단주파수는 동일하다. 단일 증폭단에서의 차단주파수는 f_1과 f_2이다. 종속접속으로 된 두 개의 동일 증폭단에 대해서 고주파 영역 및 저주파 영역에서의 강하율은 -12[dB/octave] 또는 -40[dB/octave]까지 증가한다. 그러므로 주파수 f_1과 f_2에서 데시벨 강하는 정의된 대역주파수이듯 -3[dB]이라기보다는 오히려 -6[dB]가 된다.

-3 [dB]점은 대역폭의 강하로 인해서 f_1' 와 f_2' 로 이동한다. 동일 증폭단을 3단으로 사용한 시스템에서의 대역폭의 감소 (f_1''와 f_2'')로 인해서 -18[dB/octave] 또는 -60[dB/octave]의 기울기를 갖는다.

특성이 동일한 증폭단을 가정하고, 증폭단 수(n)의 함수로서 각 대역주파수에 대한 방정식은 다음과 같이 결정된다.

저주파 영역에 대해서

$$A_{\upsilon\,\mathrm{low},\,(\mathrm{overall})} = A_{\upsilon\,1\,\mathrm{low}}\,A_{\upsilon\,2\,\mathrm{low}}\,A_{\upsilon\,3\,\mathrm{low}} \cdots A_{\upsilon\,n\,\mathrm{low}}$$

각 증폭단이 동일하므로

$$A_{\upsilon\,1\,\mathrm{low}} = A_{\upsilon\,2\,\mathrm{low}} = \mathrm{etc}$$

$$A_{\upsilon\,\mathrm{low},\,(\mathrm{overall})} = (A_{\upsilon\,1\,\mathrm{low}})^n$$

또는

$$\frac{A_{\upsilon\,\mathrm{low}}}{A_{\upsilon\,\mathrm{mid}}}(\mathrm{overall}) = \left(\frac{A_{\upsilon\,1\,\mathrm{low}}}{A_{\upsilon\,\mathrm{mid}}}\right)^2 = \frac{1}{(1+jf_1/f)^n}$$

이 결과의 크기를 $1/\sqrt{2}$ (-3 dB level)로 놓으면

$$\frac{1}{\sqrt{[1+(f_1/f_1')^2]^n}} = \frac{1}{\sqrt{2}}$$

또는

$$\left\{\left[1+\left(\frac{f_1}{f_1'}\right)^2\right]^{1/2}\right\}^n=\left\{\left[1+\left(\frac{f_1}{f_1'}\right)^2\right]^n\right\}^{1/2}=(2)^{1/2}$$

그러므로

$$\left[1+\left(\frac{f_1}{f_1'}\right)^2\right]^n=2$$

$$1+\left(\frac{f_1}{f_1'}\right)^2=2^{1/n}$$

결과적으로

$$f_1'=\frac{f_1}{\sqrt{2^{1/n}-1}} \qquad (9-44)$$

같은 방법으로 고주파 영역에서는

$$f_2=\sqrt{2^{1/n}-1}f_2 \qquad (9-45)$$

각 방정식에 같은 요소 $\sqrt{2^{1/n}-1}$이 있다는 것에 주의하라. n의 여러 값에 대한 이 요소의 크기는 표 9-1과 같다.

표 9-1

n	$\sqrt{2^{1/n}-1}$
1	1
2	0.64
3	0.51
4	0.43
5	0.39

$n=2$인 경우, 상한차단주파수는 $f_2'=0.64\,f_2$ 또는 단일 증폭단에 대하여 얻어진 값의 64[%]인 반면에, 하한차단주파수는 $f_1'=(1\,/0.64),f_1=1.56\,f_1$인 관계가 있다. $n=3$인 경우, $f_2'=0.51\,f_2$ 또는 $f_1'=(1/0.52),f_1=1.96\,f_1$인 단일 증폭단에 값에 대략 1/2이거나 또는 대략 두 배 정도로 된다.

$f_2=1.47$[MHz], $f_1=309.1$ [Hz]인 앞 절에서의 예제를 생각해 보자. $n=2$인 경우(2단으로

종속접속하는 경우)

$$f_2' = 0.64 f_2 = 0.64(1.49)\ [\text{MHz}] = 0.95\ [\text{MHz}]$$
$$f_1' = 1.56 f_1 = 1.56(309.1) \simeq 482.2\ [\text{Hz}]$$

그러므로 대역폭은 $f_2' - f_1' = 0.95\ [\text{MHz}] - 482.2\ [\text{Hz}] \simeq 0.94\ [\text{MHz}]$로 단일 증폭단의 대역폭의 64.4 [%]로 강하된다.

RC－결합트랜지스터 증폭기의 경우, 만일 $f_2 = f_\beta$이거나 또는 이들이 모두 위의 3 [dB] 주파수에 영향을 미칠 만큼 유사하다면, 증폭단의 수는 f_2'를 결정할 때 계수 $1/(1+jf/f_x)$의 수를 증가시켰기 때문에 2의 배수만큼 증가되어야 한다.

만일 중간대역이득이 증폭단의 수와 관계없이 일정하다면 대역폭이 감소하는 것은 증폭단의 수의 증가에 항상 관련 있는 것은 아니다. 예를 들어 단일 증폭기가 대역폭 10,000[Hz]에서 이득이 100이 되게 한다면, 이득－대역폭적(gain-bandwidth product)은 $10^2 \times 10^4 = 10^6$이 된다. 2단 증폭기 시스템에서 이득이 10으로 동일한 두 개의 증폭단을 사용하면 $10 \times 10 = 100$의 이득을 얻을 수 있다. 각 증폭단의 대역폭은 낮은 이득의 요구와 고정 이득 대역폭적은 10^6이기 때문에 100,000까지 10배의 비율로 증가시킬 수 있다. 물론 이와 같은 설계는 대역폭을 증가시키고 이득을 더 낮게 하려는 방향으로 해야 한다.

주파수응답에 증폭단의 수를 증가시킬 때의 영향은 이 장의 결론에서 논하기보다는 오히려 종속접속 트랜지스터 증폭기 시스템의 해석을 완전하게 하기 위하여 이 절에 포함시키고자 한다. 그러나 이 결과는 FET나 진공관을 이용한 종속접속 시스템에도 직접 적용할 수 있다.

연습문제

1. (1) 전력이득이 12.8×10^3, $Z_L=4$ [KΩ], 첫 번째 증폭단의 입력임피던스 $Z_{i1}=2$ [KΩ]인 종속접속 시스템의 A_{iT}와 A_{vT}를 구하라.

   (2) (1)의 시스템의 동일한 두 개의 증폭단으로 구성되었을 때, 각 증폭단의 전압과 전류이득을 구하라.

2. 그림 9-42의 RC 결합 2단 증폭기에서

   (1) 입력임피던스 Z_i와 출력임피던스 Z_o를 구하라.

   (2) 전압이득 $A_v=V_o/V_i$를 계산하라.

   (3) 전류이득 $A_i=I_o/I_i$를 계산하라.

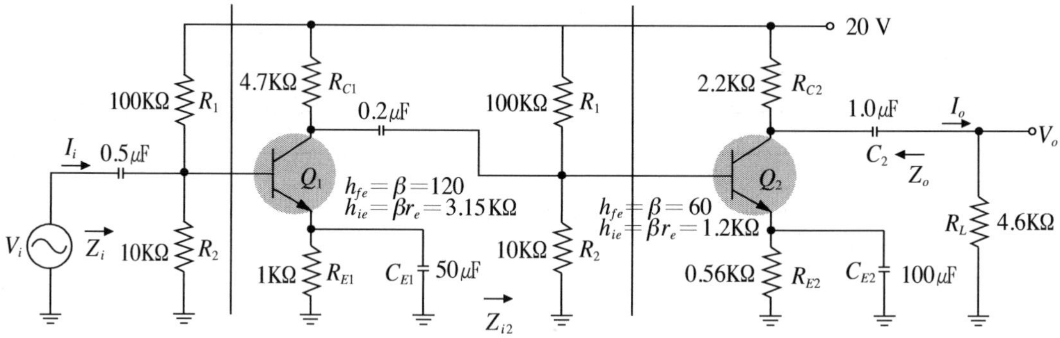

그림 9-42 RC 결합 2단 증폭기

3. 그림 9-5의 RC 결합증폭기의 각 트랜지스터에 대하여 저항 $R_{b1}=56$ [KΩ], $R_{b2}=5.6$ [KΩ], $R_{C1}=6.8$ [KΩ], $R_{C2}=3.3$ [KΩ], $R_{E1}=R_{E2}=0.56$ [KΩ], $R_L=2.2$ [KΩ]일 때의 Z_i, Z_o, A_{vT}, A_{iT}, A_{pT}를 구하라. 이때 커패시터의 값은 모두 같으며 각 트랜지스터의 $\beta=120$이다. 여기서 h_{ie}가 주어지지 않았으므로 각 트랜지스터에 대한 r_e값을 구해야 한다. 가능한 한 모두 근사화하라.

4. 전체 이득이 대략 2000인 RC 결합 2단 증폭기를 설계하라. 회로의 부하는 10 [KΩ]이며 신호는 이상적인 전압전원($R_S=0\Omega$)에서 공급된다. 각 요소에 대한 전형적, 즉 상업적으로 이용 가능한 성분값을 택하고 이것을 확인하여 회로의 전압이득을 계산하라. 상업적으로 이용 가능한 저항일람표는 어떤 전자상품 출판물에서든지 찾을 수 있다.

5. 10 [Ω]의 부하저항에 연결한 5 : 1 강압변압기의 1차측으로 들여다본 임피던스를 계산하라.

6. 50 [Ω]의 부하저항에 20 [KΩ]의 전원임피던스에 정합시키는 데 필요한 변압기 권선비를 계산하라.

7. (1) 그림 9－43의 변압기-결합증폭기의 전압이득(V_o/V_i)을 계산하라.
   (2) 부하가 0.5 [KΩ]으로 감소할 때 그림 9－43 회로의 전압이득을 구하라.

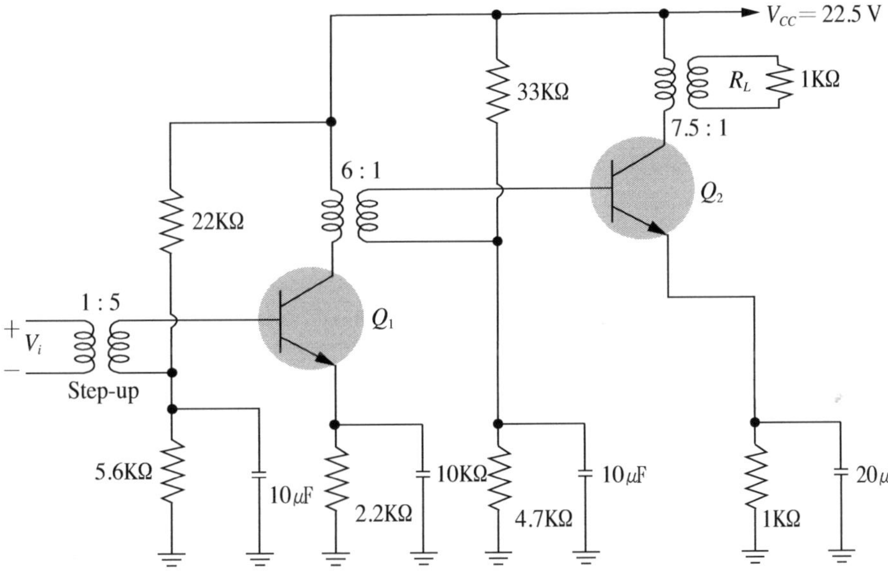

그림 9-43 변압기-결합 2단 증폭기

8. 그림 9－16에서 12 [V] 전원을 16 [V]로 바꿨을 때 직류 레벨을 다시 계산하라. 또한 각 트랜지스터에 대한 r_e를 다시 구하라. 교류전압과 전류이득은 어떻게 영향을 받는가. 이 변화로 인해서 영향을 받았다면 새로운 값을 구하라.

9. 그림 9－44의 종속접속 증폭기에서 다음을 계산하라.
   (1) 출력전압 V_o
   (2) 입력임피던스 Z_i, 출력임피던스 Z_o
   (3) 출력전류 I_o, 입력전류 I_i와 전류이득 A_i

(4) 시스템의 전체 이득 A_{pT}

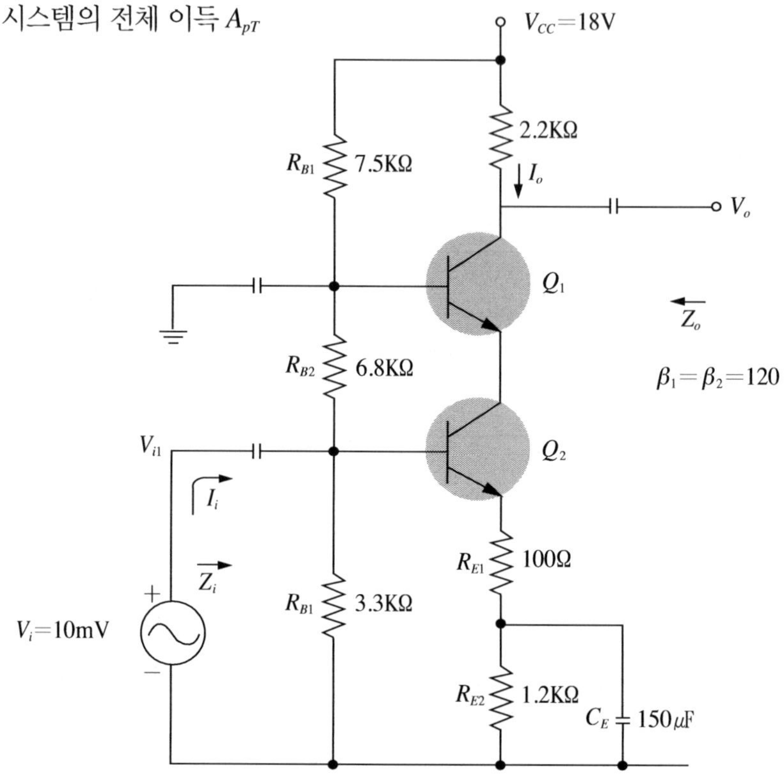

그림 9-44

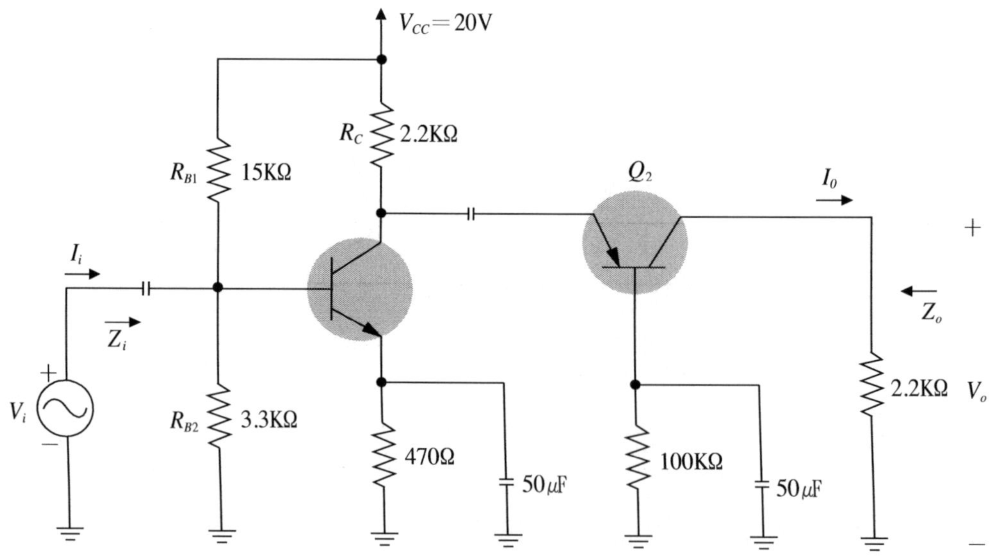

그림 9-45

10. 그림 9-45의 종속접속 증폭기에서 다음을 계산하라.

(1) $\beta=50$일 때 r_{e1}과 r_{e2}

(2) 입력전압 $V_i=10$ [㎷]일 때 전체 전압이득 A_{vT}와 A_o

(3) 입력임피던스 Z_i, 출력임피던스 Z_o

11. 그림 9-46의 달링턴 증폭기에서 전류증폭도 A_i, 입력임피던스 Z_i, 출력임피던스 Z_o와 전압증폭도 A_v를 계산하라.

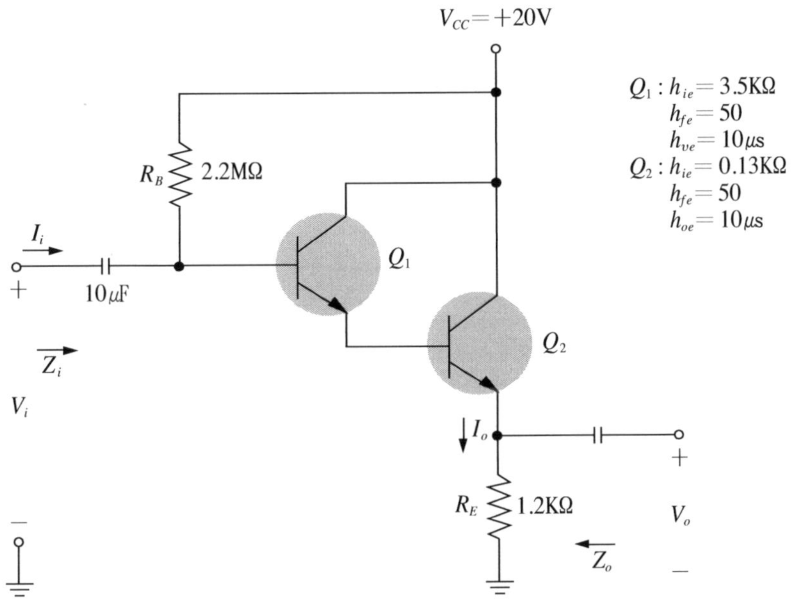

그림 9-46 증폭기 회로

12. 그림 9-47에서 h_{fe}와 h_{ie}는 각 트랜지스터에서보다는 오히려 달링턴 회로에서 주어진다. 이때

(1) $A_{v1}=V_{o1}/V_i$를 구하라.

(2) $A_{v2}=V_{o2}/V_i$를 구하라.

(3) $A_{vs}=V_{o1}/V_i$를 구하라.

(4) 0.56 [KΩ] 부하와 병렬로 10 [KΩ] 부하를 연결할 때 A_{v1}을 구하라.

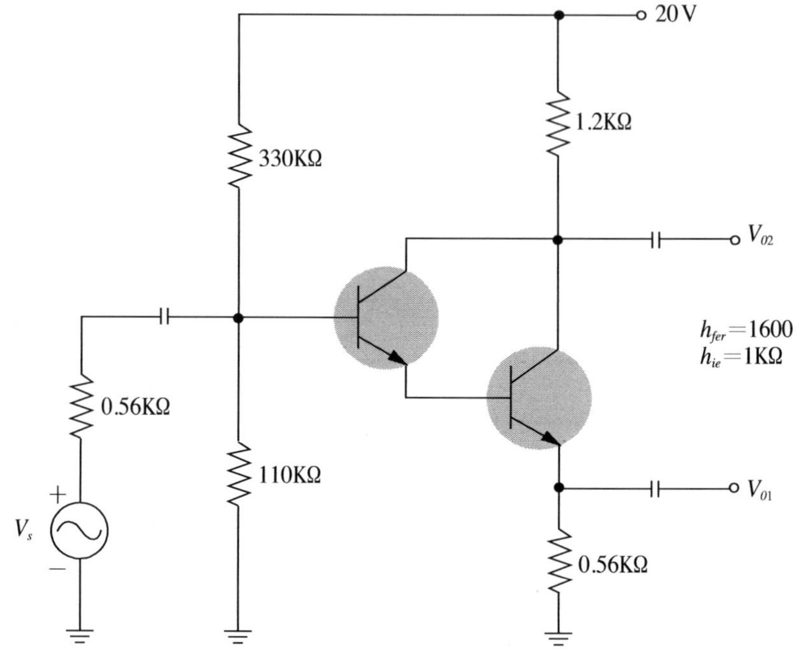

그림 9-47

13. 다음의 데시벨 전력이득을 계산하라.
   (1) $P_o = 100$ [W], $P_i = 5$ [W]
   (2) $P_o = 100$ [mW], $P_i = 5$ [mW]
   (3) $P_o = 100$ [μW], $P_i = 20$ [μW]

14. 같은 저항 양단에서 측정한 전압값이 $V_1 = 25$[V], $V_2 = 100$[V]일 때 첫 번째 측정한 값에 대한 두 번째 값의 데시벨 전력이득을 계산하라.

15. 입력전압과 출력전압이 $V_i = 10$ [mV], $V_o = 25$ [mV]로 측정되었다. 전압이득은 몇 데시벨인가?

16. (1) 3단 증폭시스템의 전체 데시벨 이득은 120 [dB]이다. 만일 두 번째 증폭단이 첫 번째 증폭단의 데시벨 이득의 두 배이고 세 번째 증폭단이 첫 번째 증폭단의 데시벨

이득의 2.7배라면 각 증폭단의 데시벨 이득은 얼마인가?

(2) 각 증폭단의 전압이득을 계산하라.

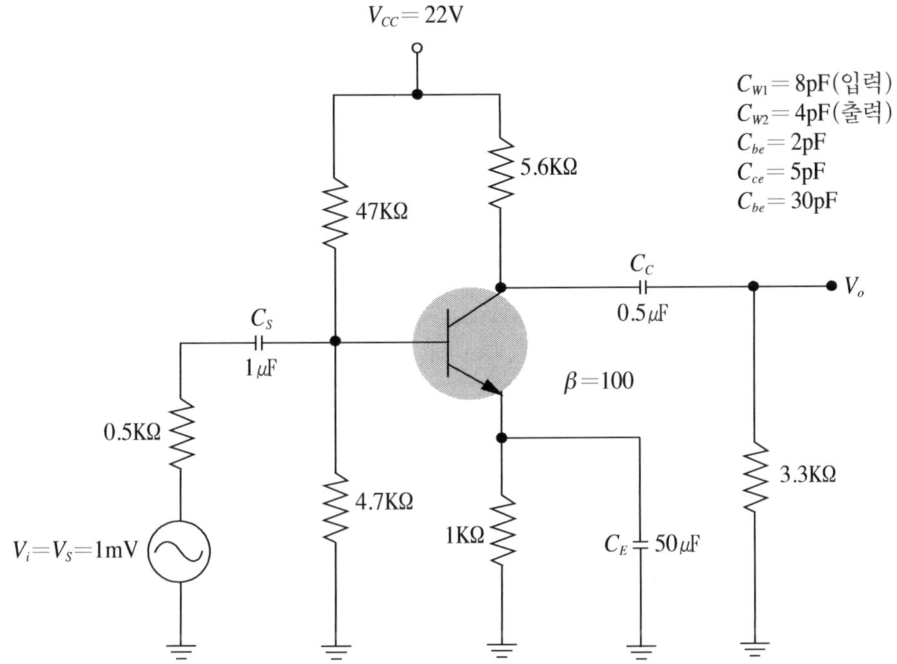

그림 9-48 회로

17. 그림 9-48의 회로에서
   (1) 저주파 차단주파수 f_{LS}, f_{LC}, f_{LE} 계산하라.
   (2) 중간대역 전압이득을 계산하라.
   (3) 고주파 차단파수 f_{Hi}와 f_{Ho}를 구하라.
   (4) 대수눈금으로 $A_v = V_o / V_i$를 대략 그려라.

18. 각각의 전압이득이 20인 네 개의 동일한 증폭단으로 구성된 증폭기의 전체 전압이득을 계산하라.

19. 각 증폭단의 f_2 = 2.5 [㎒]인 4단 증폭기에서 전체 고주파영역 3 [dB] 주파수를 계산하라.

20. 4단 증폭기의 각 증폭단의 f_1= 40 [㎐]일 때 저주파영역 3 [dB] 주파수를 갖는다. 아래 전체 증폭기의 f_1의 값은 얼마인가?

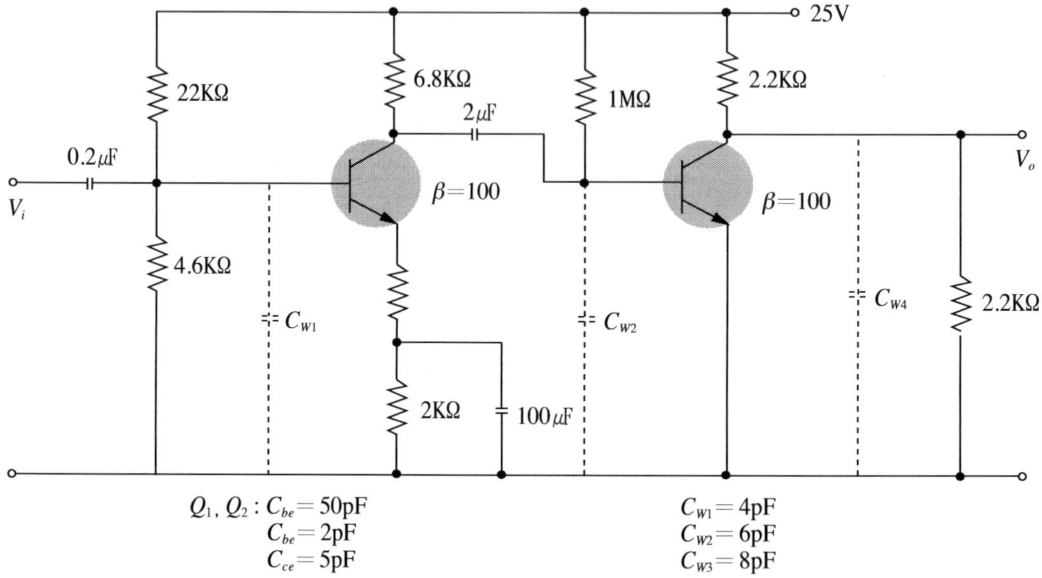

그림 9-49 회로

21.(1) 그림 9 - 49의 2단 증폭기에서 저주파 차단주파수를 계산하라.

(2) 그림 9 - 49의 회로(f_β=5 ㎒)에 대해서 고주파 차단주파수를 계산하라.

(3) 중간 대역 전압이득을 계산하고 주파수(대수그래프)에 따른 전압증폭도 $A_v=V_o/V_i$에 대한 대략의 스케치를 만들어라.

제10장
전계 효과 트랜지스터의 기초

1. 전계 효과 트랜지스터

NPN형이나 PNP형으로 구성된 쌍극 접합 트랜지스터(BJT)는 전자 전류(electron current)와 정공 전류(hole current)에 의한 전류 제어소자인 반면에 전계 효과 트랜지스터(field-effect transistor : FET)는 단극성 소자(unipolar device)이며 전압 제어소자이다.

*n*채널 FET는 전자 전류, *p*채널 FET는 정공 전류에 의하여 동작되는 전압 제어 디바이스이다. BJT나 FET는 서로 다른 바이어스 조건 아래에서 증폭회로나 전자회로에 사용된다.

FET와 BJT 디바이스의 몇 가지 특성을 비교하면 아래와 같다.

① FET는 약 100[MΩ] 정도의 아주 높은 입력저항을 갖는 데 비하여 BJT의 입력저항은 2[KΩ] 정도 이다.

② FET는 스위치(또는 초퍼)로 사용될 때 오프셋 전압(offset voltage)이 발생하지 않는다.

③ FET는 방사능(radiation)에 비교적 영향을 받지 않지만 BJT는 대단히 민감한데, 특히 β가 영향을 받는다.

④ FET는 BJT보다 '잡음'이 작으므로 hi-fi FM 수신기 등 저전력 증폭기의 입력단에 매우 적합하다.

⑤ FET는 BJT보다 훨씬 높은 열적 안정도(thermal stability)를 갖는다.

⑥ FET는 BJT보다 작으므로 IC로 많이 이용되고 있다. 그러나 FET의 단점은 BJT에 비해 디바이스의 이득-대역폭이 비교적 적고 FET를 다룰 때 손상을 입히기 쉽다는 점이다.

2. JFET의 구조와 특성

FET는 하나의 *pn*접합을 갖는 3단자 소자로서, 접합 FET(Junction FET : JFET)와 금속-산화물-반도체 FET(Metal-Oxide Semiconductor FET : MOSFET)의 두 종류가 있다.

FET는 증폭용으로 제안된 고체 디바이스 중의 하나였지만 제조기술의 한계로 인해 1960년대 중반까지 상업용 디바이스로서의 개발이 늦어졌다. 대형 집적회로(LSI) 및 초대형 집적회로(VLSI)는 기본적으로 MOSFET 트랜지스터 디바이스를 사용해서 만든다.

(1) JFET의 동작

JFET의 물리적 구조는 그림 10－1과 같다. 그림 10－1 (a)의 *n*채널 JFET는 한 개의 *n*형 반도체에 한 쌍의 *p*형 영역을 확산시켜서 만든다. *p*채널 JFET는 그림 10－1 (b)와 같이 *p*형 반도체에 *n*형 영역을 확산시켜서 만든다.

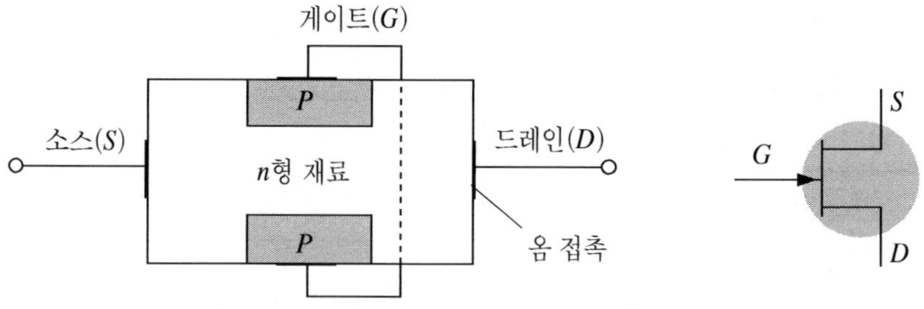

(a) n채널

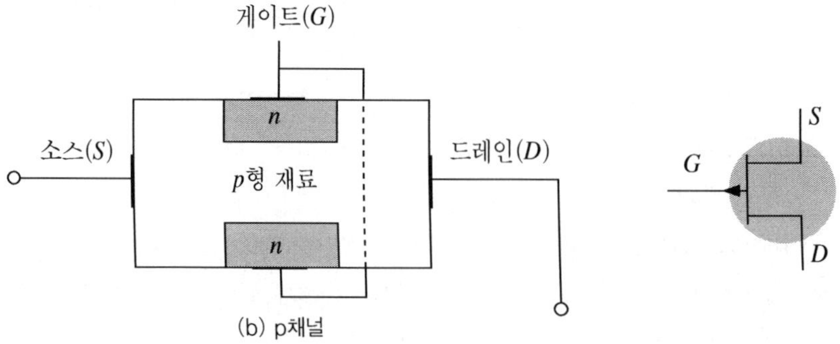

(b) p채널

그림 10-1 JFET의 물리적 구조와 소자 기호

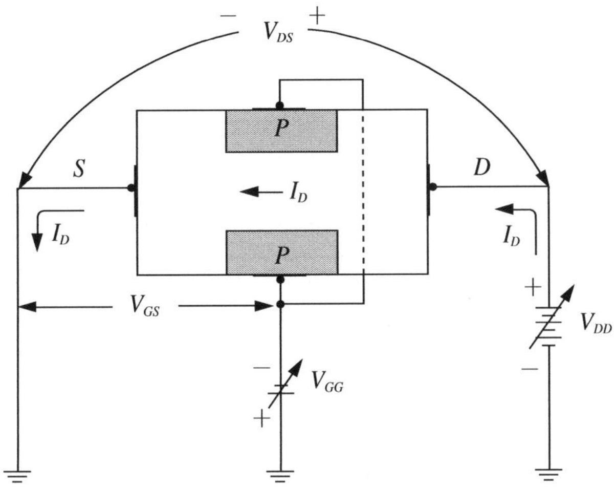

그림 10-2 JFET의 기본 동작

소자의 동작을 조사해 보기 위해 그림 10−2를 생각해 보자. 공급전압 V_{DD}는 드레인-소스 전압 V_{DS}를 공급하여 드레인(drain)에서 소스(source)로 전류 I_D를 흘린다(실제로 n채널에서는 전자가 소스로부터 드레인으로 이동한다). 이 드레인 전류는 p형 게이트로 둘러싸인 채널을 통해 흐른다. 게이트(gate)와 소스 사이의 전위차 V_{GS}는 공급 전압 V_{GG}에 의해 설정된다. 게이트-소스 전압은 게이트-소스 접합을 역방향 바이어스시키므로 게이트 전류는 전혀 흐르지 않는다. 게이트 전압의 효과는 채널 내에 공핍 영역을 발생시켜 채널 폭을 좁아지게 한다. 이렇게 되면 드레인-소스 저항이 높아지고 드레인 전류는 감소하게 된다.

먼저 V_{GS} = 0V일 때와 역방향 바이어스 전압 V_{GS}를 가할 때의 소자의 동작을 생각해 보자. 그림 10−3 (a)는 드레인-소스간의 n형 재료를 통해 드레인 전류가 흐르게 되면 채널을 따라 전압 강하가 일어나서 소스-게이트 접합보다는 드레인-게이트 접합이 더 높은 전압을 갖게 된다. 이렇게 해서 발생되는 pn접합에 걸리는 역방향 바이어스 전압으로 인해 그림 10−3 (a)와 같은 공핍 영역이 발생한다. 전압 V_{DD}가 증가하면 전류 I_D가 증가하여 공핍 영역은 더욱 확장되고 결국 드레인-소스 채널 저항이 증가하게 된다. 전압 V_{DD}가 더욱더 커지면 그림 10−3 (b)와 같이 채널을 완전히 가로막는 공핍 영역이 형성되는데 이때에는 V_{DD}값이 더 증가해도 공핍 영역에 걸리는 전압만 증가되고 공핍점과 접지 사이의 전압은 일정한 상태로 유지되어 전류 I_D도 일정하게 된다. 이러한 동작은 그림 10−3 (c)의 V_{GS} = 0일 때의 특성 곡선으로 나타난다. V_D가 증가하면 채널에 공핍영역이 완전히 이루어질 때까지 전류 I_D도 증가하지만 그 후에는 포화되어 전압 V_{DS}가 증가하더라도 일정한 값을 갖는다. V_{GS} = 0

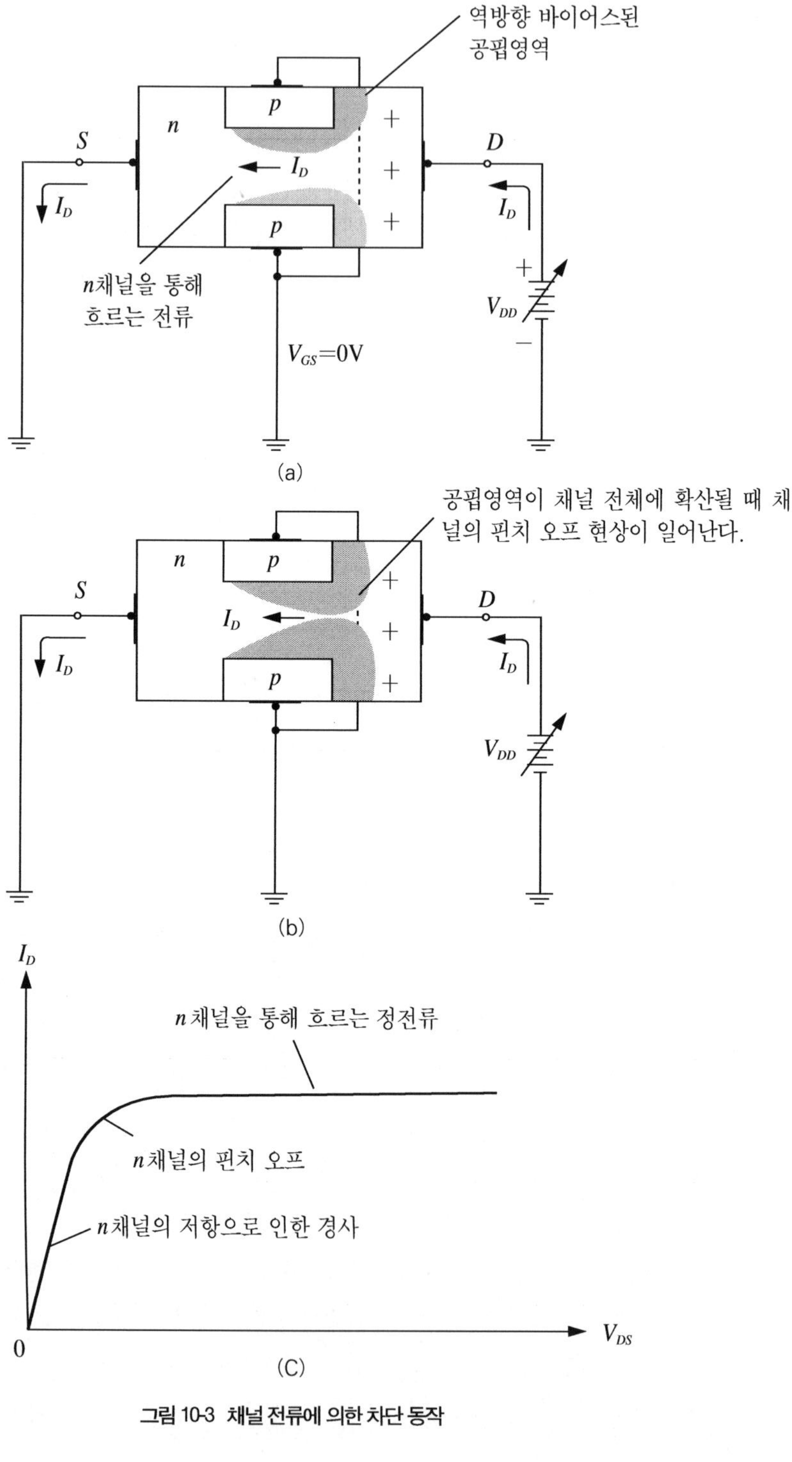

그림 10-3 채널 전류에 의한 차단 동작

인 경우의 드레인 전류값은 JFET의 동작을 규정하기 위해 사용되는 중요한 파라미터로서 I_{DSS}(게이트-소스 단락(V_{GS} = 0V)시의 드레인-소스 포화 전류)로 표시한다.

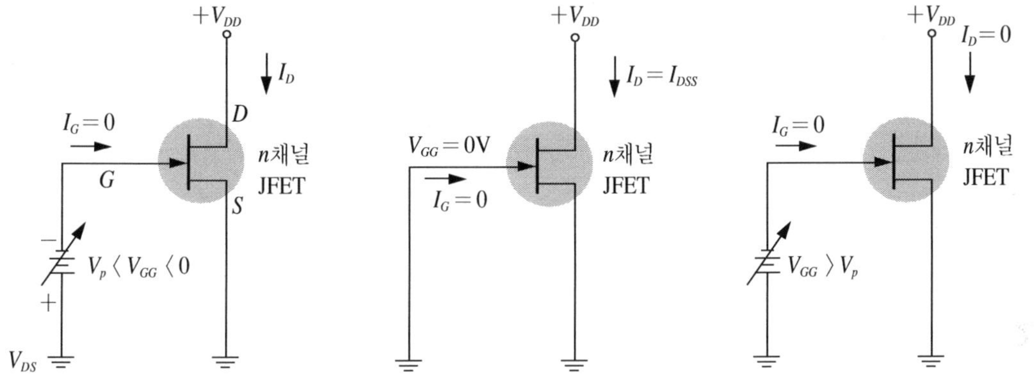

(a) V_{GS}가 0V에서 V_P 사이의 범위에 있는 경우 (b) V_{GS} = 0V (C) $V_{GS} \geq V_P$

그림 10-4 디바이스 심벌을 이용한 n채널 JFET의 동작

그림 10−4는 n채널 JFET의 동작을 요약한 것이다. 게이트-소스 전압 V_{GS}가 핀치-오프 전압보다는 크고 0V보다는 작을 때 드레인 전류 I_{DSS}가 존재하게 되는데 이 전류는 전압 V_{GS}로 조절될 수 있다. 게이트 전류 I_G는

$$I_G = 0 \tag{10-1}$$

이것은 게이트-소스 사이가 역방향 바이어스일 때에는 어떠한 전류도 흐를 수 없기 때문이다. 게이트-소스 전압이 0V로 고정될 때 드레인 전류의 레벨은 중요한 값이 되는데 이것은 I_{DSS}로 그림 10−4 (b)와 같이 된다.

게이트 전류는 식 10−1에 의하여 주어진 것처럼 역시 0이다. 게이트-소스 전압이 핀치-오프 전압(채널을 핀치-오프시키기 위해 필요한 값보다 훨씬 큰 음전압)보다 훨씬 증가하면 드레인 전류는 0으로 감소, 즉 I_G = 0이 되고 JFET 디바이스는 완전하게 턴 오프되어 그림 10−4 (c)와 같이 된다.

(2) 드레인-소스 특성

그림 10－4의 동작은 게이트-소스 전압값의 범위에 대하여 서로 다른 드레인-소스 전압값에서 실제의 드레인 전류를 나타냄으로써 더욱 잘 기술될 수 있다. 이 그림은 드레인-소스 전압과 드레인 전류를 나타내기 때문에 드레인 특성이라고 부른다.

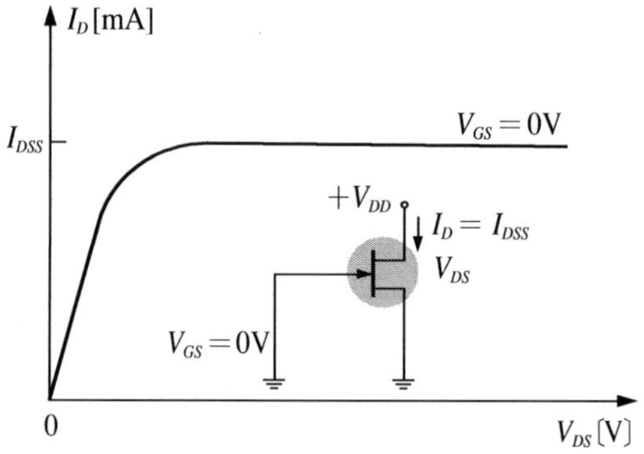

(a) $V_{GS}=0$V

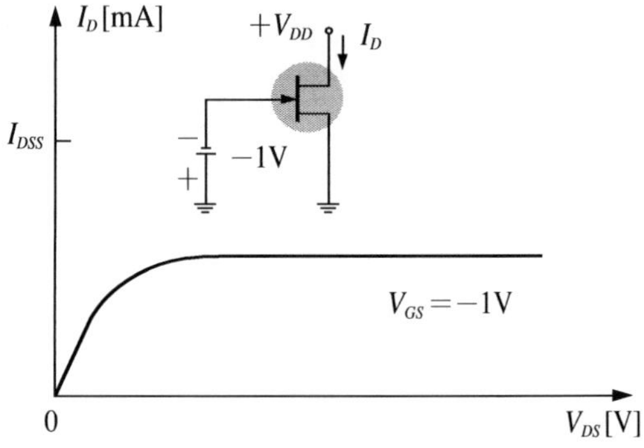

(b) $V_{GS}=-1$V

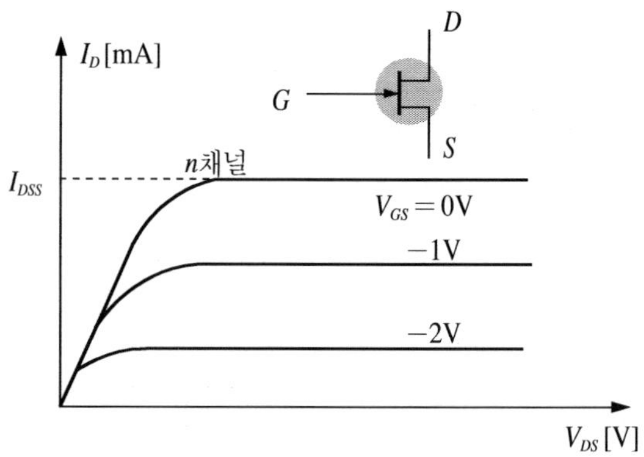

(c) 완전한 특성

그림 10-5 드레인-소스 특성

그림 10－5 (a)는 전형적인 n채널 JFET 드레인-소스 특성을 나타낸다. $V_{GS}=0$V인 경우 곡선은 전류가 오프되는 점(포화에 도달하는)까지 V_{DS}가 증가할 때 드레인 전류가 증가함을 나타낸다. 앞의 논의에서 내부 공핍 영역은 드레인-소스 전류를 제한하기 위하여 작용된다는 것을 알 수 있다. $V_{GS}=0$으로 설정했을 때 얻어지는 이 포화 전류(saturation current)를

I_{DSS}라고 명명한다.

만일 게이트-소스 전압이 $V_{GS}=-1V$(그림 10-5 (b) 참조)로 설정되면 전류는 포화값에 이를 때까지 V_{DS}가 증가하는 대로 증가한다. 그러나 이 경우는 $V_{GS}=0$보다 낮은 값까지만 증가한다. 왜냐하면 $V_{GS}=-1V$로 인하여 부분적으로 형성되기 시작하는 공핍 영역은 드레인-소스 전류의 낮은 레벨에서 형성되기 때문이다.

드레인-소스 특성은 0V에서 핀치-오프 상태까지의 V_{GS}의 다른 값들에 대한 곡선들의 한 접합이다. 즉 이 전압에서 공핍 영역은 어떤 드레인-소스 전류 없이도 형성된다. 그리고 이 전압에서는 드레인-소스 전류가 존재하지 않는다. 핀치-오프 전압은 보통 V_P 혹은 $V_{GS(off)}$로 나타낸다. 그림 10-6은 게이트-소스 특성을 나타낸다.

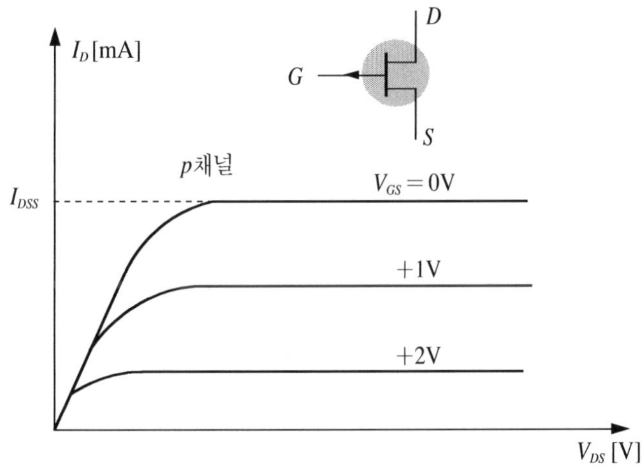

그림 10-6 P-채널 JFET 드레인-소스 특성

(3) 전달 특성

디바이스 특성의 또 다른 형태는 드레인-소스 전압 V_{DS}의 일정한 값에 대하여 드레인 전류 I_D를 게이트-소스 전압 V_{GS}의 함수로서 그린 전달 특성(transfer characteristic)이다. 전달 특성은 커브트레이서 장치(curve tracer unit)로 직접 디바이스의 동작을 측정하여 얻거나 그림 10-7에 나타낸 드레인 특성으로부터 구할 수도 있다. 이 전달 곡선의 두 가지 중요한 점은 I_{DSS} 및 V_P 값이다. 이 두 값이 고정되면 곡선의 나머지 부분은 전달 특성으로부터 알 수 있고 JFET에서 일어나는 물리적 과정의 이론적 고찰로부터 구할 수도 있다.

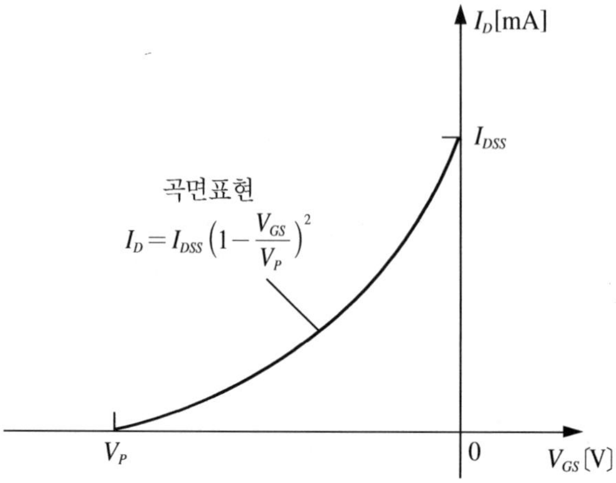

그림 10-7 JFET의 전달 특성(n-채널)

$$I_D = I_{DSS}\left(1 - \frac{V_{GS}}{V_P}\right)^2 \qquad (10-2)$$

이 식은 그림 10−7의 전달 특성 곡선을 나타낸다. 전달 특성에 나타난 것처럼 $V_{GS} = 0$일 때 $I_D = I_{DSS}$, $I_D = 0$일 때 $V_{GS} = V_P$인 사실에 유의하라.

예제 10-1 핀치-오프 전압 $V_P = -4V$, 드레인-소스 포화 전류 $I_{DSS} = 12mA$일 때 다음의 게이트-소스 전압으로부터 n채널 JFET의 드레인 전류를 구하라.

(a) $V_{GS} = 0V$ (b) $V_{GS} = -1.2V$ (c) $V_{GS} = -2V$

풀이 식 10−2를 이용하면,

(a) $I_D = I_{DSS}\left(1 - \frac{V_{GS}}{V_P}\right)^2 = 12mA\left(1 - \frac{0}{-4}\right)^2 = 12mA$

(b) $I_D = 12mA\left(1 - \frac{-1.2}{-4}\right)^2 = 5.88mA$

(c) $I_D = 12mA\left(1 - \frac{-2}{-4}\right)^2 = 3mA$

3. JFET 전달 특성 곡선

주어진 JFET 디바이스의 동작을 규정하는 데 사용되는 두 개의 파라미터로는 I_{DSS} 및 V_P의 값이 있다. 이들에 대한 값은 제조회사의 규격표에 주어진 대표적인 값을 이용하거나 또는 주어진 JFET에 대하여 이들 값을 측정할 수 있다.

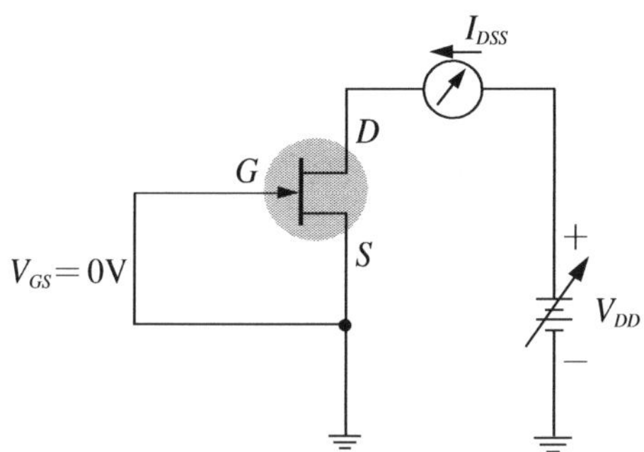

그림 10-8 I_{DSS} 측정 회로

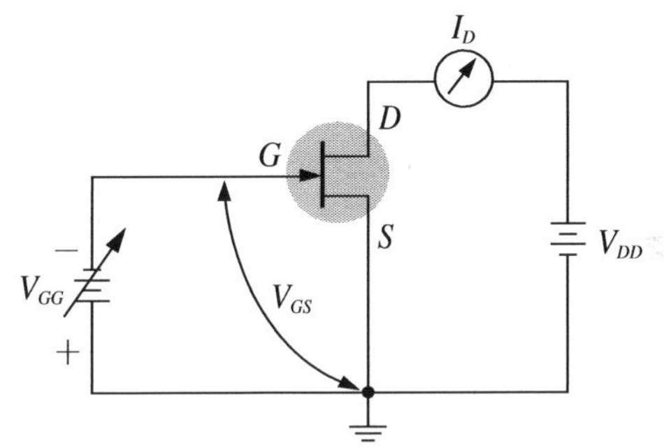

그림 10-9 V_P 측정 회로

그림 10−8은 I_{DSS}를 측정하기 위한 회로이다. V_{GS}를 0V로 고정하고 회로에 전류계를 연결하여 드레인-소스 전류값을 측정한 것이 I_{DSS}이다. 공급전압 V_{DD}는 드레인-소스 전류를 포화값까지 올리는 데 충분히 큰 값으로 설정한다(즉, 공급 전압은 I_D가 더 증가하지 않고 I_{DSS} 값에 도달할 때까지 증가된다).

그림 10−9의 회로는 V_P를 측정하기 위한 회로이다. 게이트-소스 전압은 드레인 전류가 0(혹은 최소 전류값 이하로 떨어질 때)에 도달할 때까지 0V로부터 더 큰 음전압(−)값으로 조정된다. 드레인 전류를 0에 도달하기 위한 전압 V_{GS}는 $V_{GS(off)}$ 또는 V_P의 측정된 값이 된다.

디바이스의 정격표로부터 또는 측정에 의하여 I_{DSS}와 V_P의 값이 얻어지면 사용자는 나중에 직류 바이어스 계산 또는 교류 동작의 해석을 사용하기 위하여 전달 곡선을 묘사할 수 있다.

(1) JFET 전달 특성 곡선의 묘사

n채널 JFET의 전달 특성은 0V에서 음전압의 V_P까지 나타내는 수평(횡)축과 0에서 I_{DSS}

까지인 드레인 전류 I_D의 수직(종)축으로 이루어지는 축상에 그려진다. 그림 10-10 (a)는 수평축과 수직축의 값이 $V_P = -5V$ 및 $I_{DSS} = 10mA$인 경우를 나타낸다. 전달 특성의 두 점은 아래와 같이 나타낸다.

① $I_{DSS} = 10mA$ 수직축상의 $(V_{GS} = 0V)$

② $V_P = -5V$ 수평축상의 $(I_D = 0mA)$

이들 값은 식 10-2로 계산된다.

$V_{GS} = 0V$일 때 ; $I_D = I_{DSS}(1-0)^2 = I_{DSS} = 10mA$

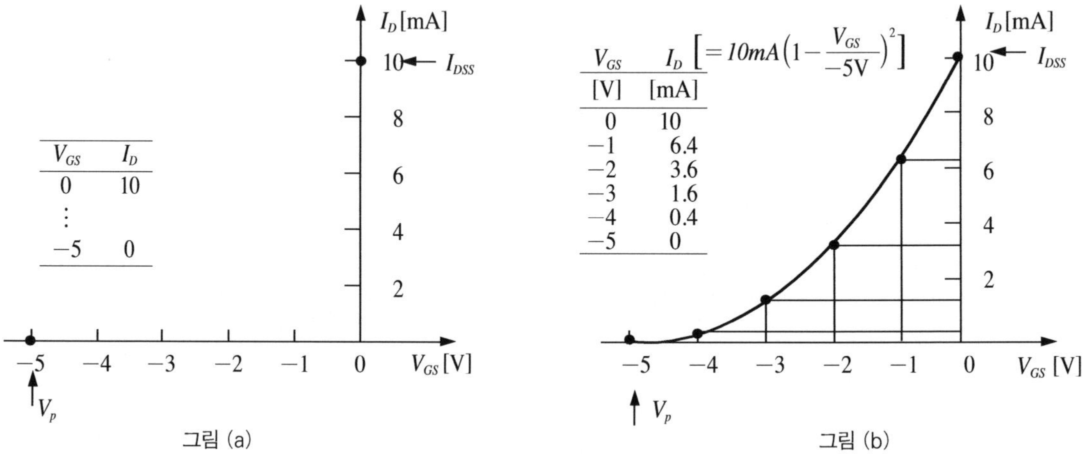

그림 10-10 JFET의 전달 특성 곡선의 묘사

$$I_D = 0mA일\ 때;\ 0 = 10mA\left(1 - \frac{V_{GS}}{-5V}\right)^2\ ;\ V_{GS} = -5V$$

전달 곡선을 그리기 위한 부수적인 점들은 0과 V_P 사이의 두세 개 값을 이용하여 선택될 수 있다. 그림 10-10 (b)는 몇 가지 전압에 대하여 계산된 I_D 값과 이들 각 값을 전달특성상에 나타낸다. 그런 후 그림 10-10 (b)에 나타낸 것처럼 이들 각 점을 연결하여 전달 특성 곡선을 얻는다. 특성 곡선을 그리는 데 사용하는 점들은 다음에 설명하는 것처럼 비교적 쉬운 방법으로 얻을 수 있다.

① $I_D = I_{DSS}$가 되므로 $V_{GS} = 0V$로 선택하면

$V_{GS} = 0V$ $\qquad I_{DSS} = 12mA$

② $I_D = I_{DSS}\left(1 - \frac{0.3V_P}{V_P}\right) = I_{DSS}(0.49) \cong I_{DSS}(0.5)$가 되도록 $V_{GS} = 0.3V_P$로 선택하면

$V_{GS} = 0.3(-4\text{V}) = -1.2\text{V},\ I_D = 0.5I_{DSS} = 0.5(12\text{mA}) = 6\text{mA}$

③ $I_D = I_{DSS}\left(1 - \frac{0.5V_P}{V_P}\right)^2 = 0.25I_{DSS}$가 되도록 $V_{GS} = 0.5V_P$로 선택하면

$V_{GS} = 0.5(-4\text{V}) = -2\text{V},\ I_D = 0.25I_{DSS} = 0.25(12\text{mA}) = 3\text{mA}$

④ $I_D = I_{DSS}\left(1 - \frac{V_P}{V_P}\right)^2 = 0$이 되도록 $V_{GS} = V_P$로 선택하면

$V_{GS} = V_P = -4\text{V},\quad I_D = 0$

V_{GS}		I_D(mA)	
[0]	0	12	[I_{DSS}]
[$0.3V_p$]	−12V	6	$\left[\frac{I_{DSS}}{2}\right]$
[$0.5V_p$]	−2V	3	$\left[\frac{I_{DSS}}{4}\right]$
[V_p]	−4V	0	[0]

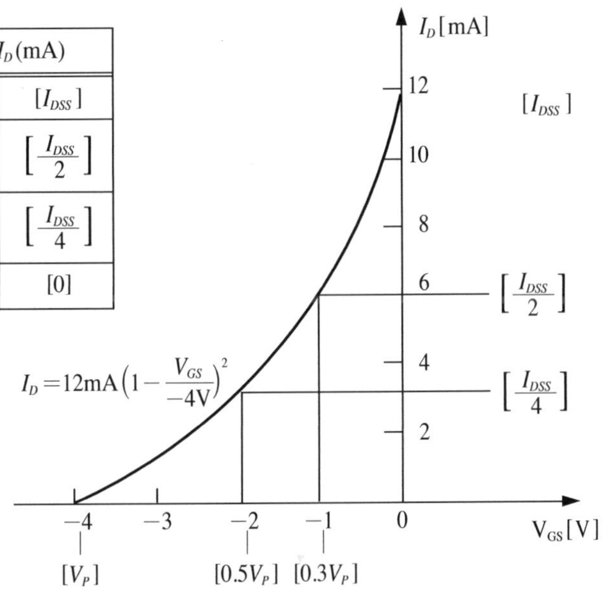

그림 10-11 $I_{DSS} = 12\text{mA},\ V_P = -4\text{V}$일 때의 전달 특성

그림 10−11은 네 점을 연결하여 그린 곡선과 함께 전달 특성 곡선의 축 위에 표시된 네 점을 나타낸다.

더 완전하게 하려면 더 많은 점들이 주어져야 하지만 DC바이어스나 AC동작에 대해서는 네 점만 사용하여도 충분하다. V_{GS}로 사용된 네 점은 I_D의 값을 쉽게 계산될 수 있게 한다. 더욱이 대부분의 경우 그 결과를 얻기 위하여 계산기조차 필요로 하지 않는다.

표 10−1에는 사용을 위하여 예시된 값과 그 결과가 요약되어 있다.

표 10-1 JFET 전달 특성을 만드는 데 사용되는 값

V_{GS}	I_D
0	I_{DSS}
0.3 V_P	$\frac{I_{DSS}}{2}$
0.5 V_P	$\frac{I_{DSS}}{4}$
V_P	0

4. JFET 파라미터

JFET 소자를 나타내는 많은 정수들이 제작회사에서 규정되고, 이 소자를 선정하는 데 요하는 데이터를 주고 있다. 이들 중 더욱 유용한 정수로 규정한 것들은 아래와 같다.

① I_{DSS} : 드레인-소스 포화 전류

② $V_P = V_{G(\text{off})}$: 핀치 오프 또는 게이트-소스 차단 전압

③ BV_{GSS} : 드레인-소스 단락 상태의 항복 전압(break-down voltage)

④ $g_m = g_{fs}$: 디바이스의 전달 컨덕턴스(trans conductance)

⑤ $\gamma_{ds(\text{on})}$: 디바이스의 동작시 드레인-소스 저항

보통 제조회사의 규격표에는 디바이스의 커패시턴스, 잡음 전압, 턴 온 및 턴 오프 타임, 취급전력 등에 관련되는 많은 파라미터들이 주어진다.

(1) I_{DSS} : 드레인 - 소스 포화 전류

게이트-소스 사이가 단락($V_{GS} = 0$)되었을 때 채널의 차단 전류는 매우 중요한 디바이스 파라미터이다. I_{DSS} 값은 그림 10－8 회로를 사용해서 쉽게 측정할 수 있으며, JFET가 역바이어스 최대 드레인 전류를 나타낸다. 소신호 디바이스에 대해서 이 전류는 보통 mA 정도의 크기를 갖는다.

(2) $V_P = V_{GS\,(\text{off})}$: 게이트-소스 차단(핀치 오프) 전압

드레인-소스 채널이 차단되거나 또는 핀치 오프되어 드레인 전류가 전혀 흐르지 않을 때

의 게이트-소스 전압이 제조회사의 규격표에 나와 있는 $V_{GS(off)}$ 또는 V_P 전압이다. 실제 측정할 때에는 전류가 전혀 흐르지 않거나 너무 작으면 측정하기가 상당히 모호하므로 수 μA 정도의 규정된 드레인 전류값에서 차단 전압을 결정할 필요가 있다. 그림 10-9는 $V_{GS(off)}$ 측정 회로이다. 특정 V_{DS}값에 대해 I_D가 아주 작은 전류로 감소되어 차단 상태를 가리킬 때까지 V_{GS}를 변화시키면서 I_D와 V_{GS}를 측정한다.

(3) BV_{GSS} : 소스-게이트 항복 전압

소스-게이트 접합의 항복 전압 BV_{GSS}는 드레인-소스 사이가 단락 상태 $V_{DS}=0V$인 어떤 특정 전류값에 대해 측정된다. 항복 전압값은 게이트-소스 전압의 한계치를 나타내며, 이 값 이상에서 디바이스의 전류가 외부 회로에 제한되어야 한다. 그러지 않으면 소자는 크게 손상될지 모른다. 항복 전압은 드레인에 공급되는 전압의 한계치를 나타낸다.

(4) $g_{fs}=g_m$: 공통 소스 순방향 전달 컨덕턴스

g_{fs}로 규정되는 디바이스의 공통 소스 순방향 전달 컨덕턴스는 g_m으로도 표시된다. 이 값은 드레인-소스 사이를 단락시키고 측정한다. 즉

$$g_{fs}=\frac{\Delta I_D}{\Delta V_{GS}}\bigg|_{V_{DS}=0}$$

으로 JFET의 교류 증폭을 나타낸다. g_{fs}(또는 g_m)의 값은 인가된 교류 게이트 -소스 전압에 의해 교류 전류가 얼마만큼 변화했는가를 나타낸다.

g_m의 값은 지멘스(siemens:S)로 측정되며(앞에서는 mho(℧)) 전형적인 값은 1mS에서 10mS 또는 100μS이다. 식 10-2를 미분하여 다음 관계식을 얻을 수 있다.

즉 식 10-2

$I_D=I_{DSS}\left(1-\frac{V_{GS}}{V_P}\right)^2$을 미분하면 $g_m=\frac{\partial I_D}{\partial V_{GS}}=\frac{2I_{DSS}}{V_P}\left(1-\frac{V_{GS}}{V_P}\right)=\frac{2I_{DSS}}{|V_P|}\left(1-\frac{V_{GS}}{V_P}\right)$

$$g_{mo}=g_{mo}\left(1-\frac{V_{GS}}{V_P}\right) \qquad (10-3)$$

여기서

$$g_{mo} = \frac{2I_{DSS}}{|V_P|} \qquad (10-4)$$

g_{mo} 값은 $V_{GS} = 0V$로 바이어스될 때 JFET의 최대 교류 이득 파라미터이다. 어떤 바이어스 조건에서도 g_m의 값은 g_{mo}보다 더 작다.

예제 10-2 $I_{DSS} = 12mA$, $V_P = -4V$인 JFET의 전달 컨덕턴스 g_m을 (a), $V_{GS} = 0V$ (b), $V_{GS} = -1.5V$에 대하여 계산하라.

풀이 식 10−3과 10−4를 사용하면,

$$g_{mo} = \frac{2I_{DSS}}{|V_P|} = \frac{2(12mA)}{|-4V|} = \frac{24\times10^{-3}}{|-4|} = 6\times10^{-3}S = 6mS = 6000\mu S$$

$$\text{(a) } g_m = g_{mo}\left(1-\frac{V_{GS}}{V_P}\right) = 6mS\left(1-\frac{0V}{-4V}\right) = 6mS = 6000\ m\mu S$$

$$\text{(b) } g_m = 6mS\left(1-\frac{-1.5V}{-4V}\right) = 3.75mS = 3750\ \upsilon S$$

(5) $r_{ds(on)}$: 드레인-소스 ON 저항

특정 게이트-소스 전압과 드레인 전류에서 측정되는 드레인-소스 ON 저항은 JFET를 스위치로 사용할 때 중요하다. JFET가 포화 혹은 저항 영역에서 동작될 때 드레인과 소스 사이의 저항 $r_{ds(on)}$은 10에서 수백 Ω에 이른다.

5. MOSFET의 구조와 특성

널리 사용되고 있는 MOSFET(Metal-Oxide-Semiconductor FET)는 그림 10−12 (a)와 같은 공핍형(depletion) MOSFET 또는 그림 10−12 (b)와 같은 증가형(enhancement) MOSFET 중의 하나로 제작된다. 공핍 모드(depletion-mode) 구조에서는 채널이 물리적으로 구성되고 드레인과 소스 사이에 걸리는 전압에 의하여 드레인과 소스 사이의 전류가 흐른다. 증가형 MOSFET 구조에서는 소자가 만들어질 때 채널이 형성되어 있지 않다. 전하

캐리어의 채널을 형성하기 위해서는 게이트에 전압이 인가되어야 하고, 결국 드레인-소스 단자에 전압이 인가될 때 전류가 흐르게 된다.

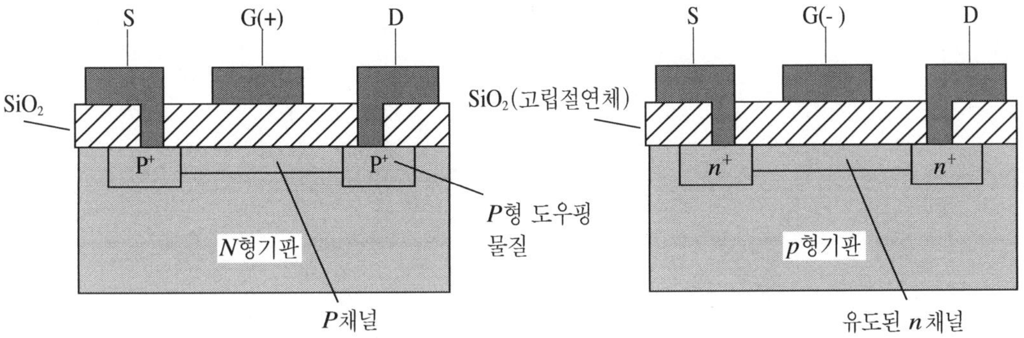

(a) 증진형　　(b) 공핍형

그림 10-12 MOSFET의 구조

(1) 공핍형 MOSFET

그림 10－12 (a)의 n채널 공핍형 MOSFET 디바이스는 p형 기판(FET를 형성하는 기본 재료를 사용하는 p형 실리콘 재료)에 구성된다. 소스와 드레인은 금속(알루미늄)에 의해 n형 도핑 소스 영역과 드레인 영역에 연결되고 이 영역은 n형 도핑 채널 영역에 의해 내부적으로 연결된다.

금속층은 n채널 위의 이산화 실리콘(SiO_2) 절연층 위에 부착된다. 반도체 기판 위에 산화층, 그 위에 금속 게이트, 이것이 공핍형 MOSFET 디바이스의 구조이다. 그림 10－12 (a)의 n채널 디바이스 대해서는 게이트-소스의 음전압이 전자를 채널 영역 밖으로 밀어내어 채널을 공핍시키고 게이트-소스의 음전압이 충분히 크면 채널을 차단할 것이다. 한편 게이트-소스 전압이 양이면 p형 캐리어를 밖으로 밀어내어 채널의 크기가 증가하게 되어 더 많은 전하 캐리어를, 즉 더 큰 채널 전류가 흐르게 된다.

그림 10－10은 n채널 공핍형 MOSFET 디바이스 특성을 나타낸다. 이 디바이스는 양과 음의 게이트-소스 전압에서 동작하는데 음의 V_{GS}는 핀치 오프 전압이 될 때까지 드레인 전류를 감소시켜 드레인 전류가 흐르지 않게 한다. 전달 특성은 음의 게이트-소스 전압에 대해서는 동일하지만 양의 V_{GS}값에 대해서는 드레인 전류는 계속적으로 증가한다. 특히 게이트는 V_{GS}의 음과 양전압 상태에서는 채널과 절연되어 있으므로 디바이스는 V_{GS}의 어떠한 극

성에 대해서도 동작하지만, 어느 경우나 게이트 전류는 흐르지 않는다.

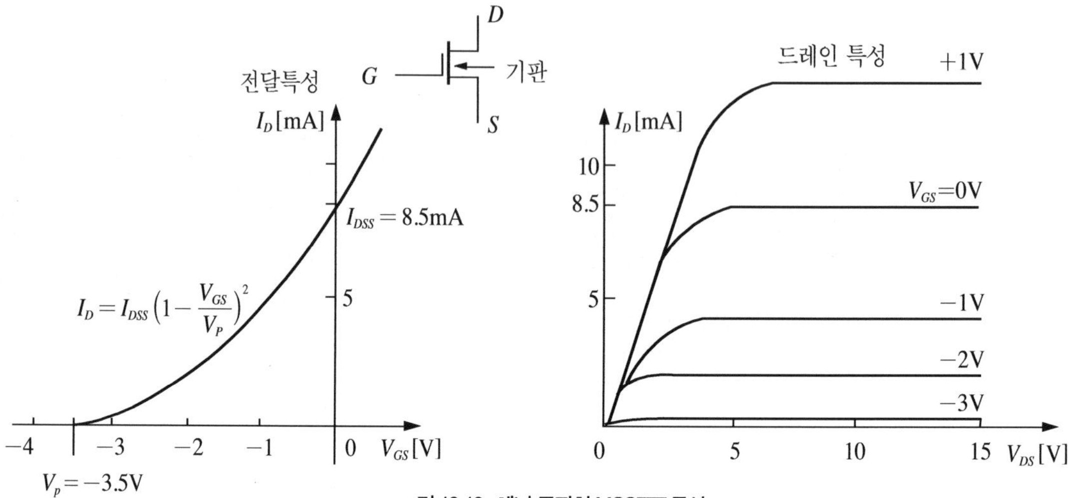

그림 10-13 채널 공핍형 MOSFET 특성

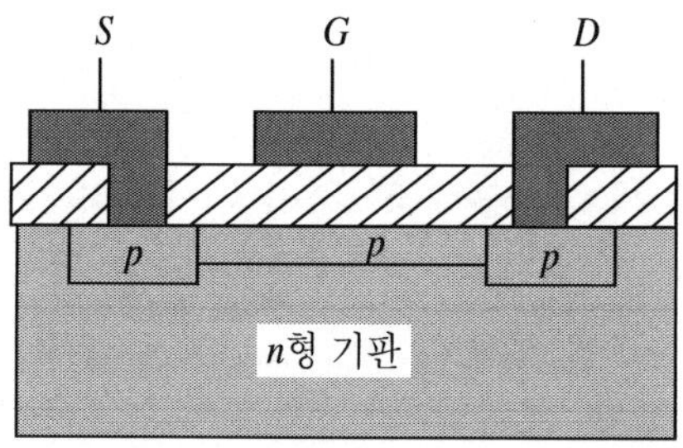

(a) 디바이스 구조

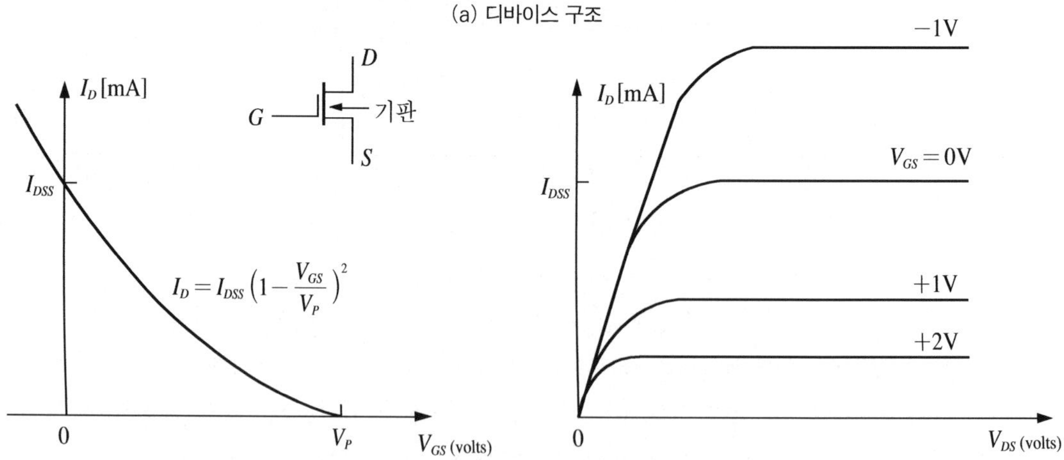

(b) 디바이스 특성

그림 10-14 p 채널 공핍형 MOSFET

그림 10－13에 표시된 디바이스의 기호는 기판 단자가 추가로 표시되어 디바이스 형태를 나타내고 있는데 여기서의 화살표는 p기판을 의미하므로 디바이스는 n채널이 된다. 그림 10－14는 p채널 공핍형 MOSFET의 특성을 나타낸다.

예제 10-3 공핍형 MOSFET에서 I_{DSS} = 12mA, V_P = −4.5V이고, 게이트 - 소스 전압이 (a) 0V (b) −2V (c) −3V일 때 드레인 전류를 계산하라.

풀이 식 10－2를 사용하면,

$$\text{(a) } I_D = I_{DSS}\left(1 - \frac{V_{GS}}{V_P}\right)^2 = 12\text{mA}\left(1 - \frac{0\text{V}}{-4.5\text{V}}\right)^2 = 12\text{mA}$$

$$\text{(b) } I_D = 12\text{mA}\left(1 - \frac{-2\text{V}}{-4.5\text{V}}\right)^2 = 3.7\text{mA}$$

$$\text{(c) } I_D = 12\text{mA}\left(1 - \frac{-3\text{V}}{-4.5\text{V}}\right)^2 = 1.33\text{mA}$$

(2) 증가형 MOSFET

그림 10－15의 증가형 MOSFET는 본래의 디바이스 구조에는 드레인과 소스 사이에 채널을 갖고 있지 않다. 양(+)의 게이트-소스 전압을 인가하면 게이트 아래의 기판 영역에 있는 정공을 밖으로 밀어내서 공핍 영역을 발생시킨다.

게이트 전압이 충분히 큰 양전압일 때 전자는 이 공핍 영역으로 끌려 들어와 마치 공핍 영역이 드레인과 소스 사이의 n채널로써 동작하도록 한다. n채널 증가형 MOSFET 특성은 그림 10－16과 같다. 게이트-소스 전압이 임계(문턱) 전압 V_T를 넘기 전에는 드레인 전류가 흐르지 않고 양전압이 임계 전압 V_T 이상에서 드레인 전류를 증가시키게 된다. 전달 특성은 다음 식으로 나타낼 수 있다.

$$I_D = K(V_{GS} - V_T)^2 \qquad (10-5)$$

단, 식 (10－5)는 $|V_{GS}| > |V_T|$에 대해서 타당하다.

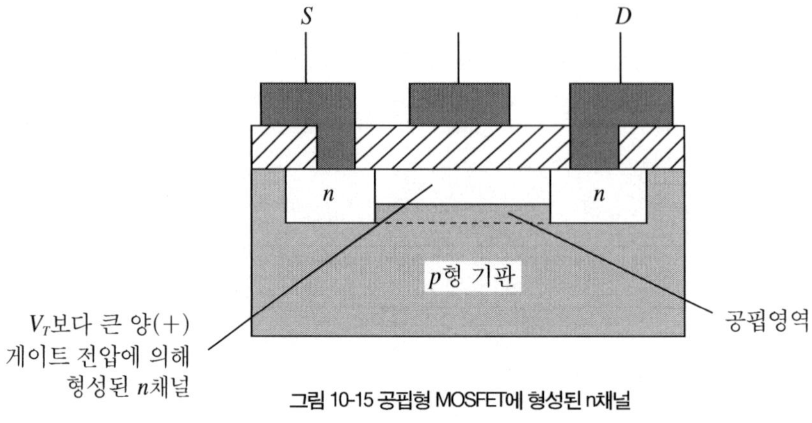

그림 10-15 공핍형 MOSFET에 형성된 n채널

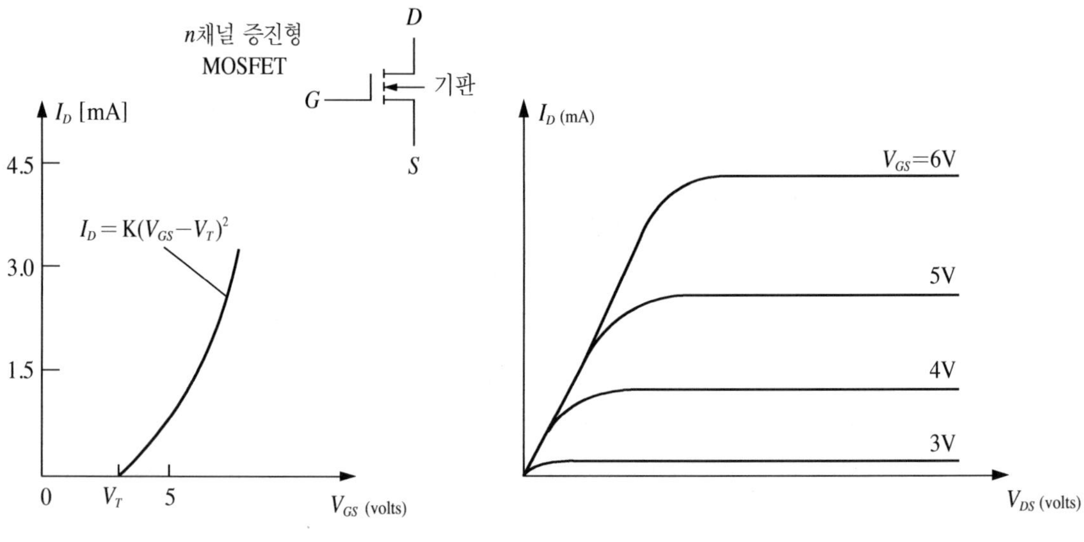

그림 10-16 채널 공핍형 MOSFET의 디바이스 특성

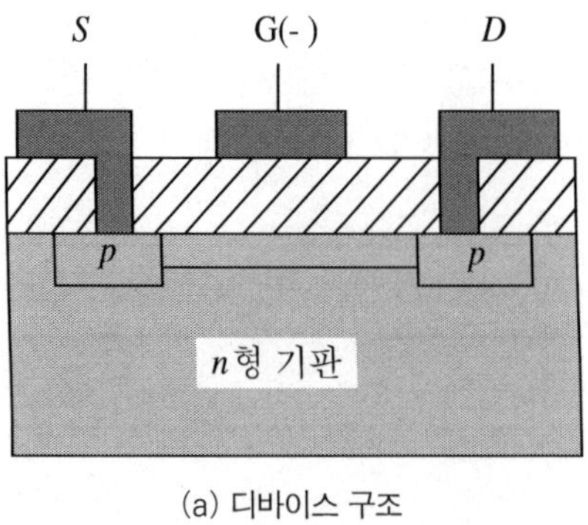

(a) 디바이스 구조

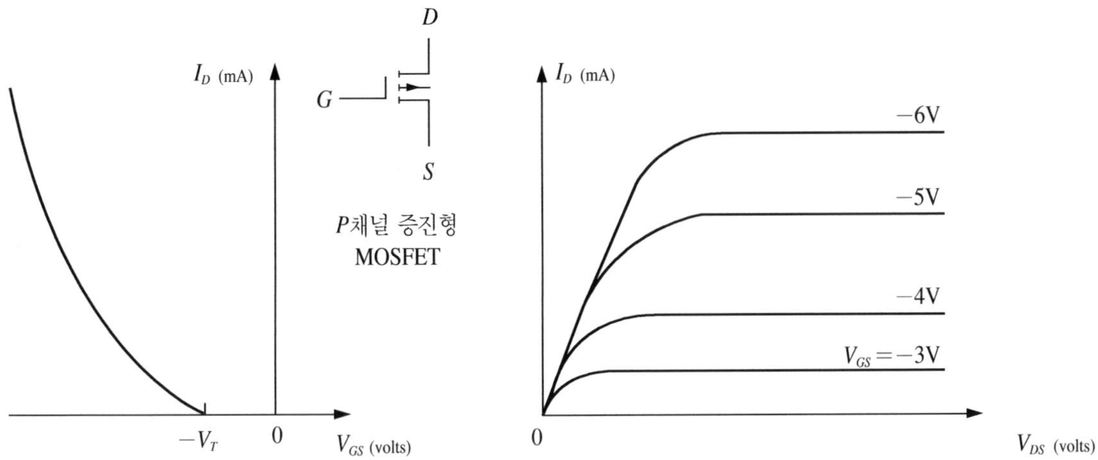

(b) 디바이스 특성

그림 10-17 P채널 증진형 MOSFET (a) 디바이스 구조 (b) 디바이스 특성

증가형 MOSFET가 공핍형 MOSFET보다 동작 영역이 제한되지만, 증가형 MOSFET는 간단한 구조와 작은 크기 때문에 대규모 직접회로(LSI)에 매우 유용하다. 증가형 MOSFET의 기호에서 드레인과 소스 사이의 점선은 이 소자 채널이 처음부터 구성되어 있지 않음을 나타낸다. 기판 단자의 화살표는 p형 기관과 n채널을 표시한다. p채널 증가형 MOSFET도 만들어지며 이 소자의 구조와 특성은 그림 10−17과 같다.

예제 10-4 임계(문턱) 전압이 2.5V인 n채널 증가형 MOSFET에서 게이트-소스 전압이 (a) V_{GS}= 2.5V (b) V_{GS} = 4V (c) V_{GS} = 6V일 때의 전류를 구하라.

풀이 식 10−5에서 $K = 0.3\text{mA/V}^2$을 사용하면

(a) $I_D = 0.3\times10^{-3}(V_{GS} - V_T)^2 = 0.3\times10^{-3}(2.5-2.5)^2 = 0\text{mA}$

(b) $I_D = 0.3\times10^{-3}(4 - 2.5)^2 = 0.675\text{mA}$

(c) $I_D = 0.3\times10^{-3}(6 - 2.5)^2 = 3.675\text{mA}$

증가형 MOSFET에 대해서도 JFET나 공핍형 MOSFET처럼 전달 컨덕턴스값을 구할 수 있다. 이 경우의 관계는 다음과 같다.

즉, 미분된 식 10−5로부터 $g_m = \dfrac{\partial I_D}{\partial V_{GS}} = 2K(V_{GS} - V_T)$를 얻었다.

단 $K = 0.3 \times 10^{-3}\ A/V^2 = 0.3mA/V^2$

$$g_m = 2K(V_{GS} - V_T) \qquad (10-6)$$

예제 10-5 임계(문턱) 전압이 $V_T = 3V$인 n채널 증가형 MOSFET에서 동작점 (a) 6V (b) 8V에 대한 전달 컨덕턴스의 값을 구하라.

풀이 (a) $g_m = 2(0.3 \times 10^{-3})(6-3) = 1.8mS$

(b) $g_m = 2(0.3 \times 10^{-3})(8-3) = 3mS$

6. 규격표(SPECIFICATION SHEETS)

JFET의 규격표는 여러 가지 중요한 전기적 특성과 정격에 관한 정보를 제공해 준다. 그림 10-18은 규격표에서 찾은 전형적인 데이터를 나타낸다. 절대적인 최대 정격은 다음과 같은 정보를 제공한다.

최대 드레인-소스 전압=30V

이 전압과 같거나 낮은 전압에서는 JFET 디바이스가 신뢰할 수 있는 동작을 할 수 있다.

총 디바이스 소모 전력(25℃에서) = 360mW

상온에서 트랜지스터에 의해 소모되는 최대 전력은 360mW가 되거나 그보다 낮아야 한다. 예를 들면 $V_{DS} = 20V$, $I_D = 8mA$인 바이어스 조건에서 전력 소모는

$$P_D = V_{DS} I_D = (20V)(8mA) = 160mW$$

이므로 최대 정격 360mA보다 충분히 작은 값이다. 사실, 30V에서 최대 전류는 다음과 같다.

$$\text{최대 } I_D = \frac{\text{최대}P_D}{\text{최대}V_{DS}} = \frac{360mW}{30V} = 12mA$$

표에 나타난 전기적 특성 가운데

$$BV_{GSS} = -30V$$

는 역바이어스 방향에서 접합이 붕괴될 때, 게이트-소스 단자 사이에 걸리는 실지 전압을 나타낸다.

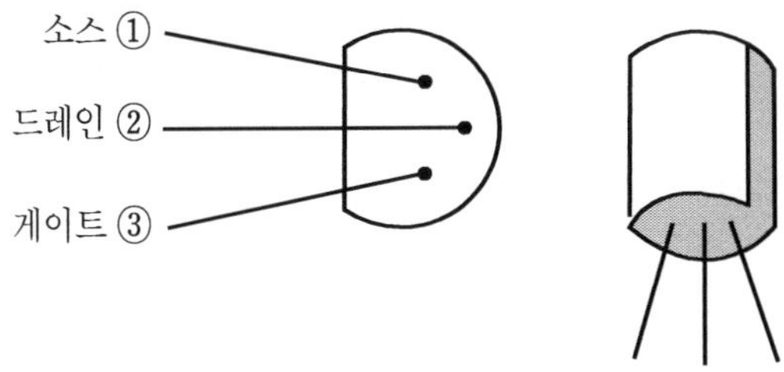

(a) 디바이스 도선

상온 25℃에서의 최대 정격

드레인−게이트 전압	30 V
역게이트−소스 전압	−30 V
연속 순방향 게이트 전류	10 mA
연속 디바이스 전력 소모(공기 온도 25℃ 이하에서)	360 mW
연속 디바이스 전력 소모(도선 온도 25℃ 이하에서)	500 mW
보존 온도 범위	65℃ ~150℃

(b) 절대 최대 정격

상온 25℃에서 전기적 특성

파 라 미 터		최소	최대
BV_{GSS}	게이트−소스 항복 전압	−30 V	
$V_{GS(off)}$	게이트−소스 차단 전압	−2.5 V	−6 V
I_{DSS}	게이트−전압이 0일 때 드레인 전류	10 mA	15 mA
$r_{ds(on)}$	소신호 드레인−소스 도통시 저항		210
y_{fs}	소신호 소스 공통 순방향 전달 어드미턴스	3.5 μS	7.5 μS
y_{os}	소신호 소스 공통 출력 어드미턴스		75 μS

(C) 전형적인 전기적 특성값

그림 10-18 2N5950 TFET의 규격표 데이터

$V_{GS(\text{off})} = -2.5\text{V} \sim -6\text{V}$

위 식은 드레인-소스 전압 $V_{DS} = 15\text{V}$에서 측정된 게이트-소스 차단 전압(V_P)을 나타낸다. 그리고

$I_{DSS} = 15\text{mA}$(최대)

는 $V_{GS} = 0\text{V}$, $V_{DS} = 15\text{V}$일 때 측정된 드레인의 포화 전류값을 나타낸다. 다른 파라미터

$r_{ds(on)} = 210\Omega$(최대)

는 교류의 소신호에 대한 드레인-소스 저항을 나타낸다.

7. CMOS

주로 디지털 회로에 널리 사용되는 CMOS(complementary MOS)는 증가형 *p*MOS 트랜지스터와 *n*MOS 트랜지스터로 구성된다. CMOS의 기본적 연결방법은 그림 10−19와 같다. 입력은 *p*MOS와 *n*MOS 트랜지스터의 게이트에 동시에 인가된다.

양의 입력 전압은 *p*MOS를 오프(off) 상태, *n*MOS를 온(on) 상태로 구동시켜서 출력 전압이 0V가 되게 하며 낮은 입력 전압은 *p*MOS를 온 상태, *n*MOS를 오프 상태로 구동하여 출력 전압이 $+V_{DD}$까지 올라가게 한다.

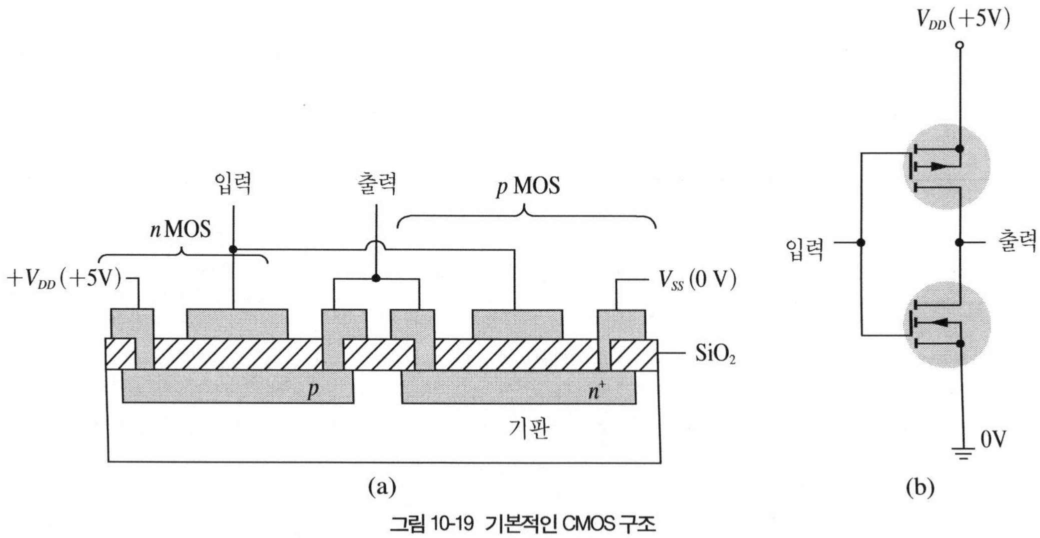

그림 10-19 기본적인 CMOS 구조

그림 10－20은 입출력 전압 사이의 관계를 나타낸다. 입력 전압이 낮아지면 *n*MOS 트랜지스터는 오프 상태로 되는 반면에 *p*MOS 트랜지스터는 온 상태로 바이어스되어 출력 전압은 공급 전압이 $+V_{DD}$ 레벨로 나타난다. 입력 전압이 증가하면 이 조건은 그림 10－20에 나타낸 것처럼 *n*MOS 트랜지스터를 턴 온시키기에 충분한 크기의 입력이 될 때까지 존속된다. 그런 후 출력 전압은 *p*MOS 디바이스가 완전히 온 상태로, *n*MOS 디바이스는 턴 오프 상태가 되도록 감소되어 마침내 출력 전압은 0V로 떨어진다.

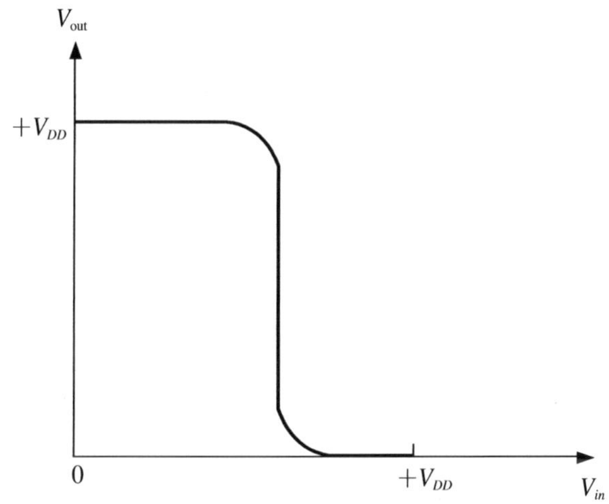

그림 10-20 CMOS의 입출력 관계

전압이 $+V_{DD}$에서 0V로 떨어지거나 혹은 0V에서 $+V_{DD}$로 상승하는 짧은 시간을 제외하고는 *p*MOS 및 *n*MOS 트랜지스터의 직렬 결합은 한 개의 트랜지스터가 오프이기 때문에 전압 공급 장치로부터 아무런 전류도 흐르지 않게 된다. 그러므로 CMOS 회로는 출력이 high가 되거나 또는 low인 상태로서 동작한다. 반면에 전압 공급 장치로부터는 high 및 low의 출력 레벨 사이에 스위칭이 일어나는 극히 짧은 시간을 제외하고는 아무런 전력도 유도되지 않는다. 즉 한 개의 트랜지스터가 턴 온되고 다른 하나는 턴 오프되더라도 전체 두 트랜지스터는 항상 턴 온된다는 것을 나타낸다. CMOS 회로의 전력 소모는 인가된 신호 주파수가 증가함에 따라 증가하기 때문에 직류 조건하에서는 사실상 0이다.

CMOS 디바이스는 주로 디지털 회로에 사용되어 전원으로부터 아주 작은 전력을 제공받으면서 0V나 5V의 출력을 제공할 수 있도록 동작한다. 대부분의 저전력 집적 회로는 CMOS 트랜지스터를 사용하여 구성한다.

8. 결과표

여러 가지 종류의 FET에 대한 전달 특성 곡선과 몇 가지 중요한 특성을 표 10-2에 나타내었다. 이 표의 특성을 잘 이해하면 직류해석과 교류해석을 하는 데 많은 도움이 될 것이다. 각 소자의 중요한 파라미터인 R_i 와 C_i를 눈여겨보기 바란다.

표 10-2 Field Effect Transistors

Type	Symbol Basic Relationships	Transfer Curve	Input Resistance and Capacitance
JEFT (n-channel)	$I_G=0$ A, $I_D=I_S$ 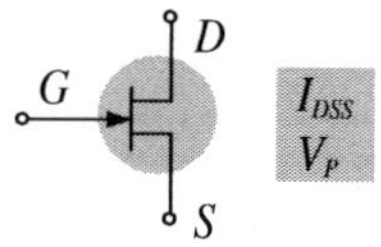 $I_D=I_{DSS}\left(1-\frac{V_{GS}}{V_P}\right)^2$	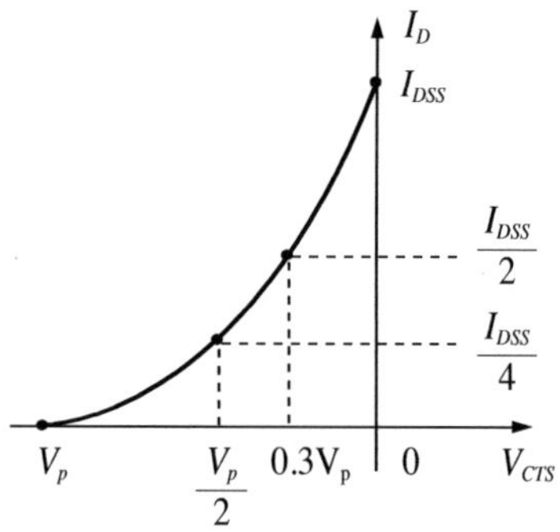	$R_i > 100\text{M}\Omega$ $C_i=(1\sim10)$ pF
MOSFET depletion-type (n-channel)	$I_G=0$ A, $I_D=I_S$ 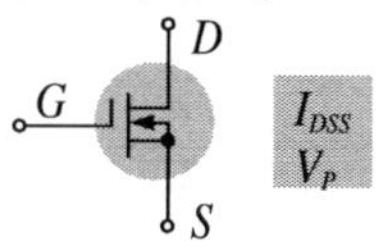 $I_D=I_{DSS}\left(1-\frac{V_{GS}}{V_P}\right)^2$	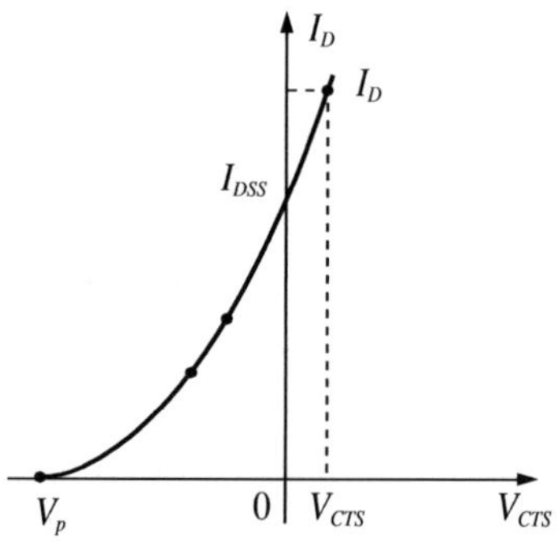	$R_i > 10^{10}\Omega$ $C_i=(1\sim10)$ pF
MOSFET enhancement -type (n-channel)	$I_G=0$ A, $I_D=I_S$ 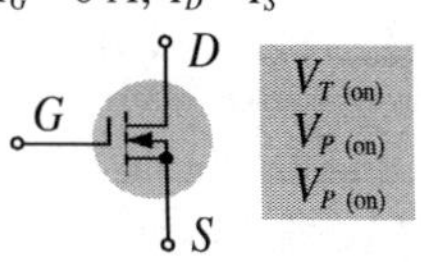 $I_D=k(V_{GS}-V_T)^2$ $k=\frac{I_{D(on)}}{(V_{GS(on)}-V_T)^2}$	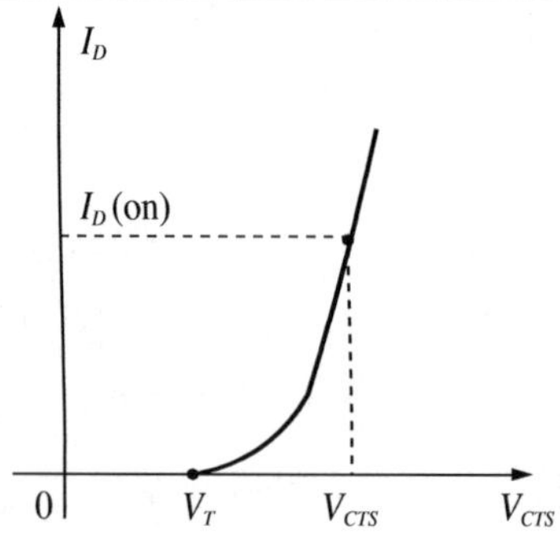	$R_i > 10^{10}\Omega$ $C_i=(1\sim10)$ pF

연습문제

1. 핀치오프 전압 $V_P = -3V$, $I_{DSS} = 8mA$인 n채널 JFET 소자에게 게이트-소스 전압이 다음과 같을 때 드레인 전류를 계산하라.
   (a) $-1V$　　(b) $0V$　　(c) $-2V$

2. 드레인-소스 포화 전류 $I_{DSS} = 7.5mA$, 핀치오프 전압 $V_P = +4$인 p채널 JFET 소자에서 게이트-소스 전압이 다음과 같을 때 드레인 전류를 구하라.
   (a) $+2V$　　(b) $+3V$

3. 핀치오프 전압 $V_P = -3V$, 드레인-소스 포화 전류 $I_{DSS} = 8mA$인 n채널 JFET에서 5mA의 드레인 전류를 흐르게 하려면 얼마의 게이트-소스 전압이 필요한가?

4. 핀치오프 전압 $V_P = +4V$, 드레인-소스 포화 전류 $I_{DSS} = 7.5mA$인 p채널 JFET에서 5mA의 드레인 전류를 흐르게 하려면 얼마의 게이트-소스 전압이 필요한가?

5. 드레인-소스 포화 전류 $I_{DSS} = 8.5mA$인 n채널 JFET가 드레인 전류 $I_D = 2.125mA$, 게이트-소스 전압 $V_{GS} = -2.5V$에서 동작될 때 이 소자의 핀치오프 전압 V_P의 값을 구하라.

6. 핀치오프 전압 $V_P = -6V$인 n채널 JFET가 드레인 전류 $I_D = 6.75mA$, 게이트−소스 전압 $V_{GS} = -1.5V$에서 동작될 때 이 소자의 I_{DSS} 값을 구하라.

7. 드레인-소스 포화 전류 $I_{DSS} = 10mA$, 핀치오프 전압 $V_P = -3.5V$의 정격치를 갖는 n채널 JFET가 드레인 전류 $I_D = 3.265mA$에서 동작될 때 게이트-소스 전압 V_{GS}의 값은 얼마인가?

8. 드레인-소스 포화 전류 $I_{DSS} = 16mA$, 핀치오프 전압 $V_P = -6V$인 n채널 JFET의 전달 특성을 그려라.

9. 드레인-소스 포화 전류 I_{DSS} = 10mA, 핀치오프 전압 V_P = −5V인 n채널 JFET의 전달 특성을 그려라.

10. 드레인-소스 포화 전류 I_{DSS}= 12mA, 핀치오프 전압 V_P = 4.5V인 n채널 JFET의 전달 특성을 그려라.

11. 드레인-소스 포화 전류 I_{DSS} = 8mA, 핀치오프 전압 V_P = −4.5V인 n채널 JFET에서 이 소자의 전달 컨덕턴스 g_{mo}를 계산하라.

12. 전달 컨덕턴스 g_{mo} = 4.5mS, 핀치오프 전압 V_P = −3V인 n채널 JFET의 드레인-소스 포화전류 I_{DSS} 값은 얼마인가?

13. 드레인-소스 포화 전류 I_{DSS} = 12mA, 전달 컨덕턴스 g_{mo} = 6500 μS인 p채널 JFET의 핀치오프 전압 V_P값은 얼마인가?

14. 핀치오프 전압 V_P = −3.8V, 드레인-소스 포화 전류 I_{DSS}=6.8mA인 p채널 JFET의 전달 컨덕턱스 g_{mo} 값을 구하라.

15. n채널 JFET(I_{DSS} = 8mA , V_P = −4V)가 V_{GS} = 1.5V에서 동작될 때 전달 컨덕턴스 g_m 값은 얼마인가?

16. p채널 JFET(V_P =3.5V, I_{DSS}= 9V)가 V_{GS} = 0.75V에서 동작될 전달 컨덕턴스 g_m 값은 얼마인가?

17. 게이스-소스 전압 V_{GS} = 1.5V, 드레인 전류 I_D = 2.9mA에서 동작되는 n채널 JFET에서 만일 드레인-소스 포화전류 I_{DSS} = 7.5mA라면 핀치오프 전압 V_P와 전달 컨덕턴스 g_m 값은 얼마인가?

18. 드레인-소스 포화 전류 I_{DSS} = 7.8mA인 n채널 JFET는 드레인 전류 I_D = 3.85mA, 게인트-소스 전압 V_{GS} = −1.2V에서 동작될 때 이 동작점에서 컨덕턴스 gm 값은 얼마

인가?

19. 드레인-소스 포화전류 I_{DSS} = 13.5mA, 핀치오프 전압 V_P = +5V인 p채널 JFET가 드레인 전류 I_D = 9.5mA에서 동작될 때 이 동작점에서 컨덕턴스 g_m 값은 얼마인가?

20. 핀치오프 전압 V_P = −4.5V, 드레인−소스 포화 전류 I_{DSS} = 8mA인 n채널 JFER가 게이트-소스 V_{GS} = −1.2V에서 동작될 때 이 디바이스의 전달 컨덕턴스가 g_{mo}와 동작점에서의 전달 컨덕턴스값 g_m을 구하여라.

21. 전달 컨덕턴스 g_{mo} = 4200 μS, 핀치오프 전압 V_P = −4V인 JFET가 게이트-소스 전압 V_{GS} = −1V에서 동작될 때 이 동작점에서 V_m 값은 얼마인가?

22. 드레인-소스 포화 전류 I_{DSS} = 6mA, 핀치오프 전압 V_P = −2.5V인 JFET가 드레인 전류 I_D = 5mA에서 동작될 때 이 동작점에서 컨덕턴스 g_m 값은 얼마인가?

23. 핀치오프 전압 V_P = −4V인 JFET가 게이트-소스 전압 V_{GS} = −1V에서 동작될 때의 전달 컨덕턴스가 4500 μS라면 이 JFET 의 최대 전달 컨덕턴스값 g_m은 얼마인가?

24. 드레인-소스 포화 전류 I_{DSS} = 12mA, 핀치오프 전압 V_P = −4V인 공핍형 MOSFET가 게이트-소스 전압 V_{GS} = −0.5V에서 동작될 때 이 동작점에서 전달 컨덕턴스값 g_m은 얼마인가?

25. 드레인-소스 포화 전류 I_{DSS} = 8mA, 핀치오프 전압 V_P = −2V인 공핍형 MOSFET가 게이트-소스 전압 V_{GS} = 0V에서 동작될 때 이 동작점에서 전달 컨덕턴스값 g_m은 얼마인가?

26. 문턱 전압이 3.5V인 증가형 MOSFET가 게이트-소스 전압 V_{GS} = 5V에서 동작될 때 드레인 전류는 얼마인가?(단, K= 0.3mA/V^2)

27. 게이트-소스 전압 V_{GS} = 7V로 바이어스를 걸었을 때 드레인 전류 I_D = 4.8mA에서 동

작하는 n채널 증가형 MOSFET의 임계(문턱) 전압 V_T는 얼마인가?

28. 게이트-소스 전압 $V_{GS} = 6$V로 바이어스를 걸었을 때 문턱 전압 $V_T = 2.8$V인 n채널 증가형 MOSFET에서 회로 전달 컨덕턴스값 g_m을 구하라.

29. 게이트-소스 전압 $V_{GS} = 7.5$V에서 동작하는 증가형 MOSFET의 전달 컨덕턴스는 2.5mS이다. 이 디바이스 임계(문턱) 전압 V_T는 얼마인가?

30. 드레인 전류 $I_D = 6$mA에서 동작하는 n채널 증가형 MOSFET에서 임계(문턱) 전압 $V_T = 2.5$V인 경우 전달 컨덕턴스값 g_m은 얼마인가?

제11장 전계 효과 트랜지스터의 바이어스 회로

1. 고정 바이어스 회로

전계 효과 트랜지스터(field effect transistor : FET) 소자의 직류 바이어스는 원하는 드레인 전류를 흐르게 하는 게이트-소스 전압을 설정하는 역할을 한다. JFET에서 드레인 전류는 포화 전류 I_{DSS}에 의하여 제한된다. 공핍형 MOSFET에서의 드레인 전류는 포화전류 I_{DSS}에 의해 제한된다.

증가형 MOSFET는 소자를 동작시키기 위해 임계(문턱)값보다 더 큰 게이트-소스 전압을 인가해 주어야 한다.

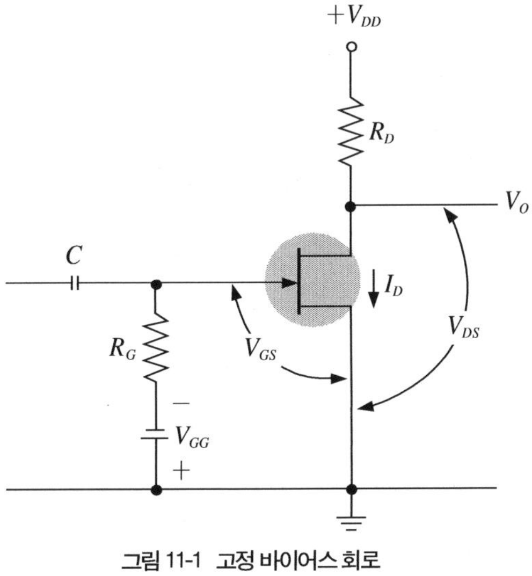

그림 11-1 고정 바이어스 회로

FET는 게이트 쪽을 바라본 임피던스가 높기 때문에 전압 분배기나 고정 전압에 의해 설정된 게이트 직류 전압은 FET에 의해 영향을 받지 않는다.

그림 11−1에 고정 바이어스 회로를 나타내었다. 고정 직류 바이어스는 그림 11−1에서와 같이 게이트-소스 역방향 바이어스 전압을 설정하기 위하여 사용한 전원에 의해 결정된다. 전원 V_{GG}는 저항 R_G 혹은 게이트 터미널에 전류가 흐르지 않게 하는 역방향 바이어스 전압 V_{GS} 를 설정하는 데 사용된다.

$$I_G = 0$$

게이트−소스는 역방향 바이어스이기 때문에 이들 사이의 접합으로는 전류가 흐르지 않는다. 커패시터 C를 통하여 직류 전류가 흐르지 않기 때문에 저항 R_G를 통해서도 전류가 흐르지 않는다. 전지 전압은 전압 V_{GS}로 부터는 아무런 전류도 흐르지 않는다.

저항 R_G는 커패시터 C를 통하여 인가되는 AC소신호가 R_G에 걸쳐 나타나도록 하기 위한 것이다. R_G에 걸리는 DC전압은

$$V_{RG} = I_G R_G = 0\text{V}$$

이고, 게이트−소스 전압 V_{GS}는 다음과 같이 된다.

$$V_{GS} = V_G - V_S = V_{GG} - 0 = V_{GG} \qquad (11-1)$$

드레인−소스 전류 I_D는 쇼클리(shockley) 방정식에 의하여 결정되는 게이트−소스 전압 V_{GS}로 고정된다.

$$I_D = I_{DSS}\left(1 - \frac{V_{GS}}{V_P}\right)^2 \qquad (11-2)$$

이 전류는 드레인 저항 양단에 전압 강하를 일으킨다. 그러므로 드레인 저항 양단 전압 강하 V_{RD}는

$$V_{RD} = I_D R_D$$

한편 드레인에서 전압 V_D는

$$V_D = V_{DD} - I_D R_D \qquad (11-3)$$

예제 11-1 그림 11−2의 고정 바이어스 회로에서 드레인 전류 I_D와 드레인-소스 전압 V_{DS}를 구하라.

풀이

$$V_{GS} = V_{GG} = -1.5\text{V}$$

$$I_D = I_{DSS}\left(1 - \frac{V_{GG}}{V_P}\right)^2 = 12\,\text{mA}\left(1 - \frac{-1.5\text{V}}{-4\text{V}}\right)^2 = 4.69\,\text{mA}$$

$$V_D = V_{DD} - I_D R_D = 12\text{V} - (4.69\,\text{mA})\,(1.2\text{K}\Omega) = 6.4\text{V}$$

$$V_{DS} = V_D - V_S = 6.4\text{V} - 0\text{V} = 6.4\text{V}$$

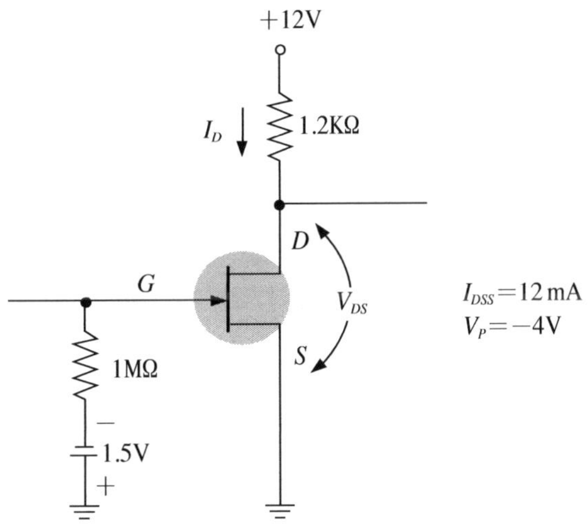

그림 11-2 JFET 고정 바이어스 회로

(1) JFET의 드레인-소스 특성을 이용한 그래프적 해석

JFET 회로의 직류 바이어스 동작에 관한 그래프적인 해석은 아래와 같다. 위에서 사용한 수학적 기법이 회로에 관련된 모든 전류와 전압을 구하기 위한 분명하고도 직접적인 방법이긴 하지만 그래프적 해석은 바이어스 동작에 관한 또 다른 면을 추가하게 되며 어째서 직류 바이어스가 필요한가를 이해하는 데 훨씬 큰 도움이 될지도 모른다.

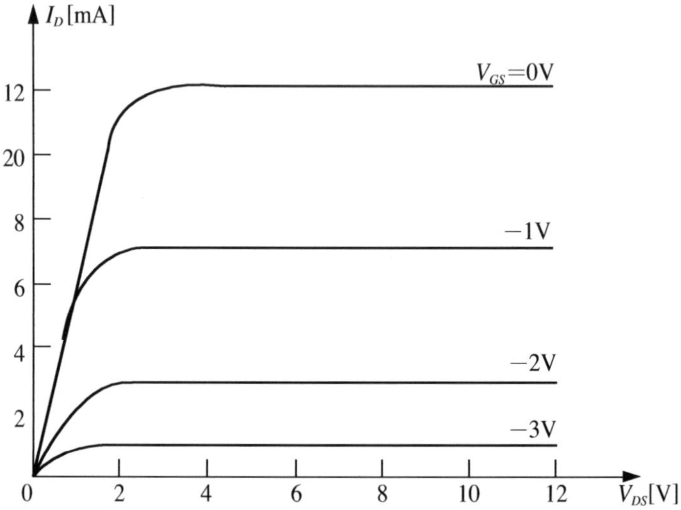

그림 11-3 I_{DSS} = 12mA, V_P = -4V인 JFET의 드레인 소스 특성 곡선

그림 11−3에 JFET의 드레인-소스 특성을 나타내었다(I_{DSS} =1.2mA, $V_P=-4V$). 게이트−소스 바이어스 전압은 전지 전압 V_{GG}의 값으로 선택할 수 있다. 1.5V의 전지 전압을 사용함으로써 드레인 전류를 고정할 수 있으며 R_D의 선택으로 드레인 전압을 고정할 수 있다. $V_G=-1.5V$에 대한 게이트-소스 특성 곡선은 그림 11−3에는 나타나지 않기 때문에 $V_{GS}=-1V$와 $V_{GS}=-2V$ 사이의 한 개의 곡선을 그림 11−4에 나타낸 것처럼 개략화할 수 있다.

식 (11−3)에 의하여 주어진 동작을 나타내는 직류 부하선은 다음과 같이 그려진다.

① $I_D=0mA$ 인 경우 :

$$V_D=V_{DD}-(0)R_D=V_{DD}$$

($I_D=0$인 점, 즉 수평축은 $V_D=V_{DD}$에 표시된다.)

② $V_{DS}=V_D=0V$인 경우 :

$$0V=V_{DD}-I_DR_D$$

$$I_D=\frac{V_{DS}}{R_D}$$

($V_{DS}=0$인 점, 즉 수직축은 $I_D=V_{DD}/R_D$에 표시된다.)

③ 직류 부하선은 위의 과정 ①과 과정 ②에 표시된 점들 사이에 그려진다.

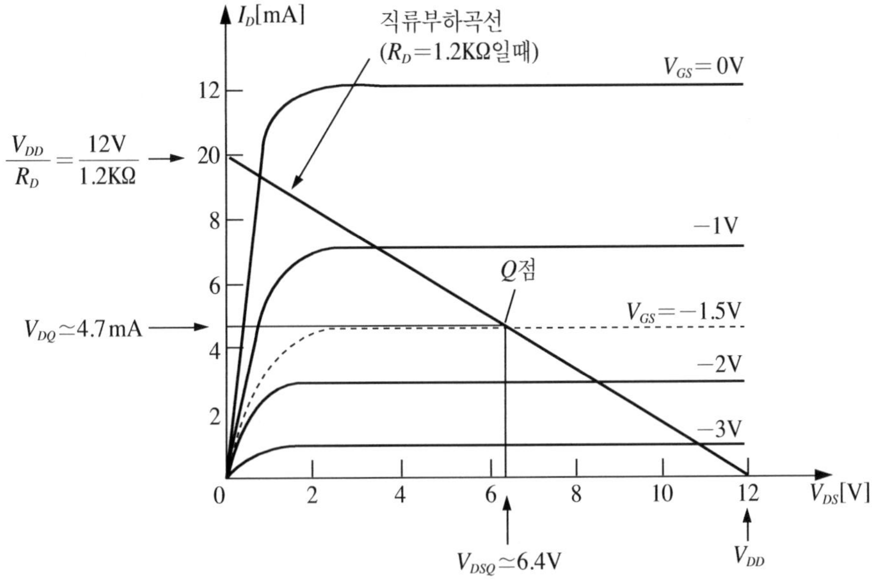

그림 11-4 드레인-소스 특성 및 부하선

예제 11-2 그림 11−3과 같은 드레인-소스 특성을 갖는 JFET를 이용하여 그림 11−2의 회로에 대한 동작점을 구하라.

풀이 $V_{GS}=-1.5V$에 대한 특성 곡선은 −1V와 −2V에 대한 특성 곡선 사이에 그려진다. 직류 부하선은 점들 사이에 한 개의 직선을 연결하여 그린다.

즉

$$I_D=0\text{일 때}: V_D=V_{DD}=12V$$

$$V_{DS}=0\text{일 때}: I_D=\frac{V_{DD}}{R_D}=\frac{12V}{1.2K\Omega}=10\,mA$$

그림 11−4에 나타난 동작점은 아래와 같다.

$$I_{DQ}=4.7\,mA,\ V_{DSQ}=6.4V$$

2. 자기 바이어스를 갖는 JFET 증폭기

그림 11－5에 JFET 자기 바이어스 회로를 나타내었다. JFET 바이어스 회로보다 실제적인 회로는 제2의 공급 전압이 필요 없이 게이트-소스 바이어스 전압을 걸어주기 위한 소스 저항 R_S를 사용한다. 그림 11－5는 한 개의 공급 전압 V_{DD}만을 사용한 직류 바이어스 회로를 나타내었다. 역바이어스된 게이트-소스를 통해서는 게이트 전류가 흐르지 않으므로

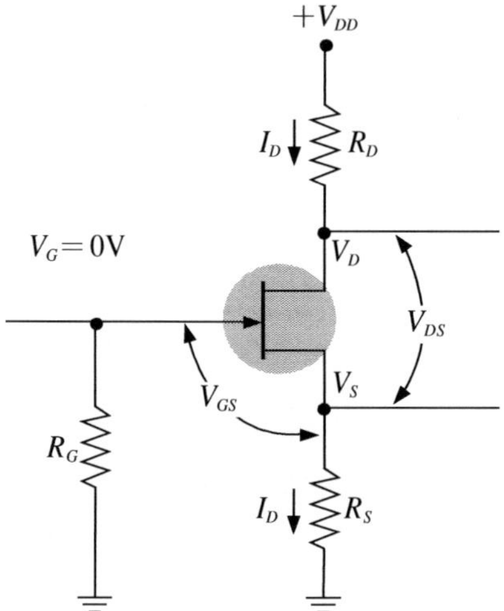

그림 11-5 JFET 자기 바이어스 회로

$$I_G = 0$$

이고, 게이트 전압 V_G는

$$V_G = I_G R_G = 0\text{V} \qquad (11-4)$$

드레인 전류 I_D를 고정함으로써 소스에서의 저압 V_S는

$$V_S = I_D R_S \qquad (11-5)$$

게이트-소스 전압 V_{GS}는

$$V_{GS} = V_G - V_S = 0\text{V} - I_D R_S$$

$$V_{GS} = -I_D R_S \qquad (11-6)$$

드레인 전류는 식 11−2로 규정한 대로 JFET를 만족해야 한다.

식 11−2와 11−6은 각각 두 개의 미지수 I_D와 V_{GS}를 갖는 두 방정식을 나타낸다. 이들 미지수는 수학적인 방법으로 한 방정식을 다른 방정식에 대입하여 한 개의 미지수에 관해 풀어서 해를 구할 수 있다. 비록 이 방법이 컴퓨터 프로그램으로 쉽게 수행할 수 있다고 하더라도 두 방정식의 해를 구하는 더욱 적합한 방법은 원하는 해가 되는 두 곡선의 교점을 구하는 그래프 기법을 이용하는 것이다.

① 식 11−2에 의한 JFET 전달 특성을 그린다.

② 식 11−6에 의한 직선, 즉 자기 바이어스선을 그린다.

위의 ②의 직선은 선분의 두 점을 선택하여 쉽게 그릴 수 있다. 즉

$$I_D = 0\text{인 경우 : } V_{GS} = (0)\,R_S = 0\text{V}$$

$$V_{GS} = V_P\text{인 경우 : } I_D = \frac{-V_P}{R_S}$$

자기 바이어스선과 전달 특성의 교점은 다음 예제를 통해서 원하는 Q점을 구할 수 있다.

예제 11-3 그림 11−6의 회로에서 게이트-소스 전압 V_{GS}와 드레인 전류 I_D값을 구하라.

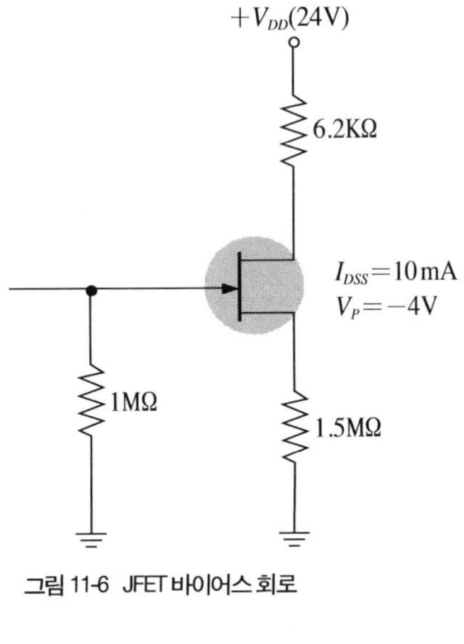

그림 11-6 JFET 바이어스 회로

풀이 ▶ 식 11−2에 의한 JFET 전달 특성을 그리기 위해

	V_{GS} (V)	I_D (mA)	
[0 V_P]	0	10	
[0.3 V_P]	−1.2	5	$\left[\frac{I_{DSS}}{2}\right]$
[0.5 V_P]	−2.0	2.5	$\left[\frac{I_{DSS}}{4}\right]$
[V_P]	−4.0	0	

식 11−6에 의한 자기 바이어스선을 그리기 위해

	I_D (mA)	V_{GS} (V)
	0	0
$\left[-\frac{V_P}{R_S}\right]$	2.67	−4

그림 11−7은 직류 바이어스가 V_{GSQ}=−2.4V, I_{DQ}=1.6mA일 때 전달 특성과 자기 바이어스 사이의 그림을 나타낸다.

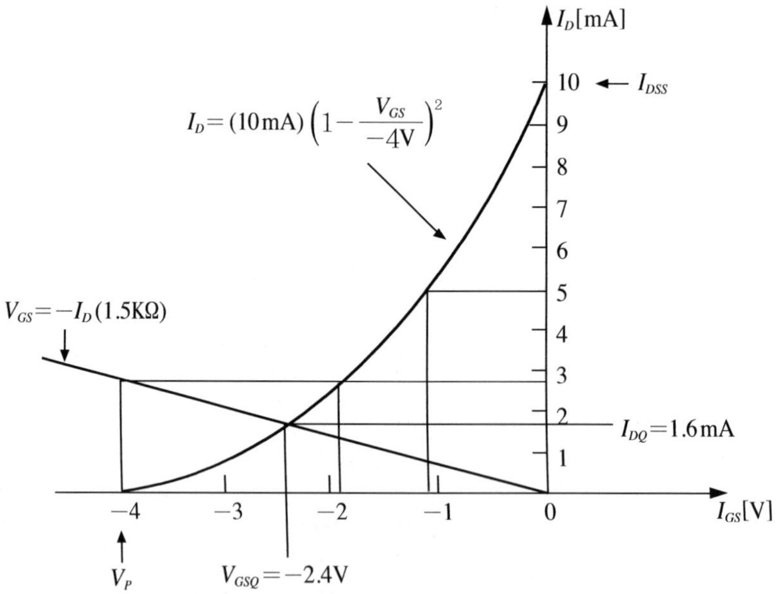

그림 11-7 〈예제 11-3〉에 대한 JFET 전달 특성과 자기 바이어스선

예제 11-4 그림 11－6 회로에서 직류 바이어스 V_{DS}의 값을 구하라.

풀이 〈예제 11－3〉으로부터 $I_D = 1.6\,\text{mA}$이므로

$$V_D = V_{DD} - I_D R_D = 24\text{V} - (1.6\,\text{mA})(6.2\,\text{K}\Omega) = 14.08\text{V}$$

$$V_S = I_D R_S = (1.6\,\text{mA})(1.5\,\text{K}\Omega) = 2.4\text{V}$$

$$V_{DS} = V_D - V_S = 14.08\text{V} - 2.4\text{V} = 11.68\text{V}$$

예제 11-5 그림 11－6의 회로에서 $\frac{I_{DSS}}{2}$와 $\frac{I_{DSS}}{4}$사이의 직류 바이어스를 위한 R_S 값의 범위를 구하라.

풀이 〈예제 11－3〉에 나타낸 전달특성을 이용하여 각 점을 통과하는 자기 바이어스선을 그린다.

$$I_D = \frac{I_{DSS}}{2} = \frac{10\,\text{mA}}{2} = 5\,\text{mA}$$

또한

$$I_D = \frac{I_{DSS}}{4} = \frac{10\,\text{mA}}{4} = 2.5\,\text{mA}$$

이들 점들은 전달 특성과 자기 바이어스선 위에 표시된 후, 그림 11－8에 나타낸 것처럼 원점(0, 0)으로부터 연결된다.

R_S의 값은 각 선의 기울기로부터 구해진다.

$$\frac{I_{DSS}}{2}\text{인 경우} : R_S = \frac{|V_{GS}|}{I_D} = \frac{1.2\text{V}}{5\,\text{mA}} = 240\Omega$$

$$\frac{I_{DSS}}{4}\text{인 경우} : R_S = \frac{|V_{GS}|}{I_D} = \frac{2\text{V}}{2.5\,\text{mA}} = 800\Omega$$

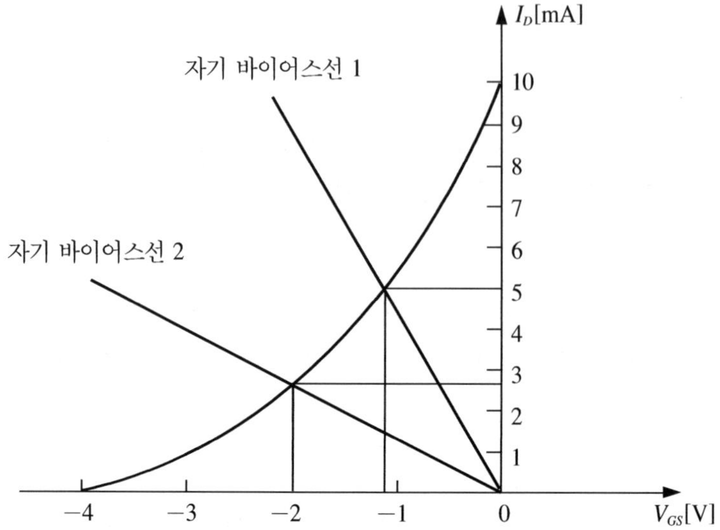

그림 11-8 〈예제 11-5〉에 대한 그림

그러므로 R_S를 250Ω과 800Ω 사이의 값으로 유지하려면 요구된 대로 I_D는 2.5mA와 5mA 사이의 값으로 회로를 바이어스시켜야 한다.

예제 11-6 그림 11−9 (b)의 전달 특성을 이용하여 그림 11−9 (a) 회로에서 드레인 전류 I_D와 드레인−소스 전압 V_{DS}의 값을 구하여라. I_{DSS}와 V_P의 값은 얼마인가.

풀이 전달 특성으로부터

$$I_D \text{ 축} : I_{DSS} = 9\,\text{mA}$$
$$V_{GS} \text{ 측} : V_P = -4.5\text{V}$$

R_S 선은 식 11−6에 의하여 그리면 된다.

$$V_{GS} = -I_D R_S$$

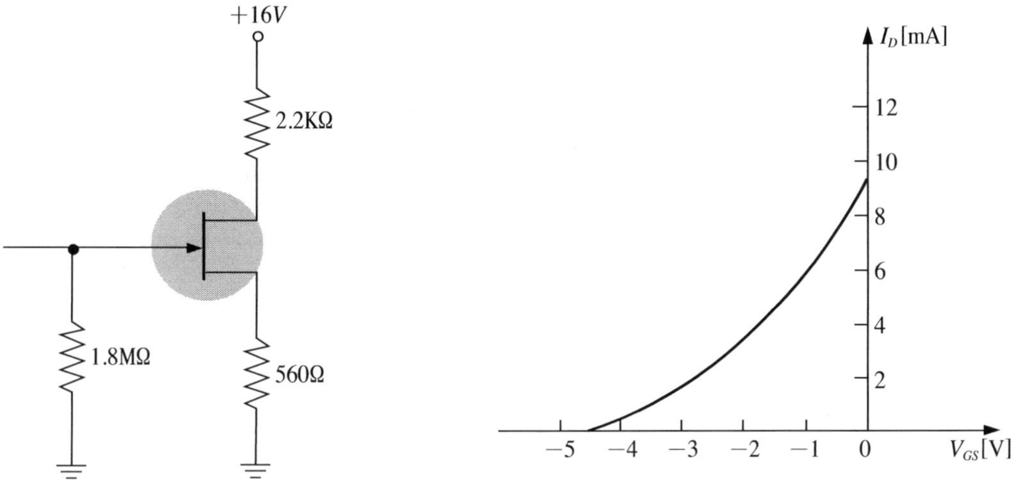

(a) 회로 (b) 전달특성

그림 11-9 예제 11-6을 위한JFET 회로와 전달특성

$$I_D = 0\text{일 때} : V_{GS} = -0\,(0.56\text{K}\Omega) = 0\text{V}$$

$$V_{GS} = V_P = -4.5\text{V} : I_D = -\frac{V_P}{R_S} = \frac{-(-4.5\text{V})}{0.56\text{K}\Omega} = 8.04\,\text{mA}$$

	I_D (mA)	V_{GS}(V)
	0	0
$\left[-\frac{V_P}{R_s}\right]$	8.04	−4.5

이 자기 바이어스선과 디바이스 전달 특성의 교점으로부

$$I_{DQ} = 3.2\,\text{mA},\ V_{GSQ} = -1.8\text{V}$$

그러므로 드레인 전압 V_D는

$$V_D = V_{DD} - I_D R_D = 16\text{V} - (3.2\,\text{mA})\,(2.1\text{K}\Omega) = 9.28\text{V}$$

소스 전압 V_S는

$$V_S = I_D R_S = (3.2\,\text{mA})\,(560\Omega) = 1.79\text{V}$$

디바이스의 바이어스 전압은

$$V_{DS} = V_D - V_S = 9.28\text{V} - 1.79\text{V} = 7.49\text{V} \cong 7.5\text{V}$$

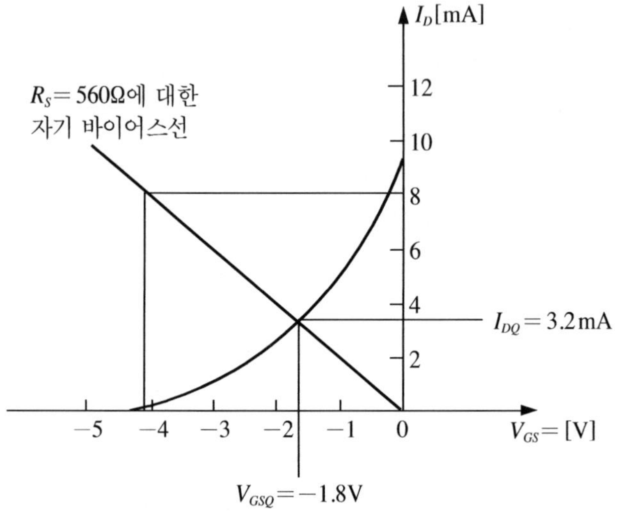

그림 11-10 예제 11-6에 대한 자기 바이어스선 그림

3. 전압 분배기 바이어스 회로

그림 11−11은 직류 바이어스 회로의 약간 변형된 형태이다. 게이트에서 공급전압 사이에 연결된 게이트 저항 R_G는 직류 바이어스점을 크게 조절하고 큰 R_S 값을 사용할 수 있게 한다. 직류 바이어스 해석은 자기 바이어스선이 점 (0,0)으로부터 이동된 것 이외에는 2절에서 다루었던 것과 같다.

게이트 역방향 바이어스이므로 $I_G = 0$, 즉 게이트 전압 V_G는

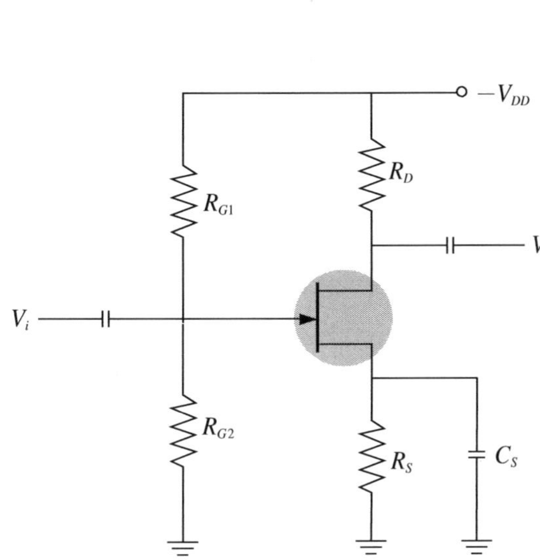

그림 11-11 전압 분배기 바이어스 회로

$$V_G = \frac{R_{G2}}{R_{G1}+R_{G2}} V_{DD} \tag{11-7}$$

그리고 JFET의 바이어스 전압은

$$V_{GS} = V_G - V_S = V_G - I_D R_S \tag{11-8}$$

예제 11-7 그림 11－12회로에서 바이어스 전류 I_D를 구하라.

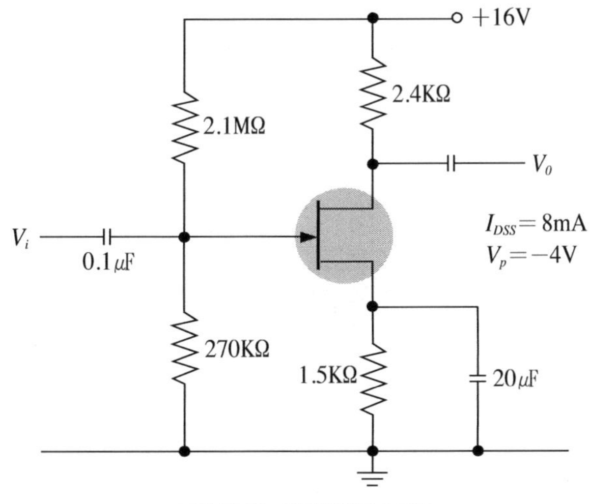

그림 11-12 JFET 바이어스 회로

풀이 아래의 데이터를 이용하여 그림 11−13에 전달 특성을 그린다.

V_{GS}(V)			I_D(mA)
	0	8	
[$0.3V_P$]	−1.2	5	$\left[\frac{I_{DSS}}{2}\right]$
[$0.5V_P$]	−2.0	2	$\left[\frac{I_{DSS}}{4}\right]$
[V_P]	−4.0	0	

게이트 전압 V_G는 식 11−7을 이용하여 계산된다.

$$V_G = \frac{270\text{K}\Omega}{2.1\text{M}\Omega + 270\text{K}\Omega}(16\text{V}) = +1.82\text{V}$$

그리고 자기 바이어스선은 식 11−8을 이용하여 계산된다.

$$V_{GS} = 1.82\text{V} - I_D(1.5\text{K}\Omega)$$

$$I_D = 0 \text{ 인 경우 : } V_{GS} = -1.82\text{V}$$

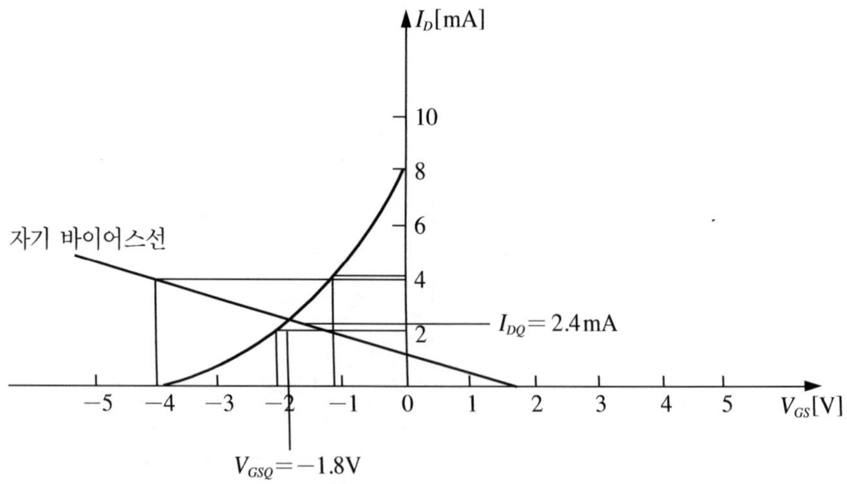

그림 11-13 바이어스선

I_D(mA)	V_{GS}(V)
0	1.82
1.21	0

$$V_{GS}=0\text{인 경우 : } I_D=\frac{-V_{GS}}{R_S}=\frac{1.82\text{V}}{1.5\text{K}\Omega}=1.21\,\text{mA}$$

이와 같이 직류 바이어스선은 $V_{GSQ}=-1.8\text{V}$, $I_{DQ}=2.4\,\text{mA}$에서 디바이스의 전달 특성과 교차한다.

$$V_{GSQ}=-1.8\text{V},\ I_{DQ}=2.4\,\text{mA}$$

예제 11-8 〈예제 11－7〉의 회로에서 바이어스 전압 V_D, V_S 및 V_{DS}를 구하라.

풀이 〈예제 11－6〉으로부터, $I_D=2.4\,\text{mA}$

$$V_D=V_{DD}-I_DR_D=16\text{V}-(2.4\,\text{mA})\,(2.4\text{K}\Omega)=10.24\text{V}$$
$$V_S=I_DR_S=(2.4\,\text{mA})\,(1.5\text{K}\Omega)=3.6\text{V}$$
$$V_{DS}=V_D-V_S=10.24\text{V}-3.6\text{V}=6.64\text{V}$$

공핍형 MOSFET 디바이스는 양(+) 게이트 전압 또는 음(－) 게이트 전압 어느 쪽으로도 동작될 수 있다. 왜냐하면 게이트는 유전체인 이산화 실리콘으로 분리되어 있으며 게이트 직류 전류는 항상 $I_G=0$이기 때문이다. 디바이스 전달특성은 I_{DSS} 이상으로 올라가며 직류 바이어스점은 $V_{GS}=0\text{V}$축의 어느 쪽으로도 떨어진다.

예제 11-9 그림 11－14의 n채널 공핍형 MOSFET에서 전달특성을 그려라.

풀이 전달특성 곡선은 $V_P=-3\text{V}$, $I_{DS}=6\,\text{mA}$일 때, 식 11－2를 이용하여 얻어진다.

$$I_D=6\,\text{mA}\left(1-\frac{V_{GS}}{-3\text{V}}\right)^2$$

앞에서 나타낸 파라미터값 이외에 $V_{GS}=0.4V_P$를 사용하면

$$I_D = I_{DSS}\left(1-\frac{0.4V_P}{V_P}\right)^2 = 1.96I_{DSS} \cong 2I_{DSS}$$

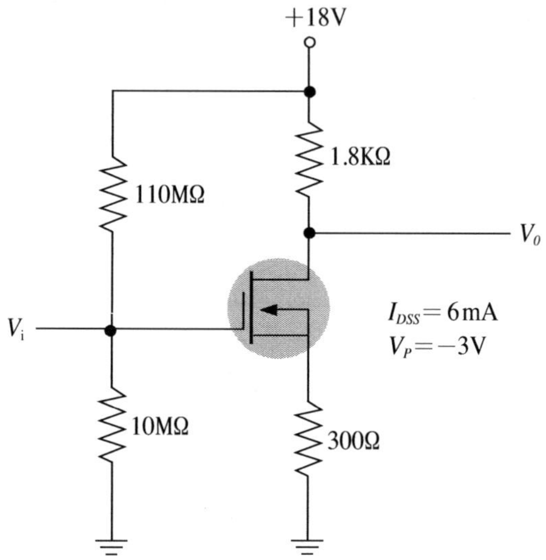

그림 11-14 증가형 MOSFET 바이어스 회로

	V_{GS}(V)	I_D(mA)	
$[-0.4V_P]$	+1.2	12	$[2I_{DSS}]$
	0	6	$[I_{DSS}]$
$[0.3V_P]$	−0.9	3	$\left[\frac{I_{DSS}}{2}\right]$
$[0.5V_P]$	−1.5	1.5	$\left[\frac{I_{DSS}}{4}\right]$
$[V_P]$	−3	0	

그림 11−15에 디바이스의 전달특성을 나타내었다.

예제 11-10 그림 11－15의 전달특성을 이용하여 그림 11－14의 회로에서 전압 V_{GS}, 전류 I_D 및 전압 V_{DS}를 구하라.

풀이 게이트 전압은 식 11－7을 이용하여 계산된다.

$$V_G = \frac{R_{G2}}{R_{G1}+R_{G2}} V_{DD} = \frac{10\text{M}\Omega}{110\text{M}\Omega + 10\text{M}\Omega}(18\text{V}) = 1.5\text{V}$$

그리고 자기 바이어스선은 다음과 같이 구해진다.

$$V_{GS} = V_G - I_D R_S = 1.5\text{V} - I_D(300)$$

I_D(mA)	V_{GS}(V)
0	1.5
5	0

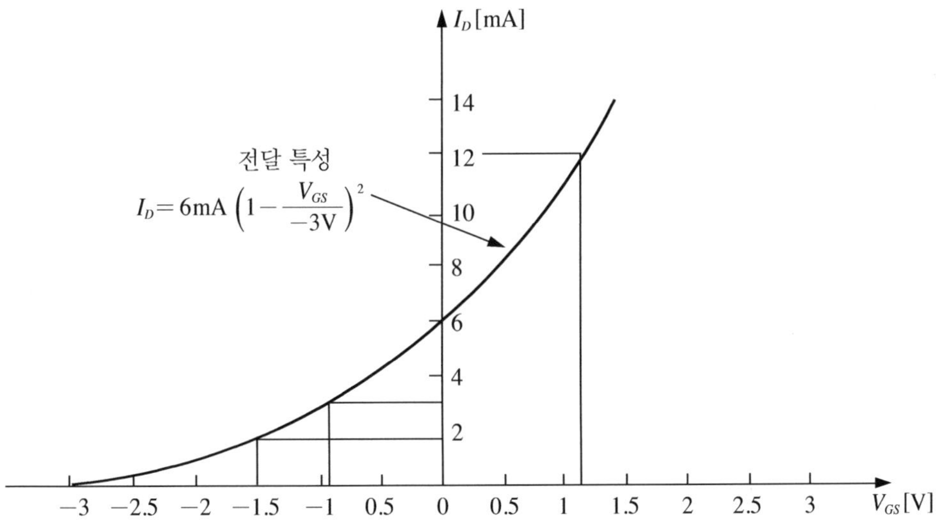

그림 11-15 공핍형 MOSFET에 대한 전달 특성

그림 11−16은 자기 바이어스선을 나타내었다. 얻어진 직류 바이어스점은

$$V_{GS}=-0.15\text{V},\ I_D=5.5\,\text{mA}$$

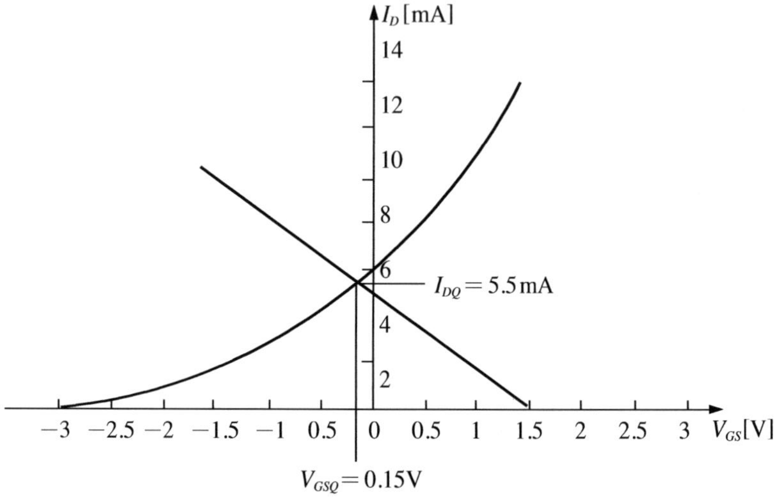

그림 11-16 자기 바이어스선

드레인−소스 전압은

$$V_D=V_{DD}-I_D R_D=15\text{V}-(5.5\,\text{mA})\,(1.8\text{K}\Omega)=8.1\text{V}$$
$$V_S=I_D R_S=(5.5\,\text{mA})\,(300\Omega)=1.65\text{V}$$
$$V_{DS}=V_D-V_S=8.1\text{V}-1.65\text{V}=6.45\text{V}$$

예제 11-11 그림 11－17의 회로에서 바이어스 조건 I_D 및 V_{DS}를 구하라.

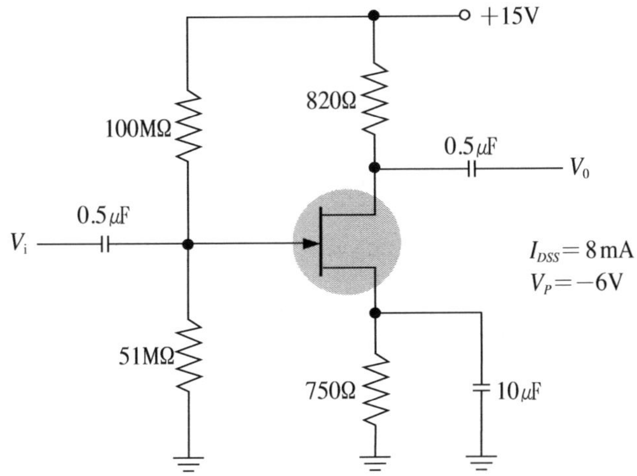

그림 11-17 JFET 회로

풀이 n채널 JFET 전달 특성은 다음 식을 이용하여 얻어진다.

$$I_D = 8\,\text{mA}\left(1 - \frac{V_{GS}}{-6}\right)^2$$

V_{GS}(V)			I_D(mA)
	0	8	$[I_{DSS}]$
$[0.3V_P]$	−1.8	4	$\left[\frac{I_{DSS}}{2}\right]$
$[0.5V_P]$	−3	2	$\left[\frac{I_{DSS}}{2}\right]$
$[V_P]$	−6	0	

자기 바이어스선은

$$V_G = \frac{R_{G2}}{R_{G1} + R_{G2}} V_{DD} = \frac{55\text{M}\Omega}{100\text{M}\Omega + 51\text{M}\Omega}(15\text{V}) = 5.07\text{V}$$

$$V_{GS} = V_G - I_D R_S = 5.07\text{V} - I_D(750\Omega)$$

I_D(mA)	V_{GS}(V)
0	5.07
6.75	0

을 이용하여 얻어진다.

그림 11−18에 그려진 두 개의 곡선의 교점으로부터 바이어스 조건은 다음과 같이 얻어진다.

$$I_{DQ}=7.2\,\text{mA},\ V_{GSQ}=-0.32\text{V}$$

전압 V_{DS}는

$$V_D=V_{DD}-I_DR_D=15\text{V}-(7.2\,\text{mA})\,(820\Omega)=9.1\text{V}$$

$$V_S=I_DR_S=(7.2\,\text{mA})\,(0.75\text{K}\Omega)=5.4\text{V}$$

$$V_{DS}=V_D-V_S=9.1\text{V}-5.4\text{V}=3.7\text{V}$$

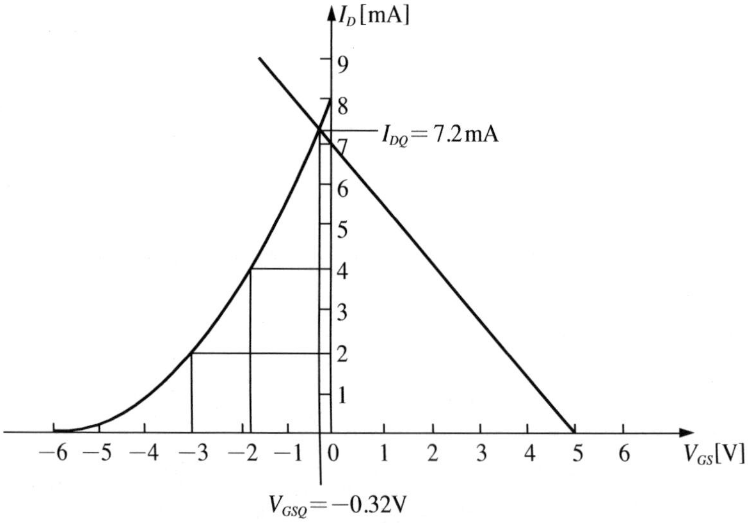

그림 11-18

4. 증가형 MOSFET의 바이어스 회로

증가형 MOSFET는 FET가 온으로 구동되려면 임계(문턱) 전압보다 큰 게이트-소스 전압을 요하게 된다. 대표적인 증가형 MOSFET의 바이어스 회로는 그림 11－19에 나타내었다. 저항 R_G는 MOSFET를 온으로 구동시키려고 적당히 큰 전압을 게이트에 인가한다. 그러면 전류는 드레인－소스(혹은 게이트－소스) 전압과 드레인 전류의 평형조건이 형성될 때까지 증가한다.

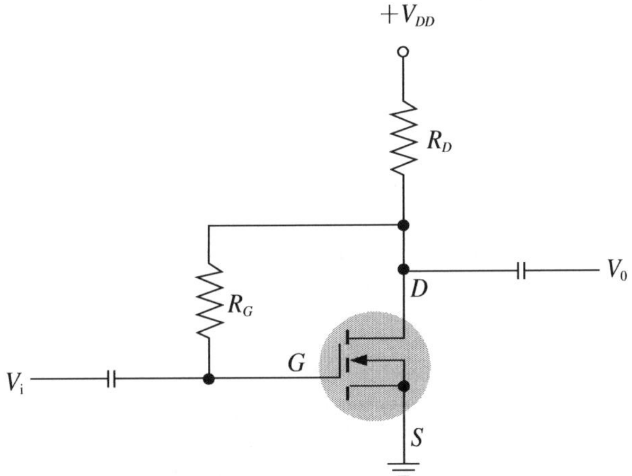

그림 11-19 증가형 MOSFET의 바이어스 회로

OSFET의 드레인 전류는 드레인－소스 전압에 의하여 설정되고 다음 식으로 주어진다.

$$I_D = K(V_{GS} - V_T)^2 \qquad (11-9)$$

여기서 V_T는 MOSFET의 규정된 임계(문턱) 전압이다. 전류 I_D는 R_D에서 발생되는 전압강하에 의하여 얻어진다. 즉

$$V_D = V_{DD} - I_D R_D \qquad (11-10)$$

게이트 전류 $I_G = 0$이기 때문에 전압 $V_{GS} = V_{DS}$이다. 그러므로 식 11－9는

$$I_D = K(V_{DS} - V_T)^2 \qquad (11-11)$$

로 쓰인다.

$V_S = 0\text{V}$일 때 V_{DS}의 값은

$$V_{DS} = V_D - V_S = V_{DD} - I_D R_D \qquad (11-12)$$

이다.

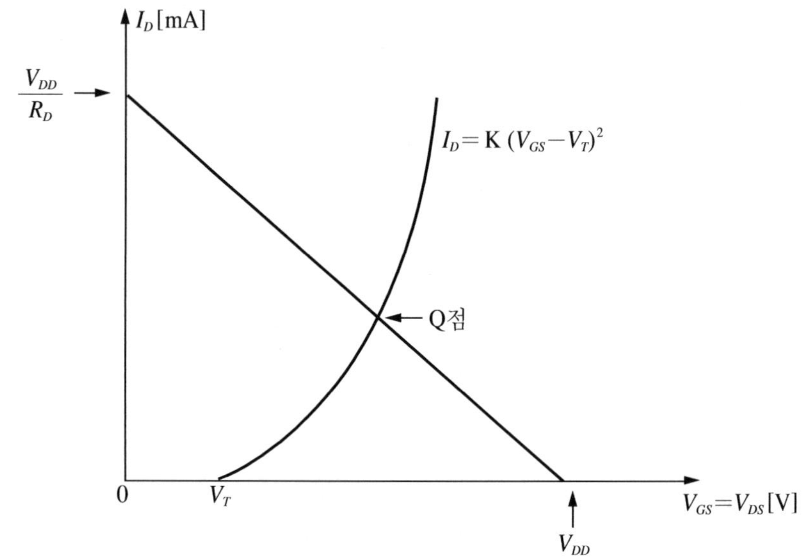

그림 11-20 증가형 MOSFET의 드레인 특성 곡선

따라서 MOSFET의 드레인 특성은 식 11－11을 이용하여 그릴 수 있다. 주어진 V_T와 K값에 대하여 그리는 데 필요한 몇 개의 데이터점을 얻기 위하여 I_D의 값을 계산할 수 있는 V_{DS} 값을 구해 보자. 그림 11－20은 MOSFET의 드레인 특성이나 혹은 직류 바이어스 계산의 전형적인 그림을 나타낸다. 식 11－12의 부하선은 그림 11－20에 그려진 것처럼 나타난다. 또한 그림 11－20에서 두 곡선의 교점은 바이어스 회로의 정적 동작점을 제공해 준다.

예제 11-12 그림 11－21의 회로에서 바이어스 조건인 I_D 및 V_{DS} 값을 구하라.

풀이 $V_T = 3\text{V}$와 $\text{K} = 0.3\,\text{mAv/V}^2$일 때 아래에 표기된 데이터를 계산하기 위하여 식 11－11을 이용하여 만들 수 있는 n채널 MOSFET의 드레인 특성을 그릴 수 있다.

$$I_D = 0.3(V_{DS} - 3)^2$$

	V_{DS}(V)	I_D(mA)
$[V_T]$	3	0
	5	1.2
	7	4.8
	9	10.8

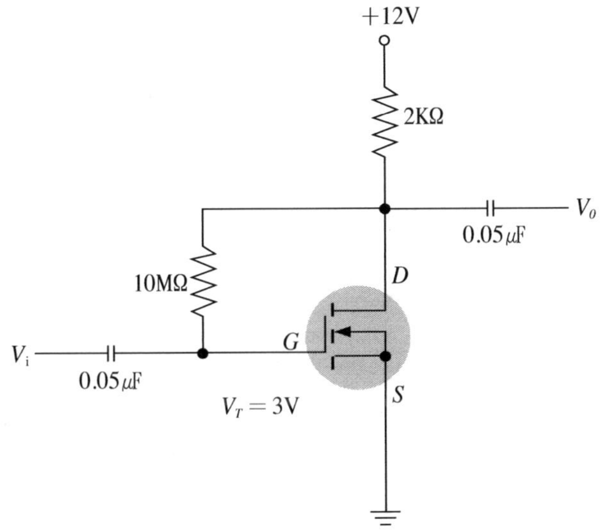

그림 11-21 증가형 MOSFET의 바이어스 회로

식 11 −12의 부하선은 아래의 데이터를 이용하여 그림 11 −22와 같이 그릴 수 있다.

$$V_{DS} = 12V - I_D(2K\Omega)$$

I_D(mA)	V_{GS}(V)
0	12
6	0

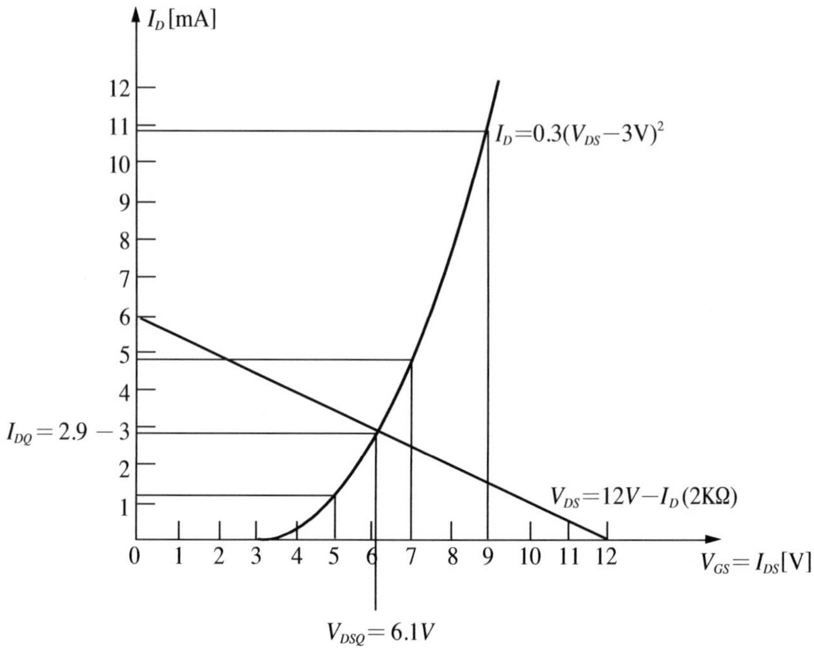

그림 11-22 소자와 회로 곡선

그림 11-22에 나타낸 두 곡선의 교점으로부터 얻어지는 바이어스값은

$$I_D=2.9\,\text{mA},\ V_{DS}=6.1\text{V}$$

가 된다.

5. 기타 바이어스 회로

대부분의 회로가 앞에서 취급한 표준형으로 이루어져 있지만 예외적인 경우도 있다. 이 절에서는 예제를 통하여 상당수의 예외적인 회로 형태를 해석해 보고자 한다.

예제 11-13 그림 11-23의 회로에서 바이어스값 I_D, 드레인-소스 전압 V_{DS}를 구하라.

풀이 이것은 실제로는 앞에서 취급한 그래프적 절차에 의하여 해석될 수 있는 표준형 회로이다. 그러나 하나의 선택적 접근방법으로서 바이어스 동작점은 연속적인 계산에 의하여 디바이스와 회로 방정식 양쪽을 만족하는 I_D와 V_{GS}값을 신속하게 결정할 수 있게 한다.

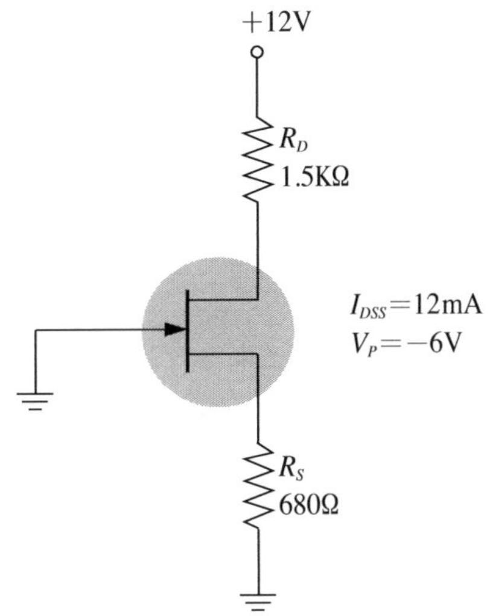

그림 11-23 바이어스 회로

만족된 두 방정식은 아래와 같다.

$$V_{GS} = -(680\Omega)\, I_D \qquad ①$$

$$I_D = 12\,\text{mA}\left(1 - \frac{V_{GS}}{-6}\right)^2 \qquad ②$$

두 방정식을 만족하는 I_D와 V_{GS}값을 결정하기 위하여 한 개의 I_D값을 선택하라. 그리고 식 ①을 이용하여 V_{GS}를 계산하고 이 값을 식 ②에 사용하여 I_D를 계산하여라. 만일 I_D의 두 값이 같으면(혹은 10% 이내로 가까워지면) 이 해는 구해진다. 그러나 만일 I_D의 두 값이 같지 않으면, 두 값 사이에서 새로운 I_D값을 갖도록 반복하라. 이 절차에 관한 일람표는 아래와 같다.

이 절차가 계속되는 동안, 직류 바이어스는 대략 $I_D = 3.84\,\text{mA}$, $V_{GS} = -2.61\text{V}$가 된다.

드레인 및 소스 전압은

I_D(mA)	식(1) 사용 : V_{GS}(V)	식(2) 사용 : I_D(mA)	I_D의 다음값 결정 I_D(mA)
6	−4.08	1.23	$\frac{6+1.23}{2}=3.615$
3.615	−2.46	4.18	$\frac{3.615+4.18}{2}=3.9$
3.9	−2.65	3.74	$\frac{3.9+3.74}{2}=3.82$
3.82	−2.6	3.85	$\frac{3.82+3.85}{2}=3.84$

$$V_D = V_{DD} - I_D R_D = 12\text{V} - (3.84\,\text{mA})\,(1.5\text{K}\Omega) = 6.24\text{V}$$
$$V_S = I_D R_S = (3.84\,\text{mA})\,(680\Omega) = 2.61\text{V}$$

그러므로

$$V_{DS} = V_D - V_S = 6.24\text{V} - 2.61\text{V} = 3.63\text{V}$$

예제 11-14 그림 11 −4의 회로에서 드레인 전류, 드레인 전압 및 소스 전압을 구하라.

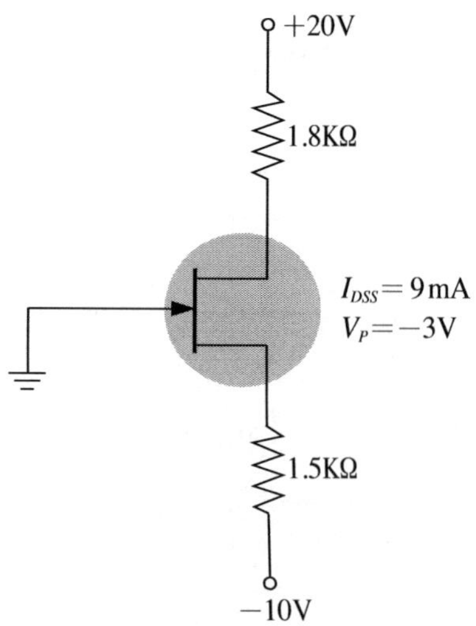

그림 11-24 〈예제 11-14〉에 대한 바이어스 회로

풀이 게이트-소스 루프에 대한 회로 방정식은

$$-V_{GS}-I_D R_S+10\text{V}=0$$

$$V_{GS}=10\text{V}-I_D(1.5\text{K}\Omega) \qquad ①$$

반면에 디바이스 방정식은

$$I_D=I_{DSS}\left(1-\frac{V_{GS}}{V_P}\right)^2=9\,\text{mA}\left(1-\frac{V_{GS}}{-3}\right)^2 \qquad ②$$

으로 나타난다.

이들 곡선은 아래 데이터를 이용하여 그림 11－25에 나타내었다.

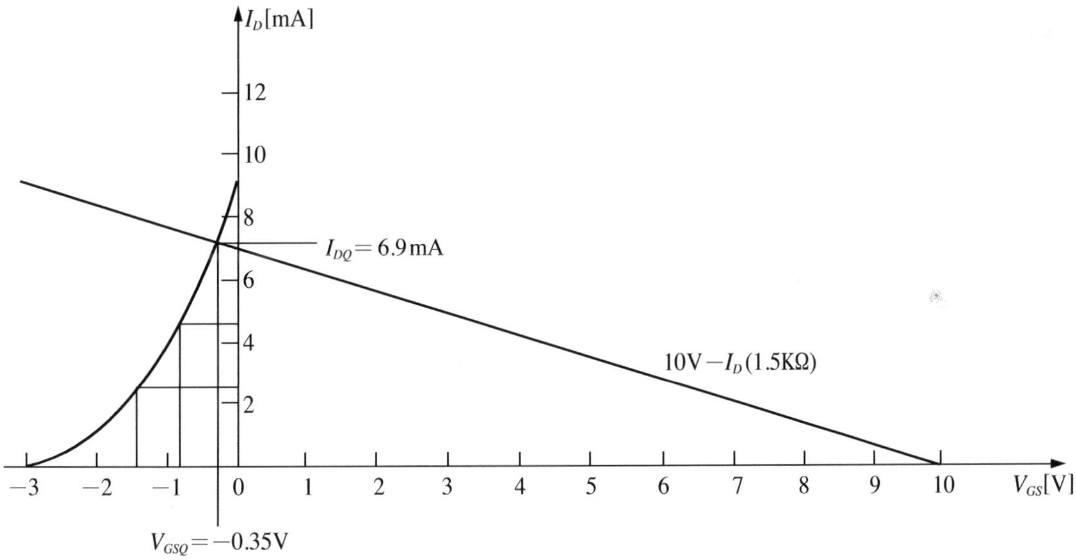

그림 11-25 〈예제 11-14〉에 대한 그림

식 ①로부터

$$V_{GS}=10\text{V}-(1.5\text{K}\Omega)\,I_D$$

I_D(mA)	V_{GS}(V)
0	10
6.67	0

식 ②로부터

$$I_D = 9\,\text{mA}\left(1 - \frac{V_{GS}}{-3V}\right)^2$$

	V_{GS}(V)	I_D(mA)	
	0	9	$[I_{DSS}]$
$[0.3V_P]$	−0.9	4.5	$\left[\frac{I_{DSS}}{2}\right]$
$[0.5V_P]$	−1.5	2.25	$\left[\frac{I_{DSS}}{4}\right]$
$[V_P]$	−3	0	

그림 11−25에 그려진 곡선의 교점으로부터

$I_D = 6.9\,\text{mA},\ V_{GS} = -0.35\text{V}$ 이다.

나머지 회로의 전압은

$$V_D = 20\text{V} - (6.9\,\text{mA})\,(1.8\text{K}\Omega) = 7.58\text{V}$$
$$V_S = -10\text{V} + (6.9\,\text{mA})\,(1.5\text{K}\Omega) = +0.35\text{V}$$

예제 11-15 p채널 JFET를 사용하여 그림 11−26 회로에 대한 드레인 전류 I_D와 드레인-소스 전압 V_{DS}를 구하라.

풀이 p채널 JFET에 대해 사용하는 식은

$$V_{GS} = +I_D R_S = I_D\,(0.36\text{K}\Omega) \quad ①$$

$$I_D = I_{DSS}\left(1 - \frac{V_{GS}}{V_P}\right)^2 = 7.5\,\text{mA}\left(1 - \frac{\text{V}_{\text{GS}}}{3.5\text{V}}\right)^2 \quad ②$$

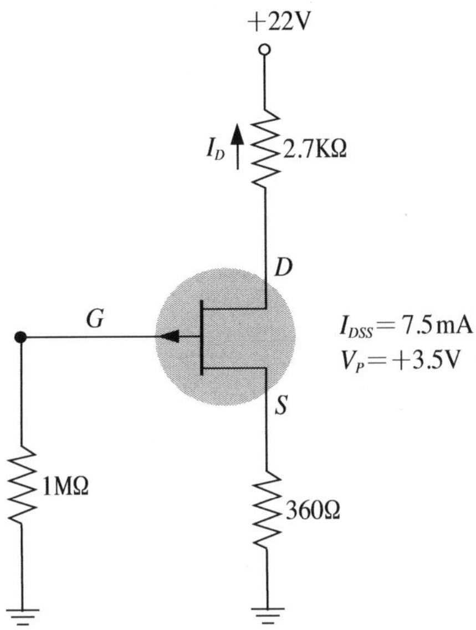

그림 11-26 회로

이 곡선들은 아래의 데이터를 이용하여 그림 11－27과 같이 그릴 수 있다.

I_D (mA)	식(1) 사용 : V_{GS} (V)		V_{GS} (V)	식(2) 사용 : I_D (mA)	
0	0		0	7.5	$[I_{DSS}]$
9.7	3.5 $[V_P]$	$[0.3\ V_P]$	+1.05	3.75	$\left[\frac{I_{DSS}}{2}\right]$
		$[0.5V_P]$	+1.75	1.875	$\left[\frac{I_{DSS}}{4}\right]$
			+3.5	0	

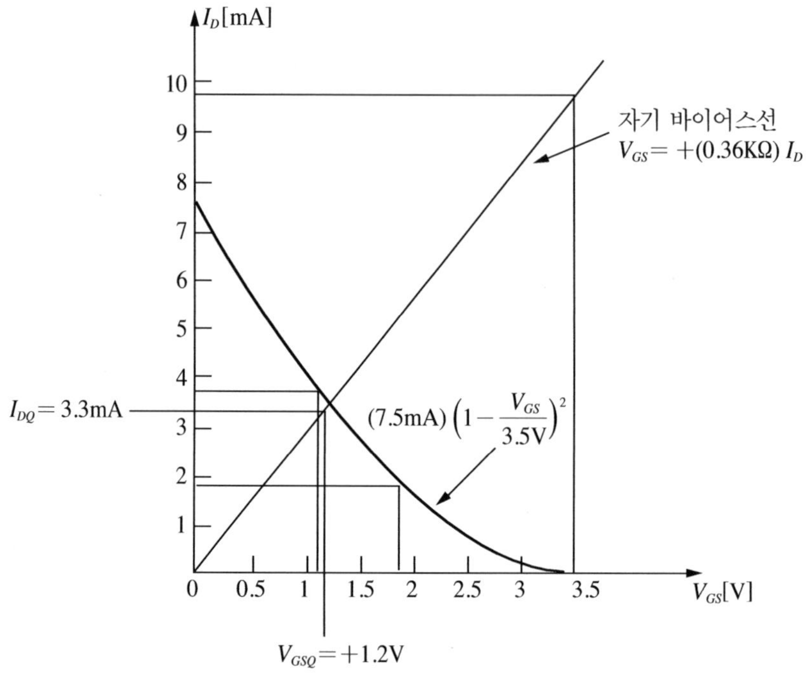

그림 11-27 곡선

그림 11−27에서 두 곡선의 교점으로부터 $I_D=3.3\text{mA}$, $V_{GS}=+1.2\text{V}$이다. 그러므로 전압 V_{DS}는

$$V_{DS}=V_{DD}+I_D R_D=-22\text{V}+(3.3\text{ mA})\ (2.27\text{K}\Omega)=-13.09\text{V}$$

$$V_S=-I_D R_S=-(3.3\text{ mA})\ (360\Omega)=-1.19\text{V}$$

$$V_{DS}=V_D-V_S=-13.09\text{V}-(-1.19\text{V})=-11.9\text{V}$$

예제 11-16 그림 11−28의 회로에서 n채널 공핍형 MOSFET를 이용하여 I_D와 V_D의 값을 구하라.

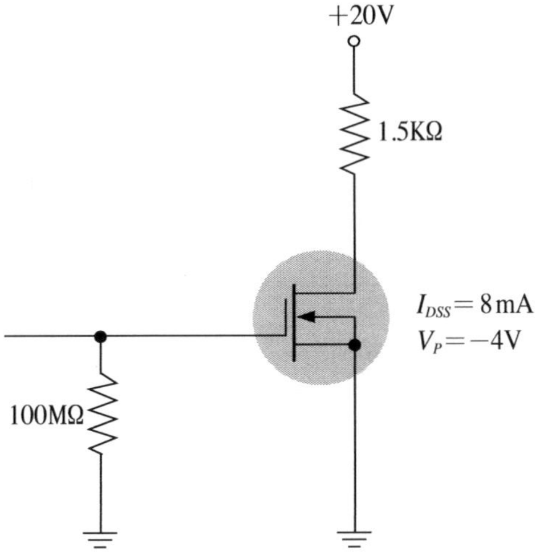

그림 11-28 회로

풀이 공핍형 MOSFET에 걸리는 게이트-소스 전압은 둘 중 어느 한 극성을 갖기 때문에 현재 회로는

$$V_{GS}=V_G-V_S=0-0=0\text{V}$$

에서 바이어스되므로

$$I_D=I_{DSS}=8\text{ mA}$$

그러므로 드레인 전압 V_D는

$$V_D=V_{DD}-I_DR_D=20\text{V}-(8\text{ mA})(1.5\text{K}\Omega)=8\text{V}$$

예제 11-17 그림 11−29의 회로에서 n채널 JFET를 이용하여 드레인 전류 I_D와 소스 전압 V_S를 구하라.

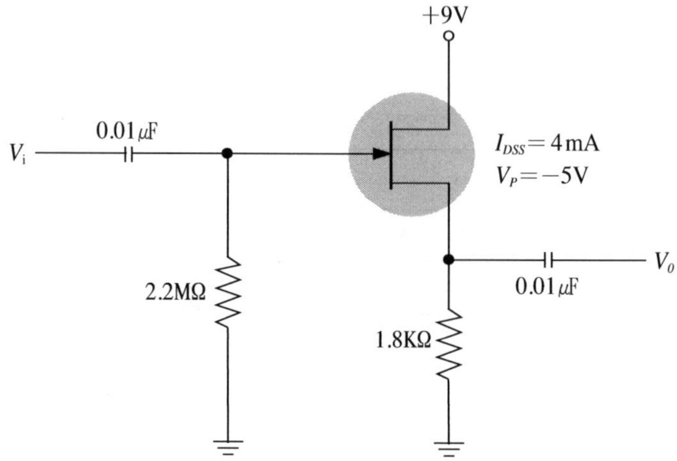

그림 11-29 회로

풀이 회로 방정식은

$$V_{GS}=0-I_D R_S=-(1.8\text{K}\Omega)\, I_D \qquad ①$$

디바이스 방정식은

$$I_D=I_{DSS}\left(1-\frac{V_{GS}}{V_P}\right)^2=4\,\text{mA}\left(1-\frac{V_{GS}}{-5}\right)^2 \qquad ②$$

아래 데이터를 이용하면

	I_D(mA)	식(1) 사용 : V_{GS}(V)	식(2) 사용 : I_D(mA)	I_D의 다음값
$\left[\frac{I_{DSS}}{2}\text{를 선택}\right]$	2	−3.6	0.31	$\frac{2+0.31}{2}=1.16$
	1.16	−2.09	1.35	$\frac{1.16+1.35}{2}=1.26$
	1.26	−2.27	1.19	$\frac{1.26+1.19}{2}=1.23$

$$I_D\cong 1.23\,\text{mA},\ V_{GS}\cong -2.2\text{V}$$

그러므로 소스 전압 V_S는

$$V_S=I_D R_S=(1.23\,\text{mA})\,(1.8\text{K}\Omega)=+2.21\text{V}$$

연습문제

1. 그림 11−30의 회로에서
   (1) 드레인 전류와 드레인-소스 전압을 구하라.
   (2) 게이트 전지가 3V로부터 1.5V로 변한다면, 드레인 전류와 드레인-소스 전압은 어떻게 변하겠는가?
   (3) 드레인 전압을 +8V로 만드는 드레인 저항 R_D값은 얼마인가?
   (4) 회로가 $I_{DSS}=8\,\text{mA}$, $V_P=-4\text{V}$인 회로로 바뀌면 V_D값은 얼마가 되겠는가?
   (5) $I_D=5\,\text{mA}$인 바이어스 전류를 얻기 위한 게이트 공급 전압은 얼마인가?

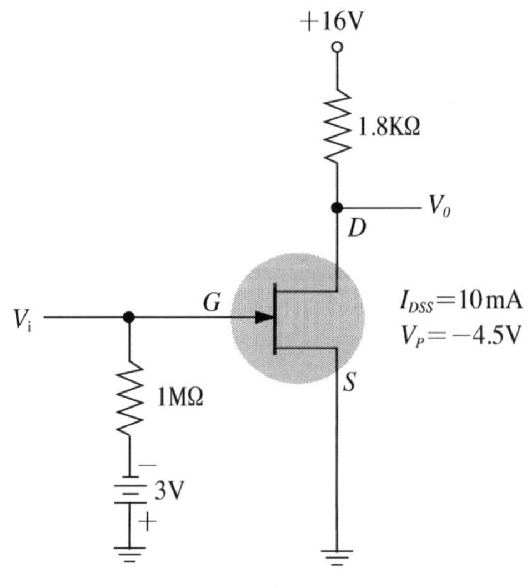

그림 11-30 회로

2. 그림 11−31 회로에서
   (1) 직류 바이어스 전압 V_D를 구하라.
   (2) R_S가 1.2KΩ으로 바뀌었을 때 직류 바이어스 전압 V_D를 구하라.
   (3) R_D가 5.1KΩ으로 바뀌었을 때 직류 바이어스 전압 V_{DS}는 얼마인가?
   (4) 바이어스점을 $V_{GS}=-2\text{V}$로 수정하는 데 필요한 R_S값은 얼마인가?

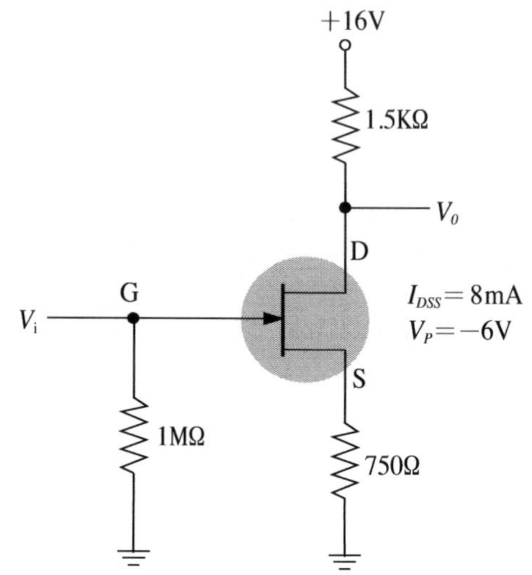

그림 11-31

3. 그림 11−32 회로에서

(1) 드레인 전류를 구하라.

(2) 소스 전압 V_S를 구하라.

(3) V_{DS}값은 얼마인가?

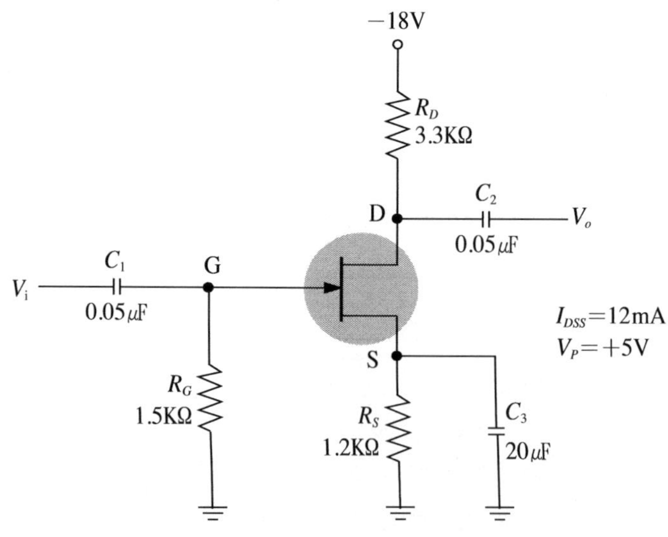

그림 11-32 회로

4. 그림 11−33 회로에서

(1) I_D값은 얼마인가?

(2) 소스 저항을 330Ω으로 바꾸면 I_D값은 얼마인가?

(3) 소스 저항을 51Ω으로 바꾸면 바이어스값 I_D 및 V_{DS}값은 얼마인가?

(4) JFET가 $I_{DSS}=10\,mA$, $V_P=-4V$인 값을 갖는다면 V_D값은 얼마가 되겠는가?

(5) 회로가 −1V로 바이어스되기 위해 필요한 R_S값은 얼마인가?

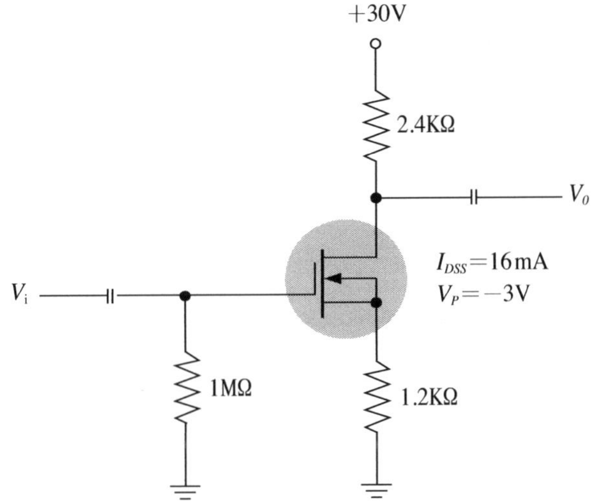

그림 11-33 회로

5. 그림 11−34 회로에서

(1) I_D와 V_{DS}를 구하라.

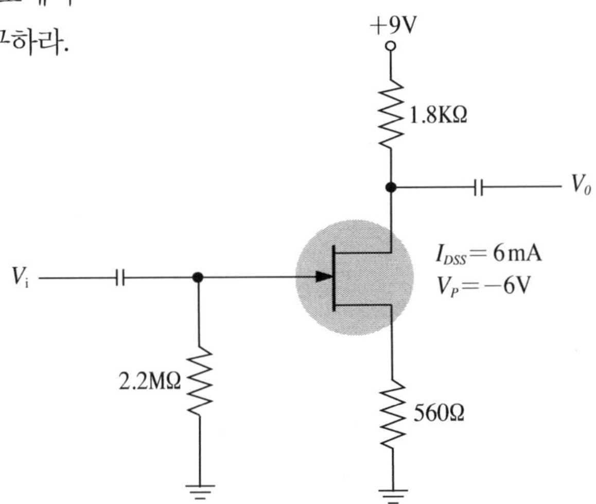

그림 11-34 회로

(2) JFET가 $I_{DSS}=8\,\text{mA}$, $V_P=-6\text{V}$인 값을 갖는다면 I_D 및 V_{DS}값은 얼마가 되겠는가?

(3) JFET가 $I_{DSS}=6\,\text{mA}$, $V_P=-4\text{V}$인 값을 갖는다면 I_D 및 V_{DS}값은 얼마가 되겠는가?

(4) JFET가 $I_{DSS}=8\,\text{mA}$, $V_P=-4\text{V}$인 값을 갖는다면 I_D 및 V_{DS}값은 얼마가 되겠는가?

6. 그림 11−35 회로에서

(1) V_{GS} 및 I_D를 구하라.

(2) V_{DS}를 구하라.

(3) 바이어스점을 $V_{GS}=-2\text{V}$로 만들면 저항값 R_S는 얼마가 되겠는가?

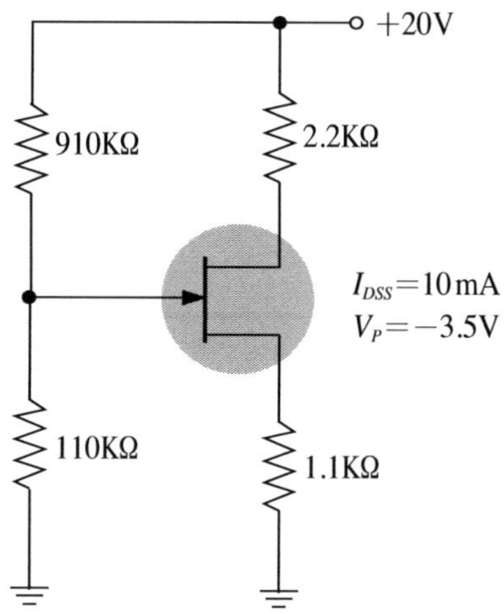

그림 11-35 회로

(4) 드레인 전압을 12V로 하면 필요한 R_D값은 얼마가 되겠는가?

(5) R_S가 750Ω으로 바뀌면 드레인 전류는 증가하겠는가, 감소하겠는가?

(6) JFET가 $I_{DSS}=16\,\text{mA}$, $V_P=-3.5\text{V}$값을 갖는다면 소스 전압은 증가하겠는가, 감소하겠는가?

7. 그림 11−36 회로에서

(1) 게이트-소스 전압을 구하라.

(2) 바이어스값 I_D 및 V_{DS}를 구하라.

(3) MOSFET가 $I_{DSS}=10\,\text{mA}$, $V_P=-5\text{V}$로 바이어스되었다면, I_D 및 V_{DS}값을 구하라.

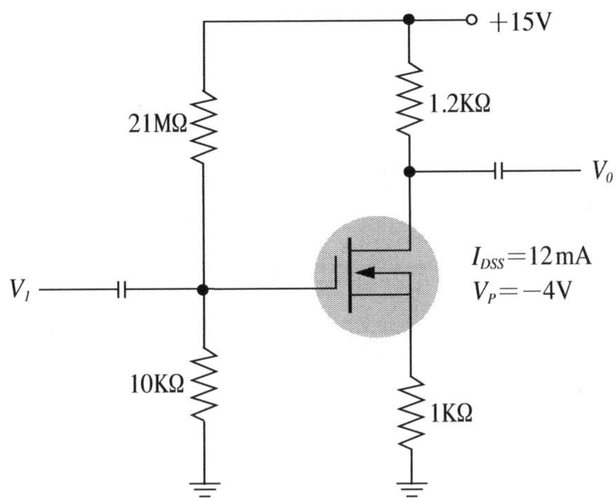

그림 11-36 회로

(4) 10MΩ 저항이 제거된다면 바이어스값 I_D와 V_{DS}값은 어떻게 변하겠는가?

(5) 21MΩ 저항이 제거된다면 I_D와 V_{DS}값은 어떻게 변화겠는가?

(6) MOSFET가 $V_P=-2.5V$인 값을 가진다면 I_D값은 증가하겠는가, 감소하겠는가?

(7) 공급 전압이 $V_{DD}=12V$로 대치된다면 V_D값은 얼마가 되겠는가?

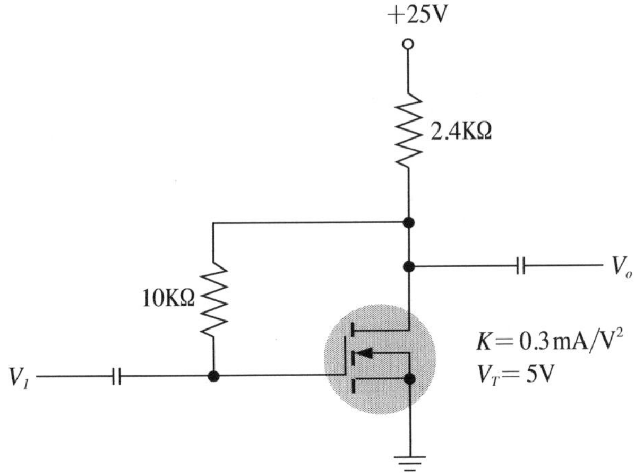

그림 11-37 회로

8. 그림 11－37 회로에서
   (1) V_D 값을 구하라.
   (2) 드레인 저항이 1.8KΩ으로 대치되었을 때 V_D값을 구하라.

9. 그림 11－37 회로에서
   (1) 드레인 전압이 10V라면 K값은 얼마인가?
   (2) MOSFET가 $V_T=3$V라는 값을 가질 때 V_D의 값은 얼마가 되겠는가($K=0.3$)?
   (3) 공급 전압이 15V로 감소했다면 V_D의 값은 얼마가 되겠는가?
   (4) MOSFET가 $V_T=7.5$V인 값을 가진다면 드레인 전류는 증가할 것인가, 감소하겠는가?

10. 그림 11－38 회로에서 직류 바이어스값 I_D와 V_{DS}를 구하라.

11. 그림 11－39 회로에서 바이어스값 I_D와 V_{DS}를 구하라.

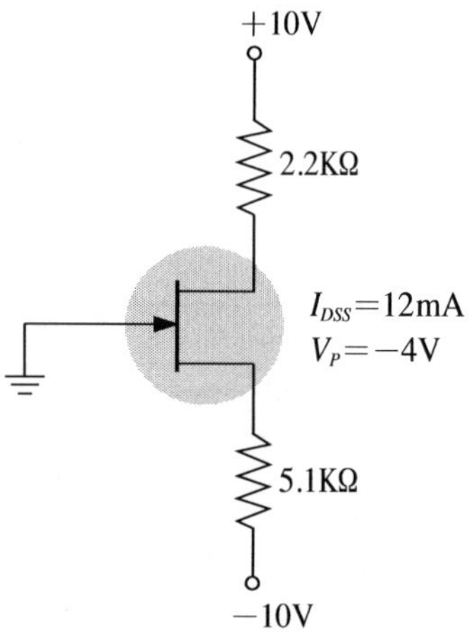

그림 11-38 회로

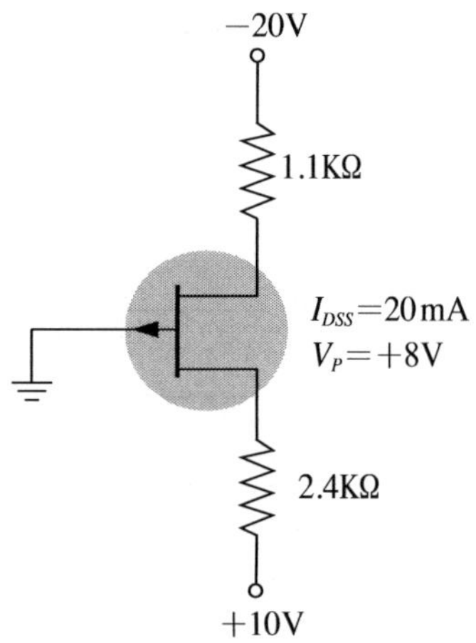

그림 11-39 회로

12. 그림 11－40 회로에서

(1) $V_P=-3V$일 때의 드레인 전류 I_D값을 계산하라.

(2) V_D, V_S 그리고 I_D 값을 구하라.

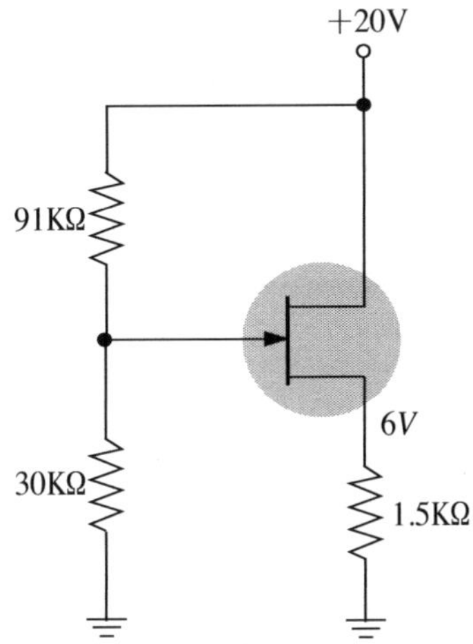

그림 11-40 회로

제12장
전계 효과 트랜지스터

1. 전계 효과 트랜지스터의 소신호

전계 효과 트랜지스터 소자는 높은 입력 임피던스에서 전압 이득을 공급하는 소신호 증폭기 회로를 구성하는 데 이용된다. JFET와 MOSFET는 거의 동일한 직류 바이어스로 동작되며 같은 크기의 전압 이득을 갖는다. 그러나 MOSFET 디바이스는 훨씬 높은 입력 임피던스를 갖는다.

소스 공통 증폭기 회로는 가장 좋은 전압 이득 특성을 갖는다. 입력신호는 게이트에 인가되고, 출력신호는 드레인에서 끌어내며, 소스 단자는 기준 혹은 공통 단자로 사용된다. 드레인 공통 증폭기는 단위 이득에 가까운 비반전 출력특성을 갖는다. 게이트 공통 증폭기 회로는 자주 사용되지 않으나, 반전이 없는 이득을 갖는다.

전계 효과 트랜지스터는 선형 소자 혹은 디지털 소자로 사용될 수 있다. 선형회로에서는 JFET와 공핍형 MOSFET 소자가 많이 사용되며, 디지털 회로의 LSI, VLSI, ULSI(ultra-large scale integration)에서는 증가형 MOSFET가 많이 사용된다.

2. 전계 효과 트랜지스터의 소신호 모델

전계 효과 트랜지스터 소자를 사용한 교류회로를 해석하기 위해서, 먼저 FET 소자에 대한 교류 등가회로를 구하여야 한다. 사용하는 교류회로 모델은 여러 종류의 FET 소자가 있으나 거의 비슷하다. FET의 중요한 교류동작은 게이트-소스에 인가되는 교류전압으로 드레인-소스 사이를 흐르는 전류를 제어하는 것이다.

FET의 전달 컨덕턴스 g_m은 게이트-소스에 인가되는 전압에 의해 발생되는 드레인-소스간 전류의 양과 관계가 있으므로 g_m은 다음과 같이 정의한다.

$$g_m = \frac{\text{드레인 - 소스전류}}{\text{게이트 - 소스전압}}$$

FET에 대한 컨덕턴스 g_m은 쇼클리(Shockley) 방정식에서 구할 수 있다. 쇼클리 방정식은

$$i_D = I_{DSS}\left(1 - \frac{V_{GS}}{V_P}\right)^2$$

이고

$$g_m = \left.\frac{\partial i_D}{\partial V_{GS}}\right|_{V_{DS}=\text{상수}}$$

이므로 컨덕턴스 g_m은 다음과 같이 된다.

$$g_m = -\frac{2I_{DSS}}{V_P}\left(1 - \frac{V_{GS}}{V_P}\right)$$

$$g_m = g_{mo}\left(1 - \frac{V_{GS}}{V_P}\right) \qquad (12-1)$$

여기서 g_{mo}는

$$g_{mo} = \frac{2I_{DSS}}{|V_P|} \qquad (12-2)$$

g_{mo}는 $V_{GS} = 0$V인 바이어스점에서 전달 컨덕턴스값이며, 이 값은 FET 소자에서 고정된 최대의 전달 컨덕턴스값을 의미한다.

(1) 컨덕턴스 g_m의 그래프적 해석

컨덕턴스 g_m의 값은 식 12−1을 이용하여 직류 바이어스점에서 구할 수도 있고, 혹은 특정한 직류 바이어스점에서 소자의 특성곡선 기울기를 이용하여 그래프적으로 구할 수 있다. 그림 12−1은 직류 동작점(Q점)에서 특성곡선의 기울기로 표현할 수 있는 컨덕턴스 g_m을 나타내었다. 즉 g_m은 특성곡선에서 V_{GS}의 변화에 대한 I_D의 변화량의 비로 나타낸다.

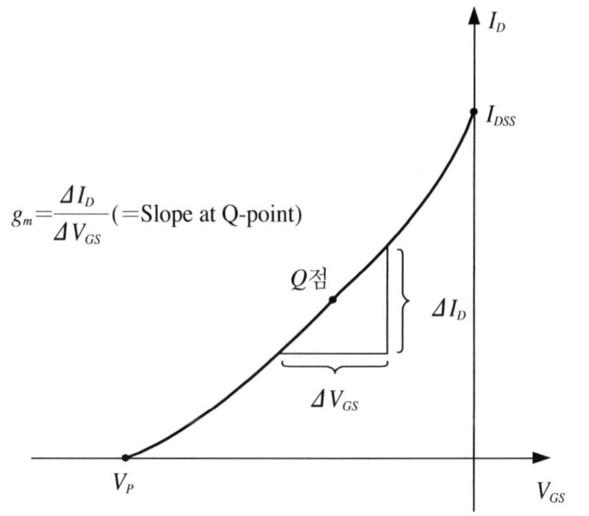

그림 12-1 전달특성을 사용한 컨덕턴스 g_m의 정의

예제 12-1 그림 12−2에 나타낸 다음의 직류 바이어스점에서 $I_{DSS} = 8\,\text{mA}$, $V_p = -4\text{V}$일 때 JFET에 대한 g_m의 값을 결정하라.

(a) $V_{GSQ} = -0.5\text{V}$

(b) $V_{GSQ} = -1.5\text{V}$

(c) $V_{GSQ} = -2.5\text{V}$

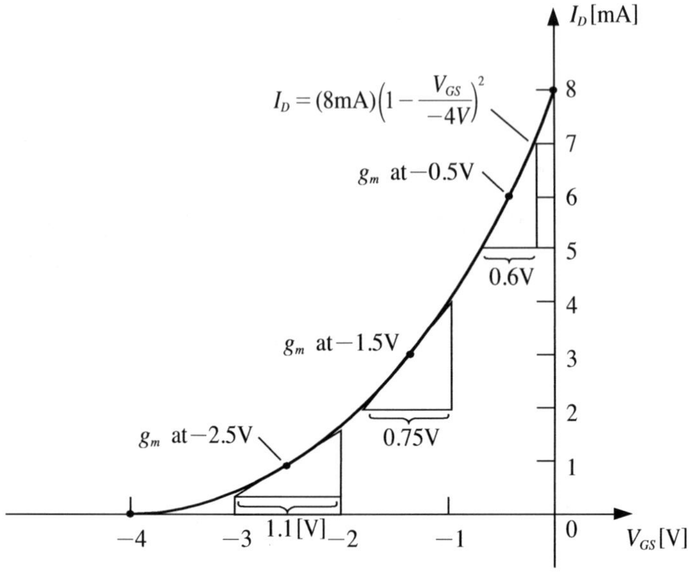

그림 12-2 특성곡선

풀이 그림 12−2에 나타낸 소자의 특성곡선을 이용하여 각 직류 바이어스점에서 g_m의 값은 다음과 같이 계산할 수 있다.

(a) $V_{GSQ} = -0.5\text{V}$에서

$$g_m = \frac{\Delta I_D}{\Delta V_{GS}} = \frac{2\text{mA}}{0.6\text{AV}} = 3.3\text{mS}$$

(b) $V_{GSQ} = -1.5\text{V}$에서

$$g_m = \frac{\Delta I_D}{\Delta V_{GS}} = \frac{1.8\text{mA}}{0.75\text{V}} = 2.4\text{mS}$$

(c) $V_{GSQ} = -2.5\text{V}$에서

$$g_m = \frac{\Delta I_D}{\Delta V_{GS}} = \frac{1.5\text{mA}}{1.1\text{V}} = 1.4\text{mS}$$

예제에서 보면 g_m의 값은 직류 바이어스점이 점점 음(−) 쪽으로 이동할수록 작아진다는 것을 알 수 있다.

(2) $V_{GS}-g_m$의 그래프

식 12－1을 그래프로 나타내면 직류 바이어스점의 선택에 따라 컨덕턴스 g_m값이 어떻게 변화되는가를 알 수 있다. 그림 12－3에 핀치 오프 전압 (V_P)에서 $g_m = 0$으로 시작해서 $V_{GS} = 0$에서 g_{mo}값까지 $V_{GS} - g_m$의 그래프를 직선적으로 나타내었다.

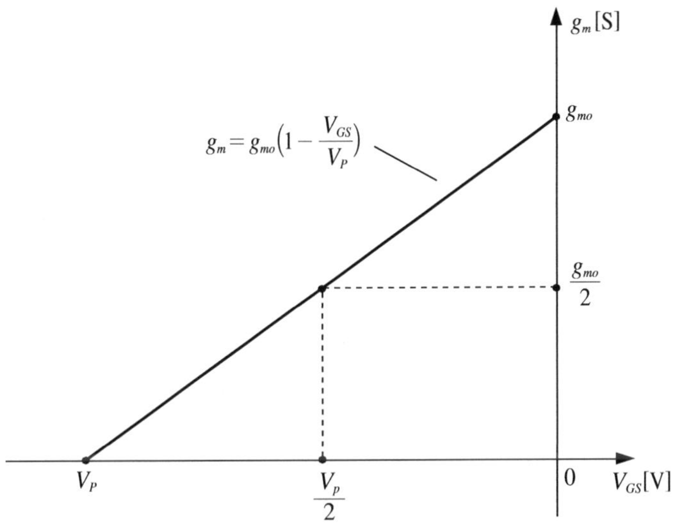

그림 12-3 $V_{GS}-g_m$의 그래프

(3) 컨덕턴스 g_m의 해석

지금까지 직류 바이어스점의 선택에 따라 컨덕턴스 g_m의 값이 어떻게 변화되는가를 그래프적으로 나타내었다. 여기서는 식 12－1과 12－2를 이용하여 특정한 직류 바이어스점에서 컨덕턴스 g_m의 값을 계산하는 예를 들었다.

예제 12-2 다음은 같은 직류 바이어스점에서 $I_{DSS} = 8\,\text{mA}$, $V_P = -4V$일 때 JFET의 g_m의 값을 계산하라.

(a) -0.5V　　(b) -1.5V　　(c) -2.5V

풀이 식 12−2를 이용하여 g_{mo}를 계산하면 다음과 같다.

$$g_{mo} = \frac{2I_{DSS}}{|V_P|} = \frac{2(8\text{mA})}{|-4\text{V}|} = 4\text{mS}$$

(a) $V_{GS} = -0.5\text{V}$에서

$$g_m = g_{mO}\left(1 - \frac{V_{GSQ}}{V_P}\right) = 4\text{mS}\left(1 - \frac{-0.5\text{V}}{-4\text{V}}\right) = 3.5\text{mS}$$

(b) $V_{GS} = -1.5\text{V}$에서

$$g_m = g_{mO}\left(1 - \frac{V_{GSQ}}{V_P}\right) = 4\text{mS}\left(1 - \frac{-1.5\text{V}}{-4\text{V}}\right) = 2.5\text{mS}$$

(c) $V_{GS} = -2.5\text{V}$에서

$$g_m = g_{mO}\left(1 - \frac{V_{GSQ}}{V_P}\right) = 4\text{mS}\left(1 - \frac{-2.5\text{V}}{-4\text{V}}\right) = 1.5\text{mS}$$

수학적으로 계산한 값과 (예제 12−1)의 그래프적 해석으로 얻은 결과가 얼마나 잘 일치되는지 비교해 보기 바란다.

(4) 드레인 전류 I_D와 컨덕턴스 g_m의 관계

컨덕턴스 g_m의 값과 드레인 전류 I_D의 직류 바이어스값 사이의 수학적인 관계를 이용할 수도 있다.

쇼클리 방정식을 이용하면 다음과 같이 표현된다.

$$I_D = I_{DSS}\left(1 - \frac{V_{GS}}{V_P}\right)^2$$

$$1 - \frac{V_{GS}}{V_P} = \sqrt{\frac{I_D}{I_{DSS}}} \qquad (12-3)$$

식 12－1을 식 12－3에 대입하면

$$g_m = g_{mo}\left(1 - \frac{V_{GS}}{V_P}\right) = g_{mo}\sqrt{\frac{I_D}{I_{DSS}}} \qquad (12-4)$$

식 12－4를 이용하여 I_D의 특정한 값에 대한 g_m값을 계산하면 다음과 같이 된다.

(a) $I_D = I_{DSS}$일 때 컨덕턴스 g_m 은

$$g_m = g_{mo}\sqrt{\frac{I_{DSS}}{I_{DSS}}} = g_{mo} \qquad (12-5a)$$

(b) $I_D = \frac{I_{DSS}}{2}$ 일 때 컨덕턴스 g_m 은

$$g_m = g_{mo}\sqrt{\frac{I_{DSS}/2}{I_{DSS}}} = 0.707 g_{mo} \qquad (12-5b)$$

(c) $I_D = I_{DSS}/4$일 때 컨덕턴스 g_m 은

$$g_m = g_{mo}\sqrt{\frac{I_{DSS}/4}{I_{DSS}}} = \frac{g_{mo}}{2} = 0.5 g_{mo} \qquad (12-5c)$$

(5) 전계 효과 트랜지스터의 교류 등가회로

그림 12－4에 전계 효과 트랜지스터의 교류 등가회로와 교류 입력전압 V_{gs}가 인가된 회로를 나타내었다. FET에 대한 교류 등가회로는 소자의 g_m값과 교류 입력전압 V_{gs}에 독립적인 드레인과 소스 사이의 전압 제어 전류원(voltage-controlled current)과 드레인과 소스 사이의 교류 저항 r_d(교류 출력 저항)로 나타내었다. 실제적인 JFET 소자의 입력 임피던스는 일반적으로 $10^9[\Omega]$이고 MOSFET 소자는 $10^{12} \sim 10^{15}[\Omega]$ 정도이다.

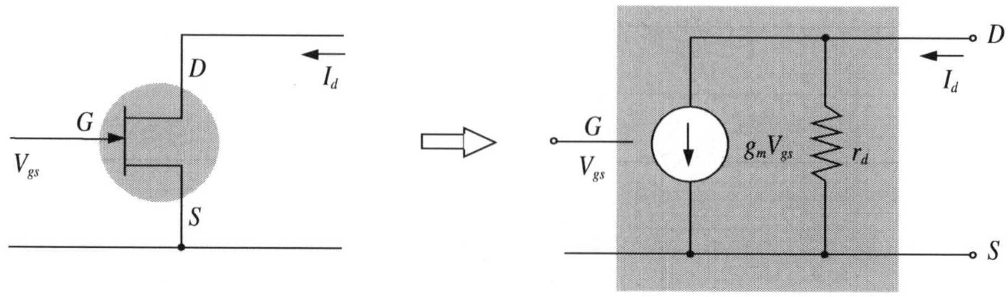

그림 12-4 FET의 교류 등가회로

예제 12-3 직류 바이어스점 $V_{GSQ} = -1\text{V}$에서 동작하는 JFET 소자가 $I_{DSS} = 12\,\text{mA}$, $V_P = -3\text{V}$일 때 g_m의 값을 계산하라.

풀이 식 12-1에서

$$g_{mo} = \frac{2I_{DSS}}{|V_P|} = \frac{2\,(12\,\text{mA})}{|-3\text{V}|} = 8\times10^{-3} = 8000\text{mS} = \mu\text{S}$$

식 12-2에서

$$g_m = g_{mo}\left(1 - \frac{V_{GSQ}}{V_P}\right) = 8\text{mS}\left(1 - \frac{-1\text{V}}{-3\text{V}}\right) = 5.3\text{mS}$$

예제 12-4 직류 바이어스점 $V_{GSQ} = -1.8\text{V}$에서 동작하는 JFET 소자가 $I_{DSS} = 8\,\text{mA}$, $V_P = -4\text{V}$일 때 컨덕턴스 g_m의 값을 계산하라.

풀이 식 12-2에서

$$g_{mo} = \frac{2I_{DSS}}{|V_P|} = \frac{2(8\,\text{mA})}{|-4\text{V}|} = 4\times10^{-3} = 4\text{mS} = 4000\,\mu\text{S}$$

이고, 식 12-1을 사용해 g_m을 계산하면 다음과 같다.

$$g_m = g_{mo}\left(1 - \frac{V_{GS}}{V_P}\right) = 4\text{mS}\left(1 - \frac{-1.8\text{V}}{-4\text{V}}\right) = 2.2\text{mS}$$

(6) FET 출력 임피던스 r_d

전계 효과 트랜지스터의 교류 등가회로에는 일반적인 값인 30~10KΩ 정도의 출력저항 r_d가 포함되어 있다. 이 값은 BJT 소자와 거의 같은 값이다. r_d의 값은 FET소자의 드레인 특성곡선에서 알 수 있으며, 그림 12-5는 FET 드레인 특성곡선을 나타내고 r_d의 정의는 다음과 같이 한다.

$$r_d = \frac{\Delta V_{DS}}{\Delta I_D}\bigg|_{V_{GS}=\text{constant}} \qquad (12-6)$$

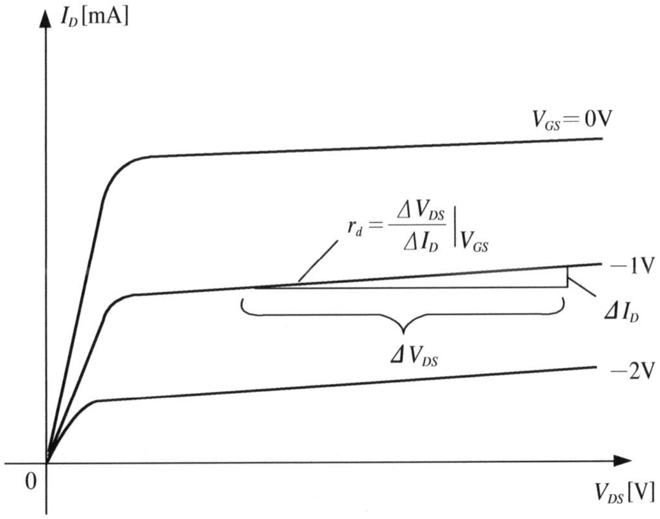

그림 12-5 r_d의 정의

예제 12-5 V_{GS} = 0V에서 그림 12-6의 FET 드레인 특성 곡선을 이용하여 r_d의 값을 그래프 해석으로 구하라.

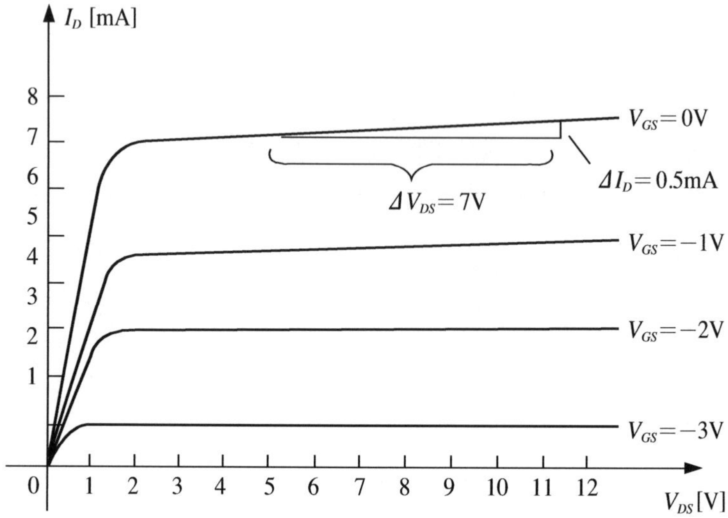

그림 12-6 드레인 특성곡선

풀이 특성곡선의 $V_{GS} = 0\text{V}$에서 식 12−6을 이용하면 다음과 같다.

$$r_d = \frac{\Delta V_{DS}}{\Delta I_D} = \frac{7\text{V}}{0.5\,\text{mA}} = 14\text{K}\Omega$$

예제 12-6 에서 구한 r_d 값은 그래프에서 구한 것이다. 만약 특성곡선이 완전히 직선으로 나타난다면 드레인 저항 r_d는 무한대가 될 것이다.

$$r_d = \frac{\Delta V_{DS}}{\Delta I_D} = \frac{\Delta V_{DS}}{0} = \text{무한대 저항}$$

그러나 일반적인 소자 특성은 몇십 KΩ 정도의 드레인 저항을 가진 평탄한 곡선으로 된다. 일반적으로 출력저항 r_d의 값은 규격표에 주어지며, 규격표에서 주어지는 출력 컨덕턴스 y_{os}와는 다음과 같은 관계가 성립한다.

$$r_d = \frac{1}{y_{os}} \qquad (12-7)$$

(7) FET의 회로 특성

먼저 전체적인 회로 동작을 고려하기 전에 FET 소자에 대한 여러 가지 증폭회로 특성을 알아보자. 증폭기의 중요한 세 가지 특성, 즉 입력 임피던스, 출력 임피던스, 그리고 전압(전류)이득은 다음과 같다.

① 입력 임피던스 Z_i

FET 소자의 입력 임피던스는 이상적으로 개방회로이며 다음과 같이 표현된다.

$$Z_i(\text{FET}) = \infty \qquad (12-8)$$

JFET에 대한 일반적인 값은 $10^9\ \Omega$ 정도이며, MOSFET는 10^{12}~$10^{15}\ \Omega$정도이다.

② 출력 임피던스 Z_o

FET 소자의 출력 임피던스는 드레인과 소스 사이의 저항 r_d로 그림 12-4에 나타내었다. 이 저항 값은 보통 규격표에 주어진 출력 어드미턴스 y_{os}로부터 구할 수 있으며, 출력저항은 y_{os}값으로 환산하면 된다.

소신호 소스 접지	정수	단위
출력 어드미턴스	y_{os}	μS

$$Z_o(\text{FET}) = r_d = \frac{1}{y_{os}} \qquad (12-9)$$

예제 12-7 2N4421 JFET의 출력 임피던스를 구하라.

풀이 규격표에서 2N4421 JFET의 $y_{os} = 20\mu\text{S}$이므로 출력 임피던스는 다음과 같다.

$$Z_o = r_d = \frac{1}{y_{os}} = \frac{1}{20\times10^{-6}} = 50\times10^3 = 50\text{K}\Omega$$

③ 전압 이득 A_v

그림과 12－4에서 FET의 전압이득은 입력전압 V_{gs}와 출력전압 V_{ds}의 비로 결정된다. 그러므로 드레인-소스 전압은 음의 법칙에 따라 소자 저항 r_d를 흐르는 $g_m V_{gs}$에 의한 전압 강하로 계산되므로 전압 이득은 다음과 같다.

$$A_v = (\text{FET}) = \frac{V_0}{V_i} = \frac{V_{ds}}{V_{gs}} = \frac{-(g_m V_{gs})\, r_d}{V_{gS}} = -g_m r_d \quad (12-10)$$

여기서 음(－)기호는 드레인-소스간의 전류 흐름과 전압 강하가 반대방향이기 때문이며, 또 게이트-소스간의 입력 위상에 대하여 드레인-소스간의 출력 위상이 반전되었음을 의미한다. 규격표에 의하면 g_m의 값은 다음과 같이 표현된다.

소신호 소스 접지	정수	단위
순반향 전달 어드미턴스	y_{fs}	mS

즉

$$g_m = y_{fs} \quad (12-11)$$

예제 12-8 $y_{fs} = 5\text{mS}$, $y_{os} = 20\mu\text{S}$ 인 2N4421 FET에서 얻을 수 있는 최대 전압이득은 얼마인가.

풀이 규격표에서

$$g_m = y_{fs} = 5\text{mS}$$

$$r_d = \frac{1}{y_{os}} = \frac{1}{20 \times 10^{-6}} = 50 \times 10^3 = 50\,\text{K}\Omega$$

식 12－10에 의하여 다음과 같이 된다.

$$A_v = -g_m r_d = -5\,\text{mS}\,(50\,\text{K}\Omega) = -250$$

3. 교류 등가회로(기본 JFET회로)

이 절에서는 여러 가지 FET 증폭기 회로에 대해 교류 등가회로로 변환한 것을 나타내었다.

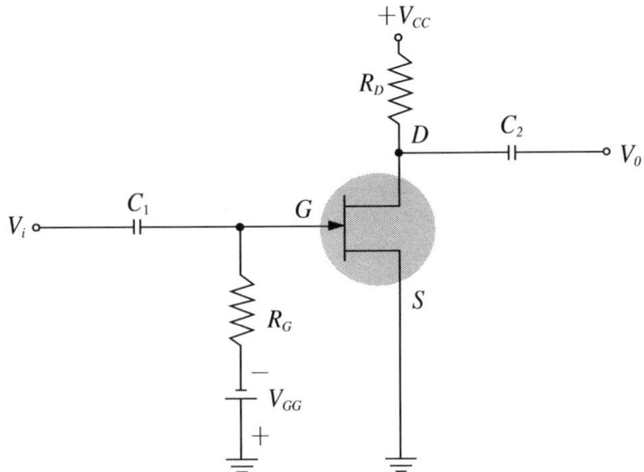

(a) 회 로

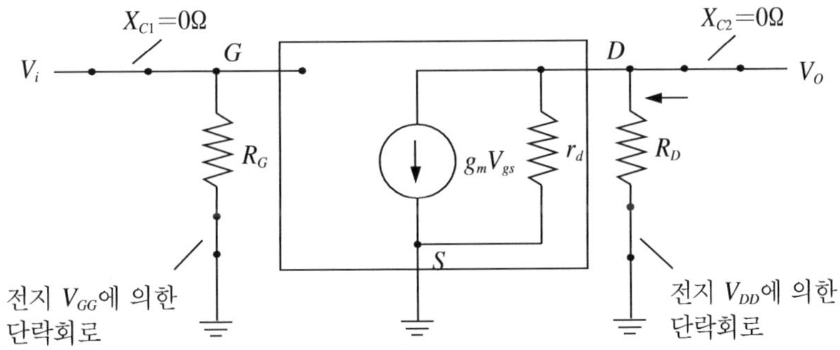

(b) 교류등가회로

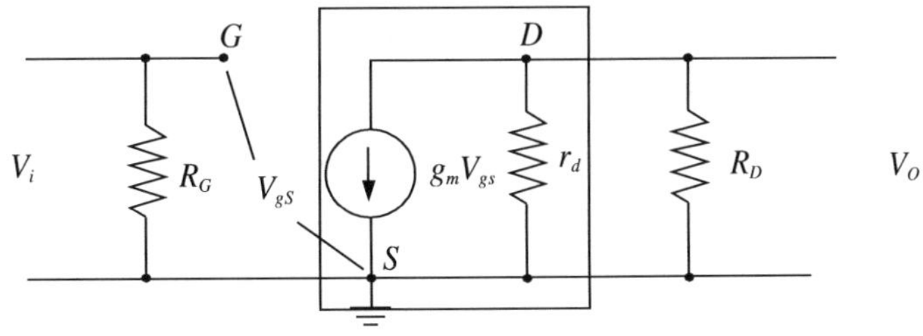

(c) 완전한 등가회로

그림 12-7 고정 바이어스 JFET 증폭기

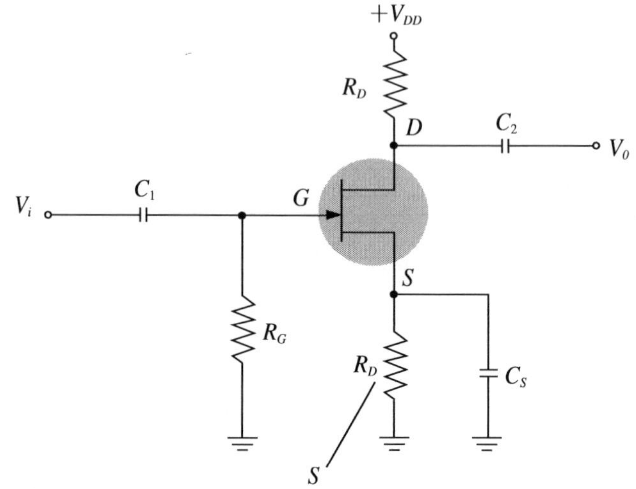

(a) 회 로

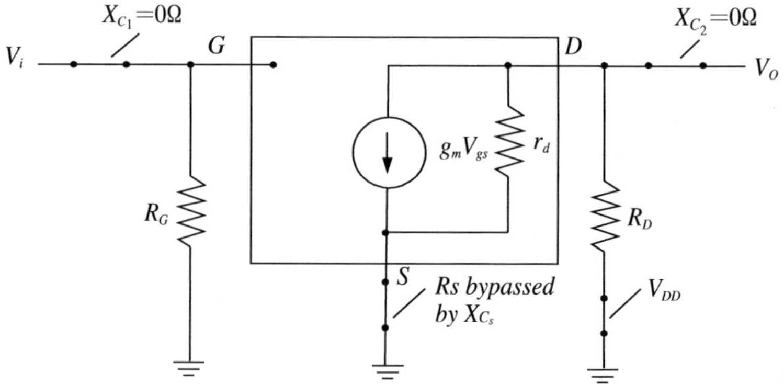

(b) 교류등가회로

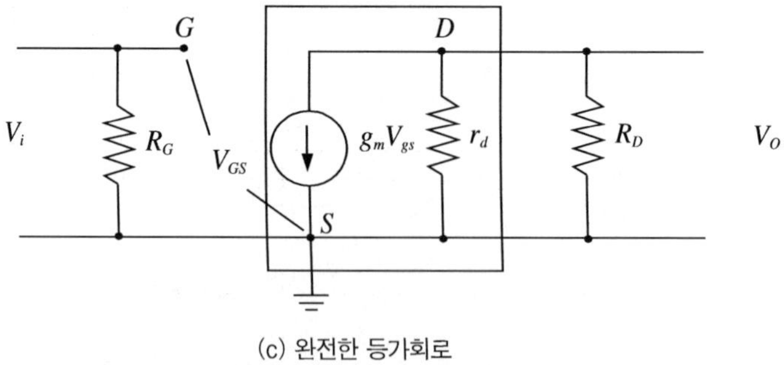

(c) 완전한 등가회로

그림 12-8 자기 바이어스 JFET 증폭기

제일 먼저 그림 12－7 (a)의 FET 증폭기를 생각해 보자.

직류 바이어스는 전지 V_{GG}에 의해 주어진다. 교류 입력 신호 V_i는 콘덴서 C_1에 인가되며, 출력 전압 V_0는 증폭기를 통하여 콘덴서 C_2단자에서 얻어진다. 교류 등가회로는 그림 12－7 (b)에 나타내었다.

여기서 전지 전원은 단락회로(전지의 이상적인 교류 저항은 0Ω)로 나타내었으며, 콘덴서 역시 단락회로(중간 주파수에서 콘덴서의 임피던스는 거의 0Ω)로 가정하였다. 또 저항 R_G와 R_D는 전지만 단락시키고 그대로 두었다. 그리고 FET도 교류 등가회로로 변환되었다. 그리고 게이트-소스 사이에 전압 V_{gs}가 인가되므로 드레인에서 소스로 전류 $g_m V_{gs}$가 흐른다. FET 모델에서 나타낸 드레인-소스 저항 r_d가 포함된 완전한 교류 등가회로는 그림 12－7 (c)와 같이 된다.

그림 12－8 (a)는 소스 저항 R_s에 의해 자기 바이어스된 증폭기를 나타내었다. 이 경우 교류 등가회로는 그림 12－8 (b)와 같이 나타낼 수 있으나, 더 단순화한 등가회로는 그림 12－8 (c)와 같이 된다.

또 그림 12－9 (a)는 전압 분배 바이어스된 FET 증폭기를 나타내며, 이 경우 교류 등가회로는 그림 12－9 (b)와 12－9 (c)처럼 나타낼 수 있다. 공핍형 MOSFET의 교류 등가회로는 JFET 교류 등가회로와 같다.

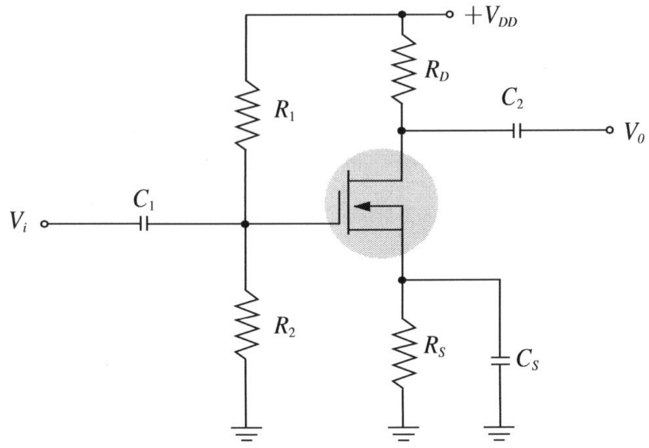

(a) 회 로

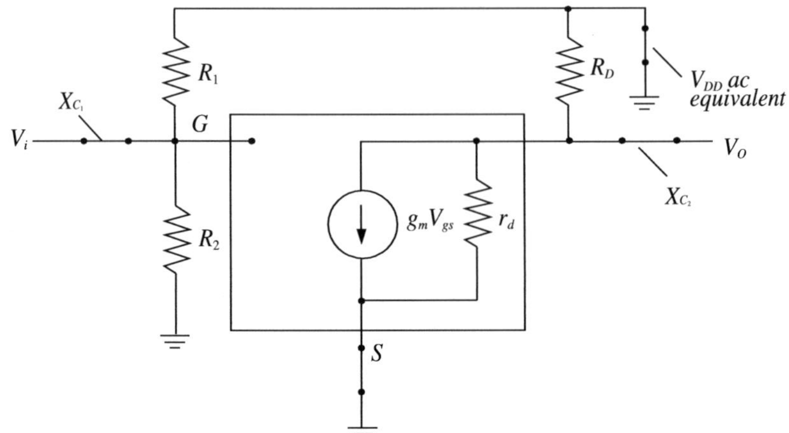

(b) 교류등가회로

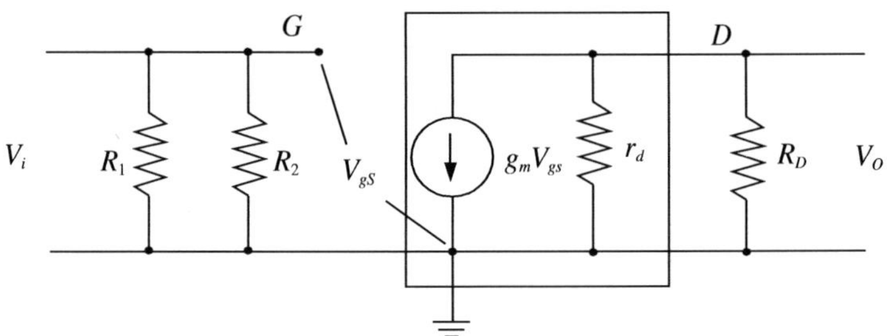

(c) 완전한 등가회로

그림 12-9 전압 분배 바이어스된 FET 증폭기

4. 전압이득

FET 증폭기의 전압이득은 교류 등가회로에서 계산할 수 있다. 그림 12-7, 12-8, 12-9의 교류 등가회로를 보면 출력 V_o는 저항 r_d와 R_D의 병렬에 흐르는 전류 $g_m V_{gs}$에 기인한 것으로 세 회로가 거의 비슷하다. 그러므로 출력전압은 다음과 같이 된다.

$$V_o = -(g_m V_{gs})(R_D \parallel r_d)$$

$$A_v = \frac{V_o}{V_i} = \frac{-g_m V_{gs}(R_D \parallel r_d)}{V_{gs}}$$

$$A_v = -g_m(R_D \parallel r_d) \qquad (12-12)$$

만약 소자 저항 r_d의 값이 회로 저항 R_D보다 매우 크다면 전압이득은 다음과 같이 근사화 된다.

$$A_v = -g_m R_D \qquad (12-13)$$

예제 12-9 그림 12－10의 FET 증폭기 회로에서 전압이득을 계산하라.

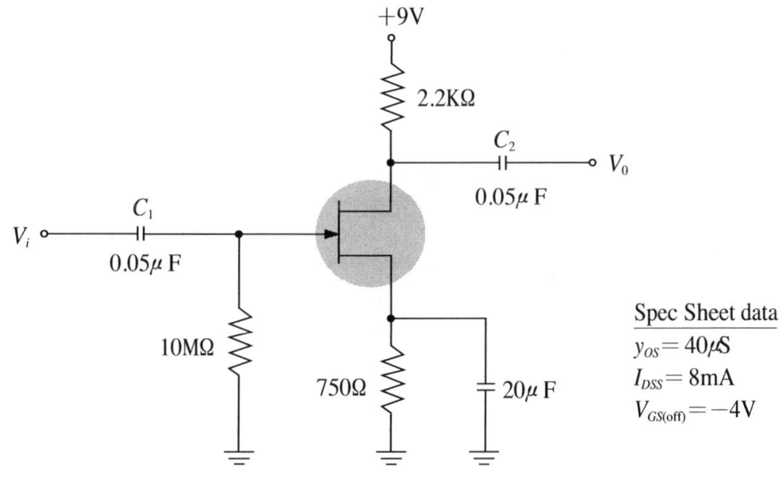

그림 12-10 FET 증폭기

풀이 식 12－2를 이용하면

$$g_{mo} = \frac{2I_{DSS}}{|V_P|} = \frac{2(8\times10^{-3})}{|-4\text{V}|} = 4\times10^{-3} = 4\text{mS}$$

직류 바이어스를 계산하면 $I_{DQ} = 2.4\text{mA}$, $V_{GSQ} = -1.8\text{V}$이므로 이 직류 바이어스에서 식 12－1을 적용하면

$$g_m = g_{mo}\left(1 - \frac{V_{GSQ}}{V_P}\right) = 4\text{mS}\left(1 - \frac{-1.8\text{V}}{-4\text{V}}\right) = 2.2\text{mS}$$

식 12−7에서

$$r_d = \frac{1}{y_{os}} = \frac{1}{40\times 10^{-6}} = 25 \times 10^{3} = 25\text{K}\Omega$$

회로 전압 이득은 식 12−12를 이용하여 계산할 수 있다.

$$\begin{aligned} A_v &= -g_m (R_D \parallel r_d) \\ &= -(2.2\times10^{-3})\,(2.2\text{K}\Omega \parallel 25\text{K}\Omega) = -4.45 \end{aligned}$$

예제 12-10 그림 12−11의 증폭기에서 출력전압 V_o를 계산하라.

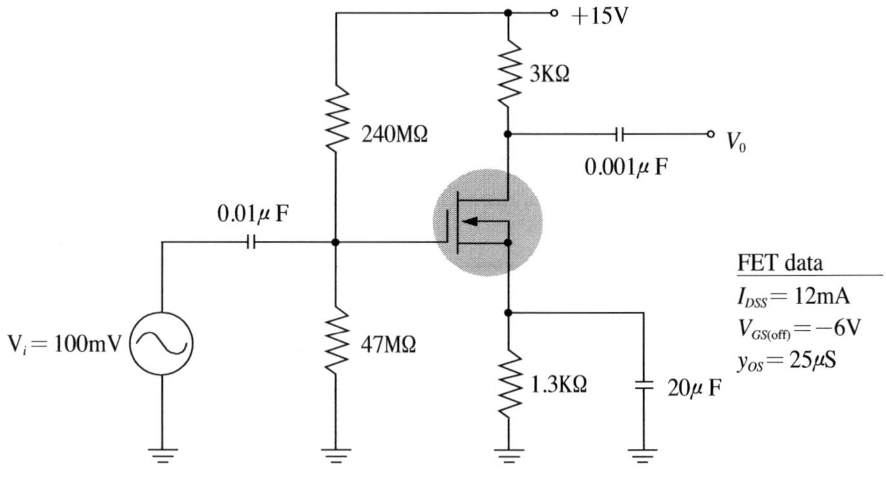

그림 12-11 FET 증폭기

풀이 소자의 최대 전달 컨덕턴스는 식 12−2에 의하면

$$g_{mo} = \frac{2I_{DSS}}{|V_P|} = \frac{2(12\text{mA})}{|-6\text{V}|} = 4\text{mS}$$

직류 바이어스점을 계산하면

$$V_{GSQ} = -3\text{V},\ I_{DQ} = 3\text{mA}$$

직류 바이어스점에서 전달 컨덕턴스를 계산하면

$$g_m = g_{mo}\left(1 - \frac{V_{GSQ}}{V_P}\right) = 4\text{mS}\left(1 - \frac{-3\text{V}}{-6\text{V}}\right) = 2\text{mS}$$

소자의 출력 임피던스는

$$r_d = \frac{1}{y_{os}} = \frac{1}{25\times10^{-6}} = 40\text{K}\Omega$$

그러므로 전압이득 A_v를 계산할 수 있다.

$$A_v = \frac{V_o}{V_i} = -g_m(R_D \parallel r_d) = -2\text{mS}(3\text{K}\Omega \parallel 40\text{K}\Omega) = -5.58$$

$$V_0 = A_v V_i = (-5.58)(100\,\text{mV}) = -558\,\text{mV} = -0.558V$$

(1) 소스 저항을 갖는 FET 증폭기의 전압 이득($r_d \approx \infty$)

만약 FET 증폭기에 바이패스되지 않은 상태의 소스 저항 R_S가 존재한다면 교류 전압 이득은 감소한다. 그림 12-12 (a)는 바이패스되지 않은 소스 저항 R_S가 존재하는 공핍형

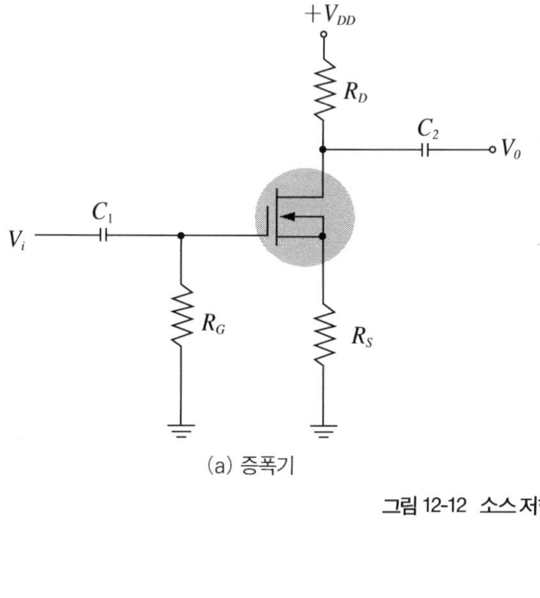

(a) 증폭기

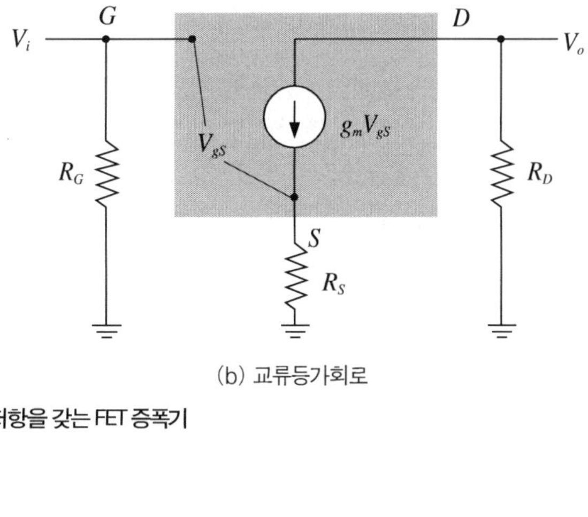

(b) 교류등가회로

그림 12-12 소스 저항을 갖는 FET 증폭기

MOSFET 증폭기를 나타내었다. 그림 12−12 (b)에 나타낸 교류 등가회로는 소자 저항 r_d가 회로 저항 R_D보다 매우 큰 경우로 r_d가 무시된 경우이다.

게이트-소스간 전압 V_{gs}는 그림 12−12 (b)에서

$$V_{gs} = V_i - V_s$$

소스 저항 R_S의 전압 강하 V_S는

$$V_S = g_m V_{gs} R_s$$

위의 두 방정식을 사용하여 V_{gs}를 풀면 V_{gs}는

$$V_{gs} = V_i - g_m V_{gs} R_s$$

입력전압에 대하여 정리하면

$$V_i = V_{gs}(1 + g_m R_s)$$

그러므로 드레인 저항 R_D를 통해 흐르는 전류 $g_m V_{gs}$에 의한 출력전압은

$$V_o = -(g_m V_{gs}) R_D$$

그러므로 전압 이득 A_v는 다음과 같이 된다.

$$A_v = \frac{V_o}{V_i} = \frac{-(g_m V_{gs}) R_D}{V_{gs}(1 + g_m R_s)}$$

$$A_v = \frac{-g_m R_D}{1 + g_m R_s} \qquad (12-14)$$

위 식에서 만약 소스 저항 $R_s = 0$이 된다면 식 12−13과 같아진다는 것을 알 수 있다.

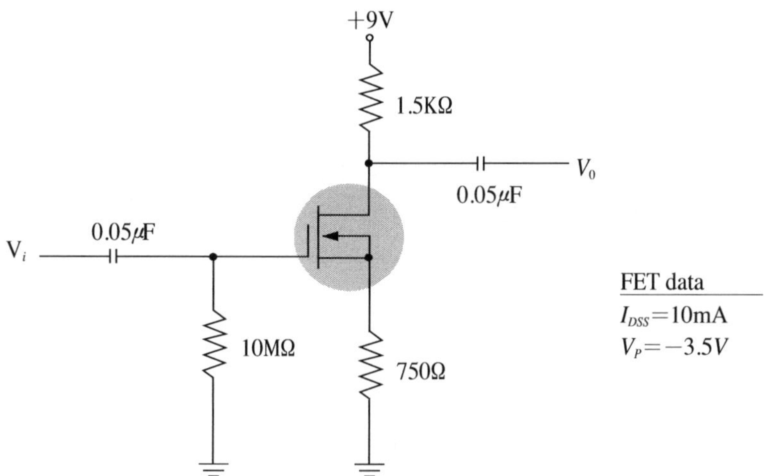

그림 12-13 증폭기 회로

예제 12-11 그림 12−13의 공핍형 MOSFET 증폭기에서 전압이득을 계산하라.

(a) 콘덴서에 의해 바이패스되는 소스 저항 R_s가 존재

(b) 바이패스되지 않은 소스 저항 R_s가 존재

풀이 직류 바이어스를 계산하면

$$I_{DQ} = 2.3\text{mA}, \quad V_{GSQ} = -1.8\text{V}$$

직류 바이어스점에서 컨덕턴스 g_m의 값은

$$g_m = \frac{2I_{DSS}}{|V_P|}\left(1 - \frac{V_{GSQ}}{V_P}\right) = (5.7\text{mS})(0.486) = 2.77\text{mS}$$

(a) 바이패스되는 소스 저항 R_s가 존재하는 경우는 식 12−13을 이용

$$A_v = -g_m R_D = -(2.77\text{mS})(1.5\text{K}\Omega) = -4.155$$

(b) 바이패스되지 않는 소스 저항 R_s가 존재하는 경우 식 12−14를 이용

$$A_v = \frac{-g_m R_D}{1+g_m R_S} = \frac{-4.155}{1+(2.77\text{mS})\,(0.75\text{K}\Omega)} = -1.35$$

두 경우를 비교하면 바이패스되지 않는 소스 저항 R_s가 존재하는 경우 전압 이득이 상당히 감소한다는 것을 알 수 있다.

(2) 소스 저항을 갖는 FET 증폭기의 전압이득(r_d가 존재)

그림 12－12 (a)에 나타낸 공핍형 MOSFET 증폭기에서 소자 저항 r_d가 포함된 교류 등가회로를 그림 12－14에 나타내었다.

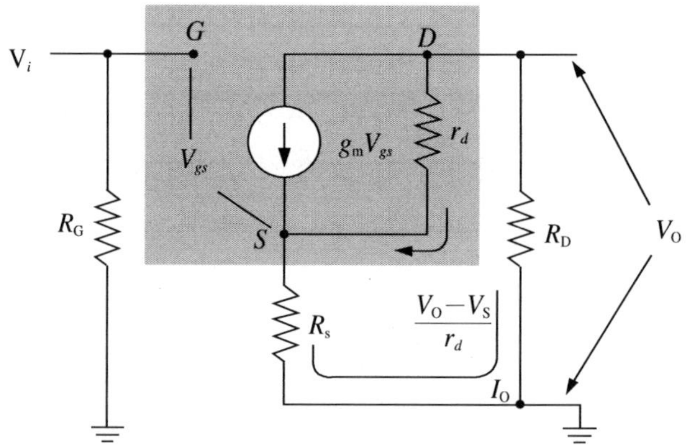

그림 12-14 r_d가 포함된 그림 12-12 (a)의 교류 등가회로

드레인 저항 R_D를 통해서 흐르는 출력전류는 소스와 r_d를 흐르는 전류의 합이다.

$$I_o = g_m V_{gs} + \frac{V_o - V_s}{r_d} = g_m V_{gs} + \frac{-I_o R_D - I_O R_s}{r_d}$$

여기서

$$V_{gs} = V_i - I_o R_s$$

I_o를 항으로 표현하면

$$I_o = g_m (V_i - I_o R_S) + \frac{(-I_o R_D - I_o R_s)}{r_d}$$

그리고

$$I_o \left(1 + g_m R_s + \frac{R_D + R_s}{r_d} \right) = g_m V_i$$

결과적으로

$$I_o = \frac{g_m V_i}{1 + g_m R_s + (R_D + R_s) / r_d}$$

출력전압을 계산하면

$$V_o = - I_o R_D = \frac{-g_m R_D V_i}{1 + g_m R_s + (R_D + R_s) / r_d}$$

전압이득은 다음과 같이 된다.

$$A_v = \frac{V_o}{V_i} = \frac{-g_m R_D}{1 + g_m R_s + (R_D + R_s) / r_d} \qquad (12-15)$$

예제 12-12 $y_{os} = 25\mu S$이고 FET 모델을 사용한 그림 12-13의 증폭기에서 전압이득을 계산하라.

풀이 FET 교류 출력 임피던스는

$$r_d = \frac{1}{y_{os}} = \frac{1}{25 \times 10^{-6}} = 40 \times 10^3$$

〈예제 12-10〉에서 $g_m = 2.77mS$이므로 r_d가 존재하는 FET 모델을 사용하는 경우 교류 이득은 식 12-15를 이용하면 된다.

$$A_v = \frac{V_o}{V_i} = \frac{-g_m R_D}{1+g_m R_s + (R_D + R_s)/r_d}$$

$$= \frac{-(2.77\times10^{-3})(1.5\times10^3)}{1+(2.77\times10^{-3})(750)+(1.5\times10^3+750)/25\times10^3}$$

$$= \frac{-4.155}{1+2.078+0.090} = -1.3$$

〈예제 12-10 (b)〉의 -1.35와 〈예제 12-11〉의 -1.3과 비교해 보면 거의 같은 결과이다. 이것은 분모항에 첨가된 0.090은 분자항에 비교하여 이 예제에서는 무시할 수 있었기 때문이다. 이 결과는 대부분의 경우 식 12-14를 사용해도 거의 같은 결과가 된다는 것을 암시해 준다.

(3) 입력 임피던스

전계 효과 트랜지스터 증폭회로의 입력 임피던스는 게이트와 접지 사이의 저항이 주가 된다. FET 소자의 교류 임피던스는 개방 상태인 반면, 입력측에서 본 임피던스는 게이트와 접지 사이의 저항이다. 그림 12-15의 증폭 회로에 대한 입력 임피던스는 다음과 같다.

$$Z_i = R_G \tag{12-16}$$

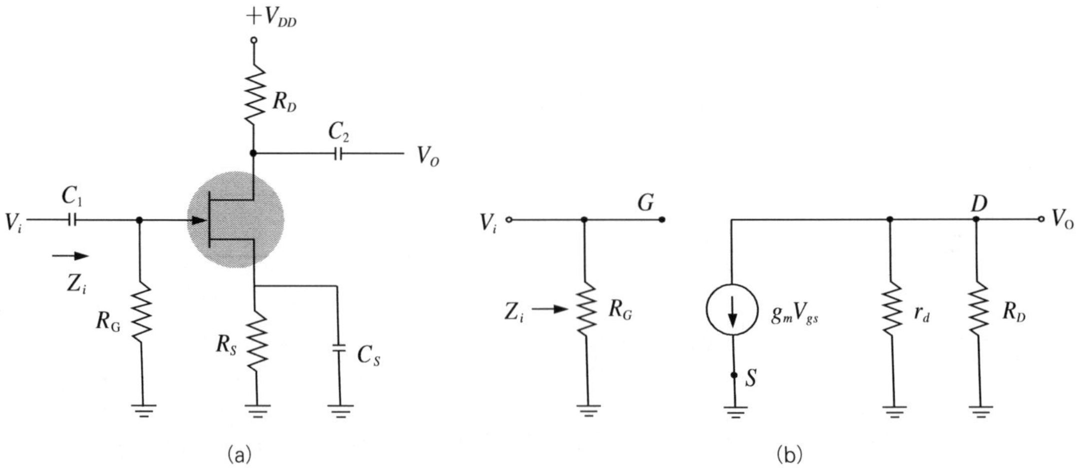

그림 12-15 소스 접지 JFET 증폭기

또 그림 12－16의 전압 분배회로에 대한 입력 임피던스는 아래와 같다.

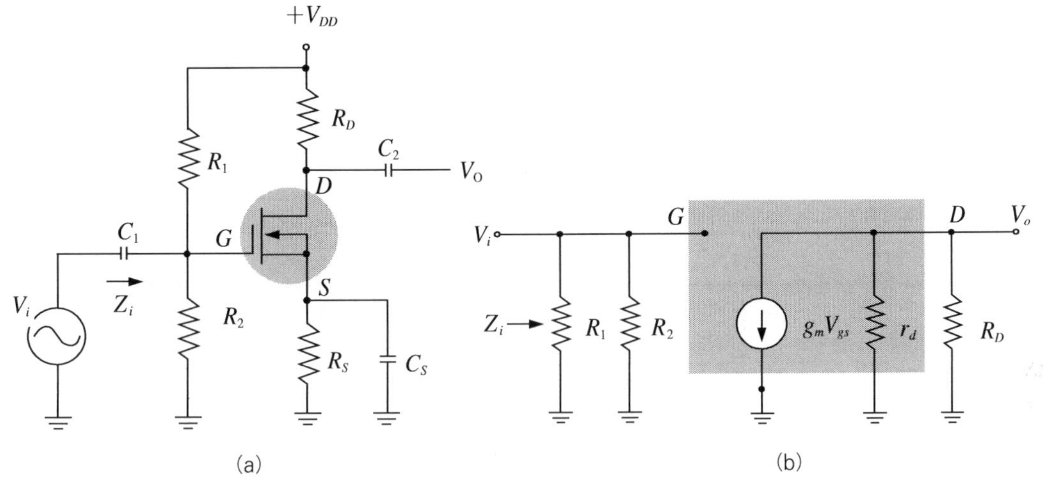

그림 12-16 교류 입력 임피던스(Z_i)를 나타낸 증폭기

예제 12-13 그림 12－10의 회로와 그림 12－11의 회로에 있어서 교류 입력 임피던스를 계산하라.

풀이 그림 12－10의 회로인 경우

$$Z_i = R_G = 10\text{M}\Omega$$

그림 12－11의 회로인 경우

$$Z_i = R_1 \parallel R_2 = 47\text{M}\Omega \parallel 240\text{M}\Omega = 39.3\text{M}\Omega$$

(4) 교류 출력 임피던스

증폭기의 출력측에서 들여다본 출력 임피던스는 주로 드레인-소스 사이의 소자 저항 r_d와 바이어스 저항 R_d에 기인한다. 그림 12－17의 증폭기에 대한 출력 임피던스는 다음과 같다.

$$Z_o = r_d \parallel R_D = \frac{r_d R_D}{r_d + R_D} \tag{12-18}$$

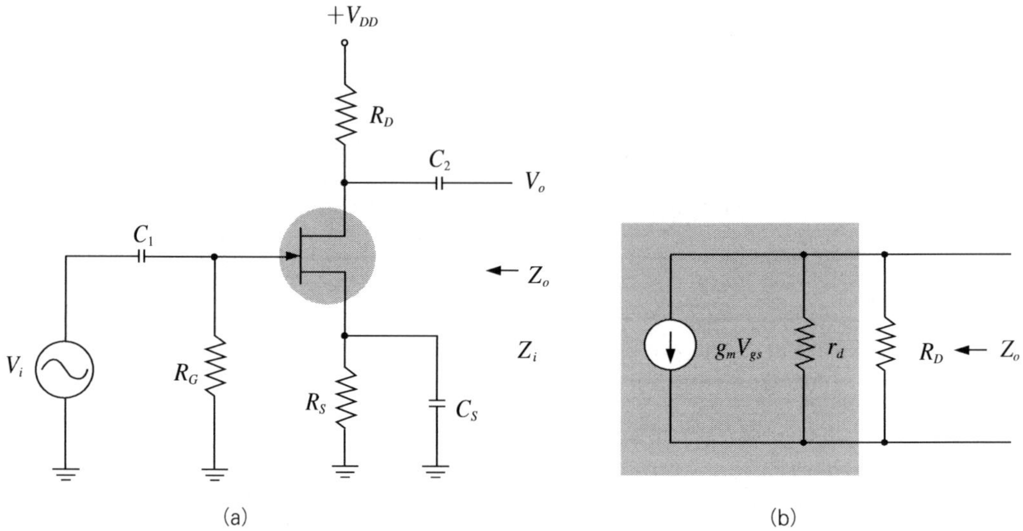

그림 12-17 교류 출력 임피던스(Z_o)를 나타낸 증폭기

예제 12-14 그림 12−10의 회로와 그림 12−11의 회로에 있어서 교류 출력 임피던스를 계산하라.

풀이 그림 12−10의 회로에 나타낸 저항 r_d의 값은

$$r_d = \frac{1}{y_{os}} = \frac{1}{40\mu S} = 25K\Omega$$

회로의 출력 임피던스는 식 12−18에 의해서 다음과 같다.

$$Z_o = r_d \parallel R_D = 25K\Omega \parallel 2.2K\Omega = 2.0K\Omega$$

그림 12−11의 회로에 대하여

$$r_d = \frac{1}{y_{os}} = \frac{1}{25\mu S} = 40K\Omega$$

출력 임피던스는 다음과 같다.

$$Z_o = r_d \parallel R_D = 40\text{K}\Omega \parallel 3\text{K}\Omega = 2.8\text{K}\Omega$$

5. 소스 폴로어(드레인 접지) 증폭기

두 번째 교류회로는 그림 12－18에 나타낸 드레인 접지 증폭기 혹은 소스 폴로어 회로를 들 수 있다. 이 회로는 트랜지스터의 이미터 폴로어 회로에 대응하는 JFET 회로이다. 소스 폴로어 회로는 트랜지스터의 이미터 폴로어와 같이 전압이득은 1보다 조금 작고 위상 반전은 없으며, 또한 입력 임피던스는 매우 크고 출력 임피던스는 작다.

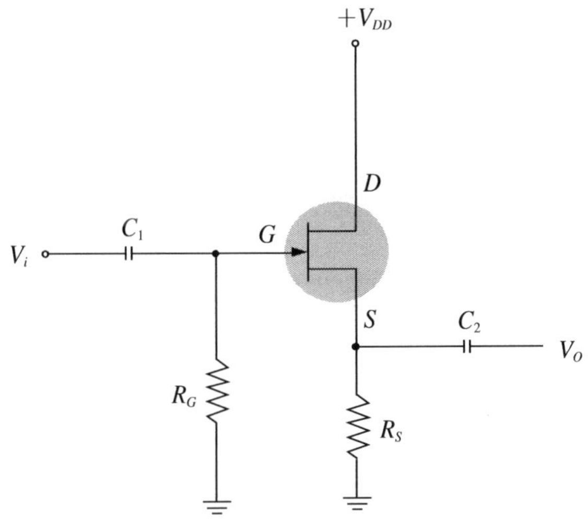

그림 12-18 소스 폴로어(드레인 접지) 회로

(1) 전압 이득

증폭기의 교류 출력전압은 소스 단자에서 얻어지며, 그림 12－19 (a)에는 교류 등가회로를 나타내었다. 그림 12－19 (b)에 교류 등가회로를 다시 나타내었다.

그림 12－19 (b)에서 출력전압은

$$V_o = (g_m V_{gs})(R_s \parallel r_d)$$

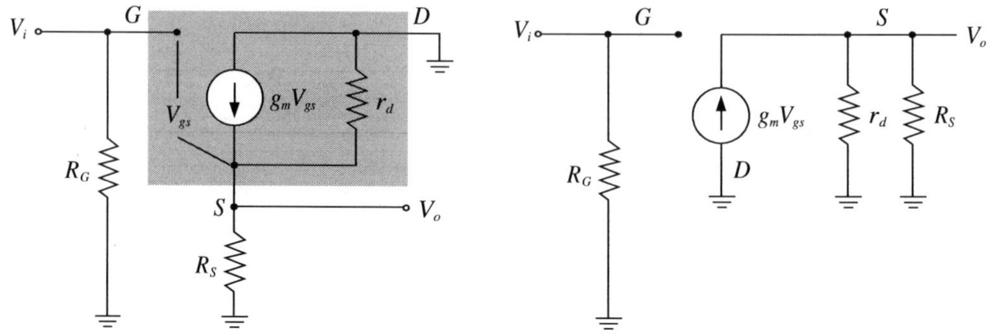

(a) 그림 15-18의 교류 등가회로 (b) 다시 그린 교류 등가회로

그림 12-19 교류 등가회로

그리고 전압 V_{gs}는

$$V_{gs} = V_g - V_s = V_i - V_o$$

그러면 출력 전압 V_o는

$$V_o = g_m (V_i - V_o)(R_s \parallel r_d) = g_m V_i (R_s \parallel r_d) - g_m V_o (R_s \parallel r_d)$$

다시 표현하면

$$V_o [1 + g_m (R_s \parallel r_d)] = g_m (R_s \parallel r_d) V_i$$

전압이득은 다음과 같이 된다.

$$A_v = \frac{V_o}{V_i} = \frac{g_m (R_s \parallel r_d)}{1 + g_m (R_s \parallel r_d)} \qquad (12-19)$$

전압이득은 식 12-19와 같이 되며 이득은 1보다 작고 위상은 반전되지 않는다. 이득은 $g_m (R_s \parallel r_d)$가 1보다 매우 크므로 거의 1에 가까운 값이다.

(2) 입력 임피던스

소스 폴로어 증폭회로의 입력 임피던스는 그림 12-18에서 보면 게이트 저항의 값이 된다.

$$Z_i = R_G \qquad (12-20\text{ a})$$

만약 증폭 회로가 게이트에서 전압 분배가 있다면 입력 임피던스는

$$Z_i = R_1 \parallel R_2 \qquad (12-20\text{ b})$$

(3) 출력 임피던스

전계 효과 트랜지스터 소스 폴로어 회로의 출력 임피던스는 소스 쪽에서 들여다본 임피던스이다. 그림 12-20의 회로를 보면 소스 저항 R_s와 소자 저항 r_d, 그리고 전류원 g_mV_{gs}가 병렬로 연결되어 있다는 것을 알 수 있다. 여기서 전류원은 전압원과 저항 $1/g_m$이 직렬로 구성된 회로로 생각할 수 있다. 다음 출력 임피던스(Z_o)를 계산하기 위해 전압원의 임피던스는 0(이상적인 경우)으로 생각하면, 회로의 출력 임피던스(Z_o)는 다음과 같이 된다.

$$Z_o = R_s \parallel r_d \parallel \frac{1}{g_m} \qquad (12-21)$$

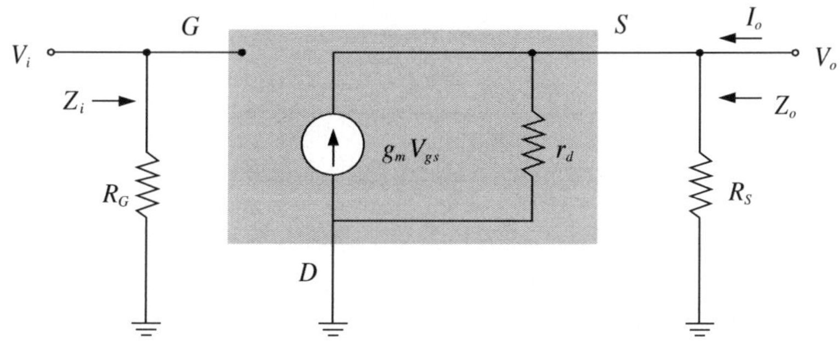

그림 12-20 Zi, Z_o를 나타낸 소스 폴로어 교류 등가회로

예제 12-15 그림 12-21의 증폭회로에 대하여 전압 이득 입력 임피던스, 출력 임피던스를 계산하라.

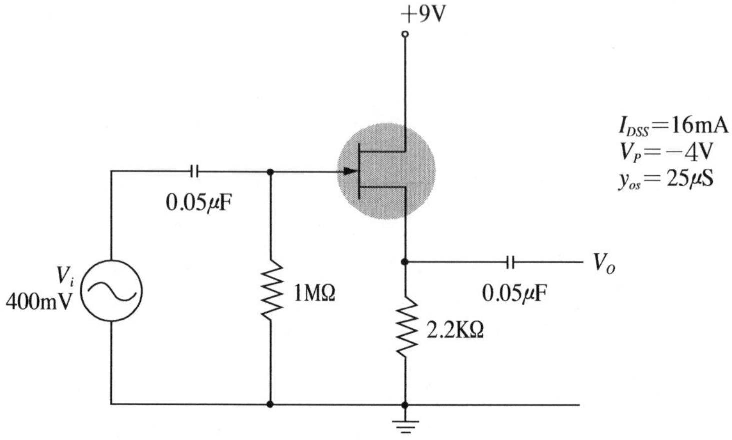

그림 12-21 소스 폴로어 증폭기

풀이 직류 바이어스를 계산하면 $V_{GSQ} = -2.86\text{V}$이므로 소자의 전달 컨덕턴스는

$$g_{mo} = \frac{2I_{DSS}}{|V_P|} = \frac{2(16\,\text{mA})}{|-4\text{V}|} = 8\,\text{mS}$$

직류 바이어스점에서 컨덕턴스 g_m의 값은

$$g_m = g_{mo}\left(1 - \frac{V_{GSQ}}{V_P}\right) = 8\,\text{mS}\left(1 - \frac{-2.86\text{V}}{-4\text{V}}\right) = 2.28\,\text{mS}$$

소자의 교류 출력 저항은

$$r_d = \frac{1}{y_{os}} = \frac{1}{25\,\mu\text{S}} = 40\,\text{K}\Omega$$

그러므로 교류 전압 이득은 다음과 같이 계산된다.

$$A_v = \frac{g_m(R_s \parallel r_d)}{1 + g_m(R_s \parallel r_d)} = \frac{(2.28\,\text{mS})(2.2\,\text{K}\Omega \parallel 40\,\text{K}\Omega)}{1 + (2.28\,\text{mS})(2.2\,\text{K}\Omega \parallel 40\,\text{K}\Omega)} = 0.83$$

증폭기의 입력 임피던스는

$$Z_i = R_G = 1\,\mathrm{M\Omega}$$

증폭기의 출력 임피던스는

$$Z_o = \mathrm{R}_s \parallel \mathrm{r}_d \parallel \frac{1}{g_m} = 2.2\,\mathrm{K\Omega} \parallel 40\,\mathrm{K\Omega} \parallel \frac{1}{2.28 \times 10^{-3}}$$

$$= 2.2\,\mathrm{K\Omega} \parallel 40\,\mathrm{K\Omega} \parallel 438.6\,\Omega \approx 362\,\Omega$$

6. 게이트 접지 증폭기

세 번째 전계 효과 트랜지스터 증폭회로는 그림 12-22 (a)에 나타낸 게이트 접지 증폭기이다. 이 회로는 입력 임피던스는 작고, 출력 임피던스는 소스 접지 증폭기와 비슷하며, 전압이득은 소스 접지 증폭기와 유사하게 비반전 이득을 가진다.

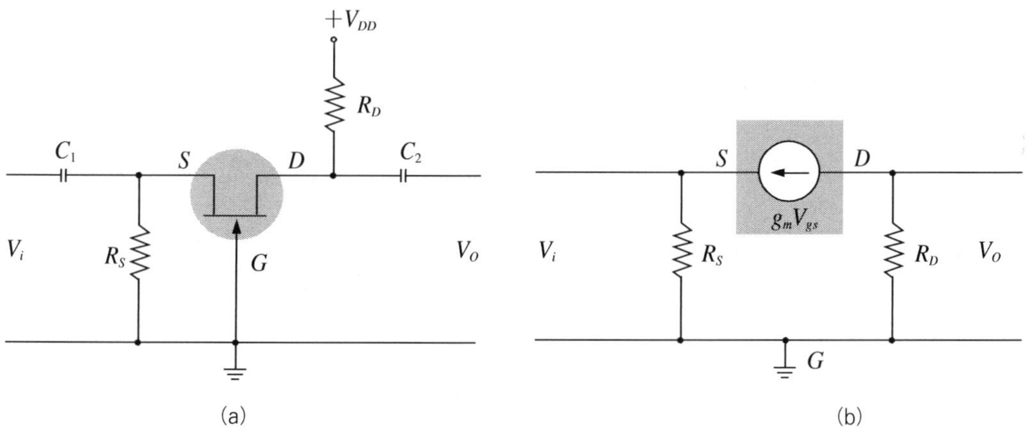

그림 12-22 게이트 접지 증폭기

교류 등가회로는 그림 12-22 (b)에 나타내었다. 게이트-소스 전압 $V_{gs} = -V_i$이므로 출력 전압 V_o는

$$V_o = -(g_m V_{gs})\, R_D = g_m V_i R_D$$

그러므로 증폭기 전압이득은

$$A_v = \frac{V_o}{V_i} = g_m R_D \qquad (12-22\text{ a})$$

만약 FET 교류 모델에 r_d를 포함시킨다면, 증폭기 전압이득은 다음 방정식으로 근사화된다.

$$A_v \approx g_m (R_D \parallel r_d) \qquad (12-22\text{ b})$$

r_d가 아주 큰 경우 입력 임피던스의 근사식은

$$Z_i \approx R_s \parallel \frac{1}{g_m} \qquad (12-23)$$

출력 임피던스 Z_o는

$$Z_o = R_D \parallel r_d \qquad (12-24)$$

예제 12-16 그림 12-23의 증폭회로에 대하여 출력전압 V_o를 계산하라.

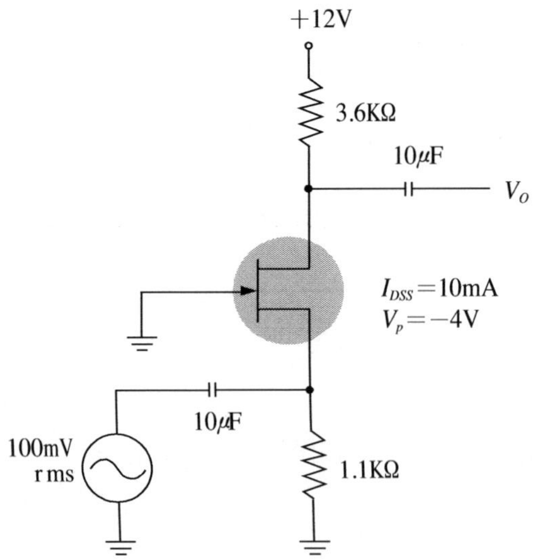

그림 12-23 회로

풀이 직류 바이어스를 계산하면 $V_{GSQ} = -2.2\text{V}$이다. $g_{mo} = 5\,\text{mS}$이므로 바이어스점에서 컨덕턴스 g_m은

$$g_m = g_{mo}\left(1 - \frac{V_{GSQ}}{V_P}\right) = 5\,\text{mS}\left(1 - \frac{-2.2\text{V}}{-4\text{V}}\right) = 2.25\,\text{mS}$$

증폭기 전압이득(r_d가 큰 경우)은

$$A_v = g_m R_D = 2.25\,\text{mS}\,(3.6\,\text{K}\Omega) = 8.1$$

출력 전압은

$$V_o = A_v V_i = 8.1\,(100\,\text{mV}) = 0.81\text{V}$$

예제 12-17 FET 증폭기 회로 모델에서 $y_{os} = 25\,\mu\text{S}$일 때 그림 12-23의 증폭회로에 대한 전압이득을 계산하라.

풀이 $r_d = 1/y_{os} = 1\,/\,(25\,\mu\text{S}\,) = 40\,\text{K}\Omega$ 이므로 증폭기 전압은 다음과 같이 계산된다.
$A_v \approx g_m\,(R_D \parallel r_d\,) = 2.25\,\text{mS}\,(3.6\,\text{K}\Omega \parallel 40\,\text{K}\Omega) = 7.4$

7. 증가형 MOSFET 증폭기

증가형 MOSFET는 그림 12-24에 나타낸 것과 같이 p-채널(p MOS) 혹은 n채널(nMOS) 두 가지가 있다. 게이트와 드레인-소스 채널 사이는 개방 회로이고 드레인과 소스 사이에 전류원이 존재하는 두 소자의 교류 소신호 등가회로를 그림 12-24에 나타내었다. 이 소자 역시 드레인과 소스 사이의 출력 저항 r_d가 있으며, 이 값은 출력 어드미턴스 y_{os}로 규격표에 주어진다. 또한 소자 전달 컨덕턴스 g_m은 순방향 전달 어드미턴스 y_{fs}로 규격표에 주어져 있다.

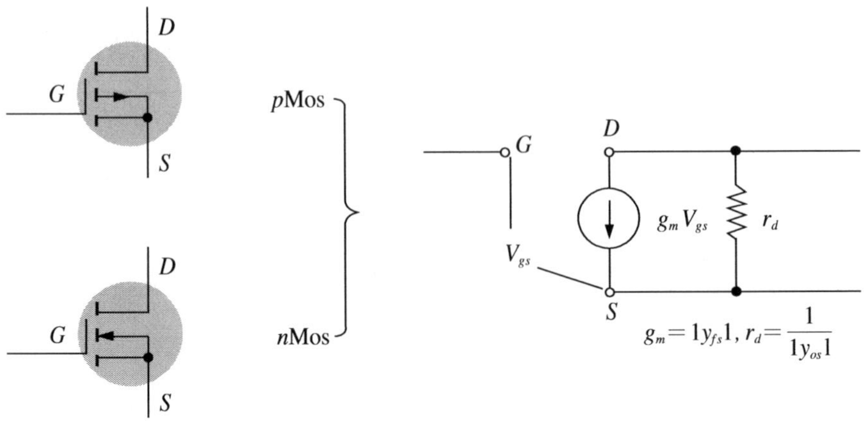

그림 12-24 증가형 MOSFET의 교류 소신호 모델

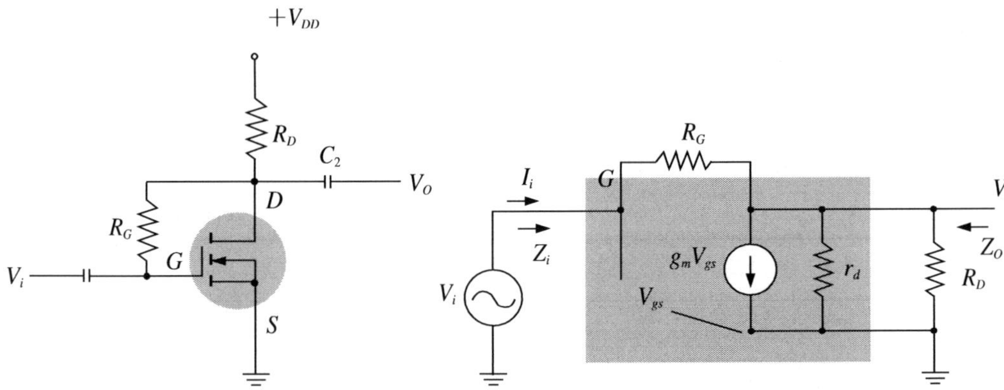

(a) 회로　　(b) 소신호 등가 회로

그림 12-25 증가형 MOSFET 증폭기

증가형 MOSFET 증폭기는 그림 12-25 (a)의 회로와 같이 구성할 수 있다. 여기서 직류 바이어스는 전지 전압 V_{DD}, 저항 R_G와 R_D에 의해 공급된다. 그리고 직류 바이어스 조건이 성립하면, 회로의 교류 소신호 동작은 그림 12-25 (b)에 나타낸 것과 같이 교류 소신호 등가 회로를 이용하여 계산할 수 있다.

(1) 전압 이득

그림 12－25 (b)의 교류 등가회로에서 출력전압은 병렬 저항 R_D와 r_d에 흐르는 전류를 구하여 임피던스 $(r_d \parallel R_D)$에 곱하면

$$V_o = -\left(\frac{V_o - V_i}{R_G} + g_m V_{gs}\right)(R_D \parallel r_d)$$

여기서 $V_{gs} = V_i$이므로 전압이득은

$$A_v = \frac{V_o}{V_i} = \frac{(1 - g_m R_G)(R_D \parallel r_d)}{R_G + R_D \parallel r_d}$$

위 식에서 일반적으로 $g_m R_G >> 1$이 성립되므로 전압이득은

$$A_v = \frac{V_o}{V_i} = -\frac{g_m R_G (R_D \parallel r_d)}{R_G + R_D \parallel r_d} = -g_m (R_G \parallel R_D \parallel r_d)$$

위 식에서 일반적으로 $R_G >> (R_D$ 혹은 $r_d)$이 성립되므로 전압이득은 다음과 같이 간소화할 수 있다.

$$A_v = \frac{V_o}{V_i} = -g_m (R_D \parallel r_d) \qquad (12-25)$$

(2) 컨덕턴스 g_m의 값

컨덕턴스 g_m의 값은 특정한 바이어스 조건에 대해 규격표에 주어지거나 혹은 주어진 회로에 대해 바이어스점에서 계산할 수 있다. 후자의 경우 컨덕턴스 g_m값은 다음 식에 의해 계산된다.

$$I_D = k(V_{GSQ} - V_T)^2$$

이므로 정의에 의해

$$g_m = \frac{\Delta I_D}{\Delta V_{GS}} = 2k\,(V_{GSQ} - V_T)$$

이다. 컨덕턴스 g_m은 다음 식으로 보통 표현된다.

$$g_m = 2k\,(V_{GSQ} - V_T) \qquad (12-26)$$

여기서 k는 보통 0.3[mA/V^2]이다.

(3) 입력 임피던스

입력 임피던스는 입력전압 V_i와 입력전류 I_i의 비이다.

$$Z_i = \frac{V_i}{I_i}$$

입력전류 I_i는

$$I_i = \frac{V_i - V_o}{R_G} = \frac{V_i(1 - V_o / V_i)}{R_G}$$

그러므로 입력 임피던스 Z_i는

$$Z_i = \frac{V_i}{I_i} = \frac{V_i}{V_i(1 - V_o / V_i) / R_G} = \frac{R_G}{1 - V_o / V_i}$$

식 12-25를 사용하면 다음 식으로 표현된다.

$$Z_i = \frac{R_G}{1 - [-g_m (R_D \parallel r_d)]} = \frac{R_G}{1 + g_m (R_D \parallel r_d)}$$

$$Z_i = \frac{R_G}{1 + g_m (R_D \parallel r_d)} \qquad (12-27)$$

(4) 출력 임피던스

그림 12−25의 증폭회로에서 출력 임피던스는 출력측에서 들여다본 것이므로 저항 R_D, r_d 그리고 R_G의 병렬 합성 저항이다.

$$Z_o = R_D \parallel r_d \parallel R_G$$

여기서 일반적으로 $Z_o = R_G \gg (r_d$ 혹은 $R_D)$이므로 다음과 같이 표현할 수 있다.

$$Z_o = R_D \parallel r_d \qquad (12-28)$$

예제 12-18 그림 12−26의 증폭회로에 대하여 출력전압을 계산하라.

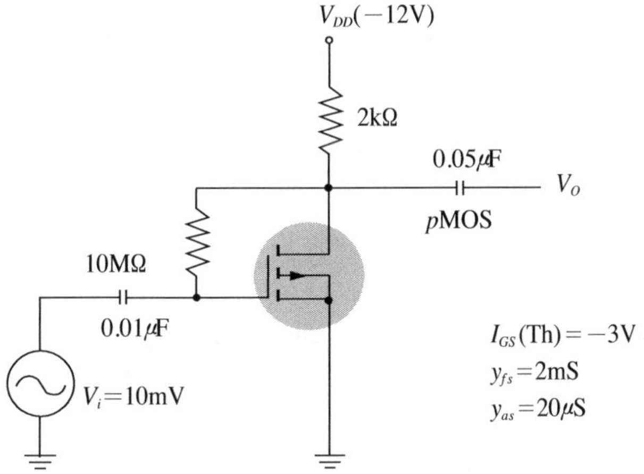

그림 12-26 증폭기

풀이 직류 바이어스를 계산하면 $V_{GSQ} = -6.1V$와 $I_D = 2.9\,mA$이다. 규격표에 의하여

$$r_d = \frac{1}{y_{os}} = \frac{1}{20 \times 10^{-6}} = 50\,K\Omega$$

식 12−26에 의하여 컨덕턴스 g_m은

$$g_m = 2k(V_{GSQ} - V_T) = 2(0.3\times10^{-3})(6.1\text{V} - 3\text{V})$$
$$= 1.86\,\text{mS}$$

그러므로 전압이득은

$$A_v = \frac{V_o}{V_i} = -gm\,(R_D \parallel r_d) = -1.86\times10^{-3}\,(2\text{K}\Omega \parallel 50\text{K}\Omega) = -3.6$$

출력전압은 다음과 같이 된다.

$$V_o = A_v V_i = -3.6\,(10\text{mV}) = -36\text{mV}$$

8. 접합 전계 효과 트랜지스터(JFET) 증폭기의 설계

이 절의 증폭회로 설계에 대한 문제는 원하는 직류 바이어스 조건과 원하는 교류 전압이득을 얻는 데 한정된다. 쇼클리 방정식과 교류 전압 이득식은 여러 가지 조건에서 원하는 회로 소자의 값을 계산하는 데 사용된다.

다음 예제는 원하는 회로 동작 조건으로 회로를 설계하는 데 도움을 줄 것이다. 표 12−1에 지금까지 설명한 여러 가지 증폭기에 대한 소신호 해석의 결과를 나타내었다.

표 12-1

회로구성	Z_i	A_v	Z_o
Fixed-bias 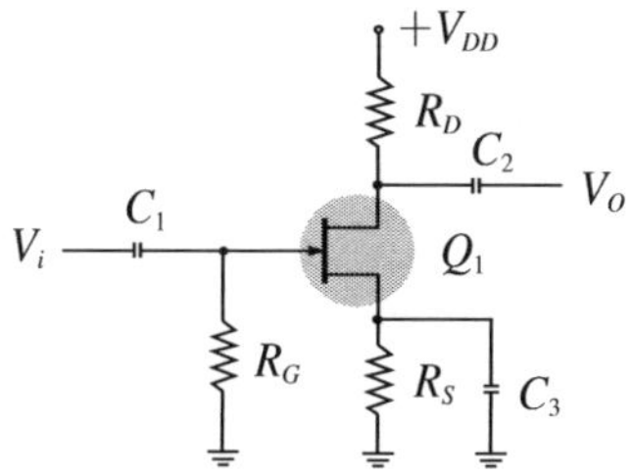	High (10MΩ) $=R_G$	Medium (−20) $=-g_m(R_D \parallel r_d)$	Medium (2KΩ) $=(R_D \parallel r_d)$
Voltage−divider 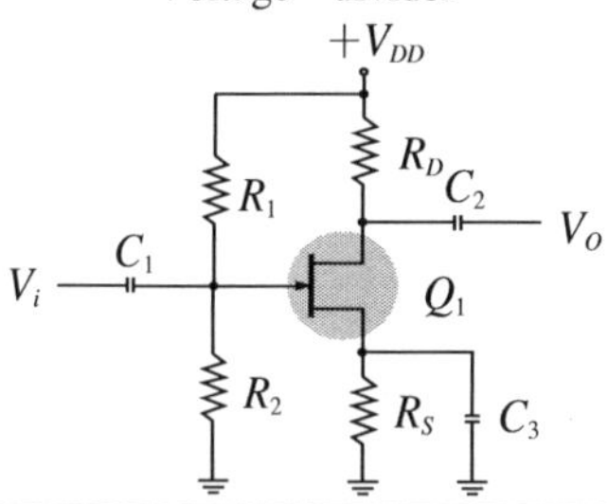	Medium, (1MΩ) $=R_1 \parallel R_2$	Medium (−20) $=-g_m(R_D \parallel r_d)$	Medium (2KΩ) $=(R_D \parallel r_d)$
Source-follower 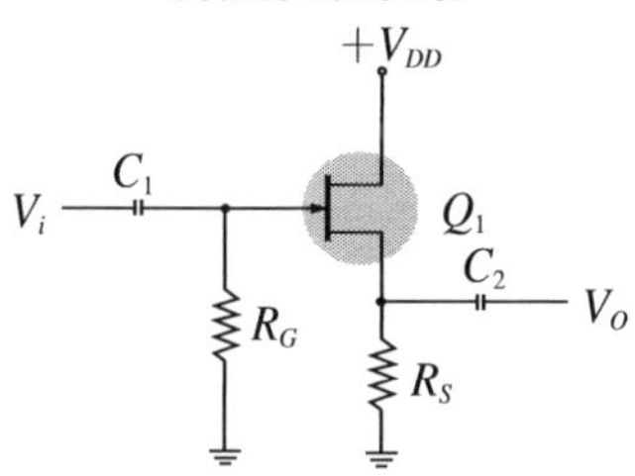	High (10MΩ) $=R_G$	Low $\simeq 1$	Low (100Ω) $=\left(R_s \parallel r_d \parallel \frac{1}{g_m}\right)$
Unbypassed source 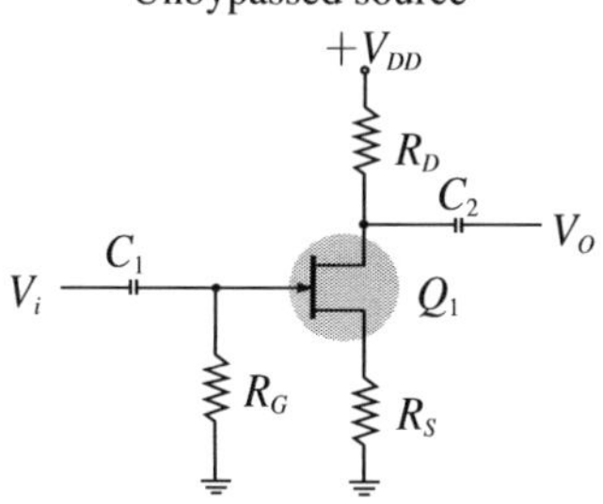	High (10MΩ) $=R_G$	Low (−2) $=\frac{-g_m R_D}{1-g_m R_s}$	Medium (2KΩ) $=(R_D \parallel r_d)$
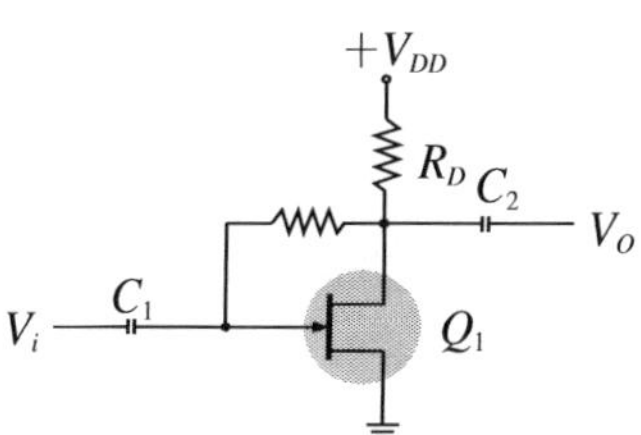	(1MΩ) $=\frac{R_G}{1+g_m(R_D \parallel r_d)}$	(+20) $=g_m(R_D \parallel r_d)$	(2KΩ) $=(R_D \parallel r_d)$

예제 12-19 그림 12−27의 증폭회로에서 전압이득이 10이 되도록 증폭회로를 설계하려고 한다. 드레인 저항 R_D와 직류바이어스 조건을 계산하라.

풀이 전압 이득 방정식과 $g_m = g_{mo}$(직류 바이어스 $V_{GSQ} = 0V$)의 직류 바이어스 식에서

$$A_v = -g_m (R_D \parallel r_d) = -g_{mo} (R_D \parallel r_d)$$

$$-10 = -\frac{2I_{DSS}}{|V_p|} (R_D \parallel r_d)$$

$$-10 = -\frac{2(10\,mA)}{|-4V|} (R_D \parallel r_d)$$

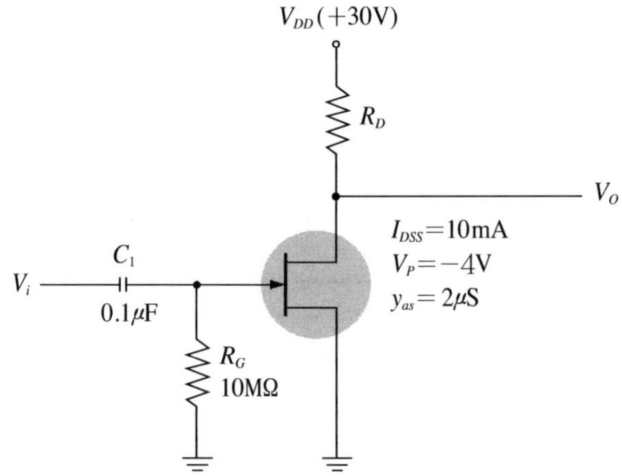

그림 12-27 증폭회로

$$R_D \parallel r_d = 2K\Omega$$

소자의 규격표에서

$$r_d = \frac{1}{y_{os}} = \frac{1}{20 \times 10^{-6}} = 50K\Omega$$

회로 저항 R_D를 구하기 위하여

$$R_D \parallel r_d = R_D \parallel (50\text{K}\Omega) = 2\text{K}\Omega$$

그러므로

$$R_D = 2.08\text{K}\Omega \approx 2.1\text{K}\Omega$$

$R_D = 2.1\text{K}\Omega$에서 직류 바이어스 조건은 다음과 같다.

$$V_{DSQ} = V_{DD} - I_{DQ} R_D = 30\text{V} - (10\,\text{mA})\,(2.1\text{K}\Omega) = 9\text{V}$$

예제 12-20 그림 12−28의 증폭회로에서 전압이득이 8이 되도록 증폭회로를 설계하려고 한다. 바이어스점이 $V_{GSQ} = 1/4\ V_P$가 되도록 드레인 저항 R_D와 소스 저항 R_s의 값과 파라미터들을 계산하라.

풀이 $V_{GSQ} = \dfrac{1}{4} V_P = \dfrac{1}{4}(-4\text{V}) = -1\text{V}$

쇼클리 방정식에서 드레인 전류는

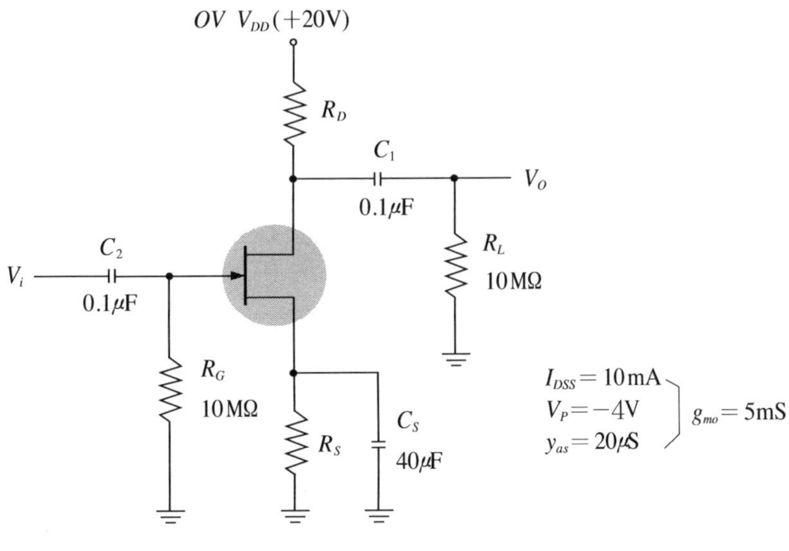

그림 12-28 증폭 회로

$$I_{DQ} = I_{DSS}\left(1 - \frac{V_{GSQ}}{V_P}\right)^2$$

$$= 10\text{mA}\left(1 - \frac{-1\text{V}}{-4\text{V}}\right)^2 = 5.625\text{mA}$$

직류 바이어스점에서 컨덕턴스 g_m은

$$g_m = g_{mo}\left(1 - \frac{V_{GSQ}}{V_P}\right)^2$$

$$= \frac{2I_{DSS}}{|V_P|}\left(1 - \frac{V_{GSQ}}{V_P}\right)^2$$

$$= \frac{2 \times 10\text{mA}}{|-4\text{V}|}\left(1 - \frac{-1\text{V}}{-4\text{V}}\right)^2 = 3.75\text{mS}$$

전압 이득이 8이 되기 위해서

$$A_v = g_m(R_D \parallel r_d)$$

$$8 = 3.75 \times 10^{-3}(R_D \parallel r_d)$$

그러므로

$$R_D \parallel r_d = \frac{8}{3.75 \times 10^{-3}} = 2.13\text{K}\Omega$$

여기서 저항 r_d는

$$r_d = \frac{1}{y_{os}} = \frac{1}{20\mu\text{S}} = 50\text{K}\Omega$$

드레인 저항 R_D의 값은

$$R_D \parallel 50\text{K}\Omega = 2.13\text{K}\Omega$$

그리고

$$R_D = 2.2\ \text{K}\Omega$$

원하는 V_{GSQ}에서 소스 저항 R_s의 값은 다음과 같다.

$$V_{GSQ} = -I_D R_s$$

$$-1\text{V} = -1(5.625\,\text{mA})\,R_s$$

$$R_s = \frac{-1\text{V}}{-5.625\,\text{mA}} = 177.8\Omega$$

예제 12-21 그림 12−29의 증폭회로에서 전압이득이 적어도 5가 되도록 증폭회로를 설계하려고 한다. 회로 소자의 파라미터를 계산하라. 단 $V_{GSQ} = 1/4\ V_P$.

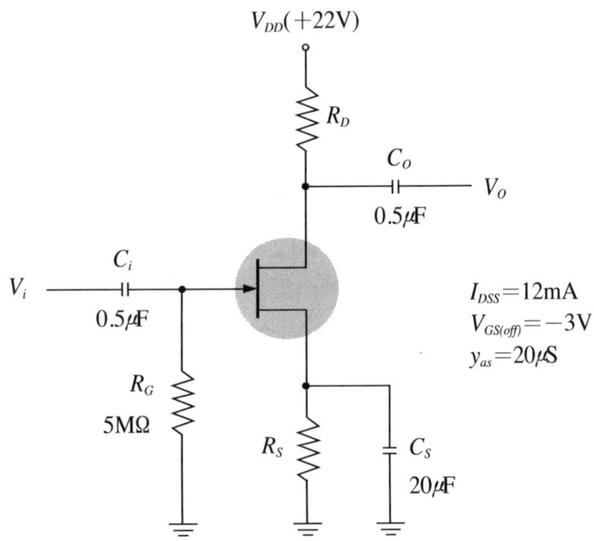

그림 12-29 증폭 회로

풀이

$$V_{GSQ} = V_P / 4 = -3\text{V} / 4 = -0.75\text{V}$$

$$I_{DQ} = I_{DSS}\left(1 - \frac{V_{GSQ}}{V_P}\right) = 12\text{mA}\left(1 - \frac{-0.75\text{V}}{-3\text{V}}\right) = 6.75\text{mA}$$

바이어스점에서 전달 컨덕턴스는

$$g_m = g_{mo}\left(1 - \frac{V_{GSQ}}{V_P}\right) = \frac{2(12\text{mA})}{|-3\text{V}|}\left(1 - \frac{-0.75\text{V}}{-3\text{V}}\right) = 6\text{mS}$$

전압이득 $A_v = 5$가 되기 위해

$$A_v = g_m(R_D \parallel r_d)$$

그러므로 다음과 같다.

$$R_D \parallel r_d = \frac{A_v}{g_m} = \frac{6}{5\text{mS}} = 833.3\Omega$$

여기서 저항 r_d는

$$r_d = \frac{1}{y_{os}} = \frac{1}{20\mu\text{S}} = 50\text{K}\Omega$$

$$R_D = 847\Omega\ (820\Omega\text{사용})$$

바이어스점에서

$$V_{GSQ} = I_{DQ} R_s$$

다음과 같이 계산된다.

$$R_s = \frac{V_{GSQ}}{I_{DQ}} = \frac{0.75\text{V}}{6.75\text{mA}} = 111.1\Omega\ (110\Omega\text{사용})$$

9. 고주파 영향(밀러 커패시턴스)

이제까지의 교류 해석은 회로의 중간 주파수 동작에서만 적용하였다. 높은 주파수에서는 주파수가 증가함에 따라 용량성 임피던스가 감소하게 되므로 단자 사이의 소자 커패시턴스는 증폭기의 이득을 감소시킨다. 소자의 구조 또는 복잡하게 흩어져 있는 배선에 의하여 발생되는 이들 회로의 커패시턴스는 회로 내부에 연결된 커패시턴스가 아니라 회로와 소자의 구조로 인하여 발생하는 것임을 표시하기 위해 그림 12－30 (a) 회로 내에 점선으로 연결했다. 각 세트의 단자 사이의 소자 커패시턴스가 모두 증폭기 이득에 영향을 미치는 반면, 입력과 출력 사이의 커패시턴스는 밀러 효과 때문에 큰 영향을 미친다. 왜냐하면 밀러 효과(Miller effect)는 커패시턴스가 증폭기의 이득에 곱해지는 효과로 작용하기 때문이다.

(1) 밀러 효과(밀러 커패시턴스)

그림 12－30 (a)의 증폭회로에서 이들 소자 커패시턴스에 의한 가장 큰 영향은 입력과 출력 단자 사이의 커패시턴스 크기 C_{gd}에 의한 것이다. 각 용량성 임피던스가 더 큰 주파수에서 부하로 작용하는 반면에 입출력 커패시턴스 C_{gd}에 의한 실제 부하의 크기는 증폭기 이득의 크기만큼 확대된다. 그림 12－30 (b) 회로는 내부 단자간 커패시턴스의 영향을 강조한 그림 12－30 (a)의 JFET 증폭기의 교류 등가회로이다. 그림 12－30 (b)에서 입력 전류 I_i는

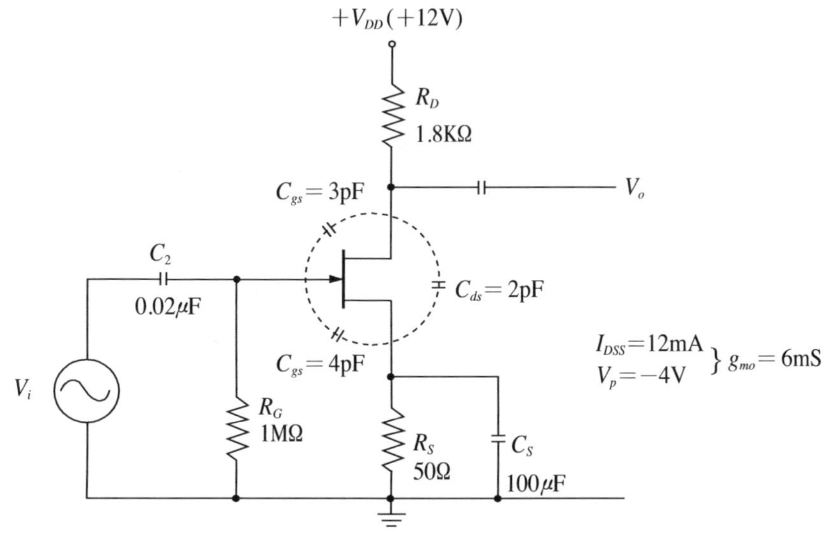

(a)

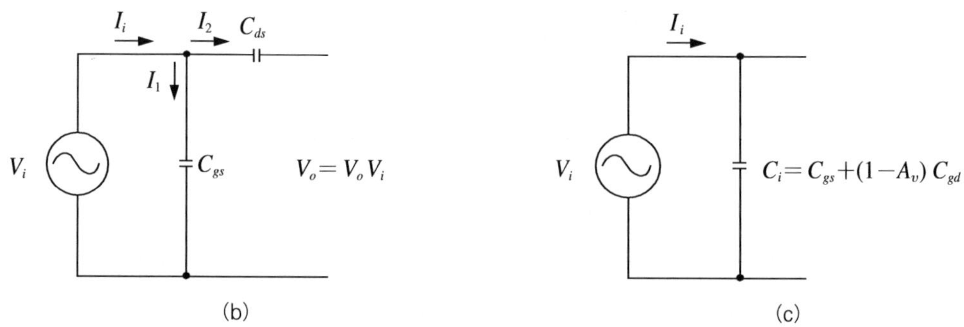

그림 12-30 JFET 증폭기에서의 밀러 커패시턴스의 결정

$$I_i = V_i Y_i = I_1 + I_2 = V_i Y_{gs} + (V_i - A_v V_i) Y_{gd}$$

위의 값으로부터

$$Y_i = Y_{gs} + (1 - A_v) Y_{gd}$$

또 이것은 커패시턴스값으로도 표현할 수 있다.

$$C_i = C_{gs} + (1 - A_v) C_{gd} \qquad (12-29\ a)$$

여기서

$$C_M = (1 - A_v) C_{gd} \qquad (12-29\ b)$$

라고 놓고 C_M을 밀러 커패시턴스라고 부른다.

그림 12-30 (c)에 나타낸 것처럼 G_{gs}와 G_{gd}에 의한 실제 입력 커패시턴스는 식 12-29에 주어진 실제 커패시턴스이며, 이는 주로 밀러 효과에 의한 것이다.

예제 12-22 그림 12-30의 증폭회로에서 밀러 커패시턴스값을 계산하라.

풀이 직류 바이어스를 계산하면 $V_{GSQ} = 1.8$[V]이고, 이 바이어스점에서 디바이스의 전달 컨덕턴스 g_{mo}는

$$g_{mo} = \frac{2I_{DSS}}{|V_P|} = \frac{2\,(12\,\text{mA})}{|-4\text{V}|} = 6\text{mS}$$

$$g_m = 6\times10^{-3}\left(1 - \frac{-1.8}{-4}\right) = 3.3\text{mS}$$

따라서 r_m의 값은

$$r_m = \frac{1}{g_m} = \frac{1}{3.3\times10^{-3}} = 303\,\Omega$$

그리고 회로의 중간 주파수 대역에 대한 이득은

$$A_v = \frac{-R_D}{r_m} = \frac{-1.8\times10^3}{303} = -5.94$$

그러므로 밀러 커패시턴스는

$$C_M = (1-A_v)\,C_{gd} = [1-(-5.94)]\,(3\text{pF}) = 20.82\text{pF}$$

가 된다.

연습문제

1. 드레인-소스 포화전류 $I_{DSS} = 15\,mA$, 핀치 오프 전압 $V_P = -5V$인 JFET의 전달 컨덕턴스 g_{mo}를 계산하라.

2. 전달 컨덕턴스 $g_{mo} = 10mS$, 드레인-소스 포화전류 $I_{DSS} = 12\,mA$인 JFET의 핀치 오프 전압 (V_P)을 계산하라.

3. 전달 컨덕턴스 $g_{mo} = 5mS$, 핀치 오프 전압 $V_P = -3.5V$인 JFET에 대해 $V_{GS} = 0V$인 경우 소자 전류를 계산하라.

4. 바이어스점 $V_{GS} = -1V$인 JFET($I_{DSS} =12\,mA$, $V_P = -3$)의 컨덕턴스 g_m값을 계산하라.

5. $V_{GSQ} = -1V$에서 컨덕턴스 $g_m = 6mS$인 JFET가 있다. 핀치 오프 전압 $V_P = -2.5V$에서 드레인-소스 포화 전류 I_{DSS}는 얼마인가?

6. JFET($I_{DSS} = 10\,mA$, 핀치 오프 전압 $V_P = -5V$)의 드레인 전류 $I_D = I_{DSS} / 4$인 점에서 바이어스되어 있다. 이 바이어스점에서 컨덕턴스 g_m의 값은 얼마인가?

7. $V_{GSQ} = V_P / 4$에서 바이어스된 JFET($I_{DSS} = 8\,mA$,~ $V_P = -5$)인 컨덕턴스 g_m값을 계산하라.

8. 규격표에서 다음과 같은 값이 주어졌다(드레인-소스 전류).

$$y_{fs} = 4.5mS, \quad y_{os} = 25\mu S$$

주어진 드레인-소스 전류에서 다음을 계산하라.

(a) g_m (b) r_d

9. 규격표에서 $y_{fs} = 4.5\text{mS}$, $y_{os} = 25\,\mu\text{S}$인 JFET에 대해 소자 출력 임피던스 Z_o, 소자의 이상적이 전압이득 A_v를 계산하라.

10. 규격표에서 $r_d = 100\text{K}\Omega$을 가진 JFET가 전압이득 $A_v = -200$일 경우 컨덕턴스 g_m의 값을 계산하라.

11. 그림 12-31의 전달특성 곡선에서 다음을 구하라.
    (a) 전달 컨덕턴스 g_{mo}의 값
    (b) $V_{GSQ} = -1.5\text{V}$에서 컨덕턴스 g_m의 값
    (c) $V_{GSQ} = -2.5\text{V}$에서 컨덕턴스 g_m의 값

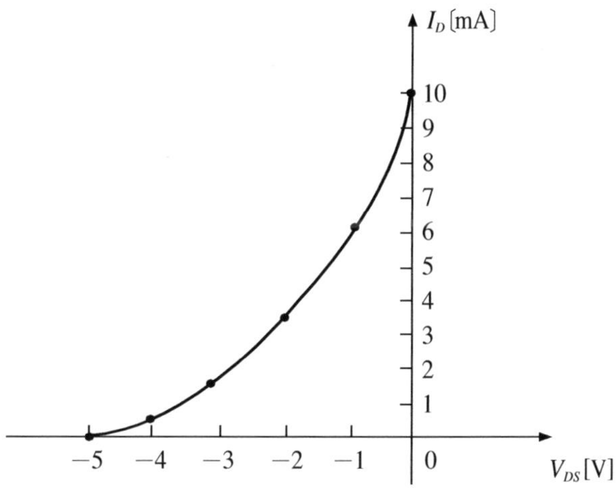

그림 12-31 특성 곡선

12. 그림 12-32의 특성곡선을 이용하여 다음을 계산하라.
    (a) $V_{GS} = 0\text{V}$에서 r_d의 값
    (b) $V_{DS} = 10\text{V}$에서 g_{mo}의 값

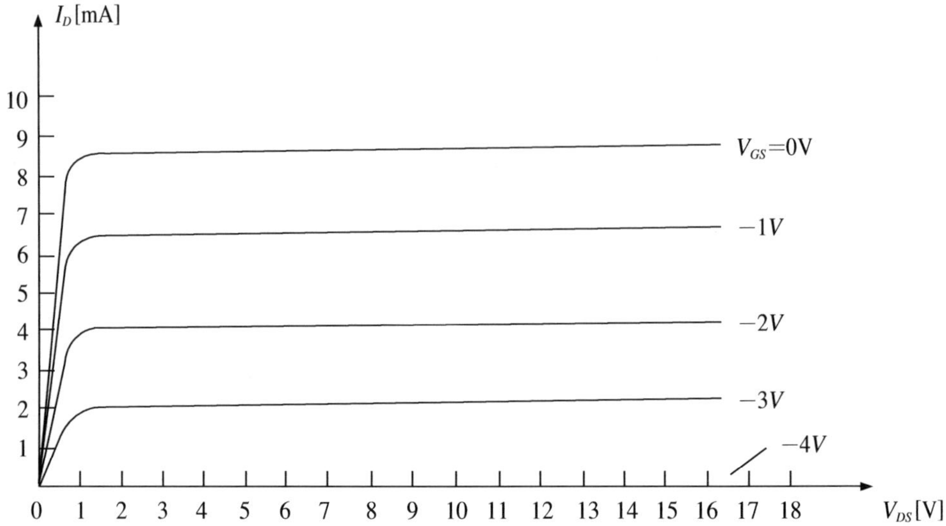

그림 12-32 특성 곡선

13. 2N4220 n-채널 JFET ($y_{fs} = 750\,\mu$S(최소값), $y_{os} = 10\,\mu$S(최대값)의 다음을 계산하라.
   (a) g_m의 값 (b) r_d의 값

14. 그림 12−33의 증폭기에서 소자의 정수가 드레인-소스 포화 전류 $I_{DSS} = 10\,$mA, 핀치 오프 전압 $V_P = -4$V, $r_d = \infty$ 일 때 증폭기의 전압이득을 계산하라.

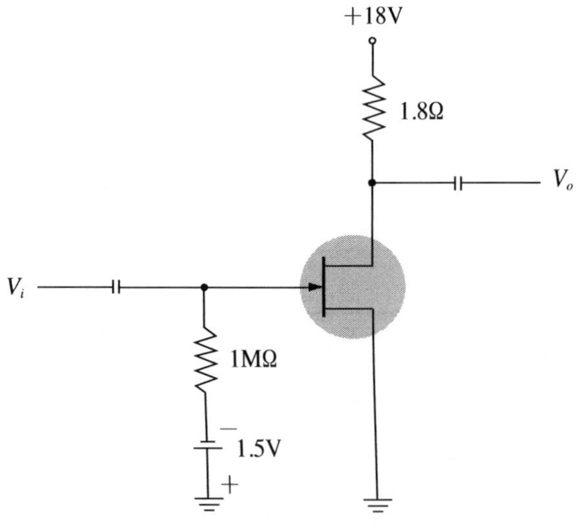

그림 12-33 증폭기

15. 그림 12−33의 증폭기에서 소자 정수가 드레인-소스 포화 전류 I_{DSS}= 12 mA, 핀치 오프 전압 $V_P = -6\text{V}$, $y_{os} = 25\,\mu\text{S}$일 때 증폭기의 전압이득을 계산하라.

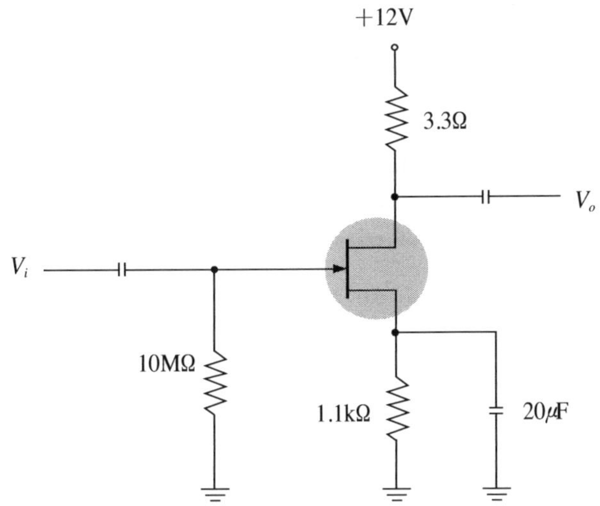

그림 12-34 증폭기

16. 그림 12−34에서 FET의 규격표에서 $y_{fs} = 3000\,\mu\text{S}$, $y_{os} = 40\,\mu\text{S}$일 때 증폭기의 전압이득을 계산하라.

17. 그림 12−34에서 다음을 계산하라.
   (a) 입력 임피던스 Z_i
   (b) 출력 임피던스 Z_O

18. 그림 12−34에서 JFET($I_{DSS} = 8\,\text{mA}$, $V_P = -3.5\text{V}$) 증폭기의 전압이득 A_v를 계산하라.

19. 그림 12−35에서 다음의 경우 출력전압 V_o를 계산하라.
   (a) 콘덴서 $C_s = 40\,\text{m}\mu\text{F}$와 소스 저항 R_s가 있는 경우.
   (b) 바이패스 콘덴서가 없는 경우

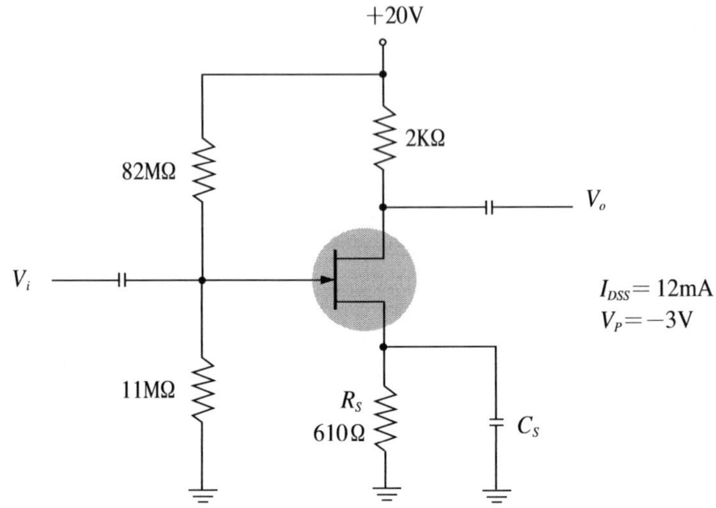

그림 12-35 증폭기

20. 그림 12−35에서 $r_d = 35\,K\Omega$일 때 전압이득 A_v를 계산하라.

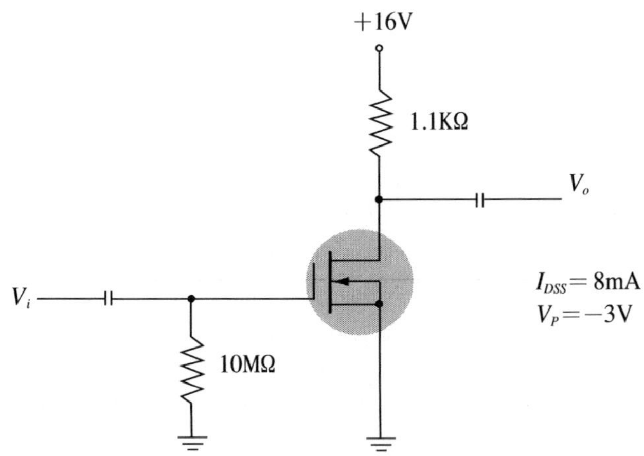

그림 12-36 증폭기

21. 그림 12－36에서
   (a) 회로에서 출력전압 V_o를 계산하라.
   (b) r_d ＝ 30KΩ일 때 출력전압 V_o를 계산하라.

22. 그림 12－37에서
   (a) r_d를 무한대로 가정할 때 출력전압 V_o를 계산하라.
   (b) r_d ＝ 40KΩ일 때 출력전압 V_o를 계산하라.

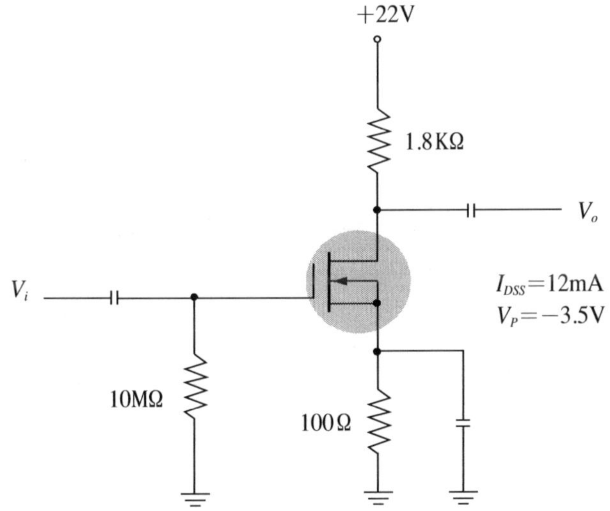

그림 12-37 증폭기

23. 그림 12－38에서 증폭기의 이득 A_v를 계산하라.

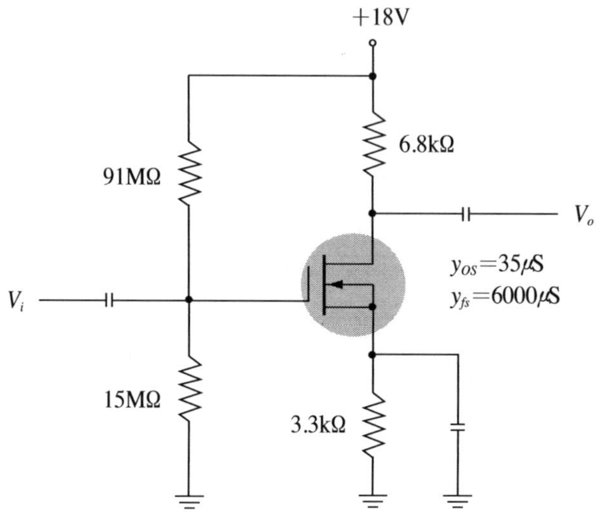

그림 12-38 증폭기

24. 입력$V_i = 0.2\text{V}rms$에서 그림 12−39 ($I_{DSS} = 9\,\text{mA}$, ~ $V_P = -4.5\text{V}$)의 증폭기에서 출력 전압 V_o, 입력 임피던스 Z_i, 출력 임피던스 Z_o를 계산하라.

25. 입력 $V_i = 1\text{mV}$ ($r_d = \infty$ 로 가정)이고, 출력전압 $V_o = 0.86\text{mV}$일 때 그림 12−39의 회로에서 컨덕턴스 g_m은 얼마인가?

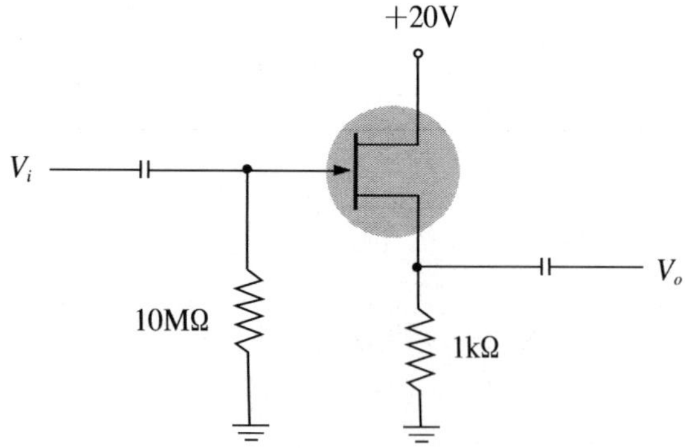

그림 12-39 증폭기

26. 그림 12−39에서 $r_d = 50\text{K}\Omega$이고 증폭기의 이득이 0.9가 되기 위한 컨덕턴스 g_m은 얼마인가?

27. 그림 12−40의 입력 임피던스 Z_i, 출력 임피던스 Z_o, 전압 증폭도 A_v를 계산하라.

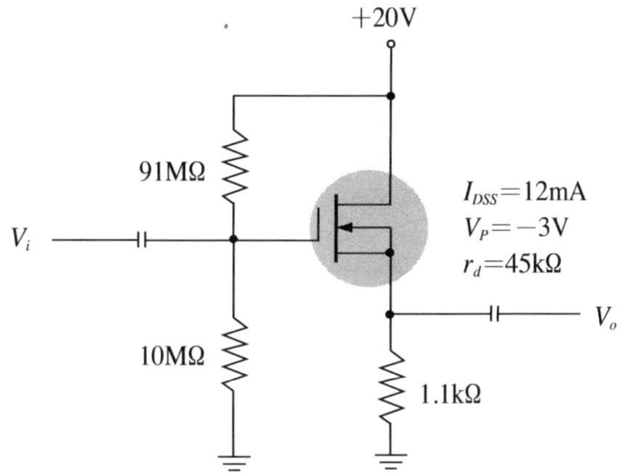

그림 12-40 증폭기

28. 그림 12−41 회로에서
    (a) 입력 임피던스 Z_i, 출력 임피던스 Z_o, 전압 증폭도 A_v를 계산하라.
    (b) $r_d = 33\text{K}\Omega$일 때 입력 임피던스 Z_i, 출력 임피던스 Z_o, 전압 증폭도 A_v를 계산하라.

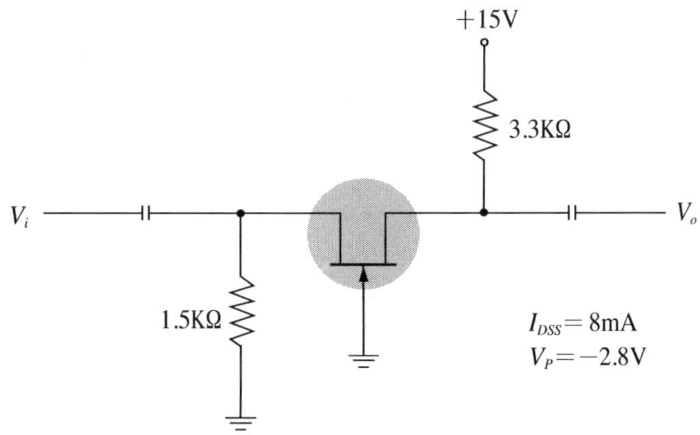

그림 12-41 증폭기

29. 그림 12−24 회로에서 입력 임피던스 Z_i, 출력 임피던스 Z_o, 전압 증폭도 A_v를 계산하라.

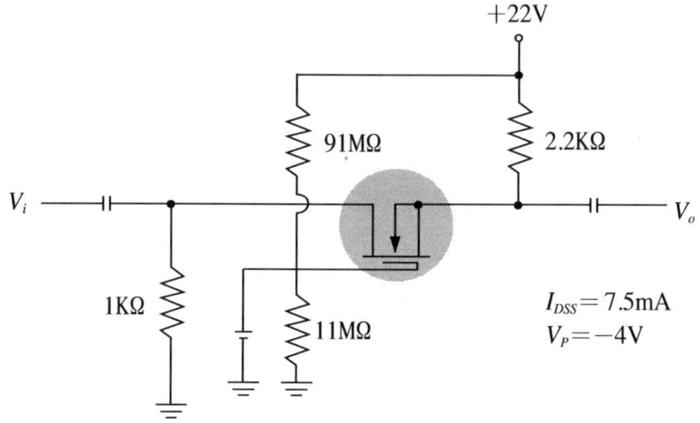

그림 12-42 증폭기

30. $V_{GSQ} = 8V(k = 0.3 \times 10^{-3}$가정)에서 바이어스된 MOSFET($V_T = 3V$)의 컨덕턴스 g_m을 계산하라.

31. 그림 12−43에서 증폭기의 전압이득을 계산하라($k = 0.25 \times 10^{-3}$).

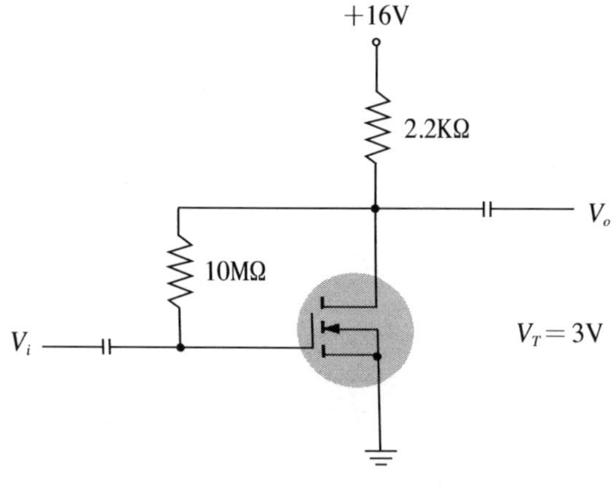

그림 12-43 회로

32. 그림 12−44에서 입력 임피던스 Z_i, 출력 임피던스 Z_o, 전압 증폭도 A_v를 계산하라.

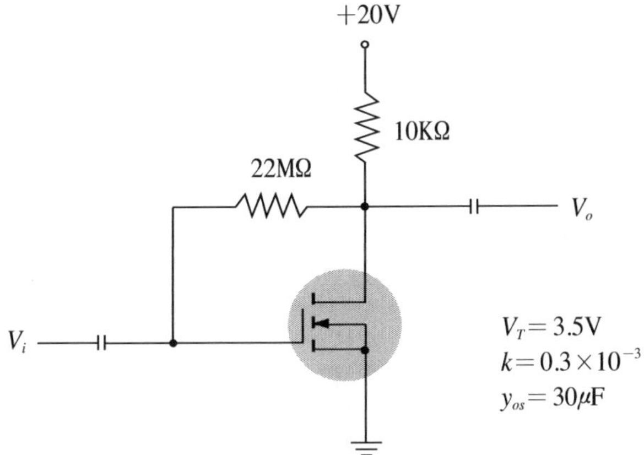

그림 12-44 회로

33. 그림 12−45의 회로에서 바이어스점이 $V_{DQ} = 1/2V_{DD}$가 되기 위한 드레인 저항 R_D의 값을 계산하라.

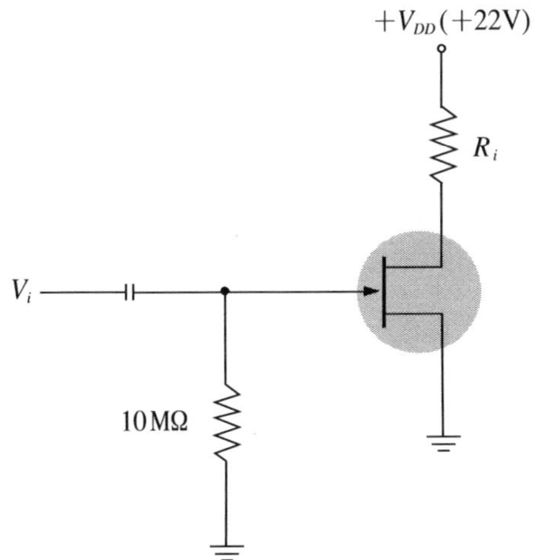

그림 12-45 증폭기

34. 그림 12−46의 회로에서 바이어스점이 $V_{GSQ} = 1/2V_P$, $V_{DSQ} = 1/2V_{DD}$가 되기 위한 드레인 저항 R_D, 소스저항 R_s값을 계산하라. 계산된 소자값에서 전압 이득 A_v를 계산하라.

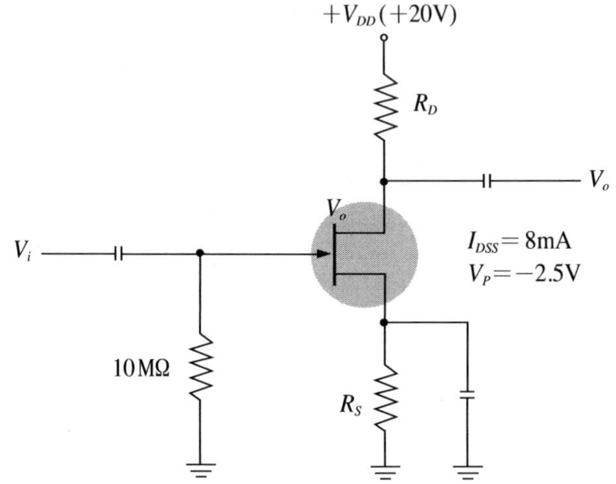

그림 12-46 증폭기

제13장 발진회로

전파는 오래 전부터 이 지구의 공간에 번개가 칠 때마다 존재하고 있었지만 옛날 사람들은 전파가 존재하고 있다는 사실을 아무도 깨닫지 못했고, 상상조차 하지 못했다. 그런데 1889년, 독일의 헬츠가 금속구에다 고전압을 가하여 불꽃 방전을 발생시킴으로써, 사상 처음 인공적으로 전파를 만들어내는 데 성공했다. 헬츠가 생각해낸 불꽃방전에 의한 전파는 파장이 66cm의 감폭진동파였다.

그후 미국의 드 포레에 의하여 3극진공관이 발명되었으며, 이에 따라 지속적인 고주파 진동전류를 만들어낼 수 있었고, 전파도 안정된 지속진동파를 얻을 수 있게 되었다.

이와 같은 지속적인 고주파전류를 만들어내는 회로를 발진회로(oscillation 또는 oscillator)라 하며, 이 발진회로는 전파를 발사하는 무선송신기나 라디오, 텔레비전, 이동통신 측정기 등에 널리 이용되고 있다.

1. 발진회로의 기초

여기서는 정현파 발진회로의 대표적인 궤환발진회로의 고찰법과 발진조건 등에 대하여 알아 보기로 한다.

(1) 발진현상

시간을 알려주는 시계의 진동자를 손으로 약간 힘을 가하여 진동시킨 후 이외의 힘을 가하지 않으면 진동자의 진동은 시간이 지난 후 마침내 정지되고 말 것이다. 그러나 이 진동자에 태엽을 설치하고, 태엽으로부터 기계적 에너지를 진동자에 공급하여 주면 진동자의 진동은 감쇠되지 않고, 태엽의 스프링이 완전히 풀릴 때까지 안정하게 지속된다.

전기적인 진동자도 이와 같으며, *LC*동조회로에 생긴 미약한 진동전류에 시계의 태엽에 상당하는 직류전류로부터 증폭기를 통하여 전기적 에너지를 공급해주면, 이 진동전류는 언제까지나 계속하여 흐르게 된다. 단지 이 전기적 진동이 진동자의 기계적 진동과 다른 점은 주파수가 진동자의 진동수에 비하여 극히 높다는 것이다.

그림 13－1 (a)는 진폭이 일정한 진동전류가 지속적으로 흐르고 있는 모양을 나타내고 있다. 그리고 그림 (b)는 진동전류의 진폭이 1회마다 작아지며, 시간이 경과됨에 따라 마침내 소멸해버리게 되고, 그림 (c)는 진동전류의 진폭이 시간에 따라 성장해 나가는 모양을 나타내고 있다.

여기서 그림 (a)와 같은 진동전류가 직류전원으로부터 에너지를 받아 지속적으로 발생하는 것을 발진(oscillation)이라 한다. 그리고 앞서 말한 바와 같이, 이와 같은 지속진동전류를 만들어내는 회로를 발진회로라 하며, 증폭회로, 궤환회로 및 직류전원으로 구성되어 있다.

그리고 직류전원에서의 에너지가 단절되면 이 지속진동전류는 그림 (b)와 같은 감폭진동

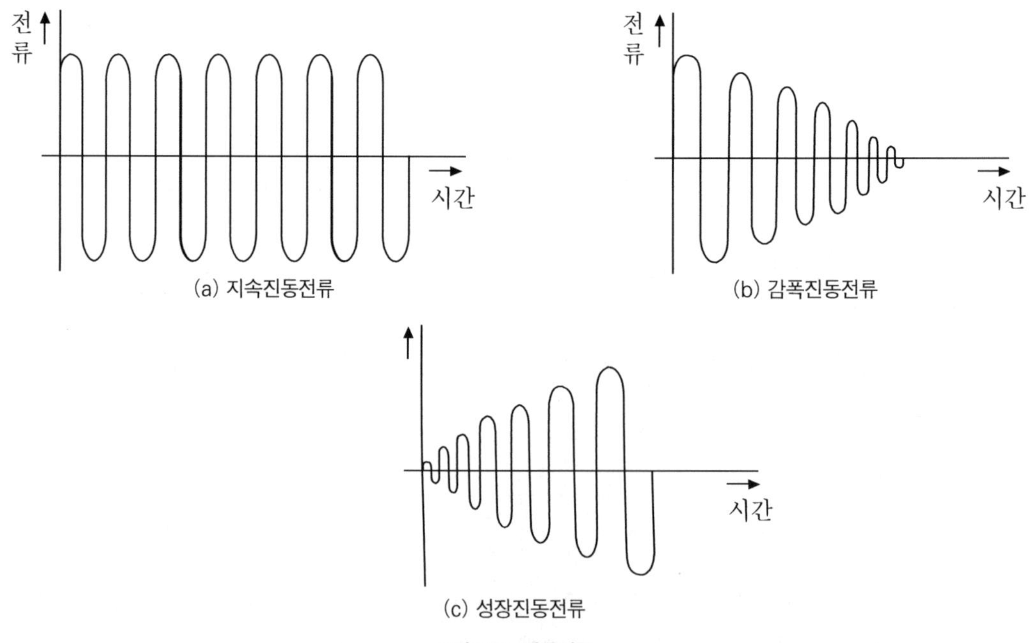

(c) 성장진동전류

그림 13-1 진동전류

이 된다. 또 그림 (c)의 성장진동전류의 상태는 미약한 진동전류가 발생되어, 이 미약한 진동전류가 진폭이 일정한 안정된 발진으로 되기까지의 과정을 나타내고 있다.

(2) 발진회로의 고찰

그림 13－2의 회로에 있어서 스위치 S를 순간적으로 닫고, 그 뒤 곧 열었을 때 *LC*동조회로에는 어떠한 전류가 흐르게 되는가를 생각해보자. 스위치를 닫으면 그 순간 콘덴서에 충전전류가 흘러 전압 *V*[V]로 충전한다. 이때 콘덴서의 정전용량을 *C*[F]라 하면 $\frac{1}{2}CV^2$[J]의 에너지가 콘덴서에 저장된다.

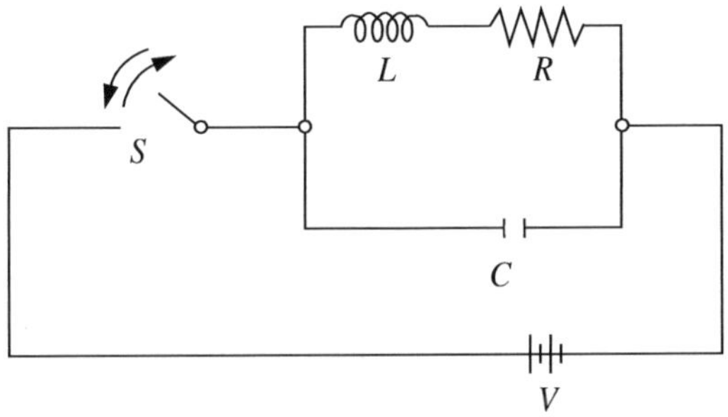

그림 13-2 LC동조회로에 의한 감폭진동

여기서 스위치를 닫는 순간 코일에 전류가 흐르지 않는 것은 전류의 시간적 변화가 크므로 코일에 전류와 반대방향의 큰 기전력이 생기기 때문이다.

다음에 그 뒤 곧 회로의 스위치를 열면 콘덴서에 충전되어 있던 전하가 코일을 통하여 서서히 방전하며 방전전류 *I*[A]가 흐른다. 이때 코일의 인덕턴스의 값은 *L*[H]라 하면, $\frac{1}{2}LI^2$[J]의 에너지가 코일에 옮겨진 셈이 된다. 방전이 끝나면 다시 역방향으로 충전전류가 흘러 콘덴서를 충전하는 동작이 반복된다. 이와 같이 코일과 콘덴서 사이에서 에너지의 교환이 있고, 그곳에 에너지의 손실이 없다고 하면 진동전류는 그림 13－1(b)와 같이 감쇠되지 않고 지속한다. 그리고 그 진동전류의 주파수는 코일의 인덕턴스 *L*과 용량 *C*의 크기에 의하여 결정된다.

그러나 실제로 코일에는 저항이 존재하여 에너지의 일부가 그 저항에서 주울열이 되어 외부로 방출된다. 그 결과, 진동전류는 그림 13－1(b)와 같이 시간이 경과함에 따라 작아져 끝내는 소멸해 버린다.

그래서 이 감폭진동전류가 소멸되기 전에 그 일부를 증폭회로의 입력에 가하여 증폭하고, 그 출력전류의 일부를 다시 입력으로 되돌려준다면 이 진동전류는 감쇠하지 않고 지속하게 될 것이다. 이때 그 증폭회로와 입력에 되돌리는 회로 사이에 일정한 조건이 성립되어야 한다.

이상과 같은 고찰로 트랜지스터로 발진회로를 만들어보면 그림 13-3과 같이 된다.

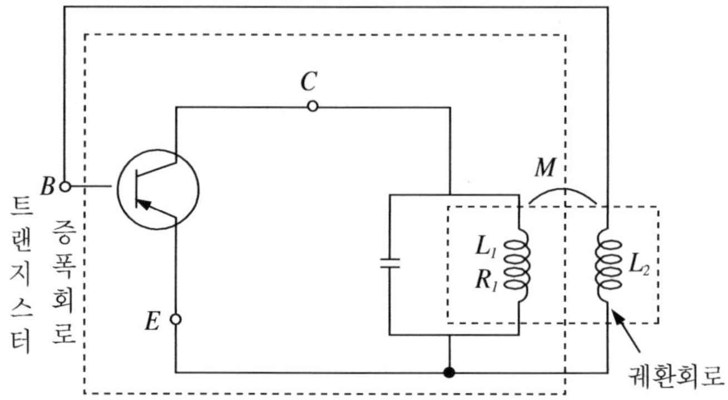

그림 13-3 콜렉터 동조형 발진회로

이 회로는 콜렉터에 *LC*동조회로가 있기 때문에 콜렉터 동조형 발진회로(collector tuned oscillator)라 하며, 트랜지스터 증폭회로와 궤환회로로 구성되어 있다.

지금 어떤 원인으로 동조회로에 미약한 진동전류가 발생되면, 그 일부가 상호 인덕턴스 *M*의 작용에 의하여 베이스측 입력으로 궤환된다. 그리고 궤환된 전류는 트랜지스터에 의해 증폭되어 동조회로로 환원된다. 이상의 동작이 반복되면 진동전류가 차차 커져, 드디어 증폭기의 비직선 때문에 일정 진폭이 되어 진동이 지속된다.

(3) 궤환발진회로의 발진조건

그림 13-3을 그림 13-4와 같은 일반형으로 수정하여 설계하고, 발진이 지속되게 하기 위해서는 트랜지스터 증폭회로와 궤환회로 사이에 어떠한 조건이 있으면 되는가를 생각해 보자.

지금 전원을 넣었을 때의 전기적 쇼크라든가 트랜지스터 내부에 발생하는 잡음 등의 원인으로, 증폭회로의 입력에 미약한 전동전류 I_1이 흘렀다고 하면, 그 전류는 증폭회로로 증폭되며, 그와 역위상의 출력전류 I_2가 된다.

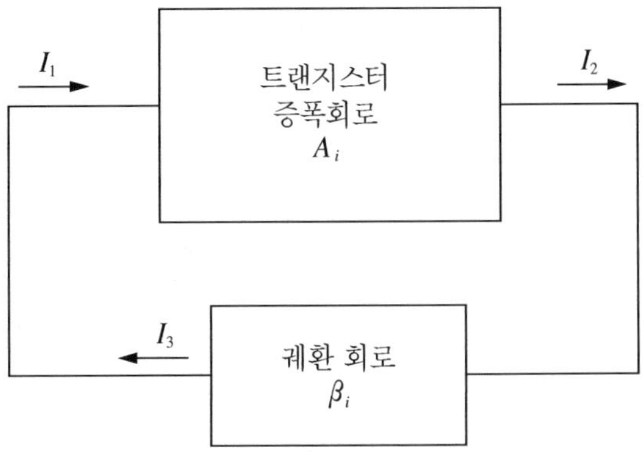

그림 13-4 궤환 발진회로의 원리(트랜지스터회로의 경우)

그리고 출력전류 I_2는 궤환회로를 통하여 궤환전류 I_3가 되어 입력으로 들어간다. 이때 진동전류의 진폭이 그림 13-1 (c)와 같이 시간에 따라 커지기 위해서는 I_3와 I_1의 위상이 동위상이며, I_3의 크기가 I_1의 크기보다 커야 한다. 즉 발진이 성장해 가자면 증폭회로의 출력전류 위상을 반전하여 입력측으로 되돌린다(이것을 반결합이라 한다). 또, 증폭회로의 증폭도는 궤환회로의 손실보다 커야 한다.

트랜지스터 증폭회로의 증폭도를 A_i로 하고, 궤환회로의 전류궤환계수를 β_i라고 한다면

$$A_i = \frac{I_2}{I_1} \qquad \beta_i = \frac{I_3}{I_2} \qquad (13-1)$$

이 된다.

발진이 성장해 가기 위해서는 $I_3 > I_1$이어야 하므로, A_i와 β_i의 곱은 식 13-1에서 다음과 같이 나타낼 수 있다. 즉,

$$A_i \beta_i > 1 \qquad (13-2)$$

여기서 식 13-2의 관계 상태로 발진이 점점 성장해 가면 드디어 트랜지스터가 파괴되지 않을까 하는 염려가 생긴다. 그러나 다음에 설명하는 것과 같은 이유로 성장된 진동전류의 진폭이 일정하게 되어 안정된 발진이 지속되게 된다. 그림 13-4에서 트랜지스터 증폭회로는 능동회로가 되기 위해서는 직선성이 되고, 입력전류 I_1과 출력전류 I_2의 관계는 그림 13-5의 동특성곡선과 같이 된다. 그러나 궤환회로는 수동회로이기 때문에 I_2와 궤환전류 I_3의 관계는 그림에서 나타나는 바와 같이 그 기울기가 β_i에 의해 결정되는 직선이 된다.

앞에서 설명한 바와 같이 잡음 등의 원인으로 증폭회로의 입력에 OA인 전류가 흘렀다고 하면, 이것이 증폭되어 출력전류 AA′가 된다. 그리고 이 전류가 궤환회로를 지나면 궤환전류 OB가 되어 증폭기의 입력에 흐른다.

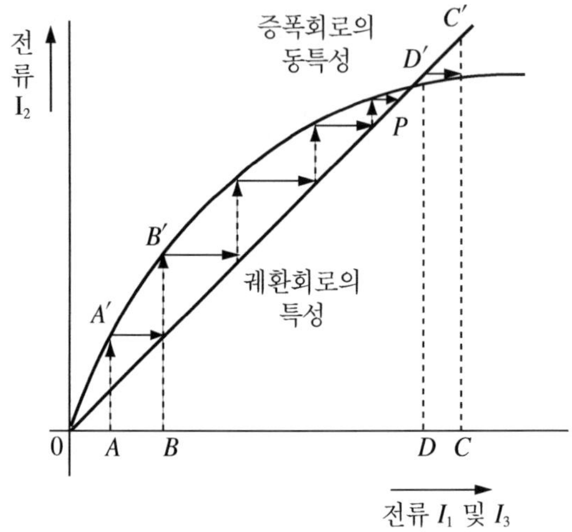

그림 13-5 안정한 발진에 도달하기까지의 과정

이렇게 되면, 또 그 전류가 증폭되어 BB'가 되고 이러한 동작이 몇 번이라도 반복되어 P점에 달한다. 그리고 발진이 성장하여 증폭회로의 출력전류가 CC'가 되었다고 하면 그 궤환전류는 OD가 된다. 이 OD가 증폭되면 DD′가 되고, 앞 CC'보다 작아져서 P점에 이르게 된다.

즉, P점에서 진폭이 일정한 진동전류가 흐르며 발진이 안정된다.

그림에서 알 수 있는 바와 같이 발진이 P점에 도달하게 되면 궤환전류 I_3는 입력전류 I_1과 대등해야 한다.

그러므로 여기서 $A_i \beta_i$의 값을 구하면

$$A_i \beta_i = 1 \tag{13-3}$$

이 된다. 이 식을 발진의 지속조건식이라 한다.

다음에 그림 13-5의 트랜지스터 전류 증폭회로를 전압증폭회로로 바꿨을 때를 생각해 보기로 하자.

그 원리는 트랜지스터 전류궤한 회로와 동일하나, 트랜지스터 전류궤한 발진회로는 전

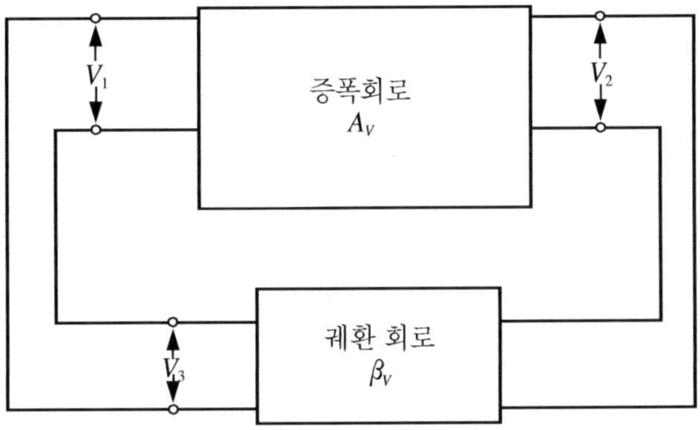

그림 13-6 궤환발진회로의 원리

류증폭, 전류궤환인 데 비하여 전압궤한발진회로는 전압증폭, 전압궤환으로 생각해야 한다.

지금, 그림 13－6과 같이 증폭회로의 입력전압을 V_1, 출력전압 V_2, 궤환전압을 V_3이라고 하면

전압증폭도 A_V및 전압궤환계수 β_V는

$$A_V = \frac{V_2}{V_1} \qquad \beta_V = \frac{V_3}{V_2} \tag{13-4}$$

가 된다. 또 발진이 성장하는 조건 및 지속하는 조건을 트랜지스터회로와 마찬가지로 하여 다음과 같이 된다. 즉,

$$A_V \beta_V > 1 \tag{13-5}$$

$$A_V \beta_V = 1 \tag{13-6}$$

예를 들어 그림 13－4의 궤환발진회로에 있어서, 증폭기의 전류증폭도 A_i의 크기가 －20일 때, 발진이 지속되기 위해서는 궤환회로의 전류궤환계수 β_i의 값을 얼마로 하면 되겠는가를 알아보면 발진이 지속되는 조건은 식 13－3으로 β_i을 구하면

$$\beta_i = \frac{1}{A_i} = -\frac{1}{20} = -0.05$$

이 된다. 여기서, β_i가 부(－)인 것은 그림 13－5의 전류 I_2와 I_3가 역위상이라는 것을 나타낸 것이다.

(4) 발진회로의 분류

발진회로를 발진파형 및 발진원리에 따라 분류하면 다음과 같이 된다.

① 발진파형에 의한 분류
정현파를 발생하는 정현파발진회로와 톱니파, 방형파, 급격한 펄스 등을 발생하는 비정현파발진회로로 분류할 수 있다.

② 발진원리에 의한 분류

표 13-1 궤환발진회로의 분류

구　　성	발 진 회 로 예
LC 발진회로	콜렉터동조형 발진회로 베이스동조형 발진회로 이미터동조형 발진회로 양극동조형 발진회로 그리드동조형 발진회로 하이틀리 발진회로 콜피치 발진회로 클랩 발진회로 전자결합 발진회로
수정 발진회로	B-E피어스 발진회로 C-B피어스 발진회로 P-G피어스 발진회로 G-K피어스 발진회로 오버톤 발진회로
CR 발진회로	이상형 발진회로 윙브리지형 발진회로

궤환발진회로(feedback oscillator)

이것을 다시 분류하면 표 13－1과 같이 된다.

③ 부성저항발진회로(negative resistance oscillator)

특수한 다이오드를 이용하는 것으로 에사키 다이오드 발진회로나 다이나트론 발진회로 등이 있다.

가) 전자진동 발진회로(electron vibration oscillator)

전자의 주기적 운동을 이용한 거스오 클라이스트론 발진회로, 마그네트론 발진회로, 진행파 발진회로 등이 있다.

나) 이완 발진회로(realxation oscillator)

펄스와 같은 특수파를 발생케 하는 것으로 멀티바이브레이터 발진회로나 블록킹 발진회로 등이 있다.

2. L · C 발진회로

LC 발진회로는 그림 13－4의 궤환회로가 인덕턴스 L과 정전용량 C의 조합으로 되어 있고, 발진주파수는 이 L과 C로 결정된다. 따라서 L과 C를 작게 하면 발진주파수를 높게 할 수 있다.

그리고 이 회로는 궤환하는 방법으로서 코일간의 전자유도작용을 이용하는 전자결합형과 그렇지 않는 전압분할형으로 나눌 수 있다.

(1) 전자결합형(동조형) 발진

① 콜렉터 동조형 발진회로

앞에서 말한 바와 같이 이 기본회로는 그림 13－3과 같다. 그리고 실용회로는 그림 13－7과 같다.

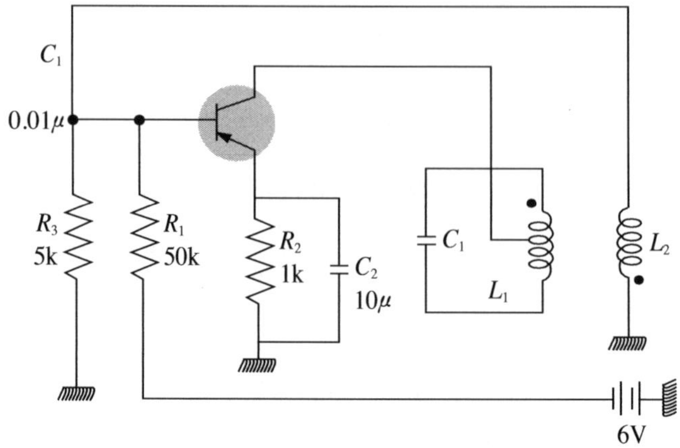

그림 13-7 콜렉터 동조회로(실용회로)

그림에서 인덕턴스 L_1과 L_2의 극성이 역으로 되어 있는 것은 트랜지스터가 이미터접지로 베이스 전류와 콜렉터 전류가 역위상으로 되기 때문에 궤환전류를 입력으로 정궤환하도록 하기 위한 것이다. 또, 콜렉터용의 단자를 인덕턴스 L_1의 도중에 접속해둔 것은 동조회로의 공진임피던스가 Tr의 출력 임피던스보다 크기 때문에 정합하기 위해서이다.

그리고 저항 R_1, R_2, R_3는 직류 바이어스용 저항이며, 용량 C_2, C_3는 고조파바이패스용 콘덴서이다.

그러면 그림 13−3의 등가회로에서 전류증폭도 A_i 및 전류궤환계수 β_i를 구해, 식 13−3에 대입하여 발진주파수 f 및 발진이 지속하는 데 필요한 Tr의 전류증폭률 h_{fe} 값을 구해보자.

그림 13−8의 등가회로에 있어서 h_{ie}, h_{fe}를 이미터 접지에 있어서의 Tr의 입력 임피던스 및 전류증폭률이라 하고 저항 R_1을 코일 L_1의 저항분이라 하면 그림에서 전류증폭도 A_i는 다음과 같이 된다.

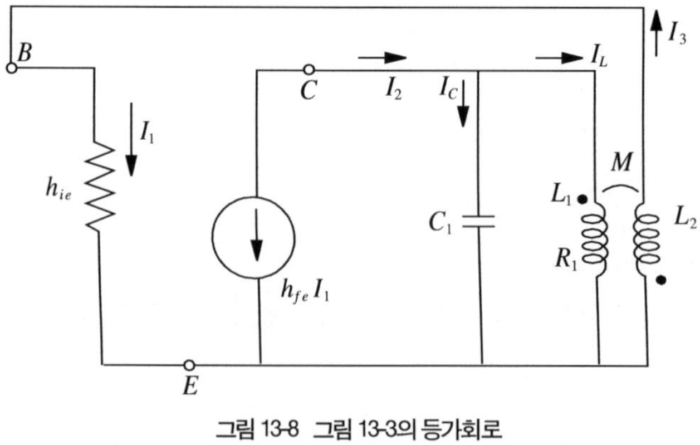

그림 13-8 그림 13-3의 등가회로

$$h_{fe} I_1 = -I_2$$

$$\therefore A_i = \frac{I_2}{I_1} = -h_{fe} \qquad ①$$

다음 등가회로에 키르호프 법칙을 적용하면,

$$I_2 = I_L + I_C$$

$$(h_{ie} + j\omega L_2) I_1 + j\omega M I_L = 0$$

$$\frac{I_C}{j\omega C_1} - (R_1 + j\omega L_1) I_L - j\omega M I_1 = 0$$

이 된다. 그리고, 이 식에서 I_L, I_C를 소거하고, I_2와 I_1의 관계를 구하면 다음과 같이 된다.

$$I_2 = -\frac{(h_{ie} - j\omega L_2) \cdot (1 + \omega^2 C_1 L_1 + j\omega C_1 R_1) + j\omega^3 C_1 M^2}{j\omega M} I_1$$

여기서 β_i를 구하면

$$\beta_i = \frac{I_1}{I_2} - \frac{j\omega M}{(h_{ie} + j\omega L_2) \cdot (1 - \omega^2 C_1 L_1 + j\omega C_1 R_1) + j\omega^3 C_1 M^2} \qquad ②$$

이 된다. ① 식, ② 식을 식 13－3에 대입하면

$$A_i \beta_i = \frac{j\omega M h_{fe}}{(h_{ie} + j\omega L_2) \cdot (1 - \omega^2 C_1 L_1 + j\omega C_1 R_1) + j\omega^3 C_1 M^2} = 1$$

이 되어, 이것을 정리하면 ③ 식이 된다.

$$\{h_{ie}(1 - \omega^2 C_1 L_1) - \omega^2 C_1 R_1 L_2\} +$$
$$j\omega\{L_2(1 - \omega^2 C_1 L_1) + C_1 R_1 h_{ie} + \omega^2 C_1 M^2\} = j\omega M h_{fe} \qquad ③$$

③ 식의 관계를 만족하기 위해서는 좌우양변의 실수항 및 허수항이 같아야 된다. 먼저 실수항을 같다고 하고, 발진주파수 f를 구하면

$$h_{ie}(1 - \omega^2 C_1 L_1) - \omega^2 C_1 R_1 L_2 = 0$$

$$\therefore \omega^2 = \frac{1}{C_1 L_1 \left(1 + \frac{L_2 R_1}{L_1 h_{ie}}\right)}$$

여기서 코일의 저항 R_1이 무시할 수 있을 만큼 작고, $L_2R_1/L_1h_{ie} \ll 1$이면

$$\omega^2 \fallingdotseq \frac{1}{C_1L_1}$$

$$\therefore f \fallingdotseq \frac{1}{2\pi\sqrt{C_1L_1}} \qquad (13-7)$$

다음에 ③ 식의 허수항이 모두 같다고 하고, 발진지속조건을 구하면

$$\omega Mh_{fe} = \omega\{L_2(1-\omega^2C_1L_1)+C_1R_1h_{fe}+\omega^2C_1M^2\}$$

$$\therefore h_{fe} \fallingdotseq \frac{C_1R_1}{M}h_{ie}+\frac{M}{L_1} \qquad (13-8)$$

이 된다. 그리고 식 13-2에서 발진이 성장하고 있을 때에는

$$h_{fe} > \frac{C_1R_1}{M}h_{ie}+\frac{M}{L_1} \qquad (13-9)$$

의 조건이 성립되어야 한다.

예제 13-1 그림 13-3의 회로에 있어서, $L_1=5[\text{mH}]$, $C_1=0.005[\mu\text{F}]$일 때의 발진주파수를 구하여 보자. 코일의 저항 R_1은 무시하기로 한다.

풀이

발진주파수 f는 식 13-7에서

$$\therefore f \fallingdotseq \frac{1}{2\pi\sqrt{C_1L_1}} = \frac{1}{2\pi}\cdot\frac{1}{\sqrt{5\times10^{-3}\times0.005\times10^{-6}}}$$

$$= \frac{1}{2\pi}\cdot\frac{1}{\sqrt{25\times10^{-12}}} = \frac{1}{2\pi}\cdot\frac{10^6}{5} \fallingdotseq 31.8[\text{KHz}]$$

예제 13-2 다음에는 그림 13-9의 병렬공진회로에 있어서 공진시의 임피던스 Z_1을 구하여 보자.

풀이▶ 그림 13−9 a−b간에 각주파수 ω인 전압 V를 가하여 흐르는 전류 I_l을 구하면

$$I_1=\left(\frac{1}{R_1+j\omega L_1}+j\omega C_1\right)V_1$$
$$=\left[\left\{\frac{R_1}{R^2{}_1+(\omega L_1)^2}-j\frac{\omega L_1}{R^2{}_1+(\omega L_1)^2}\right\}+j\omega C_1\right]V_1$$
$$=\frac{R_1}{R^2{}_1+(\omega L_1)^2}V_1-j\left(\frac{\omega L_1}{R^2{}_1+(\omega L_1)^2}-\omega C_1\right)V_1$$

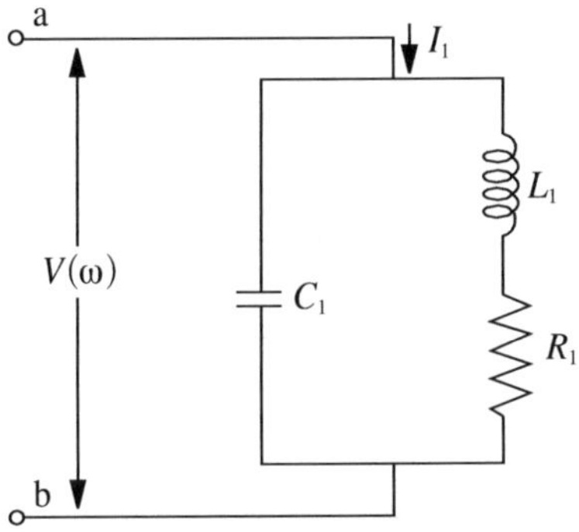

그림 13-9 병렬공진회로

그런데 공진시의 전류 I_0는 위 식의 허수항이 0이 되어야 하므로 다음과 같이 된다.

$$\mathrm{I}_0=\frac{R_1}{R^2{}_1+(\omega L_1)^2}V_1$$

여기서 $R^2{}_1 \ll (\omega L_1)^2$이라고 하면

$$I_0 \fallingdotseq \frac{R_1}{(\omega L_1)^2}V_1=\frac{V_1}{Z_1}$$
$$\therefore Z_1=\frac{\omega^2 L^2{}_1}{\mathrm{R}_1}$$

이 식에 $\omega^2=1/L_1C_1$의 관계를 대입하면 다음과 같이 된다.

$$Z_1=\frac{L_1}{R_1C_1}$$

예제 13-3 그림 13－3의 회로에서 $L_1=0.3[mH]$, $R_1=20[\Omega]$이라 하고 동조회로의 공진 임피던스가 100[KΩ]일 때, 발진이 지속되게 하기 위해서 필요한 M의 값을 구하여 보자. 단, 트랜지스터의 h_{fe}를 50, h_{ie}을 1500[Ω]으로 한다.

풀이 먼저 동조회로의 콘덴서 C_1을 구하면

$$C_1=\frac{L_1}{Z_1R_1}=\frac{0.3\times10^{-3}}{100\times10^3\times20}=150\times10^{-12}=150[pF]$$

발진이 지속되기 위해 필요한 M의 값을 식 13－8에서 구하면

$$M^2-L_1h_{fe}M+L_1C_1R_1h_{ie}=0$$

$$\therefore M=\frac{L_1h_{fe}\pm\sqrt{L^2{}_1h_{fe}{}^2-4L_1C_1R_1h_{ie}}}{2}$$

$$=\frac{0.3\times10^{-3}\times50\pm\sqrt{(0.3\times10^{-3}\times50)^2-4\times0.3\times10^{-3}\times150\times10^{-12}\times20\times1500}}{2}$$

$$=\frac{15\times10^{-3}\pm\sqrt{(15\times10^{-3})^2-4\times135\times10^{-11}}}{2}$$

$$\doteqdot\frac{15\times10^{-3}\pm15\times10^{-3}}{2}$$

±의 ＋값을 취하여

$$M=15\times10^{-3}=15[mH]$$

예제 13-4 그림 13－8의 회로에서 $L_1=L2=0.1[mH]$, $C_1=0.01[\mu F]$, $R_1=60[\Omega]$이며, L_1과 L_2의 결합계수 $k=0.5$일 때 발진 여부를 확인하여라. 단, Tr의 h_{fe}를 40, h_{ie}를 1.5[KΩ]로 한다.

풀이

먼저 M의 값을 구하면

$$M = k\sqrt{L_1 L_2} = 0.5\sqrt{0.1\times10^{-3}\times0.1\times10^{-3}} = 0.5\times10^{-4} = 0.05\,[\mathrm{mH}]$$

발진이 성장되기 위해서는 식 13－12에서

$$h_{fe} > \frac{C_1 R_1}{M} h_{ie} + \frac{M}{L_1}$$

우변의 값을 구하면

$$\frac{C_1 R_1}{M} h_{ie} + \frac{M}{L_1} = \frac{0.01\times10^{-6}\times60\times1500}{0.05\times10^{-3}} + \frac{0.05\times10^{-3}}{0.1\times10^{-3}} = 18 + 0.5 = 18.5$$

$h_{fe} = 40$이므로

$$40 > 18.5$$

따라서 이 회로는 발진한다.

(2) 전압분할 발진회로

① 일반형

그림 13－10은 궤환발진회로의 일반형이고, 하틀리회로나 콜피츠회로 및 수정발진회로의 원형으로 이들 회로를 설명하는 데 편리하다.

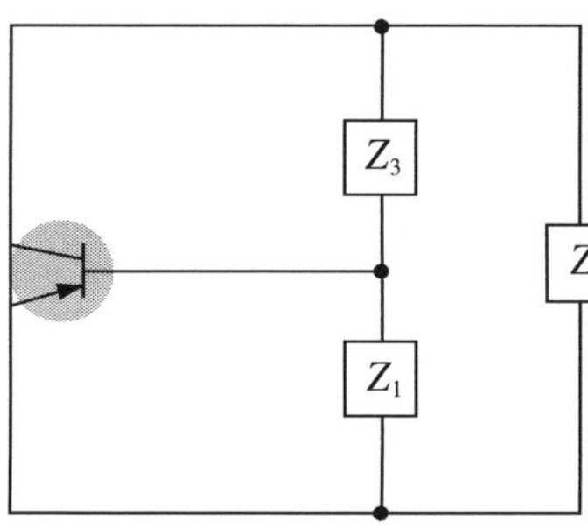

그림 13-10 궤환발진회로의 일반형

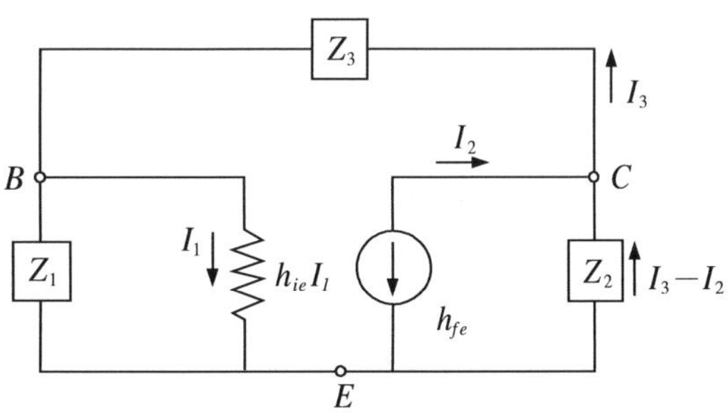

그림 13-11 그림 13-10의 등가회로

그림 13－11의 등가회로에서 발진조건을 구하여보자. 우선 전류증폭률 A_i를 구하면

$$A_i = \frac{I_2}{I_1} = -h_{fe} \qquad ①$$

여기서 h_{fe} : 이미터접지시의 Tr의 전류증폭률

다음에 폐회로 B－E－C에서 키르호프의 법칙을 적용하면

$$Z_2(I_3 - I_2) + Z_3 I_3 + Z I_3 = 0$$

여기에서

$$Z = \frac{Z_1 h_{ie}}{Z_1 + h_{ie}}$$

h_{ie} : 이미터접지시 Tr의 입력 임피던스

$$\therefore I_3 = \frac{Z_2}{Z_2 + Z_3 + Z} I_2$$

여기서 I_1를 구하면

$$I_1 = \frac{Z_1}{h_{ie} + Z_1} I_3 = \frac{Z_1}{h_{ie} + Z_1} \cdot \frac{Z_2}{Z_2 + Z_3 + Z} I_2$$

여기서 β_i를 구하면

$$\beta_i = \frac{Z_1 Z_2}{(h_{ie} - Z_1) \cdot (Z_2 + Z_3) + Z_1 h_{ie}} \qquad ②$$

①식, ②식을 식 13－3에 대입하면

$$A_i \beta_i = \frac{-Z_1 Z_2 h_{fe}}{Z_1 h_{ie} + (h_{ie} + Z_1) \cdot (Z_2 + Z_3)} = 1$$

분모를 우변으로 옮겨 정리하면

$$h_{ie}(Z_1 + Z_2 + Z_3) + Z_1\{Z_3 + Z_2(1 + h_{fe})\} = 0 \qquad (13-10)$$

이 되며, 이 식이 발진조건을 나타내고 있다.

지금, 위 식에서 임피던스 Z_1, Z_2, Z_3가 순전히 리액턴스 jX_1, jX_2, jX_3일 경우, 각 리액턴스 사이에 어떠한 관계가 있으면 되는가를 살펴보기로 한다. 그래서 이 값을 식 13－10에 대입하여 정리하면

$$-X_1X_3 - X_1X_2(1+h_{fe}) + jh_{ie}(X_1+X_2+X_3) = 0$$

이 되며, 이 식을 만족하기 위해서는 좌변의 실수항, 허수항은 같이 0이 된다.

$$\begin{aligned} &X_1X_3 + X_1X_2(1+h_{fe}) = 0 \\ &h_{ie}(X_1+X_2+X_3) = 0 \end{aligned} \qquad (13-11)$$

위 식에서 X_1, X_2를 구하면

$$X_1 = -\frac{h_{fe}}{1+h_{fe}}X_3, \quad X_2 = -\frac{1}{1+h_{fe}}X_3 \qquad (13-12)$$

이 된다. 식 13－12에서 그림 13－10의 일반형이 발진을 일으키는 조건으로서 X_1, X_2는 모두가 X_3와 다른 부호인 리액턴스인데 $|X_3| > |X_2|$ 이어야 한다.

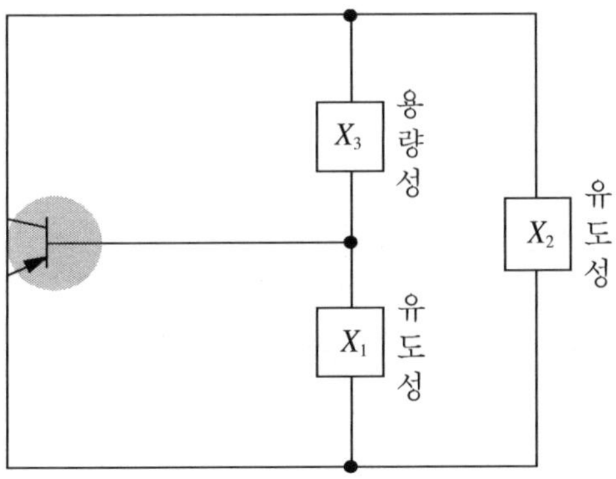

(a) X_1, X_2 : 유도성
X_3 : 용량성

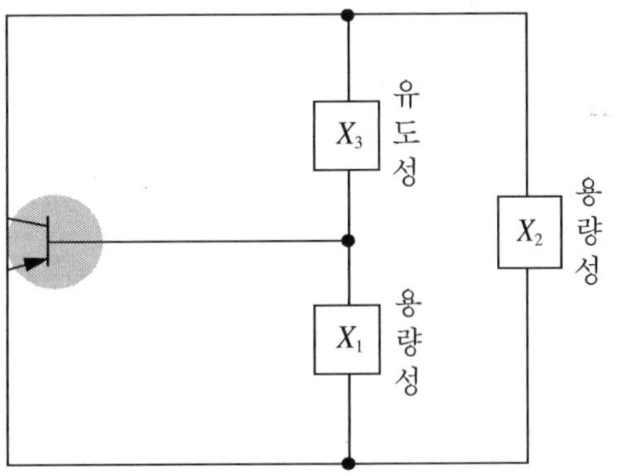

(b) X_1, X_2 : 유도성
X_3 : 용량성

그림 13-12 발진을 일으키는 일반형

이 관계를 그림으로 나타내면 그림 13－12 (a), (b)와 같이 된다.

즉, 그림 (a)와 같이 X_3가 용량성이면 X_1, X_2는 유도성이 되고, 그림 (b)와 같이 X_3가 유도성이면 X_1, X_2는 용량성이 된다.

예제 13-5 그림 13－12에 있어서 $h_{fe}=30$, $Z_3=-j1600[\Omega]$일 때, 이 회로가 발진하기 위한 Z_1 및 Z_2의 값을 구하라.

풀이 식 13－12에서

$$Z_1=-\frac{h_{fe}}{1+h_{fe}}Z_3=-\frac{30}{1+30}(-j1600)$$

$$=j\frac{30\times1600}{31}\fallingdotseq j1548[\Omega]$$

$$Z_2=-\frac{1}{1+h_{fe}}Z_3=-\frac{1}{1+30}(-j1600)$$

$$=j\frac{1600}{31}\fallingdotseq j52[\Omega]$$

② 하틀리 발진회로

트랜지스터를 사용한 하틀리 발진회로(hartley oscillator)에는 접지방법에 따라서 이미터 접지, 베이스 접지, 콜렉터 접지의 세 종류가 있다. 그림 13－13 (a)는 이미터 접지형의 회로이다. 이 그림을 고쳐 그리면 그림 (b)와 같이 되는데, 이것은 일반형의 그림 13－12 (a)의 회로에 해당한다.

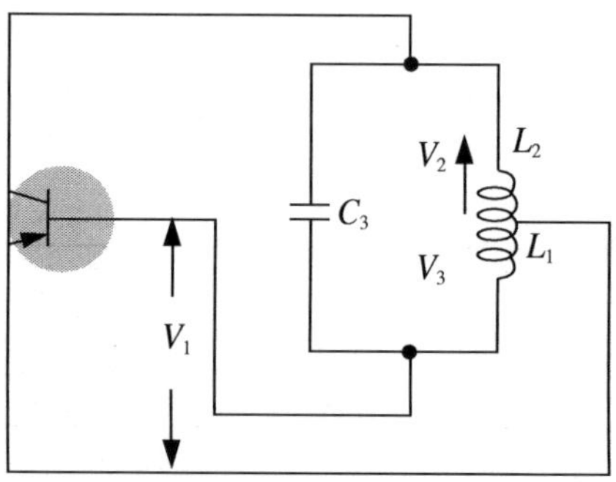

(a) 하틀리 발진회로(기본회로)

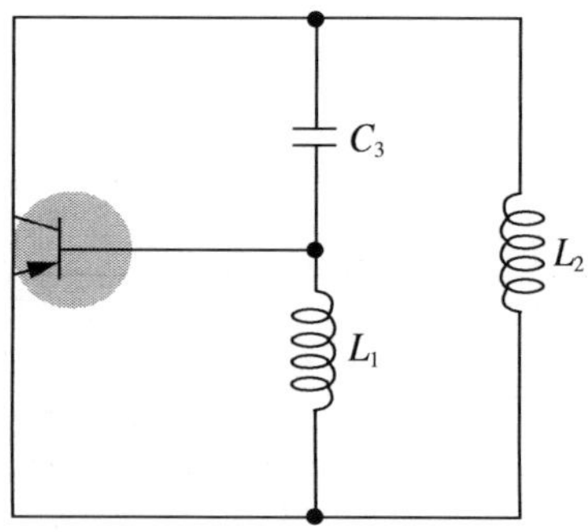

(b) (a)를 바꿔 그린 회로

그림 13-13 하틀리 발진회로

지금 그림 13－13 (a)의 회로에서 베이스-이미터 사이에 미소진동전압이 가해졌다고 볼 때, 전압 V_1은 Tr에서 증폭되고, 코일 L_2의 양단에는V_1과 역위상의 전압 V_2가 되며 코일 L_1

의 양단에는 동위상의 전압 V_3가 되어 나타나게 된다. 그리고 V_3은 그림에서 알 수 있는 바와 같이 베이스-이미터 사이에 그대로 가해지게 되므로, 처음 전압 V_1과 동위상이 된다.

그래서 $V_3>V_1$의 기간에서는 발진이 차차 성장되어 가며, 그 뒤 Tr의 비직선성 때문에 $V_3=V_1$이 되어 정상상태로 된다.

그런데 식 13−11에서 발진주파수 f를 구해 보면, $X_1=j\omega L_1$, $X_2=j\omega L_2$, $X_3=j(\frac{1}{\omega C_3})$이므로 다음과 같이 된다.

$$j\left(\omega L_1+\omega L_2=\frac{1}{\omega C_3}\right)=0$$

$$\therefore\ \omega^2=\frac{1}{(L_1+L_2)C_3}$$

$$\therefore f=\frac{1}{2\pi\sqrt{(L_1+L_2)C_3}} \qquad (13-13)$$

다음에 식 13−11에서 발진이 지속하는 조건을 구하면 다음과 같이 된다.

$$h_{fe}=-\left(1+\frac{X_3}{X_2}\right)=-\left(1+\frac{-\frac{1}{j\omega C_3}}{j\omega L_2}\right)=\frac{1}{\omega^2L_2C_3}-1=\frac{L_1}{L_2} \qquad (13-14)$$

이 회로의 특징은 콘덴서 C_3가 넓은 범위에 걸쳐 변화해도 안정되어 있고, 또 코일의 인덕턴스도 가변적이므로 주파수를 비교적 넓은 범위로 바꿀 수 있다. 그림 13−14는 실용회로로서 R_1, R_2, R_3는 바이어스 전류공급용 저항이고, C_2는 고조파 바이패스 콘덴서이다.

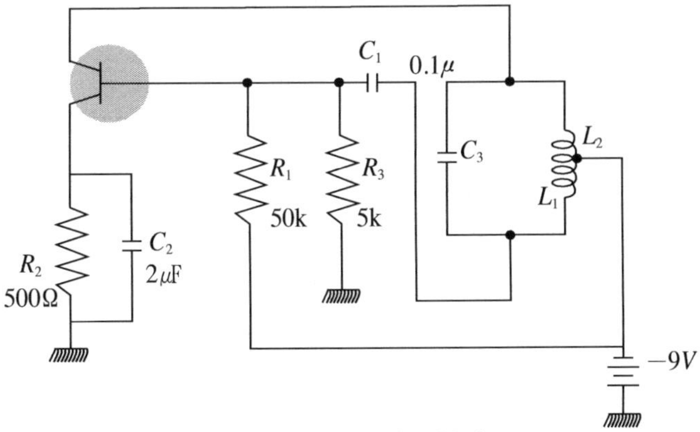

그림 13-14 하틀리 발진회로(실용회로)

예제 13-6 그림 13－13 (a) 회로의 등가회로를 그리고 발진주파수 f 및 발진지속조건이 식 13－13, 식 13－14가 됨을 확인하여라. 단, 코일저항 및 코일간의 상호 인덕턴스는 무시하기로 한다. .

풀이 등가회로는 그림 13－15와 같으며, 여기서 A_i, β_i를 구해보자
그림에서 $I_2 = -h_{fe} I_1$이 되므로

$$A_i = \frac{I_2}{I_1} = -h_{fe} \qquad ①$$

다음에 폐회로 B－E－C에 키르호프의 법칙을 적용하면

$$(I_3 - I_2)\, j\omega L_2 + \frac{I_3}{j\omega C_3} + ZI_3 = 0$$

여기서

$$Z = \frac{j\omega L_1 h_{ie}}{h_{ie} + j\omega L_1}$$

$$\therefore\ I_3 = \frac{j\omega L_2}{Z + j\omega L_2 + \dfrac{1}{j\omega C_3}} I_2$$

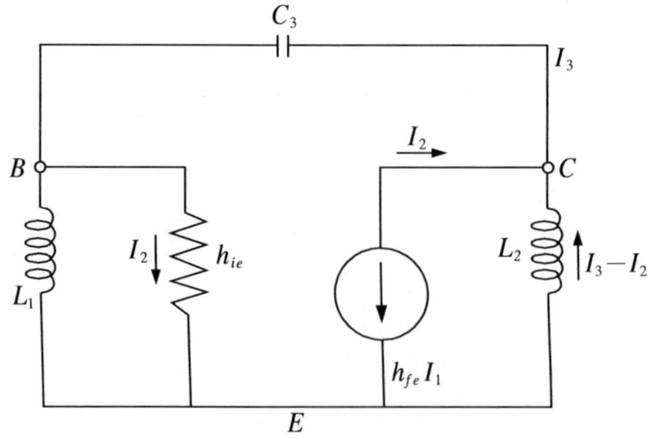

그림 13-15 그림 13-13 (a)의 등가회로

여기서 I_1을 구하면

$$I_1=\frac{j\omega L_1}{h_{ie}+j\omega L_1}I_3=\frac{j\omega L_1}{h_{ie}+j\omega L_1}\cdot\frac{j\omega L_2}{Z+j\omega L_2+\frac{1}{j\omega C_3}}I_2$$

이 되고, 또 β_i을 구하면

$$\beta_i=\frac{-\omega^2 L_1 L_2}{j\omega L_1 h_{ie}+(h_{ie}+j\omega L_1)\cdot\left(j\omega L_2+\frac{1}{j\omega C_3}\right)} \qquad ②$$

①식, ②식을 식 13－3에 대입하면

$$A_i\beta_i=\frac{\omega^2 L_1 L_2 h_{fe}}{j\omega L_1 h_{ie}+(h_{ie}+j\omega L_1)\cdot\left(j\omega L_2+\frac{1}{j\omega C_3}\right)}=1$$

이 식을 정리하면 다음과 같이 된다.

$$\omega^2 L_1 L_2 h_{fe}=\frac{L_1}{C_3}-\omega^2 L_1 L_2+jh_{ie}\left(\omega L_1+\omega L_2-\frac{1}{\omega C_3}\right) \qquad ③$$

우선 ③식의 양변의 허수항을 같다고 하고 발진수파수 f를 구하면

$$h_{ie}\left(\omega L_1+\omega L_2-\frac{1}{\omega C_3}\right)=0$$

$$\therefore f=\frac{1}{2\pi\sqrt{C_3(L_1+L_2)}}$$

다음에 실수항끼리 같다고 하고, 발진지속조건을 구하면

$$\omega^2 L_1 L_2 h_{fe}=\frac{L_1}{C_3}-\omega^2 L_1 L_2$$

$$\therefore h_{fe}=\frac{1}{\omega^2 L_2 C_3}-1=\frac{L_1}{L_2}$$

예제 13-7 그림 13－13 (a)의 하틀리 회로에서, $L_1 = 250[\mu H]$, $L_2 = 50[\mu H]$, $C_3 = 300[pF]$일 때, 발진주파수 f 및 발진하는 데 필요한 Tr의 h_{fe}를 구하여라.

풀이 ▶

$$\therefore f = \frac{1}{2\pi\sqrt{(L_1 + L_2)C_3}} = \frac{1}{2\pi\sqrt{(250+50)\times 10^{-6}\times 300\times 10^{-12}}}$$

$$= \frac{1}{2\pi\sqrt{9\times 10^{-14}}} \fallingdotseq 531\times 10^3 = 531[KHz]$$

또, 발진지속조건은 식 13－14에서

$$h_{fe} = \frac{L_1}{L_2} = \frac{250\times 10^{-6}}{50\times 10^{-6}} = 5$$

이 되고, 발진되기 위하여 h_{fe}는 5 이상이면 된다.

③ 콜피츠 발진회로

트랜지스터를 사용한 콜피츠 발진회로(colpitts oscillator)도 하틀리 발진회로와 마찬가지로 접지방법에 따라 3종류가 있다. 그림 13－15 (a)는 이미터 접지형인 콜피츠 발진회로이다. 이 회로는 그림에서 알 수 있듯이 하틀리 회로의 인덕턴스 L과 용량 C의 위치를 바꾼 것과 같은 형태이다.

이 그림을 바꾸어 그리면 그림 (b)와 같이 되고, 이것은 일반형의 그림 13－12 (b)의 회로에 해당한다.

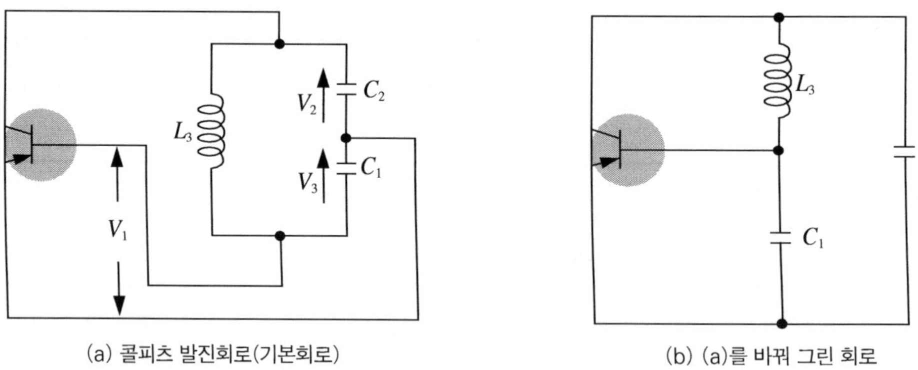

(a) 콜피츠 발진회로(기본회로)　(b) (a)를 바꿔 그린 회로

그림 13-16 콜피츠 발진회로

지금 그림 13－16 (a)의 회로에 있어서 베이스-이미터 사이에 미소진동전압이 가해졌다고 하면 이 전압 V_1은 증폭되어, 콘덴서 C_1, C_2의 양단에 전압 V_3, V_2로 되어 나타난다. 그림에서 알 수 있듯이 V_3는 V_1과 동위상이 되어 베이스-이미터 사이에 가해지기 때문에 정궤환이 되며, $V_3 > V_1$ 사이는 발진이 성장하고, 끝내는 $V_3 = V_1$이 되어 정상발진으로 된다.

또한, $X_1 = 1/j\omega C_1$, $X_2 = 1/j\omega C_2$, $X_3 = 1/j\omega L_3$를 식 13－12 및 식 13－11에 대입하여 발진주파수 f 및 발진지속조건을 구하면

$$j\left(\omega L_3 - \frac{1}{\omega C_1} - \frac{1}{\omega C_2}\right) = 0$$

$$\therefore\ \omega^2 = \frac{1}{L_3 \dfrac{C_1 C_2}{C_1 + C_2}}$$

$$\therefore\ f = \frac{1}{2\pi\sqrt{L_3 \dfrac{C_1 C_2}{C_1 + C_2}}} \qquad (13-14)$$

또는

$$h_{fe} = -\left(1 + \frac{X_3}{X_2}\right) = -\left(1 + \frac{j\omega L_3}{\dfrac{1}{j\omega C_2}}\right) \qquad (13-15)$$

가 된다.

이 회로의 특징은 발진파형이 좋고, 특히 코일의 인덕턴스를 작게 할 수 있기 때문에 발진주파수를 높게 할 수 있다.

그림 13－17은 실용회로인데 R_1, R_2, R_3는 바이어스전류 공급용저항, C_3는 고주파 바이패스 콘덴서이다.

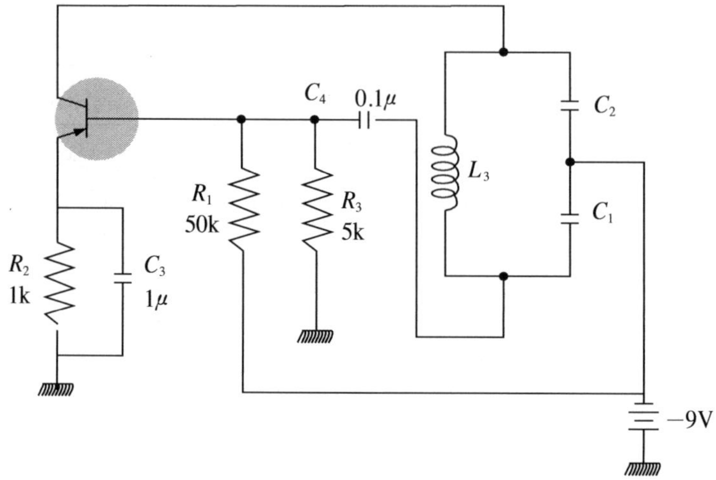

그림 13-17 콜피츠 발진회로(실용회로)

예제 13-8 그림 13－16 (a)의 콜피츠 회로에 있어서, $C_1=200[\text{pF}]$, $C_2=0.004[\mu\text{F}]$, $L_3=400[\mu\text{H}]$일 때, 발진주파수 f 및 발진이 지속하는 데 필요한 Tr의 h_{fe}를 구하여라.

풀이 발진수파수 f는 식 13－14로부터

$$\therefore f=\frac{1}{2\pi\sqrt{L_3\dfrac{C_1C_2}{C_1+C_2}}}=\frac{1}{2\pi\sqrt{400\times10^{-6}\dfrac{200\times10^{-12}\times0.004\times10^{-6}}{200\times10^{-12}\times0.004\times10^{-6}}}}$$

$$=\frac{1}{2\pi\sqrt{32\times\dfrac{10^{-23}}{42\times10^{-10}}}}\fallingdotseq\frac{10^{7}}{2\pi\sqrt{7.62}}\fallingdotseq5.78\times10^{5}=578[\text{KHz}]$$

또, h_{fe}의 값은 식 13－15에서

$$h_{fe}=\frac{C_2}{C_1}=\frac{0.004\times10^{-6}}{200\times10^{-12}}=20$$

즉, 이 회로가 발진하기 위해서는 T_r의 h_{fe}가 20 이상의 것을 사용해야 한다.

(3) LC 발진회로의 주파수 변동과 그 대책

① 주파수변동의 원인과 대책

발진회로로서 구비해야 할 조건은 발진수파주가 변동되지 않을 것과 발진파형진폭이 일정해야 한다는 것인데, 특히 발진주파수의 변동을 작게 한다는 것은 중요한 일이다.

주파수변동의 주요원인으로서 다음 세 가지를 들 수 있다.

(a) 전원전압의 변동

그림 13－3의 콜렉터 동조형 발진회로의 발진주파수는 앞에서 설명한 바와 같이 엄격히는 다음 식으로 나타낸다.

$$\therefore f = \frac{1}{2\pi\sqrt{C_1 L_1\left(1+\frac{L_2 R_1}{L_1 h_{ie}}\right)}} \qquad \text{콜렉터동조형}$$

즉, 발진주파수는 동조회로의 콘덴서나 코일의 값뿐이 아니고, 트랜지스터 정수에 의해서도 변화한다. 그런데 전원전압이 변하면 Tr 특성이 달라지게 되는 동시에, 이로 말미암아 정수가 달라짐으로써 발진주파수가 달라진다. 또 전극간 용량도 변하여 동조회로의 용량 C에 영향을 준다.

(b) 회로정수의 변화

발진주파수를 결정하는 동조회로 코일의 인덕턴스나 콘덴서의 정전용량은 온도나 습도가 달라져 경년변화나 기계진동에 의하여 변화하고, 이로 인하여 주파수가 변동한다.

(c) 부하의 변동

동조회로의 저항이나 인덕턴스는 부하변동으로 달라지는 것이므로, 그에 따라 발진주파수도 변화한다.

그 대책으로서 다음 세 가지를 들 수 있다.

(i) 전원전압을 안정화하거나 공진회로의 Q를 크게 한다.

(ii) 코일이나 콘덴서의 형태를 생각하거나 발진회로 전체를 항온조 속에 넣거나 한다. 또 발진회로의 각 부품을 튼튼하게 구성케 하고 진동이 되지 않도록 한다.

(iii) 발진회로에 직접부하를 접속치 않고, 적당한 증폭기로 부하와의 결합을 성글게 하여 부하가 변동해도 직접발진회로에 영향을 미치지 못하게 한다. 이와 같은 증폭기를 완충증폭기라 하고 그림 13－18과 같이 무선송신기에 널리 사용되고 있다.

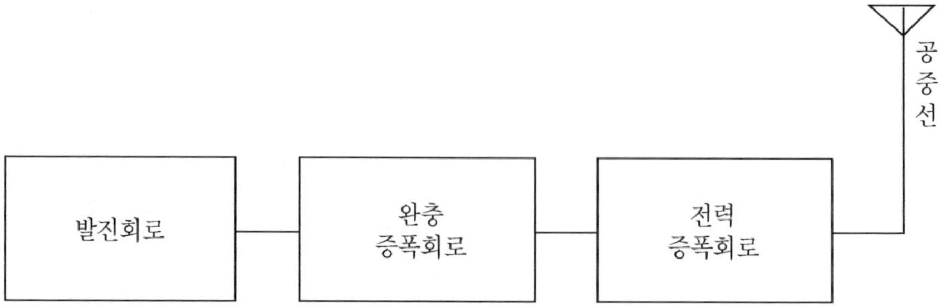

그림 13-18 무선 송신기의 개략도

이상과 같은 대책을 써도 고도로 주파수를 안정시킨다는 것은 쉬운 일이 아니다. 그래서 다음 절에서 말하는 수정발진회로를 생각할 수 있다.

② 리액턴스 안정화회로

하틀리 회로나 콜피츠 회로에 적당한 리액턴스를 넣으면 발진주파수 Tr의 정수와는 관계가 없게 되며, 안정화된다.

그림 13－19는 궤환발진회로의 일반형인데, 리액턴스 X_E를 넣음으로써 주파수의 안정화를 도모하고 있다.

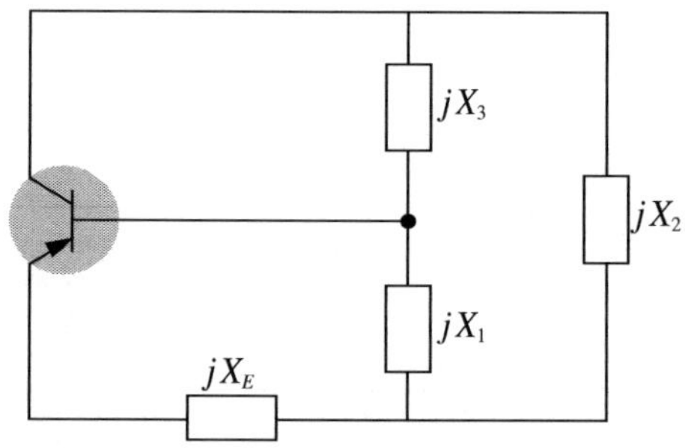

그림 13-19 리액턴스 안정화회로

그 X_E의 값을 계산해보면

$$X_E = -\frac{X_1 X_2}{X_1 + X_2} \tag{13-16}$$

가 된다.

식 13－16에서 발진회로가 하틀리 회로이면 $X_1>0$, $X_2>0$이므로 안정화 리액턴스는 용량성이 된다(그림 13－20 (a)). 또, 콜피츠 회로이면 $X_1>0$, $X_2<0$이므로 안정화 리액턴스는 유도성이 된다(그림 13－20 (b)).

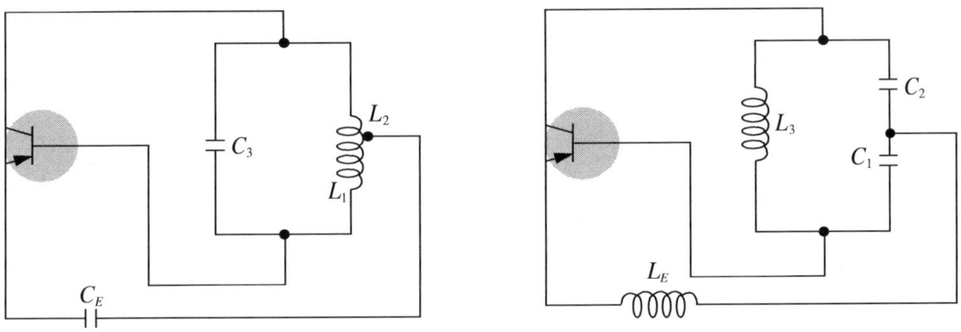

(a) 하틀리 발전회로의 주파수안정화 (b)콜피츠발진회로의 주파수안정화

그림 13-20 발진회로의 안정화

예제 13-9 그림 13－20 (a)의 하틀리 발진회로에서 있어서 $L_1=300[\mu H]$, $L_2=1[mH]$, $C_3=50[pF]$인 때, 안정화 커패시턴스 C_E의 크기를 구하라.

풀이 식 13－16에, $X_1=\omega L_1$, $X_2=\omega L_2$, $X_E=-1/\omega C_E$를 대입하여 C_E의 값을 구하면

$$-\frac{1}{\omega C_E}=-\frac{\omega L_1 \omega L_2}{\omega L_1+\omega L_2}$$

$$\therefore C_E=\frac{L_1+L_2}{\omega^2 L_1 L_2}$$

이 식에 $\omega^2=1/(L_1+L_2)C_3$를 대입하면

$$C_E=\frac{C_3(L_1+L_2)}{L_1 L_2}$$

이 된다. 그래서 $C_3=50[pF]$, $L_1=300[\mu H]$, $L_2=1[mH]$를 대입하여 답을 구하면

$$C_E = \frac{50\times10^{-12}(300\times10^{-6}+10^{-3})^2}{300\times10^{-6}\times10^{-3}}$$

$$= \frac{5\times10^{-11}(1.3\times10^{-3})^2}{3\times10^{-7}}$$

$$= 282\times10^{-12} = 282[\text{pF}]$$

예제 13-10 그림 13-20 (b)의 콜피츠 발진회로에서, $C_1 = C_2 = 150[\text{pF}]$, $L_3 = 300[\mu\text{H}]$ 일 때, 안정화 인덕턴스 L_E의 값을 구하라.

풀이 식 13-16에 $X_1 = -1/\omega C_1$, $X_2 = -1/\omega C_2$, $X_L = \omega L_E$를 대입하여 L_E를 구하면

$$\therefore\ \omega L_E = \frac{\left(-\frac{1}{\omega C_1}\right)\cdot\left(-\frac{1}{\omega C_2}\right)}{-\frac{1}{\omega C_1}-\frac{1}{\omega C_2}}$$

$$\therefore\ L_E = \frac{1}{\omega^2(C_1+C_2)}$$

이 식에 $1/\omega^2 = L_3(C_1C_2/C_1+C_2)$를 대입하면

$$L_E = -\frac{L_3C_1C_2}{\omega^2(C_1+C_2)^2}$$

이 된다. 그래서 $C_1 = C_2 = 150[\text{pF}]$, $L_3 = 300[\mu\text{H}]$를 대입하여 답을 구하면

$$C_E = \frac{300\times10^{-6}\times150\times10^{-12}\times150\times10^{-12}}{(150\times10^{-12}+150\times10^{12})^2}$$

$$= \frac{6.75\ \times10^{-24}}{9\times10^{-20}} = 0.75\times10^{-4}$$

$$= 75\times10^{-6} = 75[\mu\text{H}]$$

3. 수정발진회로

무선통신기기인 송신기로부터 발사하는 전파의 주파수가 변동하면 수신측에서는 동조를 취하기 어렵고, 또 다른 통신에 혼신이 일어나게 된다. 그래서 전파의 주파수는 안정하고 정확해야 하나, 전파법령에서는 송신전파에 허용된 주파수의 허용편차를 표 13-2와 같이 정해두고 있다.

표 13-2 주파수의 허용편차(무선설비규칙별표 1에서 발췌)

주 파 수 대	허 용 편 차	무 선 국 의 예
10∼525[KHz]	200×10^{-6}	공정국
525∼1605[KHz]	10Hz	방송국
1605∼4000[KHz]	100×10^{-6}	200[W] 이하의 고정국 및 육상국
4∼29.7[KHz]	$50\times10_{-6}$	500[W] 이하의 고정국 및 해안국
29.7∼100[KHz]	1000Hz	텔레비전 방송국

LC발진회로에서 발진주파수는 주로 코일파 콘덴서의 값으로 결정되며, 앞서 설명한 전압전원의 변동, 온도의 변화, 부하의 변동에 의해 10^{-3} 정도의 주파수의 변화가 있다. 이것은 표 13-2와 같이 정해져 있는 범위(10^{-4}∼10^{-5}) 내에 이르지 못한다.

그래서 Q가 큰 수정진동자로 주파수의 안전화를 꾀한 수정발진회로가 무선송신기에 흔히 사용된다.

(1) 압전기효과

지금 수정의 결정에서 적절히 얇게 끊어낸 수정편에 그림 13-21(a)와 같이 압력을 가하면 그 압력과 비례하는 정(+) 부(−)의 전하가 나타나고 그림 (b)와 같이 장력을 가하면 수정편 전하의 정(+) 부(−)가 역으로 된다.

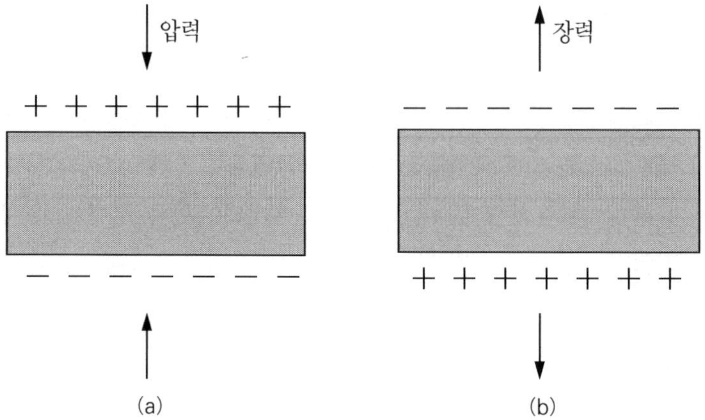

그림 13-21 압전기 직접효과

즉, 수정편에 기계적 의곡을 가하면 교류전계가 일어나게 된다. 이러한 현상은 수정의 결정이 의곡될 때 분극치에 변화가 일어났기 때문이다. 이와 같은 현상을 압전기 직접효과라 한다.

한편, 이 수정편을 금속으로 된 전극 사이에 넣고, 직류전압을 가하면 그림 13－22 (a)와 같이 압축이 되고, 그림 (b)와 같이 신장되기도 한다. 그리고 그 크기는 가한 전압에 비례한다.

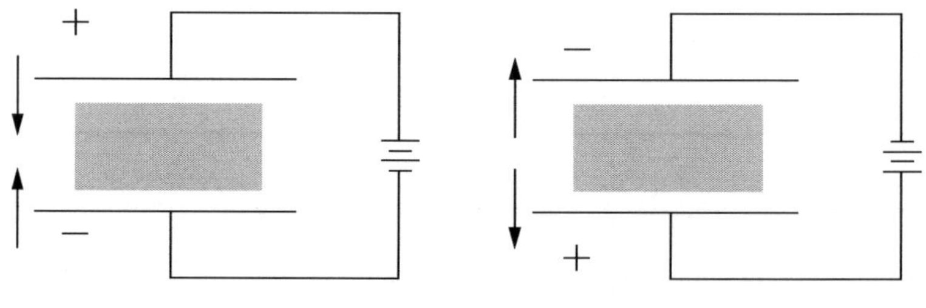

그림 13-22 수정편의 압전 효과

즉, 교류의 전계를 가하면 수정편은 수정의 탄성체로서의 고유진동수로 진동한다. 이 현상을 압전기 역효과라 하고, 압전기 직접효과와 같이 압전기효과(piezo electric effect)라 한다. 이런 현상은 수정뿐이 아니고, 전기석이나 로셸염 등에서도 볼 수 있다.

(2) 수정진동자와 등가회로

① 수정진동자

앞에서 말한 바와 같이 수정편의 양단에 압력을 가한 후, 갑자기 그 압력을 제거하면 수정편은 고유진동수(수정편의 절단법이나 두께 및 탄성계수 등에 의하여 결정되는 고유의 진동수)로 진동한다.

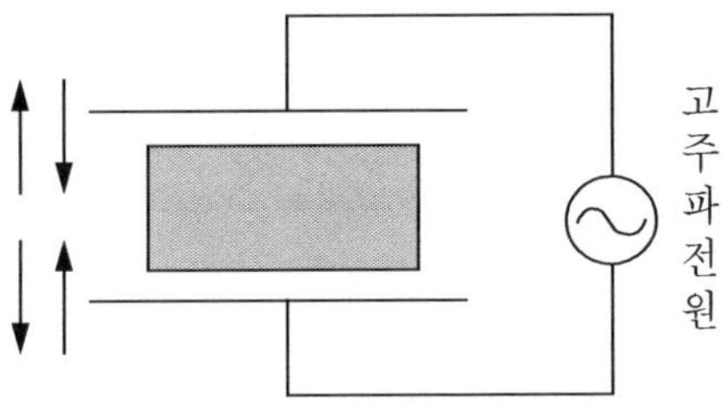

그림 13-23 수정편의 진동

그러나 이 진동은 점점 감쇠되어 간다. 그래서 이 수정편에 그림 13−23과 같이 고주파 전압을 가하면 수정편은 전압과 같은 위상에서 신축하게 되나, 다시금 이 고주파 전압의 주파수를 수정편의 고유진동수와 일치시키면 그 진동은 공진을 일으켜 현저하게 커진다. 그리고 수정에 흐르는 전류도 최대가 된다.

이와 같은 목적으로 만들어진 수정편을 수정진동자(quartz crystal unit)라고 하는데 이것은 수정을 절단하는 방법에 따라 여러 종류가 있다.

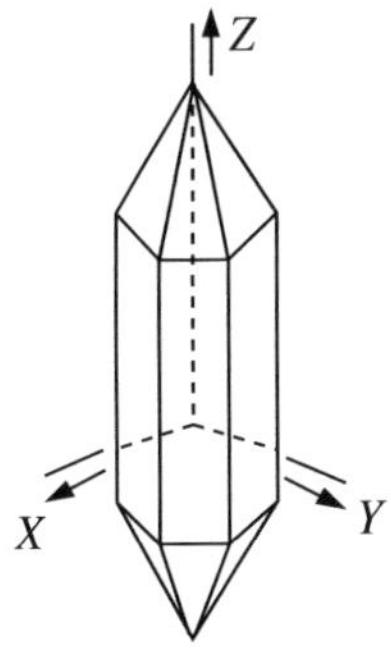

그림 13-24 수정의 결정과 좌표축

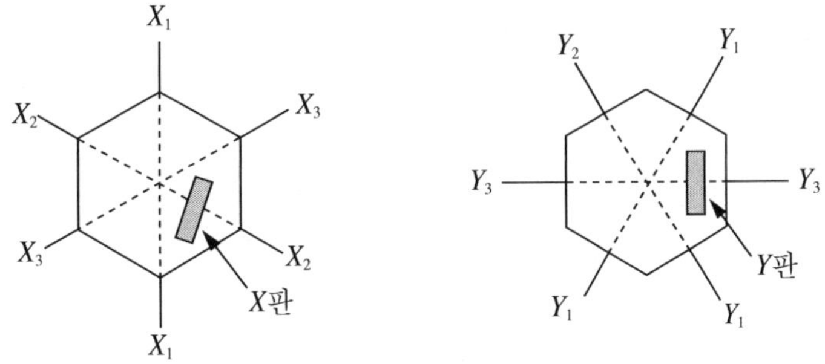

(a) (b)

그림 13-25 X-Y 단면과 X판 Y판

수정의 결정은 그림 13−24와 같이 정육각기둥이며, 그 성질을 알기 위해 그림과 같이 Z축, X축, Y축의 세 축으로 구분한다. Z축은 결정의 정점을 꿰뚫고 있고 광학적 성질이 나타나 있어서 광축이라 한다. 그리고 X축은 Z축과 수직한 육각형의 모서리를 지나는 120도씩 떨어져 있는 축인데 전기축이라 한다. Y축은 육각기둥의 결정면과 수직한 120도씩 떨어져 있는 축인데 기계축이라고도 한다.

그림 13−25는 결정 Z축에 대해 수직으로 절취한 X−Y단면인데 그림 (a)와 같이 X축과 수직한 면의 일부를 절취한 수정진동차를 X커트 또는 X판이라 하고, 그림 (b)와 같이 Y축과 수직한 면에서 끊어낸 수정진동자를 Y커트 또는 Y판이라 한다.

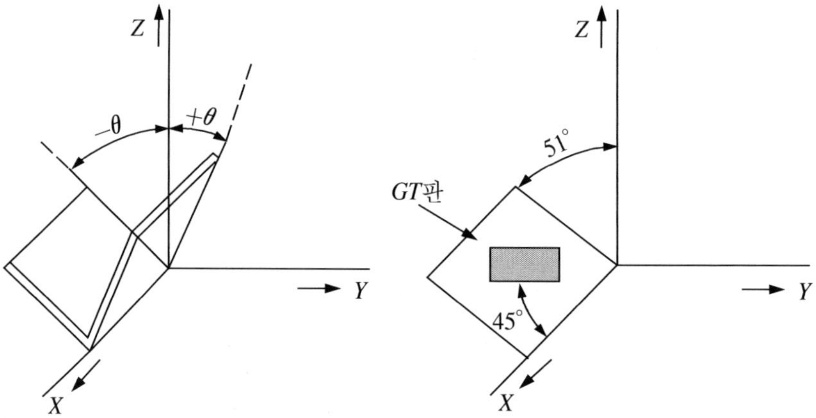

(a) AT판, BT판, CT판, DT판 (b) GT판

그림 13-26 수정진동자의 절단법

그외에도 끊는 방법에 따라서 여러 가지 수정발진자가 있게 되나 그림 13−26은 그 대표적인 것을 나타낸 것이다. 즉 그림 (a)와 같이 Z축에 대하여 각도 $\theta°$로 절취하면 AT판($\theta = +35°$), BT판($\theta = -49°$), CT판 ($\theta = +38°$), DT판($\theta = -52°$)이 되고, 또 그림 (b)와 같은 각도에서 잘라냄으로써 GT판의 진동자를 얻게 된다. 그리고, AT판, BT판, CT판, DT판을 R_1판, R_2판, R_3판, R_4판이라 부르기도 한다.

② 수정진동자의 진동형태

수정진동자의 진동형태는 수정진동자의 절단법에 따라 달라지게 되나 크게 두께진동과 윤곽진동으로 나눌수 있다.

두께진동이라 하면 진동자의 고유진동수가 두께에 따라 결정되며 윤곽진동이라는 것은 진동자의 고유진동수가 그 길이나 폭에 따라 결정되는 것이다. 그러므로 두께진동은 높은 주파수에, 윤곽진동은 낮은 주파수에 사용된다.

이들의 진동을 다시 세분하면 다음과 같이 된다.

(a) 두께 종진동

두께 종진동은 그림 13－27에 나타내고 있는 것과 같은 진동으로 진동자의 두께가 두껍게 되는 형태와 엷게 되는 형태가 있다. *X*판의 진동은 이러한 형태에 해당된다.

(b)두께 미끄럼 진동

두께 미끄럼 진동은 그림 13－27 (b)와 같은 진동으로 상하의 평면이 서로 반대방향으로 진동한다. 이것은 Y판, AT판, BT판의 진동형태에 해당된다.

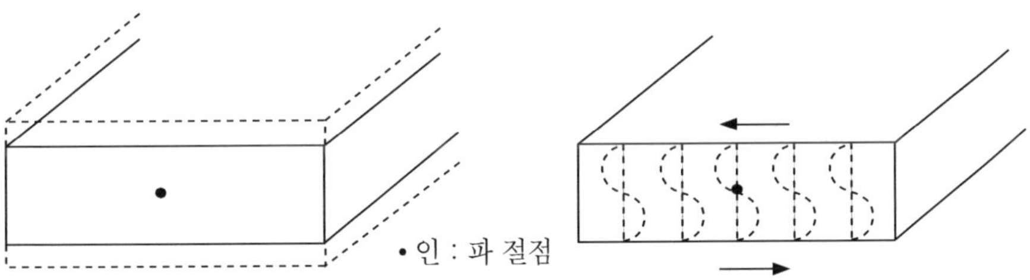

(a) 두께 종진동 (b) 두께 미끄럼 진동

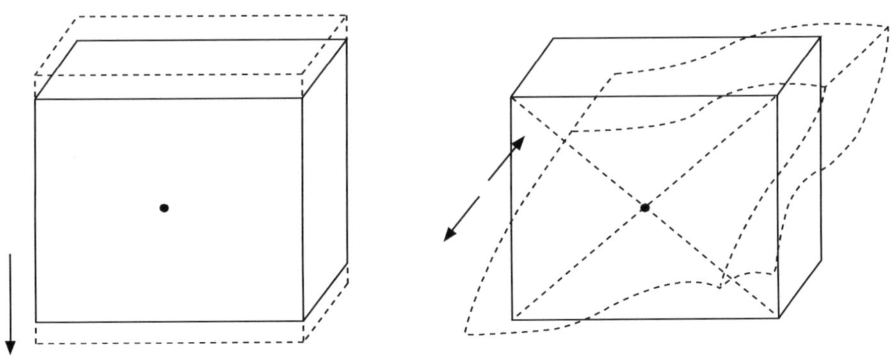

(c) 윤곽 종진동 (d) 윤곽 미끄럼 진동

그림 13-27 수정진동자의 진동형태

(c) 윤곽 종진동

윤곽 종진동은 그림 13－27 (c)와 같은 길이의 방향으로 된 비뚤이 일어나는 진동인데 GT판이 이 형태에 해당된다.

(d) 윤곽 미끄럼 진동

윤곽 미끄럼 진동은 그림 13－27 (d)와 같이 진동자의 대각선에 따르는 진동으로, *C*T판 및 DT판이 이 형태에 해당된다.

그리고, 그림 13－27 (a), (b), (*c*), (d)의 그 어느 것에도 판의 절점이 있다. 이것은 진동이 정지하는 점이고, 여기에 기계적 지지점을 갖게 되면 진동에 주는 영향이 없어진다.

③ 온도에 의한 수정진동자의 주파수 변화

온도에 의한 발진주파수가 변동되는 비율을 온도계수라 한다. X판이나 Y판은 온도계수가 크고, 온도가 달라지면 발진주파수도 크게 달라지며, 주파수변동의 허용치가 적은 회로에는 적당하지 못하다. 이에 대하여 GT판이나 AT판이 그림 13－28과 같이 온도가 달라짐에 따라 주파수의 변동은 적고, 특히 GT판이면 0이라 해도 무방할 정도이다. 이와 같은 진동자를 영온도계수수정진동자라 한다.

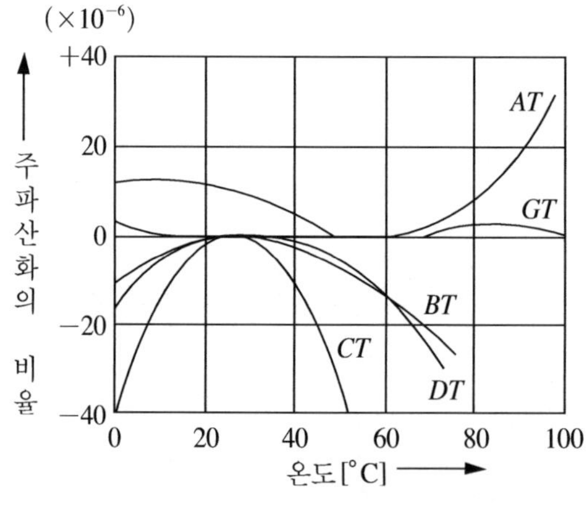

그림 13-28 온도에 의한 주파수변화

그리고 BT판, *C*T판, DT판은 온도변화에 의한 주파수변동은 크지만 상온 가까이에서는 거의 0에 가깝다.

이상 ①, ②, ③의 사항을 표로 정리하면 표 13－3과 같이 된다.

표 13-3 수정진동자의 특성

수정진동자	끊는 법	진동 형태	주파수범위 [㎑]	온도계수 (상온부근)/deg
X 판	그림 13－25 (a)	두께 종진동	300～10000	-27×10^{-6}
Y 판	그림 13－25 (b)	두께 미끄럼 진동	300～10000	96×10^{-6}
AT 판	그림 13－26 (a) $\theta=+35°$	두께 미끄럼 진동	300～10000	〈 1×10^{-6}
BT 판	그림 13－27 (a) $\theta=-49°$	두께 미끄럼 진동	500～10000	〈 1×10^{-6}
CT 판	그림 13－28 (a) $\theta=+38°$	윤곽 미끄럼 진동	100～500	〈 1×10^{-6}
DT 판	그림 13－26 (a) $\theta=-52°$	윤곽 미끄럼 진동	100～500	〈 1×10^{-6}
GT 판	그림 13－26 (b)	윤곽 종진동	100～500	〈 1×10^{-6}

④ 수정진동자의 등가회로

①에서 말한 바와 같이 수정진동자에 고주파전압을 가하여 그 주파수를 진동자의 고유 주파수에 공진시키면 진동자에 흐르는 전류는 최대가 된다. 이 모양을 그래프로 나타내면 그림 13－29와 같이 된다. 여기서 주파수 f_s에서는 직열공진, f_p에서는 병렬공진을 일으키고 있음을 알 수 있다.

이런 사실로 보아 수정진동자의 등가회로는 그림 13－30과 같이 된다. 즉 그림 13－30 (a)에 있어서 진동자 자체는 $L_0-C_0-R_0$의 직렬공진회로이며, 이것은 전극간 용량 C_1과 병렬로 접속된 형으로 되어 있다. 결국 등가회로는 그림 13－30 (b)와 같이 된다. 이 등가회로에 있어서 저항 R_0를 무시하면 주파수를 변화시킨 경우의 리액턴스의 그래프는 그림 13－31과 같이 된다.

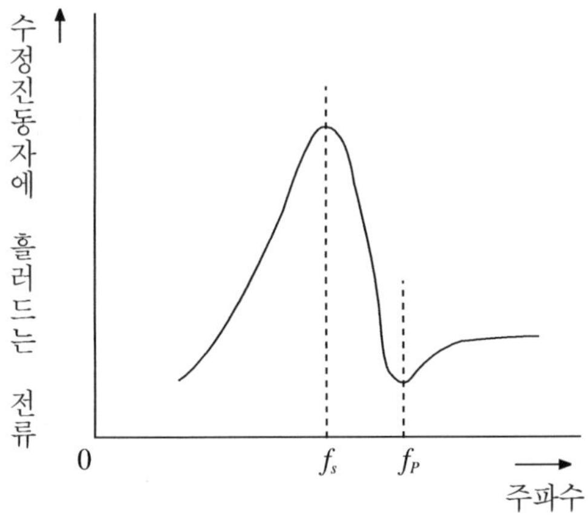

그림 13-29 수정진동자의 공진

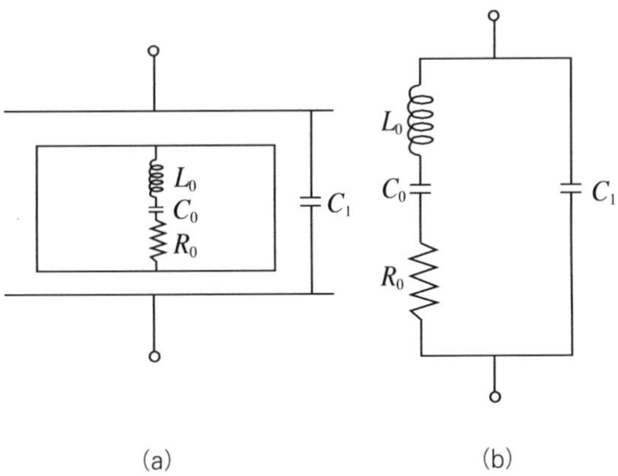

그림 13-30 수정진동자의 등가회로

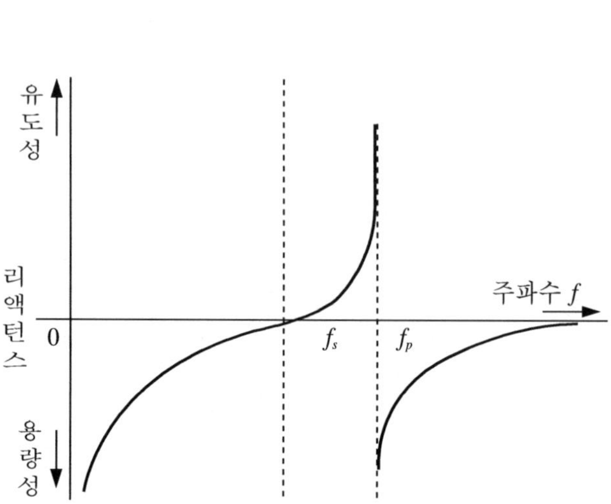

그림 13-31 수정진동자 리액턴스 특성

그림 13−31에서 주파수 f가 $0<f<f_s$의 범위에서는 $1/\omega C_0 > \omega L_0$에서 용량성 리액턴스가 되고, $f>f_p$인 범위에서는 이 유도성 리액턴스와 병렬콘덴서 C_1의 병렬공진회로를 형성하며, $1/\omega C_1$의 값이 작아져서 용량성 리액턴스가 된다.

여기서 직렬공진주파수 f_s의 값을 구하면 $\omega L_0 = 1/\omega C_0$의 조건에서는 다음과 같이 된다.

$$f_s = \frac{1}{2\pi\sqrt{L_0 C_0}} \tag{13-17}$$

그리고 병렬공진주파수 f_p를 구하면

$$f_p = \frac{1}{2\pi\sqrt{L_0\left(\frac{C_0 C_1}{C_0 + C_1}\right)}} \tag{13-18}$$

이 된다. 또 진동자 Q의 값을 구하면

$$Q = \frac{2\pi f_p L_0}{R_0} = \frac{1}{R_0}\sqrt{\frac{L_0}{C_0}} \tag{13-19}$$

이 되어 실제의 값은 $10^4 \sim 10^6$의 범위 내에 있으며 대단히 크다.

예제 13-11 어떤 발진회로에 있어서 어떤 온도에서의 온도계수가 10^{-5}/deg이라고 한다. 온도 1[deg] 변화했을 때, 이 회로의 발진주파수의 변동은 얼마나 되겠는가? 단, 발진주파수는 1000[KHz]이다.

풀이 발진주파수의 변동분은 온도계수와 발진주파수의 곱으로 구할 수 있으므로 $1000 \times 10^3 \times 10^{-5} = 10$[Hz]가 된다.

예제 13-12 식 13-18을 유도하라.

풀이 그림 13-30 (b)의 등가회로에 있어서 저항 R_0을 무시한 병렬임피던스를 구하면

$$Z = \frac{j\left(\omega L_0 - \frac{1}{\omega C_0}\right) \cdot \left(-j\frac{1}{\omega C_1}\right)}{j\left(\omega L_0 - \frac{1}{\omega C_0}\right) - j\frac{1}{\omega C_1}} = -j\frac{\omega^2 L_0 C_0 - 1}{\omega(\omega^2 L_0 C_0 C_1 - C_1 - C_0)}$$

가 되며 분모를 0이라 하고 병렬공진주파수 f_p를 구하면 다음과 같이 된다.

$$\omega^2 = \frac{C_0 + C_1}{L_0 C_0 C_1}$$

$$\therefore f_p = \frac{1}{2\pi\sqrt{L_0\left(\frac{C_0 C_1}{C_0 + C_1}\right)}}$$

(3) 수정발진회로

① B-E피어스 회로

수정발진회로의 일반형도 LC발진회로와 마찬가지로 그림 13-32와 같이 그릴 수 있다. 그림 13-32는 B-E피어스 회로(B-E pierce circuit)인데 하틀리형에 해당된다.

즉, 발진조건으로서 베이스-이미터 사이에 접속되어 있는 동조회로는 유도성으로 동작하게 되고, 콜렉터-이미터간에 접속되어 있는 동조회로는 유도성으로 동작하게 된다.

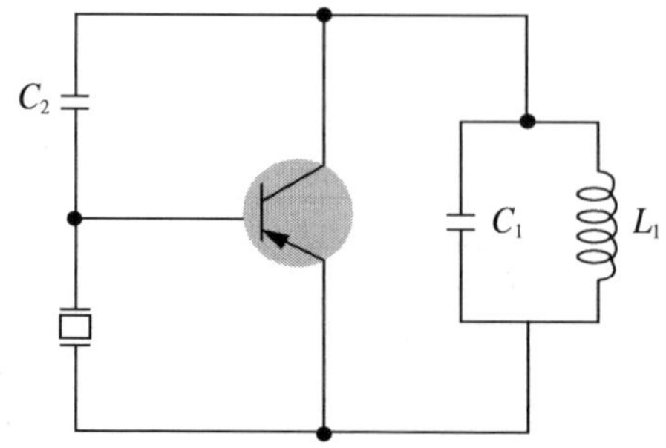

그림 13-32 B-E피어스 회로(기본회로)

그런데, 콜렉터−이미터간에 단독코일을 사용치 않고 동조회로를 사용한 것은 발진출력을 크게 하기 위해서이다.

지금 *LC*동조회로에 있어서 주파수에 대한 리액턴스의 변화를 그림으로 나타내 보면 그림 13−33과 같게 된다.

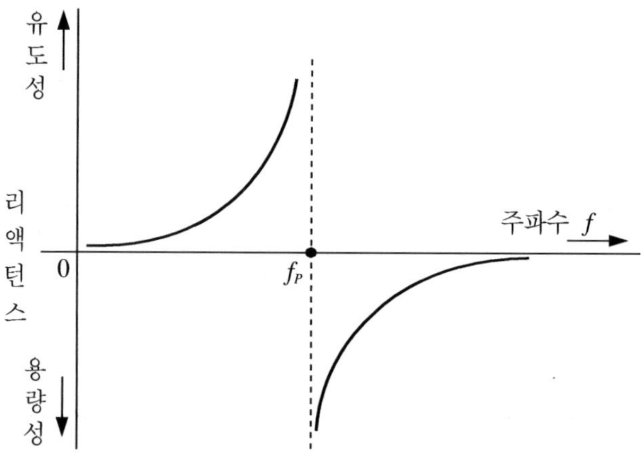

그림 13-33 LC동조회로의 리액턴스특성

그림 13−33에서 알 수 있는 바와 같이 리액턴스는 주파수가 0에서 병렬동진주파수 f_p'까지는 유도성이고 f_p'에서부터 ∞까지는 용량성이 되며, 또 그 크기는 무한대, f_p' 가까이에서는 어느 정도 큰 값이 되어 있다.

그래서 그림 13−32의 콘덴서 C_1을 변화시켜 f_p'를 수정진동자의 고유주파수에 접근시켜 발진하면, 동조회로의 임피던스는 커지며, 따라서 발진출력도 커진다. 그리고 발진하고 있을 때에는 수정발진자의 임피던스가 유도성이므로 발진주파수는 수정발진자의 직렬공진주파수 f_l와 동조회로의 f_p' 사이에 있다.

여기서 그림 13－32의 콜렉터 회로에 직류전류계를, 동조회로에 고주파 전류계를 넣고 콘덴서 C_1을 조정하였을 때의 전류변화를 그림으로 나타내보면 그림 13－34와 같이 된다. 그림 13－34에 있어서 C_1'' 점에서는 발진이 가장 강하지만 용량이 조금 변하면 발진이 정지하게 되고 C_1' 점은 발진이 안정하고, 출력도 크게 되므로 여기서 동작시키면 좋다.

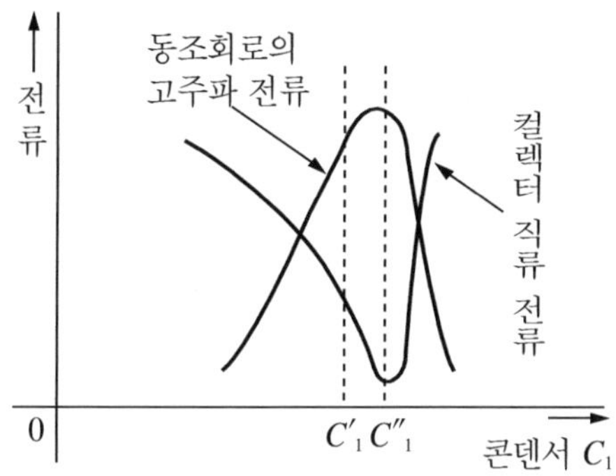

그림 13-34 B-E 피어스 회로 특성

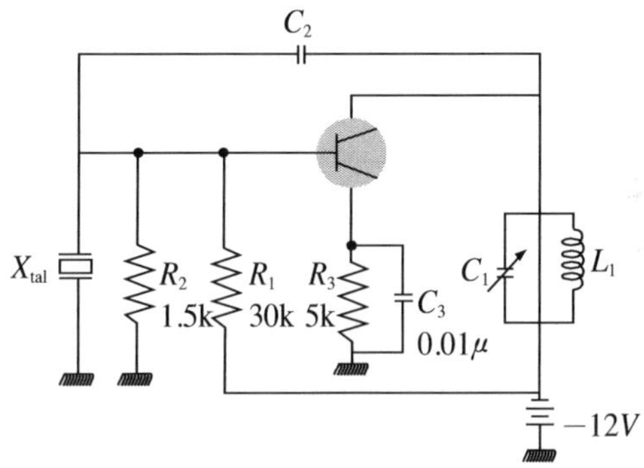

그림 13-35 B-E피어스 회로(실용회로)

그림 13－35는 실제의 B－E 피어스 회로인데 R_1, R_2, R_3는 바이어스 전류공급용의 저항이며, C_3는 바이패스 콘덴서이다. 그리고 사용하는 수정진동자는 Tr의 입력 임피던스가 낮으므로 적어야 한다.

② C－B 피어스 회로

그림 13－36은 콜렉터－베이스간에 진동자가 들어 있기 때문에 C－B 피어스 회로(C－B pierce circuit)라 하고, 콜피츠형에 해당한다.

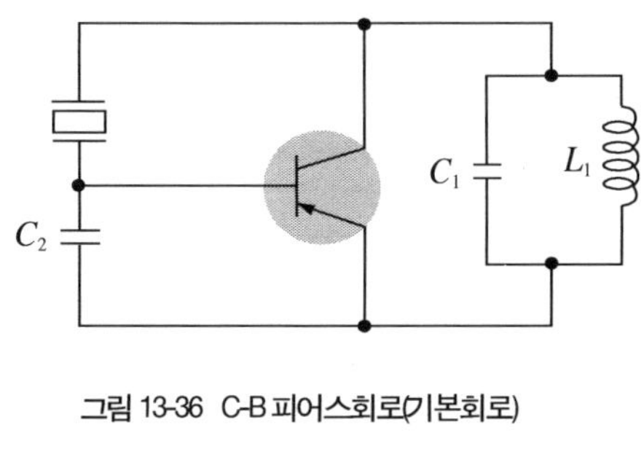

그림 13-36 C-B 피어스회로(기본회로)

즉, 베이스－콜렉터간에 접속되어 있는 진동자는 유도성으로, 콜렉터－이미터간에 접속되어 있는 동조회로는 용량성이라야 한다. 이상의 점이 B－E 피어스 회로와의 차이점이다.

그런데 이 회로가 발진하는 것은 콜렉터 동조회로의 병렬공진주파수 f_p' 가 진동자의 직렬공진 주파수 f_s' 보다 적기 때문이다. 그 이유는 f_p' 가 낮은 데서만 동조회로가 용량성이 되기 때문이다.

①과 마찬가지로 그림 13－36의 콘덴서 C_1을 변화시켰을 때의 콜렉터 직류전류 및 동조회로의 고주파전류의 특성을 그림으로 타나내면 그림 13－38과 같이 된다.

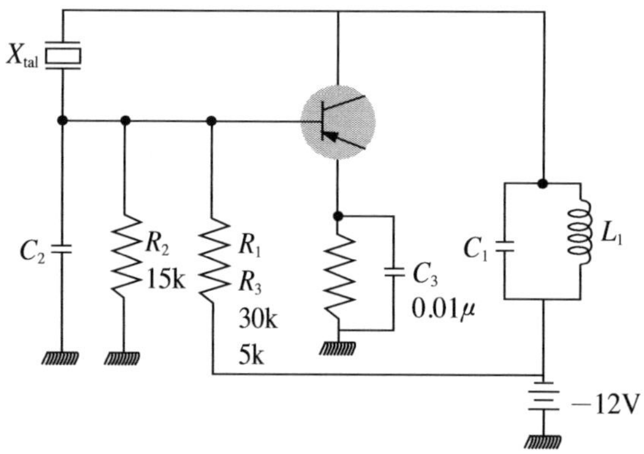

그림 13-37 C-B 피어스 회로(실용회로)

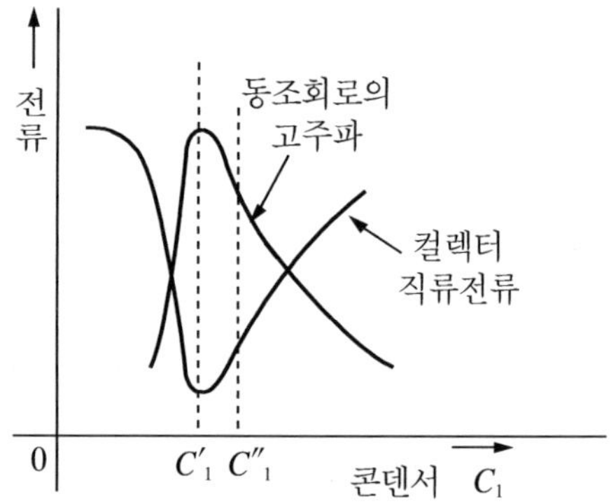

그림 13-38 C-B 피어스 회로의 특성

그림에서 C_1' 점이면 발진출력이 크게 되나 주파수는 불안정하며, C_1'' 점에서 동작시키면 좋다. 그리고 그림 13－37는 C－B 피어스의 실용회로이다.

③ 오버톤 발진회로

그림 13－39은 트랜지스터를 사용한 오버톤 발진회로의 실제 예이다.

B－E 피어스 회로는 수정진동자의 기본진동으로 발진시키게 되나, 이 오버톤 발진회로(overtone oscillator)는 진동자에 있어서 기본진동의 기수배에서 발진시키는 것이다.

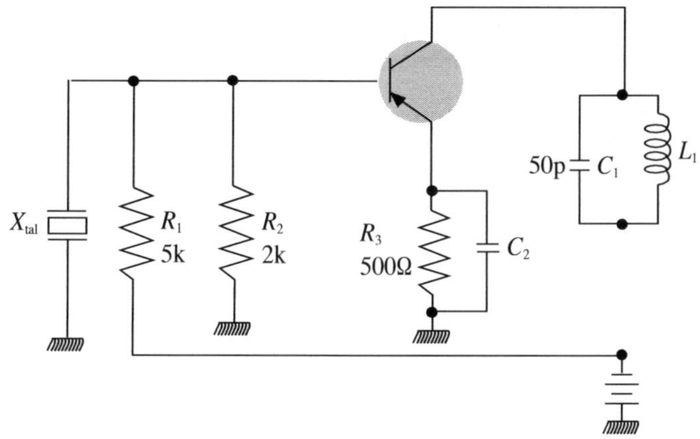

그림 13-39 오버톤 발진회로

여기서 사용하는 수정진동자를 오버톤 수정진동자라 하고 고유주파수의 기수배의 고주파가 다소 큰 비율로 발생하게 되어 있다.

그런데 진동자의 고유주파수를 크게 하려면 그 치수를 작게 해야 하나, 작게 하는 데에도 한도가 있다. 현재 사용되고 있는 최고의 주파수는 약 15[MHz] 정도이다. 그래서 그보다 높은 주파수를 얻으려면 오버톤용 수정진동자를 사용하여 고유주파수의 3배, 5배의 고주파를 취하게 된다.

4. CR발진회로

LC 발진회로는 동조회로의 인덕턴스 *L*과 정전용량 *C*의 값을 작게 함으로써 비교적 높은 주파수영역의 발진에 적당하지만 낮은 주파수영역에서는 *L*과 *C*의 값이 크게 되며, 특히 *L* 대신에 저항 R을 사용하여 *CR*에 의해서 궤환회로를 구성한 *CR* 발진회로는 *R*값을 간단히 크게 할 수 있으므로 낮은 주파수의 발진회로에 많이 이용되고 있다.

(1) 이상형 발진

① 병렬저항이상형 CR 발진회로

그림 13-40은 트랜지스터를 사용한 병렬저항이상형 *CR*발진회로(shunresistanec type

phase shift oscillator)인데 증폭회로와 이상회로로 되어 있다. 이 증폭회로는 이미터 접지이기 때문에 입력전류 I_1과 출력전류 I_2는 역위상이 되는데, 이 때문에 이 회로가 발진하는 데에는 I_2의 일부를 이상회로를 통하여 베이스측에 역위상으로 궤환해야 한다.

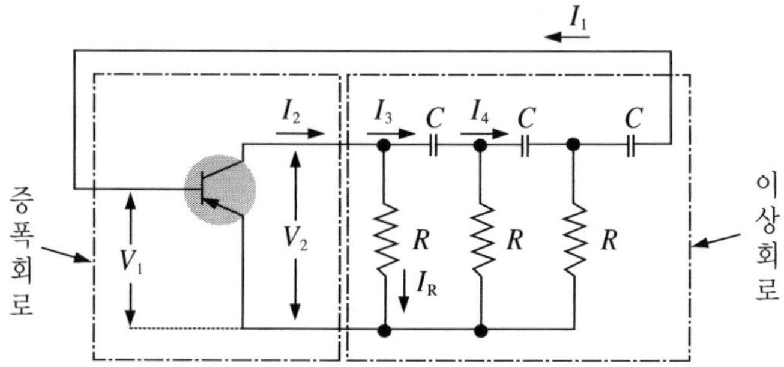

그림 13-40 병렬저항이상형 CR 발진회로(기본회로)

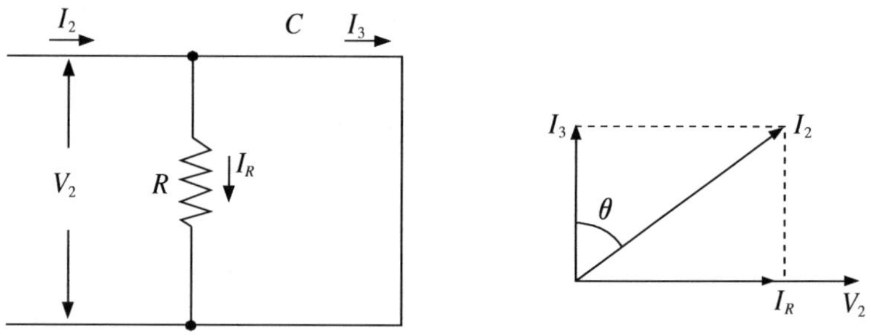

(a) 이상회로의 1단

(b) 벡터

그림 13-41 I_2와 I_3의 위상관계

지금 그림 13-41 (a)와 같이 이상회로의 1단을 빼내어 전류 I_2 및 I_3의 위치관계에 대하여 벡터도를 그리면 그림 (b)와 같이 된다. 즉, 저항 R에 흐르는 전류 I_R는 전압 V_2와 동상이고, 콘덴서 C에 흐르는 전류 I_3는 V_3보다 90° 앞서며 결국 I_3와 I_R의 합성전류인 I_2는 I_3보다 θ 만큼 위상이 뒤진다.

그림 13-41 (b)에 의해서 θ 값을 구하면

$$\theta = \tan^{-1}\frac{|I_R|}{|I_3|} = \tan^{-1}\frac{1}{\omega CR}$$

가 되며, $1/\omega C : R = \sqrt{3} : 1$의 관계로 하면

$$\theta = \tan^{-1}\sqrt{3} = 60^\circ$$

이 된다. 그러므로 이와 같은 CR회로를 3단으로 하면 출력전류와 궤환전류의 위상은 180° 차이가 난다.

그런데 그림 13－40의 등가회로를 그리면 그림 13－42 (a)와 같이 된다. 단, Tr의 입력 임피던스 h_{ie}가 $1/\omega C$의 값에 비하여 매우 작으므로 h_{ie}는 생략해두었다.

이 등가회로에서 증폭회로의 전류증폭도 A_i를 구하면 다음 식과 같이 된다.

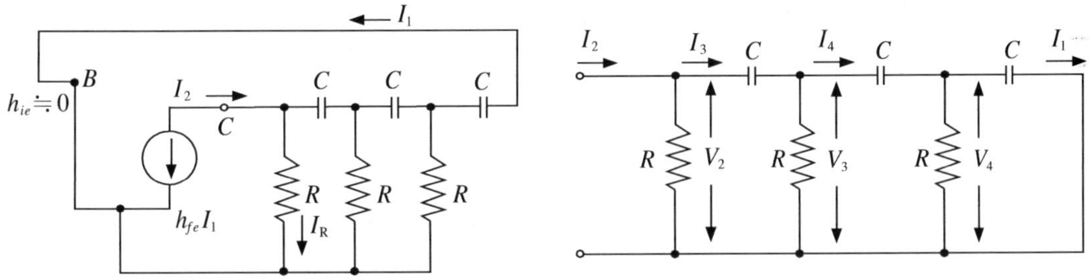

(a) 등가회로 (b) 이상회로

그림 13-42 그림 13-40의 등가회로 및 이상회로

$$A_i = \frac{I_2}{I_1} = -h_{fe} \qquad (13-20)$$

다음에 그림 13－42 (b)와 같이 이상회로만 빼내어 전류궤환계수 β_i를 구해보기로 한다.

그림 (b)에서 전압 V_4는

$$V_4 = \frac{I_1}{j\omega C} \qquad ①$$

이 되며, 여기서 전류 I_4를 구하면

$$I_4 = I_1 + \frac{V_4}{R} = \left(1 + \frac{1}{j\omega CR}\right) I_1 \qquad ②$$

또, 전압 V_3는 ①식, ②식에서

$$V_3 = V_4 + \frac{I_4}{j\omega C} = \left\{\frac{2}{j\omega C} + \frac{1}{(j\omega C)^2 \cdot \mathrm{R}}\right\} I_1 \qquad ③$$

전류 I_3는 ②식, ③식에서

$$I_3 = I_4 + \frac{V_3}{R} = \left\{1 + \frac{3}{j\omega CR} + \frac{1}{(j\omega CR)^2}\right\} I_1 \qquad ④$$

전압 V_2는 ③식, ④식에서

$$V_2 = V_3 + \frac{I_3}{j\omega C} = \left\{\frac{3}{j\omega C} + \frac{4}{(j\omega C)^2 R} + \frac{1}{(j\omega C)^3 R_2}\right\} I_1 \qquad ⑤$$

전류 I_2는 ④식, ⑤식에서

$$I_2 = I_3 + \frac{V_2}{R} = \left\{1 + \frac{6}{j\omega CR} + \frac{5}{(j\omega CR)^2} + \frac{1}{(j\omega CR)^3}\right\} I_1 ⑥$$

⑥식에서 β_i를 구하면

$$\beta_i = \frac{I_1}{I_2} = \frac{1}{1 - \frac{5}{\omega^2 C^2 R^2} + \frac{1}{j\omega CR}\left(6 - \frac{1}{\omega^2 C^2 R^2}\right)} \qquad (13-21)$$

식 13−20 및 식 13−21을 식 13−3에 대입하여 정리하면

$$-h_{fe} = \left(1 - \frac{5}{\omega^2 C^2 R^2}\right) + j\frac{1}{\omega CR}\left(\frac{1}{\omega^2 C^2 R^2} - 6\right) \qquad ⑦$$

⑦식 양변의 허수항을 같다고 하고, 발진주파수 f를 구하면 식 13−22와 같이 된다.

$$\frac{1}{\omega CR}\left(\frac{1}{\omega^2 C^2 R^2} - 6\right) = 0$$

$$\omega^2 = \frac{1}{6C^2 R^2}$$

$$\therefore f = \frac{1}{2\pi\sqrt{6}\,CR} \qquad (13-22)$$

또, ⑦식의 실수항끼리 같다고 하고 Tr의 h_{fe}를 구하면 식 13－23과 같이 된다.

$$-h_{fe} = 1 - \frac{5}{\omega^2 C^2 R^2}$$

$$\therefore h_{fe} = \frac{5 \times 6C^2R^2}{C^2R^2} - 1 = 29 \qquad (13-23)$$

즉, 이 회로가 발진하기 위해서는 h_{fe}가 29이상의 Tr를 사용해야 한다.

그림 13－43은 병렬저항 이상형의 실용회로를 나타낸 것이다.

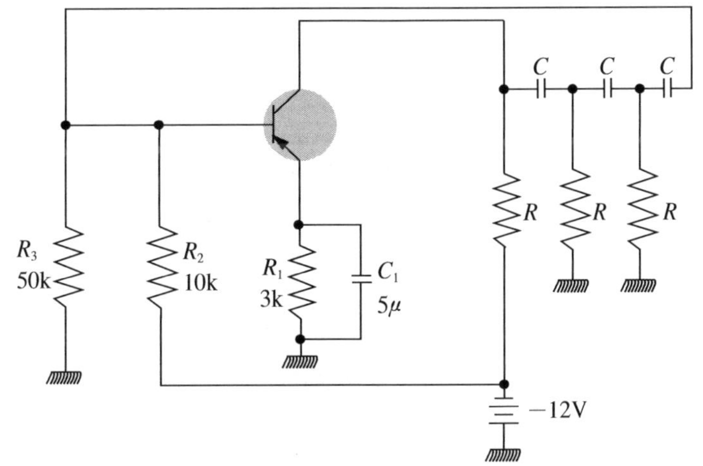

그림 13-43 병렬저항 이상형 CR 발진회로(실용회로)

예제 13-13 그림 13－40의 병렬저항 이상형 CR 발진회로에 있어서 $C=100[\mu F]$, $R=500[K\Omega]$일 때의 발진주파수를 구하여라.

풀이 식 13－22에서 발진주파수를 구해보면

$$f=\frac{1}{2\pi\sqrt{6}CR}=\frac{1}{2\pi\sqrt{6}\times100\times10^{-12}\times500\times10^{3}}\fallingdotseq\frac{14^{4}}{2.5\pi}\fallingdotseq1270[\text{Hz}]$$

② 병렬콘덴서 이상형 CR 발진회로

그림 13－44는 병렬콘덴서 이상형 CR 발진회로(shunt condenser type phase shift oscillator)이다. 이 회로도에서 Tr의 입력전류 I_1과 출력전류 I_2는 역위상이므로 I_2의 일부를 입력에 궤환할 경우 180° 위상을 뒤지게 해야 한다.

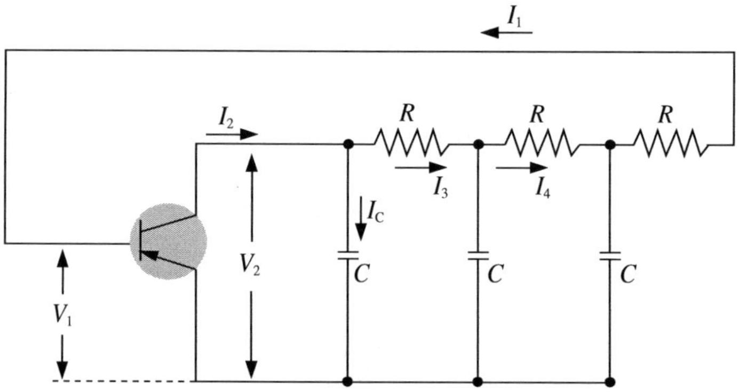

그림 13-44 병렬콘덴서 이상형 CR 발진회로(기본회로)

그래서 ①과 마찬가지로 이상회로의 1단을 빼내어 전류 I_2와 I_3의 위상계수에 대하여 살펴보면 그림 13－45와 같이 된다. 그림 (b)에서 알 수 있는 바와 같이 I_2 는 I_3보다 $\theta°$ 만큼 위상이 앞서고 있어 그 크기는 다음과 같이 된다.

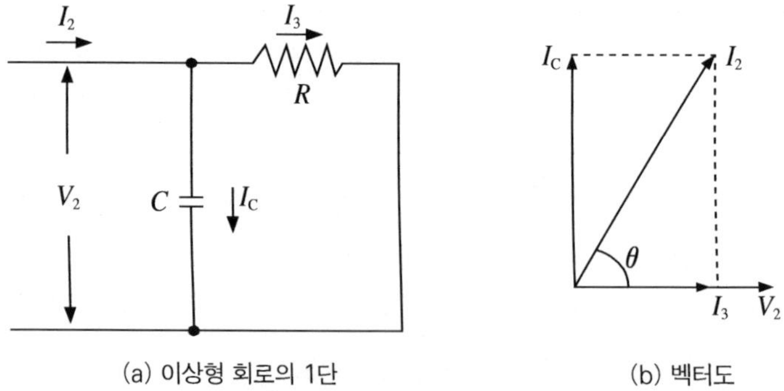

(a) 이상형 회로의 1단　　　　(b) 벡터도

그림 13-45 전류 I_2와 I_3의 위상관계

$$\theta = \tan^{-1}\frac{|I_C|}{|I_3|} = \tan^{-1}\omega CR$$

지금 $1/\omega C : \mathrm{R} = 1 : \sqrt{3}$의 계수가 되도록 하면 $\theta = 60°$가 된다. 그래서 이 회로를 3단 접속하면 궤환전류는 입력전류와 동위상이 되어 정궤환한다.

그림 13－46 (a), (b)는 병렬콘덴서 이상형의 등가회로 및 이상회로이다. 그림에서 $A_i\ \beta_i$를 구하면 식 13－24와 같이 된다.

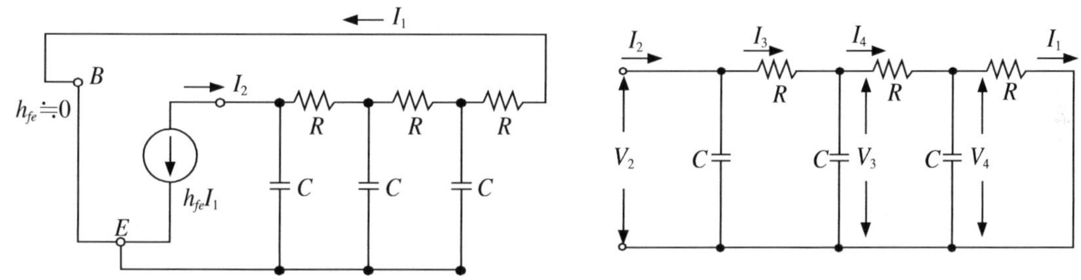

그림 13-46 그림 13-42의 등가회로 및 이상회로

$$A_i = -h_{fe}$$

$$\beta_i = \frac{1}{1 - 5\omega^2C^2\mathrm{R}^2 + j\omega C\mathrm{R}(6 - \omega^2C^2\mathrm{R}^2)} \qquad (13-24)$$

식 13－24를 식 13－3에 대입하여 발진주파수 f 및 h_{fe}를 구하면 다음과 같이 된다.

$$f = \frac{\sqrt{6}}{2\pi C\mathrm{R}}$$

$$h_{fe} = 29 \qquad (13-25)$$

그리고 실용회로는 그림 13－47과 같다.

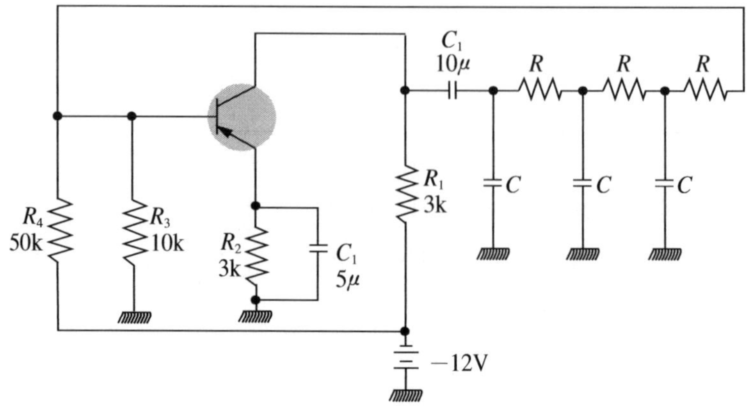

그림 13-47 병렬콘덴서 이상형 CR 발진회로

예제 13-14 그림 13−46 (b)의 이상회로에서 β_i를 식 13−24와 같이 나타낼 수 있음을 증명하라.

풀이 그림 13−46 (b)에서 I_2는 다음과 같이 된다.

$$V_4 = RI_1$$

$$A_i = -h_{fe}\, I_4 = I_1 + j\omega CV_4 = (1 + j\omega CR)I_1$$

$$V_3 = \mathrm{V}_4 + RI_4 = (2R + j\omega C\mathrm{R}^2)\, I_1$$

$$I_3 = I_4 + j\omega CV_3 = \{1 + j3\omega C\mathrm{R} + (j\omega C\mathrm{R})^2\}I_1$$

$$V_2 = V_3 + \mathrm{RI}_3 = \{3R + j4\omega C\mathrm{R}^2 + (j\omega C)^2\mathrm{R}^3\}I_1$$

$$\therefore\ I_2 = I_3 + j\omega CV_2 = \{1 + j6\omega C\mathrm{R} + 5(j\omega C\mathrm{R})^2 + (j\omega C\mathrm{R})^3\}I_1$$

그런데 β_i는 $\mathrm{I}_1 / \mathrm{I}_2$으로 구할 수 있으므로

$$\beta_i = \frac{1}{1 - \omega^2 C^2 \mathrm{R}^2 + j\omega C\mathrm{R}(6 - \omega^2 C^2 \mathrm{R}^2)}$$

가 된다.

(2) 윙브리지형 발진회로

그림 13-48 (a), (b)는 윙브리지형 발진회로(wie-bridge type oscillator)의 원리를 나타낸 것이다.

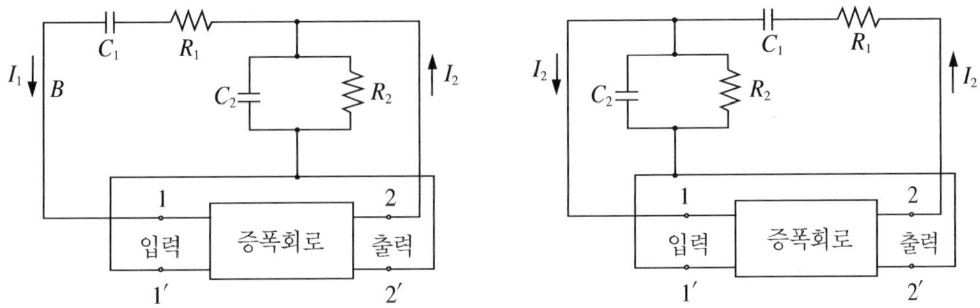

(a) 입력임피던스가 작은 회로 (b) 입력임피던스가 큰 회로

그림 13-48 윙브리지형 발진회로(원리도)

이 회로도 궤환발진회로의 일종인데 그림과 같이 C_1-R_1 직렬회로와 C_2-R_2 병렬회로로 된 궤환회로로 구성되어 있다. 그런데 이 궤환회로에서는 궤환전류 I_1이 증폭회로의 출력전류 I_2에 대하여 동위상이 되도록 궤환시키고 있다. 그래서 이 회로를 발진토록 하기 위해서는 증폭회로를 2단접속으로 하고 입출력전류가 동위상이 되는 정상증폭회로로 해야 한다.

이 회로의 발진조건으로 이 이외에 식 13-3이 만족되어 있어야 한다.

그리고 그림 13-48 (a)의 회로는 C_1-R_1 직렬회로가 증폭회로의 입력에 직렬로 연결되어 있기 때문에 입력임피던스가 적은 트랜지스터 회로에 적당하고, 그림 (b)의 회로는 C_2-R_2 병렬회로가 입력에 병렬로 들어 있기 때문에 입력임피던스가 큰 회로에 적당하다. 만일 그림 (b)의 회로에 Tr를 사용한다고 하면 R_2-C_2 병렬회로가 Tr의 입력임피던스로 단락되게 되어 경우에 따라서는 발진하지 않게 된다. 그래서 이때는 증폭회로에 폐궤환을 걸고 입력임피던스를 크게 할 필요가 있다.

지금 그림 (a)의 회로에 Tr를 사용했다고 보고 등가회로를 그려 보면 그림 13-49와 같이 된다.

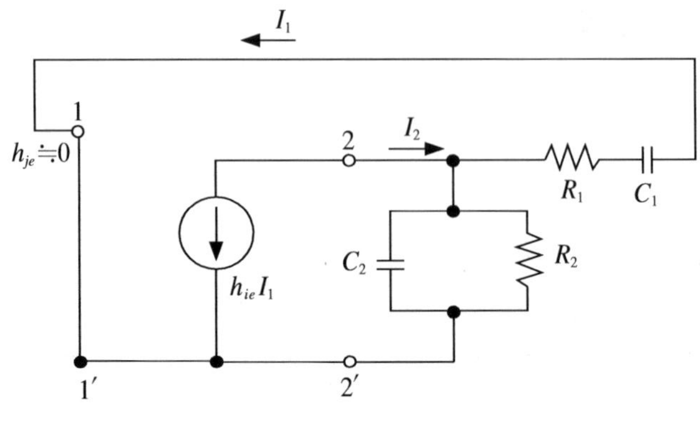

그림 13-49 그림 13-46 (a)의 등가회로

그림에서 Tr의 입력 임피던스는 $C_1 - R_1$ 직렬 임피던스의 값에 비하여 적기 때문에 무시한다.

이 등가회로에서 궤환전류 I_1과 출력전류 I_2의 관계를 구하면

$$I_1 = \frac{Z_2}{Z_1 + Z_2} I_2 = \frac{1}{1 + \dfrac{Z_1}{Z_2}} I_2$$

여기서

$$Z_1 = R_1 + \frac{1}{j\omega C_1} \qquad \frac{1}{Z_2} = \frac{1}{R_2} + j\omega C_2$$

여기서 β_i를 구하면

$$\beta_i = \frac{I_1}{I_2} = \frac{1}{1 + \dfrac{Z_1}{Z_2}} = \frac{1}{1 + \left(R_1 + \dfrac{1}{j\omega C_1}\right) \cdot \left(\dfrac{1}{R_2} + j\omega C_2\right)}$$

$$= \frac{1}{1 + \dfrac{R_1}{R_2} + \dfrac{C_2}{C_1} + j\left(\omega C_2 R_1 - \dfrac{1}{\omega C_1 R_2}\right)} \qquad (13-26)$$

식 13－26을 식 13－3에 대입하여 A_i를 구하면

$$A_i = 1 + \frac{R_1}{R_2} + \frac{C_2}{C_1} + j\left(\omega C_2 R_1 - \frac{1}{\omega C_1 R_2}\right) \qquad (13-27)$$

식 13－27에 있어서의 A_i 값은 실수이므로 우변의 허수항은 0이 되며, 여기서 발진주파수 f는 식 13－28과 같이 된다.

$$\left(\omega C_2 R_1 - \frac{1}{\omega C_1 R_2}\right) = 0$$

$$\therefore\ \omega^2 = \frac{1}{C_1 C_2 R_1 R_2}$$

$$\therefore f = \frac{1}{2\pi\sqrt{C_1 C_2 R_1 R_2}} \qquad (13-28)$$

다음에 발진이 지속되기 위하여 필요한 A_i의 값을 구하면 식 13－29와 같이 된다.

$$A_i = 1 + \frac{R_1}{R_2} + \frac{C_2}{C_1} \qquad (13-29)$$

또, 식 13－27에서 I_1과 I_2의 위상각 θ°을 구하면 다음과 같이 된다.

$$\theta = \tan^{-1} \frac{\omega C_2 R_1 - \dfrac{1}{\omega C_1 R_2}}{1 + \dfrac{R_1}{R_2} + \dfrac{C_2}{C_1}} \qquad (13-30)$$

이 식 13－30에 식 13－28의 관계를 대입하면 $\theta = 0^\circ$가 되고 I_1과 I_2가 동위상이 됨을 알 수 있다. 그리고 식 13－28, 식 13－29에 $R_1 = R_2 = R$, $C_1 = C_2 = C$를 대입하면

$$f = \frac{1}{2\pi CR} \qquad A_i = 3 \qquad (13-31)$$

이 된다.

이 회로는 이상형에 비하여 안정도가 좋고, 주파수 가변범위도 크므로 저주파발전기로서의 측정기 등에 널리 이용되고 있다.

그림 13－50은 그림 13－48 (a)의 실용회로이다. 그림 중에서 C_6는 직류저지콘덴서인데 임피던스를 적게 하기 위하여 대용량의 것을 사용하고 있다. 또 R_3은 이미터 폴로워용 저항으로서 R_{11}을 통하여 부궤환을 걸어 증폭의 안정화를 도모하고 있다.

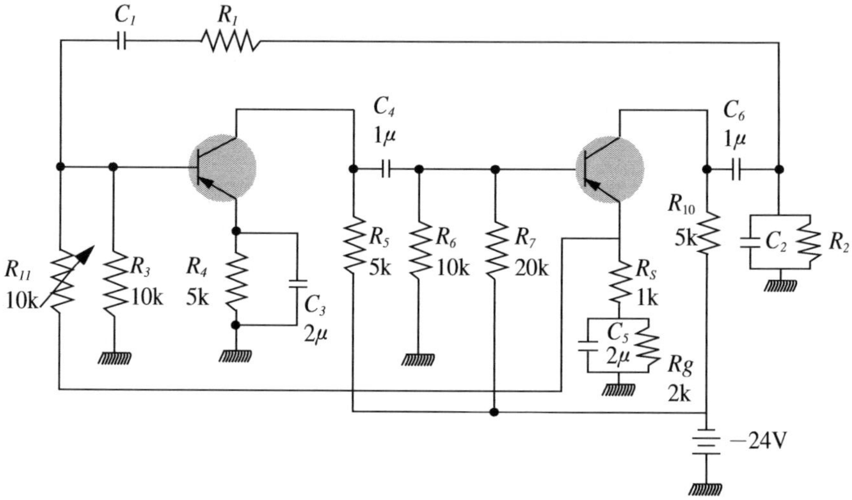

그림 13-50 윙브리지형 발진회로

예제 13-15 그림 13－48 (a)의 윙브리지형 발진회로에 있어서 $R_1 = R_2 = 1\,[\text{M}\Omega]$, $C_1 = C_2 = 50\,[\text{pF}] \sim 200\,[\text{pF}]$인 때, 발진주파수의 범위를 구하여라.

풀이 먼저 (13-31)식에 저항 R＝1 [MΩ], 용량 $C = 50\,[\text{pF}]$를 대입하면

$$f = \frac{1}{2\pi CR} = \frac{1}{2\pi \times 50 \times 10^{-12} \times 10^{6}} = \frac{10^4}{\pi} \fallingdotseq 3185$$

C=2000 [pF]인 때는

$$f = \frac{1}{2\pi \times 200 \times 10^{-12} \times 10^{6}} = \frac{10^4}{4\pi} \fallingdotseq 797$$

$$\therefore\ 797 \sim 3185\,[\text{Hz}]$$

이다.

5. 기타 발진회로

정현파 발진회로로서 16.1~16.4까지 고찰해온 회로 외에 다이오드의 부성저항을 이용한 부성저항 발진회로와 전자의 주기적인 진동을 이용한 전자회로 발진회로가 있다. 여기서는 이에 대하여 알아보기로 한다.

(1) 부성저항 발진회로

그림 13－51는 부성저항의 전압－전류특성을 나타낸 것으로서 전압을 V_1에서 V_2로 증가시키면 전류는 I_1에서 I_2로 감소되어 직선의 기울기가 부의 값으로 된다. 즉 전압이 ΔV만큼 증가하면 전류는 ΔI 만큼 감소되므로 결국 저항은 부의 값을 갖게 되는 셈이다.

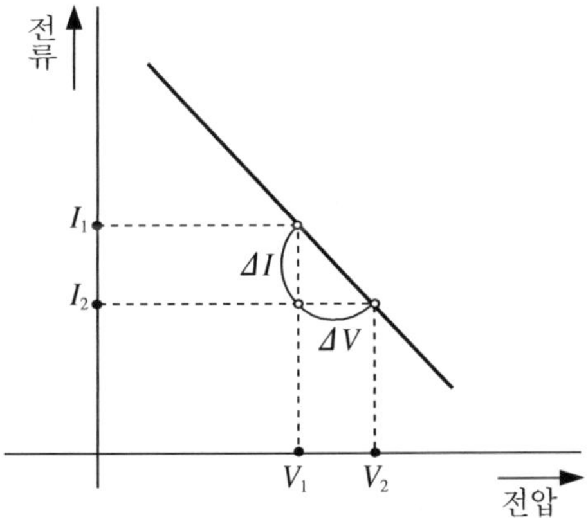

그림 13-51 부성저항 특성

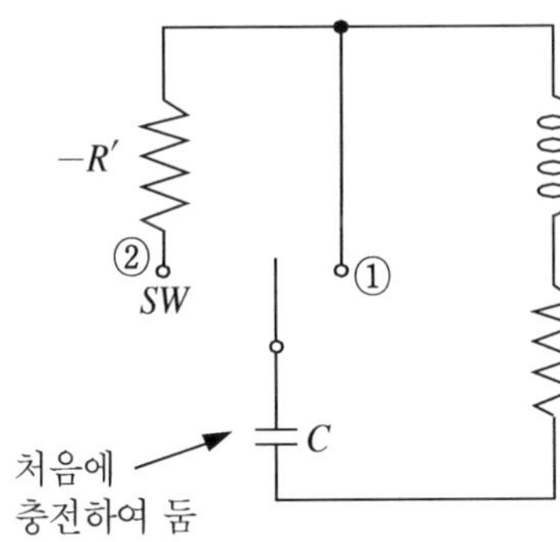

그림 13-52 부성저항 발진회로의 원리

지금 그림 13－52의 회로에 있어서 스위치를 ①측에 닫으면 콘덴서 C에 저장되어 있던 전하는 L과 C의 작용으로 충방전을 반복케 되어 진동전류가 흐르게 되나 손실저항 R 때문에 감쇠되어 결국은 소멸되고 만다.

다음에 새로이 콘덴서에 전하를 충전한 상태에서 스위치를 ②측으로 닫으면 손실저항의 값이 부성저항 $-R'$의 크기와 같을 때는 저항분은 없어서 0이 되므로 회로는 L과 C뿐인 상태가 되므로 진동전류가 지속한다.

즉, 정의 저항은 전력을 소비하게 되나 부성저항은 공급한다고 할 수 있다.

그림 13－53 (a)는 에사키 다이오드의 전압－전류특성을 나타낸 것으로 A~B부문은 부(－)의 저항이다. 그림 (b)는 이 AB간의 부성저항을 이용한 에사키 다이오드 부성저항 발진회로(Esaki diode negative resistance oscillator)인데, L_1-C_1 동조회로에 에사키 다이오드(ED)가 직렬로 접속되어 있다.

지금 저항 R_1, R_2를 적당한 크기로 해서 동작점을 부성저항의 중앙부근 P점으로 하고 이 부성저항이 동조회로의 저항에 의한 손실을 소거하기에 충분한 값일 때에는 이 회로는 발진한다.

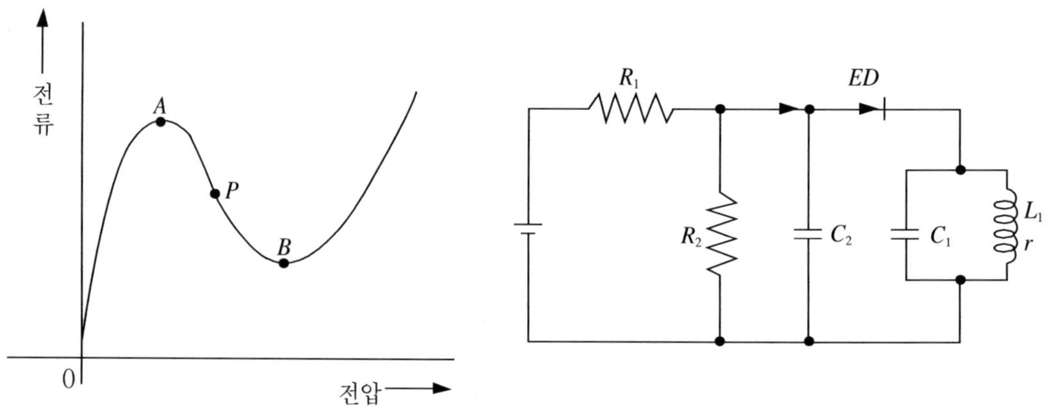

(a) 에사키 다이오드의 특성

(b) 에사키 다이오드 부성저항 발진회로

그림 13-53 에사키 다이오드

(2) 전자진동 발진회로

지금까지 설명한 발진회로의 발진주파수는 최고가 수백 [MHz]정도이다. 그 이상의 주파수의 전기진동을 발생시키는 것은 불가능하다. 이 원인에 대하여 살펴보기로 하자.

① 종래의 진공관이 초고주파회로에 부적절한 문제점

(a) 전자주행시간의 문제

전자가 음극에서부터 양극에 이르기까지의 시간을 전자주행시간이라 하며, 주파수가 높아지면 그 주기와 전자주행시간이 접근하여 지금까지 일어나지 않았던 여러 가지 문제가 생기게 된다.

(b) 전극간용량과 리이드선의 인덕턴스 문제

진공관의 전극에는 인덕턴스, 전극간에는 정전용량이 아주 작으나 존재한다. 주파수가 높아지면 그 리액턴스는 유도성일 경우는 크고 용량성일 경우에는 작아지며 회로에 영향을 미친다.

(c) 공진회로의 문제

*LC*병렬 공진회로에서 공진주파수를 높게 하려면 *L* 및 *C*의 값을 작게 해야 하지만 실제 문제로서 그러한 값을 매우 작게 한다는 것은 불가능하다. 또, *L*을 너무 작게 하면 회로의 양부를 나타내는 *Q*의 값이 감쇠되므로 적당하지 못하다.

이상은 진공관회로에 대하여 말했으나 트랜지스터 회로에도 발진주파수를 높게 할 수 없는 것은 마찬가지다.

그래서 종래의 발진회로와 원리를 전연 달리한 전자의 주기적 운동을 이용한 전자진동 발진회로가 고안되었다. 이 원리의 발진회로로서는 클라이스트론형, 마그네트론형, 진행파관형 등이 있으나, 여서는 주파수가 마이크로파영역의 발진에 많이 이용되고 있는 반사형 클라이스트론(rdflex klystron)에 대하여 설명해 보기로 한다.

② 반사형 클라이스트론의 발진원리 및 특성

반사형 클라이스트론은 그림 13－54의 원리적 구성도로 알 수 있듯이 음극, 공동공진기(cavity resonator) 및 반사전극 (repeller)으로 되어 있다. 음극 *K*는 열전자를 방출하며 공동

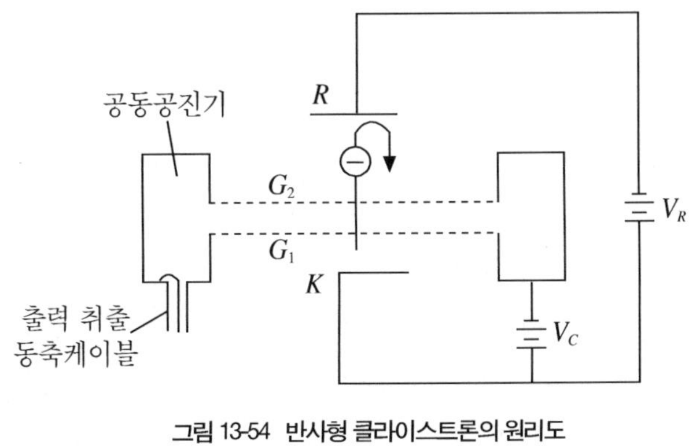

그림 13-54 반사형 클라이스트론의 원리도

공진기는 LC 공진기와는 달리 도체로 둘러싸인 공동이며, 높은 주파수에 공진되도록 되어 있다. 또 이 공진기는 저항분이 작으므로 Q가 대단히 크다. 그리고 반사전극 R은 뛰어든 전자를 반발하여 공동공진기 쪽으로 가도록 하는 작용을 한다. 그리고 G_1은 공동공진기의 일부로서 격자상으로 되어 있다.

지금 공동공진기에는 정의 공동전압(케비티전압) G_2를, 반사전극에는 부의 반사전극전압(리페라전압) V_C를 가했다고 하면, 공동공진기 내에는 잡음 등의 원인에 의하여 미소한 고주파전압이 발생한다. 그래서 음극에서 나온 전자 캐비티 전압에 의하여 한결같이 가속되나 공동공진기에 생긴 고주파 전압에 의하여 가속되거나 감속되기도 한다.

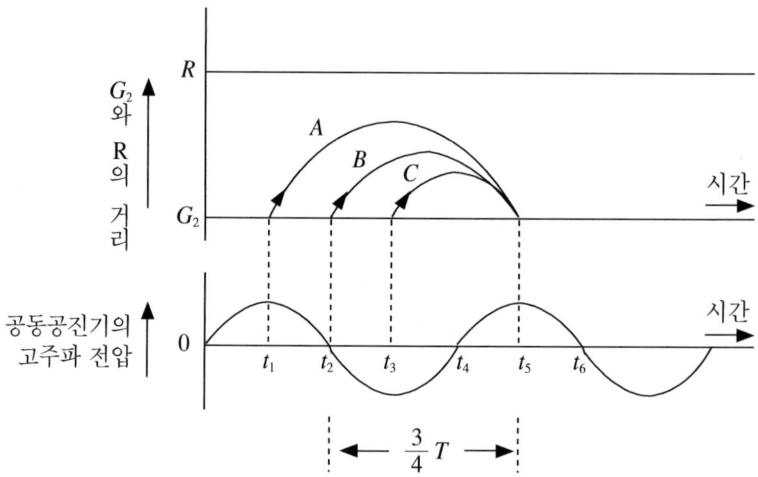

그림 13-55 G_2-R 공간에 있어서 전자의 운동

그런데, 반사전극에 접근한 전자는 부의 리페라 전압에 의하여 반발하고 재차 G_2 쪽으로 되돌아가게 된다. 이 상태를 좀더 자세히 알기 위하여 횡축에는 시간을, 종축에는 G_2로 하여 반사전극간의 거리를 잡아 그림으로 나타내보면 그림 13-55와 같이 된다. 즉 G_1-G_2 사이의 고주파전압이 정의 최대시각 t_1에 G_2에서 나온 전자는 최대로 가속되고, A곡선에 따라 반사전극의 제일 앞쪽까지 가서 반전하여 G_2로 되돌아온다.

다음에는 시각 t_2에 나온 전자는 고주파전압에 의하여 가속도 감속도 안 되고, B곡선에 따라 G_2로 되돌아온다. 한편 시각 t_3에 G_2에서 나온 전자는 가속되고, C곡선에 따라 G_2로 되돌아 온다. 이와 같이 시각 t_1, t_2, t_3에 G_2에서 나온 전자는 공동공진기의 고주파전압에 의하여 속도변조를 받는다. 그리고 리페라 전압, 캐비티 전압을 적당하게 가감하여 시각 t_1, t_2, t_3에 G_2에서 나온 전자가 재차 G_2로 되돌아오는 시각을 같아지도록 했다고 하면, G_2에서는 전자의 밀도가 커져 밀도변조를 받은 것과 같이 된다. 이 밀도변조를 받은 전자가 G_1 , G_2 사이의 고주파전압에 의하여 감속되고 전자가 가지고 있는 운동에너지를 고주파전압에 주어 진동을 조장한다. 즉 최초공동공진기 내에 생긴 고주파로 발진하게 된다.

여기서 에너지를 받는 데 대하여, 좀더 자세하게 설명하면, 그림 13－55에 있어서 시각 t_1에 G_2에서 나온 전자는 고주파전압에서 에너지를 받아 가속되고, 시각 t_3에 나온 전자는 고조파전압에 에너지를 주어 감속케 한다. 따라서 G_2에서 튀어나온 전자는 공동공진기에 주기도 하고, 또 받기도 해서 고조파에너지의 평균은 0이 된다.

그런데 밀도변조를 받은 전자가 G_2로 되돌아올 때는 조건이 달라진다.

지금 밀도변조를 받은 밀도가 큰 전자가 그림 13－55의 시각 t_5에 G_2로 되돌아왔다고 하면 고주파전압은 이 전자에 대하여 감속전계로서 작용하고(속도변조의 전자에 대하여는 가속전계로 하여 작용한다) 전자가 갖고 있는 운동에너지를 고주파전압 즉 공동공진기에 준다.

그리고 밀도가 적은 전자는 시각 t_6에 G_2로 되돌아오는 것이 되고, 이런 경우, 고조파전압은 가속전계로서 이 전자는 공동공진기에서 에너지를 받는 것이 된다.

즉, G_2로 되돌아오는 밀도변조를 받은 전자는 공동공진기에 대하여 에너지를 주기도 하고 받기도 하나, 에너지를 주는 전자의 수가 에너지를 받는 전자의 수보다 많기 때문에 평균해서 전자는 공동공진기에 고주파 에너지를 주는 것이 된다.

이와 같이 하여 발생한 고주조파의 에너지는 공동공진기에 결합된 루프에 의하여 동축케이블을 거쳐 부하로 공급된다.

그리고 G_2에서 출발하여 재차 되돌아올 때까지의 시간 t는 전술의 경우는 3/4 주기였으나 일반적으로는 다음 식으로 나타내게 된다.

$$t=\left(\mathrm{N}+\frac{3}{4}\right)T\,[\mathrm{sec}] \qquad (13-32)$$

여기에 N : 0, 1, 3, · · · · · · · ·

T : 고주파전압의 주기[sec]

그림 13-56는 발진주파수가 9[GHz](=9000[MHz])대의 2*K*25반사형 클라이스트론의 캐비티 전압을 일정히 하여 리페라 전압을 변화시켰을 때의 발진출력과 주파수가 변화하는 것을 보여주고 있다.

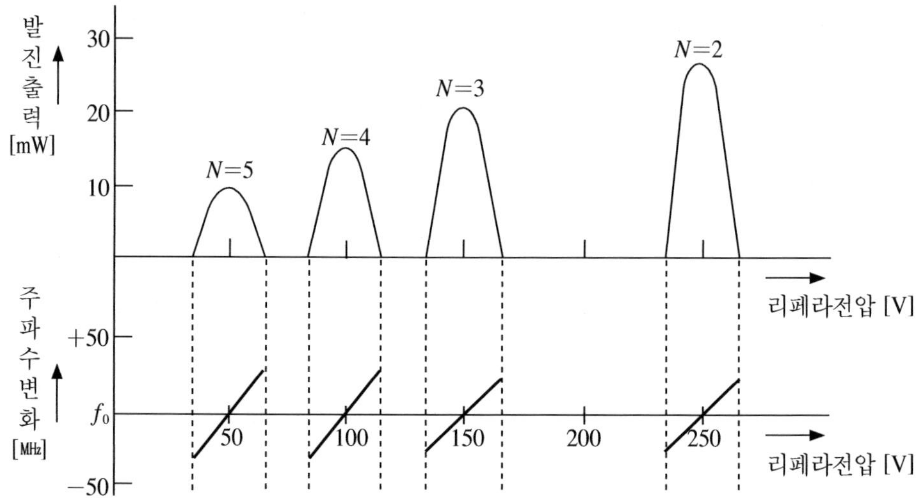

그림 13-56 2K25 반사형 클라이스트론의 특성

그림에 있어서 N은 발진모드수라 하고 $N=2,\ 3,\ 4,\ 5$인 때 식 13-32에서 $t=2\frac{3}{4}T$, $3\frac{3}{4}T$, $4\frac{3}{4}T$, $5\frac{3}{4}T$ 초가 되다. 그림으로 알 수 있듯이 모드수가 높아질수록 발진출력은 작아지고 발진주파수는 크게 변동되고 있으며 모드수가 낮아지면 그와 반대로 발진출력은 크게 되며 발진주파수의 변동은 작게 되어 있다.

이와 같이 리페라 전압을 바꾸면 발진주파수는 변동이 되며(이 현상을 전자동조라고 한다) 이 현상을 이용하여 주파수변조를 간단하게 할 수 있다.

예제 13-16 반사형 클라이스트론을 사용하여 주파수변조를 하는 데 어떻게 하면 좋을까 그 원리를 설명하라.

풀이

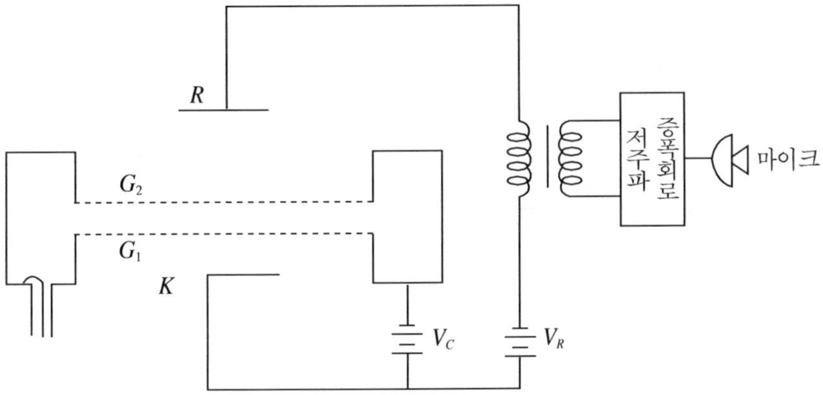

그림 13-57 반사형클라이스트론에 의한 주파수변조

원리도는 그림 13－57과 같다. 그림과 같이 리페라 전압에 신호판전압을 중첩하면, 그림 13－56에서 알 수 있는 바와 같이 주파수변조가 관여된다.

연습문제

1. 그림 13－3의 콜렉터 동조형 발진회로에서 $C_1 = 0.001[\mu F]$로 했을 때 발진주파수를 40[㎑]로 하는 데는 인덕턴스 L_1 을 얼마로 하면 되겠는가? 단, R_1 은 무시하기로 한다.

2. 그림 13－3의 회로에서 $L_1 = 0.1\text{mH}$, $R_1 = 5[\Omega]$ 동조회로의 공진 임피던스가 200[KΩ]일 때, 발진을 지속하는 데 필요한 M 의 값 및 발진주파수 f 를 구하라. 단, Tr의 h_{fe}를 40, h_{ie}을 2[KΩ]로 한다.

3. 그림 13－13 (a)의 하틀리 발진회로에서 $C_3 = 100[\text{pF}]$, $L_2 = 200[\mu H]$라 하고, 발진주파수를 1[㎒]로 하는 데는 L_1을 얼마로 하면 되겠는가?

4. 그림 13－16 (a)의 콜피츠 발진회로에서 $L_3 = 30[\mu H]$, $C_2 = 10C_1$ 이고, 발진주파수를 1000[㎒]라 하면 C_1, ~C_2 를 얼마로 하면 되겠는가?

5. 그림 13－20 (b)의 콜피츠 발진회로에서 $C_1 = 200[\text{pF}]$, $C_2 = 300[\text{pF}]$, $L_3 = 500[\mu H]$인 때, 안정화리액턴스를 구하여라.

6. 그림 13－30 (b)의 등가회로에서 $C_0 = 0.23[\mu F]$, $L_0 = 4.8[\text{mH}]$, $\text{R} = 0.44[\Omega]$, $C_1 =$ 48[pF]일 때 직렬공진주파수 f_s , 병렬공진주파수 f_p 및 Q의 값을 구하라.

7. 그림 13－40의 회로에 있어서 $C = 0.001[\mu F]$인 때 발진주파수를 1[㎑]라 하면 R를 얼마로 하면 되겠는가?

8. 그림 13−40의 회로에 있어서 $C=0.01$ [㎌], $R=10$ [KΩ]일 때의 발진주파수 f의 값을 구하라.

9. 그림 13−44의 회로에서 R=20[KΩ] , $C=0.005$[㎌]라면 발진주파수는 얼마인가?

10. 그림 13−48(a)의 회로에서 $R_1=R_2=10$ [KΩ]이고 주파수 1000 [㎐]를 발진케 하려고 한다. $C_1=C_2$ 를 얼마로 하면 되겠는가?

제14장 변조회로

통신에 있어서 음성신호와 같은 정보는 주파수가 낮기 때문에 직접전송회로에 전송한다고 해도 선로 내에서의 감쇠 때문에 멀리까지 전송되지 못한다. 또, 안테나로부터의 유효한 전파방사를 하게 되는 일정주파수를 고주파수에 실어서 전송하는 것이 보통이다. 이 일정한 주파수로 된 고주파를 반송파(carrier)라 하고, 반송파에 신호를 싣는 방법을 변조(modulation)라 한다. 또 변조된 반송파를 피변조파라 하며, 신호파로 된 것을 변조파라 할 때도 있다.

일반적으로 사용되고 있는 반송파 전류 i_c는 보통 다음과 같은 형으로 표시된다. 즉,

$$i_c = I_c \sin(\omega t + \theta) \tag{14-1}$$

여기서, I_c : 반송파의 최대치 ⇒ 진폭
ω : 반송파의 각 주파수 ⇒ $2\pi f$
f : 반송파의 주파수
θ : 위상각

위의 식에서 알 수 있는 바와 같이 반송파의 특성을 규정하는 요소에는 진복, 주파수 및 위상각의 세 가지가 있다. 이들 가운데서 한 가지를 신호파에 따라서 변화되게 하면, 즉 반송파에 신호를 실을 수 있다. 따라서 변조에는 다음 세 가지가 있다.

a) 진폭변조 (amplitude modulation AM)
b) 주파수변조 (frequency modulation FM)
c) 위상변조 (phase modulation PM)

이상 세 가지 중 주파수변조와 위상변조는 반송파의 각도를 바꾸게 하는 것이므로 각도변조, 또는 광의의 주파수변조라 하기도 한다.

또, 식 14－1에 나타낸 정현파전류 대신에 펄스열로 된 펄스변조가 있다.

본장에서는 이들 변조방식의 원리와 변조회로의 동작 등에 대하여 알아보기로 한다.

1. 진폭변조

진폭변조는 반송파 진폭을 신호파에 따라서 바꾸는 것으로서 그 동작원은 제일 간단하다. 진폭변조의 사용처는 중파의 라디오방송(535～1605[㎑]) 등에 많이 사용되고 있는 방식이다.

(1) 진폭변조의 수식표시

반송파는 일반적으로 식 14－1으로 표시된다. 지금 반송파전류 i_c가 식 14－2로 주어졌을 때 반송파 전류 i_c를 신호파로 진폭변조하는 경우를

$$i_s = I_s \cos pt \qquad (14-2)$$

생각해 본다. 진폭변조는 반송파의 진폭 I_c 를 신호파 I_s 로 변화시키는 것이므로 변조된 반송파, 즉 피변조파의 진폭 I는

$$I = I_c + i_s = I_c + I_s \cos pt$$

가 된다. 이 식을 정리하면

$$I = I_c\left(1 + \frac{I_s}{I_c}\cos pt\right)$$

$$= I_c(1 + m\cos pt)$$

여기서

$$m = \frac{I_s}{I_c} \qquad (14-3)$$

가 된다. 따라서 피변조파를 i 라 할 때 피변조파 i 는

$$i = I_c (1 + m \cos pt) \sin (\omega t + \theta)$$

이 된다. 여기서 위상각 θ를 $\theta = 0$라 두어도 일반성을 잃지 않으므로

$$i = I_c (1 + m \cos pt) \sin \omega t \qquad (14-4)$$

로 나타내게 된다. 식 14−4는 진폭변조를 나타내는 일반식이다.

다음에 식 14−4가 갖고 있는 의미에 대하여 살펴보기로 한자. 식 14−4의 $(1 + m \cos pt)$에 있어서

$$-1 \leqq \cos pt \leqq 1$$

$$0 \leqq m \leqq 1$$

이므로, 피변조파의 진폭 I 는

$m = 0$일 때 $\qquad I = I_c$

$m = 0.5$일 때 $\qquad 0.5I_c \leqq I \leqq 1.5I_c$

$m = 1$일 때 $\qquad 0 \leqq I \leqq 2I_c$

와 같이 m 의 값에 따라서 달라진다. m의 값이 1에 가까울수록 I 의 변화율은 크며 $m = 0$, 즉 $I_s = 0$ $(i_s = 0)$ 이면 변조되지 않는다. 이와 같이 m 에 의하여 변조의 정도가 정해지므로, m을 변조도(modulation factor)라 한다. 따라서 변조율 m은 다음 식 14−5로 나타낸다.

$$m = \frac{I_s}{I_c} \times 100[\%] \qquad (14-5)$$

그림 14-1 은 식 14-4가 나타낸 피변조파의 파형을 나타낸 것이다. $m>1$의 경우 과변조라 한다.

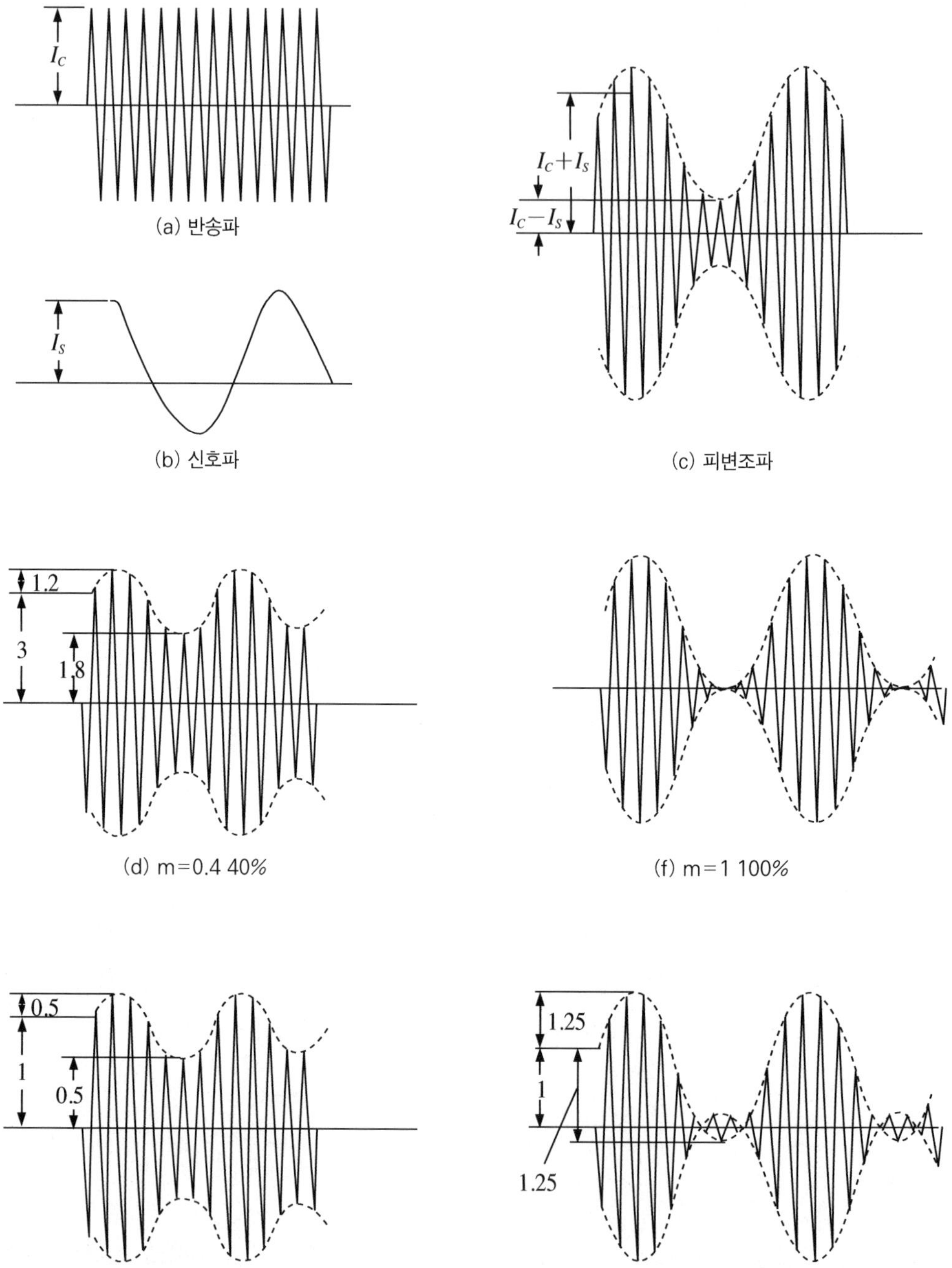

(a) 반송파

(b) 신호파

(c) 피변조파

(d) m=0.4 40%

(f) m=1 100%

(e) m=0.5 50%

(g) m=1.25 125%

그림 14-1 진폭변조

(2) 벡터 표시

식 14－1로 표시되는 반송파 i_c는 그림 14－2에 타나낸 바와 같이 진폭의 크기는 I_c 이고 각주파수 ω로 반시계방향으로 회전하는 회전벡터의 종축에의 정사형이라고 보인다. 또 식 14－2에 나타낸 신호파의 진폭 크기는 i_s이고, 각주파수 p로 반시계방향으로 회전하는 벡터의 횡축에서 정사형이라 간주된다.

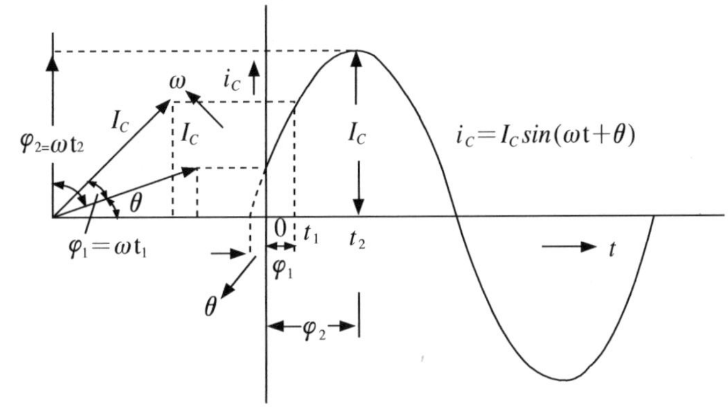

그림 14-2 정현파의 벡터 표시

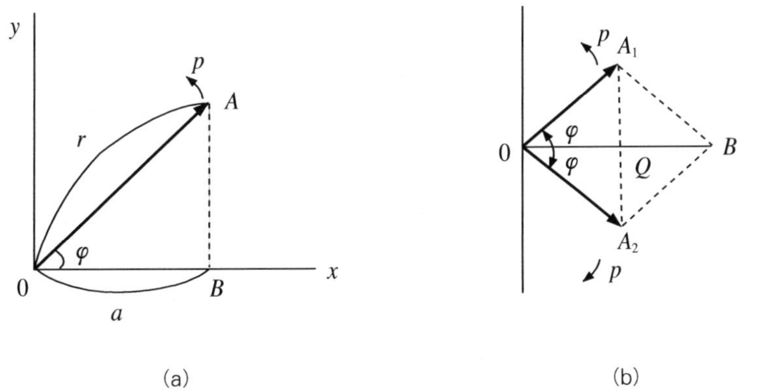

그림 14-3 진폭변조파의 벡터

즉, 그림 14－3 (a)에서 벡터 $\overrightarrow{OA}$ 의 x축에의 정사형 a 는 선분 $\overline{OA}$ 의 길이 r를 최대치로 하는 여현파(cos)의 각순시치를 나타낸 것이다. 즉,

$$a = r\cos\varphi$$

로 된다. 또 벡터 $\overrightarrow{OA}$를 그림 (b)와 같이 길이가 $r/2$인 공액 벡터 $\overrightarrow{OA_1}$, $\overrightarrow{OA_2}$(벡터 $\overrightarrow{OA}$의 각주파수와 대등한 각주파수 p에서 서로 반대방향으로 회전하는 벡터)로 분해하면 그림에서

$$\begin{aligned} a &= 2\times\overline{OQ} = 2\times\frac{r}{2}\times\cos\varphi \\ &= r\cos\varphi \end{aligned}$$

가 되어, 벡터 $\overrightarrow{OA}$의 정사형은 공액 벡터 $\overrightarrow{OA_1}$, $\overrightarrow{OA_2}$ 정사형의 합과 같게 된다.

이런 사실로써 진폭변조상태를 벡터로 나타낼 수 있다.

피변조파 i 는 식 14－4로 나타나 있다. 이것을 변형하면 다음과 같이 된다.

$$\begin{aligned} i &= I_c(1 + m\cos pt)\sin\omega t \\ &= I_c\sin\omega t + m\cos pt\, I_c\sin\omega t \end{aligned}$$

위 식의 $I_c\sin\omega t$ 는 반송파를 표시한 것이다. 이것을 벡터 $I_c{}'$ 라고 하면 피변조파의 벡터 I 는 $I = I_c{}' + m\cos pt\, I_c{}'$ 가 된다.

지금 벡터 I_c' 를 시간에 따라 변화하지 않는다고 하면 $m\cos pt\, I_c'$ 는 그림 14－4 (a)와 같은 방법을 사용하면 $(m/2)\, I_c'$ 의 크기를 갖고 있는 공액 벡터가 서로 반대방향으로 각주파수 p 로 회전하는 것이 된다.

실제로는 벡터 I_c' 는 크기 I_c로서 반시계방향으로 각주파수 ω로서 회전하는 회전벡터이므로 피변조파 I 의 벡터는 그림 (b)와 같다. 즉 크기는 I_c, 각주파수 ω인 벡터와 크기 $(m/2)I_c$, 각주파수 $\omega+p$ 와 $\omega-p$ 인 벡터와의 합이 된다. 그림 14－4(b)를 식으로 나타내면 다음과 같이 되어

$$i = I_c\sin\omega t + \frac{m}{2}I_c\sin(\omega+p)t + \frac{m}{2}I_c\sin(\omega-p)t \qquad (14-6)$$

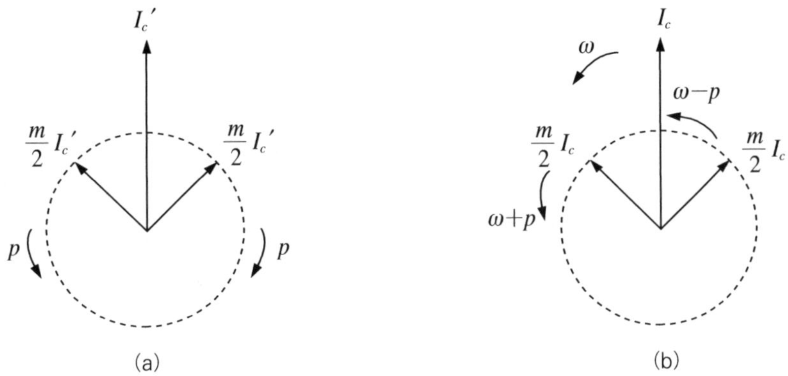

그림 14-4 진폭변조파의 벡터도

가 되며, 식에서 나타내고 있는 바와 같이 세 가지 주파수 성분을 포함하게 된다.

(3) 측파대

반송파를 단일신호파(f_s)로 진폭변조했을 때는 식 14−4에 의하여 피변조파 i 는

$$i = I_c(1 + m\cos pt)\sin\omega t$$
$$= I_c\sin\omega t + I_c m\cos pt\sin\omega t$$

로 되며 삼각함수의 공식

$$\sin A\cos B = \frac{1}{2}\{\sin(A+B) + \sin(A-B)\}$$

를 사용하여 위 식을 고쳐 써 보면

$$i = I_c\sin\omega t + \frac{1}{2}mI_c\sin(\omega+p)t + \frac{1}{2}mI_c\sin(\omega-p)t$$

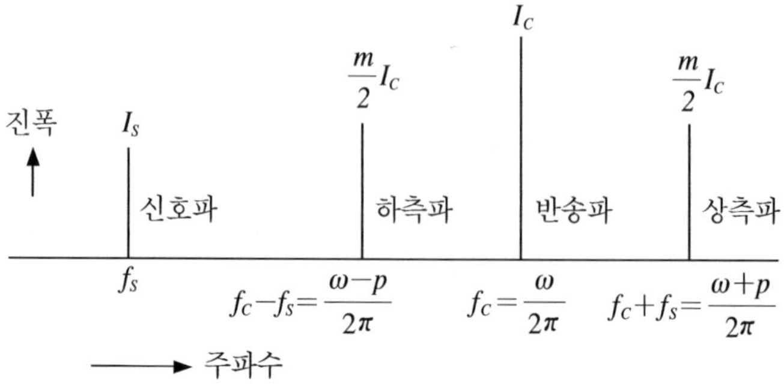

(a) 단일 신호파의 경우

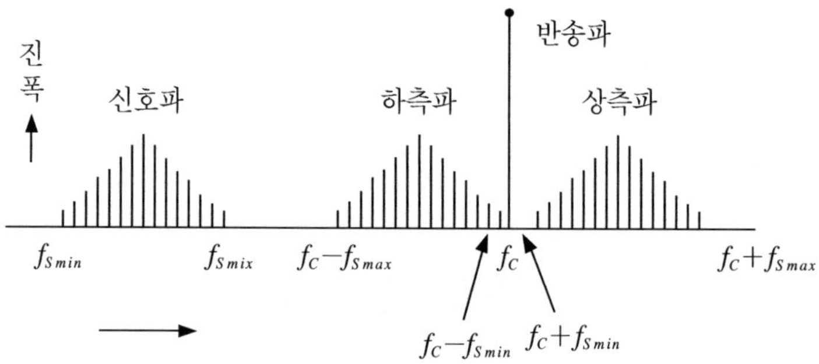

(b) 복합 (음성) 신호파의 경우

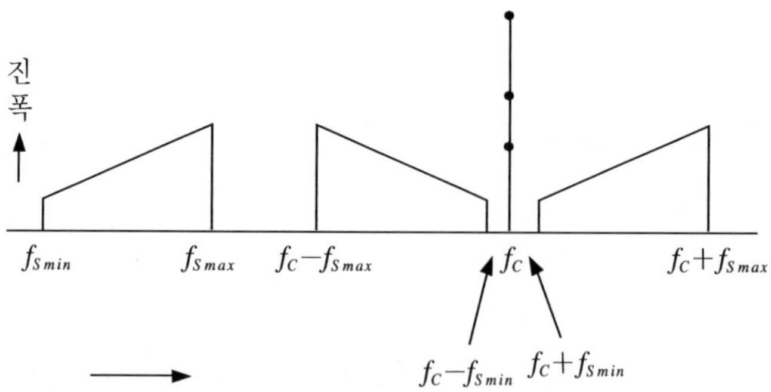

(c)

그림 14-5 진폭변조의 주파수 벡터

가 된다. 이것은 식 14－6과 같으며 진폭변조에 있어서 피변조파는 세 가지 주파수성분을 포함하고 있으며, 제1항의 반송파성분외에 각주파수가 ω 상하에 p만큼 빗나간 각주파수 $(\omega+p)$와 $(\omega-p)$의 각주파수성분을 포함하고 있다. 그러므로 제2항의 $(\omega+p)$를 상측파, 제3항의 $(\omega-p)$를 하측파라 한다. 피변조파의 주파수성분과 각 진폭을 그려보면 그림 14－5 (a)와 같이 된다. 이와 같은 주파수성분을 주파수 스텍트럼이라 한다.

보통 신호파는 음성과 같이 $f_{s\,min}$에서부터 $f_{s\,max}$까지의 많은 주파수성분을 포함하는 복합 신호파이므로 그림 (b)와 같이 상하측파가 존재한다.

이 상측파의 한 패(일군)를 상측파대(upper side-band), 하측파의 한 패를 하측파대(lower side-band)라 하고, 보통 그림 (c)와 같이 표시법을 사용한다.

이로써 알 수 있는 바와 같이 피변조파의 대역폭은 신호파의 최고 주파수의 약 2배가 된다. 또 신호파성분은 반송파에 포함되지 않고, 두 측파대에 포함되는 것이 된다. 그리고 각 측파대와 반송파와의 전력비를 취하면 표 14－1과 같이 된다.

표 14-1 반송파와 각 측파대의 전력비

	반 송 파	상 측 파 대	하 측 파 대
전력비	$(I_c)^2$	$\left(\frac{mI_c}{2}\right)^2$	$\left(\frac{mI_c}{2}\right)^2$
m = 1일 때	1	$\frac{1}{4}$	$\frac{1}{4}$

변조도가 1일 때의 각 측파대의 전력은 반송파전력의 1/4이다. 즉 반송파의 전력은 전전력의 2/3를 차지하며, 양측파대의 전력은 전전력의 1/3를 차지하는 것이 된다.

예제 14-1 진폭변조회로에 있어서 반송파전력이 100[W]일 때 변조율을 60[%]라고 하면 측파대의 전력은 얼마가 되겠는가?

풀이 반송파의 진폭을 I_c, 변조율을 m 라 하면 상하측파의 진폭은 $(mI_s)/2$이며 식 14－6, 부하를 R이라 하면 반송파전력 P_c 는

$$P_c=\left(\frac{I_C}{\sqrt{2}}\right)^2 R=100\,[\mathrm{W}]$$

이므로, 측파대전력 P_s 는

$$P_s = \left(\frac{\frac{mI_c}{2}}{\sqrt{2}}\right)^2 R = \left(\frac{mI_c}{2\sqrt{2}}\right)^2$$

$$= \frac{m^2}{4}\left(\frac{I_c}{\sqrt{2}}\right)^2 \ R = \frac{0.6^2}{4} \times 100 = 9[\mathrm{W}]$$

이다.

(4) 피변조파전력의 실효치 및 순시치

교류의 실효치는 순시치를 2승한 평균의 평방근으로 구하게 된다. 이것으로 피변조파전류의 실효치를 구해보기로 하자. 식 14−4에서 나타낸 피변조파전류 i 의 실효치 I_{eff} 는

$$I_{eff} = \sqrt{\frac{1}{T}\int_0^T i^2\, dt}$$

이 된다. 여기에 i 를 대입하면

$$I_{eff} = \sqrt{\frac{1}{T}\int_0^T [I_c(1 + m\cos pt)\sin \omega t]^2 dt} \qquad (14-7)$$

가 된다. 우선

$$\int_0^T [I_c(1 + m\cos pt)\sin \omega t]^2 dt$$

을 구한다. 위 식을 정리하면

$$I_c^2\left[\int_0^T \sin^2 \omega t dt + \int_0^T 2m\cos pt \sin^2 \omega t\, dt + \int_0^T m^2\cos^2 pt \sin^2 \omega t\, dt\right] \qquad (14-8)$$

이 된다. 다음에 각 항마다 계산하게 되는데 이 계산에 사용되는 공식을 적으면

$$\cos 2A = \cos^2 A - \sin^2 A$$

$$= 1 - 2\sin^2 A = 2\cos^2 A - 1$$

$$\cos A \cos B = \frac{1}{2}\{\cos(A+B) + \cos(A-B)\}$$

$$\int dt = t,\ \int \cos atdt = \frac{1}{\alpha}\sin at$$

$$af(t)dt = a\int f(t)dt,\ \int_a^b f(x)\,dx = F(b) - F(a)$$

$F(x)$ 는 $f(x)$ 의 부정적분

(1) 제1항 $\int_0^{\mathrm{T}} \sin^2 \omega t\, dt$ 의 계산

$$\int_0^T \sin^2 \omega t\, dt = \int_0^T \left(\frac{1}{2} - \frac{\cos 2\,\omega t}{2}\right) dt$$

$$= \int_0^T \frac{1}{2}dt - \int_0^T \frac{1}{2}(\cos 2\,\omega t)\, dt$$

$$= \left|\frac{1}{2}t\right|_0^T - \left|\frac{1}{4\omega}\sin 2\,\omega t\right|_0^T$$

여기서 $\omega = 2\pi f,\ f = 1/T$ 이므로

$$\omega = \frac{2\pi}{T}$$

로 된다. 이것을 위 식에 대입하면

$$\int_0^{\mathrm{T}} \sin^2 \omega t\, dt = \frac{T}{2} - \left[\frac{T}{8\pi}\sin\left(\frac{4\pi}{\mathrm{T}}T\right) - \frac{T}{8\pi}\sin 0\right]$$

$\sin 4\pi = 0,\ \sin 0 = 0$ 이므로

$$\int_0^T \sin^2 \omega t \, dt = \frac{1}{2} T \qquad (14-9)$$

이 된다.

(2) 제2항 $\int_0^T 2m \cos pt \sin^2 \omega t \, dt$ 의 계산

$$\int_0^T 2m \cos pt \sin^2 \omega t \, dt$$

$$= 2m \int_0^T \cos pt \frac{1-\cos 2\, \omega t}{2} dt$$

$$= 2m \int_0^T \left[\frac{1}{2} \cos pt - \frac{1}{2}(\cos pt \cos 2\, \omega t)\right] dt$$

$$= 2m \int_0^T \left[\frac{1}{2} \cos pt - \frac{1}{4}\{\cos(2\omega t + pt) + \cos(2\omega t - pt)\}\right] dt$$

$$= 2m \left| \frac{1}{2p} \sin pt - \frac{1}{4}\{\frac{1}{2\omega+p} \sin(2\omega+p)t + \frac{1}{2\omega-p} \sin(2\omega-p)t\} \right|_0^T$$

여기서

$$p = 2\pi f_s,\ f_s = \frac{1}{T_s} \qquad \therefore p = \frac{2\pi}{T_s}$$

$$2\omega + p = 2\pi(f + f_s),\ f + f_s = \frac{1}{T_1} \quad \therefore 2\omega + p = \frac{2\pi}{T_1}$$

$$2\omega - p = 2\pi(f - f_s),\ f - f_s = \frac{1}{T_2} \quad \therefore 2\omega - p = \frac{2\pi}{T_2}$$

로 된다. 이것을 위 식에 대입하면

$$\text{제1항} \left| \frac{1}{2p} \sin pt \right|_0^T = \frac{T_s}{4\pi}\left[\sin \frac{2\pi}{T_s} T_s - \sin 0\right] = 0$$

$$제2항 \left| \frac{1}{2\omega+p} \sin(2\omega+p)t \right|_0^T = \frac{T_1}{2\pi}\left[\sin\frac{2\pi}{T_1}T_1 - \sin 0\right] = 0$$

$$제3항 \left| \frac{1}{2\omega-p} \sin(2\omega-p)t \right|_0^T = \frac{T_2}{2\pi}\left[\sin\frac{2\pi}{T_2}T_2 - \sin 0\right] = 0$$

이 된다. 그러므로

$$\int_0^T 2m\cos pt \cdot \sin^2 \omega t \cdot dt = 0 \qquad (14-10)$$

이 된다.

(3) 제3항 $\int_0^T m^2\cos^2 pt\ \sin^2\omega t\, dt$ 의 계산

$$\int_0^T m^2\cos^2 pt \sin^2\omega t\, dt$$

$$= m^2\int_0^T \frac{1+\cos 2pt}{2}\cdot\frac{1-\cos 2\omega t}{2}dt$$

$$= \frac{m^2}{4}\int_0^T (1-\cos 2\omega t+\cos 2pt-\cos 2pt\cos 2\,\omega t)\,dt$$

$$= \frac{m^2}{4}\int_0^T \left[1-\cos 2\omega t+\cos 2pt-\frac{1}{2}\{\cos(2\omega+2p)t+\cos(2\omega-2p)t\}\right]dt$$

$$= \frac{m^2}{4}\left|t-\frac{1}{2\omega}\sin 2\,\omega t+\frac{1}{2p}\sin 2pt\right.$$

$$\left.= -\frac{1}{2}\{\frac{1}{2\omega+2p}\sin(2\omega+2p)t+\frac{1}{2\omega-2p}\sin(2\omega-2p)t\}\right|_0^T$$

앞에서와 같이

$$2\omega = \frac{2\pi}{T_3},\ 2p = \frac{2\pi}{T_4}$$

$$2\omega+2p = \frac{2\pi}{T_s},\quad 2\omega-2p = \frac{2\pi}{T_s}$$

라 두고, 위식에 대입하면 sin의 항은 모두 0이 되므로

$$\int_0^T m^2 \cos^2 pt \sin^2 \omega t \, dt = \frac{m^2}{4} T \qquad (14-11)$$

이 된다.

식 14−9, 14−10, 14−11를 식 14−8에 대입하면

$$\int_0^T [I_C(1+m\cos pt)\sin \omega t]^2 \, dt = I^2{}_C \left[\frac{1}{2} T + \frac{m^2}{4} T\right]$$

이 된다. 따라서 식 14−7에 대입하여

$$I_{eff} = \sqrt{\frac{1}{T} I^2{}_C \left(\frac{1}{2} T + \frac{m^2}{4} T\right)} \qquad (14-12)$$

$$= \frac{I_c}{\sqrt{2}} \sqrt{1+\frac{m^2}{2}}$$

이 된다. 식 14−12는 피변조파전류의 실효치이다. 이 식에 있어서 $I_C/\sqrt{2}$는 반송파의 실효치이므로 변조하면 변조도 m 에 따라 그 값은 변하여 $\sqrt{1+m^2/2}$ 배가 된다. m의 여러 가지 값에 대한 $\sqrt{1+m^2/2}$ 의 값을 보면 표 14−2와 같이 된다.

표 14-2 m과 $1+\sqrt{\frac{m^2}{2}}$ 의 관계

변조율m [%]	0	10	20	30	40	50	60	70	80	90	100
$\sqrt{1+\frac{m^2}{2}}$	1	1.0025	1.0099	1.0222	1.0392	1.0606	1.0863	1.1158	1.1439	1.1853	1.2247

피변조파의 전력 P는 부하를 R라 하면

$$P = I^2{}_{eff} R$$

식 14−12의 I_{eff}를 대입하면

$$P = \frac{I^2{}_C R}{2}\left(1+\frac{m^2}{2}\right) \qquad (14-13)$$

이 된다.

$(I^2{}_C R/2)$는 반송파 전력이므로 P_C라 하면 $P=P_C\left(1+\frac{m^2}{2}\right)$이 된다.

예제 14-2 반송파 전력 P_C는 100[W], 부하를 4[Ω]라 했을 때 피변조파의 전류(실효치) 및 전력은 얼마가 되겠는가? 단, 변조율은 60[%]라고 한다.

풀이 반송파전류의 실효치를 I_{ceff}라 하면 반송파전력 P_c는

$$P_C=(I_{ceff})^2 R$$

이므로

$$I_{ceff}=\sqrt{\frac{P_C}{R}}=\sqrt{\frac{100}{4}}=5[\text{A}]$$

피변조파의 전류 I_{eff}는 식 14－12에서

$$I_{eff}=I_{ceff}\sqrt{1+\frac{m^2}{2}}=5\sqrt{1+\frac{0.6^2}{2}}$$

$$=5\times 1.0863 \fallingdotseq 5.43[\text{A}]$$

피변조파의 전력 P는 식 14－13에서

$$P=P_C\left(1+\frac{m^2}{2}\right)=100\left(1+\frac{0.6^2}{2}\right)$$

$$=100\times 1.18=118[\text{W}]$$

식 14－13은 신호파의 일주기 이상에 대한 평균전력이다. 신호파가 있을 때의 순시전력을 구할 때는 미소시간 Δt를 고려하고 미소시간 Δt 내의 평균전력을 고려하지 않으면 안된다. 시각 t_1에서부터 시각 $t_2=t_1+\Delta t$ 가 되기까지의 평균전력 P_0는

$$P_0 = \frac{1}{\Delta t}\int_{t_1}^{t_2} i^2 R\, dt$$

$$= \frac{1}{\Delta t}\int_{t_1}^{t_2} \{I_C(1+m\cos pt)\sin \omega t)^2 R\, dt \quad (14-14)$$

가 된다. 식 14−14의 Δt는 미소시간이므로 이 시간 내에 있어서는 $\cos pt$의 값은 일정한 것으로 간주되므로

$\cos pt = +1$ 부근에서 P_0는 최대 P_{max}

$\cos pt = -1$ 부근에서 P_0는 최소 P_{min}

가 된다는 것을 알 수 있다. 즉

$$P_{max} = \frac{1}{\Delta t}\int_{t_1}^{t_2} \{I_C(1+m)\sin \omega t\}^2 R\, dt$$

$$= I^2{}_C(1+m)^2 R \frac{1}{\Delta t}\int_{t_1}^{t_1+\Delta t} \sin^2 \omega t\, dt$$

$$= \frac{1}{2} I^2{}_C(1+m)^2 R$$

$$P_{min} = \frac{1}{\Delta t}\int_{t_1}^{t_2} \{I_C(1-m)\sin \omega t\}^2 R\, dt$$

$$= \frac{1}{2} I^2{}_C(1-m)^2 R \qquad (14-16)$$

이 된다. 지금 $m=1$이라고 하면

$$P_{max} = 2 I^2{}_C R$$

$$P_{min} = 0$$

이 된다. 또 무변조시 즉 $\cos pt = 0$의 부근의 전력 P_C는

$$P_C = \frac{1}{\Delta t}\int_{t_1}^{t_2} I^2{}_C \sin^2 \omega t\, R dt = \frac{1}{2} I^2{}_C R$$

이다. 여기서 알 수 있듯이 각 순시에서의 전력은 크게 바뀌게 되어 $m=1$일 때는 $m=0$인 때에 비하여

$$\frac{P_{max}}{P_c} = \frac{4}{1}$$

가 되어 무변조시의 4배가 된다.

(5) 동작이론

그림 14－1에서 나타낸 것처럼 진폭변조파를 그림 14－6과 같이 반송파와 신호파를 비직선성 장치에 가하게 된다. 비직선성 장치는 그림 14－7에서와 같이 전압과 전류의 관계가 직선적이 아니기 때문에 일반적으로

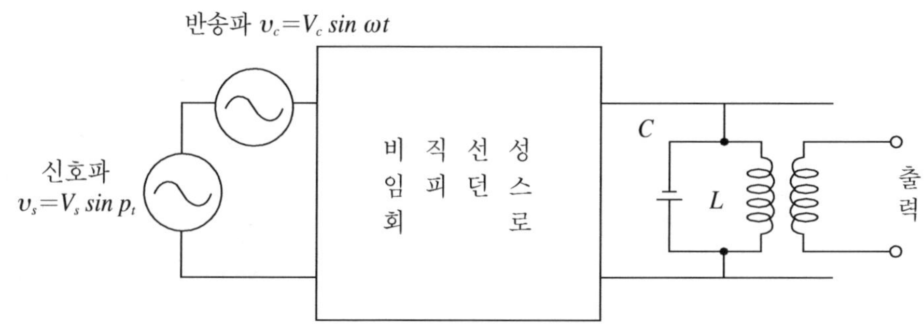

그림 14-6 진폭변조파를 만드는 방법(1)

$$i = f(v) \qquad (14-17)$$

인 함수로 표시되고 직선분 I_o를 고려하여

$$i = I_0 + k_1 v + k_2 v^2 + k_3 v^3 + \cdots + k_n v^n \qquad (14-18)$$

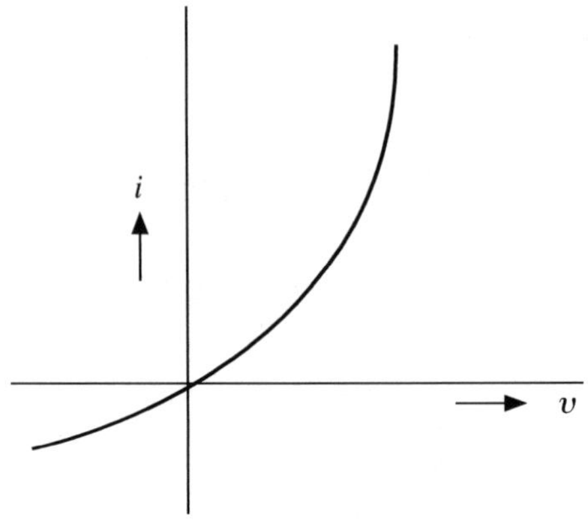

그림 14-7 비직선성

여기에

$$k_1 = \frac{df}{dv},\ k_2 = \frac{1}{2!} \cdot \frac{d^2 f}{dv^2}, \cdots k_n$$

$$= \frac{1}{n!} \cdot \frac{d^n f}{dv^n}$$

라 표시된다.

반송파, 신호파를 각각

$$v_c = V_c \sin \omega t$$

$$v_s = V_s \sin pt$$

라 한다면

$$v = v_c + v_s = V_c \sin \omega t + V_s \sin pt$$

이므로 식 14－18의 v에 대입하여

$$i = I_o + k_1(V_c \sin \omega t + V_s \sin pt) + k_2(V_c \sin \omega t + V_s \sin pt)^2$$

$$+k_3(V_c \sin \omega t + V_s \sin pt)^3 + \cdots + k_n (V_c \sin \omega t + V_s \sin pt)^n$$

로 된다. 지금 v^3항까지 계산하면

$$i = I_0 + k_1 (V_c \sin \omega t + V_s \sin pt) + k_2(V^2{}_c \sin^2 \omega t + V^2{}_s \sin^2 pt + 2V_c V_s \sin \omega t \sin pt) + k_3(V^3{}_c \sin^3 \omega t + 3V^2{}_c V_s \sin^2 \omega t \sin pt + 3 V_c V^2{}_s \sin \omega t \sin^2 pt + V^3{}_s \sin^3 pt)$$

$$= I_0 + k_1 (V_c \sin \omega t + V_s \sin pt)$$

$$+k_2\left[V_c^2 \frac{1-\cos 2\omega t}{2} + V_s^2 \frac{1-\cos 2pt}{2} + V_c V_s\{\cos(\omega - p)t - \cos(\omega - p)t\}\right]$$

$$+k_3 \{V_c^3 \left(\frac{3}{4} \sin \omega t - \frac{1}{4} \sin 3 \omega t\right)$$

$$+3 V_c^2 V_s \frac{1-\cos 2\omega t}{2} \sin pt + 3V_c V_s^2 \frac{1-\cos 2pt}{2} \sin \omega t$$

$$+V_s^3 \left(\frac{3}{4} \sin pt - \frac{1}{4} \sin 3pt\right)$$

이 식을 주파수별로 정리하면

$$i = I_0 + \frac{1}{2} k_2 (V_c^2 + V_s^2) \qquad \text{직류분}$$

$$+(k_1 V_s + \frac{3}{2} k_3 V_c^2 V_s + \frac{3}{4} k_3 V_s^3) \sin pt \qquad \text{신호파}$$

$$-\frac{1}{2} k_2 V_s^2 \cos 2pt - \frac{1}{4} k_3 V_s^3 \sin 3pt \qquad \text{신호파의 고조파}$$

$$\left.\begin{aligned} &-\frac{3}{4} k_3 V_c V_s^2 \sin(\omega - 2p)t \\ &+ k_2 V_c V_s \cos (\omega - p)t \end{aligned}\right] \text{하측파}$$

$$+ (k_1 V_c + \frac{3}{2} k_3 V_c V_s^2 + \frac{3}{4} k_3 V_c^3) \sin \omega t$$ 반송파

$$-k_2 V_c V_s \cos(\omega + p)t$$

$$-\frac{3}{4} k_3 V_c V_s^2 \sin(\omega + 2p)t$$ 상측파

$$+\frac{3}{4} k_3 V_c^2 V_s \sin(2\omega - p)t$$

$$-\frac{1}{2} k_2 V_c^2 \cos 2\omega t$$ 반송파의 제2고조파

$$-\frac{3}{4} k_3 V_c^2 V_s \sin(2\omega + p)t$$

$$-\frac{1}{4} k_3 V_c^3 \sin 3\omega t$$ 반송파의 제3고조파

로 된다. 그림 14－6과 같이 출력회로에 있어서 반송파에 공진하는 동조 회로를 마련하면 직류분, 신호파, 신호파의 고조파, 반송파의 고조파 같은 것은 무시된다. 또, V_c, V_s가 작고 그 고차의 항을 무시하면

$$\begin{aligned} i &= k_2 V_c V_s \cos(\omega - p)t + k_1 V_c \sin \omega t - k_2 V_c V_s \cos(\omega + p)t \\ &= k_1 V_c (1 + \frac{2k_2}{k_1} V_s \sin pt) \sin \omega t \end{aligned}$$

가 된다. 지금, $k_1 V_c = I_c$, $(2k_2 / k_1) V_s = m$라고 하면

$$i = I_c (1 + m \sin pt) \sin \omega t \qquad (14-19)$$

가 되어 진폭변조가 행해지는 것이 된다. 다이오드변조, 트랜지스터 베이스 변조는 이 방식에 속하는 변조이다.

다음에 그림 14－8과 같이 반송파와 신호파를 따로 따로 비직선성 임피던스 회로에 가할 때에는 식 14－17에서 v대신에 v_c, v_s를 사용하여 일반적으로

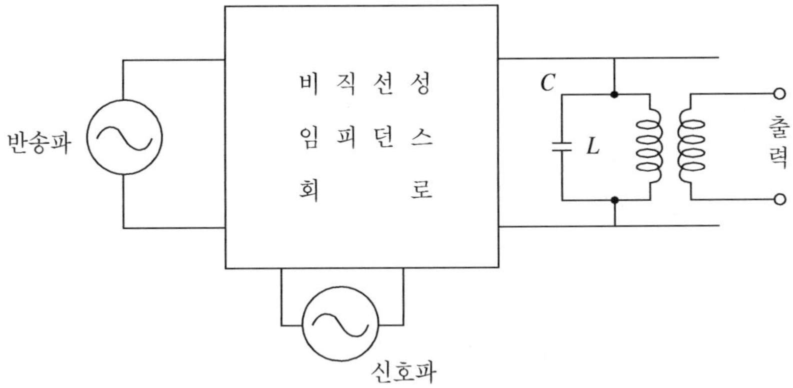

그림 14-8 진폭변조파를 만드는 방법 (2)

$$i = f(v_c,\ v_s)$$

인 함수로 나타내게 되며, 직류분 I_0를 생각하여

$$i = I_0 + \frac{\partial f}{\partial v_c} v_c + \frac{\partial f}{\partial v_s} v_s + \frac{\partial^2 f}{\partial {v^2}_c} v_c + \frac{\partial^2 f}{\partial {v^2}_s} v_s$$

$$+ \frac{\partial^2 f}{\partial v_c \partial v_s} v_c v_s + \frac{\partial^3 f}{\partial {v_s}^3} v_s + \cdots$$

라고 표시된다. 위 식의 제1항에서 반송파, 제6항의 $(\partial^2 f / \partial v_c\, \partial v_s)\ v,\ v_s$ 에서 하측파, 상측파가 생겨 진폭변조가 행해지게 된다.

트랜지스터 콜렉터 변조, 양극변조는 이 방법에 속하는 변조이다.

(6) 진폭변조회로

진폭변조는 앞에서 말한 바와 같이 비직선성 임피던스를 이용하므로써 행할 수 있다. 진폭변조회로에는 다음과 같은 방식으로 된 것이 있다.

① 트랜지스터를 사용한 변조회로

(a) 베이스 변조회로 (b) 콜렉터 변조회로

(c) 이미터 변조회로

② 고효율 변조회로

(a) B급 종단변조

(b) Dolherty 변조

(c) 부동반송파변조

(d) Chireix 변조

① 트랜지스터를 사용한 변조회로

트랜지스터를 사용한 변조회로에는 베이스 변조회로, 콜렉터 변조회로 및 이미터 변조회로가 있다.

(a) 베이스 변조회로

그림 14-9와 같이 이미터 베이스간에 반송파 v_c, 신호파 v_s를 가하는 방식인데, 이미터-베이스간에 v_c+v_s가 입력신호로 가해지게 된다. 이미터-베이스 접합부의 비직선성을 이용한 변조방식이다.

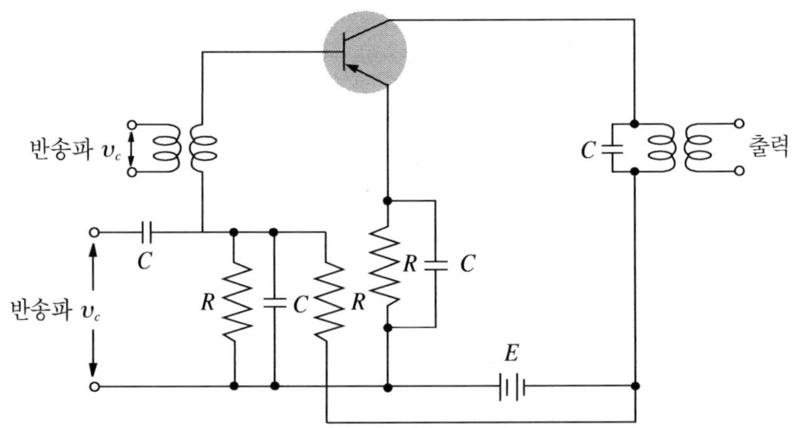

그림 14-9 베이스 변조회로

트랜지스터의 순방향에서 전달특성은 입력전류를 i, 출력전압을 v라 하면

$$v = ai + bi^2 + ci^2 + ci^3 + \cdots \qquad (14-20)$$

이 된다. 따라서 $i = i_c + i_s$로 하여 v를 구할 수 있다. 지금

$$i_s = I_s \cos pt$$
$$i_c = I_c \sin \omega t$$

라 하고 3승 이상의 항을 생략하여 계산하면

$$= a\,(I_s \cos pt + I_c \sin \omega t) + b(I_s \cos pt + I_c \sin \omega t)^2$$
$$= aI_s \cos pt + aI_c \sin \omega t + 2bI_sI_c \cos pt \sin \omega t + bI_s^2 \cos^2 pt + bI_s^2 \sin^2 \omega t \qquad (14-21)$$

이 된다. 위 식은 출력전압 중에 여러 가지 주파수 성분을 포함하고 있다는 것을 나타내고 있으나 진폭변조에 관계가 있는 식은 제2항과 제3항인데 이것을 계산하면

$$v = a\,I_c \sin \omega t + 2bI_sI_c \cos pt \sin \omega t$$
$$= aI_c \sin \omega t + bI_s\,I_c \sin(\omega t + pt) + bI_S\,I_c \sin(\omega t - pt) \qquad (14-22)$$

이 된다. 위 식은 식 14-6과 같은 형으로 진폭변조파를 나타내주고 있다.

(b) 콜렉터 변조회로

그림 14-10과 같이 이미터-베이스간에 반송파를 콜렉터에 신호를 가하여 콜렉터 전류 특성의 비직선성을 이용하여 변조하는 방식이다.

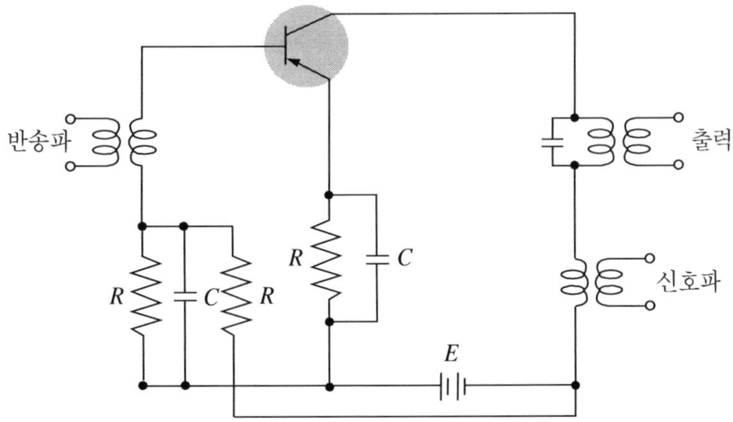

그림 14-10 콜렉터 변조회로

반송파도 신호파도 가해지지 않았을 때의 콜렉터 전압을 V_{cc}로 하고 이때 반송파를 가하여 콜렉터 전류를 포화하게 하면 출력은 V_{cc}까지 최대로 변하게 된다. 즉 콜렉터 전압의 파고치가 V_{cc}이며 진폭은 $V_{cc}/2$가 되는 고조파전압이 된다. 이때 신호파 $v_s = V_s \sin pt$를 가하면 콜렉터 전압은 $V_{cc} + v_s = V_{cc} + V_s \sin pt$가 되므로 콜렉터 전압의 파고치는 $V_{cc} + V_s$ $V_{cc} - V_s$의 범위에서 변화하고 그림 14－11 (a)와 같은 파형을 얻게 된다. 따라서 공진회로의 작용에 의하여 그림 (b)와 같은 피변조파가 얻어진다.

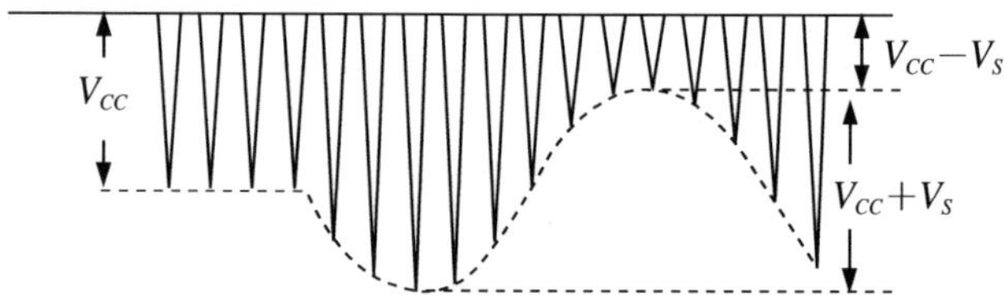

(a) 컬렉터 전압

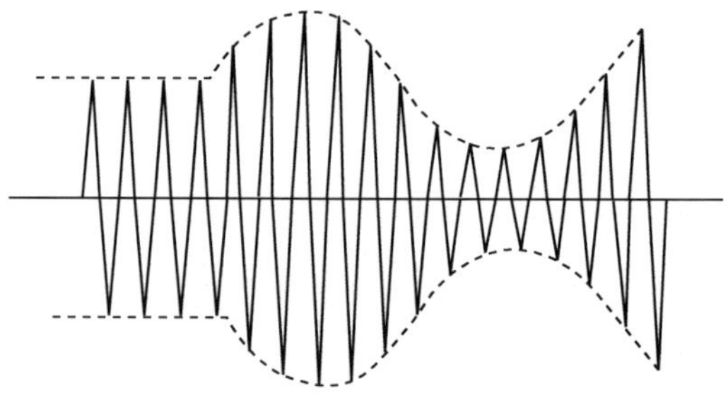

(b) 피변조파

그림 14-11 콜렉터 변조의 변형

(c) 이미터 변조회로

그림 14－12와 같이 베이스에 반송파를 이미터에 신호파를 가하여 반송파와 신호파를 이미터 베이스 접합부의 비직선성을 이용 혼합하여 그 중의 진폭변조 성분을 콜렉터측에 꺼내는 방식이다.

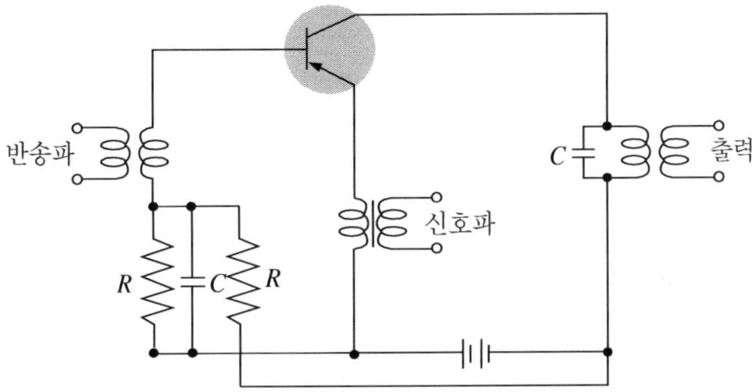

그림 14-12 이미터 변조회로

(7) 반송파 억압변조

진폭변조파 i는 식 14－6에 의해

$$i = I_c \sin \omega t + \frac{m}{2} I_c \sin(\omega - p)\, t + \frac{m}{2} I_c \sin(\omega + p)\, t \qquad (14-23)$$

로 타나나게 된다. 위 식 가운데서 신호전송을 하는 것은 제2항과 제3항의 측파대인데 제1항의 반송파는 직접신호전송에는 도움이 되지 못하며 반송파는 변조율 100%일 때 전전력의 2/3를 차지한다. 그래서 반송파를 방사하지 않고 수신측에서 반송파를 만들어 이것을 측파대에 가하여 본래의 진폭변조를 만들어서 수신하는 방법을 생각해냈다. 이것은 반송파를 억압제거하는 방식이므로 반송파억압변조 또는 반송파제거변조라 한다.

① 평형변조회로

평형변조회로는 반송파를 제거하기 위해 고려된 것으로, 그림 14－13은 다이오드를 사용한 평형변조회로를, 그림 14－14는 트랜지스터를 사용한 평형회로를 나타낸 것이다. 그림 14－14에 있어서 입력단자 1－1에는 주파수 f_s의 신호파 v_s를, 입력단자 2－2에는 주파수 f_c의 반송파 v_c를 가했을 때, 출력단자 3－3에 나타나는 출력전압의 주파수성분을 구해보자.

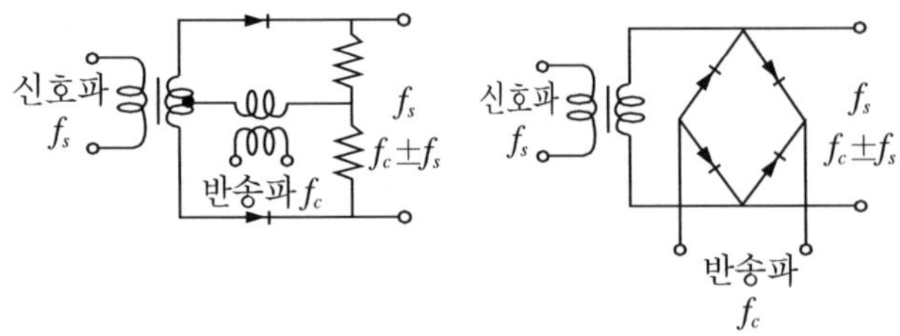

(a) (b)

그림 14-13 다이오드의 평형 변조기

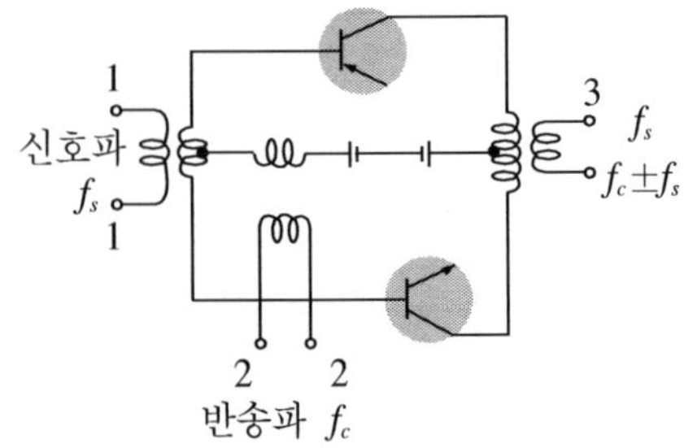

그림 14-14 트랜지스터 평형 변조기

트랜지스터는 동일특성이고 순방향전달특성은 출력전압을 v, 입력전류를 i로 했을 때

$$v = ai + bi^2 + ci^3 + \cdots\cdots$$

여기서 a, b, c …… 는 정수로 나타난다.

트랜지스터 T_{r1} , T_{r2}의 베이스 전류 i_{b1}, i_{b2}는

$$i_{b1} = i_s + i_c \quad i_{b2} = -i_s + i_c$$

로 된다. 또 T_{r1}, T_{r2}의 출력전압을 v_1, v_2라 하면 3차 이상의 항를 생략하여

$$v_1 = a(i_s + i_c) + b(i_s + i_c)^2$$
$$v_2 = a(-i_s + i_c) + b(-i_s + i_c)^2$$

따라서 출력전압 v_0는

$$v_0 = v_1 - v_2 = 2ai_s + 4bi_s i_c$$

반송파, 신호파는 각각

$$i_c = I_c \sin 2\pi f_c t$$
$$i_s = I_s \sin 2\pi f_s t$$

로 나타낼 수 있으므로

$$v_0 = 2aI_s \sin 2\pi f_s t + 4bI_c I_s \sin(2\pi f_s)t \sin(2\pi f_c)t$$
$$= 2aI_s \sin 2\pi f_s t + 2bI_c I_s \cos 2\pi(f_c - f_s)t - 2bI_c I_s \cos 2\pi(f_c + f_s)t \quad (14-24)$$

로 되고 출력전압의 주파수성분은 f_s, $f_c \pm f_s$ 가 된다. 3차 이상을 계산하면 이들 외에 $(mf_c \pm nf_s)$가 나타나므로, 필터(filter)를 사용하여 소요 측파대를 꺼낸다. 이와 같은 평형변조회로는 측파대 외에 신호파성분이 나타난다.

② 링 변조기

반송파 외에 신호에 대해서도 평형을 취하고 양자가 출력으로 나타나지 못하도록 한 것이 2중평균변조회로이고, 링 변조기는 2중평형회로이다.

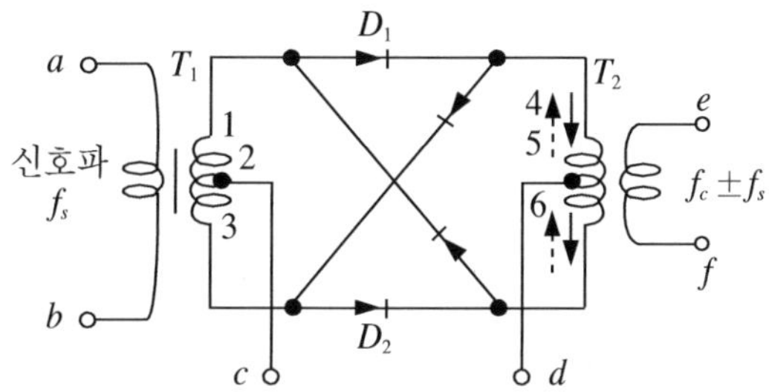

그림 14-15 링 변조

그림 14−15는 링변조기인데, 4개의 다이오드를 브리지형으로 접속하며, 트랜스 T_1의 1차측에 신호파를 T_1, T_2의 중점간에 반송파를 각각 가하면 T_2의 2차측에서 측파대만을 꺼내게 된다.

다음 링 변조기의 동작에 대하여 살펴보자.

반송파입력뿐일 때 단자 c가 +, 단자 d가 −일 때 전류는 다음과 같은 순서인

$$c \rightarrow 2 \begin{matrix} \nearrow 1 \rightarrow D_1 \rightarrow 4 \searrow \\ \searrow 3 \rightarrow D_2 \rightarrow 6 \nearrow \end{matrix} 5 \rightarrow d$$

로 흐르게 되며, T_2의 일차측에는 실선방향의 전류가 흐르므로 출력단자 ef에는 반송파출력은 나타나지 않는다. 또 단자 d가 +, 단자 c가 −일 때 전류는 다음과 같은

$$d \rightarrow 5 \begin{matrix} \nearrow 4 \rightarrow D_3 \rightarrow 3 \searrow \\ \searrow 3 \rightarrow D_4 \rightarrow 1 \nearrow \end{matrix} 2 \rightarrow c$$

로 흐르며, T_2의 일차측에는 점선방향의 전류가 흐르며, 역시 반송파출력은 나타나지 않는다. 신호파입력뿐일 때, 단자 1에 +, 단자 2에 −, 또는 이 반대로 전압이 유기되었을 때

D_1, D_3 또는 D_2, D_4 회로에서 단락되어 버리므로 출력단자에 신호파는 나타나지 않는다.

다음에 신호파와 반송파가 동시에 가해졌을 때, 반송파는 신호파보다 주파수가 높고, 전압도 신호파보다 크므로 반송파에 대한 개개의 다이오드의 동작을 살펴보면 단자 d에 대하여 단자 c가 $+$일 때는 D_1, D_2이 이 도통상태로, 단자 C가 $-$일 때는 D_3, D_4이 도통상태가 되어 마치 그림 14－16과 같은 스위치 S를 반송파의 주기로 바꾸는 회로와 등가가 된다. 따라서 신호파는 정부의 반 주기마다 위상이 반대가 되고, 출력은 그림 14－17과 같은 파를 얻게 되며, 그 주파수성분은 $f_C \pm f_S$ 가 된다.

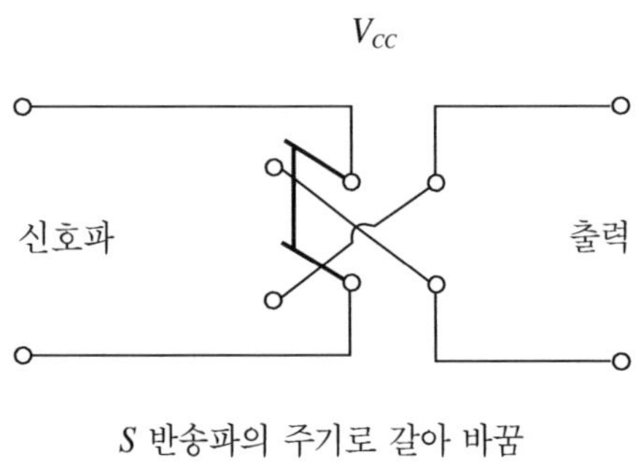

그림 14-16 링 변조기의 등가회로

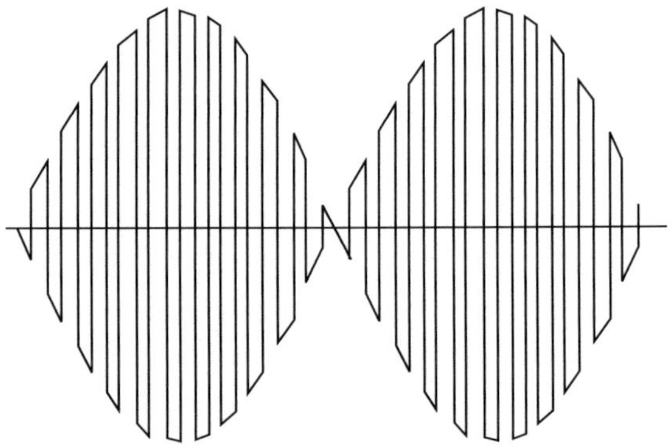

그림 14-17 링 변조기의 출력파형

상하측파대 중에서 그 어느 한 쪽을 꺼내는 것을 단측파대를 꺼낸다고 한다.

단측파대를 꺼낼 경우, 변조회로의 출력에 필터를 두고 상하 중에서 한 측파대를 주파수 선택하면 된다. 이때 필터의 주파수선택의 능력은 반송파의 주파수는 낮을수록 좋다.

(8) 변조도의 측정

변조도를 측정하는 방법에는 전류계에 의한 방법, 직선검파기에 의한 방법 및 오실로스코프에 의한 방법 등이 있다.

① 전류계에 의한 변조도 측정

송신기의 급전선, 양극동조회로 등에 고주파전류계를 삽입하여 그 실효치를 측정할 때, 식 14－12에서 변조도 m은

$$m = \sqrt{2\left(\frac{I_{eff}}{I_o} - 1\right)} \qquad (14-25)$$

로 구하게 된다. I_{eff}는 피변조파의 전류, I_0는 변조를 하지 않았을 때의 전류이다. 이 방법은 정현파신호파에 의하여 변조가 행해지고, 또 변조에 의하여 반송파의 실효치가 변화되지 않았을 때에 적용된다. 실제로는 변조에 의하여 전원전압이 변동되나 전력증폭기나 피변조관과 같은 동작상태가 변동되므로 반송파출력이 변화하여 그 방법에 의한 변조도의 측정은 부정확하고, 표 14－1로 알 수 있듯이 $m=0[\%]$와 $m=100[\%]$일 때의 전류비는 1.225배이므로 정확한 측정은 곤란하며 변조하는 모양을 추찰하는 정도로 사용한다.

② 직선검파기에 의한 변조측정도

그림 14－18 (a)에 나타낸 바와 같이 피변조파를 직선검파하여 직류분과 교류분(신호파의 실효치)으로 나누고 그 각각의 전류 전압으로부터 변조도를 산출한다.

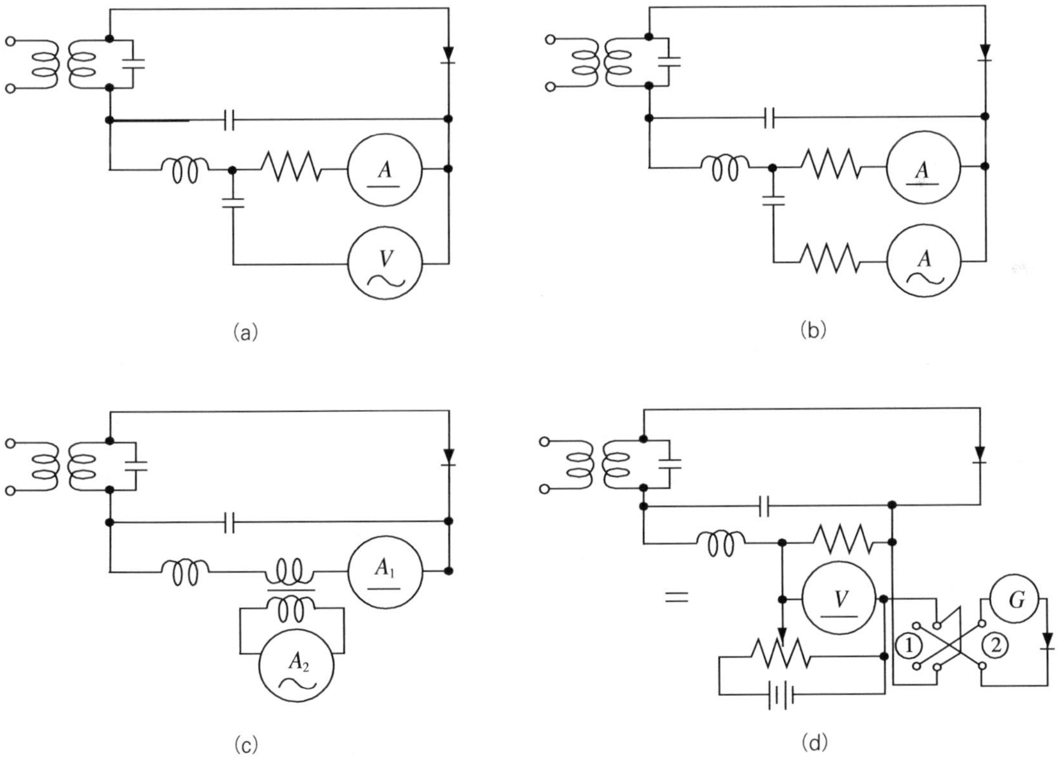

그림 14-18 직선검파기에 의한 변조도 측정

그림 (a)의 경우 : 다이오드로 검파하여 그 직류분은 직류전류계 Ⓐ로 측정한다. → I_{DC}, 교류분을 전압계 Ⓥ로 측정한다 → V_{AC}(실효치), 신호파의 교류분 I_{ACm}(최대치)는

$$RI_{ACm} = \sqrt{2}V_{AC} \quad \therefore I_{AC} = \frac{\sqrt{2}\,V_{AC}}{\mathrm{R}}$$

가 되므로 변조도 m은

$$m = \frac{I_{AC}}{I_{DC}} = \frac{\sqrt{2}\,V_{AC}}{RI_{DC}} \qquad (14-26)$$

그림 (b)의 경우 : 그림 (a)의 전압계 대신에 교류전류계와 무유도저항을 사용하여 그 지시를 I_{AC}(실효치)라 하면 변조도 m은

$$m = \frac{\sqrt{2}\,I_{AC}\gamma}{I_{DC}\,R} \qquad (14-27)$$

그림 (c)의 경우 : 직선검파기의 검파전류의 직류분 I_{DC}를 직류전류계 A_1으로 교류분 I_{AC}(실효치)를 교류전류계 A_2로 구하면 변조도 m은

$$m = \frac{\sqrt{2}\,I_{AC}}{n\,I_{DC}} \qquad (14-28)$$

여기서 n은 변류기 T의 전류변성비인데 1차 및 2차권선의 권수를 N_1 및 N_2라 한다면 $n = N_1/N_2$이다.

그림 (d)의 경우 : 스위치 K를 ① 측에 넣고 분압기 R을 조정하여 검류계 Ⓖ에 전류가 흐르기 시작하는 점의 전압을 Ⓥ로 읽어낸다. 이 값을 V_1이라 하면, V_1은 검파전압의 리플분의 최대치가 된다. 다음에 K를 ②측에 넣어 같은 방법으로 전압계를 읽는다. 이 값을 V_2라 하면 V_2는 리플분의 최소치가 된다. 그러므로 m은

$$m = \frac{V_1 - V_2}{V_1 + V_2} \qquad (14-29)$$

(a), (b)및 (c)의 방법은 직류전류계의 지시를 일정치로 조정하면 전압계 또는 교류전류계에 변조도 눈금을 새겨 변조도를 직독할 수 있다.

③ 오실로스코프에 의한 변조도 측정

(a) 시간축을 사용하는 방법

그림 14－19와 같이 피변조파를 오실로스코프의 수직단자에 가하고, 수평단자를 시간축으로 하여 동기를 취하면 동도 (b)와 같은 도형이 정지되어 나타난다. 이 포락선의 최대진폭을 A, 최소 진폭을 B라 하면 변조도 m은

$$m = \frac{A-B}{A+B} \qquad (14-30)$$

(b) 사다리꼴을 그리게 하는 방법

그림 14－20와 같이 피변조파를 브라운관의 수직편향판에 신호파를 수평편향판에 가하면 동도 (b)와 같은 사다리꼴의 모양이 나타나게 된다.

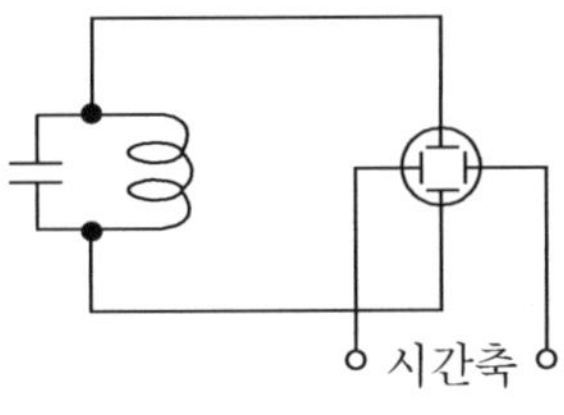

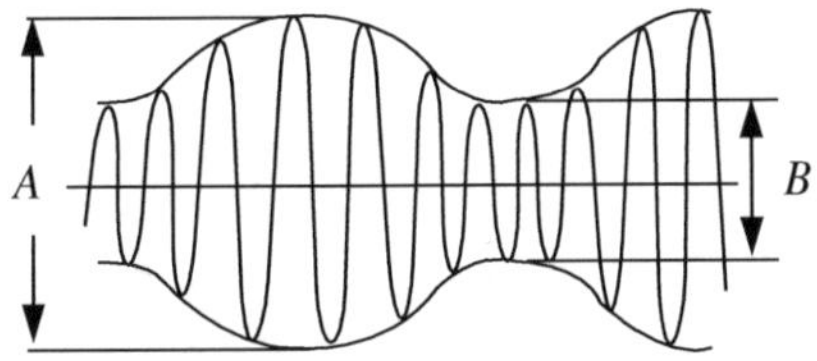

그림 14-19 시간축을 사용하는 방법

이 사다리꼴의 밑변을 A, 윗변을 B라 하면 그 길이를 측정하여 변조도 m을 구하면 변조도 m은

$$m = \frac{A-B}{A+B}$$

가 된다.

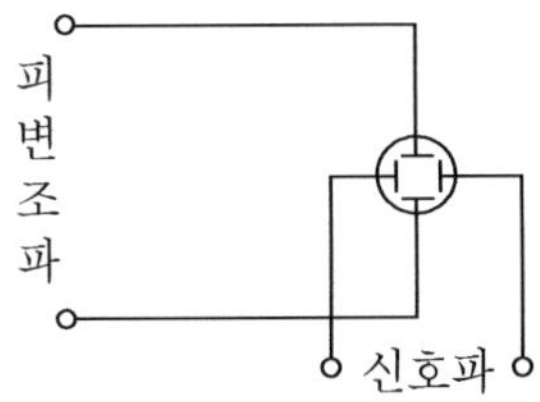

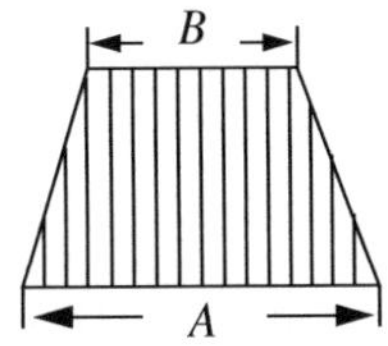

그림 14-20 사다리꼴로 변조도를 구하는 방법

(c) 타원형을 그리게 하는 방법

그림 14-21과 같이 피변조파를 저항과 콘덴서의 직렬회로에 가하여 90°의 위상차를 가진 전압으로서 브라운관의 수직 수평편향파에 가하면 동도 (b)와 같은 원의 도형이 나타나게 된다. 도시한 A 및 B의 길이를 측정하면 변조파 m은

$$m = \frac{A-B}{A+B}$$

수직, 수평편향파의 인가전압이 대등할 때는 원형이 된다.

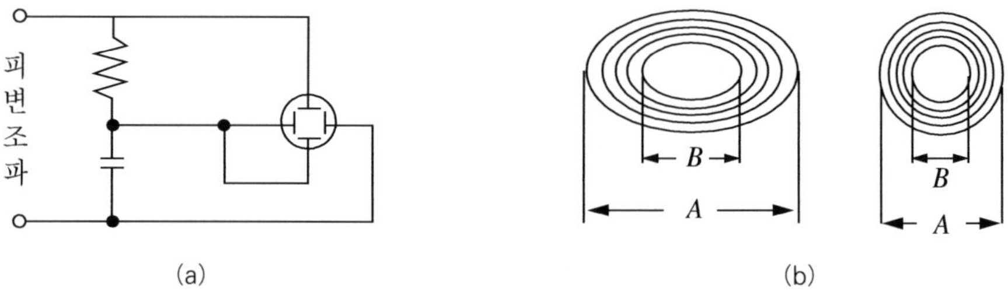

그림 14-21 타원을 그리게 하는 방법

2. 주파수변조

주파수변조는 반송파의 주파수를 신호파의 진폭에 따라서 변화시키는 것으로 리액턴스관이나 리액턴스 트랜지스터를 사용하여 직접주파수 변조파를 만드는 방법과, 반송파의 위상을 신호파의 진폭에 따라서 변화시키는 위상변화를 사용하여 간접으로 주파수변조파를 만드는 방법이 있는데, 전자를 직접 FM, 후자를 간접 FM이라 한다. 직접 FM은 적은 전력의 간이통신에, 간접 FM은 방송기기 등에 사용되고 있다.

(1) 수식표시

반송파의 주파수를 변화토록 하면 그 위상이 간접으로 변화되고, 또 반송파의 위상을 변화케 하면 그 주파수가 간접적으로 변화하여 주파수변화와 위상변화는 서로 불가분의 관계에 있다. 이를테면 주파수 1000[Hz]의 정현파가 주파수변조되어 1020[Hz]가 되었다고 하

면 그 주기는 각각 1/1000[초], 1/1020[초]가 되므로 두 정현파는 그림 14－22에 나타낸 바와 같은 관계가 된다.

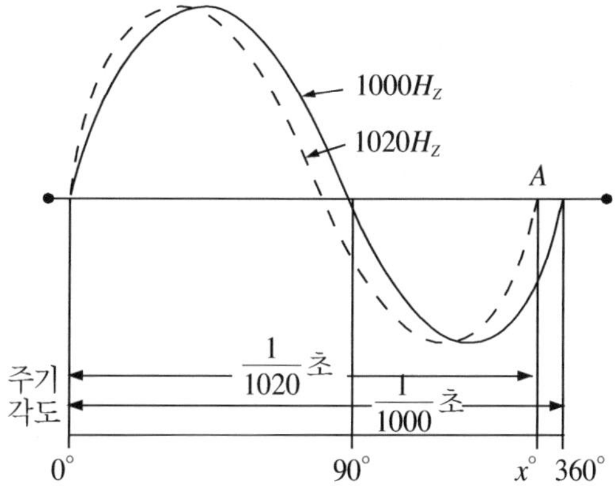

각도는 시간과 비례관계에 있으므로 A점의 각도를 x 라 한다면

$$x = \frac{1000 \times 360}{1020} = 353$$

이 되고 1020[Hz]의 정현파는 1000[Hz]의 정현파에 대하여 360－353＝7(도) 위상이 진행한 것이 되며, 위상변조를 한 것과 등가가 된다. 이와 같이 주파수변조와 위상변조는 서로 연관이 있으므로 개개의 일반식을 생각하면서 상호관계를 살펴보기로 하자.

① 주파수변조의 수식표시

반송파 i_c는 식 14－1로 주어진다. 즉

$$i_C = I_C \sin(\omega t + \theta) \qquad (14-31)$$

식 14－3에서 반송각주파수 ω가 평상치 ω를 중심으로 하여 신호파의 진폭에 대응하여 변화하는 것이라고 하면 반송파의 각주파 순시치 ω_0는 신호파 $i_s = I_s \cos pt$의 진폭 I_s 에 대응하는 각주파수 편이를 ω_d라 두고

$$\omega_0 = \omega + \omega_d \cos pt \qquad (14-32)$$

가 된다. 순시각주파수 ω_o는 시간의 함수이므로 임의시각에서의 각도의 변이 ψ는

$$\psi = \int \omega_0 \, dt$$

로 구하게 된다. 따라서 위 식에 식 14－32를 대입하여

$$\psi = \int (\omega + \omega_d \cos pt)\, dt$$
$$= \omega t + \frac{\omega_d}{p} \sin pt \qquad (14-33)$$

가 된다. 따라서 주파수변조파 i의 기본식은 식 14－31에 식 14－33을 대입하여

$$i = I_c \sin\left(\omega t + \frac{\omega_d}{p} \sin pt + \theta\right)$$

로 표시된다. θ를 생략해도 일반성을 잃지 않으므로 $\theta = 0$라 두고

$$i = I_c \sin\left(\omega t + \frac{\omega_d}{p} \sin pt\right)$$

라 표시된다. 그리고 $\omega_d/(2\pi)$는 주파수편이를 나타내고, 주파수변조된 주파수가 본래의 주파수 $\omega/(2\pi)$에서 얼마만큼 엇갈렸나를 나타낸 것이며 그 크기는 I_s에 비례한다.

진폭변조에서 변조도의 정의는 변동하는 진폭의 중심치 I_c 와 변동량 I_s 와의 비 I_s/I_c 를 취하였다. 변조도가 1 이상이 되면 소위 과변조가 되어 의곡이 크게 생기게 되나 변조도가 1 이하이면 좋은 값으로서 생각할 수 있다.

주파수변조에서는 진폭변조와 같은 관계식, 즉 ω_d/ω를 변조도라 정의하지 않는다. 왜냐하면 실제로 각주파수편이ω_d를 ω까지 잡을 수 없고 또 ω_d 를 크게 하면 측파대가 과대하게 확대된다. 즉 $\omega_d/\omega \ll 1$이 되기 때문이다. 또 ω_d 를 작게 잡으면 주파수변조의 이점을 잃게 된다. 그래서 어떤 일정한 반송파에 대하여 적당히 ω_d 를 정하여 신호파의 최대진폭시에 이 ω_d에 이르게 한다. 이렇게 적당히 택한 ω_d 의 최대치를 $\Delta\omega$라고 나타내며 최대주파수편이라 한다. 신호파는 언제나 최대치가 아니므로 ω_d 는 $\Delta\omega$보다 작다. 이 ω_d 와 $\Delta\omega$의 비를 취하여 변조도라 한다. 변조도를 k_f라고 하면

$$k_f = \frac{\omega_d}{\Delta\omega} \qquad (14-34)$$

주파수변조의 일반식은 ω_d 대신에 $\Delta\omega$를 사용하며

$$i = I_c \sin\left(\omega t + \frac{\Delta\omega}{p}\sin pt\right) \qquad (14-35)$$

로 된다. 또 $\Delta\omega$와 p와의 비 $\Delta\omega/p$를 변조지수(modulation index)라 한다. 변조지수를 m_f 라 하면

$$m_f = \frac{\Delta\omega}{p} \qquad (14-36)$$

따라서 일반식은

$$i = I_c \sin(\omega t + m_f \sin pt) \qquad (14-37)$$

가 된다.

예제 14-3 주파수 변조에 있어서 변조지수가 6일 때 신호의 최고주파수를 20kHz라 하면 최대주파수편이는 얼마나 되는가?

풀이 우선 식 14−36에서 변조지수 m_f를 구하면

$$m_f = \frac{\Delta\omega}{p} = \frac{2\pi\Delta f}{2\pi f_s} = \frac{\Delta f}{f_s}$$

$$\therefore f = m_f f_s = 6\times 20 = 120[\text{kHz}]$$

② 위상변조의 수식표시

위상변조는 식 14−31으로 나타나게 되는 반송파의 위상각 θ가 일정한 중심위상각 θ_0를 중심으로 하여 신호파 $i_s = I_s \cos pt$의 진폭 I_s에 대응하여 변화되는 것이므로 I_s에 대응하는 위상각의 엇갈림, 즉 위상편이를 θ_d라 하면

$$\theta = \theta_0 + \theta_d \cos pt \qquad (14-38)$$

이 된다. 따라서 위상변조파 i의 기본식은 식 14−31에 식 14−38을 대입하여

$$i = I_c \sin(\omega t + \theta_0 + \theta_d \cos pt)$$

라 나타나게 된다. θ_0는 0라 두어도(이런 경우에는 θ_0 만큼 늦추어서 중심위상각을 0로 한다) 일반성을 잃지 않으므로

$$i = I_c \sin(\omega t + \theta_d \cos pt)$$

라고 나타내게 된다. 위상편이 θ_d는 신호의 진폭에 따라 자유로이 선택할 수 있으나 신호파의 최대진폭에 대한 위상편이, 즉 최대 위상편이 $\Delta\theta$를 정하면 $\theta_d = k_p \Delta\theta$라 둘 수 있으므로

$$k_p = \frac{\theta_d}{\Delta\theta}$$

가 된다. 이 k_p를 위상변조의 변조도라 하나, 그리 중요한 의미는 없다. θ_d대신에 $\Delta\theta$를 사용하여 위상변조의 일반식은

$$i = I_c \sin(\omega t + \Delta\theta \cos pt) \qquad (14-39)$$

로 나타내게 된다.

위상변조의 변조지수 m_p는 최대위상편이 $\Delta\theta$가 된다. 즉

$$m_p = \Delta\theta \qquad (14-40)$$

또, 위상변조에 있어서 그 순시각주파수 ω_0는 $\omega t + \Delta\theta \cos pt$를 시간 t로써 미분하면 된다. 따라서

$$\omega_0 = \frac{d}{dt}(\omega t + \Delta\theta \cos pt)$$

$$= \omega - p\Delta\theta \sin pt \qquad (14-41)$$

가 된다.

주파수변조와 위상변조와의 관계를 표로 나타내보면 표 14−3과 같다.

표 14-3 주파수변조와 위상변조의 비교

	주파수변조	위상변조
반송파	$i_c = I_c \sin \omega t$	$i_c = I_c \sin \omega t$
신호파	$i_s = I_s \cos pt$	$i_s = I_s \cos pt$
최대편이	$(\pm)\ \Delta\omega$	$(\pm)\ \Delta\theta$
순시각주파수	$\omega_0 = \omega + \Delta\omega \cos pt$	$\omega_0 = \omega - p\,\Delta\theta \sin pt$
순시주파수	$f_0 = \dfrac{\omega_0}{2\pi} = f + \Delta f \cos pt$	$f_0 = \dfrac{\omega_0}{2\pi} = f - f_s\ \Delta\theta \sin pt$
순시위상각	$\omega t + \dfrac{\Delta\omega}{p} \sin pt$	$\omega t + \theta\Delta\ \cos pt$
파변조파전류	$I_c \sin\left(\omega t + \dfrac{\Delta\omega}{p} \sin pt\right)$	$I_c \sin\ (\omega t + \Delta\theta \cos pt)$

(2) 벡터 표시

주파수변조와 위상변조를 벡터를 사용하여 생각해보자. 이때 편이를 크게 하면 상하측파대가 진폭변조인 때와 같이 하나씩으로는 되지 않고 무한개 생기므로 편이가 작은, 즉 변조지수가 작은 특별한 경우를 진폭변조의 그것과 비교해보자.

① 주파수변조의 벡터 표시

주파수변조의 벡터는 주파수변조파를 표시하는 식 14－37을 전개하면 그려낼 수 있다.

$$\begin{aligned} i &= I_c \sin\ (\omega t + m_f \sin pt) \\ &= I_c \sin \omega t \cos\ (m_f \sin pt) + I_c \cos \omega t \sin\ (m_f \sin pt) \end{aligned}$$

앞에서 말한대로 m_f를 작다고 가정하면

$$\cos(m_f \sin pt\ ) \fallingdotseq 1$$
$$\sin(m_f \sin pt) \fallingdotseq m_f \sin pt$$

라 할 수 있으므로

$$i \fallingdotseq I_c \sin \omega t + I_c m_f \cos \omega t \sin pt$$

$$= I_c \sin \omega t + \frac{m_f I_c}{2} \{\sin(\omega + p)t - \sin(\omega - p)t\}$$

$$= I_c \sin \omega t + \frac{m_f I_c}{2} \sin(\omega + p)t + \frac{m_f I_c}{2} \sin\{(\omega - p)t + \pi\}$$

이 된다. 진폭변조의 식 14－6과 비교하여 주파수변조의 벡터는 하측파대성분만 π만큼 위상이 다르다. 이것을 도시하면 그림 14－4를 참조하여 그림 14－22과 같이 된다.

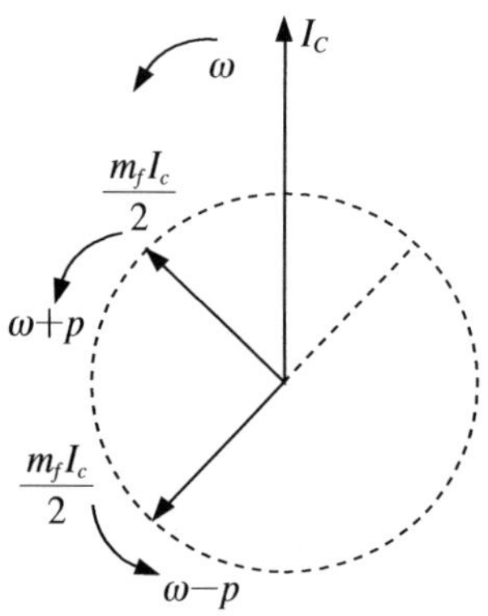

그림 14-22 주파수변조의 벡터

② 위상변조의 벡터 표시

위상변조의 벡터는 위상변조파를 표시하는 식 14－39를 전개하면 그려낼 수 있다.

$$i = I_c \sin(\omega t + \Delta\theta \cos pt)$$

$$= I_c \sin(\omega t + m_p \cos pt)$$

$$= I_c \sin \omega t \cos(m_p \cos pt) + I_c \cos \omega t \sin(m_p \cos pt)$$

앞에서 말했듯이 m_p가 적다고 가정하면

$$i \fallingdotseq I_c \sin \omega t + I_c m_p \cos \omega t \cos pt$$

$$= I_c \sin \omega t + \frac{m_p I_c}{2} \{\cos(\omega + p)t + \cos(\omega - p)t\}$$

$$= I_c \sin \omega t + \frac{m_p I_c}{2} \sin\{(\omega + p)\, t + \frac{\pi}{2}\} + \frac{m_p I_c}{2} \sin\{(\omega - p)\, t + \frac{\pi}{2}\} \tag{14-43}$$

이 된다.

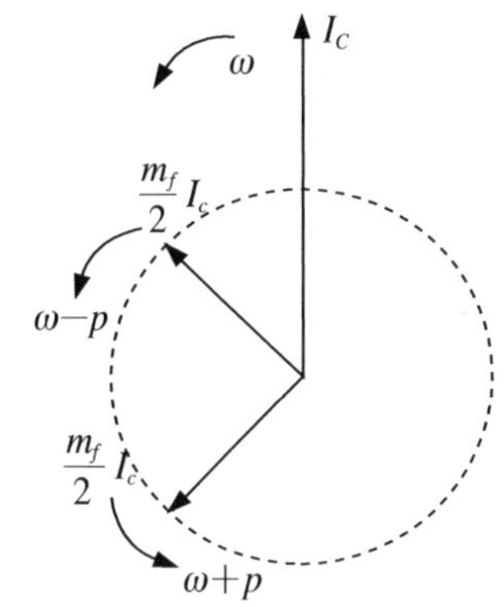

그림 14-23 위상변조의 벡터

진폭변조의 식 14－6과 비교하여 위상변조의 측파대는 $\pi/2$ 진행하고 있다. 이것을 도시하면 그림 14－4를 참조하여 그림 14－23와 같이 된다. 또 주파수변조의 벡터와 비교하면 상측파와 하측파의 위치가 바뀌어 있다.

다음 진폭변조, 주파수변조 및 위상변조 벡터 표시의 상호관계는 그림 14－24와 같다. $t=0$일 때 진폭변조이면 그 진폭 $I_c(1+m\cos pt) = I_c(1+m)$에서 최대가 된다. 벡터에서는 상하측파가 동위상이 되어 벡터적으로도 최대가 된다. 주파수변조이면 $i = I_c \sin(\omega t + m_f \sin pt)$에서 주파수편이가 0가 된다. 벡터에서는 상하측파가 서로 반대방향이 되어 합성벡터는 반송파성분만으로 되어 편이가 0가 된다. 위상변조이면 $i = I_c \sin(\omega t + m_p \cos pt)$에서 위상편이는 최대가 된다. 벡터에서는 상하측파 모두 같은 방향으로 반송파와 $\pi/2$의 각도를 가지므로 벡터적으로도 이상편이는 최대가 된다. $t = T/4$, $t = T/2$, … 도 마찬가지로 생각하면 된다.

또 그림 14－24로서 알 수 있듯이 진폭변조이면 측파대의 합성은 반송파의 진폭방향으로 변조하나 주파수변조나 위상변조이면 측파대의 합성은 반송파의 진폭방향과 직각방향으로 변화한다. 따라서 진폭변조는 진폭이 변화하는 데 대하여 주파수변조나 위상변조는 위상-각도가 변화하는 각도변조가 된다.

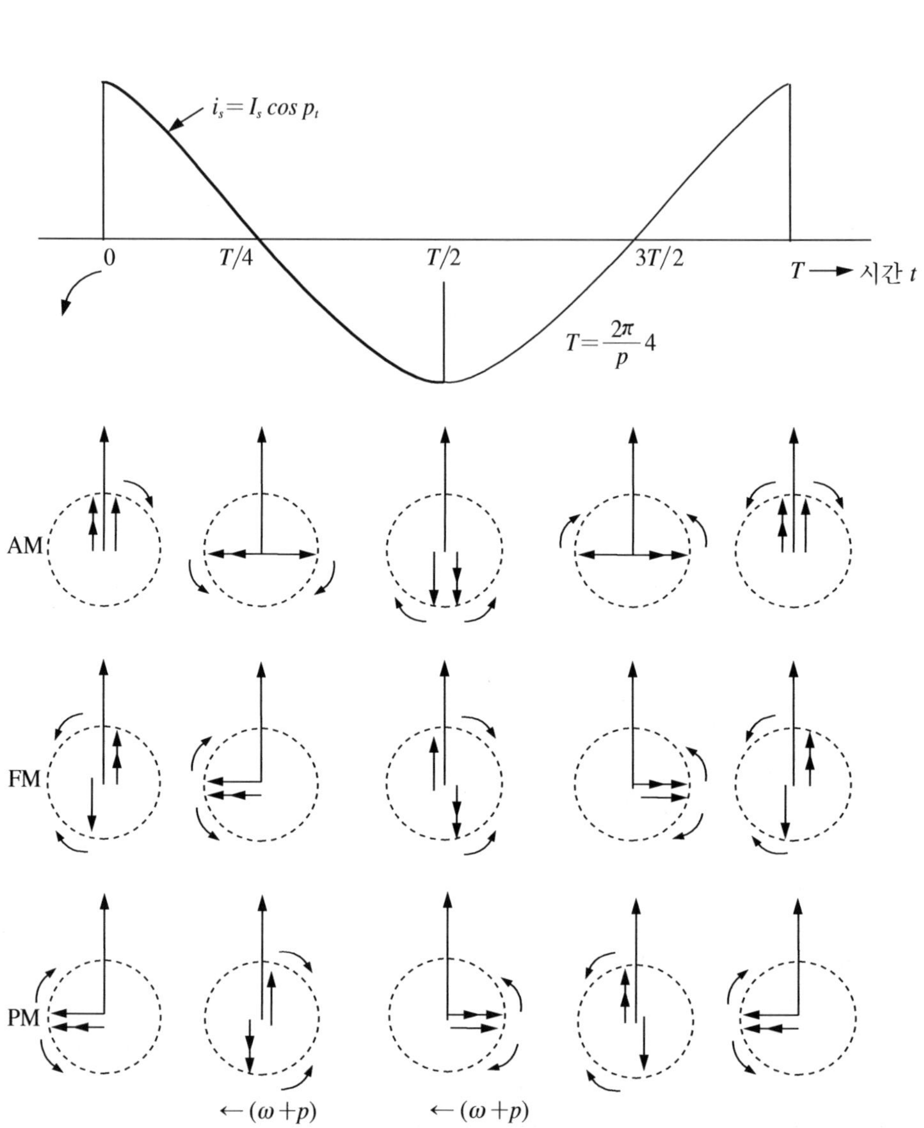

그림 14-24 진폭편조 · 주파수변조 · 위상변조 벡터의 상호관계

다음 주파수변조와 위상변조의 관계를 살펴보자. 측파대의 합성치는 주파수변조가 최대가 되었을 때 위상변조가 0이 되고 주파수변조가 감소되어 갈 때 위상변조는 증가되어 가며 주파수 변조가 0이 되었을 때 위상변조는 최대가 된다. 즉 측파대 합성값의 위상은 언제나 $\pi/2$ 달라지는 것이다.

(3) 측파대

주파수 변조의 일반식은 식 14－37로 주어진다. 즉

$$i = I_c \sin(\omega t + m_f \sin pt)$$
$$= I_c\{\sin\omega t \cos(m_f \sin pt) + \cos\omega t \sin(m_f \sin pt)\}$$

이 된다. 그러나 $\cos(m_f \sin pt)$, $\sin(m_f \cos pt)$의 계산을 전항에서는 근사계산을 했으나 엄밀히는 베셀함수의 형으로써 전개한다.

$$i = I_c \sin\omega t\{J_0(m_f) + 2J_2(m_f)\cos 2pt + 2J_4(m_f)\cos 4pt + \cdots\}$$
$$+ I_c\cos\omega t\{2J_1(m_f)\sin pt + 2J_3(m_f)\sin 3pt + 2J_5(m_f)\sin 5pt + \cdots\cdots\}$$
$$= I_c\{J_0(m_f)\sin\omega t + 2J_1(m_f)\cos\omega t \sin pt + 2J_2(m_f)\sin\omega t\cos 2pt$$
$$+ 2J_3(m_f)\cos\omega t\sin 3pt + 2J_4(m_f)\sin\omega t\cos 4pt + 2J_5(m_f)\cos\omega t\sin$$
$$5pt + \cdots\}$$

삼각함수의 공식

$$2\cos A\sin B = \sin(A+B) - \sin(A-B)$$
$$2\sin A\cos B = \sin(A+B) + \sin(A-B)$$

를 사용하여

$$i = I_c[J_0(m_f)\sin\omega t$$
$$+J_1(m_f)\{\sin(\omega+p)t - \sin(\omega-p)t\}$$
$$+J_2(m_f)\{\sin(\omega+2p)t + \sin(\omega-2p)t\}$$
$$+J_3(m_f)\{\sin(\omega+3p)t - \sin(\omega-3p)t\}$$
$$+J_4(m_f)\{\sin(\omega+4p)t + \sin(\omega-4p)t\}$$
$$+J_5(m_f)\{\sin(\omega+5p)t - \sin(\omega-5p)t\} + \cdots]$$
$$(14-44)$$

로 된다. 이와 같은 관계를 그림으로 나타내면 그림 14－26과 같다.

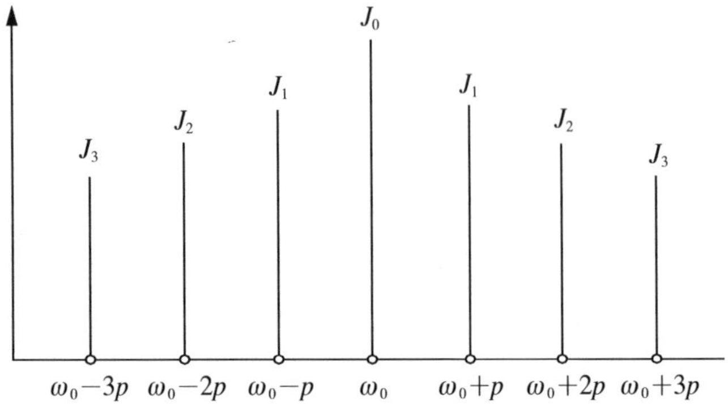

그림 14-25

〈참고〉

$\sin(m_f \sin pt)$, $\sin(m_f \cos pt)$과 같이 정현함수 또는 여현함수의 변화가 다시금 정현함수인 듯한 함수를 베셀함수라 하고 그 일반식은 다음 식으로 나타낸다.

$$\sin(x\sin\psi)=2\sum_{n=0}^{o} J_{2n+1}(x)\sin(2n+1)\psi$$

$$\cos(x\sin\psi)=J_0(x)+2\sum_{n-1}^{\infty} J_{2n}(x)\cos 2n\psi$$

또한 식 14−44에서 다음 사실을 알게 된다.

① 주파수변조값은 반송파주파수 $\omega/2\pi$를 중심으로 하여 그 상하에 신호주파수 $p/2\pi$와 대등한 주파수간격으로 $(\omega\pm p)/2\pi$, $(\omega\pm 2p)/2\pi$, $(\omega\pm 3p)/2\pi$, ……, $(\omega\pm np)/2\pi(n\to\infty)$의 무수한 측파대를 생성한다.

② 반송파 및 무수한 측파대의 진폭은 $J_n(m_f)\,I_c\,(n:0,1,2,3,\cdots)$로 주어진다.

$J_n(m_f)$의 값을 그림 14−26에 베셀함수곡선으로서 그 일부를 나타낸 것이다. 그림에서 x는 m_f에 상당하며, $J_n(x)$은 최대치를 1로 한 상대치이다. 지금 최대주파수편이 $\Delta\omega/(2\pi)$를 75 [kHz], 신호주파수 $p/(2\pi)$의 최대치를 15[kHz]라 하면 변조지수 m_f는 $m_f=75/15=5$가 된다. $I_c=1$로 하여 반송파, 각측파대의 값을 구하면 표 14−4와 같이 된다.

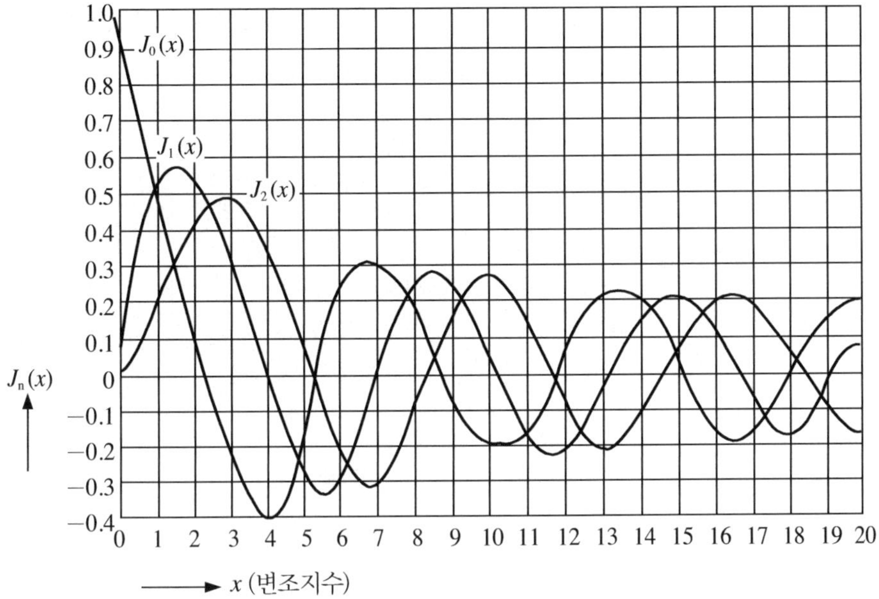

그림 14-26 베셀 함수곡선

각측파대는 반송파를 중심으로 하여 상하로 15[kHz]의 간격으로 퍼져 있으므로 이것을 사용하여 도시하면 그림 14－27과 같이 된다. 표 14－4에서 $n=9$의 $J_n(5)$는 0.0055가 되므로 무시하고 있다. 또 식 14－44의 측파대를 표시한 $\sin(\omega \pm np)$의 부호와 $J_n(5)$의 부호에서 반송파 f, 측파대 $(f+f_s)$, $(f-3f_s)$, $(f-5f_s)$, $(f-7f_s)$는 '－' 가 된다. 이 '－' 는 180°의 위상차를 나타낸다.

표 14-4 반송파와 각측파대의 값 $m_f=5$

n	0	1	2	3	4	5	6	7	8	9
$J_n(5)\times 1$	−0.1776	−0.3276	0.0465	0.3648	0.3912	0.3611	0.1310	0.0534	0.0184	0.0055

이를테면 $(f\pm f_s)$에 있어서 $(f-f_s)$의 진폭이 정의 순간은 $(f+f_s)$의 진폭이 부(－)라고 하는 것이다.

진폭변조에서는 제1측파대 $(f\pm f_s)$뿐이며, 여기에 신호파 에너지가 모두 포함되어 있으나 주파수변조에서는 제1측파대뿐이 아니고 도시한 대로 $f\pm 120$[kHz] 사이에 분포되어 있다. 따라서 대역폭으로서는 $120\times 2=240$[kHz] 필요하게 된다. 같은 그림 (b)는 주파수변조에 있어서의 에너지 분포, 대역폭 등을 고려하는 나머지 위상을 생각하지 않고 각 측파대의 크기에 주목하여 그려낸 것으로서 각 측파대의 상대적인 크기가 비교된다.

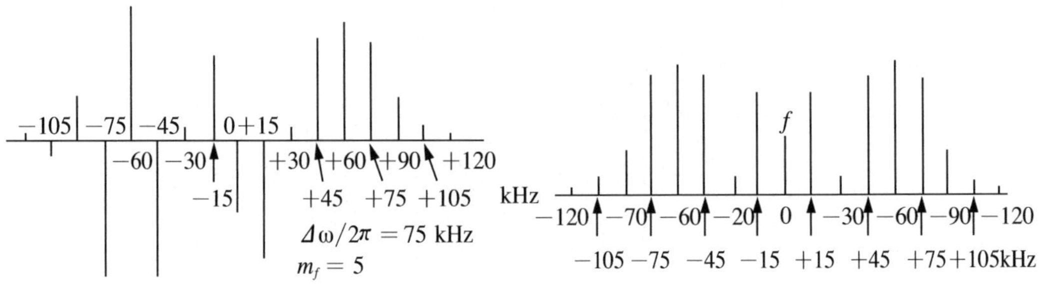

(a) 크기와 위상차를 고려한 분포 (b) 크기만 고려한 분포

그림 14-27 측파대의 분포

다음에 최대주파수편이를 일정한 것으로 하고 신호파의 최대주파수, 즉 변조지수를 바꾸었을 때의 에너지의 분포상태를 생각해보자. 지금 예로서 최대주파수편이

표 14-5 방송파와 각측파대치값

m_f 2	n	0	1	2	3	4
	$J_n(2)\times 1$	0.2239	0.5767	0.3528	0.1289	0.0340
	n	5	6	7	8	9
	$J_n(2)\times$	0.0070	0.0012	0.0002	0	0
m_f 6	n	0	1	2	3	4
	$J_n(6)\times 1$	0.1506	−0.2767	−0.2429	0.1148	0.3576
	n	5	6	7	8	9
	$J_n(6)\times 1$	0.3621	0.2458	0.1296	0.0565	0.0212

$\Delta\omega/(2\pi)$를 60[kHz] 신호주파수 $p/(2\pi)$의 최대치를 30[kHz], 10[kHz]로 선택했을 때를 살펴보자. 변조지수 m_f는 각각 2 및 6이 되므로 I_c를 1로 하면 반송파 각 측파대의 값은 표 14−5와 같이 된다. 크기만 생각하여 이것을 도시하면 그림 14−28와 같이 된다. 그림 (a)는 $m_f=2$, 그림 (b)는 $m_f=6$의 경우인데 여기서 최대주파수편이가 일정하다고 하면 m_f의 값에도 불구하고 측파대의 폭은 대략 일정하다는 것을 알 수 있다. 이것은 변조지수 m_f가 $\Delta\omega/p$로 나타낼 수 있기 때문에 신호주파수가 낮을 때, 변조지수가 커져서 측파대의 수는 증가되어 각 측파대의 간격이 좁기 때문에 대역폭은 많이 넓어지지 않는다.

또 신호주파수가 높아져서 변조지수가 작아지게 되면 각 측파대의 간격이 떨어져서 대역폭이 커지려고 하지만 측파대의 수가 감소하므로 대역폭은 신호주파수가 낮을 때와 거의 같다.

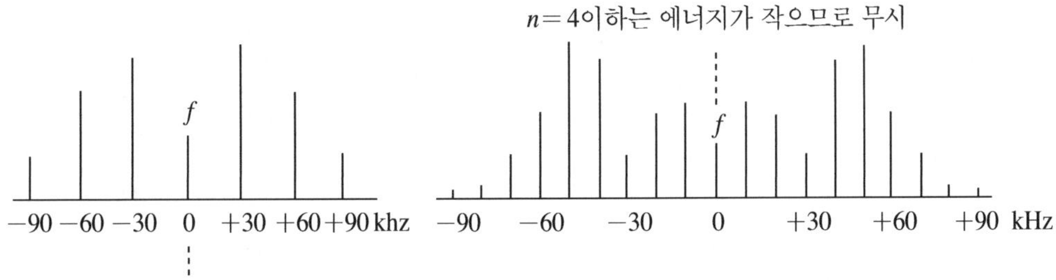

(a) $m_f=2$, $\Delta\omega/2\pi=60$kHz (b) $m_f=6$, $\Delta\omega/2\pi=60$kHz

그림 14-28 최대주파수편이를 일정이라 하고 변조지수를 바꿨을 때의 측파대분포

또 신호주파수의 최대치를 일정히 하고 최대주파수편이를 바꾸었을 때의 에너지의 분포 상태를 생각해보자. 지금 예로서 신호주파수 $p/(2\pi)$의 최대치를 20[kHz], 최대주파수편이 $\Delta\omega/(2\pi)$를 60[kHz], 10[kHz]로 선택했을 때를 살펴보자. 변조지수는 m_f는 각각 3 및 0.5가 되므로 I_c를 1로 하면 반송파, 각 측파대의 값은 표 14−6과 같이 된다. 크기만을 생각하여 이것을 그림으로 나타내면 그림 14−29과 같이 된다. 그림 (a)는 $m_f=3$, 그림 (b)는 $m_f=0.5$의 경우이다. 그리고 그림 (a)에서 $n=6$ 이상, 그림 (b)에서 $n=3$ 이상의 측파대의 에너지는 작으므로 무시했다. 그리고 그림 (b)에서 $n=1$의 제1측파대 $(f\pm f_s)$에 대해 $n=2$의 제2측파대 $(f\pm 2f_s)$ 에너지는 약 1/8이므로 이것 역시 무시해도 좋다. 즉 m_f가 0.5 이하가 되면 제2측파대 이상은 무시할 수 있다. 2)항의 벡터 표시는 이럴 때를 다룬 것이다.

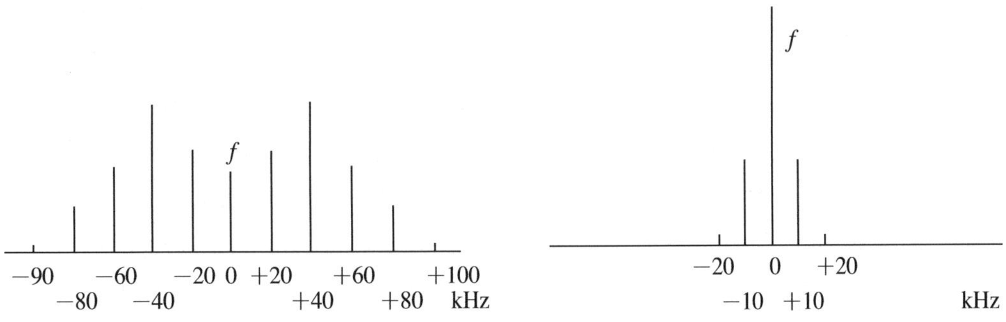

(a) $m_f=3$, $\Delta\omega/2\pi=60$kHz, $P/(2\pi)=20$kHz (b) $m_f=0.5$, $\Delta\omega/2\pi=10$kHz, $P/(2\pi)=20$kHz

그림 14-29 신호주파수의 최대치를 일정이라 하고 최대주파수를 바꿨을 때의 측파대 분포

표 14-6 반송파와 각 측파대의 값

m_f 3	n	0	1	2	3	4
	$J_n(3)\times 1$	−0.2601	0.3391	0.4861	0.3091	0.1320
	n	5	6	7	8	9
	$J_n(3)\times 1$	0.0430	0.0114	0.0025	0.0005	0.0001
m_f 0.5	n	0	1	2	3	4
	$J_n(6)\times 1$	0.9385	0.2428	0.0306	0.0026	0.0002

위상변조의 측파대에 대해서도 주파수변조의 경우와 마찬가지로 다루어진 것이다. 변조지수는 m_f 대신에 m_p를 사용한다. 다만 위상변조일 경우 $m_p = \Delta\theta$(최대위상편이)이므로 신호주파수와 무관계하므로 $\Delta\theta$를 일정하다고 보고 신호주파수를 높여가면 측파대의 수는 달라지지 않으나 측파대의 간격이 벌어지므로 전체로서 대역폭은 넓어진다. 또, 신호주파수가 낮을 때는 대역폭은 좁아진다. 이와 같은 점에서 주파수변조는 위상변조보다 우수하다.

(4) 대역폭

주파수변조방식에 있어서는 반송파를 중심으로 하여 그 상하로 무한의 측파대가 생성되므로 이론적으로는 소요대역폭은 무한히 넓어진다. 그러나 실제문제로서 어떤 대역폭 이상이 되면 측파대의 에너지는 급격히 작아지므로 실용상 지장이 없는 소요대역폭을 정할 수 있다. 실용상 지장이 없는 소요대역폭은 전 에너지의 95[%]의 에너지를 갖는 주파수대를 취하기로 하면 변조지수 m_f가 클 경우, 즉, $m_f \gg 1$의 경우 $m_f = n$가 되며, 제 n번까지의 측파대를 포함시키면 가하게 된다. 이를테면 변조지수가 5일 때는 상하 제5측파대까지의 주파수대를 대역폭으로 하면 전 에너지의 95[%]가 그 대역폭에 포함된다. 따라서 지금 신호주파수를 f_s라 하면 제1측파대는 반송주파수보다 $\pm f_s$인 곳에서 생기므로 제1측파대까지 통과시키는 대역폭은 $2f_s$가 된다. 제2측파대까지 취하면 그 2배인 $2\times(2f_s)$가 된다. 이하 제3측파대까지라면 $3\times(2f_s)$,…… 가 되므로 제n측파대이면 그 소요대역폭 B는

$$B = 2nf_s$$

가 된다. $n = m_f$로, $m_f = \Delta\omega/p = \Delta f/f_s$이므로

$$B = 2\Delta f \qquad (14-45)$$

가 된다. Δf는 최대주파수편이이다. 즉 주파수변조파의 대역폭은 $m_f \gg 1$일 때 최대주파수 편이의 2배를 취하게 된다.

그런데 $m_f \ll 1$일 때는 식 14－45는 쓸 수 없다. 예를 들면 f_s를 15[kHz]에 취하면 제1측파대는 반송파를 중심으로 하여 ±15[kHz]인 곳에 생기게 되므로 대역폭은 30[kHz]가 된다. $m_f = 0.2$로 하면 식 14－45로는 대역폭 B는 $B = 2m_f, f_s = 2 \times 0.2 \times 15 = 6$[kHz]가 된다.

따라서 이와 같은 경우의 대역폭 B는

$$B = 2f_P$$

이어야 한다. 이상의 사실로 주파수변조방식의 소요대역폭은

$$m_f \gg 1 : \mathrm{B} = 2\Delta f$$

$$m_f \ll 1 : B = 2\Delta f_p \qquad (14-46)$$

이 되고, m_f가 1부근이면 $2\Delta f$와 $2f_p$의 그 어느 한 쪽이 크므로 큰 쪽을 취하면 된다.

예제 14-4 주파수변조에 있어서 변조지수가 5일 때 신호의 최고주파수를 15[kHz]라 했을 때 그 소요대역폭은 얼마로 하면 되는가?

풀이 $m_f \gg 1$이므로 식 14－46에서

$$B = 2\Delta f = 2m_f f_s = 2 \times 5 \times 15 = 150[\mathrm{kHz}]$$

(5) 혼신과 신호대 잡음비

주파수 변조방식의 통신(FM 통신)에 사용되는 전파는 보통 VHF 이상의 높은 주파수이므로 공전 같은 것은 거의 문제가 안 되겠지만, 자동차의 점화장치 등에서 발생하는 충격성 잡음이나 수신기 내부에서 발생하는 열잡음 등의 연속성 잡음에 대하여 고려해야 한다.

잡음은 모든 주파수성분을 포함하고 있으므로 그 가운데 하나인 주파수성분을 취급하면 혼신을 다루는 것이 된다. 주파수변조의 혼신이란 어떠한 것일까? 또 진폭변조의 혼신과의 관계, 신호와 잡음과의 관계에 대하여 고찰해보자.

① 혼신

보통 진폭변조, 주파수변조의 종류와는 관계 없이 반송파전압을 v_c,방해파전압을 v_n이라 하면

$$v_c = V_c \sin \omega t$$
$$v_n = V_n \sin (\omega + \omega_n) t$$

가 된다. 여기서 ω_n은 반송파와 방해파의 각 주파수의 차로서 그 값은 작고, 또 보통 $V_n \ll V_c$이다. 반송파 v_c에 대하여 방해파 v_n이 혼신되면 그 합성파 v는

$$v = v_c + v_n = V_c \sin \omega t + V_n \sin (\omega + \omega_n) t$$

가 된다. 삼각함수의 공식으로 전개하면

$$v = V_c \sin \omega t + V_n (\sin \omega t \cos \omega t + \cos \omega t \sin \omega_n t)$$

$$= (V_c + V_n \cos \omega_n t) \sin \omega t + V_n \sin \omega_n \cos\omega t$$

지금

$$A = V_c + V_n \cos \omega_n t,\ \ B = V_n \sin \omega_n t$$

라고 두면

$$v = A\sin\omega t + B\cos\omega t = \sqrt{A^2 + B^2}\left(\frac{A}{\sqrt{A^2+B^2}} \sin \omega t + \frac{B}{\sqrt{A^2+B^2}} \cos\omega t\right)$$

그림 14-30을 참조하여

$$v = \sqrt{A^2+B^2}(\cos\psi \sin \omega t + \sin\psi \cos \omega t) = \sqrt{A^2+B^2} \sin(\omega t + \psi)$$

여기서

$$\psi = \tan^{-1}\frac{B}{A} = \tan^{-1}\frac{V_n \sin\omega_n t}{V_c + V_n \cos\omega_n t}$$

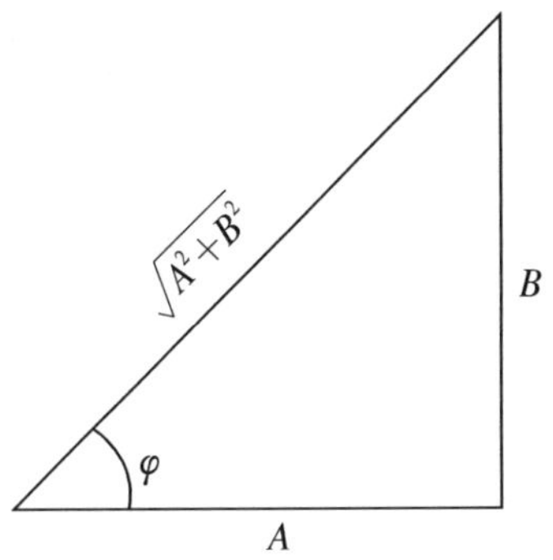

그림 14-30 계산도

또

$$\begin{aligned}\sqrt{A^2+B^2} &= \sqrt{(V_c+V_n\cos\omega_n t)^2+(V_n\sin\omega_n t)^2} \\ &= \sqrt{V_c^2+2V_cV_n\cos\omega_n t+V_n^2\cos^2\omega_n t+V_n^2\sin^2\omega_n t} \\ &= \sqrt{V_c^2+V_n^2+2V_cV_n\cos\omega_n t}\end{aligned}$$

$V_n \ll V_c$의 조건을 넣으면 $V^2_n \ll V^2_c$, $V_n \cos\omega_n t \ll V_c$가 되므로

$$\psi = \tan^{-1}\frac{V_n}{V_c}\sin\omega_n t = \frac{V_n}{V_c}\sin\omega_n t$$

가 된다. 따라서

$$\upsilon = \sqrt{V_c^2+V_n^2+2V_cV_n\cos\omega_n t}\cdot\sin(\omega t+\frac{V_n}{V_c}\sin\omega_n t) \qquad (14-47)$$

가 된다. 식 14-47의 $V^2_c+V_n^2+2V_cV_n\cos\omega_n t$는 합성파의 진폭을 나타내고 있고, $-1 \leqq \cos\omega_n t \leqq +1$이므로, 최대 V_c+V_n에서 최소 V_c-V_n까지 그 값이 변동하여 진폭변조를 받는다.

또, 식 14-47의 $\omega t+(V_n/V_c)\sin\omega_n t$는 각편이(위상변화)를 나타내고 있으므로 이것을 미분하여 순시각주파수 ω'를 구하면

$$\omega' = \frac{d}{dt}\left\{\omega t + \left(\frac{V_n}{V_c}\right)\sin\omega_n t\right\}$$

$$= \omega + \omega_n \frac{V_n}{V_c}\cos\omega_n t = \omega + \omega_0 \qquad (14-48)$$

여기서 $\omega_0 = \omega_n \dfrac{V_n}{V_c}\cos\omega_n t$: 방해파에 의한 순시각주파수가 된다.

AM 수신기라면 v의 진폭변화를 느끼므로 혼신율은

$$\text{AM의 혼신율} = \frac{V_n}{V_c} \qquad (14-49)$$

로 나타내게 된다. ω_n과는 무관계이다. FM 수신기이면 수신기 내의 진폭제한기에 의하여 v의 진폭변화가 소거될 수 있으므로 문제는 식 14-48로 주게 되는 순시각주파수의 변동분 ω_0이다. 이것이 주파수변조의 혼신이 되고 진폭변조의 경우와 달라서

① 혼신의 크기는 방해파의 진폭과 반송파와의 각주파수차의 곱과 비례한다.
② 출력측에 나타나는 혼신의 주파수는 신호파와 방해파와의 주파수차가 된다.

라고 하는 영향을 준다.

지금 한 예로서 반송주파수를 100[MHz], 방해파의 주파수를 100.001[MHz]라고 한다면, 수신출력에는 1000[Hz]의 혼신주파수가 나타내게 되며, 우리들의 귀에 들어온다. 다음에 방해파의 주파수를 100.001[MHz]라 하면 출력의 음은 2000[Hz]가 되며 그 크기는 2배가 된다.

이상 말한 것은 무변조의 경우인데 주파수변조된 것에 대해서도 반송파의 진폭이 방해파의 진폭에 비해 아주 클 경우에는 성립된다. 주파수변조파라면 반송파 자체가 이미 신호파에 의하여 각주파수편이 $\Delta\omega$로 주파수변조되므로 FM 수신기로 검파할 경우 $\Delta\omega$와 ω_0가 검출된다. 따라서 주파수변조의 혼신율은 크기만 생각하여

$$\text{주파수변조의 혼신율} = \frac{\text{방해파에 의한 각주파수편이}}{\text{신호파에 의한 반송파의 각주파수편이}}$$

$$= \frac{\omega_n \dfrac{V_n}{V_c}}{\Delta\omega} = \frac{V_n \omega_n}{V_c \Delta\omega} \tag{14-50}$$

가 된다.

진폭변조와 비교하여 그 개선율은 식 14−49와 식 14−50의 비를 취하여

$$\text{혼신의 개선율} = \frac{\text{주파수변조의 혼신율}}{\text{진폭변조의 혼신율}}$$

$$= \frac{\dfrac{V_n \omega_n}{V_c \Delta\omega}}{\dfrac{V_n}{V_c}} = \frac{\omega_n}{\Delta\omega} \tag{14-51}$$

가 된다. $\Delta\omega/(2\pi)$를 75[kHz]라 하고 출력에 영향을 가진 주파수(귀에 들리는 최고의 주파수)를 10[kHz]라고 하면 주파수변조의 경우는 진폭변조에 비하여 그 혼신율은

$$\frac{10}{75} = \frac{1}{7.5}$$

로 감소하는 것이 된다.

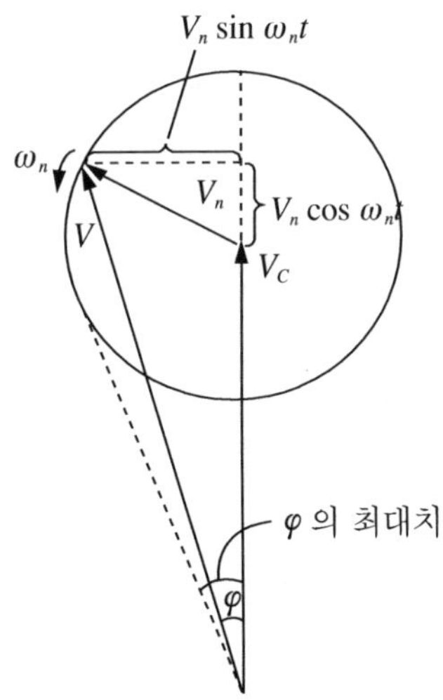

그림 14-31 반송파와 방해파(혼신)의 벡터도

또, 식 14－47은 벡터를 사용하여 구할 수 있다. 반송파와 방해파의 합성파전압 v는 전술한 바와 같이

$$v = v_c + v_n = V_c \sin \omega t + V_n \sin(\omega + \omega_n)\, t$$

이다. v_c는 ω, v_n는 $\omega+\omega_n$의 각주파수로 회전하는 회전벡터로서 나타내게 되나, 두 벡터의 각주파수차가 ω_n이므로 상대적인 위치관계는 그림 14－31와 같이 반송파를 기준 벡타 V_c라 하면 약간 각주파수가 특수한 방해파 벡타 V_n이 V_c에 중첩되어 합성파 벡터는 V가 된다.

방해파의 주파수가 반송파의 주파수보다 높을 때는 벡터 V_n는 반시계방향으로 회전한다. 따라서 벡터 V는 반송파 벡터 V_c를 기준축으로서 그 양측에 $\pm\psi$의 위상변화(각편이)를 생성케 됨과 동시에 V_n가 ω_n로 회전함에 따라 벡터 V의 크기도 ψ와 함께 변동한다. 그리고 그 최대 · 최소치는

$$V_c + V_n \cos\omega_n t \qquad (14-52)$$

에서 각각 V_c+V_n, V_c-V_n이 된다.

각편이 ψ는 그림 14－32에서 $V_c \gg V_n$를 사용하여

$$\psi = \tan^{-1}\frac{V_n \sin\omega_n t}{V_c + V_n \cos\omega_n t} \fallingdotseq \frac{V_n}{V_c}\sin\omega_n t$$

가 된다. 따라서 순시각주파수 ω_0

$$\omega_0 = \frac{d\psi}{dt} = \omega_n \frac{V_n}{V_c}\cos\omega_n t$$

가 된다. ω_0는 방해파에 의하여 생긴 것으로서 기준 벡터인 반송파의 각주파수가 ω임을 생각하면 합성파의 순시각주파수는 ω'는

$$\omega' = \omega + \omega_0 = \omega + \omega_n \frac{V_n}{V_c}\cos\omega_n t \qquad (14-48\text{과 같음})$$

로 식 14－48과 같이 된다.

즉 벡터를 사용하여 구한 합성파의 순시각주파수 및 크기의 최대 · 최소치와 그 변화주기($\cos\omega_n t$로 정해짐)는 앞에서 말한 삼각함수로써 전개한 결과와 같다. 그리고 또한 식 14－47로 주게 되는 합성파의 진폭 $\sqrt{V_c^2+V_n^2+2V_cV_n\cos\omega_n t}$에 $V_c \gg V_n$의 관계를 사용하면

$$\text{합성파의 진폭} = \sqrt{V_c^2+2V_cV_n\cos\omega_n t} \qquad (14-53)$$

이 된다. 또 식 14－52를 변형하면

$$\begin{aligned} V_c+V_n\cos\omega_n t &= \sqrt{V_c+V_n\cos\omega_n t^2} \\ &= \sqrt{V_c^2+2V_cV_n\cos\omega_n t+V_n^2\cos^2\omega_n t} \\ &\fallingdotseq \sqrt{V_c^2+2V_cV_n\cos\omega_n t} \end{aligned}$$

가 되며 식 14－53과 같아진다. 따라서 합성파는 삼각함수, 벡터 그 어느 것을 사용하더라도

$$v = \sqrt{V_c^2+2V_cV_n\cos\omega_n t}\cdot\sin\left(\omega t+\frac{V_n}{V_c}\sin\omega_n t\right)$$

이 되며 같은 결과를 얻게 된다.

② 신호대 잡음비

잡음은 모든 주파수 성분을 가진 대부분의 정현파로 분석될 수 있으므로 그 가운데의 하나인 주파수 성분을 생각하면 (1)에서 말한 혼신의 해석과 같아진다. 따라서 잡음에 의한 영향은 혼신일 때의 결과를 통과대역 전체에 걸쳐 집계하면 된다.

충격성 잡음은 어떤 시각에 있어서 잡음의 각주파수 성분이 모두 동위상이라 해서 적분하면 된다. 진폭변조일 때는 혼신출력은 주파수와는 관계가 없으므로 $(V_n/V_c)\omega=(V_n/V_c)\Delta\omega$가 되고 그림 14－32과 같이 사변형 OABC가 된다. 그리고 또한 실제에 있어서 문제가 되는 것은 수신기출력에 있어서 가청주파수의 범위이므로 최고가청주파수 $f_s = \omega_{n\max}/(2\pi)$ 이하에 대하여 생각해보면 될 것이다.

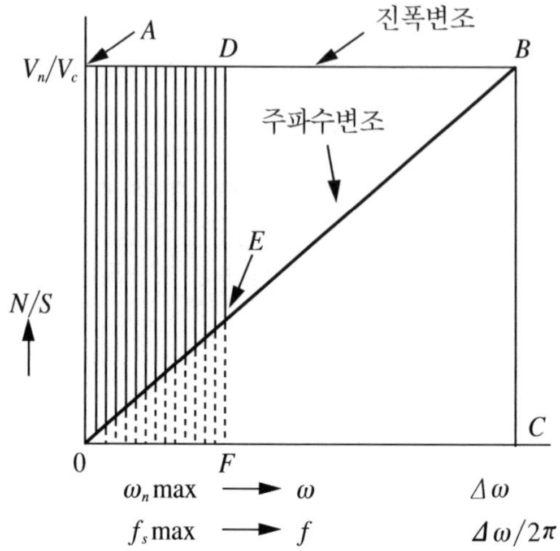

그림 14-32 진폭변조, 주파수 변조의 신호대 잡음비

따라서 $(V_n/V_c)\omega_{n\ \max}$가 된다. 한편 주파수 변조일 때는 식 14−50에 의해 혼신출력은 ω_n, 즉 $\omega_n\ /(2\pi)$와 비례하므로 $\omega_n/(2\pi)$의 증가에 따라 직선적으로 증대되며, $\Delta\omega/(2\pi)=\omega_n/(2\pi)$에 이르러 비로소 V_n/V_c가 된다.

따라서 동도와 같이 삼각형 OBC로 나타낸다. 이 경우도 최고가청주파수 f_{smax} 이하에 대하여 생각하면 된다. 따라서 잡음량은 진폭변조일 때는 사변형 $OADF$ 주파수변조일 때는 삼각형 OEF의 면적으로 나타낼 수 있다. 그림에서는 선을 그은 곳에서 주파수변조의 잡음량은 진폭변조의 그것에 비하여 대단히 작으며 그만큼 신호에 대한 잡음의 특성은 개선된다. 개선율은 전압비를 사용하여 나타내면

$$\text{충격잡음의 전압비} = \frac{\text{주파수변조의 잡음}}{\text{진폭변조의 잡음}}$$

$$= \frac{\triangle\ \text{OEF의 면적}}{\square\ \text{OADF 면적}}$$

$$= \frac{\left(\dfrac{V_n}{V_c}\right)\times\dfrac{\omega_{n\ \max}}{\Delta\omega}\times\omega_{n\ \max}\times\dfrac{1}{2}}{\left(\dfrac{V_n}{V_c}\right)\times\omega_{n\ \max}}$$

$$= \frac{\omega_{n\,\max}}{\Delta\omega} \times \frac{1}{2} = \frac{1}{2m_{f0}} \qquad (14-54)$$

이 된다. 여기서 m_{f0}는 신호주파수의 최대치에 대한 변조지수인데 편이비라고도 한다.

연속성잡음은 각 주파수성분의 위상이 다르므로 각주파수성분의 에너지의 합으로서 구해야 한다. 따라서 전압의 제곱의 합으로 구하면 된다. 통과대역 전체에 걸친 진폭변조 잡음출력을 P_{AM}, 주파수변조 잡음출력을 P_{FM}라 하면

$$\frac{P_{FM}}{P_{AM}} = \frac{\int_0^{\omega_{n\,\max}} \left(\frac{V_n}{V_c} \cdot \frac{\omega_n}{\Delta\omega}\right)^2 d\omega}{\int_0^{\omega_{n\,\max}} \left(\frac{V_n}{V_c}\right)^2 d\omega}$$

$$= \frac{\left(\frac{V_n}{V_c} \cdot \frac{1}{\Delta\omega}\right)^2 \frac{1}{3}\omega_{n\,\max}^3}{\left(\frac{V_n}{V_c}\right)^2 \omega_{n\,\max}} = \frac{1}{3m_{f0}^2}$$

가 된다. 여기서 연속잡음의 전압비는 방식의 평방근을 취해

$$\text{연속잡음의 전압비} = \frac{1}{\sqrt{3}\,m_{f0}} \qquad (14-55)$$

가 된다.

다음에 연속성잡음을 사용하여 주파수변조방식의 신호대 잡음비 $(S/N)_{FM}$을 생각해보자. 이때 진폭변조 방식의 신호대 잡음비 $(S/N)_{AM}$과 $(S/N)_{FM}$과의 비를 취하여 주파수변조의 광대역 S/N 이득이라 한다. 주파수변조의 신호출력 S_{FM}과 진폭변조의 신호출력 S_{AM}을 대등하다고 두고(신호출력이 다르면 비교할 수 없다). 광대역 S/N 이득을 구하면

$$\text{광대역 } S/N \text{ 이득} = \frac{\left(\frac{S}{N}\right)_{FM}}{\left(\frac{S}{N}\right)_{AM}} = \frac{S_{FM}\,N_{AM}}{S_{AM}\,N_{FM}} = \sqrt{3}\,m_{f0} \qquad (14-56)$$

가 된다. 지금 편이비를 5라 하면 $\sqrt{3} \times 5 = 8.66$이 되고 주파수변조방식은 진폭변조방식보

다 S/N은 8.66배가 되는 셈이다.

이상 말한 대로 주파수변조는 진폭변조에 비하여 혼신이나 잡음은 어느 정도 감소되나 방해파-혼신파나 잡음의 크기가 주파수변조파의 크기에 비해 매우 작다는 조건 하에 성립되는 것이다. 대등해지면 그 효과는 저하되므로 개선성이 반대로 진폭변조 편이 좋아진다.

그리고 주파수변조방식은 7)항에서 말하는 엠파시스 회로(emphasis circuit)를 마련하여 다시금 S/N를 개선하고 있다.

(6) 주파수변조와 위상변조의 관계

주파수변조와 위상변조는 총칭하여 각도변조라 하며, 그 특징은 매우 비슷하나 같지는 않다. 지금까지 말한 것을 바탕으로 하여 양 방식의 관계에 대하여 생각해보자.

① 주파수변조나 위상변조는 총칭하여 모두 신호파에 의해 반송파의 위상각 혹은 주파수가 편이되어 있고 주파수변조에 있어서의 변조지수 m_f와 위상변조에 있어서의 변조지수 m_p가 대등하면 주파수 스펙트럼은 같다.

② 변조지수는 신호파를 $i_s = I_s \cos pt$라 두고

$$\text{주파수변조 } m_f = \frac{\Delta\omega}{p} \propto \frac{I_s}{p}$$

$$\text{위상변조 } m_p = \Delta\theta \propto I_s$$

이 된다. 즉 m_f는 신호입력과 비례하고 신호주파수와 반비례한다. m_p는 신호주파수와는 무관계하며 신호입력에 비례한다.

③ 피변조파의 위상각 편이파형은 신호파를 $i_s = I_s \cos pt$라 하면 주파수변조인 때는 $\sin pt$이고 위상변조일 때는 $\cos pt$가 되며 상호간에는 90°의 위상차가 있다. 이 사실에서 위상변조를 하더라도 그것이 주파수 변조와 대등하다고는 말할 수 없다. 위상변조를 하고 그것을 주파수변조와 등가로 하기 위해 8)항에서 말하는 전치의곡 부여회로를 마련한다.

또 위상변조파를 FM 수신기로 수신하더라도 본래의 신호파는 얻지 못한다. 이런 경우 후치 보정회로를 마련한다.

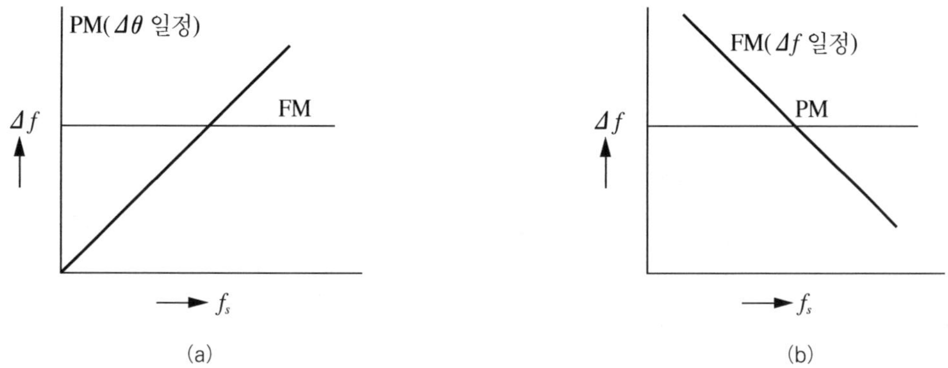

그림 14-33 신호주파수와 주파수편이량 및 위상편이량

④ 주파수변조 때 주파수편이량 Δf는 신호파전압이 일정하면 신호주파수 f_s 여하를 불구하고 일정하다. 위상변조일 때의 등가주파수편이량 Δf 는 $\Delta f = \Delta\theta f_s$에서 신호파전압이 일정하므로 위상편이량 $\Delta\theta$는 일정해지니까 신호주파수 f_s와 비례하게 되는 것이다. 그림 14－33 (a)는 이 관계를 보여준 것으로 위상변조이면 신호주파수가 높을수록 주파수편이는 커진다.

주파수변조인 때의 등가위상편이량 $\Delta\theta$는 Δf 가 일정하므로 $\Delta\theta = \Delta f / f_s$에서 f_s에 반비례한다. 위상변조인 때 $\Delta\theta$는 f_s에 관계 없이 일정하다.

그림 14－33 (b)는 이 관계를 보인 것인데 주파수변조이면 신호주파수가 높을수록 위상편이량은 작아진다.

(7) 엠파시스 회로

주파수변조방식의 S/N 개선 정도는 변조지수 m_f로 정해지며 m_f가 클수록 개선율은 좋아지고 반대로 작을 때는 개선효과가 잘 나타나지 않는다.

일반적으로 최대주파수편이는 미리 일정치로 정해지므로 신호주파수가 높을수록 m_f는 작아지며, S/N 개선도는 나빠진다. 이런 결점을 해결하기 위해 송신측에서 신호주파수의 고역을 강조한 신호파로 주파수변조를 하며 수신측에서 이것을 본래대로 되돌리는 방법을 사용한다. 송신측에서 되돌리는 조작을 디엠파시스라고 한다.

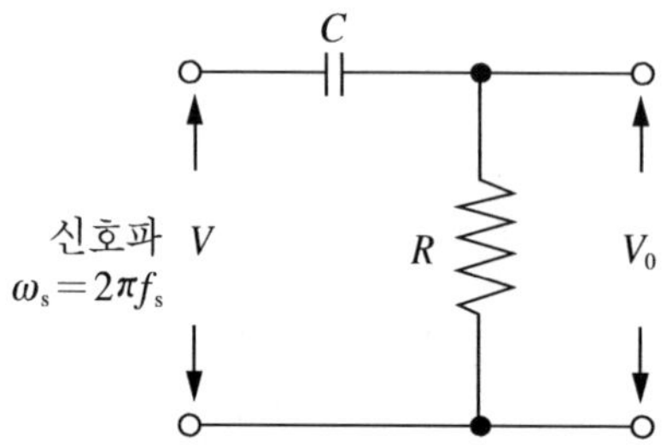

(a) 회로

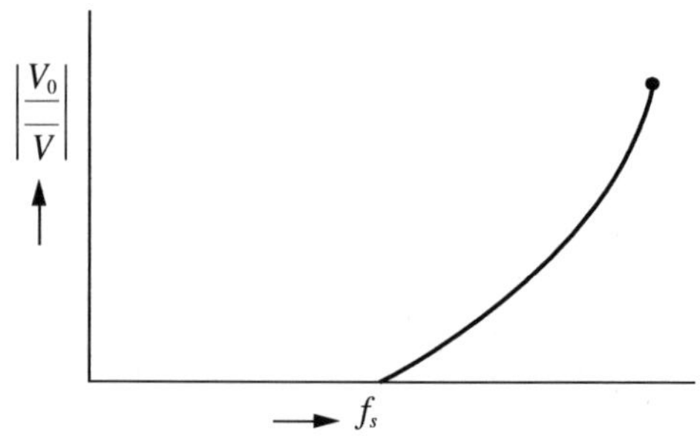

(b) 특성

그림 14-34 프리엠파시스 회로

그림 14-34 (a)는 프리엠파시스의 기본회로인데 그림에서

$$\frac{V_0}{V}=\frac{R}{R+\dfrac{1}{j\omega_s C}}=\frac{1}{1+\dfrac{1}{j\omega_s CR}}$$

지금, $\omega_0 = 1/(RC)$라 하면

$$\left|\frac{V_0}{V}\right|=\frac{1}{\sqrt{1+\left(\dfrac{1}{j\omega_s CR}\right)^2}}=\frac{1}{\sqrt{1+\left(\dfrac{\omega_0}{\omega_s}\right)^2}}$$

또 $\omega_0/\omega_s \gg 1$로 선택하면

$$\left|\frac{V_0}{V}\right| \fallingdotseq \frac{\omega_s}{\omega_0}=2\pi f_s CR$$

가 된다. 즉 회로의 전압이득 $|V_0|/|V|$는 신호주파수 f_s에 비례하고 높은 신호주파수일수록 많게 된다는 사실을 알게 된다. 그림 (b)에 이 특성을 나타내주고 있다.

그림 14-35은 (a)는 디엠페이스의 기본회로, 그림 (b)는 그 특성이다.

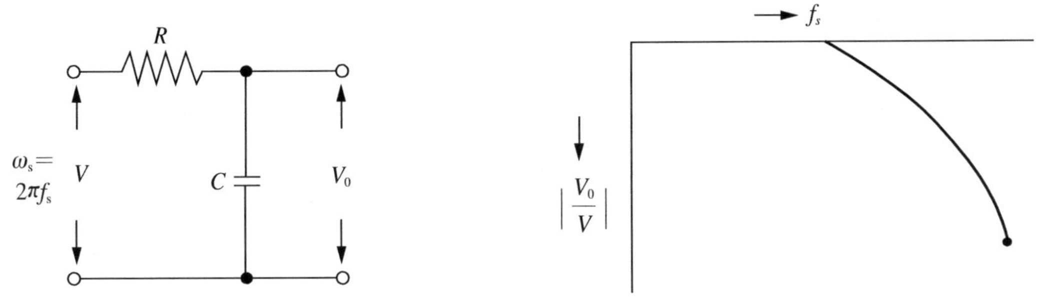

(a) 회 로　　　(b) 특 성

그림 14-35 디엠파시스 회로

엠파시스의 특징은 통신의 내용, 목적에 따라서 정해진다. 텔레비전의 음성은 시정수 $(T=CR)$는 75[μs], FM 방송은 50[μs]이다.

예제 14-5 FM 송신기의 프리엠파시스 회로의 시정수가 200[μs]일 때, 이 회로에 100[Hz]와 3[kHz]의 신호를 가했을 때의 입력전압과 출력전압의 비를 비교하여라.

풀이 ▶

이 회로의 시정도 T는

$$T = CR = 200 \times 10^{-6}\ S$$

입력전압 V와 출력전압 V_0와의 비(크기)는

$$\left|\frac{V_0}{V}\right| = \frac{1}{\sqrt{1+\left(\frac{1}{j\omega_s CR}\right)^2}}$$

$$\left|\frac{V_0}{V}\right| = \sqrt{1+\left(\frac{1}{\omega CR}\right)^2}$$

① 100(Hz)일 때

$$\left|\frac{V_0}{V}\right|_{100(\mathrm{Hz})} = \sqrt{1+\left(\frac{1}{2\pi\times 100\times 200\times 10^{-6}}\right)^2} \doteqdot 8$$

② 3(kHz)일 때

$$\left|\frac{V_0}{V}\right|_{3(\mathrm{kHz})} = \sqrt{1+\left(\frac{1}{2\pi\times 3\times 10^{3}\times 200\times 10^{-6}}\right)^2} \doteqdot 1$$

③ 100(Hz)와 3(kHz)와의 비를 취하면

$$\frac{\left|\frac{V_0}{V}\right|_{100(\mathrm{Hz})}}{\left|\frac{V_0}{V}\right|_{3(\mathrm{KHz})}} = \frac{8}{1} = 8$$

(8) 전치의곡부여회로

위상변조파는 **FM** 수신기로서는 수신할 수 없다. 한편 중심주파수(반송파)의 안정, 회로방식의 간단화라는 점에서는 위상변조방식인 편이 좋다. 또 위상변조방식은 신호주파수가 높으면 측파대가 확대되고 소요대역폭은 넓어진다. 그러나 주파수 변조방식이면 신호주파수가 높아져 변조지수 m_f는 1/(신호수의 주파수 $p/2\pi$)에 비례하여 작게 되므로 대역폭은 그리 넓어지지 않는다. **FM**통신에서는 이동국일 경우 ±15[kHz], 고정국일 경우 ±75[kHz]로 대역폭이 넓게 되어 있으므로 주파수변조방식으로 하는 편이 좋다.

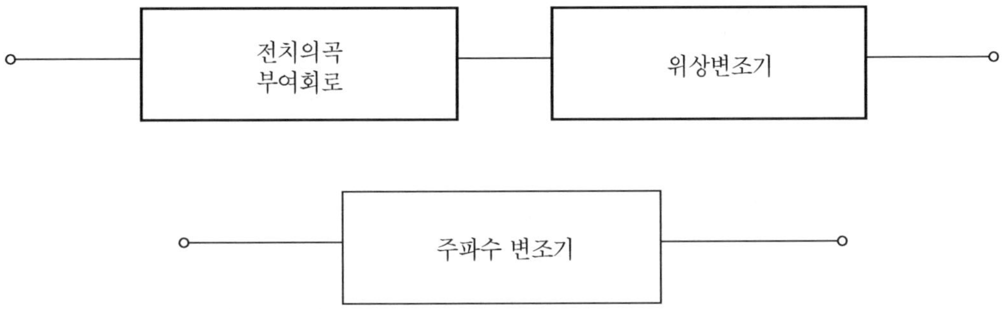

그림 14-36 주파수변조기와 등가인 위상변조기

주파수 안정이라는 점에서는 수정발진기를 사용하는 관계로 보통 위상변조방식을 사용한다. 이런 경우, 입력신호파를 미리 주파수와 반비례된 회로를 통해 위상변조기에 가하고 등가주파수 변조파로 방사한다. 그림 14－36은 이런 경우의 구성도인데 주파수와 반비례된 특성을 갖게 한 회로를 전치의곡 부여회로라 한다.

그림 14－37 (a)는 전치의곡 부여회로인데 $R \gg 1/(\omega C)$의 주파수 범위에서

$$V_2 = \frac{\frac{1}{j\omega C}}{R + \frac{l}{j\omega C}} V_1 \fallingdotseq \frac{1}{j\omega CR} V_1 = \frac{1}{j2\pi fCR} V_1$$

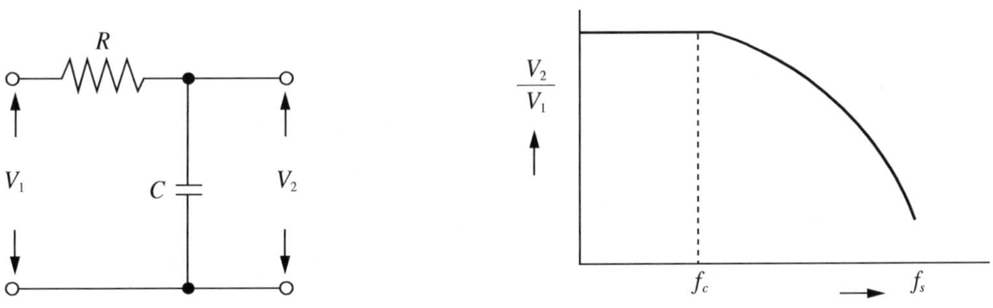

(a) 회로 (b) 특성

그림 14-37 전치의곡 부여회로

이 되고 주파수에 반비례된 특성을 나타냄과 위상을 90° 늦추어서 위상회전도 동시에 하고 있다.

이 회로는 저역 필터에서

$$f_c = \frac{1}{2\pi CR}$$

로 주게 되는 주파수보다 낮은 주파수에 대해서는 감쇠하지 않으나 그보다 높은 주파수에 대해서는 주파수에 비례되어 $|V_2|/|V_1|$ 이 저하하게 된다.

예로는 1옥타브 (f가 $2f$로 되는 일)에 대해 출력전압이 6 [dB] 감쇠하는 특성, 즉 어떤 주파수에 대한 출력전압을 2로 하면, $2f$에 대한 출력전압이 1이 되는 특성이 될 수 있도록 C, R값이 결정되어 있다. 따라서 이 회로를 지나게 하면 신호주파수가 낮은 곳(f_c 이하의 주파수)은 위상변조 그대로, 높은 곳에서는 주파수변조가 된다. 신호주파수가 낮은 데서 위상변조를 하더라도 대역폭은 그렇게 넓어지지 않으므로 문제는 없다. 그림 14－37 (b)는 이 회로의 특성을 보인 예이다.

(9) 순시편이 제어회로

강한 신호입력에 의하여 순시적으로 주파수편이가 너무 커지는 것을 막기 위한 회로를 순시편이제어회로(instantaneous deviation control I.D.C)라 한다. 주파수편이는 신호파의 강도에 비례하기 때문이다. 이 때문에 측파대가 퍼지고 인접주파수의 통신에 방해를 줄 염려가 있으므로 이것을 방지하기 위한 회로가 I.D.C이다.

그림 14－38는 I.D.C 회로의 원리이다. 그림에 있어서 C, R는 프리엠파시스 회로인데, 이 출력이 증폭되어 스라이사에 들어간다.

스라이사 입력단자 a측에 정전압 v_i가 가해지고, 그 전압이 전지전압 V_1보다 작을 때는 다이오드 D_1에는 V_1-v_i 다이오드 D_2에는 V_2+v_i 의 역방향바이어스가 가해지므로 다이오드 회로에는 전류가 흐르지 않으며, 따라서 저항 R에 의한 전압강하는 일어나지 않는다. 이 때문에 입력전압 v_i 는 출력단자 c－d에 나타난다. 다음에, 이 정전압이 V_1보다 커지면 D_1에는 v_i-V_1의 순방향 바이어스가 D_2에는 v_i+V_2의 역방향 바이어스가 가해진다.

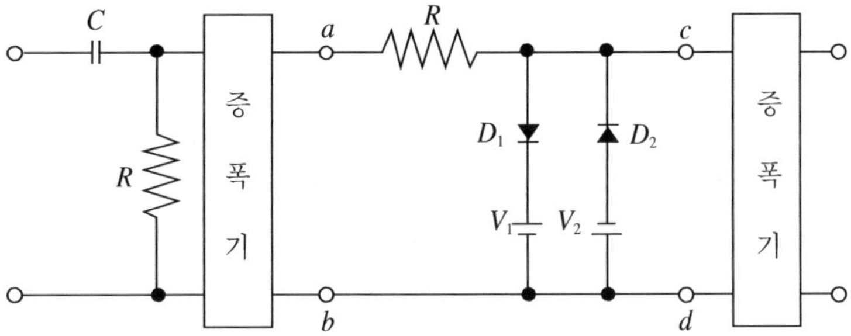

그림 14-38 I.D.C를 구성한 원리도

따라서 D_1에는 전류가 흐르고 R에 전압강하가 생긴다. 출력전압 v_{01}은 D_1의 순방향저항을 r_{d1}이라고 하면

$$v_{01}=v_i-\frac{v_i-V_1}{r_{d1}+R}R=\frac{V_1+\frac{r_{d1}}{R}v_i}{1+\frac{r_{d1}}{\mathrm{R}}}$$

$r_{d1} \ll R$이므로 r_{d1}/R는 0으로 간주되므로

$$v_{01} \doteqdot V_1$$

이 된다. 이상의 것을 정리하면 입력단자 a에 정전압이 가해지고 그 전압이 V_1보다 작을 때는 출력단자에는 입력전압이 그대로 나타나며, V_1보다 커지면 출력단자에는 V_1이 그대로 나타나고, 출력전압을 일정전압 V_1으로 제한된다.

마찬가지로 입력단자 b에 정전압, 즉 입력단자 a에 부전압이 가해지면 그 전압이 V_2보다 작을 때는 출력단자에는 입력전압이 그대로 나타나게 되고, V_2보다 커지면 출력단자에는 V_2가 그대로 나타나며, 출력전압은 일정전압 V_2로 제한된다. 그림 14－39는 크립된 출력전압의 파형이다.

진폭제한을 받은 그림 14－39의 신호파전압은 주파수변조기 - 전치의곡 부여회로를 통하여 위상변 조기에 가해지게 된다.

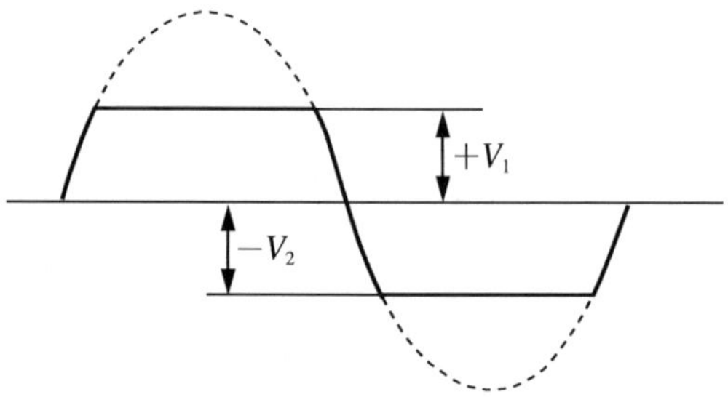

그림 14-39 스라이사 출력파형

또, 신호파전압이 매우 클 때는 진폭제한에 의하여 파형이 아주 변화하여 고주파를 많이 포함하므로 I.D.C 회로와 변조기 사이에 저역필터를 삽입한다.

(10) 변조회로

주파수변조방식을 사용한 통신장치는 현재 텔레비전의 음성방송을 비롯하여 FM 방송, 경찰통신 등 각 방면에 널리 실용되고 있으며, 주로 30~300[MHz]의 VHF대가 사용되고

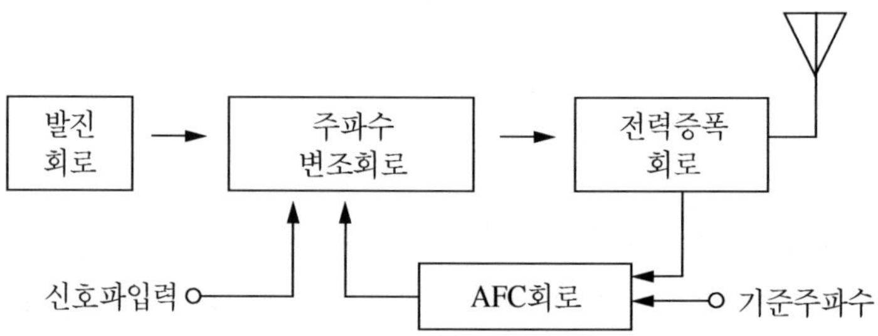

(a) 직접 변조 방식

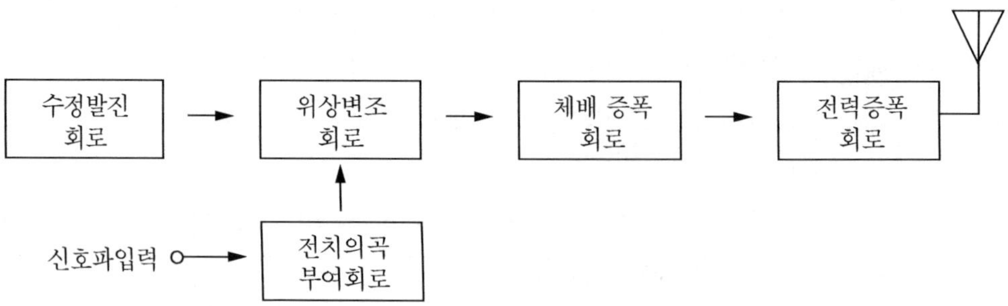

(b) 간접 변조 회로

그림 14-40 변조방식

있다. 최근에는 UHF 텔레비전 방송 등과 같이 UHF대에도 미치고 있다.

FM 방송기에는 그림 14-40에서 보였듯이

① 직접주파수 변조방식
② 위상변조에 의한 간접주파수 변조방식

위 두 방식으로 대별된다.

직접주파수 변조방식이란 발진주파수를 신호파(음성)에 의하여 직접 변화시키는 방법이고, 간접주파수 변조라 함은 신호파에 의하여 우선 발진주파수의 위상을 변화케 하고, 이에 의하여 등가적으로 주파수변조를 하는 방법으로 각각 장점 및 단점이 있다. 표 14-7은 양자를 비교한 것이다.

표 14-7 직접주파수 변조방식과 간접주파수 변조방식과의 비교

직접주파수 변조방식	간접주파수 변조방식
1. 직접주파수를 편이시키는 방식이므로 자려발진기를 사용해야 한다. 따라서 중심주파수가 변동하기 쉽다.	1. 위상을 편이시키는 방식이므로 주파수는 변화되지 않으므로(간접으로 주파수가 달라짐) 수정발진기가 사용된다. 따라서 중심주파수는 안정하다.
2. 변조회로는 간단하나, 중심주파수의 안정화를 위해 AFC 회로가 필요하여 송신기전체의 구성이 복잡해진다.	2. 변조회로는 그리 복잡하지 않다. 위상변화를 등가적인 주파수변화로 교환하는 회로는 간단하다.
3. 단번에 큰 변조를 얻게 되므로 체배단수도 적어진다. 따라서 스프리어스방사도 적다.	3. 위상의 편이량은 특별한 것을 제하고는 ±1라디안 정도이므로 큰 변조를 할 때는 체배단수가 많아진다. 따라서 스프리어스방사도 많다.
4. 고정국에서는 충실도를 좋게 하기 위해 주파수편이를 크게 잡아서 정밀한 AFC 회로를 마련하여 직접주파수 변조방식을 사용한다.	4. 중심주파수가 안정하고 회로도 간단하므로 이동국용으로 널리 이용된다.

① 리액턴스 트랜지스터 변조방식

그림 14-41는 리액턴스 트랜지스터의 원리도이다.

그림 (b)는 h파라미터를 사용한 등가회로이다.

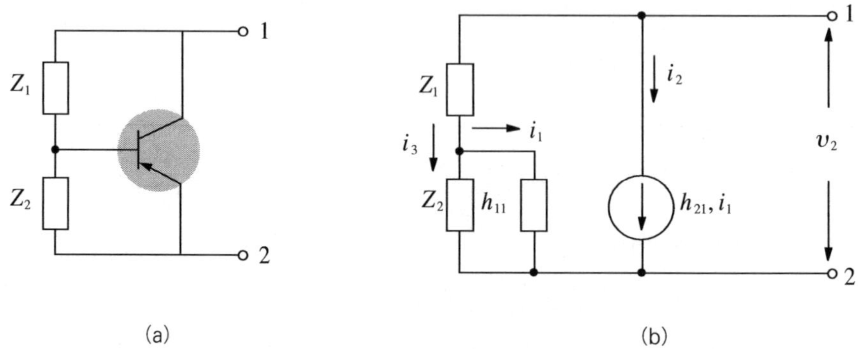

그림 14-41 리액턴스 트랜지스터의 원리

지금 전류분포를 그림에 표시한 바와 같이 하면

$$i_1 h_{11} = i_3 Z_2 \quad ⓐ$$

$$i_3 = \frac{v_2}{Z_1 + Z_2} \fallingdotseq \frac{v_2}{Z_1} \; (Z_1 \gg Z_2) \quad ⓑ$$

$$i_2 = h_{21} i_1 \quad ⓒ$$

ⓐ 식에 ⓒ 식을 대입하여

$$i_3 = \frac{h_{11} i_1}{Z_2} = \frac{h_{11}}{h_{21} Z_2} i_2 \quad ⓓ$$

ⓑ 및 ⓓ 식에서

$$\frac{v_2}{i_2} = \frac{\mathrm{h}_{11}}{\mathrm{h}_{21} Z_2} i_2$$

따라서 단자 1－2에서 좌로 본 임피던스 Z는

$$Z = \frac{v_2}{i_2 + i_3} \fallingdotseq \frac{v_2}{i_2} = \frac{h_{11} Z_1}{h_{21} Z_2}$$

이 된다.

Z_1, Z_2의 어느 한 쪽을 순저항, 다른 쪽을 리액턴스라 하면 Z는 리액턴스를 나타내게 되고 리액턴스 트랜지스터를 얻게 된다.

그림 14－42에 있어서 그림 (a)와 같이 $Z_1 = R_1$, $Z_2 = 1/(j\omega C)$라 하면

$$Z = \frac{h_{11} R}{h_{21} \dfrac{1}{j\omega C}} = j\omega \frac{h_{11} CR}{h_{21}} = j\omega L_e$$

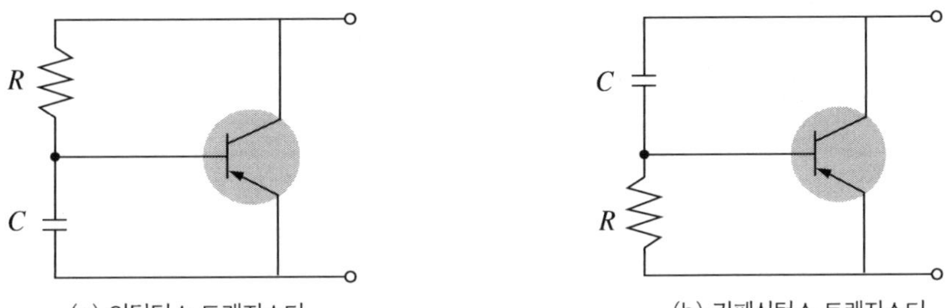

그림 14-42 리액턴스 트랜지스터

여기에 $L_e = \dfrac{h_{11} CR}{h_{21}}$

이 되고, 인덕턴스 트랜지스터로서 동작한다. 또, 그림 (b)와 같이

$Z_1 = 1/(j\omega C)$, $Z_2 = R$라 하면

$$Z_1 = \frac{h_{11} \dfrac{1}{j\omega C}}{h_{21} R} = \frac{1}{j\omega \dfrac{h_{21} CR}{h_{11}}} = \frac{1}{j\omega C_e}$$

여기에

$$C_e = \frac{h_{21} RC}{h_{11}}$$

이 되어, 커패시턴스 트랜지스터로서 동작한다.

② 벡터합성위상 변조회로

주파수가 VHF, UHF대에서는 발진주파수가 극히 안정한 수정발진기를 사용하고 있으며, 단일통화로일 때는 변조기 자체의 편이량도 그렇게 크게 할 필요가 없으므로 벡터합성위상 변조회로가 가장 일반적으로 사용되고 있다. 이것이 간단한 방법으로 진폭변조를 하며 이것을 벡터적으로 합성하며 위상변화를 꺼내는 방법이다.

ⓐ 암스트롱의 방식

이것은 암스트롱(E. H. Armstrong)이 고찰한 변조방식인데 그림 14－43는 그 원리를 보여주는 구성도이다.

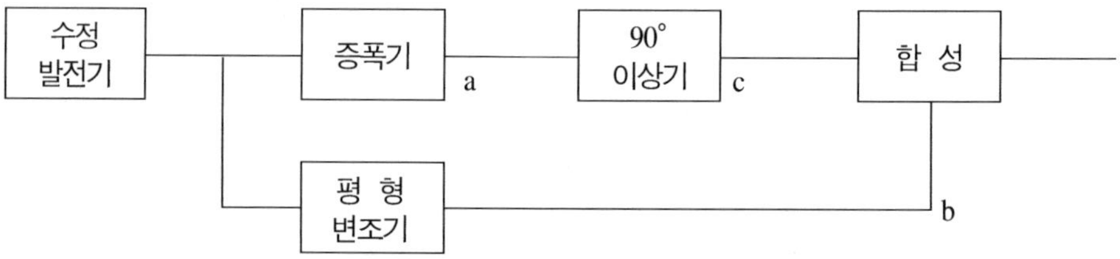

그림 14-43 암스트롱 방식의 원리구성도

즉, 수정발진기의 출력을 둘로 나누어 그 한 쪽은 평형변조기인데 신호파로 변조하고 그 상하측파대만 꺼내며 다른 한 쪽은 이상기인데 90° 이상한 반송파를 꺼내고 이와 상하측파대를 합성하여 위상변조를 하는 방식이다. 그림의 a점과 b점에서 반송파와 상하측파대를 합성하면 그 벡터는 그림 14－44 (a)와 같이 되고 그림 14－4의 진폭변조와 같이 된다.

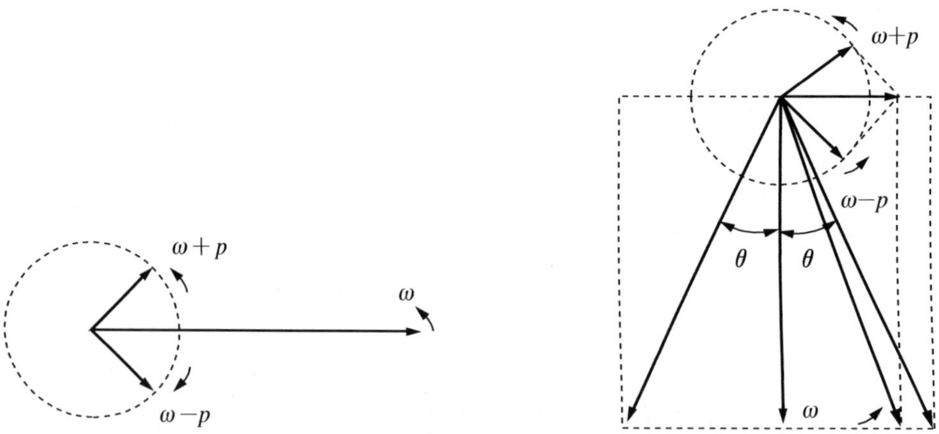

그림 14-44 반송파와 상하측파대가 90° 의 위상각을 가질 때의 벡터와 그 합성 벡터

반송파의 위상이 90° 늦어진 c점과 b점에서 합성하게 되면 그 벡터는 그림 (b)와 같이 되며 그림 14－44와 같아지고 위상변조가 행해진 것이 된다.

이때, 그림으로 알 수 있듯이 진폭변화는 작고 주파수변조에 있어서는 진폭제한기를 사용하므로 문제가 안 된다.

지금, 반송파를 $V_c \sin\omega t$라 하면 상하측파대의 성분은 $kV_c \sin pt \cos \omega t$로써 주어지게 된다. 따라서, 합성전압 v는

$$v = V_c \sin \omega t + kV_c \sin pt \cos \omega t$$

$$= V_c \sqrt{1+k^2\sin^2 pt}\left(\frac{1}{\sqrt{1+k^2\sin^2 pt}} \sin \omega t + \frac{1}{\sqrt{1+k^2\sin^2 pt}} \cos \omega t\right)$$

$$= \mathrm{V_c} \sqrt{1+k^2\sin^2 pt}\, \sin(\omega t + \psi)$$

여기서

$$\psi = \tan^{-1} k \sin pt$$

만일

$$\psi = k \sin pt \qquad ⓐ$$

라 하면

$$v = V_c \sqrt{1+k^2\sin^2 pt}\ \sin(\omega t + k \sin pt)$$

위 식에서 $\sqrt{1+k^2\sin^2 pt}$ 는 진폭을 나타내고 있으나 다소 변동되더라도 전술한대로 지장은 없고 $k \sin pt$에 따라서 위상변조된다는 것을 보여주고 있다. 다만 ⓐ식의 조건을 만족하는 범위는 $k \sin pt$가 작을 때이며, 깊은 변조를 하지는 못한다.

최근에는 그리 실용되지 않지만 주파수변조가 처음으로 실용화되던 초기에 사용되었다.

③ 브리지형 위상변조회로

FM 다중통신(주파수 분할방식)에 사용되는 변조회로인데 L, C, R과 같은 소자로 이상브리지를 구성하고 있으며, L, C 또는 R의 값을 변화시켜 위상변조를 하게 되는 방식이다.

그림 14－44는 이상 브리지의 원리도인데 3개의 저항과 1개의 리액턴스(그림으로는 C)

로써 구성되어 있다.

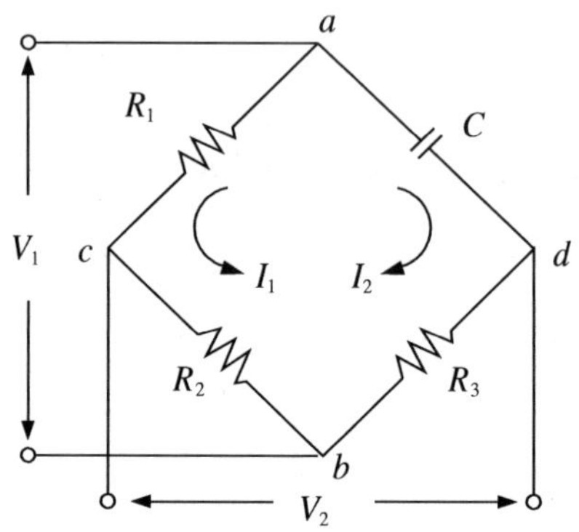

그림 14-45 브리지형 이상회로

지금, 저항 $R_1 = R_2$라 두고, 입력전압을 V_1이라 하면 R_1, R_2에 흐르는 전류 I_1은

$$I_1 = \frac{V_1}{R_1 + R_2} = \frac{V_1}{2R_1}$$

이며 입력전압 V_1과 동상이다. 따라서 저항 R_1, R_2의 전압강하는 대등하고 그림 14－46과 같이 $I_1 R_1$, $I_2 R_2$가 된다. 또, R_3 C에 흐르는 전류 I_2는

$$I_2 = \frac{V_1}{R - jX} \left(X = \frac{1}{\omega C} \right)$$

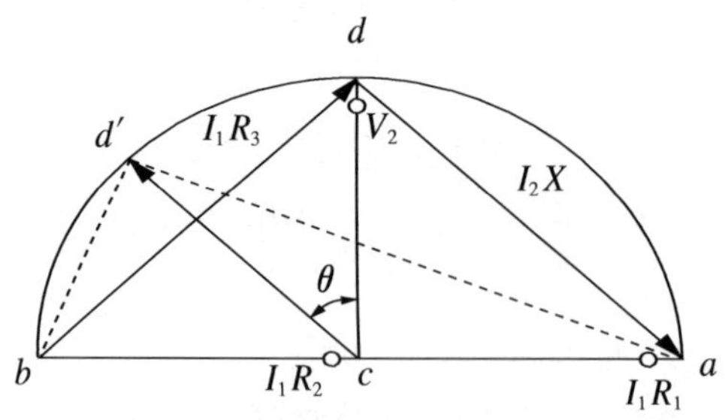

$R_1 = R_2$

그림 14-46 이상회로의 벡터

이며 입력전압 V_1보다 $\psi(=\tan(1/\omega CR))$만큼 위상이 앞선다. R_3 , X의 전압강하 $I_2 R_3$은 I_2와 동상이며, $I_2 X$는 I_2보다 90° 위상이 늦고, 그 합(벡터)은 입력전압 V_1과 대등하다. $I_2 R$와 $I_2 X$와의 위상각은 90° 이므로 d점은 언제나 선분 ab를 직경으로 하는 원주상에 있다. 지금 R_3 $=X$라고 하면 출력전압은 cd간의 전압이므로 그림의 V_2가 된다.

지금 R_3를 변화케 하면 그에 따라 위상각 ψ가 변화하고 d점이 원주상을 이동(d' 점)하므로 V_2은 θ만큼 위상이 달라진다. 그리고 출력전압은 언제나 입력전압의 1/2이 된다. 또 주파수와는 관계가 없으므로 변조로 인한 진폭왜곡을 포함치 아니한 위상변조를 할 수가 있다. R_3 대신에 X를 바꾸어도 같다. 또 θ는 0~90° 의 가변범위이므로 출력전압은 입력전압에 대하여 0~180° 의 위상차를 얻을 수가 있다.

④ 세라이드 위상변조회로

이것은 다음 절에서 말하는 펄스의 위치변조를 써서 위상변조를 하게 하는 것인데, 의곡이 없는 깊은 변조를 할 수가 있다.

그림 14-47은 세라이드 위상변조방식의 구성도이다. 우선 무조정수정발진기로 그림 (b)의 a점과 같은 톱니파형의 진동을 발생케 하고 미분회로를 통하여 입상되며 입하점에서 펄스를 발생케 한다. 이 펄스는 펄스성형기에 의하여 b점과 같은 한 방향으로 된 깨끗한 펄스로 만든다. 이 성형 펄스를 트리거 펄스로서 톱니파발생기를 시동하여 c점과 같은 직선성이 좋은 톱니파를 발생시킨다.

이 톱니파를 신호입력에 대응한 레벨에서 크립하면 d점과 같은 폭변조된 구형파가 얻어진다. 이 구형파를 미분회로에 가하면 그 출력 펄스의 발생위치는 크립하는 레벨에 의하여 변화한다. 이 펄스 중, 구형파의 후선에서 얻게 되는 것은 위치변조된 펄스가 된다. 이것을 차단의 증폭기로 증폭하고 그 양극측으로부터 고주파를 꺼내면 위상변조된 고주파가 얻어지고, 위상변조를 한 것이 된다.

세라이드 위상변조방식은 변조특성이 매우 좋고, ±1.5라디안 정도까지 위상편이를 취할 수 있으며 그 왜곡도 0.25[%] 이하로 할 수 있으므로 고충실도의 변조특성이 요구되는 방송중계나 텔레비전방송기 등에 널리 사용되고 있다.

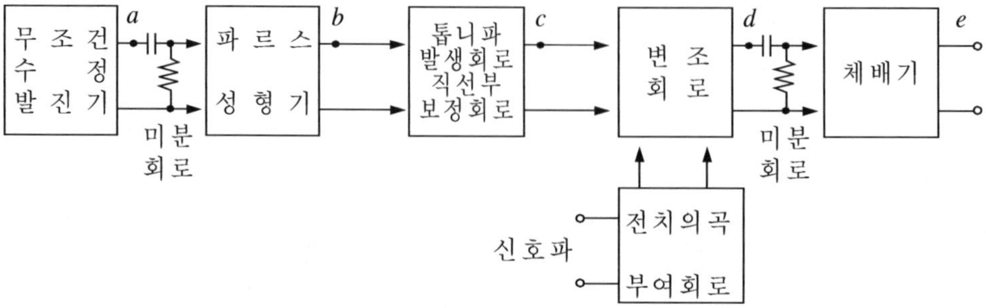

(a) 구성도

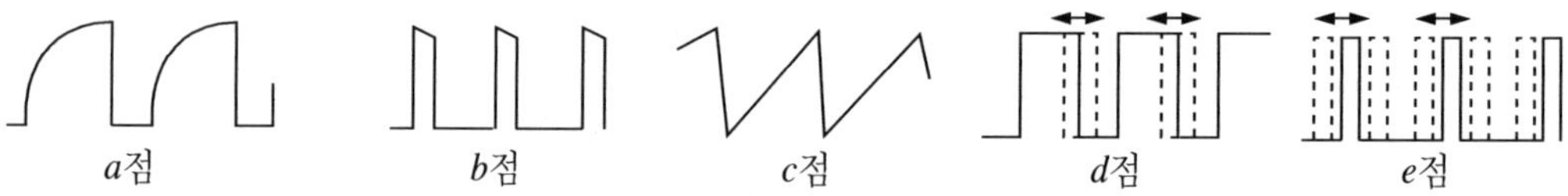

(b) 각부의 파형과 그 위상위치

그림 14-47 세라이드 위상변조의 방식

(11) FS 통신(frequency shift communication)

FS라 함은 'frequency shift'의 앞 문자를 딴 것인데, 주파수편이전신을 의미한 것이다.

FS 전신의 전파는 연속적으로 일정한 진폭으로 발사되나, 그 주파수는 마크시와 스페이스시는 그림 14-48와 같이 약 850[Hz] 정도 다르다.

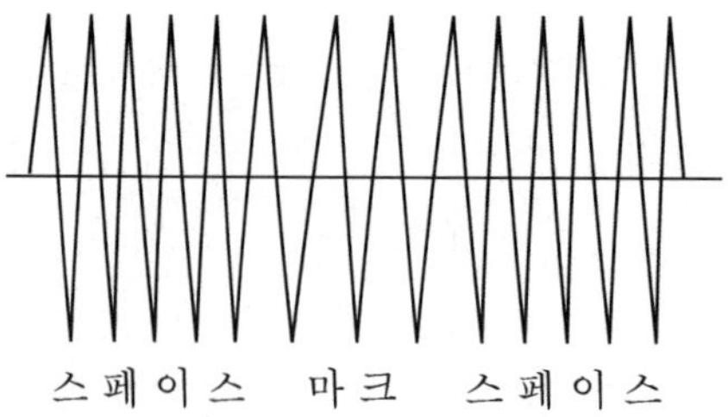

(a) 파형

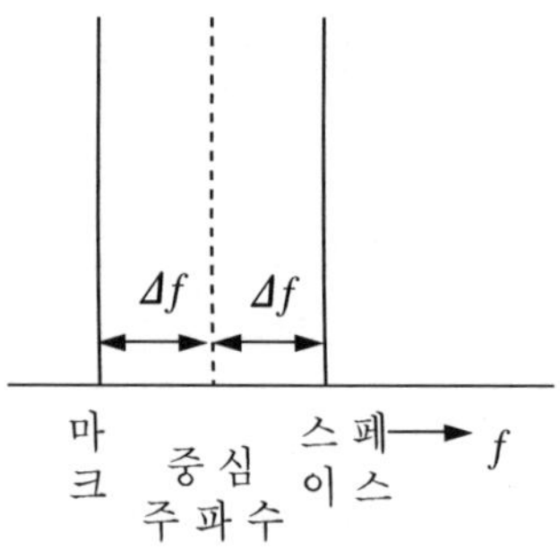

(b) 스펙터

그림 14-48 FS의 주파수

따라서 FS 통신은 주파수가 약간 다른 두 개의 반송파를 교대로 발사하는 A_1 전신(반송파의 단속통신)이라 볼 수 있다.

종래의 통신에 비해 좋은 점은 대체로 FM 통신과 마찬가지이다. 열거하면 다음과 같다.

① *S/N*가 개선되므로 종래의 전신보다 송신전력이 다소 적게 들어도 된다.

② 혼신이 억압된다.

③ 다이버시티(diversity)효과가 있으므로 패딩(fading)의 영향이 경감된다. 또, 수신측에서 AGC가 사용된다.

④ *C*급증폭을 이용할 수 있으므로 송신기의 양극효율이 좋아진다.

그림 14－49은 FS 송신기의 구성도인데, 일반 전신송신기와의 차이는 주로 그 변조기, 즉 FS 통신을 만들어내는 부분이다.

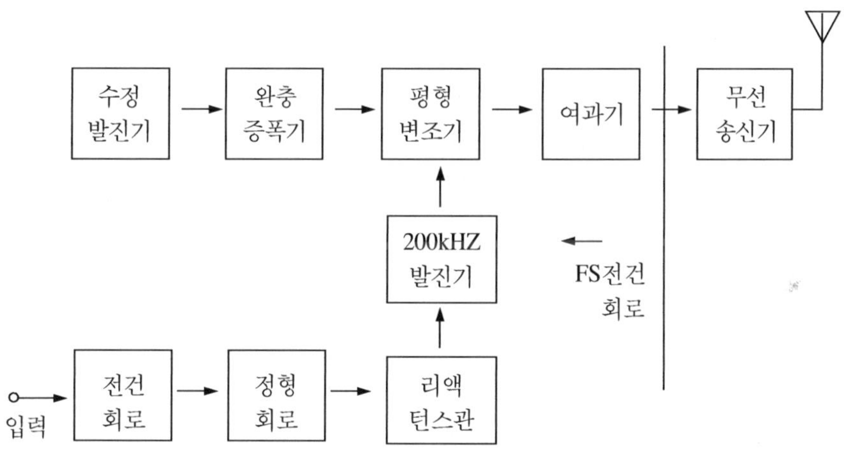

그림 14-49 FS 송신기의 구성

비교적 낮은 200[kHz] 정도의 자동발진기에 리액턴스관을 접속하여 이것을 전신부호에 의하여 제어하면 200[kHz]의 부반송파는 마크, 스페이스에 따라서 중심주파수의 상하로 변위되고, 그림 14－48와 같은 FS 신호가 된다.

연습문제

1. 무선전화 송신기에서 그 공중선회로에 삽입된 고주파전류계의 진폭이 무변조시에 100[mA], 변조시에 108.6[mA]이었다. 변조도는 얼마인가?

2. 반송파 $i_c = I_c \sin(\omega t + \theta)$를 신호파 $i_s = I_s \cos pt$로 진폭변조했을 때의 일반 기본식을 구하고, 변조도, 측파대에 대하여 설명하라. 또 벡터도를 그려라.

3. 주파수변조에 있어서 최대주파수편이가 60[kHz], 변조지수가 6일 때, 최고변조 주파수는 얼마인가?

4. 주파수변조의 원리를 수식을 사용하여 설명하여라.

5. 주파수변조, 위상변조에 있어서 변조지수를 작다고 가정하고, 그 벡터표시에 대하여 생각하자.

6. 주파수변조파의 측파대분포가 주파수편이 및 신호주파수와 어떠한 관계를 갖고 있는가 설명하라.

7. 위상변조기의 신호파입력파에 전치의곡회로를 부가함으로써 등가적으로 주파수 변조가 얻어지는 이유를 설명하라.

8. PM파와 FM파가 서로 다른 점에 대하여 말하라.

9. 최대위상편이 1.5라디안, 최고신호주파수 3[kHz] 신호파의 통신을 하기 위해 필요한 주파수대역폭을 계산하라. (단, 주파수변조지수를 m_f, 최고신호주파수를 f (kHz)라고 하면 필요한 주파수 대역폭 B (kHz)는 $B = 2f(m_f + 1)$)

10. 5[kHz]의 발진기가 있다. 이 출력을 위상변조기로 0.5라디안의 위상변조를 하면 주파수변화는 얼마인가? 단 신호주파수는 1000[Hz]라 한다.

11. 주파수변조에 있어서의 직접주파수 변조방식과 간접주파수 변조방식에 대하여 설명하라.

제15장 복조회로

1989년 이탈리아의 말코니가 도버 해협 사이의 무선통신 실험에 성공했는데, 이것을 세계 최초의 장거리 무선통신이라 하고 있다. 당시로서는 아직 진공관도 발명이 안 되어 있었고, 전파도 불꽃방전을 이용한 감폭진동파였다. 이 전파를 검출하는 데 유명한 코이라의 검파기를 사용했던 것이다.

이와 같이 검파라고 하는 말은 무선전파를 검지한다고 하는 뜻으로 사용한 것이 시초가 되었다는 것이다. 그후 1907년에 영국의 플레밍이 2극 진공관을 발명했는데, 이것이 본격적인 검파기로서 쓸 수 있게 되었다.

현재도 제일 간단한 라디오 수신기의 광석라디오는 동조회로와 광석검파기만으로 라디오 방송을 수신할 수 있다. 이 광석검파기는 진공관의 발달로 한때 그림자를 감추었던 것인데, 마이크로파의 보급과 반도체의 발명으로 해서 현재는 중요한 구실을 하고 있다.

1. 진폭변조의 검파

(1) 검파와 복조와 복호

검파라는 말의 해석은 사람에 따라 다소 다르나, 명확한 정의를 내리기는 어렵다. 또, 검파와 비슷한 말에 복조라는 말이 있다. 복조에 대해서는 복조가 적당할 것 같기도 하고, 자의에서 말하면 검파(detection)는 전파의 검출에 있으므로 검파라 해도 무방할 것 같다.

그러나 현재로는 검파는 무선기기의 회로에 쓰고 있고, 복조는 유선의 반송통신회로에 쓰는 것이 습관인 것 같다. 그런데 이것은 주파수로부터 구별한 것은 아니다. 예를 들면 반송통신에 사용되고 있는 주파수는 대칭형 케이블용이면 100[kHz] 정도이나, 동축케이블용이면 최고 12[MHz]까지 사용된다. 라디오 방송이면 최고 1.8[MHz](AM 방송)라는 것을 생각하면 주파수에 의한 차이는 없다는 것을 알 수 있다.

다음에 검파와 비슷한 용어에 대하여 두세 가지 설명해 보겠다.

① 반송통신의 복조

반송통신에 있어서는 진폭변조파로부터 음성파를 꺼내는 데 링복조기를 사용한다. 이것은 검파기라고는 하지 않고 복조기라고 한다. 반송통신이면 다중변조라고 하여 변조를 여러 번 반복하여 높은 주파수까지 올리고 있다. 이 변조파 복조에는 반대로 여러 번 복조회로를 거치지 않으면 목적하는 음성전류를 꺼낼 수 없는 것이다. 반송통신의 복조주파수에 관한 점에 대해서는 뒤에 설명하기로 한다.

② 주파수변조

라디오 수신기회로에서 텔레비전 수상기회로에서 수신한 고주파를 그대로 증폭하여 검파하기보다는 중간주파로 변환하고 나서 증폭하는 것이 좋다. 이것을 주파수변환이라 한다. 주파수변환은 헤테로다인검파와 그 방법은 비슷하나 목적하는 주파수가 중간주파이고 음성주파가 아닌 곳에 차이가 있는 것이다. 중간주파로 하는 이유는 고주파증폭으로는 발진이 일어나기 쉽기 때문이다.

이 방법은 마이크로파 통신에 있어서도 사용되고 있다.

③ 주파수 변별

주파수변조파(FM파)로부터 신호파나 음성파를 꺼내는 일을 주파수 변별이라고 한다. 이것은 복조이고 검파이지만 주파수의 변화에 따라서 신호파를 꺼낸다고 하는 뜻으로 변별이라 한다. PM(위상변조)파의 검파기로서 위상변별기가 사용되고 있다.

④ PCM의 복호

PCM이라 함은 펄스변조를 뜻하지만 현재 PCM 통신이라 불리고 있는 것은 유선통신에 사용되고 있는 것을 지정하는 것이다. PCM은 부호화(코드화)함을 가리키는 것인데, 여기서 음성파와 같은 신호파를 꺼내는 일을 검파라고는 하지 않고 복호라 한다.

(2) 진폭변조의 검파

그림 15－1은 진폭변조(AM)파와 검파하여 꺼낸 신호파를 나타내주고 있다. 또 그림 15－2는 AM파를 오시로 그래프로 본 사진이다. 여기서 신호파형이 정현파로 되어 있으나 음성파로 변조한 AM파는 훨씬 복잡한 파형이 될 수 있음은 물론이다.

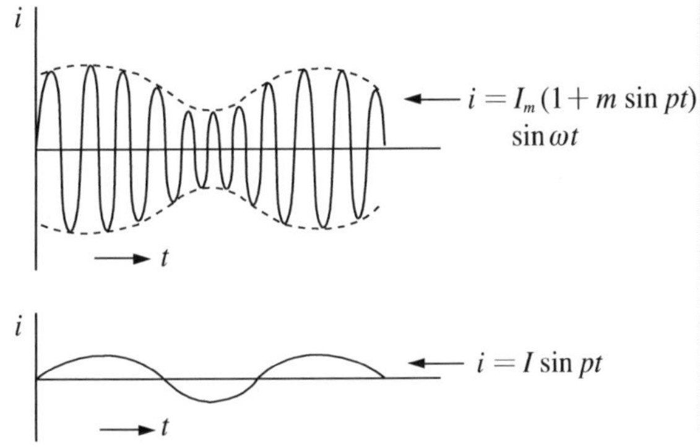

그림 15-1 AM파형

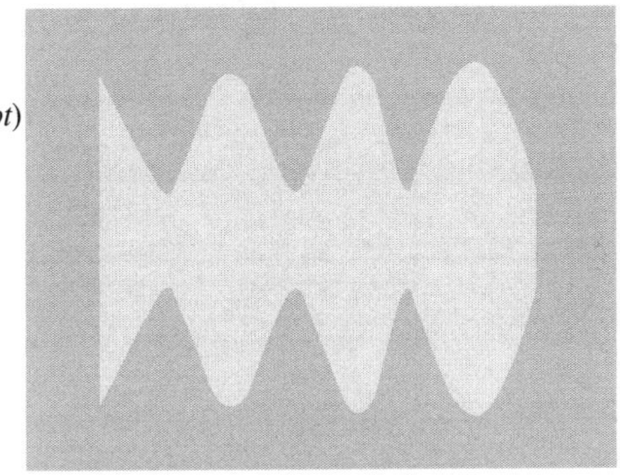

그림 15－2 AM파

그러나 AM파의 파형이나 급식에서 신호파를 정현파로 나타낸 것은 복잡한 음성파형도 여러 가지 주파수의 정현파의 합이라 볼 수 있기 때문이다.

① 진폭변조의 검파의미

먼저 진폭변조의 뜻을 한번 생각해보자. 이것은 파형적으로 보는 경우와 주파수적으로 보는 경우와는 매우 다른 느낌을 준다. 진폭변조식은 다음과 같이 된다.

$$i = I_m (1 + m \sin pt)\sin \omega t \qquad (15-1)$$

여기서, m : 변조도 또는 변조지수라고 함.

p : 신호파의 각주파수인데 주파수 f_p에 대해 $p = 2\pi f_p$가 된다.

ω : 반송파의 각주파수인데 주파수 f_c에 대해 $\omega = 2\pi f_c$가 된다.

그런데 식 15－1을 그림으로 나타내면 그림 15－1과 같다. (a) 그림은 변조된 파형이고,

(b) 그림은 신호파형이다.

또 식 15－1을 전개하면 다음과 같은 주파수의 항이 된다.

$$f_c,\ f_c + f_p\ ,\ f_c - f_p$$

이것을 도시하면 그림 15－3과 같이 되는데 이것을 주파수 스펙트럼도라 한다. 단, 식 15－1은 신호파가 단일주파이므로 주파수 스펙트럼도는 세 가닥의 선이 된다. 이 AM파를 검파하면 신호파가 꺼내진다.

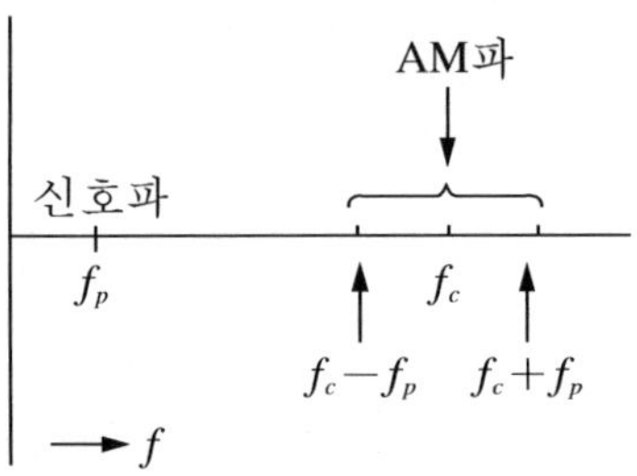

그림 15-3 AM 주파수의 분포

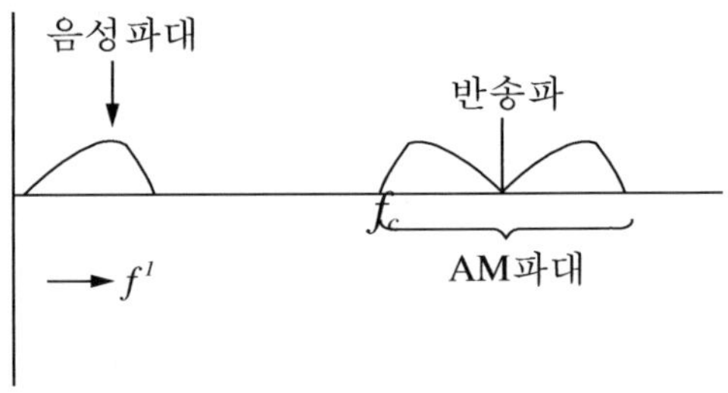

그림 15-4 AM 주파수의 분포

지금 음성파를 신호파로 하면 신호파는 많은 주파수를 포함하고 있으며, 그 신호파의 주파수분포나 또는 주파수 스펙트럼을 그림 15－4와 같이 나타낸다. 이와 같은 주파대를 가진 신호파로 변조된 변조파는 그림 15－4 같은 스펙타 분포를 보여준다. 이 같은 도형은 오실로그래프로 볼 수는 없다.

그래서 그림의 음성파도형도 오실로그래프로써 본 도형은 아니다. 왜냐하면 그림 15－4의 음성파의 도형은 음성파에 포함되는 주파수의 분포를 가정으로 나타냈기 때문인 것이다. 진폭변조파는 그림과 같이 반송파를 대역폭으로 한 상하의 단측파대(SSB)를 포함한 양측파대(BSB)가 된다. 이 양측파대를 보내는 방식도 있으나, 상하 중 어느 한 쪽만의 측파대(side band)를 보내는 단측파대(SSB) 방식도 흔히 쓰이고 있다. 이때 반송파(캐리어)를 보내지 않으므로 이것만을 검파하더라도 음성파는 얻지 못한다.

진폭변조는 그림 15－4로 알 수 있듯이 낮은 주파수분포를 높은 주파수인 곳으로 분포한 것, 즉 편위해야 되는 것으로, 주파수를 편위시킨 것에 불과하다. 따라서 이것을 검파하기란 다시 낮은 주파수분포로 되돌리는 일이다. 이것은 주파수분포에서 본 검파의 의미이다.

(3) 진폭변조의 검파분류

① 검파소자에서의 분류

(i) 광석다이오드를 사용하는 방법
(ii) 진공관을 사용하는 방법
(iii) 트랜지스터를 사용하는 방법

또는 금속다이오드에 사용되고 있는 금속에는 다음과 같은 것들이 있다.

(i) 결정방의 뾰족한 납과 텅스텐선의 점접촉
(ii) 결정게르마늄과 텅스텐선의 점접촉
(iii) 결정실리콘과 텅스텐선의 점접촉
(iv) 아산화동의 접합

또 진공관에 대한 방법에는 다음과 같은 방법이 있다.
2극진공관, 2승검파, 직선검파
3극진공관, 양극검파, 그리드검파, 재생검파, 초재생검파

진공관에 의한 방법으로서 새로 다음과 같은 두 가지 방법이 있다.

(i) 헤테로다인검파
(ii) 오트다인검파

입출력특성에서 분류하면 다음 두 가지가 있다.

(i) 직선검파
(ii) 2승검파

직선검파는 입력전압이 비교적 클 때, 보통 0.5[V] 이상에 쓰이고 2승검파는 0.5[V] 이하, 보통 0.2[V] 전후에서 사용한다. 이와 같이 2승검파가 되느냐, 직선검파가 되느냐 하는 것은 입력전압의 크기에 따라 결정되나, 또 일면에서는 검파기소자의 특성곡선의 입상점의 값으로도 결정된다.

② 각종 검파기의 성질

ⓐ 광석검파기

광석검파기는 결정게르마늄, 결정실리콘 및 방연광과 같은 박편과 텅스텐의 침을 접촉시킨 것으로, 점접촉형이라 불리고 있다. 그림 15-5는 광석검파기의 구조인데, (a)는 게르마늄 검파기, (b)는 실리콘 검파기이다. 그리고 게르마늄박편(페렛)은 N형이며, 실리콘은 P형이 사용된다. 게르마늄 검파기는 1000[MHz] 이하의 검파에 쓰이고, 3000[MHz], 즉 3[GHz] 이상의 마이크로파에 있어서는 실리콘 검파기가 사용되고 있다.

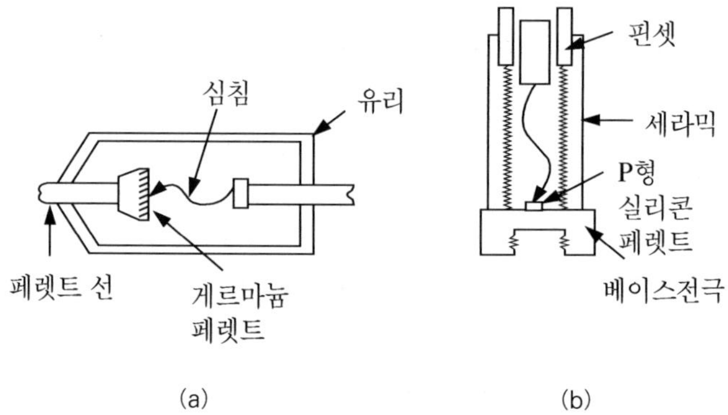

그림 15-5 광석검파관

[광석검파기의 장점]

광석검파기는 소형인 점과 전원이 필요없다는 점, 잡음이 적다는 마이크로파까지 용이하게 검파할 수 있다는 등의 장점이 있다. 점접촉형은 접합용량이 [1pF] 정도로 작기 때문이다.

[광석검파기의 단점]

광석검파기는 온도에 따라 특성이 변하기 쉽다는 것, 역전압이 작다는 것, 변환이득이 작다는 것, 역방향으로 미소한 전류가 흐른다는 것 등의 단점이 있다.

ⓑ 금속정류기

금속정류기는 교류의 정류에 사용되고 있다. 그런데 일부 검파에도 사용되고 있으므로 설명을 추가해 둔다.

금속정류기에는 아산화동정류기, 세렌정류기, 실리콘정류기 등이 있다. 이 가운데 아산화동 정류기는 입상전압이 약 0.2[V]로 작으므로 반송통신의 링복조기에 사용된다. 그밖의 정류기는 교류의 정류에 사용된다. 보통 금속정류기는 접합형이므로 접합용량이 크고 고주파검파에는 사용되지 않는다. 그러나 링복조기나 링변조기에 사용되는 것은 특성의 안정성이라는 점이다.

(4) 2승검파

다이오드에 가해지는 전압과 전류와의 관계는 그림 15－6과 같이 되며, 전압이 작은 범위에서는 2승특성곡선이 되며, 전압이 커지면 직선적인 특성곡선이 된다. 이 특성곡선에서 잘 굽은 부분의 중심에 대응하는 전압을 v_1으로 하고, 직선에 걸리는 점의 전압을 v_2로 한다. 이때 v_1을 입상전압이라 한다. v_1과 v_2의 값은 감파소자에 의하여 결정되지만 v_1은 0.2[V] 전후, v_2는 0.5[V] 전후의 것이 많다. 또 역바이어스 전류의 일정 부분은 100[μA] 정도의 것이 많다.

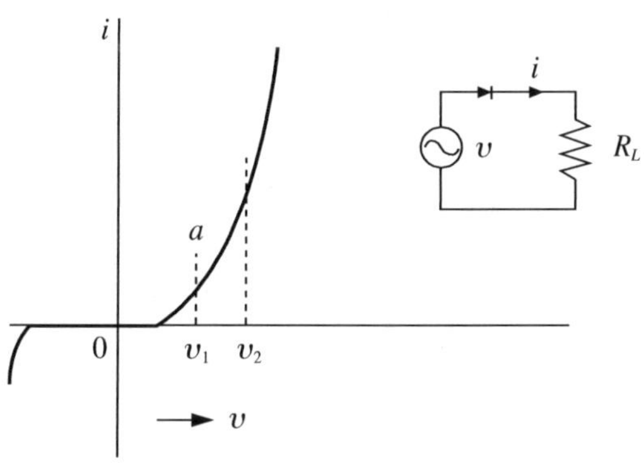

그림 15-6 검파특선 곡선

그런데 그림 15－6의 특성곡선이 굽은 부분에서는 전압 v와 i와의 관계는 다음 식으로 나타내게 된다.

$$i = a_0 + a_1 v + a_2 v^2 \qquad (15-2)$$

여기서 a_0, a_1, a_2는 정수이다,

위 식에서 제1항은 전압과 관계 없이 일정한 전류인데 이것은 직류가 된다. 제2항은 전압과 비례하는 전류이다. 제3항은 전압의 2승에 비례한 항으로서 이 항이 검파에 중대한 구실을 하고 있는 것이다. 지금 이 곡선을 순수하게 2승곡선이라고 한다면 다음과 같이 나타내게 된다.

$$i = av^2 \qquad (15-3)$$

또 한편 진폭변조의 식은 다음과 같이 된다.

$$v = V(1 + m \sin \omega_p t) \sin\omega_c t \qquad (15-4)$$

여기서 V는 반송파의 진폭, m은 변조도이며, m은 다음 식과 같은 뜻을 갖고 있다.

$$\text{변조도 } m = \frac{\text{신호파의 진폭}}{\text{반송파의 진폭}}$$

그런데, 식 15−4의 계산을 간단하게 하기 위해 다음과 같이 두어 본다.

$$\omega_p = p\ (\text{신호파각주파 수}),\quad \omega_c = \omega$$

따라서, 식 15−4는 다음과 같이 된다.

$$v = V(1 + m \sin pt) \sin \omega t \qquad (15-5)$$

지금 식 15−5를 식 15−2에 대입하여 제2항 및 제3항을 계산하면

$$\text{제2항 } a_1 v = a_1 V(1 + m \sin pt) \sin \omega t$$

$$= a_1 V \sin \omega t = \frac{ma_1 V}{2} \cos(\omega - p)t - \frac{ma_1 V}{2} \cos(\omega + p)t \qquad (15-6)$$

$$\text{제3항 } a_2 v^2 = a_2 V^2 (1 + m \sin pt)^2 \sin^2 \omega t$$

$$= a_2 V^2 (1 + 2m \sin pt + m^2 \sin^2 pt) \sin^2 \omega t$$

$$= a_2 V^2 \sin^2 \omega t + 2ma_2 V^2 \sin pt \sin^2 \omega t + a_2 V^2 m^2 \sin^2 pt \sin^2 \omega t \qquad (15-7)$$

식 15－7 제2항을 꺼내면

$$\text{제2항 } 2ma_2 V^2 \sin pt \sin^2 \omega t = 2ma_2 V^2 \sin pt \frac{1-\cos 2\omega t}{2}$$
$$= ma_2 V^2 \sin pt - \text{ma}_2 V^2 \sin pt \cos^2 \omega t$$

위 식의 제1항은 신호파성분이며, 진폭은 $ma_2 V^2$이므로 이것은 V^2와 비례되고 있다. 이 신호파성분을 꺼내면 검파할 수 있게 되어 있으며, 이것이 입력전압의 진폭의 2승에 비례하고 있으므로 2승검파라고 한다.

지금 식을 전개했을 때 신호파성분 p 외에 $\omega - p$, $\omega + p$, $2\omega + p$, $2\omega - p$ 등의 주파수성분은 매우 주파수가 높으므로 그림 15－7 (a)와 같이 콘덴서 C를 마련하여 높은 주파수성분은 콘덴서로 통하게 하고 신호파성분은 R의 부하에 통하도록 하면 부하저항에 신호파전압이 나타나게 된다.

이 콘덴서의 구실은 AM파를 주파수분석하여 그것들을 바이패스를 시키는 곳이라 생각해도 좋겠고 또 반파정류라는 견지에서 볼 때는 다른 구실을 갖고 있다고 생각해도 좋겠다. 이 일에 대하여는 다음에 설명하겠다.

그림 15－8 (a)는 진폭변조파를 그림 15－7 (b)의 회로에 통했을 때 R의 저항에 나타나는 전압파형이고, 그림 15－8 (b)는 정류전류를 주파수분석한 때의 주파수분포를 보이는 그림이다.

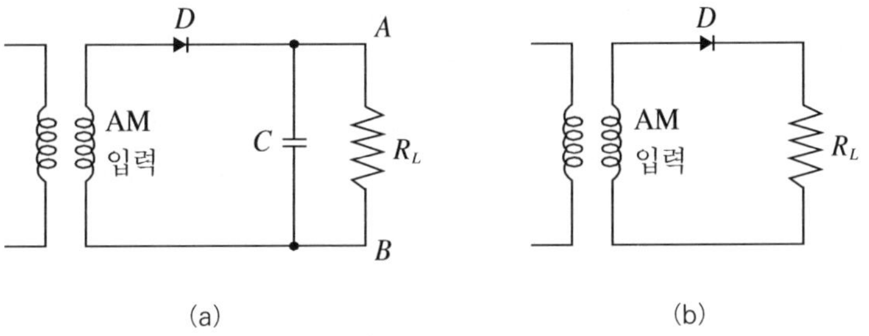

그림 15-7 AM 검파

따라서 그림 15－8 (a) 반파정류파는 파형적으로 나타낸 것이고, (b)는 주파수적으로 나타낸 것으로, 모두 다 같은 것을 다른 측면에서 나타낸 것이다.

다음에 진폭변조파를 그림 15－7 (a)의 회로에 통했을 때에 대하여 생각해보자. 먼저 이 회로의 용량 C와 저항 R의 값을 적당한 값으로 한다.

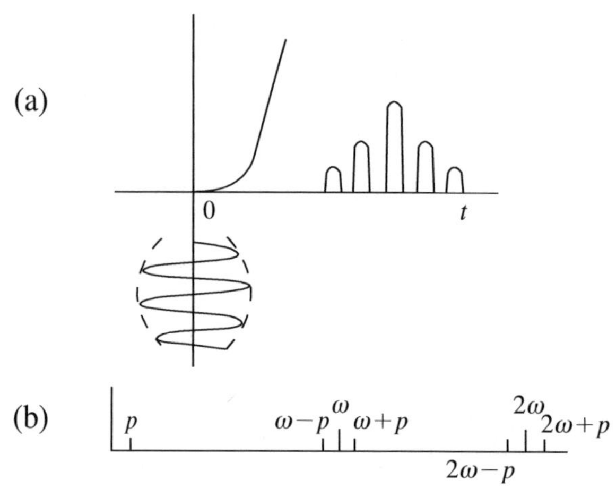

그림 15-8 2승검파

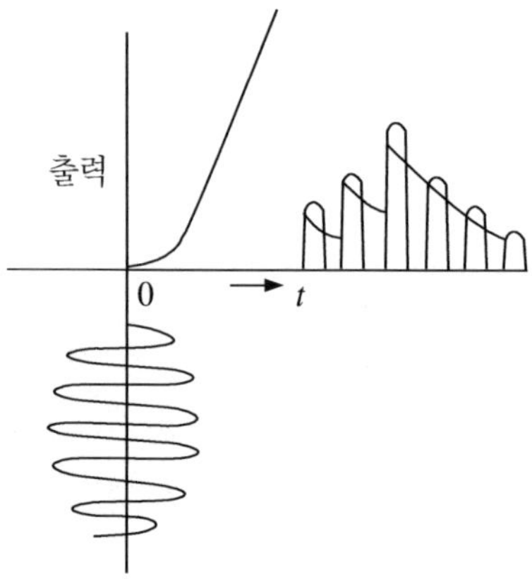

그림 15-9 포락선검파

즉 그 적 CR(시정수)의 값이 다음과 같은 값으로 되도록 한다.

[시정수 CR] > [반송파 주기의 2배]

이와 같이 하면 그림 15−7 (a)의 저항 R에 나타나는 전압은 그림 15−9와 같이 된다. 이와 같은 파형이 나타나게 되는 이유는 다음과 같다.

먼저 입력전압이 증가하게 되면 그에 따라서 흐르는 전류는 저항을 통하여 흐름과 동시에 콘덴서 C 전하로서 저장된다. 다음에 입력전압이 부의 반파가 되면 다이오드에 전류는 흐르지 않게 된다. 콘덴서의 전하가 부하저항 R에 방전되어 R에는 전압이 생긴다. 이 전압은 그림에서 우하강선으로 보여주고 있다. 그리고 시정수가 클수록 부의 반파인 때의 전압 파형이 수평에 가까워진다. 이들 관계는 그림 15−10에 나타냈다.

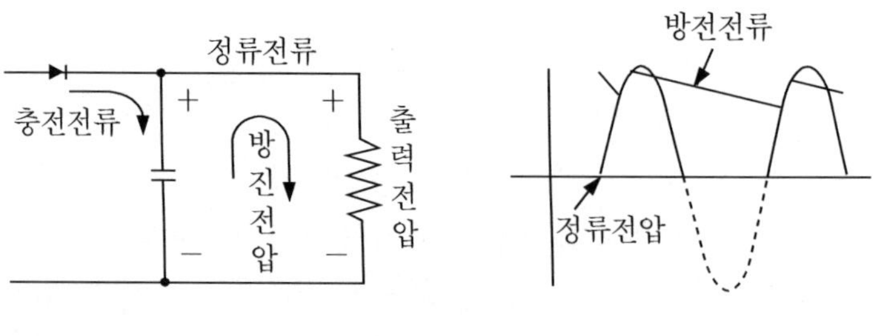

그림 15-10 포락선검파원리도

그림 15－11는 실제로 사용되고 있는 다이오드 검파회로의 예이다. 그림에서 R_1 , C_1은 필터이다.

ⓐ 다이오드 검파의 바이어스 전압

검파회수는 검파소자와 부하저항이 직렬로 되어 있고, 검파전류는 이 소자와 부하저항을 지나 각각 전압강하를 만든다. 그리고 검파소자에 가해지는 전압과 전원과의 소위 특선 곡선으로 표시된다.

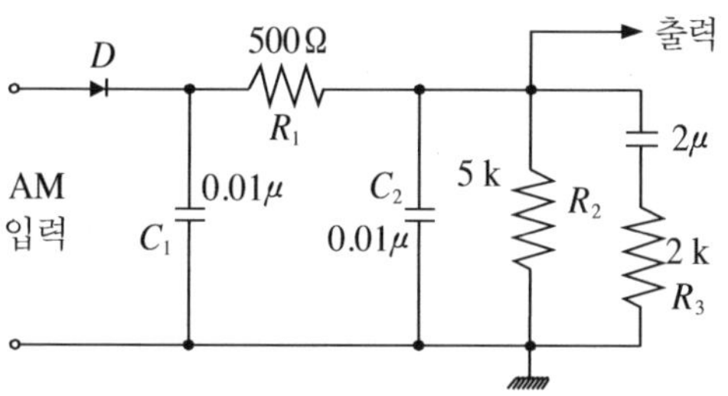

그림 15-11 다이오드검파회로

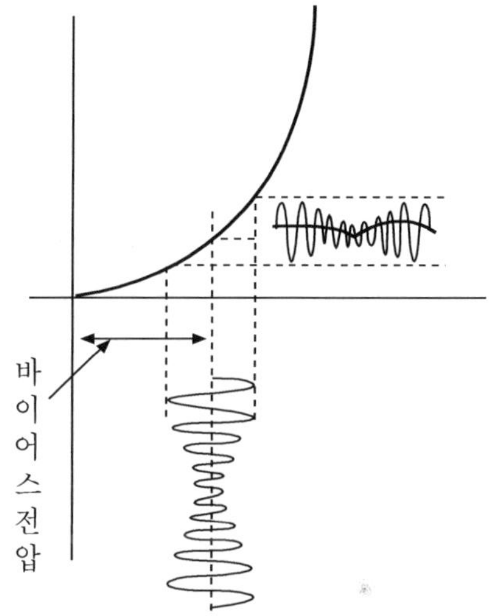

그림 15-12 바이어스를 가한 검파

지금 이 회로의 입력측에 AM파를 가하면 소자의 전압은 제로라인을 중심으로 변화한다. 그러나 입력전압이 직류전압에 가해지면 입력전압의 중심이 어긋나게 된다. 이것이 바이어스전압인데 이를 나타낸 것이 그림 15－12이며, 바이어스 전압을 중심으로 전압이 변화되고 있다.

다음에 바이어스 전압이 다이오드의 특성곡선의 가운데쯤 있도록 하면 출력전압은 그림 15－12와 같이 상하비대칭의 형이 된다. 이때의 저주파출력전압은 각 순시치의 대략 중점을 맺은 선(그림에서 굵은 선)과 같이 된다. 이 저주파는 횡축에서 위쪽에 있으므로 직류분을 포함하고 있다.

그림 15－13는 바이어스 전압을 주는 예를 보여주고 있다. 그림에서 －V_a가 150[KΩ]를 통해서 정류소자에 가해져 있는데 이 회로는 라디오 수신회로의 보기로, 입력은 455[kHz]이고 SD46인 소자에 가해지는 바이어스용 전압은 -6[V]이다.

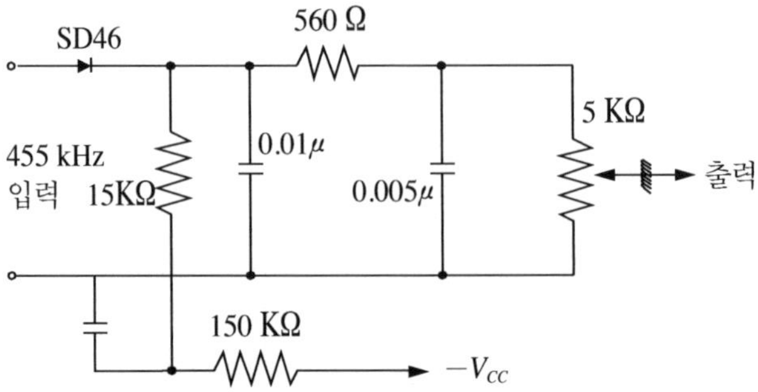

그림 15-13 바이어스를 가한 검파회로

ⓑ 2승검파의 특징

2승검파는 작은 입력의 검파에 적합하고 또 출력전압은 입력전압의 2승에 비례하므로 감도가 좋다. 그러나 2승하는 관계로 배조파가 나타나며, 의곡이 일어나기 쉽다. 이 작은 입력은 0.2[V] 정도로 된 것이 많다.

(5) 직선검파

직선검파에서의 직선의 뜻은 다이오드의 특성곡선의 직선부분을 검파에 사용한다는 뜻이다. 이 경우의 입력전압은 2승검파에 비하여 큰 전압일 것이 필요하며 그 값은 특성에 따라 다르겠으나 적어도 0.5[V]이상 수 [V] 정도의 것이다. 그림 15－14는 직선검파를 파형적으로 설명한 그림이다. 특성곡선은 그림의 0점에서 시작되나 그 증가직후는 크게 굽어 있으며 큰 입력전압에 대해서는 실제는 그림 0′점에서 시작되는 직선이라고 생각해도 좋다.

이 직선부분에 의한 출력전류파형은 반파정류를 모은 것이며, 이것을 충분하게 큰 시정수를 가진 *CR* 회로에 통하게 하면 그림 (b)와 같이 된다. 굵은 선은 출력전압파형이지만 실제는 쇄선과 같은 선(이것을 포략선이라 함)의 형이 된다.

직선검파는 출력전압파형이 입력전압파형과 같은 형(비례)이 되므로 의곡이 적은 검파출력을 얻게 된다. 그러나 의곡이 적은 검파가 되게 하는 데는 시정수 *CR*의 크기를 적당한 값으로 해야 한다.

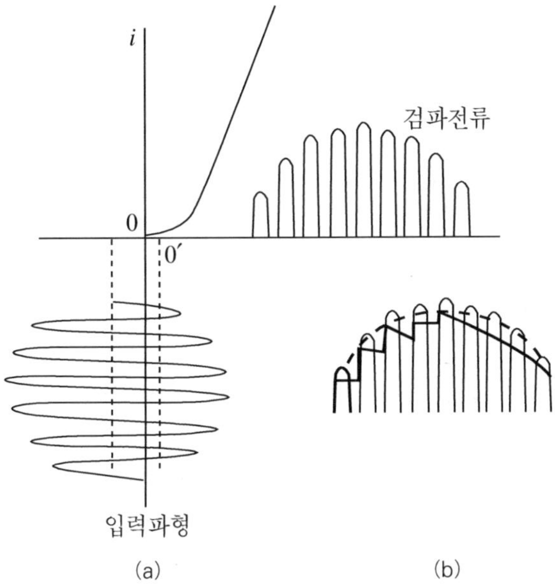

그림 15-14 직선검파

① 시정수와 주기와의 관계

검파출력회로 CR의 병렬회로의 시정수($C \times R$)의 값은 어느 정도가 좋을까? CR의 대소는 결국 반송파의 주기에 비교하여 한 말이다. 시정수가 매우 작으면 반파정류와 같은 출력전압이 나타나게 되며, 매우 크면 신호파의 큰 변화에 따를 수가 없다는 결과가 된다. 보통 반송파주기의 수배 정도로 한다.

예를 들면 $C = 10[\mathrm{pF}]$, $R = 5[\mathrm{K\Omega}]$라 하면

$$\begin{aligned} \text{시정수 } CR &= 10 \times 10^{-12} \times 5 \times 10^{3} \\ &= 5 \times 10^{-8}\ [\mathrm{S}] \end{aligned}$$

지금 입력파의 반송파주파수를 200[MHz]라 하면, 그 주기는

$$T = \frac{1}{200 \times 10^{6}} = 0.5 \times 10^{-8}[\mathrm{s}]$$

이 되어, 시정수는 주기의 10배가 된다.

예제 15-1 40[MHz]의 반송파를 변조한 AM파를 검파하는 데에 부하저항을 5[KΩ]로 한다. 이에 병렬로 콘덴서를 넣고 시정수가 반송파주기의 5배가 되도록 하고자 한다. 콘덴서의 용량을 구하면

풀이 반송파의 주기 T는

$$T=\frac{1}{40\times10^{6}}=2.5\times10^{-3}$$

$$CR=2.5\times10^{-8}\times5$$

$$\therefore C=\frac{1}{15\times10^{3}}\times12.5\times10^{-8}=25\times10^{-12}=25[\mathrm{pF}]$$

(6) 트랜지스터 검파회로

그림 15-15 (a)는 PNP 트랜지스터를 사용한 검파회로의 기본도이다. 트랜지스터의 베이스 이미터는 PN접합이므로 이에 AM의 입력전압을 가할 때, 흐르게 되는 이미터전류는 반파정류와 같이 되어 콜렉터측에 증폭된 전압을 얻게 된다. 이와 같이 하여 검파작용을 하게 된다. 그림 (b)는 가장 간단한 라디오 수신기회로이다. 안테나 공진회로에 들어온 입력전압은 L_1에 유도되어 베이스, 이미터 사이에 가해진다. 이 EB 사이의 비직선특성 때문에 검파되며, 그 검파전류가 콜렉터 회로의 부하 초크코일 L_0에 출력전압을 발생하게 되는 것이라 생각된다.

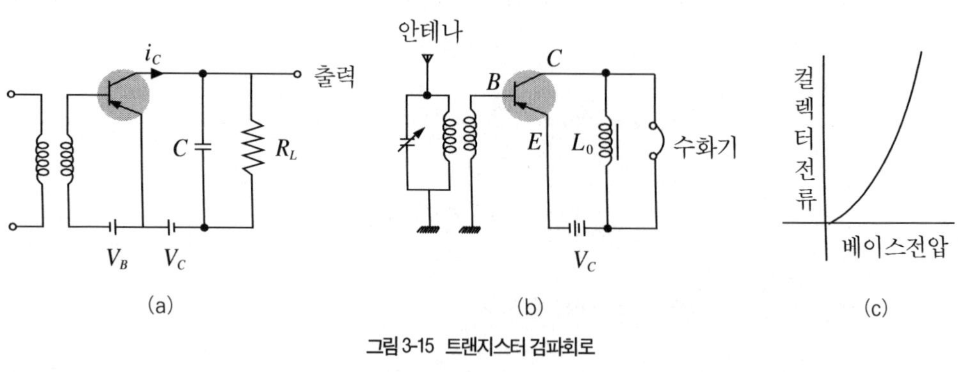

그림 3-15 트랜지스터 검파회로

트랜지스터의 베이스 전압과 콜렉터 전류와의 관계는 그림 (c)와 같이 되어 있다. 이 때문에 베이스 전압의 크기에 따라 2승검파 또는 직선검파가 된다. 특성곡선을 보면 알 수 있듯이 0점 부근에서는 곡선변화가 아주 작으므로 직선검파로 하거나, 2승검파로 하더라도 입력전압의 동작점을 제로라인으로부터 정의 방향으로 약간 이동해야 할 필요가 있다. 이 때문에 전압 즉 바이어스 전압을 그림 (a)의 V_B와 같이 넣는다. 트랜지스터 검파는 그 증폭작용 때문에 다이오드검파에 비해 우수하다.

(7) 링복조회로

반송통신의 복조에는 링복조가 사용되고 있다. 그 회로는 그림 15-16에서 보였듯이 네 개의 다이오드를 링형상으로 접속한 것이 중심이 되어 있다. 이것은 링변조기와 구성이 같다.

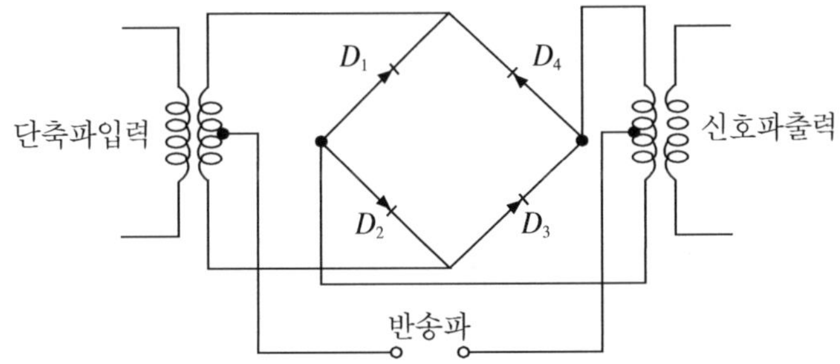

그림 15-16 링복조회로

반송통신에서는 반송파를 억압한 단측파대(SSB)를 사용하고 있다. 단측파대를 사용하는 이유는 전송대역이 좁기 때문에 다중화되기 쉽다는 것과 잡음이 적기 때문이다. 또 반송파를 억압하는 것은

(i) 캐리어는 그 레벨이 크기 때문에 다중화했을 때 다른 캐리어와 상호변조하기 때문이다.

(ii) 증폭기의 출력을 작게 할 수가 있기 때문이다.

이 방법은 무선통신의 SSB통신과 동일원리에 의한 것인데, 이 단측파대에서 신호파(음성전류)를 꺼내는 데는, 처음에 억압된 반송파를 가하여 복조해야 한다.

복조회로로는 트랜지스터회로나 진공관회로도 생각할 수 있겠으나 반송통신에서는 주

파수가 비교적 낮으므로 금속 다이오드를 사용한 링복조기를 사용한다.

그림 15－16의 링복조기에 대하여 설명하자면, 4개의 특성이 같은 다이오드를 같은 방향으로 접속한다. 다음에 그림과 같이 단측파입력전압과 반송파를 가하면 출력측에 신호파, 곧 음성파를 꺼낼 수가 있다.

이 링복조기의 다이오드가 하는 일은 다이오드 검파회로에서의 다이오드와 같은 역할을 하는 것이 아니고, ON, OFF의 스위치 작용을 하는 것이다. 이 스위치 작용은 반송파의 전압에 의한다. 다이오드는 순방향으로, 큰 정(＋)의 전압(바이어스)을 가하면 도통상태(ON)가 되고, 역방향 바이어스이면 부도통상태(OFF)가 된다. 그리고 ON의 상태일 때만 입력전압을 통과케 한다. 링복조의 작용에 대해서는 뒤에 설명하겠다.

반송파를 억압한 단측파대를 2승검파 또는 직선검파하여도 신호파를 꺼낼 수는 없다. 따라서 복조에는 변조일 때와 같은 반송파를 가해야 한다. 이 복조 때 가하는 반송파가 본래의 반송파와 완전 대등한 주파수라야 하나, 어느 정도까지 주파수 오차가 인정된다. 즉 반송통신이면 2[Hz]로 결정되어 있다. 만일 이 주파수의 편차가 크게 되면 왜곡이 크게 된다.

그림 15－17은 단측파대의 주파수분포를 나타내고 있다. p를 신호파라 하고 ω를 반송파라 하면

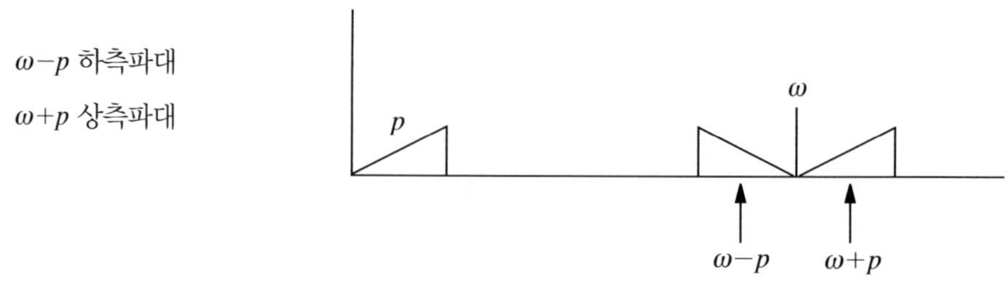

그림 15-17 AM의 주파수분포

를 나타내고 있다. 전송하는 데 있어서 이 상하 중 어느 한 쪽의 측파대를 사용한다.

지금, 이들 단측파대만을 그림 15－18(a) 회로에 가해도 신호파는 꺼낼 수 없다. 그러나 그림 (b)와 같이 반송파를 가하여 검파해보면 신호파를 꺼낼 수 있게 되는 것이다. 그 까닭은 다음과 같다. 단측파대를 $\omega-p$로 하고 이와 반송파 ω와의 합을 2승검파하면 그 합과 차가 나오므로

$$\omega \pm (\omega-p) = 2\omega-p,\ p$$

가 되어, 2 $\omega - p$ 및 p의 두 대역이 나타나므로 고주파분을 콘덴서로 바이어스시키면 저항부하에 신호파전압이 나타난다. 이 방법은 검파효율이 나쁘므로 사용하지 않는다.

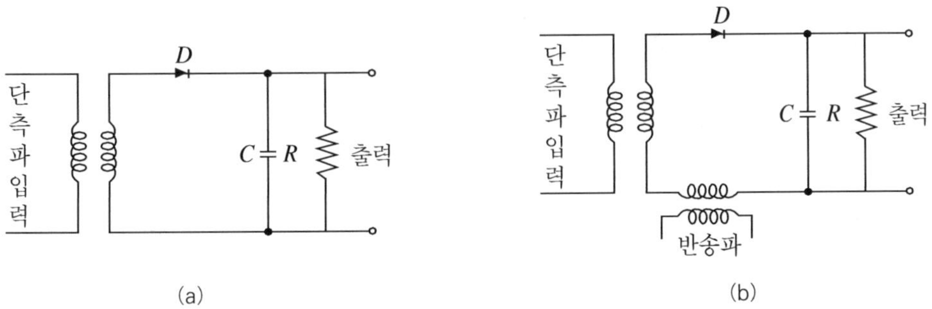

그림 15-18 단측파의 검파회로

그림 15－19 (a)는 링변조기인데 음성파와 반송파로써 단측파대를 만드는 순서를 나타낸 것이다.

변조기에서 반송파의 작용은 정의 반파에서 D_1 D_3은 도통, D_2 D_4는 부도통, 부의 반파에서 D_2 D_4는 도통, D_1 D_3는 부도통이 되어 두 짝의 다이오드가 교대로 ON, OFF를 반복하고 있다. 따라서 신호파 ON 다이오드부를 지나 2차측에 나타나며, 이것이 반송파의 반파마다 방향이 반대가 된다. 이런 상태를 그림 (a)에 나타냈다.

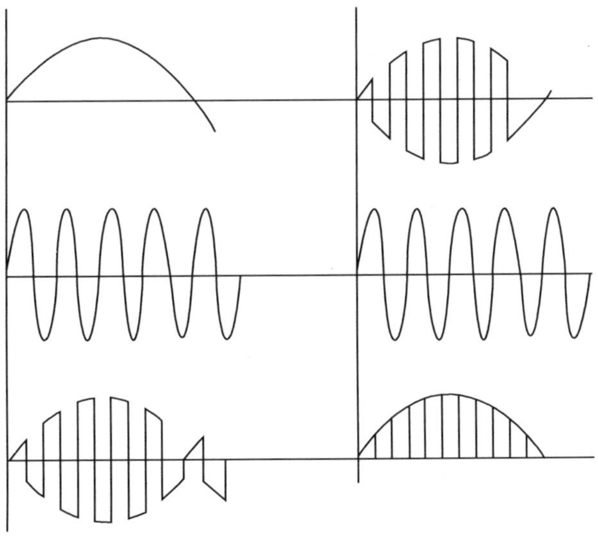

그림 15-19 링변조와 복조

그런데 복조기이면 입력측에 단측파를 넣고 반송파를 가하여 다이오드로 교대로 ON, OFF로 갈아 바꾸면, 그림 (a)의 단측파형의 반파가 교대로 반전되므로 그림 (b)와 같이 반송파는 다이오드의 바이어스 전압으로 작용하고 스위칭 작용을 하도록 하기 위해서는 그 레벨이 비교적 크다는 것과 주파수가 정확히 본래의 주파수와 일치되어야 한다.

(8) 검파효율과 검파의곡

진폭변조된 입력파를 검파해서 신호파를 꺼낼 경우, 가능한 한 본래의 신호파와 비슷한 형으로 꺼냈으면 한다. 더구나 가능한 한 효율 좋게 꺼내어 검파회로에서의 손실을 적게 해야 한다. 이때 전자는 검파의곡을 후자는 검파효율이나 검파능률을 문제로 삼고 있는 셈이다.

① 검파효율

이것은 검파능률이라고 한다. 이것을 측정에 의하여 구하자면 변조하지 않는 반송파를 가하여 출력측에 나타난 직류전압을 측정하여

$$\eta = \frac{\text{출력측의 직류전압}}{\text{피변조파(반송파) 진폭}} \qquad (15-8)$$

로서 구해도 된다. 식 15−8은 유통각을 2θ로 하며 다음과 같이 나타낸 것과 마찬가지다.

$$\eta = \cos\theta$$

또 직선검파이면 변조의 식은

$$v = V_c\,(1 + m\cos pt)\sin\omega t$$

이므로, 출력전압 v_c는

$$v_c = \eta V_c (1 + m\cos pt) = \eta V_c + \eta m V_c \cos pt \qquad (15-9)$$

가 되며, ηV_c는 직류분, $\eta m V_c$는 신호파성분의 진폭을 나타낸 것이다.

단, m은 변조도이다. 따라서 직선변조의 검파효율은 다음과 같이 한다.

$$\eta = \frac{\text{출력저항중의 신호파진폭}}{[\text{ 입력반송파의 진폭 }]\times[\text{ 변조도 }]} \qquad (15-10)$$

또, 2승검파에서의 검파효율은 신호파의 고주파를 제거한 신호파성분에 대하여 그 진폭을 구하면 같은 방법으로 구할 수 있다.

이와 같이 입력전압의 직류분과 신호파성분이 $V_c\,(1+m\cos pt)$일 때, 출력전압은 그와 같은 값으로 되지 않고 η배($\eta \leq 1$)가 된다. 이 사실은 검파하는 다이오드의 부분에 저항이 있기 때문인데, 만일 다이오드의 저항이 부하저항에 비하여 무시할 수 있다면 $\eta=1$ 혹은 효율 100[%]라 할 수 있다.

식 15−10에 의하여 검파효율을 얻는 데는 V_c는 반송파의 진폭으로써 변조하지 않았을 때의 최대치로 삼는다. 출력저항에 나타나는 직류분은 ηV_c이고 일정진폭의 반송파를 가했을 때의 출력전압은 이것이 된다.

다음에 $\eta m V_c$는 출력측에 나타난 신호파의 진폭(최대치)이며, 이것이 목적한 것이며, 출력전압이 가급적 커지기 위해서는 검파효율이 커야 된다는 것이 제1조건인데 변조도가 크다는 것도 조건이 된다. 단, 변조도는 의곡과 관계를 갖게 된다.

출력신호파의 진폭이 판명되면 실효치는 다음과 같이 하여 구한다.

$$\text{신호파실효치} = \frac{\eta m V_c}{\sqrt{2}}\,[\mathrm{V}]$$

예제 15-2 그림 15−20에서 반송파를 $v=V_c\,(1+m\cos pt)\sin\omega t$로 한다. 이 진폭변조파에서 반송파의 진폭을 4[V]로 하고, 변조율을 50[%]라 했을 때, 직선검파하는 것으로 하여 부하저항에 나타내는 직류전압 및 신호전압의 크기를 구하라. 단 검파효율을 90[%]로 한다.

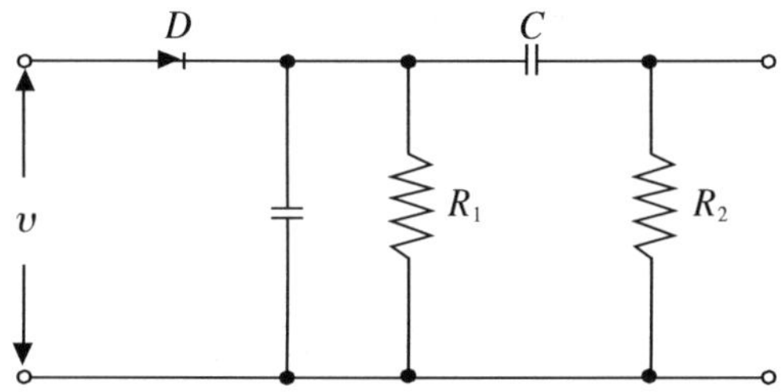

그림 15-20

풀이 검파전압을 v_D라 하면 다음 식을 얻게 된다.

$$v_D = \eta V_c(1 + m\cos pt) \qquad (15-11)$$

그러므로 직류분은

$$V_D = \eta V_c = 0.9 \times 4 = 3.6[\text{V}]$$

신호파의 전압진폭은

$$v_{pm} = \eta m V_c = 0.9 \times 0.5 \times 4 = 1.8[\text{V}] \ (\text{최대치})$$

출력전압실효치는

$$\frac{1.8}{\sqrt{2}} = 1.27[\text{V}]$$

예제 15-3 진폭변조파의 반송전압진폭이 $10\sqrt{2}$[V], 변조율 40[%]일 때, 신호전압의 출력전압이 3.2[V]이었다고 한다. 검파효율을 구하라.

풀이 검파출력을 V_D, 입력반송파의 진폭을 V_c라 하면

$$V_D = \eta m V_c$$

$$\therefore \eta = \frac{V_D}{mV_c} = 3.2\frac{2}{0.4 \times 10\sqrt{2}} = 0.8 = 80[\%]$$

② 실제의 회로검파효율

진폭변조파의 신호파성분이 $v_p \sin pt$일 때, 반송파 v_c를

$$v_c = V_c \sin \omega t$$

라고 하면, 이것을 변조하여

$$v_c = V_c(1 + m\sin pt)\sin \omega t$$

가 됨은 앞서 설명했다.

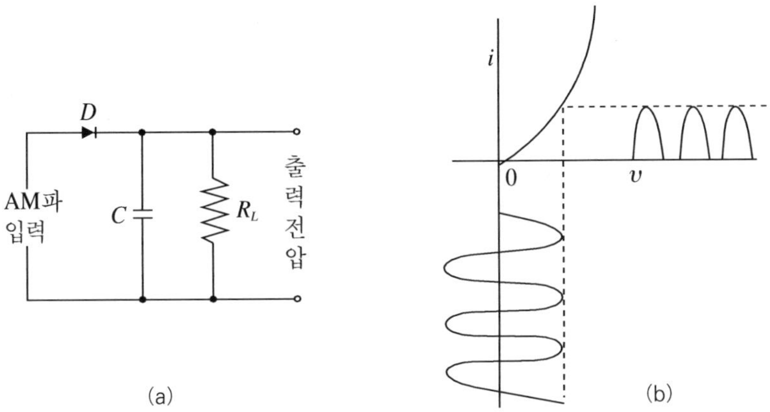

그림 15-21

지금 검파회로에 반송파 $V_c \sin \omega t$만 가하면, 처음의 2~3주기분은 그림 15-21 (b)와 같이 반파정류의 전류가 된다. 그러나 실제의 입력전압은 그대로 다이오드에 가해지는 것이 아니고, 부하저항 R_L의 전압강하분만큼 감소된 분이 가해지게 되는 것이다. 부하회로에는 CR_L의 병렬회로로 되어 있기 때문에 이 반파정류의 직류분을 V_L라 하면, 다이오드에 가해지는 전압은 특성곡선이 상승하기 시작하는 점 A에서부터 V_L만큼 부방향으로 폭을 이동하여 변화하는 전압이 가해지는 것이 된다. 곧 다이오드에 가해지는 것은 그림 15-22 (a)의 굵게 그은 선의 부분만 된다. 따라서 입력전압 중 다이오드에 의하여 검파되는 기간은 그림 15-22 (a)의 2θ 사이만 되며, 1주기의 절반 이하가 된다는 것을 알 수 있다. 이 2θ를 유통각이라 한다.

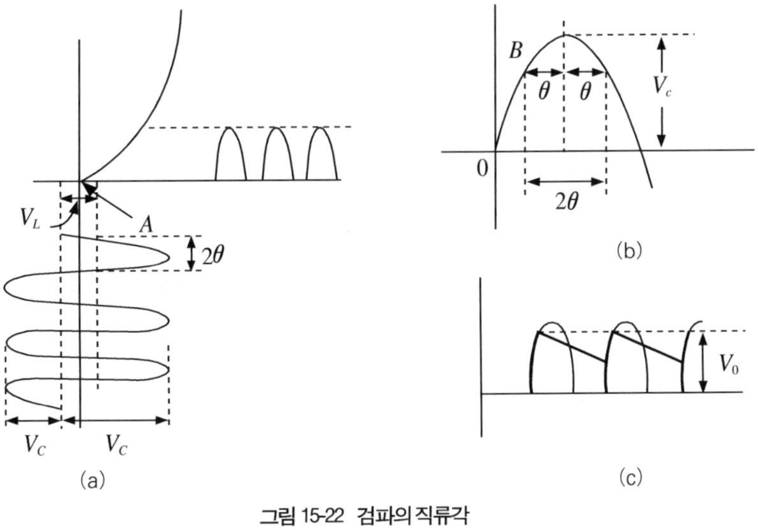

그림 15-22 검파의 직류각

지금 반송파의 진폭을 V_c라고 하면 검파전류가 흐르기 시작하는 것은 그림 15－22 (b)에 있어서 B점이고, B점에서의 순시치는 그림에서 알 수 있듯이 바이어스 전압 V_L와 대등해진다. 즉

$$V_L = V_C \sin\left(\frac{\pi}{2} - \theta\right) = V_c \cos\theta$$

$$\therefore V_L = V_c \cos\theta$$

또 검파효율 η은 반송파의 진폭 V_c와 반송에 의하여 출력측에 나타나는 전압, 즉 정류직류전압(V_L)과의 비이므로

$$\text{검파효율}\ \eta = \frac{V_L}{V_c} = \cos\theta$$

가 된다. 그림 15－21 (b)의 반파정류전류가 CR 병렬회로에 흐를 때 일정전압 V_2가 된다. 이것을 구해보자. 지금 그림 (b)와 같은 전류(굵은 선부분)가 흐른다고 하면 이것이 R_L을 지나면 처음에는 반파정류와 같은 전압파형이 되게 마련일 것이다. 그러나 콘덴서가 방전함으로써 실제는 그림 15－22 (c)와 같은 형이 된다(굵은 선부분). 이 리플의 평균치를 잡아서 쇄선과 같은 전압(직류)이 된다. 이 직류치를 구해보면 전류는 유통각의 사이에만 흐르게 되므로 이의 1주기 기간의 평균치가 R_L에 흐르게 될 것으로 생각해도 좋다. 먼저 다이오드에 가해지는 전압의 일반식의 계산을 간단히 하기 위해 반송파를 여현으로 나타내면

$$V_c \cos\omega t - V_L$$

가 된다. 이 전압에 의하여 흐르게 되는 전류는 다이오드의 저항을 r라 하면

$$i = \frac{1}{r}(V_c \cos\omega t - V_L) = \frac{1}{r}(V_c \cos\omega t - V_c \cos\theta)\text{가 된다.}$$

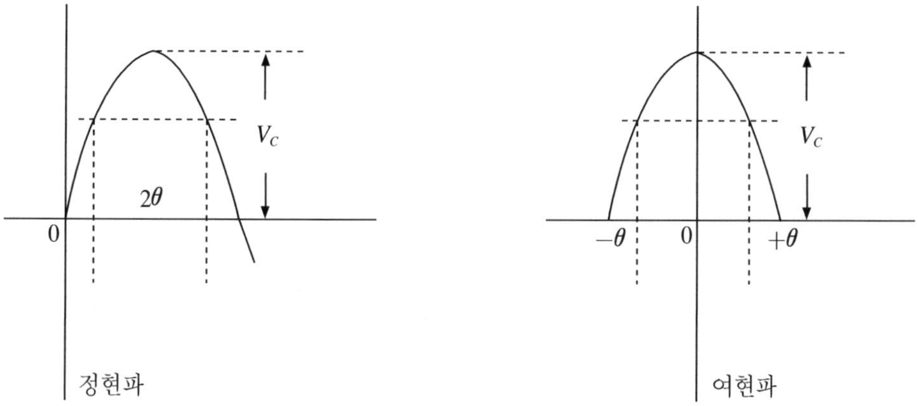

그림 15-23 유통각

이 전류의 평균치 i_0는 $-\theta$에서 $+\theta$까지 적분하여 구해진다.

$$i_0 = \frac{1}{2\pi}\int_{-\theta}^{+\theta}\frac{1}{r}(V_c\cos\omega t - V_c\cos\theta)\,d\omega t$$

$$= \frac{V_c}{2\pi r}\left[\sin\omega t - \omega t\cos\theta\right]_{-\theta}^{+\theta}$$

$$= \frac{V_c}{\pi r}(\sin\theta - \theta\cos\theta)$$

$R_L\,i_0$가 R_L의 전압 V_L와 대등해지므로

$$i_0 = \frac{V_L}{R_L}$$

$$\therefore\ i_0 = \frac{V_C}{\pi r}(\sin\theta - \theta\cos\theta) = \frac{V_L}{R_L}$$

$$\therefore\ \text{검파효율}\ \eta = \frac{V_L}{V_c} = \frac{R_L}{\pi r}(\sin\theta - \theta\cos\theta) \quad (15-12)$$

이 식을 보면 효율 η을 좋게 하기 위해서는 부하저항을 크게 하든지, 다이오드의 저항 r를 작게 해야 한다는 것을 알게 된다.

또 유통각 θ가 클수록 $(\sin\theta - \theta\cos\theta)$가 크게 되며, 효율도 커진다.

예제 15-4 유통각 2θ가 $60°$인 직선검파의 정류회로가 있다. 이 검파효율 η을 구하라.

풀이

검파효율 $\eta = \cos\theta$로 부터

$\eta = \cos 30° = 0.865 = 86.5[\%]$

예제 15-5 다이오드 검파회로가 있다. 다이오드의 저항을 100[Ω]라 하면 검파효율을 80[%]로 하기 위해서는 부하저항을 얼마로 하면 되겠는가.

풀이

검파효율 $\eta = \cos\theta = 0.80$

여기서 $\theta = 25°$ (함수표에서)

그러므로 유통각 $2\theta = 50°$

$$\therefore \theta = 25° = \frac{\pi}{180} \times 25 = 0.44 \text{ 라디안}$$

$\cos\theta = 0.80 \quad \sin\theta = 0.423$

식 15-12을 변형하여 부하저항의 식은

$$R_L = \frac{\pi r n}{\sin\theta - \theta\cos\theta}$$

$$= \frac{\pi \times 100 \times 0.8}{0.423 - 0.41 \times 0.3} = 10500 = 10.5[\mathrm{K\Omega}]$$

예제 15-6 반송파진폭 6[V], 변조율 70[%]인 검파회로의 직류전압이 4.8[V]였다. 검파효율 및 유통각(2θ)을 구하라(3각함수표를 사용할 것).

풀이

$$\eta = \frac{\text{직류전압 } V_L}{\text{반송파전압 } V_C}$$

$$= \frac{4.8}{6} = 0.8 = 80[\%]$$

$\eta = \cos\theta$로부터

$$\cos\theta = 0.8 \therefore \theta = 37°$$

$$\therefore \text{유통각 } 2\theta = 74°$$

예제 15-7 위의 예제에 있어서 신호파전압(실효치)을 구하라.

풀이

$$\text{신호파 전압진폭 } V_p = \eta m V_C$$
$$= 0.8 \times 0.7 \times 5 = 3.6$$
$$\text{신호파전압실효치} = \frac{33.6}{\sqrt{2}} = 2.37[V]$$

③ 검파의곡

(a) 2승검파의곡

2승검파에는 2배주파수뿐만이 아니고, 3배 이상의 주파수도 나타나므로 의곡되기 쉽다. 이 의곡의 정도를 나타내는 데는 의곡률을 사용한다.

검파전류 가운데는 지금 말한 바와 같이 고조파성분이 있으므로 부하저항에는 고조파성분의 전류가 통하지 않도록 해야 한다. 이 때문에 사용하는 것이 저항에 병렬로 넣는 콘덴서이다. 이렇게 해도 다소의 고조파성분이 부하에 나타난다. 지금 의곡률을 D로 나타내면 다음과 같이 된다.

$$\text{의곡률 } D = \frac{\text{의곡파 성분의 전압}}{\text{신호파 성분의 전압}} \qquad (15-13)$$

여기서 의곡파성분의 전압이라 함은 주로 신호파의 고조파실효치이다. 위 식은 다시 다음과 같이 나타낼 수가 있다.

$$\text{의곡률 } D = \frac{\text{고조파성분실효치}}{\text{신호파의 기본파실효치}} \qquad (15-14)$$

실제의 신호파는 음성파이기에 어떤 주파대를 갖고 있으므로 기본주파로서는 그 주파대 가운데의 특정주파수를 사용한다.

다음에는 2승검파의 의곡률을 구해보자. 검파전류 i와 입력전압 v와의 관계는 다음과 같이 된다.

$$i = av^2 \quad (a\text{는 실수이다.})$$

지금

$$v = V_c(1 + m\sin pt)\sin\omega t \qquad (15-15)$$

라 하면, 위 식에서 피변조파(반송파)의 진폭은

$$V_C(1 + m\sin pt) \quad \cdots\cdots\cdots\cdots \quad (\text{진폭})$$

이므로, 진폭에 대하여 생각하면

$$i = aV_c^2(1 + m\sin pt)^2$$

$$= aV_c^2(1 + 2m\sin pt + m^2\sin^2 pt)$$

$$= aV_c^2\left[1 + 2m\sin pt + \frac{m^2}{2} - \frac{m^2}{2}\cos 2pt\right]$$

여기서 신호파 성분은

$$2amV_c^2\sin pt \quad \cdots\cdots\cdots\cdots \quad (\text{신호파})$$

2배신호파 성분은

$$\frac{1}{2}am^2V_c^2\sin pt \quad \cdots\cdots\cdots\cdots \quad (2\text{배주파})$$

이므로, 의곡률 D는

$$D = \frac{\frac{1}{2}aV_c^2m^2}{2aV_c^2m} = \frac{m}{4}$$

가 된다. 여기서 의곡률은 변조도에 좌우되며, 변조도가 작을수록 의곡률은 작아진다. 그러나 m이 작으면 출력전압이 작아진다는 모순이 있다.

예를 들면 변조율 40[%]라 하면 의곡률은 10[%]이다. 단, 이때는 특성곡선이 완전한 2승특성이라는 조건일 때다.

(b) 출력회로의 시정수에 의한 의곡률

2승검파는 위에서 말한 바와 같이 의곡이 발생되기 쉽다. 그러나 직선검파는 특성곡선의 직선 부분을 사용하기 때문에 의곡이 없을 것 같이 생각된다. 그러나 부하저항에 콘덴서가 병렬로 들어 있기 때문에, 이로 말미암아 포락선검파를 하면 특정수에 의하여 의곡을 발생케 하는 일이 있다.

그림 15－24는 콘덴서에 충전해두고 저항을 통하도록 하여 방전할 때의 전하량변화의 상태, 혹은 전류의 변화(＝저항의 강하) 등을 나타내고 있다.

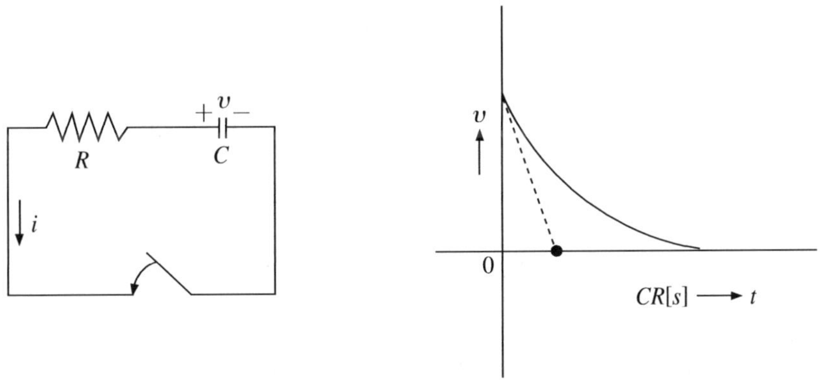

그림 15-24 전하의 방전전류

이 변화상태를 검파회로의 부하회로에 적용한다.

그림 15－25에 있어서 입력전압의 정의 반파에서 콘덴서는 충전되며, 부의 반파기간중 콘덴서의 전하는 저항중에 방전한다. 그 방전방법은 시정수 CR가 크면 그림 (b)의 곡선 I와 같이 되고 CR가 작으면 Ⅱ와 같은 곡선이 된다. 직선검파로 포락검파를 할 경우 시정수가 적당하면 그림 15－26 (a)와 같이 되며, 전압 최고점을 맺은 포락선의 전압파형이 된다.

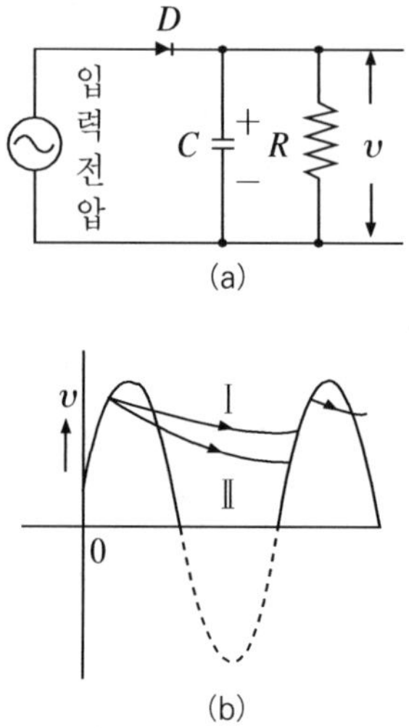

그림 15 - 25 CR 부하

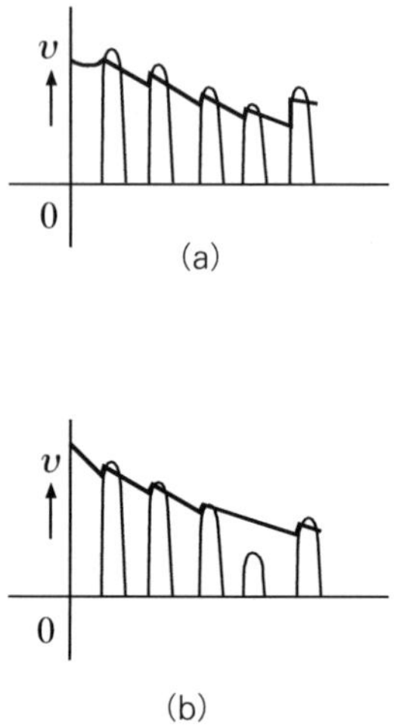

그림 15 - 26 직선검파의 의곡

또, 시정수가 너무 크면 그림 (b)와 같이 급한 전압변화가 있게 되며 전하는 그에 대응하여 감소되지 않고 다음 반파까지 가버린다. 이럴 경우 충실한 포락선이 구해지지 않기 때문에 의곡의 원인이 된다. 이와 같은 현상을 막기 위해 시정수는 반송파의 주기의 2～수 배가 좋다고 한다.

이상 진폭변조의 검파의곡을 정리해보면

ⓐ 2승검파의 의곡률은 변조파의 1/4이다.

ⓑ 직선검파인 편이 의곡이 적다.

ⓒ 입력전압이 작으면 검파기의 내부저항이 증가하여 의곡이 커진다.

ⓓ 검파출력회로의 시정수가 반송파주기의 2～3배 정도가 제일 의곡이 적다.

(9) 헤테로다인 검파(Heterodyne detection)

헤테로다인 검파는 원래 A_1 전파, 곧 반송파의 고주파를 신호에 따라서 단속한 것에 대한 수신에 사용해 온 것이다. 이와 같은 고주파를 단속한 것뿐인 것은 진폭을 극단적으로 변화시킨 것이므로 진폭변조의 일종으로서 생각해보자.

지금 A_1 전파를 수신하여 다이오드로 검파해보면 직류의 계속된 전압이 나타나게 되나 소리는 들리지 않는다. 헤테로다인 검파에서는 수신회로에 국부발진회로를 만들며, 수신한 고주파와 국부발진으로 발생한 주파수를 혼합하고, 그 차의 주파수가 1[kHz] 정도가 되도록 한다. 이렇게 하면 1[kHz]의 수신음이 신호에 따라서 들리게 되므로 전신음으로서 사용된다.

헤테로다인 검파에서 국부발진회로를 별도로 마련한 것을 타여헤테로다인 검파라 하고, 검파회로에 국부발진회로를 마련한 것을 오트다인 검파라 한다.

헤테로다인의 원리는 수신뿐 아니고 주파수 측정 등에도 사용되고 있다.

라디오 수신기회로에 슈퍼헤테로다인 방식이라는 것이 있다. 이것은 입력전파와 국부발진주파수와를 혼합, 그 차가 455[kHz]가 되게 한 것, 즉 중간주파수로 변환하여 증폭하는 방식이다.

이와 같이 중간주파수로 변화하는 것은 검파는 아니지만 그 방법에 비슷한 데가 있으므로 이론적으로 같은 것이라 생각해보는 것도 좋겠다.

① beat 주파가 되는 까닭

두 주파수의 특별한 교류를 가하여 검파하면 beat 주파가 발생한다. 이것을 수식적으로 구해보자.

지금 두 교류를

$$V_1 = V_{m1} \sin \omega_1 t, \qquad V_2 = V_{m2} \sin \omega_2 t$$

로 한다.

이 두 교류를 가하여 2승검파하면 전류는

$$\begin{aligned} i &= a(V_1 + V_2)^2 \\ &= a(V_{m1} \sin \omega_1 t + V_{m2} \sin \omega_2 t)^2 \\ &= aV_{m1} \sin^2 \omega_1 t + 2aV_{m1} \sin \omega_1 t \sin \omega_2 t + aV_{m2}^2 \sin \omega_2 t \end{aligned}$$

가 된다. 여기서 제1항은, 변형하면 V_1의 2배주파가 된다는 것을 알 수 있다, 즉

$$\sin^2 \omega t = \frac{1}{2}(1 - \cos 2\omega t)$$

로 되기 때문인데 마찬가지로 제3항도 V_2의 2배가 된다. 문제는 제2항인데 이것을 변형하면(주파수만을 생각하고)

$$\sin x \sin y = \frac{1}{2}[\cos(x-y) - \cos(x+y)]$$

의 식을 사용하여

$$\sin\omega_1 t \sin\omega_2 t = \frac{1}{2}[\cos(\omega_1 - \omega_2)t - \cos(\omega_1 + \omega_2) + t]$$

가 되어, 합과 차의 주파수가 나타난다. 헤테로다인 검파이면 이 차의 주파수성분을 사용하는 것이다. 단, 실제로 나타나는 것은 $2\omega_1$, $2\omega_2$, $\omega_1 + \omega_2$, $\omega_1 - \omega_2$의 네 개이지만 ω_1을 입력으로 하여 ω_2를 발생시키는 주파수라 했을 때, ω_2의 값을 결정하는데

$$\omega_1 - \omega_2 = \text{목적의 음성주파}$$

또는

$$\omega_1 - \omega_2 = \text{목적의 중간주파}$$

가 되도록 하면 된다.

위에 적은 것은 2승파의 경우이지만, 만약 직선검파와 같이 두 전압의 합과 비례한 출력전류(또는 전압)가 나타날 경우는 어떻게 될까. 이때는 두 정현파의 합을 수식적으로 변화하면 좋으나 벡터적으로 이것을 생각하는 편이 알기 쉬우므로 다음에 벡터적으로 두 교류의 합을 구해보자.

② 두 교류(이주파)의 벡터합

보통 주파수 f_1과 f_2를 혼합하면 그 차가 나타난다는 것은 이중검파만이 아니다. 다만 가했을 때는 매우 복잡한 변화를 할 것이라는 것은 상상될 수 있다. 지금 그림 15-27 (a)에 있어서 두 벡터의 합을 구하고 있으나, 그 두 전압은 다음 식으로 나타내게 된다.

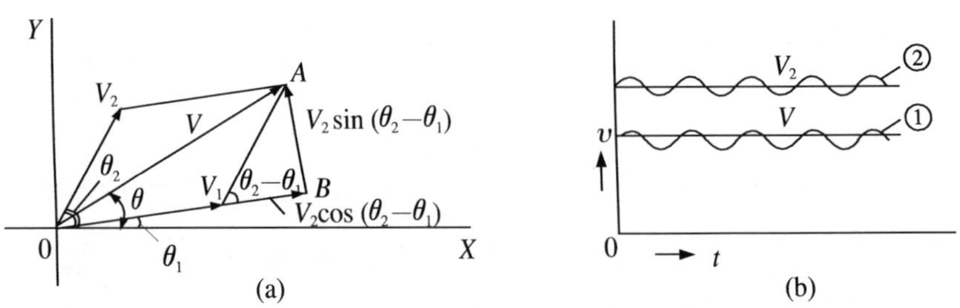

그림 15-27 두 교류 벡터의 합성

$$V_1 = V_{m1} \sin \omega_1 t\ ,$$

$$V_2 = V_{m2} \sin \omega_2 t$$

이 두 교류는 어떤 순간(t)에서의 위상 (ωt)가 각각 θ_1 , θ_2였다고 한다. 이 θ_1도 θ_2도 시시각각으로 변하므로 그 위상차도 달라진다.

지금, 어떤 순간에 V_1의 벡터와 V_2의 벡터를 합성해보자. 단, V_1 , V_2는 벡터의 크기로서 계산한다. 합성전압 V는 그림으로 알 수 있듯이

$$OB = V_1 + V_2 \cos(\theta_2 - \theta_1)\text{와}$$

$$AB = V_2 \sin(\theta_2 - \theta_1)$$

를 2변으로 하는 직각삼각형 OAB의 빗면 OA가 된다. V의 크기는

$$\begin{aligned}|V| &= \sqrt{[V_1 + V_2 \cos(\theta_2 - \theta_1)]^2 + [V_2 \sin(\theta_2 - \theta_1)]^2} \\ &= \sqrt{V_1^2 + 2V_1V_2\cos(\theta_2 - \theta_1) + V_2^2\cos^2(\theta_2 - \theta_1) + V_2^2\sin(\theta_2 - \theta_1)} \\ &= \sqrt{V_1^2 + V_2^2 + 2V_1V_2\cos(\theta_2 - \theta_1)} \qquad (15-16)\end{aligned}$$

이 된다. 또 합성전압 V의 위상 θ는 $V_1 \fallingdotseq V_2$라 했을 경우

$$\theta = \theta_1 + \frac{1}{2}(\theta_2 - \theta_1)$$

이 되며

$$\tan\left(\frac{\theta_2 - \theta_1}{2}\right) = \frac{V_2 \sin(\theta_2 - \theta_1)}{V_1 + V_2 \cos(\theta_2 - \theta_1)}$$

여기서 $\theta_1 = \omega_1 t$, $\theta_2 = \omega_2 t$를 대입하면

$$\tan\left(\frac{\theta_2 - \theta_1}{2}\right) = \frac{V_2 \sin(\omega_2 - \omega_1)\,t}{V_1 + V_2 \cos(\omega_2 - \omega_1)\,t}$$

합성전압 V의 위상각 θ는

$$\theta = \theta_1 + \frac{(\theta_2 - \theta_1)}{2}$$
$$= \omega_1 t + \tan^{-1}\left[\frac{V_2 \sin(\omega_2 - \omega_1)t}{V_1 + V_2 \cos(\omega_2 - \omega_1)t}\right] \qquad (15-17)$$

가 된다. 또 식 15-16은 합성전압의 크기, 곧 진폭이므로

$$V_1 \sin \omega_1 t + V_2 \sin \omega_2 t$$

의 합성전압의 크기는

$$|V| = \sqrt{V_1^2 + V_2^2 + 2V_1 V_2 \cos(\omega_2 - \omega_1)t} \qquad (15-18)$$

가 되어, 진폭은 $\omega_2 - \omega_1$의 함수가 되어 변화한다. 또 그 전기각도 $\omega_2 - \omega_1$의 함수로서 변화하는 것이 된다. 환언하면 두 정현파의 합성을 구해보면 주파수의 차를 함수로 하는 진폭변화 및 위상 변화를 한다.

다음에 식 15-18을 음미해보자.

지금, V_1 및 V_2가 일정하므로 근호내는 다음과 같이 나타낼 수 있다.

$$|V| = \sqrt{A + B \cos \omega t} \qquad (15-19)$$

여기서

$$A = V_1^2 + V_2^2$$
$$B = 2V_1 V_2$$
$$\omega = \omega_1 - \omega_2$$

다시 양변을 2승하여 다음 식을 얻는다.

$$|V|^2 = \sqrt{A + B \cos \omega t} \qquad (15-20)$$

이 식 15-19와 식 15-20을 그래프로 나타내면 그림 15-27 (b)와 같이 되고, ①의 파형이 식 15-19를 나타내며, 식 15-20은 ②의 파형이다. 이 방법은 간단히 그 식과 파형을 나타낸 방법이다. 실제로 구하는 데는 함수의 전개로서 구해야 한다.

예제 15-8 실효치 10[V], 8[kHz]의 전압과 6[V], 10[kHz]의 전압을 벡터적으로 합성하면 크기의 최소치 및 최대치는 얼마가 되겠는가?

풀이

식 15－18에 있어서 $\cos(\omega_2-\omega_1)\,t$가 1일 경우 $|V|$는 최대가 되며, －1일 때는 최소가 된다.

다음에 근호내의 각 항에 수치를 넣어보면, $V_1=10\sqrt{2}$, $V_2=6\sqrt{2}$ 이므로

$$V_1^2+V_2^2=200+72=272$$
$$2V_1V_2=2\times10\sqrt{2}\times6\sqrt{2}=240$$
$$\therefore \text{최대치} : \sqrt{272+240}=22.6[\text{V}]\ (\text{순시치})$$
$$\therefore \text{최소치} : \sqrt{272-240}=5.6[\text{V}]\ (\text{순시치})$$

(10) 마이크로파의 주파수변조

마이크로파의 주파수범위에 대해서는 명확한 정의는 없으나, 대략 300[MHz] 이상을 마이크로파라고 생각하면 된다. 그러나 마이크로파 통신으로서는 1000[MHz] 이상이 사용되고 있는 것이 보통이다.

마이크로 통신에 쓰이는 변조방식에는 특이한 것이 없고, AM, FM, PM과 같은 일반변조와 마찬가지라고 보면 된다. 그러나 마이크로파는 단파나 중파와 같이 소위 고주파라고 하는 개념을 넘어선 것이므로 회로나 안테나를 지금까지의 고주파이론을 그대로 적용하기는 어렵다.

마이크로파 통신에 있어서 수천 [MHz]의 전파를 파라보라 안테나로 수신했을 때, 먼저 100[MHz] 정도의 중간주파로 교환한다. 이것은 소위 검파는 아니지만 슈퍼헤테로다인 방식과 비슷하므로, 초고조파에서의 주파수변환에 대하여 설명해보자.

① 정재파형 주파수변환회로

도파관 또는 동축 케이블의 종단에 공동공진기와 같은 Q가 높은 회로에서 종단한다. 이 공간 공진기의 공진주파수를 f_0로 한다. 다음에 두 개의 광석검파기를 사용하는데, 하나는

공진기에서부터 $\frac{1}{8}\lambda$인 곳에, 그리고 또 한 개는 $\frac{1}{4}\lambda$인 곳에 두고, 이 두 검파기로부터 출력을 꺼내도록 한다. 이같이 하면 2배의 다이오드의 검파출력은 동조점에서 평형이 잡혀진다. 그러나 선로의 공진주파의 전후에서는 정재파의 위치가 급변하여 주파수변환이 행해진다.

② 매직 T형 주파수변환(magic)

매직 T형 주파수변환은 슈퍼헤테로다인 방식이며, 그림 15-28과 같이 수신파와 국부발진파를 매직 T형의 도파관에 공급한다.

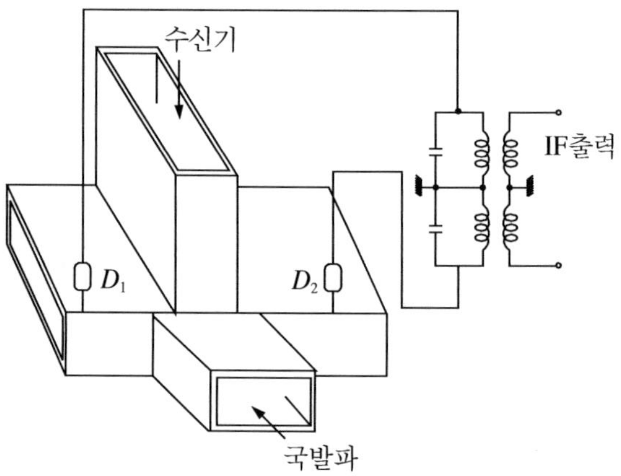

그림 15-28 매직 T형

이때 그림의 D_1 및 D_2에 있어서 양쪽파의 위상이 한 쪽에서는 가해지고, 다른 한 쪽에서는 그 차가 된다. 그들의 믹서의 출력을 그림과 같이 복동조회로 공급하면 IF(중간주파)가 꺼내어지게 된다는 것이다. 이것도 (1)과 같이 마이크로파는 FM파의 경우이다.

③ 광석믹서형(mixer)

그림 15-29와 같이 한 개의 광석믹서를 쓰더라도 IF를 얻을 수 있다. 먼저 주파수 f의 수신파와 국부발진 주파수 f_0를 광석믹서를 통하게 하며 그 차를 꺼내도록 한 것이다. 이 광석믹서는 마이크로파용 크리스털 다이오드로, 초고조파에서 사용할 수 있는 주파수특성을 갖고 있다.

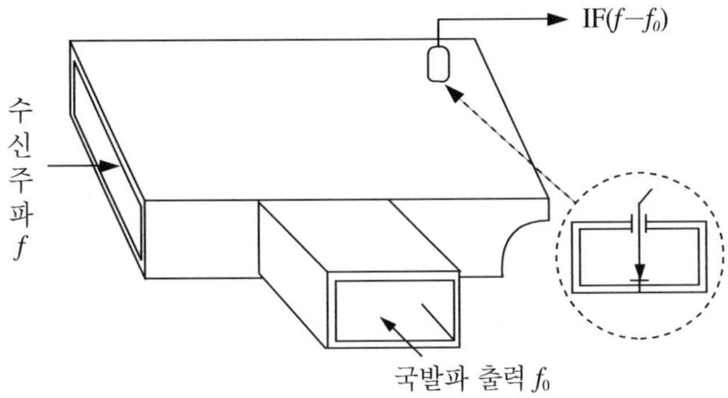

그림 15-29 마이크로파 주파수 변조

그런데 광석믹서로 검파하면 $f-f_0$의 IF가 꺼내진다. 단 출력측에는 이 주파수 외에 $f+f_0$ 나 $2f$의 높은 주파수가 포함되어 있으므로 필터를 마련하여 제거해야 한다.

2. 주파수변조의 검파

주파수변조(frequency modulation), 즉 FM은 잡음이 매우 적다. 이것은 FM 방송이나 텔레비전의 음성을 들어보면 AM 라디오 방송에 비해 음절이 훨씬 좋다는 것을 느끼게 된다. 그러나 FM은 변조 및 검파에 있어서 AM에 비해 회로도 복잡하고, 그 이론도 까다롭다.

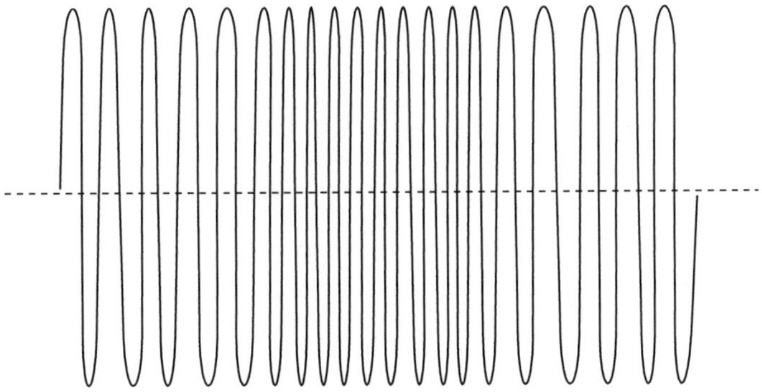

그림 15-30 FM파

(1) FM검파 일반사항

FM의 파형은 반송파의 진폭이 일정하고, 주파수가 신호파에 의하여 변화되고 있다. 그리고 이것을 오실로그래프로 보면 파가 소밀로 되어 있다는 것을 알 수 있다. 그리고 이 소밀의 뜻은

(i) 파가 밀한 곳은 신호파의 파극성이 정이고, 파가 소한 부분은 신호파의 부분에 대응한다.
(ii) 파의 소밀 반복주기(주파수의 역수)는 신호파의 주기와 대등하다. 따라서 이와 같은 파를 다이오드로 검파해도 일정치의 직류만 얻어진다. 그래서 FM파로부터 신호파를 꺼내려고 하면 AM파의 검파와 다른 방법을 사용해야 한다.

FM의 주파수 변화가 신호파의 진폭과 대응하게 되므로 FM 검파는 주파수변화를 진폭변화로 바꾸어야 한다. 이 검파방법에는 여러 가지가 있으나, 다음과 같은 방법이 많이 사용되고 있다.

(i) 포스터 실리(Foster seely) 회로(복동조 검파)
(ii) 비검파(레시오 검파)
(iii) Gated beam관

ⓐ FM 검파의 특징
FM 검파를 할 때는 잡음을 제거하기 위해서 먼저 FM파를 진폭제어회로를 통하게 해야 한다. 왜냐하면 FM파가 전송 도중에 잡음을 수급하면 진폭이 달라지게 되기 때문이며, 이것을 진폭제어회로(리미터)에 통하면 튀어나온 진폭부분이 제거된다.

ⓑ FM 검파의 원리적 회로
FM파를 AM 검파회로에 보내보면, FM파는 진폭이 일정하므로 소밀의 변화가 있어도 그림 15－31과 같이 출력전압은 직류가 되고 신호파전압은 나타나지 않는다.

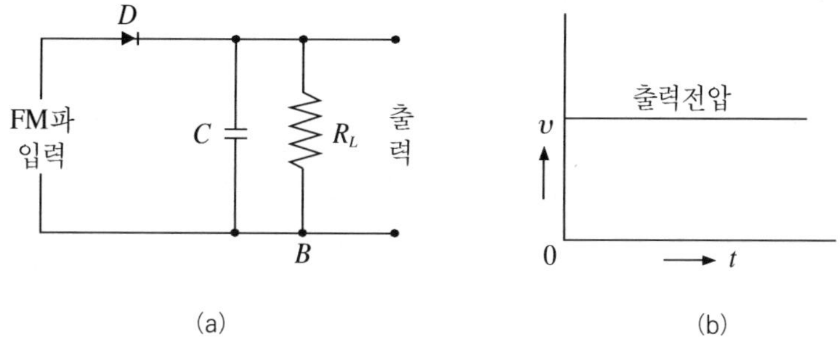

그림 15-31 FM 검파의 원리적 회로

다음에 그림 15−32와 같이 FM입력을 L_1 C_1인 저역 필터와 L_2 C_3인 고역 필터병렬회로에 가해보자.

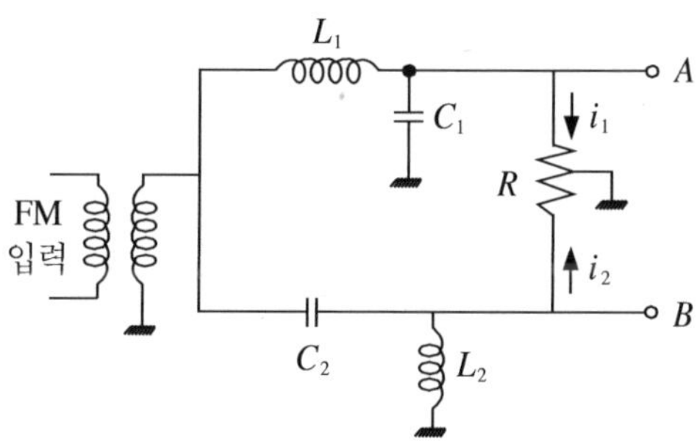

그림 15-32 간단한 FM 검파회로

지금 FM 입력주파수가 높을 때(말한 파일 때)는 주로 L_2 C_2인 고역필터를 지나 i_2가 많이 흐른다. 주파수가 낮을 때는 L_1 C_1인 저역필터를 지나 i_1 쪽이 커진다. 그리고 i_1과 i_2는 서로 R속을 역으로 흐르므로 i_1이 클 때는 A가 ⊕로, i_2가 클 때는 B가 ⊕로 된다. 그리고 소밀의 정도에 따라서 i_1과 i_2의 차가 달라지게 되므로 AB간의 전압의 크기와 극성이 파의 소밀(또는 주파수의 고역)에 따라서 변화한다.

이렇게 하면 FM 검파는 되지만, 문제는 충실도나 의곡과 같은 점에 달려 있는데 결국 이러한 방법은 실용적일 것이 되지 못한다.

다음에 본격적인 FM 검파에 들어가기 전에 필요한 이론을 살펴보도록 하자.

(2) FM검파에 필요한 이론

현재 FM 검파에 사용되고 있는 비검파회로의 포스터 실리 회로의 이론을 이해하는 데는 주파수와 임피던스의 관계를 먼저 알아두는 것이 중요하겠다.

그림 15-33의 RLC 직렬회로에서 임피던스 Z는 주파수 $f\,(\omega=2\pi f)$에 대하여

$$Z=R+j\left(\omega L-\frac{1}{\omega C}\right)$$

이 된다.

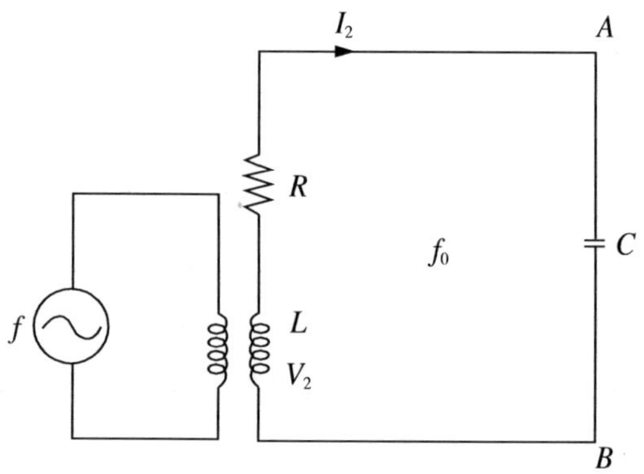

그림 15-33 RLC 직렬회로

다음에 이 회로의 공진주파수를 $f_0\ (\omega_0=2\pi f_0)$라 하면

$$\omega_0 L=\frac{1}{\omega_0 C}$$

이 되고, 임피던스는

$$Z=R$$

가 된다. 이때, 전류전압은 동상이 된다.

지금 L에 유도되는 전압을 V_2라 하면 이것은 전원전압으로 생각되므로 V_2에 의하여 흐르는 전류 I_2와 V_2는 그림 15-34와 같이 동상이 된다.

그리고 이 I_2에 의하여 L속에 $j\omega LI_2$ 전압이 유도된다. 또, f와 f_0의 관계에 대하여 생각해보자.

ⓐ $f < f_0$일 때

$$\omega L < \frac{1}{\omega C} \text{ 이므로}$$

$$\omega L - \frac{1}{\omega C} < 0$$

따라서 리액턴스는 부(−)가 되므로

$$\left| \omega L - \frac{1}{\omega C} \right| = X$$

라 하고

$$Z = R - jX$$

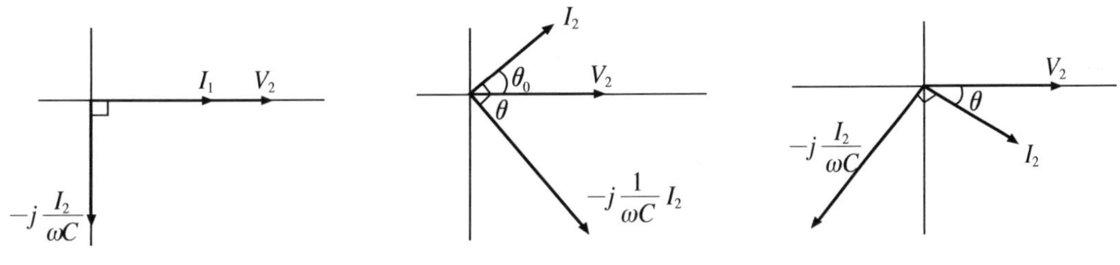

(a) $f = f_0$ (b) $f < f_0$ (c) $f > f_0$

그림 15-34 RLC 회로 벡터

가 되며 회로는 용량성이 된다. 용량성이 되면 전류가 앞서게 되므로 그림 ⓑ와 같이 V_2보다 θ_0만큼 앞선 위치인 I_2가 된다.

이 전류에 의하여 콘덴서에 만들어지는 전압은 $-j\dfrac{1}{\omega C}I_2$인데 이것은 I_2와 직각이 되므로 그림 ⓑ와 같이 된다. 따라서 V_2와의 위상차는 90° 보다 작아진다.

ⓑ $f \rangle f_0$일 때

앞의 경우와는 반대로 $\omega L \rangle 1/\omega C$이므로 $\omega L-(1/\omega C) \rangle 0$, 그래서 I_2는 V_2보다 θ만큼 늦어진다. 이 전류에 의하여 콘덴서에 생기는 전압은 그림 (c)와 같이 90° 이상 뒤지게 된다.

이와 같이 공진주파수 f_0인 RLC 회로에 f_0보다 큰 주파수 및 작은 주파수의 전압을 가할 때, 콘덴서의 전압은 가한 전압과의 상차각 θ는 90° 보다 크거나 작게 된다. 이것을 정리해 보면 다음과 같다.

$$f < f_0 \text{ 이면 } \theta < 90^\circ$$
$$f > f_0 \text{ 이면 } \theta > 90^\circ$$
$$f = f_0 \text{ 이면 } \theta = 90^\circ$$

예제 15-9 RCL 직렬회로가 있다. $R=80[\Omega]$, $L=8[\text{mH}]$, $C=0.05[\mu\text{F}]$라 하자. 공진각주파수 ω_0 및 $\omega=6\times10^4$일 때의 전류위상각을 구하라. 또, $\omega=4\times10^4$인 직렬 임피던스를 구하라.

풀이

$$\omega_0^2=\frac{1}{CL}=\frac{1}{8\times10^{-3}\times0.05\times10^{-6}}=25\times10^8$$

$$\therefore\ \omega_0=5\times10^4$$

$$\omega L=6\times10^4\times8\times10^{-3}=480$$

$$\frac{1}{\omega C}=\frac{1}{6\times10^4\times0.05\times10^{-6}}=333$$

$$\therefore\ \omega L-\frac{1}{\omega C}=480-333=147$$

전류위상각을 θ라 하면

$$\tan\theta=\frac{\omega L-\dfrac{1}{\omega C}}{R}=\frac{147}{80}=1.8$$

$$\therefore \theta = 61°$$

$$\omega L = 4 \times 10^4 \times 8 \times 10^{-3} = 320$$

$$\frac{1}{\omega C} = \frac{1}{4 \times 10^4 \times 0.05 \times 10^{-6}} = 500$$

$$\therefore \omega L - \frac{1}{\omega C} = 320 - 500 = -180$$

$$Z = 80 - j180$$

(3) 복동조주파수 변별회로

① 간단한 주파수변조 검파회로

주파수변별이라는 말은 검파라는 말과 동의어로 사용하는 일이 많은데 때에 따라서는 주파수변환에도 사용되는 일이 있다. 보통 주파수변조의 검파에 주파수변별이라고 하는 말을 사용하며 진폭변조에는 검파라고 사용하는 경우가 많다.

그림 15－35는 RLC 직렬공진회로인데, 이 공진특성을 그림 (b)에 보였다. 이 특성은 공진주파수가 f_0라고 하자.

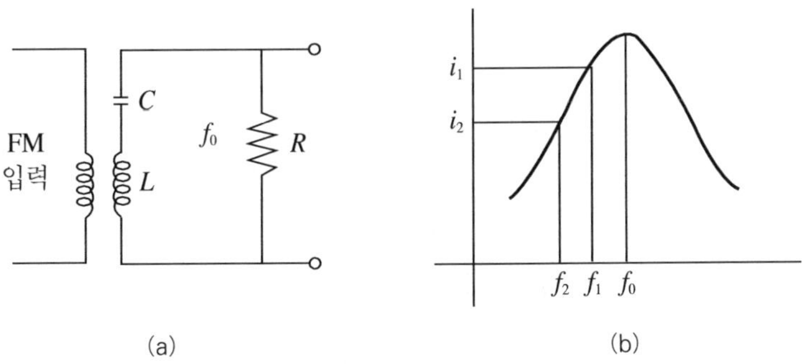

그림 15-35 간단한 FM 검파

지금 RLC 회로에 주파수변화의 범위가 f_0보다 작은 주파수변조파를 입력시켜본다. 그림에서 입력주파수가 f_1일 때의 전류가 i_1이고, f_2일 때는 전류가 i_2가 되므로, 저항 R에는 개개의 전류와 비례된 전압이 나타난다.

즉, 입력주파수가 f_0보다 작은 주파수 범위에서 변화하게 되면 저항 R 속에는 주파수변화에 따른 전압의 변화로 되어 나타난다. 이것이 주파수를 진폭변화로 변환한 것이 된다. 이것도 일종의 주파수변별(검파)이다.

(4) 포스터 실리(Forter seely) 변별회로

포스터 실리 변별회로를 M결합주파수 변별회로라고도 한다. 그림 15－36은 포스터 실리 변별회로이다. 회로의 요소는 다음과 같다.

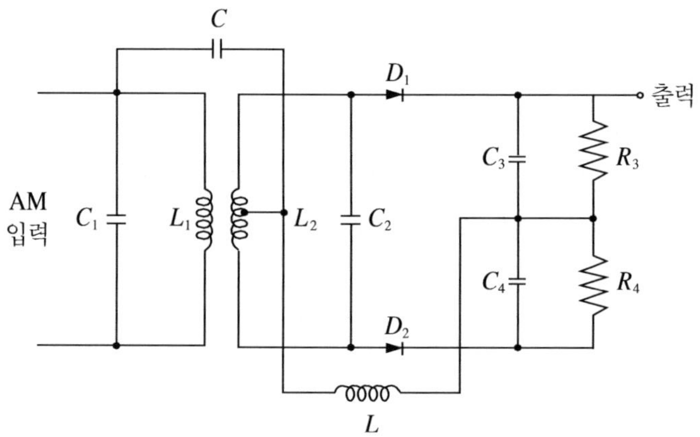

그림 15-36 포스터 실리 변별회로

L_1 C_1 : 1차측동조회로인데 L_1과 L_2는 소결합

L_2 C_2 : 2차측동조회로인데 코일의 중간점에서 분할되어 있다.

D_1 D_2 : 광석 다이오드

C : 결합콘덴서인데 50[pF] 정도

L : 3차권선인데 1차코일과 전자적으로 결합되어 있다. 저항이라도 좋다.

C_3 C_4 : 평활콘덴서이며 $C_3 = C_4$

R_3 R_4 : 출력용 부하저항이며 $R_3 = R_4$

그리고 1차 코일과 2차 코일은 모두 FM의 중심주파수와 대등한 공진주파수를 갖고 있다.

① 회로의 동작

그림 15－36은 포스터 실리의 기본회로인데, 그 작용을 설명하기 위해 회로를 간략화하여 그림 15－37과 같이 고쳐 그려보았다.

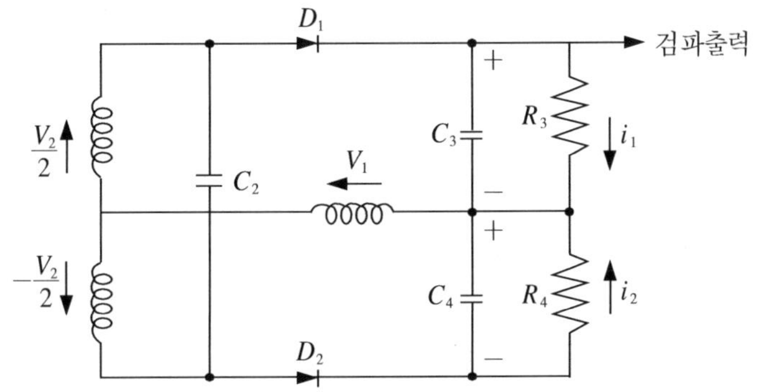

그림 15-37 포스터 실리회로 부분도

그림에서 2차 코일은 절반으로 나눠져서 각 유도전압이 다이오드 D_1 D_2에 가해진다. 지금 V_2의 정방향을 그림과 같이 하면 D_1에는 V_2 /2와 L의 부분의 전압 V_1의 합이 가해진다. 또 D_2에는 V_2의 반대방향의 절반부, 즉 $-V_2$ /2와 L의 전압 V_1의 합이 가해진다.

그리고 개개의 전압이 다이오드로 검파되고 검파전류가 R_3와 R_4에 반대방향으로 흐른다.

또, 정의 반파로 C_3 C_4에 충전된 전하가 부의 반파 사이에 R_3 R_4에 각각 방전전류를 흘려 전압이 생기게 한다. 검파전압은 R_3 R_4의 전압의 합성치로 꺼내게 된다. 지금 입력주파수가 중심주파수에서 상하로 변화할 경우 출력전압이 어떻게 되는가를 검토해보자.

이로 인해 V_1 $+V_2$ /2와 V_1 -V_2 /2의 각 벡터 합이 주파수에 의하여 그 크기가 어떻게 되는가를 검토해볼 필요가 있다.

② $f=f_0$일 때

RLC의 회로가 1차측과 유도에 의하여 결합되어 있는 회로를 생각해보자. 이것은 포스터 실리 변별회로의 코일결합부분 2차측이 RLC의 직렬회로가 되고 있으므로 여기에 적용해 보기로 한다.

지금 1차측전류를 I_1이라 하고 2차측에 유도되는 전압을 V_2'라 하면

$$V_2' = j\omega M I_1$$

이 V_2'는 그림 15－37의 V_2와는 다르다. 왜냐하면 V_2는 L_2에 유기되는 전압이며, 그림 15－37의 V_2은 L과 R의 직렬에 나타나는 전압이기 때문이다. 또, 2차 코일의 저항을 무시하면 1차전류를 I_1으로 하여

$$V_1 = j\omega L_1 I_1 \quad \therefore I_1 = \frac{V_1}{j\omega L_1}$$

$$\therefore V_2' = j\omega M \frac{V_L}{j\omega L_1} = \frac{M}{L_1} V_1$$

2차측 C_2의 전압 V_2는 RLC 직렬회로 가운데의 C_2 전압이므로 복소수형에서 전압을 분할하여 구해보면

$$V_2 = \frac{-j\dfrac{1}{\omega C_2} V_2'}{R_2 + j\left(\omega L_2 - \dfrac{1}{\omega C_2}\right)}$$

$$= \frac{-j\dfrac{1}{\omega C_2} \cdot \dfrac{M}{L}}{R_2 + j\left(\omega L_2 - \dfrac{1}{\omega C_2}\right)} V_1 \qquad (15-21)$$

을 얻게 된다. 그런데 식 15－21에서 $f = f_0$일 때 $\omega_0 L_2 = 1/\omega_0 C_2$이므로

$$V_2 = -j\frac{1}{\omega_0 C_2 R_2} \cdot \frac{M}{L_2} V_1 \qquad (15-22)$$

가 되며, V_2는 V_1보다 90° 위상이 늦어져 있다.

지금 $V_1 + V_2/2$ 및 $V_1 - V_2/2$를 각각 V_{2m}, V_{2m}' 로 하고 벡터적으로 구하면 그림 15－38과 같이 되고

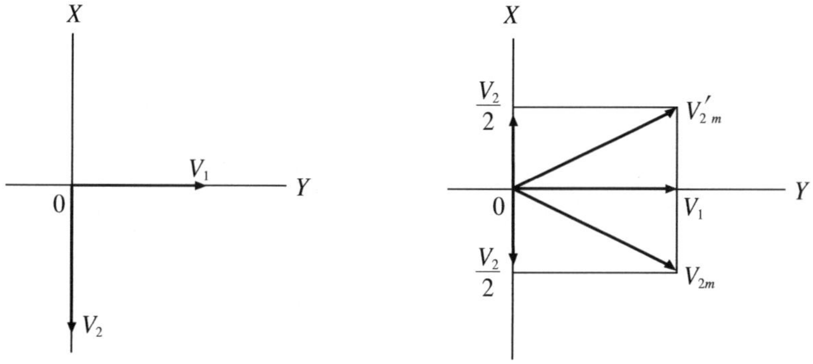

그림 15-38 $f=f_0$ 일 때의 벡터도

$$\left|V_1+\frac{V_2}{2}\right|=\left|V_1-\frac{V_2}{2}\right|$$

가 됨을 알 수 있다. 그러므로 R_3 R_4에 흐르는 전류는 대등해지며, 검파출력은 0이 된다 (V_{2m}과 V_{2m}'의 위상은 다르나 콘덴서로 축적된다).

③$f < f_0$일 때

이런 경우 2차회로는 용량성이 되고, V_2는 V_1보다 90° 보다 작은 각으로 늦고 또는 90° 보다 큰 빠른 각이 되므로 그림 15－39에서 알 수 있듯이

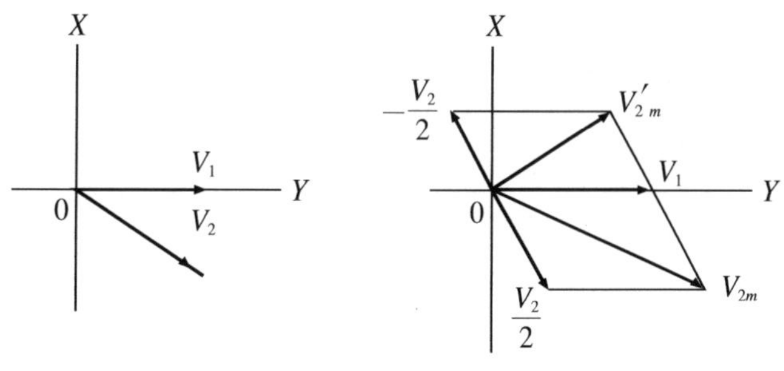

그림 15-39 $f < f_0$일 때의 벡터도

$$\left|V_1+\frac{V_2}{2}\right|>\left|V_1-\frac{V_2}{2}\right|$$

가 된다. 그러므로 그림 15－37 D_1에 가해지는 전압이 크므로

$$i_1 > i_2$$

가 된다. 따라서 동도 AB간에 전위차로 되어 A⊕, B⊖가 된다. 또 입력주파수 f가 f_0보다 작을수록 V_2의 뒤진 각은 작아지고, 그림 15－39의 V_{2m}와 V_{2m}'의 차가 크게 되어 AB간의 전위차가 커진다.

④f 〉 f_0일 때

이런 경우에 반대로 2차회로는 $\omega L_2 > 1/\omega C_2$가 되며, 그림 15－40과 같이 D_1에 가해지는 전압 V_{2m}과 D_2에 가해지는 V_{2m}' 사이가

$$V_{2m} < V_{2m}'$$

이 되고, 그림 15－37 $i_1 < i_2$로 된다. 따라서 AB간의 전위차는 A⊖, B⊕가 되며 ③의 경우와 반대방향전압이 되게 된다.

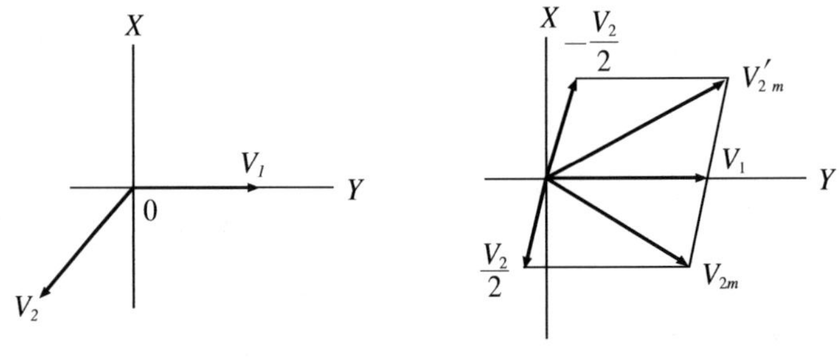

그림 15-40 $f > f_0$일 때의 벡터도

이상 세 가지 경우를 정리해보면 다음과 같다.

$f < f_0$, $V_{2m} > V_{2m}'$ 출력전압은 정(＋)
$f = f_0$, $V_{2m} = V_{2m}'$ 출력전압은 0
$f > f_0$, $V_{2m} < V_{2m}'$ 출력은 부(－)

이것을 그래프로 나타내면 그림 15-41과 같은 S자특성이 된다. 이것은 주파수 f_0를 중심으로 변화하면 출력전압의 극성 및 크기가 변화함을 나타내주게 된다.

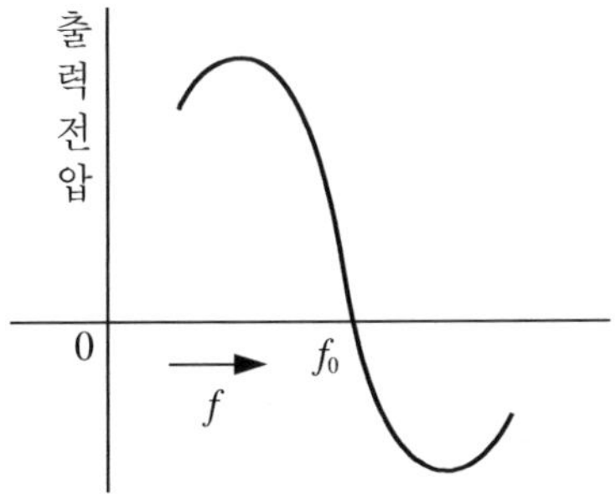

그림 15-41 S자 특성

식 15-21을 주파수의 면에서 생각해보자.

$$V_2 = \frac{-j\dfrac{1}{\omega C_2}\cdot\dfrac{M}{L_1}V_1}{R_2 + j\left(\omega L_2 - \dfrac{1}{\omega C_2}\right)}$$

분모분자에 $j\omega C_2$를 곱하여

$$= \frac{M}{L_1}\cdot\frac{V_1}{(1-\omega^2 L_2 C_2)+j\omega C_2 R_2}$$

지금

$$\frac{M}{\sqrt{L_2 C_2}} = \omega_0 = 2\pi f_0 (\text{공진각주파수})$$

라고 하면

$$L_2 C_2 = \frac{1}{\omega_0^2}$$

$$\therefore \omega^2 L_2 C_2 = \frac{\omega^2}{\omega_0^2} = \frac{f}{f_0}$$

또 CR회로의 Q는 $Q = 1/\omega CR$의 형에서

$$\frac{1}{\omega_0 C_2 R_2} = Q$$

라고 하면

$$C_2 R_2 = \frac{1}{\omega_0 Q}$$

$$\therefore \omega^2 C_2 R_2 = \frac{\omega}{\omega_0 Q} = \frac{1}{Q}\left(\frac{f}{f_0}\right)$$

따라서 V_2식에 이것을 대입하여

$$V_2 = \frac{M}{L_1} \cdot \frac{V_1}{\left(1 - \frac{f}{f_0}\right) + j\frac{1}{Q}\left(\frac{f}{f_0}\right)} \qquad (15-23)$$

지금 Q가 충분히 크다고 보고 $f = f_0$일 때를 생각하면

$$1 - \frac{f}{f_0} = 0$$

이므로

$$V_2 = -j\frac{MQ}{L_1} V_1$$

이 되며, V_2는 V_1보다 90° 늦어지고 있다.

다음에 $f < f_0$의 경우 $f / f_0 < 1$이 되므로

$$1 - \frac{f}{f_0} > 0$$

이 되며, 식 15－23의 분모의 실수부가 정이 된다. 이것은

$$A = \frac{1}{a+jb} = \frac{a}{a^2+b^2} - j\frac{b}{a^2+b^2}$$

의 형이 되고, 벡터 A는 제4상한이 된다. 따라서 $V_2 = AV_1$로 하면 V_2는 그림 15－39와 같아진다.

또, $f > f_0$일 때는 $f/f_0 > 1$이 되므로 $1 - f/f_0 < 0$가 되며, 식 15－23의 분모의 실수부가 부가 된다. 그러므로

$$A = \frac{1}{-a+jb} = -\frac{a}{a^2+b^2} - j\frac{b}{a^2+b^2}$$

가 되며, 이 벡터는 제4상한이 되므로 $V_2 = AV_1$의 형에서 그림 15－40과 같이 된다.

(5) 비검파회로

비검파(ratio detection)는 포스터 실리 변별회로와 매우 비슷하나 몇 가지 다른 점이 있다. 예를 들면 비검파(레시오 검파)는 잔폭제한(리미타)의 작용이 있다. 이 때문에 TV 회로에는 대부분 비검파가 사용되고 있다. 그림 15－42는 비검파회로이다.

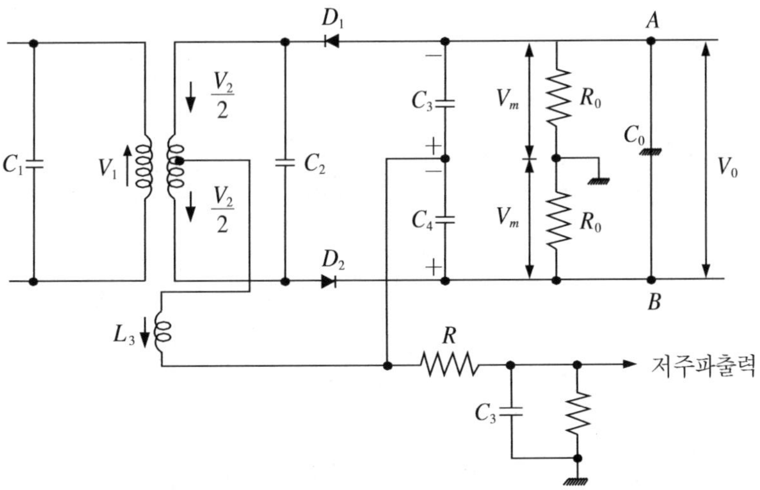

그림 15-42 비검파회로

포스터 실리 회로와 회로상 다른 점은
(i) 2개의 다이오드 방향이 반대이다.
(ii) 다이오드의 부하저항의 양단에 대용량의 콘덴서가 있다.
(iii) 2개의 콘덴서 중간지점의 전위가 변화하여 출력전압이 된다.

① 각소자의 작용

$L_1 C_1$: 1차공진회로이며 공진주파수가 FM의 주파수와 대등하다.
$L_2 C_2$: 2차공진회로인데 공진주파수는 f_0와 대등하다. $L_1 L_2$는 바이필라(bifilar)권이다.
L_3 : 1차권선과 밀결합으로 감아서, 1차전압과 동상의 전압을 만든다.
$C_3 C_4$: 다이오드 출력회로소자
C_0 : 대용량의 콘덴서로 10[μF] 정도로서, AB간의 전압을 일정히 하며 리미터의 작용이 있다.

C_0의 양단의 전위차 V_0는 일정하므로 AB의 중간지점 Q의 전위는 일정하다. P점의 전위는 주파수에 의하여 변화하며, PQ간의 전위차가 출력전압이 된다. 그런데 입력주파수가

$$f = f_0 \,,\ f < f_0 \,,\ f > f_0$$

의 세 가지 경우에 대하여 P점의 전위가 어떻게 되는가를 생각해보자.

② $f = f_0$일 때
전항과 마찬가지로 1차전압 V_1과 2차전압 V_2와의 사이에 $\pi/2$의 위상차가 있으며

$$D_1\text{에는 } V_1 + \frac{V_2}{2} \text{ 가 가해지고}$$

$$D_2\text{에는 } V_1 - \frac{V_2}{2} \text{ 가 가해진다.}$$

지금 그림 15−42의 검파부분만 생각하면 그림 15−43이 된다. 그런데 $D_1 D_2$에 이들 전압이 가해지게 되나, 이들 전압 벡터는 그림 15−38과 같이 되어 대등하다는 것을 알게 된다.

즉,

$$\left| V_1 + \frac{V_2}{2} \right| = V_{2m}\text{가 } D_1\text{에 가해지고}$$

$$\left| V_2 - \frac{V_2}{2} \right| = V_{2m}'\text{ 가 } D_2\text{에 가해진다.}$$

그리고 $V_{2m} = V_{2m}'$ 이므로 콘덴서 C_3 및 C_4의 충전전류는 대등해지며, P점의 전위는 그림 15−43(b)의 AB간의 중앙치가 된다.

한편 C_0의 콘덴서는 대용량이며 $C_0\, R_0$ 회로의 시정수 즉

시정수 $= C_0\,(R_0\ + R_0\,)$

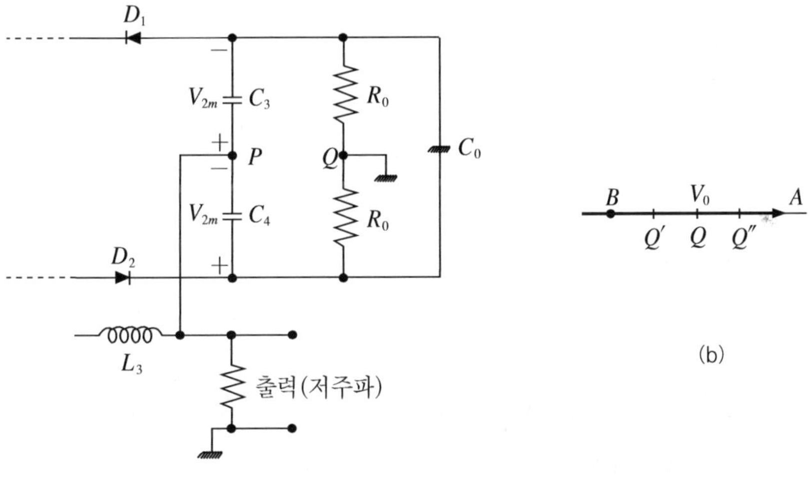

(a) (b)

그림 15-43 비검파 회로의 일부

가 매우 크므로 V_0의 값은 변하지 않고 일정치가 되며 Q점의 전위는 변하지 않는다. 고로 PQ간의 전위는 $f = f_0$에 있어서 0이 된다.

③ $f < f_0$일 때

D_1 , D_2에 가해지는 전압은 그림 15−43의 벡터도와 같이 된다. 즉

$$\left|V_1+\frac{V_1}{2}\right| > \left|V_1-\frac{V_2}{2}\right|$$

이 되어 전항과 같이 V_{2m}는 D_1에 가해지고 V_{2m}'는 D_2에 가해진다.

또

$$V_{2m} \rangle V_{2m}'$$

이므로 P점의 전위는 B의 전위에 가까워진다. 이것을 벡터로 나타내면 AB간의 전압 V_0는 B가 ⊕이므로 그림 15－43 (b)와 같이 되고, BA간의 중간지점 전위는 Q점의 전위이며, P점의 전위가 B에 접근하면 그림 (b)의 Q′ 점의 전위가 된다.

따라서 PQ간의 전위차는 그림 (b)의 QQ′ 의 전위차가 대등하게 된다.

④ $f \rangle f_0$일 때

이때는 (3)의 경우와 반대로 되어

$$\left|V_1+\frac{V_1}{2}\right| < \left|V_1-\frac{V_2}{2}\right|$$

이므로 D_1에 가해지는 전압이 커지므로 P점의 전위는 반대로 A의 전위에 접근하게 된다. 따라서 P점의 전위는 그림 15－43 (b)의 Q′ 점의 전위가 된다. 이때 PQ의 전위차는 QQ′′ 가 된다.

이와 같이 입력의 FM의 주파수가 f_0를 중심으로 변화하면 P점의 전위는 f_0인 때의 전위를 중심으로 정부의 극성 및 크기가 변화하여 소위 진폭변조의 파형이 된다.

⑤ 잡음전압의 영향

FM파는 원래 반송파의 진폭이 일정해야 할 것이나 도중에 잡음이 들어오면 일정진폭의 반송파 진폭이 커지는 일이 있다. 만일 펄스적으로 반파만 커지게 되면, 한쪽 콘덴서의 충전전하가 증가하여 V_{2m} 또는 V_{2m}'가 순간적으로 달라지게 될 것이다. 그러나 병렬의 대용량의 콘덴서는 C_0가 있기 때문에 급격한 전하변화는 C_0에 흡수되어 P점의 전위가 순간적으로 달라지는 일은 없다.

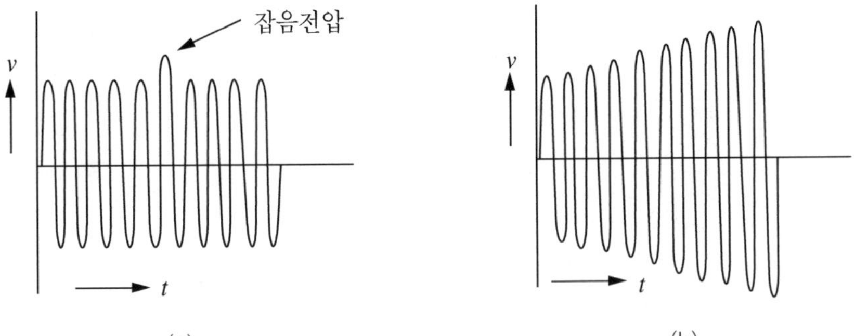

그림 15-44 FM 파형의 잡음성분

비검파는 순간적인 잡음에 대해서는 제한작용이 있어도 그림 15−44 (b)와 같은 반송파의 주기보다 훨씬 긴 주기의 완만한 진폭변화에 대해서는 진폭제한작용을 시킬 수 있게 된다. 이래서 실제의 회로에서는 AVC 회로 즉 자동음량조절회로가 필요하게 된다.

또 FM 증폭으로 고음강조(프리엠파시스)를 하고 있으므로 검파시에는 이것을 본래대로 되돌리는 디엠파시스 회로가 필요하다. 그림 15−45는 실제의 회로 예이나 그림에서 8[KΩ]와 300[pF]로 필터 역할을 하게 하고 있다. 이것이 디엠파시스(고역감쇠)이다.

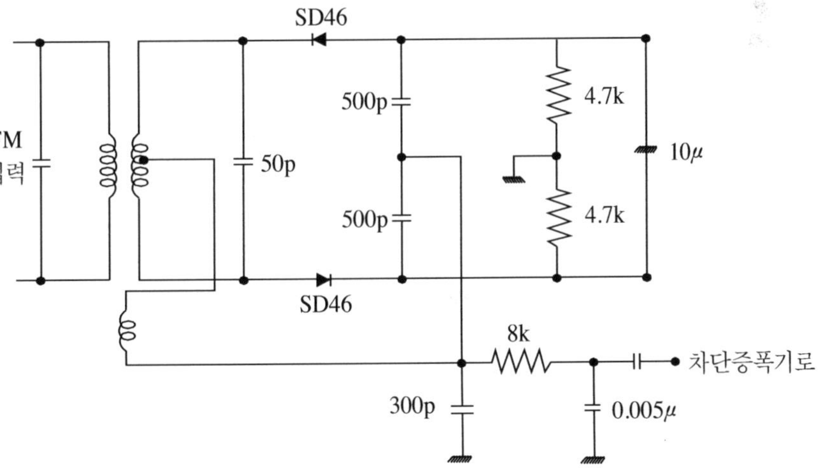

그림 15-45 비검파 회로의 예

LC 이상회로는 공진주파수가 완전히 FM의 중심주파수 f_0에 일치해야 한다. 이 회로의 Q는 클수록 유기전압이 크고, 검파효율이 좋아지나, 직선성은 나빠진다. 또 이것을 시일드하여 외부로부터의 전압유기를 피해야 한다.

(6) FS파의 검파회로

FS라 함은 'frequency shift' 라는 뜻으로, 전신의 마이크와 스페이스의 기호에 대응해 주파수를 약간 변화시킨 것이다. 이와 같은 방법은 주파수 다이바시치라 불리는 방법의 일종으로 페징에 효과가 있다.

이 주파수의 엇갈림은 200[kHz]에 대하여 300～1000[Hz] 정도이며 예를 들면 마크 200.5[kHz], 스페이스 200[kHz]라 하는 것과 같다. 이와 같이 변조된 것을 다시 높은 반송파에 실어 전파로서 송출한다.

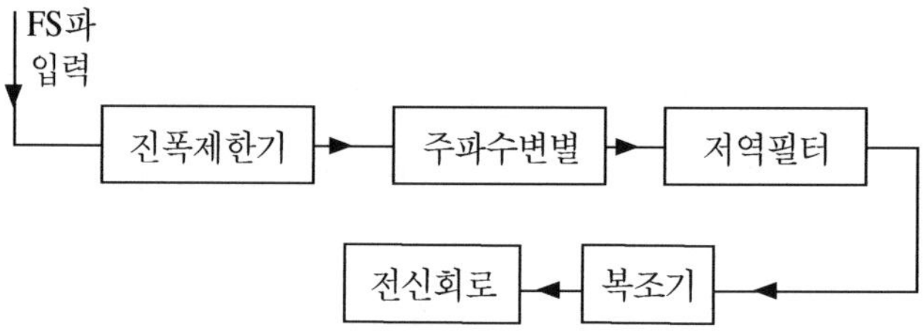

그림 15-46 FS 검파 블록도

① FS파의 복조

FS파의 복조에는 두 가지 방법을 생각할 수 있다. 하나는 FS를 일종의 FM(주파수변조)이라 생각하며 주파수변별기로써 복조하는 방법이다.

다른 한 가지는 FS파는 마크와 스페이스의 두 주파수를 가지고 있으므로 수신파를 마크와 스페이스로 된 각 별개의 좁은 대역필터를 통하여 꺼내고 이것을 AM 검파한다. 그리고 이들 따로 따로 된 신호를 합성회로로 합성하여 하나의 신호로 하는 방법이다. 이 두 방법의 블록도를 그림 15－46에 나타냈다.

3. 펄스(Pulse) 변조의 검파

펄스 변조는 신호파를 여기 저기 흩어진 펄스의 집합으로 된 것에 변환시킨 것으로, 그 변조 방법에도 여러 가지 있으나 주요한 것을 들어보면

(ⅰ) 펄스의 진폭(높이)을 신호파의 진폭과 대등한 것, PAM라 한다.

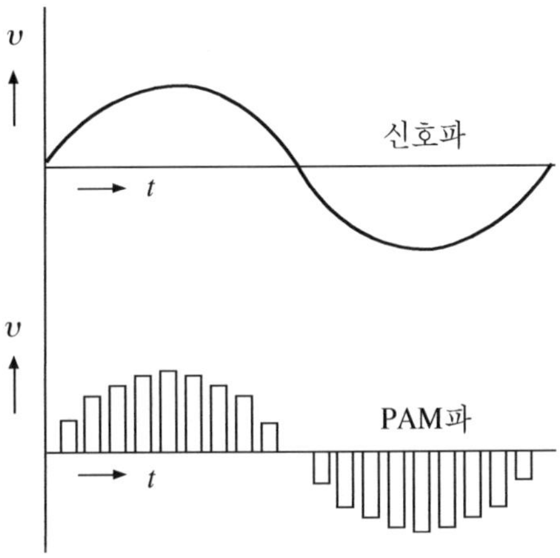

그림 15-47 PAM파

(ⅱ) 펄스의 폭을 신호파의 진폭과 대등토록 한 것, PWM라 한다.

(ⅲ) 펄스의 위치를 표준위치보다 약간 전후로 엇갈리게 하고, 이 엇갈림을 신호파의 진폭과 대응토록 한 것, PPM라 한다. 이 PPM은 펄스시 변조의 PTM이나 펄스주파수변조 PFM과 비슷하므로 마찬가지로 취급해도 된다.

이상 세 가지가 펄스변조의 기본이 되는 것이나, 펄스진폭변조된 것을 다시 디지털화한 펄스 코드변조 PCM이 많이 사용되고 있다.

이와 같이 펄스변조된 신호파에서도 그 신호파를 꺼내는 데는 이제까지의 검파회로로는 되지 않는다. 이하 펄스변조의 검파에 대하여 펄스의 성질을 이용한 방법으로 하게 된다는 것을 설명하고자 한다.

(1) 펄스 진폭변조의 검파

PAM은 일정한 반복주기의 펄스로서 높이가 변화된 것들의 집성이다. 이와 같은 반복 펄스열은 신호주파나 반복주파수 외에 다수의 고주파를 포함하고 있다. 여기서 신호파를 꺼내는 데는 저역필터 및 적분회로로써 대략 그 목적(검파)을 달성할 수 있다.

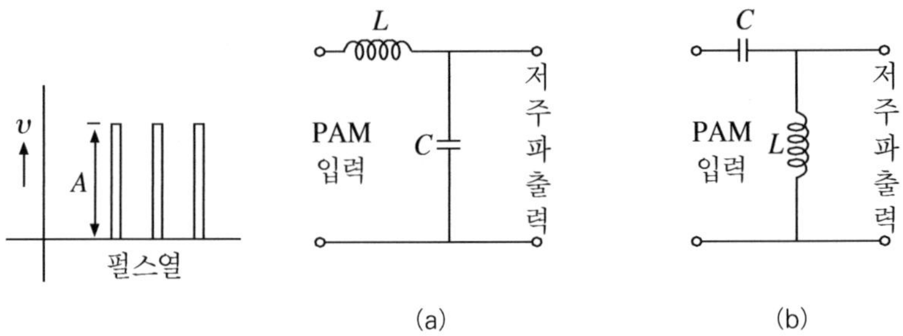

그림 15-48 간단한 PAM 검파회로

저역필터의 차단주파수는 펄스의 반복주파수의 절반 정도의 주파수를 사용한다. 이 방법은 회로가 간단하나 검파효율이 좋지 못해 실용적이 못 된다. 지금 검파효율을 구하는 식을 나타내보면

$$검파효율 = \frac{포락선전압}{입력전압}$$

이 된다. 이것은 충격계수와 대등하게 된다. 충격계수라 함은

$$충격계수 = \frac{펄스\ 폭[S]}{반복주기[S]}$$

로 나타내게 된다. 만일 충격 계수가 1/50이면 출력전압도 1/50이다.

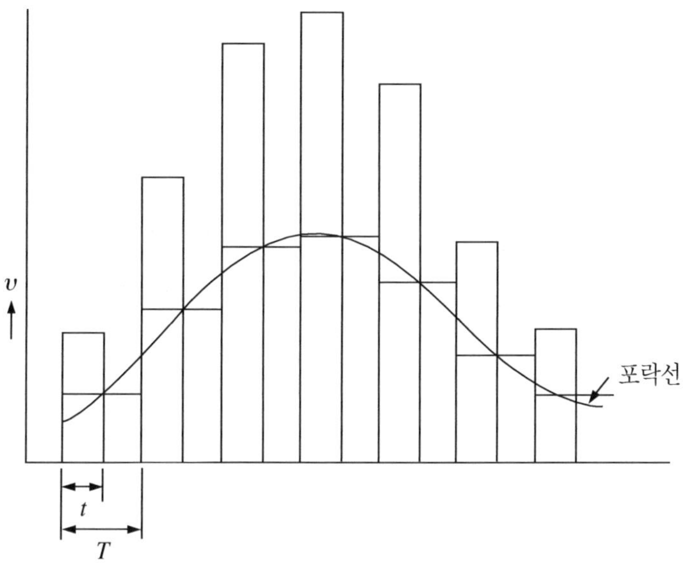

그림 15-49

지금 그림 15−49에서 펄스폭을 t[S], 반복주기를 T[S]라 했을 때 펄스의 진폭을 V라고 하면 1주기의 평균전압은

$$\text{포락선전압(1주기평균전압)} = \frac{t \times V}{T} = \frac{t}{T} \times V[\text{S}]$$

여기서, t/T가 충격계수이므로, 충격계수가 클수록 포락선 전압이 커진다는 것을 알 수 있다.

그런데 검파효율을 좋도록 하는 데는 충격계수를 크게 할 필요가 있다. 이러기 위해서는 펄스의 폭을 넓혀야 하며, 그러기 위해서는 검파측에 각 펄스의 폭을 넓게 할 회로를 마련해야 한다. 펄스폭을 넓히는 데는 적분회로가 쓰이기도 하나 단계법을 만드는 방법도 좋다.

(2) 펄스폭 변조의 복조

PWM은 펄스시 변조(PTM)복조의 중간적 단계에서 얻게 된다. PWM은 그 주파수성분 중에 신호파성분이 있으므로 이것을 필터를 통하여 간단히 검파할 수 있다.

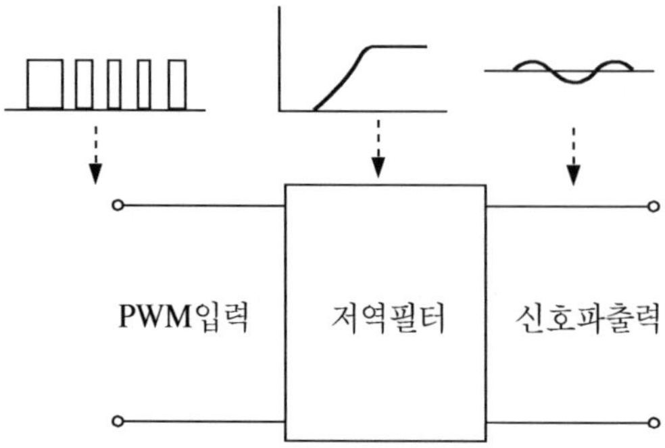

그림 15-50 PWM의 복조

(3) pulse위치변조의 복조

PPM은 각 펄스위상이 신호파에 따라서 기준의 위치보다 "진"이거나 "지"가 된 pulse열이다. 이 pulse열은 pulse가 모두 대등하다. 이것을 복조하는 데는 먼저 PAM(펄스진폭변조)로 변환하고 그것을 검파하여 신호파를 꺼내도록 하는 것이 보통이다. PPM복조방법을 파형적으로 설명하면 다음과 같다.

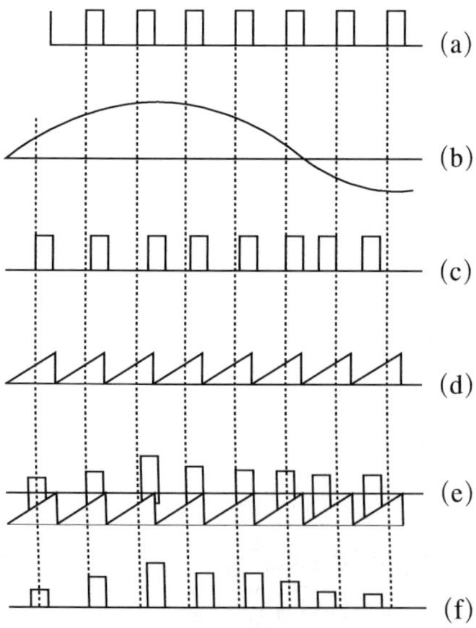

그림 15-51 PPM의 복조

(a) 기준 펄스열 게이트 펄스라고도 함.
(b) 신호파로서 나타낸 것.
(c) 위상변조된 pulse열, 곧 파이다.
(d) PPM파를 복조하기 위한 톱니파.
(e) PPM파의 각 pulse가 톱니파와 겹친 파형.
(f) e 쇄선 높이에서 슬라이스하여 절취한 부분만 보인 것.

이것은 일종의 PAM파이므로 이것을 검파하면 된다.

(4) 펄스 코드 변조의 복호

그림 15－51은 PCM화하기 위한 간단한 블록도이다. 이것은 클록 펄스로 신호파를 표본화하여 PAM로 만든다. 다음에 각 펄스의 높이에 따라서 그 양을 디지털화한다. 즉 수량을 수치로 변환하는 것인데 수치는 이진표시 곧 ⊕, ⊖ 의 짝맞춤으로서 일정한 자릿수인 디지털이 되게 한다.

이와 같이 표본화한 각 펄스 높이를 이진수의 일정 자릿수 또는 비트수로 변환하는 것이다. 예를 들면 7비트이면

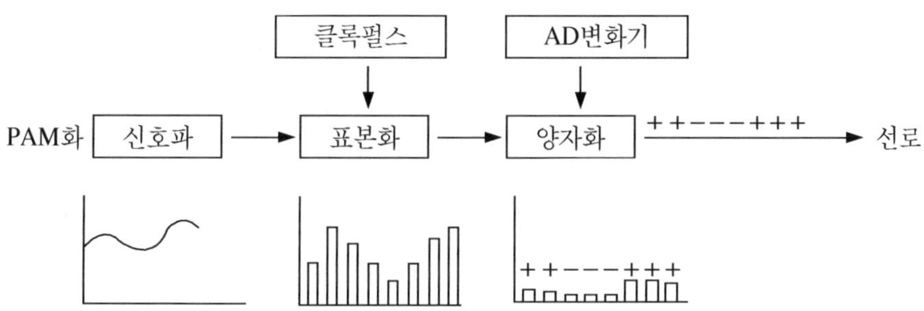

그림 15-52 PCM화의 블록

$2^7 = 128$

이 되며, 128등분의 값까지 나타낼 수 있다. 또 70[mV]의 전압은

＋－－－＋＋－

의 7개의 + −전류의 짝맞춤으로 나타낼 수 있다. 이와 같이 각 펄스마다 + −전류의 짝맞춤으로 선로에 송출된다.

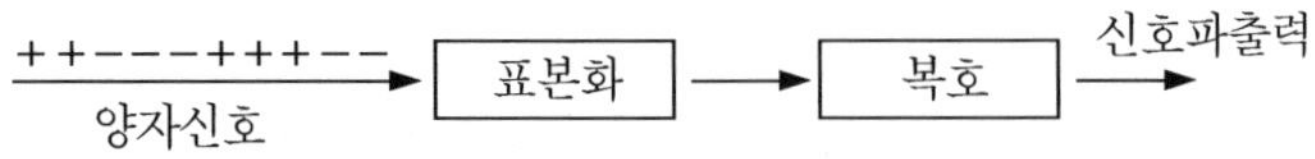

그림 15-53 PCM화의 블록

이와 같은 PCM파의 본래의 신호파로 복호하는 데는 그림 15−53과 같이 반대의 작용으로 구할 수 있다.

PCM의 복호는 디지털화의 뜻을 충분히 이해해야만 되기 때문에 다시 한 번 더 설명하기로 한다. 그림 15−54에서 신호파를 표본화한 일부를 보여주었다.

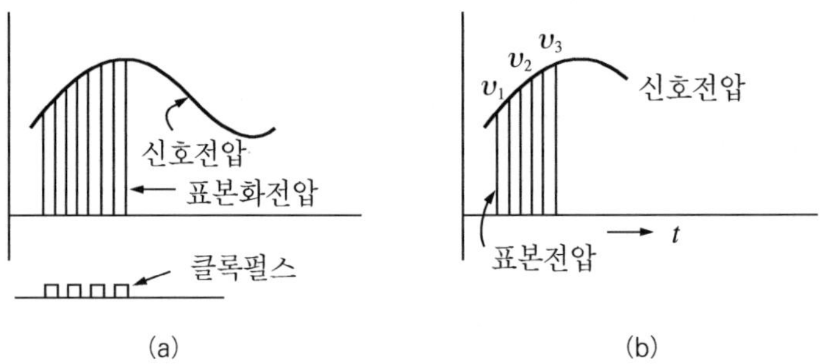

그림 15-54 신호전압의 표본화

$$v_1 = 80[mV],\ v_2 = 100[mV],\ v_3 = 110[mV]$$

라고 했을 때, 이들의 양을 이진수로 나타내면 다음과 같다.

$$v_1 = 1010000(80mV)$$

$$v_2 = 1100100(100mV)$$

$$v_3 = 1101110(100mV)$$

이들을 + −의 전류기호로 나타내면

$$v_1 = + - + - - - -$$

$$v_2 = + + - - + - -$$

$$v_3 = + + - + + + -$$

이 되고, 이것을 보낼 때는 우측단의 제일 낮은 수의 단위에서부터 순차적으로 보낸다. 예를 들면 $v_1 = 80[mV]$를 보낼 경우 보통은 그 순간에 선로에 80[mV]가 나타날 뿐이지만, 디지털화했을 때는 80[mV]가 나타나는 극히 짧은 시간에

$$- - - - + - +$$

와 같은 순번으로 + -의 전류가 보내진다. 또 다음 순간에 다음 펄스의 크기 100[mV]가

$$- - + - - + +$$

의 순번으로 보내진다. 이와 같이 각 펄스가 순번으로 디지털화하여 보내져 오는 것을 본래의 크기(량)로 환산하여 원래의 전압의 열로 바로잡는 것이 그림 15−55의 블록도이다.

그림의 각 부에 대한 설명은 다음과 같다.

ⓐ D_1 $D_2 \cdots\cdots D_7$의 개개는 지연회로이며, 펄스가 통과할 때마다 시간적으로 일주기씩 늦어진다. 단 클록 펄스의 일주기이다.

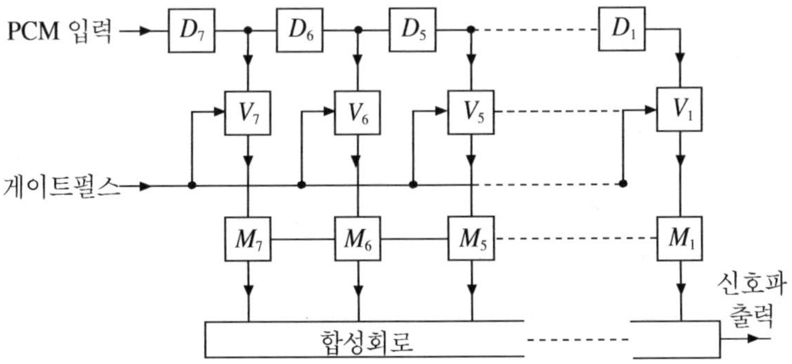

그림 15-55 PCM 복호

ⓑ 7비트인 펄스가 D_7에서부터 순차로 들어가게 되면 맨처음 펄스가 D_1을 통과하는 것과 최후의 펄스가 D_7을 통과하는 것과 동시시각이 된다.

ⓒ V_1 V_2 …… V_7 부분에서 0 아니면 1단위의 전압을 만든다.

ⓓ M_1 M_2 …… M_7의 부분은 체배장치이며 $V_1 \sim V_7$ 부분의 전압이 0[V]인 때는 체배되지 않지만 1단위볼트일 때는 숫자단위에 따라 체배된다. 예를 들면 M_6에 1단위볼트가 들어가면 2^5배 되어 합성회로에 들어간다.

또 M_1 M_2 …… M_7에 각각

$$0, 1, 1, 1, 0, 1, 1$$

의 단위볼트가 들어가면 M_1과 M_5는 0배 되나 M_2 , M_3 , M_4 , M_6 , M_7 개개는 단위볼트가 들어가므로

$$M_2 \cdots\cdots 2^1 = 2 \; M_3 \cdots\cdots 2^2 = 4\text{배}$$
$$M_4 \cdots\cdots 2^3 = 8 \; M_6 \cdots\cdots 2^5 = 32\text{배}$$
$$M_7 \cdots\cdots 2^6 = 64\text{배 되어 합계}$$

$$2+4+8+32+16=110\text{배}$$

가 되어, 합성회로에서 110단위볼트가 나온다. 이로써 표본전압의 펄스 1본 분이 이룩된 셈이며, 이하 마찬가지로 하여 들어온 디지털 신호가 양자화되어 전압이 재현된다.

(a) PCM 방법의 장점

PCM방식은 장치가 복잡하게 되나 뛰어난 장점을 갖고 있다. 즉

(i) 시분할방식이므로 펄스의 여기저기 사이를 이용하여 다른 PCM 통신이 되며, 소위 다중화가 쉬워진다. 현재 PCM를 사용한 통신선로로 24CH(채널)의 다중통신이 행해지고 있다.

(ii) PCM은 정과 부의 전류만 보내는 것이므로 미약한 전류라도 재현되며, 원거리통신을 할 수 있다. 무선통신에서의 이용에서는 초원거리의 우주통신에 사용되고 있다.

(iii) 잡음에 강하다. 잡음에 의해 디지털 신호가 영향받는 일은 극히 드물다.

연습문제

1. 이승검파회로가 있다. v_1 특성곡선의 가장 만곡이 큰 부분의 바이어스전압이 0.5 [V]라고 한다. 효율 좋게 검파하기 위해서는 어떠한 회로상의 조작을 하면 좋은가?

2. 진폭변조파가 있다. 반송파의 진폭 8 [V], 신호파의 진폭 5 [V]이다. 변조도를 구하라.

3. 진폭변조파의 직선검파(포락검파)회로가 있다. 부하회로의 시정수를 4×10^{-8}[s]로 하고 싶다. 저항을 5.6 [KΩ]라 한다면 콘덴서의 용량을 얼마로 하면 되겠는가?

4. 반송파의 주기가 0.2×10^{-8} [S]인 진폭변조파를 직선검파하고자 한다. 출력회로의 시정수를 주기의 3배로 한다고 하면 출력회로의 병렬용량이 12 [pF]일 때 저항부항의 값을 얼마로 하면 되는가?

5. 음성신호파의 주파수를 0.3～3.4 [kHz]로 하고, 12 [kHz]의 반송파를 진폭변조했을 때의 상측파대와 하측파대의 범위를 보여라.

6. 진폭변조 반송파의 진폭 6 [V], 변조도 50 [%]라 하자. 지금 검파효율을 80 [%]로서 출력회로의 직류분 전압과 신호파의 실효치를 구하라.

7. 변조도 45 [%]의 진폭변조파의 반송파의 실효치가 8 [V]일 때 신호전압의 실효치가 3[V]이었다. 검파효율을 구하라.

8. 주파수의 검파회로에서 진폭제어작용을 갖고 있는 것은 다음 가운데의 어느 것인가?
   ① 포스터 실리 회로
   ② 비검파회로
   ③ 게이트 비임관 회로

9. AM 검파와 FM 검파에 있어서 다음 각 항에 어느 쪽이 좋은가?
   ① 회로의 복잡성

② 잡음점
③ 검파파형의 충실함

10. FM 검파회로에서의 포스터 실리 변별회로와 비검파회로는 비슷하나 현실적으로 비검파회로가 흔히 쓰이고 있는 것은 무엇 때문인가?

11. FM파에 있어서 반송파의 진폭이 천천히 증가하고 있을 때는 FM 검파한 신호파에 대하여 어떠한 영향을 주는가?

12. 주파수변조파의 주파수 소밀의 반복주파수 및 반송파의 진폭은 FM 검파의 신호파 중 어느 성분에 상당하는가?

13. 반복주파수 240 [kHz]에서 펄스 폭 1.5 [μs]의 펄스 충격계수를 구하라.

14. 펄스변조방식은 다른 변조방식에 비하여 주파수범위도 넓고, 또 회로구성도 복잡하다. 그러나 펄스변조가 흔히 사용되게 된 것은 어떠한 이유에서인가?

15. 펄스변조에서는 시 분해방식이 사용되나, 그 이점의 한 가지를 설명하고 기술적으로 가장 주의해야 할 점을 말하라.

16. PCM 방식이 다른 변조방식에 비하여 수신신호파의 잡음이 적은 것은 무엇 때문인가?

17. 24CH(채널)가 PCM 방식이면 1프레임(24CH분)은 8 [kHz]라 한다. 1프레임의 시간을 구하라. 또 1프레임 중의 1CH분의 펄스시간을 구하라.

제16장 연산증폭기

연산증폭기는 직류에서 고주파 대역까지의 이득이 크고 안정한 증폭기로 계측기기, 제어기기 등 응용 범위가 광범위하며 아날로그(analog) 전자계산기에서 중요한 역할을 하고 있다.

1. 연산증폭기의 기초

연산증폭기의 이상적인 모델은 그림 16－1과 같으며, 일반적으로 이상적인 연산증폭기의 특성은 다음의 조건을

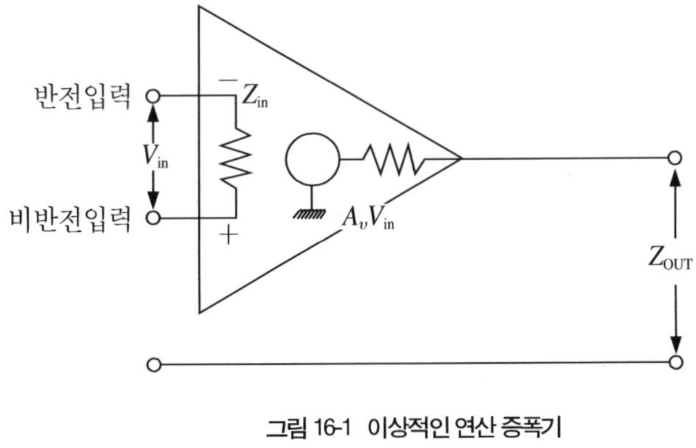

그림 16-1 이상적인 연산 증폭기

① 전압이득 A_V가 무한대
② 입력임피던스 Z_{in}이 무한대
③ 출력임피던스 Z_{out}가 0
④ 대역폭이 DC에서부터 무한대
⑤ 특성은 온도에 대하여 드리프트(Drift)되지 않는다.
⑥ 잡음이 없으며 입력이 0일 때 출력도 0일 것 등이다.

보통 입력단자는 반전 입력단자와 비반전 입력단자가 있으며 실제 회로에서 상기한 조건을 만족하기는 어려우며, 반도체 IC의 경우 전압이득이 100[dB] 정도가 한도이며, 입력임피던스는 FET를 사용한 경우 10^9[Ω], 출력임피던스는 100[Ω] 정도이며 연산증폭기에 관련된 용어는 다음과 같이 표시된다.

(1) 입력 바이어스 전류

출력전압이 0[V]일 때 두 개의 입력단자에 유입하는 두 전류의 평균치

(2) 입력 오프세트(off set) 전류

출력전압이 0[V]일 때 두 개의 입력단자에 유입하는 전류의 차

(3) 차동입력전압

두 개의 입력단자 사이에 인가되는 전압

(4) 입력 오프세트(off set) 전압

이상적인 연산증폭기의 차동입력전압이 0일 때 출력전압이 0이 되어야 하지만 실제로 능동소자의 품질불균일, 저항의 불균형 등으로 회로가 평형을 이루지 못하므로 출력전압이 0이 되지를 않으므로 출력을 0[V]로 하기 위해서 입력기에 전압을 가하여 수행하는데 이 전압을 입력 오프세트 전압이라고 한다.

(5) 동상신호제거비(Common Mode Rejection Ratio, CMRR 혹은 CMR)

어떤 신호를 차동입력으로 가했을 때 출력 전압과 이 신호를 동상으로 가했을 때의 출력 전압과의 비를 말한다.

즉

$$CMRR = \frac{\text{차신호에 대한 전압 이득}}{\text{동상신호에 대한 전압 이득}} \text{이다.}$$

(6) 전원전압제거비(Supply Voltage Rejection Ration: SVRR)

이상적인 연산증폭기에서는 전원전압이 변동하여도 출력은 변동하지 않아야 하나 실제에 있어서 변동이 있으며, 전원전압이 변동했을 때 출력전압이 얼마나 변동하는가를 나타낸다.

(7) 스루레이트(Slew rate)

회로의 응답속도를 정확히 표시하기 위하여 나타내는 양으로 입력에 스탭(step)전압을 가했을 때의 변화비를 측정한 것이다.

2. 연산증폭기

그림 16-2는 기본적인 전류증폭기이며 출력전압은 출력전류와 저항 R_F의적으로 표시된다.

$$Z_{in} = \frac{V_{in}}{I_{in}}, \; I_{in} = -\frac{V_{out} - V_{in}}{R_F}$$

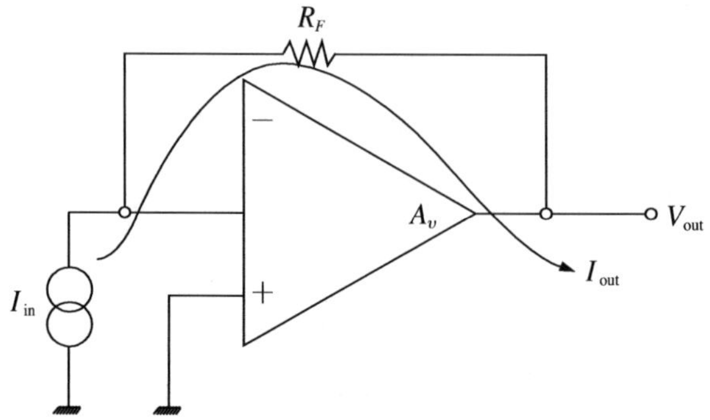

그림 16-2 기본전류 증폭회로

$$Z_{in} = -\frac{V_{in}}{V_{out} - V_{in}} R_F = \frac{V_{in}}{V_{in} - (-V_{in} A_v)} R_F = \frac{P_F}{1 + A_v}$$

이므로 $A_V \to \infty$이면 Z_{in}이 감소하여 실질상으로 접지된 것과 같다.

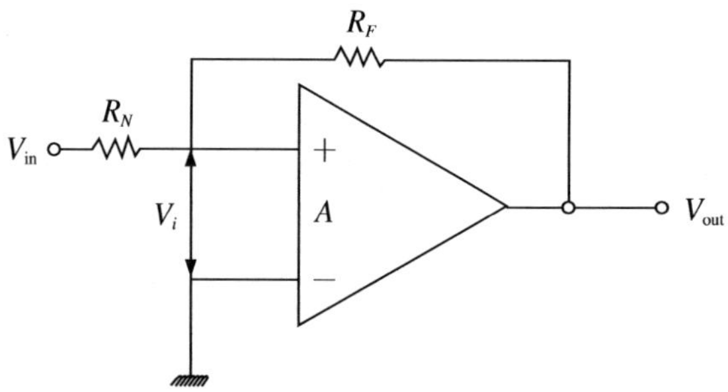

그림 16-3 저항을 삽입한 기본 증폭회로

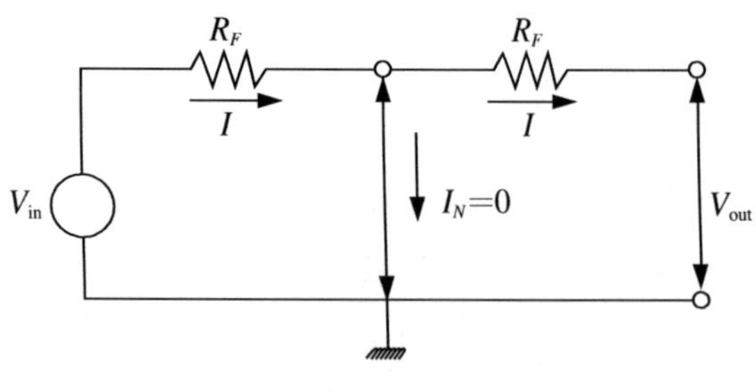

그림 16-4 가상접지로 표시한 연산증폭기

그림 16－4는 궤환임피던스(R_F 와 R_N)와 ＋단자가 접지된 이상적인 연산증폭기로 신호 반전 회로이다.

이 증폭회로의 등가회로는 다음과 같이 표시된다.

$$\frac{V_{in}-V_i}{R_N}=\frac{V_{in}-V_0}{R_N}$$

여기서 $A_V=\dfrac{V_0}{V_1}$ 이므로 V_i를 소거하면 다음 식이 얻어진다.

$$V_{out}\left[1-\frac{1}{A_V}\left(1+\frac{R_F}{R_N}\right)\right]=-\frac{R_F}{R_N}V_{in}$$

여기서 $A_V=\infty$이므로(이상적인 연산증폭기에서)

$$V_{out}=-\frac{R_F}{R_N}V_{in}$$

즉 연산증폭기의 전압이득은 R_F/R_N으로 결정된다.

3. 연산증폭기의 응용

(1) 부호변환기

그림 16－5에서 $R=R_f$이면 $A_{vf}=-1$이 되므로 입력의 부호만 바뀌게 된다. 만일 이와 같은 증폭기를 종속으로 2개 접속하면 출력은 입력과 부호가 같아진다.

(2) 정수배기(Scare changer)

그림 16－5에서 $\dfrac{R_f}{R}=K$, 즉 실 상수이면 $A_{vf}=-K$가 된다. 즉 입력전압이 $-K$배만큼 확대가 되며, R와 R_f는 정밀급 저항을 사용한다.

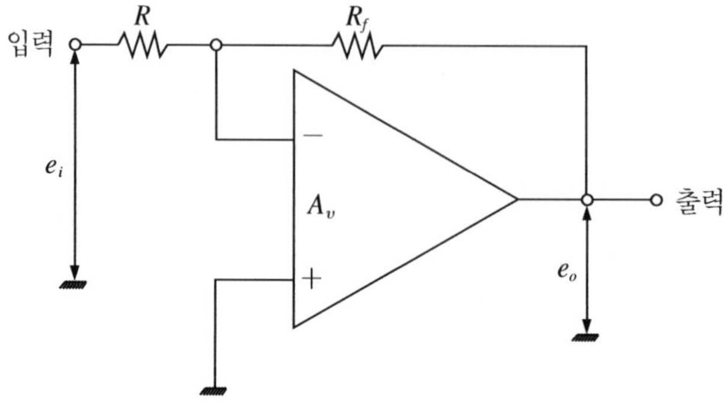

그림 19-5

(3) 이상기(Phase shifter)

그림 16−5에서 순수저항 대신에 크기가 같고 위상이 서로 다른 임피던스 Z , Z_f를 사용하면 위상을 0° ~360° 사이에서 임의의 이상기를 만들 수 있다.

(4) 전류-전압 변성기

광전지나 광증배관은 부하에 관계 없이 일정한 출력전류를 흘리므로 정전류원으로 볼 수 있다.

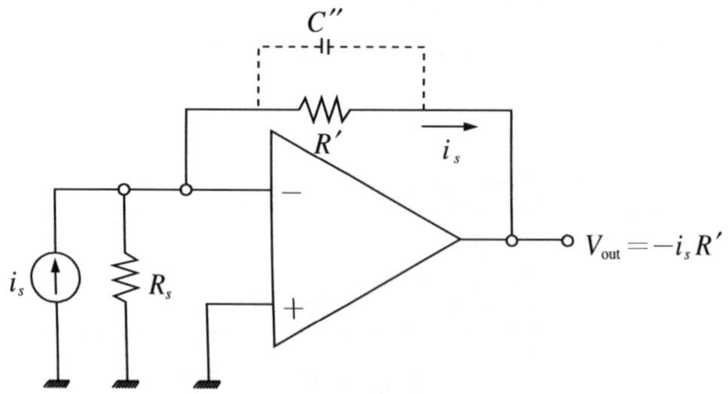

그림 16-6 전류-전압 변성기

그림 16−6의 회로는 전류−전압변환기로 사용하는 예로서 증폭기의 입력단자가 실질적으로 접지되어 있으므로, R_s 저항으로 흐르는 전류는 0이다. 그러므로 i_s는 궤환저항 R' 를 통해 흘러 출력전압은

$$v_0 = -i_s R'$$

이다.

고주파 잡음을 감소시키기 위해서 콘덴서 C' 가 사용되는 것이 상예이다.

(5) 전압-전류 변성기

출력전류에 비례한 전압신호로 변화시킬 때가 있는데 예로써 TV 브라운관의 평향코일을 연결시킬 때이다.

그림 16−7에서 Z' 를 부하임피던스 Z_L로 대치함으로써 전압−전류 변성기가 구성된다. 신호 $v_s(t)$에 대하여 Z_L의 전류

$$i = \frac{v_s(t)}{Z}$$

이다.

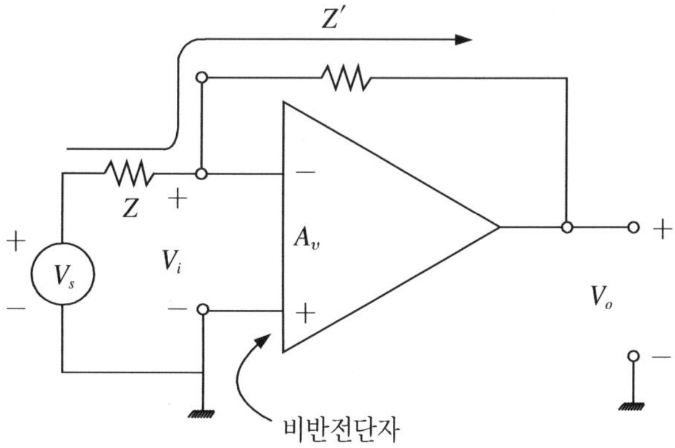

그림 16-7

즉 부하임피던스 Z_L에 무관하여서 신호원과 부하의 전류가 같기 때문에 신호원을 부하전류로 공급할 수 있게 된다.

(6) 전압 폴로어(follower)

그림 16−8은 전압 폴로어의 원리도로 실질적으로 입력의 2단자가 단락되어 있으므로 $V_0 = V_s$가 되어서 출력전압이 입력전압을 그대로 따라서 변함으로 전압 폴로어라고 한다. 전압 폴로어로 제작된 LM102는 입력저항이 10,000[MΩ]이고 출력저항은 거의 0[Ω]이다.

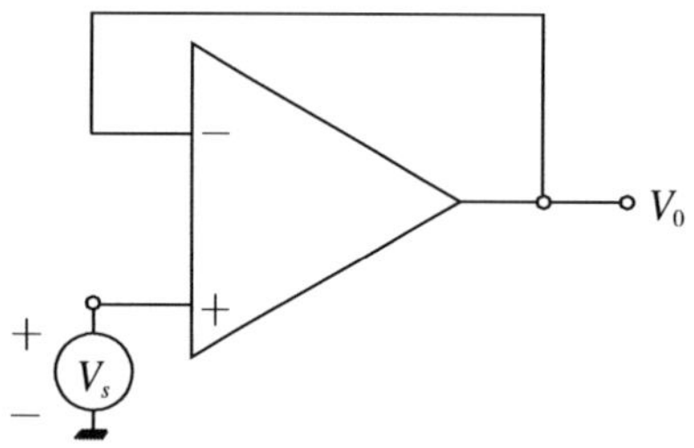

그림 16-8

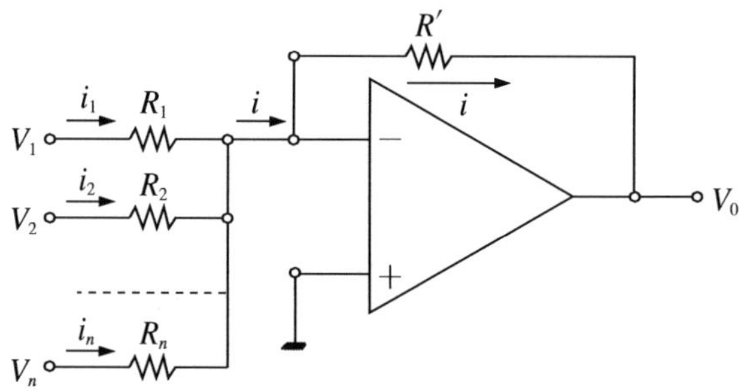

그림 16-9

(7) 가산기

그림 16−9와 같이 반전증폭기의 입력에 n개의 입력단자를 접속하면 입력신호 전압의 합을 출력에서 얻을 수 있다.

$$i = i_1 + i_2 + \cdots + i_n = \frac{v_1}{R_1} + \frac{v_2}{R_2} + \cdots + \frac{v_n}{R_n}$$

이므로

$$\text{출력 } v_0 = -R' \cdot i = -\left(\frac{R'}{R_1}v_1 + \frac{R'}{R_2}v_2 + \cdots + \frac{R'}{R_n}v_n\right)$$

이다.

그러므로 $R_1 = R_2 = \cdots R_n = R$이라고 하면

$$v_0 = -\frac{R'}{R}(v_1 + v_2 + \cdots + v_n)$$

가 되어 출력은 입력의 총합에 비례하게 된다.

다시 $R' = R$(예 : 1 [MΩ])로 하면

$$v_0 = -(v_1 + v_2 + \cdots + v_n)$$

(8) 감산기

연산증폭기의 2개 입력단자와 접지 사이의 전위차를 각각 V_1. V_N이라고 하면

$$\frac{e_{i1} - V_1}{R_1} = \frac{V_1 - e_0}{R_2}, \ V_N = e_{i2} \times \frac{R_4}{R_3 + R_4}$$

가 된다.

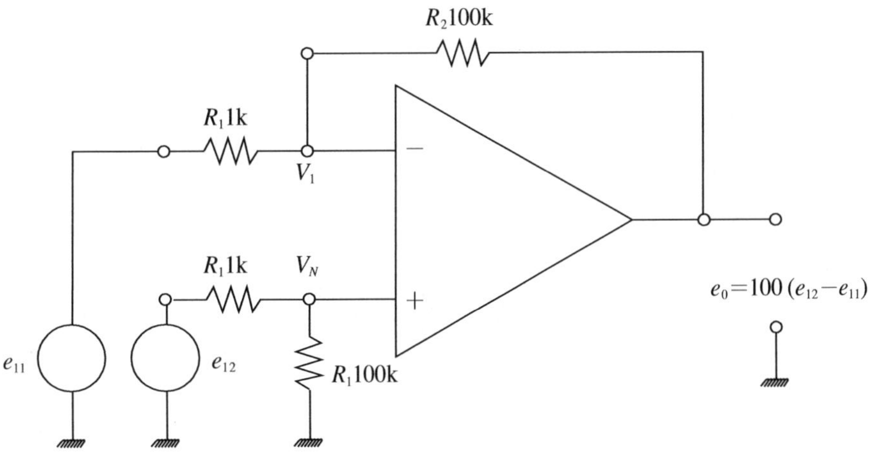

그림 16-10 감산기

$V_1 = V_N$일 때 V_1, V_N을 소거하여 출력전압 e_0를 구하면

$$e_0 = \frac{R_4(R_1 + R_2)}{R_1(R_3 + R_4)} e_{i2} - \frac{R_2}{R_1} e_{i1}$$

이 된다.

위 식에서 $R_1 = R_3$, $R_2 = R_4$가 되게 하면

$$e_0 = \frac{R_2}{R_1}(e_{i2} - e_{i1})$$

가 되어 두 입력신호의 차가 $\frac{R_2}{R_1}$배로 되어 출력에 나타나게 된다. 다시 $R_1 = R_2$가 되게 선택하면

$$e_0 = e_{i2} - e_{i1}$$

가 되어 출력에는 2개의 입력전압의 차가 나타나므로 아날로그 계산기의 감산기로 사용된다.

(9) 미분연산기

그림 16－11은 미분연산기(operational differentiator)로 이용할 수 있다.

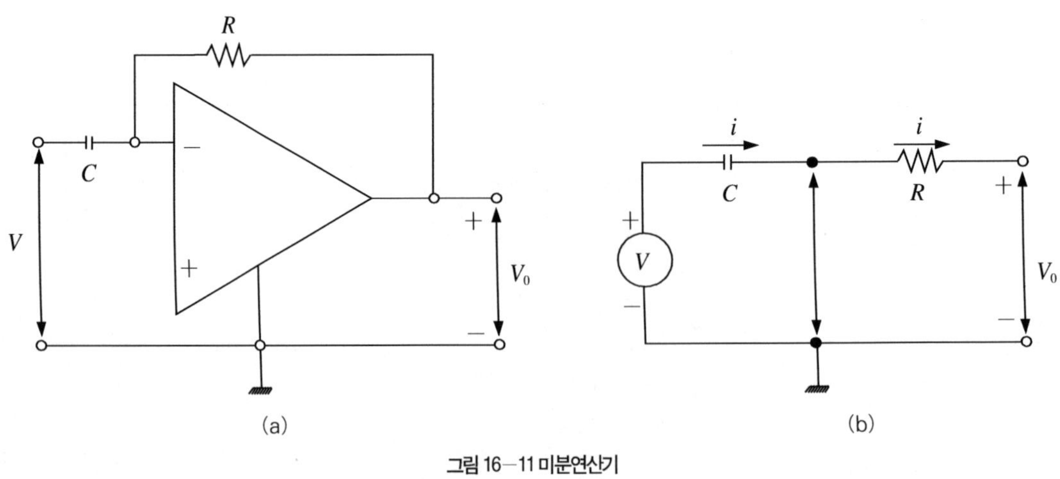

그림 16－11 미분연산기

(b)의 등가회로로부터 $v_0 = -R \cdot i = -RC\dfrac{dv}{dt}$ 이므로 출력은 입력의 도함수에 비례하게 되며 $R=1\,[\mathrm{M\Omega}]$, $C=1\,[\mu\mathrm{F}]$로 택하면 $v_0 = -dv/dt$

(10) 적분연산기

그림 16－12와 같이 R과 C를 사용하면 적분기로 구성되는데 이때 출력전압 v_o는 다음과 같다.

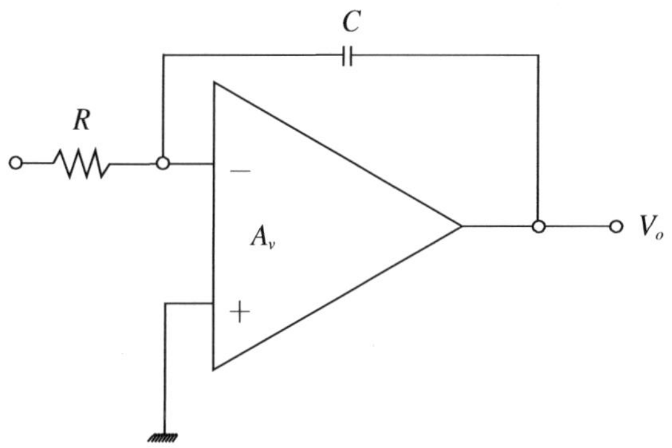

(a) 적분기

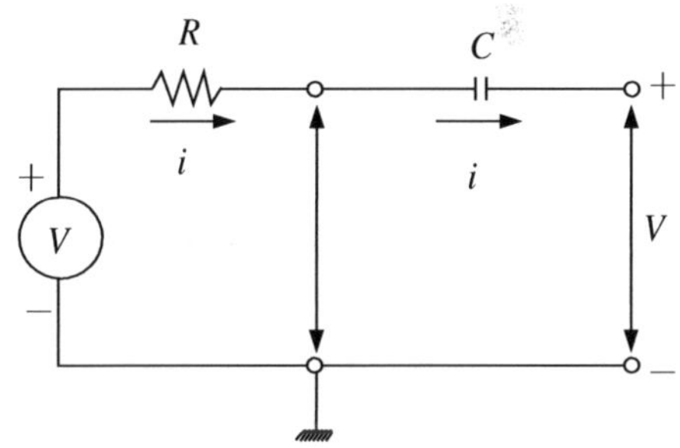

(b) 등가회로

그림 16－12

$$v_0 = -\frac{1}{C}\int_0^t idt = -\frac{1}{RC}\int_0^t v \cdot dt$$

R , C의 값은 $R = 1\,[\mathrm{M\Omega}]$, $C=1\,[\mu\mathrm{F}]$로 택하는 것이 보통이며 이 경우

$$v_0 = -\int_0^t v \cdot dt$$

가 된다.

입력전압이 일정하여 $v = -V$이면 $v_0 = \dfrac{V}{CR}t$ 로써 오실로스코프에 사용될 톱니파형을 발생하는 훌륭한 스위프 회로가 되며 밀러 스위프(Miller Sweep)라고도 한다.

(11) 대수증폭기

일반적으로 PN 접합반도체는 순방향 전류와 단자간 전압 V와의 사이에 비교적 좋은 지수특성을 나타내며 다음과 같이 표시된다.

$$I_f = I_0 (\mathrm{e}^{\frac{qV_f}{kT}} - 1) \approx I_{oe}^{\frac{qV_f}{kT}} = I_{oe}^{\frac{V_f}{\eta V_T}}$$

여기서 q : 전자의 전하, k : 볼츠만 상수, T : 절대온도

그러므로 이것을 궤환소자로 사용하여 입출력이 역함수의 관계에 있게 할 수 있으므로 대수연산을 할 수 있다.

$$V_f / \eta V_\mathrm{T} \gg \text{혹은 } I_f \gg 0$$

이므로

$$V_f = \eta V_\mathrm{T} (I_\mathrm{n} I_f - I_\mathrm{n} I_0)$$

이다.

$$I_f = I_\mathrm{s} = \frac{V_\mathrm{s}}{R}$$

이므로 출력전압은

$V_0 = -V_f = -\eta V_T$ 이다.

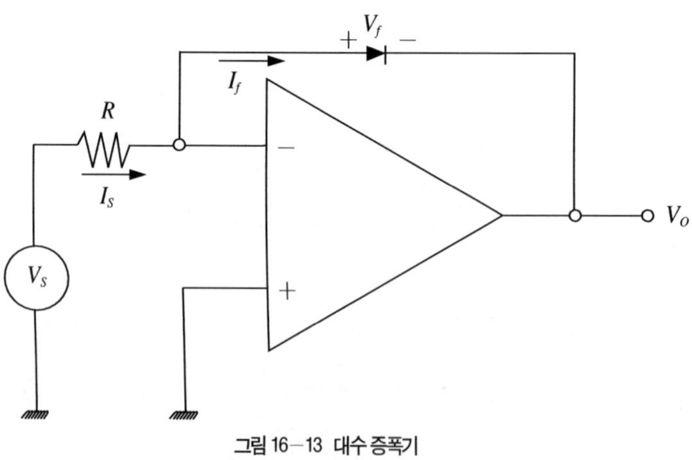

그림 16−13 대수 증폭기

(12) 아날로그(analog) 전자계산

다음 미분방정식

$$\frac{d^2 v}{dt^2} + K_1 \frac{dv}{dt} + K_2 v - v_1 = 0$$

의 해를 구하는 전자계산회로를 그림 16−14에 나타내었다.

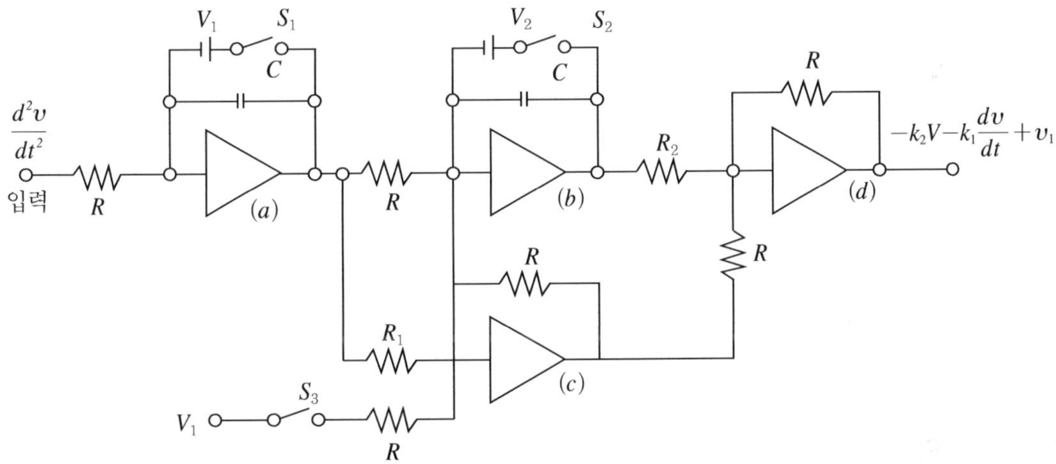

그림 16−14 전자 아날로그 계산기

여기서 v_1은 시간의 함수이고 K_1 , K_2 는 양의 정수로 가정한다. 먼저 $\frac{d^2v}{dt^2}$ 를 적분기 (a)에 넣어 $-\frac{dv}{dt}$를 얻어 전압 비례량이 얻어진다. 두 번째 적분기 (b)에서 v를 얻으면 가산기 (d)에서 $-K_1 (dv/dt) - K_{2v} + v_1$ 이 얻어진다. 이 식은 $\frac{d^2v}{dt^2}$ 와 동일하므로 가산증폭기 (d)의 출력은 입력으로 궤환되어 $\frac{d^2v}{dt^2}$ 가 처음 단에서 얻어진다.

적분기 (a)는 시정수 $R \times C = 1$로 하면 출력은 $-\dfrac{dv}{dt}$가 되며, 적분기 (b)의 출력은 v가 된다.

가산기 (c)의 출력은 $K_1 (dv/dt) - v_1$ 을 얻게 되며 ($K_1 = R/R_1$), K_2는 R/R_2이다.

그림에서 적분기 (a)와 (b)의 출력전압은 $\dfrac{dv}{dt}$와 v에 비례한다. 그러므로 초기조건 $t=0$에서 $dv/dt = V_1$, $v = V_2$란 초기조건을 고려하여야 할 때에는 적분기 (a)와 (b)의 콘덴서에 충전시켜주어야 한다.

단어색인

ㄱ

ㄴ

ㄷ

ㄹ

ㅁ

ㅂ

ㅅ

ㅇ

ㅈ

ㅊ

ㅋ

ㅌ

ㅍ

ㅎ

기 타

전자회로설계

1판 1쇄 발행 2011년 03월 10일
1판 3쇄 발행 2024년 08월 23일
저 자 연규호
발 행 인 이범만
발 행 처 **21세기사** (제406-00015호)
경기도 파주시 산남로 72-16 (413-130)
Tel. 031-942-7861 Fax. 031-942-7864
E-mail : 21cbook@naver.com
Home-page : www.21cbook.co.kr
ISBN 978-89-8468-391-4

정가 37,000원